经典译丛·信息与通信技术

毫米波无线通信

Millimeter Wave Wireless Communications

[美] Theodore S. Rappaport
Robert W. Heath Jr.
Robert C. Daniels
James N. Murdock 著

谢拥军 王正鹏
诸葛晓栋 郭翔宙 译

苗俊刚 审校

電子工業出版社
Publishing House of Electronics Industry
北京·BEIJING

内 容 简 介

本书内容涵盖毫米波通信的各个技术方面，包括通信理论、信道传播、天线和电路等。首先介绍无线通信从特高频和微波频段提高到毫米波频段过程中所演变出的新功能和新架构以及毫米波技术的一般应用。接着介绍毫米波通信的基础理论，包括基带信号、信道模型、调制、均衡、差错控制编码和 MIMO 原理等，此外还包括早期毫米波通信系统中已经应用的传统技术、毫米波室内外通信的无线传播原理以及波束组合、毫米波通信系统的天线和天线阵列、毫米波模拟电路的设计包括射频电路收发信机的设计和其他关键设计、超高速数字基带电路的设计如高速高保真 DAC/ADC 等。最后，介绍毫米波通信系统物理层的设计思路如算法选择和缺陷消除、更高层(物理层之上)的设计思路如波束自适应和多波段共存、60 GHz 无线通信系统标准化工作中的设计要素以及每种标准的主要特点、它们的物理层和介质访问控制设计中的重要细节等内容。

本书适合作为电子信息类专业高年级本科生或研究生学习毫米波无线通信技术的教材或参考书，也适合无线通信技术人员、工程师参考学习。

图书在版编目(CIP)数据

毫米波无线通信/(美)西奥多·S.拉帕波特(Theodore S. Rappaport)等著；谢拥军等译. —北京：电子工业出版社，2023.11

(经典译丛. 信息与通信技术)

书名原文: Millimeter Wave Wireless Communications

ISBN 978-7-121-46719-6

Ⅰ. ①毫… Ⅱ. ①西… ②谢… Ⅲ. ①毫米波传播－无线电通信－研究 Ⅳ. ①TN928

中国国家版本馆 CIP 数据核字(2023)第 221856 号

责任编辑：杨 博
印 刷：三河市鑫金马印装有限公司
装 订：三河市鑫金马印装有限公司
出版发行：电子工业出版社
北京市海淀区万寿路 173 信箱 邮编：100036
开 本：787×1092 1/16 印张：31 字数：793.6 千字
版 次：2023 年 11 月第 1 版
印 次：2023 年 11 月第 1 次印刷
定 价：169.00 元

凡所购买电子工业出版社图书有缺损问题，请向购买书店调换。若书店售缺，请与本社发行部联系，联系及邮购电话：(010)88254888，88258888。

质量投诉请发邮件至 zlts@phei.com.cn，盗版侵权举报请发邮件至 dbqq@phei.com.cn。

本书咨询联系方式：yangbo2@phei.com.cn。

“这是一本关于毫米波系统的好书，涵盖了针对初学者和高级用户的多方面技术。作者是据我所知最值得信赖的一些学者，他们在业界备受尊重。我强烈建议您详细阅读这本书。”

——Ali Sadri，博士，英特尔公司 MCG 毫米波标准和先进技术高级主管

“本书内容十分全面，涵盖了从数字和信号处理到设备、电路和电磁波的 60 GHz/毫米波通信的各个方面。本书对于毫米波通信的工程师和学生来说，是一个很好的参考。”

——Ali Niknejad，伯克利无线研究中心

“由于 30～100 GHz 频段中频谱的巨大可用性，毫米波通信将成为无线技术的下一个前沿。本书首次深入介绍了毫米波通信的基础，包括毫米波波段的信道特性和测量、天线技术、电路、物理层和介质访问控制设计。本书还包含一个关于 60 GHz 免许可频段无线标准的章节。我认为本书实用性很强，并把它推荐给那些热衷于塑造无线通信未来的研究人员和实践工程师。感谢 Rappaport、Heath、Daniels 和 Murdock 为我们提供了这本《毫米波无线通信》。”

——Amitabha (Amitava) Ghosh，诺基亚北美无线电系统主管

“我向那些希望拓宽毫米波通信技术知识的人士强烈推荐这本《毫米波无线通信》。作者介绍了与快速发展的无线接入通信世界相关的关键技术，同时为希望更深入地了解特定主题的读者提供了优秀的参考书目。”

—— Bob Cutler，安捷伦科技有限公司首席解决方案架构师

“本书是第一部涵盖毫米波无线通信各个方面的著作。本书作者付出了极大精力，文笔流畅。作者的跨学科方法说明了毫米波硬件和信号传播的独特特性如何影响并可以在整个系统设计的物理、多址和网络层中得到化解或利用。本书的作者都是著名的无线通信专家，他们有资格撰写一本关于这一新兴领域的综合性书籍，本书在广度和深度上达到了完美的平衡。本书很可能成为学生、研究人员和从业者的必读之作。”

——Andrea Goldsmith，教授，斯坦福大学电气工程系主任

“毫米波通信系统有望缓解频谱紧张，并成为未来 WLAN 以及蜂窝系统的主要组成部分。作者都是该领域的领头专家，成功地阐明了影响设计和部署的各个方面——从半导体技术到电磁波传播再到 MAC 层和标准，对于研究这一重要新兴系统的人来说，本书是必读的。”

——Andy Molisch，教授，南加州大学，FIEEE, FAAAS, FIET, MAuAcSc

“这是第一本涉及实现吉比特量级的通信链路所需的毫米波设计技术的图书。它提供了通信理论背景以及毫米波通信系统的独特特性。”

—— Bob Brodersen，伯克利无线研究中心，加州大学伯克利分校电气工程和计算机科学系

“随着 30～300 GHz 毫米波频谱的广泛应用，通信领域将有新的突破性进展。本书提供了精彩的概述以及毫米波通信的深入的背景材料。对于每一位积极推动技术发展的无线通信工程师来说，本书不可或缺。”

—— Gerhard P. Fettweis，德累斯顿电子发展中心（cfAED）协调员，HAEC 协调员，沃达丰主席，德累斯顿理工大学教授

“这本书很及时，预计本书将通过制定未来路线图，在未来几代无线系统的定义中发挥重要作用。”

——Lajos Hanzo，教授，FREng，FIEEE，DSc，南安普顿大学通信、信号处理与控制学院院长

译 者 序

在目前布局的5G和下一代的6G等未来移动通信中，毫米波技术将扮演重要的角色。

毫米波通信相对于较低频段的微波通信，从电波传播及信道特性、天线和电路、信号处理等各方面都具有不同的特点和新的挑战。从事其中某个子领域研究的人员往往对其他相关子领域的知识了解不足，这会导致其研究、设计工作与毫米波通信的实际需求脱节，各领域研究很难形成高效的合力。

为此，美国纽约大学的 Rappaport 教授等撰写了本书，以期从网络架构、信号处理、天线及电路、电波和信道特性等方面全面介绍毫米波通信的相关基础知识和前沿技术，以及与实际应用相关的标准协议等内容，从而帮助读者从基础理论、前沿进展和实际应用等方面全面了解毫米波通信技术，增强在该领域的创新能力。

本书体系庞大、理论结合实际，突出应用需求，很多内容提炼自最新前沿成果，作者的写作很有激情，对翻译者是一个挑战。译者水平有限，翻译不准确之处恳请读者同行指正。原书中的一些笔误在翻译中也已修改。

本书的翻译工作由谢拥军(第1章、第3章、第4章、前言等)、王正鹏(第5章、第7章和第9章)、诸葛晓栋(第2章和第8章)和郭翔宙(第6章)等完成，苗俊刚教授审校全书。

感谢研究生杨俊慧、乔慧、司炜康、郝志霞、刘戈、王鹏、贺振宇、苏月、郭昊在资料整理、校对等工作中的协助。

译者于
北京航空航天大学

前　　言[①]

当 20 世纪 70 年代蜂窝电话革命开始时，我们很难去想象无线通信将成为当今世界的基本组成部分。事实上，当时互联网尚未发明，个人计算机也还未出现，我们使用模拟音频调制解调器，通过固定电话来进行长距离数据通信，数据速率不超过 300 bps。商用蜂窝电话行业的诞生催生了前所未有的自由度和功能，无线时代诞生了，无线通信吸引了新一代的工程师和技术人员，最重要的是其紧紧抓住了公众的心。计算机和互联网革命在 20 世纪 90 年代和 21 世纪崛起，无线产业紧随其后。然而，尽管增长显著，但无线技术的潜力尚未得到充分发挥。

无线技术广泛存在，如今地球上已有超过几十亿部手机。今天的第四代(4G)长期演进(LTE)蜂窝技术和 IEEE 802.11n 无线局域网标准提供了高数据传输速率——用户之间传输速率可达每秒数百兆比特。根据推断，无线行业的全球业务规模为 1 万亿美元，接近全球建筑业的规模。然而值得注意的是，在这个重要领域中，无线通信仍处于起步阶段，并具有巨大的扩展空间。

想想这个惊人的事实：自从几十年前人类第一次使用手机以来，计算机的时钟速率从不足 1 MHz 增加到今天的 5 GHz，增长超过 3 个数量级。计算机的内存和存储容量从几 KB 激增到今天的 TB 级，扩展了 7 个数量级。然而，在其 40 年的生命周期中，移动通信和个人局域网业务受到了运营频率的限制，卡在了大约 500 MHz(早期模拟移动电话系统使用的频率和最近分配的 700 MHz 蜂窝频谱)和 5.8 GHz(现代无线系统的 IEEE 802.11 标准)。值得注意的是，40 年来无线行业的工作频率几乎没有变化，当所有其他的技术进步都在利用摩尔定律获得数量级的规模增长时，事实上所有移动和便携式无线通信系统的载波频率几乎没有改变。

为何无线技术在频段上升中表现得如此迟缓？为何无线行业要等到现在才开始利用迄今为止几乎没有使用的具有更大容量、巨大潜力的广阔前沿频谱？毕竟如我们在本书第 1 章中所提到的，早在 20 世纪 80 年代，英国 OfCom 和美国 FCC 曾考虑将毫米波(mmWave)用于移动通信。甚至据报道在 100 多年前，Jagadis Chandra Bose 和 Pyotr Lebedev(也拼作“Lebedew”)就进行了首次 60 GHz 的无线传输。为了解决这些问题并为下一代可能有幸征服毫米波无线技术新前沿的工程师提供所需要的基本技术细节，我们编撰了本书。

毫米波技术没能推广至商用与许多因素有关，例如标准制定流程缓慢及更加缓慢的全球频谱监管；对无线电的传播、天线、电路和网络缺乏基本的了解；稳定的投资规模以及传统(和新兴)商业模式之间的竞争为宽带无线网络提供了覆盖和容量；相互竞争的标准降低了研发新蜂窝或 WiFi 技术所需的成本，此外现有的和正在扩展的基础设施有对如此巨大带宽的需求。最重要的是，虽然设计、制造和部署广泛的商用网络需要极高成本，但这些技术满足了市场的未来需求，这证明为将这些技术引入市场所付出的巨额投资是合理的。

① 中译本的一些图示、参考文献、符号及其正斜体形式等沿用了英文原著的表示方式，特此说明。

如今，半导体技术能够制造出栅极长度在 30 nm 以内的稳定射频电路。目前，制备频率为 5 GHz 的低成本射频电路和片上天线的技术已基本成熟。光纤骨干网正在全球范围内部署，毫米波无线系统将使回传业务覆盖范围更加广泛以支持满足或超过 4G 蜂窝系统的数据传输速率。且目前智能手机和平板电脑这类移动终端的处理能力以及这些设备提供的内容还无法完全满足公众的需求。基于 IEEE 802.11ad 的新型无线局域网（WLAN）可提供每秒数吉比特的数据传输速率。最近的工作表明，当使用方向可控的相控阵天线时，室外无线传播在毫米波频率下是可行的。因此，当所有无线通信的关键组件都从目前的低频段拓展到新的频率范围后，可为未来的蜂窝电话和局域网用户提供超出目前几个数量级的信道容量。

本书的内容源于我们在许多技术领域的研究项目，而这些领域必须结合起来才能使毫米波移动通信成为现实。基于我们研究人员、企业家、发明家和顾问的工作经验，在大量查阅相关文献的基础上，最终完成了本书的撰写，以指导各级工程师对毫米波无线通信那激动人心的未来进行研发。本书讨论了毫米波通信、电路、天线和传播等许多重要领域的基本原理，此外我们还提供了大量的参考资料以帮助读者探索他们感兴趣的一些特殊应用领域，这些领域仍然充满了各种挑战和机遇。

本书的内容旨在为毫米波原理提供基础的阐述与讲解，涵盖通信理论、信道传播、电路和天线等多个领域。第 1 章介绍并讲解了随着无线通信从特高频和微波频段提高到毫米波频段所演变出的新功能和新架构，描述了毫米波的一般应用，包括 WLAN、无线个人局域网（WPAN）和蜂窝网络以及毫米波在未来办公室、数据中心、个人互联以及汽车和航空航天工业中的新应用。

第 2 章介绍了无线通信的基本原理。该章讨论了重要的基础理论，包括基带信号和信道模型、调制、均衡和差错控制编码等，重点介绍早期毫米波系统中已有的技术。同时该章还回顾了利用大型天线阵列的多输入多输出（MIMO）进行无线通信的原理，介绍了上变频和下变频的硬件体系结构和网络层的基本架构。

从第 3 章开始介绍毫米波的基础知识，阐述了毫米波室内和室外通信的无线传播原理。详细介绍了毫米波的无线传播特性，特别注意与构建毫米波无线网络相关的基本问题。第 4 章深入研究毫米波通信系统的天线和天线阵列。由于毫米波天线非常小并且集成在一起，因此着重介绍了片上天线和封装天线的重要背景，描述了高效毫米波天线设计与加工中的相关挑战并将其作为芯片制造或封装的一部分。第 5 章深入讨论了模拟电路的设计，并对射频电路的关键设计问题和操作注意事项进行了基本的论述。背景技术涵盖了几个主题，包括毫米波模拟晶体管以及它们的制造，收发信机基本模块的重要电路设计方法。在模拟电路的论述中，特意加入了非常多的互补金属氧化物半导体（CMOS）和金属氧化物半导体场效应晶体管（MOSFET）半导体理论的细节，使通信工程师能够领会和理解毫米波模拟电路的基本原理和面临的挑战，了解用于创建能够实现毫米波革命的电路的功能和方法。我们还对用于表征有源和无源模拟元件的关键参数以及关键的品质因素进行了详细介绍，同时回顾了传输线、放大器（功率放大器和低噪声放大器）、频率合成器、压控振荡器（VCO）和分频器的设计方法。第 6 章深入研究了超高速数字基带电路的设计，全面总结了设计时的问题和参考方案，以帮助读者了解每秒数吉比特高保真数模转换器（DAC）和模数转换器（ADC）的基本设计原理，以及达到如此高带宽时所面临的挑战。

本书的最后详细介绍了毫米波通信的设计方法和应用。第 7 章介绍了毫米波通信系统物理层方面的设计思路，重点介绍了设计 60 GHz 通信系统的物理层时需考虑的具体因素和算法选择，重点介绍了造成实际性能下降的因素，诸如削波、量化、非线性、相位噪声，以及其他新的物理层设计理念，例如空间复用。我们权衡了复杂度和吞吐量，讨论了如何进行调制和均衡。第 8 章回顾了毫米波系统的更高层(物理层之上)的设计问题，特别强调了与 60 GHz 系统相关的技术，同时也预测了其对毫米波蜂窝和回传系统的影响；讨论了网络化毫米波设备面临的相关挑战，包括波束适配协议、中继、多媒体传输和对多频段的考虑。在第 9 章中总结了 60 GHz 无线通信系统标准化工作中的设计要素，同时回顾了几个标准，包括用于 WPAN 的 IEEE 802.15.3c、无线 HD、ECMA-387、IEEE 802.11ad 和“无线千兆联盟”(WiGig)标准；本章还介绍了每种标准的主要特点以及它们的物理层和介质访问控制设计中的重要细节。

就像手机已经从一个只具有语音功能的模拟通信设备变成今天令人印象深刻的智能手机一样，毫米波无线通信未来必定会带来更加惊人的功能，必将催生新的业务、新的消费者用例并将使我们的生活和工作方式发生彻底的转变。巨大的毫米波频谱资源及其涉及的新技术将会引领无线技术的复兴，它将涉及我们生活的方方面面。我们希望这本书能为那些创造这个令人振奋的未来工程的探索者提供一些帮助。

致我的妻子 Brenda 和我们的孩子 Matthew、Natalie 和 Jennifer。他们的爱是上帝给我的礼物，我每天都心存感激。

—— TSR

致我的家人 Garima、Pia 和 Rohan，感谢他们的爱与支持；致我的父母 Bob Heath 和 Judy Heath，感谢他们的鼓励；并感谢 Mary Bosworth 博士对高等教育的热爱。

—— RWH

感谢我的父母 Richard Daniels 和 Lynn Daniels，感谢他们的坚定支持。

—— RCD

致我的家人 Peter、Bonnie 和 Thomas Murdock。

—— JNM

致　谢

本书的撰写并非易事，我们有幸得到了许多同仁的帮助。在过去几年中，他们为本书的编撰提供了宝贵的观点、材料和建议。行业内的领导者也为我们提供了宝贵而详尽的建议，并且一直帮助并激励着我们完成本书的撰写，他们包括来自三星公司的 Wonil Roh 和 Jerry Z. Pi、来自诺基亚公司的 Amitava Ghosh、来自英特尔公司的 Ali Sadri 和安捷伦科技公司的 Bob Cutler。在他们全面的评阅、鼓励和帮助中我们获益匪浅，在此感谢他们的参与。来自纽约大学(NYU)和得克萨斯大学奥斯汀分校(UT)的研究生和本科生，来自多行业的专家和学者以及我们的企业赞助商也为本书的成稿做出了不可估量的贡献，在这里我们向他们表示由衷的感谢。我们的同事 Bob Brodersen 和 Ali Niknejad(加州大学伯克利分校)、Lajos Hanzo(南安普顿大学)、Andrea Goldsmith(斯坦福大学)、Gerhard Fettweis(德累斯顿理工大学)和 Andreas Molisch(南加州大学)同样为我们提出了重要建议，帮助我们完善本书。纽约大学研究生 Krupa Vijay Panchal、Nikhil Suresh Patne、George Robert MacCartney、Shuai Nie、Shu Sun、Abhi Shah(帮助从纽约大学学生中收集资料)、Mathew Samimi、Sijia Ding 和 Junhong Zhang 提出了重要建议，使本书的内容更易于阅读。纽约大学本科学生 George Wong、Yaniv Azar、Jocelyn Shulz、Kevin Wang 和 Hang(Celine)Zhao 进行了校对和编辑工作，并参与了第 3 章提到的开创性测量。得克萨斯大学奥斯汀分校研究生 Andrew Thornburg、Tiananyang Bai 和 Ahmed Alkhateeb 参与了校对、编辑等相关工作。Vutha Vu 在校对及很多关键编辑工作上提供了特殊帮助。我们同样对 Hao Ling、Andrea Alu、Ranjit Gharpurey 和 Eric Swanson 教授表示衷心感谢，他们为天线和电路的设计提供了重要思路。

初稿完成后，Prentice Hall 团队日以继夜地完成了本书的成书工作。编辑 Bernard Goodwin 委托我们完成这项工作，并确保我们在制作过程中拥有一支全面的、专业的排版与编辑团队。Pearson 公司的全方位服务产品经理 Julie Nahil 请来了一流的制作团队：包括文案编辑 Stephanie Geels 和项目经理 Vicki Rowland。Stephanie 专业的编辑能力和富有洞察力的提问促使我们整理和完善手稿，而 Vicki 完成了很多工作的收尾，似乎在任何一个时刻出现问题，她都能够提供帮助。此外，校对人员 Linda Begley 和 Archie Brodsky 敏锐地发现了许多其他人都忽视了的小问题。在此我们为 Pearson / Prentice Hall 团队的出色表现以及他们对本项目的无私奉献表示由衷的感谢。

目　　录

第1章　绪　　论

1.1　科学前沿：毫米波无线技术

新兴的毫米波无线通信是发展了一个多世纪的现代通信领域的前沿技术。自20世纪初古列尔莫·马可尼发明并商业化应用第一套无线电报通信系统以来，无线行业逐渐从点到点技术，发展到无线电广播系统，最后发展到无线网络。随着技术的进步，无线通信已经普及。蜂窝网络、无线局域网和个人局域网等在过去20年中得到了全面发展，随着人们对这些技术的广泛使用，现代社会已经与无线网络密不可分。这些技术的普及使得器件制造商、基础设施开发和建设商不断寻求更高的无线电频谱，以获得更先进的产品。

无线通信是一种变革性的媒介，它允许我们在工作、教育和娱乐中不使用任何物理连接进行信息传输。无线通信能持续推动人类在许多领域的创新和生产力水平的提升。在毫米波工作频率下的通信代表了无线系统最新的颠覆性的发展。人们对毫米波的关注还处于萌芽阶段，但是毫米波技术是消费驱动的，消费者总是需要更高的信息传送数据速率，同时要求更低的延迟和无线设备上的持续连接。与工作频率低于10 GHz的蜂窝和无线局域网(WLAN)微波系统相比，毫米波波段的可用频谱是无可比拟的。尤其是与工业、科学和医疗(ISM)频段(例如900 MHz、2.4 GHz、5 GHz)的传统免许可无线局域网，或以低于6 GHz的载波频率运行的WiFi和4G(或更早的)蜂窝系统的用户所能提供的频谱相比，60 GHz下的免许可频谱多出10～100倍。图1.1更能充分地说明这一点，图中显示了与其他现代无线系统相比，28 GHz[本地多点分配业务(LMDS)]和60 GHz下的频谱资源量。超过20 GHz的频谱可被用于28 GHz、38 GHz和72 GHz频段的蜂窝或WLAN通信，在100 GHz以上的频率上可以使用数百GHz以上的频谱。这些巨大的频谱资源是不可思议的，特别是当人们看到目前世界上所有的移动通信的分配频段仅在1 GHz以下时。更多的频谱可以在与现有类似的调制技术下实现更高的数据速率，同时也提供了更多的资源供多个用户共享。

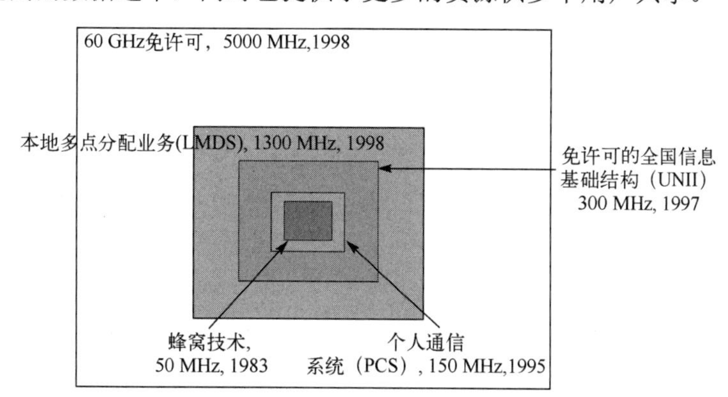

图1.1　方块区域表示在美国现有的特高频(UHF)、微波、28 GHz LMDS和60 GHz毫米波波段中的许可和免许可频谱带宽。世界上其他国家的频谱分配与之类似

毫米波的研究有着悠久的历史。文献[Mil]中介绍：1895 年，Jagadish Chandra Bose 首次在印度加尔各答 Presidency 学院通过远程鸣钟并引爆火药的方法实现 60 GHz 电磁波的传输和接收，电磁波传播过程中穿过两堵墙，传输距离超过 23 m。Bose 率先为他的通信系统开发了整套毫米波组件，如：火花发生器、检波器、介电透镜、偏光器、喇叭天线和圆柱形衍射光栅。这是世界上第一个毫米波通信系统，在一百多年前被研制成功。

俄罗斯的先驱物理学家 Pyotr N. Lebedew 也在 1895 年研究了波长为 4～6 mm 的无线电波的传输和传播[Leb95]。

由于智能手机和平板电脑的广泛使用，今天的无线电频谱已经变得拥挤。图 1.1 显示了美国不同频段的相对带宽分配，图 1.2 显示了联邦通信委员会(FCC)制定的 30 kHz～300 GHz 的频谱分配。例如，今天的 3G 和 4G 蜂窝和 WiFi 载波频率大多在 300～3000 MHz 之间，位于第 5 行。世界上其他国家也有类似的频谱分配。注意所有现代无线系统(通过前 6 行)的带宽如何轻松地容纳于最底行免许可的 60 GHz 频段。值得注意的是，尽管图 1.1 和图 1.2 代表一个特定的国家(即美国)的频谱分布，但是在由国际电信联盟(ITU)主持的世界无线电通信大会(WRC)对全球频谱的划分下，世界上其他国家的频谱划分与之非常相似。今天的蜂窝和个人通信系统(PCS)主要在 300 MHz～3 GHz 的 UHF 范围内运行，而全球免授权的无线局域网和无线个人局域网(WPAN)产品使用的是免授权的国家信息基础设施(U-NII)频段的 900 MHz，低频微波频段的 2.4 MHz 和 5.8 MHz。目前的无线频谱已经被分配用于许多不同的用途，而且在 3 GHz 以下的频率(如 UHF 及以下)非常拥挤。无线调幅广播、国际短波广播、军事和岸船通信以及业余无线电只使用从几百千赫到几十兆赫的频率较低的频段(如中波和短波波段)。电视广播使用的频率从几十兆赫到几百兆赫[如 VHF(甚高频)和 UHF 波段]。目前的手机和无线设备(如平板电脑和笔记本电脑)的载波频率介于 700 MHz～6 GHz 之间，信道带宽为 5～100 MHz。毫米波频谱范围在 30～300 GHz 之间，由军事、雷达和回传链路占用，但利用率较低。实际上，大多数国家甚至还没有开始管理或分配 100 GHz 以上的频谱，因为这些频率的无线技术在成本上并不具有商业可行性。这一切都将改变。考虑到可用频谱的数量巨大，毫米波为未来移动通信提供了一个使用 1 GHz 或更高信道带宽的新机会。对下一代蜂窝系统来说，28 GHz、38 GHz 和 70～80 GHz 的频谱有很大的应用前景。值得注意的是，从图 1.2 中可以看出，60 GHz 的免许可频段包含的频谱比世界上目前所有卫星、蜂窝通信、无线网络、调幅广播、调频收音机和电视台所使用的频谱都多！这说明了毫米波频率下具有巨大的可用带宽。

毫米波无线通信是一种工程可实现技术，在现有和新兴的无线网络部署中具有广泛的应用。截至本书编写时，60 GHz 免授权频段的毫米波技术正在通过 IEEE 802.11ad[IEE12]在消费类设备中实现有效的商业部署。蜂窝通信行业才刚刚开始意识到毫米波频段[Gro13][RSM+13]可为移动用户提供更大带宽的通信潜力。本书中的许多设计实例都借鉴了 60 GHz 系统的经验以及作者早期在 28 GHz、38 GHz、60 GHz 和 72 GHz 频段的毫米波蜂窝通信和点对点通信的研究工作。但 60 GHz 频段的 WLAN、WPAN、回传链路和毫米波蜂窝通信还处于起步阶段——这些是下一代毫米波和太赫兹系统的早期版本，它们将支持更大的带宽和更好的连接能力。

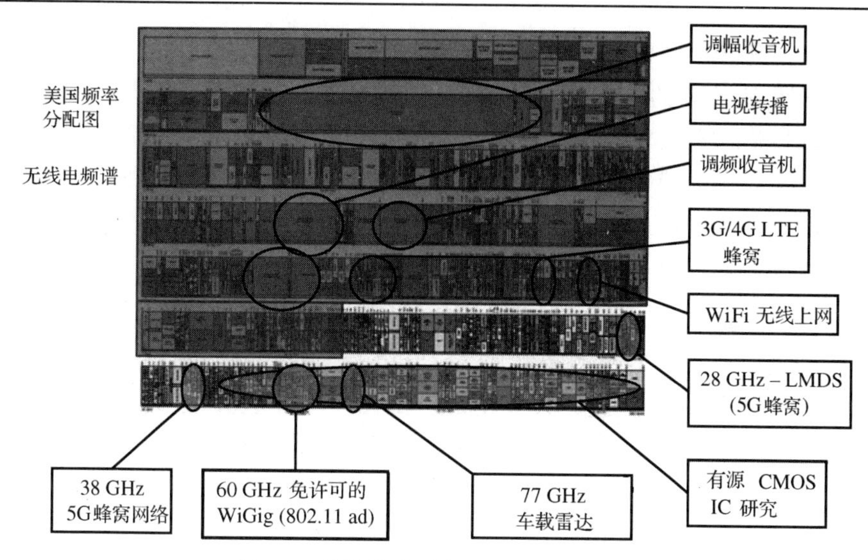

图 1.2 美国商业系统使用的无线频谱

新的 60 GHz 无线产品令人兴奋，不仅因为它们能够满足消费者对高速无线接入的需求，而且国际频谱管理允许 60 GHz 产品在全球范围内部署。合理的全球频谱分配允许制造商开发全球市场，如 1999 年 IEEE 802.11b 无线局域网的广泛使用和商业上的成功，以及最新的发明，如 IEEE 802.11a、IEEE 802.11g、IEEE 802.11n 和 IEEE 802.11ac 无线局域网，这些无线局域网都在相同的全球指定的频谱中运行。无线局域网（WLAN）之所以成功，是因为可以使用 2.4 GHz ISM 和 5 GHz 免授权的全国信息基础设施频段的国际通用协议，这使得主流制造商能够投入大量资源，创造出可以在全球销售和使用的产品。如果没有国际频谱协议，创新的无线技术会因为缺乏全球市场而失败。例如世纪之交的超宽带（UWB）技术的早期发展中，国际无线电频谱干扰管理规定不统一的情况阻碍了其推广应用。幸运的是，美国、欧洲、韩国、日本和澳大利亚政府遵循了国际电信联盟的建议，该建议将 57～66 GHz 的频率指定给免许可的通信应用[ITU]。在美国，联邦通信委员会已指定 57～64 GHz 的频段用于免许可应用[Fed06]。在欧洲，欧洲邮电管理委员会已经为一些移动应用分配了 59～66 GHz 的频段[Tan06]。韩国和日本分别指定了 57～66 GHz 和 59～66 GHz 的频段[DMRH10]。澳大利亚已将较窄的 59.3～62.9 GHz 频段投入使用。因此，全球大约有 7 GHz 的频谱可用于 60 GHz 设备。

在撰写本书时，蜂窝通信行业刚刚开始探索类似的频谱协调，以便在毫米波频段中使用移动蜂窝网络①。工业界所说的“超 4G”或“5G”，是指新的信道带宽有了数量级增大的蜂窝网络，用于移动覆盖以及无线回传，这种新的蜂窝网络正被推荐给政府和国际电信联盟以创建新的国际电信频谱，其载波频率至少比目前的第四代（4G）长期演进（LTE）和 WiMax 移动网络高一个数量级。因此，正如无线局域网免授权的载波频率已经从其早期的 1～5 GHz 转移到 60 GHz 一样，价值 1 万亿美元的蜂窝产业也将顺应潮流转向毫米波频段，毫米波频段巨大的频谱资源将支撑海量的数据速率并促进其他新应用的发展。

60 GHz 的免授权频谱在全世界可以随意使用，但也会有各种限制。1995 年，联邦通

① 虽然毫米波频段被正式定义为 30～300GHz 之间的频谱，但工业界认为“毫米波”表示 10～100 GHz 之间的所有频率，“亚太赫兹”已经被用来定义高于 100 GHz 但低于 300 GHz 的频率。

信委员会通过了一项免许可的使用建议，为商业消费者启动了第一项 60 GHz 频谱管理的重要法规，实际上早在 10 年前，英国通信管理局(OfCom)也有同样的想法[RMGJ11]。当时，由于毫米波频段固有的传播损耗并且缺乏低成本的商业电路，联邦通信委员会认为其具有“沙漠性质”。然而，新频谱的分配已经开始，并将进一步激发工程师的创造性，去研发工作在更高频率和更高数据速率下的消费类电子产品。人们常说的毫米波传播特性差主要是因为其只能进行短距离的通信，这主要是氧气吸收效应造成的，如图 1.3 所示[RMGJ11][Wel09]，60 GHz 载波在传播过程中与大气中的氧气可以发生强烈的相互作用。注意，大气中的氧气会与 60 GHz 的电磁波发生强烈的相互作用。在深色阴影中的其他载波频率由于与大气相互作用而表现出强烈的衰减峰值，使其适用于未来的短距离应用或“保密无线电”应用，在这些频率中信号随着传输距离的增大而快速衰减。这些频段可以为类似于 60 GHz 的无线应用提供更大的带宽，是短距离无线技术的未来。然而，值得注意的是，在其他频段，如 20～50 GHz、70～90 GHz 和 120～160 GHz 频段，衰减很小，远低于 1 dB/km，使其适用于长途移动通信或回传通信。这一效应与毫米波通信链路的其他缺点加在一起造成更差的传播特性，如：更大的自由空间路径损耗、障碍物造成的信号衰减、高增益天线形成更窄的通信指向，以及更大工作带宽上的多径反射产生更严重的码间干扰(码间串扰，即频率选择性衰落)。此外，传统的 60 GHz 电路和设备非常昂贵，近几年，由于低成本硅的使用才使得电路解决方案变得可行。

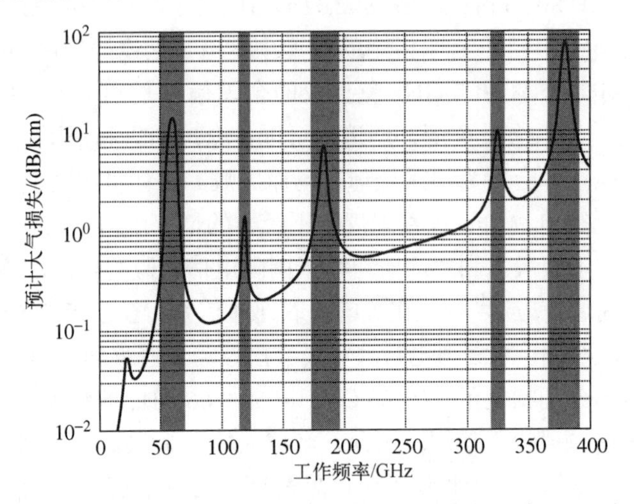

图 1.3　正常大气条件下(101 kPa 总气压、22℃空气温度、10%相对湿度和 0 g/m³悬浮水滴浓度)大气路径损耗预估值与频率的关系

在早期的 60 GHz 无线通信中，由于需要高定向性天线来实现可接受的链路预算，许多人将固定点无线宽带通信(例如替代光纤回传)视为最合适的 60 GHz 应用。然而现在，曾经被视为应用限制的传播特性要么是可以克服的，要么被视为优势。例如，60 GHz 的氧气吸收损耗高达 20 dB/km，但对于在 100 m 内工作的网络，其影响却是几乎可以忽略不计的。将毫米波应用从远距离通信转向近距离通信实际上具有很大的好处，因为它允许同时运营的网络在不会相互干扰的情况下进行有效的频率复用。此外，只要网络协议能够灵活地控制天线的指向，高定向性天线不仅可以降低路径损失，还可以提高安全性。因此，人们

正在开发 60 GHz 在小于 100 m 的距离内进行通信的网络应用。此外，60 GHz 处的 20 dB/km 的氧气衰减在其他毫米波频段(例如 28 GHz、38 GHz 或 72 GHz)会消失，使得它们几乎与目前用于更远程户外移动通信的蜂窝频段的性能一样好。最近的研究发现，城市环境提供了更丰富的多径，特别是在 28 GHz 及更高频率上的反射和散射能量——当使用智能天线、波束赋形和空间处理时，这种丰富的多径可以用来提高非视距(NLOS)传播环境中的接收信号功率。三星公司最近的研究结果表明，信号可以以超过 1 吉比特每秒（Gbps）的速率在超过 2 km 的范围内通过毫米波蜂窝进行传输，这表明毫米波频段对蜂窝网络非常有意义[Gro13]。

尽管消费者的需求和变革性的应用推动了无线网络对更高带宽的需求，但毫米波(大于 10 GHz)集成模拟电路、基带数字存储器和处理器的快速发展和价格下降才使其得以实现。具有先进模拟和射频(RF)电路(见图 1.4)的集成毫米波发射机和接收机的最新发展，以及新的相控阵和波束赋形技术也为毫米波未来的发展铺平了道路(如图 1.5 中的产品)。在图 1.4 中，波束赋形在模拟基带上进行。每个接收通道包含一个低噪声放大器、同相/正交混频器和基带相位旋转器。

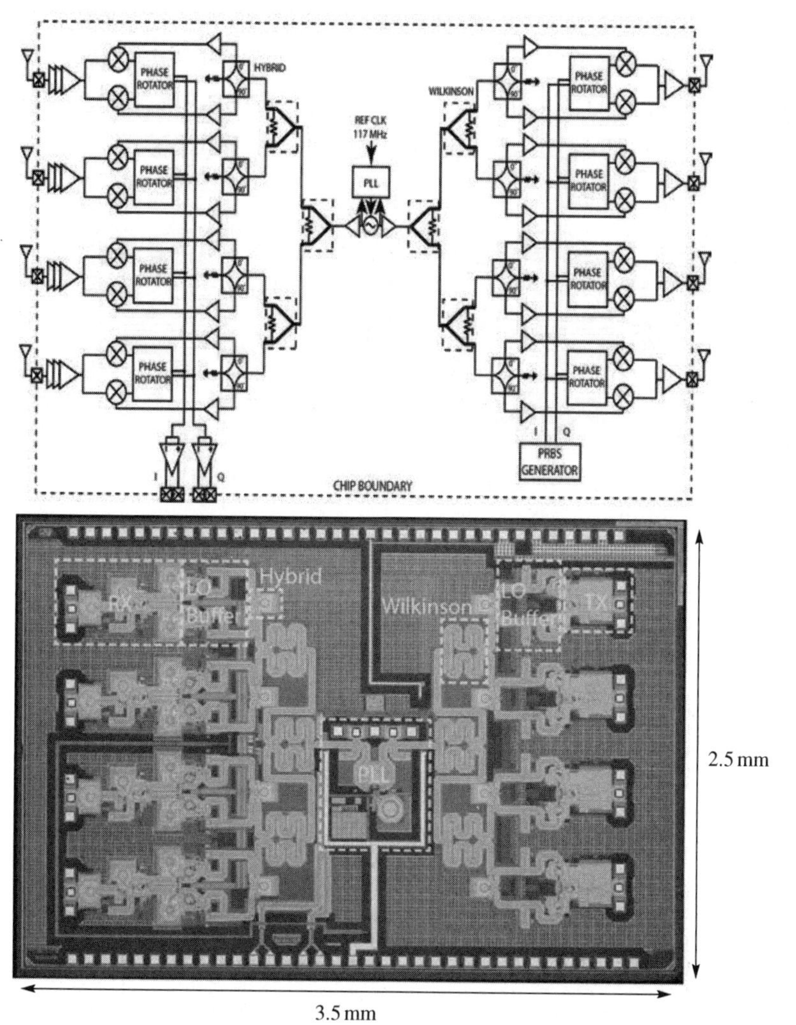

图 1.4　具有 4 个发射和接收通道的集成电路的方框图(上图)和模具照片(下图)，包括压控振荡器、锁相环和本地振荡器分配网络

传输通道还包含一个基带相位旋转器、上变频混频器和功率放大器。在图 1.5 中，包括 Sil6320 HRTX 网络处理器、Sil6321 HRRX 网络处理器和 Sil6310 HRTR 射频收发信机。这些芯片组用于游戏和视频等实时、低延迟应用，并使用可控制的 32 单元相控阵天线系统（由 SiliCon lmage 提供）提供 3.8 Gbps 的数据速率。互补金属氧化物半导体（CMOS）和硅锗（SiGe）技术的不断进步，使 60 GHz 和其他毫米波频率下的工作以合理的成本得以实现。从 20 世纪 60 年代开始，通过光电二极管和其他不适合小规模集成或大规模生产的分立元件，可以产生太赫兹频率（1～430 THz）的信号[BS66]。然而，产生毫米波射频信号所需的模拟元件与处理大规模带宽所需的数字硬件的封装技术在 10 年前才得以实现。摩尔定律准确预测集成电路（IC）晶体管数量，并且预测出每单位能量的计算量将每两年增加一倍[NH08, 第 1 章]，解释了现在可以廉价制造 60 GHz 和其他毫米波器件的巨大进步。如今，采用 CMOS 和 SiGe 制造的晶体管的运行速度足以在数百吉赫兹[YCP+09]的范围内工作，如图 1.6 所示，包括 Si CMOS 晶体管、硅锗异质结双极型晶体管（SiGe HBT）和一些其他 III-V 高电子迁移率晶体管（HEMT）以及 III-V HBT。在过去的 10 年中，CMOS（当前尖端数字和模拟电路的首选技术）已经与用于射频和毫米波应用的 III-V 技术成为了竞争对手。此外，由于现代数字电路需要的大量晶体管（大约数十亿）中的每个晶体管都非常便宜。廉价的电路生产过程将使片上系统（SoC）毫米波无线电成为可能，它是所有模拟和数字无线电组件在一个芯片上的完整集成。对于毫米波通信，半导体行业已准备好生产具有成本效益的大众产品。

图 1.5　SiliCon Image 的第三代 60 GHz 无线高清芯片组

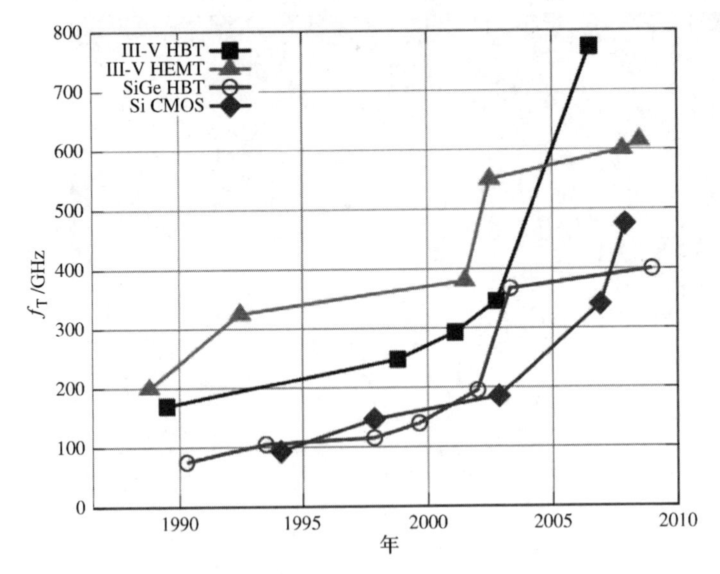

图 1.6　几种半导体技术中晶体管可实现发射频率的发展

无线个人局域网(WPAN)提供了首个使用 60 GHz 频段的短距离毫米波的大众市场商业应用。3 种主要的 60 GHz WPAN 规范是 WirelessHD、IEEE 802.11ad(WiGig)和 IEEE 802.15.3c。WPAN 支持移动和外围设备的连接，典型的 WPAN 实现如图 1.7 所示，其中可以使用图 1.5 所示的产品。WPAN 通常将诸如移动电话和多媒体播放器的移动设备互相连接，并可与台式计算机连接。将数据速率提高到超过当前的 WPAN(如蓝牙和早期的超宽带)速率，是 60 GHz 解决方案的第一推动力。2008—2009 年发布的 IEEE 802.15.3c 国际标准，WiGig 标准(IEEE 802.11ad)和早期的 WirelessHD 标准，为短距离数据网络(≈10 m)提供了设计方案。所有标准在其首次发布时都保证(在有利的传播方案下)提供若干 Gbps 速率的无线数据传输，以替代支持 USB、IEEE 1394 和吉比特以太网的电缆。目前，WPAN 最流行的应用是使用高清多媒体接口(HDMI)作为电缆的替代来提供高带宽连接，并且 HDMI 正在消费者家庭中迅速普及。60 GHz 硅器件的集成度不断提高，使其在小型物理平台上得以实现，而 60 GHz 的大规模频谱分配允许媒体流避开数据压缩技术的限制，数据压缩技术在低频率、带宽资源少时很常见。放宽压缩要求降低了对信号处理和编码电路的要求，从而降低了设备数字化的复杂性，因此具有很大的吸引力。这可以在更小的外形尺寸条件下具有更低的成本和更长的电池寿命。由于“无线千兆联盟”(WiGig)的重大技术突破和营销上的努力，IEEE 802.11ad 标准被设计为同时包含 WPAN 和 WLAN 功能，适用于笔记本电脑、平板电脑和智能手机的 WiGig 兼容设备刚刚开始在全球上市，而符合 WirelessHD 标准的设备自 2008 年就已经开始上市了。如图 1.8 所示，60 GHz 将在高清多媒体系统中扮演这一角色。60 GHz 提供了足够的频谱资源，无需复杂的联合信道/源编码策略(如压缩)，比如在 5 GHz 频率下工作的无线家庭数字接口(WHDI)标准。目前，60 GHz 是唯一具有足够带宽的频谱，能够提供无线 HDMI 解决方案，而且可随着未来高清电视技术的进步而扩展。

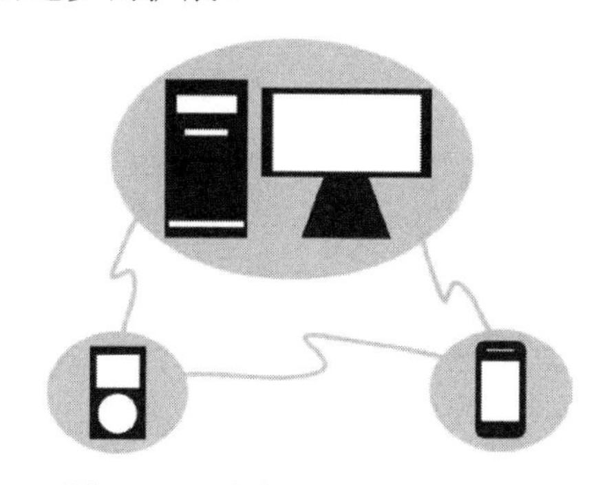

图 1.7 无线个人局域网(WPAN)

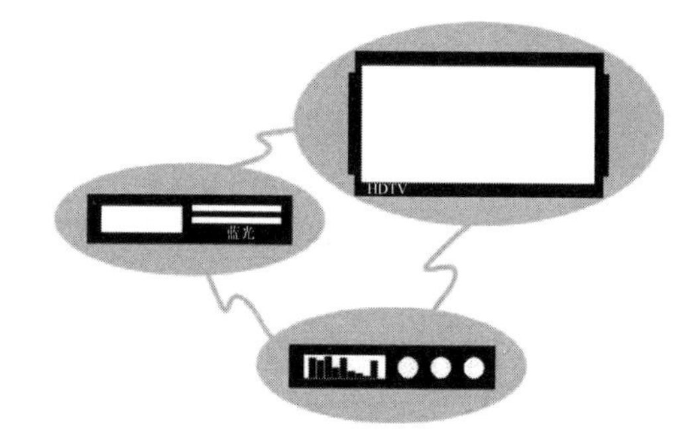

图 1.8 多媒体高清(HD)数据流

比 WPAN 通信范围更广的 WLAN 也采用了 60 GHz 频段的毫米波技术。如图 1.9 所示，WLAN 通过无线接入点将计算机联网，可与其他有线网络或互联网连接。WLAN 通常承载互联网流量，是免授权频谱的一个受欢迎的应用。采用 60 GHz 和其他毫米波技术的 WLAN 提供与吉比特以太网相当的数据速率。IEEE 802.11 ad 和 WiGig 标准还提供混合微波/毫米波 WLAN 的解决方案，正常操作时使用微波频率，在 60 GHz 路径良好的情况下使用毫米波频率 WLAN 是免授权频谱的一种普遍应用，被广泛地应用到智能电话、平板电脑、消费设备和汽车中。目前，大多数 WLAN 设备都在 IEEE 802.11n 标准下运行，并且能够以每秒数百兆比特的速度进行通信。IEEE 802.11n 通过多输入多输出(MIMO)来充分利用多个发射和接收天线。这些设备最多可携带 4 根天线，并在 2.4 GHz 或 5.2 GHz 免许可频段工作。在 IEEE 802.11n 之前，标准的改进(在数据速率能力方面)基本上是线性的。也就是说，对于下一代设备，新的标准是在以前标准的基础上进行改进的。然而，下一代 WLAN 有两种吉比特通信标准：IEEE 802.11ac 和 IEEE 802.11ad。IEEE 802.11ac 通过更高阶的星座、每个设备更多的可用天线(最多 8 个)以及微波频率(5 GHz 载波)下高达 4 倍的带宽直接升级到 IEEE 802.11n。IEEE 802.11ad 采用了一种革命性的方法，即在毫米波频率(60 GHz)下利用 50 倍以上的带宽。它得到了设备制造商的支持，他们认识到了毫米波频谱在下一代应用的持续带宽扩展中的重要作用。IEEE 802.11ad 和毫米波技术将是支持无线通信的关键，其速率不仅与吉比特以太网，而且还与十吉比特太网及更高的速率相比拟。60 GHz 和毫米波 WLAN 面临的最大挑战是高效率射频、相控阵天线和电路的开发，以及毫米波在传播某些材料时所经历的高衰减。目前采取了许多策略来克服这些难题，包括 60 GHz 直放站/中继站、自适应波束控制、用铜缆或光纤布线或较低微波频率进行普通运营的有线/微波/毫米波混合 WLAN 设备，以及利用 60 GHz 路径损耗的毫米波应用。尽管 WPAN 和 WLAN 网络架构提供了不同的通信能力，但包括松下、SiliCon Image、Wilocity、联发科技、英特尔和三星在内的几家无线设备公司在这两种技术上均进行了积极投资。

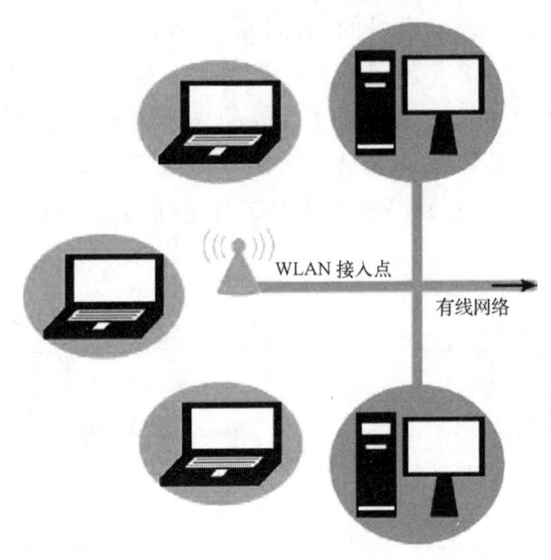

图 1.9　无线局域网

毫米波技术也被用于蜂窝系统中。如图 1.10 所示，毫米波无线通信最早的应用之一是沿视距(LOS)路径回传吉比特的数据。如果部署非常高增益的天线，则传输范围大约可达到 1 km 量级。然而，直到现在，60 GHz 和毫米波回传在很大程度上被视为一个小众市场，并没有广泛地引起人们的兴趣。传统的 60 GHz 回传物理层(PHY)设计采用昂贵的组件来保证高可靠性和距离最大，从而导致设备体积庞大并降低了与有线回传相比的成本优势。然而，一种新的无线回传的应用正在兴起。蜂窝系统的密度正在增加(导致基站之间的距离不大于 1 km)。同时，蜂窝基站需要更高容量的回传链路以便提供移动高速视频，并实现先进的多小区协作策略。如果无线回传设备能够充分利用最新的低成本毫米波硬件，则它们有可能以更低的成本满足这种不断增长的需求，还可提供更大的基础设施灵活性。此外，回传系统正在研究 LOS MIMO 策略，以便将吞吐量扩展到光纤容量[SST+09]。为了实现空间再利用，运营商继续减小蜂窝小区的规模，每个基站的成本也将随着它们在城市分布更密集而下降。因此，无线回传对于网络的灵活性、快速部署和降低持续运营成本至关重要。因此，无线回传很可能再次成为 60 GHz 和毫米波无线通信的重要应用。实际上，我们可以设想未来蜂窝和 WLAN 基础设施能够使用毫米波频谱同时处理回传、前传和定位链路。

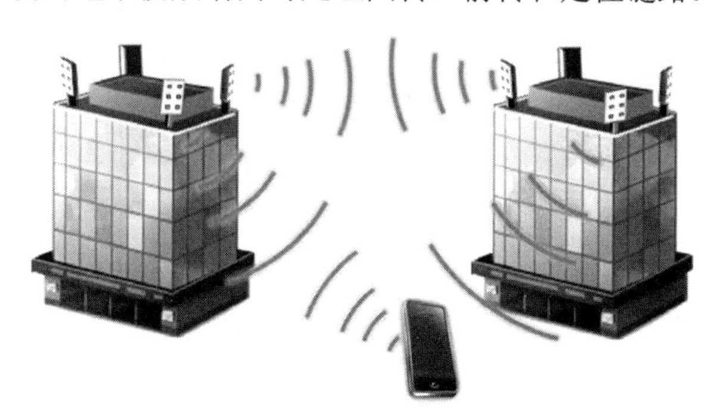

图 1.10 无线回传和中继可用于将多个小区站点和用户连接在一起，替换或增强铜缆或光纤回传解决方案

预计毫米波将在第五代(5G)蜂窝网络中发挥主导作用。在过去几代蜂窝技术中，各种 PHY 技术已经成功地实现了超高水平的频谱效率(b/s/Hz)，包括正交频分复用、多天线和有效的信道编码[GRM+10][STB09][LLL+10][SKM+10][CAG08][GMR+12]。异构网络、多点协作传输、中继以及大规模部署的小单元或分布式天线有望进一步提高区域频谱效率($b/s/Hz/km^2$)[DMW+11][YHXM09][PPTH09][HPWZ13][CAG08][GMR+12]。如图 1.11 所示，由于部署在蜂窝系统的超高频和微波频段中可用的带宽极为有限，因此区域频谱效率备受关注。所有蜂窝技术的全球频谱带宽分配不超过 780 MHz。目前，为运营商分配的频谱被分解成不相交的频带，每个频带拥有各自不同的传播特性和建筑物穿透损耗的无线网络。每个国家的主要无线供应商在其可用的所有不同蜂窝频段中至多有大约 200 MHz 的频谱。毫米波蜂窝将使用未开发的毫米波频谱来改变当前的运营模式。

蜂窝系统可以在当前饱和的 700 MHz～2.6 GHz 无线频谱外增加毫米波频率来进行无线通信[KP11a]。将目前毫米波频段应用较成熟的、经济有效的 CMOS 技术与移动用户和基站中的高增益可调天线相结合，可增强毫米波无线通信的可行性[RSM+13]。毫米波频谱使服务供应商可以提供更高的信道带宽，远远超出 4G LTE 用户可用的 20 MHz。通过增加移动无线信道的射频信道带宽，可以增大数据容量，减少数字通信的延迟，从而支持更好的基于因特网的接入和需要最小延迟的应用。考虑到毫米波在带宽和新功能方面的巨大飞跃，在人口密集地区，基站到设备的链路以及基站之间的回传链路将能够处理比当今的蜂窝网络更大的容量。

使用毫米波频率的蜂窝系统很可能部署在授权频谱中，如 28 GHz、38 GHz 或 72 GHz，因为授权频谱可以更好地保证服务质量。目前，28 GHz 和 38～39 GHz 频段可提供超过 1 GHz 带宽的频谱配置，70 GHz 以上的 E 频段可提供超过 14 GHz 带宽的频谱配置[Gho14]。28 GHz 和 38 GHz 的频谱被授权可用于移动蜂窝和回传，它最初计划在 20 世纪 90 年代后期供 LMDS 使用[SA95][RSM+13]。

波段	上行链路/MHz	下行链路/MHz	载波带宽/MHz
700 MHz	746～763	776～793	1.25 5 10 15 20
AWS	1710～1755	2110～2155	1.25 5 10 15 20
IMT extension	2500～2570	2620～2690	1.25 5 10 15 20
GSM 900	880～915	925～960	1.25 5 10 15 20
UMTS core	1920～1980	2110～2170	1.25 5 10 15 20
GSM 1800	1710～1785	1805～1880	1.25 5 10 15 20
PCS 1900	1850～1910	1930～1990	1.25 5 10 15 20
Cellular 850	824～849	869～894	1.25 5 10 15 20
数字红利	470～854		1.25 5 10 15 20

图 1.11 美国 2G、3G 和 4G 先进长期演进技术(LTE-A)的频谱和带宽分配

毫米波蜂窝通信受到的关注日益增长[RSM+13]。三星公司率先使用毫米波进行宽带接入[KP11a][KP11b][PK11][PKZ10][PLK12]，据报道，距离为 1 km 的 1 GHz 带宽的数据速率在 400 Mbps～2.77 Gbps 之间。诺基亚最近证明，73 GHz 可用于提供峰值超过 15 Gbps 的数据速率[Gho14]。在文献[RQT+12][MBDQ+12][RSM+13]和[MSR14]中对毫米波波段的传播特性进行了评估。结果表明，由于载频较高，非视距条件下的路径损耗稍大于目前的超高频和微波波段。散射效应导致弱信号成为分集的重要来源，并且非视距路径较弱，使得阻塞和覆盖空洞更加明显，因此在毫米波频率下散射效应变得十分重要。为了实现高质量的链路，基站和手机都需要定向波束赋形，以改善传播质量[GAPR09][RRE14]。用于波束赋形的混合架构看起来极具吸引力，因为它们在有限硬件条件下可以实现定向波束赋形和更复杂形式的预编码[EAHAS+12a][AELH13]。毫米波应用于皮蜂窝网络也很有前景[ALRE13]，与目前的 3GPP LTE 4G 蜂窝部署相比，其数据速率提高了 15 倍。[RRE14]的工作表明，与纽约市的先进 4G LTE 网络相比，其用户数据速率提高了 20 倍以上。[BAH14]的结果显示，与和其竞争的微波技术相比，毫米波技术有了 12 倍的改善，并且[ALS+14][RRE14]和[Gho14]中的结果预测了如果使用毫米波技术，其容量可增加 20 倍或更多。随着 5G 的不断发展和应用，与 4G 相比，我们认为主要的区别在于在未开发的毫米波频段具有更大的频谱配置、在移动设备和基站都使用高方向性波束赋形天线、电池寿命更长、中断概率更低、在大部分覆盖区域中具有更高的比特率、基础设施成本更低、许可和免许可频谱中同时使用的用户总容量更高，实际上创建了一种大规模数据速率蜂窝通信和 WiFi 服务融合的用户体验。

如图 1.12 所示，毫米波蜂窝网络的结构与微波系统的结构有着很大的不同。基站通过视距和非视距信道与用户通信(并干扰其他蜂窝小区中的用户)，可以是直接通信，也

可以通过诸如毫米波超宽带中继等异构基础设施通信。定向波束赋形会在基站和手机之间形成高增益链路，并有助于减少蜂窝外的干扰，这意味着可以实现更有竞争力的空间复用。例如，回传链路可以共享相同的毫米波频谱，允许快速部署，并通过基站之间的合作实现网状连接。毫米波蜂窝也可以利用微波频率，例如，使用幻影蜂窝概念[KBNI13]，控制信息以微波频率发送，数据(如果可能)以毫米波频率发送。

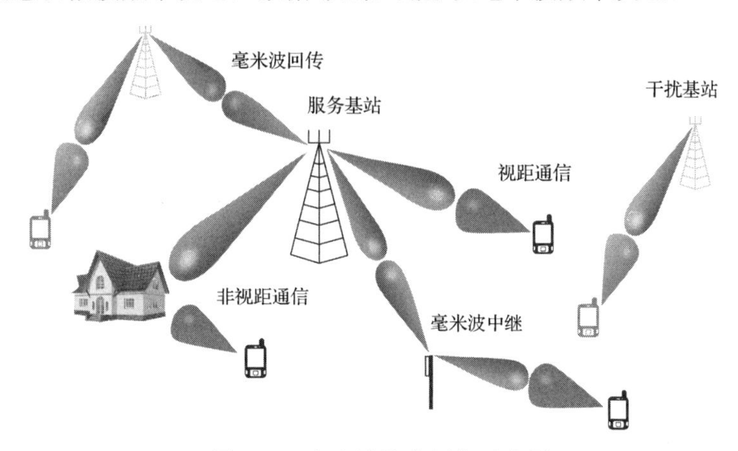

图 1.12 毫米波蜂窝网络示意图

许多大学都设立了毫米波无线通信研究项目。英格兰萨里大学已经建立了 5G 移动技术研究中心，旨在促进英国通信的研究和创新[Surrey]。纽约大学(NYU)最近成立了纽约大学无线研究中心，为未来的毫米波无线设备和网络提供新技术和基础知识[NYU12]。奥尔堡大学的毫米波研究工作也十分活跃。得克萨斯大学奥斯汀分校的无线网络和通信小组(WNCG)有一个包括毫米波的 5G 蜂窝技术创新研究项目[Wi14]。阿尔托大学也积极进行着毫米波的研究工作。南加州大学、加州大学圣巴巴拉分校、加州大学伯克利分校、加州理工学院、布里斯托大学和韩国科学技术院(KAIST)都是其中的一部分，它们为未来的无线网络进行了大量有关毫米波的研究。

WPAN、WLAN 和蜂窝通信标志着应用毫米波技术的大众消费应用的开始，我们将发展到一个数据从云端传输到云端的世界，并以今天无法想象的数量相互传输。我们相信，毫米波只是为生活方式带来重大变化和新产品的“冰山一角”，它将吸引新一代具有能力和专业知识的工程师和技术人员的加入。未来将使内容发布方式发生革命性的变化，并将彻底改变许多电子设备的外形尺寸，从而促使许多其他类型的网络中使用更大的毫米波带宽，远远超过 60 GHz[RMGJ11][Rap12a]。然而，要实现这一目标，必须克服许多挑战。尽管我们预测，通过毫米波频段高度集成的数字和模拟电路的持续发展，价格低廉的超宽带无线蜂窝和个人区域网将得以启用，但我们并不认为未来所有的发展将由固态工艺工程师独自承担。未来的无线工程师不仅需要了解通信工程和无线系统的设计原理，还需要了解电路设计、天线和传播模型以及毫米波电磁理论，以便成功地协同设计未来的无线解决方案。

1.2 技术前瞻：毫米波技术实施中可能面临的挑战

实现毫米波通信所面临的挑战涉及通信多层结构中的许多层。在物理层的硬件层面，天线是一个主要的挑战。为了最大限度地降低成本，毫米波芯片组供应商可能更愿意通过将天线或天线阵列直接整合到芯片或封装中来利用这种短载波波长。要实现最简单和成本最低的解决方案，高增益单芯片解决方案具有很大的吸引力[RGAA09]。然而，单天线解决方案必须克服片上低效率的难题，而封装天线必须克服有耗封装互连的难题。毫米波系统还可以在封装上或在高介电常数材料的电路板上使用许多紧密间隔的远小于 1 cm 的天线。自适应或波束切换天线阵列可以提供所需的发射和接收天线增益，但需要在物理层和数据链路层的信号处理层进行协议修改，以引导波束。

低成本毫米波电路的基础是使用 CMOS 或 SiGe 技术。绝缘体上硅薄膜(SOI) CMOS 工艺对高端应用也有很大的吸引力，因为它们可以降低寄生电容和电感值，从而提供较好的品质因数。然而，与器件沟道和衬底相互结合的标准 CMOS 相比，SOI 工艺的成本有所增加。由于目前 CMOS 工艺已达到数百吉赫兹的转换频率，因此配有数字基带和毫米波模拟前端的单片毫米波系统是可行的。片上集成还将促进混合信号均衡[TKJ+12][HRA10]等技术的发展，与多芯片解决方案相比，这些技术可提高整个系统的性能。遗憾的是，芯片代工厂尚未提供在毫米波频率下的制造设计套件(PDK)中工艺材料的相对介电常数和损耗角正切，使得早期开发人员在提供这些关键参数之前要对其进行测量。

毫米波通信的信号处理也面临着新的挑战。虽然毫米波无线链路可以用传统的线性复杂基带系统理论进行建模，但毫米波无线传播的特性与毫米波硬件设计要求相结合，会在物理层上产生独特的设计决策。调制和均衡算法的选择必须权衡波束控制的复杂度和均衡的复杂度。例如，使用全向天线的毫米波系统可能会因多径信道而遭受严重的码间串扰，这会导致到达接收机的连续符号重叠并相互干扰[Rap02]。图 1.13 通过模拟具有脉冲噪声的室内无线信道脉冲响应模型仿真(SIRCIM)6.0，说明了典型的全向接收的 60 GHz 脉冲响应的时间和空间变化，并显示了多径分量如何引发数十或甚至数百纳秒的延迟。图 1.13 所示的信道具有 65.9 ns 的时延扩展，这可能会在数十到数百个符号周期内传播 60 GHz 信号(例如，如此大的扩展将对在 IEEE 802.15.3c 标准下的单载波物理层中的信号造成超过 120 个符号的混叠。)[DMRH10]。在这种环境下运行的设备要么需要物理层中的非线性均衡算法，要么需要很长的均衡周期，这两者都会增加设备的复杂性(可能会消除 60 GHz 相对于低频系统在数字复杂性上的优势)。诸如天线阵列一类的定向波束控制天线可以减小设备接收到的均方根延迟扩展，但是波束控制也会带来额外的计算负担。

在物理层之上，毫米波设备的介质访问控制(MAC)的设计也必须考虑其特殊的因素。波束控制的大部分计算负担将落在 MAC 层。除了通过波束控制和调制算法的最优协同设计降低复杂性外，波束控制还提出了与网络中相邻节点发现、隐藏和暴露相关的问题。相邻节点发现是管理链路激活和维护的链路协议，对于波束控制和移动设备来说尤其复杂。由于已协调的通信设备无法阻止干扰设备的发射，隐藏节点问题在具有全向天线的微波系统中已经具有很大的挑战性。增加方向性很强的毫米波天线(以对抗毫米波路径损耗)只会加剧这一问题。由于毫米波天线“许可”信号的方向性[DMRH10]，如果应用传统 MAC 协议，因受干扰而无法通信的暴露节点在毫米波中更有可能出现。

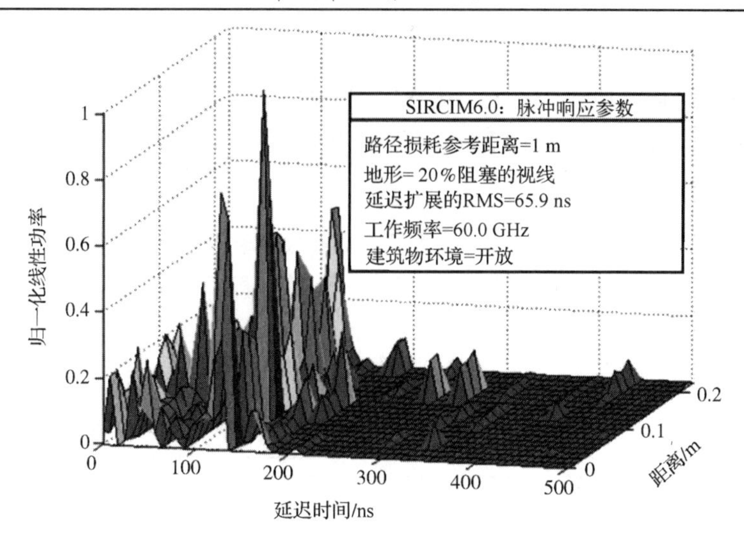

图 1.13　长延迟扩展表征宽带 60 GHz 信道，除非采用定向波束赋形，否则可能导致严重的码间干扰

1.3　毫米波通信的新兴应用

工作在 60 GHz 的 WPAN 和 WLAN 只是毫米波通信革命的第一步。除了首先提供面向大众的毫米波设备和加强跨学科的通信设计外，60 GHz 通信还将对其他网络技术产生重大影响。数据中心可以通过使用毫米波通信链路将计算机互联以获得高带宽、高灵活性和低功耗，从而降低成本。此外，计算平台可以用高速无线互联代替有耗的有线互联。数据中心和计算平台共同通过新的、非传统无线应用扩展了云计算的范围。蜂窝通信系统利用毫米波提供更高的带宽来解决频谱不足的问题，应用于移动网络、点对点数据传输和同一频段内的回传。然而，并非所有 60 GHz 和毫米波无线设备的新兴应用都是史无前例的。无线链路回传、宽带蜂窝通信、车内通信、车间通信和航空航天通信一直都是科学研究和市场应用的对象。然而，毫米波技术的一些突破希望将这些应用最大可能地带入到更大的市场。

1.3.1　数据中心

为了适应互联网和基于云的应用的发展，互联网服务提供商和主要门户网站每年都在建设数千个数据中心。所有主流的互联网公司，包括谷歌、微软、雅虎和亚马逊，都使用数据中心在全球互联网上进行分发处理、内存存储和高速缓存。随着多媒体内容（如高清电影）越来越多地通过互联网传输，数据中心的建设速度也一直在提高。数据中心的建设速度可与早期移动电话行业快速建设的基站塔楼相比拟。

单个数据中心通常提供数千个共址计算机服务器[BAHT11]。每个数据中心可以消耗高达 30 MW 的电力，相当于一个小城市的电力消耗，并且必须建在大型水源（例如湖泊或河流）附近以满足制冷要求。值得注意的是，典型的数据中心中超过 30%的功耗用于冷却系统、交换机以及服务器之间的宽带通信连接/电路。随着互联网在有线和无线连接上的不断扩展，宽带电路可能会成为难题[Kat09]。

数据中心有 3 种类型的通信：芯片到芯片、机柜到机柜和机架到机架(小于 100 m)。目前，数据中心采用有线连接进行这 3 种类型的数据通信。机架到机架和机柜到机柜的通信采用铜线电连接，是目前最大的瓶颈。表 1.1 比较了不同铜缆解决方案的每个端口功率、覆盖范围和链路成本。

表 1.1 数据中心内计算机互联技术选择的代表性样本

解决方案	单端口功率/W	端口类型	可连接长度	连接方式	连接费用
CX4	最高 1.6 W	专用铜 SAS SFF8470	最长 15 m	4 个 3.125 G 铜质通道，采用大剖面套管	$250
10GBASE-T	～4 W	专用铜 RJ45	30 m(或 100 m)	CAT5/CAT6 铜缆	$500
有源双轴电缆	1 W	热插拔 SFP+或 XFP	最长 30 m	薄剖面双轴铜电缆	$150
10GBASE-SR	1 W	热插拔 SFP+或 XFP	最长 300 m	光学玻璃纤维	$500

解决方案	单端口功率/W	加利福尼亚电力公司 $/kWh	年花费	每年每 1600 个端口 CO_2 排放量/吨	每个数据中心集群每年的运营成本/$K
CX4	最高 1.6 W	20.72	$291	17	465
10GBASE-T	～4 W	20.72	$727	42	1162
有源双轴电缆	1 W	20.72	$182	11	291
10GBASE-SR	1 W	20.72	$182	11	291

由于金属线信号损耗随频率的增加而增加，数据中心内的宽带有线连接将无法满足未来的带宽需求。数据中心预计将转而使用其他技术。例如，图 1.14 显示了在更大的范围或更高的功率下，与铜互连相比，光纤互连的成本和功率优势。结果表明，在有线传输中光纤连接比铜线电连接更易获得更高的数据速率。然而，这两种电缆技术都有缺点。例如，电连接通常在 FR4[一种用于制造印制电路板(PCB)的常用材料]中具有较低的带宽和较高的介电损耗，而光纤连接通常不是标准化的，且安装可能比较昂贵。

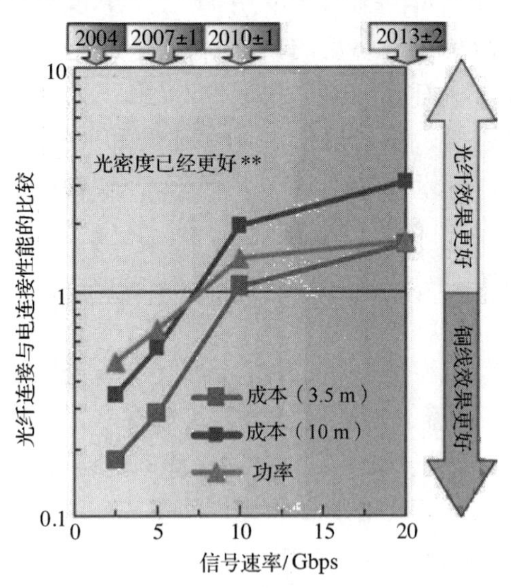

图 1.14 短电缆的光纤连接和电连接的成本和功率的比较

使用 60 GHz 的毫米波无线通信是数据中心有线连接的替代方案，可以获得更低的成本、更低的功耗和更高的灵活性。例如，10 m 无线 60 GHz 链路的功率预算为：功率放大器之前消耗 200 mW(例如，通过混频器或压控振荡器)，发射机/天线功率放大器消耗

200 mW，以及在通道/天线中消耗 600 mW，总功率为 1W[Rap12b][Rap09]，这与表 1.1 中的解决方案相仿。无线解决方案允许灵活地设计数据中心，如放置服务器，并允许重新配置。更灵活的设计、电缆和导管数量的减少，可以更好地安置热源，从而降低对冷却和电源的要求。

1.3.2 替代芯片上的有线互连

如图 1.15 所示，用于连接独立的 60 GHz 的设备的集成天线可作为用于连接单个芯片上或封装内，或近距离内不同组件的天线的前身。这些链路可用于功率组合，或更严格地说，用于信号传递。Gbps 数量级的数据链路将使内存设备和显示器完全无连接化。未来的计算机硬盘可能会变形为个人存储卡，并可能嵌入衣物中。早在 20 世纪 80 年代中期，人们就对用于功率组合的片内天线连接进行了评估[Reb92]，但当时高频系统市场是有限的，这项技术超前于时代。许多研究人员使用高度集成的天线[OKF+05]对片上或封装的无线信号传输(即无线互连)进行了实验。这项研究表明数字电路设计面临几个挑战，包括时钟偏差[FHO02]和互连延迟[ITR09]①②。在这些挑战中，互连延迟可能是最重要的考虑因素。国际半导体技术发展蓝图(ITRS)将互连延迟确定为影响高性能产品的关键。

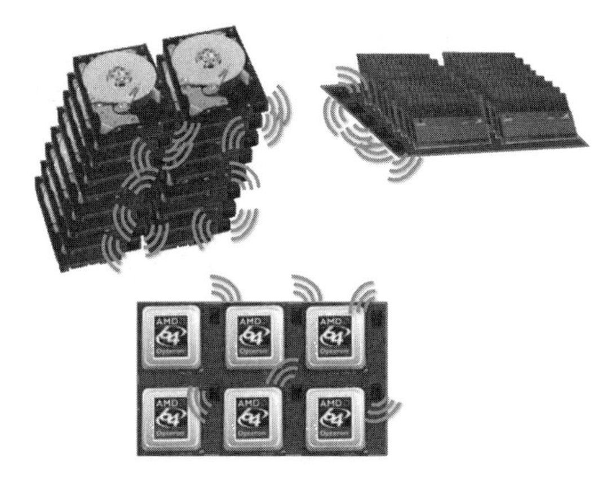

图 1.15 毫米波无线技术将使当今计算和娱乐产品的外形发生巨大变化

芯片上使用的铜线互连的带宽也是一个重要问题。当时钟频率增加时，由于金属线的电阻随频率的增加而增加，通带带宽将会减小。除趋肤效应和邻近效应外，金属表面电阻与频率的平方根关系也会表现出来，这也增大了电阻。片上天线或内置天线可以缓解这些问题，因为它会减少信号经过的导线总长度。因此，为 60 GHz 系统开发的天线可以在芯片或封装内需要极高数据速率的许多未来应用中发挥作用。

1.3.3 信息倾注

随着毫米波频段巨大的频谱资源和低成本电子产品的出现，信息传输将变得无处不在，而且几乎没有限制。用位于建筑物入口、走廊、道路入口坡道和灯柱的大带宽无线链路取

① 时钟偏差限制了数字芯片的尺寸，因为随着芯片变大，组件的同步性降低。

② 互连延迟是信号通过芯片上不同组件之间的连接传播所需的时间。

代铜线，很快就可以在人们行走或驾驶时将整个信息库传送给他们。以今天的学生为例，他们在课间背着一个沉重的书包。未来使用无线设备的用户将从无处不在的毫米波频率的大量可用带宽中受益，如图 1.16 所示，通过使用称为信息倾注的技术，无论学生是否知晓，都可以在几秒内传输大量内容。

内存存储和内容传输将因信息倾注技术发生革命性的变革，使实时更新和访问最新版本的书籍、媒体和 Web 内容变得无缝且自动。未来的学生只需要一个手持通信器就可以获得他整个教育生涯的所有资料，在几秒内下载，并通过持续访问信息倾注器进行更新。此外，对等网络将使不同用户之间能够进行非常近距离的无线通信，从而使单个用户的大批量下载可以被共享，从而增加附近其他用户的内容。信息倾注器将利用蜂窝和个人区域网，使未来的消费者可以使用低功耗和轻巧的设备，这些设备将取代当今笨重且耗电的电视机、个人计算机和印刷品。

图 1.16　当用户在日常生活中行走或驾驶时，若干 Gbps 的数据传输速率将使用户能够实时下载大量内容

1.3.4　未来的家庭和办公室

未来几十年，随着毫米波设备和产品的发展，我们的家庭和办公室的布线方式将发生根本性的变化。随着网络服务器上的内容越来越接近网络边缘，我们的家庭和企业所承载的带宽将以数量级的速度激增。此外，我们所依赖的无线设备数量将大幅增加[Rap11][RMGJ11]。如图 1.17 所示，今天的互联网电缆可能会被大带宽的毫米波无线网络所取代，从而无须使

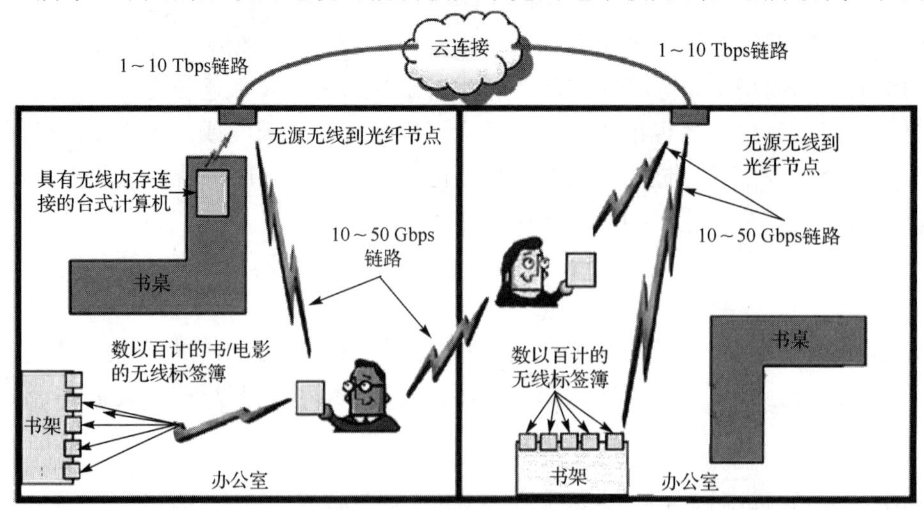

图 1.17　未来的办公室将在建筑物的房间内和房间之间用光纤到射频的互连取代布线和有线端口

用互联网和电话服务的有线端口。大量的低功耗无线存储设备将取代体积庞大、效率低下的书籍和硬盘。随着无线通信的复兴，我们的个人设备通过每秒传输数吉比特数据的大带宽数据链路进行连接，因此，在一个房间内和房间之间通过无线访问信息将成为常态。即使是今天的建筑布线(如 CAT6 以太网电缆)也将被低成本、高带宽、可快速部署的无线系统所取代，这些无线系统具有可切换的波束，可以适应任何建筑规划的覆盖范围和容量。本书后面的章节提供了涉及此类系统所需的技术细节。

1.3.5 车辆领域的应用

毫米波在汽车领域有许多应用。目前正设法在汽车内实现宽频通信，以拆除汽车设备的有线连接(例如仪表盘 DVD 播放器和后座显示器之间的电线)，并为车内的便携式设备(例如 MP3 播放器、手机、平板电脑、笔记本电脑)提供多媒体连接。毫米波无法轻易穿透和干扰其他车辆的网络(车辆穿透损失很大)，因此它对车内通信有很大的吸引力。如图 1.18 所示，车辆外还有其他应用，车辆到车辆(V2V，简称车到车)通信可用来避免碰撞或交换交通信息。车辆到基础设施(V2I)连接还可用于传送交通信息或扩展移动宽带网络的覆盖范围。高多普勒和易变的 PHY 和 MAC 情况增加了维持链路的开销，发射机离地高度的不足限制了所连接网络与汽车之间的通信距离，使得在毫米波上实现车间通信具有很大的挑战性。虽然目前车到车标准 IEEE 802.11p 使用分配给智能交通系统的 5.9 GHz 频段，但 24 GHz 和 77 GHz 的毫米波传输已经被用于自动驾驶雷达和巡航控制。可以预见，毫米波将在未来几年内进入其他车载应用领域。

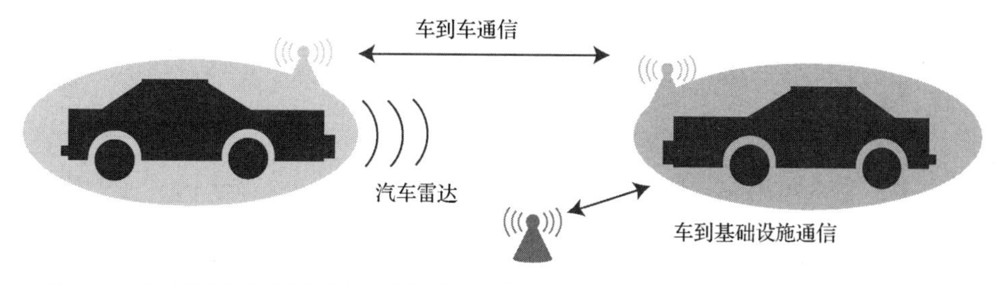

图 1.18 毫米波在车辆中的不同应用，包括雷达、车到车通信和车到基础设施通信

1.3.6 蜂窝通信和个人移动通信

当今全球的蜂窝网络使用的频率都在超高频和较低的微波频段，400 MHz～4.0 GHz 之间。在蜂窝无线行业发展的 40 年中，仍旧是使用这些频率相对较低的频带[RSM+13]。即使在今天，世界各国政府仍继续分配这些频带内的微小频谱(例如，数十兆赫兹)以用于部署基于 LTE 标准的第四代(即 4G)蜂窝技术。

然而，对蜂窝数据的需求一直在以惊人的速度增长，产能预测清晰地表明蜂窝网络将需要比以往任何时候都多的频谱分配。保守估计，每个用户的数据消费每年增长 50%～70%。一些无线运营商(如中国移动)，已经报告了更大的数据消费增长(例如，从 2011 年到 2012 年，每位用户的数据消费每年增加 77%)，而且运营商网络上的视频和实时流媒体流量仍在持续增长。这种趋势只会随着时间的推移而加速，特别是随着新的社交网络和机器对机器应用的发展以及物联网的实现[CIS13]。

无线通信界逐渐意识到毫米波频率的无线电传播(被称为“超 4G”，并被一些早期研究人员称为“5G”)不仅可行，而且在使用小型化、高增益定向可调天线、空间复用、新的低功率电子设备、先进的信号处理技术，并具有数十吉赫兹带宽的闲置或很少使用的频谱时，可能比今天的蜂窝网络具有更大的优势。关键技术组件即将成熟，它可以使未来使用蜂窝无线架构的毫米波无线网络具有 Gbps 量级的移动数据速率。

最近的容量研究结果表明，未来的毫米波蜂窝网络可能使用 1 GHz 或 2 GHz 带宽的信道，而不是 LTE 的 40 MHz 射频信道带宽，并且通过在相对较小的小区(半径不超过 200 m)场景中使用时分双工(TDD)，终端用户的数据速率将很容易比大多数 LTE 网络高 20 倍，从而为手机用户提供 Gbps 量级的移动链路[RRE14]。

如本书的其余章节所述，特别是在第 3～8 章，10 GHz 以上的频率是蜂窝通信领域的新前沿，因为在该条件下许多更大数量级的带宽资源可供立即使用。毫米波蜂窝的较小波长可以利用信道中的时、空多径来实现容量增益，且其方式远优于当今的 4G 无线网络。当波束赋形和空间复用带来的额外容量增益与毫米波载波频率下可用的更大信道带宽相结合时，低成本的超宽带移动通信系统将得到发展，其数据速率和系统容量将比今天的无线网络大几个数量级。

随着当今的移动用户对视频和基于云的应用的需求越来越大，这种容量的提高不仅是必要的，而且当考虑到过去 40 年中符合摩尔定律的进步给计算机时钟速度和内存大小带来类似的数量级增长时，这种容量的提高也是合理的。无线通信，尤其是蜂窝和 WiFi 网络，将通过使用比以往任何时候都大的带宽来实现数据速率的大幅增长，而且这种巨大的带宽将为手机用户带来新的架构、功能和应用[PK11]。这些进步将带来无线通信的复兴[Rap12a]。

1.3.7 航空航天领域的应用

由于信号在氧气中会被显著吸收，60 GHz 频段非常适用于必须避免地面窃听的航空航天通信[Sno02]①。因此，许多频谱规范规定，包括美国的 FCC 规定[ML87]，已经为星间通信分配了 60 GHz 频段。卫星间通信链路是视距(LOS)信号，卫星系统的特殊设计考虑导致很少有技术转换到普通消费级应用。如图 1.19 所示，毫米波在飞机上的应用包括为座椅靠背娱乐系统、无线蜂窝和局域网提供无线连接。智能直放站和接入点将实现回传、覆盖和选择性流量控制。飞机上的多媒体分送是一种新兴的 60 GHz 航空航天应用，可以减少机舱布线[GKT+09]。60 GHz 信号的国内定位和大量带宽资源使 60 GHz 与微波频率相比更有吸引力[BHVF08]。遗憾的是，为了保护卫星间通信免受飞机内无线应用的影响，目前法规不允许在飞机上进行 60 GHz 无线通信。然而，随着工业界压力的增大以及网络共存可行性的论证，未来的监管可能会发生变化。此外，随着毫米波无线技术的成熟，更多的高衰减波段，如 183 GHz 和 380 GHz，将在航空航天中得到应用。

① 图 1.3 显示 180 GHz、325 GHz 和 380 GHz 频段也非常适合难以窃听的“保密无线电”。

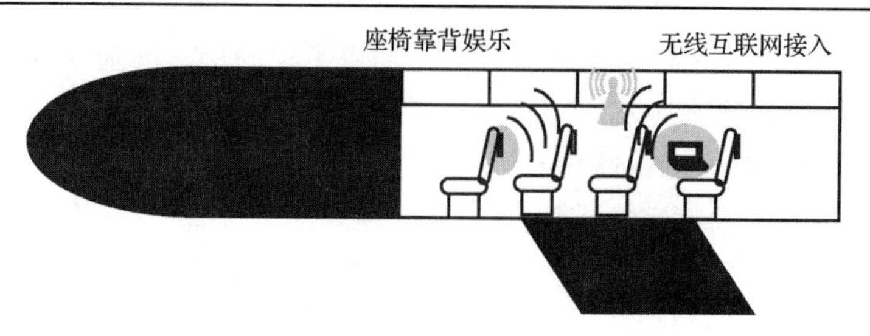

图 1.19 毫米波在飞机上的不同应用

1.4 本书的目标

如今，包括三星[EAHAS+12][KP11a][PK11]、英特尔[CRR08]、L3 技术、高通、华为、爱立信、博通、诺基亚在内的几家大公司和包括佐治亚理工学院[DSS+09]、纽约大学[RSM+13][RRE14][PR07][RBDMQ12][RQT+12][AWW+13][SWA+13][RGAA09][AAS+14][ALS+14][SR14][Gho14][SR14a][MSR14]、加州大学伯克利分校[SB08][SB09a]、加州大学洛杉矶分校[Raz08]、加州大学圣迭戈分校[AJA+14][BBKH06][DHG+13]、加州大学圣塔芭芭拉分校[RVM12][TSMR09]、佛罗里达大学[OKF+05]、南加州大学[BGK+06a]、得克萨斯大学奥斯汀分校[GAPR09][GJRM10][RGAA09][DH07][PR07][PHR09][DMRH10][BH13b][BH13c][BH14][EAHAS+12][AEAH12]和得克萨斯大学达拉斯分校[CO06][SMS+09]在内的高校都有毫米波无线设备和产品的研究项目。此外，许多关于毫米波设备和通信的教材和研究书籍[YNG91][NH08][HW11]也已面世。尽管已经有了这些研究和进展，我们仍努力撰写一本综合性的图书，从通信和网络中心的观点出发，面向未来无线系统，全面地介绍相关天线、传播、半导体、电路设计和制造等知识。有关毫米波的一些现有文献是从电路或封装领域演变而来的，缺乏通信和网络专业的基础知识。本书是独特的，因为除了基本电路设计和微电子学知识外，创建未来无线通信系统还需要对多用户通信、天线和传播以及网络理论进行深入的理解。通信和网络研究人员很少与大学中的电路设计师或半导体科学家合作，这个隔阂体现了世界无线研究方面的巨大空白。通过跨学科方法创建和制造宽带毫米波无线设备和网络，可以增强创新性和领导力。本书致力于指导工程从业者、研究人员和学生找到新的跨学科方法来创建毫米波宽带无线设备及其将形成的网络。

在本书中，我们介绍了天线、传播、半导体、模拟和数字电路、通信、网络和标准领域的最新技术，同时确定了将影响未来网络边缘通信的关键的相互依赖关系。本书通过将之前分离的半导体器件和电路设计领域的研究与天线和传播、通信和网络研究的基础知识相结合，提供了创建下一代工作在毫米波频谱前沿的设备的知识。

本书为通信工程师提供了对电路设计和基本半导体物理以及天线和传播的基础知识的介绍。这一点很重要，因为一体化设计方案的形成需要对多个领域的深刻理解。例如，模数转换器可以通过简单的二进制调制来简化甚至消除，甚至是使用像开关键控或差分相移键控这样简单的方法，而不是使用高阶信号星座。从本质上讲，这是低成本通信效率和混合信号功率效率之间的折中。随着半导体器件不断地向更高频率扩展，将达到太赫兹(300 GHz 及以上)的范围[SMS+09]。除非具有毫米波及以上频段的核心电路设计知识，否则通信研究人员将无法研发传感器、信道测量系统和其他有助于提供基础知识[RGAA09]的关键研究工具。

本书为模拟、混合信号和射频电路设计人员提供了更高层级的基础知识，包括无线信道层面、数字信号处理和网络协议。这将有助于与通信工程师进行更好的技术交流。如今的绝大多数无线设备仍然使用由爱德华·阿姆斯特朗(Edwin Armstrong)少校在一个世纪前开发的标准超外差和零中频(直接转换)架构，所以必须开发全新的接收机体系结构，将检测和存储功能融合在一起，对接收到的数据进行流水线处理，以便在低功耗条件下处理大传输带宽信号。芯片级组织存储单元的新概念需要与通信编码技术相结合，以实现未来的高效率设备，特别需要考虑到在很小的物理尺寸中实现高增益的先进天线技术，如 MIMO 和相控阵。

本书的覆盖面很广，但本质上也都是基础知识，介绍了毫米波通信、传播、天线、电路、算法、设计方法和标准中的关键知识。这些知识对于理解和平衡具有前所未有的工作带宽的无线网络的功率、容量和时延需求至关重要。

1.5 全书概要

本书的章节设计是为了让工程从业者、研究人员或学生能够快速找到关于特定主题的有用信息，这些主题是毫米波无线通信的新兴领域的核心，包括新兴的且商业上可行的 60 GHz 通信领域。每章开头都有一个引言，概述了本章的内容，每章的结尾也都有一个总结，回顾了本章的重点。第 1 章是全书的引言，激发读者对毫米波通信研究的兴趣。

第 2 章提供无线通信系统设计的背景资料。该章首先介绍复杂基带信号的表示及其与为通信提供物理信道的无线介质的关系。然后，利用复杂的基带模型，讨论离散时间无线通信系统通过数据符号的传输来发送和接收信息的设计。包括处理信道失真影响的均衡的概念以及处理信道和通信硬件损坏导致性能下降的纠错码的简要介绍。该章有一节专门介绍正交频分复用(OFDM)调制，这一技术在诸如 4G LTE 和 IEEE 802.11n 的许多商业标准中应用很广泛。最后，第 2 章以工程实现技术来结尾，包括接收机中的信号估计和检测、通信系统中射频/模拟/数字电路的架构，以及通信系统的分层。

第 3 章转入毫米波传播的基本原理的介绍，总结无线信道在 60 GHz 左右工作频率和其他毫米波频率下的物理特性。该章介绍无线信道的几种不同形式，每种都构建了一个完整的毫米波无线信道模型。该章给出 28 GHz、38 GHz 和 73 GHz 室外闹市区的城市蜂窝环境的新结果，并证明自适应天线对链路预算和减少多径延迟扩展的改善、提高。首先，总结大尺度路径损耗的测量结果，然后对毫米波信号的穿透和反射能力进行综述，这对于确定非视距通信的可行性具有重要意义。该章的一个小节专门介绍大气效应，如氧气和水分子的能量吸收对毫米波信号造成的损失。由于射线追踪对准确选择场地和部署未来的毫米波系统至关重要，因此还对室内和室外信道条件的射线追踪进行了描述。最后，结合实际移动通信场景，对室内和室外毫米波通道的时域、频域和空域特性进行总结。

第 4 章介绍天线理论的背景知识，重点介绍与毫米波通信相关的技术：封装天线和片上天线。毫米波频率下的高电缆损耗促使天线尽可能靠近信号处理端。封装集成天线是作为封装工艺的一部分而制造的天线，而片上天线是作为半导体工艺的一部分构建的天线。如果能提供高效率的设计，片上天线可能会节省成本。该章综述毫米波的潜在天线拓扑结构，包括平面天线、透镜天线、孔径天线和阵列天线。虽然许多经典教材都涉及天线的重要内容，但我们专注于未来应用于毫米波消费类电子产品的片上通信和封装天线中至关重要的概念。此外，还讨论了阵列理论和半导体的基本性质，使读者能够了解实现片上天线的挑战和方法。尽管这些方法尚处于萌芽阶段，而且在撰写本书时还未完善，但未来在30～300 GHz范围内运行的集成无线设备很可能依赖于传统超高频微波频段不使用的紧密集成技术。该章最后对使用自适应天线阵列的毫米波相关的阵列信号处理的经典方法进行综述。

第5章介绍半导体器件的基本原理，列举毫米波载波频率下的硬件设计难题，包括对射频前端中的天线和放大器等射频硬件设计问题的讨论。首先介绍与表征和测量毫米波信号相关的挑战，总结放大器的设计问题。为了解决这些挑战，定义了S参数和Y参数，并解释包括GaAs、InP、SiGe和CMOS在内的不同技术所面临的设计和成本问题。在小于10 GHz的传统频率下，因为电路尺寸远小于载波频率的波长，因此电路设计利用了集总元件假设。然而，对于毫米波频率，这些假设不成立。该章通过传输线建模详细讨论这个问题，随后总结无源和有源元件在毫米波电路中的设计问题。第5章还将详细介绍毫米波收发信机的关键模拟电路元器件，最后总结了一个新颖而强大的质量指数，即损耗因子，用于确定和比较毫米波电路或系统的功率效率。

第6章讨论数字基带问题。主要讨论都集中在模数转换(ADC)和数模转换(DAC)，它们在毫米波电路实现中消耗了大量功率。该章介绍了器件不匹配的影响、设计架构、DAC和ADC电路设计的基本原理以及实现Gbps量级速率的采样和信号再现的技术。

第7章总结60 GHz的物理层算法在毫米波系统的设计和应用。60 GHz基带算法的设计与第3章至第6章讨论的无线信道和硬件限制有内在联系。该章的开始部分介绍这些限制与物理层设计之间的关系。之后，通过有关调制、编码和信道均衡技术的内容，给出在这些约束条件下的物理层设计规则。该章的最后分析未来和新兴硬件技术的影响及其减少毫米波物理层设计约束的能力。

第8章回顾毫米波系统更高层(高于物理层)的设计问题，重点在与60 GHz以及新兴的蜂窝和回传系统相关的技术。定向波束控制的使用、毫米波信号传播的有限覆盖范围以及对诸如人体阻挡主要信号路径影响等的敏感性，都是必须在更高层解决的挑战。该章从更高层次的角度回顾关键问题，随后研究其中的细节技术。首先，更详细地描述如何将波束控制结合到MAC协议中。然后，回顾使用中继技术的多跳操作，这一技术可以获得更好的覆盖范围，并减少人体阻挡的影响。由于多媒体是室内系统的一个重要应用，本书对采用不等差错保护的视频跨层融合进行了较为详细的描述。最后，讨论利用低频控制信号进行更便捷的网络建立和管理的多频段策略。

第9章总结本书的技术内容，并总结60 GHz无线通信系统标准化工作中的设计要素。将介绍3种不同的WPAN标准，包括用于WPAN的IEEE 802.15.3c、用于未压缩的高清视频流的无线HD和ECMA-387。每种WPAN标准针对无线通信系统设计的物理层和MAC层是不相同的，该章将重点介绍其中的差异。此外，还将介绍两种不同的WLAN标准，包括IEEE 802.11ad和WiGig(是IEEE 802.11ad的基础)，它们将WLAN扩展到60 GHz频段，提供Gbps速率。

本书插图

读者可以在华信教育资源网(www.hxedu.cn)的本书链接上下载本书插图的彩色版本。

1.6 符号和常用定义

本书使用表 1.2 中的变量符号，表 1.3 对全书中的变量给出了定义。

表 1.2 本书中使用的变量符号

$\triangleq$	定义
$\star$	卷积运算符
$\boldsymbol{a}$	斜粗体小写用于表示列向量
$\boldsymbol{A}$	斜粗体大写用于表示矩阵
a, A	非粗体字母用于表示标量值
$\lvert a\rvert$	标量 a 的大小
$\lVert\boldsymbol{a}\rVert$	二维向量 $\boldsymbol{a}$
$\lVert\boldsymbol{A}\rVert_F$	Frobenius 范数
$\mathcal{A}$	书法字母表示集合
$\lvert\mathcal{A}\rvert$	集合 $\mathcal{A}$ 的基数
$\boldsymbol{A}^T$	矩阵转置
$\boldsymbol{A}^*$	共轭转置
$\boldsymbol{A}^C$	共轭
$\boldsymbol{A}^{1/2}$	矩阵平方根
$\boldsymbol{A}^{-1}$	逆矩阵
$\mathbf{A}^\dagger$	Moore-Penrose 逆矩阵
$\boldsymbol{a}_k$	矢量 $\boldsymbol{a}$ 的第 k 个值
$[\boldsymbol{A}]_{k,l}$	矩阵 $\boldsymbol{A}$ 的第 k 行第 l 列的标量
$[\boldsymbol{A}]_{:,k}$	矩阵 $\boldsymbol{A}$ 的第 k 列
$[\boldsymbol{A}]_{:,k:m}$	由矩阵 $\boldsymbol{A}$ 的行 k，k+1，…，m 组成的列
(•)	用于表示连续信号
$a(t)$	在 t 时刻的连续标量信号和值
$\boldsymbol{a}(t)$	在 t 时刻的连续矢量信号和值
$\boldsymbol{A}(t)$	在 t 时刻的连续矩阵信号和值
[•]	表示离散时间信号
$a[n]$	表示第 n 个离散时间标量信号和值
$\boldsymbol{a}[n]$	表示第 n 个离散时间矢量信号和值
$\boldsymbol{A}[n]$	表示第 n 个离散时间矩阵信号和值
$\boldsymbol{a}[n]$	表示子载波 n 处的频域中的离散时间矢量信号
$\boldsymbol{A}[n]$	在子载波 n 处的频域中的离散时间矩阵信号
log	除非另有说明，否则表示 $\log_2$

表 1.3 本书中使用的变量定义

E_s	信号能量
N_o	噪声能量
L	信道顺序
$\{h[\ell]\}_{\ell=0}^{L}$	具有 $(L+1)$ 个抽头的离散时间 ISI 信道脉冲响应
$H[k]=\sum_{\ell=0}^{L}h[\ell]\mathrm{e}^{-\mathrm{j}2\pi k\ell/N}$	频域信道传递函数

续表

$y[n]$	符号采样接收信号
$x[n]$	符号采样发射信号
$s[n]$	在预编码之前对符号采样发送信号
$\boldsymbol{I}_N$	$N\times N$ 单位矩阵
$\mathbf{0}_{N,M}$	$N\times M$ 全零矩阵
j	虚数 $\mathrm{j}=\sqrt{-1}$
$\mathbb{E}$	期望运算符
$x\sim \mathcal{N}(m,\sigma^2)$	表示 x 是高斯随机变量，具有均值 m 和方差 σ^2
$x\sim \mathcal{N}_{\mathrm{c}}(m,\sigma^2)$	表示 x 是圆对称的复高斯随机变量，具有复数均值 m，总方差 σ^2，x 的实部和虚部是独立的，实部和虚部各自的方差都是 $\sigma^2/2$
A_{eff}	天线的有效孔径(m^2)
$A_{\max}$	天线最大有效孔径(m^2)
d	发射机-接收机间隔距离(m)
EIRP	有效全向辐射功率
λ	波长(m)
c	自由空间中的光速，等于 3×10^8 m/s

1.7　本章小结

通信和网络研究人员、电路设计师和天线工程师很少在大学或行业内进行互动，这导致了毫米波无线研究的巨大空档。目前，政府或工业综合体尚未以跨学科的方式支持为确保在网络前沿无线通信的下一次革命，以及未来移动蜂窝系统的全球领导地位所需的创新技能。我们必须向研究人员传授新的跨学科策略，以在毫米波及更高频段创建不断发展的宽带无线设备和系统。为此，我们希望本书对读者来说是一个有用的指南，能够帮读者创建大量新的毫米波频段的设备和应用。

第2章　无线通信基础

2.1　引言

几乎所有现代无线网络系统(包括 60 GHz 标准和新兴的毫米波蜂窝通信系统)均是基于二进制数字数据来进行通信的，因此本章将首先介绍无线数字通信的背景。2.2 节将介绍复基带信号及其与无线通信介质的关系。复基带信号为波形传输、传播信道和接收信号提供了一种便捷通用且不依赖载频的表征方法。根据奈奎斯特采样定律，复基带通信模型也为离散时间信号提供了一种简洁的表达方式[RF91][Rap02]。

接下来我们将回顾通信收发信机的信号处理过程，包括 2.3 节中的调制与检测、2.4 节中的时域均衡以及 2.5 节中的频域均衡。在这里我们重点介绍毫米波收发系统的两个关键技术，即 2.5.1 节中的单载波频域均衡(SC-FDE)调制技术和 2.5.2 节中的正交频分复用(OFDM)技术。在 2.6 节中，为提升数据在损伤信道下的鲁棒性，总结了差错控制编码原理。2.7 节介绍数字无线通信系统中的同步原理。由于多天线系统的重要性，我们在 2.8 节中回顾多输入多输出(MIMO)通信的原理。在 2.9 节中分别对 RF、模拟、数字电路的结构选择进行讨论。最后在 2.10 节介绍通信系统的分层。

本章使用的所有例子均来自已商业应用的系统，其来源包括 IEEE 802.15.3c [802.15.3-03]、ECMA 387[ECMA10]和 IEEE 802.11ad[802.11-12]，其标准(详见第 9 章)均是公开的。请注意上述通信标准均具有多个物理层(PHY)选项，可根据需求选择建立多路收发系统。以上技术均与新兴的毫米波蜂窝应用紧密相关，其中多基站共享频谱，为广泛的区域提供全面覆盖的无线通信信号[AELH14] [ALS+14] [BAH14] [BDH14] [Gho14] [SNS+14][RSM+13][RRE14]。

2.2　复基带信号表征

现代无线通信过程十分复杂，包括数据格式化、路由、鉴权、认证等多个部分。为了简单起见，本节主要讨论通信过程的基本模型，即通过无线介质(信道)将数据位从一个设备(发射机)传输到另一个设备(接收机)。假定 $x_c(t)$ 表示连续的时间传输波形，$h_c(t)$ 表示线性时不变多径信道的脉冲响应，$y_c(t)$ 表示连续的时间接收信号。由于 $x_c(t)$，$y_c(t)$ 和 $h_c(t)$ 中的物理量(时间和电压)均为标量实数，因此这些模型在其时域及其他支撑域中也均为实函数。

我们将一系列由二进制数据(位)所映射出的、由不同幅度叠加而来的电磁波信号称为一个波形，如之前所述用 $x_c(t)$ 来表示，这是一个随时间而连续变化的电压信号。波形通过发射机天线发射，且会在无线信道中(即无线介质)产生失真，最后在接收天线上产生电流，呈现为不同幅度电磁波的叠加，即接收信号 $y_c(t)$。函数 $h_c(t)$ 代表了信号在介质中的脉冲响应，描述了 $x_c(t)$ 和 $y_c(t)$ 之间的映射关系。

通过划分频谱并分配给不同的系统以防止其间的相互干扰，故无线通信系统传输和接收的是带通信号。如果考虑时间和频率在线性系统中的等价关系，这意味着 $x_c(t)$ 中的能量集中在载波频率 f_c 周围的频率分量中，如图 2.1 所示。$W/2$ 表示信号基带带宽，遵循信号处理的约定，W 表示基带信号的奈奎斯特采样频率。载波频率也称为工作频率或中心频率，在毫米波频率下，载波频率可能在 10~300 GHz 之间。以 f_c 为中心的非零能量频率的频谱宽度 W 要比 f_c 本身小很多[①]。我们称之为窄带通信（请勿与"窄带信道"概念混淆，这会在之后进行讨论）。例如，在 IEEE 802.15.3c 和 IEEE 802.11 ad 标准中，载波频率 f_c 在 59～64 GHz 之间，而 RF 带宽 W 大约为 2 GHz。

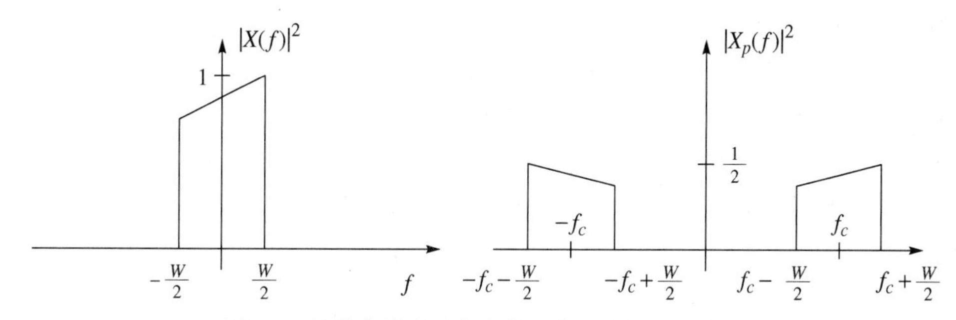

图 2.1　基带信号（左图）和带通信号（右图）示意图

可通过复包络将带通信号表示为

$$x_c(t) = A(t)\cos(2\pi f_c t + \phi(t))$$

其中 $A(t)$ 是振幅函数，$\phi(t)$ 是相位函数。在幅度调制（AM）中，信息（二进制数据或其他）完全是通过 $A(t)$ 来进行编码表示的，而在相位和频率调制（PM 和 FM）中，信息编码通过 $\phi(t)$ 来实现（需要特别指出的是，FM 是对 $\phi'(t)$ 进行编码，即相位的导数）。通过三角关系式

$$\begin{aligned} x_c(t) &= A(t)\cos(\phi(t))\cos(2\pi f_c t) - A(t)\sin(\phi(t))\sin(2\pi f_c t) \\ &= x_i(t)\cos(2\pi f_c t) - x_q(t)\sin(2\pi f_c t) \end{aligned} \tag{2.1}$$

$$= \mathrm{Re}\left\{x(t)e^{j2\pi f_c t}\right\} \tag{2.2}$$

其中最后一步是对式(2.1)应用欧拉公式 $e^{j\theta} = \cos\theta + j\sin\theta$ 而获得的，$x_i(t)$ 和 $x_q(t)$ 分别被称为同相和正交分量。信号 $x(t) = x_i(t) + jx_q(t)$ 为实信号 $x_c(t)$ 的复包络或基带等效信号。注意，由于同相和正交分量均是带限的，相应的复包络也是带限的[②]。另外，对于任意 f_c，若能够从 $x(t)$ 中获得 $x_c(t)$，则可以在基带上进行通信波形设计和信号解码，而无须考虑载波频率特性[RF91][RHF93]。

基带通信系统的工作过程，即通过发射机发射 $x(t)$，然后在接收机上估计出对应接收信号 $y(t)$ 的过程，是通过上变频和下变频实现的。上变频是利用正弦信号乘法通过 $x_i(t)$ 和

① 尽管插图展示了理想带限信号，但事实上所有实际信号的持续时间均是有限的，这就意味着所有实际信号的带宽均为无限的（即 W 不是有限的）。然而，实际信号可以有效地被限制于某个频段内，从而使大多数信号能量被限制在 $f_c \pm W/2$ 中。通常情况下，W 特指信号的射频带宽[Sle76]。

② 不同的作者可能表达式中使用不同的归一化因子（例如 $1/\sqrt{2}$）。

$x_q(t)$ 获得 $x_c(t)$ 的过程，这里可能会使用多次上变频以实现更高的转换效率(详见第 5 章)。与之相反，下变频针对带通信号并提取其复包络，若 $y_c(t)$ 是在接收机天线接收到的带通信号(频率以 f_c 为中心)，则存在一个等效的基带信号 $y(t)$，满足 $y_c(t)=\mathrm{Re}\{y(t)\mathrm{e}^{\mathrm{j}2\pi f_c t}\}$ 的关系。利用三角函数，可以得出

$$y_c(t)\cos(2\pi f_c t)=\frac{1}{2}y_i(t)+\frac{1}{2}y_i(t)\cos(4\pi f_c t)-\frac{1}{2}y_q(t)\sin(4\pi f_c t) \tag{2.3}$$

$$y_c(t)\sin(2\pi f_c t)=-\frac{1}{2}y_q(t)+\frac{1}{2}y_q(t)\cos(4\pi f_c t)+\frac{1}{2}y_i(t)\sin(4\pi f_c t) \tag{2.4}$$

对于 $y(t)=y_i(t)+\mathrm{j}y_q(t)$，式(2.3)和式(2.4)中的正弦、余弦分量不与同相和正交基带分量混叠(假设 $W<f_c$)。因此，具有理想截止频率 $W/2$ 和最小奈奎斯特频率的低通滤波器采样率 W 将重构出基带分量(取决于比例因子)。该滤波器不是唯一的，任何截止频率大于 $W/2$ 且小于 f_c 的低通滤波器均可适用。图 2.2 给出了该系统的示意框图，用于获得实信号的正交表示，其中带通滤波器也被称为抗混叠滤波器。请注意，系统包括了一个初始的带通滤波器，以过滤掉接收天线接收到的不想要的干扰频率分量。若 $f_{1,W/2}(t)$ 是一个截止频率为 $W/2$ 的理想低通滤波器的脉冲响应，则其数学表达式为

$$y(t)=2f_{1,W/2}(t)\star y_c(t)\mathrm{e}^{-\mathrm{j}2\pi f_c t} \tag{2.5}$$

其中$\star$代表线性系统[①]中的卷积，而比例系数 2 来自式(2.3)和式(2.4)中的比例系数 1/2。在 2.9 节将具体讨论上、下变频的实用系统构架。

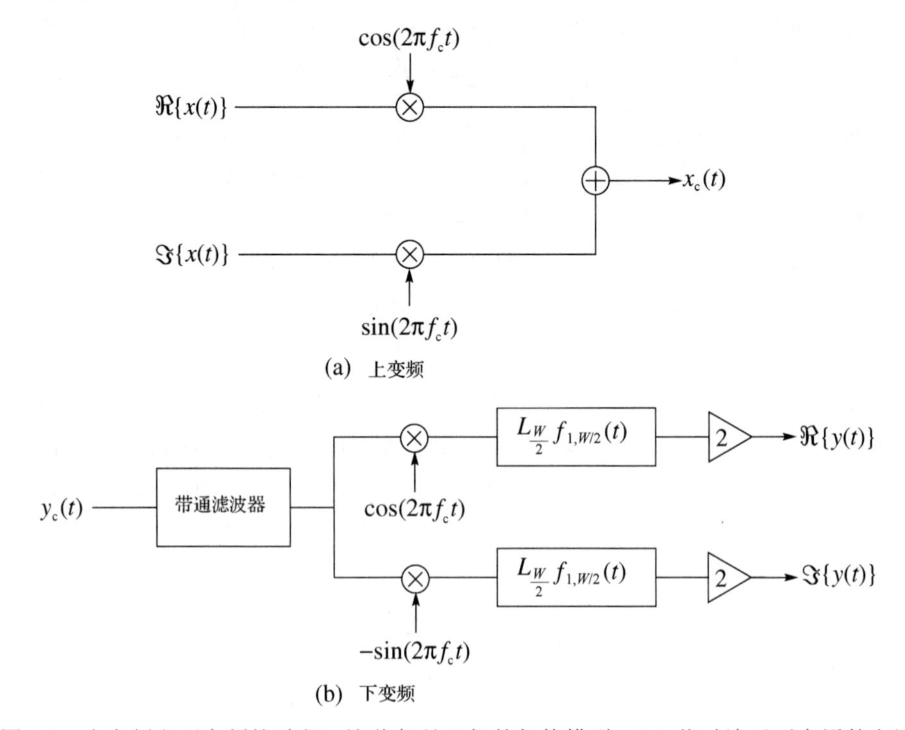

图 2.2 上变频和下变频的过程，这些都是理想的架构模型，2.9 节讨论了更实用的方法

---

① 在一个线性系统中，若 $a(x)$为输入信号，$b(x)$为线性系统的脉冲响应，则 $c(x)=a(x)\star b(x)=\int_{-\infty}^{\infty}b(x-y)a(y)\mathrm{d}y$ 为系统的输出信号。卷积用于表示其中的滤波过程。

理想情况下，无线信道(包括无线介质和模拟电路元器件)不会使传输波形产生失真，上变频和下变频均为可逆过程。但在实际应用中，由于无线信道会导致波形衰减和失真。因此，我们需要准确地获得 $y(t)$ 针对 $x(t)$ 的表达函数和一些无线信道模型(尚未确定)，这些模型取决于 f_c，但可用一些基带信道来等效表示。建立 $x(t)$ 和 $y(t)$ 之间的联系需要若干种假设，且涉及复基带等效信道响应。

假设理想的 RF 分量(忽略非线性失真且暂时不考虑噪声的影响)，信号传播可以通过线性时不变系统 $h_c(t)$ 来表示。信道失真效应本身是时变的，但是由于通信过程通常发生在极短的时段内，这就使对时不变性的假设是有效的①。在时不变性(也称为分组衰落)假设下，接收带通信号和发射带通信号之间的关系可通过卷积积分表示：

$$y_c(t) = \int_{-\infty}^{\infty} h_c(t-\tau)x_c(\tau)\mathrm{d}\tau \tag{2.6}$$

在基带，接收信号可写为

$$y(t) = \int_{-\infty}^{\infty} h(t-\tau)x(\tau)\mathrm{d}\tau \tag{2.7}$$

其中 $h(t)$ 为复基带等效信道。复基带等效信道一般包含发射机和接收机之间的多径传播效应以及发射机和接收机中的各种滤波处理。

从信号处理的角度来看，接收机仅受引起传输信号失真的信道的影响，并通过对目标信道下变频及重新缩放来获取等效基带信号。由于 $x_c(t)$ 为带通信号，因此要得到 $h(t)$ 的表达式只需在以 f_c 为中心的 W 带宽内对信道效应进行建模，如图 2.3 所示，通过带通滤波器的表达式 $h_c(t)$、比例缩放和下变频推导出 $h(t)$ 的表达式。假设

$$f_{\mathrm{p},W}(t) = 2W\frac{\sin(\pi W t)}{\pi W t}\cos(2\pi f_c t) \tag{2.8}$$

表示以 f_c 为中心、带宽为 W 的理想带通滤波器的脉冲响应。则相应的复基带信道(或基带等效信道)可表示为

$$h_c(t) = f_{\mathrm{l},W/2}(t) \star (h_c(t) \star f_{\mathrm{p},W}(t))\,\mathrm{e}^{-\mathrm{j}2\pi f_c t} \tag{2.9}$$

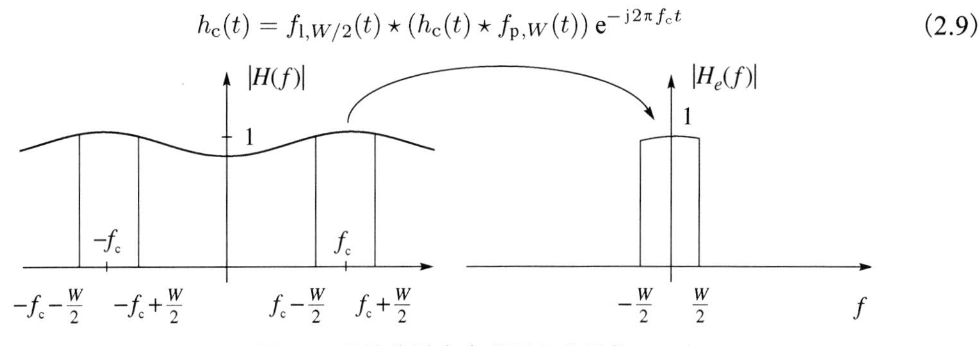

图 2.3　传输信道自身并不是带限的

由于有效的信道结果源于对非带限信号的滤波，而不是通过带通信号获得的，因此这里的系数 2 并不是必需的。下面我们从物理传播的角度，提供另一种易于理解的信道脉冲响应的表达式。

① 通常传播时间较观测时间要短得多，可以认为信息的传输过程是瞬时的。如何判断信道是时变还是时不变的相关细节，参见文献[Rap02]中关于相干时间的部分内容。

假设无线信道的脉冲响应，简称信道，是由 L 个包含延迟和衰减的分量或者脉冲叠加而来的，每一个分量均为多径效应下的一个成分①，

$$h_{\mathrm{c}}(t)=\sum_{\ell=1}^{L}\alpha_{\ell}\delta(t-\tau_{\ell}) \tag{2.10}$$

其中 α_ℓ 是具有延迟 τ_ℓ 的第 ℓ 个多径分量的衰落系数的幅度[Rap02]。将式(2.10)代入式(2.6)中得到

$$y_{\mathrm{c}}(t)=\sum_{\ell=1}^{L}\alpha_{\ell}x_{\mathrm{c}}(t-\tau_{\ell}) \tag{2.11}$$

$$=\sum_{\ell=1}^{L}\mathrm{Re}\{\alpha_{\ell}\mathrm{e}^{-\mathrm{j}2\pi f_{\mathrm{c}}\tau_{\ell}}x(t-\tau_{\ell})\mathrm{e}^{\mathrm{j}2\pi f_{\mathrm{c}}t}\} \tag{2.12}$$

使用式(2.7)中的复基带接收信号的表达式为

$$y(t)=\sum_{\ell=1}^{L}\alpha_{\ell}\mathrm{e}^{-\mathrm{j}2\pi f_{\mathrm{c}}\tau_{\ell}}x(t-\tau_{\ell}) \tag{2.13}$$

$$=\underbrace{\left(\sum_{\ell=1}^{L}\alpha_{\ell}\mathrm{e}^{-\mathrm{j}2\pi f_{\mathrm{c}}\tau_{\ell}}\delta(t-\tau_{\ell})\right)}_{h_{\mathrm{e}}(t)}\star x(t) \tag{2.14}$$

$h_{\mathrm{e}}(t)$ 称为伪复基带等效信道，表述了 $y(t)$ 和 $x(t)$ 之间的关系。但与 $h(t)$ 不同的是，它不是带限的，这种情况下的基带等效信道为

$$h(t)=f_{1,W/2}(t)\ \star\ h_{\mathrm{e}}(t) \tag{2.15}$$

因此，$h(t)$ 可以通过使用理想的低通滤波器对 $h_{\mathrm{e}}(t)$ 滤波获得。

为了实现数字电路对复基带信号的精确信号处理，通常需要对离散时间上的复基带信号进行分析。在发射端，通过将数字(采样)信号传递给数模转换器(DAC)来得到复包络信号 $x(t)$。在接收端，通过模数转换器(ADC)对 $y(t)$ 采样。由于式(2.9)是带限的，$x(t)$ 可以由其离散样本 $\{x[n]\}_n$ 完备表示，其中 $x[n]=x(nT)$，$T<1/W$，即采样频率大于信号带宽的两倍②。实际中，由 ADC 对信号进行采样(包括量化，尽管这里没有具体说明)带限信号可以通过如下公式从样本中重建：

$$x(t)=\sum_{n}x[n]\frac{\sin(\pi(t-nT)/T)}{\pi(t-nT)/T} \tag{2.16}$$

该过程通过 DAC 在硬件中近似实现(例如，通过使用采样和保持电路，后接重建滤波器，而不是理想的插值滤波器)。由于 $x(t)$ 和 $y(t)$ 可由其采样样本来表示，故我们认为脉冲响应 $h(t)$ 的采样关系也同样存在，用以表述输入-输出的关系。从文献[OS09，第 4 章]可以看到，如果选择 T 来满足奈奎斯特定理，则

① 多径分量可能因许多物理电磁传播机制产生，包括反射、散射、折射和衍射，所有这些机制都会产生衰减和延迟。

② 由于 $x(t)$ 和 $y(t)$ 的带宽为 $W/2$，即 $1/T>W$ 或 $T<1/W$，这一带限信号与采样信号之间的基本关系是通过奈奎斯特采样定理建立的。事实上，如果 $T\leqslant 1/W$(这里除某些特殊信号外等号均成立)，带宽为 $W/2$ 的(基带)带限信号可以由其离散信号充分表示。更多有关离散和连续时间信道表示之间关系的背景知识参见文献[OS09]。

$$y[n]=\sum_{k=-\infty}^{\infty}h[k]x[n-k] \tag{2.17}$$

其中 $h[n]=T\,h(nT)$，因为 $h(t)$ 已经是带限的。在本书后续部分中，该关系表达式可用于推导信道估计和线性均衡算法。

2.3 数字调制

虽然模拟数据可以通过无线信道进行传播，但数字数据的效率、安全性、完整性和通用性已使其在信息和计算系统中占据了主导地位。数字通信系统通过编码在传输波形上的二进制序列传输数字信息，在复基带模型中由 $x(t)$ 表示。数字调制是在发射机上完成的由比特序列到编码波形的完整映射过程。相反，数字解调是从接收信号中提取信息的比特序列的过程，即从接收机复基带模型中的 $y(t)$ 提取信息比特序列。本节介绍一些应用于毫米波通信系统中的数字调制技术，重点介绍那些已经指定要在 60 GHz 中使用的技术。这里的方法可以与信道数据一起使用以获得实际的误码率性能[RF91]。我们将首先讲述符号映射和检测的一些背景知识，然后具体介绍各种调制方法。

2.3.1 符号

在大多数关于数字通信的参考文献中[PS07]，数字调制被描述为一个抽象的向量空间。在这里我们并不需要这样的通用性，因为本章中的调制过程可以通过两个操作来描述：符号映射和波形合成。

- 符号映射是将位序列从有限星座(具有实数或复数符号)编码到符号序列的过程。如果 $\mathcal{C}=[s_0,\cdots,s_{M-2},s_{M-1}]\subset\mathbb{C}^M$ 表示星座集合，则其可能符号数或集合$\mathcal{C}$的势为$|\mathcal{C}|=M=2^b$，$b\in\mathbb{N}$。从本质上讲，要将一个比特序列编码到数字符号上，即是将序列的 b 位一次性映射到$\mathcal{C}$中的符号上。60 GHz 标准中可用的星座具有从 M=2 到 M=64 的基数，这意味着每个符号可能代表 1～6 位之间的比特序列。将比特映射到星座点的过程必须是固定的，并且通常还遵循格雷(Golay)码的编码原则(最大限度地减少相邻的比特间差异)，以减少在接收机的符号估计不正确时翻转比特的数量。星座图中点的确切比特标签未必是通用的，因不同的标准而异。本书中，我们考虑能量归一化星座表示，即 $\sum_m|s_m|^2=M$，这样使得在不同星座上的选择不会改变平均发射功率(我们称之为单位星座)。
- 波形合成是将符号映射到传输波形的过程。许多波形合成实例采用复脉冲幅度调制或正交幅度调制，可以用基带来表示：

$$x(t)=\sqrt{E_{\mathrm{s}}}\sum_{n=-\infty}^{\infty}s[n]g_{\mathrm{tx}}(t-nT_{\mathrm{s}}) \tag{2.18}$$

其中 E_{s} 是符号能量，T_{s} 是符号周期(不要与采样周期 T 混淆)，$s[n]\in\mathcal{C}$ 是星座符号，$g_{\mathrm{tx}}(t)$ 是脉冲整形滤波器①。式(2.18)中的波形合成通过连续的脉冲来发送信息，因

① 根升余弦脉冲整形滤波器是常用的选择，其主要变量 β 为附加带宽系数，β(通常 $\beta=0.25$)[Cou07]。

此，$x(t)$的频谱特性由 $g_{tx}(t)$决定。图 2.4 说明了如何将数字符号合成为时变的矩形脉冲波形和升余弦脉冲波形。若序列中的符号满足独立同分布(i.i.d.)特性，并且星座被归一化，则 $x(t)$的功率谱密度等于

$$P_x(f) = \frac{E_s}{T_s}|G_{tx}(f)|^2 \tag{2.19}$$

其中 $G_{tx}(f)$是 $g_{tx}(t)$的傅里叶变换。假定脉冲形状已被归一化，使得满足 $\int_f |G_{tx}(f)|^2 \mathrm{d}f = 1$(表示 $x(t)$中的平均功率等于 $\int_f P_x(f)\mathrm{d}f = E_s / T_s$)，实际上，$E_s$是在发射链路中通过功率放大器(PA)实现的。

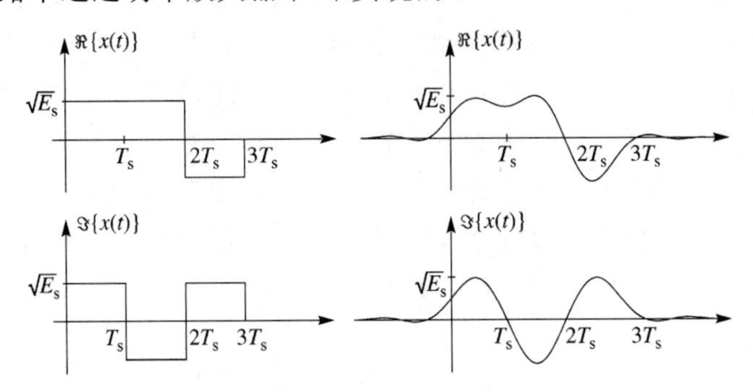

图 2.4 QPSK 信号的基带波形。左图(上部和下部)为方波，右图(上部和下部)为符号为 1+j，1−j，−1+j 时具有额外 25%带宽的升余弦脉冲

2.3.2 符号检测

在讨论复基带模型时，唯一被考虑的对通信有影响的因素是无线信道，通常假定无线信道在短时间内是恒定的，因此可以进行测量和均衡操作。通信还必须处理随机的影响因素——通常称之为噪声。在数字通信系统中，最常见的噪声形式是加性噪声①。加性噪声现象的基本表现是热噪声，其频率$\mathcal{C}$振幅分布为高斯分布。具有加性噪声的复基带通信模型可表示为

$$y(t) = x(t) \star h(t) + v(t) \tag{2.20}$$

由于包含加性高斯白噪声(AWGN)，连续时间噪声信号 $v(t)$是一个独立同分布的随机过程。对于实星座，即$\mathcal{C} \subset \mathbb{R}$，$v(t)$是一个零均值高斯随机变量，方差为 $N_o W/2 = kT_e W/2$，其中 $k = 1.38 \times 10^{-23}$J/K 是玻尔兹曼(Boltzmann)常数，T_e是器件的有效噪声温度[单位为开尔文(Kelvin)]，W是带通信号的射频带宽，转换为单边带基带的带宽为 $W/2$。对于复星座，$v(t)$是零均值循环对称的复高斯随机变量，每个维度的方差为 $N_o W/2$，总方差 $\sigma_v^0 = N_o W$，单位为赫兹。当阶数较低(例如，$M = 2$)时，大多数星座可以在一个维度中实现，即实星座。例如，为了降低发射机和接收机的复杂性，需要使用一维表示。但是对于高阶的二维复星座($M > 2$)，复星座的性能远超实星座，因为可以利用正交维数来增加星座点之间的最小距离(假设平均发射功率恒定)。然而，复星座需要更复杂的收发系统设计。

① 非加性噪声也很重要，但由于其是非理想的硬件所造成的，不具有普遍性，所以不作为基本问题来进行讨论。第 5 章和第 7 章将更详细地介绍最常见的非加性噪声——相位噪声。

符号检测的目的是以某种最佳的方式从接收机接收到的信号(在信道失真和噪声的影响下)中预测每个传输符号。通常，检测过程取决于调制的类型、信道特性和优化准则。如果使用差错控制编码或存在不理想传播信道 $h(t)$，则检测可能会更加复杂。

如式(2.18)所描述的，使用 $h(t)=\delta(t)$ 来讨论复脉冲振幅调制中最大似然(maximum likelihood，ML)符号检测的一般过程(最常见的优化标准)。请注意此处并不考虑非理想信道 $h(t)$。在 2.4 节和 2.5 节中，将进一步讨论信道处理技术。

经典通信理论表明最大似然(ML)接收机必须首先通过一个匹配滤波器 $g_{\mathrm{rx}}(t)=g_{\mathrm{tx}}^{*}(-t)$ 处理 $y(t)$，然后以符号速率采样(假设完全同步)以产生接收到的 $y[n]$。考虑到脉冲形状已进行归一化, 在理想信道下采样后接收到的信号模型为

$$y[n]=\sqrt{E_{\mathrm{s}}}s[n]+v[n] \tag{2.21}$$

其中 $v[n]$是采样并滤波后的高斯噪声序列。如果 $g_{\mathrm{tx}}(t)\star g_{\mathrm{rx}}(t)$ 在 $t=0$(Nyquist 脉冲波形)以外的所有 T_{s} 周期中均为零，若采样正确且加性噪声维持其独立同分布统计特性[PS07]，则相邻符号不会相互干扰。ML 接收机的最优选择为

$$\hat{s}[n]=\arg\min_{s\in\mathcal{C}}|y[n]-\sqrt{E_{\mathrm{s}}}s|^2 \tag{2.22}$$

作为每次采样的预测符号,它被证明是$\mathcal{C}$中与观测到的样本 $y[n]$在欧几里得距离坐标[PS07]上最接近的星座点，因此这种方法也称为最小距离解码。请注意，星座的结构可用于简化式(2.22)中的计算，以避免通过暴力搜索的方式来寻找最优解。

检测器的性能是通过差错概率来衡量的。在 AWGN 信道中，性能是平均符号能量 E_{s} 与噪声方差之比的函数，也称为信噪比(SNR)，

$$\mathrm{SNR}=\frac{E_{\mathrm{s}}}{\sigma_{\mathrm{v}}^2} \tag{2.23}$$

当信道非理想时，信噪比还必须考虑无线信道中的能量损失。符号差错概率的准确计算取决于星座的选择。符号差错概率上限如下所示：

$$P(\mathrm{SNR})\leqslant(M-1)Q\left(\sqrt{\mathrm{SNR}\frac{d_{\min}^2}{2}}\right) \tag{2.24}$$

其中 $Q(x)=(\sqrt{2\pi})^{-1}\int_x^{\infty}\exp(-z^2/2)\mathrm{d}z$ 是一个具有零均值和单位方差的高斯分布的尾数概率，$d_{\min}$ 是星座中两个不同点之间的最小距离，且 $Q(x)\leqslant 0.5\exp(-x^2/2)$ 。基于式(2.24)，可以观察到，如果信噪比较高，ML 探测器的差错概率会下降，如果星座紧密相连(即星座点紧密排布)，则差错概率会上升。

由于通信信道中的噪声，接收机通过差错控制码进行前向纠错，以纠正接收信号中的差错。当检测器提供与决策置信度相关的辅助信息或软件信息时，大多数差错控制码都会有更好的性能。若检测器已经计算或获得了噪声统计信息(例如，噪声方差)，则可以对比特决策可靠性指标进行数值计算。最常见的可靠性指标是对数似然比 (log-likelihood ratio，LLR)。假设 b 比特映射到每个星座符号，并用 $s_m^{(k)}$ 表示第 m 个星座符号 ($m\in\{0,1,\cdots,M-1\}$) 中的第 k 位 ($k\in\{1,2,\cdots,b\}$) 。令集合 $C_0^{(k)}$ 包含所有在第 k 位有 0 的星座点(符号)(即 $C_0^{(k)}=\{s_m:s_m^{(k)}=0\}$)，并且对 $C_1^{(k)}=\{s_m:s_m^{(k)}=1\}$ 做类似的定义。令 $\Pr\{\bullet\}$表示概率函数，$\Pr\{a|b\}$

表示给定 b 时 a 的概率。在已知噪声方差为 σ_{v}^2 时，第 n 个收到的样本 $y[n]$ 的第 k 位的对数似然比(LLR)为

$$L\left(k|y[n],\sigma_{\mathrm{v}}^2\right)=\log\left(\frac{\sum_{s_m\in\mathcal{C}_0^{(k)}}\Pr\{y[n]|x[n]=s_m\}}{\sum_{s_{m'}\in\mathcal{C}_1^{(k)}}\Pr\{y[n]|x[n]=s_{m'}\}}\right) \tag{2.25}$$

对于 AWGN，如式(2.21)所述，最大对数近似为

$$L\left(k|y[n],\sigma_{\mathrm{v}}^2\right)\approx\min_{s\in\mathcal{C}_k^{(1)}}\frac{1}{\sigma_{\mathrm{v}}^2}|y[n]-\sqrt{E_{\mathrm{s}}}s|^2-\min_{s\in\mathcal{C}_k^{(0)}}\frac{1}{\sigma_{\mathrm{v}}^2}|y[n]-\sqrt{E_{\mathrm{s}}}s|^2 \tag{2.26}$$

其中的一个较高正值表示第 k 位最有可能是 0，而一个较高负值则表示第 k 位最有可能是 1。不明确的比特决策意味着 LLR 值接近零。具有差错控制编码的检测器可以利用此信息来确定哪些比特更有可能以低保真度进行解码，并将其并入解码算法中。

2.3.3 二进制相移键控及其他形式

到目前为止，我们将星座抽象地定义为一组实数或复数的点集。在 2.3 节的其余部分，我们将考虑特定的星座实现、这些星座的符号映射过程以及其对通信系统性能的影响。二进制相移键控(BPSK)是一个简单的星座和符号映射过程，每个符号使用一个比特传送。图 2.5 用公共比特标记(比特映射到符号)对 BPSK 和其他演化版本进行了说明。BPSK 可以使用式(2.18)中的发射波形与标准星座$\mathcal{C}=\mathcal{C}_{\mathrm{BPSK}}=\{1,-1\}$来表示。星座映射通常假定为以下两种解调体系结构之一：(1)通过同步算法精确获得相位的相干解调；(2)接收机不知道初始波形相位时的差分相干解调。

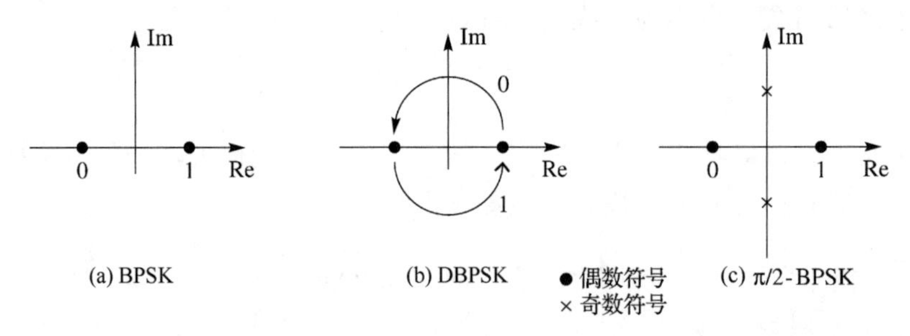

图 2.5 (a)基于 IEEE 802.15.3c 协议比特标记的 BPSK 调制。该比特标记也被用于 IEEE 802.11ad；(b) DBPSK 调制，信息被编码为连续的相位差；(c) π/2-BPSK 调制

标准 BPSK 通常假定相干解调法，如果$\{b[n]\}$是传输比特的序列，则比特到符号映射为 $s[n]=(-1)^{b[n]}$(因此比特标记 $b[n]=0\Rightarrow s[n]=1$ 和 $b[n]=1\Rightarrow s[n]=-1$)。差分 BPSK(DBPSK)适用于某些接收波形的初始相位未知的非相干解调。在 DBPSK 中，对比特序列$\{b[n]\}$进行差分编码处理，以生成 $s[n]=(-1)^{(b[n]-b[n-1])}s[n-1]$，其中，第一个元素被任意初始化为 1 或 −1。因此，如果接收端相邻采样的相位有±π 弧度的变化，则表示为 1，而没有相位变化表示为 0。这与非相干解调兼容，因为 $y^*[n]y[n-1]$与初始接收到的相位信息无关。

π/2-BPSK 是 BPSK 的一种特殊演化形式，通常应用于 60 GHz 无线通信中。标准 BPSK 和 DBPSK 的一个缺点是相邻符号间一次可以更改的最大相位差为 π。大的相位变化会导致使用频谱的增加(带宽使用效率低下)，进而导致带限滤波后的复包络变化。通常剧烈的复包

络变化不利于对功放进行选型，复包络变化小时，可以使用更廉价且高效的功率放大器①，π/2-BPSK 通过将相位变化从 π 减少到 π/2，即通过将 BPSK 变为复星座，从而减少了复包络变化。实质上，π/2-BPSK 将相邻的样本映射到两个不同的星座，即{1, −1}或{j, −j}，通过旋转 π/2，两个星座可互相转化。在 IEEE802.15.3c 中，添加了连续旋转功能，以提供与高斯最小频移键控（GMSK）的兼容性②。在数学上，若$\{s[n]\}$是 BPSK 的映射序列，则$\{j^n s[n]\}$是 IEEE802.15.3c 中的 π/2-BPSK 映射序列。第 9 章将对此进行进一步讨论。

2.3.4　幅移键控及不同形式

M-幅移键控（*M*-ASK）是一种将信息编码到一组离散的振幅电平上的数字脉冲幅度调制方法。ASK 和一些演化版本如图 2.6 所示。ASK 不同于 BPSK 和 *M*-ary 正交幅度调制（*M*-QAM）之处是其不使用相位来传递信息。在 *M*-ASK 中，振幅细分通常是相等间隔的。该星座可以采用{0, 1, …, *M*−1}的形式，其中包括零值，或需避免零值时，可使用{1, 2, …, *M*}。ASK 的脉冲整形滤波器通常为在 $t\in[0,T_s)$ 区间的方形脉冲，$g_{tx}(t)=1$，其他区间取值为零。虽然从带宽的角度来看频谱使用效率低下（方脉冲形状占用了更宽的频谱），但 ASK 调制具有一些实用优势：(1) 它对相位噪声或频率偏移不是特别敏感；(2) 峰值−平均功率比较小，使 ASK 更容易实现。在成本较低和探测距离较短的应用中，60 GHz 系统主要采用了 4-ASK 和 2-ASK 两种方案。

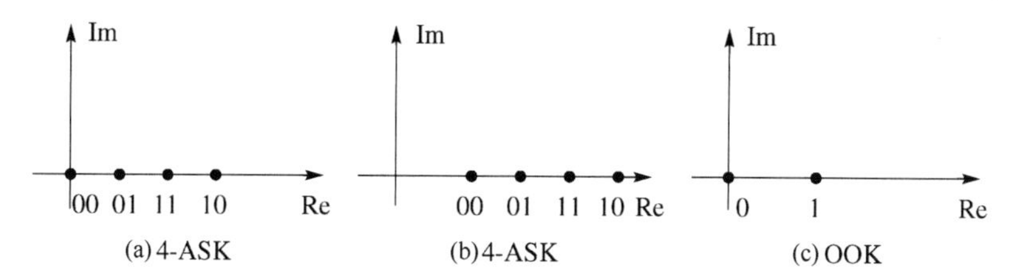

图 2.6　(a) 和 (b) 分别为基于格雷码的两种 4-ASK 调制位标记；(c) 带有传统位标记的开关键控（OOK）的位标记

开关键控（OOK）是 2-ASK 的一种特殊情况，其中星座的形式为{0, 1}。众所周知，OOK 提供了较低的功耗[SUR09]，并已在许多早期 60 GHz 集成收发系统中使用[KSM+98]。实质上，使用 OOK 时，正弦波在 1 区间发送，而在 0 区间不发送任何内容，因此其调制和解调（如果没有信道失真）可以非常简单。例如，在发射机上，也可以直接调制射频载波。在接收机上，无须使用本地振荡器或时钟恢复电路[DC07]进行包络解调，尽管实际中需要计算噪声阈值导致其可能非常棘手。

2.3.5　正交相移键控及不同形式

正交相移键控（QPSK）是一种复杂的调制方案，每个符号周期发送 2 比特信息。它可以通过式 (2.18) 采用复数符号表示，相当于对每个同相和正交分量使用 BPSK 调制。QPSK 的星座为 $\mathcal{C}_{QPSK}=\frac{1}{\sqrt{2}}\{1+j,\ -1+j,\ -1-j,\ 1-j\}$，QPSK 以及相关星座图及其比特到符号的映射

① 复包络变化是通过发射信号的峰值与平均功率比（PAPR）来表征的，本书第 5 章和第 7 章将对此进行更详细的讨论。
② GMSK 在文献[Rap02]中进行了详细说明。

关系如图 2.7 所示。差分 QPSK(DQPSK)的使用方式类似于 DBPSK，若$\{q[n]\}$是 QPSK 调制符号的序列，则对这些符号进行差分编码，以实现$s[n]=q[n]s[n-1]$。非相干解调可以通过$y[n]y*[n-1]$操作来完成，使 DQPSK 对相位偏移具有鲁棒性，但会产生附加噪声(由于噪声影响，最佳检测器也会变得更加复杂)。

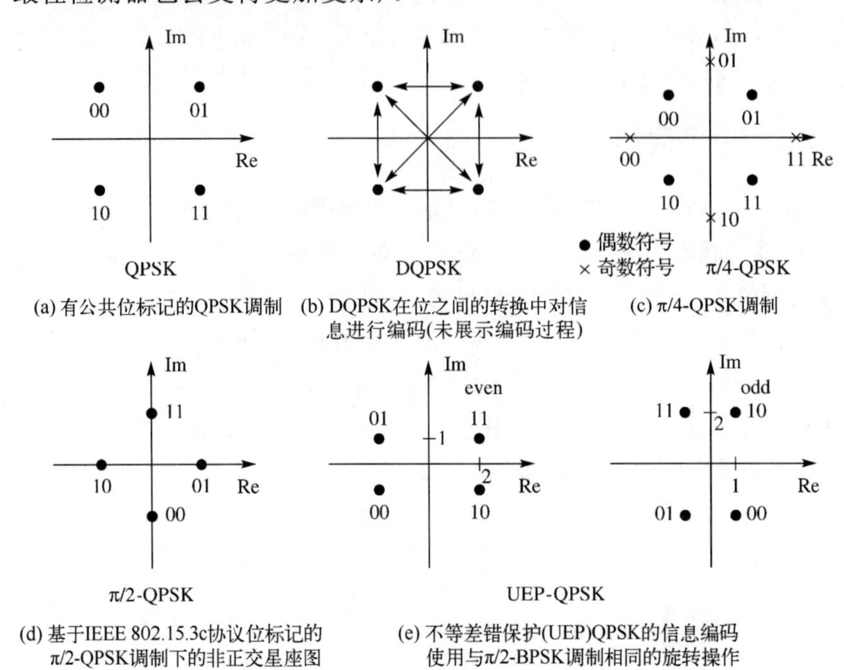

图 2.7 QPSK 以及相关星座图及其比特到符号的映射关系

QPSK 的标准实现会受相邻符号之间潜在大幅度相位变化(最多为 π)的影响，导致非理想的频谱溢出和复包络变化。该包络的变化可使用 π/4-QPSK[JMW72]来降低——通过在 QPSK 星座图和 π/4 旋转的 QPSK 星座图之间交替，将相邻采样之间的最大相位变化限制在 3π/4 之内。例如，偶数符号映射到星座$\{e^{j\pi/2},e^{j3\pi/2},e^{j5\pi/2},e^{j7\pi/2}\}$，而将奇数符号映射到 π/4 相移的星座$\{e^{j\pi/2+j\pi/4},e^{j3\pi/2+j\pi/4},e^{j5\pi/2+j\pi/4},e^{j7\pi/2+j\pi/4}\}$。

偏移 QPSK(OQPSK)是减少 QPSK 中包络波动(也称为交错 QPSK)的另一种方法[Rho74]。OQPSK 在传输的波形中将正交分量偏移$T_s/2$，即

$$x(t)=\sqrt{E_{\mathrm{s}}}\sum_{n=-\infty}^{\infty}s_{\mathrm{I}}[n]g_{\mathrm{tx}}(t-nT_{\mathrm{s}})+\mathrm{j}s_{\mathrm{Q}}[n]g_{\mathrm{tx}}(t-nT_{\mathrm{s}}-T_{\mathrm{s}}/2) \tag{2.27}$$

其中$s_{\mathrm{I}}[n]$是$s[n]$的实部(同相分量)，$s_{\mathrm{Q}}[n]$是$s[n]$的虚部(正交分量)。由于同相和正交分量在不同的时间内发生变化，接收到的信号波动没有那么剧烈，更适合性能较低的功率放大器，但其增加了发射机和接收机的复杂性。

不等差错保护 QPSK(UEP-QPSK)是一种不对称星座，即非均匀星座，其中一个位被赋予比另一个位更多的功率。例如$\alpha+\mathrm{j}$, $-\alpha+\mathrm{j}$, $\alpha-\mathrm{j}$, $-\alpha-\mathrm{j}$，其中$\alpha>1$，这是一个非归一化的 UEP-QPSK 星座。使用不等差错保护的动机是针对多媒体传输(音频或视频)，在多媒体传输中，敏感信息可能需要更多的保护，而对于不太敏感(或可选)的信息可以进行较少保护。UEP-QPSK 提供了一种便捷的方法来保护两种不同类别的数据，且比单纯依靠编码的

解决方案拥有更低的复杂性[SKLG98]。60 GHz 系统中使用的 UEP-QPSK 对偶数和奇数符号使用不同的星座，如图 2.7 所示。这样，同相和正交信号保持相同的平均功率，有利于收发信机的设计。

2.3.6　相移键控

M-相移键控（*M*-PSK）是通过在复单位圆上取相等间隔点而构造的星座。图 2.8 给出了 *M*-PSK 的两个例子。它也使用了如式（2.18）所示的相同的复脉冲振幅波形。非归一化的 *M*-PSK 星座根据 $\left\{\mathrm{e}^{\frac{\mathrm{j}2\pi k}{M}}\right\}_{k=0}^{M-1}$ 来定义，归一化时只需添加简单的归一化因子 $1/\sqrt{M}$。尽管 *M*-PSK 可以适用于任何正整数 *M*，但大多数应用程序都是根据 $M=8$ 设计的，以此来填补 4-QAM 和 16-QAM 之间的空白。*M*-PSK 具有与 QPSK 相似的特性，例如 *M*-PSK 以与 QPSK 类似的方式通过差分编码来创建 *M*-DPSK 编码。在 60 GHz 系统中，采用 π/2 8-PSK，其中符号按 $\mathrm{j}^n s[n]$ 进行旋转，以保持与其他 π/2 旋转调制的兼容性。

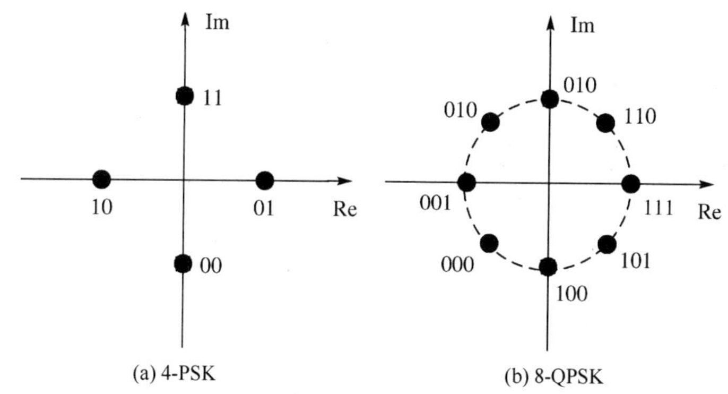

图 2.8　(a) 4-PSK 调制使用与 π/2-QPSK（IEEE 802.15.3c）相同的位标记；(b) 基于 ECMA 387 位标记的 8-PSK 调制

2.3.7　正交振幅调制

正交振幅调制（QAM）使用与式（2.18）相同的复脉冲波形表示来进行相位和幅度移位（shift）[CG62]，从而提供了一种势为 $M=2^b\,(b>2)$ 的 QPSK 的一般表示。图 2.9 展示了几个 QAM 星座图及其由位到符号的映射关系。如果 *M* 为 4 的幂函数（即平方 QAM），则非归一化的 *M*-QAM 星座由 $a+\mathrm{j}b$ 组成，其中 $a,b\in\{-(M/2-1),\cdots,-1,1,\cdots,(M/2-1)\}$，即对一个全实数的 *M*/2 脉幅调制（*M*/2-PAM）星座和一个全复数的 *M*/2-PAM 星座进行笛卡儿乘积。通常平方 QAM 的维度包括 $M=4$、16、64 和 256。

当 *M* 不是 4 的幂函数时，QAM 星座对 π/2 相位旋转不是不变的，不能通过对称 PAM 星座的笛卡儿乘积产生。这里给出几个非方形 QAM 星座例子，包括交叉星座[CG62][Smi75]和常规非方形星座[Tor02][WZL10]。例如，ECMA 387 中提出的非正方形 8-QAM（NS8-QAM）星座。NS8-QAM 是通过在 16-QAM 去除一些点来构建的，例如，未归一化情况下的 $\{-1+3\mathrm{j},3+3\mathrm{j},-3+\mathrm{j},1+\mathrm{j},-1-\mathrm{j},3-3\mathrm{j},-3-3\mathrm{j},1-3\mathrm{j}\}$ 星座。

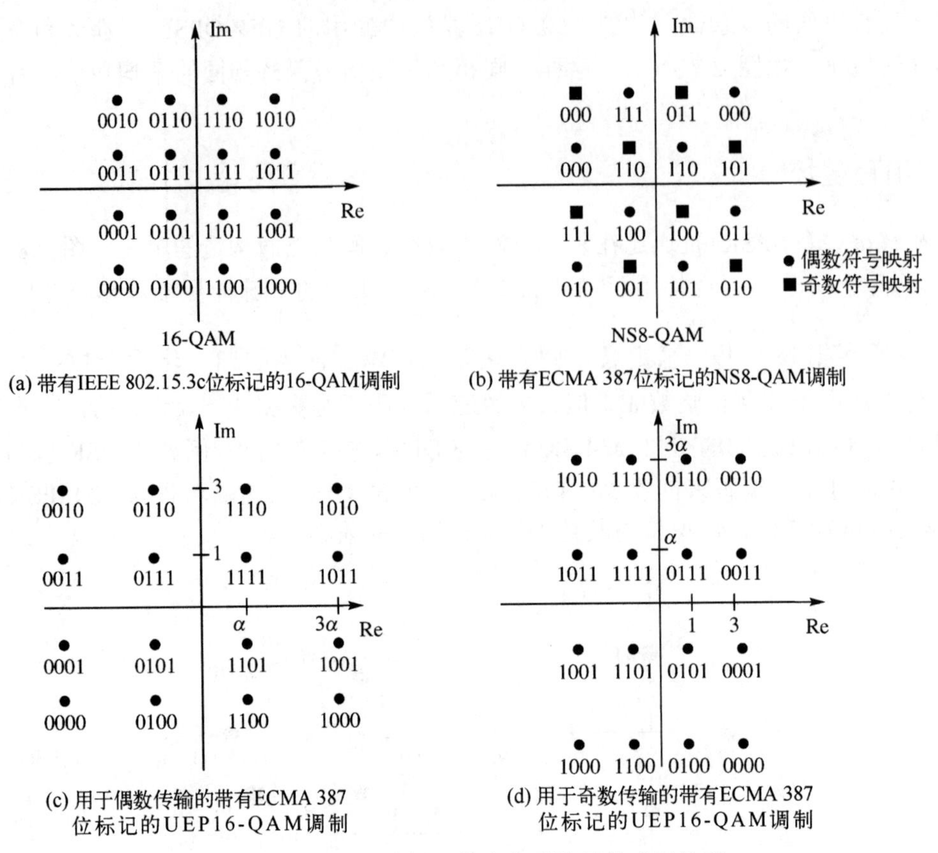

(a) 带有IEEE 802.15.3c位标记的16-QAM调制

(b) 带有ECMA 387位标记的NS8-QAM调制

(c) 用于偶数传输的带有ECMA 387位标记的UEP16-QAM调制

(d) 用于奇数传输的带有ECMA 387位标记的UEP16-QAM调制

图 2.9 QAM 星座图及其由位到符号的映射关系

2.4 时域均衡

毫米波无线传输过程需要考虑在传播信道中的频率选择性衰落问题。频率选择信道会导致传输信号的失真，从而在接收机上产生码间串扰(ISI)。这种失真必须在接收机上进行处理，同时还需处理附加噪声，导致检测过程更加复杂。去除频率选择性影响的一般术语称为均衡的接收信号。

为了更好地理解均衡操作，针对接收信道和调制间的关系建立接收信号的数学模型是很有必要的。我们重点介绍可以使用式(2.18)中的复脉冲幅度调制来描述的调制方式，其中包括 2.3 节中讨论的所有调制方式。通过在式(2.7)的基础上加入加性噪声，得出了包含频率选择性信道和加性噪声的接收信号模型如下:

$$y(t)=\int_{-\infty}^{\infty}h(t-\tau)x(\tau)\mathrm{d}\tau+v(t) \tag{2.28}$$

其中 $v(t)$ 为滤波后的噪声。在式中代入式(2.18)并化简公式

$$y(t)=\int_{-\infty}^{\infty}h(t-\tau)\sqrt{E_\mathrm{s}}\sum_{n=-\infty}^{\infty}s[n]g_{\mathrm{tx}}(\tau-nT_\mathrm{s})\mathrm{d}\tau+v(t) \tag{2.29}$$

$$= \sum_{n=-\infty}^{\infty} s[n] \int_{-\infty}^{\infty} h(t-\tau)\sqrt{E_s} g_{tx}(\tau - nT_s)\mathrm{d}\tau + v(t) \tag{2.30}$$

$$= \sum_{n=-\infty}^{\infty} s[n] \int_{-\infty}^{\infty} h_g(t-nT_s)\mathrm{d}\tau + v(t) \tag{2.31}$$

其中 $h_g(\tau)$ 是基带等效信道 $h(\tau)$ 和包含比例因子 $\sqrt{E_s}$ 的发射脉冲波形 $g_{tx}(\tau)$ 的缩放和滤波卷积。这里给出了符号速率采样下的等效系统

$$\begin{aligned} y[n] &= \sum_{k=-\infty}^{\infty} s[k]h[n-k] + v[n] \\ &= s[n]h[0] + \underbrace{\sum_{k=-\infty, k\neq 0}^{\infty} s[k]h[n-k]}_{\text{码间串扰}} + v[n] \end{aligned} \tag{2.32}$$

其中 $h[n]=Th_g(nT_s)$。频率选择性信道会造成符号失真，形成被称为 ISI 的“自我”干扰。我们将$\{h[\ell]\}$简称为信道，即使它包括多径传播、传输和接收滤波、脉冲整形功能及符号能量。

在实际系统中，频率选择性信道是因果性的且具有有限记忆性。一个略简单的模型为

$$y[n] = \sum_{\ell=0}^{L} h[\ell]s[n-\ell] + v[n] \tag{2.33}$$

其中 L 是滤波器的阶数(L+1 是信道的多径数)。L 的大小是传播环境的函数，与信道中的最大附加时延有关。一般情况下，L 的值是通过测量功率延迟、功率时延分布、均方根时延扩展、延迟分布的均方根和平均附加时延来确定的。这些是多径衰落的统计特征，用于量化信道的失真程度，在第 3 章中会进行更详细的说明。最终需要根据大多数信道的需求来确定 L 的取值。根据实际测量结果，不同环境下的 60 GHz 系统均方根时延扩展为 8～80 ns[WRBD91][XKR02]。对于一阶，L 可通过均方根时延扩展和符号周期之比来确定(更精确的近似值使用平均附加时延扩展)。例如，对于带宽为 500 MHz，附加带宽为 25%的系统，此时的带宽较小，具有脉冲幅度调制的符号周期为 2.5 ns。这种情况下，L 的值大约在 3～32 之间。对于较大的带宽，L 的值会更高。例如，IEEE 802.15.3c 使用 1815 MHz 的 RF 通道带宽。定向天线可有效减少时延扩展[WAN97]，但不能完全消除它。

均衡是消除 ISI[Rap02]影响的通用术语。针对发射机和接收机的信号处理有不同的均衡方式。本节将讨论在时域中进行信道均衡的各种方式。线性均衡是指通过专门设计的滤波器对接收信号进行滤波，达到反转信道的效果。决策反馈均衡使用测试性决策来反馈并减去之前检测到的符号。最大似然序列估计对所有符号进行联合检测。下一节将讨论通过单载波频域均衡(SC-FDE)和正交频分复用(OFDM)在频域中执行均衡的方式。

本章描述的均衡均假定是在离散时间内执行的，这并不是必须的，只要满足奈奎斯特采样定理，就可以在采样之前(模拟均衡)或采样之后(数字均衡)进行均衡。模拟均衡是数字电路可行之前的主要均衡方式，之所以在毫米波领域受到关注，是因为毫米波中许多针对大带宽信号的调制方式都需要 ADC 具备极高的采样速率和精度。例

如，最近的研究工作[HRA10]中提到，通过大带宽 ADC，模拟均衡可以降低所需的分辨率进而降低功率。模拟和数字均衡的混合方案也是可行的，最近文献[SB08]中的一项工作中描述了一种决策反馈结构，其中在采样之前，需在模拟域减去数字域中的决策。模拟均衡已被应用到包括吉比特以太网[HS03]在内的多种有线标准中。虽然在这里我们注重数字均衡，但这些原理也可应用于模拟均衡器的设计，并为高效电路的实现提供更多思路。

2.4.1 线性均衡

线性均衡是一种消除频率选择性衰落影响的简便方法，通过设计一个特定滤波器，消除频率选择性的影响。如图 2.10 所示，在均衡器后接一个符号检测器[见式(2.22)]。线性均衡并不能替代检测，当然，在仅有噪声时，它可以和检测器有相同的应用，但这以牺牲一定的性能为代价。

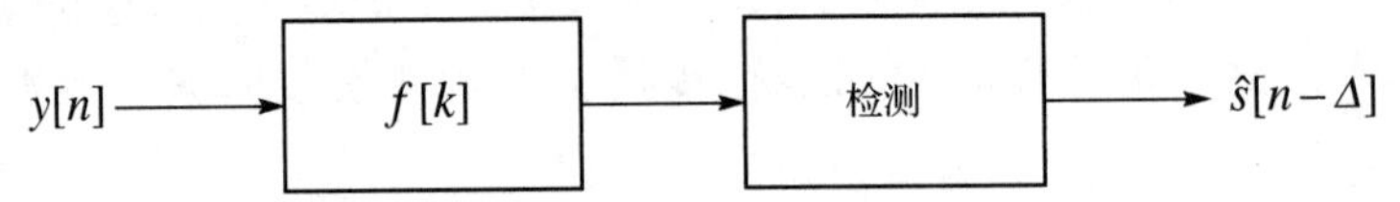

图 2.10 接收信号通过线性均衡滤波器$\{f[k]\}$滤波后，逐位进行检测，并允许一定的输出延迟 Δ 来改善性能

在这里我们考虑一种有限脉冲响应均衡器，当然，无限冲激响应也在讨论范围之内，尽管由于实现它的反馈会更复杂。数学上我们用 $\{f[\ell]\}_{\ell=0}^{L_f}$ 表示有限脉冲响应(FIR)均衡滤波器的不同延时。将均衡器代入式(2.33)中，采样的接收信号为

$$z[n] = \sum_{\ell=0}^{L_f} f[\ell]y[n-\ell] \tag{2.34}$$

$$= \sum_{k=-\infty}^{\infty} s[k] \sum_{\ell=0}^{L_f} \sum_{m=0}^{L} f[\ell]h[n-\ell-m] + \sum_{m=0}^{L} f[\ell]v[k-\ell] \tag{2.35}$$

为了消除码间串扰(ISI)，需要均衡信道输出 $\delta[n]$。这里可以稍微放宽一些限制，允许滤波器给出延迟输出 $\delta[n-\Delta]$，其中 Δ 是设计参数。可以通过调整 Δ 优化均衡器系数，以获得更好的性能。

L_f 的选择取决于信道内存 L，L 代表了信道的多径长度，它由信号的带宽以及传播信道测试中获取的最大延迟来确定。均衡器 $\{f[l]\}_{l=0}^{L_f}$ 是 FIR 滤波器的 FIR 逆。因此，L_f 取值很大时结果会有所改善。但是均衡每个符号所需的复杂度也随 L_f 而增长，因此这里需要一个权衡，选择大的 L_f 可以获得更好的均衡器性能，而较小的 L_f 则可使接收机更加高效。

均衡器的设计需要考虑多方面的因素。迫零是一种众所周知的方法，但这要求设计的均衡器系数能够精确地逆滤波，需要无限冲激响应(IIR)[Rap02][OS09]。对于有限的 L_f，最小二乘均衡器是一种合适的方案。通过设计合适的滤波器系数 $\{f[\ell]\}_{\ell=0}^{L_f}$，使得

$$\sum_{n=0}^{L+L_f} \left| \sum_{\ell=0}^{L_f} f[\ell]h[n-\ell] - \delta[n-\Delta] \right|^2 \tag{2.36}$$

最小化。通过矩阵可求出上式的解，令

$$\underbrace{\begin{bmatrix} h[0] & 0 & \cdots & \cdots \\ h[1] & h[0] & 0 & \cdots \\ \vdots & \ddots & & \\ h[L] & & & \\ 0 & h[L] & \cdots & \\ \vdots & & & \end{bmatrix}}_{\bar{\boldsymbol{H}}} \underbrace{\begin{bmatrix} f[0] \\ f[1] \\ \vdots \\ \vdots \\ \vdots \\ f[L_{\mathrm{f}}] \end{bmatrix}}_{\boldsymbol{f}} = \underbrace{\begin{bmatrix} 0 \\ \vdots \\ 1 \\ \vdots \\ \vdots \\ 0 \end{bmatrix}}_{\mathbf{e}_{\Delta}} \leftarrow \Delta + 1 \tag{2.37}$$

矩阵 $\bar{\boldsymbol{H}}$ 是一个 $(L + L_{\mathrm{f}} + 1) \times (L_{\mathrm{f}} + 1)$ 的托普利兹(Toeplitz)矩阵。假设 $\bar{\boldsymbol{H}}$ 满秩(当任意一个信道系数为非零时下式一定成立)，则最小二乘滤波器的系数为 $\hat{\boldsymbol{f}}_{\Delta} = (\bar{\boldsymbol{H}}^{*}\bar{\boldsymbol{H}})^{-1}\boldsymbol{H}^{*}\boldsymbol{e}_{\Delta}$。最小二乘解通过递归最小二乘法有效计算(参见文献[KSH00]及其引用)。

最小二乘解没有考虑式(2.35)中由滤波而产生的高斯白噪声，这里介绍另一种考虑噪声影响的均衡器，最小均方误差均衡器，这是一种维纳(Wiener)滤波器。最小均方误差(MMSE)FIR 均衡器使下式最小：

$$\mathbb{E}\left|\sum_{\ell=0}^{L_{\mathrm{f}}} f[\ell]y[n-\ell] - s[n-\Delta]\right|^2 \tag{2.38}$$

其中 $\mathbb{E}$ 为期望值。假设传输的符号 $s[n]$和 $v[n]$是独立的，且 $s[n]$被构造为一个独立同分布的随机过程，而 $v[n]$是一个零均值广义平稳随机过程，并具有相关函数 $R\,v[k]= E\,v[n]\,v^{*}[n+k]$，则 MMSE 均衡器由 $\hat{\boldsymbol{f}}_{\Delta} = \boldsymbol{R}_y^{-1}\boldsymbol{H}^{*}\boldsymbol{e}_{\Delta}$ 给出。其中 $\boldsymbol{R}_y = \mathbf{HH}^{*} + \boldsymbol{R}_v$为接收信号协方差矩阵，

$$\boldsymbol{H} = \begin{bmatrix} h[0] & h[1] & \cdots & h[L] & 0 & \cdots & \\ 0 & h[0] & & \cdots & h[L] & 0 & \cdots \\ \vdots & \ddots & & & & & \\ 0 & \cdots & h[0] & h[1] & \cdots & h[L] & \end{bmatrix} \tag{2.39}$$

是一个$(L_{\mathrm{f}}+L+1)\times(L_{\mathrm{f}}+1)$的信道矩阵，并且

$$\boldsymbol{R}_v = \begin{bmatrix} R_v[0] & R_v[1] & \cdots & R_v[L_{\mathrm{f}}] \\ R_v^{*}[1] & R_v[0] & \cdots & R_v[L_{\mathrm{f}}-1] \\ \vdots & \ddots & \ddots & \vdots \\ R_v^{*}[L_{\mathrm{f}}] & \cdots & \cdots & R_v[0] \end{bmatrix} \tag{2.40}$$

是噪声的协方差矩阵。接收信号协方差矩阵可以直接从 $y[n]$通过样本均值得出，也可从给定 $\boldsymbol{H}$ 和 $\boldsymbol{R}_v$下的 $\boldsymbol{R}_y$ 的公式表达中计算。如果噪声是加性高斯白噪声(AWGN)，则 $\boldsymbol{R}_v = \sigma_v^2\boldsymbol{I}$。利用 Levison-Durbin 递归可以有效地计算 MMSE 的解，而不需要直接求 $\boldsymbol{R}_y$ 的逆。

MMSE 解有许多类型，包括因果和非因果 IIR 滤波器、各种自适应滤波器、Kalman 滤波器(在许多关于统计信号处理的文献中提到，如文献[KSH00][Hay96][Say08])。实际中更关注一些低复杂度的自适应均衡，如图 2.11 所示，其中检测到的符号用于更新之后符号的滤波器系数。这里给出了一个基于最小均方值(LMS)的实现算法[Wid65][Qur85][Say08]。令 $\boldsymbol{f}_n$ 表示在时间 n 时应用于离散时间信号的矢量滤波器系数，这里我们省略了 Δ。令

$\mathbf{y}[n]=[y[n],y[n-1],\cdots,y[n-L_{\mathrm{f}}]]^{\mathrm{T}}$。LMS 权重向量通过下式来更新：

$$\boldsymbol{f}_{n+1}=\boldsymbol{f}_n+\mu(\boldsymbol{f}_n^*\boldsymbol{y}[n]-\hat{s}[n-\Delta])\boldsymbol{y}[n] \tag{2.41}$$

$\boldsymbol{f}_n^*\boldsymbol{y}[n]-\hat{s}[n-\Delta]$ 被称为差错信号，参数 μ 为步长，控制算法的收敛特性。自适应均衡器可以使用已知的训练数据进行训练，在差错控制解码后进行符号检测或对符号重新编码，以获得更高的鲁棒性。

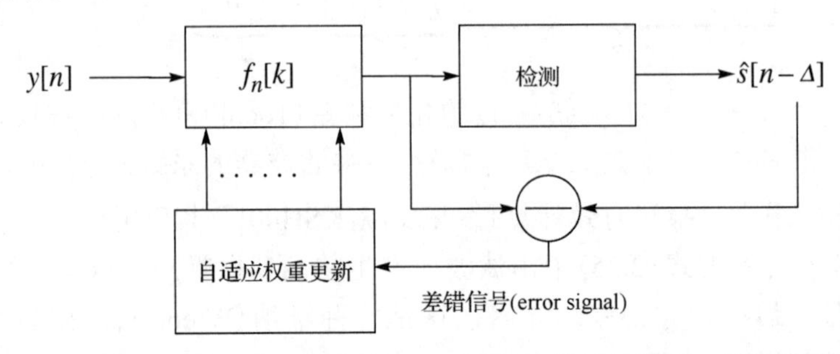

图 2.11 接收信号通过线性均衡滤波器后进行逐符号的检测，并将检测器的输入和输出之差作为差错信号，利用该差错信号更新滤波器的权重

2.4.2 判决反馈均衡

判决反馈均衡器(DFE)是处理信道长记忆特性(大 L 值)的一种方法。判决反馈的核心思想是从滤波后的输入信号中去除过去的判决，减少必须平衡的有效码间串扰(ISI)。图 2.12 说明了典型的 DFE 结构。由于之前判决中的错误可能会导致错误传播，因此在解码后获取的高质量判决使判决反馈有最佳的效果，但这也会导致过多的延迟。60 GHz 的判决反馈均衡方案中提出了利用模拟反馈和数字反馈的混合方法[SB08]。DFE 在某些假设下是信息无损的，不会像线性均衡器那样导致信道容量的损失[GV05]。决策反馈均衡有许多变化版本，包括迫零[KT73]和 MMSE[Mon71]，具有不同程度的因果性。只要计算平台能够充分匹配数据的传输速率，就可以采用如最小均方值(LMS)和递归最小二乘(RLS)等算法来有效地实现时域均衡(如 DFE)。文献[RF91]和文献[RHF93]中的工作说明了用于早期第二代和第三代数字蜂窝标准的最先进的仿真与实现方法，其中的数据速率约为 1 Mbps，未来的无线设备可能能支持计算结构以 Gbps 数据速率实现 DFE。本节根据文献[VLC96]的工作，总结出了有限长度和延迟 Δ 的 MMSE 判决反馈均衡器(DFE)的结构。

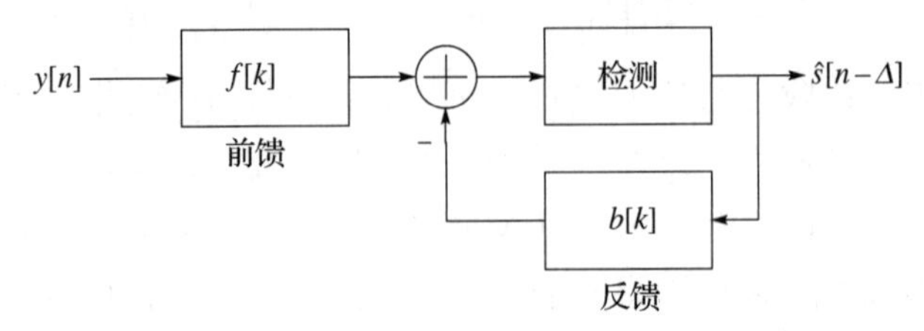

图 2.12 判决反馈均衡器(DFE)通过去除探测器的反馈信息来更新自身性能，将更新后的结果作为新的输入并传递给检测器进行符号检测

令 $\{f[\ell]\}_{\ell=0}^{L_{\mathrm{f}}}$ 表示前向反馈滤波器的系数，$\{b[\ell]\}_{\ell=1}^{L_{\mathrm{b}}}$ 表示后向反馈滤波器的系数，并使用如下信号作为符号检测的输入信号：

$$\sum_{\ell=0}^{L_{\mathrm{f}}} f[\ell]y[n-\ell]-\sum_{\ell=1}^{L_{\mathrm{b}}} b[\ell]\hat{s}[n-\Delta-\ell] \tag{2.42}$$

此式的结果为检测到符号 $\hat{s}[n-\Delta]$。为了对 DFE 系数进行推导和分析，假定检测到的符号是正确的，即 $\hat{s}[n]=s[n]$。所求 MMSE DFE 的系数使式(2.43)的函数最小，

$$\mathbb{E}\left|\sum_{\ell=0}^{L_{\mathrm{f}}} f[\ell]y[n-\ell]-\sum_{\ell=1}^{L_{\mathrm{b}}} b[\ell]s[n-\Delta-\ell]-s[n]\right|^2 \tag{2.43}$$

具体的公式推导请参见文献[VLC96]，这里仅总结最终的结果。假设

$$\begin{aligned}\boldsymbol{Q}=&\left[\mathbf{0}_{L_{\mathrm{b}}+1,\Delta}\quad \boldsymbol{I}_{L_{\mathrm{b}}+1}\quad \mathbf{0}_{L_{\mathrm{b}}+1,L_{\mathrm{f}}-L_{\mathrm{b}}-\Delta}\right]\\&\times\left[\boldsymbol{I}_{L_{\mathrm{f}}+L_{\mathrm{b}}+1}+\boldsymbol{H}^*\boldsymbol{R}_v^{-1}\boldsymbol{H}\right]^{-1}\left[\mathbf{0}_{\Delta,L_{\mathrm{b}}+1}\quad \boldsymbol{I}_{L_{\mathrm{b}}+1}\quad \mathbf{0}_{L_{\mathrm{f}}-L_{\mathrm{b}}-\Delta,L_{\mathrm{b}}+1}\right]\end{aligned} \tag{2.44}$$

将矩阵划分为

$$\boldsymbol{Q}=\begin{bmatrix} p & \boldsymbol{q}^* \\ \boldsymbol{q} & \boldsymbol{P}\end{bmatrix} \tag{2.45}$$

反馈系数的向量 $\boldsymbol{b}=[b[1],\cdots,b[L_{\mathrm{b}}]]^{\mathrm{T}}$ 可表示为

$$\boldsymbol{b}=-\boldsymbol{P}^{-1}\boldsymbol{q} \tag{2.46}$$

$$\boldsymbol{f}=\left[\boldsymbol{I}_{L_{\mathrm{f}}+L_{\mathrm{b}}+1}+\boldsymbol{H}^*\boldsymbol{R}_v^{-1}\boldsymbol{H}\right]^{-1}\boldsymbol{H}\begin{bmatrix}\mathbf{0}_{\Delta,1}\\ 1\\ \boldsymbol{b}\\ \mathbf{0}_{L_{\mathrm{f}}-L_{\mathrm{b}}-\Delta}\end{bmatrix} \tag{2.47}$$

判决反馈均衡器的自适应版本同样可行[GBS71]。

2.4.3　最大似然序列估计

从给定式(2.33)中的接收信号模型的序列检测的角度来看，假设序列概率分布相等，则最佳接收机为最大似然序列估计器(MLSE)①，通过求解最大似然问题并简化最大似然解，

$$\{\hat{s}[n]\}_{n=0}^{N-1}=\arg\min_{\{s[n]\}_{n=0}^{N-1}}\sum_{n=0}^{N-1}\left|y[n]-\sum_{\ell=0}^{L}h[\ell]s[n-\ell]\right|^2 \tag{2.48}$$

式(2.48)中的度量可以通过扩展范数来简化，从而可推导出 Ungerboek 形式[Ung74]。

式(2.48)中的优化可以使用维特比(Viterbi)算法[FJ73]有效地执行。实现 Viterbi 算法有两种常用的方法：Forney 方法[FJ72]和 Ungerboek 方法[Ung74]。两种方法都基于连续时间脉冲幅度调制公式。Forney 接收机包括模拟匹配滤波器、采样、白噪化，然后使用 Viterbi 算法有效实现序列估计。Ungerboek 接收机在模拟匹配滤波器之后进行采样，并使用由 Viterbi 算法高效实现的修改指标(以解决有色噪声)进行序列估计。根据文献[BC98]，Forney 和 Ungerboek 方法是等价的并且可从一个推出另外一个。

Forney 和 Ungerboek 方法中建议使用的模拟匹配滤波器(与传播信道和发射脉冲形状的匹配)在实践中具有一定的挑战。一种方法是在数字域中执行匹配滤波，匹配滤波器可作

① 它应该被称为最大似然序列检测，但术语 MLSE 已被广泛接受。

为 ADC 之后的数字滤波器进行实现，需要选择过采样以确保满足奈奎斯特采样定理。只要前端滤波带宽与过采样率相匹配，匹配滤波器是以数字还是模拟方式实现并不重要。对过采样数据进行滤波，再进行下采样以达到采样系统的符号速率(关于在接收机中实现过采样的更多细节，参见文献[BC98])。

一种方法是先进行过采样，并按照过采样率来设计匹配滤波器，然后再下采样并使用 Ungerboek 或 Forney 方法。如果前端滤波后第一次采样结果的基带噪声仍为白噪声，这种方法仍然是最佳的，这要求采样速率必须精确地为奈奎斯特采样速率。另一种方法是直接应用式(2.33)。如果对噪声精确地以奈奎斯特速率进行采样，那么这些方法是相同的。否则需要使用过采样，需要过采样域中进行匹配滤波和下采样[BC98]。

由于复杂性和内存的要求，到目前为止，MLSE 还未在毫米波实现中得到应用。假定星座大小为 M，将对应有 M^L 种状态。在每个离散时间 n 内，必须在每个步骤进行 M 次比较以确定最佳选择。当接收机必须以吉比特每秒的速率进行采样时，非常具有挑战性。然而，将来会有许多不同的低复杂度、次优的 MLSE 算法应用于毫米波系统中，例如，减少状态数[Fos77][Mcl80][EQ89]、提升信道稀疏度[BM96]，以及结合线性均衡器[Bea78]或结合判决反馈均衡器(DFE)[LH77]，也可以通过延迟判决反馈估计实现[DHH89]。

2.5 频域均衡

对于传播延迟与符号周期强相关的信道，时域中均衡十分具有挑战性，这意味着离散时间信道中的信道抽头数或信道容量 L 是非常大的。若使用线性均衡器，将需要大量的信道抽头来减轻信道的影响。而使用 MLSE 解决方案，则会带来大量统计数据和高复杂度。由于执行时域均衡时，卷积运算会变得非常复杂，而在频域中时则仅需要简单的乘法，因此本节考虑直接在频域中进行均衡的有效方法。

回顾均衡的定义，均衡是指用于消除发送符号上信道干扰的操作。在数学上，这意味着要消除在式(2.33)中由于 $\{h[\ell]\}_{\ell=0}^{L}$ 对发送的符号序列 $\{s[n]\}$ 所造成的影响。根据基本的信号与系统理论，众所周知，时域中的卷积为频域中的乘积[OS09]。因此从理论上讲，可以通过 $y[n]$ 的傅里叶变换与信道的傅里叶变换相除来均衡信道的影响。在实践中，实现这种精确的操作有困难。因为 $\{y[n]\}$ 的离散时间傅里叶变换被定义为 $\sum_k y[k]\exp(-\mathrm{j}\omega k)$，其中 ω 是取值范围为 $[-\pi, \pi)$ 的离散时间频率。实际中频域的连续性使直接使用这种信号与系统的方法不可行。另一种方法是利用离散傅里叶变换(DFT)来进行频域变换。

对于有限长度信号，DFT 定义为

$$\boldsymbol{Y}[k] = \sum_{n=0}^{N-1} y[n]\mathrm{e}^{-\mathrm{j}\frac{2\pi}{N}kn} \tag{2.49}$$

其中 $k = 0, 1, \cdots, N-1$。可以利用快速傅里叶变换(FFT)有效地计算 DFT，其复杂度为 $\mathcal{O}(N\log N)$。但这里有一个小问题需要注意，对于有限长度信号，乘积 $\boldsymbol{H}[k]\boldsymbol{S}[k]$ 的倒数是 $\{h[\ell]\}$ 和 $\{s[n]\}$ 之间的循环卷积，而不是式(2.33)中的线性卷积。虽然它看上去是一个无关紧要的数学细节，但这意味着不能直接应用 DFT 来均衡接收信号。该问题的一个解决方案是使用块处理，其中块之间特殊设计的保护间隔允许线性卷积变为循环卷积，该保护间隔被称为循环前缀。这种方法的本质是在符号块之中预加额外信息，以便以简单的方式使用 DFT 来简化均衡。

本节描述了两种用于频域的均衡方法。第一种被称为单载波频域均衡（SC-FDE）。这种方法预先在复脉冲幅度调制符号块上加入循环前缀。经由 DFT 将接收信号变换到频域进行均衡，并使用逆 DFT（IDFT）将其变换回时域。第二种方法称为正交频分复用（OFDM）。利用这种方法，在发射机处计算复脉冲幅度调制符号块的 IDFT 并添加循环前缀。对于接收机，需要在进行 DFT 之后应用频域均衡。两种方法都有一定的优点和缺点。频域均衡也可以应用于其他调制技术中，例如，连续相位调制[TS05][PHR09]，但由于大多数具有较高频谱效率的商用毫米波系统（基于 60 GHz 的系统）使用复脉冲幅度调制，因此这里不再赘述。补零可作为循环前缀[MWG+02]的替代，正如多波段超宽带系统[LMR08]中所使用的那样，但由于可对比导频字插入的普及，迄今为止在毫米波中没有受到太多关注[DGE01] [HH09]。

2.5.1　单载波频域均衡

单载波频域均衡（SC-FDE）是指附加循环前缀的复脉冲幅度调制[SKJ95] [FABSE02]。在毫米波系统中，SC-FDE 是一种 IEEE 802.15.3c、IEEE 802.11ad 和 ECMA 387 中可使用的物理层（PHY），在第 9 章中会进行更详细的讨论。在 IEEE 802.15.3c 中，SC-FDE 用于单载波模式。在 IEEE 802.11ad 中，SC-FDE 用于毫米波 SCPHY 和毫米波低功耗 PHY 中。在 ECMA 中，它被用于单载波块传输（SCBT）PHY。使用术语 SC-FDE 用于区分标准 SC PHY 与使用某种形式的循环前缀以帮助进行频域均衡的标准 SC PHY，但通常只使用 SC。

这里考虑对单个符号块 $\{s[n]\}_{n=0}^{N-1}$ 进行传输。块的长度由 N 给出，这也是 DFT 和 IDFT 的维度。块大小应该大于信道容量，即 $N>L$。通常不会直接发送符号块，而是使用长度为 $L_c \geqslant L$ 的保护间隔来划分多个块。如图 2.13 所示，有两种常见的保护间隔。在循环前缀中，会将每个块末尾的一部分预先添加到块的开头。而在导频字[DGE01]中，使用相同的训练数据填充保护间隔。循环前缀和导频字都用于分离数据块并使线性卷积像是循环的，从而更有利于频域均衡。使用导频字而不是循环前缀有助于帧同步自适应，频率偏移估计和对时钟漂移的补偿。

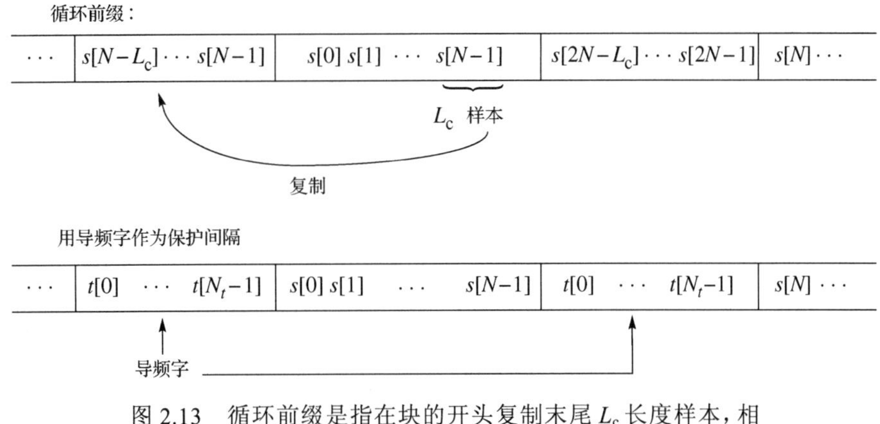

图 2.13　循环前缀是指在块的开头复制末尾 L_c 长度样本，相反，使用一个训练序列或导频字（$t[n]$）作为保护间隔

现在我们就循环前缀如何使频域均衡更为便捷进行讨论，最早将这种方法用于OFDM系统的是文献[PR80]（请注意，在这之前OFDM系统已经使用多年，但并没有循环前缀[Cha66]）。同样的方法也适用于使用具有导频字的保护间隔，但符号略有变化。设新符号块为$\{w[n]\}_{n=0}^{N+L_c-1}$，对于前L_c个符号，$w[n]=s[n+N-L_c]$，其中$n=0,1,\cdots,L_c-1$，对于接下来的N个符号，$w[n]=s[n-L_c]$，$n=L_c$, L_c+1, $\cdots$, L_c+N-1，则式(2.33)中的接收信号模型变为

$$y[n]=\sum_{\ell=0}^{L}h[\ell]w[n-\ell]+v[n] \tag{2.50}$$

其中$n=0, 1, \cdots, N+L_c-1$。去除前L_c个样本，得到的新信号为

$$\bar{y}[n]=y[n+L_c]=\sum_{\ell=0}^{L}h[\ell]w[n+L_c-\ell]+v[n+L_c] \tag{2.51}$$

根据$w[n]$的定义

$$\bar{y}[n]=\sum_{\ell=0}^{L}h[\ell]s[((n-\ell))_N]+\bar{v}[n] \tag{2.52}$$

其中$((\cdot))_N$是整数取模运算，它的出现是因为循环卷积前缀的存在以及$L \leqslant L_c$。由于$L<N$，$h[n]$可以被视为长度为N的序列，$h[n]=0$，$n=L+1, \cdots, N-1$。该操作称为补零。对式(2.52)进行DFT

$$\bar{\boldsymbol{Y}}[k]=\boldsymbol{H}[k]\boldsymbol{S}[k]+\boldsymbol{V}[k] \tag{2.53}$$

其中$k=0, 1,\cdots, N-1$。该式给出了观察序列$\bar{\boldsymbol{Y}}[k]$与未知序列$\boldsymbol{S}[k]$的DFT之间的一种简单关系。可以通过对$\bar{\boldsymbol{Y}}[k]$除以$\boldsymbol{H}[k]$来进行信道均衡，这是一种单抽头迫零均衡器。另一种方式通过单抽头MMSE来解决，对$\bar{\boldsymbol{Y}}[k]/\boldsymbol{H}[k]$进行IDFT得到

$$r[n]=s[n]+\widetilde{v}[n] \tag{2.54}$$

如图2.14所示，均衡信号$r[n]$被输入到逐符号检测器。丢弃前L_c个符号并对其余符号进行DFT，进行单抽头频域均衡操作后再进行IDFT，最后将输出序列化并传递给检测器。在代数理论中[WBF+09]，可以证明，如果$v[n]$是独立同分布的，且服从$\mathcal{N}(0, \sigma_v^2)$，则均衡噪声同样是独立同分布的且$\mathcal{N}(0, \sigma_v^2/N\sum_{k=0}^{N-1}|\boldsymbol{H}[k]|^{-2})$。这意味着可以使用2.3.2节中描述的用于AWGN信道的逐符号检测器，而且随后可能进行一些更高级的编码。

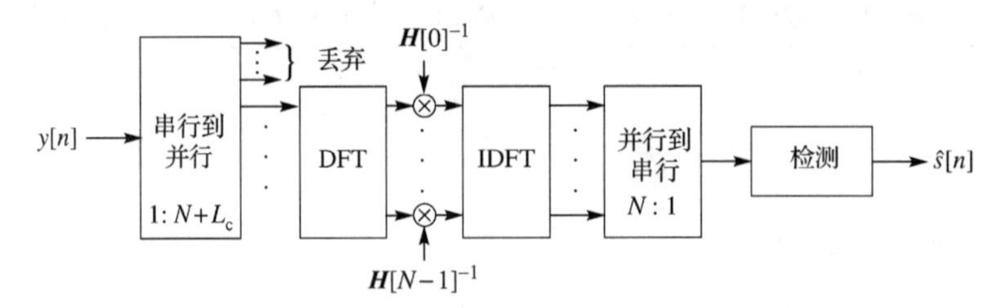

图2.14 对$N+L_c$个符号块进行SC-FDE操作

利用SC-FDE可以完美地完成线性均衡。这意味着信道可以完全均衡，这与2.4.1节中的近似求逆的迫零或MMSE均衡器不同。但它仍然是一个均衡器，并不能给出最大似然解。正是SC-FDE的复杂性使其具有吸引力。对于线性均衡器，均衡器的长度会随着L的增加

而增加。对于 SC-FDE，由于其复杂度是固定的，均衡器的长度完全由 N-DFT、N-IDFT 和单抽头均衡确定。当然，由于 L 是冗余的，因此需要额外的开销，N 可能会增加以保持 $L/(N+L)$ 比例不会变得过大。确切地说，要使 SC-FDE 比线性均衡更有效，取决于许多系统参数。根据经验，对于 $L\geqslant 5$ 的信道，频域均衡会更有效。

2.5.2　OFDM 调制

OFDM 是一种可以使用频域均衡的传输技术。它已用于许多商用的无线系统，包括 IEEE 802.11 无线局域网(802.11-12)，IEEE 802.16 宽带无线网络和 3GPP 长期演进(LTE)蜂窝网络。OFDM 在无线通信领域有着悠久和有趣的历史[Wei09]。在 60 GHz 系统中，多年来一直在研究使用 OFDM 作为调制技术[KH96][DT99][Smu02]。OFDM 是 IEEE 802.15.3c 中的高速接口模式和音频/视频模式的物理层，IEEE 802.11ad 中的 OFDM 物理层，以及 ECMA [ECMA10] 中的 A 类设备的 OFDM 模式。

OFDM 可以被视为从接收机到发射机的 SC-FDE 的 IDFT，如图 2.15 所示。DFT 和 IDFT 的长度由 N 决定，称为(最大)子载波数。与 SC-FDE 类似，OFDM 系统附加长度为 L_c 的循环前缀，其中 $L_c\geqslant L$ 且 $N\geqslant L_c$。为了更清楚地解释 OFDM 的概念，以 $\{s[n]\}_{n=0}^{N-1}$ 的传输为例。由于符号需要进行 IDFT 操作，从概念上讲符号需要是频域数据。对 IDFT 的输出添加循环前缀

$$w[n]=\frac{1}{N}\sum_{n=0}^{N-1}\boldsymbol{S}[m]\mathrm{e}^{\mathrm{j}2\pi\frac{m(n-L_c)}{N}} \tag{2.55}$$

对于 $n=0,1,\cdots,N+L_c-1$，可以验证(由于离散时间复指数的周期性) $w[n]=w[n+N]$，其中 $n=0,1,\cdots,L_c-1$。通常将 $\{s[n]\}_{n=0}^{N-1}$ 称为 OFDM 符号，将组件 $\boldsymbol{S}[n]$ 称为子符号。从式(2.55)开始，$\boldsymbol{S}[n]$ 按频率 n/N 的复指数变化，因此 n 通常被称为子载波的索引或简称为子载波。输出 $w[n]$ 被称为样本，而不是符号，因为它们包含传输的每个符号的一部分。若 T_s 为采样时间，那么 OFDM 符号时间为 $(N+L_c)T_s$ 且子载波带宽为 $1/NT_s$，假设使用 sinc 脉冲整形滤波器(这是一种常见的脉冲整形滤波器，也可以使用其他脉冲整形滤波器)。

接收信号与式(2.50)中的相同。去除前 L_c 个样本得到与式(2.52)中相同的信号。对式(2.55)的 $\{w[n]\}$ 进行 DFT 得到

$$\bar{\boldsymbol{Y}}[k]=\boldsymbol{H}[k]\boldsymbol{S}[k]+\boldsymbol{V}[k] \tag{2.56}$$

其中 $k=0,1,\cdots,N-1$。因此，通过 $\bar{\boldsymbol{Y}}[k]$ 除以 $\boldsymbol{H}[k]$ 来进行信道均衡，这是一种简单的单抽头迫零均衡器。得到的符号直接传递给逐符号检测器，不需要像 SC-FDE 那样进行 IDFT。可以证明，实际上(假设丢弃与循环前缀对应的样本)对式(2.56)进行逐符号检测会得到最大似然解。这比 MLSE 的复杂度低得多，除使用差错控制编码外，MLSE 会有更好的性能。单抽头均衡后 OFDM 单位子符号的有效噪声功率为 $\sigma_v^2/|H[k]|^2$。对于 SC-FDE，所有子载波的 SNR 性能是相同的，而对于 OFDM，每个子载波的性能是不同的。因此，在 OFDM 系统中使用编码和交织来提高针对频率选择性信道衰落的鲁棒性，但是适应过程可能更复杂[DCH10]。

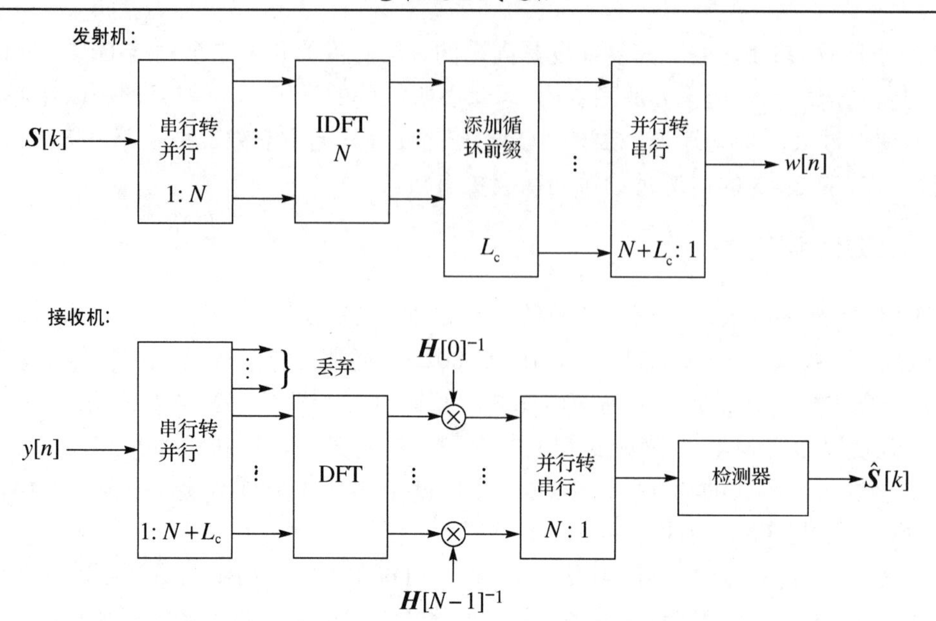

图 2.15 OFDM 中的发送样本由 N 个符号的 IDFT 并添加循环前缀组成。接收机丢弃循环前缀后进行 DFT，再对每个子载波进行均衡

此外，IEEE 802.11ad 使用几种不同的映射符号来表征与其他无线系统不同的子载波。例如扩展 QPSK，其中一组 QPSK 符号及其共轭都在不同的子载波上发送。另一个示例是非标准 QPSK 映射，其中两个 QPSK 星座点组合在一起以创建与 16-QAM 不同的两个 4 比特星座。然后在两个不同的子载波上发送所得到的星座，这是另一种通过增加传播开销来提升多样性的方法。更多具体的内容请参见第 9 章。

在文献[SKJ95][FABSE02]中对 OFDM 和 SC-FDE 进行了许多比较。在不同情况下都有一定的优点和缺点。OFDM 调制的主要缺点是其对 RF 损伤较为敏感。由于发射机对块信号做 IDFT，所以式(2.27)中用于调制的采样会有更大的波动，得到的模拟信号具有高的峰值平均功率比。事实上，信号的峰值可以远大于信号的平均值，这意味着需要更大的功率放大器(PA)补偿(详见第 5 章)，要么需要一个更昂贵(耗电)的功率放大器来维持相同的范围，要么必须容忍额外的非线性失真。此外，也可以部分地采用峰值平均功率比降低技术(参见文献[JW08]及其中的论文)。OFDM 波形对其他非线性特性是敏感的[Shi96]，且 OFDM 对载波频率偏移[CM94]更为敏感，因为偏移会在符号间产生载波间干扰。它对增益和相位不平衡[PH02]及相位噪声[PVBM95]也很敏感。它的复杂度取决于具体应用。OFDM 的复杂度更为对称，而在 SC-FDE 中，复杂度主要取决于接收机。例如在 3GPP LTE 中，在下行链路上使用 OFDM，在上行链路上使用类似 SC-FDE 的调制。OFDM 拥有更多的优点。基于信道的频率选择性可以根据当前信道的状态来调整信息速率，因此 OFDM 可通过自适应调制和编码提供更好的性能。OFDM 允许通过迫零或降低某些子载波上的功率来简化频谱波形。还可以通过正交频分多址(OFDMA)技术将不同的 OFDM 子载波分配给不同的用户。

在 OFDM 到毫米波系统的应用中，在文献[SB07][LCF+07][RJW08]中对 60 GHz 的 SC-FDE 和 OFDM 进行了几种特定的比较。将这些研究的结论总结如下，SC-FDE 允许低分辨率 DAC 和 ADC 实现与 OFDM 相同的性能。SC-FDE 对功率放大器(PA)的非线性不敏感，不需要过多的功率放大器补偿，因此会有更高的动态范围。SC-FDE 对各种 RF 损伤有更好的鲁棒性，因此可以提供更高的吞吐量。在大多数情况下，性能差异大约为 10%的吞吐量或 1 dB 的信噪比。鉴于 OFDM 已投入生产，这些差异还不足以将 SC-FDE 作为主流应用。实际上，SC 和 OFDM 传输模型均被用于 60 GHz 系统的大多数 WPAN 和 WLAN 标准中。有关 OFDM 和 SC 传输之间更多的比较和损伤影响的更多处理，请参见第 7 章。

2.6　差错控制编码

通信系统有时会存在一定的差错，在无线通信中也不例外。在发射机、信道和接收机中的通信信号都存在大量失真。常见的损伤包括有源电路器件(放大器、混频器)的非线性、传播信道引入的频率选择性衰落和时间选择性衰落、电路元件产生的噪声(热噪声、相位噪声，量化噪声)以及其他干扰(由未经许可的频段中的其他传输所带来)。无线系统的设计中，会对系统组件、传输策略进行仔细的选择，并结合接收机处理算法和协议来控制信道损伤。

差错控制编码是所有通信系统的重要组成部分。差错控制编码的思想是在发射信号中引入冗余信息，该冗余可以用于接收机来处理位差错。在许多系统中，多种差错编码技术被结合在一起使用。例如在奇偶校验，会通过差错检测编码添加冗余信息，以检测该组比特是否被正确发送。利用差错检测使错误的包不会被更高的层级再进行处理，并且还可以作为无线链路协议的一部分以请求重传。纠错码中增加了冗余，允许纠正位错误。某些编码可以纠正位差错组，其他编码可以更好地处理随机的差错模式。通常冗余量越高，代码的差错检测或纠正能力就越好，代价是会造成更多的开销。

差错控制编码有许多不同的类型，可以大致分为分组码和格形码。块码通常将信息比特块映射到一个更长的信息比特块上。块码通常具有一定的规律，其中输出的比特块由与某些奇偶校验比特串联的输入比特组成。网格编码是一种基于存储器的编码，其中编码的比特或符号取决于有限数量的比特的值。它们通常使用网格图表示，该网格图用来获取状态(由之前的比特确定)和状态间的转换(由当前比特确定)。传统的差错控制编码的数学基础是有限域理论。在过去的 15 年中，经典编码结构与复杂的迭代解码算法相结合，其性能逐渐逼近了基本极限。

毫米波系统使用了许多不同类型的差错控制编码技术。除了良好的性能外，主要考虑因素是差错控制解码能否在硬件中有效地实现。本节将总结针对早期毫米波(例如，60 GHz)无线标准提出的几种重要的差错控制编码。这些策略也可能在其他毫米波系统中得到应用。关于差错控制编码的更多细节可参见文献[Bla03][LC04][RU08]。

2.6.1　差错检测的块码

差错检测是建立可靠通信链路的重要部分。差错检测编码用于检查数据包(比特块)是否被正确解码。无论使用何种差错控制编码，也无法纠正所有可能的差错。系统可以采用不同的方式处理数据包差错。例如如果应用使用实时语音，则可能将包标记为一个差错，然后源解码器将使用隐藏算法以减轻损失的影响。或者当无线链路用于发送二进制文件时，则接收机可以要求发射机重新发送该分组，直到它被正确接收为止。差错检测可以在物理层(PHY)、介质访问控制(MAC)层或更高层级中执行(有关抽象层的讨论见 2.10 节)。

块码会在传输数据的固定长度块上执行。二进制数据或非二进制数据都能够进行块编码。在二进制情况下，数据符号是取值为 0 或 1 的比特，且会在称为伽罗瓦域(GF)的有限域中执行，尤其是 GF(2)。当符号由 $m>1$ 比特的集合组成时，要使用非二进制块码。这里会比 2.3.1 节更频繁地使用符号这个术语，m 比特可以映射到多个星座符号。非二进制块码在较高维域中操作，例如，里德-所罗门(Reed-Solomon)码在 GF(2^m)中工作。块长度 K 和编码长度 N 的二进制块码采用 K 个数据符号并会产生 N 个编码符号。若码字之和在合适有限域中也是一种码字，则块码是线性的。系统分组编码需满足编码数据的前 K 个符号对应于要发送的未编码 K 个数据符号的特性，剩余的 $P=N-K$ 个符号是奇偶校验符号。

最常见的差错检测编码类型是称为循环冗余校验(CRC)的块编码。实际上，CRC 采用 K 个数据比特块，并计算 $P=N-K$ 个奇偶校验位。这些校验位被附加到 K 个数据位上，从而创建一个长度为 N 的编码块。奇偶校验位都是数据位的不同函数。在接收机处，若解码的数据比特不能提供与发送相同的 K 个奇偶校验位，则声明错误。通常，CRC 码可以检测出 $1-2^{-P}$%的可能差错。例如对于常用值 $P=32$，接收机可检测到 99.999 999 976 7%的差错。

在数学上，CRC 码通过二进制中的多项式除法来工作。特定长度的 CRC 码与生成的多项式 $g(D)=g[0]D^P+g[1]D^{P-1}+g[P]D+g[P+1]$相关联，其中 $g[0]=g[P+1]=1$。生成多项式将用于生成 P 个奇偶校验位 $\{b[n]\}_{n=0}^{K-1}$。设 $b(D)=b[0]D^{K-1}+\cdots+b[K-2]D+b[K-1]$表示与比特序列 $\{b[n]\}_{n=0}^{b-1}$ 对应的数据多项式。奇偶校验位是通过生成多项式的除法得到的，

$$r(D)=\text{remainder}\left(\frac{D^P b(D)}{g(D)}\right) \tag{2.57}$$

然后将会发送所得多项式 $d(D)=D^P b(D)+r(D)$的系数。所以有 $d[k]=b[k]$，$k=0,1,\cdots,K-1$ 和 $d[k+K]=r[k]$，$k=0,\cdots,P-1$。实际中，取余是使用线性反馈移位寄存器计算的，该寄存器可以在硬件和软件中非常有效地实现。在接收机处应用类似的操作来进行奇偶校验。

2.6.2 里德-所罗门码

里德-所罗门(RS)码是一种非二进制块码[RS60]，主要用于突发差错的纠正。突发差错是指：符号解码差错，OFDM 中的多符号衰落，或卷积码这些差错控制编码发生解码差错。RS 码是非二进制的，因为它操作的符号集合包含 $m>1$ 比特。在其众多有趣的数学属性中，最有名的可能是被称为最大可分离距离的特殊属性。这意味着当输入和输出块长度相同时，与其他线性编码相比，RS 码通过最小的长度实现了最大可能，换言之，这是一种卓越的编码方式。

RS 码通常记为 RS(N, K)，其中 $K<N$，为输入符号的数目，N 是输出符号的数目。对于传统编码方式，输出符号的数量为 $N=2^m-1$，对于扩展 RS 码，$N=2^m$ 或 $N=2^m+1$。通过硬解码技术，RS 码可纠正多达$\lfloor (N-K)/2 \rfloor$个符号差错。根据软信息，若已知某些符号可能存在差错，可以考虑擦除这些差错，该编码可以纠正 E 个差错并进行 S 个删除，只要 $2E+S \leqslant N-K$。因此辅助信息可用于提高 RS 码的解码能力。RS 码的编码和解码通过 Bose、Ray-Chaudhuri 和 Hocquenghem(BCH)码[BRC60][Hoc59][LC04]来观察，作为非二进制循环码，其

编码类似于 2.6.1 节提到的内容。

在 60 GHz 系统中，RS 码被用于 IEEE 802.15.3c(802.15.3-03)，ECMA 387(ECMA10)和 IEEE 802.11ad (802.11-12)。RS(255，239)编码用于 IEEE 802.15.3c 的 SC PHY 和 ECMA 387 的所有模式。它可对 $m = 8$ 位的组进行编码并且可以校正 $(N–K)/ 2 = 8$ 个符号差错。RS(224，208)编码用于 IEEE 802.11ad，它对 $m = 8$ 位的组进行编码，并且可纠正 8 个符号差错。IEEE 802.15.3c 和 ECMA 387 允许通过补零来进行压缩，以便 RS 码应用于更短的块，这对于保护头部信息是很有用的。

在这里给出一个具体的示例，考虑 IEEE 802.15.3c，ECMA 387 和 IEEE 802.11ad 中使用 RS(255，239)编码的情形。该例来自 IEEE 802.15.3c (802.15.3-03)。请注意，IEEE 802.11ad (802.11-12)中使用的 RS(224，208)编码是该编码的缩略版本，因此它也具有相同的参数。该编码使用 $g(D)=\prod_{k=1}^{1}6(D+\alpha^k)$ 生成多项式，其中 α 是二进制简单多项式 $p(D)=1+D^2+ D^3+ D^4+ D^8$ 的根，所以 $\alpha = 0x02 = 0b00000010$。8 位的组被映射为 $m = 8$ 位的符号元素，如 $b_7D^7+ b_6D^6+\cdots+ b_1D+b_0$，其中 b_7 是最高有效位，b_0 是最低有效位。符号被映射为数据多项式 $m(D)=m[238]D^{238}+\cdots+m[1]D+m[0]$。然后根据生成多项式的除法计算奇偶校验位，

$$r(D) = \text{remainder}\left(\frac{D^{16}m(D)}{g(D)}\right) \tag{2.58}$$

所得多项式 $d(D) = D^P m(D) + r(D)$ 的系数构成符号的编码序列，然后将符号转换回比特来进行传输。可以使用线性反馈移位寄存器[LC04]有效地执行编码操作。

RS 码有许多种可行的解码方式，这可以作为一个持续性研究课题。最著名的硬解码算法采用一种与 BCH 码结合的方法。首先，根据生成的多项式 $g(D)$ 的 16 个根来估计接收多项式 $\hat{d}(D)$，以此来进行校正。通过使用 Berlekamp-Massey 算法[Ber65][Mas65]得到差错定位多项式以此确定符号的差错位置，然后使用诸如 Chien 算法[Chi64]找到该多项式的根。符号差错可通过联立另一组具有 $N–K$ 个未知数的方程来进行求解，使用的算法例如 Forney 算法[For65]。使用软判决解码可以实现更好的性能。在该类型的解码中，位可靠性(代替硬判决)被并入解码过程[GS99][KV03]。例如，若某个比特很可能为 0，则可以设置为–5，若它很可能是 1，则设置为 5，如果该位的值还不能够确定，但它更可能是 1 而不是 0，则设置为 2。有许多 RS 解码器的硬件实现方法，包括硬解码[Liu84][SLNB90]以及最近出现的软解码[AKS11]。

2.6.3　低密度奇偶校验码

低密度奇偶校验(LDPC)码是一种具有特殊性质的线性分组码，它可以在香农极限[MN96]附近的 0.004 5 dB[CFRU01]之内进行非常有效的解码。LDPC 最早在文献[Gal62]中就已被提出，但直到 Turbo 码[RU03]被使用以前并没有引起人们的注意。LDPC 码既可以是二进制的也可以是非二进制的，目前只有二进制的 LDPC 被用于 60 GHz 系统中，因此这里主要介绍二进制 LDPC。LDPC 码在校正由噪声引起的比特差错时有优秀的表现。

具有参数 K(奇偶校验数量)和 N 的线性分组码与 $K\times N$ 生成器矩阵 $\boldsymbol{G}$ 相关联，该生成

器可以将未编码比特 u 的 $K\times1$ 个向量编码为 $\boldsymbol{u}^{\mathrm{T}}\boldsymbol{G}$。在编码理论中，通常规定使用行向量来进行编码和解码操作。对于每个生成矩阵来说，都有对应的尺寸为 $N\times K$ 奇偶校验矩阵 $\boldsymbol{H}$，使 $\boldsymbol{GH}^{\mathrm{T}}=0$ 成立。若 $\boldsymbol{x}^{\mathrm{T}}=\boldsymbol{u}^{\mathrm{T}}\boldsymbol{G}$ 则有 $\boldsymbol{x}^{\mathrm{T}}\boldsymbol{H}^{\mathrm{T}}=\boldsymbol{0}$，意味着正确地接收了码字。由于奇偶校验矩阵 $\boldsymbol{H}$ 中 0 的数目比 1 多得多，所以 $\boldsymbol{H}$ 是稀疏的，因此 LDPC 码是低密度的编码。有效的 LDPC 解码其奇偶校验矩阵必须具有特殊的结构。根据文献[RU01a]，该结构也会使编码过程更加有效。和大多数类随机编码策略相同，通常会使用更大的块长度 N 来实现更好的编码性能。

LDPC 码被用于 IEEE 802.15.3c 和 IEEE 802.11ad 的一些特定模式中，就像在 IEEE 802.11ad 中，RS 被用于一些 SC 调制与编码策略一样，LDPC 被用于所有 OFDM 调制与编码以及大多数 SC 调制与编码中。有些观点认为 RS 逻辑有可能比 LDPC 逻辑功耗更低，在对手机等个人便携设备中的无线总功率进行预算时这一点非常重要。然而，对功率需求进行细节比较时还要考虑很多实际因素，例如半导体工艺和编码参数。

输入大小为 K，输出大小为 N 的 LDPC 码记为 LDPC(N，K)。下面介绍一些 LDPC 码应用的实例。LDPC(672，336)，LDPC(672，504)和 LDPC(672，588)分别表示块长度为 $N=672$ 比特的编码速率为 1/2,3/4 和 7/8 的编码。其奇偶校验矩阵可被划分为大小为 21×21 的子方阵，且为单位矩阵或零矩阵的循环置换。块长度 $N=1440$，编码速率为 14/15 的 LDPC 被定义为 LDPC(1440，1344)，它是周期为 15 的准循环码。它使用具有块循环移位结构的特定奇偶校验矩阵，即第 15 个块的行向量是通过之前 15 行的循环移位获得的。LDPC(1440，1344)码可通过对输入消息补零和不发送与零位相关的数据的系统性部分来进行压缩。IEEE 802.11ad 强制使用速率为 1/2，5/8，3/4 和 13/16，块长度为 672，具有循环置换结构的奇偶校验矩阵。

LDPC 码的功率通过迭代解码算法计算。大多数算法使用 Tanner 图[Tan81]来对 LDPC 奇偶校验矩阵进行说明，这是因子图[KFL01]的一种。图形理论和 LDPC 码之间的联系已被用于开发许多不同类型的迭代解码算法。一类算法是位翻转[Gal62]的变种，如文献[MF05]。另一类算法基于消息传递[Gal62][RU01b]的概念。比特翻转算法通常以降低纠错性能为代价达到更高的实现速度。在过去的几年中，学界致力于 LDPC 编码器和解码器的硬件实现，例如，文献[BH02][DCCK08][MS03][ZZH07]。在文献[SLW+09]中可以找到 IEEE 802.15.3c 中某些 LDPC 码的具体硬件实现。

2.6.4 卷积码

卷积码通常被认为是网格码的特殊情况，也是一种差错控制编码，被广泛用于多种通信系统中以纠正非突发差错。卷积码通常与交织技术一起使用以分散突发差错。它们也常被用于级联编码技术中，其中卷积码作为内码，RS 码作为外码。当与优秀的软输入解码算法一并使用时，卷积码具有最卓越的性能。

卷积码的特性由码的生成多项式来决定。生成多项式给出码的内存。对于 L 阶多项式，卷积码的约束长度为 L+1。虽然更大的生成多项式容量会带来更好的性能，但对应的解码复杂度也会提高。卷积码的速率由 K/N 决定，其中 K 是输入比特数，N 是对应每 K 个输入比特的输出比特数。通常，速率为 K/N 的卷积码对应 KN 个生成多项式。在实际中，尤其在自适应速率的应用中，会使用速率为 $1/N$ 的卷积码作为母码，不同的速率通过对输出周期性删余实现。

卷积码被广泛用于无线系统。在毫米波系统中，它们被用于 IEEE 802.15.3c[802.15.3-03] 和 ECMA 387[ECMA10]的音频/视频模式。IEEE 802.15.3c 使用速率为 1/3、约束长度为 7 的母码，对应的生成多项式为 $g_0(D)=1+D^2+D^3+D^5+D^6$，$g_1(D)=1+D+D^2+D^3+D^4$，$g_2(D)=1+D+D^2+D^4+D^6$。通过删余来获得 1/2，4/7，2/3 和 4/5 的有效速率。ECMA 使用约束长度为 5 的 1/2 编码速率母码，生成多项式为 $g_0(D)=1+D^3+D^4$，$g_1(D)=1+D+D^2+D^4$。通过删余来创建 4/7，2/3，4/5，5/6 或 6/7 的编码速率。ECMA 卷积编码器如图 2.16 所示，编码器的输出通道交替切换，为每 1 个输入比特生成 2 个输出比特。

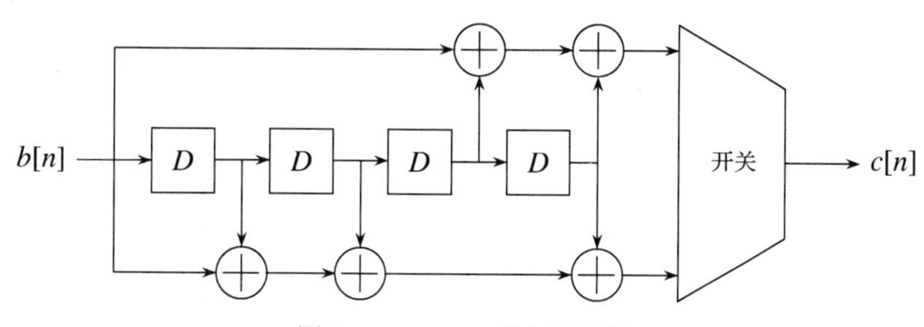

图 2.16　ECMA 卷积编码器

卷积编码器涉及具有多个生成多项式的数据序列的二进制卷积。其输出通过循环的方式组合在一起。为了进行更清楚的阐述，在这里以 ECMA 编码器作为示例。设$\{m[n]\}$表示输入比特序列，$g_0[k]$和 $g_1[k]$表示生成多项式的第 k 个系数，输出序列由下式(假设为二进制加法)给出：

$$c[2n]=\sum_{k=0}^{4}g_0[k]m[n-k]=m[n]+m[n-3]+m[n-4]$$

$$c[2n+1]=\sum_{k=0}^{4}g_1[k]m[n-k]=m[n]+m[n-1]+m[n-2]+m[n-4]$$

偶数输出 $c[2n]$为输入序列与第一个生成多项式 $g_0(D)$的卷积，奇数输出 $c[2n+1]$为输入序列与第二个生成多项式 $g_1(D)$的卷积。通常卷积码被用于数据的块编码。编码器的状态通常初始化为零，即 $m[n]=0$，$n<0$。为了便于解码，输入的比特序列用 L 个零进行填充，其约束长度为 $L+1$，强制编码器的状态回零。

删余的目的是周期性地移除发射机处的某些比特以减少发射信号中的冗余并增加速率。对于接收机来说，删除的比特与虚拟比特或擦除有关。删余模式是一种离线优化。例如，ECMA 获取编码器的每 4 个输出并删余(或抢断)最后一个比特来创建速率为 2/3 编码。对于原始输出 $\tilde{c}[n]$，$\tilde{c}[3n]=c[4n]$，$\tilde{c}[3n+1]=c[4n+1]$，$\tilde{c}[3n+2]=c[4n+2]$。文献[Hag88][LC04]介绍了更复杂的删余模式。

在卷积码中，使用交织来分散突发差错，这是由于卷积解码器不能很好地纠正差错。通常卷积码的交织在比特级上应用，而其他类型的代码可以在符号级执行交织，如网格码。在卷积编码后进行交织和符号映射也称为比特交织编码调制(BICM)，参见文献[CTB98]。这里给出一些不同种类的交织器。例如，ECMA 使用长度为 48 位的交织器，将由 48 位 $c[n]$

组成的块映射为交织序列 $i[\ell]$，其中

$$\ell = [6\lfloor n/6 \rfloor + 7(n \bmod 6)] \bmod 48 \tag{2.59}$$

卷积码的性能在很大程度上取决于接收机上的解码器类型。与大多数接收机算法一样，解码器通常不在标准中指定。最常见的解码算法是最大似然序列估计器(MLSE)，通常通过众所周知的维特比算法[FJ73]来实现。硬输入(比特判决已经确定)或者软输入(给出可能性或可靠性度量)对应不同的算法。当存在软输入时，可以获得最佳性能。维特比算法通过利用卷积码源的输出的马尔可夫属性来实现。具体来说，$c[n]$仅取决于 $m[n]$, $m[n-1]$,…, $m[n-L]$，其中 L 是速率为 $1/N$ 的编码的容量。解码器的核心思想是定义一个由 $m[n]$, $m[n-1]$,…, $m[n-L]$的所有可能值组成的状态空间。时刻 $n-1$ 的状态通过分支连接到时刻 n 的状态，该分支具体取决于 $m[n]$的值。所谓的网格由状态和转换的集合来创建。对于每个状态 k，维特比算法会在每个时刻 n 的前向步骤中确定最可能的先前状态为 $m[n] = 0$ 或 $m[n] = 1$。然后在回溯步骤中，解码器从结束状态开始并追溯最可能的路径，生成导致这些转换的相应比特值。

如果卷积码被用作内码，则之后的外码允许软输入，然后解码器会生成相应的软信息。软信息的输出 $\hat{m}[n]$ 为实数而不是一个比特。例如，100 可能意味着解码器确定输出为 1，–100 可能意味着解码器确定输出为–1，而类似 10 这样的较小值意味着解码器认为输出有可能为 1，但概率不大。维特比算法的一种经典变种算法是列表输出维特比解码器算法(LOVA)[SS94]，它计算了 K 个最佳路径而不是单个最佳路径。软输出维特比算法(SOVA)是最著名的软输出生成算法之一，它通过计算最大似然序列来提供符号(或比特)似然值[HH89]的近似值。通过文献[BCJR74]中提出的基于网格的最大后验(MAP)解码算法可以实现最佳误码概率，其代价是增加了 SOVA 的复杂性。所有这些算法都可通过硬件实现，例如文献[CR95] [WP03] [MPRZ99]。考虑到解码过程中的交织和调制，BICM 形式的卷积码可以与迭代 Turbo 解码器一同使用来进一步改善性能[LR99a]。

2.6.5 网格编码调制

网格编码调制(TCM)是一种网格码，通常被认为是卷积码的一般化。在卷积码中，会在编码操作之后将比特映射到符号。通过设计卷积码的编码多项式，使得编码具有良好的汉明距离特性，并且不需要再针对特定调制技术进行优化。当与软解码维特比接收机一起使用时，符号空间中的欧氏距离是加性高斯白噪声(AWGN)下的编码性能的重要度量。TCM 通过将卷积编码和符号映射操作结合在一起，从而在优化编码器时产生更好的欧氏距离特性，进而推广了卷积编码。接收机的结构类似于用于软输入卷积码的维特比解码器。TCM 在加性高斯白噪声信道中的性能优于 BICM，但在衰落信道中，尤其在与迭代解码的 BICM 相比时，如果不进行进一步改进则性能较差[CR03]。

TCM 并没有被广泛用于无线系统，但它被用于一个 60 GHz 标准中。除了使用 BICM [ECMA10]的若干调制和码率外，ECMA 387 还使用了一种 TCM。ECMA 使用了一种注重实效的 TCM，其中注重实效意味着会使用传统的 1/2 速率卷积码来创建网格编码调制[VWZP89]。通过对输入比特分区，使得一些比特进行了卷积编码而其他比特不会被编码。例如未编码的比特可以选择星座点的一个象限，而编码的比特可以选择该象限中的一些特定点。实用编码使用

现有的卷积码基础，能实现接近 TCM 的性能。图 2.17 展示了使用 NS8 映射的 ECMA，每 8 位输入比特包含未编码的 3 比特和已编码的 5 比特。输出比特映射为 NS8 QAM 符号。未编码的比特用于确定使用内部 4 点或者外部 4 点。另一种基于 16-QAM 的编码器未再进行展示。

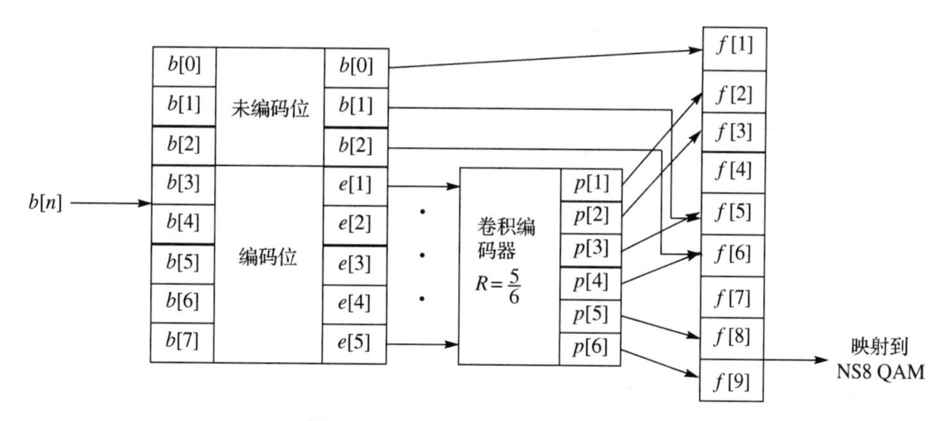

图 2.17　ECMA 网格编码器实例

实用的 TCM 编码器和解码器类似于卷积编码，因此其面对的挑战是类似的。TCM 也可能被用作外码为 RS 时的内码。在文献[SBL+08]中分析了毫米波系统存在硬件损伤时的 TCM。结果发现，具有 RS 外码的某个 TCM 码与使用 RS 码的 QPSK 相比，性能有大约 1.5 dB 的改善。TCM 可以使用软输入硬输出或软输入软输出解码器，并且可以与迭代解码技术一起使用。

2.6.6　时域扩频

时域扩频是一种通过重复来增加冗余的简单途径。该方法的思路是通过将每个编码符号重复 L_{TDS} 次来提高接收的可靠性，其代价是会使效率降低 $1/L_{TDS}$。重复次数 L_{TDS} 也称为扩频因子。例如，在扩频因子为 2 的情况下，输入序列符号 s_1，s_2 将变为 s_1，s_1，s_2，s_2。在毫米波系统中，时域扩频有两种常见使用方式：为报头信息提供额外的差错保护和冗余，和在建立波束赋形链路之前允许可靠的操作。例如，ECMA 仅在一种编码和调制模式下使用扩频因子 2，被认为是最低效的(具有最小速率)。IEEE 802.15.3c 允许扩频因子为 1，2，4，6 和 64，并提供了几种较低的操作模式，尤其适用于波束训练以前和期间的通信。在存在干扰的情况下，高扩频因子并不一定会有更好的适应性，这取决于它们具体的使用方式[BAS+10]。

2.6.7　不等差错保护

不等差错保护(UEP)是指为不同类别的比特提供不同级别的纠错和检错能力。UEP 主要针对包括音频和视频的实时多媒体传输。例如，UEP 可将音频信号分为感知上更重要的块和感知上不重要的块。当两部分都被接收到时，接收到的音频效果会很好，而仅接收到相对重要的块时，则音频效果一般，若仅接收到不重要的块时，音频效果听起来很差。通过将比特分成不同的类别，多媒体源可以更好地匹配信道质量随时间变化的无线信道。UEP 可用于蜂窝系统、数字音频广播、数字视频广播(参见文献[HS99]及其参考文献)中的音频编码，以及 60 GHz 系统中的音频编码（参见文献[SQrS+08][LWS+08]的视频且本书在 8.5 节中进行讨论）。

UEP 可以通过使用不同的星座来实现，具体可参阅 2.3.1 节中的示例。也可以通过对不同优先级类进行不同的编码来实现，例如通过使用不同速率的卷积码[HS99]实现。比特的精确划分（这非常重要）取决于源的类型、源的压缩类型和感知失真矩阵。两类差错保护的差异度也是根据经验确定的。

不等差错保护（UEP）可用于 IEEE 802.15.3c 和 ECMA 387 的音频/视频模式。IEEE 802.15.3c 支持 3 种类型的 UEP 来保护两类比特。类型 1 使用不同的差错控制码，类型 2 使用不同的编码和调制方案，类型 3 使用不同的差错控制码率和/或倾斜 UEP 星座。ECMA 支持 UEP 用于两类比特的无压缩视频传输（HDMI）。根据颜色将所有像素分为两类：最高有效比特和最低有效比特。这些比特由外部 RS 码编码，并通过两种不同速率的卷积码来进行不等差错保护。

在文献中已经提出了针对未压缩的[SQrS+08]和压缩的[LWS+08]视频将 UEP 与毫米波结合的各种方法。在文献[SQrS+08]中，提出了一种用于支持未压缩视频的 60 GHz 系统，该系统通过不同颜色的像素分区保护成两个分区。在每个分区中使用了 CRC 和 RS 码的组合，以允许差错检测和差错隐藏。使用了两种不同的调制和编码模式以支持 UEP，一种为 UEP-16-QAM，另一种为使用两种不同速率 RS 码的 16-QAM。本书的主要结论是尽管相等差错保护的性能更好，但 UEP 的波动更小。在文献[LWS+08]中介绍了用于传输 MPEG 视频的 60 GHz 系统。所有比特都用相同的 RS 码编码而 UEP-QPSK 星座用于给出不同的优先级（视频的 I-帧有最高的接收优先级，而 P-帧和 B-帧接收优先级较低）。在 UEP 的信噪比（SNR）较低时品质得到了改善，但在高信噪比时品质是相似的。文献[LWS+08]中提出的配置与 IEEE 802.15.3c 中的第 3 类操作模式类似。

2.7 估计与同步

通信系统中存在着各种各样的不确定性，针对这些不确定性的处理算法也越来越多。例如，加入加性噪声的检测算法，通过使用差错控制编码来校正由噪声引起的差错。本节描述了通信中其他类型的不确定性，回顾了通信信号中包含的对抗不确定性的结构，并总结了一些用于估计未知参数的算法。主要内容包括帧同步（寻找波形的起始点）、频率偏移同步（确定和校正频率偏移）和信道估计。第 7 章将介绍更具体的算法。

帧同步用于处理时间上的不确定性。在无线系统中，通信是指对一组已知是帧、突发信号或包的比特进行传输。要解码帧，有必要知道它何时开始。在随机存取传输中，接收机可能不知道发射机何时发送信息包。因此，接收机将监视频谱并寻找合适的信号。即使传输是已经约定好的，也会存在传播延迟，传输可能是未知的但也会导致延迟。无线电波需要 3 ns 才能传播 1 m，考虑到毫米波系统中的符号周期可能小于 1 ns，即使是几米的距离也会导致数十个符号的传播延迟。帧同步是一个通用术语，用于查找帧的起始点、帧偏移量，并通过提前接收信号来校正帧。帧同步的概念如图 2.18 所示。在典型的系统中，帧同步是通过设计具有良好相关特性的报头序列来实现的。

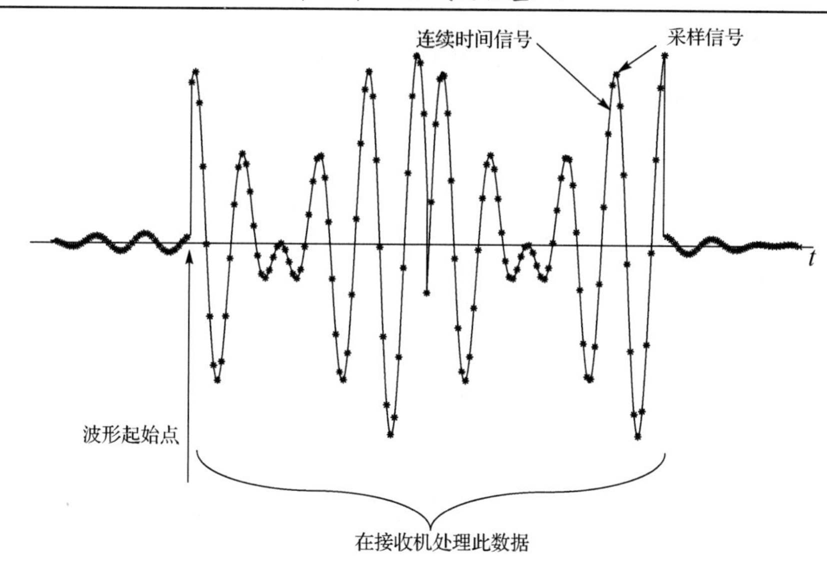

图 2.18　噪声下的通信波形。帧同步的关键在于帧的起始点确定

频率同步是一种不确定性的表现形式。2.2 节解释了信号复包络的概念。如图 2.2 所示，用于发射的带通信号通过调制来实现，将基带信号上变频到载波频率 f_c。接收到的基带信号通过对接收的带通信号下变频来实现，从而有效地去除载波 f_c。但是，在接收机和发射机上不可能精确地产生相同的时钟频率。时钟可以由相同的参考信号(RS)产生，例如通过 GPS，但是这仍然会随着时间的推移产生一些不确定性。由于这种不确定性，接收机以频率 f_c' 对信号进行下变频，从而产生载波频率偏移 $f_c - f_c'$。如图 2.19 所示，频率偏移估计通常基于发送信号结构，且可通过数字、模拟两者或混合的方式来进行校正，估计和消除载波频率偏移的操作通常被称为频率同步，更完整的名称是载波频率偏移估计和校正。在一个典型的系统中，利用发射信号的结构对频率偏移进行数字估计并进行数字校正。混合的方法也是可行的，可能需要附加额外的模拟载波频率跟踪环路。频率偏移估计通常分为两步：与帧同步相结合的粗估计和与信道估计相结合的精估计。

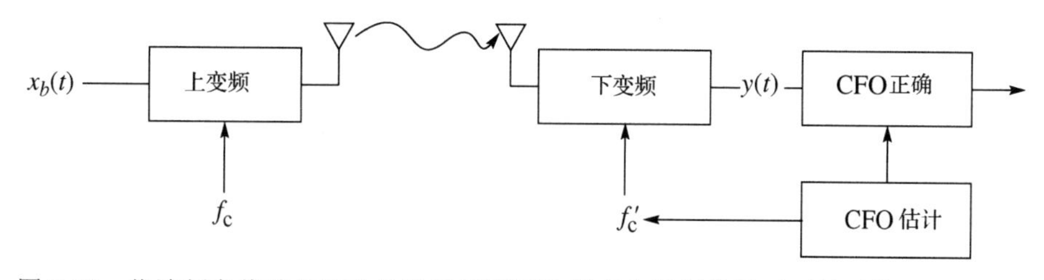

图 2.19　载波频率偏移(CFO)是指使用不同的频率来解调信号而不是对信号进行调制

为了降低信道冲激响应的不确定性，需要对信道进行估计。2.4 节和 2.5 节中描述的均衡算法消除了信道对接收信号的影响。然而，接收机对基带等效信道响应是未知的。因此，将接收机和发射机都已知的信息插入到发射波形中。接收机算法使用这种已知信息(通常称为训练信号或导频信号)用于信道响应的估计。训练信号是已知的比特序列(或已知波形)，为了实现包括信道估计在内的多种目的，将这些序列插入到发射信号中。导频也是一种训练信号，如果在 OFDM 系统中使用，通常是指在时间或频率上可能发生的较短但更频繁的

信号。训练信号和导频用于估计和跟踪传播信道以促进均衡。同样的训练信号也可以用来促进帧同步和载波频率偏移估计。注意，如图 2.20 所示，信道估计在帧同步和频率偏移校正块之后执行。

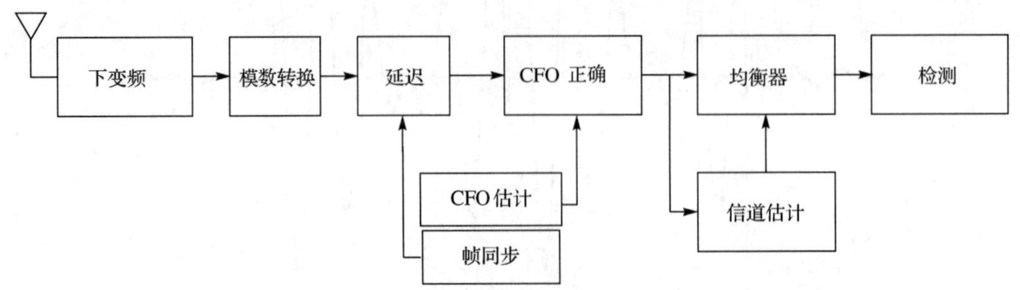

图 2.20 具有帧同步、载波频率偏移(CFO)同步和信道估计的通信接收机可以同时对帧偏移和载波频率偏移进行估计

2.7.1 适用于通信的结构

接收机处已知的发射信号结构可被用于处理不同形式的不确定性，本节总结了一些常见的信号结构，这些结构有助于信号处理算法的实施以实现同步和估计。

无线系统中的物理层(PHY)帧通常含有一个已插入到发射机中的前导码，该前导码对于接收机是完全已知的，以此来促进分组检测、帧同步、频率同步、自动增益控制、定时同步、信道估计和波束赋形。接收机还可以利用已知的发送信号，如导频信号和其他周期性或特殊构造的传输，使接收机能够对信道进行估计，并同步帧时间、载波偏移量和其他瞬态特性。如第 9 章中所详细描述的那样，每个标准对已知信息都有非常详细的结构。这里我们总结了毫米波无线系统中可能存在的一般结构特征。

训练序列用于不同的目的。训练序列由一系列已知的符号组成。在非 OFDM 系统中，训练序列 $\{t[n]\}_{n=0}^{N_{\text{tr}}-1}$ 由 N_{tr} 个已知符号组成。这些已知的符号将以常规的方式进行调制。在 OFDM 系统中，训练符号将在频域中发送，通常在单个 OFDM 符号上发送。几个子载波的训练可以是零，训练符号的值由标准确定。通常，训练符号选自具有已知良好特性的序列类别。例如，ECMA 使用 Frank-Zadoff-Chu 序列，已知该序列具有理想的周期自相关特性(零旁瓣)和 PSK 星座符号[FZ62][Chu72]。格雷(Golay)序列用于 IEEE 802.15.3c 和 IEEE 802.11ad。格雷序列是互补的，这意味着具有 BPSK 调制的两个互补序列的自相关之和与峰值和零旁瓣具有理想的相关性[Gol61]。

前同步码可以使用重复的训练结构，其中训练序列重复若干次。如图 2.21 所示，多组重复序列也很常见。重复训练序列将周期性相关结构引入发射信号中。周期性结构可用于帧检测、帧同步和频率偏移估计。初始序列可以用于自动增益控制、帧同步和粗略频率偏移估计。后续序列可以用于信道估计、精确频率偏移估计和精确帧同步。符号反转例如 T, T, T, $-T$ 或互补序列的使用，有助于提高帧同步算法的性能。循环前缀也可以应用于训练数据以促进频域信道估计，这对 SC-FDE 或 OFDM 调制是很有用的。IEEE 802.11ad 中的常见的 SC 和 OFDM 前导码在反格雷序列后使用了 14 个重复的格雷序列组成的短训练字段，然后是两组 4 个格雷序列(具有不同符号)组成的信道估计字段。IEEE 802.15.3c 中的共模信号前导码包括由多个格雷序列组成的信道估计序列、由格雷扩频序列组成的同步字段，以及由 48 个重复的格雷序列组成的同步字段。ECMA-387 前导码使用 Frank-Zadoff-Chu 序列，其 Kronecker 积通过序列本身获得。帧同步序列使用 8 个重复序列(其中最后一个为反码)和 3 个不同的 Frank-Zadoff-Chu 序列的重复进行信道估计。

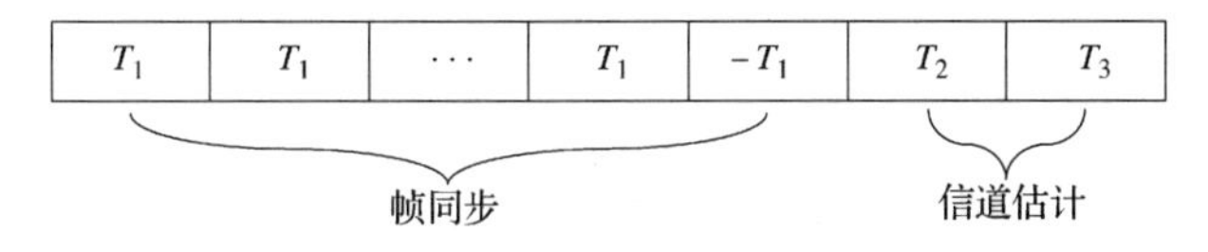

图 2.21 具有多个重复序列的典型前导码结构

导频也用于促进接收机处理效率。对于 OFDM 调制，导频是指具有已知符号值的子载波，也称为导频载波。它们用于校正常见的增益和相位误差，并且通常在频域上展开，也就是说，它们用在相距很远的子载波上。在 IEEE 802.15.3c 的高速接口(HSI)模式和 IEEE 802.11ad 的 OFDM 模式中，每个 OFDM 符号中存在 16 个导频子载波和 336 个数据子载波，其中子载波个数为 $N = 512$。ECMA 387 具有 16 个导频子载波和 360 个数据子载波。当每个 OFDM 系统有足够的导频(每个相干带宽至少一个导频)时，导频也可以用于信道估计。该方法被用于 3GPP 长期演进(LTE)等蜂窝通信系统中。

导频字是 SC 操作模式下使用的导频名称。例如，在 IEEE 802.15.3c 中，导频字用于循环前缀和保护间隔。通常循环前缀由未知数据组成，但在频域均衡时，它由已知数据组成。由于导频的值已知，所以它们也可用于定时和频率偏移同步。IEEE 802.15.3c 的 SC 模式允许的导频字长度为 0，8 或 64，IEEE 802.11ad 的 SC 模式中的保护间隔长度为 64。

2.7.2 频率偏移同步

本节考虑频率偏移估计和校正的问题，由此产生的算法将对帧检测和同步提供一些帮助。频率偏移是由发射机和接收机处振荡器的差异造成的。残余频率虽然很小，但对接收端的观测误差率有很大的影响。采用高质量的射频器件和模拟控制单元可使频率偏移很小，然后使用数字接收机算法来估计和校正剩余的偏移量。

对于具有载波频率偏移的接收信号，一个良好的数学模型为

$$y(t) = \mathrm{e}^{\mathrm{j}2\pi f_\mathrm{o} t} \sum_{n=-\infty}^{\infty} s[n] h_\mathrm{g}(t - nT_\mathrm{s}) + v(t) \tag{2.60}$$

其中第一项包含频率偏移 $f_\mathrm{o} = f_\mathrm{c} - f'_\mathrm{c}$。该模型适用于小偏移，这意味着在滤波和下变频的各个阶段之后仍然存在接收信号。下面我们将介绍对采样信号进行载波频率偏移估计的算法。这里我们考虑符号速率的采样信号，但算法可以推广到对过采样信号进行操作。以符号速率采样，假设系统是因果的，并使用 2.4 节中的符号给出等效系统：

$$y[n] = \mathrm{e}^{\mathrm{j}2\pi\epsilon n} \sum_{\ell=0}^{L} h[\ell] s[n-\ell] + v[n] \tag{2.61}$$

其中 $\epsilon = f_\mathrm{o} T_\mathrm{s}$ 是归一化的频率偏移。载波频率偏移的作用是将采样的接收信号旋转为具有未知频率 ϵ 的复指数。如果偏移量是已知的，则可以通过 $\mathrm{e}^{-\mathrm{j}2\pi\epsilon n} y[n]$ 来轻松地消除它。载波频率偏移同步面临的挑战是在信道脉冲响应未知的情况下，使用 $\{s[k]\}$ 中的已知训练信息来估计 ϵ。

估计载波频率偏移的一种方法是多次重复训练，如 2.7.1 节所述。考虑一个长度为 N_t 的训练序列 $\{t[n]\}_{n=0}^{N_\mathrm{t}-1}$，并且假设该训练序列存在 P 个重复。这意味着

$$
\begin{aligned}
s[n] &= t[n], \quad n = 0, 1, \cdots, N_\mathrm{t}-1 \\
s[n] &= t[n - N_\mathrm{t}], \quad n = N_\mathrm{t}, N_\mathrm{t}+1, \cdots, 2N_\mathrm{t}-1 \\
&\vdots \\
s[n] &= t[n-(P-1)N_\mathrm{t}], \quad n = (P-1)N_\mathrm{t}, N_\mathrm{t}+1, \cdots, PN_\mathrm{t}-1
\end{aligned}
$$

请注意式(2.61)，现在假设已经执行了帧同步。

$$
\begin{aligned}
y[n] &= \mathrm{e}^{\mathrm{j}2\pi\epsilon n}\sum_{\ell=0}^{L}h[\ell]t[n-\ell]+v[n], \quad n = L, L+1, \cdots, N_\mathrm{t}-1 \\
y[n] &= \mathrm{e}^{\mathrm{j}2\pi\epsilon(n+N_\mathrm{t})}\sum_{\ell=0}^{L}h[\ell]t[n-\ell]+v[n], \quad n = N_\mathrm{t}+L, L+N_\mathrm{t}+1, \cdots, L+2N_\mathrm{t}-1 \\
&\vdots \\
y[n] &= \mathrm{e}^{\mathrm{j}2\pi\epsilon(n+(P-1)N_\mathrm{t})}\sum_{\ell=0}^{L}h[\ell]t[n-\ell]+v[n], \quad n = (P-1)N_\mathrm{t}+L, (P-1)N_\mathrm{t}+L+1
\end{aligned}
$$

其中 n 的值从 L 开始以避免边缘效应①。因此，对于 $n = L, L+1, \cdots, N_\mathrm{t}-1$, $p = 1, \cdots, P$, $y^*[n+pN_\mathrm{t}]y[n+(p-1)N_\mathrm{t}] \approx \exp(\mathrm{j}2\pi\in N_\mathrm{t})|\alpha[n]|^2$ 和 $\alpha[n]$是未知的，并且由于存在噪声，所以使用近似值。受到最小二乘问题的启发，以下是一个简单的方法：

$$
\hat{\epsilon} = \frac{\mathrm{phase}\left(\sum_{p=1}^{P-1}\sum_{n=L}^{N_\mathrm{t}-1}y^*[n+pN_\mathrm{t}]y[n+(p-1)N_\mathrm{t}]\right)}{2\pi N_\mathrm{t}} \tag{2.62}
$$

其中 phase(x)给出复数 x 的相位值。使用这种方法无须进一步校正即可估计偏移的范围是 $|\epsilon|<1/2N_\mathrm{t}$ 或频域 $|f_\mathrm{o}|<1/2T_\mathrm{s}N_\mathrm{t}$。$p$ 值越大，平均值越高。N_t 值越长，平均值越高，但范围越小。从新的进展中可以清楚地看到，在式(2.62)中也可以使用过采样的接收信号。

较大数量的分组 P 还具有若干其他优点。例如，多个分组在真实的无线中也是有用的，其中在最初的几次重复中，信号可能不稳定。任何脉冲波形的开始通常是变化最激烈的，这是由于功放正在逐渐升温，而为降低功耗本地振荡器在关闭后稳定下来。

尽管从相位差中导出频率的核心概念源于其他论文，但本节中描述的方法似乎是在文献[Moo94]中针对 OFDM 系统首次提出的。当 $P = 2$ 时，文献[Moo94]表明式(2.62)中的估计是最大似然估计，本质上它是一个优秀的估计值。在文献[MM99]中描述了比式(2.62)更有效的方式是使用多个训练包。在这里，多重相关[不仅仅是式(2.62)中两两相关的平均值]被组合起来，以找到在某些假设下的最佳线性无偏估计量但具有更高的复杂度。在文献[MZB00][SS04]和 2.7.3 节中描述了在帧同步方面具有优势的其他多训练分组算法。

在文献[SC97a]中，对 OFDM 进行了进一步的扩展，建议使用两个专门设计的 OFDM 符号。第一个 OFDM 符号为具有零值的所有奇数子载波，使其周期为 $N/2$，其中 N 是 FFT 算法的长度。第二个 OFDM 符号包含关于所有子载波的训练信息，利用先前的 OFDM 符号对偶数子载波的训练结果进行差分编码。该算法首先对 $|\epsilon|<1/N$ 范围内的精确频率偏移

① 在边缘处，来自上一个包的未知符号被当前包涂抹。仅通过查看后面的样本，就可以避免这种影响。

进行估计和校正。在校正之后，模糊的形式为 $\exp(\mathrm{j}2\pi k/(N/2))$，其中 k 是整数频率偏移。使用第二差分编码的训练包估计偏移量。

2.7.3　帧同步

帧同步包括对数据帧的起始估计。同样，帧同步涉及估计和校正未知的定时偏移。帧同步在频率偏移同步之前执行，但也可以与频率偏移同步一起执行。提出了一种合理的离散时间定时偏移模型：

$$y[n]=\mathrm{e}^{\mathrm{j}2\pi\epsilon n}\sum_{\ell=0}^{L}h[\ell]s[n-\ell-\Delta]+v[n] \tag{2.63}$$

其中 Δ 是未知整数偏移量。例如，假设观测数据从 $n=0$ 处开始，则偏移量 Δ 应大于 0，否则将错过帧的开始。给定偏移 $\hat{\Delta}$ 的估计值，校正仅涉及将数据转换为 $\tilde{y}[n]=y[n+\Delta]$ 的形式。基本上第一个 $\Delta-1$ 样本被移除。

许多无线系统的定时偏移算法利用了用于频率同步的相同前导码结构。事实上，计算式(2.62)的相关性可以作为帧同步的基础。例如，在文献[SC97a]中提出的重复次数为 $P=2$ 的算法会在函数中寻找一个峰值

$$J[d]=\frac{\left|\sum_{n=L}^{N_\mathrm{t}-1}y^*[n+d+N_\mathrm{t}]y[n+d]\right|^2}{\sum_{n=L}^{N_\mathrm{t}-1}|y[n+d]|^2+|y[n+N_\mathrm{t}+d]|^2} \tag{2.64}$$

当信号存在两个副本时，式(2.64)的分子将很大。当没有信号存在时，利用分母归一化来降低噪声的影响。可以进行不同方式的归一化，式(2.64)中的归一化方式出自文献[MZB00]。

由于存在循环前缀，式(2.64)中的函数可能没有尖峰。一般来说，系统可以容忍 $\hat{\Delta}$ 中的小误差，可以将其合并到信道脉冲响应中。根据文献[MZB00]中提出的并在文献[SS04]中更详尽分析的那样，更好的时间性能可通过使用多次重复得到，每次重复中至少包含一个符号的改变。例如，如 2.7.1 节所述，最后一次重复可能是反码。根据文献[SS04]中的阐述，定义以下函数：

$$\begin{aligned}P[d]=&\left|\sum_{n=L}^{N_\mathrm{t}-1}y^*[n+d+N_\mathrm{t}]y[n+d]+y^*[n+d+2N_\mathrm{t}]y[n+d+N_\mathrm{t}]\right.\\&\left.-\,y^*[n+d+3N_\mathrm{t}]y[n+d+2N_\mathrm{t}]\right|\\&+\left|\sum_{n=L}^{N_\mathrm{t}-1}y^*[n+d+3N_\mathrm{t}]y[n+d]-y^*[n+d+4N_\mathrm{t}]y[n+d+2N_\mathrm{t}]\right|\\&+\left|\sum_{n=L}^{N_\mathrm{t}-1}y^*[n+d+4N_\mathrm{t}]y[n+d]\right|\end{aligned} \tag{2.65}$$

然后可以基于修改后的度量确定时序：

$$\frac{P[d]}{\sum_{n=L}^{N_\mathrm{t}-1}|y[n+d]|^2+|y[n+d+N_\mathrm{t}]|^2+|y[n+d+2N_\mathrm{t}]|^2+|y[n+d+3N_\mathrm{t}]|^2} \tag{2.66}$$

符号的更改会在度量中产生差异，从而使性能提高。这个概念可以推广到 $P=4$ 以上。利用式(2.65)中绝对值内的项，可以从该时序估计器中估计出更好的频率偏移。

前导码中的其他结构也可用于时序估计，例如利用 Frank-Zadoff-Chu 序列[YLLK10]的相关属性以减少必须执行的自相关的次数。自相关将接收到的数据与其自身进行卷积，而与已知序列的相关则可以使用卷积来实现。并非所有可用的重复都必须加以利用。例如，文献[PG07b]中的方法只使用几个否定序列中的一个。

帧同步的一个相关概念是包检验。包检验的目的是确定在给定的数据缓冲区中是否存在帧(或包)。这是帧同步操作的必要步骤，在某些介质访问控制(MAC)协议中也用作载波检测操作的一部分。经典的包检验方法是对接收功率进行加窗估计，并将其与阈值进行比较。该思想基于若功率增加，则必存在一个数据包。利用前导码中的结构会获得更好的鲁棒性，这也有助于避免在共享的未授权波段中进行差错检测。一种简单的方法是计算式 (2.64)或式(2.66)中的度量，并与特定的阈值进行比较。

2.7.4 信道估计

在帧同步和载波频率偏移校正之后，接收机的下一个主要任务是实现均衡。2.4 节和 2.5 节中概述的策略要求得到实现均衡的信道脉冲响应的系数。在执行帧同步和频率偏移校正之后，接收信号可建模为

$$y[n]=\sum_{\ell=0}^{L}h[\ell]s[n-\ell]+v[n] \tag{2.67}$$

信道估计的目的是在发射信号中生成已知信息的估计 $\{\hat{h}[\ell]\}$ 。本节从离散时间的角度回顾信道估计，而文献[SGL+09]认为模拟视角可能更适合模拟均衡。

估计信道系数的方法有很多种，其中最流行的方法可能是最小二乘估计，如果加性噪声是高斯白噪声，最小二乘估计也是最大似然估计。为了表示估计量，假设 $\{t[n]\}_{n=0}^{N_t-1}$ 是一个已知训练数据的序列，并假设对于 $n=0, 1, \cdots, N_t-1$，有 $s[n]=t[n]$。一般的方法是忽略噪声，将输入输出关系写成矩阵形式：

$$\underbrace{\begin{bmatrix} y[L] \\ y[L+1] \\ \vdots \\ y[N_t-1] \end{bmatrix}}_{\boldsymbol{y}}=\underbrace{\begin{bmatrix} t[L] & \cdots & t[0] \\ t[L+1] & \ddots & \vdots \\ \vdots & & \vdots \\ t[N_t-1] & \cdots & t[N_t-1-L] \end{bmatrix}}_{\boldsymbol{T}}\underbrace{\begin{bmatrix} h[0] \\ h[1] \\ \vdots \\ h[L] \end{bmatrix}}_{\boldsymbol{h}} \tag{2.68}$$

观测从 $y[L]$开始，因为 $n<0$ 的 $s[n]$的值可能是未知的，其中矩阵 $\boldsymbol{T}$ 是训练矩阵。通常情况下，选择 N_t 时的 $\boldsymbol{T}$ 要尽可能高，以获得更好的性能。最小二乘信道估计解决了以下优化问题：

$$\hat{\boldsymbol{h}}=\arg\min_{\boldsymbol{a}}\|\boldsymbol{y}-\boldsymbol{T}\boldsymbol{a}\|^2 \tag{2.69}$$

假设训练矩阵是满秩的，这可以通过具有良好相关性的训练序列来实现，最小二乘估计的形式很简单：$\hat{\boldsymbol{h}}=(\boldsymbol{T}^*\boldsymbol{T})^{-1}\boldsymbol{T}^*\boldsymbol{y}$。最小二乘估计的方差由 $\boldsymbol{y}^*\boldsymbol{y}-\boldsymbol{y}^*\boldsymbol{T}(\boldsymbol{T}^*\boldsymbol{T})^{-1}\boldsymbol{T}^*\boldsymbol{y}$ 给出。注意，操作 $\boldsymbol{T}^*\boldsymbol{y}$ 代表了部分训练数据与观测数据的相关性。若训练序列具有良好的相关性，则 $\boldsymbol{T}^*\boldsymbol{T}\approx\boldsymbol{I}$，因此最小二乘运算可以被解释为取与已知训练信号相关的输出。当存在多个重复训练序列，且训练序列具有与 Frank-Zadoff-Chu 序列同样好的周期性相关特性时，该解释是准确的。

使用最小二乘法的信道估计可以在时域或频域进行训练。现在考虑一个 OFDM 系统，它在频域内训练一个 OFDM 符号。它有助于设计类似于式(2.68)的等效系统，其中未知信道系数以矢量形式表示。假设对所有子载波进行训练

$$\underbrace{\begin{bmatrix} \bar{Y}[0] \\ \bar{Y}[1] \\ \vdots \\ \bar{Y}[N-1] \end{bmatrix}}_{\bar{\boldsymbol{y}}} = \underbrace{\begin{bmatrix} S[0] & 0 & \cdots & 0 & \\ 0 & S[1] & 0 & \cdots & 0 \\ \vdots & \ddots & \ddots & & \\ 0 & \cdots & 0 & S[N-1] & \end{bmatrix}}_{\boldsymbol{S}} \underbrace{\begin{bmatrix} H[0] \\ H[1] \\ \vdots \\ H[N-1] \end{bmatrix}}_{\bar{\boldsymbol{h}}} \tag{2.70}$$

式(2.70)的最小二乘形式可以直接求解，但其计算结果中的噪声较大。当 $\boldsymbol{F}$ 由 $N \times N$ DFT 矩阵的前 $L+1$ 列组成，通过 $\bar{\boldsymbol{h}} = \boldsymbol{F}\boldsymbol{h}$ 可以获得更好的性能。然后在时域中进行估计以获得 $\hat{\boldsymbol{h}} = (\boldsymbol{F}^*\boldsymbol{S}^*\boldsymbol{S}\boldsymbol{F})^{-1}\boldsymbol{F}^*\boldsymbol{S}^*\bar{\boldsymbol{y}}$，其中频域信道系数为 $\hat{\bar{\boldsymbol{h}}} = \boldsymbol{F}\hat{\boldsymbol{h}}$。虽然这里假设所有 N 个子载波都被用于数据，但是通过删除式(2.70)和 $\boldsymbol{F}$ 中的行，很容易获得仅包含有效子载波的部分。

信道估计可以在大多数无线通信系统中进行——这个概念不是毫米波所特有的。然而，信道估计器的性能与信号(训练信号或导频)中训练结构的设计有关，更一般地，与前导序列的选择有关。有关 60 GHz 系统信道估计的相关工作参见文献[YLLK10] [LH09]。在文献[YLLK10]中，针对 60 GHz SC 系统，该文献提出了一种基于 Frank-Zadoff-Chu 序列的相关估计方法，该方法首先在时域中进行信道估计，然后在频域中对信道进行平滑。对于 60 GHz SC 系统，文献[LH09]提出另一种使用格雷序列的相关估计方式，其中使用随时间平均的多个估计来提高准确率。

可以使用自适应估计技术来更新信道估计结果。例如，2.4.1 节中提到的方法可用于使用导频、导频字或判决导向估计来导出递归最小二乘信道估计器或最小均方信道估计器。自适应估计器可以跟踪信道随时间的变化，从而提高性能。

与训练序列相比，导频的一个特定应用是跟踪共同相位和增益误差。相位噪声和时钟驱动产生共同相位误差，这在 OFDM 系统中表现为所有子载波的恒定相移[RK95]。如果未确定自动增益控制问题，则会出现常见的增益误差。OFDM 中常见的相位误差可以建模为 $\boldsymbol{H}[n,k] = \mathrm{e}^{\mathrm{j}\theta[n]}\boldsymbol{H}[n,0]$，其中 $\boldsymbol{H}[n,k]$是子载波 n 和 OFDM 符号 k 频域中信道的值，且 $\boldsymbol{H}[n,0]$为通过先导码估计的信道。通过在某些子载波 $n_1, n_2, \cdots, n_p$ 上发送已知导频，相位误差可以估计为相位($\boldsymbol{H}^*[n_1,k]\boldsymbol{H}^*[n_1,0] + \boldsymbol{H}^*[n_2,k]\boldsymbol{H}[n_2,0] + \cdots + \boldsymbol{H}^*[n_p,k]\boldsymbol{H}[n_p,0]$)。在 IEEE 802.11ad 和 IEEE 802.15.3c 中，为此使用了 16 个导频。

在信道估计时，根据跨越延迟的符号数量，信道阶数参数 L 定义信道中的最大传播延迟，这必须被预先假定或知悉。在传统估计中，将使用最大描述长度标准[Aka74] [Ris78]来估计该参数。有关应用于无线信道的最新示例，可参阅文献[GT06]。根据多径延迟扩展传播测量研究，无线系统通常被设计为处理最大尺寸 L，更多信息见第 3 章。例如，循环前缀或保护间隔的长度为 L 提供了一个上界。因此，在现有系统中，L 的值可以根据标准规范中描述的系统特征先验地获得。当信道频率选择性不强时，更好的阶次估计将以接收机中更高复杂性为代价提供更好的性能。此外，稀疏性也可用于提升性能[BHSN10]。

2.8 多输入多输出(MIMO)通信

多天线被广泛用于无线通信系统，如 IEEE 802.11n[802.11-12a]、IEEE 802.11ac、3GPP LTE 和 3GPP LTE Advanced。多天线设计可以在发射端、接收端或同时位于两端。使用多个发射(TX)和接收(RX)天线的通信系统被称为 MIMO 通信系统，其传播信道具有多个输入(来自不同的发射天线)和多个输出(来自不同的接收天线)[PNG03]，如图 2.22 所示①，其中信道的输入为发射天线的输出，信道的输出为接收天线的输入。MIMO 通信在通信方面具有许多优势，其中包括抗小规模衰落的分集、更高的数据速率以及消除干扰的能力。

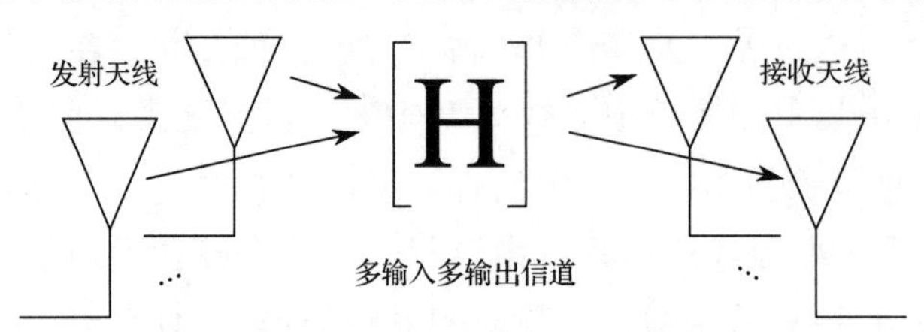

图 2.22 具有 MIMO 信道的通用 MIMO 通信系统示意图

MIMO 通信与毫米波系统相关且非常重要。毫米波频段的波长很小，这便于在小区域内装配大量天线，保证可以在发射机和接收机处使用大型天线阵列，使毫米波系统可以利用 MIMO 通信的潜在优势。MIMO 的相关信息可在 IEEE 802.15.3c[802.15.3-03]、ECMA 387 [ECMA10]和 IEEE 802.11ad[802.11-12]中找到，第 9 章将详细讨论支持的具体传输模式。

本节概述了 MIMO 通信的基础知识，介绍了 MIMO 通信中常见的不同传输模式。空间复用通过在相同的载波频率(信道)上发送多个符号流来提供更高的数据速率。分集通过天线发送冗余信息来提供更高的可靠性。波束赋形用于调整发射和接收天线阵列的形状，以通过诸如阵列增益和分集增益来改善通信的质量。混合波束赋形方法使用毫米波系统中常见的硬件约束并结合了空间复用和波束赋形的优点。本节从信号处理的角度对 MIMO 通信进行综述，有关天线和天线方向图的更多详细信息，请参见第 4 章。

2.8.1 空间复用

如图 2.23 所示，空间复用是一种 MIMO 传输技术，其中信息在发射天线上被分解为多路，并从多个接收天线获得的信号中联合解码[PK94][PNG03]。在一些关于传播环境丰富性的假设下(在毫米波中的原理尚未完全解释清楚)，随着发射或接收天线数量的减少，频谱效率(单位带宽的数据速率)有可能线性地提高[Tel99][Fos96]。空间复用本质上允许在同一载波上同时传输多个符号，其总功率与发送一个符号的总功率相同。

$s[1], s[2], s[3], s[4]$ → 多路复用 → $s[1], s[3]$ ； $s[2], s[4]$

图 2.23 发送双数据流的 MIMO 空间复用发射机示例。空间复用操作将符号分散在发射天线上，符号发射时间减少为原来的一半

① MIMO 一词出自信号处理和控制理论，特指具有多输入和多输出的系统。

根据 2.2 节中的技术可获得复杂的基带 MIMO 输入–输出关系。类似地，可将 2.3 节中的结果推广到空间复用的情况上，来导出输入输出关系。

考虑具有 N_t 个发射天线和 N_r 个接收天线的 MIMO 通信系统。$s_p[n]$表示在第 p 个发射天线上发送的符号，可以根据 $s_p[n]=s[N_t n+p-1]$分解复的符号流 $s[n]$来创建。$\boldsymbol{s}^{\mathrm{T}}[n]=[s_1[n], s_2[n],\cdots, s_{N_t}[n]]^{\mathrm{T}}$ 用于表示发送符号向量，$\{\boldsymbol{H}[\ell]\}_{\ell=0}^{L}$ 表示信道的矩阵脉冲响应。信道响应的每一项 $\{h_{m,p}[\ell]\}_{\ell=0}^{L}$ 是第 p 个发射天线和第 m 个接收天线之间的脉冲响应。设 $\boldsymbol{y}[n]$为各天线采样观测值的向量，则空间多路复用的输入–输出关系为

$$\boldsymbol{y}[n]=\sum_{\ell=0}^{L}\boldsymbol{H}[\ell]\boldsymbol{s}[n-\ell]+\boldsymbol{v}[n] \tag{2.71}$$

这里需注意的是，需要对选择的发射信号向量进行归一化，使得符号能量之和由 $\mathbb{E}\,\|\boldsymbol{s}[n]\|^2=E_s$ 给出，以便与单天线系统进行比较。

所有线性均衡、频域均衡、判决反馈均衡和最大似然序列检测技术都可以扩展到 MIMO 系统。由于系统的脉冲响应是一个矩阵，所以均衡在 MIMO 系统中通常更为复杂。又因为 DFT 易于在信号处理硬件中实现，并且时域中的卷积在频域中对应简单的乘法，频域技术也受到最多的关注。

使用 2.5.2 节中的 OFDM 符号，DFT 操作后接收的 MIMO 通信信号可以写成信号矩阵和信道矩阵的乘法：

$$\boldsymbol{y}[k]=\boldsymbol{H}[k]\boldsymbol{s}[k]+\boldsymbol{v}[k] \tag{2.72}$$

等效信道 $\boldsymbol{H}[k]=\sum_{\ell=0}^{L}\boldsymbol{H}[\ell]\exp(-\mathrm{j}2\pi k\ell/N)$ 在这里是一个矩阵，而不是式(2.56)中的标量。与式(2.71)相比，因为只有一个矩阵表示接收到的频率样本，式(2.72)的解码复杂度有所降低。

从式(2.72)中的 $y[k]$检测发送的符号需要消除 $\boldsymbol{H}[k]$的影响。由于 MIMO 信道可以用矩阵表示，这需要在空间域中工作的均衡器来消除由多个同时码流产生的共天线干扰。本章中描述的许多其他技术可以应用于式(2.72)中的简化模型。例如，迫零均衡器将计算由 $\boldsymbol{H}^{\dagger}[k]$给出的信道的伪逆，将其应用于观测向量以创建 $\boldsymbol{H}^{\dagger}[k]\boldsymbol{y}[k]$，然后分别对每个结果项执行符号检测。

关于 MIMO 通信的许多理论集中在窄带(频率平坦)信道上，这本质上是式(2.71)的一种特殊情况。在这种情况下没有时间延迟且由于 $L=0$，卷积对应为乘法[Rap02]。MIMO 中的 OFDM 和类似的调制，本质上是将宽带射频信道视为窄带平坦衰落信道的正交线性和，其中每个窄带信道都是宽带信道的子带。设 $\boldsymbol{H}$ 表示矩阵信道，假设 $L=0$(存在平坦衰落，且只有一个离散时间抽头)。输入–输出关系变为

$$\boldsymbol{y}[n]=\boldsymbol{H}\boldsymbol{s}[n]+\boldsymbol{v}[n] \tag{2.73}$$

这与式(2.72)有相似之处。平坦衰落情况的主要区别在于所有子载波的信道相同(实际上 $\boldsymbol{H}[k]=\boldsymbol{H}$)。使用式(2.73)中的简化模型来解释其他 MIMO 技术是有用的，但应该理解的是，围绕式(2.71)或式(2.72)的更完整的信号模型将构建一个更实用的收发信机。

关于空间复用技术在毫米波系统中直接应用的研究有限。毫米波信道中丰富散射的程度尚未被完全理解，使得所得到的 MIMO 信道可能受到限制(可逆性不是非常高，这意味着

均衡可能不能很好地工作)。然而，如第 3 章所示，在城市室外环境中，毫米波信道中的确表现出了一定程度的丰富散射特性。空间复用技术在毫米波通信中具有一定的应用潜力。已经研究过的一种情况是视距 MIMO，在这种情况下，发射机到接收机的距离很小，使得来自不同天线对的相位不同，足以创建条件良好的信道[MSN10]。有关视距 MIMO 的更多细节见第 7 章。其他有关毫米波系统中的空间复用和波束赋形结合的应用将在 2.8.4 节中详细讨论。

2.8.2 空间多样性

多个天线在无线系统中的另一个应用是在存在小规模衰落的情况下获得分集优势。其思想是利用发射机和接收机之间存在的多条传播路径，这种路径可以通过存在多个发射天线和多个接收天线来创建。例如，对于单个发射天线，可以使用多个接收天线来获得相同信号的不同“外形”。可以将这些观测值组合在一起以更好地检测发送的符号。对于多个接收天线，可以通过不同的组合技术获得分集[Kah54][Jak94，第 5 章][Rap02]。对于多个发射天线，获得分集更为复杂。一种方法是使用延迟[Wit91] [SW94a](见图 2.24，符号由第一根天线发送后，经过延迟再由第二根天线发送)、空时网格码[TSC98]或空时块码[JT01]在发射天线上以智能的方式传播符号，其中 Alamouti 码最为著名[Ala98]。另一种方法是使用反馈(从接收机到发射机的控制数据)将发送的信号引导到利用多个信号路径的方向上(称为有限反馈通信)[LH03] [LHS03] [MSEA03] [LHSH04]。

$s[1], s[2], s[3], s[4]$ → 延迟分集 → $s[1], s[2], s[3], s[4], 0$; $0, s[1], s[2], s[3], s[4]$

图 2.24 采用延迟分集的发射机

除少数情况外[JLGH09] [RSM+13]，用于衰落抑制的空间分集技术在毫米波系统中没有得到广泛的研究。这有几个可能的原因。例如，存在一种误解，即由于附近散射体不足，毫米波系统中的相干距离被认为很大，不同天线对之间的脉冲响应被认为是相关的(使波束赋形技术变得很有用，但降低了多样性技术的价值)。此外，毫米波通信中使用的带宽非常大，通常比相干带宽大得多，这意味着延迟扩展非常显著，产生许多离散时间信道抽头。具有延迟扩展的信道是频率和时间分集的良好来源。关于毫米波信道的进一步讨论见第 3 章。

2.8.3 MIMO 系统中的波束赋形

经典波束赋形在发射机或接收机处使用多个天线。为了解释这个概念，我们考虑发射波束赋形。波束赋形的基本思想是在每个天线上发送相同的信息，但每个天线上的信号具有变化的幅度和相位，它实际上是空间滤波的一种形式。通过改变幅度或相位，我们可以对整个天线阵列的有效辐射方向图进行整形和定向。例如，天线方向图可以朝向最有利的传播路径的方向[LR99b][Dur03][CR01a][SNS+14]。在通过智能天线实现的更复杂的波束赋形策略中，还可以调整天线阵列的方向图，以将零点转向附近的干扰源。消除干扰，进一步提高了系统性能[LR99b] [AAS+14]。

为了解释波束赋形的概念，不妨以 MIMO 通信系统为例。设 $\boldsymbol{f}$ 表示发送波束赋形向量，$s[n]$表示要发送的符号，$\boldsymbol{w}$ 表示接收波束赋形向量(通常称为组合向量)。则具有波束赋形的

窄带 MIMO 系统(见图 2.25)的输入-输出关系为

$$y[n]=\boldsymbol{w}^{*}\boldsymbol{H}\boldsymbol{f}\,s[n]+\boldsymbol{w}^{*}\boldsymbol{v}[n] \tag{2.74}$$

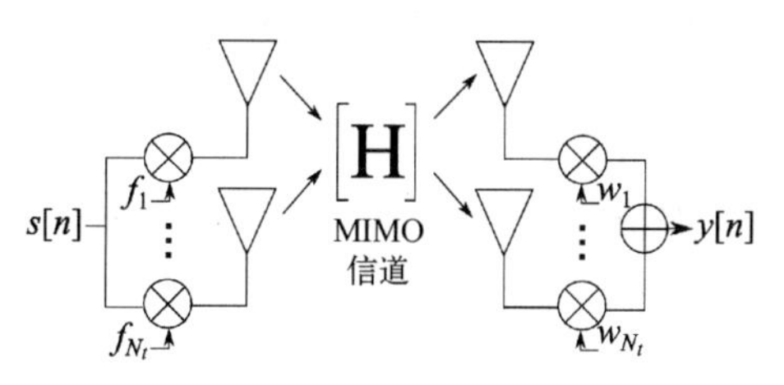

图 2.25　具有收发波束赋形的 MIMO 系统

与式(2.73)相比，该系统只发送一个流，不会使空间复用率提高。有效信道包括信道、波束赋形器和 $\boldsymbol{w}^*\boldsymbol{H}\boldsymbol{f}$ 中的组合矢量。$\boldsymbol{f}$ 和 $\boldsymbol{w}$ 的智能选择产生大的信道增益 $|\boldsymbol{w}^*\boldsymbol{H}\boldsymbol{f}|$。最大增益是通过将 $\boldsymbol{f}$ 设置为 $\boldsymbol{H}$ 的显性右奇异向量并将 $\boldsymbol{w}$ 设置为 $\boldsymbol{H}$ 的显性左奇异向量来给出的。注意，发射机的波束赋形向量 $\boldsymbol{f}$ 取决于信道 $\boldsymbol{H}$，通常仅在接收机处测量该信道。因此，可能需要一些来自接收机的反馈信息以帮助发射机选择最佳的波束赋形矢量。这被称为有限反馈并且广泛地部署在商业无线系统中(参见文献[LHL+08]以了解概述及其中的参考文献)。

由于实际限制，毫米波系统中的波束赋形不同于微波系统中的波束赋形。例如，在特高频(UHF)和微波 MIMO 系统中，波束赋形通常在基带上以数字方式进行，这便于控制信号的相位和幅度，而数字处理需要为每个天线元件提供专用的基带和射频硬件。因此，毫米波混合信号硬件的高成本和高功耗排除了这种收发信机架构，并迫使毫米波系统严重依赖模拟、射频[DES+04] [Gho14] [PK11]或极低分辨率 ADC[MH14]进行处理。模拟波束赋形通常使用移相器[PK11] [DES+04] [VGNL+10]来实现，其对波束赋形器的元件施加恒定系数约束。设计带约束的 MIMO 波束赋形方案一直是研究的热点[LH03] [SMMZ06] [ZXLS07] [NBH10] [GVS11] [Pi12] [ZMK05] [AAS+14]。就像第 8 章中提到的波束训练(设计好的波束赋形方案与更高层协议紧密相关)。如第 3 章所示，通过使用波束赋形[SR13] [SR14] [SMS+14]，毫米波系统的距离扩展显著。

在毫米波系统中，天线通常紧密地排列在一起(天线单元间距远小于信道的相干距离)。这意味着到达一个天线单元的信号与到达另一个天线单元的信号的延迟之间存在确定性关系，是与到达角有关的函数，导出了信道的数学结构和稀疏性。这些概念将在第 4 章中详细介绍，这里我们仅考虑一个具体的例子。考虑单个路径和均匀线性阵列，其天线单元的间隔为 d/λ(其中 λ 是波长)。发射机和接收机的间距可能不同，但在本例中我们假设它们是相同的。设 θ_{t} 表示偏离角，θ_{r} 表示到达角。均匀线性阵列的阵列响应由下式给出：

$$\boldsymbol{a}(\theta)^{\mathrm{T}}=[1,\mathrm{e}^{\mathrm{j}\pi\frac{d\cos(\theta)}{\lambda}},\cdots,\mathrm{e}^{\mathrm{j}\pi\frac{(N_r-1)d\cos(\theta)}{\lambda}}]^{\mathrm{T}} \tag{2.75}$$

假设在具有复增益 α 的发射机和接收机之间有一个单一的传播路径，我们可以将信道建模为 $\boldsymbol{H}=\alpha\boldsymbol{a}(\theta_{\mathrm{r}})\boldsymbol{a}(\theta_{\mathrm{t}})^*$。该信道是稀疏的，并且由于只有一个传播路径而具有较小的秩(实际上，由于只有一个传播路径，所以信道的秩为 1)。本例中的最佳波束赋形器为 $\boldsymbol{f}=\frac{1}{N_{\mathrm{t}}}\boldsymbol{a}(\theta_{\mathrm{t}})$ (归一化以保持恒定的发射能量)。接收组合向量类似于 $\boldsymbol{w}=\boldsymbol{a}(\theta_{\mathrm{r}})$ (接收机不需要归一化)。这些元素只进行了移相，因此可以通过相移器来实现最佳波束赋形器。如果像模拟波束赋形中通常的情况那样，将相移量化，则这将需要优化以选择每个天线的最佳相移(参见文献[LH03] [SMMZ06] [ZXLS07] [NBH10] [GVS11] [Pi12]中的算法)。发射和接收波束赋形器的设计仍然是毫米波通信的重要研究领域[LR99b] [BAN14] [SR14]。

2.8.4 混合预编码

在考虑现有毫米波波束赋形中的硬件限制的情况下，混合预编码已经发展到支持空间多路复用(只有少量的数据流)阶段[PK11] [TSMR09] [TAMR06][XYON08] [ERAS+14] [AELH14]。预编码实质上是指使用多个波束赋形向量，其中每个向量对应一个要发送的流。

下面给出一个窄带 MIMO 系统的数学模型，该系统在发射机处进行预编码并在接收机处进行组合

$$\boldsymbol{y}[n] = \boldsymbol{W}^* \boldsymbol{H}\boldsymbol{F}\boldsymbol{s}[n] + \boldsymbol{v}[n] \tag{2.76}$$

其中 $\boldsymbol{F}$ 是用于发送 N_s 个符号的 $N_t \times N_s$ 预编码矩阵，$\boldsymbol{W}$ 是 $N_r \times N_s$ 组合矩阵。

在混合预编码中，如图 2.26 所示[PK11] [TSMR09] [TAMR06] [XYON08] [ERAS+14]，一些预编码以数字方式进行，一些以模拟方式进行。例如，预编码矩阵 $\boldsymbol{F}$ 可以被分解为 $\boldsymbol{F} = \boldsymbol{F}_{\text{analog}}\boldsymbol{F}_{\text{digital}}$，其中 $\boldsymbol{F}_{\text{analog}}$ 对应模拟波束赋形系数的 $N_t \times N_m$ 矩阵，$\boldsymbol{F}_{\text{digital}}$ 是数字预编码系数的 $N_m \times N_s$ 矩阵。参数 N_m 对应数字发射波束赋形器输出的数量，并且满足 $N_m \geqslant N_s$。$\boldsymbol{F}_{\text{analog}}$ 和 $\boldsymbol{F}_{\text{digital}}$ 的设计很复杂，但如果做得好，对无约束解的损失就很小。利用文献[KHR+13][ERAS+14][AELH14][AAS+14]中描述的信道稀疏性，我们开发了一些有趣的方法。关于混合预编码的研究仍在进行中。混合架构有几个优点，其中包括易于支持多用户传输和接收(如在蜂窝系统中)[GKH+07]。

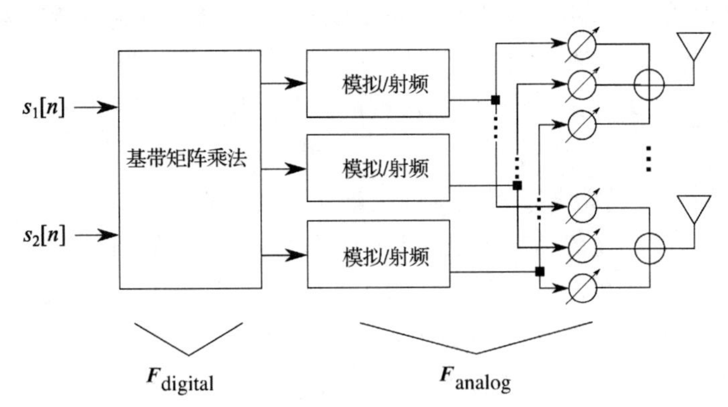

图 2.26 发射机的混合预编码示例，其中 $N_s = 2$，$N_m = 3$。数字输出与不同的权重进行组合并在每根天线上发送

2.9 硬件架构

图 2.2 所示的上变频和下变频是实际硬件架构的理想化表示。由于一些与电路元件的非理想性相关的因素，实际实现可能存在不同，例如，很难实现非常尖锐的滤波器。当滤波器不理想时，占用其他载波(干扰源)的信号不会完全消除，并且可能在混频期间折叠成

所需信号。本节从电路角度描述了几种实现上变频和下变频的通用硬件架构。文献[Raz98][LR99b]给出了更全面的综述。

考虑如图 2.2 所示的下变频。本质上，下变频操作包括将接收信号与余弦或正弦信号混合并滤波以抑制较高频率的信号。与图 2.2 中最接近的硬件结构是零差接收机，也称为直接变频接收机，如图 2.27 所示。从载波频率到基带只经历一次下变频，大多数滤波由基带低通滤波器完成，因此不需要陡峭的频带选择滤波器。在该接收机中，接收信号(可能)用后接低噪声放大器的带通滤波器滤波。产生的信号与余弦和正弦波正交混频，其中正弦项是通过对余弦项移相产生的。接收到的信号经过低通滤波以抑制干扰，再进行放大，最后通过 ADC 进行采样。

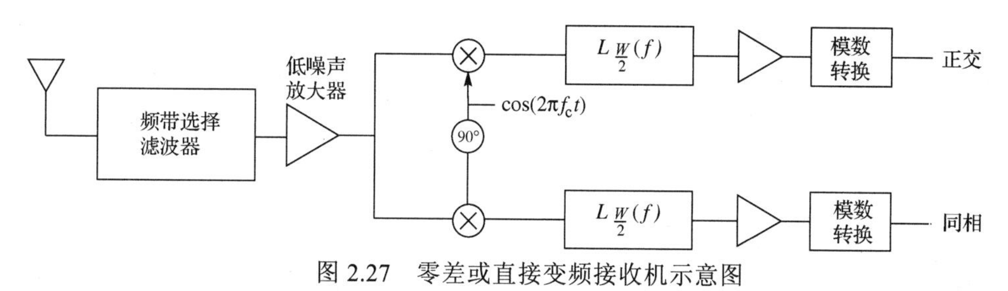

图 2.27　零差或直接变频接收机示意图

零差接收机的许多限制使得它难以实现，尤其是在毫米波频率下。两个重要的限制是 DC 偏移和同相/正交(IQ)不匹配。DC 偏移需要特殊的零 DC 发射信号或某种接收机校正电路。DC 偏移的产生有多种方式。例如，由于端口隔离不完善，一些载波进入低噪声放大器的输入端(称为载波馈通)。该信号被转换为 0 Hz(DC)。DC 偏移需要特殊的零 DC 发射信号或某种校正电路。IQ 失配通过 SC 调制使接收到的星座失真，并且如果严重，则需要在接收机处进行更复杂的信号处理以补偿额外的失真。IQ 失配会在 OFDM 系统中产生载波间干扰，这将产生类似噪声的失真，从而降低性能(例如，增加比特差错)。IQ 失配是由同相和正交信号分支之间不同路径中的相位和增益差异产生的。零差接收机的其他缺陷包括闪烁噪声和本振泄漏。

请注意，DC 偏移和 IQ 不匹配在毫米波宽带上也有其他来源，这与窄带设计不同。例如，在窄带器件中，IQ 失配通常是本地振荡器输出不完全正交的结果。在宽带电路中，不仅图 2.27 中的两个滤波器必须匹配，而且互连的电通道长度和 ADC 的时钟线也必须匹配。ADC 样本偏斜在窄带设计中很少成为问题。ADC 将在第 6 章中讨论。

外差接收机是最常见的下变频架构之一。外差接收机的思想是通过多个中频(IF)连续滤波和混合，将信号移至基带。图 2.28 给出一个称为单 IF 接收机的例子，信号通过两次变频转换为基带信号，并在之后分别提取同相和正交分量。在这个例子中，信号首先从载波 f_c 下变频到 $f_c - f_{LO}$。载波 f_{LO} 是第一个 IF 频率。然后通过乘以频率 $f_{LO2} = f_c - f_{LO}$ 的载波正交解调将经过滤波的信号转换到基带。与零差接收机相比，避免了 DC 偏移的问题，因为第一级不在 DC 处并且第二级的信号电平高得多，使得载波馈通不太明显。IQ 失配也不太严重，因为增益和相位差对于更强和更低频率的信号来说要小得多。设计外差接收机的主要挑战是镜像抑制滤波器和 IF 频率的选择。在每次与 IF 混频之后，载波频率为 $2f_{LO}$ 的信号(称为镜像)混合到接收信号中。镜像抑制滤波器试图尽可能地衰减这些信号，但非常尖锐的滤波器很难实现，这使得 f_{LO} 的频率降低。

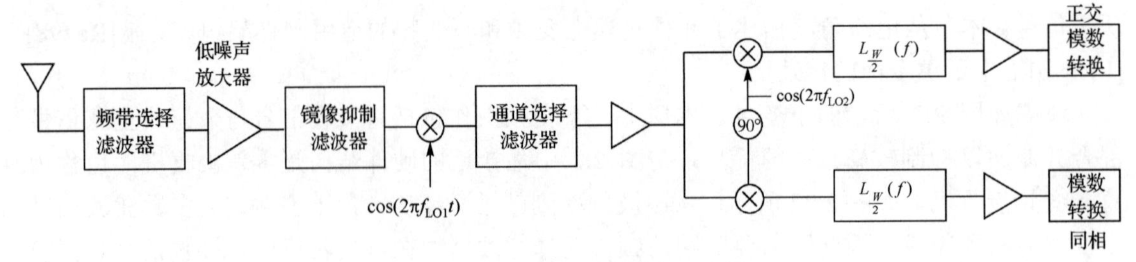

图 2.28 单中频外差接收机示意图

另一种减少所需基带硬件的外差接收机结构是采样 IF 架构。在采样 IF 架构中，转换到基带的最后阶段用采样操作代替。然后以数字方式进行基带转换。图 2.29 给出了一个例子，该接收机通过对接收信号进行采样取代模拟下变频的第二阶段，随后在基带进行数字式下变频。这种架构减少了所需的 ADC 数量并消除了 IQ 不匹配，但需要更高的采样率 [LR99b]。

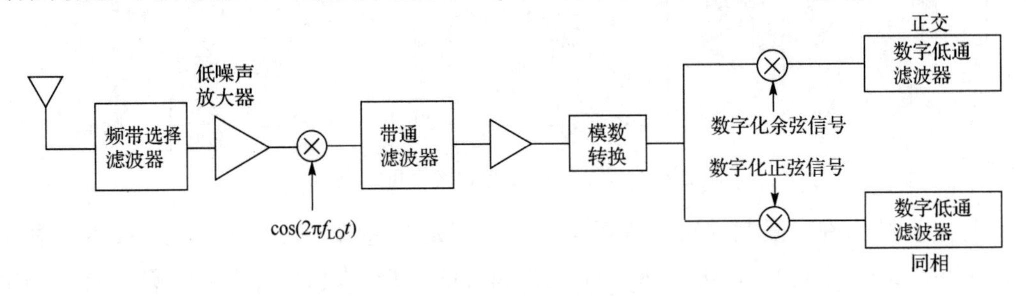

图 2.29 采样中频接收机示意图

采样 IF 架构有一些重要的变化。例如，毫米波信号带宽宽有利于高 IF 频率，因为它总是难以在 DC 附近工作。这在次采样中，即将 IF 信号置于更高的奈奎斯特间隔(大于奈奎斯特频率但小于奈奎斯特速率)并不罕见。此外，出于效率的原因，图 2.29 所示的数字正弦和余弦发生器可以以四分之一的奈奎斯特速率运行，以实现高效率和低复杂度。有关二次采样外差接收机的示例，请参见文献[GFK12]。

现在考虑如图 2.2 所示的上变频。本质上，上变频操作包括将基带信号与余弦或正弦信号混合，并用功率放大器(PA)放大发射信号。与图 2.30 中最接近的硬件架构是直接变频发射机，如图 2.27 所示。在发射前将同相和正交信号进行混频、相加和放大。发射机的工作原理与理论描述基本一致。该设计的主要缺点是放大的信号泄漏到混频载波，这种现象称为本地振荡器拉动。有很多技术来缓解这个问题，包括使用多个振荡器来在拉动时保持所需的频率。

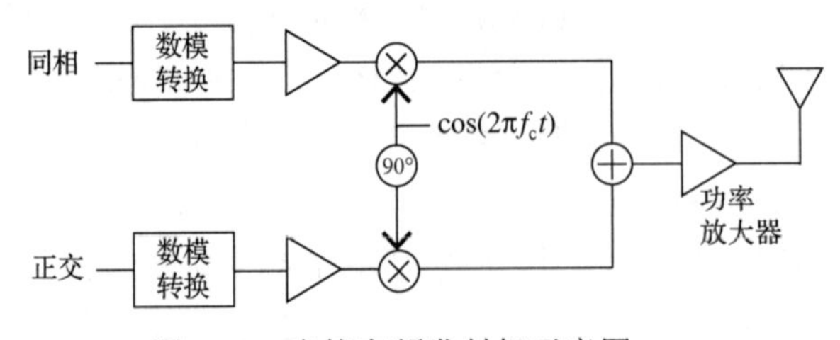

图 2.30 直接变频发射机示意图

发射机也可以进行多步转换。采用多步结构避免了直接变频发射机的缺点。图 2.31 给出了一个两步转换的示意图，第一次带通滤波用于抑制由混频产生的谐波并降低噪声，第二次滤波用于消除第二次混频所产生的镜像。在第二次混频操作之前，滤波器抑制第一次混频产生的谐波，并降低噪声。第二次混频操作后的滤波器消除了第二次混频产生的镜像。第二个滤波器必须足够好，以避免放大镜像频率以及在其他频段为其他通信设备造成不必要的干扰。

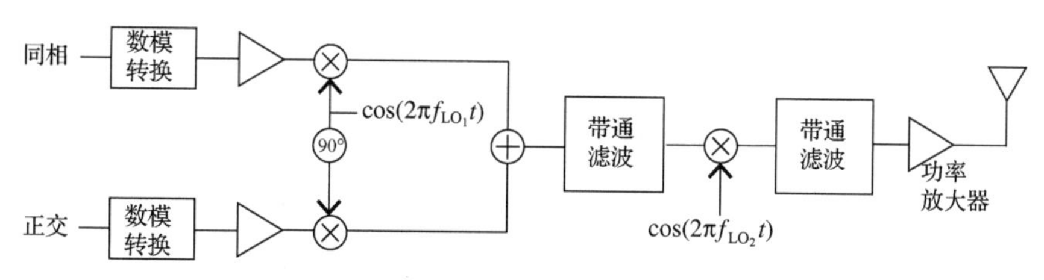

图 2.31　两步变频发射机示意图

本节回顾了用于上变频和下变频的硬件体系结构，对基带和通带之间信号转换中涉及的一些问题进行了高层次的回顾。当然，用于这些目的的硬件的实际设计涉及许多设计权衡，并且需要如第 5 章中所讨论的复杂电路设计。出于对商用系统的兴趣，文献中提出了许多用于 60 GHz 的设计方案。在文献[FOV11]中提出了零差上变频器，而在文献[OFVO11]中针对 WLAN 应用提出了相应的下变频器。在文献[GFK12]中提出了一种可重构的二次采样外差接收机。在文献[PR08]中提出了外差接收机架构。在文献[ZYY⁺10]中提出了一种 3 级超外差收发信机架构。文献[PSS⁺08]中提出了基于宽带超外差架构的单片集成发射机和接收机。研究结果表明，实现毫米波无线系统的实际上、下变频电路是可行的。

2.10　系统架构

本节将描述通信网络中使用的参考系统架构。它基于国际标准化组织[ISO]开发的开放系统互联(OSI)模型。OSI 模型是网络功能的抽象，用于帮助设计和理解通信网络。本节将介绍该模型，以提供有关毫米波通信如何以及在何处与更大的网络视图相适应的背景信息。有关 OSI 模型的更多细节在网络基础教材[BG92][Tan02]中提供。

图 2.32 提供了 OSI 模型的标准图示。OSI 模型将通信分为 7 层。最高层为应用层，最底层为物理层(PHY)。我们提出了一个名为硬件层的新层，它位于物理层之下，用于解决毫米波通信中所需要的新硬件和设备涉及的复杂问题。在传统的 OSI 模型中，层是根据通信协议和接口来指定的。该协议管理网络的不同节点之间的交互。例如，网络协议关注网络中多个节点之间的分组路由。一个节点的层与另一个节点的同一层通信。接口定义了层之间通信的控制和数据信息。给定层 n 向层 $n-1$ 请求服务。层 n 作为回报为其上方的层 $n+1$ 提供服务。通过这种抽象的方式，可以独立地执行层的设计，而一层的工程无须了解另一层的细节。图 2.32 中的许多层可以划分为子层。在无线系统中，通常将数据链路层划分为逻辑链路控制层和介质访问控制(MAC)层。

分层系统架构正面临着来自通信工程师的日益严格的审查。最近的一个研究课题是跨层设计[SRK03]，其中的工作重点是对从不同层中抽象出的功能进行联合设计。例如，可以在物理层使用多个天线来消除干扰，无线系统中的MAC负责避免干扰。跨层MAC设计可以将物理层算法和MAC协议结合起来管理干扰。虽然跨层设计和重新定义网络边界方面的研究正在进行中，但这些层仍然可用于检查不同的网络功能。

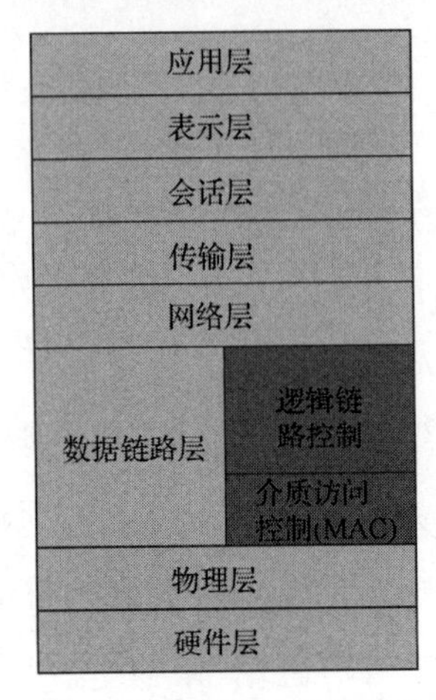

图 2.32 通信网络的参考系统架构

本书中毫米波的重点主要在数据链路层及以下。实际上，除第8章和第9章外，大多数章节都涉及物理层及其以下。但是，对更高层的操作有一些了解是很有用的。在早期的60 GHz系统中，应用程序在较低层设计中发挥了重要作用。也许本章讨论的最引人注目的例子是多媒体。视频应用引出了各种物理层调制与编码策略，包括使用不等差错保护(UEP)编码和不等差错保护调制。本节的其余部分提供了关于每一层的一些背景知识，并假设存在一个额外的底层。

应用层 应用层是OSI模型中的最高层，即第7层。它不是应用程序本身(例如，软件程序)，相反，它是为应用程序提供服务的通信协议。应用层有助于应用程序之间的通信。应用层协议的常见示例包括电子邮件、超文本传输协议(HTTP)、会话发起协议(SIP)和文件传输协议(FTP)。

表示层 表示层是OSI模型中的第6层。表示层的主要功能之一是数据格式化或转换，以便可以在不同类型的系统之间交换数据。例如，在Western(ISO Latin 1)字符集和Unicode(UTF-8)字符集之间进行转换。表示层的其他功能有加密和解密，来确保信息的安全传输和压缩。包含这些不同功能的示例协议是多用途互联网邮件扩展(MIME)协议，其添加报头以标识电子邮件程序中的内容，例如内容类型、字符集和加密类型。

会话层 会话层是OSI模型中的第5层。它主要处理连接(连接是两个通信端点之间的关联)以及会话(会话是导致多个信息交换的两个端点之间的对话)。会话层涉及设置、协调、关闭和管理会话及其相应的连接。会话层的示例协议包括远程过程调用(RPC)协议、网络基本输入输出系统(NetBIOS)和会话控制协议(SCP)。

传输层 传输层是OSI模型中的第4层。传输协议提供透明的端到端通信。它负责提供可靠性、流控制和排序。可靠性的一个例子是检查数据是否已损坏，例如，通过使用检错码，并要求重新传输数据。流控制是指管理连接的总速率，例如，为了避免接收机处的缓冲区溢出。排序是一种从网络层重新组装数据的机制，它可以提供以不同于发送顺序接收的数据包。传输层协议的示例包括传输控制协议(TCP)、用户数据报协议(UDP)和流控制传输协议(SCTP)。

网络层 网络层是OSI模型中的第3层。网络层具有网络中多个节点的知识。网络协议包括诸如路由(或交换)、转发、寻址、排序和拥塞控制之类的功能。路由包括选择源和目的地之间的最佳路径。转发是接收数据包并将其发送到路由中的下一个节点的操作。寻址是为网络中的节点提供唯一的地址，这是路由的一部分。排序是对数据包进行标记，以便它们可以沿网络中的不同路径发送。拥塞控制是指管理节点之间链路上的流量，以避免过度延迟或数据包丢失。网络层协议的一个众所周知的例子是互联网协议(IP)。

数据链路层 数据链路层是OSI模型的第2层。数据链路协议有助于网络中直接连接的节点之间的通信。数据链路层通常被划分为两个子层，如图2.32所示。两个子层中较高的层被称为逻辑链路控制(LLC)子层。LLC负责流量控制和差错检查。流量控制是控制传输速率，以防止发送节点超过接收节点的过程。差错检查包括使用差错控制代码来检测数据包中的差错，和可能的确认数据包。例如，标准IEEE 802.2具体说明了与IEEE 802.15.3c和IEEE 802.11ad 60 GHz标准结合使用的LLC。

MAC子层负责物理寻址和信道访问。MAC地址与物理硬件相关联，如序列号。信道访问是指允许多个物理设备访问相同的物理通信介质。MAC协议根据网络的类型选择以集中或分布式方式协调信道访问。在集中式协议中，控制器节点可以查询相邻节点是否愿意使用介质，而在分布式协议中，当多个节点想要访问相同信道时，如何解决冲突和碰撞是由规则决定的。在IEEE 802.11中，点协调功能(PCF)是集中式协议的示例，而分布式协调功能(DCF)是分布式协议的示例。IEEE 802.15.3c和IEEE 802.11ad规定了60 GHz 的MAC协议。

MAC协议可能与毫米波通信工程师最为相关。本书第8章将专门讨论它。MAC协议很有意思，因为毫米波频率的通信介质具有与低频率不同的属性。一个明显的区别是波束赋形的重要性，它使用多个天线来指导通信信号的发送和接收。波束赋形用于提供阵列增益，以克服信道损耗和衰减，并减少干扰。多波束可以成为路径分集的来源，从而有利于防止视线阻挡。毫米波系统需要一个与波束赋形一起工作的MAC协议。

物理层 物理层(PHY)是OSI模型中的第1层。PHY协议的主要任务是通过物理通信链路传送数字信息(比特)。PHY的规范描述了通信介质的接口以及如何创建物理波形。例如，PHY协议可以指定诸如载波频率、带宽、符号星座、调制类型、训练数据的位置和类型以及差错控制编码之类的特征。用于解码PHY发送的信息的算法通常不直接在PHY规范中提供，而是留给设计者。本书的大部分内容涉及物理层以及协议。本章回顾了数字通信系统PHY的主要特性。第3章将深入研究毫米波通信介质的细节。第7章将更详细地描述毫米波特定的接收机信号处理算法，第9章将描述PHY和MAC规范。

硬件层(第0层) 在OSI模型的传统描述中，PHY是最低层。然而，在实践中，还有另一个感知层，由于没有更好的术语，我们将其称为第0层。第0层描述了物理硬件的实现和功能。物理层协议规范通常不指定确切的硬件组件，至少对于无线系统来说是这样的(例如，在有线系统中可能有关于电缆的详细规范)。例如，天线类型、半导体技术、电路实现或模拟前端的配置通常不是规范的一部分。然而，我们注意到，与工程物理层(信号处理、数字通信和控制理论)相关的专业知识与实现硬件层(电磁学、天线设计、F电路、混合信号)所需的专业知识完全不同。因此，有几章专门为这些主题提供具体的背景，无线领域在第4章，电路和器件在第5章，基带处理在第6章。在本书中硬件层的重点在通信和电路。

2.11 本章小结

数字通信是毫米波通信系统的基础。本章回顾了无线数字通信系统的关键组件，为本书的其余部分奠定了基础。复基带信号的表示用于在数学上表征数字通信系统中发送和接收到的模拟信号。对这些信号进行采样会导致离散时间关系，从而揭示了通信和数字信号处理之间的联系。数字调制是将比特序列映射为波形，通常分为符号映射和脉冲整形的两步。数字解调涉及提取对发射机发送比特的估计，解调类型为噪声和信道损伤的函数。信道均衡是接收机最重要的功能之一。它可以在时域或频域中实施，需根据性能或复杂性进行权衡。差错控制编码通过在发射波形插入冗余字段来进行检测或纠错，不同类型的差错控制编码分别适用于纠正单个差错和纠正块差错。有效的通信还需涉及其他功能，以帮助接收机处理发射波形的不确定性，包括帧同步、载波频率偏移同步和信道估计等。通信系统的信号处理包括一系列上下变频操作，通常通过多级振荡器完成。数字通信系统仅是整个通信系统架构的一部分，整个通信协议还包括很多其他层，每个层均服务于不同对象：应用、表示、会话、传输、网络、数据链路和物理层。此外，电路对通信系统有着至关重要的影响，应该单独分为一个层。

本章中的一些示例来自实际使用中的60 GHz系统，但60 GHz WLAN/WPAN仅是毫米波的一个潜在应用。在其他无线系统中毫米波有着广阔的应用前景，如毫米波蜂窝系统[RMGJ11] [RSM+13] [PK11] [MBDQ+12] [RRE14] [AEAH12] [ALRE13] [BAH14] [BH13b]] [BH13c] [BH14]。毫米波蜂窝系统提供了新的空间维度以及大量的带宽资源，远超出目前的系统，彻底改变了分发内容的方式[Rap09] [RMGJ11] [Rap12a] [Rap12b] [Rap11] [RMGJ11] [BH14] [AELH14] [EAHAS+12] [EAHAS+12a] [ERAS+14] [KHR+13]。

蜂窝系统的一个挑战是如何在大面积区域内支持多个用户。由于需要在有限频谱资源[Rap02]中使用频率复用来增加容量，干扰成为蜂窝网络中的重要问题。之前的工作证明了采用定向可操纵天线的毫米波蜂窝系统不同于所有以前的蜂窝系统，因为它们仅受噪声的限制，而不受同频干扰的限制[SBM92] [CR01a] [CR01b][ALS+14] [RRE14] [Gho14] [BAH14] [SNS+14]。干扰可以被视为由于传播环境[CR01b]而在统计上组合的附加噪声，或者其结构可以被接收机算法利用以进一步改善性能。蜂窝系统还需要支持许多其他功能，包括用户从一个基站传递到另一个基站的切换。在蜂窝系统中，用户之间需要有效地共享资源，因此多址接入策略也很重要。毫米波系统可能是第一个将实时频率分配和负载均衡的特定站点知识结合在一起的无线网络，这是由于使用定向天线时传播的可预测性[CRdV06] [CRdV07]。这些概念在第3章中有所描述。例如，用户可以具有不同的时隙或者可以通过使用OFDM中的不同子载波或单载波符号来共享频率资源。在当今的第四代(4G)蜂窝系统中使用的正交频分多址是基于3GPP长期演进(LTE)标准的[3GPP09]。

本章所示的系统模型最适合单天线之间的收发。为了使毫米波蜂窝系统能够灵活地避免任何特定操作环境或位置下的盲区，毫米波系统将利用天线阵列和波束赋形技术。该波束赋形技术至少可以部分地在 RF 模拟域中完成，但将受数字部分控制。这需要在信道中的主要传播方向上引导发射和接收波束，或者波束的联合设计以支持多个用户或消除干扰。波束赋形的使用也会对接收机的算法产生影响。沿主要传播路径指向的窄波束可以减少多径的数量，从而减少随后需要的均衡程度。通过混合波束赋形器，波束赋形可以在模拟和数字域的组合中执行，即所谓的混合波束赋形器（参见文献[Gho14][ERAS⁺14]，以及其参考文献）。这对发射和接收机波束赋形设计提供了更多的控制，但代价是会有更高的复杂性。毫米波波束赋形是一个活跃的研究领域。第 3 章将介绍针对波束赋形的维数和潜在链路余量改进的信道测量技术，第 4 章将详细讨论波束方向图和天线。

第3章　毫米波的无线电波传播

3.1　引言

理解无线电波传播是理解接收机设计、发射机功率要求、天线要求、干扰电平和无线通信链路预期距离的关键。在毫米波频段，波长小于 1 cm——甚至小于人类指甲的大小——物理环境中的大多数物体相对于波长非常大。灯柱、墙壁和人相对于波长较大，会引起非常明显的传播现象，例如当障碍物妨碍发射机和接收机之间的路径时的信号阻塞(例如，阴影)。然而，反射和散射使得即使存在阻挡视距(LOS)路径的物理障碍物，仍然可以在发射机和接收机之间建立无线链路，只要使用可调天线来“找到”反射或散射能量的物体即可。幸运的是，电动可调的高度定向的多元天线能够以非常小的外形尺寸制造并廉价地集成，正如我们在第 4 章中所述。

实际上，毫米波频段的波长是如此之小，以至于在整个亚太赫兹频段，空气和水的分子成分在决定可达到的自由空间距离时起主要作用。图 3.1 说明了直到 400 GHz 的电磁(EM)频谱在空气中的逾量衰减(即，除了下面讨论的众所周知的 Friis 自由空间距离损耗外的衰减)，并显示了电磁波如何由氧气分子在 60 GHz 和水分子在 180 GHz 及 320 GHz 引起的大气吸收而显著衰减[RMGJ11]。温度和湿度会极大地影响大气吸收导致的实际逾量衰减[FCC88]。图 3.1 中最左边(无阴影)的“气泡”显示出空气中极小的逾量衰减，其频段对应于当前的 UHF 和微波商用无线网络，而其他“气泡”显示出有趣的逾量衰减特性，这些特性取决于载波频率。

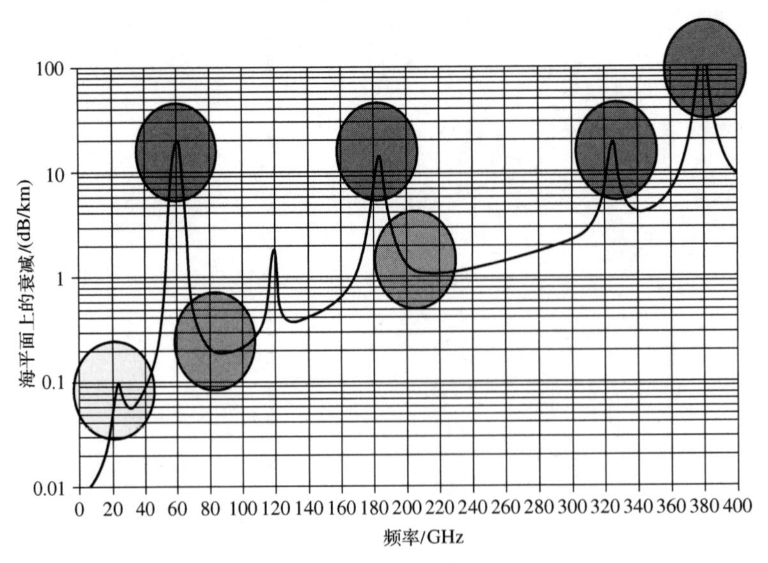

图 3.1　在亚太赫兹频段，海平面上气体吸收引起的自由空间传播以外的衰减

从图 3.1 中可以看出，某些频带，例如 60 GHz 和 180 GHz 频带，特别是 380 GHz 频带，在距离上具有非常高的逾量衰减。这些频率非常适合家庭和建筑物内部及周围的免许可网络(例如，在几十米的覆盖距离内，对于 380 GHz 频率甚至距离更小)，辐射信号将迅速衰减并且不会干扰附近的其他网络。其他频率，例如 0～50 GHz 或 200～280 GHz 频段，除自由空间传播损耗外，几乎没有逾量大气衰减，这使其成为未来室内外无线网络中蜂窝和移动通信的有力候选。这种情况下，网络必须覆盖约数百米甚至数千米的距离(例如，未来蜂窝网络中的毫微微蜂窝、微蜂窝和回传链路)。高度也会影响大气吸收，从而影响无线信号的衰减，因为高海拔处具有较低的温度并且通常也具有较低的湿度，因而空气分子成分的变化会改变衰减。例如，在海拔 1km 处，对于某些频率，衰减可能比海平面低 10～20 dB/km，因为接近地面时氧气和水分子会产生巨大的吸收。因此，在干旱或高海拔地区，某些有损毫米波频带处的逾量衰减可能大大减少。

请注意，大气衰减不是影响同信道收发信机的覆盖距离或干扰的唯一问题。雨天、冰雹、雨夹雪或降雪等天气的影响也会对特定频段在距离上的衰减产生很大作用。值得注意的是，超高增益的定向天线将在克服由大气和天气相关衰减引起的电磁波损耗方面发挥关键的作用，同时利用其发送(或接收)毫米波信号的超窄波束宽度来提供固有的干扰防护。

未来的毫米波系统中，在低衰减毫米波波段中天线增益、波束宽度和波束指向将会自适应地偏移来达到特定的干扰水平，并且它们可以自适应地补偿天气或大气的特定损耗特性。图 3.1 迫使我们考虑使用“保密无线电”，其海量带宽通信链路使用高增益微型天线，在接近 380 GHz 的频率下可以被限制在仅 1 m 左右的覆盖距离内，从而取代有线连接并确保重要军事或消费应用的隐私性。在这样的载波频率下，可以提供数十吉赫兹的频谱用于汽车、消费电器内电路板和电线的更换以及建筑物内的布线[Rap12c]。

熟悉 1～5 GHz 频段的蜂窝无线或 WLAN 通信的无线工程师会发现毫米波频段(20 GHz 及以上)在很多方面都有很大的不同，但在其他某些方面却惊人地相似。毫米波频率更容易受到天气和大气作用下路径损耗增加的影响，并且来自普通物体的反射率增大，对信道的环境相关特性具有更高的灵敏度。然而，图 3.1 显示，对于自由空间中小于 1 km 的路径，许多毫米波频率处的逾量衰减非常小，实际上与当今的 UHF 和微波无线系统相当。因为毫米波无线信道不同于传统的无线信道，这通过其高度定向的发射和接收天线即可体现，因此本章对毫米波无线通信系统的设计或评估特别重要。在本章中，首先将预测的信号传播的功率损耗表示为发射机和接收机之间距离的函数，从而来描述宏观信道特性，称为大尺度信道效应。本章描述了由电磁波传输引起的传统路径损耗和天线增益的影响，以及由分子共振引起的大气损耗。雨和雾也会影响大尺度路径损耗，因为雨滴的物理尺寸与传播波长相当，毫米波频率在距离上的衰减比现在的 1～5 GHz 蜂窝和 WLAN 波段严重得多。在分析了毫米波链路上的这些路径损耗效应之后，我们还会从微观视角研究接收信号的波动，也称为小尺度信道效应。在 20 GHz 或更高频率，小尺度信道效应由各种环境传播特性决定。例如，对于室内通信来说，这些特性包括移动目标的速度、房间尺寸、建筑材料及其表面粗糙度、家具、路径障碍物、天线辐射模式、辐射波的极化以及人的存在。在本章的最后，总结了室内和室外的毫米波信道模型以及材料特性测量，我们经常参考 28 GHz、38 GHz、60 GHz 和 73 GHz 频率处无线传播的最新测量结果。

3.2 大尺度传播信道效应

电磁波的自由空间传播是评估大尺度无线信道特性的有效出发点，其中辐射信号功率的传播损耗用发射机和接收机之间距离的几个数量级变化来表征，从米到数百或数千米。电磁波在没有障碍物、反射体或散射体的自由空间中的传播，通过 Harold T. Friis 提出的自由空间路径损耗方程进行数学建模[Fri46]。如文献[Rap02]所示，Friis 自由空间传播理论描述了发射机的有效全向辐射功率(EIRP)如何由其发射功率 P_t 和发射天线增益 G_t 的乘积给出，其中天线增益规定为相对于全向天线的值。天线增益一般是由其最大增益(视轴)方向来描述的，相对于单位增益即 0 dB 的全向各向同性天线。

功率通量密度是指单位面积上辐射到自由空间中的功率量(例如，在球体表面上散布的辐射功率)，以 W/m^2 为度量单位。接收机位于距离发射机的特定发射机-接收机(发射-接收或 TX-RX)间隔距离 d 处，接收天线捕获辐射表面区域的一小部分。如果两个接收机天线的物理尺寸不同，相对应地具有相对于波长的不同电气尺寸，则较大的接收机天线将具有更大的捕获区域，因此与较小天线相比将具有更大的增益和更强的方向性(更窄的波束宽度)。一个发射信号，在自由空间中传播距离 d，其功率通量密度(单位为 W/m^2)由 EIRP 除以半径为 d 的球体的表面积给出[更多细节见文献[Rap02]和式(3.2)]。

任何天线的增益都可以用其有效面积和工作频率表示，其中有效面积根据天线的物理尺寸和工作频率并基于其最大有效面积(或孔径面积)估算[Fri46]：

$$G_{\max} = e_{\max} A_{\max} \left(\frac{4\pi}{\lambda^2}\right) \tag{3.1}$$

其中 e_{max} 是天线的最大效率(总是小于 1，对于低效率天线可能远小于 1)，λ 是工作波长，而 A_{max} 是最大有效孔径(天线电气面积的一种度量)。最大有效孔径的单位为 m^2。也就是说，A_{max} 代表捕获并传递有用能量的天线物理区域。因为天线增益 G_{max} 表示天线在其最大(例如，视轴)方向上与全向各向同性的参考天线相比的方向性，从式(3.1)可以清楚地看出，随着载波波长的减小或天线孔径的增加，天线会有更大的方向性和增益。对于固定的天线孔径(即物理尺寸)来说，天线增益也会随频率的增大而增加，其中增益以频率的平方倍增加。

自由空间中的接收功率(单位 W)与由 $P_t G_t$ 给出的有效全向辐射功率(EIRP)和式(3.1)中给出的接收天线的有效面积 $A_{eff} = e_{max} A_{max}$ 的乘积成正比，与传播距离 d 的平方成反比，这遵循 Friis 的自由空间路径损耗定律：

$$P_{\mathrm{r}} = \frac{\mathrm{EIRP}}{4\pi d^2}(A_{\mathrm{eff}}) = \frac{P_{\mathrm{t}} G_{\mathrm{t}} G_{\mathrm{r}}}{L}\left(\frac{\lambda}{4\pi d}\right)^2 \tag{3.2}$$

其中 P_r 和 P_t 分别是接收和发射功率，以绝对线性单位(通常为 W 或 mW)给出；G_r 和 G_t 分别是接收和发射天线与各向同性天线相比的线性(非 dB)增益；λ 是传输的工作波长(以 m 为单位)。式(3.2)分母中的无单位损耗因子 L 大于 1，并且包括了与天线和组件相关的所有损耗。因为路径损耗是路径增益 $\left[\text{式(3.2)中的项}\left(\frac{\lambda}{4\pi d}\right)^2\right]$ 的倒数，所以可以看出路径损耗随着传输距离的增加或波长的缩短而增加。因为传播电磁波的频率(f，以 Hz 为单位)和波长(λ，以 m 为单位)通过光速 $c=\lambda f$ 相关联，式(3.2)说明对于固定的发射-接收距离和固定的发射机和接收机的天线增益，自由空间路径损耗与工作频率的平方成正比。

为了说明频率对路径损耗的影响，我们比较了传统的无线频率 460 MHz(早期蜂窝)、2.4 GHz(早期 WLAN 和现代连接标准，如蓝牙和 BLE)、5.0 GHz(现代 WLAN)和毫米波工作频率 60 GHz 的自由空间路径损耗。假设发射功率水平相同，且为全向天线，没有系统损耗(L=1)，距离 d = 1 m，10 m，100 m 和 1 000 m 的路径损耗(以 dB 为单位)如表 3.1 所示，其中 $\lambda = c/f_c$ 且 $c = 3\times10^8\,\text{m/s}$ (光速)。这些简单的计算表明，如果使用全向天线，将频率上移到毫米波频段不是一件轻而易举的事情。显然，与当前免许可的 UHF/微波通信环境相比，我们必须补偿 20～40 dB 的接收功率损耗。许多测量结果[BMB91][SR92][ARY95][AR04][AR+02][BDRQL11]均证实了 60 GHz 和 2.45 GHz 之间增加的路径损耗。

表 3.1　自由空间中各种移动通信频率的路径损耗

	f_c = 460 MHz	f_c = 2.4 GHz	f_c = 5 GHz	f_c = 60 GHz
D = 1 m	−25.7 dB	−40 dB	−46.4 dB	−68 dB
D = 10 m	−45.7 dB	−60 dB	−66.4 dB	−88 dB
D = 100 m	−65.7 dB	−80 dB	−86.4 dB	−108 dB
D = 1 000 m	−85.7 dB	−100 dB	−106.4 dB	−128 dB

然而，表 3.1 只说明了部分事实，因为在毫米波频率上传播有一个潜在的好处，这在最初考虑 Friis 自由空间方程时可能并不明显。但当我们开始考虑，毫米波频率与 UHF 和微波频率相比，允许小型定向天线具有可以抵消甚至减少路径损耗的高增益时，这种好处是显而易见的。这在式(3.2)中可以很容易看出。天线阵列能够在毫米波频率下以非常小的物理外形提供高增益。自适应阵列可用于在毫米波频率下形成物理上很小的窄波束(高增益)天线。这些高增益、可控自适应天线允许毫米波通信系统在环境中操纵波束并在现实的传播环境中从周围的散射体和反射体反射出能量，同时将辐射能量集中在那些能够为通信路径建立有效链接的方向上。此外，运用 MIMO 和波束组合技术，通过在许多不同方向上形成同步波束，可以显著降低信道中的路径损耗，并且可以使用不同的空间路径来支持 MIMO 和空间复用以使多个数据流并行发送来增加容量。

当频率在 28 GHz 以上时，波长约为 10 mm 或更小，因此在高介电常数材料上制造的半波偶极子天线只有几毫米长，甚至更小[GAPR09]。因此，非常大规模的偶极子阵列可以放入比现在的手机或平板电脑小得多的外形尺寸中[GAPR09][RMGJ11]。

考虑一个由相同的天线元件组成的自适应天线阵列，每个天线元件具有最大长度尺寸 D，注意每个天线元件的天线增益由式(3.1)给出。对于阻抗匹配适当的天线，[Bal05，第 2 章]说明天线单元的最大增益[见式(3.1)]与下面的项成正比：

$$G_{\max} \propto \frac{4\pi e_{\max} D^2}{\lambda^2} \tag{3.3}$$

如果有一个由 N 个天线单元组成的线性阵列，则对于每个天线，式(3.3)仍将近似保持成立，所以阵列的有效孔径是每个天线的物理面积乘以给定阵列中的天线数量：

$$D_{\text{array}} = N D_{\text{ant}} \tag{3.4}$$

如果天线阵列是一个正方形的二维(二次)阵列，每条边有 N 个元素共计 N^2 个元素，则由式(3.4)给出的阵列的最大线性尺寸仍然成立，但是有效面积和增益会因天线数量的增加而进一步增大。对于线性阵列，最大增益为

$$G_{\max} = \frac{4\pi e_{\max} D_{\text{array}}^2}{\lambda^2} \tag{3.5}$$

将式(3.5)代入式(3.2)的 Friis 路径损耗方程中，并假设发射和接收天线都使用天线阵列，则

$$P_{\text{r}} = \frac{\left(P_{\text{t}} e_{\text{t}} e_{\text{r}} \left(D_{\text{r}} D_{\text{t}}\right)^2\right)}{L\left(\lambda d\right)^2} \tag{3.6}$$

其中 D_{r} 和 D_{t} 分别来自接收机和发射机天线阵列。从等式(3.6)中总结出以下两个关键点：

(1)工程天线阵列的尺寸在很大程度上与工作波长相关，随着载波频率的增加(例如，在 28 GHz 及更高频率)，工程天线阵列变得更容易在手持结构(如手机)上实现，因为与传统微波频率相比(其波长通常大于手持设备的形状尺寸)，更小的波长允许高增益天线在物理上更小并且使用大于或等于波长的尺寸。在 60 GHz 时，自由空间波长为 5 mm，在 1 000 GHz(1 THz)时，波长为 0.3 mm。这些小波长意味着随着载波频率的增加，可以在小型印制电路板、小型封装或芯片上安装越来越多的天线，与现在几乎全向的手机天线相比，可以获得惊人的天线增益。通过在基站和移动设备上组合可控的高增益天线，巨大的天线增益可以克服与现在使用低增益天线的系统相比更大的传播路径损耗。简而言之，式(3.6)表明发射机和接收机的天线阵列尺寸(在分子中给出)可以克服距离相关的传播路径损耗(在分母中给出)。

(2)阵列面积与工作频率的比成为一种全新的设计指标，可用于为小型手持应用设计通信设备的尺寸。通过打开和关闭阵列中的不同天线单元可以快速调整增益(进而调整天线波束宽度)，并且小的物理外形允许通过电控调相和选择性激励阵列元件来实现一个广域变化的可控波束天线系统。

应用物理上小巧、高增益、可控的天线是毫米波通信的一个关键方面。事实上，式(3.6)表明天线的物理长度提供了接收功率的 4 次方增长，可以克服自由空间中距离的平方率衰减。正如我们在第 4 章所述，通过使用印制电路板、片上和封装天线，这样的增益和能力允许在非常小的外形上实现大规模多输入多输出(MIMO)和可控天线阵列。这些性能将支持全新的无线架构和未来的无线系统[RMGJ11][RSM+13][R+11][EAHAS+12a][RRE14][ALS+14][Gho14]。

3.2.1 对数距离路径损耗模型

在实际中，自由空间路径损耗并不总是成立。早期研究表明，只有存在视距路径且天线在视轴上完全对准时，它可能才适用于毫米波系统[BDRQL11][RBDMQ12][RGBD+13][RSM+13][AWW+13][SWA+13]。在式(3.2)中观察到，由于分母中的距离平方项，自由空间中的接收功率每 10 倍距离会衰减 20 dB。通过在远场使用对数距离斜率，对数距离路径损耗模型更好地拟合路径损耗测量结果

$$P_r(d) = P_t K_{fs} \left(\frac{d_0}{d}\right)^{\alpha}, d \geqslant d_0 \tag{3.7}$$

其中 d 是传播距离，而且 $d_0 \gg \lambda$ 是远场中近距离自由空间路径损耗的参考距离，调整无量纲常数 K_{fs} 和路径损耗指数(PLE) α 来拟合现场测量结果[Rap02]。在通信和传播分析中，习惯上使用分贝值表示传播路径损耗，因为分贝值更容易用于“粗略”计算，线性(绝对)值的乘法即是简单的分贝值加法。分贝是更好的选择也是因为传输信号功率的动态范围在相对小的距离上会改变多个数量级。通过将式(3.7)转换为分贝值，我们看到路径损耗是关于传播距离和 PLE 两者的对数函数，如下所示：

$$P_r[\text{dBm}](d) = P_t[\text{dBm}] + 10\log_{10} K_{fs} - \underbrace{10\alpha\log_{10}(d/d_0)}_{\text{路径损耗}}, d \geqslant d_0 \tag{3.8}$$

从式(3.2)和式(3.7)可以观察到，使用定向天线的无线系统的接收功率 P_r 与发射功率 P_t (以 mW 或 dBm 为单位)、天线增益 G_t 和 G_r 以及信道中的传播路径损耗(PL)相关。可以使用路径损耗指数 α 和天线增益简单地表示接收功率，以分贝为单位表示为与距离相关的形式：

$$P_r(d)[\text{dBm}] = P_t(d)[\text{dBm}] + G_t + G_r + \text{PL}(d) \tag{3.9}$$

其中 PL 如式(3.8)所示。虽然 $\alpha \leqslant 2$ [例如，优于或等于自由空间路径损耗，式(3.2)说明 $\alpha = 2$ 是自由空间中的路径损耗指数]在某些存在波导或特定相长干涉的情况下是可能的，但通常 $\alpha > 2$，因为自由空间是一个最优的传播环境。

具有清晰视距路径的 60 GHz 室内无线信道的测量结果显示不同视距(LOS)环境中的 α 值不同，包括开放空间、走廊和实验室[TM88][BMB91][SR92][ARY95][FLC+02]。对于有限距离的开放空间场景，大气吸收影响最小并且很少有反射体存在，$\alpha \approx 2.0$，与预期相同。在存在波导或者墙壁、地板和天花板的反射可以连贯结合的走廊中，发现 $1.2 \leqslant \alpha \leqslant 1.32$。注意，$\alpha$ 必须始终大于 1，否则式(3.7)随着距离的增加反而会在信道中提供增益。对于实验室环境，同相和反相反射都会使 α 增大，估算值为 $1.71 \leqslant \alpha \leqslant 2.71$。阻塞的视距路径的测量结果显示 $2 \leqslant \alpha \leqslant 10$ [Yon07]。在 28 GHz，38 GHz，60 GHz 和 73 GHz 的毫米波蜂窝的室外 LOS 测量中，发现 α 在 1.8～2.2 之间，但在非视距(NLOS)条件或发射机和接收机的高定向天线波束未相互指向的 LOS 条件下，α 约变为 4 或 5(实际测量数据参见 3.3 节)。然而令人惊讶的是，与现在的 UHF/微波信道相比，毫米波频率下的全向信道路径损耗差别不大，如我们在 3.7.1 节中所述。因此我们可以假设，对于视距条件，式(3.2)的 Friis 自由空间模型提供了完善的(如果不是保守的)大尺度路径损耗模型。然而，如果没有清晰的视距路径，Friis 模型太过宽泛而无法体现现实情况，就像现在的 UHF/微波无线系统一样。

3.2.2　大气效应

遗憾的是，毫米波频率下路径损耗增加不仅是传输频率升高的结果。如文献[Rog85]所述，诸如大气衰减、降雨衰减和路径去极化等特性也会降低毫米波的接收信号功率，且在 60 GHz 频段比在 28～38 GHz 频段更为明显，因为后者的氧气吸收相对较少(每公里只有几分之一分贝，如图 3.1 所示)。大气衰减会产生超出式(3.2)或式(3.7)的传播损耗的额外路径损耗，并且在绝对值上是相乘的(在分贝上相加)。大气损耗并非 60 GHz 系统所独有，因为所有电磁波都会在某种程度上被气体分子如氧气和水蒸气吸收。然而，这种效应在某些毫米波频率(例如 60 GHz)下会被放大。在典型的大气条件下(温度 20℃、大气压 1 atm、水蒸气密度 7.5 g/cm^3)，大气衰减在载波频率不超过 50 GHz 时并不显著。这种效应通过每公里传输距离降低的对数功率值(dB/km)来表征，见图 3.1[RMGJ11][GLR99][OET97]，大气衰减的主要影响来源于水蒸气和氧气。图 3.1 显示 O_2 吸收在 60 GHz 处具有峰值。在正常大气条件下，这种效应在 57～64 GHz 的接收信号中达到 7～15.5 dB/km。

虽然正常浓度下水蒸气对信号衰减没有太大作用，但是大气饱和时形成的雨滴可以进一步衰减信号，如图 3.2 所示[AWW+13][RSM+13][ZL06]。例如，对于 50 mm/h(大雨)的降雨量，不同的模型预测有 8～18 dB/km 的额外大气衰减[GLR99]。因此，室外蜂窝或回传系统需要通过自适应波束赋形来克服降雨条件以获得更多增益。降水的影响不仅限于信号的衰减，也可能发生去极化[Rog85]。这对于利用交叉极化信号进行射频隔离的系统来说尤为麻烦。

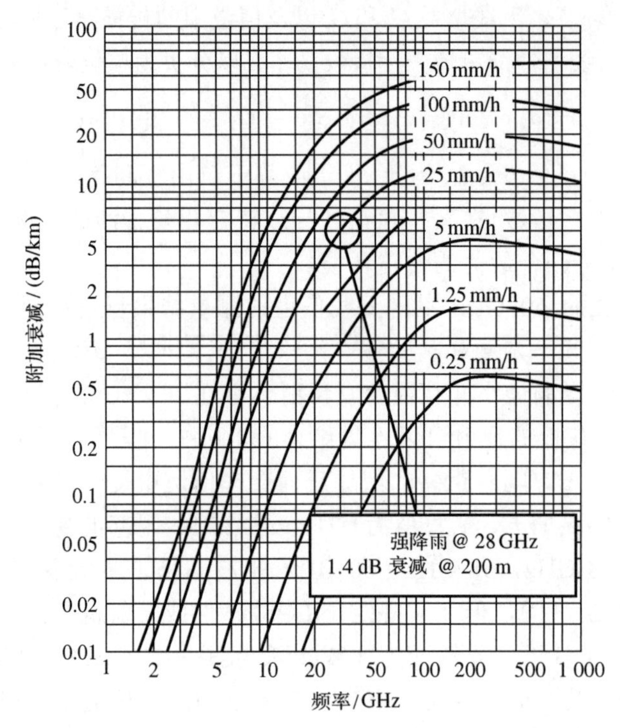

图 3.2 在毫米波频段下，作为频率和降雨量的函数的降雨衰减

3.2.3 毫米波传播的天气效应

天气对毫米波的衰减有着显著影响，因为雨滴、冰雹和雪花的物理尺寸和传播信号的波长相近。在 20 世纪 70 年代和 80 年代，大量的研究集中在斜径卫星通信链路衰减的天气特征上[PBA03]。这些知识体系帮助了对各种天气条件下毫米波传播的理解。实际上，一种基于 R. K. Crane 研究[Cra80]的常用降雨衰减模型已被证明可用于估算降雨衰减，其造成的额外路径损耗超出了自由空间传播和大气损耗所引起的衰减。基本上，天气影响被合理地建模为额外的路径损耗因子，简单地添加到传播损耗中，以分贝为单位相加。天气衰减是距离、降雨率以及雨滴的平均尺寸或形状的函数。由于特定地区降雨量的统计特性，世界不同地

区发生覆盖中断的可能性不同[PBA03]。

从卫星工业的角度来看，降雨衰减使毫米波无法用于可靠移动通信的观点是可以理解的，因为卫星链路的倾斜路径距离可能达到数千米甚至数十千米。然而，由于小区尺寸有逐渐缩小到 1 km 以下的趋势，对未来的毫米波移动通信系统不能引用此论断[RMGJ11][ACD+12]。

近年来，一些研究人员从回传和移动通信的角度研究了天气对地面毫米波通信的影响。对于回传通信，毫米波无线可实现快速部署的无线光纤连接，这通常比租用第三方的线路或连接的必需费用便宜得多。世界各国政府已经允许在毫米波频段进行回传通信的运营，通常只有很少或根本没有许可成本。这是毫米波频段的新兴行业。移动运营商经常发现使用毫米波无线的回传成本要便宜得多。毫米波无线在回传通信的应用一定会继续，因为世界各国政府已经推动将毫米波频谱用于回传[Fr11]。回传通信通常用于整个微波频段(当前的 2 GHz 和 6 GHz)，但它们在 18 GHz、22 GHz、28 GHz、33 GHz、38～40 GHz、42 GHz、50 GHz 和 60 GHz 的各种许可和免许可频段的使用在全球范围内变得越来越流行。最近，71～76 GHz、81～86 GHz 和 92～95 GHz 的毫米波 E 波段已经在美国(以及类似波段在其他国家)变得流行，因为频谱能够以极低的成本提供给运营商(使用一种“轻量”许可模型，即可以通过互联网在几分钟内获得特定位置和路径的许可)。这些频段提供了巨大的带宽，且当其与高增益可控天线的小物理尺寸相结合时(正如我们将在第 4 章中讨论的)，很明显小型小区更可能会转向毫米波回传通信，用于基站和接入点的互联以及到未来手机和其他用户设备的移动连接[RSM+13]。

仅有少数研究人员考虑过毫米波通信的户外移动应用。鉴于毫米波频段中大量的可用频谱，以及现在足以支持毫米波射频和天线系统的半导体能力(见第 4 章和第 5 章)，毫米波系统向移动用户传输海量数据速率的潜力是显而易见的。本节概述了迄今为止回传和移动场景中由天气引起的大尺度路径损耗的一些关键因素。

雨和冰雹呈现出基于降雨率的路径损耗衰减。世界不同地区有不同的平均降雨率以及小规模的峰值降雨率，所有这些都会影响路径损耗的统计变化。强降雨通常定义为大于 25mm/h(约 1 英寸/小时)。如图 3.2 所示，28 GHz 的降雨衰减约为 7 dB/km，在 200 m 范围内仅为 1.4 dB。图 3.2 还显示降雨衰减逐渐平缓，并且在频率高于 90 GHz 时大致恒定[ZL06]。短距离上，很明显降雨衰减并不像直觉预期的那么严重，特别是考虑到高增益天线可以利用随瞬时降雨率变化的增益来克服降雨衰减。

文献[XKR00][XRBS00]和[HRBS00]中研究了两条 38 GHz 回传链路：夏季弗吉尼亚的 605 m 的视距(LOS)路径和 265 m 的部分阻塞路径，并且记录了雨和冰雹事件。如图 3.3 所示，38 GHz 两条路径上的衰减直接是降雨率的函数，且和 Crane 模型相比差几分贝。但请注意，在极端暴雨期间瞬时降雨率可能接近 200 mm/h(例如，山洪爆发的降雨率)，这种情况在 265 m 路径上会造成大约 16 dB 的损耗。文献[XRBS00]和[HRBS00]中的数据显示，罕见的夏季冰雹事件可能导致更大的损耗，在极端情况下可达 25 dB 或更多。这种天气事件造成长距离上使用毫米波链路的困难，但是在几百米范围内可以通过可调增益天线和发射功率补偿技术来克服。使用网状结构可以将基础设施回传网络协同地连接在一起，从而在特定基站的现场降雨率飙升的情况下实现多样化路径[Gho14]。

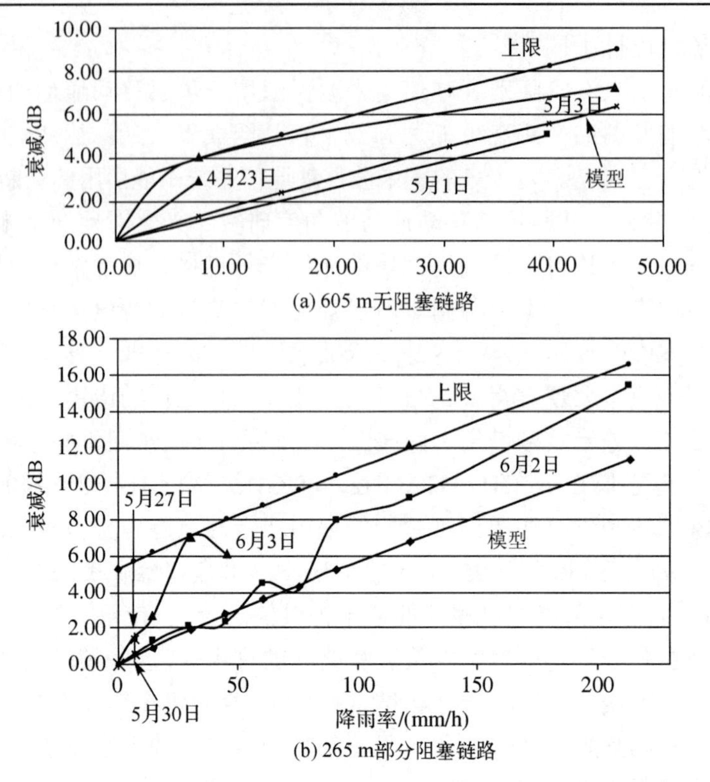

图 3.3　不同降雨率下测量的两条 38 GHz 回传链路的降雨衰减的概况和上限

有趣的是，由于湿润表面和空气中的水分使环境反射更强，弗吉尼亚州的更长的 605 m LOS 链路在较高的降雨率下会遭受多径影响。如图 3.4 所示，较高的降雨率导致地面反射路径增加，同时直接 LOS 路径因降雨发生衰减[XKR00]。

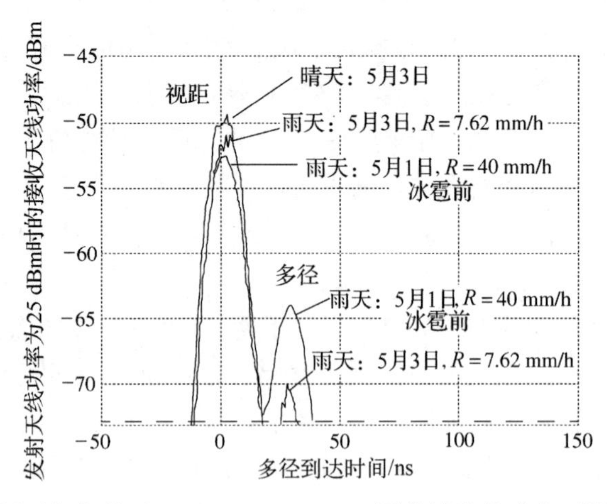

图 3.4　不同天气条件下 38 GHz LOS 605 m 回传链路的功率延迟曲线（PDP）

降雨影响是室外毫米波系统的重要考虑因素。降雨衰减在毫米波频率下比在较低频率下更严重，因为雨滴的电尺寸更大。根据经验，最坏情况的降雨会在 1 km 距离内的整个毫米波频段上造成大约额外 15 dB/km 的衰减。欧洲的最大降雨率约为 50 mm/h[SL90]。ITU 根据文献[SC97b]中给出的降雨率 R（mm/h）得出近似的降雨衰减：

$$\lambda_{\mathrm{r}}\left(f\,[\mathrm{GHz}]\,,R\right)=k\left(f\right)R^{a(f)}\left[\frac{\mathrm{dB}}{\mathrm{km}}\right]$$
$$k\left(f\right)=10^{1.203\log(f)-2.290}$$
$$a\left(f\right)=1.703-0.493\log(f)$$

3.2.4　绕射

毫米波传播环境还提供了新的方法来对抗绕射引起的更大损耗。绕射是无线信号在物体周围的传播，是当移动设备被障碍物阻挡或遮挡，或当无线终端发生转弯而由视距（LOS）传播条件变为非视距（NLOS）传播条件时支持无线通信的机制。虽然绕射在现在的 2 GHz 蜂窝系统中是一种强大的传播机制，但在毫米波频段的频率下绕射只运动几厘米就损耗非常大，不能依赖其进行毫米波传播。例如，一位研究者观察到 28 GHz 和 73 GHz 频率下在移动接收机绕过建筑物角落前后接收信号电平的差异超过 40 dB。未来的可控波束需要与 PHY 和 MAC 协议协同工作，以快速适应传播条件的变化。基站和接收机处的高度定向可控天线将从原来的 LOS 信号转向发现附近建筑物或表面的反射和散射路径来克服绕射。类似地，在建筑物内部，绕射信号的衰减在毫米波频率处也非常严重，当接收机移动过走廊拐角时会导致 10 dB 衰减，当接收机移动过电梯井后会导致超过 40 dB 的衰减[ZMS+13]。很明显，由于波长非常小，绕射将是毫米波移动系统中最薄弱也最不可靠的传播机制，而散射和反射将成为最主要的传播机制。这与现在的 UHF 和微波系统形成对比，在这些系统中散射是最弱的传播机制，而绕射提供了可观的信号传播[Rap02]。

3.2.5　反射和透射

虽然绕射在毫米波频率下相对短距离运动时会造成接收信号电平动态范围的大幅度变化，但是室内和室外环境中许多材料的反射特性在毫米波频率下出奇的好。最近在 28 GHz、38 GHz、60 GHz 和 73 GHz 的研究表明，人、建筑物墙壁、灯柱和树木的反射性可以非常强，允许多径信号通过自然和人造物体的反射来传播。尽管存在许多传播路径，但是诸如树叶、金属墙、电梯井、外部建筑物和现代有色外窗等障碍物在毫米波频率下可以使单个信号多径分量衰减超过 40 dB，这比现在的 2 GHz 微波蜂窝系统要大得多[ZMS+13][RSM+13][LFR93][SSTR93]。未来毫米波系统的关键是在不同的工作环境中找到并处理最强的直接、反射和散射的多径分量，以创建可行的链路。

对于室内和室外环境中 28～60 GHz 的测量说明了与现在的微波（1～5 GHz）频段相比，物体的反射性有多强。在文献[BDRQL11]和[AWW+13]中，发现灯柱、金属垃圾桶、人的头部以及建筑物外墙具有高反射性，并且不同入射角度下的仔细研究表明许多户外物体的反射系数超过 0.7[ZMS+13][BDRQL11][LFR93]。毫米波信道的高反射（和高度散射）特性提供了替代传播路径，这为克服绕射引起的路径损耗和衰减提供了希望，前提是通过定向天线提供增益来克服自由空间的路径损耗。

鉴于室内和室外信道的显著反射率，特定站点的射线跟踪方法可能是最重要的传播建模方法，可以为室内和室外环境中未来的毫米波无线网络的基础设施部署提供一阶设计[RGBD+13][HR93][SSTR93][SR94][RBR93][DPR97b][DPR97a][BDRQL11][RSM+13]。可控自适应天线用于在网络运行期间提供适当的性能。

在 28 GHz 和 72 GHz 频率处对建筑物内部和周围进行测量可以深入了解常用建筑材料的透射和反射特性。表 3.2 以 10° 和 45° 入射角进行混凝土和干墙的测量，以 10° 入射角进行有色玻璃和透明玻璃反射率的测量。两个喇叭天线都具有 24.5 dBi 的增益、10° 的半功率波束宽度。通过宽带信道探测仪测量，常用建筑材料的角度相关的反射系数非常高[ZMS+13][NMSR13]。表 3.3 显示了常用室内和室外墙壁材料的测量衰减(例如，透射)值，两个喇叭天线都具有 24.5 dBi 的增益和 10° 的半功率波束宽度。从表 3.3 中可以看出，有色玻璃和砖等户外材料在自由空间上的衰减为 28 GHz 下 40 dB，这表明室外毫米波系统难以透射到建筑物中。这可能是一种有价值的对干扰的隔绝，允许室内网络同时运行而不受同频道室外网络的干扰。表 3.4 给出了 72 GHz 下不同障碍物数量和类型时室内分区测量的结果，发射和接收天线均为 20 dBi 增益、15° 半功率波束宽度。TX 和 RX 之间存在多个障碍物，测量位置如图 3.5 所示，信号透射的主要射线路径用箭头示出。结果表明，大多数内墙和家具的衰减并不十分强，具有相对低的损耗和较好的透射性，例如，每个分区损耗 2～6 dB。而当接收机从走廊移动到电梯后面时，电梯井等金属物体会使信号的严重衰减达到 40 dB[NMSR13]。

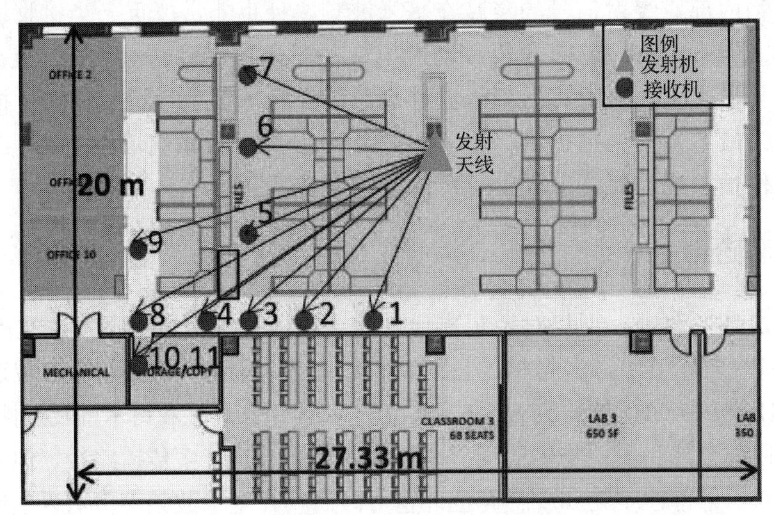

图 3.5 在 72 GHz 频率下纽约布鲁克林一栋建筑物的室内透射测量

表 3.2 在 28 GHz 频率下不同材料的反射率比较

环境	位置	材料	角度(°)	反射系数($\Gamma_{\parallel}$)
室外	ORH	染色玻璃	10	0.896
		混凝土	10 45	0.815 0.623
室内	MTC	透明玻璃	10	0.740
		干板墙	10 45	0.704 0.628

为了完整起见，我们现在提供 60 GHz 材料透射测量的总结以及测量结果很少或不可用时估计损耗的基本传播理论。穿过不同介质的传播电磁波会在成份与源所处介质不同的材料连接处改变。就本章而言，介质是空气(自由空间)，我们关注的是其与物理环境中的材料的连接处。在这样的连接处，我们说电磁波被部分反射并部分透射。电磁波的反射部

分从连接材料反射并返回进入源介质中，而透射部分在连接材料中传播。对于无线通信系统，我们主要关注透射和反射的能量大小。要在没有经验测量的情况下计算这些值，我们必须知道材料复介电常数 $\epsilon=\epsilon'+\mathrm{j}\epsilon''$（其中，$\epsilon',\epsilon''\in\mathbb{R}$）、材料厚度和表面粗糙度、电磁极化和电磁波入射到连接材料的角度[LLH94]。

表 3.3　28 GHz 频率不同环境下的透射损耗比较

环境	位置	材料	厚度/cm	接收功率-自由空间/dBm	接收功率-材料/dBm	穿透损耗/dB
室外	ORH	染色玻璃	3.8	−34.9	−75.0	40.1
	WWH	砖	185.4	−34.7	−63.1	28.3
室内	MTC	透明玻璃	<1.3	−35.0	−38.9	3.9
	WWH	染色玻璃	<1.3	−34.7	−59.2	24.5
		透明玻璃	<1.3	−34.7	−38.3	3.6
		墙	38.1	−34.0	−40.9	6.8

表 3.4　72 GHz 频率下不同室内接收机位置的透射损耗

RX ID	发射-接收距离/m	# 分区				自由空间的接收功率/dBm	测试材料的接收功率/dBm	穿透损失/dB
		小隔间墙	金属柜	干板墙	木门			
1	6.8	1	0	0	0	−34.1	−39.4	5.3
2	8.0	1	1	0	0	−35.6	−52.8	17.2
3	10.1	2	2	0	0	−37.6	−61.4	23.8
4	11.5	1	2	1	1	−38.7	−75.5	36.8
5	8.6	0	2	0	0	−36.2	−50.3	14.1
6	8.1	0	2	0	0	−35.7	−45.4	9.7
7	8.8	1	2	0	0	−36.4	−63.0	26.6
8	14.0	0	2	1	1	−40.4	−55.6	15.2
9	13.0	1	3	0	0	−39.7	−53.0	13.3
10	15.2	1	2	1	0	−41.1	−60.4	19.3
11	15.2	1	2	1	0	−41.1	−59.0	17.9

通过简要回顾影响波穿过材料的损耗机制，可以很容易地理解这一点。可以通过考虑电介质、导体和半导体中波的传播特性来理解透射损耗。电介质可以极化(即，根据激励波的极化和材料特性，束缚电荷可以被微小地移动分离)产生偶极矩，并且导体中的自由电荷将在电磁波的影响下移动。许多关于电磁场理论基础和深入研究的文献都详细介绍了这些问题(参见文献[Bal89]的第 2 章)。作为基本提示，安培方程的时谐形式可以写成

$$\nabla\times H=\mathrm{j}\omega\epsilon E+J+P \tag{3.10}$$

其中 H 是磁场(A/m)，E 是电场(V/m)，J 是传导电流($\mathrm{A/m^2}$)，ϵ 是介电常数，ω 是角频率($2\pi f$)，P 是时谐电荷运动的极化矢量($\mathrm{A/m^2}$)。J 和 P 都与施加的电场成比例：$J=\sigma E$，$P=\chi\epsilon_\mathrm{o}E$，其中 σ 是电导率，ϵ_o 是自由空间的介电常数，χ 是电极化率。这导出了式(3.10)的新形式：

$$\nabla\times H=\mathrm{j}\omega\epsilon\left(1-\frac{\mathrm{j}}{\omega}\left(\frac{\sigma}{\epsilon}+\frac{\chi}{\epsilon_\mathrm{r}}\right)\right)E \tag{3.11}$$

其中我们使用了 $\epsilon=\epsilon_\mathrm{r}\epsilon_\mathrm{o}$。式(3.11)意味着考虑损耗时材料的介电常数由下式给出：

$$\epsilon_{\mathrm{loss}} = \epsilon_{\mathrm{no\_loss}}\left(1-\frac{\mathrm{j}}{\omega}\left(\frac{\sigma}{\epsilon}+\frac{\chi}{\epsilon_{\mathrm{r}}}\right)\right) \tag{3.12}$$

这会产生电磁波的新波数，包含实部和虚部：

$$E = E_{\mathrm{o}}\mathrm{e}^{\mathrm{j}kx}, \qquad k=\omega\sqrt{\epsilon_{\mathrm{loss}}\mu} \tag{3.13}$$

其中k是波数；μ是磁导率，对于大多数材料其等于自由空间的磁导率。因为式(3.12)将导致式(3.13)中波数的负虚部，很明显当波传播到物体中时会经历指数衰减。

关于室内材料特性以及透射和反射特性的综合讨论总结见文献[HR93][LLH94][CF94][ATB+98][HA95][AR04][MC04]和[Rap02]。首先，考虑在 60 GHz 下测量的多种感兴趣材料的反射和透射能量。在文献[LLH94]中，提供了针对不同入射角的这种测量的详细表格，见表 3.5。表 3.5 中总结的反射和透射功率损耗表示在不同入射角下不同材料反射或透射的相对测量功率。根据这些测量，可以在数值上估计 60 GHz 下材料的介电常数、损耗角正切和衰减系数特性。这在文献[CF94]中进行并将结果总结在表 3.6 中。虽然这里关注的是 60 GHz 电磁波，但适用于 60 GHz 的也适用于其他毫米波频率。

表 3.5 60.2 GHz 在室内材料上不同入射角度的反射和透射功率损耗

材料	厚度/cm	粗糙度/mm	10° 反射角时的损耗/dB	40° 反射角时的损耗/dB	70° 反射角时的损耗/dB	0° 传播角时的损耗/dB
花岗岩	3.0	0.6	17.5	11.7	3.4	≥30.0
石英岩	2.0	0	5.8	24.1	4.4	3.4
大理石	1.7	0	3.8	5.5	0.8	5.2
石灰石	3.0	0	6.5	5.1	0.8	5.2
加气混凝土	5.0	0.2	14.1	11.0	5.1	18.9
混凝土	5.0	0.1	7.5	6.2	2.0	≥30.0
砖	11.0	0.3	14.8	17.5	4.8	16.9
煤渣砌块	5.0	0.5	17.5	12.7	5.1	≥30.0
瓷砖	0.5	0.1	4.1	3.8	2.1	≥30.0
石膏板	1.0	0	23.8	4.5	6.9	2.1
灰泥	1.0	1.0	27.9	30.0	6.9	≥30.0
发泡胶	≥30.0	≥30.0	≥30.0	≥30.0	22.7	0
岩棉	3.5	0.9	28.9	≥30.0	≥30.0	0.5
木纤维板	1.2	0.2	21.0	15.5	5.5	3.4
酚醛树脂	0.8	0	9.1	9.1	2.6	6.9
木板	1.2	0	6.4	14.5	4.8	7.6
木质刨花板	1.3	0.2	13.4	11.7	5.3	6.2
亚克力玻璃	0.4	0	0.2	5.5	13.1	1.7
玻璃	0.4	0.3	6.7	3.8	0.8	4.5
玻璃	0.4	0	17.6	7.6	2.9	2.4
玻璃	0.8	0	8.8	9.1	2.6	3.1

表 3.6　根据反射/透射功率测量得到的平均计算电气特性

材料	相对介电常数 ϵ_r	损耗正切角 δ	衰减系数 $\alpha\left(\frac{\text{dB}}{\text{cm}}\right)$
石头	6.81	0.040 1	5.73
大理石	11.56	0.006 7	1.25
混凝土	6.14	0.049 1	6.67
加气混凝土	2.26	0.044 9	3.7
瓷砖	6.30	0.056 8	7.81
玻璃	5.29	0.048 0	6.05
亚克力玻璃	2.53	0.011 9	1.03
石膏板	2.81	0.016 4	1.51
木	1.57	0.061 4	4.22
刨花板	2.86	0.055 6	5.15

3.2.6　散射和雷达散射截面建模

毫米波频率下的散射是重要的传播机制，因为诸如墙壁、人和灯柱之类的物理对象比波长要大。散射导致传播功率(在自由空间中)与 d^4 成反比，而自由空间与 d^2 成反比。散射是一种较弱的传播现象，在现在的 1～5 GHz 蜂窝和 WLAN 系统中可以忽略不计，但在毫米波频率下信道中所有物体的相对尺寸较大，这意味着被照射的散射体实际上可能产生与反射路径一样大(甚至偶尔更强)的信号路径[RSM+13][AWW+13][RGBD+13][S+91][S+92][SSTR93]。一种估计建筑物侧面和其他相对于波长的大型物体的散射影响的方法是应用雷达散射截面(RCS)模型来估计散射在传播环境中的影响。通过 RCS(单位为 m^2)与散射场相乘可以估计接收功率。

散射模型与射线跟踪相结合，可以准确预测覆盖范围和干扰的大尺度变化。影响室外环境传播的最重要的散射效应是信道中物体的雷达散射截面和表面粗糙度。物体的雷达散射截面描述了电磁场如何从该物体散射并且以具有特定面积的孔径表示该物体。RCS 面积不一定与物体的物理面积相关。

单站 RCS 描述了当发射机和接收机位于空间中的相同点时，场如何在发射机的方向上散射，例如当警察使用作为收发信机的雷达枪时。双站 RCS 适用于通信系统的毫米波传播。它描述了当接收机与发射机不在一起时，电场如何在接收机方向上散射[Bal89，第 2 章]。障碍物的 RCS 定义为[Bal89，第 2 章]

$$\begin{aligned}\sigma_{3\text{D}} &= \lim_{r\to\infty}\left[\frac{4\pi r^2 S_\text{s}}{S_\text{i}}\right] \\ &= \lim_{r\to\infty}\left[\frac{4\pi r^2 |E_\text{s}|^2}{|E_\text{i}|^2}\right]\end{aligned} \tag{3.14}$$

其中 $\sigma_{3\text{D}}$ 是三维雷达散射截面，S_s 是散射功率密度(在观察方向上)，S_i 是入射功率密度，E_s 是散射电场，E_i 是入射电场，r 是目标与观测点之间的距离。注意，电场与功率的平方根成比例，因此在自由空间中下降为 $1/d$ [Rap02]。精确的散射截面数学公式取决于物体的性质和入射场的极化，这是毫米波无线通信设计系统的待研究领域。然而，通过考虑平行于表面的极化磁场(即相对于表面的横向电极化)中长度为 a、宽度为 b 的光滑平板的单站(即后向散射)RCS，可以得到直观的结果。如文献[S+91][S+92]和[Bal89 的第 2 章]所述，具有此入射场的平板的单站 RCS 等于

$$\sigma_{3D}^{\text{monostatic}} = 4\pi\left(\frac{ab}{\lambda}\right)^2\cos^2(\theta_i)\left[\left(\frac{\sin(k_o b\sin(\theta_i))}{k_o b\sin(\theta_i)}\right)\right]^2 \tag{3.15}$$

其中 θ_i 是入射角，λ 是工作波长，$k_o = 2\pi/\lambda$ 是自由空间波数。式(3.15)表明随着频率的升高，物体的雷达散射截面将变得更尖锐、幅度更强。

常用的散射射线接收功率的雷达散射截面(RCS)模型表明，随着截面的增大，可以预期来自散射射线的接收功率会更高[Rap02][S+91][S+92]：

$$\begin{aligned} P_r[\text{dBm}] = P_t[\text{dBm}] + G_t[\text{dBi}] + 20\log_{10}\lambda + \text{RCS}[\text{dBm}^2] \\ - 30\log_{10}(4\pi) - 20\log_{10}d_t - 20\log_{10}d_r \end{aligned} \tag{3.16}$$

式(3.16)表明接收机方向上的 RCS 越大，接收功率越高。在式(3.16)中，P_t 是发射功率，G_t 是发射机天线增益，RCS 是式(3.14)和式(3.15)给出的雷达散射截面，d_r 是从散射物体到接收天线的距离，d_t 是从散射物体到发射天线的距离，P_r 是进入接收天线的功率。从式(3.15)和式(3.16)可以看出，较大的 RCS 可以部分地补偿由于毫米波频率波长较短而降低的接收功率。式(3.15)假设散射板完全光滑，但在室外环境中，这种情况有时不太可能，因为传播信号可能会遇到诸如砖或树皮之类的材料。因此，还应考虑表面粗糙度对物体散射特性的影响。如文献[DRU96]和[BC99]所讨论的，当表面粗糙时，其总散射截面可以定义为光滑表面产生的散射的加权和，以及由表面粗糙度引起的截面散射面积：

$$\sigma_{\text{tot}} = \sigma_{\text{rough}} + |\chi_s|^2\sigma_{\text{smooth}} \tag{3.17}$$

其中 σ_{rough} 是表面粗糙度引起的散射面积，σ_{smooth} 是物体的大尺度特征引起的散射[例如，对于具有 TE 入射场的板，我们可以在后向散射方向上应用式(3.15)]。在式(3.17)中，χ_s 表示表面粗糙度[DRU96][BC99]，为

$$\chi_s = e^{-k_o^2\langle h_s^2\rangle\cos^2(\theta_i)} = e^{-\left(\frac{2\pi}{\lambda}\right)^2\langle h_s^2\rangle\cos^2(\theta_i)} \tag{3.18}$$

其中 $\langle h_s\rangle$ 是平均表面粗糙度(即，表面小尺度特征的均方高度)。式(3.17)和式(3.18)表明，当表面相对于波长变得更粗糙时，式(3.15)的“光滑”截面在确定散射体的总雷达散射截面时起到的作用更小。表面粗糙度引起的散射截面与表面的性质具有复杂的关系，这些性质包括表面变化的周期性、表面变化的斜率，以及表面变化的高度[PLT86]。σ_{rough} 的值与粗糙表面的反射系数有关，并且该反射系数还提供了对相关效应的更多物理理解。对于具有镜面反射系数 R(正确方向由 Snell 定律给出，如图 3.7 中的反射光线 r_1 和 r_2 所示)的光滑表面，粗糙表面反射系数 R_{rough} 近似为

$$R_{\text{rough}} = Re^{-2k_o^2\langle h\rangle^2\cos(\theta_i)} \tag{3.19}$$

这是通过物理光学模型获得的[DRU96]。因此，除非完全光滑，否则平面和散射体在毫米波频率下看起来会更粗糙，但它们的电尺寸也会比在较低频率下大得多。如室外灯柱或其他金属物体等光滑表面，在室外环境中是很强的多径源，比在较低的 RF 频率下强得多[RGBD+13][RSM+13][AWW+13][RQT+12]。相比之下，诸如砖或树皮之类的粗糙表面作为多径来源效果较差。然而，由于相对于波长的表面积非常大，即使是粗糙的表面散射体，例如大型建筑物外墙或成排的树木，似乎也会在毫米波频带上产生有用的散射能量。实际上，一位研究

者和他的学生[RBDMQ12][RQT+12][BDRQL11]发现，在 60 GHz 和 38 GHz，灯柱和户外常见的其他金属物体可用于在发射机和接收机之间形成 NLOS 链路，而粗糙表面在这方面的效果要差得多。然而，即使表面粗糙，纽约市的建筑物在 NLOS 条件的许多情况下也提供了强烈的散射[AWW+13][SWA+13][RSM+13]。

3.2.7 周围物体、人和树叶的影响

房间内家具的存在(与同等的空房间相比)对多径有不同的影响[CZZ03b]。对于 LOS 场景，由于家具产生的能量扩散，多径均方根(RMS)延迟扩展(3.3.1 节中描述的多径传播时间色散的度量)增加。在 NLOS 场景中，RMS 延迟扩展减小，因为较弱的反射会衰减得更严重。人的存在具有更明显的效果。在文献[MC04]中，发现人影响信号所引起的衰落不断变化，动态范围为 35 dB。文献[CZZ04]通过测量有不同数量和速度的人的室内环境，仔细研究了使用中断算法的系统的性能。人不仅是重要的障碍物，也是重要的反射体和散射体。通常，当房间中有更多的人居住时，RMS 延迟扩展变得更大，并且更频繁地发生中断。此外，如果人在房间内快速移动而发射机和接收机静止时，信道的相干时间会减少[CZZ04]。

关于树叶和植被对毫米波传播的影响的研究相对较少。虽然室外毫米波无线系统总有一天会用于大范围亚太赫兹频段上的移动和固定回传应用，但是，早期的研究主要集中在 28 GHz 和 38 GHz 的本地多点分配业务(LMDS)。回顾 LMDS 信道中树叶的研究很有帮助，可以深入了解可能影响未来许多毫米波系统的总体传播效应。

文献[Kaj00]研究了树叶对 29 GHz 传播的影响，发现 Rician 分布很好地描述了树叶导致的衰减，移动的树叶可以导致高达 10 dB 的衰落，而在 5 GHz 时发现移动的树叶只导致 2 dB 衰落。文献[XKR00]研究了 38 GHz 的室外信道，发现湿树叶尤其可以作为多径反射的来源。早期的毫米波研究人员[JEV89]在针叶树园中进行了 9.6 GHz，28.8 GHz，57.6 GHz 和 96.1 GHz 的广泛测量，以研究使用喇叭天线时树叶造成的传播损耗。他们研究了 55～177 m 的链路。令人惊讶的一个发现是较高的植被区域支持 NLOS 路径(例如，发射机和接收机喇叭天线不直接指向彼此，在树叶上发生散射)始终强于 LOS 路径，即使发射机和接收机之间没有完全阻塞(例如，准 LOS 路径)。文献[JEV89]发现偏离视轴 2°～5°的路径始终最强，暗示了来自树叶的散射。研究人员发现，对于共极化测量(即，接收和发射天线具有相同的极化时)，与 9.6 GHz 相比，树叶在 57.6 GHz 频率下会在 5 m 距离内产生大约 40 dB 的额外衰减。美国国家电信和信息管理局(NTIA)的这项重要研究[JEV89]还发现，在 57.6 GHz 频率下，对于树叶茂密的地区，信号传播通过 20～80 m 的树叶深度(或等效为 4～14 的树木数量)时会经历 50～80 dB 的额外衰减。文献[JEV89]还发现针叶树树叶会导致 57.5 GHz 信号的大幅去极化，导致正交频率复用效率降低[PHAH97]。

对于室外通信场景，植被的树叶效应有助于更好地说明 60 GHz 和其他毫米波频率的电磁波的传播特性。文献[PB02]分析了树木在 2.45～60 GHz 频率下的树叶衰减效应。与可能预期的相反，实际上较低频率下信号传播通过树叶的平均衰减更大。但是已经确定，随着载波频率和环境风速的增大，衰减的方差会增加。

如文献[Rap02]中所讨论的，树叶对毫米波与较低频率传播的影响可以部分地从菲涅耳区的思路来理解。菲涅耳区是在接收机和发射机之间的障碍物周围绘制的圆圈，表示路径

长度以半波长的增量增加，如图 3.6 所示，在毫米波频率下，树木和人等物体在移动时可能会引起衰减和散射。发射机和障碍物以及接收机和障碍物之间的距离可以分别表示为 d_1 和 d_2。然后找到第 n 个菲涅耳区的半径：

$$r_n = \sqrt{\frac{n\lambda d_1 d_2}{d_1 + d_2}} \tag{3.20}$$

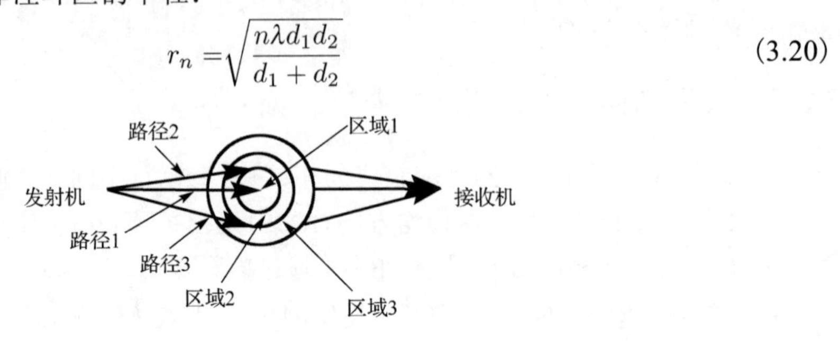

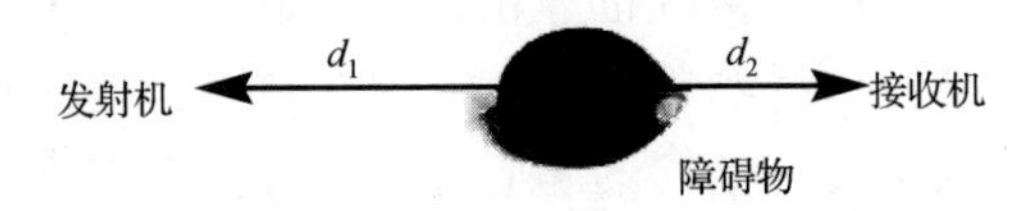

图 3.6 阻挡发射机和接收机之间视距(LOS)路径的绕射物体示例

如文献[Rap02]中所讨论的，当第一菲涅耳区所包含的立方体未被阻挡时，发射机和接收机之间的绕射损耗将最小。通常，如果第一菲涅耳区内包含的立方体被阻挡，则信号将严重衰减，更多的菲涅耳区被阻挡会引起更大的绕射损耗。对于毫米波通信，由于波长很小(大约为毫米)，一个有用的经验法则是仅考虑第一个菲涅耳区是否有间隙，并在第一个区域完全被阻挡时假设为完全中断。请注意，毫米波信号的小波长导致菲涅耳区比传统 RF 频率下的小得多。在室外情况下，植被可能是一个问题，灌木和树木可能会阻挡菲涅耳区的大部分区域。例如，如果一棵树距离发射机 100 m，距离接收机 100 m，则 60 GHz 下第一菲涅耳区的体积为 0.52 m^3，而 2 GHz 下第一菲涅耳区的体积为 86 m^3。当发射机/接收机和障碍物之间的距离只有 10 m 时，第一菲涅耳区的体积甚至小到 0.005 m^3。结果是，当毫米波信号遇到位于发射机和接收机之间的树或灌木丛时，信号可能比在较低 RF 频率下衰减更剧烈。这就是为什么我们在 3.2.4 节中说过，在毫米波频率下大尺度传播不能依赖绕射。文献[PHAH97]使用了菲涅耳区分析来了解树叶和植被对 27.5～29.5 GHz 的 LMDS 信道的影响。他们认为植被可以在短时间间隔内导致衰落，因为随着树叶的摇摆和移动，被阻挡的第一菲涅耳区的数量会随时间变化。

虽然树叶会在毫米波频率下严重衰减发射机和接收机之间的信号，但它也可以作为形成 NLOS 链路的多径反射源。例如，文献[RBDMQ12][RQT$^+$12][BDRQL11]和[MBDQ$^+$12]都研究了用于城市室外点对点或蜂窝式应用的 60 GHz 或 38 GHz 的毫米波信道。他们在研究中使用了高度定向且可旋转的发射和接收天线(波束宽度为 7°)，使其能够识别环境中作为多径能量源的物体。研究发现树干是中度反射的，而人的头部是高度反射的。

3.2.8　射线跟踪和特定站址传播预测

利用射线跟踪理论，可以使用计算机以非常精确的方式预测多径信道的时间和空间特征，并模拟反射体、散射体以及绕射体的影响[BMB91][SDR92][SR92][SSTR93][SR94][RBR93][YMM+94][ARY95][DPR97a][DPR97b][ANM00][WR05]。射线跟踪器还允许简单地实现如 3.2.1～3.2.5 节和 3.2.7 节中给出的大气模型、与距离相关的路径损耗、绕射和反射模型，以及如 3.2.6 节中描述的散射模型。随着毫米波无线系统的激增，射线跟踪的使用将成为适当站点部署、基础设施布局以及空间处理和天线特性研究的关键，因为影响毫米波频率覆盖和干扰的大尺度传播机制主要基于镜面反射和雷达散射截面(例如，大目标散射)，很少基于绕射或小目标散射。

射线跟踪使用计算机仿真来模拟和离散化空间中辐射的能量，它与物理环境的计算机模型相互作用。如图 3.7 所示，辐射源被建模为在球面上具有幅度变化的辐射的离散源。射线管用于表示来自(或到达)天线的辐射能量的空间分区，如图 3.8 所示，数百个辐射出的射线管由计算机程序设置用以跟踪所有可能的离散物理传播路径。这有时被称为直接射线跟踪。射线跟踪器还可以模拟接收机，并寻找辐射射线与接收球体的交点，如图 3.9 所示。接收球面的半径由射线的传播距离和图 3.7 中发射的射线的角分辨率确定。射线跟踪器，也称为射线跟踪引擎，可以通过仅考虑贡献最多能量的那些物理路径，以改进计算速度和精度。表示物理环境的数据库是射线跟踪引擎的关键组成部分，环境的物理尺寸和电磁特性的准确性对其实用性起着重要作用。对于相对简单的物理环境，可以使用图像方法代替直接射线跟踪，即在物理模型中识别特定的反射点[HR93][H+94]。

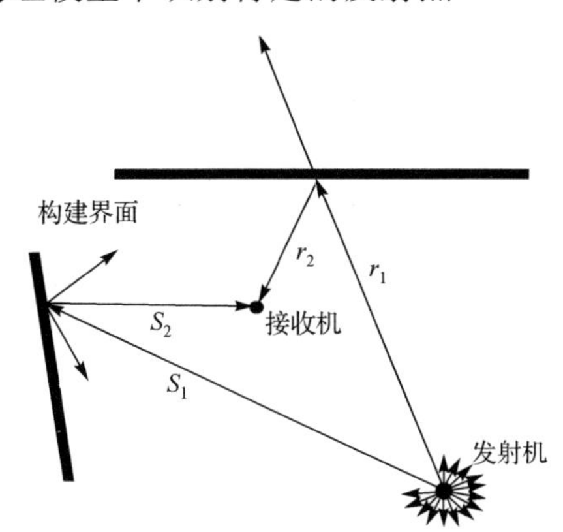

图 3.7　射线跟踪使用计算机将发射机的辐射离散化，并模拟传播电磁波与物理环境的计算机模型的相互作用

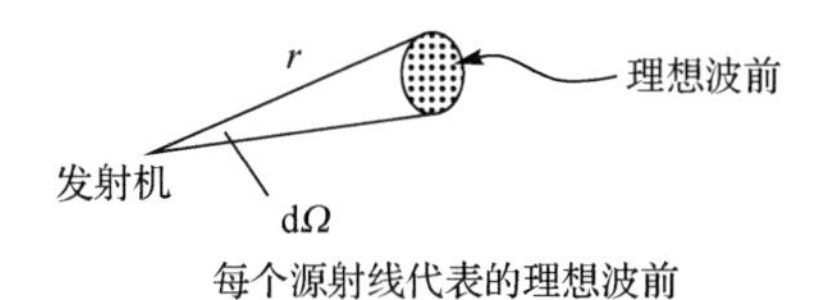

图 3.8　射线管用于展示图 3.7 所示的每条射线，其中每条射线代表辐射波前的一部分

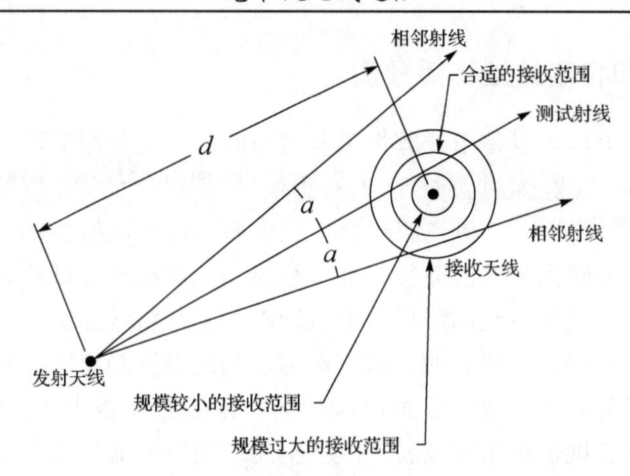

图 3.9 用三维接收球面在特定接收机位置找到发射射线的交点

射线跟踪的准确性可以非常好，如表 3.7 中的测量结果所示。射线跟踪引擎的强大之处在于，它一旦构建完成，改变载波频率、发射和接收天线以及物理环境模型是很简单的。文献[JPM+11]中的研究表明射线跟踪可以准确地预测随机人体阻挡效应，[YMM+94]和[MEP+08]中的研究已经使用射线跟踪预测了 60 GHz 的室内信道响应。随着在更高频率下各种环境中新知识的发展，射线跟踪一定会成为一个基本的规划、部署和研究工具[SDR92][SSTR93][SR94][He+04][RGBD+13][DPR97a][DPR97b]。随着计算能力和个人设备连接的不断扩展，还可以实现对实时无线网络的覆盖范围和容量控制的特定站址预测。文献[WR05]建议，计算绕射的实时方法和使用环境地图计算波束赋形对毫米波信号强度影响的快速方法，可以成为对移动用户来讲有价值的实时控制方法[CRdV06][CRdV07][SSTR93]。

表 3.7 预测与测量的 1 GHz 微蜂窝环境中指示位置的路径损耗(相对于 1 m 自由空间路径损耗距离 d)和多径 RMS 传播延迟的比较

位置	类型	路径损耗(dB 相对于 1 m FSPL)	RMS 传播延迟/ns
A	测量值	17.3	15.0
	预测值	16.1	5.8
B	测量值	19.4	8.2
	预测值	14.9	3.8
C	测量值	41.9	24.0
	预测值	41.6	19.4
D	测量值	43.5	19.8
	预测值	42.5	13.3
E	测量值	17.7	38.1
	预测值	17.3	21.0
F	测量值	23.9	43.4
	预测值	20.9	23.8
G	测量值	22.3	16.4
	预测值	25.2	30.8
H	测量值	42.9	35.4
	预测值	40.9	22.9
I	测量值	47.1	34.0
	预测值	42.0	13.9

最近的研究表明，可能不需要全面的射线跟踪来获得相当准确的毫米波路径损耗模型(尽管这种方法可能不适用于小尺度空间或时域建模)。文献[DRX98b]和[SRA96]中的5.8 GHz 的研究表明，使用一种非常简单的“主射线跟踪”技术，即在发射机和接收机之间绘制一条单线(主射线)，然后使用式(3.7)给出的简单的大尺度距离相关路径损耗模型，并结合射线遇到的每个“物体”的系统阻断损耗因子，就可能得出非常准确的路径损耗预测。虽然这种方法对于特定情况可能不总是准确的，但在文献[DRX98b]和[SRA96]中以及在[BMB91][SR92]和[ARY95]中的研究表明，在大量环境中，“主射线”阻断损耗模型对于实际系统的部署非常有效。图 3.10 显示了一个可能的毫米波蜂窝或最后一英里无线场景，其中使用适当高度(5.5 m)的室外发射机发射信号到附近房屋的内部和周围。文献[DRX98b]中的测量表明，可以得到各种常见障碍物的路径损耗阻断值，并且当用于新环境中的预测时，它们可以非常准确地确定路径损耗、覆盖范围、干扰和其他大尺度传播问题。表 3.8 显示了当接收机移动到住宅后面，在 5.85 GHz 条件下的阻挡损耗，房屋作为阻挡物体，还显示了 3 个房屋的平均透射损耗。文献[ZMS+13]中的研究表明，纽约布鲁克林的办公楼在 28 GHz 条件下，建筑物透射损耗远大于弗吉尼亚州乡下房屋在 5.85 GHz 所测量得到的透射损耗(APL)[DRX98b]，前者的透射损耗介于 28～40 dB 之间[ZMS+13]。还需要更多数据来了解毫米波蜂窝应用的透射损耗。

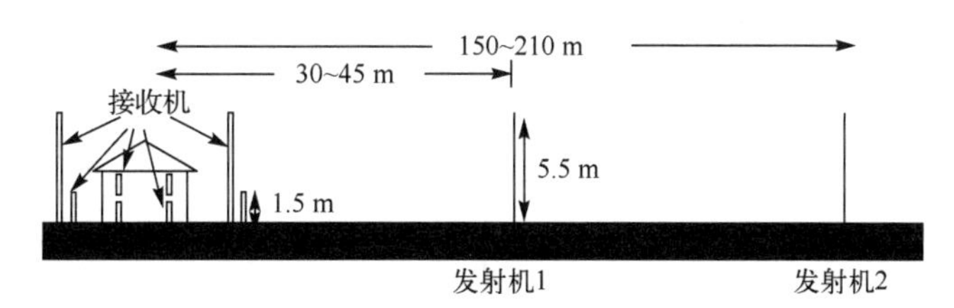

图 3.10 毫米波无线通信作为最后一英里解决方案的可能场景

表 3.8 在 5.85 GHz、发射机高度为 5.5 m 的条件下，信号进入 3 个房屋时由于阻挡(接收机位于房屋后面)和透射引起的衰减(以分贝为单位)

房屋	发射机和接收机之间的距离(TR sep.)	阻挡损耗		APL/dB
		5.5 m 接收天线/dB	1.5 m 接收天线/dB	
Rappaport	30 m 150 m	19.1 10.8	23.2 11.9	13.3 16.4
Woerner	30 m 210 m	14.1 N/A	27.8 N/A	13.1 7.2
Tranter	48 m 160 m	17.2 N/A	19.0 N/A	21.1 15.3
线性平均值 dB 平均值		16.3 15.3	23.6 20.5	16.3 14.4

“N/A”表示未使用外部接收机测量阻挡损耗的位置。

为了使用主射线跟踪，通常使用优化算法在许多测量活动和覆盖距离之间形成最佳拟合(具有最小均方误差、最小标准差)。表 3.8 显示了建筑物障碍物引起的路径损耗(阻挡衰减)，如图 3.10 所示，接收天线位于房屋后面。表 3.9 显示了在物理环境的计算机模型中在发射机和接收机之间绘制单条主射线时遇到的各种阻断单元时的路径损耗(参见图 3.5)。表中有在 Rappaport 家使用位于室外 30 m 处、高度 5.5 m 的发射机的情况下，相对于 1 m 自由空间的不同距离 5.85 GHz 路径损耗。早期研究表明，这种方法对于 28 GHz 和 73 GHz 下的建筑物内可能仍然适用。通过计算部分单元的类型和数量，如表 3.9 所示，并注意主射线行进的物理距离，可以很容易地开发出一个优化的路径损耗模型，该模型既考虑了自由空间距离又考虑了不同衰减部分的累积影响[SRA96][DRX98b]。表 3.10 给出了各种住宅建筑材料的优化阻断损耗值和标准差，在 5.85 GHz 下给出所有衰减值(超过自由空间的损耗)的总结，其中室外发射机位于地面上 5.5 m 高度处。对于大多数毫米波频率，还没有公开的此类数据。该技术可以应用于各种室内和室外环境中，以在主射线路径已知的情况下快速确定准确的信号或干扰水平。

表 3.9 一种使用主射线跟踪方法计算整体路径损耗和部分单元引起的额外路径损耗的系统方法

位置	小树	砖体外部	内墙	TR sep./m	PL/dB
1	1	0	0	22	31.3
2 室外	1	0	0	22	33.4
3 前面	0	0	0	23	32.4
4 5.5 m 高	0	0	0	25	33.7
5	0	0	0	27	31.8
6	0	0	0	29	32.0
1	1	0	0	22	31.3
2 室外	0	0	0	23	25.9
3 前面	0	0	0	25	27.3
4 1.5 m 高	0	0	0	27	32.1
5	0	0	0	29	32.0
1 楼					
起居室	1	1	0	32	40.1
前厅	0	1	0	30	39.6
办公室	0	1	0	32	41.6
楼梯	0	1	0	31	45.8
浴室	0	1	1	35	46.7
洗衣店	0	1	1	35	43.7
厨房	0	1	2	38	51.2
饭厅	1	1	0	38	42.5
家庭间	0	1	2	41	51.9
2 楼					
前排床	1	1	0	32	44.4
后床 1	1	1	1	38	51.2
浴室	0	1	2	38	51.7
后床 2	0	1	1	42	46.6
主床	0	1	1	34	40.6
		A		$\bar{d}$	$\bar{p}$

表 3.10 现代住宅中常见建筑材料的最小均方拟合的部分单元损耗及其标准差

分 区	损耗/dB	σ /dB	$\Delta\sigma$ /dB
家庭外部			
砖墙+	12.5		
Rappaport 家，发射天线位于 30 m 处	10.2	2.6	3.1
Rappaport 家，发射天线位于 150 m 处	14.8	2.1	4.5
砖墙*	16.4		
Tranter 家，发射天线位于 48 m 处	16.1	3.4	3.9
Tranter 家，发射天线位于 160 m 处	16.6	3.2	4.5
木壁+	8.8	3.5	0.9
煤渣砖墙	22.0	3.5	6.4
地下室	31.0		
Tranter 家，发射天线位于 48 m 处	34.0	3.4	3.7
Tranter 家，发射天线位于 160 m 处	29.0	3.2	2.7

续表

分　　区	损耗/dB	σ /dB	$\Delta\sigma$ /dB
家庭内部			
石膏墙	4.7		
Rappaport 家，发射天线位于 30 m 处	4.7	2.6	1.1
Rappaport 家，发射天线位于 150 m 处	4.6	2.1	0.8
石膏板墙	4.6		
Tranter 家，发射天线位于 48 m 处	3.6	3.4	1.9
Woerner 家，发射天线位于 30 m 处	5.6	3.5	1.2
树叶阴影			
小落叶树	3.5	2.6	0.5
大落叶树	10.7		
Woerner 家，发射天线位于 30 m 处	9.0	3.5	1.7
Woerner 家，发射天线位于 210 m 处	12.3	3.3	2.4
林林线，接收天线位于 5.5 m 处	12.4	—	—
大针叶树	13.7		
林木线，接收天线位于 5.5 m 处	16.4	—	—
林木线，接收天线位于 1.5 m 处	11.0	—	—

+纸背衬绝缘

*铝箔背衬绝缘

室内 72 GHz 无线网络的分割损耗建模方法已经得到了展示(见图 3.5 和表 3.4)。毫米波频率的早期相关研究表明，主射线跟踪虽然在某些位置有效，但在准确预测广阔室内覆盖区域的功率时可能不如更全面的射线跟踪有效，这可能是因为毫米波频带缺少绕射。开发可靠且易用的建模工具需要进行更多的研究。通过测量大范围的部分损耗可以清楚地看出这一点。在图 3.5 中的位置 4 处，与测量的其他距离、阻断单元数量相当的位置相比，来自附近立方墙壁的边缘绕射可能导致大得多的衰减。

还需要进行很多研究来确定对毫米波通信系统的大尺度传播效应进行有效且直观建模的最合适方法，但是物理地图和射线跟踪的使用有望成为毫米波网络设计和管理的重要工具，并且还可用于辅助这种网络的实时控制。

3.3　小尺度信道效应

第 2 章介绍了多径信道的复基带线性系统脉冲响应。为了表征传播信道，考虑伪复基带等效信道 $h_e(t)$ 是有用的，如式(2.14)中所述，

$$h_{\mathrm{e}}(t)=\sum_{\ell=1}^{L} h_{\mathrm{e}}[\ell]\delta\left(t-\tau[\ell]\right) \tag{3.21}$$

其中，我们定义第 τ_ℓ 次到达的脉冲响应的每个多径分量具有复电压 $\overline{h}_e[\ell]=\alpha_\ell e^{-j2\pi f_\ell\ \tau[\ell]}$ 并且多余的多径分量的数量 $L>0$。每个多径分量 $h_e[\ell]$ 的复系数包含了前一部分的大尺度传播路径损耗效应。从概念上讲，脉冲响应模型显示了由于环境中的反射、散射或绕射而导致的传输信号的到达不同，而式(3.21)没有显示到达或出射的空间角度(AoA 或 AoD)，可以理解为单个多径分量也可能从不同的空间方向到达。延迟对应于散射或反射路径的路径长度差异或通过不同介质传播的时间长度差异。毫米波频率信号观测到的多径贡献大部分是由

于大的表面散射(即，来自大物体的散射)。当尺寸与工作波长λ相似的物体在阻碍电磁波传播时充当点源，就会发生散射。由于毫米波甚至更高频率的波经历的绕射减少，信道的特征还在于更严重的阻挡[AR04]。反射发生在尺寸远大于λ的物体上。因此，传统上充当散射体的物体现在在毫米波频率下变成反射体，可能在毫米波系统中引起显著的多径效应。

3.3.1 延迟扩展特性

无线信道的时间延迟扩展表示通过信道传播的接收信号的多径能量的传播时间和时间扩展。给定式(3.21)中的多径信道模型，信道延迟$\tau[0]$是第一个到达的信号分量从发射机到接收机的绝对传播时间(或者，在某些情况下，$\tau[0]$被称为最小附加时延，用于表示第一个到达的多径分量，其参考延迟为零)，而$\tau[L]$是多径信号分量的绝对最大传播时间。我们将最大附加延迟扩展定义为差值$T_{\max}=\tau[l]-\tau[0]$。均方根(RMS)延迟扩展定义为[Rap02]

$$\tau_{\mathrm{RMS}} \equiv \sqrt{\left(\frac{\sum_{\ell=0}^{L}(\tau[\ell]-\tau[0])^2\mathbb{E}\,|h_{\mathrm{e}}[\ell]|^2}{\sum_{\ell=0}^{L}\mathbb{E}\,|h_{\mathrm{e}}[\ell]|^2}\right)-\left(\frac{\sum_{\ell=0}^{L}(\tau[\ell]-\tau[0])\mathbb{E}\,|h_{\mathrm{e}}[\ell]|}{\sum_{\ell=0}^{L}\mathbb{E}\,|h_{\mathrm{e}}[\ell]|^2}\right)^2} \tag{3.22}$$

其中，$\mathbb{E}|h_{\mathrm{e}}[\ell]|^2$表示本地区域上的信道脉冲响应的平均值。这通常被称为功率时延分布(PDP)，其中PDP曲线下的面积代表平均接收功率[Rap02，第5章]。

直观地，RMS延迟扩展量化了无线信道的时间扩展(多径时间色散)效应，并且是一个简单的信道参数，它宽松地定义了多径信道的传播延迟的扩展。根据经验，对于给定的τ_{RMS}，在符号率为$1/T_{\mathrm{s}}$时，需要均衡以消除码间串扰效应的符号数量是$\left\lceil\frac{\tau_{\mathrm{RMS}}}{T_{\mathrm{s}}}\right\rceil-1$。已经完成了大量的测量研究，以更好地理解在室内和室外环境中毫米波信道的RMS延迟扩展。这里，我们在表3.11中复制了文献[SW92]的近似测量值，因为该参考与其他测量结果一致，并且很好地总结了在广泛的毫米波频率范围内室内场景下可以预期的RMS延迟扩展。

表 3.11 60 GHz 不同室内场景的近似 T_{RMS}

尺寸/m^3	墙体材料	$T_{\mathrm{RMS},90\%}$	$T_{\mathrm{RMS},10\%}$ /ns
24.5×11.2×4.5	木	40	45
30×21×6	岩棉	30	35
43×41×7	混凝土	40	60
33.5×32.2×3.1	混凝土	40	70
44.7×2.4×3.1	金属	60	80
9.9×8.7×3.1	金属	40	45
12.9×8.9×4.0	木	15	25
11.3×7.3×3.1	混凝土	25	30

如文献[SW92]所述，已经观察到延迟扩展相对独立于房间中发射机和接收机的位置。测量[SW92]采用双锥形喇叭天线[SW94b]，在方位角(水平面)上呈现全向特性。发射机高度为3 m，接收机高度为1～4 m不等。如表3.11所示，当房间尺寸增加和墙壁反射系数增加时，延

迟扩展增加。其他研究人员的测量，如文献[AR04][Yon07][ZBN05][LBVM06][M+09][RH92][RH91][H+94][XKR02][HR92]和[AR+02]提供了额外的室内毫米波信道的观测。

在 28 GHz 和 38 GHz 频率下的室外信道，奥斯汀、得克萨斯和纽约市的测量结果显示了不同天线波束宽度对多径延迟扩展的影响。对于奥斯汀的 38 GHz 室外信道，文献[BDRQL11][RQT+12][RBDMQ12][MBDQ+12]和[RGBD+13]的研究展示了较宽波束宽度的可控天线(或等效地，增益较小的天线)，与较窄波束天线相比，在短距离内如何提供更大的多径延迟扩展和更好的信号覆盖(由于较小的路径损耗指数值)。但较小的天线增益(即较宽的波束宽度)在更长的距离上可能无效，因此通过更高增益的天线实现的 LOS 链路将是优越的。在纽约市 28 GHz 频率下也看到类似的效果[SWA+13][AWW+13][RSM+13]，其中较宽波束(即较小增益)的天线提供更小的路径损耗指数和更大的多径延迟扩展，但是在更小的距离内。这表明了自适应波束天线的重要性，将其用于在未来无线网络中将信道的特定多径响应和接收功率响应贴合到 TX 和 RX 之间的最佳操作设定点。

3.7 节将对室外信道的小尺度传播测量结果进行分析和建模，如 3.7 节所述，信道多径时延的范围决定了频谱上增益平坦的带宽量(这称为频率平坦信道)。当反射和散射在信道中引起更大的传播延迟时间时，RMS 延迟扩展增加，在这种情况下，信道本质上变得更具频率选择性。一般而言，如 3.7 节所述，与使用全向天线的传统 UHF/微波系统相比，定向天线和将在毫米波通信系统中使用的更高频率将提供更小的多径延迟扩展和不那么严重的频率选择性衰落。

3.3.2　多普勒效应

行波的多普勒效应可以解释如下。对于彼此相向运动的具有速度 v 的接收机和具有速度 v_0 的发射机，接收机处观测的行波频率 f' 由下式给出：

$$f' = \frac{c+v}{c-v_0} f \tag{3.23}$$

其中 f 是发射信号的频率。因此由式(3.23)可知，多普勒频移(接收机处频率的变化) $f_{\mathrm{d}} = f' - f = f\left(\dfrac{c+v}{c-v_0} - 1\right)$ 与发射波的频率成比例。因此，随着无线系统中载波频率的增加，运动会引起更大的多普勒效应。我们预计，与微波无线系统相比，28～60 GHz 的多普勒效应可能会高出 15～30 倍。在文献[TM88]中验证了这种效应，其中在稳定的室内环境中以 1 m/s 的速度移动的接收机观察到对于 60 GHz 载波频率的多普勒频移为 250 Hz 左右。式(3.23)中的多普勒频移计算得到 $f_{\mathrm{d}} = 60 \times 10^9 \left(\dfrac{3\times 10^8 + 1}{3\times 10^8}\right) = 200\ \mathrm{Hz}$。对于动车和飞机的速度，在 60 GHz 载波频率下，多普勒频移将超过±10 kHz。请注意，多普勒扩展的历史模型是基于 Clarke 和 Gans[Rap02]推导的全向天线假设，但在毫米波频率上，高度定向天线的应用提供了高度依赖于特定到达角的衰落特性[DR98][DRD99][DR99a][DR99b][DR99c][DR00][DRD02][Dur03]。高度定向天线提供少量具有扩散多径的镜面信号路径，如具有散射功率分布的双波模型(TWDP)所描述的[DRD99][DRD02][SB13]。另见 3.8.2 节。

多普勒效应为物理层的设计带来了新的挑战。多普勒效应与无线信道的时变性质之间存在近似的比例关系[Rap02]，但精确的信号包络衰落分布不再是瑞利分布，而是取决于特定的波束宽度和有限多径信号，因此毫米波信道的衰落和时间相干性将取决于波束宽度、速度、频率和带宽[Dur98][Dur99a][Dur99b][Dur09c][Dur00][DRD99][DRD02][Dur03]。早期研究表明信号包络的衰落概率分布是双峰的，如使用 Durgin 的 TWDP 分布的文献[DRD02]和[SB13]所报告的。虽然定向天线的情况需要更多的研究，但多普勒扩展对毫米波信道影响的良好一阶估计是，如果载波频率和多普勒频率以 10 倍的因子增加，则无线信道变化速度也以 10 倍的因子加速，并且需要按比例减少信道重新训练的时间和帧尺寸。因此，毫米波信道的时变性质更快，在未来的无线系统中需要更短的帧时间或数据包持续时间[RGBD+13]，但是还需要研究来确定随天线波束宽度和/或定向信道脉冲响应而变化的基本关系。预计更短的同步时间不会是一个不可逾越的问题，未来毫米波系统的符号时间将小于现在的系统，并且毫米波频率的多普勒扩展对于现代信号处理计算设备来说仍然很慢。此外，较短的时隙和帧提供的相应低延迟将是未来毫米波系统的一个必要特征[RSM+13]。简而言之，随着载波频率从现在的 UHF 和微波网络频率扩展到毫米波范围，时隙和帧将简单地在时间上线性收缩，并且定向天线使时间相干性改进到目前未知的程度。

如 3.7 节和 3.8 节所述，对室外和室内信道的小尺度传播测量进行分析和建模，显示信道的多普勒扩展程度控制着信道静态时间间隔。相干时间与多普勒频移成反比，并且如 3.7 节所述，在室外毫米波情景中，在多普勒频谱上似乎存在距离依赖关系，因此在相干时间上也存在这种关系。天线波束宽度的影响有望成为减少信号衰落和增加时间相干性的重要因素。确定信道静态的时间间隔对于正确调整帧的大小和均衡器、编码器及波束控制器的更新速率至关重要。因此，无线信道的多普勒频移是利用小尺度衰落效应的关键信息，并且毫米波信号的波长小得多，导致相干时间比传统 UHF/微波系统小得多。

3.4 多径和波束组合的空间特征

文献[TM88]和[XKR00]的研究首次证明了方向可控天线在 60 GHz 找到可行通信链路的可行性，而文献[SBM92][XKR00][LR99b][LR96][CR01a]和[CR01b]中的研究显示了在无线系统中使用空分复用增加容量的价值。最近的研究进一步证实，自适应天线确实在毫米波频率下创建了可行的链路[RBDMQ12][RQT+12][BDRQL11][RMGJ11][M+09][MBDQ+12][RGBD+13][AWW+13][SWA+13][BAN13][BAN14]。毫米波通信的空间分辨方面为无线网络设计创造了一个全新的维度。本节将涉及非视距(NLOS)和视距(LOS)环境或路径。LOS 环境的特征在于发射机和接收机之间的直接无阻碍路径。而 NLOS 环境没有从接收机到发射机的直接无阻碍路径。

考虑在纽约市 28 GHz 频率上收集的以下实验数据。通过在接收(RX)机和发射(TX)机上都使用定向天线和波束赋形的方法，运营商可能希望确保即使在城市室外最恶劣的 NLOS 环境中也能提供足够的链路余量。一位研究者在 2012 年夏季的纽约市用 175 dB 的最大可测量路径损耗所做的测量[AWW+13]揭示了波束组合的影响，在其中，接收机的各个波瓣或角度段中包含的功率被组合起来以获得更高的接收功率水平。通过使用“角度段组合”，接收机可以接收到比仅利用一个天线看到的单个角度段情况下更多的信号功率，从而充分利用城市室外的毫米波信道中存在的丰富的多径分集。这些测量部分地展示了通过使用波束组合而达到的路径损耗的可实现的改进(例如，链路预算)。阵列波束控制的基础知识将在第 4 章中给出。

3.4.1　波束组合方法

波束组合在改善链路预算上的成功表明，未来的毫米波蜂窝手机可能至少有两个天线阵列，或者有一个可分解为功能子阵列和独立子阵列的天线阵列。通过在基站和移动接收机的所有 3D 天线指向方向上使用空间扫描，分析了在纽约市 NLOS 28 GHz 信道中可控高增益天线[发射和接收天线增益均为 24.5 dBi，发射(TX)天线发射功率为 30 dBm]的波束组合。接收(RX)位置设置在纽约市的街道上，可旋转的喇叭天线位于典型的人耳高度。对指向所有各个 10° 角度段(可控天线的 3 dB 波束宽度)时接收的功率进行了比较，它们发自纽约市中心的 3 个典型的微蜂窝基站发射(TX)机位置，在 75 个不同的接收(RX)机位置进行了测量，这作为在深度城市环境中 28 GHz 下户外蜂窝测量活动[AWW+13][RSM+13][SWA+13]的一部分。在每个 RX 位置，我们考虑了如果组合最强的 10° 段可以获得的接收功率的改善，假设 RX 波束赋形天线系统可以组合在所有 RX 位置的三维空间接收到最强的 1 个、2 个和 3 个信号。如 4.7 节所述，有众所周知的方法来找到到达天线阵列的最强方向。该研究既考虑了相干接收也考虑了非相干波束赋形，其中相干接收使用来自每个已赋形波束的已知相位信息来组合接收功率(可以组合的最佳/最大功率量)，而非相干波束赋形是非相干地组合了每个接收角度段中的功率(即，不知道相位信息，来自最强角度段的功率简单相加，并且假设每个接收信号的相位是均匀且独立同分布的，这样使得功率可以简单相加)。这使我们能够比较不同类型接收机的路径损耗散点图和可实现的链路改进[SMS+14][SR14]。

3.4.2　波束组合效果

使用具有 10° 可旋转喇叭天线和 54.5 dBm EIRP 的 800 MHz 第一零点 RF 带宽伪噪声(PN)序列信道探测器在纽约市的测量显示，发射-接收分离距离小于 200 m 的所有链路(发射机和接收机都仅使用单个定向波束)中有 86%可以在拥挤的市区 NLOS 环境中完成。在得克萨斯州奥斯汀也发现了类似的结果。测量的 28 GHz 路径损耗的散点图如图 3.11 所示。基线结果如图 3.11(a)所示，其中从在最佳指向角的单个 10° 波束天线测量的最强信号是在所有 RX 位置上确定的。圆和十字分别表示 LOS 和 NLOS 环境中的测量路径损耗值。图例中的值表示每个环境中的路径损耗指数和标准差(阻挡因子)。注意，LOS 位置具有比自由空间更高的路径损耗(即路径损耗指数大于 2.0)，因为定向天线通常不直接指向彼此。图 3.11(c)和图 3.11(d)分别表示当最强的 2 个和 3 个指向角用于组合接收功率时接收功率的改善，组合使用相干检测，其中来自每个最佳波束的功率的平方根相加，然后将总功率确定为所得和的平方[SR13][SR14]。图 3.11(b)显示了两个最强波束的非相干组合的结果，其中来自每个波束的功率相加。

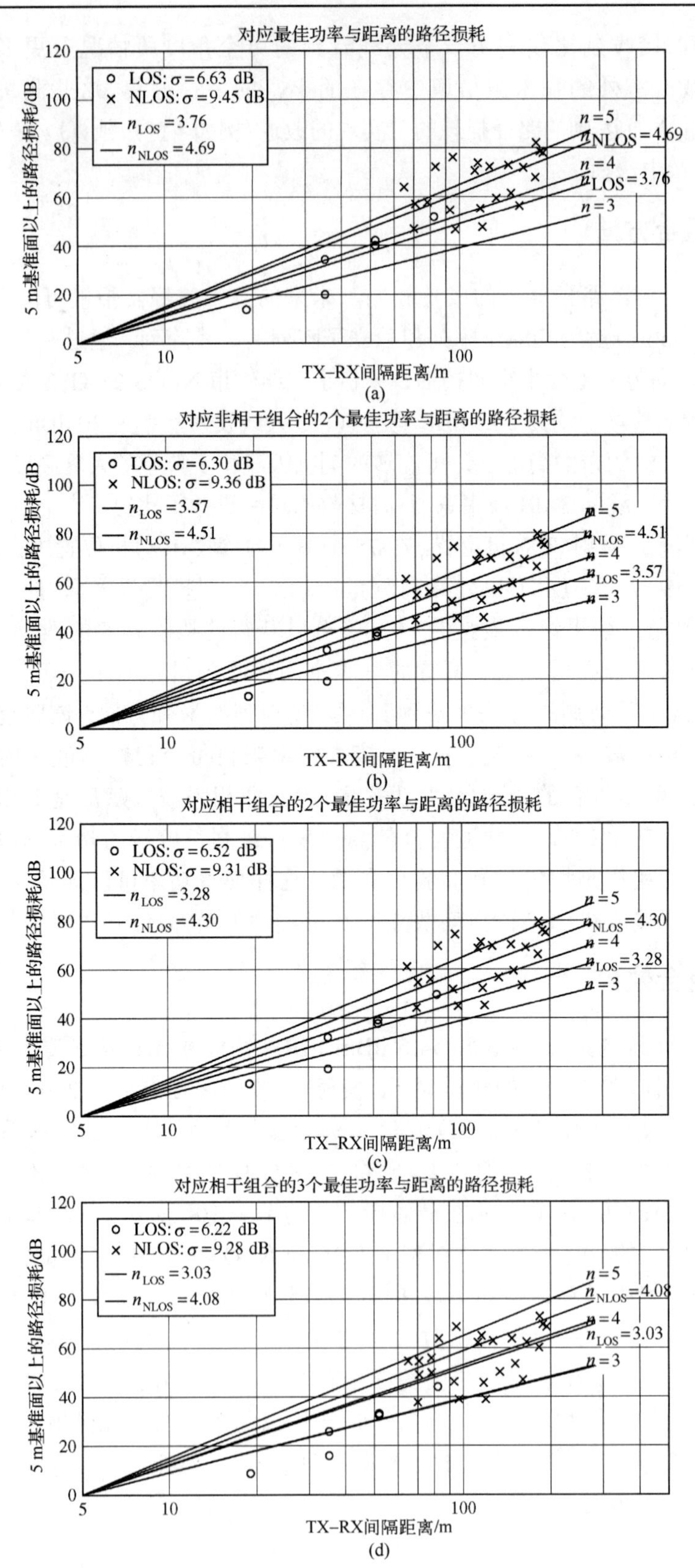

图 3.11 在纽约市测量的 28 GHz 蜂窝路径损耗的散点图

表 3.12 显示，对于移动 RX 处波束的非相干和相干组合，路径损耗指数(PLE)随着组合信号的数量从 1 增加到 3 而急剧下降。值得注意的是，正如对相同数量的组合信号所预期的那样，相干组合的 PLE 显著低于非相干情况，对于 3 波束组合约为 3.4 dB/10 倍距离(在 NLOS 信道中，PLE 从 4.42 降至 4.08)，并且比使用单个波束的情况要好 6.1 dB/10 倍距离(对于单个波束 PLE 为 4.69)。由式(3.2)可知，PL 减少的 6.1 dB/10 倍距离会提供增加约 40%的覆盖距离，并且仿真证实了这一点[SNS+14]。有趣的是，28 GHz 路径损耗虽然比纯 $\alpha = 2$ 自由空间条件损耗更大，但和现在部署在 1～5 GHz 的城市室外微蜂窝系统没有太大差别[BFR+92] [HR92][RH92][H+94][BFR+94][RH91]。这毫不奇怪，与使用单波束天线相比，来自不同空间角度的同相信号的相干组合会产生更强的接收功率并提供相当大的范围扩展[SR14]。

表 3.12 在视距和非视距环境下，当接收端收到不同波束的信号时，28 GHz 城市信道中的路径损耗指数(PLE)随遮挡的增加而减小

	组合信号的数量	路径损耗指数 n	减少	标准差 σ /dB
视距	1	3.76	N/A	6.63
	2(非相干)	3.57	5.1%	6.30
	3(非相干)	3.48	7.4%	6.02
	2(相干)	3.28	12.8%	6.52
	3(相干)	3.03	19.4%	6.22
非视距	1	4.69	N/A	9.45
	2(非相干)	4.51	3.8%	9.36
	3(非相干)	4.42	5.8%	9.34
	2(相干)	4.30	8.3%	9.31
	3(相干)	4.08	13.0%	9.28

这些测量结果显示了波束组合如何通过提高接收信号的信号电平来显著改善小区的覆盖距离。利用更低的 PLE 和更低的平均路径损耗标准差，可以为运营商提供更好的信号覆盖和改善的链路余量，从而证明了波束合成天线用于未来毫米波通信的室内和室外 PAN、WLAN 和蜂窝应用的前景。

3.5 角度扩展和多径到达角

对于利用自适应阵列和高增益可控天线的毫米波系统，多径传播的角度表征将是至关重要的。为了正确地模拟无线信道的空间特性，必须使用与最终系统实现相类似的天线进行测量。文献[SWA+13][RSM+13][SR13]和[SR14]中的研究使用旋转喇叭天线来模拟未来毫米波系统中的相控阵。有多种方法可以将多径的空间特征表征为角度的函数。城市室外信道的测量[SWA+13][SR14a]表明，即使在 NLOS 环境中，也存在一些具有较多能量的明显到达方向[①]。这些到达方向(DOA)在主要方向上具有明显的角度扩展，如图 3.12 所示。测量是针对在布鲁克林市中心的部分阻碍的 NLOS RX 环境，在 TX 和 RX 处都使用 24.5 dBi 喇叭天线。TX 被放置在距离 RX 135 m 的纽约大学罗杰斯大厅的屋顶上。每个点代表特定 RX 方位角的接收功率电平。对于 NLOS RX 位置，定义低于最大功率水平 20 dB 为阈值(显示为

① 参见表 3.13，其中显示城市毫米波信道中平均有 2.5 个不同的波瓣。

实线圆圈)以确定波瓣统计数据，而对于 LOS 阈值定义为 10 dB。每个独特的方向都有一个具有特定扩展(在角度上)的能量波瓣。不同的位置会提供不同数量的波瓣、不同的角度扩展和不同的功率水平。创建统计数据来描述毫米波信道的角度特征非常有用。表 3.13 提供了几个可用于描述角度传播的统计数据示例以及纽约市微蜂窝毫米波 28 GHz 系统的测量结果[SWA+13]。3.7 节将介绍一个完整的时空统计信道模型，该模型包含了各种波瓣的角度扩展信息[SR14a]。

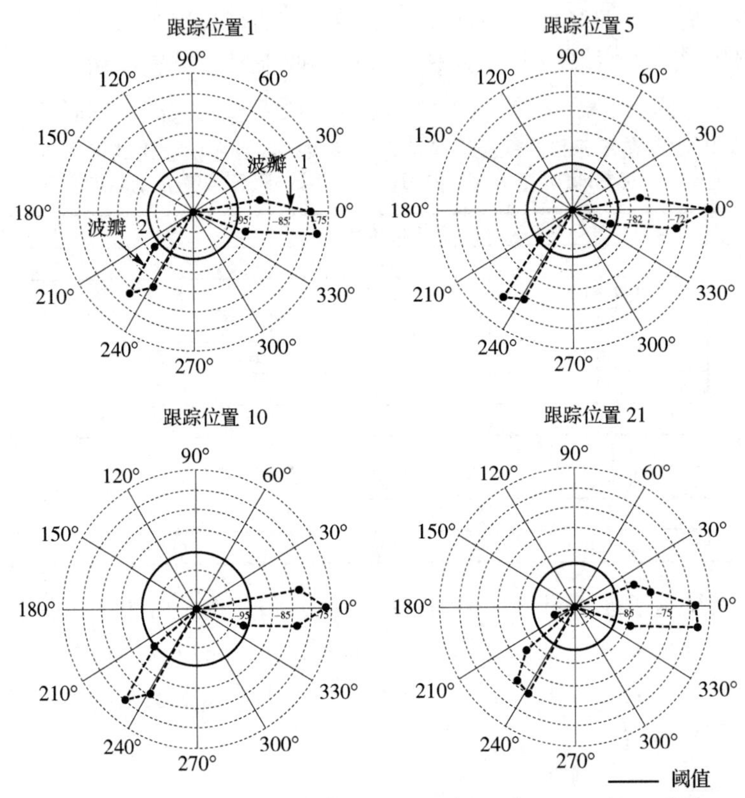

图 3.12　沿着步长 λ/2 的 21 阶线性跟踪在跟踪位置 1、5、10 和 21 处的 28 GHz 传播的 4 个极坐标图显示了跨方位角的两个接收功率波瓣

表 3.13　28 GHz 角度传播统计数据、计算角度统计数据的步骤、它们的物理意义以及纽约市接收天线地点的初始经验分布汇总

统　　计	计算步骤	物理意义	接收机地点的经验分布
到达角(AOA)	$\overline{\theta}=\dfrac{\sum_k P(\theta_k)\theta_k}{\sum_k P(\theta_k)}$	波瓣的平均到达方向	统一 [0°,360°]
波瓣角扩展(LAS)	将阈值应用于极坐标图，例如视距位置的峰值为 10 dB，非视距位置的峰值为 20 dB	波瓣的角跨度高于预定阈值	指数 $M=40.3°$ $\sigma=42.5°$
波瓣角扩展的均方差(RMS LAS)	当 $\overline{\theta^2}=\dfrac{\sum_k P(\theta_k)\theta_k^2}{\sum_k P(\theta_k)}$ 时， RMS LAS=$\sqrt{\overline{\theta^2}-(\overline{\theta})^2}$	接收大部分功率的波瓣角度范围	指数 $M=7.8°$ $\sigma=10.7°$
#用于特定接收位置/天线配置的波瓣	高于预定义阈值的波瓣数量	#从接收天线到发射天线的空间方向	指数 $M=2.5°$ $\sigma=1.7°$

续表

统　　计	计算步骤	物理意义	接收机地点的经验分布
特定接收位置/天线配置的波瓣总功率	当 $P(\theta_k)$ 超过阈值时，$\sum_k P(\theta_k)$ 超过连续的 k 值	波瓣中的总功率	适用于发射和接收处特定天线配置的每个接收天线的每个波瓣
特定接收位置/天线配置的波瓣平均功率	当 $P(\theta_k)$ 超过阈值时，$\frac{\sum_k P(\theta_k)}{k_{\max}}$ 超过连续的 k 值	一个波瓣的平均功率	适用于发射和接收处特定天线配置的每个接收天线的每个波瓣
特定接收位置/天线配置的波瓣中的最大功率	当 $P(\theta_k)$ 超过阈值时，最大的 $P(\theta_k)$ 在连续的 k 值中	波瓣中的最大功率	适用于发射和接收处特定天线配置的每个接收天线的每个波瓣

角度扩展是一种传播度量，随着未来毫米波无线系统对定向自适应天线的利用，它将具有重要意义。角度扩展表示通过多径传播到达的接收信号的空间扩展，相对于到达或出射的平均角度来衡量。如文献[DR00]中所述，值为 1 的角度扩展表示信道没有空间角度选择性(即，在整个全向方位角方向上接收传播)。角度扩展为 0 表示信道在单个窄波束中进行接收。在文献[XKR02]和[CZZ03a]中，作者描述了角度扩展的空间特性。已经发现，在室内环境中角度扩展从 0.3 变化到 0.8，这意味着反射在各个方向上贡献了很大一部分信号。室外场景的角度扩展降低了 0.1～0.5。功率角曲线显示反射和大型散射体确实对大多数接收到的多径有贡献。

Durgin 有一个重要的发现，即接收机的多径能量的到达方向以及角度扩展可以通过使用相对简单的测量和在两个紧密间隔的全向天线上对接收信号进行互相关的方法来确定[DR98] [DR99a][DR99b][DR99c][DR00]。这些结果对未来的盲波束赋形算法很有意义，即发射信号中的窄带导频可以作为发射信标，接收机的自适应波束通过信标可以不断地指向最强的多径信号，而接收机上的全向天线可以用于并行地对导频信号进行互相关，以向自适应波束接收天线提供指向更新。简单的非相干包络检测可以用在非常小/便宜的全向天线阵列上，使用该理论实时地为阵列天线提供方向控制。诸如 Durgin 的 TWDP 分布之类的新模型为在实践中开始发现的新分布提供了物理解释[DRD09][DRD02][SB13]。

研究人员发现反射单元的材料(例如墙壁、建筑物表面)对于决定角度扩展至关重要，如上所述，在毫米波频率下传播环境是反射的，并且如果大物体阻挡信号传播可能产生更强的散射和更严重的绕射。因此，环境的特定地点的性质将在特定位置产生特定的角度扩展[SWA+13][XKR00]。对于典型的办公楼，文献[XKR00]给出了许多典型的角度扩展结果。最近对室外 28 GHz 和 38 GHz 信道的研究表明，基站微蜂窝只需要±30°的跨度，但移动设备应该具有几乎全向的搜索能力[RGBD+13]。纽约市的平均角度扩展在接收机处约为 40°，在典型的人类头部高度使用接收机会在随机位置接收到大约 2～3 个主要到达方向(“波瓣”)[RSM+13][AWW+13][SWA+13]。

3.6　天线极化

极化是指发射或接收电磁波的电场和磁场的取向。毫米波频率下的圆极化可以作为减少多径作用的有效方法，因此从降低均衡要求(也可能降低多波束组合有效性)的角度来看，圆极化天线具有优势。在文献[RH91][HR92][HR93][H+94][MMI96][SMI+97]和后来的[FLC+02]研究中，观察到虽然各种线极化的链路性能几乎没有区别，但圆极化信号可以将线极化信号的RMS 延迟扩展值减少为 1/2[ZGV+03]。这可以归因于从材料反射时圆极化波从左旋极化到右旋极化的变化，降低了对偶数阶反射的敏感性，也降低了圆极化波的整体反射系数。

尽管天线与信道中传播的波之间的极化失配可以用于减少 RMS 延迟扩展，但是它们也会显著降低LOS 接收的强度。例如，在文献[MMS+10][MMSKL09a][MPMSKL10]和[Mal10]中，Intel Russia 发现极化失配会导致接收功率降低 10～20 dB。

研究表明，在干燥天气或建筑物内部，可以在同一传播路径上使用水平和垂直极化，并得到足够的区分，使得两个正交信号可以同时存在[RH91][RH92][H+94][AWW+13][RGBD+13]。当在28 GHz 和 73 GHz 的室外 LOS 毫米波信道中使用高增益喇叭天线并同时进行垂直和水平极化时，作者在城市室外信道中的相同传播链路上观察到超过 20～30 dB 的隔离。同时利用MIMO 概念与极化捷变天线以实现空间复用增益是可能的。必须充分了解湿度(见图 3.4)、移动人群以及常见物体和材料的表面粗糙度的影响，以确定未来毫米波网络中最坏的情况和天线极化分集的可能性，这是一个待研究的领域。

3.7 室外信道模型

与室内传播场景相比，对毫米波室外传播的研究相对较少，但文献[BDRQL11][RQT+12][MBDQ+12][RBDMQ12][AWW+13][SWA+13][RGBD+13]和[RSM+13]的研究人员已经使用滑动相关信道检测器来采集室外环境中的小尺度(即紧密间隔的脉冲响应)和大尺度信道数据(即路径损耗和波束赋形链路中断数据)。

滑动相关器系统基本上使用扩频技术，并且不需要电缆来同步发射机和接收机的相位，而后者通常受限于室内位置的矢量网络分析仪(VNA)测量系统所要求的[BDRQL11]。这使滑动相关器系统易于在城市室外环境中使用，而在该环境中提供定相电缆是不切实际的。滑动相关器需要足够小的码片持续时间(即，足够高的码片速率，其中码片中的编码是伪随机码，伪随机码与RF 载波混合以在频域中扩展发送信号)以获得足够的时间多径分辨率，并且检波后平均可以与处理增益一同用于以实时测量为代价的实际链路余量的改善(例如，通常在几秒内测量功率延迟分布，以提供足够的平均)。前面引用的研究使用了 400～800 Mchip/s 的码片编码，提供了 1.25～2.5 ns 的时间多径分辨率[BDRQL11][RBDMQ12][AWW+13][SWA+13][MBDQ+12] [RQT+12][RGBD+13][RSM+13]。在文献[Rap02]和[NRS96]中描述了常见的滑动相关器的框图及其操作方法。

随着行业寻求利用大量未开发的毫米波频谱，其可以为室外环境中的移动用户提供非常高的数据速率，例如蜂窝和点对点应用，对室外毫米波信道的认识将变得越来越重要。我们的一些讨论是基于 2011 年夏天在得克萨斯大学奥斯汀分校校园进行的 28 GHz，38 GHz和 60 GHz 的大量信道测量活动以及 2012 年和 2013 年的夏天在纽约市纽约大学校园内的大量测量(仍在进行中)的结果。实际上，28 GHz 和 38 GHz 的结果应该可以很好地适用于60 GHz 信道，因为两个频率之间的差异小于一个倍频[AH91]，除了必须采用氧气吸收衰减因子，这样由于氧气吸收 60 GHz 波将会比 28 GHz 或 38 GHz 衰减更严重。读者可参考文献[RBDMQ12][RQT+12][BDRQL11]和[MBDQ+12]，以获得得克萨斯州测量中的信道测量结果和使用硬件的概述。在一个较高的层次上，38 GHz 测量活动使用 13.3 dBi、49.4° 半功率波束宽度（HPBW）或 25 dBi、7.8° HPBW 的接收天线和 25 dBi 接收天线，所得 EIRP 约为 47 dBm。在 38 GHz 时，使用一个 BPSK 扩频 800 MHz RF 带宽序列来探测信道，而在 60 GHz 使用 1.5 GHz RF 带宽信号。在 38 GHz 的测量活动中，研究了蜂窝和点对点信道。该测量活动中使用的信道探测器完全正交，可以测定相位和幅度信息，而对于 60 GHz 测量活动，主要研究点对点室外信道和车辆测量。在这两种情况下，研究了天线指向角和发射机−接收机间距的影响。

最初发现 60 GHz 的室内和室外环境具有中等的频率选择性，在一个较宽的带宽内发生 15～20 dB 的衰落[PPH93]。频率选择性表示当对感兴趣的频带扫频时，信道的频率响应是不平坦的。实际上，在得克萨斯大学奥斯汀分校对 38 GHz 蜂窝信道进行的测量表明在通带中偶尔会发生深度衰落，该测量中发射机高度相对于接收机有所升高。例如，图 3.13 显示了在 70 m 距离上 38 GHz 蜂窝信道测量的非视距（NLOS）链路的频谱，其中发射机（25 dBi）和接收机（13.3 dBi）天线指向视轴方向（图中显示了每个天线的方位角/俯仰角）。注意，载波频率附近周期性的 50 MHz 衰落对应于大约 20 ns 的 RMS 延迟扩展。这里我们看到一个深度衰落低至峰值信道增益以下 30 dB 的信道。尽管可能发生深度衰落，但通常来说信道的频率选择性不是很强。相对于每次测量的平均信道增益，38 GHz 下距离载波频率 ±222 MHz 范围内的各个 1 MHz 子载波的增益的累积分布函数（CDF）表明了这一点。13.3 dBi 和 25 dBi 的接收天线以及 25 dBi 发射天线都给出了这样的分布。在图 3.14 中，频率选择性更强的信道在从 0%概率变到 100%概率时将具有更缓的斜率（即，衰落分布中的更长的尾部）。

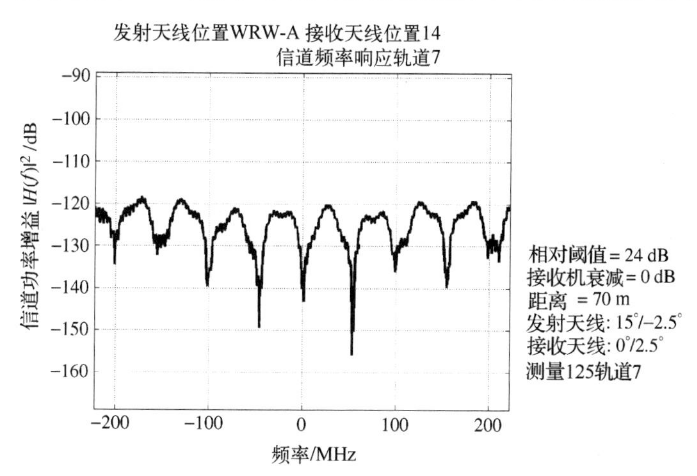

图 3.13　频率选择性衰落发生在城市室外 NLOS 信道的 38 GHz 载波频率附近

图 3.14 表明大多数 1 MHz 子载波在平均信道增益的 5 dB 范围内。对应于图 3.14 的测量发射机位置在建筑物 WRW（得克萨斯大学奥斯汀分校的 W. R. Woolrich 实验室）上，距地面约 18 m，而接收机位于地面。时延扩展和可解析多径分量的数量对整个占用频谱的衰落特性有直接作用。定向天线将小规模衰落从现在常见的瑞利衰落特性（对于全向天线）改变为在更宽的频带上更窄的衰落深度。请注意，此测量活动中的发射机高度可能会降低信道的频率选择性。实际上，文献[RBDMQ12][RQT+12][BDRQL11]和[MBDQ+12]发现 RMS 延迟扩展随着发射机天线高度的降低而增加，这反过来表明信道将更具频率选择性，正如相

干带宽减小所表明的那样[Rap02]。相干带宽定义为两个连续波（CW 波）高度相关的频率带宽，并且近似于

$$B_{\mathrm{c}} \approx \frac{1}{5\tau_{\mathrm{RMS}}} \tag{3.24}$$

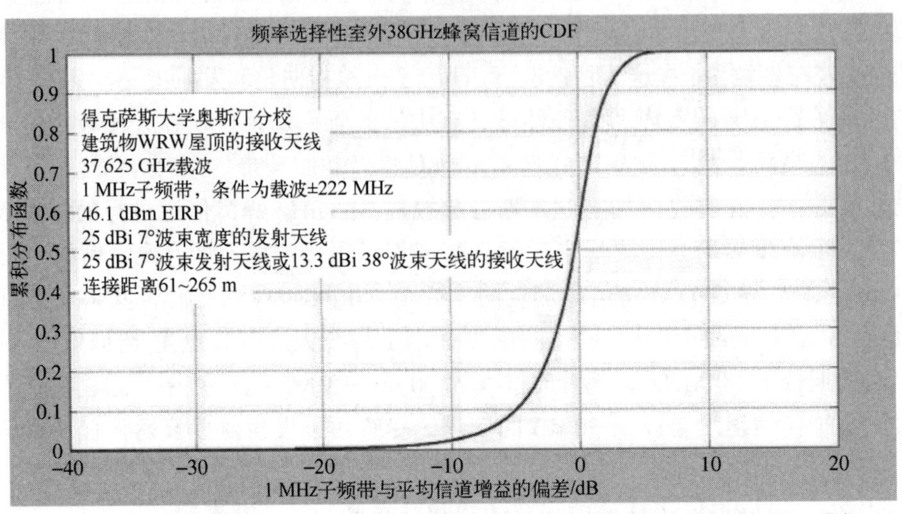

图 3.14 当在 1 MHz 子频带上考虑如图 3.13 所示的信道频率表示时（即，我们评估 1 MHz 间隔的平均信道增益，并将这些小间隔与整个频段的整体平均信道增益进行比较），城市室外蜂窝毫米波信道的衰落并不严重

请注意，式(3.24)仅为近似值。在其他条件相同的情况下，由于高度定向天线和更少绕射导致更小的 RMS 延迟扩展，移至毫米波载波频率将导致更低的频率选择性。注意，现代调制技术（如 OFDM）可以合理地选择衰落不严重的信道部分来大大降低对频率选择性的敏感度。

时域衰落与频率选择性不同，是发射机、接收机或信道中的物体移动的结果。3.3.2 节中讨论的多普勒频移与信道中的时间变化有关，依据相干时间[Rap02]的定义

$$T_{\mathrm{c}} \approx \frac{1}{f_{\mathrm{d}}} \tag{3.25}$$

其中 f_{d} 是最大多普勒频移；T_{c} 是相干时间，表示信道在时间上相对恒定的最长间隔。毫米波信号的短波长会导致多普勒频移增加，亦即时域衰落增加。通常通过检查接收功率随时间变化的频谱表示来研究时域衰落。这样的曲线将具有从 $-v/\lambda$ 延伸到 v/λ 的频率分量，其中 v 是接收机/发射机或信道中物体的移动速度，λ 是载波波长。文献[AH91]研究了窄带衰落特性，发现衰落受到最强接收射线（通常来自 LOS 路径）与下一个最强射线的比率的强烈影响，该比率应在 5 dB 范围内以发生显著衰落。因此，时域衰落深度依赖于发射机/接收机到附近反射器的距离，并且还高度依赖于天线的波束宽度。如果发射机和接收机非常接近（文献[AH91]发现的 17 m 以内），则衰落不会非常严重。如果发射机和接收机距离更远，并且靠近大的墙壁或障碍物（例如建筑物），则会出现更严重的衰落。3.8.2 节讨论的瑞利分布通常很好地描述了这种常规的衰落，但随着仅接收少量镜面反射分量的定向天线的出现，TWDP 分布更加真实[DRD02]。注意，如果信号带宽明显大于多普勒扩展，则信道时域衰落将是可忽略的，并且可以假设信道在许多发送符号上是静态的（例如，慢衰落）[Rap02]。

这是宽带系统的一个优点。在毫米波频率处增加的多普勒频移是在这些频率下使用非常宽的带宽和定向天线的一个原因，即为了避免在数千个连续符号上的过度衰落和时域选择性。

空间衰落是由接收机或发射机的移动引起的，并且与时间衰落密切相关。接收机短距离移动时接收功率的变化就会经历空间衰落。如文献[Rap02]所讨论的，频带非常宽的系统通常比窄带系统的空间衰落少。值得重复的是文献[Rap02]中的推导，它描述了信号带宽对信道中信号所经历的衰落特性的影响。首先，假设信道由脉冲持续时间 T_{bb} 的重复脉冲序列 $p(t)$ 激励，其重复周期远大于信道的最大过量延迟 $\tau_{max} = \tau_L$，

$$p(t) = \sqrt{\frac{\tau_{\max}}{T_{\mathrm{bb}}}} \sum_{i=-\infty}^{\infty} \Pi\left(\frac{t - k_i T_{\mathrm{rep}}}{2T_{\mathrm{bb}}}\right) \tag{3.26}$$

其中 T_{rep} 是重复周期并且远大于信道脉冲响应的长度；选择 $p(t)$ 的幅度使相对于 CW 信号[Rap02]和式(3.27)的能量归一化，

$$\Pi(x) = \begin{cases} 1, & -\frac{1}{2} \leqslant x \leqslant \frac{1}{2} \\ 0, & \text{其他} \end{cases} \tag{3.27}$$

式(3.27)为矩形函数。与文献[Rap02]中一样，通过对式(3.21)和式(3.26)进行卷积以找到通过信道的接收信号 $r(t)$

$$r(t) = \sum_{\ell=0}^{L} \alpha_{\ell} \mathrm{e}^{-\mathrm{j}\theta_{\ell}} p\left(t - \tau_{\ell}\right) \tag{3.28}$$

在脉冲序列 $p(t)$ 的单个重复周期内，式(3.28)可以写为

$$r(t) = \sqrt{\frac{\tau_{\max}}{T_{\mathrm{bb}}}} \sum_{\ell=0}^{L} \alpha_{\ell} \mathrm{e}^{-\mathrm{j}\theta_{\ell}} \Pi\left(\frac{t - \tau_{\ell}}{2T_{\mathrm{bb}}}\right) \tag{3.29}$$

然后将 $r(t)$ 从时间 t_0 到 $t_0 + \tau_{max}$ 上自相关找到在特定时间 t_0 评估的 $r(t)$ 的平方幅度，并除以 τ_{max}，得到瞬时功率延迟分布[Rap02]

$$\left|r\left(t_0\right)\right|^2 = \frac{1}{\tau_{\max}} \int_{t_0}^{t_0+\tau_{\max}} r(t) r(t)^* \mathrm{d}t \tag{3.30}$$

$$\begin{aligned} &= \frac{1}{\tau_{\max}} \frac{\tau_{\max}}{T_{\mathrm{bb}}} \int_{t_0}^{t_0+\tau_{\max}} \sum_{k=1}^{L} \sum_{i=1}^{L} \alpha_i \alpha_k \mathrm{e}^{-\mathrm{j}\theta_i + \mathrm{j}\theta_k} \\ &\quad \cdot \Pi\left(\frac{t - \tau_i}{2T_{\mathrm{bb}}}\right) \Pi\left(\frac{t - \tau_k}{2T_{\mathrm{bb}}}\right) \mathrm{d}t \end{aligned} \tag{3.31}$$

如果矩形脉冲在时间上足够窄，即在带宽上相对于信道带宽足够宽，那么两个矩形脉冲永远不会重叠，除非 $i = k$，这表明在给定时刻的总接收功率为

$$\begin{aligned} \left|r(t_0)\right|^2 &= \frac{1}{T_{\mathrm{bb}}} \int_{t_0}^{t_0+\tau_{\max}} \sum_{i=0}^{L} \alpha_i^2 \Pi\left(\frac{t - \tau_i}{2T_{\mathrm{bb}}}\right) \mathrm{d}t \\ &= \frac{1}{T_{\mathrm{bb}}} \sum_{i=0}^{L} \int_{\tau_i - \frac{T_{\mathrm{bb}}}{2}}^{\tau_i + \frac{T_{\mathrm{bb}}}{2}} \alpha_i^2 \, \mathrm{d}t \\ &= \sum_{i=1}^{L} \alpha_i^2 \end{aligned} \tag{3.32}$$

现在，局部区域中的窄带 CW 信号的平均功率等于各个可分辨多径分量的功率之和的总体

平均，其中每个分量具有 PDP 中的宽度(时间段) T_{bb}。也就是说，当式(3.28)中 $p(t)$为直流时，

$$\mathbb{E}_{a,\theta}\left[|r(t)|^2\right]=\mathbb{E}\left[\sum_{i=0}^{L}\left|\alpha_i \mathrm{e}^{-\mathrm{j}\theta_i}\right|^2\right] \tag{3.33}$$

$$\approx\sum_{i=0}^{L}\overline{\alpha_i^2} \tag{3.34}$$

式(3.34)表明，窄带 CW 信号的平均接收功率与由宽带信道中各个多径分量功率之和计算的接收功率的总体平均在局部区域上大致相等(前提是各个多径分量具有足够的时间分辨率使得信道多径可解析，并且多径分量不会大幅波动)。这表明宽带系统不会在小距离上经历快速空间衰落。事实上，文献[RSM+13]中的小尺度毫米波测量证实了这一点。当式(3.28)用于信道无法解析的窄带信号时，结果表明窄带系统将经历更严重的局部区域衰落[Rap02]。但是，如果信道的秩为 1(即 $L=1$)，式(3.34)表明窄带信号不会发生衰落。

总结关于衰落的讨论：向更高频率移动通常会导致由多普勒引起的时间和空间衰落增加，但是通过使用更宽带的系统和定向天线可以减轻这些影响。宽带系统反过来会在更宽的带宽上经历更多的频率选择性，而如 OFDM 这样的现代调制技术被设计用于抵消或利用这些效应。此外，室外毫米波系统很可能使用高度定向天线提供空间滤波，可用于降低多径分量之间干扰引起的频率选择性。

已经发现，室外毫米波信道的 RMS 延迟扩展在大多数情况下是适中的。文献[DCF94]发现 88%的测量中，扩展在 100 ns 以下。文献[RBDMQ12][RQT+12][BDRQL11]和[MBDQ+12]研究了 38 GHz 和 60 GHz 的室外蜂窝和点对点应用的 RMS 延迟扩展。图 3.15 显示了链路距离为 19～129 m 的点对点应用的结果，在发射机和接收机处使用高度定向的可旋转的 7°，25 dBi 喇叭天线测量。该图包括了 LOS(视距)链路和 NLOS(非视距)链路。图 3.15 证实有高定向天线的毫米波系统仅仅会经历中等的 RMS 延迟扩展(通常对于 NLOS 路径不大于 130 ns，对于 LOS 路径仅为几纳秒)。在 38 GHz 和 60 GHz 观察到的 RMS 延迟扩展的差异反映了两个频率下环境物体的散射能力的差异，以及 60 GHz 处的氧气吸收。

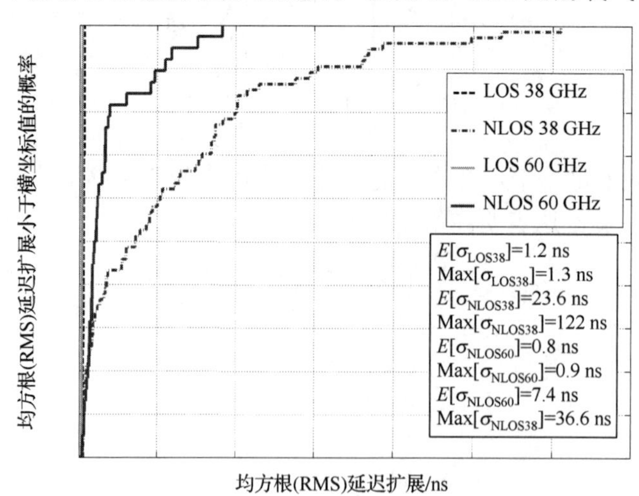

图 3.15 各种室外环境中 38 GHz 和 60 GHz 的 RMS 延迟扩展及其分布的差异

为突出发射机天线高度的重要性，图 3.16 显示了 38 GHz 蜂窝类测量的结果，发射机

的高度范围为 8～36 m，使用 25 dBi 增益发射(TX)天线和 13.3 dBi/25 dBi 接收(RX)天线。将图 3.15 与图 3.16 在 90%似然水平下进行比较，可以看出发射天线高度越高，RMS 延迟扩展越小，虽然高的发射天线高度会产生总体最糟糕的延迟扩展。有趣的是，图 3.16 还表明，对于较高的发射天线，当接收波束宽度小于约 40°时，该波束宽度对 RMS 延迟扩展几乎没有影响[RGBD+13]。

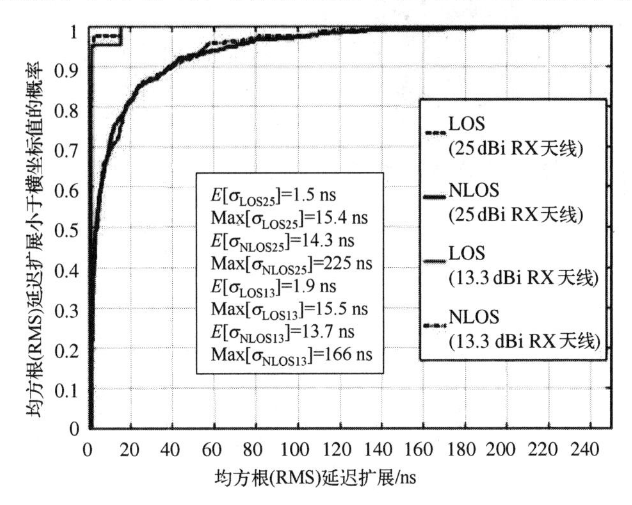

图 3.16　与 38 GHz 发射机靠近地面的情况相比，高度更高的发射机天线导致 RMS 延迟扩展减小 90%，而最糟糕的 RMS 延迟扩展是在得克萨斯大学校园中发射机天线高度最高时发现的，为 225 ns

当在室外场景中使用高定向天线时，我们必须研究天线指向角如何影响链路性能[RBDMQ12]。图 3.17 显示了使用高定向可控天线发现的 60 GHz 和 38 GHz 室外点对点信道的方位指向角的散点图。发射机和接收机方位角的宽范围表明，与发射机高度显著升高的应用相比，发射机和接收机靠近地面的应用将在接收机处提供更宽范围的入射线方向。通过比较图 3.17 和图 3.18 可以很容易地看出这一点，图中显示了用于 38 GHz 蜂窝信道的单个发射机位置的天线指向角，其中发射机距地面 18 m，链路距离为 61～265 m。该图表明，当发射机的高度增加时，可以形成链路的发射机角度范围减小[RBDMQ12][RGBD+13]。

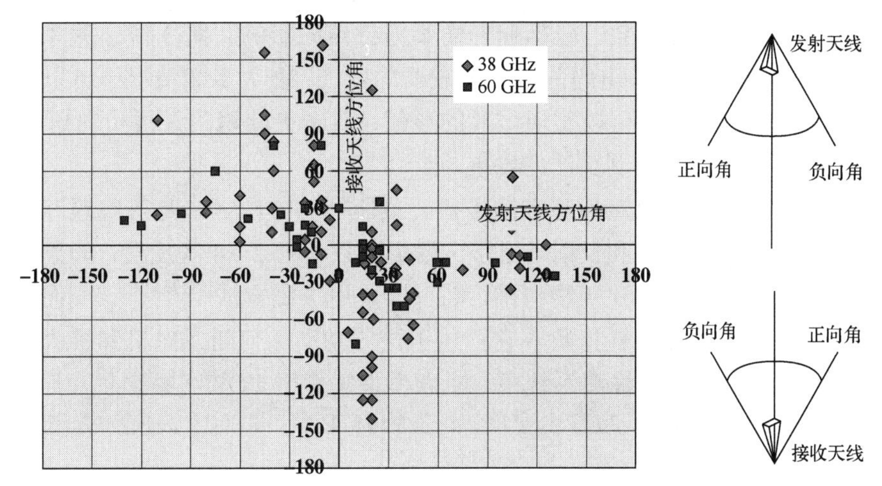

图 3.17　发射机和接收机靠近地面的毫米波应用(例如点对点或车到车)会提供可以建立链路的宽角度分布

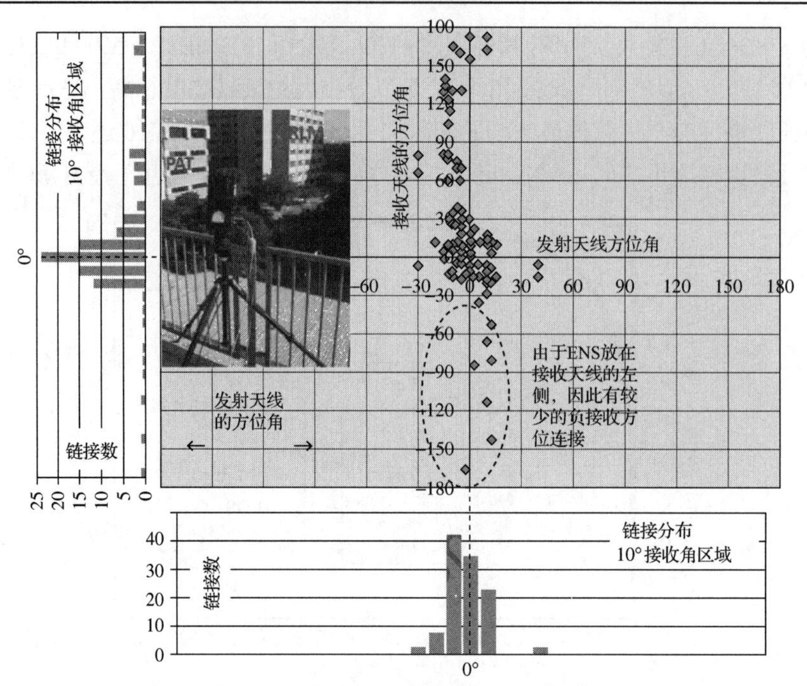

图 3.18 使用 37.625 GHz 载波和高定向天线发现的接收机和发射机的天线指向角（发射机升高至 18 m）

可以在图 3.17 和图 3.18 中看到天线的高度如何影响毫米波蜂窝的多径能量的角度扩展。图3.18 显示，位于街道水平面以上 18 m 高度处的基站天线，在相对于视轴的 ±30° 波束宽度内为 RX 位置提供了其大部分能量。纽约市内高度 7～17 m 的 28 GHz 发射机也发现了类似的角度扩展[RSM+13]。这意味着未来室外毫米波蜂窝系统中的基站天线一般不需要考虑超过 60° 扇区宽度的波束赋形。但是，图 3.17 显示随着基站降低到接近街道水平面，扇区宽度需要增加。

天线指向角对毫米波系统测量的 RMS 延迟扩展具有重要影响。通常，更陡峭（即远离视轴）的指向角会导致更高的 RMS 延迟扩展。文献[RBDMQ12][RQT+12][RGBD+13]和[BDRQL11]在 38 GHz 和 60 GHz 都发现了这一点。图 3.19 说明了总指向角的影响（发射机和接收机的偏离视轴的绝对方位角之和，其中天线的视轴直接指向另一个天线）。图 3.20 显示了 38 GHz 蜂窝信道的结果，包括俯仰角和方位角的影响。图 3.17、图 3.18、图 3.19 和图 3.20 显示了毫米波室外信道的两个非常重要的效应：在大多数情况下可以找到多种路径，表明波束控制和波束组合可以实现可靠的通信；对于更陡峭的天线指向角，RMS 延迟扩展会更高。这促进了波束控制算法的发展。

有几种流行的方法来模拟室外毫米波传播。最流行的方法之一是射线跟踪，它使用几何光学来模拟环境中波的传播和反射。通常，每个波只考虑 2～4 次反射；如果发射机和接收机处于相同高度并被很高的建筑物包围，则可以采用二维方法[CR96][SC97b]。在模拟波的传播时，重要的是要考虑路径损耗指数，它描述了接收功率如何随发射机和接收机之间的距离变化而减小。在许多当前的蜂窝系统中，断点模型被用于 LOS 路径损耗，其中路径损耗指数在所谓的断点距离之前为 2（自由空间），之后为 4[Rap02]。对于高度为 h_t 的发射机和高度为 h_r 的接收机，断点距离 d_{bp} 定义为[Rap02][FBRSX94]

$$d_{\mathrm{bp}} = \frac{20 h_{\mathrm{t}} h_{\mathrm{r}}}{\lambda} \tag{3.35}$$

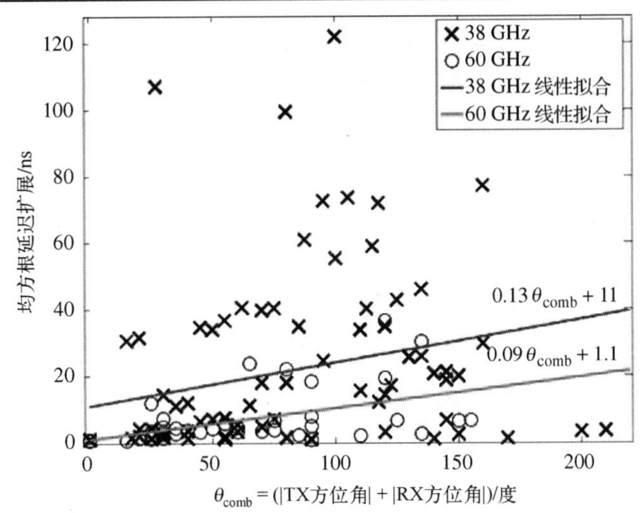

图 3.19 对于室外点对点信道，更陡峭的方位角与更高的 RMS 延迟扩展相关联（测量条件是在发射机和接收机处使用 25 dBi，7° 波束宽度的喇叭天线，链路距离为 19 m～129 m）

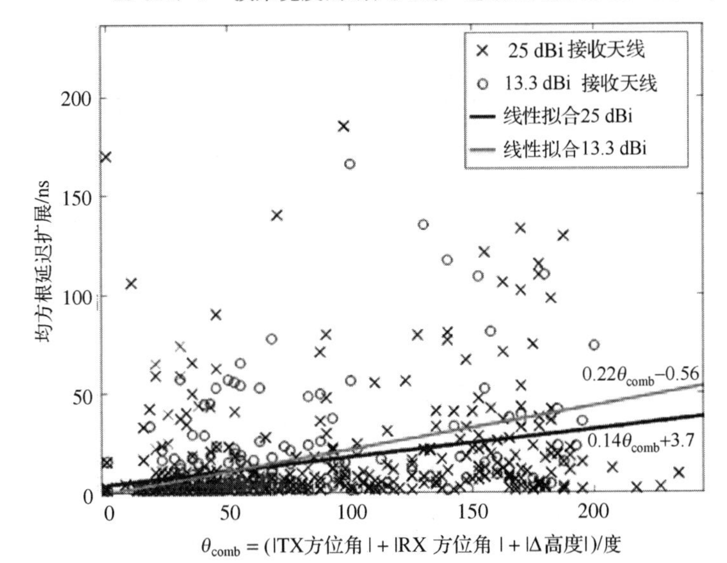

图 3.20 更尖锐的天线指向角与更高的 RMS 延迟扩展相关联（测量是在 38 GHz 下用 25 dBi 发射天线和 25 dBi/13.3 dBi 接收天线进行的，链路距离刚超过 900 m）

式(3.35)显示断点距离随着频率的增加而增大。例如，如果发射机和接收机距离地面 1.5 m，则在 60 GHz 频率下断点距离为 9 km，远远大于实际中可能的链路距离。因此，对于毫米波频率下的 LOS 链路(这里所说的情况是天线指向彼此，或者为全向模型)，我们预计路径损耗几乎总是接近自由空间的路径损耗。这是由文献[RBDMQ12][RQT+12]和[SC97b]发现的，更早时候 Feurestein 和 Blackard 曾发现过这一点[BFR+92][FBRSX94]。图 3.21(来自[RBDMQ12])展示了测量的室外 60 GHz 点对点信道的路径损耗，并显示出 LOS 路径的路径损耗非常接近自由空间的路径损耗。该图是在接收机和发射机处使用高定向天线生成的，该天线在 60 GHz 具有 25 dBi 增益和 7° 波束宽度。注意，氧气吸收导致路径损耗指数略大于 2.0。关于室外 38 GHz 点对点应用的图 3.22(来自文献[RBDMQ12])显示，在 38 GHz 情况下也是如此。图 3.23 和图 3.24(来自文献[RQT+12])显示了 38 GHz 室外蜂窝信道的测量路径损耗值，证实了这些频率上的 LOS 链路的量值也接近于自由空间。比较图 3.23 和图 3.24，可以看到有更低增益天线的 NLOS 链路通常更强(即，有更低的路径损耗指数)。这是因为，与波束非常窄的天线相比，使用更宽波束的天线会从多个角度获得更多的能量。该图还表明了仅考虑特定发射机-接收机距离的最强 NLOS 路径(例如单个最佳指向角)时的路径损耗指数。这些路径的较低路径损耗值表明，以下方法可以产生巨大的好处：当链路有足够的信号时，智能地控制发射机和接收机天线或调整天线的增益/波束宽度以适应更宽的视场(更少增益)；当雨或障碍物的存在要求来自链路的功率更大时，使用更窄的视场(更多增益)。文献[SC97b]发现天线转向可以显著提高链路质量，在信号强度上可提高 8.4 dB。

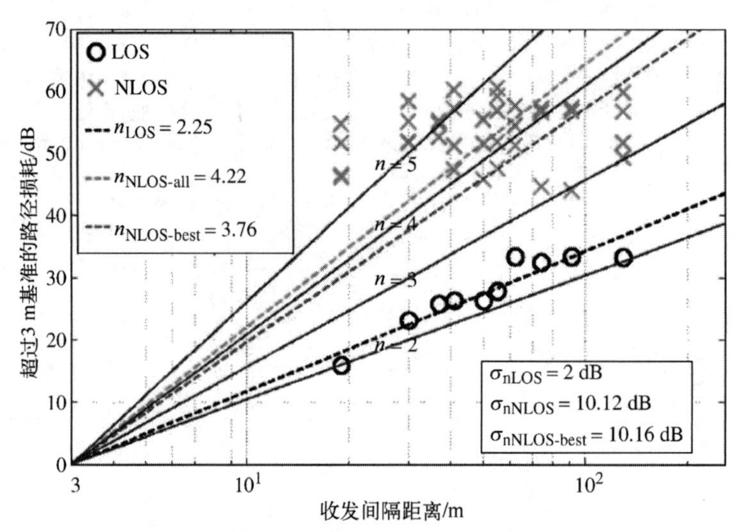

图 3.21　由于断点距离值非常高，因此毫米波频率下的 LOS 链路在路径损耗方面非常接近自由空间

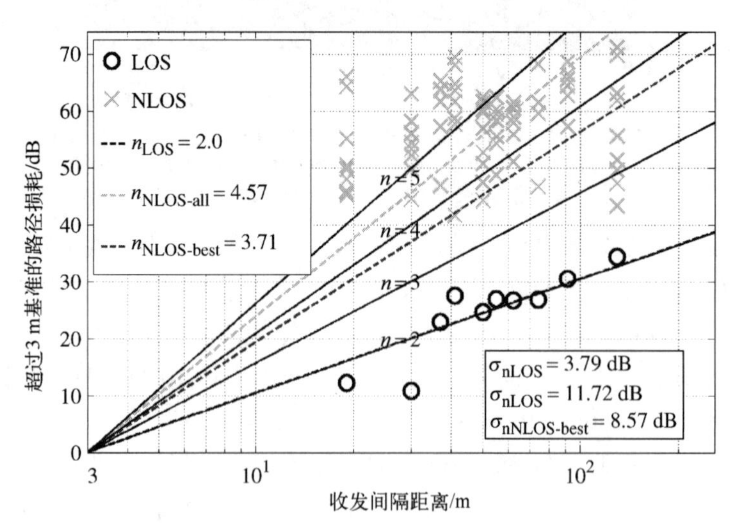

图 3.22　使用高定向 25 dBi、7°波束宽度喇叭天线的 38 GHz 点对点应用的测量路径损耗值

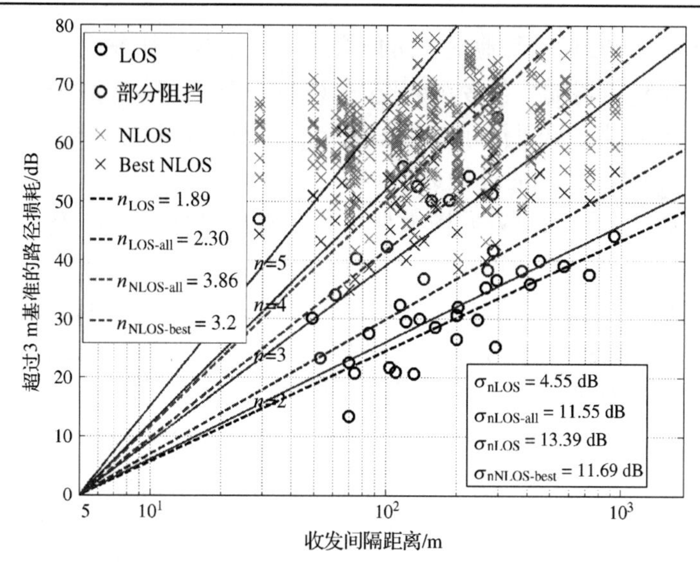

图 3.23 当接收机使用高定向天线时，LOS 链路非常接近于自由空间，但 NLOS 链路可能会衰减得更严重。(38 GHz 频率下在发射机和接收机上使用相同的高定向天线测量的结果)

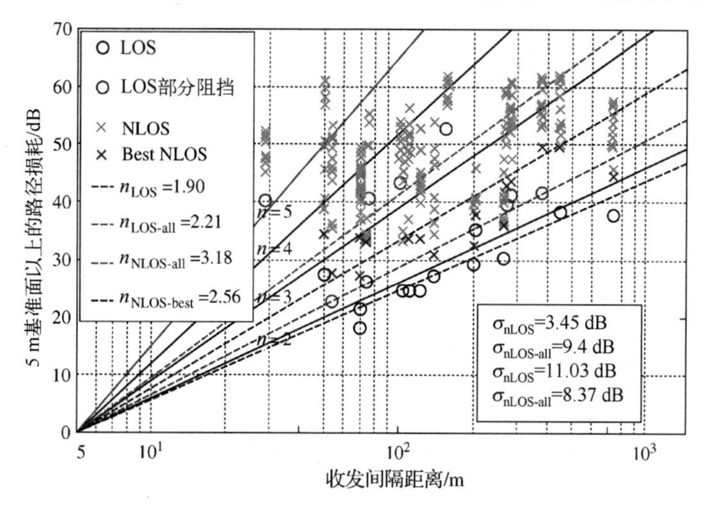

图 3.24 使用 25 dBi，7°波束宽度喇叭发射天线和方向性较弱的 13.3 dBi，40°波束宽度喇叭接收天线进行测量而生成的图。NLOS 路径明显更强，因为接收机不能像使用方向性更强的天线那样有效地滤除多径信号

3.7.1 3GPP 室外传播模型

为了正确研发未来毫米波无线系统的全球标准，工程界需要传播模型来使工程师可以比较无线通信的不同系统性能。虽然室内毫米波无线标准的研究在过去几年一直在进行(例如，随后在 3.8.3 节中讨论的 IEEE 802.11ad 和 IEEE 802.15.3.c 信道模型)，但还没有任何得到广泛认可的室外毫米波信道模型。这是因为技术界尚处于成型的早期阶段，标准制定活动也尚处于起步阶段；但标准的制定很可能通过欧洲的现有 COST 机构和新成立的 5G 公私合作伙伴关系(5G PPP)标准组织、美国的国际无线产业联盟(IWPC)和电信产业协会(TIA)以及全球范围内第三代合作伙伴计划(3GPP)的持续努力得到发展。随着毫米波通信

在未来几年变得流行，IEEE 和其他地方可能会出现新的标准组织。

本节提供多个室外信道的传播模型，毫米波标准机构可以将这些模型用于城市地区的室外蜂窝和无线接入系统。这里展示的模型基于一位研究者和他的学生收集的大量的纽约市中心 28 GHz 和 73 GHz 频率的现场数据。

标准组织通常需要全向天线方向图模型，其中所有方向上的所有多径能量的总路径损耗和单个多径分量的路径损耗，以及多径时延、出射方向(DoD)和到达方向(DoA)都在一个统计模型中获取[SR14a]。全向信道模型的使用允许研究人员将信道模型应用于任何特定的系统或设计概念，例如任意 MIMO 或波束赋形天线系统。信道模型通常通过模拟或分析也可用于确定容量和覆盖范围[RRE14][Gho14][SNS+14][BDH14]。这种全向通道模型允许研究和产品开发领域进行新想法的研究和实验，而无须自己进行昂贵且耗时的现场测量。通过使用普遍接受的模型，可以将不同的 PHY 或 MAC 方法与相同的基线信道模型进行比较，从而为供应商和学术界之间的调制解调器设计和研究概念的竞争提供公平的技术比较。

3.7.1.1 室外信道的大尺度路径损耗模型

有两种著名的建模方法用于表征大尺度覆盖距离(即，覆盖距离跨越多个量级，发射机和接收机距离从数米到数百或数千米)。如文献[Rap02]中所讨论的，一种方法是以逼近自由空间距离作为误差，在路径损耗曲线(以分贝为单位)上拟合一条简单的线作为距离的函数(对数标度)，如图 3.25、图 3.26 和图 3.27 所示。这个模型提供了一个简单的拟合，物理上基于式(3.2)或式(3.8)，其中 $n=2$ 表示自由空间，$n=4$ 为著名的渐近路径损耗指数，用于超出第一菲涅耳区很远距离上的双线地面反射信道模型[Rap02]。在先前的 3GPP 标准体系中使用的另一种建模方法具有类似的数学形式，但使用浮动截距，其将测量的路径损耗数据建模为具有最小二乘拟合的线，使用任意误差标准(而不是基于物理的逼近自由空间参考距离)。后一种方法为测量数据提供了略小一点的标准差(例如，通常约 0.5～1.0 dB 更好的拟合，如文献[MZNR13]所述)，但产生了一个没有物理基础的模型(例如，由于 y 轴截距任意，线的斜率与任何物理实体都无关，因此在观察的测量点之外无法准确使用[MR14a][RRE14])。换句话说，逼近自由空间参考距离路径损耗模型使用基于自由空间传播机理的著名的逼近自由空间参考点理论来解释距离上的信道路径损耗，而浮动截距模型简单地将测量数据拟合到最佳模型，不考虑任何物理原理，且仅在最初测量的距离上有效[MZNR13][MR14a][MSR14]。

近自由空间参考距离模型由下式给出：

$$\mathrm{PL[dB]}(d) = \mathrm{PL}(d_0) + 10\bar{n}\log_{10}\left(\frac{d}{d_0}\right) + \chi_\sigma \tag{3.36}$$

其中，

$$\mathrm{PL[dB]}(d_0) = 20\log_{10}\left(\frac{4\pi d_0}{\lambda}\right) \tag{3.37}$$

$$\lambda = \frac{3\times 10^8(\mathrm{m/s})}{f_\mathrm{c}(\mathrm{Hz})} \tag{3.38}$$

d_0(m) 是以米为单位的自由空间参考距离，λ(m) 是载波波长，d(m) 是发射机和接收机之间的 TR 间隔距离，$\bar{n}$ 是路径损耗指数(在后面散点图上显示，见图 3.26 和图 3.27)；χ_σ

是典型的对数正态随机变量，具有 0 dB 均值和标准差 σ（以 dB 为单位），用于模拟大尺度阻挡衰落[CR01b]。为了创建一个供标准体系使用的简单建模方法，我们注意到只要在远场使用天线进行原始测量，对于大尺度路径损耗模型就可以指定 $d_0 = 1\text{ m}$。对于文献[RSM+13][MR14a][SWA+13][AWW+13][NMSR13][RRE14][SMS+14][MZNR13][Gho14][SNS+14][MSR14]中进行的 28 GHz 和 73 GHz 的测量，从式(3.37)和式(3.38)可以看出，PL($d_0 = 1\text{ m}$)在 28 GHz 时为 61.38 dB，73 GHz 时为 69.77 dB，相比之下 2 GHz 时仅为约 40 dB。

值得注意的是，室外毫米波传播的早期研究表明，在最开始传播的 1 m 内，路径损耗的差异是 UHF/微波路径损耗与毫米波全向路径损耗之间的主要差异[MSR14][RRE14][SNS+14]。当在城市环境中比较 1.9 GHz 和 28 GHz 的全向 NLOS 信道时，图 3.25 中的早期研究显示路径损耗指数值从 1 900 MHz 时的 2.6[BFR+92][FBRSX94]变为 28 GHz 时的 3.4(毫米波频率下每 10 倍距离仅多 8 dB 损耗，阻挡衰落仅多 1～2 dB)[MSR14]。

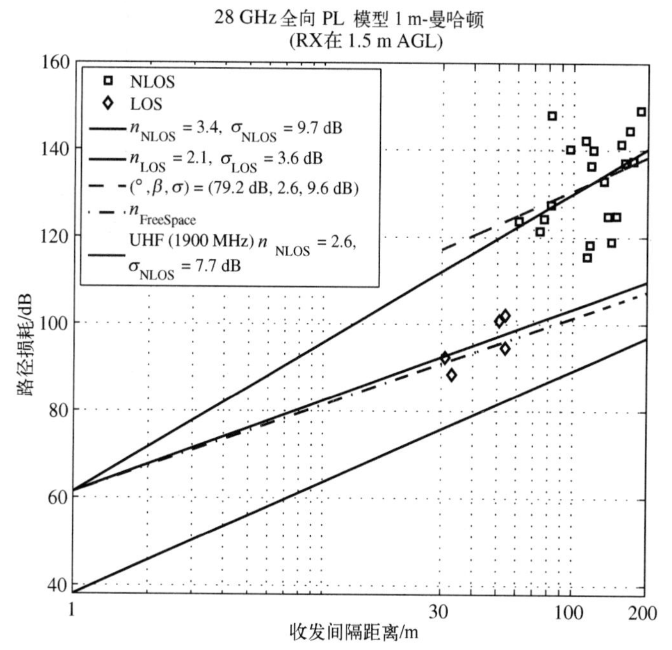

图 3.25　28 GHz 非视距(NLOS)城市环境中的全向近距离自由空间参考距离($d_0 = 1\text{ m}$)和浮动截距路径损耗模型，接收天线距离地面 1.5 m，以及 1.9 GHz 城市 NLOS 环境中的路径损耗

浮动截距模型，简称为(α,β)模型，只是接收功率与距离的散点图上的测量数据的最佳曲线拟合[MZNR13]。浮动截距 PL 模型由下式给出：

$$\text{PL[dB]} = \alpha + 10\beta\log_{10}(d) + \chi_\sigma \tag{3.39}$$

其中 α 是以 dB 为单位的浮动截距，β 是斜率，χ_σ 是典型的对数正态随机变量，具有 0 dB 均值和标准差 σ（以分贝为单位），用于模拟阻挡衰落。

一位研究者在毫米波传播建模上的近期研究考虑了两种类型的使用可控定向喇叭天线的大尺度 PL 模型，但之前发表的研究没有将毫米波测量作为全向信道模型处理，也没有考虑对于近距离自由空间参考路径损耗模型简化的参考距离 $d_0 = 1\text{ m}$[RSM+13][MR14a][SWA+13][AWW+13][NMSR13][SMS+14] [MZNR13]。这些早期研究记录了 2012 年(28 GHz)和 2013 年(73 GHz)在纽约市中心城区室外环境的毫米波测量结果，测量使用高定向的可旋转喇叭天线和滑动相关器扩频信道检测器，并使用几个不同的TX高度代表蜂窝的毫米波部署。多径时间分辨率为2.5 ns，空间分辨率介于 7°～10°之间，具体取决于特定喇叭天线和测量频率[RSM+13][MR14a] [SWA+13][AWW+13][NMSR13][RRE14][SMS+14][MZNR13]。2013年进行的73 GHz测量同时考虑了基站到移动端的测量和基站到基站的测量，以模拟灯柱高度的基站如何在城市信道中相互通信(用于前传或回传)。

在这里提供了2012年和2013年测量活动的全向路径损耗数据[MSR14]。通过计算TX和RX处的每一单独指向角各自的接收功率(例如，对每个指向角计算功率延迟分布下的面积)，并且对测量的每一单独指向角的功率电平减去定向TX和RX天线增益，然后在TX和RX的所有角度上对所有接收功率求和以获得每个RX位置的全向路径损耗值，从而形成全向模型。这里针对全向信道提供了关于1 m自由空间参考的简化路径损耗模型，适用于类似3GPP的标准[MSR14]。

表3.14和式(3.40)及式(3.41)分别为28 GHz NLOS信道和LOS信道提供了全向大尺度路径损耗模型[MSR14]。来自文献[RRE14]的(α,β)模型仅在30～200 m距离范围内有效。表3.15提供了73 GHz模型的参数；式(3.42)和式(3.43)提供了混合73 GHz测量的模型，对于NLOS和LOS位置分别组合了所有移动高度(2.0 m高)的RX位置和所有灯柱高度(4.06 m高)的RX位置[MSR14]。式(3.44)和式(3.45)显示了移动台高度的接收机在NLOS和LOS情况的73 GHz路径损耗模型，式(3.46)和式(3.47)分别提供了NLOS和LOS情况下基站到基站(如回传)的73 GHz路径损耗模型[MSR14]。这些路径损耗模型为

$$\mathrm{PL}_{28\,\mathrm{GHz}}\,(\mathrm{LOS})\,[\mathrm{dB}]\,(d) = 61.4\ \mathrm{dB} + 21\log(d) + \chi_\sigma \quad [\sigma = 3.6\ \mathrm{dB}] \tag{3.40}$$

$$\mathrm{PL}_{28\,\mathrm{GHz}}\,(\mathrm{NLOS})\,[\mathrm{dB}]\,(d) = 61.4\ \mathrm{dB} + 34\log(d) + \chi_\sigma \quad [\sigma = 9.7\ \mathrm{dB}] \tag{3.41}$$

$$\mathrm{PL}_{73\,\mathrm{GHz\text{-}Hybrid}}\,(\mathrm{LOS})\,[\mathrm{dB}]\,(d) = 69.8\ \mathrm{dB} + 20\log(d) + \chi_\sigma \quad [\sigma = 4.8\ \mathrm{dB}] \tag{3.42}$$

$$\mathrm{PL}_{73\,\mathrm{GHz\text{-}Hybrid}}\,(\mathrm{NLOS})\,[\mathrm{dB}]\,(d) = 69.8\ \mathrm{dB} + 34\log(d) + \chi_\sigma \quad [\sigma = 7.9\ \mathrm{dB}] \tag{3.43}$$

$$\mathrm{PL}_{73\,\mathrm{GHz\text{-}Access}}\,(\mathrm{LOS})\,[\mathrm{dB}]\,(d) = 69.8\ \mathrm{dB} + 20\log(d) + \chi_\sigma \quad [\sigma = 5.2\ \mathrm{dB}] \tag{3.44}$$

$$\mathrm{PL}_{73\,\mathrm{GHz\text{-}Access}}\,(\mathrm{NLOS})\,[\mathrm{dB}]\,(d) = 69.8\ \mathrm{dB} + 33\log(d) + \chi_\sigma \quad [\sigma = 7.6\ \mathrm{dB}] \tag{3.45}$$

$$\mathrm{PL}_{73\,\mathrm{GHz\text{-}Backhaul}}\,(\mathrm{LOS})\,[\mathrm{dB}]\,(d) = 69.8\ \mathrm{dB} + 20\log(d) + \chi_\sigma \quad [\sigma = 4.2\ \mathrm{dB}] \tag{3.46}$$

$$\mathrm{PL}_{73\,\mathrm{GHz\text{-}Backhaul}}\,(\mathrm{NLOS})\,[\mathrm{dB}]\,(d) = 69.8\ \mathrm{dB} + 35\log(d) + \chi_\sigma \quad [\sigma = 7.9\ \mathrm{dB}] \tag{3.47}$$

其中χ_σ是零均值高斯随机变量，标准偏差为σ(以分贝为单位)。73 GHz混合模型包括了移动台高度[地面以上(Above Ground Level，AGL) 2 m]和回传高度(AGL 4.06 m)的RX天线的测量。

表3.14　28 GHz 频率下$d_0=1$ m的近距离自由空间参考距离模型和浮动截距(α,β)模型的全向大尺度路径损耗模型

28 GHz 路径损耗模型			
非视距	(α,β)模型 30 m<d<200 m	α[dB]	79.2
		β	2.6
		σ [dB]	9.6
	1 m的近距离	PLE	3.4
		σ [dB]	9.7
视距	1 m的近距离	PLE	2.1
		σ [dB]	3.6

表 3.15　73 GHz 频率下 $d_0 = 1$ m 的近距离自由空间参考距离模型和 (α,β) 模型的全向路径损耗模型

			73 GHz 路径损耗模型		
			接收端：高度为 2 m 和 4.06 m	接收端：高度为 4.06 m	接收端：高度为 2 m
非视距	(α,β) 模型 30 m<d<200 m	α[dB]	80.6	84.0	81.9
		β	2.9	2.8	2.7
		σ [dB]	7.8	7.8	7.5
	1 m 的近距离	PLE	3.4	3.5	3.3
		σ [dB]	7.9	7.9	7.6
视距	1 m 的近距离	PLE	2.0	2.0	2.0
		σ [dB]	4.8	4.2	5.2

图 3.26 和图 3.27 显示的散点图展示了 NLOS（见图 3.26）和 LOS（见图 3.27）信道中 28 GHz 全向路径损耗的现场测量数据的最佳拟合。图 3.26 在 30～200 m 的距离范围上显示了 1 m 自由空间参考距离的近距离自由空间参考距离模型和浮动截距 (α,β) 模型，还显示了在文献[SMS⁺14]和式(3.39)中计算的浮动截距路径损耗模型，以说明在有限距离内浮动截距模型如何与近距离自由空间参考距离模型保持一致。图 3.27 显示了 1 m 自由空间参考距离的近距离自由空间参考距离模型。注意，一个 100 m 处的点由于天线未在该位置处对准视轴而具有过大的路径损耗。去除这单个点后，很明显 LOS 路径损耗指数非常接近 2。图 3.28 显示了使用 24.5 dBi TX 和 RX 天线测量的所有 28 GHz 频率下的曼哈顿的路径损耗值[RSM+13][MR14a][SWA+13]，NLOS 路径损耗包括 LOS 非视轴测量和真正的 NLOS 测量。还显示了共极化和交叉极化 LOS 测量的路径损耗，以及 1 m 自由空间参考距离的近自由空间参考距离模型。所有的数据点代表根据记录的 PDP 测量结果计算出的路径损耗值。值得注意的是，全向路径损耗模型具有比定向单波束测量更小的路径损耗指数（例如，更少的损耗），如图 3.28 所示，但模型的全向性是指天线增益为 0 dB，这意味着由于较小的天线增益，全向

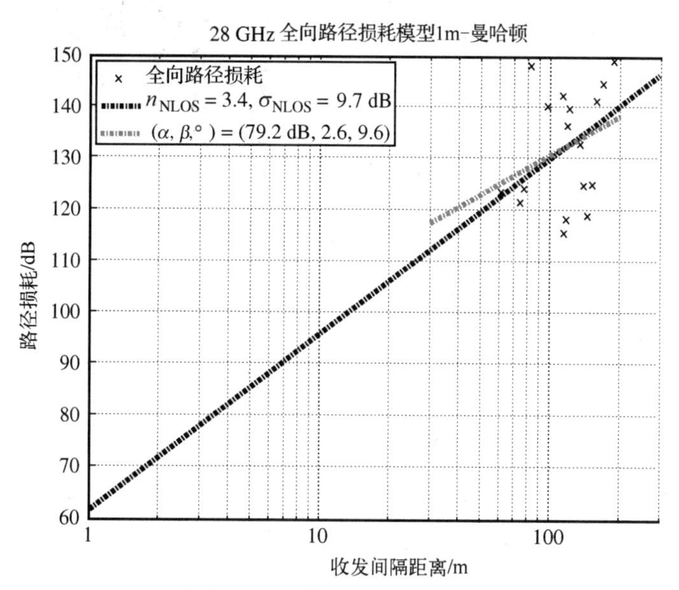

图 3.26　28 GHz 全向路径损耗模型（TX 和 RX 天线增益已从中去除）

天线的无线链路余量(例如，总覆盖距离)与定向天线相比会更小。这是过去几年持续报告的一个现象，表明与窄波束(高增益)系统相比，宽波束(较低增益)通信系统会获取更多能量但总链路余量较小。图 3.28 中散点图上显示的定向路径损耗不应与图 3.26 和图 3.27 所示的全向路径损耗相混淆，图中所有接收功率已在所有发射(TX)和接收(RX)方位角和俯仰角上求和。

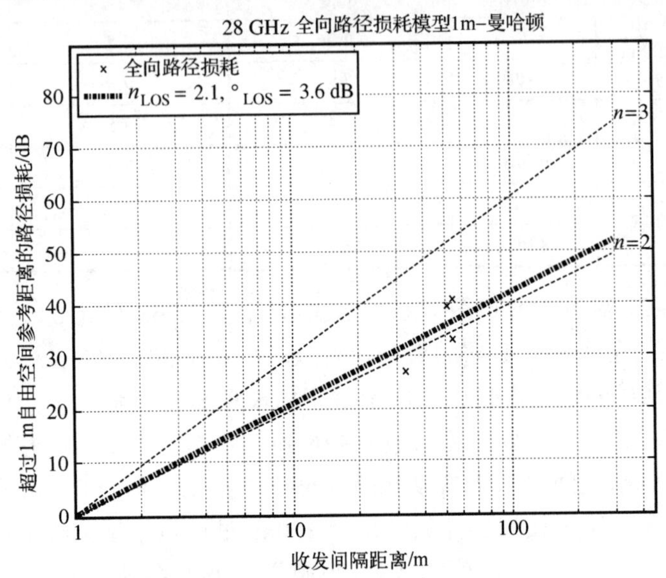

图 3.27 28 GHz 全向路径损耗模型，已去除 TX 和 RX 天线增益

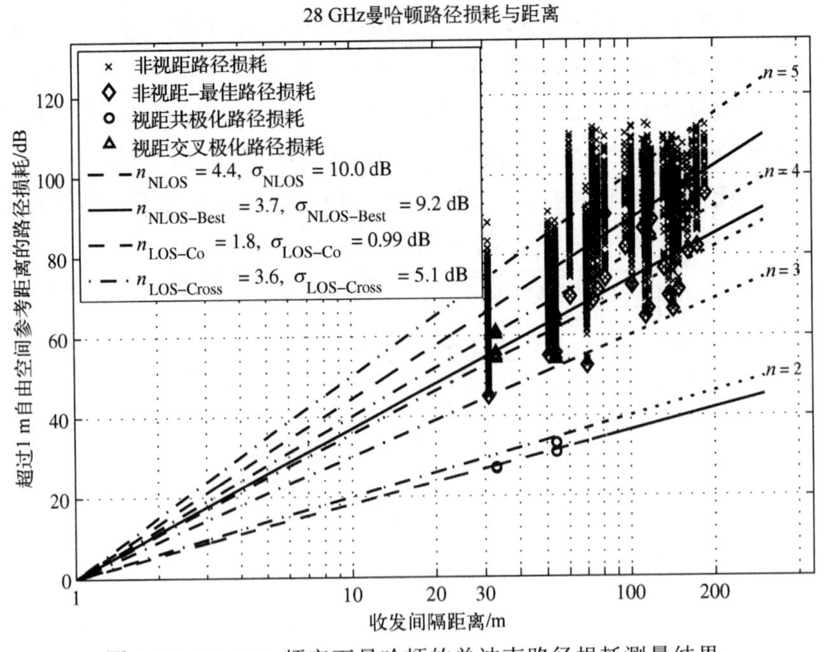

图 3.28 28 GHz 频率下曼哈顿的单波束路径损耗测量结果

图 3.29 中的散点图显示了对于混合的移动终端高度和基站高度测量，NLOS 和 LOS 信道中 73 GHz 全向路径损耗的现场测量数据的最佳拟合。图 3.29 还显示了在文献[SMS+14]和式(3.39)中计算的浮动截距模型，即 30～200 m 范围内的 d_0 =1 m 的近距离自由空间参考

距离模型和浮动截距(α,β)模型，以说明在有限距离内浮动截距模型如何与近距离自由空间参考距离模型部分一致。图 3.30 显示了移动高度（接收机高度 2.0 m）测量的所有 73 GHz 频率下曼哈顿的全向路径损耗值，以及 30～200 m 范围内的浮动截距模型，并且与 1.9 GHz 城市 NLOS 环境的路径损耗进行了比较。

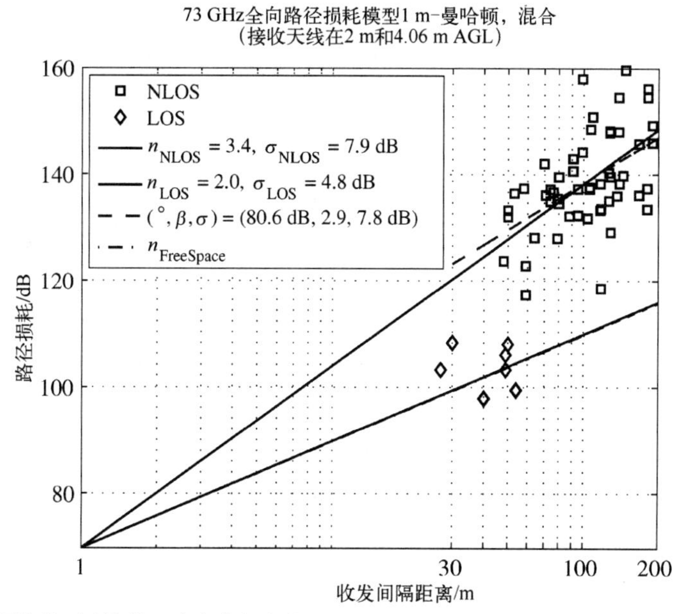

图 3.29　蜂窝和回传（混合）接收天线高度组合的 73 GHz 全向路径损耗模型（发射和接收天线增益已去除）

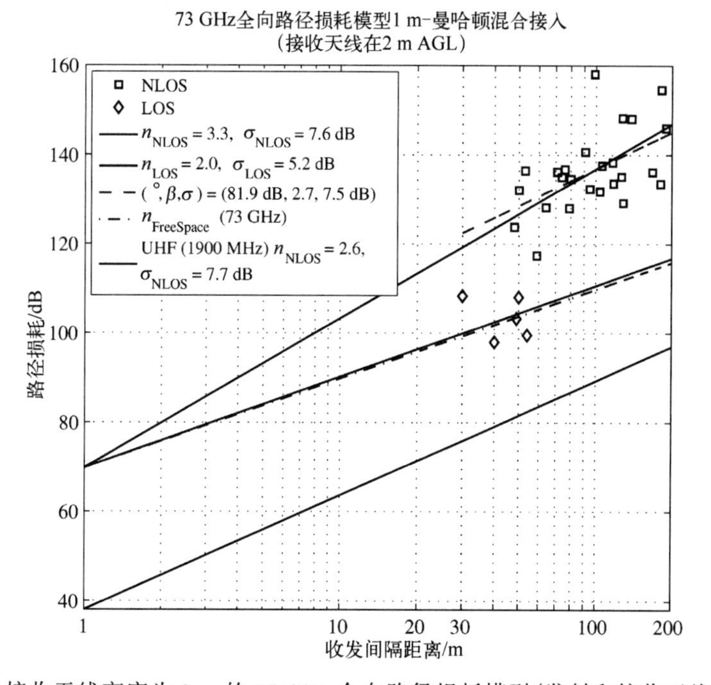

图 3.30　移动接收天线高度为 2 m 的 73 GHz 全向路径损耗模型（发射和接收天线增益已去除）

图 3.31 显示了纽约市中心所有回传（基站到基站）测量的全向路径损耗值和两个不同大尺度路径损耗模型的散点图[30～200 m 距离范围内 $d_0 = 1$ m 的近距离自由空间参考距离模型

和浮动截距(α,β)模型]。图 3.32 和图 3.33 显示了所有 NLOS 和 LOS 环境 73 GHz 频率下曼哈顿的路径损耗值，对于回传和移动接收天线高度都使用 27 dBi 发射和接收天线测量，并通过在每个测量的接收方位角和俯仰角的组合上使用 10 组接收天线指向组合，在每个发射-接收间隔距离(T-R 间距)上使用两组发射天线指向组合来获取测量值。所有数据点代表根据记录的 PDP 测量结果计算出的路径损耗值。测量的路径损耗值都是相对于 1 m 的近距离自由空间参考距离。NLOS 路径损耗指数(PLE)是针对整个数据集和最佳记录链路计算的。LOS PLE 是针对严格的视轴到视轴情况计算的。n 值是 PLE，σ 值是阻挡因子。从 30 m 跨越到 200 m 的实线为全向(α,β)模型，如图 3.30 所示。由于每个天线指向组合包括在 LOS 环境中以 10°增量旋转接收天线和在 NLOS 环境中以 8°增量旋转，因此每个天线指向组合最多可能要做 45 次测量，当考虑给定接收位置的所有 12 个天线指向组合时最多会有 540 个测量信道脉冲。这些结果发表在文献[MR14a]中，用于 4 m 自由空间参考，现在作为 1 m 自由空间参考展示在这里。值得注意的是，使用电控相移的片上天线的波束赋形和波束组合技术会将来自多个入射方向的接收能量组合在一起，以提高信号质量，如文献[SMS+14]所述。如图 3.28、图 3.32 和图 3.33 所示的定向路径损耗模型，虽然目前尚未在标准工作中使用，但适用于在发射方位角和下倾角固定情况下估算各种接收天线方位角和俯仰角组合下的接收功率。如图 3.28 所示，可以在图 3.32 和图 3.33 中看到全向路径损耗模型具有比定向单波束更小的路径损耗指数(例如，更少的损耗)，但是全向信道模型是指天线增益为 0 dB，这就意味着由于天线增益较小，全向天线的无线链路余量(例如，总覆盖距离)比定向天线更小。图 3.32 和图 3.33 中散点图所示的定向路径损耗不应与图 3.29、图 3.30 和图 3.31 所示的全向路径损耗相混淆，其中 73 GHz 频率的所有接收功率已在所有发射和接收方位角和俯仰角上求和。

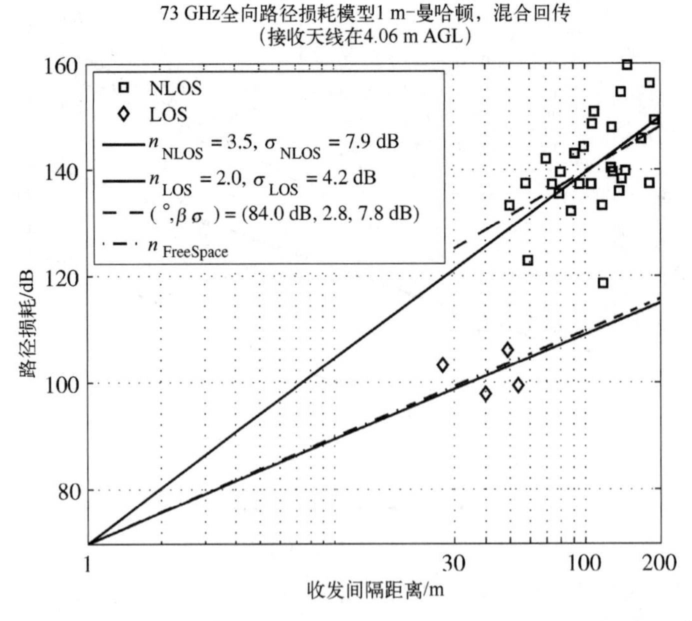

图 3.31 回传接收天线高度为 4.06 m 的 73 GHz 全向路径损耗模型(发射和接收天线增益已从中去除)

73 GHz独特的指向角路径损耗与接收天线高度的距离：2 m
（在曼哈顿使用27 dBi，7°，3 dB BW发射天线和27 dBi，
7°，3 dB BW接收天线）

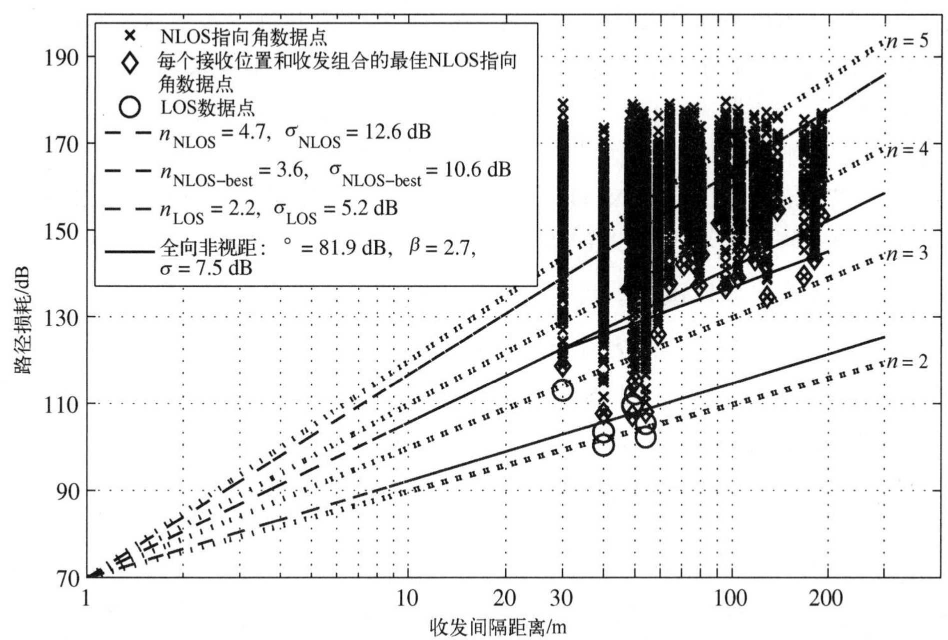

图 3.32　73 GHz 组约市蜂窝接收高度 2 m 路径损耗测量结果，为 T-R 间距的函数，测量使用垂直极化 27 dBi，7°半功率波束宽度的发射和接收天线

73 GHz独特的指向角路径损耗与接收天线高度的距离：4.06米
（在曼哈顿使用27 dBi，7°，3 dB BW 发射天线和27 dBi，7°，3 dB BW 接收天线）

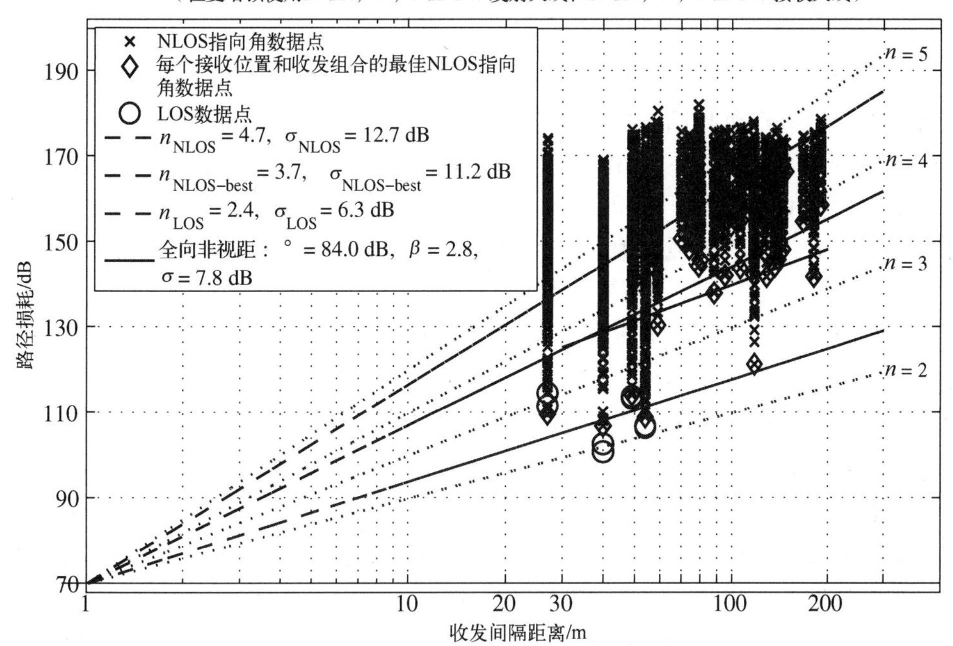

图 3.33　频率 73 GHz、接收高度 4.06 m 的纽约市回传路径损耗测量结果，路径损耗是 T-R 间距的函数，测量使用垂直极化 27 dBi，7° 半功率波束宽度的发射和接收天线

处理从定向天线收集的测量数据(如图 3.28，图 3.32 和图 3.33 所示)是一个相对简单的过程，以建立到达和出射角度以及全向路径损耗的模型。文献[RRE14][ALS+14]和[SR14a]描述的这种方法使用聚类算法和详细的统计分析，以将测量数据拟合到适当的统计模型中。在文献[RRE14]中，这种角度模型与上述路径损耗模型相结合来提供容量分析，显示出未来毫米波系统的平均数据速率可能是现代 4G LTE 系统的 20 倍。文献[SR14a]中的研究为宽带信道提供了详细的统计信道模型，与过去的 3GPP 模型非常相似，并利用现场测量的更大时间和空间分辨率来为城市 NLOS 信道提供新的宽带模型。这些室外毫米波信道的标准化模型能够帮助研究人员进行设备的设计和仿真，并有助于未来的网络安装。

3.7.1.2 室外毫米波信道的小尺度时空多径模型

时空多径信道模型(例如由 3GPP 和 WINNER II 创建的模型)被标准机构用于当前的 UHF 和微波频段[3GPP][Winner2]。这些统计空间信道模型(SSCM)基于 1～6 GHz 之间以及 RF 带宽 5～100 MHz 之间的经验研究，它们提供了重要的统计信道参数，如多径延迟、簇功率、到达角(AoA)和出射角(AoD)等信息，以及基于现实测量的大尺度路径损耗模型。这些模型还产生了用于模拟信道脉冲响应的复杂信道系数[3GPP][Winner2]。然而，虽然这两种信道模型成功地描述了低频(UHF/微波)宽带信道的随机性质，但它们受限于时间分辨率(例如，100 MHz 带宽仅允许最高 20 ns 的基带时间分辨率)，而且他们做了一个简化假设，即所有多径能量簇在时间和空间上行进时紧密相连。这种过去的建模方法并没有准确地描绘城市毫米波信道，后者的带宽更宽，且已观察到空间域上的功率分布表现为多个多径簇可以在一个特定空间方向内到达[SR14]。

近期的宽带毫米波测量使用了更高的 2.5 ns 多径时间分辨率和高方向性可旋转喇叭天线[RSM+3][MR14a][SWA+13][AWW+13][NMSR13][RRE14][SMS+14][MZNR13][SR14]，结果表明，在城市室外毫米波信道，有一些到达角(AoA)具有来自多个传播时间簇的能量。这来源于地面的反射和城市走廊中接收机前后的建筑物的反射，以及到达天线后瓣的非常强的反射。因此，毫米波信道模型需要空间波瓣的概念，使得可以在空间和时间中对能量建模，这可以通过近期的测量来理解，测量中来自不同时间簇的多径能量可以到达一个波瓣内。这种方法使信道模型可以考虑，即由接收机或发射机的特定到达或出射方向而具有多个不同时间延迟的多径能量。

为了以全向方式正确建模毫米波通道的多径能量的到达和出射角度，必须测量每个多径分量的绝对时间延迟、功率电平以及到达和出射角度[SR14a]。利用时间簇和波瓣的概念，图 3.34 和图 3.35 显示了如何在时域和空间域中同时表示全向毫米波脉冲响应。图 3.34 说明了在时域中基于多径簇的功率延迟分布的建模，同时显示了 5 个时间簇，持续时间为 2～31 ns，簇之间的空隙为 2.7～23.9 ns，图 3.35 显示了空间域中由空间簇或波瓣表示的等效信道，这可以通过近期的高分辨率毫米波测量来理解，测量中发现一个或多个时间簇可能存在于一个空间波瓣内[SR14a]。图 3.35 极坐标图(仅在方位/水平面上)显示了 5 个不同的波瓣，它们具有不同的波瓣方位角扩展和到达角。每个点是针对特定离散指向角而模拟的一个波瓣角度段，表示特定波束宽度上的总接收功率[对应于特定 RX 指向角的功率时延分布(PDP)下的面积]。波瓣功率是波瓣内每个段的功率之和(例如，波瓣中来自每个波瓣段的功率之和)。

时域中的全向多径模型使用了时间簇的概念(用于重建统计宽带时域脉冲响应或PDP)，其中信道模型所需的关键统计参数包括多径簇的数量、每个多径簇中的接收功率、每个簇的持续时间、簇内子路径的数量(例如，特定多径能量簇内的多径分量的数量)、子路径能量随时间的分布，以及簇间时间空隙的分布。

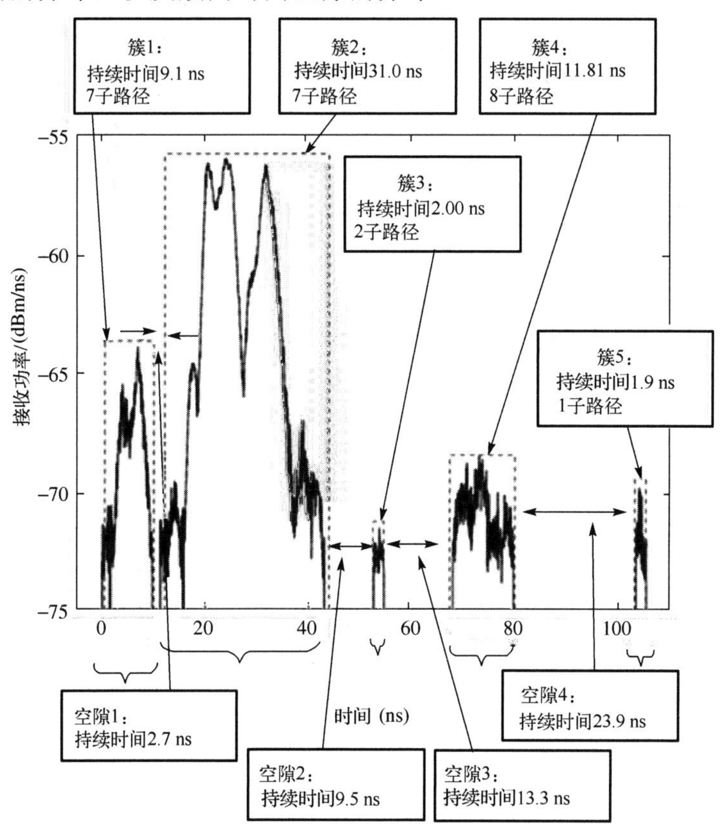

图 3.34　用于在全向 SSCM 宽带毫米波信道中对时间簇建模的一些关键时间建模参数的图示

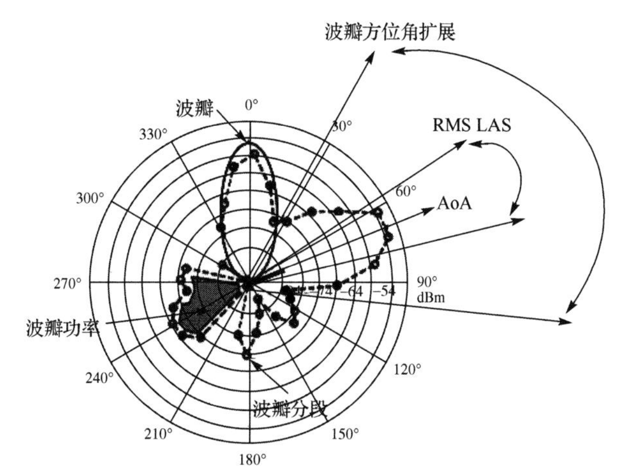

图 3.35　用于在全向 SSCM 宽带毫米信道中对空间波瓣建模的一些关键空间建模参数的图示

为了在空间域中对全向室外毫米波信道进行建模，波瓣的概念包含了关键的统计参数，例如波瓣的数量、波瓣内的段数(以及每个波瓣段对应的采样波束宽度)、波瓣的定向指向角、每个波瓣的波瓣角扩展(LAS)，以及每个波瓣相对于最强波瓣段的阈值[SR14a]。已经开发了基于图 3.34 和图 3.35 的统计模拟器[SR14a]，显示与 28 GHz 室外城市环境中的宽带毫米波信道高度一致。文献[SR14a]中用于 NLOS 和 LOS 城市室外信道的 SSCM 中的关键参数如表 3.16 和表 3.17 所示，表中还显示了次要参数，后者给出了与现场测量相比的总体验证。

表 3.16 来自全向宽带 PDP 的 NLOS 城市室外信道的 28 GHz 宽带信道统计汇总，以及使用 10 000 个 PDP 和功率角频谱(PAS)图(使用文献[SR14a]中的仿真程序)的模拟统计

统计类型	数量	测量(μ,σ)	模拟(μ,σ)	误差(%)
时间	簇数量(P)	泊松分布(3.4, 2.1)	(3.2, 2.1)	(5.9, 0)
	簇子路径的数量(P)	指数分布(2.1, 1.6)	(2.2, 1.7)	(4.7, 6.3)
	簇超时延迟/ns(P)	指数分布(66.3, 68.0)	(71.8, 62.1)	(8.3, 8.7)
	簇子路径超时延迟/ns(P)	指数分布(8.1, 8.8)	(8.6, 8.0)	(6.2, 9.1)
	均方根延迟传播/ns(S)	指数分布(13.4, 11.5)	(12.9, 11.3)	(3.7, 1.7)
	簇 RMS 延迟传播/ns(S)	指数分布(2.0, 2.0)	(2.4, 1.7)	(20.0, 15.0)
	簇持续时间/ns(S)	指数分布(8.9, 8.7)	(10.7, 8.4)	(20.2, 3.5)
	簇间空闲时间/ns(S)	指数分布(16.8, 17.2)	(21.5, 15.9)	(28.0, 7.5)
空间	波瓣数(P)	泊松分布(2.4, 1.3)	(2.3, 1.1)	(4.2, 15.4)
	到达角/°(P)	均匀分布(0，360)	均匀分布(0，360)	(0)
	波瓣方位角传播/°(P)	正态分布(34.8, 25.7)	(34.6, 27.8)	(0.5, 8.1)
	均方根波瓣方位角传播/°(S)	指数分布(6.1, 5.8)	(8.3, 6.8)	(36.0, 17.0)

"P"表示主要建模统计量，"S"表示文献[SR14a]中描述的次要统计量，波瓣阈值为 20 dB。

表 3.17 来自全向宽带 PDP 的 LOS 城市室外信道的 28 GHz 宽带信道统计汇总，以及使用 10 000 个 PDP 和功率角频谱(PAS)图(使用文献[SR14a]中的仿真程序)的 NLOS 环境的模拟统计

统计类型	数量	测量(μ,σ)	模拟(μ,σ)	误差(%)
时间	簇数量(P)	泊松分布 (4.1, 2.3)	(4.0, 2.4)	(2.1, 1.7)
	簇子路径的数量(P)	指数分布(2.0, 1.7)	(2.1, 1.6)	(5.0, 5.9)
	簇超时延迟/ns(P)	指数分布(161.8, 189.1)	(172.9, 170.7)	(6.7, 9.6)
	簇子路径超时延迟/ns(P)	指数分布(8.0, 8.3)	(8.3, 7.8)	(3.8, 6.0)
	延迟传播 RMS /ns(S)	指数分布(60.5, 80.7)	(25.0, 20.3)	(58.7, 74.6)
	簇延迟传播 RMS /ns(S)	指数分布(1.8, 1.9)	(2.3, 1.6)	(27.8, 11.0)
	簇持续时间/ns(S)	指数分布(8.6, 8.4)	(10.2, 8.1)	(18.6, 3.6)
	簇间空闲时间/ns(S)	指数分布(14.8, 17.0)	(41.6, 26.0)	(180, 53.0)
空间	波瓣数(P)	泊松分布(2.9, 1.5)	(3.1, 1.3)	(7.0, 13.3)
	到达角/°(P)	均匀分布(0, 360)	均匀分布(0, 360)	(0)
	波瓣方位角传播 /°(P)	正态分布(39.9, 31.4)	(39.5, 30.5)	(1.0, 2.9)
	均方根波瓣方位角传播/°(S)	指数分布(8.9, 8.7)	(9.0, 8.3)	(1.3, 4.6)

"P"表示主要建模统计量，"S"表示文献[SR14a]中描述的次要统计量，波瓣阈值为 10 dB。

3.7.2 车辆到车辆模型

最常讨论的室外毫米波信号应用之一是车辆到车辆的应用。文献[SL90]研究了 60 GHz 的车间通信，发现在这些频率上进行可靠通信时，链路距离最高达到 500 m，传输功率约为 2 W。文

献[BDRQL11]研究了 60 GHz 频率下车辆对接收信号强度的影响。来自文献[BDRQL11]的图 3.36 显示了接收机在车辆中的路径损耗测量结果以及发射机和接收机在开放环境中的点对点应用的路径损耗测量结果。这些测量在发射机和接收机处使用高定向的 25 dBi，7° 波束宽度的天线。该图表明，60 GHz 频率下在接收机和发射机处使用高定向天线，可以实现从车辆高度的室外发射机到车辆的 LOS 通信，但是接收信号会稍微衰减。NLOS 路径则会大幅衰减。图 3.37 显示了与车辆内接收机通信的情况下的 RMS 延迟扩展将远低于发射机和接收机都位于开放环境的情况。测量在发射机和接收机上使用了 25 dBi，7° 波束宽度的高方向性天线。

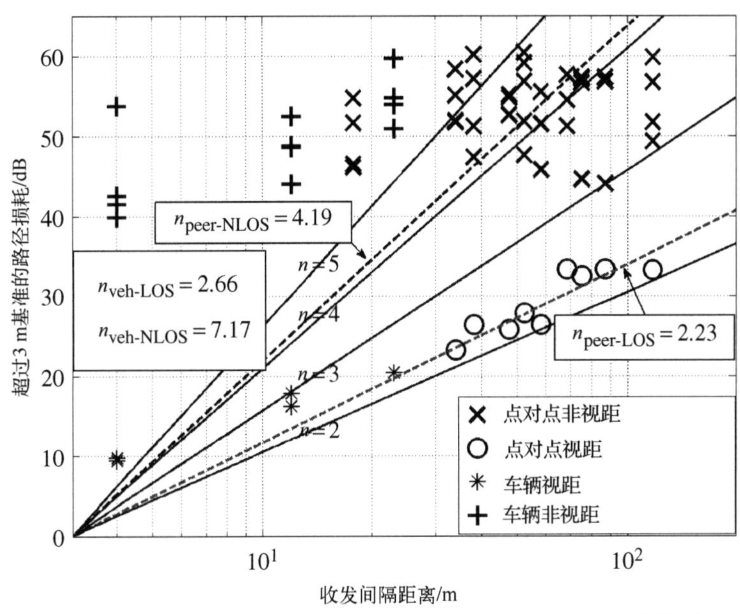

图 3.36　60 GHz 点对点应用和从地面发射机到车辆接收机的通信的路径损耗

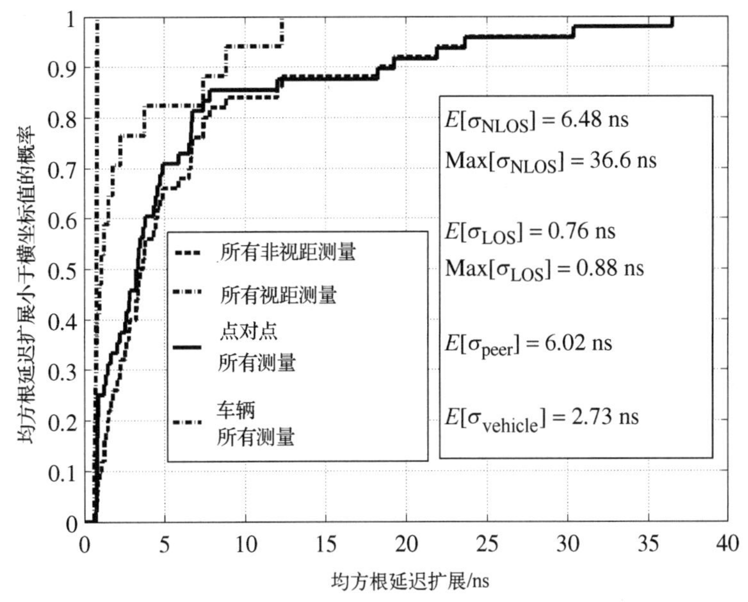

图 3.37　当发射机与车辆内的接收机通信时，与发射机和接收机处于开放状态相比，RMS 延迟扩展要小得多

在对室外车辆通信信道建模时，必须考虑相邻车辆的影响，以及交通密度、交通车道数量和潜在干扰源。文献[RDA11]的研究探讨了 2 GHz 频段内卫星无线电和蜂窝用户之间的同信道干扰和带外发射(OOBE)情景，类似的技术可用于确定未来的车辆到车辆通信系统的覆盖范围、容量和干扰。有关车辆到车辆信道模型的其他信息，我们建议读者阅读文献[Zaj13]，该书聚焦于车辆到车辆和水下载具到水下载具的通信。

3.8 室内信道模型

为了准确地进行链路预算和覆盖范围/容量设计，需要室内信道模型来部署毫米波通信系统。对于部署和系统分析，5 GHz 以上的频率非常适合于特定站点的建模，用这些方法估计接收信号电平、多径分量及其到达角，准确性非常高。为了开发无线标准并且有一个模拟误码率、PHY 和 MAC 层改进以及波束控制和协作通信的统一方法，更需要有一个考虑到时延和空间多径的统计信道模型，用于硬件的仿真和台架测试。

室内环境中天线的两个主要特性会影响接收机处观察到的多径：天线方向性和电磁场极化。第一个特性为天线方向性，是指在给定方向上辐射的功率与在所有方向上的总辐射功率平均值之比。因为定向发射天线在某些方向上集中，所以覆盖的空间范围更少。类似地，定向接收天线会从更少的空间范围捕获能量。因此，定向天线可以通过限制获取辐射的空间来减少多径的影响[YHS05]。这种效应可能会非常强烈。在文献[MMI96]中显示了一种情况，通过使用高定向天线将 RMS 延迟扩展从 18 ns 减小到 1 ns。另外文献[WAN97]显示从 23 ns 减少到 10 ns。不同的环境下，文献[RH91][HR92]和[H+94]显示了类似的结果。然而，正如将在第 7 章和第 8 章中讨论的那样，方向性也存在一些问题，因为发射机和接收机必须相互“指向”以便进行通信。

如前面 3.2.5 节和 3.2.8 节以及图 2.5 和表 2.4 所示，分区的透射损耗以及反射系数在准确建立毫米波室内信道模型上发挥着重要作用[SRA96][AR04][AR+02][NMSR13][XKR02]。我们现在针对大尺度效应和小尺度统计效应，介绍一些有前景的技术和毫米波室内信道建模的早期工作。

3.8.1 室内信道的射线跟踪模型

由于毫米波无线环境中反射和散射占主导地位而缺少绕射的贡献，射线跟踪是一种流行且准确的重建无线信道的方法。射线跟踪模型的主要限制是缺乏灵活性。射线跟踪模型必须在特定环境中应用，并且通常是确定性的[SDR92][SR94][HR93][H+94][SSTR93][DPR97b]。这意味着在没有精确的环境物理模型的情况下，更难以描述不同环境(例如，室内、室外)的信道模型，尽管这种特定于站点的方法非常适合于无线网络的单独安装(例如，在特定的城市或企业)。基于统计的模型，例如 Rician 衰落(下文讨论)和 Saleh-Valenzuela 簇模型(在 3.8.3 节中讨论)，对于研究来说更易于分析，并且可以通过随机参数化来参照一般的环境情景。如 3.2.8 节所述，文献[SDR92][SSTR93][SR94][HR93][H+94][YMM+94][HA95]和[DEFF+97]描述了 N 射线跟踪模型，其中 N 是通过环境从发射机传播到接收机的射线数量。已证明 N 射线模型和测量结果之间通常具有良好的一致性。对于大多数情况，射线跟踪模型中只需要包含几次反射，因为大的路径损耗会减少多次反射的信号的贡献[SSTR93][XKR02]。

3.8.2　瑞利、莱斯和 Multiwave 衰落模型

瑞利(Rayleigh)衰落模型来源于大量散射的信道响应，该响应中许多多径信号分量在时间或空间上无法分辨[Rap02]，瑞利衰落模型统计地描述了大尺度信道模型一些特定的平均值的接收信号包络。这些模型通常只适用于窄带信道或全向低增益天线系统，因为它们不求解单独的多径分量，而是对随机到达的信号能量进行矢量求和。由于在每个单独的难以求解的多径分量上引起的微小相移，接收信号包络会经历瑞利特性。在主要情况下，例如，非衰落 LOS 多径信号分量的情况下，信号包络会经历莱斯(Rician)分布，其中主要非衰落信号为接收信号特性提供了基线。

在瑞利衰落下的这些窄带信道的小尺度接收信号包络电压(非功率)随机变量 r 的概率密度函数(PDF)由下式给出(P_{r} 为大尺度接收信号功率)：

$$p_R(r)=\left(\frac{2r}{P_{\mathrm{r}}}\right)\exp\left(-\frac{r^2}{P_{\mathrm{r}}}\right),\quad 0\leqslant r\leqslant\infty \tag{3.48}$$

瑞利衰落模型不包括镜面(非衰落)LOS 信号分量。接收包络电压的莱斯衰落模型对瑞利衰落模型进行了推广，以包括 LOS 分量，得到

$$p_R(r)=\left(\frac{2r}{P_{\mathrm{r,NLOS}}}\right)\exp\left(-\frac{(r^2+P_{\mathrm{r,LOS}})}{P_{\mathrm{r,NLOS}}}\right)I_0\left(\frac{2r\sqrt{P_{\mathrm{r,NLOS}}}}{P_{\mathrm{r,NLOS}}}\right),\quad 0\leqslant r\leqslant\infty \tag{3.49}$$

其中 $P_{\mathrm{r,LOS}}$ 是 LOS 分量中的平均接收信号功率，$P_{\mathrm{r,NLOS}}$ 是非视距(NLOS)分量中的平均接收信号功率，$I_0(\cdot)$ 是零阶贝塞尔函数。为了量化接收信号中稳态 LOS 分量的程度，我们定义了莱斯 K 因子

$$K_{\mathrm{R}}=\frac{P_{\mathrm{r,LOS}}}{P_{\mathrm{r,NLOS}}} \tag{3.50}$$

因此，如果 $K_{\mathrm{R}}=0$ 则没有 LOS 分量，$P_{\mathrm{r,NLOS}}=P_{\mathrm{r}}$，接收信号功率为瑞利分布。已经有研究测量了 60 GHz 系统对瑞利/莱斯衰落的符合性[TM88][AH91][DMTA96] [PBC99]。在文献[AH91]中，在方位角方向上使用全向天线以 5000 个采样/秒的速率分析了 60 GHz 恒定功率信号。作者已确定，对于室外城市环境，60 GHz 无线信道无法通过瑞利分布很好地建模。具体而言，60 GHz 室外信道并没有包括剧烈变化的衰落分布所必需的更多的多径分量。然而，在发射机和接收机间隔距离较大时，衰落分布确实变得更加接近瑞利衰落。在文献[DMTA96]中，射线跟踪模拟计算出了空房间内不同发射机/接收机间隔距离上平均的 K_{R} 值。结果显示 K_R 相对于距离以对数比例减小(当间隔距离从 1 m 变化到 12 m 时，K_{R} 从 20 dB 变化到 5 dB)。我们可以得出结论，正如预期的那样，当 LOS 分量存在时，LOS 分量占主导地位，相比而言最强的 NLOS 分量通常并不是很强，从而导致发生莱斯衰落而不是瑞利衰落。

由于毫米波频率下定向天线的使用，Durgin、Rappaport 和 de Wolf 开发的一类新的衰落分布变得越来越重要。这种分布被称为具有散射功率分布的双波(TWDP)分布，准确地模拟了扩散功率或随机噪声之上的几个强镜面多径分量的组合引起的衰落，并且这种分布

有着很深的物理现实联系。Durgin 的 TWDP 分布函数将瑞利和 Ricean 衰落分布作为更一般的分布族的特殊情形[DRD99][DRD02][Dur03]，并准确预测了现在报告的双峰密度函数[SB13]。Durgin 分布提供了精确的闭合式表达，模拟 2 个和 3 个镜面波与扩散多径相结合的影响，并且最近提出了改进的 Durgin 分布的闭合式表达[SB13]。这些分布特别适用于毫米波信道，由于使用高定向天线，毫米波信道中通常存在一些很强的多径分量[SR14][SR14a]。

3.8.3 IEEE 802.15.3c 和 IEEE 802.11ad 信道模型

IEEE 802.15.3c[BSL+11]和 IEEE 802.11ad[IEE10]标准中用于不同 PHY 评估的小尺度信道模型在时间和空间上是簇的形式。它们是基于标准 Saleh-Valenzuela(S-V)传播模型的修正向立的[SV87][YXVG11][Yon07][MEP+10]。它们与标准 S-V 传播模型的不同之处在于它们分别代表发射机和接收机之间的一条 LOS 路径——也就是说，发射机和接收机之间的 LOS 路径不被认为是簇的一部分。LOS 路径的分离性及其相对于其他分量的强度表明，当 LOS 路径未被阻挡时，信道可被视为是莱斯分布的。实际上，K 因子常用于描述信道脉冲响应。在大多数莱斯信道中，K 因子描述了最强的射线(通常是 LOS 射线，除非它被阻挡)与下一个最强的射线的比。当 LOS 路径被阻挡或不存在时，信道可以由瑞利分布很好地描述。模型的簇性质如图 3.38 所示，物理环境的建模如图 3.39 所示。室外模型的信道冲激响应(CIR)模型写为[YXVG11][Yon07][MEP+10]

$$h(t,\phi)=\beta\delta(t,\Phi_{\mathrm{LOS}})+\sum_{l=0}^{L}\sum_{k=0}^{K}a_{k,l}\delta(t-T_l-\tau_{k,l})\delta(\phi-\Phi_l-\psi_{l,k}) \tag{3.51}$$

其中 β 是 LOS 分量的增益，假设 LOS 分量发生在零延迟下并以方位角 Φ_{LOS} 到达。NLOS 簇用 LOS 脉冲后面的双重求和表示。第一个求和表示各个簇，其中有 L 个。第二个求和表示每个簇内的射线或多径分量(MPC)，并假设每个簇具有 K 个这样的分量。簇以 $1/T_l=\alpha$ 的速率发生。每个簇的主要(即最强)射线称为标记。主射线前面的次要射线数量为 N_f，后面的次要射线数量为 N_b。假设射线以速率 λ_f 或 λ_b 发生，这取决于射线是在主射线之前还是之后。在式(3.51)中，每条射线分配了一个单独的延迟 $T_l+\tau_{k,l}$。标记前到达速率是主射线之前的射线的到达间隔时间的平均值。标记后到达速率是给定簇内的射线跟随标记射线到达的平均速率。标记前射线以 γ_f 确定的速率指数增长，而标记后射线以 γ_b 确定的速率衰减。簇在幅度上以 Γ 确定的指数速率衰减。式(3.51)表明射线在角度上也是簇的形式的，也就是说，它们都在 Φ_l 集合给出的几个关键角度的小偏差范围内到达。每条射线的入射角由 $\Phi_l+\psi_{k,l}$ 给出。尽管未在式(3.51)中指出，但是射线在俯仰角上也是簇的形式。簇的平均数量 $\bar{L}$ 是一个统计参数。已发现毫米波信道在许多情况下是莱斯分布的，尽管有些人也发现莱斯信道的 LOS 路径特性实际上可能是两条射线的组合[GGSK11]。对于莱斯信道模型，K 因子是信道的主要描述符号——它给出了 LOS 路径与簇内 MPC 平均功率之比。引用文献[GGSK11]中的话：“莱斯 K 因子的值越大，信道中的 LOS 分量越强。实验结果表明，莱斯 K 因子一般随着信道 RMS 延迟扩展的减小而增大。” IEEE 802.15.3c 模型包括每个簇的标记前和标记后 K 因子。标记前 K 因子 k_b 是标记射线(簇中最强的射线)与标记射线前面的最强射线的比。标记后 K 因子 k_p 是标记射线与标记射线后面的最强射线的比。

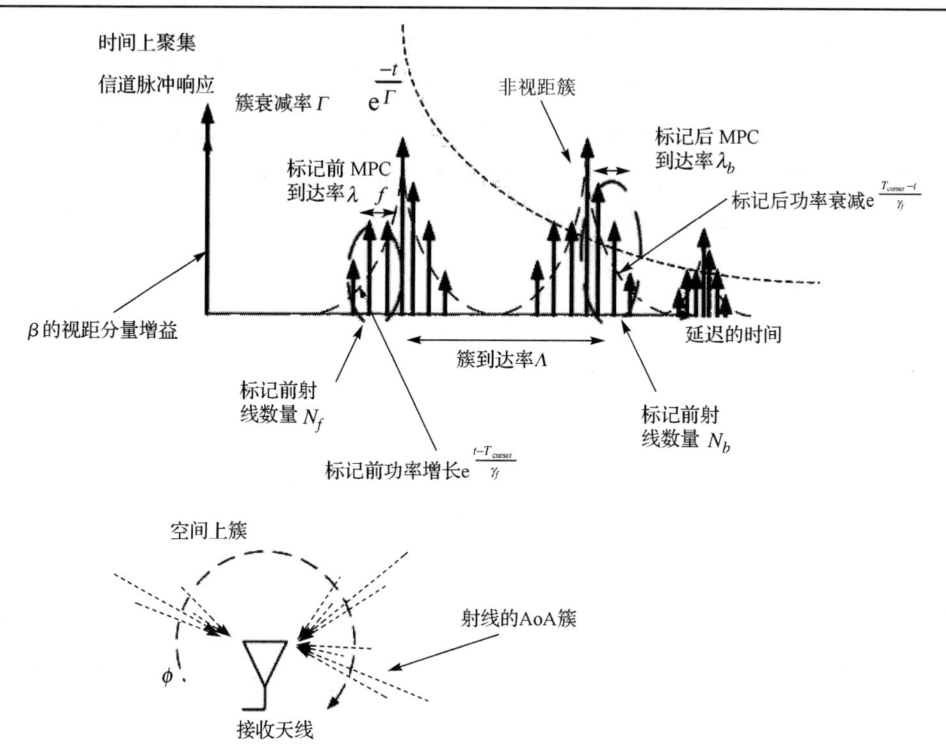

图 3.38　用于指定多径信道的关键参数的表示。由宽带信道探测器收集的测量数据生成关键信道参数的统计，以确定供研究人员和标准组织用于调制解调器设计和信令协议的时间和空间信道模型

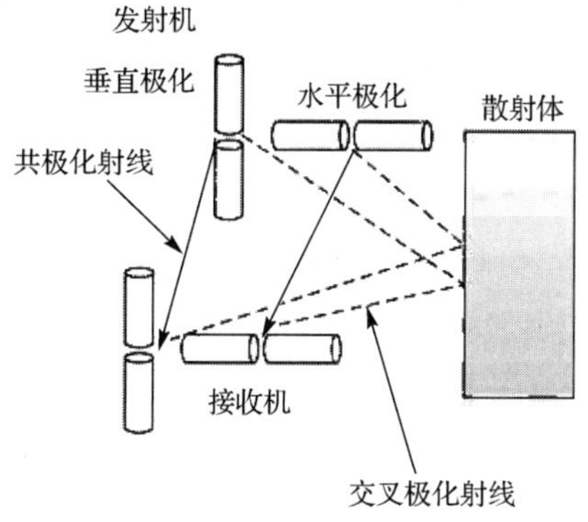

图 3.39　多径信道模型的物理假设

未使用定向天线(或天线阵列的定向波束赋形)时，每个簇内的多径分量呈指数衰减[GGSK11]

$$E\left\{\left|a_{k,l}\right|^2\right\}=\Omega_o \mathrm{e}^{\frac{-T_l}{\Gamma}} \mathrm{e}^{-\frac{\tau_{k,l}}{\gamma}} \tag{3.52}$$

其中 Ω_o 是“第一簇的第一条路径的平均能量，Γ 是簇衰减因子，γ 是射线衰减因子。” T_l 是第 l 簇，k,l 是第 l 簇的第 k 个 MPC。这是一种全向信道模型。

为了解释天线极化的影响，必须将信道模型从简单的 CIR 扩展到 2×2 的时间相关的矩阵，该矩阵会获取信道的共极化和交叉极化特征。虽然 LOS 路径在从发射机传播到接收机时不会(显著地)改变极化，但是散射和反射的射线可能会改变极化，允许垂直极化的发射天线与水平极化的天线通信。考虑天线极化效应的完整的单输入单输出(SISO)CIR 模型写为

$$\boldsymbol{h}(t,\phi)=\beta\delta(t,\Phi_{\mathrm{LOS}})\mathbf{I}+\sum_{l=0}^{L}\mathbf{H}^{(l)}\sum_{k=0}^{K}a_{k,l}\delta(t-T_l-\tau_{k,l})\delta(\phi-\Phi_l-\psi_{l,k}) \tag{3.53}$$

其中 $\boldsymbol{H}^{(l)}$ 是 2×2 矩阵，描述了第 l 簇的共极化和交叉极化特征。LOS 分量由单位矩阵 $\boldsymbol{I}$ 标度，因为预期 LOS 分量的极化不会在发射机和接收机之间发生改变。

β 的值取决于发射机和接收机天线的增益和方向。IEEE 802.15.3c 信道模型包含了一个 β 的显式公式，该公式基于发射机和接收机天线的高度以及天线在射线出射/到达方向上的增益。

式(3.51)和式(3.53)仅表示了到达角(AOA)信息。为了实现基于发射机位置的完整模拟，模型中也必须包含出射角(AoD)信息[MEP+10]：

$$\begin{aligned}\boldsymbol{h}(t,\phi_{\mathrm{TX}},\phi_{\mathrm{RX}})&=\beta\delta(t,\Phi_{\mathrm{LOS}})\boldsymbol{I}\\&+\sum_{l=0}^{L}\mathbf{H}^{(l)}\sum_{k=0}^{K}a_{k,l}\delta(t-T_l-\tau_{k,l})\delta(\phi_{\mathrm{RX}}-\Phi_{\mathrm{l,RX}}-\psi_{l,k,\mathrm{RX}})\delta(\phi_{\mathrm{TX}}-\Phi_{\mathrm{l,TX}}-\psi_{l,k,\mathrm{TX}})\end{aligned} \tag{3.54}$$

在式中已经包括了一个空间 δ 函数来表示 k，l^{th} 射线的到达角和出射角，并且只考虑方位角，但方位角可以推广到俯仰角。AOD 信息对于准确模拟发射机-接收机系统是必须的。

802.11ad 和 802.15.3c 标准使用的信道模型的一个重要假设是，到达时间、方位角和俯仰角的分布都是独立的[YXVG11]。角度和时间分布当然并不是真正独立的，但是经常使用这种假设，因此

$$p(\phi_{\mathrm{RX}},\phi_{\mathrm{TX}},\theta_{\mathrm{RX}},\theta_{\mathrm{TX}},\tau)=p(\phi_{\mathrm{RX}})p(\phi_{\mathrm{TX}})p(\theta_{\mathrm{RX}})p(\theta_{\mathrm{TX}})p(\tau) \tag{3.55}$$

其中 $p(\varphi_{\mathrm{RX}})$，$p(\varphi_{\mathrm{TX}})$，$p(\theta_{\mathrm{RX}})$，$p(\theta_{\mathrm{TX}})$ 和 $p(\tau)$ 分别是接收机方位角、发射机方位角、接收机俯仰角、发射机俯仰角和 MPC 分量到达时间的分布。尽管这些参数的分布在模型中近似为独立的，但是射线或簇通常对其前面的一个或多个簇具有依赖性。

文献[Yon07]中总结了不同分布的值。通过以前面射线的方位角为条件的均匀分布来描述簇到达/出射的方位角：

$$p(\Phi_{\mathrm{RX},i}|\Phi_{\mathrm{RX},i-1})=\frac{1}{2\pi} \tag{3.56}$$

其中，$\Phi_{\mathrm{RX},i}$ 是第 i 个簇中 MPC 射线的平均方位角，$\Phi_{\mathrm{RX},i-1}$ 是第 $(i-1)$ 个簇中 MPC 射线的平均角度。每条射线的方位角与其簇的平均角度的偏差由零均值的拉普拉斯分布或高斯分布给出：

$$p(\psi_{l,k,\mathrm{RX}})=\frac{1}{\sqrt{2\pi}\sigma_\phi}\exp\left(-\frac{\psi_{l,k,\mathrm{RX}}^2}{2\sigma_\phi^2}\right) \tag{3.57}$$

$$p(\psi_{k,l})=\frac{1}{\sqrt{2}\sigma_\phi}\exp\left(-\left|\frac{\sqrt{2}\psi_{k,l}}{\sigma_\phi}\right|\right) \tag{3.58}$$

其中，式(3.57)是方差为 σ_ϕ^2 的高斯分布，式(3.58)是标准差为 σ_ϕ 的拉普拉斯分布，也称为分布的角度扩展。

簇到达时间和每个簇内的 MPC 到达时间由指数分布描述：

$$p(T_l|T_{l-1})=A[-A\exp(T_l-T_{l-1})],l>0 \tag{3.59}$$

$$p(\tau_{k,l}|\tau_{k,l-1})=\lambda[-\lambda\exp(\tau_{k,l}-\tau_{k,l-1})],k>0 \tag{3.60}$$

射线和簇的幅度呈对数正态分布：

$$p(a_{k,l})=\frac{1}{\sqrt{(2\pi)}\sigma_r a_{k,l}}\exp\left(-\frac{(\ln(a_{k,l})-\mu_r)^2}{2\sigma_r^2}\right) \tag{3.61}$$

其中 μ_r 和 σ_r^2 分别是射线幅度 $a_{k,l}$ 的平均值和方差。请注意，射线标准差和路径损耗阻挡变化是相似的，它们都是对数正态分布，但并不相等。这是因为路径损耗通常是通过考虑信道脉冲响应的所有射线中的能量计算得到的。因此，单个射线幅度和射线幅度之和都可以由对数正态分布很好地描述。

簇的平均 MPC 幅度也可以用对数正态分布来描述，标准差为 σ_c。

60 GHz 模型的大尺度特性是基于具有对数正态阻挡的路径损耗的对数距离依赖性[YXVG11]。对数正态阻挡表示路径损耗的测量值在以分贝标度表示符合正态分布。由于 60 GHz 通信专用的信道的绝对带宽非常宽，因此有时还会考虑路径损耗的频率依赖性，

$$\mathrm{PL}(d,f)=\mathrm{PL}_0+10\kappa\log_{10}\left(\frac{f}{f_0}\right)+10n\log_{10}\left(\frac{d}{d_0}\right)+X_\sigma \tag{3.62}$$

其中 PL_0 是载波频率 f_0 和发射机-接收机间隔距离 d_0 条件下的参考路径损耗。κ 是频率损耗因子（通常等于 2），但还需要进一步的测试来准确地确定路径损耗的频率依赖性[YXVG11]。注意，n 是路径损耗指数，描述了当发射机-接收机间隔距离由 d 增加到 d_0 以上时路径损耗是如何增加的。X_σ 是对数正态分布的随机变量，描述了信道的阻挡特性。文献[YXVG11]指出大多数室内 LOS 信道的路径损耗指数为 0.4～2.1（值小于 2 表示环境阻止能量以球形扩散，而将一些辐射能量从发射机引导到接收机）。NLOS 室内 60 GHz 信道的路径损耗为 1.97～5.40[YXVG11]。大多数室内环境中，天线相对于地面的更高位置会导致更低的路径损耗指数[YXVG11]。如果根据极化将路径损耗参数化（共极化路径损耗或交叉极化路径损耗），则交叉极化路径损耗指数在大多数情况下高于共极化路径损耗指数。

要转换给定的使用一组特定发射机和接收机天线的测量的数据，只需简单地将发射机和接收机天线的增益（以分贝为单位）加到参考路径损耗上。

信道随时间变化的速率由信道的多普勒特性描述。多普勒扩展是通过发射机、接收机或信道中物体的移动可以改变的发送到信道中的信号频率的最大量。多普勒扩展的倒数是相干时间，后者可以被认为是信道特性相对恒定的时间。文献[YXVG11]给出了 300 Hz 的最大多普勒扩展，对应于室内信道 0.6 ms 的相干时间。相干时间通常比 IEEE 802.11ad 或 IEEE 802.15.3c 中的符号持续时间长得多，因此许多连续符号将经历大致相同的信道——也就是说，信道具有阻挡衰落特性（也称为慢衰落）[Rap02]。

然而，60 GHz 调制与编码策略（MCS）标准所使用的大带宽会导致频率选择性衰落，也就是说，信道的频率响应在感兴趣的频带上通常不是平坦的[YXVG11][Rap02]。由于这些系统的大带宽和频率选择性衰落性质，对于短距离移动它们将不会经历大幅的接收功率衰落（即，接收功率的变化）。注意，使用高增益定向天线可能导致信道频率响应变平，特别是对于 LOS 链路。这是由于定向天线的空间滤波特性，会通过阻塞某些路径来减小 RMS 延迟扩展（回想 RMS 延迟扩展与相干带宽成反比）。使用圆极化天线也可以减小 RMS 延迟扩展，从而降低频率选择性[YXVG11]。相比之下，平坦衰落系统在感兴趣的带宽上具有近似平坦的信道频率响应，但是对于短距离的移动会经历大幅的接收功率衰落。

60 GHz 信道模型的一个显著特征是包括了人为引起的衰落或阻挡的影响[YXVG11]。人为引起的衰落的强度范围为 18～36 dB，可以持续几十到几百毫秒[YXVG11][JPM+11]。文献[JPM+11]显示，人通常不会完全地阻挡路径，但是会严重削弱路径传播。一些研究人员已经证明，

尖劈绕射模型可以很好地模拟人体造成的阻挡。文献[JPM+11]使用了多重尖劈模型，包括射线在人头部发生绕射的可能性。人被建模为具有 6 个尖劈的立方体。对于室内场景而言，天花板的反射可以极大地改变人的影响。人的阻挡被发现会显著增加 RMS 延迟扩展：人的阻挡导致较低的 SNR 和增加的 RMS 延迟扩展，这两者都会增加 BER 或降低链路容量。

总结来说，IEEE 802.11ad 和 IEEE 802.15.3c 信道模型的关键参数有[Yon07]：

(1) PL_0，参考距离(通常为 1 m)处的路径损耗；

(2) n，路径损耗指数，描述平均路径损耗如何依赖于发射-接收距离；

(3) X_σ，阻挡标准差；

(4) β，第一个 MPC 的增益，通常假设为 LOS；

(5) α，簇间(簇)到达速率；

(6) λ，簇内(射线)到达速率；

  (a) λ_f 簇内标记前射线到达速率；

  (b) λ_b 簇内标记后射线到达速率；

(7) Γ，簇间(簇)衰减速率；

(8) γ，簇内(射线)衰减速率；

  (a) γ_f 簇内标记前增长速率；

  (b) γ_b 簇内标记后增长速率；

(9) σ_c，簇对数正态标准差；

(10) σ_r，射线对数正态标准差；

(11) σ_ϕ，角度扩展，也就是方位角分布的标准差；

(12) $\bar{L}$，平均簇数；

(13) $P(L)$，簇数的分布；

(14) d，TX-RX 距离；h_1，TX 高度；h_2，RX 高度；G_T，TX 增益；G_r，RX 增益；Δ_k，射线莱斯因子。这些参数用于 β 的估计。

我们现在回顾 IEEE 802.15.3c 和 IEEE 802.11ad 中使用的信道模型的特定形式。由于可用的测量有限，这些模型主要通过射线跟踪模拟得出(之后根据测量结果进行验证)。如 3.2.8 节所述，只要关于地形和杂波类型/水平以及材料属性的准确信息可以得到，射线跟踪可以发挥出很好的效果。

3.8.4 IEEE 802.15.3c

IEEE 802.15.3c 信道模型包括 9 种不同情况/环境下的子模型。这些子模型在表 3.18 中描述(转载自文献[Yon07][BSL+11])。IEEE 802.15.3c 模型适用于 LOS 或 NLOS 信道[BSL+11]。广义 S-V 模型(在时间和空间上集群[SV87])用于表示信道脉冲响应，但使用单独的 LOS 分量表示的除外[BSL+11]。簇到达和簇内的射线到达通过泊松随机过程建模，而幅度通过对数正态分布建模[BSL+11]。到达角度被认为是均匀分布的并且假设其在路径之间是独立的[BSL+11]，而簇内的各个射线具有高斯分布或拉普拉斯分布的到达角。

表 3.18　人持有移动设备的各种室内环境的 IEEE 802.15.3c 信道模型

信道模型	场景	环境	描述
CM1	视距	住宅	带家具的房间。与小型办公室类似。木地板或混凝土墙和地板与地毯或纸覆盖物。有门窗
CM2	非视距		
CM3	视距	办公室	多个办公椅和书桌，电脑。书架，储藏柜和橱柜。金属/混凝土墙。可能存在小隔间或实验室工作站。长走廊将办公室连接在一起
CM4	非视距		
CM5	视距	图书馆	多个书桌和装满书籍的金属/木架子。大窗户可以在一侧或多侧。大型公共出入口
CM6	非视距		
CM7	视距	桌面	办公室和电脑杂乱不堪。通常被一个小隔间围起来
CM8	非视距		
CM9	视距	亭子	在商场或其他公共场所的车站。用户应直接站在前面并靠近(1～2 m)自助终端

各种 IEEE 802.15.3c 信道的路径损耗指数由表 3.19 给出。对于表中具有频率依赖性的条目，路径损耗如下：

$$\mathrm{PL} = \mathrm{PL}_0 + 20\log_{10}(f) + 10n\log_{10}\left(\frac{d}{d_0}\right) + X_\sigma \tag{3.63}$$

而对于那些没有频率依赖性的条目，则不包括频率依赖项。

对于桌面环境的 IEEE 802.15.3c 信道模型，描述信道脉冲响应中 LOS 路径增益的 β 值由下式给出[Yon07]。

$$\beta\,[\mathrm{dB}] = 20\log_{10}\left[\frac{\mu_d}{d}\left|\sqrt{G_{\mathrm{t1}}G_{\mathrm{r1}}} + \sqrt{G_{\mathrm{t2}}G_{\mathrm{r2}}}\varGamma_0\exp\left(\frac{\frac{\mathrm{j}2\pi}{\lambda_f}2h_1h_2}{d}\right)\right|\right] - \mathrm{PL}_d(\mu_d) \tag{3.64}$$

其中，

$$\mathrm{PL}_d(\mu_d)\,[\mathrm{dB}] = \mathrm{PL}_d(d_\mathrm{o}) + 10\cdot n\cdot\log_{10}\left(\frac{d}{d_\mathrm{o}}\right) \tag{3.65}$$

$$\mathrm{PL}_d(d_\mathrm{o}) = 20\log_{10}\left(\frac{4\pi d_o}{\lambda_f}\right) + A_{\mathrm{NLOS}} \tag{3.66}$$

式(3.64)和式(3.65)中的 λ_f 是工作波长。

IEEE 802.15.3c 信道模型中的平均簇数为 3～14，但最典型的分布范围为 3～4[YXVG11]。值得注意的是，文献[Yon07]发现簇数并不遵循任何一个分布，但具有高度依赖环境的统计性质。

IEEE 802.15.3c 模型使用的其他信道参数可以在表 3.20、表 3.21、表 3.22 和表 3.23 中找到(来自文献[Yon07])。表 3.21 列出了终端环境的 IEEE 802.15.3c 信道模型的特定值。

表 3.19　60 GHz 信道模型所用的路径损耗值

环境	视距/非视距	n	$\mathrm{PL_o}$/dB	X_{sigma}/dB	频率相关	天线	文献
住宅	视距	1.53	75.1	1.5	不相关	发射天线 72°，半功率波束宽，接收天线 60°半功率波束宽	[YXVG11]

续表

环境	视距/非视距	n	PL_o/dB	X_{sigma}/dB	频率相关	天线	文献
住宅	非视距	2.44	86.0	6.2	不相关	发射天线 72°，半功率波束宽，接收天线 60°	[YXVG11]
办公室	视距	1.16	84.6	5.4	不相关	全向发射天线，接收天线 30° 半功率波束宽	[YXVG11]
办公室	非视距	3.74	56.1	8.6	不相关	全向发射天线，接收天线 30° 半功率波束宽	[YXVG11]
会议室[a]	视距	2.0	32.5	N/A	$20\times\log_{10}(f)$	N/A	[MEP+08]
会议室[a]	非视距	0.6	51.5	N/A	$20\times\log_{10}(f)$	N/A	[MEP+08]

[a] 也适用于 IEEE 802.11ad 型号。

表 3.20 住宅环境中 CM1 和 CM2 使用的模型参数，用于 IEEE 802.15.3c PHY 评估

住宅	视距(CM1)					非视距(CM2)	备注
	发射天线 −360°，接收天线−15°，NICT	发射天线 −60°，接收天线−15°，NICT	发射天线 −30°，接收天线−15°，NICT	发射天线 −15°，接收天线−15°，NICT	发射天线 −360°，接收天线−15°，NICTA		
Λ/(1/ns)	0.191	0.194	0.144	0.045	0.21	N/A	
λ/(1/ns)	1.22	0.90	1.17	0.93	0.77	N/A	
Γ/ns	4.46	8.98	21.50	12.60	4.19	N/A	
γ/ns	6.25	9.17	4.35	4.98	1.07	N/A	
σ_c/dB	6.28	6.63	3.71	7.34	1.54	N/A	
σ_r/dB	13.00	9.83	7.31	6.11	1.26	N/A	
σ_ϕ/度	49.80	119.00	46.20	107.00	8.32	N/A	
$\bar{L}$	9	11	8	4	4	N/A	
Δk/dB	18.80	17.40	11.90	4.60	N/A	N/A	
$\Omega(d)$/dB	−88.70	−108.00	−111.00	−110.70	N/A	N/A	Ω_0 在 3 m 处获得
n_d	2	2	2	2	N/A	N/A	
$A_{非视距}$	0	0	0	0	N/A	N/A	

表 3.21 IEEE 802.15.3c PHY 评估使用的信道参数，用于办公环境

办公室	视距(CM3)		非视距(CM4)			备注
	发射天线−30°，接收天线−30°，NICT	发射天线−60°，接收天线−60°，NICT	发射天线−360°，接收天线−15°，NICT	发射天线−30°，接收天线−15°，NICT	全向发射天线，接收天线−15°，NICTA	
Λ/(1/ns)	0.041	0.027	0.032	0.028	0.07	
λ/(1/ns)	0.971	0.293	3.45	0.76	1.88	
Γ/ns	49.80	38.80	109.20	134.00	19.44	
γ/ns	45.20	64.90	67.90	59.00	0.42	

续表

办公室	视距(CM3)			非视距(CM4)		备注
	发射天线-30°，接收天线-30°，NICT	发射天线-60°，接收天线-60°，NICT	发射天线-360°，接收天线-15°，NICT	发射天线-30°，接收天线-15°，NICT	全向发射天线，接收天线-15°，NICTA	
σ_c /dB	6.60	8.04	3.24	4.37	1.82	
σ_r/dB	11.30	7.95	5.54	6.66	1.88	
σ_ϕ/度	102.00	66.40	60.20	22.20	9.10	
$\overline{L}$	6	5	5	5	6	
Δk/dB	21.90	11.40	19.00	19.20	N/A	
$\Omega(d)$/dB	$-3.27d-85.80$	$-0.303d-90.30$	−109.00	−107.20	N/A	
n_d	2.00	2.00	3.35	3.35	N/A	
$A_{非视距}$	0	0	5.56@3 m	5.56@3 m	N/A	

表 3.22　图书馆环境的 IEEE 802.15.3c 信道模型

图书馆	视距(CM5)	非视距(CM6)	备　　注
Λ/(1/ns)	0.25	N/A	
λ/(1/ns)	4.00	N/A	
Γ/ns	12.00	N/A	
γ/ns	7.00	N/A	
σ_c/dB	5.00	N/A	
σ_r/dB	6.00	N/A	
σ_ϕ/度	10.00	N/A	
$\overline{L}$	9	N/A	
$K_{视距}$/dB	8	N/A	

表 3.23　桌面环境的 IEEE 802.15.3c 信道模型

桌　　面	视距(CM7)		视距(CM7) 全向发射天线，接收天线-21 dBi	非视距(CM8)
	发射天线-30°，接收天线-30°	发射天线-60°，接收天线-60°		
Λ/(1/ns)	0.037	0.047	1.72	N/A
λ/(1/ns)	0.641	0.373	3.14	N/A
Γ/ns	21.10	22.30	4.01	N/A
γ/ns	8.85	17.20	0.58	N/A
σ_c/dB	3.01	7.27	2.70	N/A
σ_r/dB	7.69	4.42	1.90	N/A
σ_ϕ/度	34.60	38.10	14.00	N/A
$\overline{L}$	3	3	14	N/A
Δk/dB	11.00	17.20	N/A	N/A
$\Omega(d)$/dB	$4.44d-105.4$	$3.46d-98.4$	N/A	N/A
h_1	统一范围：0～0.3	统一范围：0～0.3	N/A	N/A
h_2	统一范围：0～0.3	统一范围：0～0.3	N/A	N/A

续表

桌　面	视距(CM7)		视距(CM7) 全向发射天线， 接收天线-21 dBi	非视距 (CM8)
	发射天线-30°， 接收天线-30°	发射天线-60°， 接收天线-60°		
d	统一范围：0±0.3	统一范围：0±0.3	N/A	N/A
G_{T1}	GSS[a]	GSS	N/A	N/A
G_{R1}	GSS	GSS	N/A	N/A
G_{T2}	GSS	GSS	N/A	N/A
G_{R2}	GSS	GSS	N/A	N/A
n_d	2	2	N/A	N/A
$A_{非视距}$	0	0	N/A	N/A

3.8.5 IEEE 802.11ad

IEEE 802.11ad 信道模型与 IEEE 802.15.3c 信道模型非常相似，并且更为相关，因为围绕 60 GHz 无线通信存在着大量的商业应用。IEEE 802.11ad 信道建模委员会已经花费了大量精力研究 60 GHz 室内信道的统计特性，主要是通过使用射线跟踪仿真工具。如文献[MEP+10]所述，信道模型描述了空间和时间效应，此外还要获取幅度、相位和极化信道特征或影响。空间特征信息是通过发射-接收间距、方位角和俯仰角来描述的。

与 IEEE 802.15.3c 信道模型一样，IEEE 802.11ad 信道模型也是基于流行的 Saleh-Valenzuela 信道模型的推广。IEEE 802.11ad 信道模型的大部分结果来自于 2007 年对会议室环境的研究。

IEEE 802.11ad 模型的 LOS 路径表示基于 Friis 自由空间方程[YXVG11]。对非 LOS 路径的增益使用下式(对于第 i 路径)建模：

$$\beta_i(\mathrm{dB}) = 20\log_{10}\left(\frac{g_i\lambda}{4\pi(d+R)}\right) \tag{3.67}$$

其中包含波长 λ、第 i 路径的反射损耗 g_i、发射机和接收机间的 LOS 距离 d 以及排除 LOS 路径距离后的 NLOS 距离 R。

IEEE 802.11ad 信道模型根据两种不同的应用场景对簇进行了分类——基站到基站(STA-STA)或基站到接入点(STA-AP)[MEP+10]。对于每种情况，都考虑了 LOS 和 NLOS 路径，并考虑了从发射机到接收机的射线的反射次数的影响。根据文献[MEP+10]，小会议室环境中每个场景的平均簇数是使用射线跟踪找到的，结果如表 3.25 所示(来自文献[MEP+10])。

来自文献[MEP+10]的表 3.26 总结了 IEEE 802.11ad 信道模型中使用的关键系数。

表 3.24　自助服务终端环境的 IEEE 802.15.3c 信道模型，环境中有一个人手持移动设备指向自助服务终端

自助服务终端	视距(CM9)		备　注
	发射天线-30°，接收天线-30° 环境 1	发射天线-30°，接收天线-30° 环境 2	
Λ/(1/ns)	0.054 6	0.044 2	
λ/(1/ns)	0.917	1.01	
Γ/ns	30.20	64.20	
γ/ns	36.50	61.10	
σ_c/dB	2.23	2.66	
σ_r/dB	6.88	4.39	
σ_ϕ/度	34.20	45.80	

续表

自助服务终端	视距（CM9）		备　注
	发射天线-30°，接收天线-30° 环境 1	发射天线-30°，接收天线-30° 环境 2	
$\bar{L}$	5	7	
Δk/dB	11.00	9.10	
$\Omega(d)$/dB	-98.00	-107.80	Ω_0在 1 m 处获得
n_d	2	2	
$A_{非视距}$	0	0	

表 3.25　会议室环境的 IEEE 802.11ad 信道模型的平均簇数

集群类型	STA-STA 子场景的簇数	STA-AP 子场景的簇数
视线路径	1	1
墙壁的一阶反射	4	4
两面墙的二阶反射	8	8
天花板的一阶反射	1	
墙壁和天花板的二阶反射	4	

表 3.26　会议室环境的 IEEE 802.11ad 信道模型的关键参数

参　数	符　号	值
主信号前射线 K 因子	K_f	5 dB
主信号前射线功率衰减时间	g_f	1.3 ns
主信号前速率到达速率	I_f	0.20 ns^{-1}
主信号前射线幅度分布		瑞利
主信号前射线数	N_f	2
主信号后射线 K 因子	K_b	10 dB
主信号后射线功率衰减时间	g_b	2.8 ns
主信号后速率到达速率	I_b	0.12 ns^{-1}
主信号后射线幅度分布		瑞利
主信号后射线数	N_b	4

3.9　本章小结

毫米波无线通信的新兴世界为工程界提供了新的前沿。在这个新的频谱范围，考虑到短波长和现在出色的高定向天线制造能力，无线传播特性在很多方面都是完全不同的。然而，在其他方面，毫米波信道与目前使用的 UHF 和微波信道非常相似。例如，毫米波室外和室内信道的全向信道模型与当前无线系统使用的全向信道模型非常相似。但是在毫米波频率下，绕射变得可以忽略不计，反射和大表面散射成为主要的传播模式。定向天线和射线跟踪设计方法成为强大的工程工具。

本章阐述了围绕毫米波无线传播主要的基本问题，这些问题都与创建毫米波无线网络有关。我们为无线网络的设计提供了所有无线传播和信道建模关键领域的基本知识，适用于室内、室外和车到车通信中的固定和移动应用。

本章提供了实际测量和建模技术的详细内容，可以对新兴毫米波系统的无线信道特性先睹为快。还提供了包括降雨和冰雹在内的天气效应，以及反射、透射、散射和路径损耗的测量和模型。本章还介绍了研究人员和行业从业人员用于开发无线标准的关键信道统计数据。我们提供了大量的毫米波传播测量数据，并展示了许多基于现有测量主体的大尺度和小尺度信道模型。这些新的测量和模型非常适合于未来毫米波无线网络开发所需的国际标准，但是该领域还需要做更多的工作。我们将 IEEE 802.15.3c 和 IEEE 802.11ad 信道模型作为具体示例进行了说明，并且提供了如何将过去的建模工作(如射线跟踪和统计建模)应用于毫米波信道的建议。

无线传播领域很复杂并充满了研究的机会。随着载波频率和带宽的增加，一定会需要新的模型、测量和辅助工程师开发部署无线产品的方法。

第 4 章　毫米波应用中的天线及阵列

4.1　引言

毫米波信号的极短波长(例如，28 GHz 时为 10.7 mm，60 GHz 时为 5 mm，380 GHz 时为 789 μm)为毫米波天线阵列提供了巨大的潜力，这些天线阵列具有自适应、高增益的特点，并且在批量生产的消费电子产品中，制造和集成成本低廉。这种集成度高、物理尺寸小的天线，在成本与性能上优势明显。从成本的角度来看，毫米波天线可以直接与收发信机的其他部分集成，并且可以用封装或集成电路(IC)生产技术制造。这与迄今为止所有现有的无线系统完全不同，后者依靠同轴电缆、传输线和印制电路板将天线与现代手机、笔记本电脑和基站中的发射机或接收机电路连接起来。

如今，由较小的电波长实现的小型化已经使得在一个集成电路(IC)生产过程(也称为电路制造，或简称 fab)中创建整个无线通信系统成为可能，从而消除了与互连电缆相关的成本，以及将无线组件与许多不同模块连接在一起的额外制造步骤。例如，在互补金属氧化物半导体后道工艺(BEOL)IC 生产过程中，不必购买单独的天线以与包含收发信机的其余印制电路板集成，而是可以在片上金属上直接刻蚀毫米波片上天线。此外，在稍高的成本下，天线可以用容纳射频放大器芯片的封装技术制造，或者集成在收发信机所在的印制电路板中。这两种选择都比使用单独的天线和单独封装的收发信机便宜，并且由于在天线和收发信机之间传输毫米波信号时损耗的功率较少，所以可以进一步降低欧姆损耗[HBLK14][LGPG09][RGAA09] [RMGJ11][GJRM10][GAPR09]。

在本书中，我们将重点关注可能用于移动和便携式毫米波系统等未来设备的新型天线，因为喇叭天线或抛物面天线等固定天线对于传统微波和固定毫米波无线系统的作用是众所周知的，可以参见其他文献。我们的目标是向读者介绍适用于毫米波技术的天线拓扑结构和制造方法。我们还将讨论与毫米波天线有关的各种封装技术，这些天线将嵌入未来的蜂窝、个人/局域网和回传设备中。正确表征毫米波天线具有挑战性，主要在于其前所未有的小尺寸和新颖的实现方式。在实际的蜂窝或个人局域网系统中安装天线或使用集成天线用于消费类或工业连接设备之前，必须在实验室环境中测试和了解天线。例如，对于片上天线来讲，可能需要使用金属探针台来激励实验室中的天线。封装天线需要集成电路和塑料封装之间的精确耦合。诸如探针台或定制测试芯片之类的测量装置通常由金属制成，这些反射结构会引发多径干扰，从而影响方向图的测量。因此，在实验室中很难确定准确的天线方向图，更不用说真实安装场景下的方向图了。使用探针台测试天线的替代方案是将天线封装于有源发射机或接收机芯片，或将天线放置在实际电路板或外壳上，然后使用吸波暗室或室外天线测量近场或远场方向图。这需要对发射机或接收机的设计进行选择，增加了测试成本。如果改变封装工艺或外壳，由于毫米波频段的波长太小，所有天线测量都必须可重复。

毫米波天线的其他挑战包括为特定应用设计合适的天线方向图，以及正确设计无源馈电或有源激励元件，如巴伦和混合电路。即使使用自适应阵列或多输入多输出(MIMO)系统(其中信号处理用于改变天线的时域方向图)，设计人员在将天线安装到实际系统和产品之前也必须知道天线的效率和性能。在本章中，我们将讨论与毫米波天线设计和测试相关的上述挑战。我们将向读者介绍片上天线和封装天线，以及它们的要求和优势。毫米波天线是实现毫米波系统(如 28 GHz，60 GHz 和更高频率收发信机)潜力的关键，适用于固定(回传或前传)或移动/便携式应用。本章包括：

- 回顾毫米波天线的基本原理，包括阵列基础；
- 讨论已用于毫米波设计的各种天线拓扑结构(包括偶极子、环天线、八木-宇田天线和行波天线，如菱形天线)；
- 片上天线环境以及相关的挑战和解决方案；
- 封装天线环境；
- 介质透镜天线；
- 毫米波天线的表征方法。

封装天线，特别是如果使用封装技术制造而不是简单地将天线放置在封装内部，由于天线单元的尺寸相对庞大以及集成电路封装技术的局限性(例如，金属通孔的宽度和接地平面上方的金属层的高度)，会带来特殊的挑战。我们将介绍用于改善毫米波天线性能的各种结构，包括介质透镜和现代集成透镜天线，虽然电路板天线的最新进展已经被提出[HBLK14]，但我们主要关注集成片上和封装天线。我们在本章结束时将讨论毫米波天线的表征方法，并介绍测试毫米波天线时必须购买的设备。

4.2 毫米波片上天线和封装天线的基础知识

如第 3 章所述，毫米波频率下的短波长允许当发射和接收天线或天线阵列的大小为波长的数倍时，仍然可以很容易地安装在封装中或芯片上。例如，在 60 GHz 下，四分之一波长偶极子在相对介电常数为 4 的衬底上仅为 625 μm。100 个单元的相控阵，比如这种偶极子的 10×10 的正方形阵列，其最大孔径长度尺寸大约为 $10\times625\ \mu\text{m}\times\sqrt{2}=8.83\ \text{mm}=\dfrac{3.53\lambda}{\sqrt{\epsilon_r}}$，其中我们假设封装衬底材料的相对介电常数 ϵ_r (相对介电常数也称为介质常数)等于 4。在 2.4 GHz 时，3.53 倍波长在相同材料中需要 0.22 m，即 60 GHz 时所需长度的 24 倍。毫米波频率提供了一个集成小尺寸、多倍波长天线阵列的机会，这是一个关键优势。实际上，正如前面章节中所介绍的那样，在毫米波频率下，实现在非常小的区域内增大天线增益是使大量毫米波技术可行的关键之一。

第 3 章演示了毫米波频率下的无线系统如何在很小的外形中进行波束控制。电大尺寸(即与特定材料衬底中的波长相比较大)天线阵列可以实现很窄的波束宽度，并可以进行波束调控。这开辟了大规模 MIMO 的可能性，改善了蜂窝运营商、Gbps 量级个人局域网甚至手持雷达的链路余量(这可能有助于引导用户到达室内的邻近目标或没有 GPS 可用的其他场景，例如，在地下停车库中找到一辆车)。从第 3 章式(3.3)中可以看出，天线或天线阵列的增益随着天线或阵列的电长度 D 的平方率增长而增大，即增益按照 D^2 / λ^2 增加。因此，如果发射机和接收机天线尺寸都增长，则可以很容易地补偿毫米波频率下的路径损耗。式(3.6)显示了天线增益如何按照天线孔径长度的 4 次方增加①以及自由空间路径损耗如何按照自由空间中发射机与接收机间的距离的平方增加。

天线或天线阵列的波束宽度随着天线或天线阵列电尺寸的增加而线性减少，其关系为[Bal05]

$$\text{Beamwidth} = \Theta \approx \frac{60^\circ}{\left[\frac{D}{\lambda}\right]} \tag{4.1}$$

天线增益和波束宽度的不同增长率和衰减率的一个含义是，对于诸如 60 GHz 收发信机和其他低亚太赫兹器件的毫米波应用来讲，将有两类器件：一类[例如，用于个人局域网(PAN)]将用于短程链路，并将使用足够大的天线来进行短距离连接，大小为几米至数十米；另一类设备(例如，用于蜂窝/室外接入)将用于更远程的蜂窝、移动或回传系统。这两种类型的天线差异是由应用需求驱动的。例如，个人局域网设备可能不需要太小的波束宽度来进行波束调控，并且它们的设计可能更集中于低成本、低功耗和极简性。个人网络设备可能会以相对简单的基带硬件和处理单元运行，因为这样可以避免额外的波束控制的复杂性。此外，移动蜂窝、直放站/中继或回传情况将用于 10 GHz 及以上频率的更长距离连接，这些设备将在最远 10～500 m 的距离上实现网络运行，并且还可以组合来同时使用进行室外回传和室外城市蜂窝移动覆盖。第二类设备将需要大量的天线或天线单元，可能数百甚至数千个，以满足链路预算要求。例如，早期的 SiBEAM 毫米波器件(现在由 Silicon Image 公司制造，该公司于 2011 年收购了 SiBEAM)包含数十个天线单元，用于 60 GHz 个人局域网中的波束控制(见图 1.4 和图 1.5)。未来 10 年，毫米波无线远程设备、手机和基础设施可能会使用 10～100 倍的天线单元，因此这些设备将具有窄且可调的天线波束宽度，使得收发信机能够实现波束控制。波束控制增加了用于进行空中链接的物理层协议的复杂性，因为波束控制需要设备之间的发现和协调(见第 7 章和第 8 章)，以及更复杂的基带处理硬件。波束控制也要求收发信机增加额外的射频或中频硬件，包括配电线路和可能的移相电路(假设在基带不发生相移)[Gho14]。在更高的毫米波频率、亚太赫兹频率和太赫兹频率下，所有设备最终都需要复杂的空间信息处理和大量的天线单元，因为那些高于 100 GHz 的频率很可能需要波束控制以满足链路预算要求并开发多径和 MIMO。

尽管有这些保证，毫米波天线仍面临许多挑战。对于片上或封装天线来说，高天线效率(尽可能高)至关重要，但要做到这一点却并不容易。上述两类器件(即远程和短程)在毫米波频率下的技术要求也使得标准生成过程混乱、复杂，例如 IEEE 802.15.3c 标准试图覆盖那些单独的或在网络中具有不同的原理和变化的距离中工作的设备。预计第五代(5G)蜂窝技术标准将必须考虑室内个人局域网、室外蜂窝和小单元回传的所有方面[RRC14]。第 9 章将讨论迅速出现的 60 GHz 标准。

设计毫米波天线和天线阵列非常具有挑战性，主要有两个原因：首先，集成的毫米

① 按收发两天线计。——译者注

波天线与非常复杂的环境(堆叠的封装材料及其附近的金属物体或集成电路的衬底)紧密接触，它们通常不具有像天线罩一样的用来保护其他无线电设备的优势(尽管一些封装技术起到了一些天线罩的作用)。毫米波天线工作环境的复杂性，使得各自独立的天线设计与收发信机设计几乎是不可能的。集成设计过程的要求是指毫米波天线(尤其是毫米波天线阵列)决定了毫米波收发信机的整体电路 IC、封装或电路板布局(即“多层平面图”)。对于需要在天线单元之间加载隔离的应用更是如此，例如，在接收和发射单元之间。多层平面图对电路板、集成电路或封装电路设计的重要性会促使设计人员在整个设计过程中尽早开始天线阵列的设计，不然，可能会大大延迟其他关键模块(包括有源电路)的开发。成功设计天线阵列系统的关键是确保所有收发信机电路都安装在衬底上或封装中，而不会因为收发电路与天线相距太远而引起栅瓣(因天线特定的物理尺寸而产生的不希望的天线方向图效应)。

高增益、多单元毫米波天线的电大尺寸也使得这些天线的设计和仿真非常具有挑战性。矩量法(MoM)是一种流行的电磁仿真方法，其数值模型所需的计算机内存需求会由于描述结构所需的剖分密度加大而增长，以获得可接受的仿真精度[Gib07, 第3章]。这是因为矩量法的工作原理是将结构分解成极小的部分，并通过在每个小部分上强制执行边界条件来找到解。例如，像集成天线阵列这样的平面结构将需要至少$\left[\dfrac{D}{\lambda/10}\right]^2$个部分，以充分模拟天线的辐射方向图，其中 D 是阵列的最长线性尺寸。这大大增加了电路设计和仿真时间。另一种解决计算电磁问题的常用方法是有限元方法(FEM)，它根据不同的原理工作，但也需要对所要仿真的天线阵列或结构进行离散化，并且单元的数量也随着物体的电尺寸增加而增加[Dav10]。

4.2.1　天线基础理论

在进一步讨论之前，我们先回顾一下天线阵列和天线单元特性的需求。尤其是在毫米波天线的背景下，最重要的考虑因素是获得较高的辐射效率。对于使用独立天线的传统射频应用，效率通常很高，此时效率或许不如增益重要，但对于毫米波天线来讲，可能很难获得高效率。天线的效率是指施加到天线有效辐射的稳态功率的百分比。其余的输入功率在天线或附近环境(例如芯片或封装)中的传导电流中损耗掉。辐射效率通常用辐射电阻和损耗电阻来解释，如图 4.1 所示。对于输入电流 I_o，用于辐射的功率为 $I_o^2 R_r$，其中 R_r 是辐射电阻。其余的功率在 R_{LOSS} 中消耗，从而产生效率 e_{ant}：

$$e_{\text{ant}} = \frac{R_r}{R_r + R_{\text{Loss}}} \tag{4.2}$$

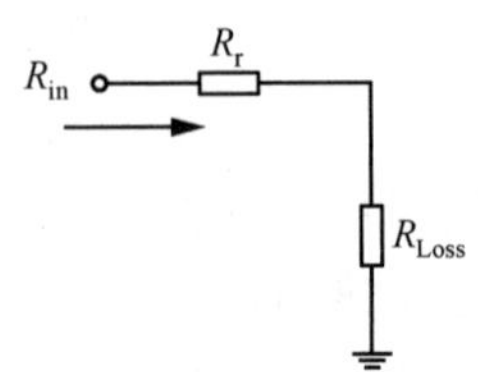

图 4.1　在谐振时，天线可以简单地建模为包括辐射电阻和损耗电阻的电阻电路

如 4.4 节所示，封装毫米波天线的效率可以达到 80%以上[SHNT05]，而设计简单的片上天线的效率通常为 10%左右[GAPR09]。4.6 节描述了当使用透镜，或者当天线单元被安置在具有空腔的衬底上，或使用与硅特性不同的制造材料时，如何使片上天线的效率提高到 80%。

天线的另一个最重要的特性是它在谐振频率下的增益。

天线的增益表示它将辐射功率集中到单个波束中的程度。除天线的辐射场外，天线增益还与天线方向性的效率有关，

$$G = \frac{|E \times H^*|(\theta, \phi)}{\frac{P_{\mathrm{rad}}}{4\pi r^2}} = e_{\mathrm{ant}} D \tag{4.3}$$

其中，G 是天线增益，E 和 H 分别表示远场区域中的辐射电场和磁场，θ 和 ϕ 表示天线增益处于某个特定方向(球坐标系)，P_{rad} 是天线的辐射功率，r 是从天线到观测点的距离(在进行计算时，分母中的 r 将随着 E 和 H 的距离依赖性而抵消)，e_{ant} 是天线效率，D 是方向性系数。如本章前言所述，增加增益的最简单的方法是使用更大的阵列或天线，但由于其他设计条件的限制，该方法并不一定可行。

对于自由空间中的天线，计算天线远场区的场十分简单。在这种情况下，远场与天线上电流的空间傅里叶变换有关[Bal05][RWD94]，

$$E_{\mathrm{ff}} \propto \int J_{\mathrm{antenna}}(\vec{r}) \mathrm{e}^{-\mathrm{j}\vec{k}\cdot\vec{r}} \mathrm{d}V_{\mathrm{antenna}} \tag{4.4}$$

其中，J_{antenna} 是天线上的电流；$\vec{k}$ 是 4.2.2 节中定义的描述辐射方向和相应的波传播速度的矢量波数；$\vec{r} = \frac{X\hat{x} + Y\hat{y} + Z\hat{z}}{\sqrt{X^2 + Y^2 + Z^2}}$，$X$、$Y$、$Z$ 是天线内的坐标值；V 是天线的体积。从式(4.4)中得出的结论源于大多数本科理工科所学到的傅里叶变换的基本知识：大型天线(占用大量空间的电流源)将产生比小型天线更窄的波束，当小型天线尺寸远小于四分之一波长时，它将近似各向同性地辐射。应当注意的是，非常大型的天线也可能产生较大的旁瓣，所以该结论会在实际设计中体现出来。

毫米波片上和封装天线通常都存在于非自由空间的材料上或材料中。这些材料包括半导体(如掺杂硅、砷化镓和磷化铟)以及电介质，如二氧化硅或用于现代芯片技术以减少金属结构间耦合的具有复介电常数的“低 k”(低相对介电常数或低介质常数)电介质。现在已经有许多关于电磁学的书籍对本构参数的介电常数进行了研究[RWD94][Poz05]。介电常数决定了对于给定电场有多少电通量通过表面，因此能够确定物体所能够存储电能的密度。由于 $c = 1/\sqrt{(\mu\epsilon)}$，所以非磁性材料的介电常数 $\epsilon = \epsilon_0 = \epsilon_{\mathrm{r}}$ 也决定了材料中的光速。因此，介电常数也影响材料中电磁波的波长。这一点十分关键，因为与自由空间中的天线相比，这类天线的物理尺寸可以线性地缩减 $\sqrt{\epsilon_{\mathrm{r}}}$。我们将非磁性材料的复介电常数 ϵ 写为

$$\epsilon = \epsilon' + \mathrm{j}\epsilon'' \tag{4.5}$$

其中介电常数的复数部分 ϵ'' 说明了材料具有与电磁波相互作用并从中损耗能量的能力。在第 3 章中，我们使用符号 ϵ_{r} 和 ϵ_{i} 代表 ϵ' 和 ϵ'' 来表示介电常数的实部(无损耗部分)和虚部(有损耗部分)。而 ϵ' 和 ϵ'' 更符合电磁学的符号使用规范，因此在本章中使用这两个符号。ϵ' 和 ϵ'' 的比率决定了这些材料中另一个常用的参数：损耗角正切 $\tan(\delta)$，

$$\tan(\delta) = \frac{\epsilon''}{\epsilon'} \tag{4.6}$$

文献[Poz05]表明对于矩形谐振器，谐振的相对带宽(假设没有额外的金属损耗)由用于填充谐振器的电介质的损耗角正切确定。信号的相对带宽是其通带带宽与其中心频率之比。通带带宽也与品质因数 Q 有关，Q 可以粗略估计为相对带宽的倒数(Q 有许多含义，在电

磁环境中通常表示在一个电磁波周期中存储的能量与损耗的能量的比率）：

$$\text{相对带宽}=\frac{B}{f_c}=\frac{1}{Q}\cong\tan(\delta) \tag{4.7}$$

其中，B 是信号的通带带宽，f_c 是信号的中心频率或载波频率。

4.2.2　天线阵列基础

天线阵列对于实现远程应用(蜂窝或回传)中足够的链路预算以及在时变或空间变化的信道中寻找路径是必要的。有许多优秀的文献涉及天线阵列的内容(例如文献[Bal05])，所以我们这里只介绍几个基本原理。我们将向读者推荐一些描述喇叭天线、贴片天线和其他常见天线的著名的教材，这些天线可用于回传、基站以及用于手机或微波通信中移动无线消费类设备的常见天线。我们主要关注毫米波天线的未来需求，即需要高集成度以降低成本，摆脱机械和外形因素的设计考虑，并最大化电源效率。

天线阵列是通过周期性地将一组天线以一维或二维的形式进行排列而形成的。不同单元激励之间的相位差决定了天线辐射的所有单个波束相加或相消的方向。图 4.2 展示了一个基本阵列，其中一组天线单元按照一维线性排布，单元间隔为 d。通过对阵列进行相位加权使得每个单元都有 $k_o d\cos\theta$ 度的渐进相移，输出相位前沿将在相对于阵列轴法线方向的角度为 θ 处相加。这虽然是近似值，但它被广泛地使用并且在大多数情况下能够得到非常好的结果。

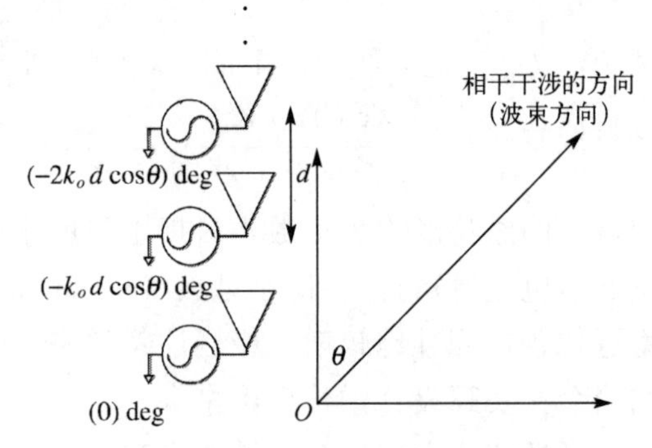

图 4.2　阵列中不同单元之间的相位将决定相干干涉的方向

这可以从图 4.3 中得到直观的理解，该图展示了每个天线从其各自的天线传播出的相位前沿。每个天线的“开启”时间逐渐推迟，导致天线 A1、A2、A3、A4 和 A5 的辐射相位逐渐减小。图右侧的三角形从几何角度说明了每个天线之间的相移如何导致相位前沿以预设角度ϕ增长。由余弦定理可知

$$\left(\frac{d}{c}\right)^2+t^2-2\left(\frac{d}{c}\right)t\cos\phi=(t-\Delta t)^2 \tag{4.8}$$

其中 c 是阵列远场区域的光速。求解 $\cos\phi$，有

$$\cos\phi=\frac{\left[\left(\frac{d}{c}\right)^2-\Delta t^2+2t\Delta t\right]}{2\left(\frac{d}{c}\right)t} \tag{4.9}$$

将 Δt 用 $\left(\frac{d}{c}\right)\cos\theta$ 替代，有

$$\cos\phi=\left(\frac{d}{2ct}\right)\sin^2\theta+\cos\theta \tag{4.10}$$

该式在远场区域中成立，远场区域与阵列的距离至少为 $5\lambda_o$（λ_o 为工作波长）。天线间的距离小于或等于 λ_o。因此，ct 至少为 $5\lambda_o$，此时第一项非常小可以忽略不计。由此可得

$\cos\phi = \cos\theta$。激励的时差 Δt 对应于 $2\pi f\Delta t = 2\pi f\left(\frac{d}{c}\right)\cos\theta = k_o d\cos\theta$ 的相移，这表明图 4.2 中规定的相移确实决定了 θ 方向上的波束方向。设计集成阵列时可能出现的一个问题是，在选择单元相移时，是将波数用于自由空间还是用于片上或封装环境。该几何分析表明，应该使用信号传播介质中(大多数情况下为自由空间)的波数，而不是发射波的介质的波数。

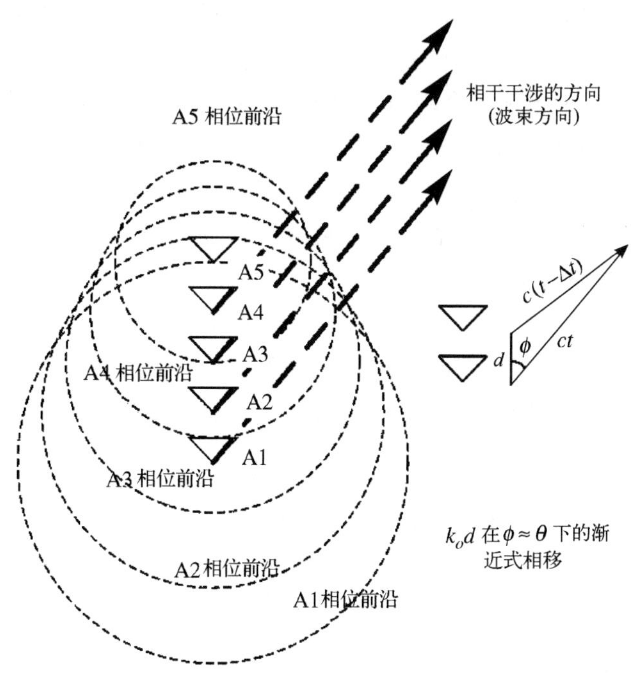

图 4.3　每个天线从其各自的天线传播出的相位前沿

从数学上来讲，在阵列中排列天线的结果是将单个单元的增益乘以阵列因子，阵列因子由阵列的几何结构确定，如文献[Bal05]所述。在阵列远场的任意给定位置上的总场为每个天线的场加上它们各自的相移[Bal05]。

$$E_{\mathrm{ff}}^{\mathrm{total}} = E_{\mathrm{A1}} + E_{\mathrm{A2}} + \cdots + E_{\mathrm{A}_N} \tag{4.11}$$

$$= E_{\mathrm{A1}}\left(1 + \mathrm{e}^{-\mathrm{j}k_o d\cos\theta} + \cdots + \mathrm{e}^{-\mathrm{j}k(N-1)k_o d\cos\theta}\right) \tag{4.12}$$

其中，$E_{\mathrm{ff}}^{\mathrm{total}}$ 是远场总电场，E_{A1}，E_{A2} 等是各个天线的电场，假设在这种情况下各个天线场是相同的(对于非均匀阵列单元，这种分析是不成立的)。经过变换后，得到[Bal05]

$$\mathrm{e}^{\mathrm{j}\frac{(N-1)}{2}\psi}\left[\frac{\sin\left(\frac{N}{2}\psi\right)}{\sin\left(\frac{\psi}{2}\right)}\right] \tag{4.13}$$

其中，$\psi = k_o d\cos\theta$。括号中的式子被称为阵列因子。对于 $\theta = 90°$ 的边射方向，阵列因子收敛于 N，这表明阵列在边射方向上的功率增益将增加 N^2。对一个二维阵列，通过类似的分析可以发现，阵列的每个维度上都有一个阵列因子。因此，对于一个具有边射的 $N\times M$ 的阵列，增益提高 $(NM)^2$。

阵列单元之间的间距非常重要，因为它决定了阵列在没有栅瓣的情况下可以实现的波束控制的最大角度。栅瓣是天线阵列方向图中除主瓣外的较大的旁瓣。栅瓣会导致阵列方向性和增益下降，并将破坏阵列确定信号到达方向的能力。为了在给定波束控制角度 $\theta_{\max}$ 时避免栅瓣的出现，单元之间的间距 d 必须符合

$$\frac{d}{\lambda_o} \leqslant \frac{1}{1+\cos\theta_{\max}} \tag{4.14}$$

单元间距大于式(4.14)所示的单元间距将导致栅瓣的出现①。该等式不是由特定阵列的天线得到的。相反，它与阵列可以看作一个采样电流源这一事实有关。阵列因子在单元之间的相移是周期性的，每 2π 出现一个峰值。通过波束控制，使该窗函数在远场中移动。单元间距越大，窗口越宽，如果窗口足够宽，则它可以支持阵列因子中出现两个或多个峰值。

除单元间距外，设计人员还应设法确保阵列中所有单元的输入阻抗几乎一致。这是通过防止阵列单元之间的耦合来实现的，这种耦合会导致阵列中不同单元具有非均匀的，并且与时间和使用相关的输入阻抗。

了解波矢量的概念对研究阵列很有帮助，波矢量描述了电磁波如何在空间中传播。波矢量的概念源于麦克斯韦方程组的解，麦克斯韦方程组分离后仅包括电场或磁场。在无源介质(即不存在电荷或电流)中，麦克斯韦时谐方程可以写为

$$\nabla \times \vec{H} = \mathrm{j}\omega\epsilon\vec{E} \tag{4.15}$$

$$\nabla \times \vec{E} = -\mathrm{j}\omega\mu\vec{H} \tag{4.16}$$

$$\nabla \cdot \vec{E} = \frac{q}{\epsilon} = 0 \tag{4.17}$$

$$\nabla \cdot \vec{H} = 0 \tag{4.18}$$

其中，第一个等式[式(4.15)]是安培定律，第二个等式[式(4.16)]是法拉第定律，第三个等式[式(4.17)]是高斯定律，第四个等式[式(4.18)]是规定不存在磁荷的定律。这些方程涉及磁场 H，电场 E，角频率 $\omega=2\pi f$，电荷密度 q，本构参数介电常数 ϵ 和磁导率 μ。与许多文献[RWD94]中的做法相同，我们取式(4.16)的旋度，并将式(4.15)代入结果中，以找到描述电场传播的解耦非线性齐次亥姆霍兹(Helmholtz)方程(类似的过程也适用于磁场)：

$$\begin{aligned}\nabla \times \nabla \times \vec{E} = &\nabla\left(\nabla \cdot \vec{E}\right) - \nabla^2\vec{E} = -\nabla^2\vec{E} = -\mathrm{j}\omega\mu\nabla \times \vec{H} \\ -\nabla^2\vec{E} &= -\mathrm{j}\omega\mu\left(\mathrm{j}\omega\epsilon\vec{E}\right) \rightarrow \nabla^2\vec{E} + \omega^2\mu\epsilon\vec{E} = 0\end{aligned} \tag{4.19}$$

其中箭头后面的等式是电场 E 的齐次亥姆霍兹方程。如文献[Bal89，第 3 章]所述，式(4.19)的解可以写成

$$\vec{E} = \left(E_x\hat{x} + E_y\hat{y} + E_z\hat{z}\right)\mathrm{e}^{-\mathrm{j}k_x x - \mathrm{j}k_y y - \mathrm{j}k_z z} \tag{4.20}$$

其中 k_x，k_y 和 k_z 是单位为 m^{-1}(弧度/米)的常数，分别描述了波在 x，y 和 z 方向上的变化速度。例如，在给定的时刻，如果 k_x 非常大，那么当我们在 x 方向上的不同点处观察波时，它看起来会具有许多波峰和波谷。E_x，E_y 和 E_z 是描述电场在空间中的某个点如何随时间

① 作者感谢得克萨斯大学奥斯汀分校的 Hao Ling 博士提出了这个等式。

变化的极化矢量。由式(4.17)可知，极化矢量 $E_x\hat{x}+E_y\hat{y}+E_z\hat{z}$ 必须与波矢量正交，波矢量是根据常数 k_x，k_y 和 k_z：$E_x\hat{x}+E_y\hat{y}+E_z\hat{z}$ 给出的，将式(4.20)代入式(4.19)，我们发现

$$k_x^2+k_y^2+k_z^2=\omega^2\mu\epsilon \tag{4.21}$$

$$=k^2 \tag{4.22}$$

从式(4.22)可以清楚地看出，$k=\omega\sqrt{(\mu\epsilon)}$，而传播速度 $c=1/\sqrt{(\mu\epsilon)}$，则 $k=2\pi/\lambda=\omega_c=2\pi f_c$。

式(4.21)和式(4.22)中的这种关系被称为色散关系，是一种能量在波中的不同方向上行进速度的表述。它将波数(波矢量的大小) k 与常数 k_x，k_y 和 k_z，以及传播介质的本构参数联系起来。通常，波的能量传播速度由群速度 v_g 表示，

$$v_g=\frac{\mathrm{d}\omega}{\mathrm{d}k}=\frac{1}{\frac{\mathrm{d}k}{\mathrm{d}\omega}} \tag{4.23}$$

例如，在 x 方向上可能存在群速度 $\dfrac{\delta\omega}{\delta k_x}$。因此，对式(4.22)求导，我们发现波在任一给定方向 x，y 或 z 上的群速度是相关的，

$$\begin{aligned}\frac{\mathrm{d}k}{\mathrm{d}\omega}&=\frac{\mathrm{d}k}{\mathrm{d}k_x}\left(\frac{\delta k_x}{\delta\omega}\right)+\frac{\mathrm{d}k}{\mathrm{d}k_y}\left(\frac{\delta k_y}{\delta\omega}\right)+\frac{\mathrm{d}k}{\mathrm{d}k_z}\left(\frac{\delta k_z}{\delta\omega}\right)\rightarrow\frac{k}{v_g}\\&=\left(\frac{k_x}{v_{gx}}+\frac{k_y}{v_{gy}}+\frac{k_z}{v_{gz}}\right)\end{aligned} \tag{4.24}$$

其中，v_{gx} 是 x 方向上的群速度，以此类推。

上述讨论的要点是指出波或信号可以仅在给定方向上携带能量，并且该方向由波矢量表示。因此，当我们说信号从阵列的给定方向到达时，我们同时对其波矢量进行了陈述。波矢量通常是描述传播方向的简便方式，是一个需要理解的重要概念。图 4.4 说明了波矢量的概念。上述等式通常因为太复杂而无法计算，并且电路和天线设计者通常依靠电磁仿真软件来计算阵列天线的场和波。

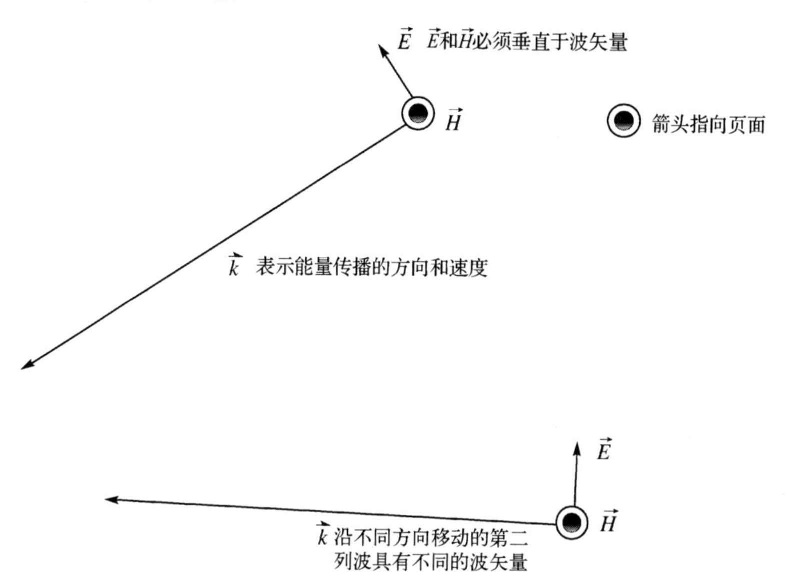

图 4.4　理解电磁波空间传播的波矢量与传播方向的关系是非常重要的。这对我们确定输入信号方向或到达方向(DOA)很重要

4.3 片上天线环境

使用集成电路生产技术在芯片上制造的毫米波天线是最近研究的热点，如果可以克服关键挑战并实现可接受的性能，那么与封装天线相比，它们可以节省大量的生产成本。片上天线面临的最大困难是获得令人满意的效率和增益，许多文献也都集中在提高片上天线增益的技术上。在讨论这些挑战之前，回顾一下普遍使用的集成电路生产技术是很有帮助的。我们将重点关注互补金属氧化物半导体(CMOS)技术，因为它说明了片上环境的大多数挑战，并且还提供了用最低成本制造片上天线的方法。从中得出的重点包括影响天线设计和性能的生产工艺要求，例如使用开槽金属的要求。然后，我们将使用集成电路衬底的简化模型来描述 4 个关键挑战以及克服这些挑战的方法：衬底模式或表面波的产生、衬底与周围环境中的天线辐射优化、波穿过衬底造成的损失以及衬底可能产生的谐振。本章另一个需要用更复杂的方法讨论的关键挑战是附近金属结构的影响，例如传输线的影响。设计人员应该非常了解天线附近的结构布局，因为结构之间的耦合会显著影响天线的输入阻抗，并可能对匹配性能产生不利的影响。我们将介绍一种可能减少片上天线与其他片上结构(包括其他天线)之间耦合的方法，包括使用周期性结构来中断表面波。

值得注意的是，我们有意没有涵盖毫米波天线的新兴领域，虽然这些天线显示出巨大的潜力，但需要使用更奇特或烦琐的制造工艺或装配技术，例如像三星所展示的使用电路板边缘来实现相控阵[HLBK14]。还有一些例子此处未涉及，比如最近在使用低温共烧陶瓷(LTCC)材料制造阵列天线方面取得了进展，具有大量空腔(自由空间)结构的电路以及集成可调透镜已经得到令人满意的增益(超过 30 dB)和效率(超过 85%)。LTCC 是一种集成电路技术，它允许通过层压单层厚膜陶瓷材料来构建多层电路，每层陶瓷材料都带有铜、铝或金等导体，以及可能嵌入每个厚膜层中的各种无源组件。各个电路层堆叠在一起，使得电路中存在三维结构和几乎无限多的信号路径，然后在相对较低的温度 850℃下一次性烘烤或“烧制”所有薄膜。尽管在许多情况下它们具有优异的性能，但是使用商业铸造厂采用的传统电路技术，这些结构难以大批量生产(见第 5 章)。不过，许多令人兴奋又新颖的想法已经发展到可以用于制造未来产品的片上和衬底上天线，例如文献[GJBAS01][LSV08][ZSCWL08][EWA+11][KLN+11]中介绍的那些。此外，英特尔最近展示了使用片上制造方法的电子可调透镜天线，这些方法可能对无线局域网/无线个人局域网(WLAN/WPAN)的应用[AMM13]很有帮助(参见 4.6 节中的透镜天线说明)。文献[LGPG09]和[TH13]等提供了关于前景广阔的毫米波天线结构的最新技术细节。本书专注于能够以最低成本批量生产的技术和原理，我们试图处理一些基础问题，使得研究人员和工程师能够学习所有类型的集成片上和封装天线的关键概念。我们注意到，随着制造技术的进步，诸如上面讨论的那些更奇特的天线最终可能在毫米波通信系统中变得更具成本效益且更有效。我们现在关注 CMOS 片上天线的基本原理，因为这是实现片上天线大批量生产的最便宜的方法，并且它的基本原理也适用于其他类型的集成电路和材料。

4.3.1　互补金属氧化物半导体技术(CMOS)

CMOS 芯片说明了大多数片上天线所面临的环境类型。图 4.5 示出了典型 CMOS 芯片的侧视图(横截面图)。芯片的顶部为电介质，并且包含用于连接有源电路或构建片上天线的金属迹线。第 5 章将讨论半导体制造工艺，晶体管栅极长度的尺寸(例如 180 nm)可用于描述 CMOS 芯片铸造制造工艺中使用的工艺流程或技术节点。某些现代工艺可以使用低 *k* 电介质代替二氧化硅，通过减少线间的电容来减少相邻线之间的耦合[CLL+06]。包含多层金属迹线的芯片介电层[通常称为后道(BEOL)层]厚度约为 10 μm，位于厚度约为 300～700 μm 的较厚的掺杂硅层上。在像 180 nm CMOS 这类较老的制造工艺中，金属迹线的材料主要是铝[SKX+10]。在大部分现代工艺中，只有顶层金属是铝，其他的金属层可能是铜。更新的工艺中，例如 45 nm(见图 4.5 和表 4.1)，可能有 8～12 个金属层，而 180 nm CMOS 或其他更久远的 CMOS 只有 6 层甚至更少。大多数工艺中的顶层金属层要比底层金属层厚(180 nm 射频 CMOS 中有 4 倍厚，90 nm 射频 CMOS 中有 15 倍厚，45 nm 数字 CMOS 中有 10 倍厚[SKX+10])。在非常成熟(非常老)的工艺节点中，允许顶部金属层具有比其他层更低的电阻率。然而，在为高速数字电路开发的更先进的技术工艺中，尽管顶层比底部金属层更厚，但顶部金属层的电阻率更高，这导致顶层在最新的工艺节点中具有更大的电阻。这使得模拟天线设计在更现代的工艺节点中更具挑战性。例如，铝具有比铜更高的电阻率，因此厚的顶部铝层可能比更薄的底部铜层更具电阻性。读者可以参考文献[SKX+10]来了解 CMOS BEOL 的发展。有源器件存在于介电 BEOL 层和更厚的衬底之间的界面上，并且通过衬底触点连接到金属。为了避免数字电路中的闩锁问题(其中“寄生”结构，例如 n 区夹在两个 p 区之间——寄生双极型晶体管(BJT)——可以导通并损坏电路的其余部分)，衬底是高掺杂的(图 4.5 中显示了 180 nm CMOS 导电率的典型值)，以防止导致闩锁的电压累积。诸如 SiGe 和Ⅲ-Ⅴ族的其他工艺可能提供比 CMOS 更好的射频操作性能。这是因为这些工艺通常具有较低的衬底掺杂水平，因此大大降低了在 BEOL 层中构建无源器件所带来的损耗(更多细节见第 5 章)。摘自文献[SKX+10]的表 4.1 总结了最新 CMOS 工艺的 BEOL 结构。该表表明，随着 CMOS 的发展，顶部金属层到硅衬底的距离逐渐缩小，并且在新工艺中金属和硅衬底之间存在更大的电容。值得注意的是，与较陈旧的工艺相比，较先进工艺的顶层 BEOL 金属层的电阻率和电容不断增加，增加了顶层毫米波模拟和集成天线设计的相关挑战。

表 4.1　最新 CMOS 工艺的 BEOL 分层参数综述

技术参数	180 nm 射频	90 nm 射频	45 nm 数字
顶部金属厚度	2 μm	4 μm	1 μm
顶部金属与硅基板的距离	*h*	0.6 *h*	0.6 *h*
金属厚度比(顶部金属/底部金属)	4	15	10
电阻比(顶部金属/底部金属)	5	16	19
从顶部金属到硅的归一化电容	C	1.1 C	1.2 C

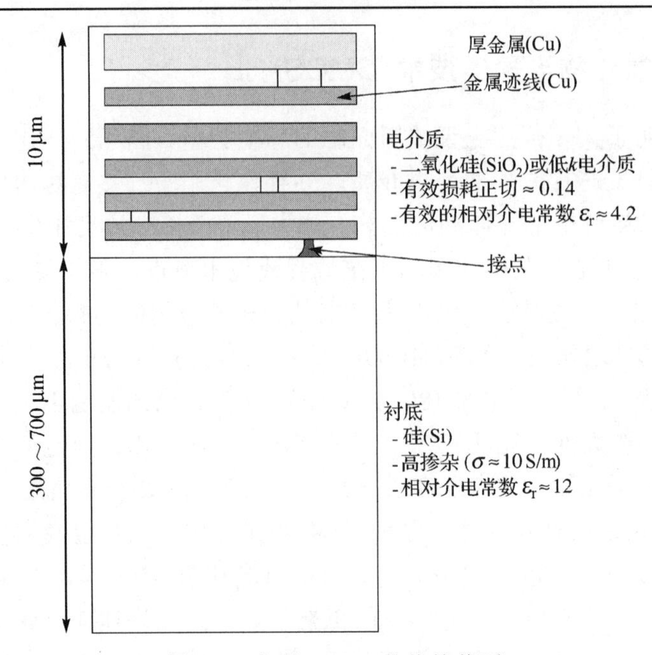

图 4.5 典型 CMOS 芯片的截面

大多数集成电路技术的金属层有着不同的要求。需要记住的 4 点是：(1) 工艺中的每一层都可能有满足生产规律的最低限度的金属量，这通常被称为金属层的百分比，并且需要满足所谓的化学机械研磨(CMP)规则；(2)为了防止芯片在切割(从单个大的晶片上切割多个芯片)期间损坏，芯片通常必须具有金属环，有时称为保护环，它环绕芯片的所有部分，该环通常与焊盘相连(在这种情况下，它被称为焊盘环)，这一点很重要，因为保护环可能会对安装在边缘的天线产生影响；(3)大块金属通常需要添加非金属槽，铸造厂这样做的原因是生产过程中会达到极高的温度；(4)存在与金属结构相关的最小尺寸，并且该尺寸取决于工艺。其中一些要求如图 4.6 所示。实际上，在这些挑战中，即使天线元件仅存在于芯片的单个金属层上，对每个处理层上的最小金属密度的要求也不难满足。如果使用阵列，则应该更容易满足此要求。另外，为了使天线的金属结构中的导体损耗达到最小，通常建议使用层之间的互连通孔来实现具有所有金属层的天线(如果设计者认为所得到的衬底电容太高而不能减少金属中的导体损耗，那么这可能是不可取的)。如果通过设计，天线已经具有了最小的导体损耗，则建议将天线放置在顶部金属层中，尽可能远离衬底，以尽量避免衬底损耗。

使用电磁仿真软件(如 Ansoft's HFSS)仿真片上天线时，应考虑要求(1)、(2)和(4)(参见第 5 章，例如表 5.1)。由于开槽会大大增加仿真程序(例如矩量法和有限元法)的仿真时间和存储器要求，因此开槽通常不包括在仿真中。在仿真工具中绘制衬底时，设计人员应在衬底顶部设置一个厚度约为 1 μm、导电率为 10 S/m 的薄层，以表示衬底的高掺杂部分(这是因为注入到衬底的离子不会渗透到衬底的底部)。衬底的剩余部分可以被建模为块状硅[HFS08]。

片上环境带来的 4 个主要的挑战都来自于用于支持片上天线的衬底[LKCY10][MVLP10][TOIS09]。首先，天线下方的硅衬底的高介电常数迫使天线“优先”辐射到衬底中而不是向芯片外辐射。根据天线远场的坡印亭(Poynting)矢量可以很容易地理解这一点，它可以表示成正比于$\epsilon_r^{\frac{3}{2}}$，其中ϵ_r是相对介电常数[RWD94](即ϵ'与自由空间介电常数ϵ_0的比值)。回想一下，天线的远场辐射，以孔径天线为例，与介质的波数成正比：

$$(E_{\mathrm{ff}}) \propto k\left(\frac{\mathrm{e}^{-\mathrm{j}kr}}{4\pi r}\right) \tag{4.25}$$

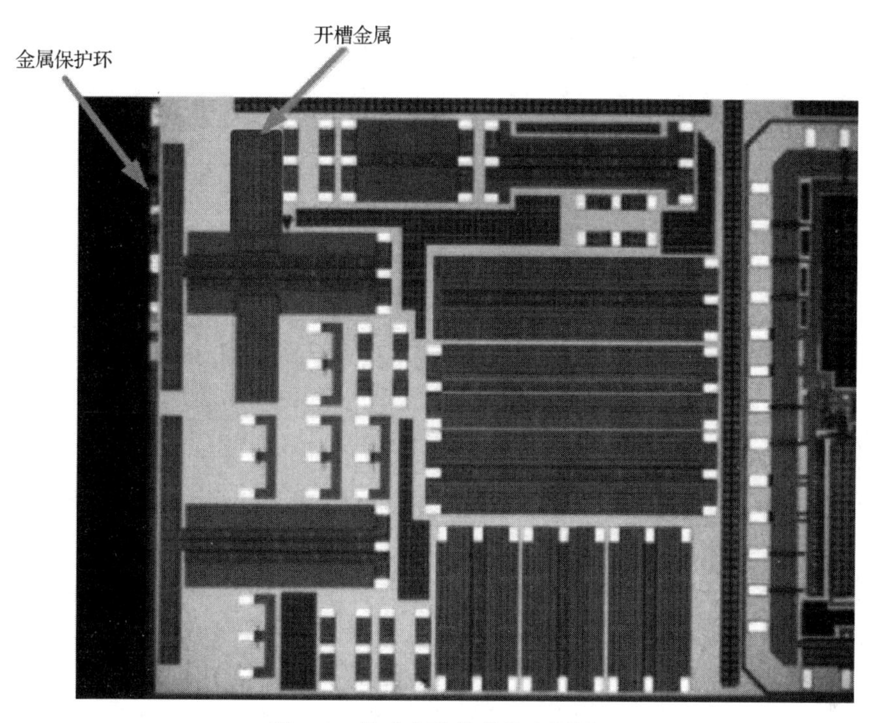

图 4.6　集成电路技术的金属层

其中，E_{ff}是远场电场，k是波数，r是天线到观察点的距离。由式(4.22)可知，波数等于

$$k = 2\pi f\sqrt{\epsilon\mu} \tag{4.26}$$

其中，ϵ和μ是该点的介电常数和磁导率，f是工作频率。如果我们记得磁场H可以通过波阻抗$\eta = \sqrt{\frac{\mu}{\epsilon}}$与电场通过式(4.27)联系起来，那么远场中的坡印亭矢量大小如式(4.28)和式(4.29)所示，其表示空间某点的功率密度：

$$H = \frac{\mathrm{j}\left(\hat{k} \times E\right)}{\eta} \tag{4.27}$$

其中$\hat{k}$是表示传播方向的单位矢量，

$$|S| = |E \times H^*| \tag{4.28}$$

$$= \frac{|E|^2}{2\eta} = \frac{f^2\epsilon\mu}{8\sqrt{\frac{\mu}{\epsilon}}r^2} \propto \epsilon^{\frac{3}{2}} \tag{4.29}$$

式(4.29)是辐射到芯片中的功率密度，除非在天线上方存在屏蔽结构或其他结构，否则辐射到衬底中的功率密度应该比在天线正上方的芯片区域高很多。如果进入衬底的波可以在没有很大衰减的情况下存在，则它们仍可以发挥作用，那么这种“优化”辐射就不再是一个挑战。但是，片上环境的第二个关键挑战就是，用于防止数字电路中的闩锁效应的高掺杂衬底导致进入衬底的辐射受到极大地衰减。片上环境的第三个关键难点在于衬底的结构，它可以被定性地看作矩形谐振器。如果我们将衬底的边缘近似为理想的电导体，那么我们发现图 4.7 中所示几何体的最低 TM 模谐振频率由下式给出：

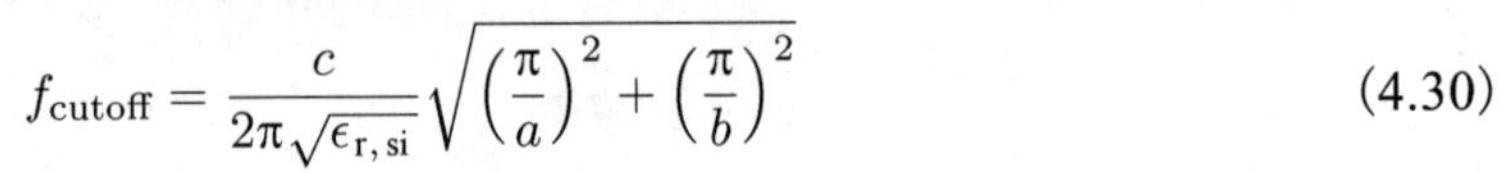

$$f_{\text{cutoff}} = \frac{c}{2\pi\sqrt{\epsilon_{\text{r, si}}}}\sqrt{\left(\frac{\pi}{a}\right)^2 + \left(\frac{\pi}{b}\right)^2} \tag{4.30}$$

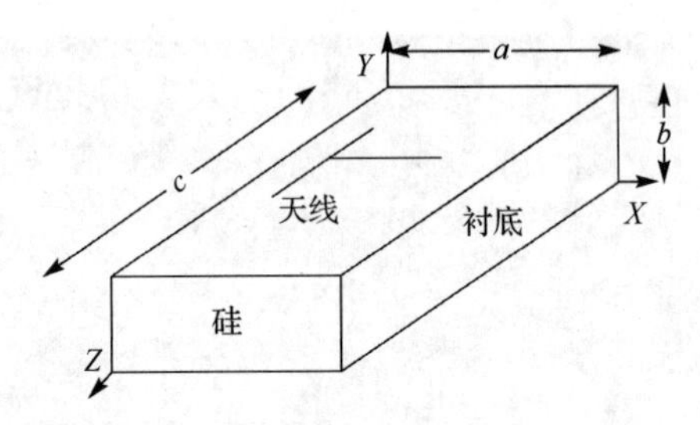

图 4.7　芯片衬底的几何形状表明衬底可以视为一个损耗巨大的谐振器。所有存在于衬底中的波都将大幅度衰减

片上毫米波天线的第四个关键挑战是，芯片衬底很容易支持表面波[AKR83]。表面波是一种沿衬底轴线方向传播的导波(如图 4.8 所示)。毫米波集成天线的设计者应该尽可能地抑制这些表面波，因为它们会降低辐射到天线设计需求的辐射场处的功率，并增加天线与相邻结构之间的耦合(包括阵列中的相邻天线单元)。文献[AKR83]表明，每个表面波模式都有一个有效的衬底高度，它代表了衬底厚度加上天线上方和下方的视在射线穿透深度(当天线正下方没有地平面时)。该有效高度总是出现在等式(该等式预测了对于给定频率、介电常数和物理衬底厚度，耦合到每种模式的功率是多少)的分母中，表明衬底变薄将减少耦合到衬底模式中的功率量。证明了厚度大于自由空间波长十分之一的衬底将支持大量的表面波，从而大大降低天线性能。文献[AKR83]还证明，随着衬底介电常数的增加，偶极子用于激发表面波的功率与自由空间中偶极子辐射的功率之比接近 $\sqrt{\epsilon_r}$ (对于缝隙天线来说接近 $\epsilon_r^{\frac{3}{2}}$)。遗憾的是，它们还表明，缝隙天线和偶极子天线在衬底上辐射到空气中的功率都比没有集成时要少。文献[AKR83]的研究表明，在允许的情况下，集成天线应使用介电常数更低的衬底以避免表面波。文献[AKR83]还表明微带偶极子天线的效率受限于特定的衬底厚度和天线长度，当相对介电常数为 12 时，效率不超过 30%。

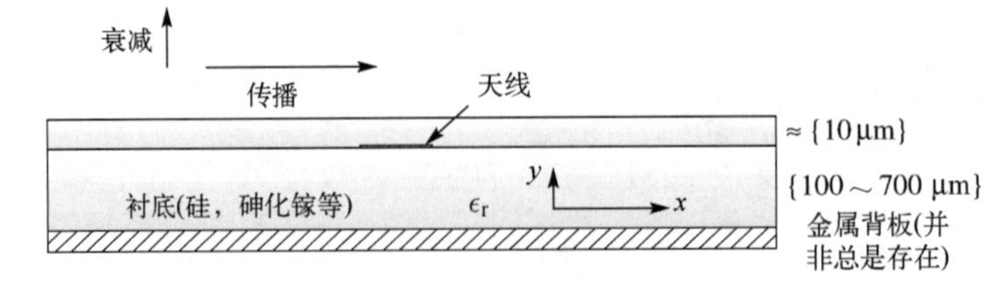

图 4.8　导波在 x 方向上传播并在 y 方向上衰减(图中的数字仅为示意)

本节将花些篇幅讨论文献[AKR83]所展示的工作，因为它对表面波如何影响辐射效率

这一问题提供了一种非常直观的理解。图 4.9 类似于图 4.8，但前者示出了由毫米波天线激发的电磁波。如果角度θ大于临界角 $\theta_c = \sin^{-1}\frac{1}{\sqrt{\epsilon_{\mathrm{r,substrate}}}}$，则电磁波将最终变为表面波。对于硅衬底，该临界角非常小，仅为 16.80°，这表明由天线激发的大部分波将被困在衬底中。

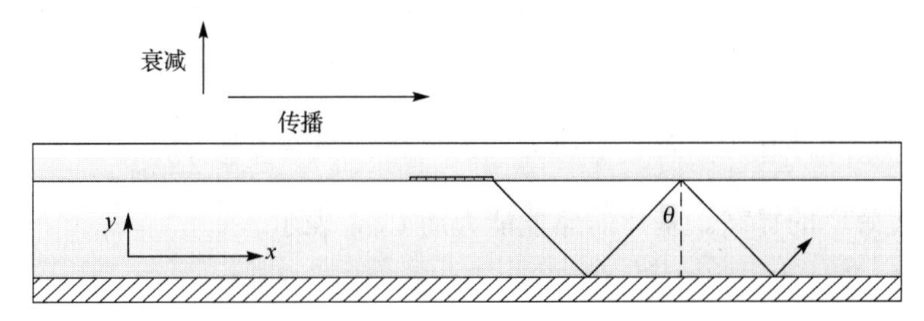

图 4.9 一旦角度θ超过衬底中的临界角，由天线产生的电磁波将作为表面波在衬底中被捕获，然后衬底的高掺杂浓度将使其大幅衰减

在大多数集成电路 BEOL 工艺中可用的多个金属层(例如，参见图 4.5)提高了在顶部金属层中实现天线的可能性，同时可使用底层实现屏蔽以防止形成衬底模式。文献[BGK+06b]使用矩量法求解器 IE3D 研究了这种方法。文献[BGK+06b]表明，这并不是一个改善性能的好方法，因为它大大降低了天线的输入阻抗和天线的有效辐射电阻。用简单传输线和电容器模型理论可以很容易地预测到这个结果。随着两个金属板之间的距离减小，电容增加，这将使阻抗减小为 $Z = \sqrt{\frac{L}{C}}$。在图 4.1 中，由于传导损耗而导致的电阻损耗部分不会因靠近金属表面而发生很大变化。同样，低辐射电阻也与较低的效率和较低的增益相关。文献[BGK+06b]发现天线与地平面的间距为 15 μm 时，辐射效率仅为 5%。文献[RHRC07]的研究考虑使用刚好位于衬底上方的较低的金属层来创建频率选择性表面(FSS)以提高辐射效率，这是一个新的想法，近年来在学术领域和集成芯片开发人员中获得了很大关注。

通过使大块衬底变薄，降低了片上天线具有高增益和高效率的设计难度。摘自文献[KSK+09]的图 4.10 总结了这种优化设计方式。该图由片上偶极子天线生成，用于芯片间通信应用。研究人员进行了一项实验，他们模拟了相距 5 mm 的两个芯片上的两个等效天线之间的传输。该图显示了片上天线的辐射效率与衬底厚度的函数关系。ρ 是指在分析中使用的电阻率，其值为 10 Ω·cm，d 是指芯片之间的间隔距离，L 是指所使用的偶极子天线的长度。

针对毫米波在芯片上的应用，我们研究了许多天线拓扑结构。在讨论这些之前，我们提出一个基于图 4.1 模型的电路模型，该模型由文献[ZL09]开发，如图 4.11 所示，该模型非常适用于封装天线。在该图中，R_{r} 是介绍中讨论的辐射电阻，并且表征了天线用于产生有用辐射的能量。L_d 和 C_d 分别代表天线的电感和电容，并且在工作频率 $f = \frac{1}{\sqrt{L_d C_c}}$ 时，从外界的角度来看，这些无功分量得以抵消(它们仍然存在于天线内并在此频率时存储和交换彼此之间的能量)并且天线会产生谐振。R_{con} 表示天线自身金属的传导损耗，并且除与天线相切的磁场外，它还由用于构造天线的金属的导电率决定。R_{SUR} 表示沿着天线所在的衬底顶部产生的表面波所损失的能量。表面波之所以是有问题的，不仅因为它们消耗天线的能量(降低效率)，还因为它们会减少两个间隔很小的天线之间的隔离度，可能导致“有源”阻抗的产生。有源阻抗是指天线的输入阻抗部分地由附近天线的状态(在使用中或不在使用中)确定的情况。减小表面波是阵列设计的主要挑战。C_{OX}是指天线和IC衬底之间的电容，对于图4.5中的较高金属层，C_{OX}较低，而在金属层之间使用“低 k”(即低介电常数)电介质的制造工艺，会进一步降低C_{OX}。R_{SUB}表示在衬底中感应的传导电流消耗的能量，并且在掺杂浓度较高时损耗较小。基片电流损耗的能量大约会增加$\frac{V_{in}^2}{2R_{SUB}}$，这表明基片电阻的降低不利于天线效率的提高。基片的储能能力用C_{SUB}表示。

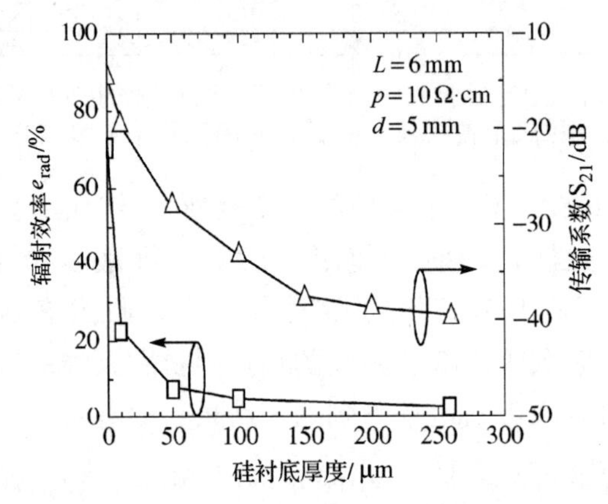

图 4.10 图中结果表明，厚衬底大大降低了片上天线的效率

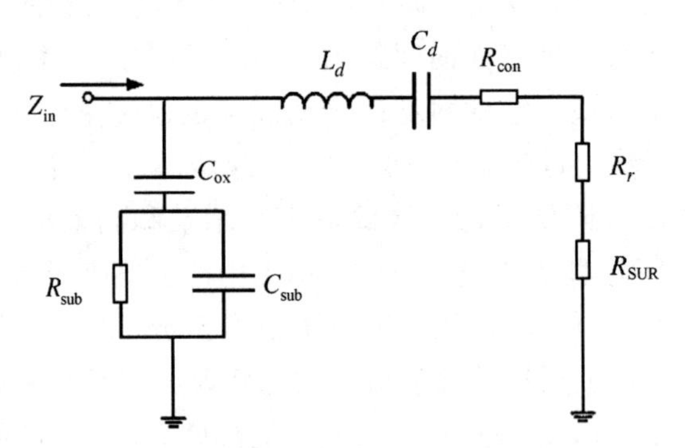

图 4.11 可能影响片上天线的能量损耗和存储机制

片上天线的第五个挑战是由天线R_{con}中的传导而引起的损耗，这在图4.11中得以说明。这一挑战对于小型天线来说不会像片上天线面临的其他挑战那样重要，但对于长度超过1 mm 的天线而言，这一挑战可能就非常重要了。如果设计需要非常低的传导损耗，则必须使用电阻率大于100 Ω·cm的高电阻衬底(例如，更好的绝缘体)[LKCY10]。①如图4.12所示，该图示出了传输线的传导损耗(单位为分贝/毫米)与衬底电阻率的关系。因为每个结构影响电流分布的方式存在差异(以及天线是驻波天线还是像菱形天线一样的行波天线)，所以传

① 某些工厂提供支持更高电阻率衬底的射频技术节点，其目的是实现高效的射频电路。

输线和天线上的损耗在所有情况下都不相同。然而，该曲线表明高电阻率生产工艺如砷化镓(GaAs)能够提供较低的传导损耗。因为它们通常需要较低的衬底掺杂，所以具有较高的衬底电阻率。对于 GaAs 衬底的电阻率，GaAs 衬底的典型值为 10^7～10^8 Ω·cm，而对于诸如 CMOS 的硅工艺，其典型值为 10 Ω·cm[BGK+06b]。

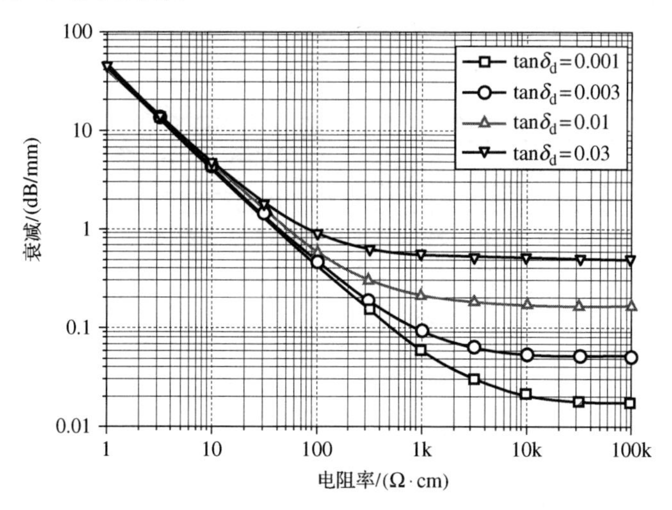

图 4.12　对于低电阻率衬底，由衬底掺杂剂携带的电流引起的损耗(即导体损耗)是损害性能的主要损耗机制

对造成片上天线的低效率的所有损耗机制进行建模需要考虑与衬底尺寸和介电常数相关的工作频率，以确定哪些衬底模式被激发。此外，还需要了解衬底电导率以确定传导电流损失了多少能量。最近，文献[OKF+05]使用了一种非常简单的方法对损耗机制进行建模，该方法简单地创建了一个与自由空间环境中的路径损耗类似的损耗指数α。这种方法不是最符合物理定律的，并且应该主要应用于芯片间通信——即主要应用于天线只需要将信号传送到同一集成电路上的其他结构的情况。

4.4　封装天线

封装天线是通过封装工艺制造的天线。典型的封装由若干层共面金属结构组成，例如传输线、平衡转换器、混合器和天线。封装内的电连接使用的是层间通孔(在不同金属层之间延伸的垂直金属圆柱体)或电磁电容连接。封装和芯片之间的连接可以使用电容、球栅或倒装芯片连接来实现。从电路理论的角度来看，通孔类似于电感器，而电容连接类似于电容器。集成电路(如 60 GHz 毫米波无线电)通常放置在封装内的小空腔中。小金属凸块或非常薄的键合线将集成电路连接到封装的其余部分。封装的金属结构将芯片连接到其他地方，通常用于焊接到印制电路板上。图 4.13 展示了典型的封装结构。

已证明封装的毫米波天线具有更高的实际增益和效率，因此优于片上天线。许多研究人员已经证明，封装天线可以获得高达 10 dBi 的增益，并且效率高于 80%[SZG+09][SHNT05] [SNO08]。按照目前片上天线的发展水平，如果设计需要天线集成，大多数长程和短程的 60 GHz 和其他毫米波应用(任何距离超过 1 m 的应用)都需要在电路板上使用封装天线或精心设计的天线。集成电路衬底的损耗是导致片上天线效率低的主要原因，封装天线与之隔离，因此可以实现更高的增益和效率。但是，封装天线的生产成本高于片上天线。如果因为使用封装天线而迫使集成系统(如接收机或雷达)使用比其他方式更昂贵的封装工艺情况更是如此。例如，使用封装天线可能迫使设计者使用具有 4 个金属层而不是两个金属层的封装工艺，以允许封装通孔结构的尺寸具有更大的设计灵活性。

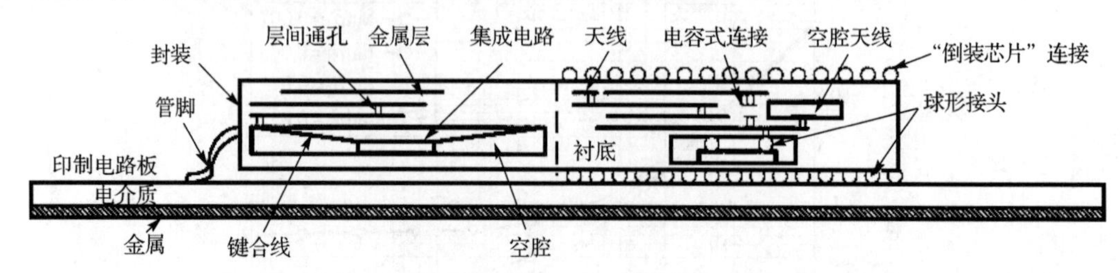

图 4.13 封装中的各种结构(未按比例绘制)。一个给定的封装一般不具有以上所有结构

有许多类型的常用封装工艺已被研究可用于生产封装天线，包括聚四氟乙烯[SHNT05]、低温共烧陶瓷(LTCC)[SZC+08][ZL09][Zha09]、熔融石英[ZPDG07]和液晶聚合物(LCP)[KLN+10]。在选择封装技术时，从封装天线的角度来看，最重要的考虑因素(除了成本，这一直是大众消费级市场最重要的考虑因素)是封装的相对介电常数、最小特征尺寸、制造精度、可用金属层数、金属层之间的距离、与封装工艺兼容的互连技术的类型以及封装过程是否允许天线和封装衬底之间存在空气腔。

封装技术的介电常数决定了封装天线的电尺寸，是不可缺少的设计参数。封装材料的相对介电常数越高，其金属含量对电性能的影响越大。因此，若采用高介电常数工艺制造的天线将需要更少的空间来实现和与之竞争的封装工艺相同的增益。高相对介电常数也会加剧由于生产过程中的不精确性而导致的设计问题，并且会导致设备之间更大的性能差异，除非生产不精确性非常小(尽管通常这些不精确性可以通过芯片设计中的适当可调谐性得到补偿)。高相对介电常数工艺的另一个缺点是它将导致封装天线的带宽低于低介电常数工艺，这是因为在高介电常数封装中存储的能量比在低介电常数封装中存储的能量多。对于高介电常数工艺中的封装天线，“增益带宽积”(天线的通用品质因数)通常低于低介电常数工艺。常见封装技术的介电常数如下：LTCC 为 5.9～7.7[SZC+08][SNO08]、熔融石英为 3.8[ZCB+06]、LCP 为 3.1[KPLY05]、聚四氟乙烯为 2.2[SHNT05][ZS09a]。损耗角正切将影响封装中电磁场消耗的能量，因此应同时考虑封装材料的损耗角正切和介电常数。对天线性能产生不利影响的封装谐振的带宽，也将由封装的损耗角正切确定(谐振的相对带宽近似随损耗角正切的增大而线性增加[Poz05])。常用封装技术的损耗正切如下：聚四氟乙烯为 0.000 7[SHNT05]、LTCC 为 0.002[SZC+08]、熔融石英为 0.001[ZLG06]、LCP 为 0.002～0.004[ZL09]。

封装技术中金属结构(包括通孔)的最小特征尺寸是选择封装材料时的主要考虑因素，随着毫米波的应用频率从 60 GHz 增加到更高的亚太赫兹和太赫兹频率，这将变得越来越重要。特别是通孔长度将决定封装中垂直结构的最小长度。从这个角度看，在封装工艺中，金属层间的距离是主要的关注点，因为这决定了通孔结构的长度，也就决定了每个通孔所呈现的电感。通常，随着工作频率的提高，设计者应考虑使用减小层间厚度的工艺。除了最小特征尺寸，还应考虑制造精度，精度决定了制造的芯片与设计规格的吻合程度。一般情况下，较高的制造精度对应着较小的特征尺寸。LTCC Fero A6（一种流行的 LTCC 封装技术的例子）的制造精度为 50 μm[SZC+08]，最近的聚四氟乙烯工艺的制造精度大于 50 μm[SHNT05]，熔融石英的制造精度为 10 μm[ZLG06]。

4.5　毫米波通信的天线拓扑结构

选择天线拓扑并非易事，这取决于预期的应用以及必须与毫米波集成天线交互的电路。例如，极化分集可能成为毫米波通信的一个重要方面，从而决定了适合的定向天线结构。仅用于短距离（小于 1～2 m）链路或传感的 60 GHz 设备可能不需要高增益，反而更重视电源效率和低成本。包括企业 WiFi（使用 WiGig、IEEE 802.11ad 或无线 HD）和回传或室外蜂窝网络在内的较长链路，可能需要强调方向图尤其是阵列单元方向图要求而非天线效率。天线的输入阻抗可能决定它是否适合与特定激励电路一起使用。

偶极子天线是一种简单的天线，它为理解其他天线拓扑提供了基础。在片上或封装中制造的偶极子通常称为平面偶极子。这种类型的天线已被广泛研究用于集成应用[MHP+09][CDY+08][OKF+05][LGL+04][KO98][FHO02][BGK+06b]，并且已经与其他辐射结构（例如圆柱形谐振器[BAFS08]）结合使用。平面偶极子天线是一种边射天线[Reb92]，也就是说，其主波束垂直于天线的轴线。偶极子易于制造，并且易与诸如共面传输线的片上传输线连接。这种用于片上集成应用的天线的主要缺点是它容易激发衬底中的导波[AKR83][Reb92]，导致未变薄的衬底上的片上天线效率低[GAPR09][Reb92]，基本上不会超过 10%。一种被称为芯片间无线互连[KO98][OKF+05][LGL+04]的片上偶极子可以利用衬底模式，因为它依赖于在同一衬底上的天线之间的通信，而不需要辐射到自由空间。研究人员已经提出将这种方法作为替代金属互连和大型集成电路时钟分配的手段[OKF+05][KO98]。

图 4.14 给出了一种专门用于偶极子天线的电路模型，该模型可用于预估标准偶极子的输入阻抗。在毫米波频率下，考虑到集成环境的影响，该模型应该加以扩充。如图 4.11 所示[HH97]，在毫米波频率下，应该扩充该模型以包括集成环境的影响。这些影响包括用于描述片上天线和衬底之间耦合的电容、衬底本身的网络模型以及用于描述衬底损耗和能量存储的电阻和电容部件。为了表征偶极子天线的输入特性，建立了图 4.14 中的模型。这包括一个接近谐振的极点，其导致谐振附近的输入阻抗快速增加。在图 4.14 的简单模型中，用电容 C_0 对实际输入阻抗表达式中的极点进行建模，用 L_0 对其他频率的电容进行补偿。R_1，L_1 和 C_1 用于模拟高阶共振。还可以添加第二个并联 RLC 网络[HH97]。应该记住，谐振串联 LC 电路可以看作短路，而并联谐振 LC 电路可以看作开路。摘自文献[HH97]的图 4.14 所示的基本输入阻抗曲线的形式在图 4.15 中再现（图中的数字仅与特定偶极天线有关）。自由空间中的经典半波长偶极子在其谐振频率下的输入阻抗为 (73 + j42.5) Ω[Bal05]。

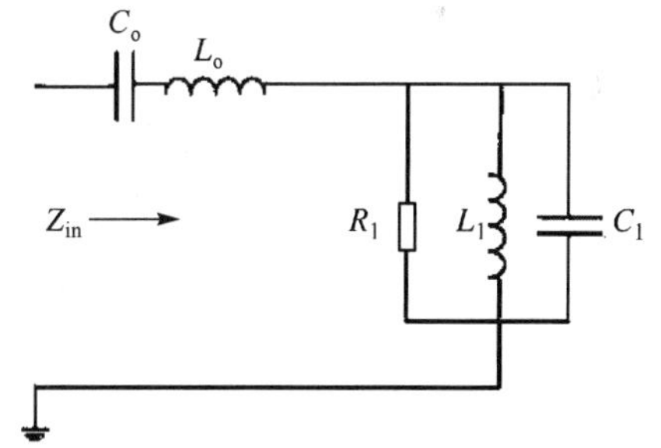

图 4.14　这个简单模型可用于预测标准偶极子的输入阻抗

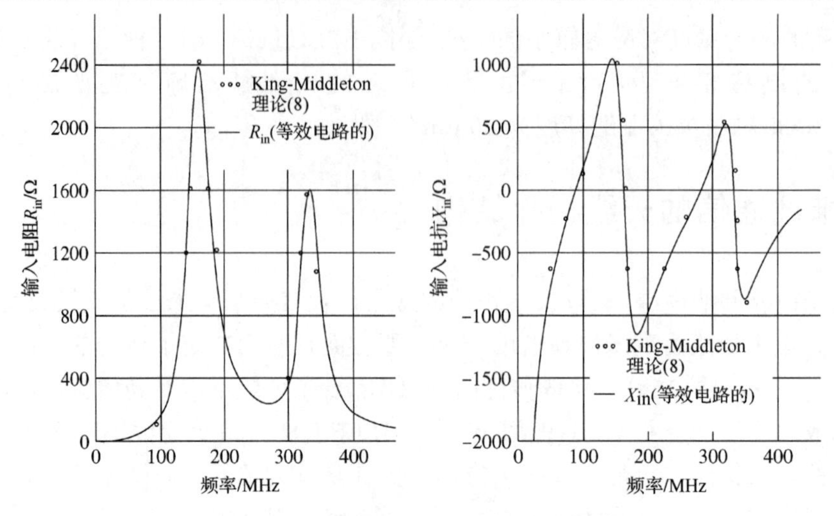

图 4.15 标准偶极子天线的输入阻抗特性

半波偶极子在自由空间中的场近似于围绕偶极子的“甜甜圈”形状[Bal05]。由于封装或衬底的存在，集成偶极子的场是不同的。重要的是偶极子激发的衬底模式向芯片外辐射的电位 [BGK+06b]，可能导致方向图失真。文献[OKF+05]通过测量芯片上两天线之间不同角度的传输来测量片上偶极子天线的方向图。图 4.16 显示了在衬底平面上的线形和锯齿形天线的方向图。对于大多数集成天线而言，从衬底平面测量三维方向图是很难实现的，这一点已被证明。

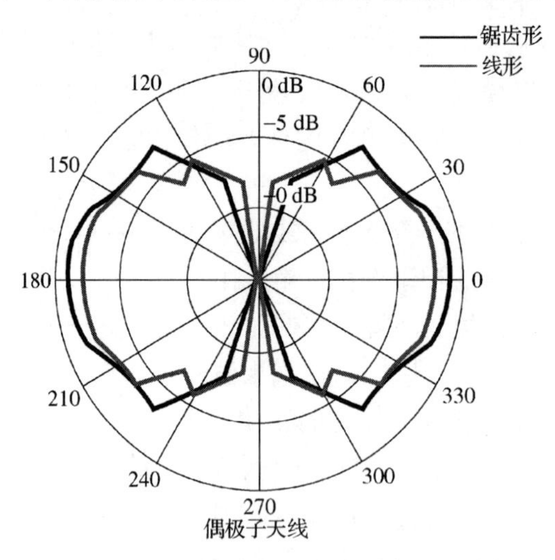

图 4.16 片上线形和锯齿形天线在衬底平面上的方向图

偶极子天线是一种需要差分馈电的对称天线(在第 5 章中将进一步讨论)。因此，单端馈电系统需要平衡-非平衡转换器使集成偶极子的性能达到最佳。通过使用共面波导(CPW)(如图 4.15 所示)，可以借助非常简单的平衡-非平衡转换器结构[MHP+09][GJRM10][SRFT08]达到目的，如图 4.17 所示。用于连接两个接地端的下部金属条并不总是被使用(例如，在文献[MHP+09]中)。文献[MHP+09]给出了一系列没有下部金属连接条结构天线的回波损耗的设计曲线，如图 4.18 所示，仿真模型模拟的是 GaAs 衬底上的偶极子，相对介电常数为 12.9，厚度为 625 μm。右上方图中的曲线表明偶极子的谐振长度随频率增加而降低[MHP+09]。左上方图中的曲线表明偶极臂的宽度对偶极子的谐振点几乎没有影响[MHP+09]。下方两图中的曲线代表正的回波损耗(将在第 5 章中讨论)，对于这两条曲线，更高的值表示更好的阻抗匹配和功率传输。右下图中的曲线很有趣，表明衬底厚度增加时，偶极子的性能变差，其原因可能是更多地激发了衬底模式[MHP+09]。左下曲线表明较宽的偶极臂往往有较好的回波损耗[MHP+09]。

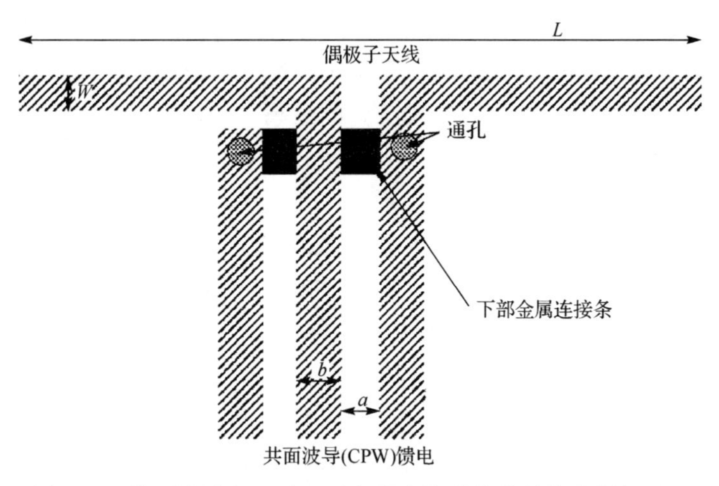

图 4.17 共面波导(CPW)可以与具有这种简单结构的偶极子天线连接。相对于所使用的衬底，偶极子长度 L 是 $\lambda/2$

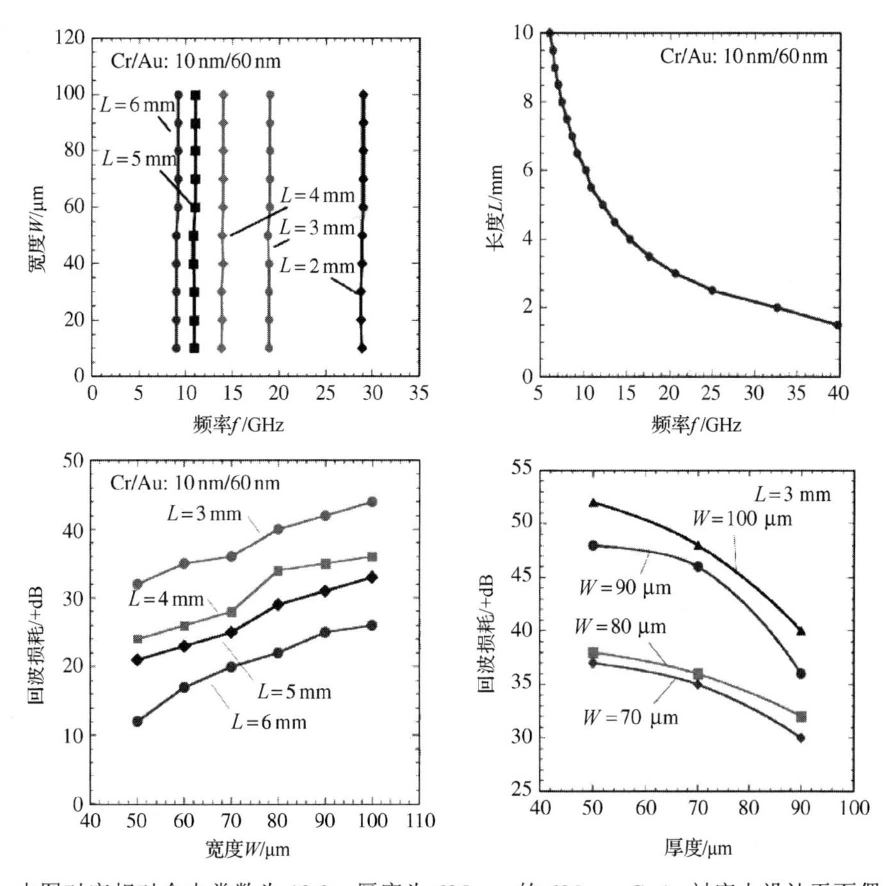

图 4.18 本图对应相对介电常数为 12.9、厚度为 625 μm 的 625 μm GaAs 衬底上设计平面偶极子天线

已经有学者提出了片上偶极子的几种变形，包括线形、锯齿形和脉冲形。与线形偶极子[CDY+08]相比，锯齿形拓扑可以提供更好一点的效率，但差异并不如文献[OKF+05]所述的那样大。图 4.19 展示了这些变形结构。锯齿形天线也被证明可以获得比线形偶极子更高的增益[FHO02]。文献[FHO02]使用 30°角构造锯齿形天线。文献[CDY+08]在 0.13 μm CMOS 上实现了 24 GHz 的锯齿形设计，他们仅使用天线的上面 3 个金属层，在天线的最低金属层和芯片衬底之间留出 3.6 μm 的空间(即天线和衬底之间保留 3.6 μm 的电介质)。文献[CDY+08]通过保持偶极子和衬底之间尽可能大的距离，减少了到衬底导波的耦合，导致天线中的传导损耗略高。考虑到衬底模式很容易降低性能，这是一种有效的选择[AKR83]。文献[CDY+08]实现了(40–j100)Ω的输入阻抗和–10 dBi 的增益。

缝隙天线也已经被研究用于集成天线。电磁学上，缝隙是偶极子的磁对偶，因此两者中任意一个的分析与另一个几乎相同[Bal05]。缝隙的长度应为$\lambda/2$，其中λ是工作波长。对于集成天线，λ应使用有效波长(介质中波长和自由空间波长的平均值)。集成缝隙和偶极子之间的差异更为明显，这在很大程度上是由于这两种拓扑结构与衬底或封装的交互方式不同造成的。与偶极子相比，集成缝隙天线受较薄的衬底表面波的影响较小[Reb92][AKR83]，但是对于较厚的衬底，它们会因衬底效应而受到更大的影响[AKR83]。如图 4.20 所示，缝隙天线可以通过接地平面中的孔来实现。与偶极子和集成微带天线相比，缝隙具有更高的效率并且更容易匹配[Beh09]，尽管这取决于衬底的性质。此外，缝隙也适用于小型化和双模技术。文献[Beh09]提出了一种在两端加载带有感性负载的电小缝隙天线的小型化技术(电小天线定义为 $kr<1$，其中 k 是工作介质的波数，r 是可完全包围天线的球体半径)。电小缝隙本身会以更高的频率谐振，负载有助于将频率降低到工作频率。图 4.21 解释了这项技术。文献[Beh09]使用这种技术将缝隙集成到 CMOS 衬底上，实现了–10 dBi 的增益和 9%的效率。

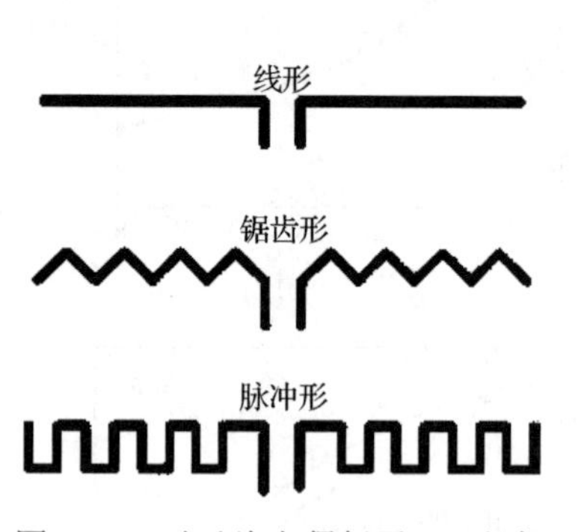

图 4.19　对于片上偶极子，已经提出并使用了很多种变形

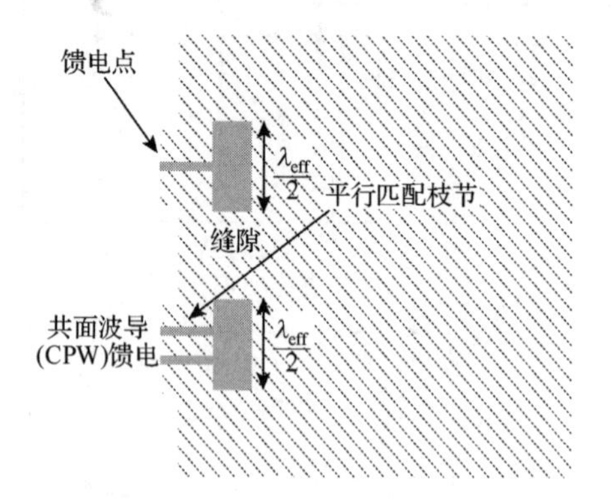

图 4.20　一种缝隙天线的基本形式，通过地平面中的孔实现

在尝试提高带透镜的片上缝隙天线的性能时，需要记住几个特殊的注意事项(这是改进集成天线的常用方法)。缝隙天线不适合单独与抛物面透镜一起使用，因为它们的辐射不均匀，并且地平面对缝隙的方向图的影响很大[KSM77]。文献[KSM77]表明，当两个缝隙一起使用、被半波长分开且被同时激励时，这种拓扑可以有效地应用于透镜集成接收机。该技术降低了方向图对地平面尺寸的灵敏度，并能得到更均匀的辐射。该技术如图 4.22 所示。

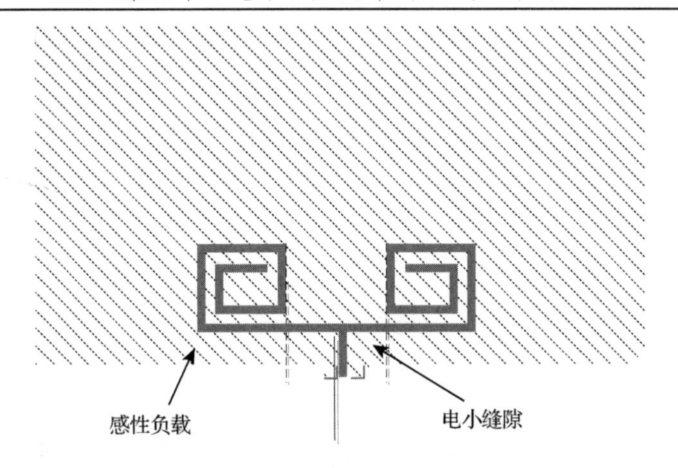

图 4.21　缝隙可以通过在它们的末端加载实现小型化。其中缝隙的两端装有感性负载，以将其谐振频率降低到工作频率

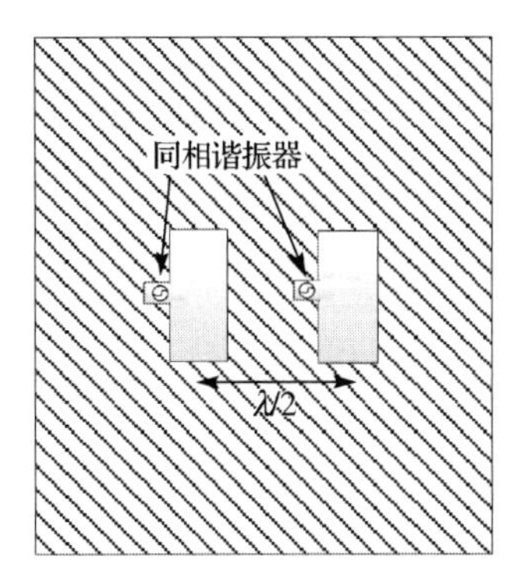

图 4.22　以四分之一波长分开的两个缝隙天线可以很好地降低缝隙天线受地平面尺寸影响的灵敏度，并提供适合与透镜一起使用的均匀辐射

微带贴片天线也可以考虑用于集成。在电学上，微带贴片通常被认为是向外辐射的腔体，并且通常用谐振腔的方法对其进行分析。从辐射的角度来看，贴片可以被认为是一个由两个磁流元件组成的阵列，惠更斯原理如图 4.23 所示①。微带天线的优点包括它们贴合表面的能力以及相对易调整[Bal05]。传统的贴片存在窄带宽和低效率的问题[Bal05]，不过集成芯片上的贴片效率可以与其他片上天线相媲美(例如，文献[HW10]在没有将衬底变薄或使用透镜的情况下实现了 15.87%的效率)。贴片天线已被用于毫米波系统。例如，SiBeam 公司(现为 Silicon Image 公司)最近推出了一款封装的 60 GHz 收发信机，其中包含一个采用低温共烧陶瓷(LTCC)的贴片阵列[EWA+11]。在没有衬底处理的片上天线设计中，它们的增益指标具有竞争优势(例如，文献[HW10]达到−10 dBi)。如果贴片天线用于毫米波收发信机，那么它们较窄的带宽可能需要较高的调制效率(以比特/赫兹为单位)来实现很高的数据速率，这表明这些收发信机的功率也必然比选择其他天线的更高。通过大带宽和低频谱效率来实现高数据速率的低动态范围系统可能不会经常使用贴片天线。如果贴片需要大带宽，则可以使用诸如寄生平行金属条等技术来实现[CGLS09]。如文献[HW10]所述(假设贴片的接

① 作者感谢得克萨斯大学奥斯汀分校的 Hao Ling 教授的这一见解。

地平面不在芯片的最低金属层上[HW10]），片上贴片的一个优点是贴片下方的区域可用于有源电路。与其他集成天线相比，贴片天线的另一个缺点是它的尺寸——文献[YTKY+06]需要 1.7×1.3 mm² 实现 60 GHz 的片上贴片，文献[HW10]需要 1.22 mm×1.58 mm² 构建 60 GHz 天线，文献[SCS+08]需要 200 μm×200 μm 构建 410 GHz 的片上贴片。这种大尺寸要求片上贴片具有许多缝隙以满足电路设计原则，即满足关于没有孔的金属片的最大尺寸原则。如果这些缝隙比波长小得多并且与天线的长边保持平行[HW10]，那么它们一般不会对性能产生很大影响(例如，文献[HW10]发现使用接地平面缝隙的天线在仿真中效率降低了 3%)。

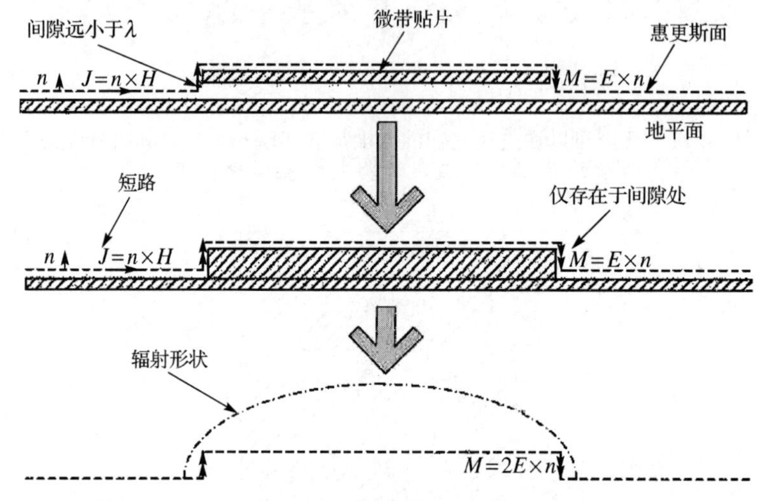

图 4.23　根据惠更斯原理，贴片天线可被视为两端有两个磁性单元的阵列。随着贴片从其地平面进一步提升，磁性元件变得更长，因此作为辐射器更有效

文献[HW10][YTKY+06][SCS+08][AL05][PNG+98][CGLS09][LDS+05]已经在毫米波系统中使用了贴片。有许多理论模型可用于设计贴片天线，包括传输线模型，它将贴片视为谐振传输线[Bal05]。如文献[Bal05]所述，要设计如图 4.24 所示的贴片，首先需要指定所需的谐振频率。接下来，基于介电常数和贴片在地平面上方的距离，建立一组有关宽度和高度的设计方程。见式(4.31)～式(4.34)[Bal05]：

$$W=\frac{\sqrt{\epsilon_{\mathrm{o}}\mu_{\mathrm{o}}}}{2f_{\mathrm{r}}}\sqrt{\frac{2}{\epsilon_{\mathrm{r,dielectric}}+1}} \tag{4.31}$$

$$\epsilon_{\mathrm{eff}}=\frac{\epsilon_{\mathrm{r,dielectric}}+1}{2}+\frac{\epsilon_{\mathrm{r,dielectric}}-1}{2}\sqrt{1+\frac{12h}{W}} \tag{4.32}$$

$$\Delta L=\frac{0.412h\left(\left(\epsilon_{\mathrm{eff}}+0.3\right)\left(\frac{W}{h}+0.264\right)\right)}{\left(\epsilon_{\mathrm{eff}}-0.258\right)\left(\frac{W}{h}+0.8\right)} \tag{4.33}$$

$$L=\frac{1}{2f_{\mathrm{r}}\sqrt{\epsilon_{\mathrm{eff}}}\sqrt{\mu_{\mathrm{o}}\epsilon_{\mathrm{o}}}}-2\Delta L \tag{4.34}$$

其中，ϵ_{eff} 是描述贴片的顶部和底部表面与空气之间包含多少电场的有效介电常数。ϵ_o 和 μ_o 是自由空间的本构参数，$\epsilon_{\mathrm{r,\,dielectric}}$ 是电介质的介电常数，W 是贴片的宽度，L 是其长度，ΔL 是长度校正，它解释了贴片周围存在的边缘场[Bal05]。在片上集成时，贴片的高度对效率至关重要。这可以在图 4.25(摘自文献[HW10])中看出，它显示了使用传输线模型设计的贴片天线的仿真效率，是贴片在 0.13 μm CMOS 接地平面上方高度的函数。该图还显示出高度对谐振频率 f_r 的影响。

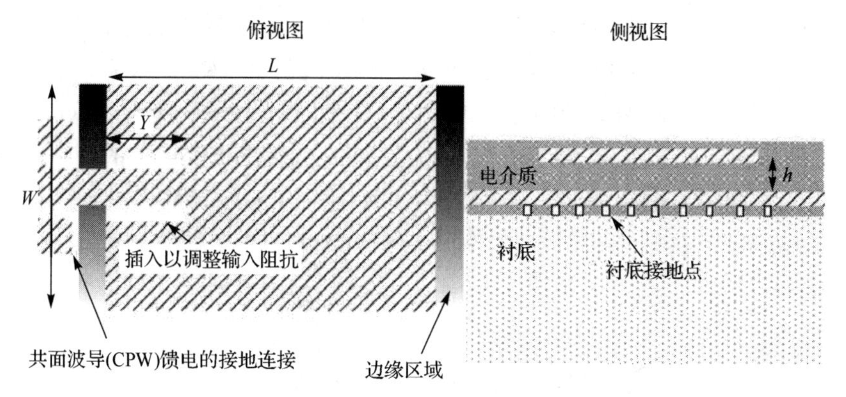

图 4.24　文献[Bal05]基于这种几何形状提出了一组关于贴片天线的设计方程。接地层的电位应保持与衬底相同，以减少与衬底的耦合

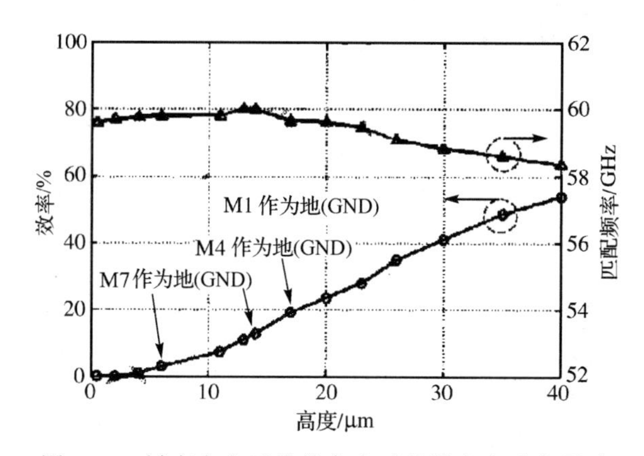

图 4.25　衬底上方天线的高度对其效率有重大影响

贴片应选择微带馈电来获得正确的输入阻抗。文献[Bal05]给出了式(4.35)～式(4.37)，这些等式可以在进一步细化仿真之前使用。实际上，片上贴片已经实现了一定范围内的输入阻抗。例如，文献[AL05]的 77 GHz 贴片具有近 5 Ω的非常低的输入阻抗，而文献[SCS⁺08]达到 50 Ω的输入阻抗

$$G_1 = \frac{W}{120\lambda_o}\left[1 - \left(\frac{1}{24}\right)(k_o h)^2\right] \tag{4.35}$$

$$R'_{\text{in}} = \frac{1}{2G_1} \tag{4.36}$$

$$R_{\text{in}} = R'_{\text{in}}\cos^2\left(\frac{\pi}{L}Y\right) \tag{4.37}$$

如果可能，贴片的接地平面应该保持与衬底相同的电位。这有助于减少与衬底之间的耦合[YTKY⁺06]。一种确保贴片接地面与衬底处于同一电位的方法是，在贴片接地和衬底之间植入衬底接地点，如图 4.24 所示。正确设计接地面也有助于通过切断衬底耦合实现贴片与附近的电路隔离[SCS⁺08]。

贴片天线的方向图是平滑的，并且指向贴片顶层金属层的上方。片上贴片天线的方向

性各不相同，文献[PNG+98]在 60 GHz 附近频段达到 6.7～8.3 dB，文献[HW10]在 60.51 GHz 时达到 4.7 dB，文献[CGLS09]在 60 GHz 时达到 6.34 dB，文献[SCS+08]在 410 GHz 时达到 5.15 dB。片上贴片的效率通常较低，但与其他片上毫米波天线相比还是具有一定的竞争力。文献[CGLS09]使用“人工磁导体”接地面在 60 GHz 处得到 14%的效率，文献[SCS+08]在 410 GHz 时达到 22%，文献[HW10]达到 15.87%，文献[PNG+98]在接近 60 GHz 的频段内达到 21%～33%的效率。图 4.26 结合了文献[SCS+08]和文献[CGLS09]中的图，展示了片上贴片天线的代表性方向图。图 4.26(上)表明，由于片上贴片天线尺寸较大，所以通常需要金属缝隙；图 4.26(下)中在贴片的边缘使用了两个平行的金属条来增加带宽。

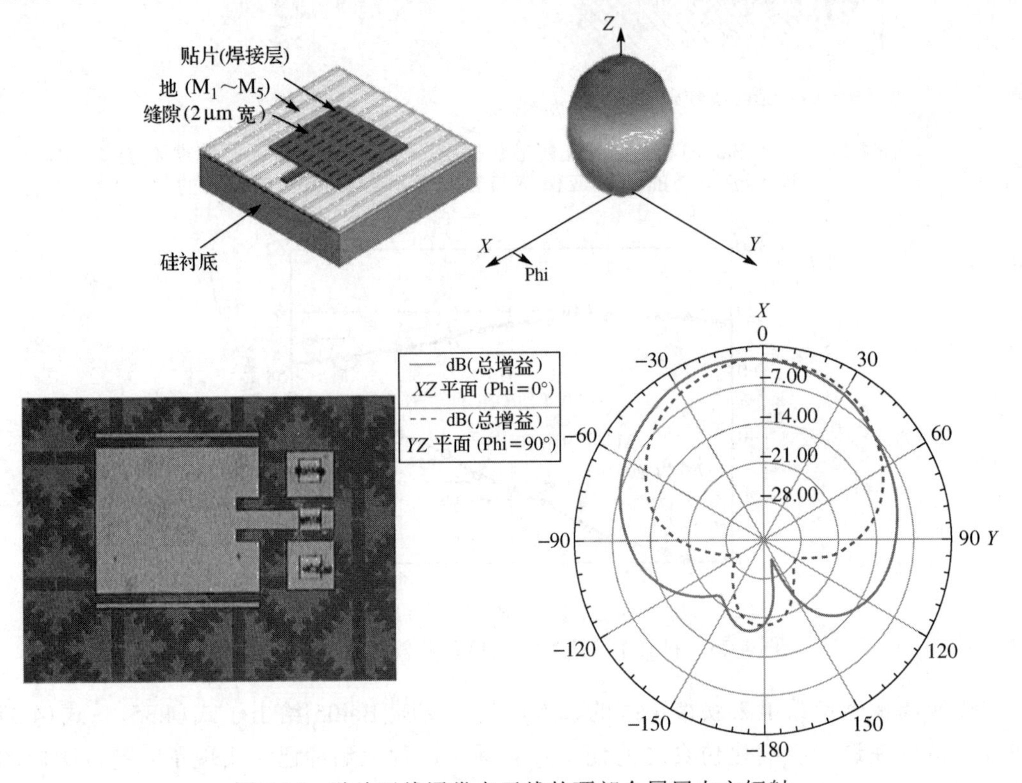

图 4.26 贴片天线通常在天线的顶部金属层上方辐射

除了片上系统，贴片天线也被用于封装中[LDS+05](LTCC 或 60 GHz 双极化贴片)[HRL10](用于 60 GHz 的玻璃封装衬底上的圆极化贴片)[KLN+11](LTCC 中用于 60 GHz 的 16 个单元的贴片阵列)[LS08](熔融石英上的 8 单元贴片)。封装天线的增益和效率通常高于片上天线。例如，文献[HRL10]实现了 7.4 dBi 的增益和 60%的效率，文献[KLN+11]在 LTCC 上实现了 4～6 dBi 增益/单元，60 GHz 时文献[LS08]在熔融石英上的 8 单元贴片阵列上实现了 15 dBi 的增益。设计封装贴片的一个挑战是将贴片与封装芯片连接。解决这一问题可以采取多种方法。例如，图 4.27 的左图显示出了利用封装通孔即通过贴片接地平面中的孔激发贴片天线。图 4.27 的右图摘自文献[HRL10]，展示了使用来自片上 CPW 线的耦合连接来激励贴片天线的方法。提高封装贴片天线效率的常用方法是在贴片下方设计一个空腔[LS08][KLN+11]，如图 4.28 所示。这种方法通常要求贴片从侧面馈电。该图基于文献[LS08]中的类似图片。

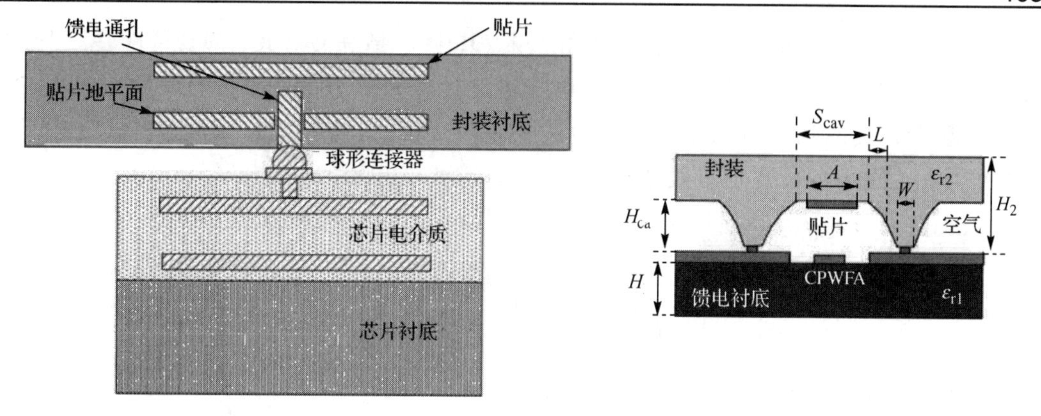

图 4.27　用来从封装芯片向封装内贴片馈电的方法

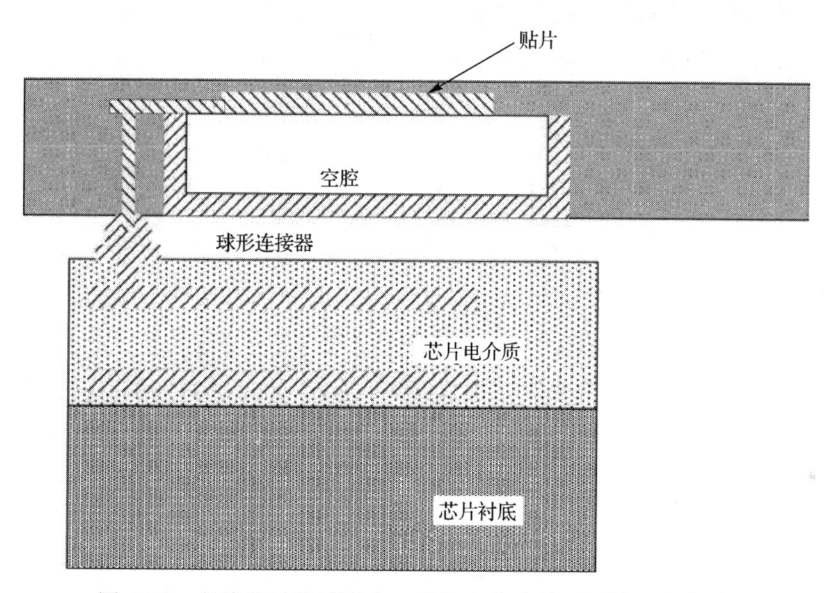

图 4.28　在某些封装过程中，可能会在芯片下面挖一个空腔

八木-宇田天线也被研究用于毫米波系统[HWHRC08][GAPR09][ZSG05][SZC+08][AR10]。如文献[Bal05]所述，八木-宇田天线实际上是由有源单元、反射器单元和一个或多个引向器单元组成的阵列。有源单元通常是如文献[GAPR09]和[HWHRC08]中所示的偶极子天线。图 4.29 给出了基于文献[Bal05]中描述的基本的八木-宇田天线。天线的基本原理是，从反射器到有源单元再到引向器，逐渐变短的单元会导致每个单元上的电流逐渐移相(其中反射器中电压超前于电流，有源单元中电流和电压是同相的，引向器中电流超前于电压)，从而导致端射辐射。改变单元的长度以产生从反射器到导向器的行波，反射器应略长于谐振半波偶极子，以便产生感性阻抗。有源单元应与实际输入阻抗谐振，导向器应短于谐振半波偶极子，以表示电容性输入阻抗。在片上或封装中，波可以通过多种介质(例如，顶部芯片介质、低部基片和空气)在单元之间传播，情况更加复杂，通常需要基于仿真的优化。例如，文献[ZSG05]发现，有源单元与反射器之间的距离应该比有源单元与引向器之间的距离大，而文献[GAPR09]发现 $0.25\lambda_{eff}$ 是最佳间距。文献[SZC$^+$08]设计的 LTCC 封装发现最佳反射器长度为 $0.25\lambda_g$，有源单元长度为 $0.56\lambda_g$，引向器长度为 $0.32\lambda_g$，反射器与有源单元之间的距离为

$0.18\lambda_g$，引向器和有源单元之间的距离为 $0.22\lambda_g$（其中 λ_g 是导波波长，应该等于第一模式的有效波长）。这些变化强调了集成环境在选择最终设计尺寸方面的重要性。文献[GAPR09]使用一种基于仿真的巧妙方法来找到有效波长 λ_{eff}：他们认为共振时（即当输入阻抗为纯实数时）激励单元的一半长度是有效波长的四分之一。

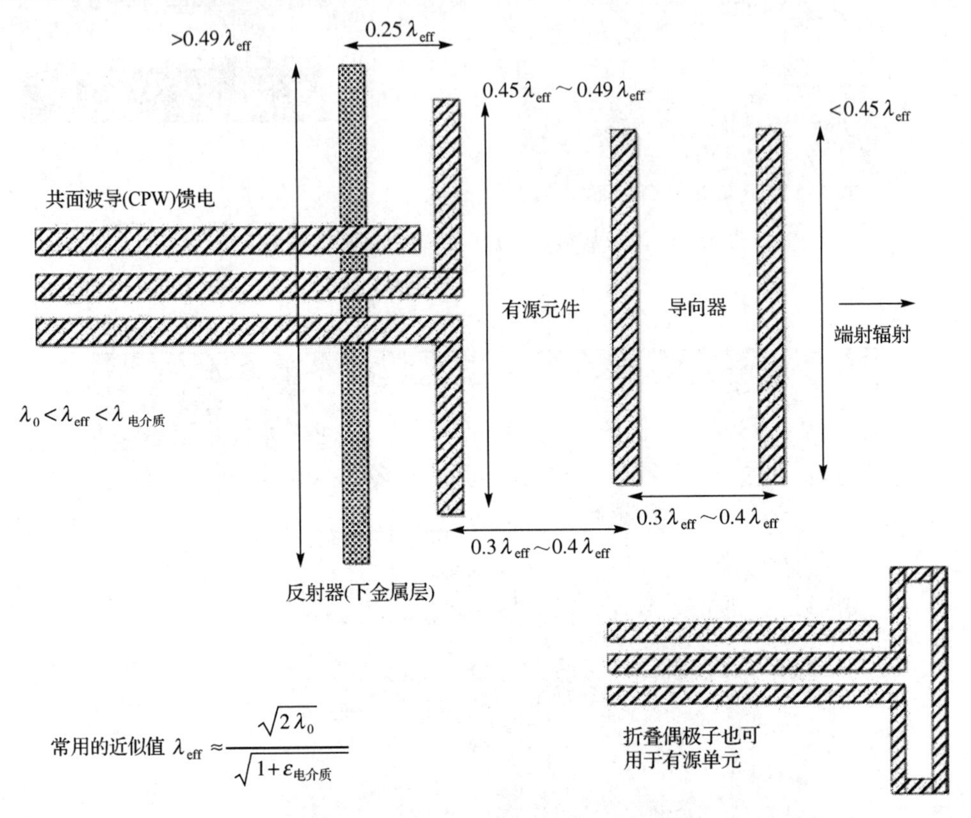

图 4.29 八木-宇宙天线是由一个有源单元和几个寄生单元组成的阵列

尽管可以使用标准的半波偶极子作为有源单元，但使用折叠偶极子效果可能更好[AR10]。这是因为八木-宇田阵列的传统挑战之一是它们的输入阻抗过低，而折叠偶极子可用于增加输入阻抗。文献[AR10]使用这种方法将输入阻抗从 18 Ω增加到 153 Ω，这对于馈线的阻抗是有益的。

当设计正确时，八木-宇田天线的单元应该产生端射辐射（即对于有源偶极子单元实现了边射方向的最大增益，并且在朝向最小单元的方向上具有最大增益）。图 4.30（摘自文献[AR10]）展示了集成在聚四氟乙烯衬底中的阵列在 24 GHz 频带内的端射（即对于有源偶极子单元实现了边射方向的最大增益，并且在朝向最小单元的方向上具有最大增益）八木方向图。如果单元的尺寸或位置不正确，则可能会导致非端射辐射。

文献[HWHRC08]使用 0.18 μm CMOS 上的八木-宇田天线实现了 10%的效率和−10.6 dBi 的增益。文献[GAPR09]使用 0.18 μm CMOS 实现了 15.8%的仿真效率和−3.55 dBi 的增益。文献[ZSG05]实现了 5.6%的效率和−12.5 dBi 的测量增益。文献[SZC+08]在 60 GHz 的 LTCC 封装内八木-宇田天线中实现了 6 dBi 的增益和 93%的效率。对于聚四氟乙烯中的八木-宇田阵列，文献[AR10]在 22～26 GHz 间实现了 8～10 dBi 的增益和 90%以上的效率。

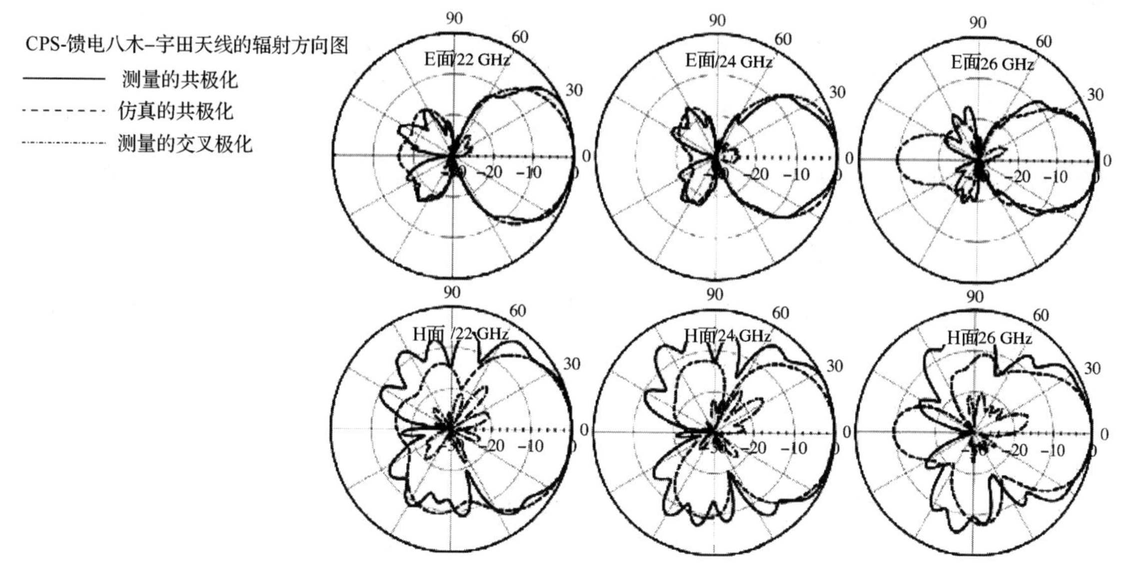

图 4.30　辐射方向图显示了八木–宇田阵列的端射辐射(即有源单元的边射)

4.6　提高片上天线增益的技术

目前已经提出了很多改善片上天线增益的技术。很多关于片上天线所面临挑战的讨论表明，减小衬底厚度或介电常数是提高增益和效率的最显著和有效的手段。实际上，许多研究者使用了这种方法[LKCY10][Reb92][KSK+09][AKR83]。值得注意的是，为实现片上天线的良好增益和效率，文献[AKR83]建议衬底厚度应低于$\lambda/10$。这种方法的缺点是它降低了衬底的机械稳定性，可能会降低制造产量并增加生产成本和时间。集成天线的低成本加上制造它的芯片的相对高成本，使得天线几乎没有效益上的损失。其他一些技术也已经被用来提高增益和效率：包括人工磁导体[CGLS09]和频率选择性表面[RHRC07][CGLS09][ZWS07]、透镜[KR86][Reb92][Bab08][BGK+06b][FGR93][LKCY10]、衬底堆叠[MAR10b][Reb92]以及消除衬底模式的天线排列[Reb92][RN88]。

如果使用堆叠衬底，则可以在增强性能的同时获得相当大的设计自由度。例如，可以增加天线和衬底之间的距离[MAR10b]，或者可以使用堆叠天线来消除衬底模式[Reb92]。

在主天线衬底上方使用“覆盖层”的方法获得了相当大的关注[JA85][YA87]。文献[JA85]在假设辐射场被平面波很好地近似的基础上，提供了有关该技术的基于传输线理论的详细分析。如果不符合这种情况(即如果 $k_0R \gg 1$ 不成立[YA87])，则在应用该分析之前必须进行平面波分解。图 4.31 所示为基本方法，图 4.32 说明了该技术的传输线类比研究[JA85]。基本的传输线类比提供了一种简单直观的认识：如果我们假设在天线的位置处存在对应于电场的“电压”，那么如果正确选择传输线的长度以引起谐振，则该电压可以在覆盖层的顶部表面放大 $\sqrt{\epsilon_1}$ 倍(这对应于高增益情况)。

我们在此提出文献[JA85]所得出的要求。如果衬底的相对介电常数远大于 1，则对高增益的要求为[JA85]

$$\frac{n_2B}{\lambda_0}=\frac{m}{2} \tag{4.38}$$

$$\frac{n_2 d}{\lambda_0} = \frac{2n-1}{4} \tag{4.39}$$

$$\frac{n_1 t}{\lambda_0} = \frac{2p-1}{4} \tag{4.40}$$

其中，m，n 和 p 是正整数，B，d 和 t 是图 4.31 所示的厚度，λ_0 是自由空间中的工作波长，n_1 和 n_2 分别是覆盖层和衬底的折射率(其中 $n_i = \sqrt{\mu_{r,i}\epsilon_{r,i}}$)。例如，在介电常数为 12.2 的硅衬底上，衬底至少应为 715 μm 厚，天线位于 357 μm 处，硅的覆盖层也为 357 μm 厚。对于给定铸造设计规则的片上天线，这也许是不可能的，但该技术可以用于更现实的封装环境。如果满足这些条件，则增益近似为[JA85]

$$G \approx \frac{8n_2 B}{\lambda_0}\left(\frac{\epsilon_1}{n_2\epsilon_2\mu 1}\right) \tag{4.41}$$

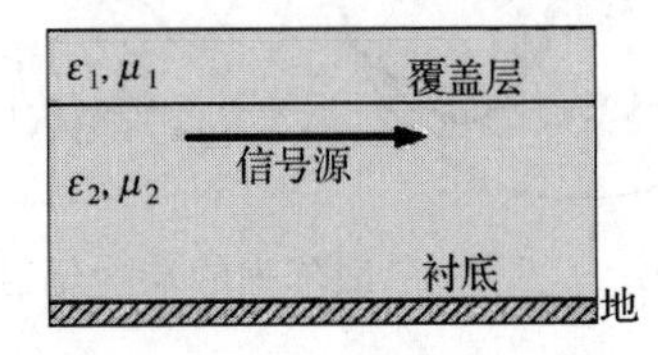

图 4.31 文献[JA85]对使用覆盖层提高增益进行了严格的分析(图中的信号源是天线)

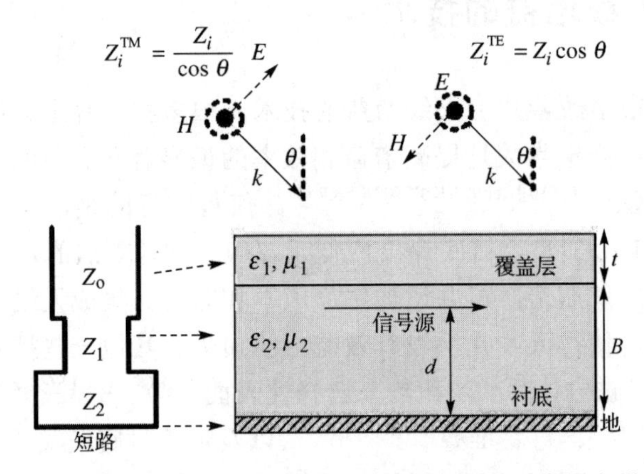

图 4.32 使用传输线类比来研究如何使用覆盖层来提高增益

文献[CGLS09]介绍了使用人工磁导体来改善天线增益的技术。这种方法类似于由文献[RHRC07]提出，由文献[ZWS07]研究的频率选择性表面。磁导体是电导体的对偶，正如电场垂直作用于电导体一样，磁导体中的磁场必须与之垂直。磁性“导体”通常是由金属片上周期性的间隔或缝隙构成的。因为磁导体上电流的镜像电流与原始电流同相，所以磁导体通常被认为有利于将片上天线与衬底屏蔽。因此，即使屏蔽非常靠近天线，它也不会导致低输入阻抗或像电屏蔽一样使天线“短路”[BGK+06b]。这个理论是不完整的，文献[ZWS07]和其他一些人丰富了这个理论，讨论了该结构抑制对增益和效率有损害的表面波的有效性。图 4.33 所示的惠更斯原理说明了为什么这些间隙可以被建模为磁导体。文献[CGLS09]在 0.18 μm 芯片的 BEOL 金属层的下层金属中使用常规方法来产生人工磁导体，以将贴片天线与衬底屏蔽。图 4.34 展示了文献[CGLS09]使用的单元。对于文献[CGLS09]在 60 GHz 下使用的片上贴片，这种方法的增益为−2.2 dBi，效率为 14%。

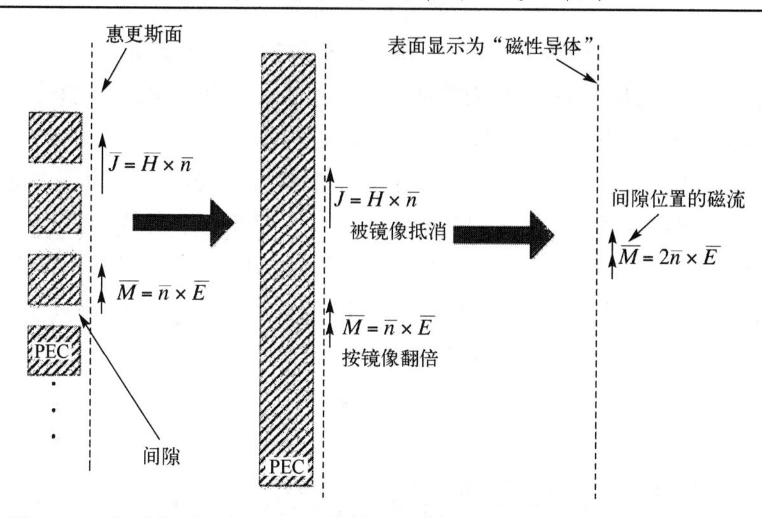

图 4.33　惠更斯原理揭示了某些周期性结构可以被认为是磁导体的原因

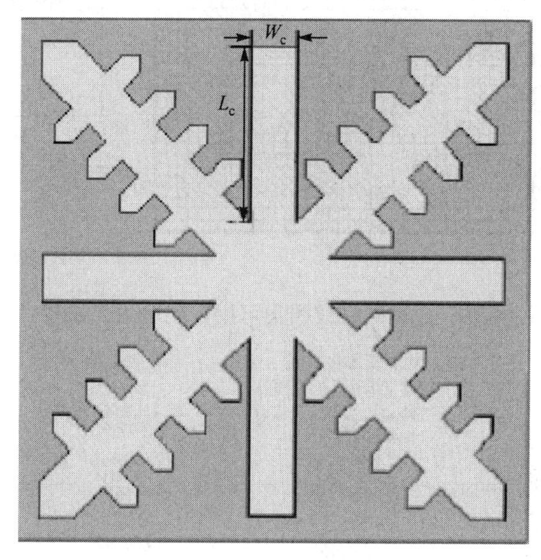

图 4.34　该元件在片上微带天线下方周期性地级联以形成人工磁导体，从而实现−1.5 dBi 的增益

人工磁导体和频率选择性表面是更常用的图案化表面，被称为高阻抗表面(HIS)和电磁带隙表面。其方法是在天线下方的金属中创建一个规则的图案，就像文献[CGLS09]做的那样。图 4.35 说明了这种方法，其中添加了垂直通孔以向每个单元添加电感元件(其中单元是图案的单个部分，例如文献[CGLS09]中的雪花图案，文献[CGLS09]使用这种方法为片上天线实现了接近 0 dBi 的增益)。可以使用的模式有很多种，包括 Peano 曲线单元、Hilbert 曲线单元和蘑菇单元[STLL05][SZB+99]。这些表面通常也被称为 Sievenpiper 表面，该命名取自与 N. Alexopolous(参与负责确定优化衬底几何形状的方法[AKR83])合作的 D. Sievenpiper。可以创建电路模型来表示给定的单元。基于文献[STLL05]中的图 4.36，总结了其中几个单元。当 HIS 正常工作时，它应该不支持或抑制对天线性能产生不利影响的表面波(如 4.3 节所述)。通过仿真可以判断单元的设计是否正确。例如，有一本使用 Ansoft's HFSS 设计超材料的手册，解释了在 HFSS 中对这些结构进行仿真的正确方法[HFS08](注册 Ansoft 后免费提

供）。在正常工作时，来自这些表面的电场的反射系数相位为零。如图 4.37 所示，这可以通过考虑垂直入射到表面的反射系数 Γ 来理解（这对理解原理有所帮助）。当第二层介质阻抗很高时，反射系数接近 1。遗憾的是，这些表面通常是根据谐振原理工作的，这使得它们无法在所有频率上工作。因此，需要针对每个工作频率重新设计表面。因为表面近似于“理想磁导体”，所以它还可以屏蔽衬底，防止形成如图 4.9 所示的衬底模式。表面电场不为零的事实表明在表面上存在有效磁流。此外，该磁流需要时间来建立（第一个入射波照射不存在），这一事实表明表面可以通过品质因数来表征（能量必须存储在表面中以满足边界条件）。因此，我们不期望所有高阻抗表面都能同样良好地工作。

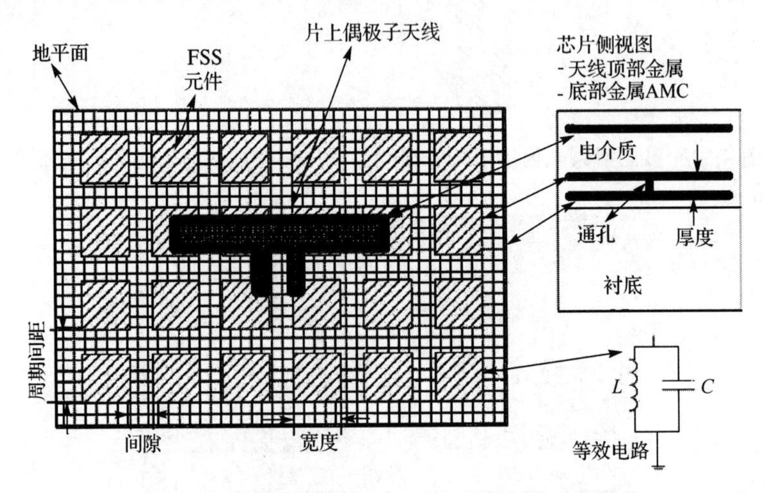

图 4.35 金属网格或图案可用于构造人工磁导体

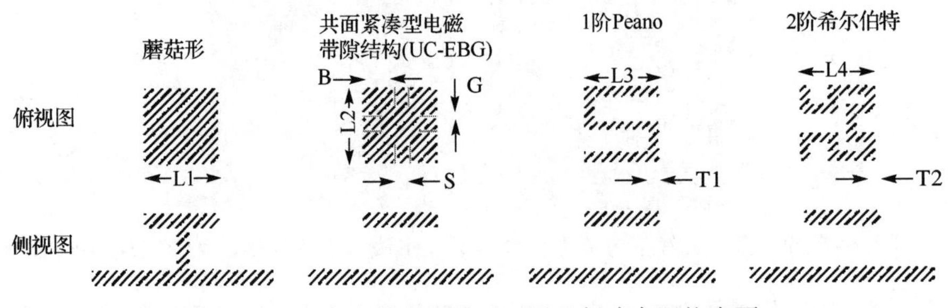

图 4.36 有许多类型的单元可用于创建高阻抗表面

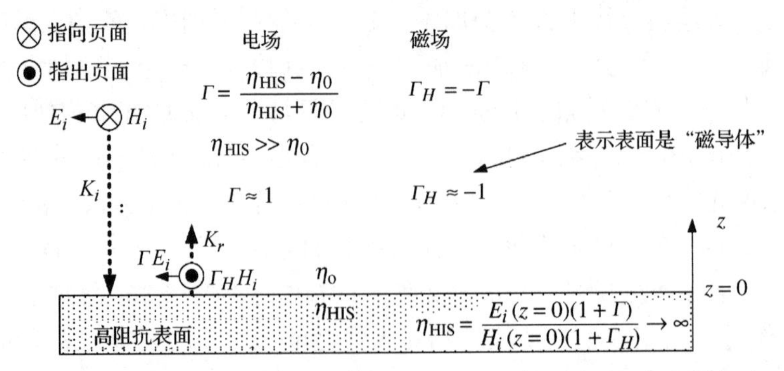

图 4.37 当表面阻抗很高时，其电场的反射系数接近 1。磁场的反射系数接近−1，因此这些表面通常也称为人工磁导体。该图还表明，表面上的高阻抗是由表面上反射系数的相位引起的。这也解释了为什么通常高阻抗表面和人工磁导体可以互换

对于低频情况，图 4.35 中的单元可以用 LC 电路表示，其中电容和电感由式(4.42)和式(4.43)给出[ZWS07]。L 和 C 的选择应使其在工作频率上产生谐振。

$$C = \frac{\text{width} \times (\epsilon_{\text{air}} + \epsilon_{\text{sub}})}{\pi} \cosh^{-1}\left(\frac{\text{period}}{\text{gap}}\right) \tag{4.42}$$

$$L = \mu \times \text{thickness} \tag{4.43}$$

文献[RN88]给出了阵列设计的新尝试，使用多个相控元件来抵消衬底模式[Reb92]，不会面临使用单元恰当排列来抵消衬底模式的系统限制。这可以通过在同一衬底的边射方向上适当间隔排列的同相缝隙元件来实现[RN88]。文献[RN88]表明，该方法可用于介电常数为 4、厚度为四分之一波长的衬底(例如，石英衬底)，当元件间隔略小于自由空间波长的一半时，可实现 70%的缝隙效率。宽边缝隙方向如图 4.38 所示。虽然这种方法对四分之一波长衬底上的偶极子无效，但文献[RN88]表明，在厚度为$1.25\times\lambda_d$、相对介电常数为 4 的厚衬底上也可以达到接近 70%的效率。不过，这种方法并不适用于介电常数较高的衬底[RN88]。要确定给定天线单元正确的衬底厚度，第一步是知道对于给定厚度的单个天线将在边射方向上激发哪些衬底模式(TE 或 TM)。工作点应选择在边射模式存在的地方。然后，元件应以边射方向上边射模式的半波长为间隔进行隔开。

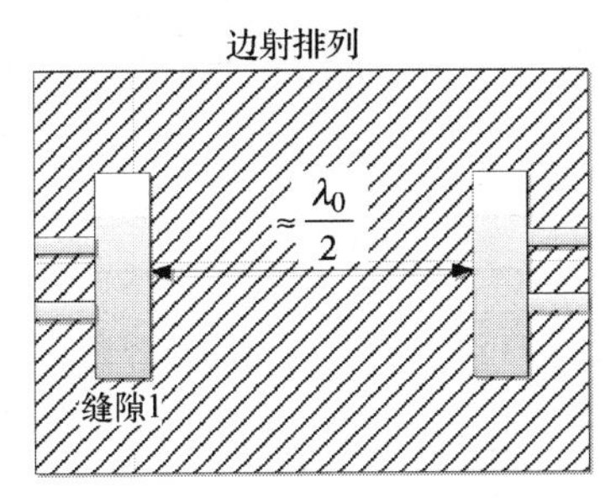

图 4.38　为提高效率，文献[RN88]对边射缝隙元件进行了分析

集成透镜天线

从 20 世纪 90 年代早期开始，透镜就被用于改善平面片上天线的特性[Reb92]，当时透镜被认为是获得良好性能所必需的因素。透镜可以安装在天线衬底的顶部或底部。安装在顶部的透镜增加了进入自由空间的辐射，而安装在底部的透镜防止衬底模式的产生(如果想要用背面辐射也可以用来增加进入自由空间的辐射)。天线背面的透镜直径至少应为$0.5\lambda_0$，以便进行有效的设计[Reb92]。现已研究了几种用于天线的透镜，包括超半球透镜、椭圆透镜和半球透镜[Reb92]。使用透镜，特别是天线要用于阵列时的一个考虑因素是透镜-天线系统的封装密度。文献[KR86]研究了透镜的使用，他们使用小球面透镜的例子来研究透镜变小时的聚焦特性。后置透镜的基本思想是使衬底从天线的角度看是无限大的[Reb92]，从而消除了衬底模式。文献[KR86]发现，透镜的最小尺寸与透镜的折射率几乎成正比。如图 4.39 所示是一个基本的顶部安装透镜的示例。也可以使用图 4.40 所示的矩形“透镜”[PW08]。这种方法相当粗糙，并且可能引入透射特性随入射角变化的问题。但是，矩形透镜确实增大了天线上方介质的介电常数，因此我们期望它能通过降低天线上方和下方的介电常数差异来

增加天线增益。文献[PW08]使用这种技术将 CMOS 衬底上 28 GHz 天线的片上增益提高了 8～13 dB。文献[PW08]发现，为了提高效率，透镜必须高于其底部的宽度（这导致文献[PW08]假设透镜实际上充当波导）。透镜的一个主要优点是，从电磁角度看，它们可以有效地将天线的有效面积增加 $\epsilon_{r,\text{lens}}^2$，从而获得更高的增益[KR86]（芯片的物理面积的增加也很明显，这对某些应用来说可能是一个缺点）。

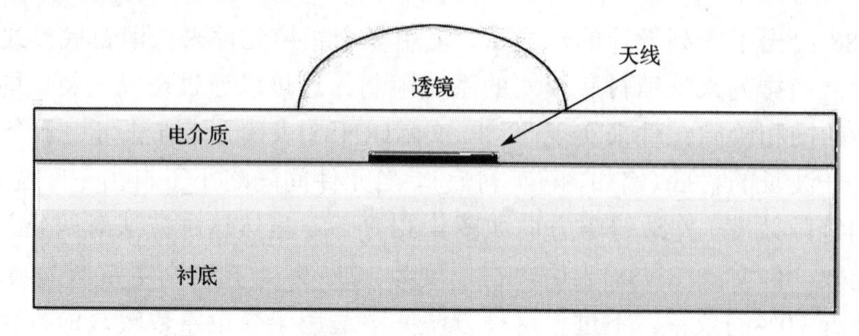

图 4.39　透镜可用于改善片上天线的辐射特性

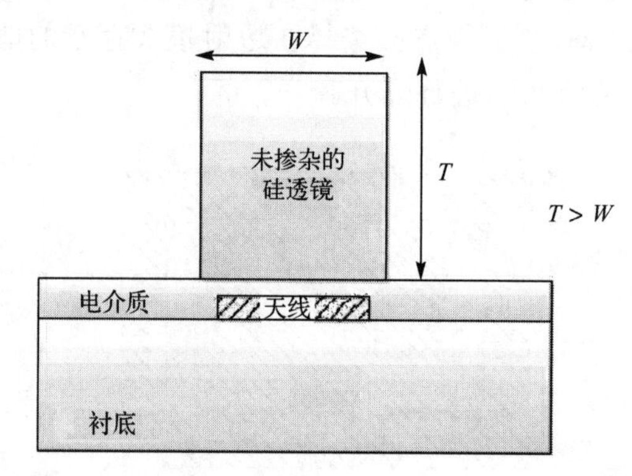

图 4.40　可使用未掺杂的矩形“透镜”增加片上天线的增益，这类似于堆叠的覆盖层的使用

已被用于片上天线的透镜有很多种，包括半球透镜、超半球透镜和椭球透镜[FGR93][FGRR97]。这些透镜如图 4.41 所示。通过在天线处绘制一个具有一个焦点的椭圆，可以很容易地找到超半球透镜的最佳几何结构。如图 4.41 所示，使该透镜表现最佳性能的延伸长度 L 将使超半球形透镜接近该结构。文献[FGRR97]为超半球透镜创建了一组非常有用的等高线图，图 4.41 显示了透镜+天线系统（双缝天线）的方向性如何随透镜参数 L/R 和天线距透镜中心的位移 X 而变化。该等高线图如图 4.42 所示。

如图 4.43 所示，透镜最近也被用于芯片的背面[Bab08][BGK+06b]。背面透镜的作用是将所有衬底模式从芯片背面辐射出去，防止它们被困在衬底中，或阻止这些衬底模式的形成。我们还可以将透镜视为迫使衬底显示为无限电介质半空间的手段（即在电介质顶层和天线下方，衬底看起来延伸到了无穷大）。英特尔最近展示了采用片上制造方法制造的电子可控透镜天线，这种方法可能对 WLAN/WPAN 应用有所帮助[AMM13]，诺基亚最近展示了用于毫米波基站或移动用途的透镜。

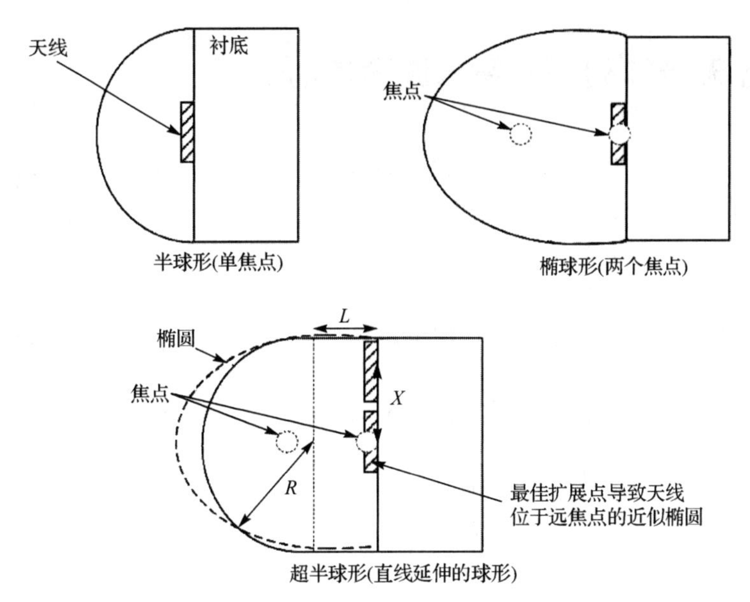

图 4.41　集成天线使用透镜的 3 种基本类型(半球透镜、椭球透镜和超半球透镜)

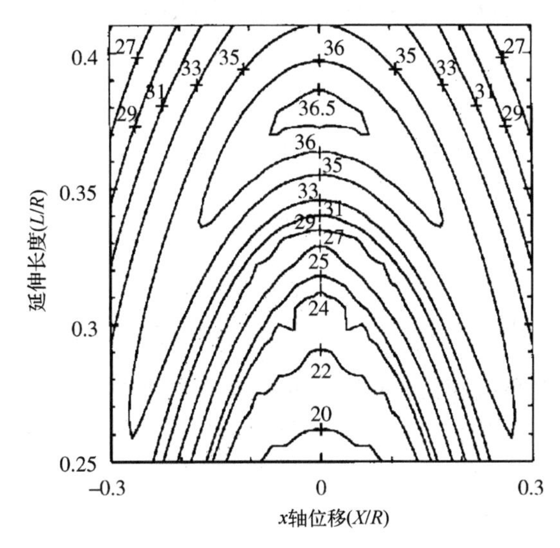

图 4.42　天线的位置和透镜的几何形状对超半球透镜+双缝天线的方向性的影响

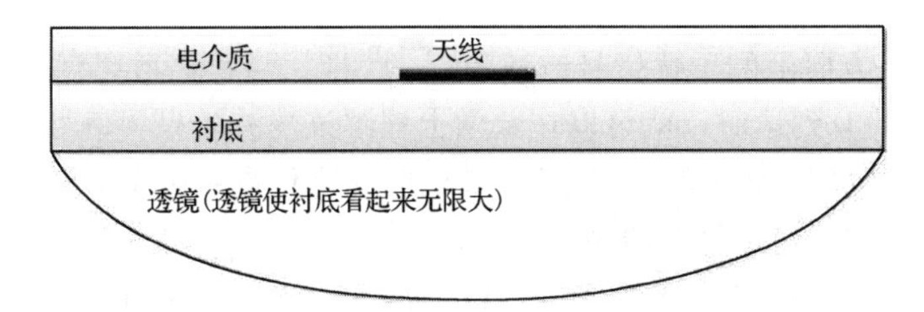

图 4.43　文献[Bab08]和[BGK+06b]使用的背装式透镜使基片近似无限大，防止了衬底模式的形成(即无限半空间不能谐振)

4.7 自适应天线阵列——毫米波通信的实现

与单天线系统相比，集成天线系统具有很多优点，并且它们可能是满足 10 GHz（及更高）的链路预算要求以及远大于几米的设备范围所必需的。除提高天线增益外，阵列还可以将灵敏度提高 10log(n)倍，其中 n 是阵列中单元的数量[GHH04]。正如文献[GHH04]中所提到的（这里使用了比文献[Cou07]中更深入的技术），如果将一个功率为 M 的信号幅度调制到 n 个不同的天线的输出上，那么在输出被相干相加后，信号中包含的总信号功率（对于从波束方向到达的信号的情况）为

$$
\begin{aligned}
P_{\text{sig}} &= \text{Power}\left[M\cos(\omega t) + M\cos(\omega t) + \cdots + M\cos(\omega t)\right] \\
&= \frac{1}{T}\int_0^T (nM\cos(\omega t))^2\,\mathrm{d}t \\
P_{\text{sig}} &= \frac{(nM)^2}{2}
\end{aligned}
$$

其中，n 是单元数量，T 是载波周期，P_{sig} 是信号功率，ω 是频率。如文献[GHH04]所述，每条链路中的噪声与其他链路的噪声无关。由文献[Raz01]和[Cou07]可知，n 个不相关随机信号的功率为

$$P_{\text{noise}} \geqslant N_1^2 + N_2^2 + N_3^2 + \cdots + N_n^2$$

如果每个噪声信号中的功率是相同的，那么我们可以写为

$$P_{\text{noise}} = nN^2 \tag{4.44}$$

因此，信噪比为

$$\text{SNR} = \frac{P_{\text{sig}}}{P_{\text{noise}}} = \frac{(nM)^2}{2} \times \frac{1}{nN^2} = \frac{n}{2}\left(\frac{M^2}{N^2}\right) \tag{4.45}$$

因此，与单个单元的系统相比，n 单元系统具有 n 倍的信噪比（SNR）。除通过改善信噪比来提高灵敏度外，当干扰信号从不同于波束指向的方向上到达阵列时，阵列方法还提高了对可能干扰或阻挡有用信号的干扰信号的抵制。这在图 4.44 中示出，并且可以认为是阵列所提供的一种空间滤波的方法。组合天线、移相器和加法器系统实现相移。在空间滤波器中的最后一个模块（加法器）之后，系统中的组件将降低线性要求（即它们不需要处理与加法器之前的组件中一样强的信号）。这种空间滤波降低了加法器以后系统中组件的线性要求（此时主波束以外方向上的干扰信号被滤除）[FNABS10]。当我们考虑有效信号从角度 θ_1 到达，干扰信号从角度 ψ 到达时，就可以在数学上理解该滤波效果。信号的相位前沿在不同单元之间传播额外距离 r（如图 4.44 所示）所需的时间将使得从第 1 个到达第 n 个天线的信号具有如下形式（该例中使用幅度调制）：

$$
\begin{aligned}
s_n(t) = {} & m\left(t + \frac{nd}{c}\cos\theta\right)\cos\left(\omega\left(t + \frac{nd}{c}\cos\theta\right)\right) \\
& + u\left(t + \frac{nd}{c}\cos\psi\right)\cos\left(\omega\left(t + \frac{nd}{c}\cos\psi\right)\right)
\end{aligned}
$$

其中 m 是有效信息，d 是单元之间的距离，c 是光速，ω 是载波频率，u 是干扰信号。假设

信息信号的带宽小于载波频率，则 $m\left(t+\frac{nd}{c}\cos\theta\right)\approx m(t)$。因此，当 $-\frac{nd}{c}\cos\theta$ 相移应用于每个单元时，求和后的信号等于

$$\sum s_n = nm(t) + 0 \tag{4.46}$$

其中干扰信号被非相干地加入，因此总和为零。如果信息信号相对于载波频率不是窄带，如超宽带信号，则必须使用实时延迟元件而不是移相器[RKNH06]。在求和模块之后，任何未从波束方向到达的信号都不需要在第一轮设计中考虑(直到旁瓣电平被测量或仿真)。

正如在本章引言中所解释的那样，构建阵列的常用方法是以一维或二维的形式周期性地排列一组天线，以实现比任一单独的单元都要小的波束宽度(和更高的增益)。为了获得广阔的覆盖角度，必须以机械或电子方式控制波束。第一种方法在集成环境中不实用，因此通过电子调控来提供自适应波束的第二种方法是更可取的。

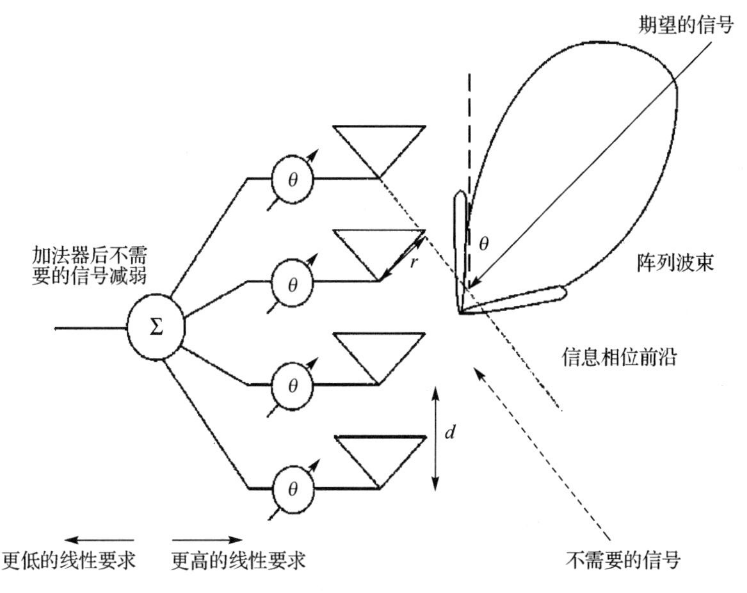

图 4.44　波束赋形的作用是提供空间滤波

4.7.1　毫米波自适应天线阵列的波束控制

电子波束控制可以以多种方式完成。图 4.45 展示了其中的几种，其中相移元件可被视为开关线路。这些方法包括射频和中频/基带模拟相移，为连接到不同天线的混频器或在基带中使用数字处理的混频器提供不同的相控本振(LO)信号[FNABS10]。在这两种方法中，除了信号求和的位置，还必须选择相移位置。来自其他方向的干扰信号只会在求和模块之后被过滤掉。在该图中，通过在各种线路长度之间切换本振信号来实现本振相移，但是也可以采取其他方法，例如，利用压控振荡器(VCO)或锁相环稍微改变由每个本地振荡器提供的频率。每种方法都有各自的优缺点，我们将分别对其进行讨论。总目标包括：在保证提供精确的相移分辨率的同时，在尽可能小的空间内实现相移；不降低信噪比；提供足够简单的控制机制。文献[FNABS10]列出了一个表格，用于比较表 4.2 中不同方法的要求。

文献[NFH07][RKNH06][KR07]使用了射频移相。这种方法需要的空间通常比其他方法

小，并且还允许在混频器之前实现求和模块，由于在求和之后消除了主波束外的信号，所以这种方法降低了对混频器的线性要求[FNABS10][SBB+08]。这种方法的缺点是难以在毫米波频率下实现射频移相器以及信号路径中移相器的插入损耗。

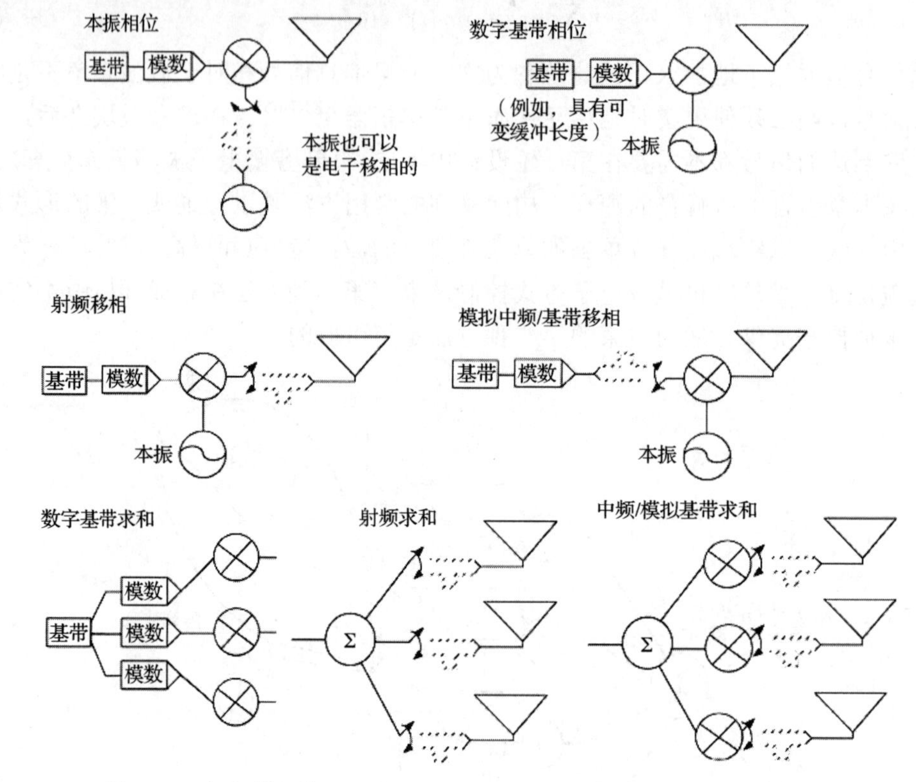

图 4.45　有多种方法可以对不同天线的输入或输出进行电子波束控制

表 4.2　实现相移的不同方法的比较

结　　构	能量消耗	芯片面积/成本	设计挑战
射频相移	低	低	高效的前端，相移器，波束赋形算法
本振相移	高	高	线性度/本振分布/耦合
中频相移	高	高	线性度/中频分布
数字基带相移	高	高	线性度/高动态范围，快速 ADC

自适应天线(即具有波束控制和方向图调整与调零的天线)可以使用切换波束技术(也称为电码本方法)，通过利用有限数量的可能的抽头权重来选择性地在多个预设方向图之间移动天线辐射方向图，或者阵列也可以在连续的角度范围内被电子调控，并且还可以提供自适应天线零点方向图以有意地衰减某些方向上的能量，同时使方向图在所需方向上最大化。本章的后面将讨论一些用于实现完全自适应天线的著名算法[Muh96]。

所有毫米波自适应天线一般都使用移相器以最小的损耗改变相位。有多种移相器设计可以考虑，包括模拟相位旋转器[BGK+06b]、反射型移相器、负载线或开关线移相器、高通或低通移相器、抽头延迟线移相器[RKNH06]和数字基带移相器[PZ02]。抽头延迟线移相器实际上是一个实时延迟元件，因此如果信号带宽相对于载波频率不窄(即当假设 $m\left(t+\frac{nd}{c}\cos\theta\right)\approx m(t)$ 不成立时)，则应该使用该元件。文献[RKNH06]提出的方法可用于 60 GHz 超宽带雷达，图 4.46 对其进行了说明。如果阵列设计用于带宽很宽的信号，则可以使用可变延迟线进行相移。可变增益放大器(VGA)是用来补偿信号在到达求和模块的过程中经过每段延迟线的不同增益量。当使用延迟线方法时，通过每一步的延迟将近似等于通过每个模块的群延迟 τ_g(群延迟是信号相位相对于频率的导数)。图中给出了一个由负载和跨导 g_m 构成的简单放大器的例子，其负载包括电阻 R 和电容 C。V_{in} 和 V_{out} 是每个放大器的输入和输出电压。如果电容器由变容管(调谐电容器)代替，则延迟模块可以用一个调谐放大器来实现。第 5 章将详细介绍移相器的电路细节。

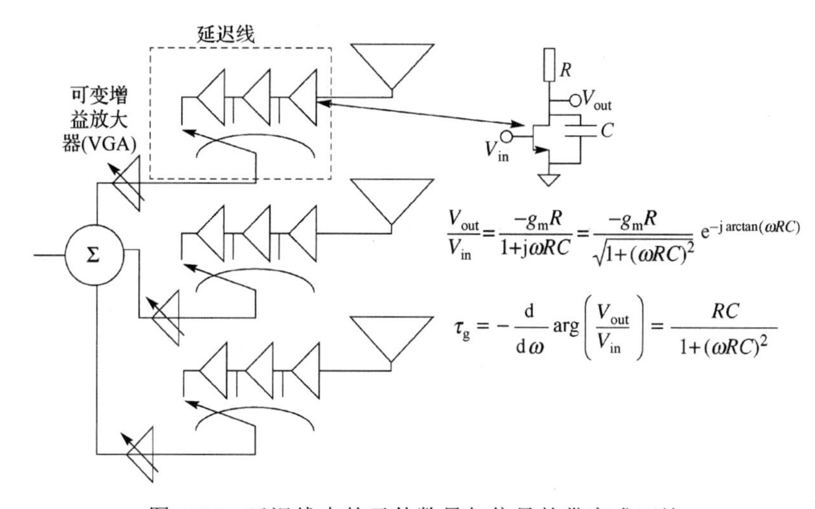

图 4.46　延迟线中的元件数量与信号的带宽成正比

虽然超宽带系统需要使用实时延迟元件，但在许多情况下使用更多的标准移相器电路就足够了。大多数常见的移相器依赖于变容管[FMNJ08]，这将在第 5 章中详细介绍。我们必须注意到变容管的插入损耗通常随着控制电压的变化而变化。有很多方法(例如，文献[FMSNJ08])可以利用这一点来获得比其他方式更高的阵列增益，但这些超出了本书的范围。

文献[KOH+09][WSJ09]使用了中频或模拟基带相移。与射频相移一样，该技术依赖于信号路径中的模拟移相器。虽然移相器在基带或中频(IF)处可以更容易地实现，但是该技术要求所有射频组件和混频器维持所有信号，包括从干扰方向到达的信号。这增加了对射频组件的线性要求。第 5 章将更详细地讨论可用于此方法的移相器。

本振相移已被文献[GHH04][HGKH05][SBB+08][BGK+06b]和[KL10]所使用。该方法的一个优点是它从信号路径中移除了相移元件，从而减小了移相器对变化的敏感性。移相器也可以是窄带的[KL10]。该方法的缺点是，除非使用放大器，否则移相器将减少到混频器的本振功率，特别是当需要高本振功率的无源混频器用于高线性度的时候。无论何种类型的混频器，通过分配电路的损耗或从多个压控振荡器产生不同相位本振信号的需要都可能由于功率过大(因为可能有许多压控振荡器)、其他电路的空间减小(由于可能有许多压控振荡器)以及潜在的大串扰(由于需要大量的线路)而产生问题。(请注意，多个相位可能不需要多个压控振荡器，即使是普通学生也应该考虑将单个本振信号从单个压控振荡器中移相的方法，例子参见文献[GHH04])。有几种方法可以实现本振相移，包括一组压控振荡器(VCO)之后的级联移相器，将单个 VCO 信号先分配到信号分配电路然后分配到一组移相器，将本振信号输入到模拟抽头延迟线或实现具有不同相位的多个输出抽头的压控振荡器[GHH04][HGKH05][SBB+08]。

文献[GHH04]使用本振相移来实现 24 GHz 的集成 CMOS 阵列。它们的实现依赖于 19 个使用二叉分布树生成和分发的相移本振信号。19 个相位由一个具有 19 个输出抽头的环形压控振荡器产生，每个抽头具有不同的相位。在实现这种类型的设计时，压控振荡器环中的每个放大器必须具有正确的负载以实现所需的相移，或者必须选择其第一极点频率以提供所需的相移。如图 4.47 所示，该图基于文献[HGKH05]中的类似的图。

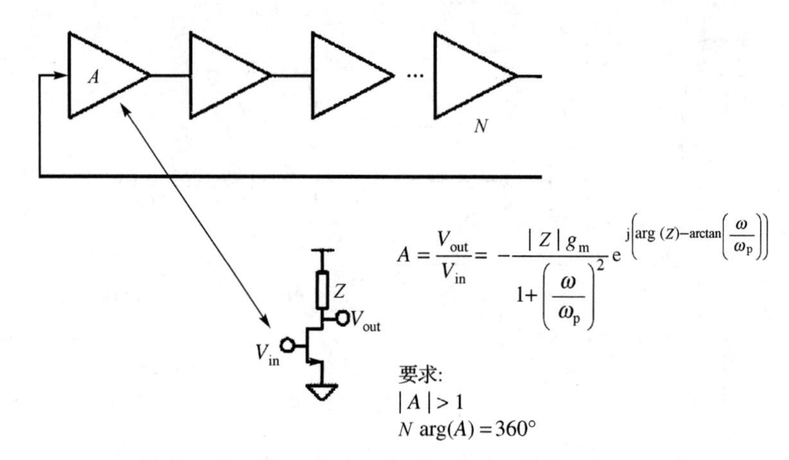

图 4.47 文献[GHH04][HGKH05]用于实现集成相控阵的本振相移的方法(N 是放大器的数量，A 是每个放大器的增益，ω_p 是每个放大器的第一极点频率，ω 是振荡频率，Z 是每个放大器的负载)

除确定相移方法外，设计者还必须决定使用连续相移还是离散相移。连续相移可以使主波束被扫描到任何方向，而离散相移仅允许一组离散的波束方向。每种方法都有许多优点和缺点。

文献[GHH04][HGKH05][KOH+09]和[NFH07]采用离散相移。该方法需要相对简单的波束控制算法(通常称为电码本算法)来确定每个天线分配哪个相位。这可能会降低对基带处理能力的要求并减少扫描波束所需的时间。这个方法的缺点是，当信号从天线阵列所不能扫描的方向上到达时，会产生误差。如果在离散相位集合中包含足够多的相位，那么对于没有从精确补偿方向到达的信号，这些误差将会很小，并且会表现为轻微的眼图或调制星座图的降级，或者增加的误差矢量幅度(EVM)[HGKH05]。图 4.48 显示了由于相移数量不足而导致的 4-QAM 星座图的降级。

文献[SBB+08][KL10]和[NFH07]采用连续相移。该方法的优点是不增加未从预定方向到达的信号的差错概率，但是它也需要更复杂的相移算法。如果使用单个连续移相器以高线性度从 0°移相到 180°，这种方法可能是困难的(由于常用的相变元件，如变容二极管，在宽调谐电压范围内的非线性特性)。文献[NFH07]采用离散相移和连续相移相结合的方法来放宽基于变容二极管的连续移相器的输出相位范围。图 4.49 说明了这种概念，其中变容二极管和共源放大器提供连续相移，开关线路提供离散相移。

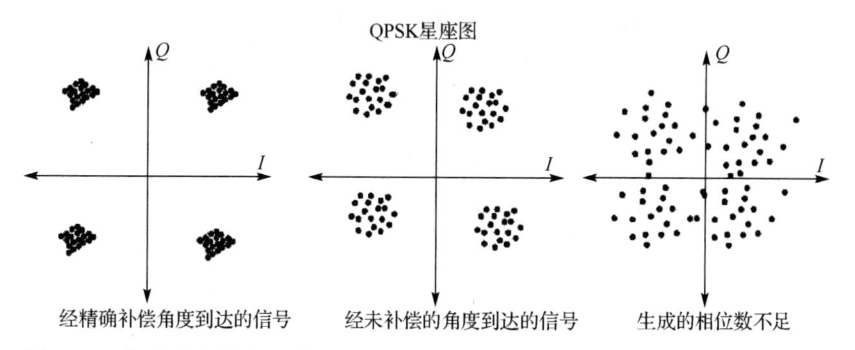

图 4.48 如果生成的相位数量不足，那么星座图就会降级，增加出错的概率

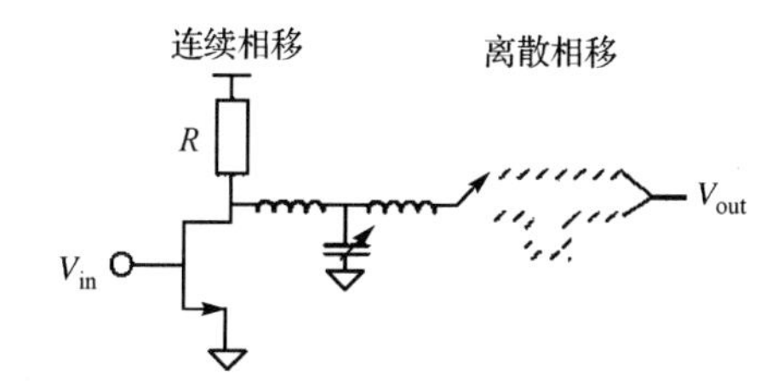

图 4.49 可以使用连续相移和离散相移结合的方法来放宽对连续移相器的调谐范围要求

移相器适用于简单的波束控制算法，而更复杂的波束整形算法通常依赖于改变从每个天线到达的信号幅度和相位的能力。这可以通过具有可变增益放大器的移相器来实现，如图 4.46 所示。可变增益放大器可用于补偿通过移相器的损耗并适当地缩放从每个天线到达的信号的幅度。从数学上来讲，这可以看作是对从天线到达的信号进行复数加权求和。借用文献[CGY10]的表示法，假设阵列有 N 个天线单元，到达第 i 个天线单元的总信号为 $s_i(t)$，则阵列中的求和模块的输出 X_{total} 由下式给出：

$$X_{\text{total}}(t)=\sum_{i=1}^{N} w_i S_i(t) \tag{4.47}$$

4.7.2 天线阵列波束赋形算法

用于调控阵列波束的波束赋形算法和用来确定输入信号方向的到达方向（DOA）算法对于毫米波天线阵列来说都很重要（对于某些应用，它们必不可少）。波束赋形会使多用户环境中的干扰减少，并实现范围扩展[SR14]以及更低的延迟扩展[CGR+03]。第 3 章讨论了包括延迟扩展在内的与信号传播有关的内容。波束赋形和 DOA 估计都在文献[CGY10]中得到了很好的解释，我们的解释基于文献[CGY10]给出的理解。DOA 和波束赋形可分为以下几个步骤[CGY10]：

(1) 确定阵列上的入射波阵面数目。这是通过诸如赤池信息准则（AIC）之类的算法实现的，是一种简单的线性回归算法。

(2) 确定每个波阵面的 DOA。这可能很复杂，并且需要计算密集型算法，但是也有一些技术(基于入射在阵列上的信号的子空间)可以用于快速估计 DOA。DOA 估计算法包括 ESPRIT 和 MUSIC。

(3) 重构来自每个 DOA 的信号。使用重构信号确定负责生成每个信号的用户身份。嵌入在名为训练序列的发射信号中的代码序列可用于用户识别。

(4) 确定属于单个用户的所有 DOA。这在毫米波系统中尤其重要，因为毫米波系统通常依靠反射信号来建立链接。图 4.50 说明了这个步骤的重要性，第 9 章将更详细地讨论毫米波标准(如 IEEE 802.11ad、IEEE 802.15.3c 和 WirelessHD)如何利用反射信号。第 3 章说明了对于给定的接收机位置，户外毫米波信道通常有几个不同的到达角度。

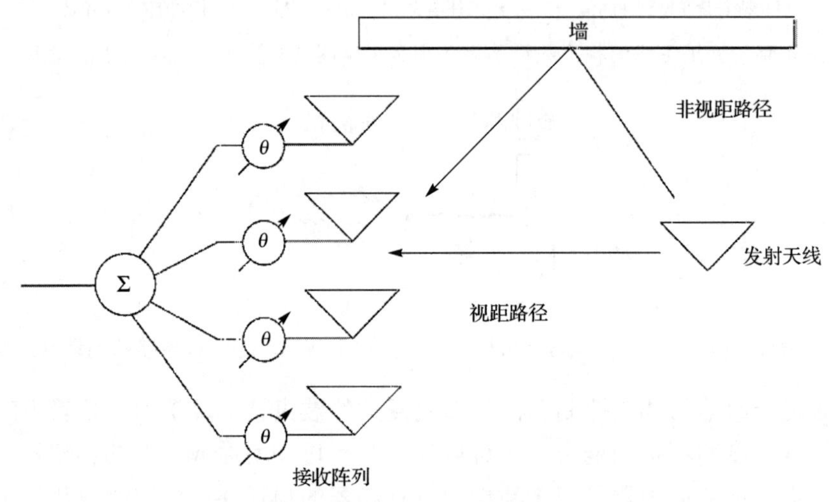

图 4.50　许多毫米波标准将依赖于非视距信号路径，目的是在视距路径被阻塞或高度衰减的情况下，在发射机和接收机之间建立链接。确定从单个发射源发出的所有足够强的信号的 DOA 是非常重要的

(5) 跟踪用户以确保为链接建立而选择的路径不是高度可变的。这对于确保接收阵列波束不会错误地移位而检测到错误信号是非常重要的。在这种情况下经常使用最速下降(SD)算法。

(6) 选择功率最大的 DOA，以建立发射机和接收机之间的链接。应用相移以使从此方向到达的信号得以最大化。

实现阵列时的一个关键假设是接收信号相对于载波频率是窄带的。考虑一个以复相量表示的信号

$$S_i(t)=|m(t)|\,\mathrm{e}^{\mathrm{j}\omega t-\mathrm{j}\angle m(t)} \tag{4.48}$$

其中，$m(t)$是一个幅值为$|m(t)|$，相位为$\angle m(t)$，载波频率为ω的消息信号。如果我们假设信号从具有波矢量(其描述信号的空间频率)$\vec{k}=k_x\hat{x}+k_y\hat{y}+k_z\hat{z}$的原点发出，其中$\hat{x}$、$\hat{y}$、$\hat{z}$是 X、Y、Z 方向上的单位矢量，k_x，k_y 和 k_z 是描述波在 X、Y 和 Z 方向上变化速度的波数，然后信号会由原点按下式传播：

$$S_i(t)=|m(t)|\,\mathrm{e}^{\mathrm{j}\omega t-\mathrm{j}\angle m(t)-\mathrm{j}\vec{k}\cdot\vec{r}} \tag{4.49}$$

其中 $\vec{r}$ 是起点为原点的任意向量。因为信号到达阵列中的不同单元所需的时间是不同的，到达阵列中第 m 个单元的信号可以表示为

$$S_i^{(m)} = S_i^1 \left|m(t-\tau_m)\right| \mathrm{e}^{\mathrm{j}\omega(t-\tau_m)-\mathrm{j}\angle m(t-\tau_m)-\mathrm{j}\vec{k}\cdot(\vec{r}_2-\vec{r}_1)} \tag{4.50}$$

假设信号是相对于载波和空间频率的窄带信号 $\vec{k}$（即我们假设在给定的时间 t 下，信号存在于空间的多个相位前沿），可以得到

$$S_i^m = \left|m(t)\right| \mathrm{e}^{\mathrm{j}\omega(t-\tau_m)-\mathrm{j}\vec{k}\cdot(\vec{r}_2-\vec{r}_1)} \tag{4.51}$$

当把复相位常数应用于每个信号并求和后，可以得到

$$S_{\text{total}} = \left|m(t)\right| \sum \mathrm{e}^{\mathrm{j}\phi_i} \mathrm{e}^{\mathrm{j}\omega(t-\tau_m)-\mathrm{j}\vec{k}\cdot(\vec{r}_2-\vec{r}_1)} \tag{4.52}$$

其中 $\mathrm{e}^{\mathrm{j}\phi_i}$ 是来自每个天线单元的信号的相移。因此，用 ϕ_i 来抵消不同单元之间的相移，

$$\phi_i = -\omega(t-\tau_m) + \mathrm{j}\vec{k}\cdot(\vec{r}_2-\vec{r}_1) \tag{4.53}$$

这告诉我们，为了补偿单元之间的相移，我们必须考虑信号到达每个单元的时间差，以及用 $\vec{r}_2-\vec{r}_1$ 表示的空间差。我们通常假设阵列足够小，以便所有单元可以同时被辐射，从而可以添加来自同一时刻的信号，在这种情况下，阵列中单元的信号间就没有时间差，只有空间差(如果信号是宽带，则不属于这种情况)。因此，第 i 个单元的相移等于

$$\phi_i = \mathrm{j}\vec{k}\cdot(\vec{r}_2-\vec{r}_1) \tag{4.54}$$

这看起来似乎令人困惑，特别是在引言中我们从时间差的角度进行了讨论(见图 4.3)。这些论点之间的差异在于，在引言中我们考虑的是从每个天线发射的相位前沿在空间中的哪个点是相等的(即相同的相位前沿)。在这里，因为接收天线是固定的，所以在单个时间点上到达阵列单元上的相位前沿不相等。这就是式(4.54)适用的原因。图 4.51 和图 4.52 解释了这个概念。

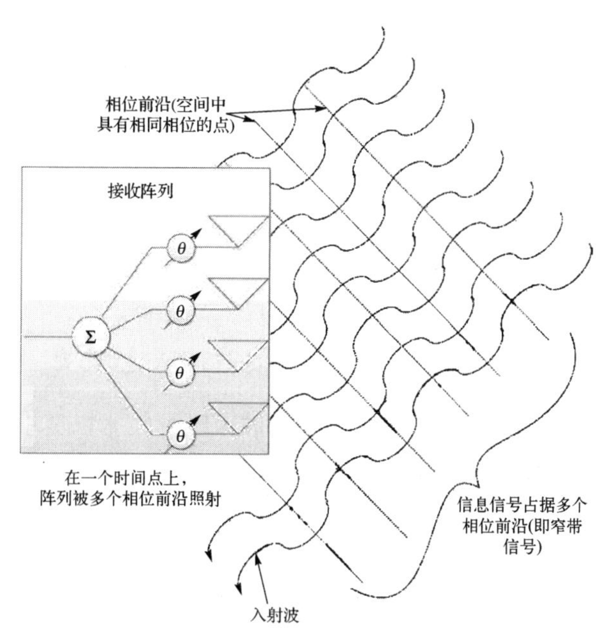

图 4.51 该阵列并行工作，并将同一时刻到达的信号添加到空间的不同位置。信号被认为是窄带的，这表明它的带宽相对于载波频率较小并且占据了入射波中的多个相位前沿

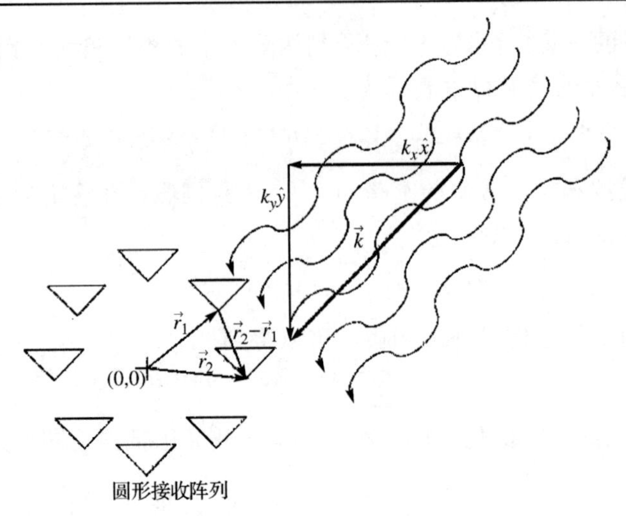

图 4.52 波矢量在两个单元之间的矢量投影决定了它们不同的空间位置如何导致在单个时间点上的相移

在实际应用中，在任何给定时间都可能有多个信号入射到接收阵列。如果我们假设每个信号都有相同的载波频率但是到达方向不同，那么每个信号也会有一个不同的波矢量。到达阵列中第 i 个天线的总信号由下式给出：

$$S_i=\sum_{\ell=1}^{N}m_\ell(t)\mathrm{e}^{-\mathrm{j}\vec{k}_\ell\cdot(\vec{r}_i-\vec{r}_1)} \tag{4.55}$$

其中，$\vec{k}_\ell$ 是第 l 个信号 $m_\ell(t)$ 的波矢量，$\vec{r}_1$ 是阵列中相位参考单元的位置，$\vec{r}_i$ 是第 i 个天线单元的位置，S_i 是到达第 i 个单元的总信号，见图 4.53。

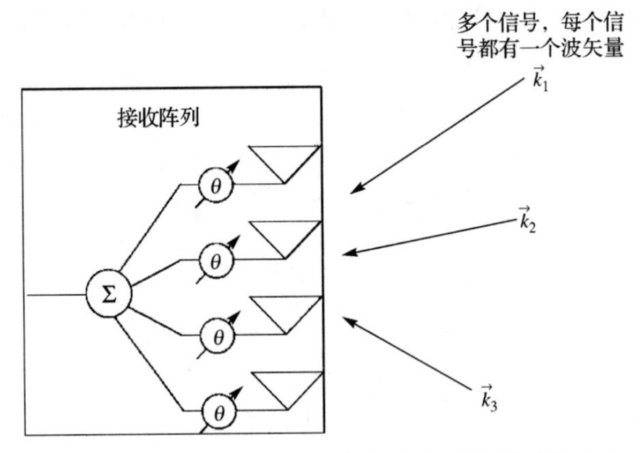

图 4.53 在实际应用中，会有很多信号入射到阵列中

确定到达信号的 DOA 的最简单方法被称为波束赋形技术，其中阵列的主波束扫描到不同的角度，对于每个角度，测量和记录阵列的输出功率[CGY10]。将对应于峰值的角度作为入射信号的 DOA。不过，除非使用非常大的阵列[CGY10]，否则这种方法通常不是很精确。示例如图 4.54 所示。

在实现相控阵时，还需要考虑其他更复杂的 DOA 估计算法，包括 Bartlett、MUSIC、ESPRIT 和 AP(交替投影)算法[CGR+03][Muh96]。为了简洁，我们只考虑 ESPRIT 和 MUSIC。这些算法中的大多数都是通过从到达阵列不同单元的信号的协方差矩阵中提取 DOA 信息来工作的[CGY10]。该矩阵描述了到达阵列不同天线单元的信号相关性的强弱[CGY10]。要计算此矩阵，我们需要收集来自阵列的数据多个时刻的样本。

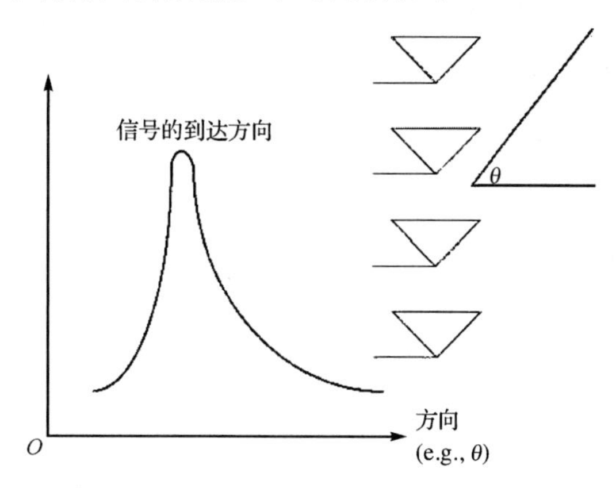

图 4.54 从每个方向到达的功率的曲线图可以用于估计不同信号的 DOA。这是一种非常简单的波束控制方法，它可以很方便地计算不同的波束方向的接收功率，但是它不具备高分辨率[CGY10]

如果有一个 M 元阵列，以等间隔时间拍摄每个单元 S_i 的 N 个输出时刻的样本，则可以建立一个矩阵

$$\boldsymbol{X}=\begin{bmatrix} S_1(t_1) & \dots & S_1(t_N) \\ \dots & \dots & \dots \\ S_M(t_1) & \dots & S_M(t_N) \end{bmatrix} \tag{4.56}$$

注意，$\boldsymbol{X}$ 包括到达阵列的入射信号和噪声。然后可以根据文献[CGY10]估计协方差矩阵：

$$\boldsymbol{R}=\left(\frac{1}{N}\right)\boldsymbol{X}^*\boldsymbol{X} \tag{4.57}$$

文献[CGY10，第 3 章]提出了许多可以根据 $\boldsymbol{R}$ 计算每个信号的权重的公式。除计算 $\boldsymbol{R}$ 外，还必须选择我们想要的阵列扫描方向。如引言中所述，这些方向对应于一组波矢量。对于我们希望考虑的每个方向，我们基于与该方向相关联的波矢量形成一个向量：

$$\boldsymbol{a}_{\text{direction}}=\begin{bmatrix} 1 & \mathrm{e}^{-\mathrm{j}\vec{k_l}\cdot(\vec{r_1}-\vec{r_2})} & \dots & \mathrm{e}^{-\mathrm{j}\vec{k_l}\cdot(\vec{r_1}-\vec{r_M})} \end{bmatrix} \tag{4.58}$$

其中，$\vec{k}_l$ 是与扫描方向相关的波矢量，$\vec{r}_1$ 是第一个相位参考矢量的位置，$\vec{r}_M$ 是阵列中最后一个单元的位置。该向量称为导向向量。图 4.55 示出了如何基于信号相对于阵列原点的到达方向来选择波矢量。利用协方差矩阵 $\boldsymbol{R}$ 和相移矢量 $\boldsymbol{a}_{\text{direction}}$，可以找到对应于阵列中每个单元的权重。例如，capon 波束赋形方法比简单的波束控制方法的分辨率更高，该方法根据文献[CGY10]计算每个方向矢量的权重：

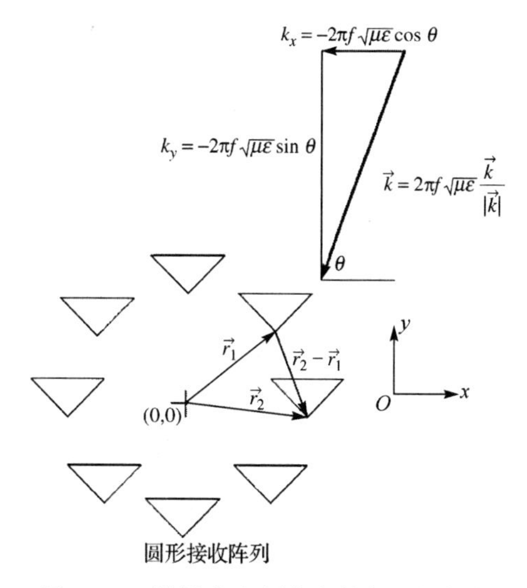

图 4.55 设计者必须指定他想要扫描的一组方向，一旦选择了方向，就可以找到每个方向的波矢量

$$w = \frac{R^{-1} a_{\text{direction}}}{(a^*_{\text{direction}} R^{-1} a_{\text{direction}})} \tag{4.59}$$

如图 4.54 所示，这些权重可以用来绘制功率与方向的关系图。这种技术的计算量更大，因为它需要矩阵求逆，但它具有更好的分辨率[CGY10]。

4.7.3 专门的波束赋形算法——ESPRIT 和 MUSIC

基于旋转不变技术的信号参数估计（ESPRIT）和多信号分类（MUSIC）是两种不同类型的子空间 DOA 估计算法[LKS10][Muh96]。如文献[CGY10]所总结的，基于子空间的技术基本上都假设协方差矩阵的列空间可以由两个正交子空间构成：信号子空间和噪声子空间。列空间是所有向量的集合，这些向量可以写为协方差矩阵的列的线性和。例如，子空间是仅由协方差矩阵的前两列形成的所有矢量的集合。如果两个空间是正交的，则第一空间的任何元素与第二空间的任何元素正交，反之亦然。

MUSIC 是一种基于频谱的 DOA 估计算法[LWY04]，它使用等式（4.57）中的阵列协方差矩阵 $\boldsymbol{R}$ 来估计阵列权重[LKS10]。MUSIC 假设入射到每个单元的信号不相关或者相关性很差，并且噪声有害于信号，但来自两个不同天线的噪声是不相关的[LKS10]。该方法的要点是首先找到阵列的协方差矩阵的特征值。然后可以发现最小的特征值是相同的（或非常相近的）并且对应于入射在阵列上的噪声的方差[CGY10]。数学上

$$|\boldsymbol{R} - \lambda \boldsymbol{I}| = 0 \tag{4.60}$$

其中，$\boldsymbol{R}$ 是协方差矩阵，$\boldsymbol{I}$ 是单位矩阵，λ 是 $\boldsymbol{R}$ 的特征值。求解方程（4.60）可得λ的值。方程（4.60）的最小解是协方差矩阵的特征多项式，它将不止一次出现，也就是说，特征多项式可以根据式（4.61）进行分解：

$$|\boldsymbol{R} - \lambda \boldsymbol{I}| = (\lambda - \rho_1)(\lambda - \rho_2)\ldots(\lambda - \sigma_n^2)(\lambda - \sigma_n^2)\ldots(\lambda - \sigma_n^2) \tag{4.61}$$

其中，σ_n^2 是最小特征值，是特征方程的多重根，并且等于噪声方差。较大的特征值写为 ρ_i。然后计算与噪声方差相关的特征向量 $\boldsymbol{q}_i$ 并用于形成矩阵 $\boldsymbol{V}$[CGY10]：

$$\boldsymbol{V} = \begin{bmatrix} \boldsymbol{q}_1 & \boldsymbol{q}_2 & \boldsymbol{q}_3 & \ldots \end{bmatrix} \tag{4.62}$$

然后，将式（4.58）的导向矢量集代入文献[LKS10]中。

$$P_{\text{direction}} = \frac{1}{\boldsymbol{a}_{\text{direction}} \boldsymbol{V} \boldsymbol{V}^* \boldsymbol{a}_{\text{direction}}} \tag{4.63}$$

导向矢量对应于 MUSIC 中的局部最大值的方向是各种信号的到达方向。

ESPRIT 是一种基于参数子空间的 DOA 估计算法，它是计算密集型的，因为它需要高维矩阵的特征值分解（EVD）的一个或多个步骤[LWY04]。但是，它的计算量和内存需求通常要低于 MUSIC[LKS10]。ESPRIT 的性能随着 SNR 的降低而降低[LWY04]。有两种流行的 ESPRIT 算法：temporal-ESPRIT（T-ESPRIT）（用于确定 DOA）[Muh96]和 Spatial-ESPRIT（S-ESPRIT），后者实际上是一种传播延迟算法[LWY04]。

ESPRIT 的基本思想是首先将阵列分解为更小的子阵列，然后使用两个阵列之间的相移来确定入射到阵列的信号的 DOA[LKS10]。除位置的平移变化外，子阵列必须是一致的，包括方向也不能改变（即子阵列都朝向相同的方向）[LKS10]。如果有 d 个信号入射到阵列，每

个信号都有一个形式为式(4.58)的相关的导向矢量，那么可以将到达阵列的总信号写为[LKS10]

$$\boldsymbol{X}(t)=\begin{bmatrix} a_1 & \ldots & a_2 \end{bmatrix}\begin{bmatrix} m_1(t) \\ \ldots \\ m_d(t) \end{bmatrix}+\sigma_n^2\boldsymbol{I}=\boldsymbol{AM}+\sigma_n^2\boldsymbol{I} \tag{4.64}$$

其中，m_i 是第 i 个信息信号，它按照相关的导向矢量(由 m_i 的到达方向确定)入射在阵列上，σ_n^2 是噪声方差。$\boldsymbol{A}$ 是导向矢量矩阵，$\boldsymbol{M}$ 是入射到阵列的信号矢量。对于两个子矩阵，可以写为[LKS10]

$$\boldsymbol{X}_1(t)=\boldsymbol{A}_1\boldsymbol{M}+\sigma_n^2\boldsymbol{I} \tag{4.65}$$

$$\boldsymbol{X}_2(t)=\boldsymbol{A}_1\boldsymbol{\psi}\boldsymbol{M}+\sigma_n^2\boldsymbol{I} \tag{4.66}$$

其中 $\boldsymbol{A}_1$ 小于 $\boldsymbol{A}$，说明与整个阵列相比，子阵列中单元数量减少。$\boldsymbol{\Psi}$ 是对角酉矩阵，它解释了子阵列之间由于空间位置的不同而产生的相移。然后可以使用 $\boldsymbol{\psi}$ 的对角线元素 λ_i 来估计 DOA(假设该阵列是线性的)[LKS10]：

$$\theta=\sin^{-1}\left(\frac{\arg(\lambda_i)}{\omega d\sqrt{\mu\epsilon}}\right) \tag{4.67}$$

其中，d 是阵列中单元之间的间距，ω 是角频率，μ 和 ϵ 是自由空间的本构参数。

许多学生和研究人员从起源开始深入研究了 ESPRIT 和 MUSIC(例如在文献[Ron96]和[Muh96]中)，比较了它们的准确性、计算量和对紧密间隔的到达信号的弹性。关于该主题的一些文献[LR99b][SM05]，以及关于智能天线的主要研究论文汇编由 IEEE 于 1998 年出版[Rap98]。

4.7.4　毫米波通信自适应阵列的案例研究

一些关于毫米波通信的集成相控阵天线的报告结果是值得思考的。文献[Emr07]是关于片上天线阵列设计的论文，对这种阵列的要求进行了详细的系统级分析，包括多径对毫米波系统的影响。用于进行该分析的两个主要指标是 IC 噪声系数和发射功率。要得到一个 10 m 以上 1.25 Gbps 的可接受的信噪比，系统在 NLOS 条件下需要至少 25 dBi 的发射和接收天线增益。

文献[BBKH06]推出了基于可扩展的 2×2 单元设计的 SiGe 60 GHz 收发信机阵列。采用注入锁定方案将阵列中不同的压控振荡器锁相在一起。该方案实现了 200 MHz 的锁定范围，而 1×4 阵列具有 60 MHz 的锁定范围。该设计旨在简化多个芯片的“聚合”，防止增加阵列尺寸。该决定影响了次谐波频率的选择。Buckwalter 等人使用次谐波进行芯片间耦合[BBKH06]，因为这样可以使电互连比使用一次谐波时短，并且次谐波不超过导线互连的截止频率(20 GHz)。每个互连所需的电长度是半波长的。

Buckwalter 等人专门设计了他们的分配系统，以最大限度地减少信号传输线互连所吸收的能量[BBKH06]。该方法依赖于“切断”式接地屏蔽。通过避免连续的接地屏蔽，减少衬底吸收的能量。

Guan 等人[GHH04]在 SiGe BiCMOS 中展示了一个完全集成的 8 单元 24 GHz 阵列。他们的设计基于具有 4.8 GHz 低中频(IF)的超外差结构，表明该设计需要特别强调图像响应控制。该设计需要一个 16 相环形振荡器，这说明设计的布局可能非常具有挑战性。这种设计将受益于具有尽可能多的金属层的制造工艺。该设计允许每条路径具有独立的相位分布。在实际工程中，可能并不总是需要这样通用的方法，特别是当对于预期的设计，保持阵列共相控制也可以接受的时候(即在单元之间具有恒定的相移)。

Lee 等人提出了一个在高电阻率硅衬底上，用于 60 GHz 的波束赋形透镜天线[LKCY10]。该技术实现了高达 70%的辐射效率，并能够将主波束控制到–29.3°、–15.1°、0.2°、15.2°和 29.5°，这使其可以用于波束切换设计。

4.8 片上天线性能的测试

目前的文献中有两种常用的片上天线测试方法：封装芯片测量或探针台测量[PA09]。这两种方法都处于开发的早期阶段，准确可靠的片上测试技术[PCYY10]拥有巨大的机遇。由于大多数片上天线的低增益特性[PCYY10]，以及创建在没有或很少多径的情况下可重复的标准化测量环境的困难性，这些技术难以开发。

很多种技术可用于探针台测试，包括利用探测器结合近远场变换扫描近场测量，以及用信号发生器调谐的单个发射机进行激励[PA09]。现已使用已知的测试天线和两个相同的未知天线对探针台进行了表征[PCYY10][PA09]。为了确保准确性，应使用已知天线。

完成测试设置并进行测量后，可以使用链路预算方法测量天线的增益：

$$\begin{aligned} G_{\text{aut}} &= 20\log(S_{21}) - 20\log\left(\frac{d}{4\pi f R}\right) - 10\log\left(1-|S_{11}|^2\right) \\ &\quad - 20\log\left(\rho_{\text{aut}}\rho_{\text{RX}}\right) - 10\log\left(G_{\text{RX}}\left|1-|s_{22}|^2\right|\right) \end{aligned} \tag{4.68}$$

其中 S_{ii} 代表 S 参数，R 是发射天线和接收天线之间的距离，G_{RX} 是接收天线的增益(假设 G_{RX} 是已知的)，c 是光速，$\overrightarrow{\rho_{\text{aut}}}\cdot\overrightarrow{\rho_{\text{RX}}}$ 是两天线的极化失配。如果极化失配不是已知的，则必须做出预估。

为了准确地表征片上天线，通常需要对馈电结构进行端口平移。正确校准探头装置可用来将测量基准平面移出馈电结构以进行精确测量[AR08]。例如，Alhalabi 等人[AR08]使用直通-反射-延迟线(TRL)校准来消除其角形偶极子设计中共面波导到微带转换的影响。Gutierrez 在探针台上使用大型喇叭天线来确定增益[GJ13]。

4.8.1 毫米波片上天线测试的案例研究

一旦制造了片上天线，设计人员必须能够可靠地测量天线的性能，以验证他/她的研究成果。这在毫米波频率下通常很难做到并且需要非常小心，因为在如此小的波长下，测量电缆的高损耗、探测芯片时的高度可变性以及探头或电缆的微小移动组合在一起会使得在探针台上进行天线测量时出现很大的信号波动(大于 10 dB)。必须非常谨慎地使用系统的方法进行重复校准，以便在如此高的频率下进行可靠且可重复的天线测量。以下文献展示了准确测量片上和封装天线性能的方法。

Payandehjoo 等人提出了一种测试片上天线的技术，该技术使用两个相同的片上偶极子天线，工作频率为 55 GHz[PA09]。每个天线芯片都连接到一个探针，探针又依次连接到矢量网络分析仪。将发射天线芯片固定，将相同的几个接收天线芯片粘贴到不同位置的玻璃片上(粘贴以提高可重复性)。测量每个接收天线的 S 参数。测量结果与基于自由空间传播假设的仿真结果基本一致。文献没有提到使用吸收材料来减轻多径的影响，如果使用这种方法，测量结果可能更接近仿真结果。

Park 等人提出了一种表征片上天线的技术[PCYY10]。这种技术依赖于已知的高增益片外天线来测试片上天线。在表征片上天线之前，将已知天线校准到矢量网络分析仪。与使用两个相同的未知天线的方法相比，这种方法应该具有更高的准确度，因为前者无法校准到矢量网络分析仪。

Seki 等人提出了一种基于改进的射频探针台的封装天线的表征技术[SHNT05]。图 4.56 说明了他们的方法。仿真结果与实测结果相吻合，这表明该技术表征 60 GHz 片上或封装天线的可靠性。

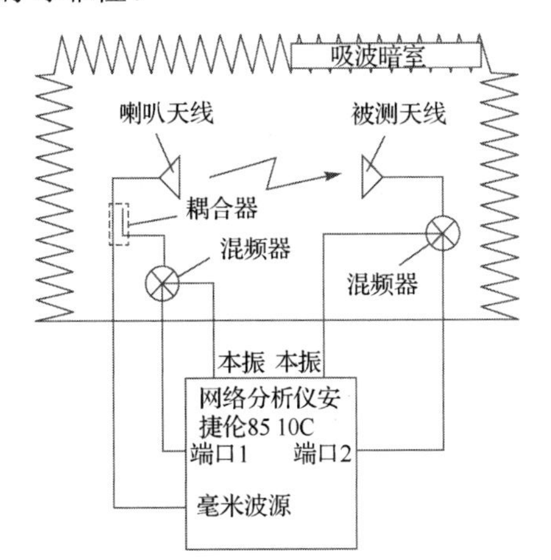

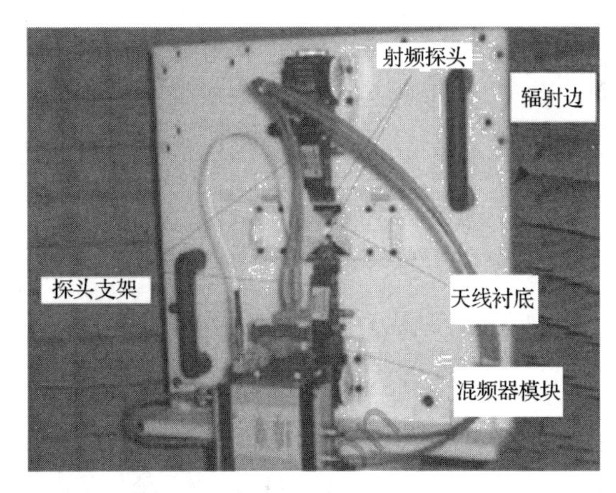

图 4.56　Seki 等人提出了一种在吸波暗室中通过改进的射频探针台来测试封装内贴片天线阵列的方法

Zwick 等人使用基于探针的技术来表征熔融石英衬底和覆板上的倒装芯片折叠偶极子[ZLG06]。测量设置包括用于参考天线的 WR15 标准增益喇叭天线、WR15 连接器电缆和带有样品支架的探针台，这些均位于 1.4 m×1.2 m×1.2 m 的吸波暗室内[ZBP+04]。图 4.57 给出了他们的测试设置。为了使用单探头设置，需要进行两次校准：标准喇叭增益校准[其中探头和被测设备(DUT)由已知的喇叭天线替换]和用探头进行的短开路(SOL)校准(只需一个探头即可测量 S_{11})。探头设置的最小测量增益范围为−40 dBi～−30 dBi。Zwick 等人发现无负载探头在 V 波段中的最大增益可达−15 dBi[ZBP+04]，但在加载时，探头对测量的影响远小于无负载测量的预期。

Alhalabi 等人使用零偏置肖特基二极管检测器和锁相放大器来测量聚四氟乙烯衬底上角形偶极子的模式[AR08]。

Chen 等人使用三天线测试程序来测量其片上偶极子天线的增益[CCC09]。用于测试的 3 个天线分别是片上偶极子天线、Flann 透镜喇叭天线和 QuinStar 标准喇叭天线。三天线技术对于精确测量天线增益非常有用，因为它消除了更简单技术所需的对待测天线的假设。

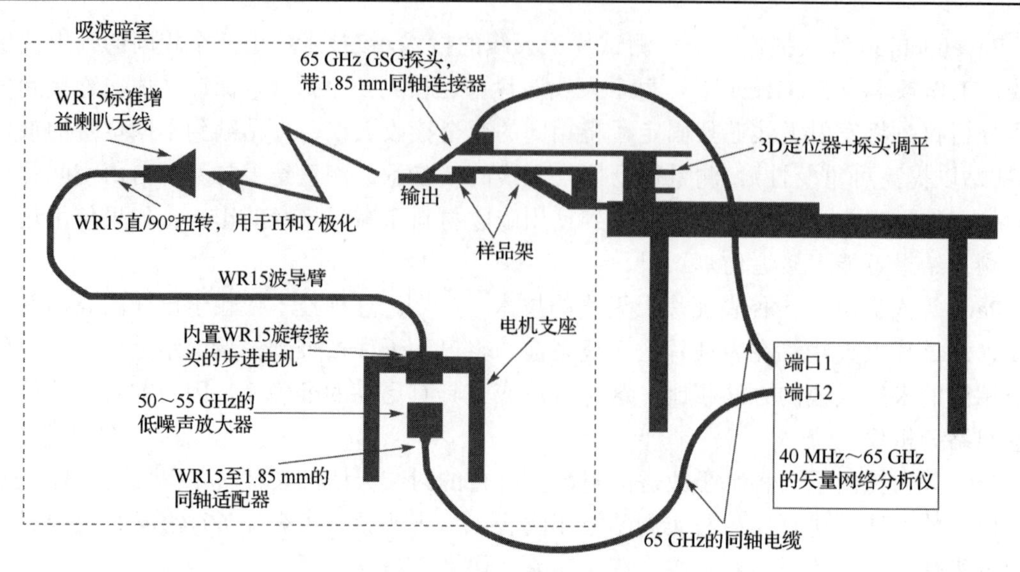

图 4.57 一种专门的基于探针的测量装置，用于测试片上天线

4.8.2 片上天线或封装天线的探针台特性改善

尽管使用探针台来测试片上天线很常见，但这些测量面临两个可能会降低测量准确性的挑战：用于激励片上天线的探针的辐射和探针台环境的散射。图 4.58 展示了一个探针台环境并展示了这些挑战。

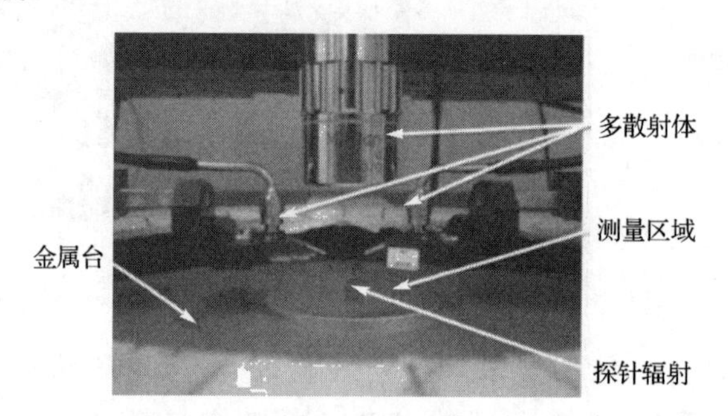

图 4.58 使用探针台来测量毫米波天线。由于探测器的辐射和周围许多金属物体的散射场，这些测量可能是不准确的

当在探针台环境中使用两个相同的集成毫米波天线(例如，片上 60 GHz 天线)时，探针台上一共存在 4 个辐射器：两个探测器和两个集成天线。为了方便解释，我们假设一个天线在右侧而另一个在左侧。为了消除探针辐射的影响，一个简单的方法是首先测量四组 S 参数(有关 S 参数的介绍，见第 5 章)。第一组测量值由探针激励的两个天线测量。该组表示为 $(P, A)\,(P, A)$。第二组和第三组 S 参数仅通过探针接触的两个天线中的一个来测量。第二组表示为 $(P, A)\,(P)$，表示仅激励左天线，而第三组表示为 $(P)\,(P, A)$，表示仅激励右天线。未被激励的天线保留在探针台上，其探头略高于天线的馈电点。第四组测量是在两个天线都没有被激励的情况下进行的，并且两个探针都略高于两个天线馈电点，表示为 $(P)\,(P)$。每组中的 S_{21} 分量可用于找到这两个天线的 S_{21} 分量，

$$(P,A)(P,A)=(P)(P)+(A)(A)+(P)(P,A)+(P,A)(P) \tag{4.69}$$

$$(A)(A)=(P,A)(P,A)-(P)(P)+(P)(P,A)+(P,A)(P) \tag{4.70}$$

文献[MBDGR11]使用这种现象学方法来测量 60 GHz 的片上八木天线。为了满足基于 1 mm 天线尺寸的远场要求，将两个八木天线放置在芯片凝胶载体盒(内部带有硅胶垫的小塑料盒)上，并间隔 6 mm。然后，其中一个八木天线以 10°为增量按弧形扫描，并且在弧上的每个点处获取 4 组 S 参数。摘自文献[MBDGR11]的图 4.59 说明了测量结果。然后使用式(4.70)和式(4.68)得到的 S 参数计算天线增益。结果如图 4.60 所示。值得注意的是，该方向图似乎被拉高了。仿真证实，这是由片上八木天线周围的片上金属结构的非对称排列造成的。证实这种方向图拉动的仿真如图 4.61 所示。对于仿真，片上八木天线的 HFSS 模型被越来越多的金属结构所包围，以代表同一芯片上的其他器件。这种方向图失真清楚地表明片上(或封装)天线与其他物体之间需要高度隔离，以确保方向图无失真。

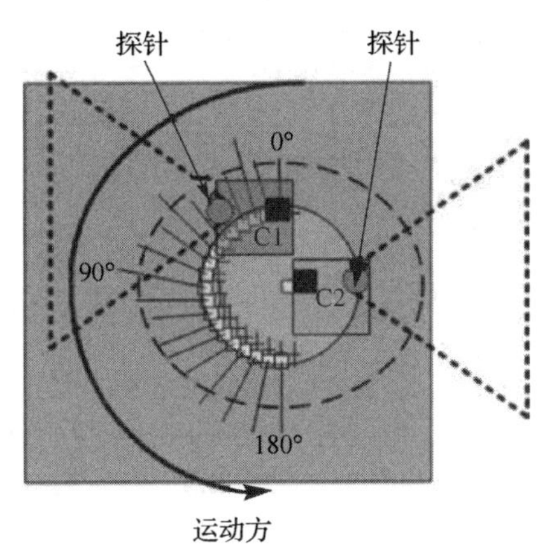

图 4.59　两个天线以一定角度互相扫过(制造天线的芯片用正方形表示，天线用较小的黑盒子表示)

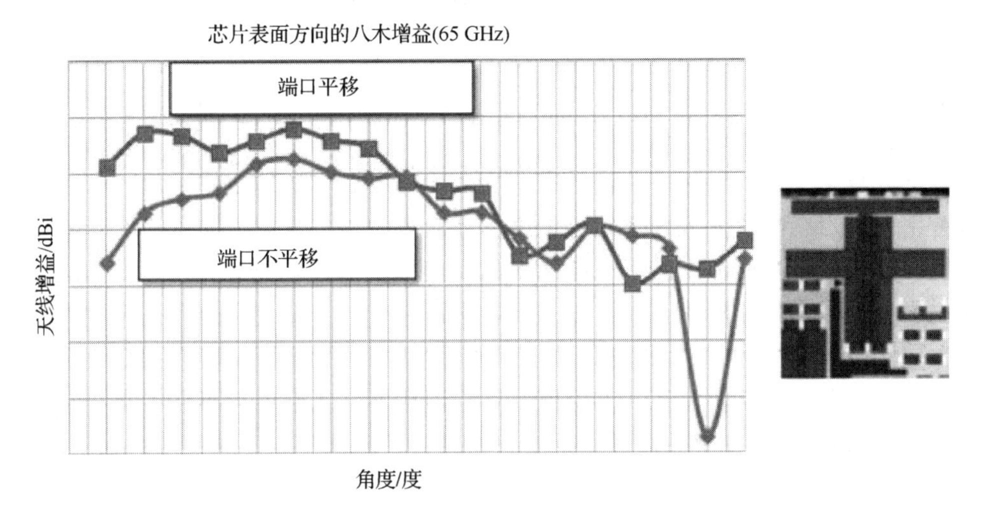

图 4.60　仿真证实了天线方向图的失真是由周围的金属结构引起的。这表明集成天线与芯片上或封装中邻近的其他结构之间的隔离是设计成功的关键

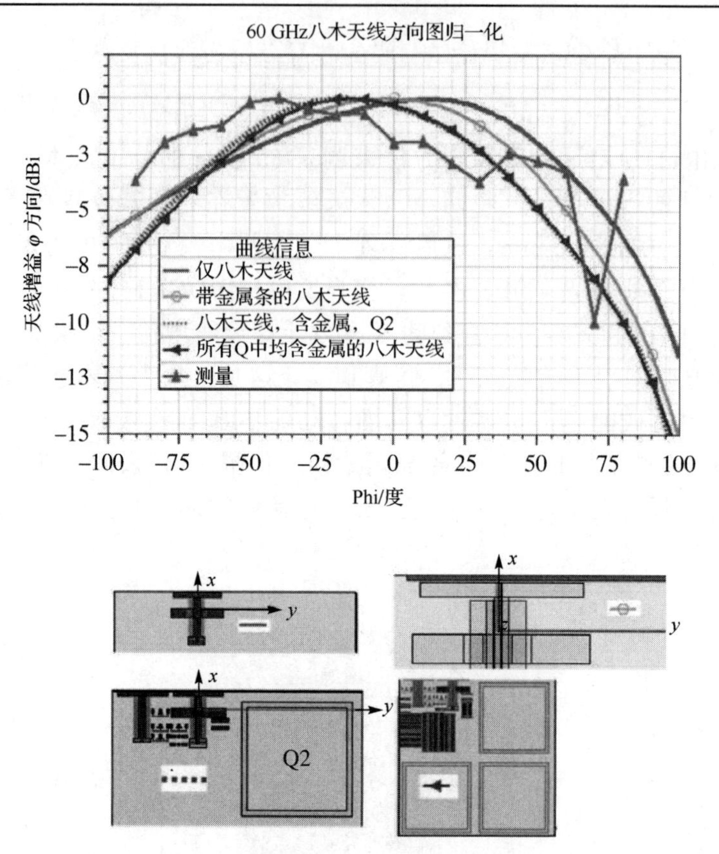

图 4.61 仿真结果证实了天线图失真是由周围金属结构引起的。这表明集成天线与芯片上或封装中的邻近的其他结构之间的隔离是成功设计的关键

4.9 本章小结

随着对便携式设备带宽需求的增加，对消费类技术及其他应用而言，集成毫米波天线将变得越来越重要。这些系统发挥作用的例子比比皆是。随着媒体制作的不断发展，以真正的三维图像为基础的 3D 电影将在未来呈现，消费者将需要更大的带宽才能通过智能手机和平板电脑等无线设备访问这些媒体产品。未来的移动网络将使用比人类指甲还小的自适应阵列，以数十 Gbps 的速率传输数据。癌症检测可以很快地由位于患者床边的医生完成，该医生使用带有集成天线阵列的小型太赫兹设备，对皮肤下方的肿瘤进行成像。玩具公司将能够使用嵌入在产品中的小型毫米波收发信机，通过有趣又引人入胜的屏幕技术和同步的玩具运动创建精致的乐高玩具城。驾驶员很快就会普遍使用带有毫米波天线的毫米波雷达来检测附近的车辆和路面结冰情况。带有集成天线的小型集成太赫兹收发信机很快就能够进行光谱分析，从而实现从改进的气体泄漏检测技术到电力事业中电线绝缘故障检测的设备和应用的普及。具有创造性思维的读者在设计和构想更多的应用时几乎没有困难，其中一些在第 1 章中有所提及。

在可靠的片上和封装天线的广泛集成和普及之前，必须克服与集成毫米波天线的设计和特性相关的许多挑战。这是目前研究的一个活跃领域，必须解决以下问题：

(1) 对于片上天线，必须开发可以实现高效率定向辐射的方法。诸如频率选择性表面和电磁带隙材料之类的方法可以成功地实现低损耗辐射。

(2) 对于片上和封装天线，必须开发出可以高度隔离各个天线之间、同一芯片上或同一封装中的天线和其他元件之间的方法。不同天线单元之间的低隔离度可能导致有源输入阻抗的产生(天线的输入阻抗取决于附近其他天线的辐射)。天线和片上其他金属结构或封装天线的封装结构之间的低隔离度可能导致方向图失真，比如单个波束被分成多个波束，或者主天线波束被拉向非预期的方向。

(3) 对于集成毫米级阵列(片上和封装)，需要开发具有低复杂度且有效的波束控制和波达方向检测的算法，这些算法具有低延迟的特点，且需要最少的基带处理。

(4) 对于封装天线，必须开发设计天线拓扑结构，其不会受到封装制造的加工不精确性的过度影响。尽管设计尺寸与制造尺寸之间的 10 μm 的误差看起来很小，但是这种不精确性可能使天线或诸如频率选择性表面之类的结构失谐。

(5) 对于所有高度集成的毫米波天线，我们需要研究有关可重复的、精确的三维方向图测量的表征方法。这可能取决于专业的电波暗室的发展。

第 5 章　毫米波射频与模拟器件和电路

5.1　引言

本章介绍了模拟器件和电路的最新发展及设计方法。通过应用毫米波无线载频技术，模拟器件和电路可实现移动设备的超大带宽和 Gbps 的数据传输速率。本章重点介绍过去 10 年来毫米波器件、电路和元件的现代模拟设计技术和应用规范。

由于晶体管是无线收发信机和基带处理器中所有电路模块的基本元件，所以我们首先介绍现代应用中毫米波晶体管、器件和系统的基本概念。为表征晶体管和电路的特性，本章将介绍工业和研究中使用的各种测量参数，以量化晶体管和电路的特性，并描述作为集成电路基础的传输线、电感和电容等无源器件的基本原理。通过介绍商业晶圆代工厂的集成电路制造过程，论述如何对有源晶体管和无源器件进行适当的建模和详细的布局。接着讨论了模拟毫米波组件——这些组件对于创建毫米波无线通信系统和子系统(包括所有无线收发信机中的基本电路模块)至关重要。本章在回顾了毫米波无线电的信号灵敏度和链路预算评估之后，将介绍功率放大器(PA)和低噪声放大器(LNA)的基本原理和规范。首先介绍放大器，然后详细讨论混频器、压控振荡器(VCO)和锁相环(PLL)。这些元件一起构成了毫米波无线电的所有关键模拟电路模块。

综上所述，我们将提出一种基本且易于应用的功耗理论——损耗因子理论。该理论允许工程师比较各级联电路元件所消耗的功率，从而探究和比较不同的发射机和接收机架构。本章从通信和电路工程师的角度出发，通过示例比较不同电路、级联系统或架构的功率效率。结果表明，损耗因子理论还支持传播信道的功率效率分析，并可用于确定最节能的系统和电路架构。

5.2　毫米波晶体管和器件基本概念

硅(Si)是用于制造互补金属氧化物半导体(CMOS)电路的最基本、最廉价的材料。在元素周期表中，硅所在列为四价电子(价电子是指处于最高能态且离原子核最远的电子)元素列。价电子通常指参与化学反应的电子。简单的“八隅体规则”指出，当原子含有 8 个价电子时，它处于最不活泼、最稳定的状态(即不会得到、失去或分享电子)。

如果将数以百万计的硅原子(即 10^{23} 个或更多个)组合在一起，它们便会共享电子，令各原子的价层都拥有 8 个电子，趋向稳定。每个硅原子通过与其紧邻的 4 个原子形成共价键(共价键是指原子共享电子，而不会获得或损失电子)来实现这种稳定性。所有形成共价键的硅原子必须排列成规则的晶格，如图 5.1 所示，掺杂硼(仅有 3 个价电子)类元素时，硅变为 P 型半导体。掺杂砷(含有 5 个价电子)类元素时，硅变成 N 型半导体。向 P 型半导体施加足够高的电压，可以产生反型区，其中存在额外的电子，使得反型区变为 N 型。向 N 型半导体施加足够低的负电压，也可以产生反型区，其中只有极少数价电子，因此反型区变为 P 型。许多教材(例如文献[SB05])中也出现了类似图例。

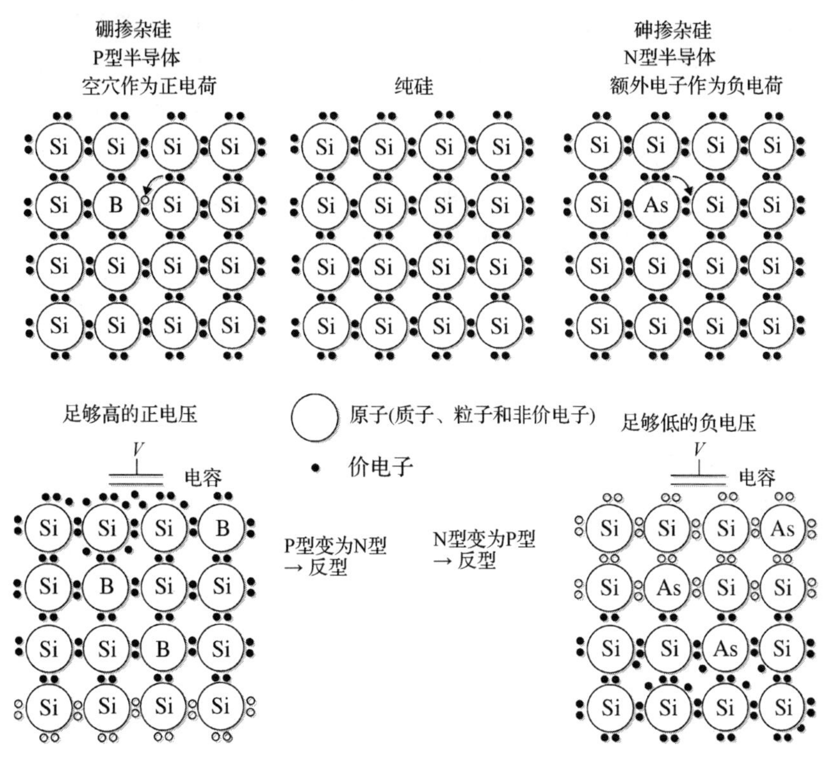

图 5.1　硅原子排列成规则的晶格

如果在纯硅晶格中掺杂足够多(但不能太多)的原子(仅有 3 个价电子，比如硼)，那么失去一个价电子的空穴，实际上就会变为一个正电荷，并可能在整个晶格中移动。若向纯硅中掺入足量的五价元素的原子(如砷)，则晶格中的额外电子将变为负载流子。这两种形式的掺杂硅分别称为 P 型硅和 N 型硅。CMOS 器件的构造原理便是通过连接 P 型硅和 N 型硅的不同部分和层并留出物理间隙，使电子可以在半导体的不同区域之间移动。

二极管和晶体管是用于制造毫米波电路的两个基本的非线性器件，也是电子开关或栅电路的关键元件。二极管是一种众所周知的器件，可对交流信号进行整流并存在二极管开启电压(一种阈值电压)，在该电压下二极管可视为导体。当二极管两端的电压差低于二极管的阈值电压时，二极管表现为开路。CMOS 晶体管共有 3 个端子：源极、栅极和漏极①，详见 5.5 节和后续章节。在 CMOS 中部署晶体管时，通过掺杂材料形成的微阱之间的电磁场效应，形成栅极(开关)，同时将电压施加到晶体管栅极，产生漏极和源极。栅极由一层金属层或导电多晶硅层形成，如图 5.11、图 5.15 和图 5.16 所示，由于栅极与沟道之间有一层二氧化硅绝缘层，栅极微微突起。该金属层或多晶硅层的长度，即为栅极长度，并且等于漏极和源极之间的沟道长度。源极和漏极之间的场取决于施加在栅极的信号电压，其随

① 除出于影响某些器件参数(例如阈值电压)的目的外，通常不采用第四连接(即基级连接)。

信号电压的变化而变化并且导致电子在不同方向上流动。因此，CMOS 晶体管通常被称为场效应晶体管(FET)。又由于 CMOS 中的晶体管由金属氧化物半导体(MOS)材料构造，CMOS 晶体管也被称为金属氧化物半导体场效应晶体管(MOSFET)。

需要注意的是，在半导体代工厂中，CMOS 晶体管(例如 MOSFET)的所有层以及所有掺杂阱，均采用通用(但复杂)自动化制造工艺制造。由于块状硅中沉积的小块掺杂硅，赋予了所有模拟和数字电路以“魔力”，我们才得以在所有可用的工作频率下，享用各种电子器件带来的便利。这些电路的工作原理是，施加合适的电压，让电子在掺杂硅的微阱内部和之间流动。当向晶体管的栅极施加适当电压时，栅极和源极之间产生电压差，源极与漏极之间流动的电流由栅极控制。在合适的掺杂浓度下施加适当电压，将产生合适的掺杂和几何结构，使电子在半导体内的不同材料之间流进、流出，从而引致开关动作，这就是 MOSFET 背后的基本概念。按施加到栅极的不同电压引起的损耗(即电子流出半导体区域)，MOSFET 可以分为硬开关机制和软开关机制。

当施加足够高(幅度)的电压时，掺杂硅中可能形成反型层。例如，通过电容向 P 型硅片施加足够高的电压，则一部分硅将变成 N 型硅。产生反型层的能力是 MOSFET 工作的关键所在，因为这可以使 MOSFET 作为基本开关运行。

一般而言，必须对半导体施加足够高的电压(幅度)才能形成反型层。所加电压与 MOSFET 的阈值电压 V_t 有关。在不涉及物理学原理的情况下，电路设计人员和半导体代工厂能够根据经验确定适合不同半导体材料和应用的阈值电压。反型通常分为 3 种：弱反型、中反型和强反型[CH02]。当向半导体施加的电压略低于阈值电压时，发生弱反型，弱反型发生在反型层刚刚开始形成之时；中反型则发生在反型层完全形成后，因所加电压等于阈值电压所致；当所加电压大于阈值电压[SN07][CH02]时，发生强反型。

在本章的后面几个章节中，我们将介绍有关 MOSFET 工作机制的大量细节，包括使用通用模型来从数学上论述 MOSFET 在电路设计，特别是毫米波电路设计中的作用。但就目前而言，毋庸置疑，CMOS 器件是世界上最流行且最廉价的半导体器件。其通过并联配置数十个 MOSFET，可以实现更高的载流能力，此外，通过在电路设计中引入 MOSFET，可以制造用于毫米波收发信机的复杂电路。MOSFET 常用于混合信号设计，即数字开关和模拟信号放大共存于同一 CMOS 电路中(通过施加不同的电压，使 MOSFET 中产生不同的扩散程度，具体取决于所设计的电路部分是数字电路还是模拟电路)。在本章的稍后部分，我们将介绍通信系统中许多关键的模拟和射频组件，并展示 MOSFET 晶体管模型在创建有效电路设计中的作用。为了正确分析射频和模拟电路及器件，有必要从晶体管器件层向上延伸，并给出一些模拟和射频电路表征和测量常用的基本电路分析技术。

5.3 S 参数、Z 参数、Y 参数及 ABCD 参数

在设计和测试毫米波电路和器件前，必须对 S，Z，Y 和 ABCD 参数有一个大致的了解。假设毫米波器件或结构具有 N 个端口，如图 5.2 所示。我们分别使用 S，Z，Y 或 ABCD 参数来描述电压和电流，以及电压驻波比(VSWR 或简称 SWR)、增益和每个端口的信号耦合。文献[Poz05]一文中详细讨论了这些参数，我们在此仅进行简单的描述。

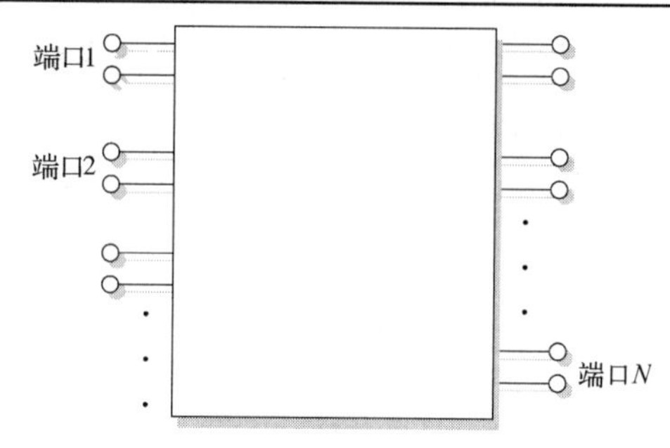

图 5.2　与结构端口的电压量和电流量相关的 S、Z、Y 和 ABCD 参数。ABCD 参数对于具有大量级联结构的系统非常有用，但通常仅适用于双端口结构

S 参数，也称为散射参数，与每个端口处的入射和散射(例如反射)电压波相关，常用于表征信号波长小于被测物理结构的设备，例如同轴电缆、波导和电路。S 参数对于毫米波电路的设计和表征尤为有用，因其基于已知的参考阻抗(通常为 50 Ω)，并且不要求在测量期间创建完美的短路和开路(由于所有导线和连接点常带有一定的电感或电容,这在毫米波频率下难以实现)。工程师可利用 S 参数(可以很容易关联到上述其他参数)快速确定结构是否有增益或损失，是否适用于最大功率传输，是否是稳定电路，以及是否为电容或电感结构。例如，S_{11} 表示结构端口 1 处的输入反射系数，计算方式为：从端口 1 处的结构反射或散射的电压，除以施加到输入端口 1 的电压。S_{11} 与电压驻波比或 VSWR 直接相关(例如，S_{11} 值越低，表示所加电压产生的电压反射较小，进而表明 SWR 较低，匹配度更高)。而 S_{21} 表示器件从端口 1 到端口 2 的正向电压增益，计算方式为：端口 2 产生的电压除以施加到输入端口 1 的电压。换言之，S_{21} 表示器件在端口 2 产生的电压与施加到端口 1 的电压之比。Z 参数将每个端口的电压与每个端口的电流相关联，从而得到器件或结构的每个端口的阻抗。

Y 参数描述每个端口处的电流与每个端口处的电压的相关性,进而表示器件的每个端口处的导纳(阻抗的倒数)。ABCD 参数则表示第一个端口处的电流和电压与第二个端口处的电流和电压的相关性，常用于双端口结构。所有这些参数通常以矩阵形式表示，以便向工程师表征设备或结构的所有端口的电路行为，而不必了解设备或结构内部的特定电路细节。

Z 参数描述给定端口处的电压与所有其他端口处的电流的相关性，并表示如下：

$$\begin{bmatrix} V_1 \\ \vdots \\ V_N \end{bmatrix} = \begin{bmatrix} Z_{11} & \dots & Z_{1N} \\ \vdots & \ddots & \vdots \\ Z_{N1} & \dots & Z_{NN} \end{bmatrix} \begin{bmatrix} I_1 \\ \vdots \\ I_N \end{bmatrix} \tag{5.1}$$

其中，V_i 为第 i 个端口的电压，I_k 为第 k 个端口的电流。要确定 Z_{ik}，将电流施加到第 k 个端口并使所有其他端口保持开路，再测量第 i 个端口的电压即可。

Y 参数描述给定端口处的电流与所有其他端口处的电压的相关性，并表示如下：

$$\begin{bmatrix} I_1 \\ \vdots \\ I_N \end{bmatrix} = \begin{bmatrix} Y_{11} & \dots & Y_{1N} \\ \vdots & \ddots & \vdots \\ Y_{N1} & \dots & Y_{NN} \end{bmatrix} \begin{bmatrix} V_1 \\ \vdots \\ V_N \end{bmatrix} \tag{5.2}$$

要确定 Y_{ik}，向第 k 个端口施加电压并将所有其他端口接地，再测第 i 个端口的电流即可。简易Π(由于电路结构看起来像希腊字母“Π”而得名)网络的 Y 参数如图 5.3 所示。

ABCD 参数描述双端口结构的第一个端口处的电流和电压与第二个端口处的电压和电流的相关性，并表示如下：

$$\begin{bmatrix} V_1 \\ I_1 \end{bmatrix} = \begin{bmatrix} A & B \\ C & D \end{bmatrix} \begin{bmatrix} V_2 \\ -I_2 \end{bmatrix} \tag{5.3}$$

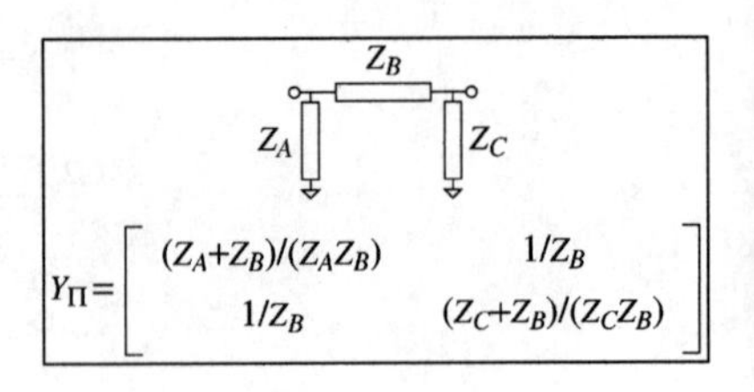

图 5.3 简易 Π 网络的 Y 参数

要确定 ABCD 参数，在输入端口(从左侧开始，作为输入信号)施加电压源，同时测量右侧输出端口的电流和电压即可。级联器件或电路的特征在于，不断将输入电压源连续施加到后续级，并从左至右工作。ABCD 参数的优点是它们可以相乘，以表示级联结构，例如Π网络，如图 5.4 所示。

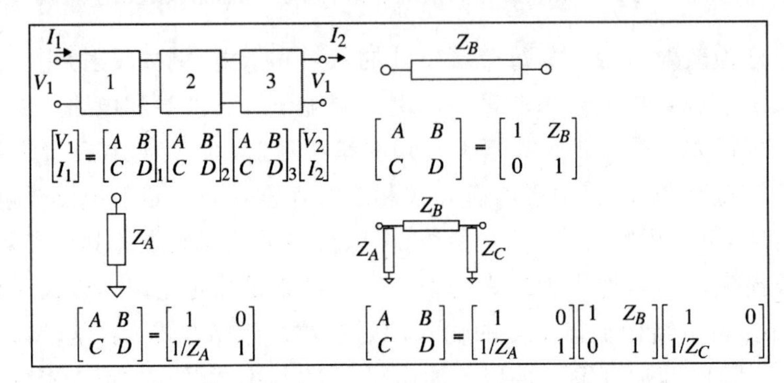

图 5.4 ABCD 参数的优点是允许通过相乘进行级联结构建模

一个电路结构的 S 参数可用下式表示：

$$\begin{bmatrix} V_1^- \\ \vdots \\ V_N^- \end{bmatrix} = \begin{bmatrix} S_{11} & \dots & S_{1N} \\ \vdots & \ddots & \vdots \\ S_{N1} & \dots & S_{NN} \end{bmatrix} \begin{bmatrix} V_1^+ \\ \vdots \\ V_N^+ \end{bmatrix} \tag{5.4}$$

其中，V_i^- 表示由于所有其他端口的所有输入波引起的从第 i 个端口输出的波，V_k^+ 表示第 k 个端口的输入波。

S、Y、Z 和 ABCD 参数之间存在简单的转换公式[Poz05，第 4 章]。通常，手动计算更容易确定 Z 或 Y 参数，然后将其转换为 S 或 ABCD 参数。图 5.5 示出了 T 网络和Π网络的 Z 参

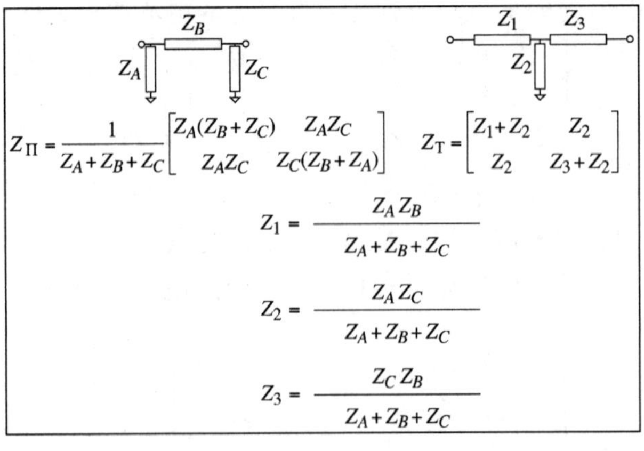

Z_B Z_A Z_C Z_1 Z_3 Z_2

$$Z_\Pi = \frac{1}{Z_A+Z_B+Z_C}\begin{bmatrix} Z_A(Z_B+Z_C) & Z_AZ_C \\ Z_AZ_C & Z_C(Z_B+Z_A) \end{bmatrix} \quad Z_T = \begin{bmatrix} Z_1+Z_2 & Z_2 \\ Z_2 & Z_3+Z_2 \end{bmatrix}$$

$$Z_1 = \frac{Z_A Z_B}{Z_A+Z_B+Z_C}$$

$$Z_2 = \frac{Z_A Z_C}{Z_A+Z_B+Z_C}$$

$$Z_3 = \frac{Z_C Z_B}{Z_A+Z_B+Z_C}$$

图 5.5 Π和 T 网络。Π网络和 T 网络也可以互换。一旦确定 Z 参数，即可轻易将其转换为 Y、S 或 ABCD 参数(尽管 ABCD 参数仅适用于双端口网络)

数，这是毫米波网络的两种典型公式。毫米波环境中的常见近似方法是用下式表征 S_{11} 与 Z_{11} 的相关性：

$$S_{11} \approx \frac{1+Z_{11}/Z_0}{1-Z_{11}/Z_0} \tag{5.5}$$

使用 S 参数时，涉及两个常见术语：回波损耗和插入损耗。回波损耗描述了特定端口电路反射的功率。回波损耗越低，电路接收的能量越多(反射的能量也越少)。因此，大多数设计力求实现最小回波损耗，即绝对值接近 0，或者分贝值尽可能低(例如，为实现良好匹配，通常优选−13 dB 或以下，−20 dB 或以下更加理想)。回波损耗是电压比(S_{11})的分贝表示形式：

$$\text{回波损耗[dB]} = 20\log10(S_{11}) \tag{5.6}$$

同轴电缆和波导过渡、大多数电路连接以及功率放大器或低噪声放大器(LNA)等放大器，均应具有负回波损耗(例如，极少的反射或散射能量)。然而，与大多数其他电路不同的是，压控振荡器(VCO)等振荡器必须具有正回波损耗。这是因为，S_{11} 值大于 1(或大于 0 dB)意味着：设备的第 i 个端口处存在不稳定或振荡情况。如果放大器或其他电路元件具有正回波损耗，则说明它是不稳定的，它将充当振荡器，而非放大器。很大程度上，放大器的稳定性可能取决于放大器的偏置条件，但在特定条件下，放大器可以无条件稳定，因此，对于任何可能的偏置条件，放大器的回波损耗应始终小于 0 dB。

插入损耗是指将被测器件(DUT)加进某一电路时的能量损耗或增益(插入损耗分贝值为负时获得能量)。简言之，插入损耗是电压比(S_{21})的分贝表示形式。为避免设备插入时的功率损耗，诸如传输线或波导之类的无源设备，应力求达到最小插入损耗，即尽可能接近 0 dB。请注意，无源有耗设备的插入损耗始终大于 0 dB，因为输出端口 2 的电压始终小于输入端口 1 的电压。然而，放大器等有源器件的插入损耗可能小于 0 dB，因为它可能提供增益。插入损耗可定义为

$$\text{插入损耗[dB]}=-20\log_{10}(S_{21}) \tag{5.7}$$

隔离度是放大器或混频器设计中涉及的另一个术语。隔离度用于衡量电路两个端口间的电压隔断程度。通常，放大器和混频器的输入端口之间和输出端口到输入端口之间应具有良好的隔离度(即非常低的电压传输)。我们可以定义反向隔离或逆向隔离，以此来描述电路或结构的输出端口与双端口网络(如放大器)中电路输入的隔离程度。高隔离度有助于确保在放大器输出端存在阻抗匹配问题(例如驻波)时输入信号不会受到影响(例如，输入端口看不到输出端发生的任何反射，避免了输出端反射信号在输入端进一步反射并通过放大器重新辐射回来)。简单来讲，从电路输出到输入的反向隔离是电压比(S_{12})的分贝表示形式：

$$\text{隔离度[dB]} = -20\log_{10}(S_{12}) \tag{5.8}$$

当 S_{12} 接近零时(即隔离非常好，分贝值为非常大的负数)，电路防止输出端的大量能量回漏到输入端，以此保护输出免受输入的影响。如若隔离不良，将导致接收机发生意外辐射等问题，例如，接收信号可能通过接收机的低噪声放大器(LNA)“向后”泄漏，返回到天线，并被重新辐射，从而导致对附近其他接收机产生意外的干扰和其他问题。

5.4 毫米波电路的仿真、布局和 CMOS 制造

毫米波集成电路构建步骤繁杂，且多为串联迭代。继电路的初始理论设计之后，两个关键而又错综复杂的步骤便是仿真和布局。然而，大多数生产工艺环境复杂，涉及多层电介质和金属层，这使得在大多数情况下仅依靠理论设计电路非常困难。所幸，关于电路工作的理论应运而生，通过模拟方式促进了设计的改进。

在设计模拟毫米波电路时，应考虑几种电路仿真工具，如 SPICE 电路模拟器和电磁仿真器。表 5.1 在文献[RGAA09]中表格的基础上，总结了几种常用的仿真工具及其在电路设计中的应用。电磁结构仿真器是设计用来求解自定义金属或介质结构上的麦克斯韦方程的，适用于自定义激励(如电压源、电流或入射波)。电磁结构仿真主要有 3 种方法：矩量法(MOM)、有限元方法(FEM)和时域有限差分法(FDTD)[RGAA09]。也可三者混合使用，结合两种或多种不同方法的优点。在这些方法中，FEM 适用于包含电介质和金属的电的小三维结构。对于主要由金属组成的基本为大平面结构的(高达数十立方波长或更大)，优选矩量法。 FDTD 的作用在于实时地模拟电磁波，可能不是仿真频域信息的最佳方法，但胜在可以提供对某些设计有用的时域信息。

表 5.1 在设计毫米波电路时，应考虑多种软件工具

软 件	公 司	应 用	电磁仿真类型
Ensemble (Designer)	Ansoft	电磁结构仿真	矩量法
1E3D	Zeland	电磁结构仿真	矩量法
Momentum	HP	电磁结构仿真	矩量法
EM	Sonnet	电磁结构仿真	矩量法
PiCasso	EMAG	电磁结构仿真	矩量法/遗传算法
FEKO	EMSS	电磁结构仿真	矩量法
PCAAD	Antenna Design Associates，Inc	贴片天线设计	腔模法
Micropatch	Micrastrip Designs，Inc.	电磁结构仿真	分割法
Microwave Studio (MAFIA)	CST	电磁结构仿真	时域有限差分法
Fidelity	Zeland	电磁结构仿真	时域有限差分法
HFSS	ANSYS/Ansoft	电磁结构仿真	有限元法
Cadence Virtuoso Analog Design Environment	Cadence	电路仿真 电路布线 布线提取	不适用
Advanced Design System (ADS)	Agilent	电路仿真	不适用
Peak View	Lorentz Solution	电磁结构仿真	矩量法

如文献[RGAA09]所述，设计电磁结构前，必须先了解器件中所用材料的特性，以及它们在器件中的物理位置。通常，设计人员可借助仿真器来绘制结构的三维或二维模型，以及电压源等激励的位置。遗憾的是，目前大多数代工厂并未提供半导体生产中使用的大多数材料的复介电常数，需要设计人员猜测或测量这一重要参数[RGAA09]。介电常数在毫米波频段可

能与低频状态下没有太大差异，但如果存在损耗机制（例如，由于衬底中存在掺杂剂）却未在低频模型中加以考虑，则介电常数在毫米波频率下和较低射频频率下可能具有不同的值。

CMOS 和其他工艺技术生产工序（如硅锗[SiGe]）在后道工艺（BEOL）中添加有金属层。嵌入电介质中的金属线多达 7 根或更多。传统上，二氧化硅可用作电介质，但是越来越多的低 k（即低相对介电常数）材料被用作电介质包裹金属层。这是因为低 k 电介质在金属层和衬底之间以及各个金属层之间提供了较低的耦合。如第 4 章所示（见图 4.5），典型 CMOS 芯片的横截面具有大块衬底，衬底上方有少量紧密间隔的金属层。在图 4.5 中，金属线和（可能是低 k）介质由一种更厚的掺杂半导体支撑，这种半导体被称为衬底（由 CMOS 用硅制成）。诸如晶体管的有源器件位于硅衬底的最顶部，衬底的第一个微米处的导电率和掺杂剂浓度最高。上层电介质中的金属层通过通孔连接在一起。图中还示出了厚顶金属层的典型特征（该过程针对模拟工作机理进行了优化）。该厚层应用于安装长金属件（也称为迹线），例如作为长距离传输线路使用的金属件。

在撰写本书时，对于 20 GHz 或以上的商用化通用毫米波电路设计，130 nm、90 nm、65 nm 和 40 nm（亦称作节点）生产工艺最为符合设计规范，65 nm 工艺在速度和功率处理能力之间提供了良好平衡。由于栅极长度较小，65 nm 以下的工艺为毫米波应用带来了更高的速率，但与 65 nm 及以上的工艺相比，它们难以处理更高的功率。许多商业代工厂提供特殊的射频工艺处理，包括提供更厚的导线和特殊的知识产权（IP）工艺，以提高功率效率和优良率。也可以考虑使用绝缘体上硅薄膜（SOI）工艺。SOI 工艺允许对衬底和晶体管的沟道区域进行单独掺杂，与“常规”CMOS 工艺（晶体管沟道和衬底相连）相比，制造出来的衬底具有更低的损耗角正切。因此，可以利用 SOI 工艺制造诸如天线和传输线之类的无源元件，其损耗比标准 CMOS 工艺低得多。

测量支撑后道工艺结构的衬底和电介质的特性，是毫米波频率一个主要关注的问题。其中，介电常数和损耗角正切是两个最重要的必须测量的指标。尽管电介质对金属迹线的电气长度的影响要大于衬底，但衬底的介电常数将部分地决定介电层中金属结构的电气长度。在实际设计当中，考虑到衬底和电介质均包含后道工艺结构，通常将测量有效的介电常数和损耗角正切。可通过几种方法完成这一测量。

一种非常简单的方法便是测量小“焊盘”的电容，如图 5.6 所示[GJRM10]。在该图中，焊盘被用作地-信号-地（GSG）梳齿，并与共面波导（CPW）传输线连接。CPW 传输线将在传输线一节（见 5.7 节）中讨论。焊盘的电容可用于估算支撑金属后道工艺结构的衬垫和电介质的有效相对介电常数。通过测量焊盘的 S_{11}，可以根据文献[GJRM10]估算出 Z_{11}：

$$Z_{11} = Z_0\frac{S_{11}+1}{S_{11}-1} = R_{\text{pad}} + \frac{1}{\text{j}\omega C_{\text{pad}}} \tag{5.9}$$

其中，Z_0 代表传输线特性阻抗，Z_{11} 的虚部可用于估计焊盘的电容。焊盘的几何形状表明，通过平行板电容器等式可以推导出近似电容值：

$$C = \frac{\epsilon_0\epsilon_{r,\text{eff}}A}{d} \tag{5.10}$$

其中，A 是焊盘面积，d 是焊盘与接地层或衬底之间的距离。文献[GJRM10]将此方法用于 $A = 40\ \mu\text{m}\times 60\ \mu\text{m}$、$d = 1\ \mu\text{m}$ 的焊盘，估得 180 nm CMOS 的有效介电常数为 4.32。

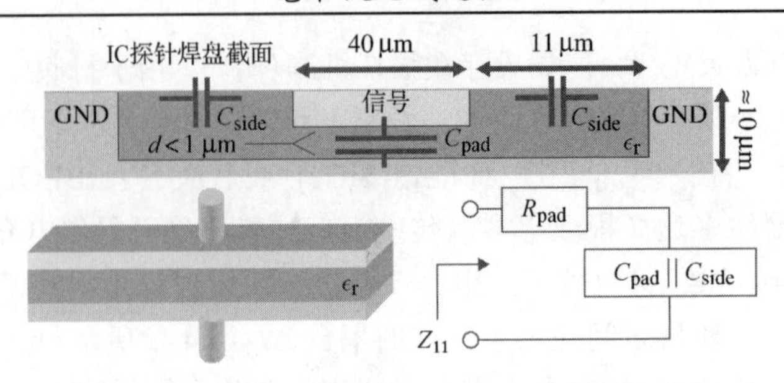

图 5.6 用作共面波导(CPW)探头的简单焊盘

在测量传输线的 S 参数的基础上，我们引入了一种更先进的技术，用于估计相对介电常数和损耗角正切。首先，测量传输线的 S 参数，再去除用于将探针(例如网络分析仪的探针)与传输线接口的焊盘的影响，如图 5.7 所示，根据文献[GJRM10]改动。为了解嵌电容器，根据图 5.4，线路 ABCD 矩阵加上电容器可用下式表示：

$$\begin{bmatrix} A & B \\ C & D \end{bmatrix}_{\text{measure}} = \begin{bmatrix} 1 & 0 \\ \mathrm{j}\omega C_{\text{pad}} & 1 \end{bmatrix} \begin{bmatrix} A & B \\ C & D \end{bmatrix}_{\text{line}} \begin{bmatrix} 1 & 0 \\ \mathrm{j}\omega C_{\text{pad}} & 1 \end{bmatrix} \tag{5.11}$$

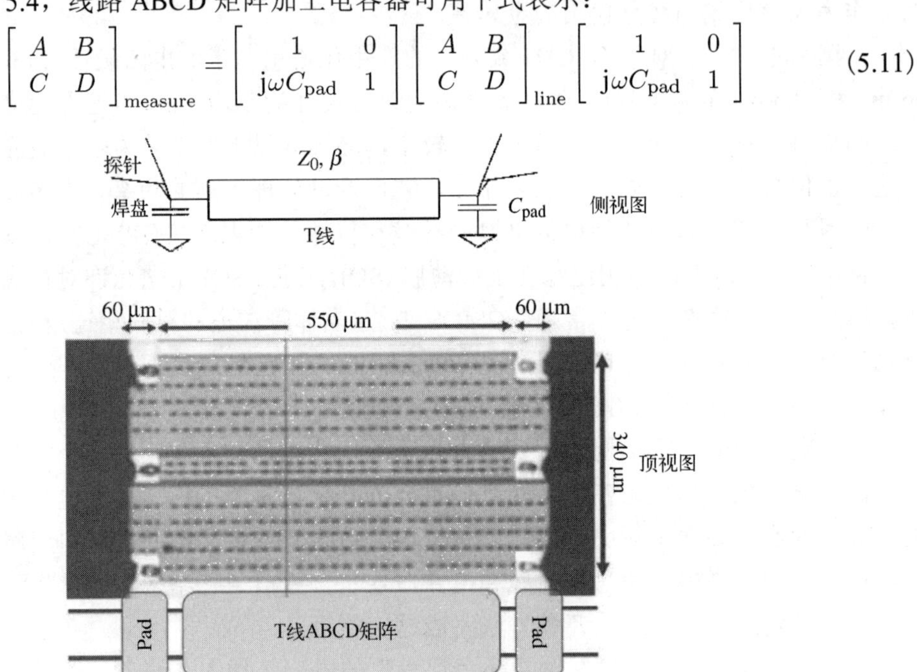

图 5.7 传输线的 S 参数可用于确定 CMOS 工艺的有效相对介电常数和损耗角正切。为使测量准确，必须先去除探针焊盘的影响

因此可根据下式得出该传输线的 ABCD 矩阵：

$$\begin{bmatrix} A & B \\ C & D \end{bmatrix}_{\text{line}} = \begin{bmatrix} 1 & 0 \\ \mathrm{j}\omega C_{\text{pad}} & 1 \end{bmatrix}^{-1} \begin{bmatrix} A & B \\ C & D \end{bmatrix}_{\text{measure}} \begin{bmatrix} 1 & 0 \\ \mathrm{j}\omega C_{\text{pad}} & 1 \end{bmatrix}^{-1} \tag{5.12}$$

文献[GJRM10]定义了传输线的 ABCD 矩阵[如传输线一节(5.7 节)所述]：

$$\begin{bmatrix} A & B \\ C & D \end{bmatrix}_{\text{line}} = \begin{bmatrix} \cosh(\gamma\ell) & Z_0\sinh(\gamma\ell) \\ \sinh(\gamma\ell)/Z_0 & \cosh(\gamma\ell) \end{bmatrix} \tag{5.13}$$

其中，γ 是线的复传播常数，由 α+jβ 给出，β 描述了波在传输线下传播时的相移，α 是衰减因子。为进行焊盘去嵌入，必须使焊盘结构不连接到传输线，再用网络分析仪测量 S 参数。将测得的焊盘 S 参数转换为 ABCD 参数，用式(5.12)计算。传输线的 A 参数可用于确定线的传播因子，然后根据传播因子和 C 参数，确定特征阻抗 Z_0。一旦知道了特征阻抗，便可计算有效损耗角正切和特征阻抗[GJRM10]：

$$Z_0 = \frac{\frac{\eta_0}{2\sqrt{\epsilon_{\text{eff}}}}}{\left(\frac{K(k)}{K(k')}\right) + \left(\frac{K(k_1)}{K(k_1')}\right)} \tag{5.14}$$

其中，$K(k)$、$K(k')$、$K(k_1)$ 及 $K(k')$ 为文献[Wad91]中描述的传输线的几何形状函数，η_0 是自由空间的特征阻抗(377 Ω)，而 ϵ_{eff} 是复等效介电常数，

$$\epsilon_{\text{eff}} = \epsilon' + \text{j}\epsilon'' \tag{5.15}$$

其中 ϵ' 是相对介电常数，可用于确定电气长度。损耗角正切可以根据下式得出：

$$\tan\delta = \epsilon''/\epsilon' \tag{5.16}$$

该方法已成功用于 180 nm CMOS 工艺制造的传输线，用以测量 180 nm CMOS 衬底的有效介电常数，如文献[GJRM10]的图 5.8 和图 5.9 所示。图 5.8 还将该方法与基于模型的简单电容器和文献[GJRM10]中描述的加强电容器方法进行了比较。

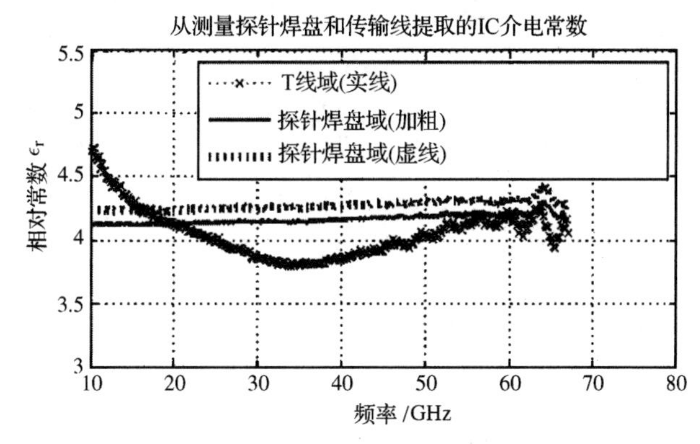

图 5.8　有效相对介电常数是无源结构设计中的重要参数，可以通过多种方式测量

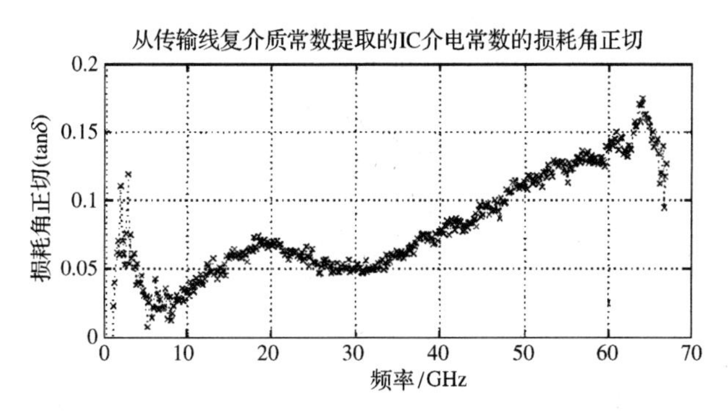

图 5.9　有效损耗角正切是预测无源结构损耗的重要参数

5.5　晶体管与晶体管模型

很多经典文献都讨论了晶体管的物理属性，包括文献[Raz01][Yng91]和最近的文献(如

文献[NH08])。我们先简单介绍晶体管建模的基本概念，再来关注最近的研究发展。考虑到毫米波器件的低成本和大规模应用，在这里我们重点介绍金属氧化物半导体场效应晶体管(MOSFET)，不过读者可从文献[Yng91]获取有关双极型晶体管(BJT)的更多信息，异质结双极晶体管(HBT)和高电子迁移率晶体管(HEMT)等器件的介绍亦可参见文献[Lee04a]。关于这些器件的物理原理和描述的数学有很大区别。不过，我们可以凭一些物理直觉理解不同的晶体管器件。

简单来讲，MOSFET 是一种由 4 个端子组成的电压控制开关，如图 5.10 所示。这 4 个端子分别是栅极、漏极、源极和基极。对于共源连接(即，NMOS 的接地源，或与 PMOS 电源电压相关的源极)，向 N 型 MOSFET(P 型 MOSFET)的栅极施加足够高(低)电压时，将填充带电子的沟道(空穴，正载流子)。向漏极施加正(负)电压，将导致电子(空穴)向上(向下)流到漏极。电子(空穴)填充沟道所需(允许)的最小(最大)栅极电压 V_T，称为阈值电压。栅极电压超过阈值电压的电压量，即为过驱动电压。沟道的长度和宽度由 L 和 W 表示。晶体管的尺寸缩放能力，使得新一代器件拥有较短的可制造长度。

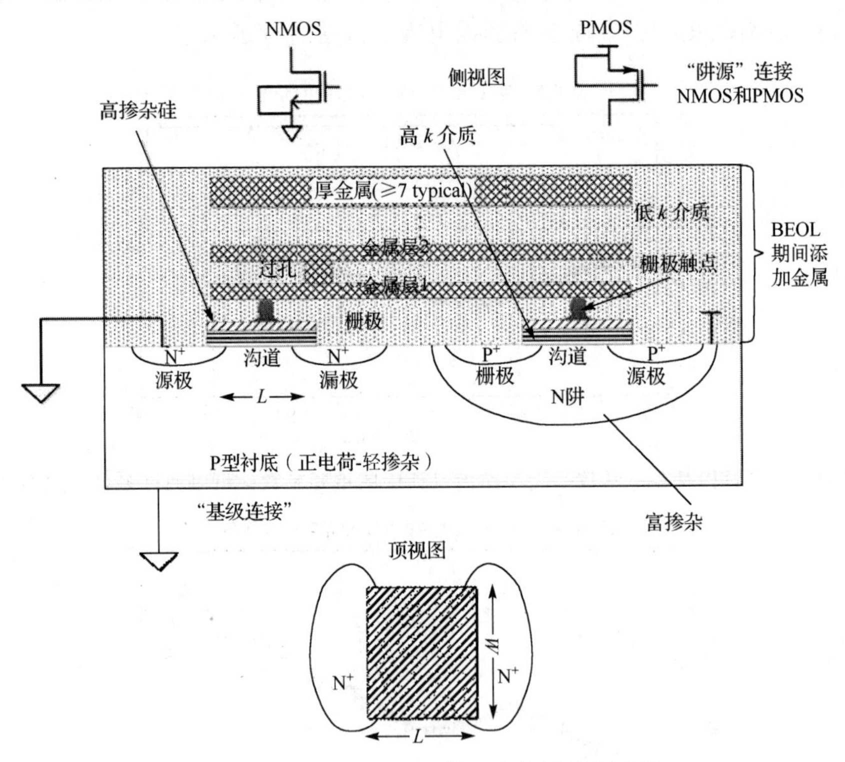

图 5.10　基本 MOSFET 是一个电压控制开关

一旦沟道充满电荷载流子(NMOS 中的电子，PMOS 中的空穴)，就会形成几个工作区。向 NMOS 漏极施加低电压，晶体管将在线性区或三极管区中工作，其中通过漏极的电流与栅-源电压 V_{gs} 和漏-源电压 V_{ds} 相关：

$$I_D = k_n\left(\frac{W}{L}\right)\left((V_{gs}-V_T)V_{ds}-\frac{V_{ds}^2}{2}\right) \tag{5.17}$$

其中，I_D 是流经漏极到源极的电流，参数 k_n 用于衡量电荷通过沟道(除了栅极和沟道之间的电容量外)的难易程度，W 是沟道宽度，L 是沟道长度。更准确地说，栅-源电压大于 V_T，导致沟道“反转”。虽然沟道处于静止状态(即没有栅极电压)，为 p 型半导体(即填充有正载流子)，但沟道(位于 NMOS 上方)仍被认为发生反转，因为施于栅极的高电压导致沟道充满电子。技术上讲，存在两个反转区域：弱/中反转和强反转。当栅极电压足够高，可以填充沟道时，发生弱反转或中反转，电子数量等于或不超过沟道中通常存在的空穴数量。当栅极电压足够高(大于 V_T)时，发生强反转，导致电子数量等于通常占据沟道的空穴数量的至少两倍。当施于漏极的电压高于过驱动电压 $V_{gs}-V_T$ 时，器件进入工作饱和区，根据著名的平方律[Raz01]，得出漏极电流与栅极电压存在以下相关性：

$$I_D = \frac{1}{2}k_n\left(\frac{W}{L}\right)(V_{gs} - V_T)^2 \tag{5.18}$$

在饱和区中，最靠近漏极的沟道区域处于“夹断”或电荷耗尽状态。这是因为，在最靠近漏极的沟道区域中的电子电荷达到有效密度之前，漏极电压足够高(在 NMOS 中)，使电子从沟道中流向漏极。

图 5.11 总结了上文描述的 MOSFET 的基本工作区。当提到器件的工作状态时，常说器件在特定的工作区中被偏置。此图所示的简单模型表明，电路或器件偏置的方式对其工作方式有重大影响，某些器件效应可能仅在某些偏置条件下发生。

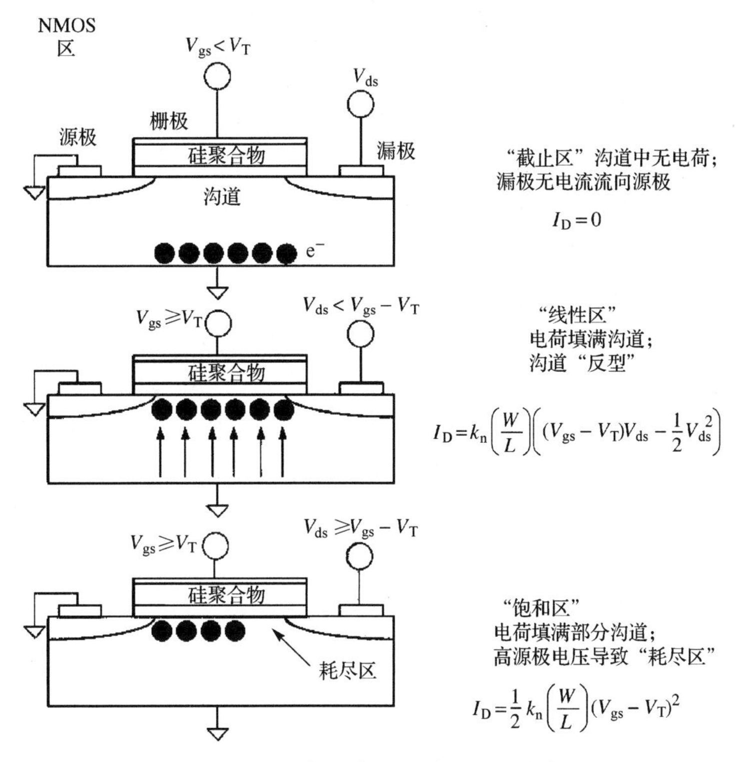

图 5.11　MOSFET 的基本工作区：截止区、线性区和饱和区

当晶体管在饱和区中工作时，通常将栅极电压操作点的平方律线性化，使得漏极电流与栅极电压呈线性相关。正如文献[Raz01]中所述，如果已知 V_{gs} 的斜率式(5.18)，则可以获得器件的跨导参数(用 g_m 表示)：

$$g_{\mathrm{m}}=k_{\mathrm{n}}\left(\frac{W}{L}\right)(V_{\mathrm{gs}}-V_{\mathrm{T}}) \tag{5.19}$$

因为

$$\frac{1}{2}g_{\mathrm{m}}(V_{\mathrm{gs}}-V_{\mathrm{T}})=I_{\mathrm{D}} \tag{5.20}$$

所以有

$$g_{\mathrm{m}}=\frac{2I_{\mathrm{D}}}{V_{\mathrm{gs}}-V_{\mathrm{T}}} \tag{5.21}$$

式(5.19)和式(5.21)分别关联了跨导与器件纵横比(基于二维晶体管结的物理尺寸)和 W/L 过驱动电压 $V_{\mathrm{gs}}-V_{\mathrm{T}}$ 与漏极电流 I_{D}。在电压控制电流源的简单电路模型中，通常出现跨导，一旦确定了跨导，便可模拟晶体管在饱和区中的工作，并有助于电路分析。这种简单模型如图 5.12 所示。该模型还包括器件的输出电阻 $r_{\mathrm{o}}=\dfrac{\delta I_{\mathrm{D}}}{\delta V_{\mathrm{ds}}}$ 及栅极电阻 R_{g}。C_{gs} 是栅极和源极之间的电容，是导致栅极电压在器件沟道中诱发电荷的原因。栅极电阻和栅-源电容加在一起，增加了 RC 时间常数，该时间常数描述了施于栅极的电压在沟道中产生电荷的速度。

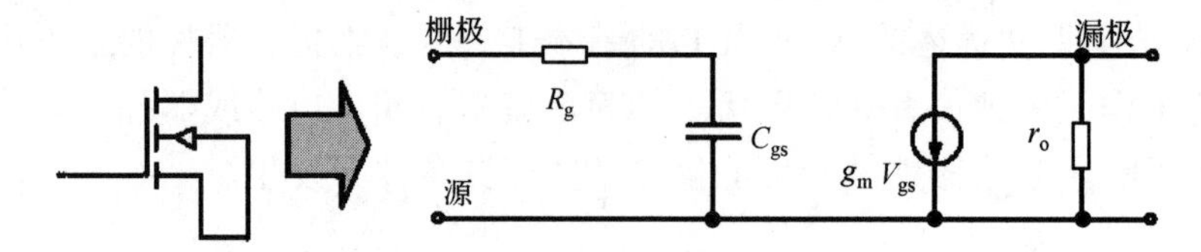

图 5.12 NMOS MOSFET 在饱和区中的简单工作模型

当跨导为有效且有用的参数时，可通过跨导使输出电流与输入电压线性化，借此，输入电压不会太大，从而使晶体管处于“小规模”或“小信号”工作状态。当施加大的输入信号时，晶体管处于“大规模”或“大信号”工作状态。

改写式(5.21)，得到晶体管最简单的品质因数之一——跨导与漏极电流的比率，它表示器件的效率[Enz02]。根据式(5.21)，该比率与过驱动电压的倒数成反比。根据下文所述的 EKV 模型(以其发明人 C. C. Enz，F. Krummenacher 和 E. A. Vittoz [Enz08]的姓名首字母命名)，该比率随 $1/\sqrt{I_{\mathrm{D}}}$ 减小，其中，I_{D} 是指 DC 漏极偏置电流[Enz02]。这表明，虽然增加电流可以提高 g_{m}，但也可能导致器件效率降低。在适当的低功耗设计中(在毫米波应用中，低功耗是一大优势)，低过驱动电压和适当偏置电流是高效器件的标配。

MOSFET 晶体管通常采用互补金属氧化物半导体(CMOS)生产工艺制造。CMOS 工艺有许多优点，但其中最重要的可能是其相对低廉，并且非常适合包含数字元件的系统。大多数数字电路，例如计算机处理器，都是采用 CMOS 工艺制造的，此外，CMOS 生产工艺通常会针对数字电路进行优化，然后再增强以满足模拟电路(如放大器和混频器)所需的特殊功能。这些增强通常涉及后道工艺(BEOL)特性。BEOL 包含两个生产工序：将金属连接添加到电路中，再与晶体管连接在一起。大多数模拟电路受益于尽可能远离衬底的厚金属层的有效性——这些金属层通常在纯数字电路中使用数月甚至超过一年之后仍然可用。

在图 5.10 中，“高 k”和“低 k”是指在芯片不同部分中使用的电介质的介电常数(即相对介电常数 ϵ_{r})。栅极下方电介质的相对介电常数一般较高，以使沟道主要受栅极控制，并防止漏极与栅极争夺沟道控制权(即防止漏极电压影响电荷在沟道中的导通性。漏极电压仅决定沟道中的电荷是否作为电流流动，而沟道中是否存在电荷，则取决于栅极电压）。用于连接不同晶体管的金属层周围的电介质，通常嵌入“低 k”或低相对介电常数的电介质中，以降低不同金属层之间的电容(高电容可导致串扰效应等，借此，一层上的电压可能决定另一层上的电压)，并且减小金属层和衬底之间的电容(金属和衬底之间的电容过高，可能引起衬底电流，非常有损电路的性能)。低 k 电介质还有助于降低芯片中金属线路的电容，从而降低通过这些线路驱动信号(在给定频率下)所需的功率。

如前所述，因为摩尔定律，在过去几十年中，电路设计人员可用的沟道长度 L 几乎在不断减小。栅极长度的明显缩短(目前可以制作小到 10～20 nm 的栅极)，使得晶体管的工作频率提高到几百 GHz，同时产生放大效应所需的电压电平降低到 1 V 或 2 V 左右。根据摩尔定律，现代 MOSFET 可用在毫米波电路中，这种缩小使得 MOSFET 通断够快(即能够在短时间内调制沟道中的电流，以响应栅极电压)，能跟上毫米波工作所需的速度，但同时也降低了表征 MOSFET 行为的基本模型的准确度。CMOS 工艺中经常根据栅极长度来描述栅极长度缩短的水平。毫米波器件通常依赖于以下栅极长度：130 nm[LWL+09][DENB05]，90 nm[HBAN07b][HKN07a][BSS+10][KLP+10][SBB+08]，65 nm[VKKH08][LKN+09][LGL+10]。较老的工艺(例如 250 nm CMOS)也曾用于演示毫米波的工作[Wan01]，尽管这些较老的工艺(也称为较老的“节点”)通常不足以实现所需的增益，以满足毫米波频率的链路预算要求。45 nm 或更低的节点更有利于毫米波的工作[SSM+10]，但在功率处理限制对模拟工作的障碍大过提速之前，栅极长度的缩小是有限制的。许多学生在学习晶体管时，遇到的 MOSFET 的第一个器件模型就是平方定律。虽然在开发直觉和制定基本设计决策或估算方面，平方定律一如既往地表现优秀，但它无法准确预测现代 CMOS 工艺节点(如 65 nm 或更小的 CMOS)的器件性能。

为了获得毫米波性能，使用更为复杂的器件并因此导致复杂的器件模型，无疑是物超所值的。为了定量理解这一点，不妨分析决定晶体管运行速率的两个基本指标：传输频率 f_T 和最大工作频率 f_{max}。f_T 是指晶体管的固有电流增益降至零的工作频率，f_{max} 是指功率增益(电压增益和电流增益的乘积)降至零的频率。如图 1.6 所示，现代 MOSFET 的传输频率远高于 100 GHz。共源 MOSFET 的传输频率及其 f_{max} 估算，可参见图 5.12 中的简单 MOSFET 模型，如图 5.13 所示。

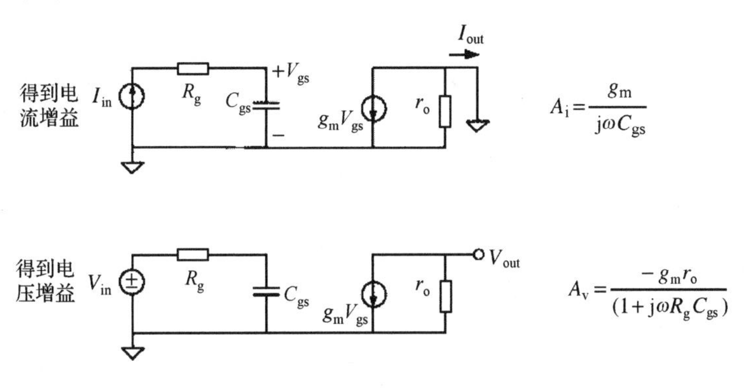

图 5.13　图 5.12 中的简单模型分析可用于计算电流、电压和功率增益(A_i, A_v, A_s)

将当前增益设为 1 并计算频率，得出器件的传输频率

$$f_{\mathrm{T}} = \frac{g_{\mathrm{m}}}{2\pi C_{\mathrm{gs}}} \tag{5.22}$$

将功率增益设为 1 并计算频率，得出最大工作频率

$$f_{\max} = \frac{g_{\mathrm{m}}}{2\pi C_{\mathrm{gs}}}\sqrt{\frac{r_{\mathrm{o}}}{R_{\mathrm{g}}}} \tag{5.23}$$

式(5.22)是设备传输频率的常见表达式，通常，大多数文章都关注传输频率。但需要注意的是，器件的功率增益与传输频率和工作频率的比值成正比。

$$|A_{\mathrm{s}}| = \left(\frac{f_{\mathrm{T}}}{f}\right)^2 \frac{r_{\mathrm{o}} C_{\mathrm{gs}}}{\sqrt{\left(\frac{1}{2\pi f}\right)^2 + (R_{\mathrm{g}} C_{\mathrm{gs}})^2}} \tag{5.24}$$

式中，A_{s}是器件的功率增益，f是工作频率。

相对于其他技术，CMOS 的主要优点之一是其跨技术节点的可移植性，该移植可以通过恒定电场缩比规则[YGT+07]实现。恒定电场缩比规则决定了共源共栅 MOSFET 的峰值f_{T}，$f_{\max}$和最佳噪声系数、电流密度(分别为 0.3～0.35 mA/μm、0.2 mA/μm 和 0.15 mA/μm[YGT+07][DLB+05])。这些密度的相对接近性以及它们对阈值电压和栅极长度的不敏感性，是模拟设计的巨大优势所在[YGT+07]。

与 CMOS 相比，双极型晶体管(BJT)和异质结双极型晶体管(HBT)在某些技术上略逊一筹，如各技术节点独立、电流密度性能优化[DLB+05]。此外，双极设计通常需要高电源电压(在要求动态范围或高输出功率时，可能有利)[DLB+05]。BJT 可提供比 MOSFET 更高的传输频率，但难以与数字电路[例如毫米波片上系统(SoC)]集成，也难以将多个模拟元件集成到单个芯片上[DLB+05]。

5.6 毫米波晶体管的其他先进模型

图 5.14 所示为基本晶体管图示。介绍晶体管和电路布局技术的经典文献层出不穷，例如文献[SS01]就是一篇佳作。图 5.14 仅用于说明大多数射频(RF)毫米波设备都有多个梳齿。“梳齿”是器件宽度 W 的一部分，多个梳齿加在一起构成器件的总宽度(例如，许多单独的晶体管并联构造，穿过整个结，形成单个晶体管)，多个梳齿并联，减小电阻，从而提供更大的载流能力。大多数射频器件都有多个梳齿，这对 MOSFET 描述模型的构造具有重要影响。

精确的器件模型必须准确反映关系器件工作状态的所有物理现象的影响。大多数射频毫米波晶体管的布局是：多梳齿、大宽长比(W/L)和最小栅极长度，以便模型准确地显示出栅极电阻和短沟道效应[SSDV+08][Enz02]。为便于靠近器件 f_{T} 进行操作，器件模型必须脱离准静态模型，在准静态模型下，沟道电流被设定为跟随栅极电压即时变化[Yos07]，并且 DC 非线性特性视为较高频率下的非线性效应(即 DC 扫描足以捕获在较高频率下的非线性性能)[EDNB04]。这些模型还必须准确捕获器件的非线性、大信号特性，特别是用于功率放大器和压控振荡器(VCO)等非线性元件[EDNB04][Poz05, 第 11 章]时。除了沟道响应漏极或栅极电压变化所需的有限时间(也称为非准静态效应)，阻碍工作的寄生电容也不容忽视。模型可以添

加衬底网络，以补偿在器件衬底中可能发生的大量能量损耗，并防止器件 4 个节点(源极、漏极、栅极和基极)上的电压可能通过衬底中的电容在其他节点上产生电荷。精确的直流模型应能捕获工作区(强反转、弱反转等)的影响，这对于预测功率需求[Enz02]等性能指标至关重要。接下来，我们将简要介绍栅极电阻、短沟道效应、靠近 f_T 的运行、大信号工作、寄生电容、非准静态效应和衬底网络。

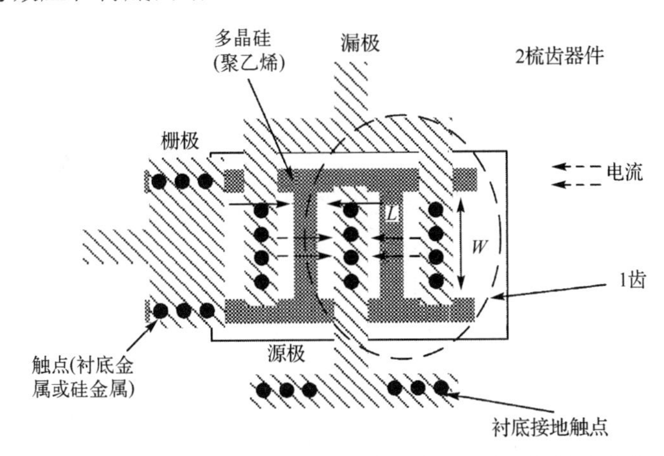

图 5.14　毫米波电路中，大多数器件都有多个梳齿。通常，设计人员会对单个梳齿应用最佳设计，然后通过改变器件中梳齿的数量来改变晶体管的总宽度

器件的布局对栅极电阻具有关键影响，栅极电阻式(5.23)是一个重要参数，栅极电阻过大，将严重限制器件的功率增益能力。栅极电阻由文献[SSDV+08][Lit01]估出。

$$R_g = \frac{1}{N_f}\left(\frac{\frac{\rho_{\mathrm{sil_{sq}}}}{3N_{\mathrm{gate\ con}}^2}W_f}{L} + \frac{(\rho_{\mathrm{con}} + \rho_{\mathrm{poly}})}{W_f L}\right) \tag{5.25}$$

其中，N_f 为梳齿数，W_f 为每个梳齿的宽度，L 为栅极长度，$N_{\mathrm{gate\ con}}$ 为栅极触点数量(如图 5.14 所示)，$\rho_{\mathrm{sil_{sq}}}$ 为硅化物的薄层电阻(假定覆盖多晶硅，约为 4 Ω/sq[Lit01])，ρ_{con} 为硅化物和多晶硅之间的接触电阻(约 $7.5\times10^{-5}\ \Omega\cdot\mathrm{m}^2$)，$\rho_{\mathrm{poly}}$ 为垂直多晶硅电阻(即，当电荷垂直向下移动通过栅极时，电荷感应到的电阻)，$\rho_{\mathrm{poly}} \approx R_{\mathrm{sh_{poly}}} \cdot \min(\delta^2, t_{\mathrm{poly}}^2)$

其中
$$R_{\mathrm{sh_{poly}}} \approx 150\frac{\Omega}{\mathrm{sq}},\ \ \delta = \frac{1}{\pi f \mu_0 \sigma_{\mathrm{poly}}}$$

$\sigma_{\mathrm{poly}} \approx 10^4\ \Omega^{-1}/\mathrm{cm}$[SN07]是多晶硅的趋肤深度，$t_{\mathrm{poly}}$ 是多晶硅的厚度。这些概念如图 5.15 所示。综上所述，得出一个重要结论：栅极电阻大大降低了平方律等简单模型的准确度。

在仿真模型中增加栅极电阻，是改进毫米波器件模型的一种常见建模技术，也是修改传统 MOSFET 晶体管模型、解决高频效应的简便方法。增加一个栅极电阻，与 C_{gs} 串联，可以增加一个 RC 时间常数，在实际应用中能减小延迟效应和其他影响[EDNB04][WSC+10]。

对于需要高 $f_{\max}$ 的高频设计，栅极电阻是最重要的参数之一[HBAN07b]。除栅极电阻外，器件中还存在触点电阻，包括漏极电阻和源极电阻，这些电阻通常是器件外部的主要电阻(不像固有电阻，如沟道阻抗，它们与器件的关键工作部件相关)[Enz02]。在毫米波频率(以及任何其他频率)下，接触电阻宜降低。应通过正确选择梳齿和栅极触点[SSDV+08][Enz02]的数量，来设计寄生外部的栅极电阻，以获得使栅极与驱动电路匹配所需的电阻。遗憾的是，寄生电阻值将随着器件的缩小(即新工艺)而增加，无论工作频率如何，由于线宽越窄，器件间距越小，互连/信号线之间的距离越小[JGA+05]。所幸，继数字化使用的初始部署之后，新工艺针对模拟开发进行了优化，通过后道工艺(BEOL 是指为模拟开发而添加金属迹线的生产步骤)优化减少了部分电阻。

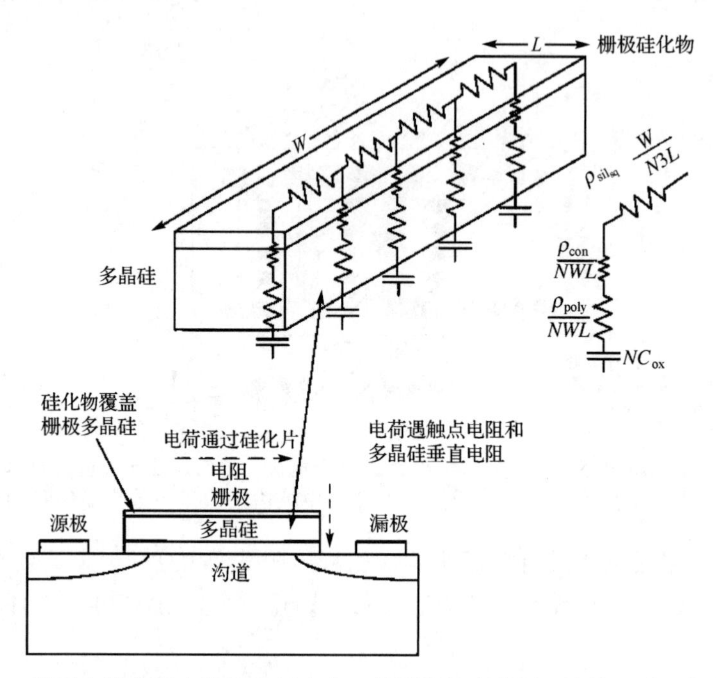

图 5.15 栅极电阻主要由器件布局决定，特别是梳齿数量。它还取决于栅极材料的性质，包括硅化物电阻、硅化物-多晶硅接触电阻和垂直多晶硅电阻

除栅极电阻外，不良的器件布局也会增加寄生电阻和电容，进而对器件性能产生重大影响。由于元件的电气尺寸较小，这种影响在较低频率下通常被忽略，但是在毫米波频率下，布局特性(包括合适的连接点位置)的影响十分明显，必须在模型中予以考虑[HBAN07b]。最可取的方法是使用基于软件的寄生参数提取工具(由 Cadence 等公司提供)，估算由特定布局引起的寄生电阻和电容值。在制造测试器件之后，通过仔细测量并与初始寄生模型进行比较，以生成更精细的模型。在毫米波频率下，器件布局非常重要，布局不仅可能引发故障，也能成为电路设计人员手中的工具，不像在低频下，设计人员通常可能忽略布局的影响[HBAN07b]。在模型设计中考虑到这些影响，还能改善设计人员的物理直觉和对工艺的理解。例如，Heydari 等人在 2007 年开发的共源极模型[HBAN07b]。MOSFET 非常巧妙地体现出器件布局的影响。注意，对于振荡器而言，准确地考虑寄生效应非常重要，因为寄生效应将显著影响振荡器的工作频率。

寄生电阻的另一个来源是衬底触点，因其必须将器件附近的衬底接地。例如，为了防止 PMOS 寄生二极管(如图 5.16 所示)正向偏置并因此具有破坏性[SS01]，器件必须设置衬底触点。阱连接，也称为体连接或衬底连接，位于具有相同传导类型的较大阱或衬底中，是一种重掺杂(n^+或 p^+)硅，但掺杂水平较低(例如，p^+在 p 阱中，或 n^+在 n 阱中)。阱连接的目的是向阱或衬底本体提供稳定而明确的电压，或者与半导体形成金属互连。在晶体管的物理验证中，术语“阱连接”用于描述连接有源区(扩散区)和“阱”(“衬底”)的(人造)通路。阱连接使金属互连线和下掺杂半导体之间形成欧姆接触。阱连接和金属触点(从最低金属层到硅)之间的物理接触区域产生欧姆接触，使得金属中的电压等于半导体中的电压。随着衬底连接的增加，寄生电容将增加[JGA+05]，因此必须平衡器件的安全性和速率。

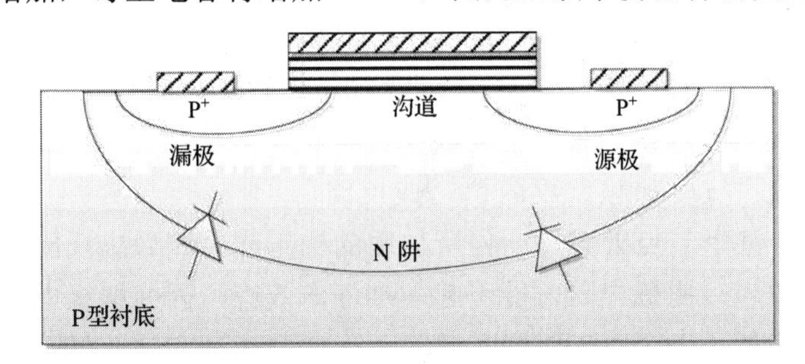

图 5.16 器件中存在许多寄生二极管，通常使用衬底触点来防止其产生破坏性。然而，如此一来将增加衬底的寄生电容

通常，对称布局最有利于器件间的性能匹配[SS01]。在毫米波及毫米波以上频率，寄生元件的重要性增加，这有利于模块化布局，因为每个模块的寄生效应可以在其组装到整个电路之前预先确定并最小化[HBAN07b][JGA+05]。例如，Heydari 等人使用这种方法在 90 nm CMOS 工艺[HBAN07b]中实现了近 300 GHz 的 $f_{\max}$。如需在器件内使用连接过孔，对称布局也有助于确定每个模块化单元的过孔数量。

短沟道效应是指发生在栅极长度极短(“深亚微米”，即栅极长度远短于 1 μm)的器件中的参数变化。栅极长度过短有两个主要的影响：一是使得阈值电压 V_t 降低，也称为短沟道效应，致使器件更难以“关断”(因为即使很小的栅极电压也可能导致电荷填充沟道)；二是导致漏极电压和沟道之间的隔离度差(即沟道中的电荷量取决于漏极电压而非栅极电压)[SN07]。这种现象通常被称为漏致势垒降低效应(DIBL)，工艺开发中，通常致力于实现晶体管沟道的正确掺杂分布(即掺杂浓度水平)，以防止诸如 DIBL 等影响。基本方法是增加掺杂浓度水平，以减小沟道半导体区的尺寸，该区的电荷浓度由漏极决定(即，减小漏极附近的耗尽层的尺寸)。注意，对于某些工艺，减小沟道长度实际上可能增加阈值电压，也称为反向短沟道效应。

确保器件工作频率接近传输频率很重要，因为传输频率限定了 MOSFET 可以实现有效增益的操作区域，并且通常决定了作用在器件上的寄生分量(例如有害电容)。

大范围工作指的是当输入信号的幅度变化很大时，基于跨导等参数的线性模型会失效。在小信号和大信号状态之间工作的晶体管，假设其基本跨导模型只有 3 种基本工作区：线性区(也称为三极管)、饱和区和截止区(当栅极电压不足以使电荷填充沟道时)。简单模型还假设，工作模式仅取决于相对于阈值电压 V_T 的栅–源电压，以及相对于 $V_{gs}-V_T$ 的漏–源电压。在跨导模型中，必须明确指出两个最重要的电容：栅–源电容和栅–漏电容[EDNB04][HKN07a]。某些过时的模型没有明确说明这两个电容，因为它们不允许由于这些电容而在器件的传递函数中增加极点，而仅考虑由这些电容引起的增益降低。

同栅–源电容一样，栅–漏电容应尽可能最低，这可以通过去除有源器件的部分栅电极实现[Enz02]。栅-源电容随着梳齿数[JGA+05]的增加而增加，而栅极电阻则减小，因此应折中所需的栅极电阻和栅-源电容(增加 C_{gs}，直接降低传输频率，同时增加栅极电阻，降低最大振荡频率)。相比于其他频率，栅-漏电容的重要性尤见于毫米频率下[HKN07a]，通过谐振技术(即使用电感器)，可使栅-漏电容最小化。

衬底网络通过与器件产生电容耦合，解决了衬底电流引起的损耗问题。用于 RF 操作的 EKV 模型进行 Enz 扩展后，在 Π 网络中加入了一个由 3 个电阻组成的简单网络[Enz02]。Emami 等人还在 T 网络[EDNB04]中布置了一个 3 端电阻器模型。也有人选择放弃复杂的网络，转而采用单电阻或双电阻网络，来表征衬底中的损耗[WSC+10][HKN07a]。源极和体衬底之间的任何电阻，都将与梳齿宽度和触点数量[Enz02]成反比。

由于电路模型中某个节点处对另一处所加载的电压或电流做出反应需要一定的时间，从而出现非准静态效应。栅极电阻可能引起非准静态效应，因为栅极电阻在沟道对栅极偏压的响应速度上，增加了一个 RC 时间常数。有人通过在其沟道跨导[WSC+10]的表达式中添加相位延迟因子 $e^{-j\omega\tau}$，更准确地说明沟道的非瞬时响应。

由于毫米波设计要求在高频、低电源电压下使用深度缩小技术，因此目前普遍采用更准确、更先进的模型，如 EKV 模型和 BSIM 模型，这两个模型远远优于简单的平方律晶体管模型。通常，EKV 模型比 BSIM 模型更准确。大多数 RF 和毫米波器件模型均包含一个本征部分，用于说明器件的工作情况，以及一个外在部分，用于解释外部元件和器件互连的影响(例如，用于模拟连接的串联电感器和电阻器)[EDNB04][JGA+05]。C. Enz 便基于 RF 设计用 EKV 模型开发了一个这样的模型[Enz02]。图 5.17 说明了模型开发中必须考虑的一些影响。最佳模型需准确地解释本节所述的所有影响，精准地预测流过器件的每个端子(栅极、基级、源极和漏极)的电流，并提供一组有限的参数，供设计人员作为电路设计参考。

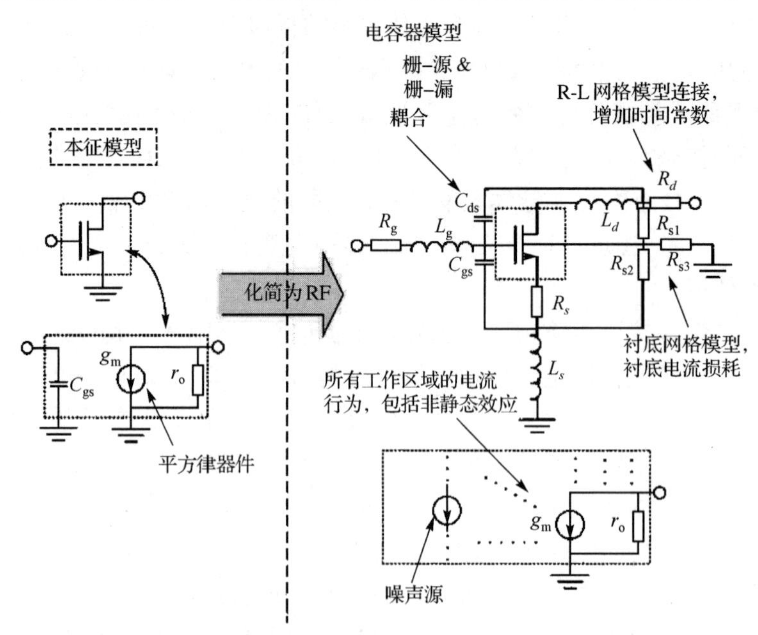

图 5.17　更复杂、更准确的毫米波器件模型中必须考虑的关键效应描述

图 5.17 表明，在更先进的模型中还应考虑噪声源，噪声源对于计算器件的信噪比(SNR)

十分有用。RF MOSFET 中存在许多噪声源，包括沟道热噪声、闪烁噪声、栅极引起的噪声和栅极电阻噪声，以及由于触点和衬底电阻引起的噪声，其中，沟道热噪声最为重要[Enz02] [HKN07a]。栅极热噪声也不容忽视[WSC+10]，但不如沟道热噪声重要[WSC+10]。在比较不同器件的噪声性能时，需考虑信道噪声的功率谱密度[WSC+10]。信道噪声可近似为[WSC+10]

$$S_{\mathrm{id}}=\frac{4k_{\mathrm{B}}TI_{\mathrm{D}}}{V_{\mathrm{D,sat}}} \tag{5.26}$$

其中，I_{D} 为漏极电流，k_{B} 为玻尔兹曼常数，T 为环境温度，$V_{\mathrm{D,sat}}$ 为漏极饱和电压[WSC+10]。

Wang 等人[WSC+10]研究了应用于毫米波的 65 nm CMOS 的噪声性能，并得出了最小噪声系数和等效噪声电阻、栅极和漏极的功率谱密度值，以及栅极和漏极电流噪声源之间的虚拟互相关性[WSC+10]。他们发现，漏极电流噪声功率与频率无关，并随着栅极长度的减小而增加，随漏极电流的增加而增加，随饱和漏电压[WSC+10]的减小而增加。Jagannathan 等人还发现沟道噪声随着栅极长度的减小而增加[JGA+05]。他们认为，栅极噪声功率随频率的平方而增加，随着栅极长度的缩小而减小[WSC+10]。栅极和漏极噪声之间的虚拟互相关性与频率成正比[WSC+10]。Varonen 等人[VKKH08]给出了 W/L = 90/0.07 V 波段晶体管的噪声数据。他们使用共面开路和短路波导测量晶体管后发现：对于 18 mA 的电流消耗，晶体管的最大稳定增益在 9.75 dB～8.25 dB 之间(50 GHz～75 GHz)。电阻器的等效噪声电阻在 20 Ω～30 Ω 之间，在相同的频率范围内，噪声系数介于 2 dB～4 dB 之间。

5.6.1 BSIM 模型

最知名的模型当属各种版本的 BSIM 模型(BSIM 1-4)[Kay08，第 2 章]，BSIM 模型比上文提到的基本平方律、阈值电压模型更加先进。该模型考虑了上文描述的一些效应，但通常不如 EKV 模型等先进模型准确。BSIM3 模型被视为低频模拟设计的行业标准[Kay08，第 2 章]。该模型是基于阈值电压的模型(正如上面描述的简单模型)，解释了以下效应：非均匀掺杂效应、电荷共享和 DIBL、反向短沟道效应、正常窄宽度效应、反向窄宽度效应、体效应、亚阈值导电性、场依赖迁移率、速度饱和度、沟道长度调制、冲击离子化衬底电流、栅极引起的漏极泄漏、多晶硅栅耗尽层效应、反转层量子化效应、速度超调和自热效应[CH02]。虽然这些效应超出了本书的范围，但它们是毫米波晶体管表征和建模的基础。

尽管 BSIM 模型准确地解释了由晶体管缩小引起的许多不良影响，但是由于阈值电压 V_{T} 等概念不是基于物理原理(即不是器件的固有参数)，而只是凭经验描述(就像说每天太阳升起而不解释原因)的，BSIM 模型未能广泛应用。随着 BSIM 模型的发展，器件缩小和高频操作带来的影响越来越大，BSIM 模型不得不添加多个拟合项和参数来保持其准确性。BSIM1 和 BSIM2 模型就分别需要 60 和 90 个 DC 拟合参数[Kay08]。与经验模型相反，BSIM3 模型更注重物理原理(基于物理学)，但仍需要大约 40 个拟合参数[Kay08]。

与 BSIM1 或 BSIM2 模型相比，BSIM3 模型引入了一个重要特征：它具有适用于所有工作区的漏极电流的单一表达式[Kay08][CH02]。这与前面提到的简单模型正好相反，简单模型中，用户必须分解工作区，才能推导正确的漏极电流等式。这种分段方法的难点在于它可能导致不连续性和不可区分点[Kay08]。

5.6.2 毫米波晶体管模型的演化——EKV 模型

RF 建模的要求和对优化器件性能预测的需求，导致近年来小信号和大信号模型得以实质性发展。早在 2004 年，多数研究都集中在改进 BSIM3 模型，以解释非准静态效应[EDNB04]。这些模型主要为查找表模型或物理模型（即电路元件被映射为物理现象[EDNB04]）。包括 BSIM4 在内的 BSIM 模型的后续迭代，仍然没有准确地捕获到 MOSFET 在弱反转（栅-源电压略小于阈值电压）中的所有高频效应或工作状态[Yos07]。后来，随着基于电荷的跨电容建模（EKV 模型）和沟道表面电势等理论的结合，其中一些模型[EV06][SSDV+08][Yos07]被取代。基于电荷的建模（EKV 模型）是一种明确考虑器件电荷的建模方式。这与基于经验的 BSIM 模型和先前描述的简单模型相反，在简单模型中，电荷是描述对象，却未明确说明（相反，简单模型用经验参数 V_T 来解释沟道中是否存在电荷）。跨电容是一种电压依赖型电荷源（即电路模型的某个点处的电压决定另一点处的电荷）。沟道表面模型在 EKV 模型的基础上，明确地考虑并依赖沟道表面电势，即图 5.10 中栅极电介质正下方的表面电压。这些新模型更准确地解释了高频效应、非准静态效应、弱反转效应、电导效应和小尺寸效应[Yos07]。可惜，决定非准静态效应重要性的频率与偏压有关，并且在正向强饱和（正向饱和是一种器件正向偏置现象，即栅极偏压过大导致强反转）状态下，随着漏极电流的平方而增加[Enz02]。

采用新技术节点缩小栅极长度，使得新一代 CMOS 技术的电源电压急剧下降（例如，对于 180 nm CMOS，常见电源电压为 1.8 V；对于 65 nm CMOS，常见电源电压为 1 V[Lee10]，以避免击穿电路）。然而，除了避免晶体管电路被击穿，电源电压降低，还使得 MOSFET 在弱反型区域中的工作增加[Yos07]。用其他新模型（包括 EKV 模型）取代或扩充 BSIM 模型，可以更好地预测该区域中的电路行为。

EKV 模型基于 MOSFET 模型中支配自由电荷量的关联，而不是简单地指定基本工作区（例如，低于阈值，高于阈值）。相对于 BSIM[Yos07][Enz08]模型而言，EKV 模型能更准确地捕获内在的高频、非准静态和低电源电压效应。EKV 模型具有基于物理原理的优势，因此它为设计人员提供了洞察力[Enz02]。此外，该模型连贯地描述了 DC 到 RF[Enz02]的工作。EKV 模型在某些方面类似于 PSP 模型，两者都根据沟道表面电势[Enz08]来解释反转电荷。EKV 模型还通过改善源-漏对称性的表达式，来更准确地模拟器件噪声和动态行为[Enz08]。

读者应注意，MOSFET 建模是一个非常深奥的领域，我们只是浅谈一二。读者可以参考其他优秀文献[SN07][Kay08][CH02]，更全面地了解 MOSFET 器件建模。下文将继续讨论无源器件，因为它们对毫米波电路也很重要。

5.7 传输线和无源器件简介

传输线和无源器件对集成电路工作的重要性，堪比晶体管（毫米波器件中放大器、混频器、振荡器和其他模拟电路块中的基本元件）。通常，电路设计成功的关键在于，实现无源器件的最低损耗和最佳阻抗匹配。电路的品质因数（Q）通常定义为电路的 3 dB 通带区或电路带宽除以工作中心载频之比，其将直接决定其损耗特性，一般而言，Q 值越高，损耗越低（Q 的另一个定义与储存的能量相关，随后讨论）。值得注意的是，较高的 Q 值也会导致电路导通时间较长，因此，如果电路需要快速导通，则 Q 值过高可能不利。品质因数 Q 还决定了无源滤波器的带宽，匹配电路的损耗以及振荡器的相位稳定性[O98][BBKH06]。无源元件对于电路块之间的互连和匹配十分重要，其在相控阵的相位锁定系统以及相位或信号分配系统中的影响也不容忽视。各个元件和完整电路的 Q 值决定了耦合振荡器的相位差和锁相范围。无源元件及其 Q 值也是许多系统相位噪声的主要决定因素。

模型精确且能考虑到高频效应，这对于 RF 或毫米波电路的成功设计至关重要[Yos07]。从短期来看，依赖 CMOS 或 SiGe 技术的研究人员和设计人员需自行为无源器件(如传输线和电感器)创建模型，因为大多数代工厂目前不为超过 20 GHz 的结构提供模型[BKKL08]。然而，随着为 60 GHz 产品开发新的低功耗、低损耗 RF 工艺，这种情况正在迅速改善。硅毫米波器件的成功商业化，将在不久的将来消除这种建模需求。模型创建的一般方法是将数学和电路描述拟合到一组测量的 S 参数(或转换的 S 参数)中。大多数由此创建的传输线和电感器模型采用 Π,双 Π 或 T 电路的形式,如图 5.4 和图 5.5 所示[BKKL08][CGH+03][HKN07b][HLJ+06]。这些模型的分流分支通常考虑衬底效应[BKKL08]，串联分支考虑导体效应。模型开发可使用两种方法：基于物理现象或基于观察数据(经验模型)。后者可能更准确，但也可能缺乏物理洞察力。此外，非物理经验模型可以在推测超出预期使用范围时产生非物理的行为，例如，预测负电感[BKKL08]。模型应尽可能具有频率和尺寸方面的可扩展性。这通常有利于使用每单位长度参数[BKKL08]。

在构建无源器件的模型时，模型必须具有稳定性、因果性和无源性[TGTN+07]，否则将导致不良的测量技术或模型拟合。如果不能满足这些要求，则可能出现微妙的问题，使得模型由于非因果性而不适用于物理系统。倘若无法对模型的数学特性进行详细分析(例如由于时间限制)，那么模型中使用的所有电路元件应至少保持无源，以确保因果性和稳定性[TGTN+07]。

模型创建的一个重要考虑因素是，在测试芯片布局中包含足够的去嵌入结构，以防止无源器件模型被焊盘电容[RGAA09]等损坏。去嵌入结构允许电路设计人员间接测量所需电路互连项目的 S 参数，例如焊盘或馈线，从而可以将这种连接结构的影响考虑在内，并在电路仿真或测量中“去嵌入”，使用户确定有关设备或电路的真实特征。某些研究侧重于开发去嵌入技术，该技术可将一个结构的测量参数用于其他结构的去嵌入[BKKL08]。

对于电感元件，可以使用传输线和无源螺旋电感。两者之间如何选择，一个重要的考虑因素是实现给定解决方案所需的空间。根据设计，电感器比传输线节省空间[YGT+07][DLB+05]。但是，传输线比电感器[PMR+08]布线更自由，这使得电感器和传输线的选择异常重要。对于需要广泛匹配网络的高度集成器件，可能需从拼接问题的角度进行选择，以便更好地利用芯片上的空间。

设计任何无源器件时，另一个重要考量因素是自谐振频率，即器件自然谐振的频率。自谐振频率的概念详见图 5.18。在设备的 S 参数的史密斯圆图上，该频率对应于 S_{11} 的纯实点或等效点(当器件充当电阻器时)。此点对于毫米波器件(以及工作频率较高的器件)尤为重要，因为单个器件中存在各种频率(电源 DC、输出或输入 RF、其他端口的 IF 或 LO 等)。例如，供电用耦合电容器的自谐振频率可能低于 RF 频率[HBAN07b]，因此在该 RF 频率下，耦合电容器看起来是电感性的。聪明的设计师会考虑到这种影响，并将其用于提升 RF

性能，图 5.18 便阐述了此点。从该图可知，必须在非常宽的频率范围(即，从 DC 到可见光)内优化器件模型，才能在所有可能的频率下确定合适的电路设计。

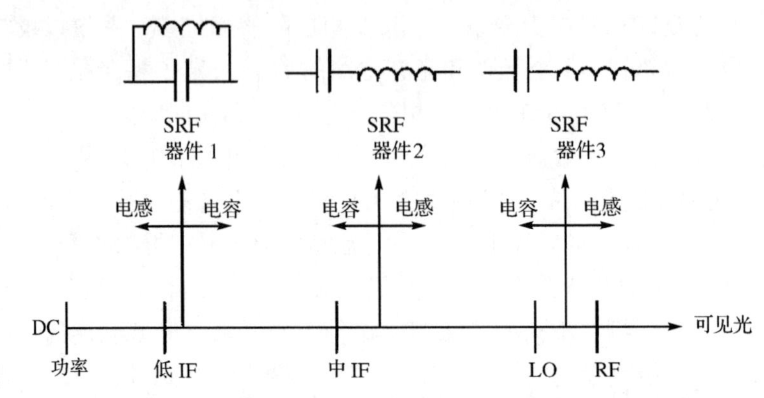

图 5.18 随着载波频率的增大，器件中的频率范围也会增大。这意味着设计人员必须考虑所有无源器件的频率特性，特别是器件在其自谐振频率下的工作情况

在进行无源元件的仿真时，有必要考虑由所用金属的有限导电率引起的损耗。一般而言，除拓扑外，用于构建无源元件(如传输线)的材料，也会对品质因数和插入损耗以及其他性能指标产生重大影响[Emr07]。例如，使用仿真器(HFSS)等进行仿真时，不应使用理想电导体，因为与理想的完美电导体(PEC)相比，使用真实金属会使插入损耗增加达 15 dB[Emr07]。大多数现代生产工艺在 BEOL 中设置多个金属层(例如，180 nm TSMC CMOS 中有 6 个金属层)。应根据每层金属层的特性，选择用于执行特定功能的金属层。如果金属层较厚或导电率高(例如，在 STM BiCMOS9[TDS+09]中)，则有助于实现低损耗(例如，To 等人在设计 LNA 时使用厚顶金属进行匹配[TWS+07])。例如，STM 的 BiCMOS9 130 nm 工艺提供 3 层厚顶金属层，使得 50 Ω线路的衰减常数非常低，仅为 0.5 dB/mm，堪比印制电路板 [TDS+09]。当需要较低电容或较高阻抗时，应使用多层金属层[LKBB09]。

如前所述，品质因数 Q 是一个重要参数，Q 在第 4 章(天线)中也有所提及。就传输线和电感器等无源元件而言，品质因数的定义是：在载波频率的一个周期中存储的能量与器件中的能量损失的比率。对于无源元件，通常使用集总元件(包括理想电容器、电感器和电阻器)对器件进行建模，即使这些元件通常分布在芯片设计中。对于给定的集总模型，可以计算品质因数。存在两种可能的集总模型，即串联电抗 X 和电阻 R，或电抗 X 和电阻 R 的并联组合，如图 5.19 所示。对于这两个简单模型，很容易得出品质因数。

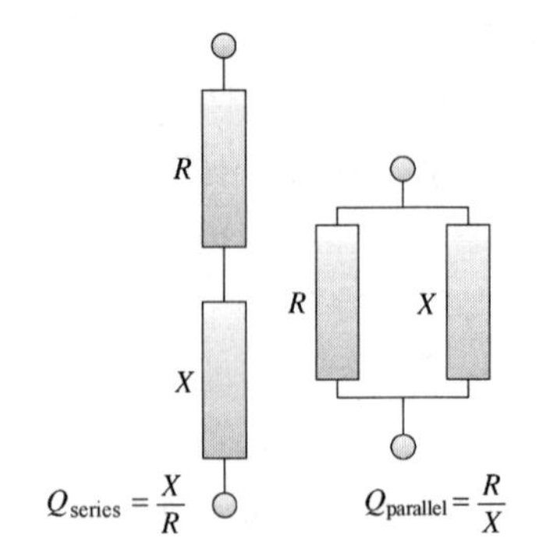

图 5.19 串联和并联谐振电路及其 Q

$$Q_{\text{series}} = \frac{P_{\text{stored}}}{P_{\text{lost}}} = \frac{\left\{\frac{1}{2}I^2X\right\}}{\left\{\frac{1}{2}I^2R\right\}} = \frac{X}{R} \tag{5.27}$$

$$Q_{\text{parallel}} = \frac{P_{\text{stored}}}{P_{\text{lost}}} = \frac{\left\{\frac{V^2}{2X}\right\}}{\left\{\frac{V^2}{2R}\right\}} = \frac{R}{X} \tag{5.28}$$

其中，I 是通过串联电路的电流，V 是并联电路两端的电压。

5.7.1 传输线

传输线是一种传输信号的必要元件，也可充当谐振器中的电抗元件，并可用作变压器 [MN08]。传输线虽比电感器大，但设计起来更容易、更快，因此可以提高感性电抗元件的首次设计成功率[TWS+07]。传输线设计中最重要的因素之一是线路的品质因数[HKN07b]。

为了理解传输线，有必要清楚每条传输线的特征体现在两个关键参数：特性阻抗和传播常数。传输线的特性阻抗 Z_0 决定线路上的电压与电流之比，是用于确定线路是否与其他电路阻抗匹配的重要参数。传播常数 α 决定线路上的损耗以及线路达到给定的输入阻抗所需的时间。这两个关键参数是半导体特性和传输线本身的物理尺寸的函数。

基本传输线如图 5.20 所示，其特性是由极小单元的性质决定的，这些极小单元级联成线。在图 5.20 中，L 和 C 分别是传输线的电感和电容。传输线上的电压和电流与线路 ℓ 上的位置相关，电感和电容与传播常数和特性阻抗相关，如下式所示：

$$I(\ell) =\frac{V^+}{Z_0}\mathrm{e}^{-\mathrm{j}\omega\sqrt{LC}\ell} - \frac{V^-}{Z_0}\mathrm{e}^{\mathrm{j}\omega\sqrt{LC}\ell} \tag{5.29}$$

$$V(\ell) =V^+\mathrm{e}^{-\mathrm{j}\omega\sqrt{LC}\ell} + V^-\mathrm{e}^{\mathrm{j}\omega\sqrt{LC}\ell} \tag{5.30}$$

$$Z_0 =\sqrt{\frac{L}{C}} \tag{5.31}$$

$$\alpha =\omega\sqrt{LC} \tag{5.32}$$

其中，V^+和 V^-分别是确定前向和后向传播电压波值的两个参数。另外两个有用的关系是：与给定负载相关的从传输线一端看到的输入阻抗，和与电压、电流以及线路两端相关的矩阵[Poz05]：

$$Z_{\mathrm{in}} =\frac{Z_0(Z_L + \mathrm{j}Z_0\tan(\alpha\ell))}{Z_0 + \mathrm{j}Z_L\tan(\alpha\ell)} \tag{5.33}$$

$$\begin{bmatrix} V_1 \\ V_2 \end{bmatrix} = \begin{bmatrix} -\mathrm{j}Z_0\cos(\alpha\ell) & Z_0\tan(\alpha\ell) \\ Z_0\tan(\alpha\ell) & -\mathrm{j}Z_0\cos(\alpha\ell) \end{bmatrix} \begin{bmatrix} I_1 \\ I_2 \end{bmatrix} \tag{5.34}$$

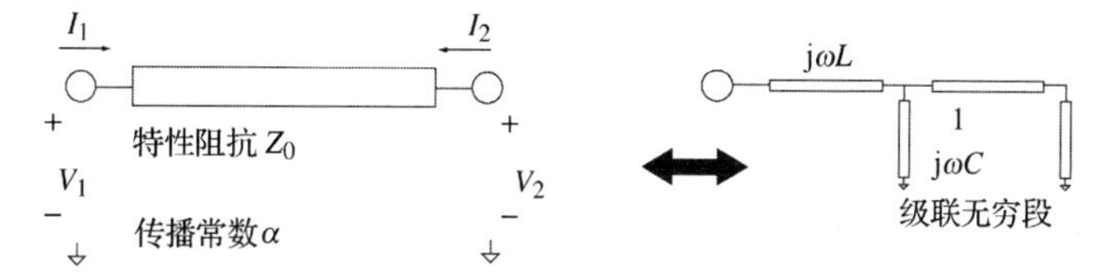

图 5.20 传输线有两个基本参数：特性阻抗和传播常数

传输线的 ABCD 参数由文献[GJRM10]给出：

$$\begin{bmatrix} V_1 \\ I_1 \end{bmatrix} = \begin{bmatrix} \cosh(\alpha\ell) & Z_0\sinh(\alpha\ell) \\ \sinh(\alpha\ell)/Z_0 & \cosh(\alpha\ell) \end{bmatrix} \begin{bmatrix} V_2 \\ -I_2 \end{bmatrix} \tag{5.35}$$

通常，传输线的拓扑结构会对其特性和性能产生很大影响。例如，为获得更好的谐振器传输线品质因数，一些作者尝试使用渐变设计[MN08]。两种具有标准化设计公式的常见拓扑是微带和共面波导(CPW)拓扑，如图 5.21 所示[RMGJ11]。一般而言，CPW 传输线的电感品质因数比微带(传输)线更高，因此在需要高电感品质因数的情况下(例如，在放大器设计中)，通常优选 CPW 传输线[DENB05]。由于毫米波 60 GHz 设计中常用到 CPW 传输线，本书介绍了 CPW 传输线。

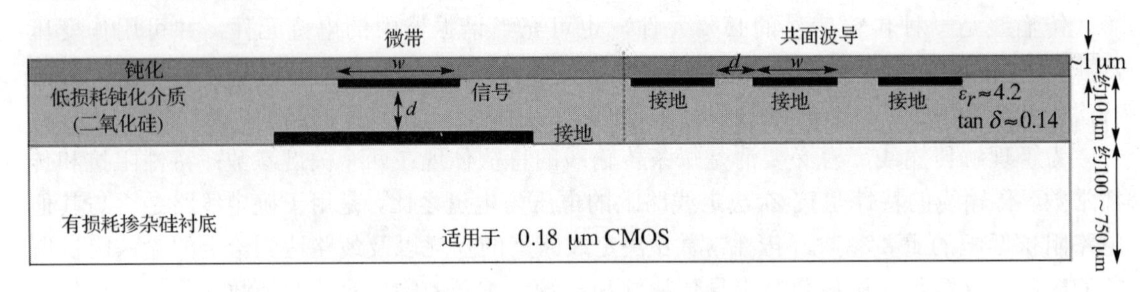

图 5.21　两种常见的传输线拓扑结构是微带和共面波导。共面波导设计的一个优点是它使触点与信号触点在同一水平上接地

构造传输线时，有许多要考虑的因素，其中最重要的是接地电流回路。传输线的优势在于其接地回路是明确定义的。接地回路的设计应使接地返回电流引起的衬底电流损耗最小化，比如，通过尽可能远离衬底接地。例如，Pfeiffer 等人为 100～120 GHz 肖特基二极管上变频器设计传输线时，便专门考虑了所有传输线[PMR+08]的接地回路。

毫米波器件的各种传输线拓扑结构差异很大——例如，共面传输线有多种“特征”。两种常见的共面设计是屏蔽(传输)线和非屏蔽(传输)线[VKKH08]。如图 5.22 所示，屏蔽线与衬底之间的线下方(在下部金属层，例如 CMOS 工艺的金属层 1)设有条带阵列，使其品质因数比非屏蔽线的高 3 倍[VKKH08]，但屏蔽线性能变化更剧烈[VKKH08]。图 5.22 中还示出了由多个金属层形成的 CPW 接地迹线。这些迹线有助于防止电场和磁场延伸超出传输线的边界。

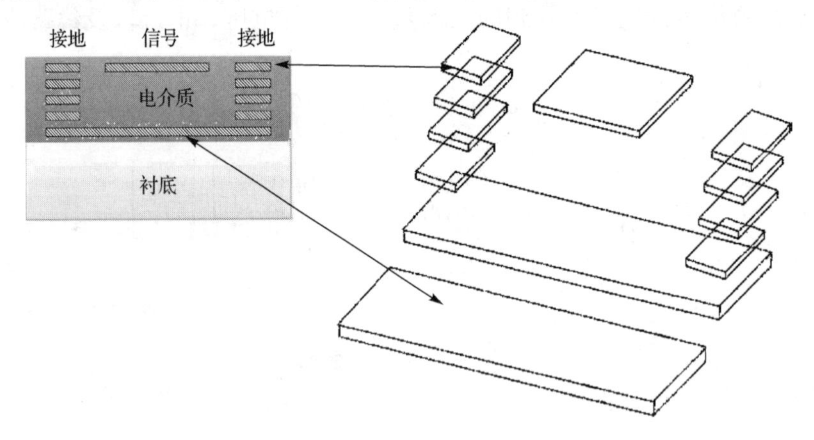

图 5.22　屏蔽线可防止衬底中出现感应电流

尽管研究人员在毫米波 CMOS 设计中对微带线的关注较少，但微带线仍不失为一种设计选择，并且已有研究成果。例如，Brinkhoff 等人研究了微带(传输)线的频率特性，并发现了几种规律[BKKL08]：线对地的电容几乎与频率无关，并且随信号线宽度的增加几乎呈线性增加。线路两端之间的电感取决于仅位于 DC 附近的频率，在此之后，随着线宽的增加，它呈现下降趋势。接地电导大致随频率和线宽线性增加。电阻随频率增加，随线宽减小[BKKL08]。

与所有无源器件一样，用于研究传输线的电路模型，应准确捕获线路中存在的能量存储和损耗机制。传输线设计中涉及几个重要的损耗机制，包括衬底电容损耗和传导损耗，对于非常短的线路，涡流损耗也很重要[HKN07b]。W. Heinrich 于 1993 年发明了一个非常简单的模型，如图 5.23[Hei93]所示。虽然结构简单，但该模型具有相当大的适应性，可以进行修改，以描述存在的各种损耗机制，包括趋肤效应和每个导体的厚度[Hei93]，尽管尚不清楚这种方法是否可用于采用现代 BEOL 工艺设计的 CPW 传输线。Heinrich 模型的有趣之处在于，如果无法从物理原理明确计算组件的所有行为，那么该模型可根据测量数据，简单地分配传输线的特性阻抗和复传播常数[HBAN07b][Poz05]。通常，所考虑的影响越多，所需的分析就越多。文献[Hei93]中很好地描述和解释了决定每个电路参数的各种线路的几何形状。

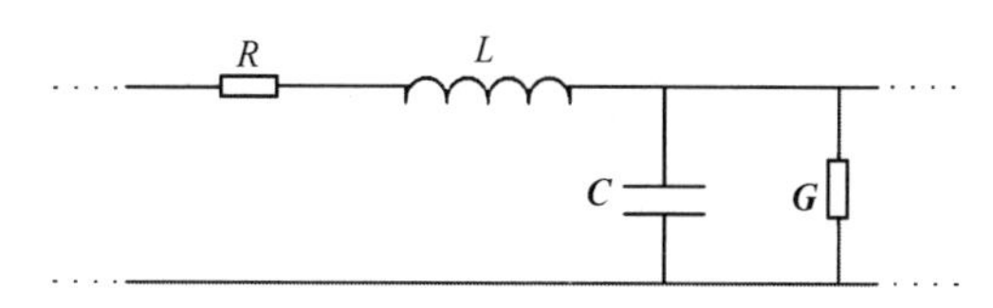

图 5.23　一个非常简单的 CPW 模型

考虑一些传输线模型创建案例研究，对于模型设计是有所帮助的。2007 年，Hasani 等人提出了一个 T 模型，它解释了导体损耗、涡流损耗和衬底损耗[HKN07b]。他们通过简单地引入与电感器(用于显示线路电感)并联的电阻[HKN07b]来解释涡流损耗。2008 年，Brinkhoff 等人提出了微带传输线模型[BKKL08]。该模型旨在准确地捕获电容、电感、电导和电阻行为。他们选择开发一种经验模型，因为经验模型比物理模型更容易拟合测量数据。他们的模型结构，一组级联并联部分，后接一组级联串联部分，再接另一组级联并联部分，可以轻松扩展到 100 GHz 的高频率。

在传输线(微带或 CPW)的基本设计中，第一步是选择线路所需的阻抗，以便为线路接口电路提供最佳阻抗匹配，并使沿线路的损耗最低。在式(5.32)中，传播因子是纯实数，但如果它具有虚数部分，则该线路将有损耗。为了使损耗最小化，应使用如屏蔽衬底之类的技术，将衬底中的感应电流保持在最低限度，并应使用最厚的金属层来传输信号，前提是这些信号不要太靠近衬底(如果靠近衬底，则衬底中出现有损电流的可能性将增加)。要选择正确的特性阻抗 Z_0，最好的方法通常是设计共轭阻抗匹配，引入的公式为[Poz05]

$$Z_{\mathrm{s}}^{*}=Z_0\frac{Z_{\mathrm{L}}+\mathrm{j}Z_0\tan\alpha\ell}{Z_0+\mathrm{j}Z_{\mathrm{L}}\tan\alpha\ell} \tag{5.36}$$

其中，Z_{s} 是电源阻抗，Z_{L} 是负载阻抗。如图 5.24 所示。共轭阻抗匹配可确保为负载提供最大功率。一旦选择了所需的特性阻抗，便可使用文献[Poz05]和[Sim01]中的表达式进行模拟来选择和细化线路尺寸。这些表达式通常根据椭圆函数或其他复杂公式给出，这些公式可能适用于或不适用于在特定技术中应用的 CPW。因此，通常最好使用 HFSS 或 PeakView 等软件进行仿真来优化电容。一般的“经验法则”基于以下理解：当电容增加时，结构的阻抗减小可定义为 $\sqrt{\frac{L}{C}}$ (其中，L 是电感，C 是电容)，根据该公式，随着信号线与接地线的距离增加，或者随着到衬底的距离增加，线路的特性阻抗增加。而且，随着主信号线的宽度增加，电容增加，从而阻抗减小。根据式(5.36)设计每条线路，可能不切实际，特别是对于大型复杂的设计而言。但对于短迹线，将线路针对所选阻抗优化即可，例如 50 Ω和最低损耗，而无须考虑实现共轭匹配。

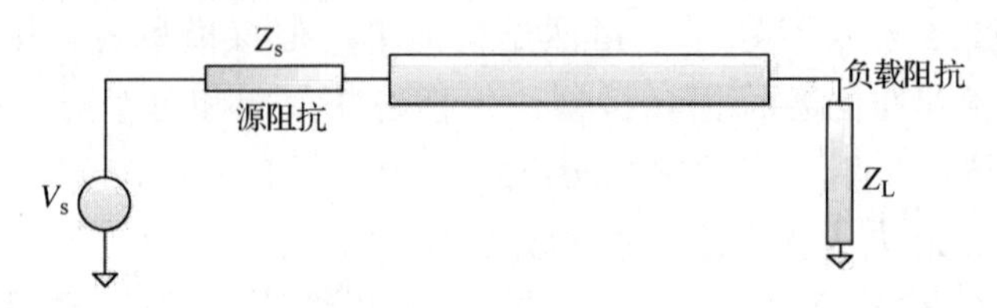

图 5.24 电压源通过传输线驱动负载的方式，当 Z_L 是 Z_s 的共轭时，实现最大功率传输。请注意，频率效应会导致 Z_s 和 Z_L 随频率变化

CPW 传输线理论上传输一种准横向电磁场(TEM)(例如，行波在衬底和衬底上方的空气中传播，但由于半导体的几何形状微小，E 场和 H 场总是垂直的)。因此，CPW 线应具有非常宽的带宽。在需要进行精确频率调谐的情况下，通过添加梯形反射器等技术，可以促进频率调谐[TWS+07]。

准 TEM 表明，传输线的特性可以通过分析短于工作波长的一小段线路来确定。由于 CPW 传输线的结构尺寸很小，在短时间间隔内，线路上的场几乎是恒定的，因此可以使用静电和静磁方程来分析线路。调整 CPW 传输线的特性阻抗的主要方法是，控制中心导体宽度和中心导体与接地迹线之间的间隔。

芯片“接地”的质量对于传输线的损耗最小化极其重要。良好的接地还可以避免有害的噪声和失真。通常，所有模拟接地(即芯片的模拟部分而非数字部分中使用的接地)应该处于相同的电压下，这使得设计人员将相邻传输线的接地迹线合并为单个平面[PMR+08]，从而影响了 CPW 的设计。图 5.25 解释了这个概念。公共接地面的用法如图 5.26 所示[MTH+08]。在图 5.26 中，CMP 是指化学机械研磨(CMP)，这是 CMOS 工艺中金属层生产的一个工序：用化学品抛光金属层。为了进行 CMP，连续金属层不能过大(最大尺寸取决于生产过程)，因此有时必须添加金属孔。

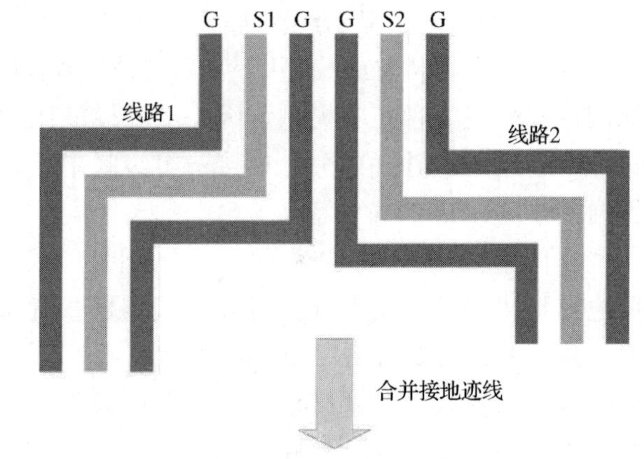

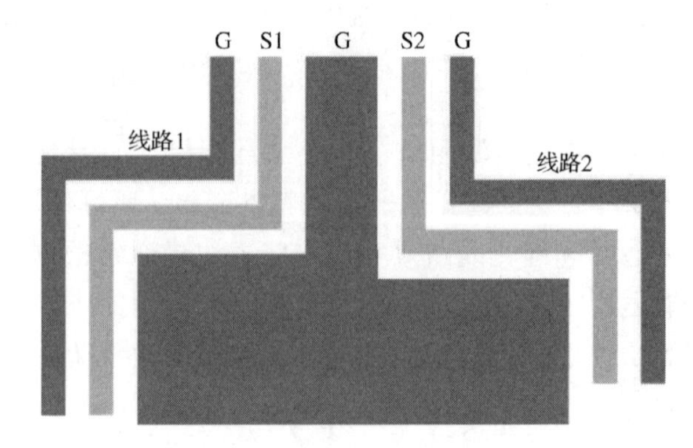

图 5.25 相邻线路的公共接地

还有一种接地方法值得研究，即使用双接地平面(例如，数字接地和模拟接地，或两个模拟接地[AKD+07])，当电路的两个子系统不共享组件且使用不同电源时，常采用双接地平面。另一种情况是，当一个子系统需要几乎“无噪声”的接地平面时，可能需要单接地平面，然而电路的另一个子系统中存在许多非常快速的切换或其他可能导

致噪声信号被接地平面传递的活动。通常根据芯片布局(如占位面积)和仿真结果来确定最佳接地方法。任何情况下，闭合的接地平面环(例如，为了满足化学机械研磨的要求)的周长不应为半波长的倍数，以避免在这些可以辐射的孔周围形成接地电流。

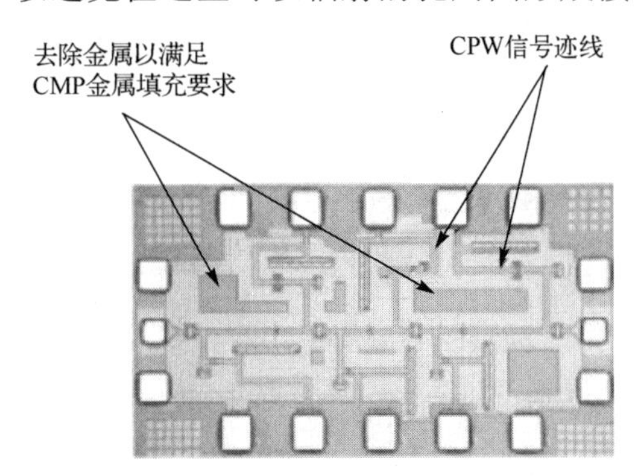

图 5.26　公共接地面在这种布局中很明显。为了满足金属的填充要求去除了部分金属

5.7.2　差分与单端传输线

现代电路设计很大程度上依赖于差分电路的使用，即在以差模驱动(在两个平行的路径中分别提供互补相位信号)的两条平行传输线上提供放大器、混频器及其他有源器件输出。与以地面为参考的单端传输线相比，使用差分线路具有更大优势的原因非常多。首先，使用差分线路能够同时消除偶模和奇模差异或失真，因而，与依赖于大地平面的单端电路设计相比，这种方式可以减少噪声。实际上，这两条差分线路在消除噪声或电压扰动的同时，亦可以抑制片其他部位辐射电磁的干扰。其次，与单端电路的情况相比，使用差分线路允许驱动其中一条线路的每个电路以一半的电压运行，因此，电路可以以低电压方式运行，从而为器件击穿电压留有相当大的空间。CPW 传输线特别适用于差分电路。

通常，电路使用差分线路设计(此线路也称为平衡线路)，并在芯片边缘的高功率放大器级转换为单端(不平衡)线路。将平衡线路转换为不平衡线路的器件称为巴伦，这是一种特殊类型的变压器(将在此章后面部分进行讨论)。

5.7.3　电感器

可以使用不同长度的短路传输线路构成电感器，尤其是在毫米波频率下。然而，片上螺旋电感器是制作电感元件的另一种方式。利用芯片的几个层次建立一个垂直叠加线圈的螺旋形电感器，其设计可以节约短截传输线路的空间[YGT+07][DLB+05][CO06]。然而，传输线在路径中的自由度要比螺旋电感器的更高，因此，在电感器与传输线中做出选择非常重要，尤其当频率增加以及传输线路变短时。

需要大量匹配网络的高集成的器件可能从分区或组装的角度，更倾向于选择使用电感器，以便充分利用芯片上的空间(例如，在给定区域组装尽可能多的组件)。电感器的首要设计要素为线路宽度、线路之间的空间、匝数，以及使用层叠还是平面拓扑。在选择每个参数时，均需要进行权衡。整体设计应在保持尽可能高的自谐频率以及获得所需电感值的同时，力求空间及损耗的最小化。

从电磁角度来说，电感器是一种为存储磁能而设计的元件。图 5.27 描述了一个基本的单螺旋电感器。此螺旋的电感 L 定义如下：

$$L = \frac{\Phi}{I} \tag{5.37}$$

Φ 为电感器“连接的”磁通量，而 I 为电感器线圈上流动的电流。根据式(5.37)，我们可以使用安培定律估算电感值Φ:

$$\oint H \cdot \mathrm{d}\ell = I \to H = \frac{I}{2\pi r} \tag{5.38}$$

$$\begin{aligned}\Phi &= \int \mu_{\text{eff}} H \cdot \mathrm{d}S = \int_0^R \mu_{\text{eff}} \left(\frac{I}{2\pi r}\right) 2\pi r \mathrm{d}r \\ &= \mu_{\text{eff}} R I \to L = \mu_{\text{eff}} R\end{aligned} \tag{5.39}$$

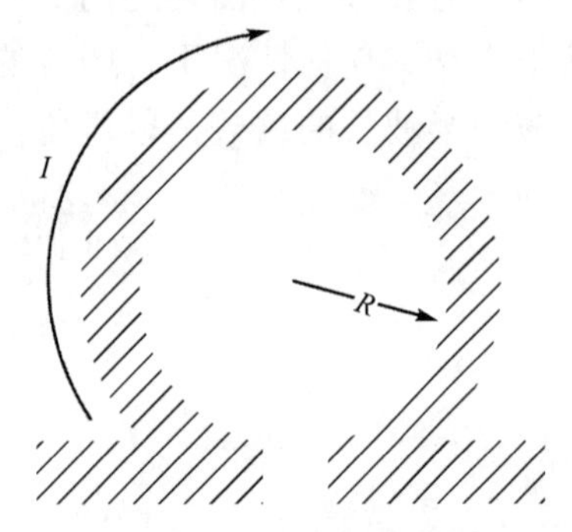

图 5.27 电感器的电感随着半径的增加而增加，而有时也随连接的数量或多金属层的匝数的增加而增加

其中，μ_{eff} 为介质的有效磁导率，S 为电感器环围绕的表面积，而 R 为电感器的半径。如果电感器由多个线匝构成，电感值应乘以匝数的平方 N^2。将 N 平方，是因为来自一个线匝的通量与其他 N–1 个线匝连接或通过其他 N–1 个线匝及其本身，这对所有的 N 个线匝都符合。因此，我们可以看到，电感值随着回路半径的增加而增加。鉴于电感器的自谐振频率约等于 1 除以半径(电感器只能用于明显低于其自谐振频率时的频率)，一个应用所需的电感值应随工作频率的增加而降低，这一点非常重要。

大多数电感器的设计均采用多回路形式，通过被平方的回路数，按比例增加电感值。回路数的设置不得过大，以至于回路超出电感器的中心。因为小的内回路会由于内半径过小而无法有效储存磁通量。因此，极小的内回路只会造成损耗。

品质因数是描绘电感器的一个重要因素[O98]。Yao 等人发现，螺旋电感器(占据超过一个金属层)与单层电感器都具有最佳品质因数[YGT+07]。总体来说，如果通过使用较小线路宽度和总面积，使电感器的占位面积尽可能小，则可以获得最低衬底损耗[DLB+05]。然而，减少线宽可能会增加损耗[LKBB09]，由于传导损耗不断增加，因此，应在流片之前，通过模拟的方式找出最低损耗线宽[CDO07]。同时，采用极细的线路可能会由于电迁移而造成很多困难[DLB+05]。使用层叠电感器替代平面设计，可以将指定电感值的电感器的占位面积最小化 [DLB+05]，并且能改善电感器线路之间的耦合[CTYYLJ07][LHCC07]。

通信电路中的电感器的自谐振频率(SFR)应显著高于工作频率。尽管初看上去，令电感器的工作频率接近于自谐振频率，从而获得一个高阻抗值是十分具有吸引力的，但这却是不明智的，因为相噪声(见 5.11.4.2 节)可以移动电感值使其超过自谐振频率，导致其变成一个非常大的电容器，而不是电感器。事实上，产生自谐振频率是因为除其两个终端之间存在磁能外，电感器还可能储存电能。图 5.28 显示了一个简易的电感器模型。该模型充分展示了自谐振频率，因为其表示出了两个节点之间的阻抗：

$$Z = \frac{\mathrm{j}\omega L}{1 - \omega^2 LC} \tag{5.40}$$

其中，$\dfrac{1}{\sqrt{LC}}$为电感器的自谐振频率(SRF)，因此，在频率明显低于 SRF 时，阻抗约等于理想电抗器的阻抗，而当频率明显高于 SRF 时，阻抗则为电容器的阻抗：$\frac{1}{\mathrm{j}\omega C}$。

在电感器的周围设置屏蔽可以改善螺旋电感器的品质因数[NH08, 第3章]，例如，通过减少基板中涡流的损耗[CGH+03]。如果希望利用屏蔽提高性能，必须在仿真过程中谨慎设计屏蔽。例如，位于电感器下的接地屏蔽，实际上能够导致品质因数降低[BKKL08]。电感器下的屏蔽同样能够降低自谐振频率[CGH+03]。同时，在设计环路电感器时，可以采用多层硅晶工艺进行接地屏蔽[CO06]。位于电感器下的接地屏蔽的元件(例如，金属线)应与电感器交叉垂直放置，以减少接地屏蔽产生的涡流损耗。图 5.29 对此进行了描述。

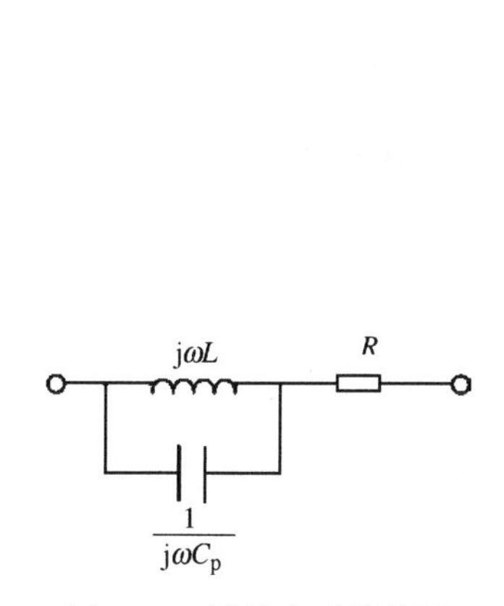

图 5.28　简易电感器模型

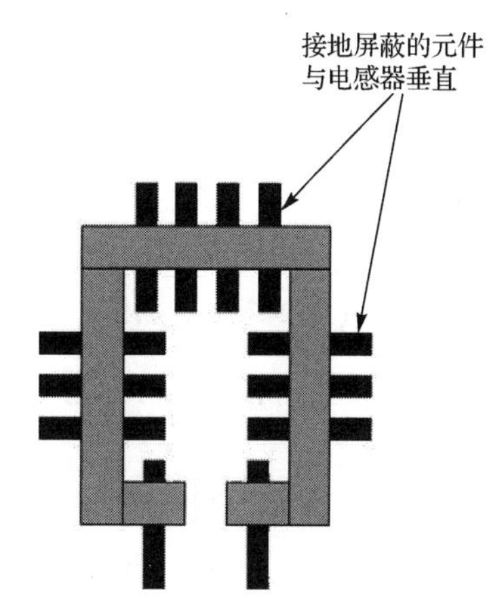

图 5.29　接地屏蔽的元件应与电感器垂直

自谐振频率、有效电感值及品质因数通常为衡量电感器的 3 个最重要的参数，可以通过电感器的网络参数(例如，电感器的 S 或 Z 参数)测量值对这些参数进行估算。可以通过 Z_{12} 的虚部的负数与角频率之比获得低频电感值[DLB+05]。依据图 5.28，我们可以根据下式估算串联网络的品质因数：

$$\begin{aligned} Y_{11} &= \frac{1}{\mathrm{j}\omega L + R} \\ Q_{\text{series}} &= \frac{X}{R} = \frac{\mathrm{Im}\left(\frac{1}{Y_{11}}\right)}{\mathrm{Re}\left(\frac{1}{Y_{11}}\right)} \end{aligned} \tag{5.41}$$

其中，Y_{11} 为所测量结构的首个 Y 参数，Q 为品质因数，而 X 和 R 分别为电感组件的虚部和实部(假设测量值明显低于自谐振频率)。当接近于自谐振频率的高频率时以及当电感器的电容品质因数相当高时，所获得的结果可能低于准确值[O98]。这是因为在接近自谐振频率时，电感器开始更具有电容性，因此，高于自谐振频率时，该串联网络的 Q 将变成 $\frac{1}{R\omega C}$。K. O[O98] 提出了一种替代方法，该方法通过并联电容的数值相加来测量片上电感器的品质因数。

设计一个精准的模型对片上电感器的设计和其性能的预测是至关重要的。文献[DLB+05][HLJ+06][CGH+03]等已经提出了几种片上电感器模型。同所有的模型一样，电感器模型应准确获取在预期频率范围内影响器件运行的损耗机制。成功地提取模型参数、并应用在模型中预测器件性能表明该模型准确地捕捉到目前的能量损失和存储机制。除建模能量现象外，模型应能提供可以将设计转换为模型参数的公式[CGH+03]。两个常见模型的拓扑包括Π模型及双Π模型[CGH+03]，双Π模型能够更准确地获取两个间距较小的线路之间的效应，因而更为精确。图 5.30 显示了一个简易的Π模型。在低频情况下，两个并联电容器的阻抗非常高，并且模型将回归到图 5.28。

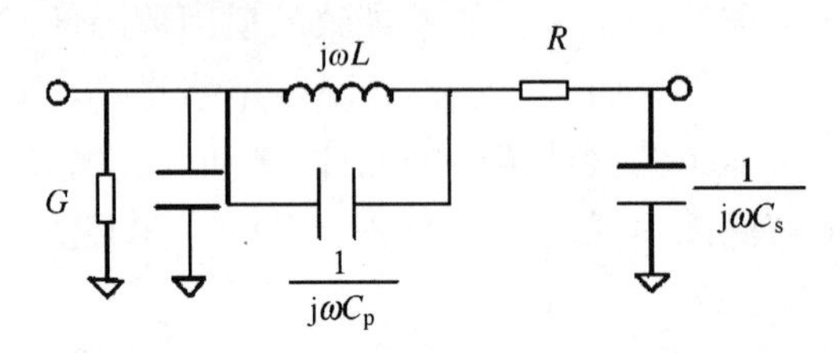

图 5.30 简易Π模型，流行的电感器模型

为使测量值适合简易Π模型，首先应测量电感器的 S 参数，并将这些参数转化成 Y 参数。当频率低于自谐振频率时，可以使用 Y 参数估算 L、R 及 C_s。首先，要注意的是，在图 5.3 中，并联电容器直接给出了 Y_{12} 与 Y_{21}。

$$Y_{12}=\frac{1}{\mathrm{j}\omega L+R}\to L=-\frac{1}{\mathrm{Im}(Y_{12})\omega},\ R=\frac{1}{\mathrm{Re}(Y_{12})} \tag{5.42}$$

根据图 5.3，Y_{11} 和 Y_{12} 与此网络一致。在进行一些代数运算后

$$C_s=\frac{\mathrm{Im}(Y_{11}-Y_{12})}{\omega},\qquad G=\mathrm{Re}(Y_{11}-Y_{12}) \tag{5.43}$$

为了确定 C_p，将自谐振频率确定输入阻抗变为实数的第一频率(例如，通过 S_{11} 的测量值，找出 S_{11} 成为绝对实数时的频率)。随后可以根据以下公式估算 C_p：

$$C_p=\frac{1}{4\pi^2\mathrm{SRF}^2} \tag{5.44}$$

这是一个简易的模型，无法获取可能影响极高频毫米波电感器的所有影响。电感器模型必须解释的 3 个主要能量损耗机制包括：通过基底的传导损耗、基底与金属迹线之间的电感耦合引起的涡流基底损耗，以及金属迹线中的电导与涡流损耗[CGH+03]。除损耗机制外，准确获取在不同频率下的不同载流方式引起的金属的频变阻抗也非常重要[BKKL08]。在低频下，一片金属可以制成一系列电抗器与电阻器。当频率增高时，交流电由于集肤效应涌向导体外部，需要将原电阻支路与电感电阻支路串联。当频率继续增高，必须使用额外的串联互感器对邻近两条线路之间产生的互感而引起的邻近效应进行建模[CGH+03]。图 5.31 对此简易模型进行了描述。

为能更好地展现电感器建模所面临的挑战，可以参考一系列案例研究。Dickson 等人 [DLB+05]提出了片上螺旋电感的电路模型和提取模型参数的技术。Cao 等人[CGH+03]对片上螺旋电感器提供了频率无关的双Π模型，部分地解决了单Π模型的问题。这些问题主要包括缺少器件参数的频率相关性，以解决由于集肤及邻近效应造成的电流聚集、未能充分体现包括线耦合等大电感器的分布式特性，以及对宽带设计的不适用性 [CGH+03]。在该模型中，通过向串联电阻器增加平行 R-L 分支，清楚地解释了晶体管的集肤效应。文献[CO06]提出了一种在多晶硅层加载接地屏蔽的圆形电感器。如果多晶硅层的设计规则允许使用更

为灵活且成功设计的接地屏蔽，这将更具有优势。对于一个直径为 89.6 μm 的圆形电感器，在 60 GHz 时，此设计的 Q 值可以达到 35，而电感值可达到 200 pH[CO06]。

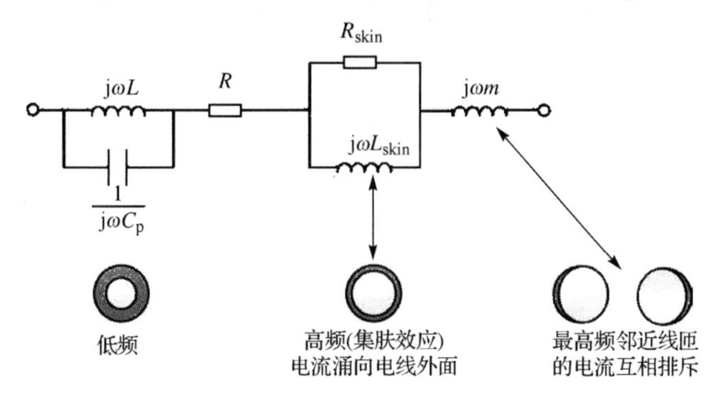

图 5.31　可以对电感器的串联组件进行修改，以适应高阶效应，包括集肤及邻近效应

5.7.4　键合引线封装产生的寄生电感

除设计用于集成电路的电感器外，封装或芯片互相连接所形成的电感也可能对毫米波芯片产生不好的影响(也可能偶尔有帮助)，而这种影响大多情况下来自键合线。由于直线引线具有载流能力，因此其具有电感值。键合线的具体电感值可能由于封装的不同而变化，但典型的电感值约为 1 nH/mm。用一个简单的公式可以用于估算以亨利/米为单位的引线键合的电感值：

$$L\left[\frac{H}{m}\right]=\frac{\mu_0}{2\pi}\ln\left(\frac{x}{r}\right) \tag{5.45}$$

其中 r 为键合线的半径，而 x 为键合线距离封装的接地平面的距离。

5.7.5　变压器

因为变压器能够在两个交流电压之间进行转换，所以变压器为设计集成电路的一个关键的无源组件。变压器的本质是利用电路一个支路上的电流在另一个支路上产生感应电压。第二个支路获取的磁通量的数值由该支路的几何结构决定，并且控制所产生的感应电压。图 5.32 对此概念进行了说明，第一条回路中的电流在第二条回路中导致产生感应电压。

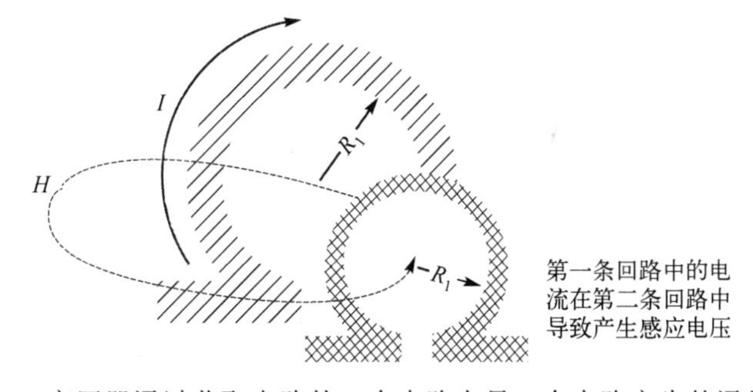

图 5.32　变压器通过获取电路的一个支路在另一个支路产生的通量工作

通过安培定律，在图 5.32 第一个回路中，由电流 I 产生的磁场约等于

$$\oint H_1 \cdot \mathrm{d}\ell = I \quad \rightarrow \quad H_1 = \frac{I}{2\pi r} \tag{5.46}$$

现在，假设第二个回路足够近，磁场在接近第二个回路时没有显著衰减(例如，回路实际上为同轴)。根据法拉第定律，可以通过下式得到第一个回路和第二个回路的电压：

$$V_1 = -\int E \cdot \mathrm{d}\ell = \mu \mathrm{j}\omega \int H \cdot \mathrm{d}S = \mu \mathrm{j}\omega \int_0^{R_1} \frac{I}{2\pi r} 2\pi r \mathrm{d}r = \mathrm{j}\omega\mu I R_1 \tag{5.47}$$

$$V_2 = -\int E \cdot \mathrm{d}\ell = \mu \mathrm{j}\omega \int H \cdot \mathrm{d}S = \mu \mathrm{j}\omega \int_0^{R_2} \frac{I}{2\pi r} 2\pi r \mathrm{d}r = \mathrm{j}\omega\mu I R_2 \tag{5.48}$$

$$\mathrm{j}\omega\mu I = \frac{V_1}{R_1} \rightarrow V_2 = V_1 \left(\frac{R_2}{R_1}\right) \tag{5.49}$$

从中我们看到第一个回路的交流电压为回路半径与第二个回路中的 AC 电压之比。如果第一个回路的匝数为 N，而第二个回路的匝数为 M，所产生的电压 V_2 应为

$$V_2 = V_1 \left(\frac{M_2 R_2}{N_2 R_1}\right) \tag{5.50}$$

习惯上称变压器的第一个回路为一次回路或分支，而第二个回路或分支为二次回路或分支。从电路的角度看，如图 5.33 所示，定义互感系数 m，以描述第一个回路中的电流是如何在第二个回路中导致产生电压的：

$$V_2 = \mathrm{j}\omega m I_1 \tag{5.51}$$

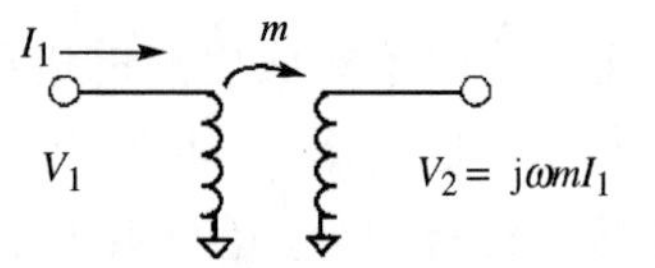

I_1 m V_1 $V_2 = \mathrm{j}\omega m I_1$

图 5.33 两个电感元件之间的互感系数决定了第一个分支的电流在第二个分支中导致产生的电压。假设第二个分支无自身电感

现实中，不是所有通过一次回路的通量均会与二次分支相连。作为一个简易回路示例，图 5.32 展示了二次回路的半径小于一次回路，这表明只有第一个回路中的通量的 R_s / R_p 与第二个回路相连。假设这些回路为同轴回路，二次回路中的所有通量均与一次回路中的主回路连接(请注意，如果这些回路不是同轴的，并不是二次回路中所有的通量均与一次回路相连接)。为了解释并不是一次回路中所有的通量均能到达二次回路，习惯上会定义一个耦合系数 k_m，用于描述一个回路中与另一个回路相连接的通量的百分比：

$$k_m = \sqrt{\frac{\Phi_{ps}\Phi_{sp}}{\Phi_s \Phi_p}} \tag{5.52}$$

其中，Φ_{ps} 为由于二次回路中的电流而产生的一次回路的通量，而 Φ_{sp} 为一次回路中的电流在二次回路中产生的通量。Φ_p 为一次回路中的总通量，而 Φ_s 为二次回路中的总通量。$\Phi_{ps} = m \times I_s$，$\Phi_{sp} = m \times I_p$，而 $\Phi_p = L_p \times I_p$，$\Phi_s = L_s \times I_s$，因此

$$k_m = \frac{m}{\sqrt{L_s L_p}} \tag{5.53}$$

如果一个回路中的所有通量均与二次回路相连，则耦合因数等于 1，反之亦然。

用于描述变压器的数学理论及结构具有相似性，证明变压器和电感器密切相关，并且两种产品的设计相差并不大。变压器的用途非常广泛，包括功率合成、单端信号转差分信号(或相反情况)、电压转换，以及提供静电释放(ESD)保护[Nik10][LKBB09]。为了解其

在差分信号转单端信号中所发挥的作用(例如，将变压器作为巴伦)，假设一个主回路与两个分回路的通量相连，而两个分回路的引线彼此反向，如图 5.34 所示。如果两个分回路具有相同的半径，则其电压的幅值相等，但呈 180°反相。

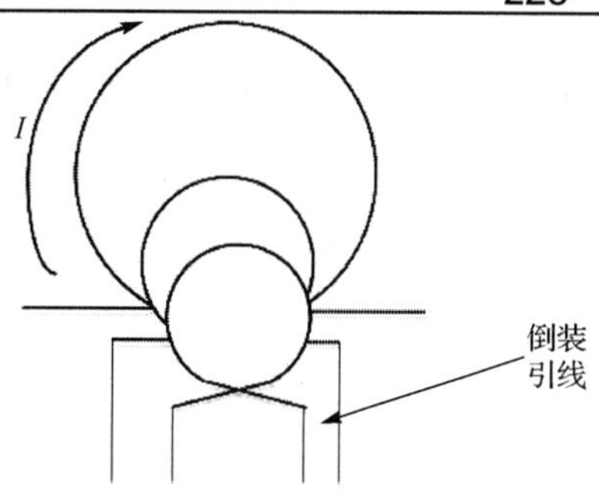

图 5.34　变压器可以在巴伦中用于单端至差分的转换

在设计变压器时，我们期望的是在二次和初次绕组之间获得高 Q 与耦合[LKBB09]。一次及二次分支的 Q 值同时也应该非常高。我们同时期望电感器的自谐振频率(SFR)远高于工作频率。变压器的匝数或回路的类型，对损耗及 SRF 都具有极大的影响。Leitre 等人[LKBB09]发现单匝变压器与多匝变压器相比具有更低的损耗和更高的自谐振频率。同时八角形线匝比方形线匝的品质因数要高。

变压器 Z 参数的测量值可以用于求出电感值、品质因数，以及一次与二次分支之间的磁耦合[LKBB09]：

$$L_{\mathrm{p}}=\frac{\mathrm{Im}(Z_{11})}{\omega} \tag{5.54}$$

$$L_{\mathrm{s}}=\frac{\mathrm{Im}(Z_{22})}{\omega} \tag{5.55}$$

$$Q_{\mathrm{p}}=\frac{\mathrm{Im}(Z_{11})}{\mathrm{Re}(Z_{11})} \tag{5.56}$$

$$Q_{\mathrm{s}}=\frac{\mathrm{Im}(Z_{22})}{\mathrm{Re}(Z_{22})} \tag{5.57}$$

$$k_m=\sqrt{\frac{\mathrm{Im}(Z_{12})\,\mathrm{Im}(Z_{21})}{\mathrm{Im}(Z_{11})\,\mathrm{Im}(Z_{22})}} \tag{5.58}$$

其中，L_{p} 为一次回路的电感值，L_{s} 为二次回路的电感值，Q_{p} 为一次回路的品质因数，Q_{s} 为二次回路的品质因数，而 k_m 为耦合因数。请注意，由于电感器为无源器件，$Z_{12} = Z_{21}$。当我们将每个支路中的电流按如下方式列出后，则可以理解这些等式：

$$V_1=\mathrm{j}\omega L_1 i_1+R_1 i_1+\mathrm{j}\omega m i_2 \tag{5.59}$$

$$V_2=\mathrm{j}\omega L_2 i_2+R_2 i_2+\mathrm{j}\omega m i_2 \tag{5.60}$$

其中，

$$Z_{11}=\left.\frac{V_1}{I_1}\right|_{I_2=0}\quad Z_{22}=\left.\frac{V_2}{I_2}\right|_{I_1=0}\quad Z_{12}=\left.\frac{V_1}{I_2}\right|_{I_1=0} \tag{5.61}$$

所以

$$Z_{11}=\mathrm{j}\omega L_1+R_1,\quad Z_{22}=\mathrm{j}\omega L_2+R_2,\quad Z_{12}=\mathrm{j}\omega m \tag{5.62}$$

Leite 等人[LKBB09]研究了 65 nm 互补金属氧化物半导体(CMOS)中各种几何形状的螺旋电感器的性能。他们发现变压器的直径主要影响的是谐振频率而不是其品质因数、耦合系数或插入损耗。然而，变压器的线宽主要影响插入损耗，其中，中级线宽(在其研究中为 8 μm)

的插入损耗最低。文献[LKBB09]使用的工艺可提供 7 个金属层，并且为实现最低衰减，设计中使用了两个最厚层。

5.7.6 互联线

互联线能增加电路中的寄生电容、电阻及电感，并且能够对器件或电路运行产生巨大的不良影响[EDNB04]。通过仿真和实验流片来了解互联线在新的、更高频率或使用新的、更先进的技术节点和数字调谐时的影响(例如，设计数字开关时在互联点处添加或耦合不同的滤波器)，对于改进芯片制作完成后由互联线引起的问题是一种很好的方法。减少寄生电容所采用的步骤(例如，通过增加栅极探针的数量减少栅极电阻[SSDV+08])经常会导致电容增加(例如，通过增加栅极与源极之间的重叠电容[JGA+05])。了解一个寄生电容结构的 RC 产品，以及设计目标(例如，用于匹配和传输频率)是十分重要的。

互联线的精确模型，例如键合线与传输线，对分析高频结构非常重要。所有芯片上的互联线，尤其对于毫米波频率的芯片，应作为传输线进行处理，并按照文献[TDS+09]进行设计。当互联线仅用于在集成电路上连接器件时，将很难分析互联线的高频结果。利用当今的仿真工具，放弃人工计算是可能的，但是人工计算通常能够揭示可能被其他方式忽略的结构细节。例如，采用一个简单的保角映射确定了线空气电介质接口的有效介电常数[Cav86]。

与互联线有关的寄生电容及电感能对器件的性能产生巨大的影响，甚至决定器件的性能[EDNB04]。当设计毫米波频率器件时，应在整个设计周期内考虑寄生元件的影响，包括制图阶段，因为这些将会决定如结构匹配及可能的有源器件拓扑等事项[TDS+09]。

5.8 基本晶体管组态

在继续深入讨论之前，对用于毫米波无线电或任何其他无线电的基本晶体管组态做出总结，会有一定的帮助。最常见的组态为：共源极、共栅极、共漏极，以及源极跟随器。图 5.35 展示了几种基本晶体管组态。

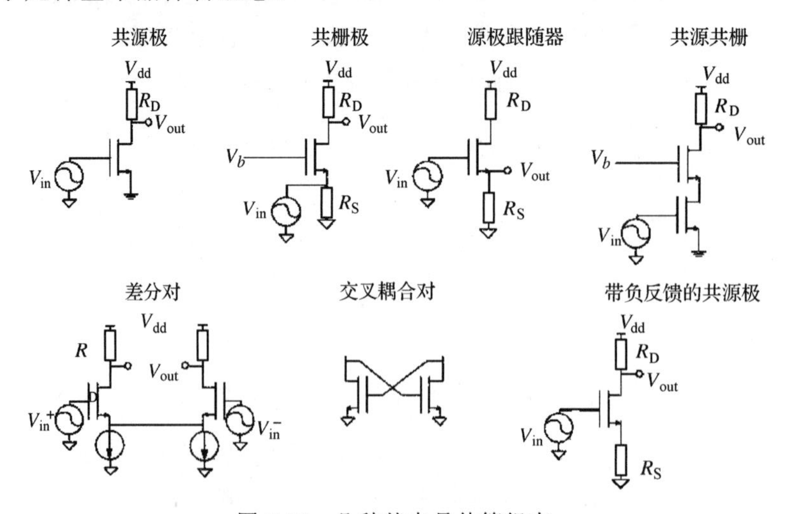

图 5.35 几种基本晶体管组态

共源共栅设计在集成电路中非常普遍(不要与级联混淆)。在级联晶体管电路中，一个晶体管的输出驱动着第二个晶体管的输入，如此往复，直到获得足够的增益，而共源共栅包括两个晶体管，并且能获得更多的增益并产生较小的噪声。在共源共栅设计中，栅极与输入相连的底部晶体管位于共源组态中，因为其源极是接地的。第二个晶体管位于共栅组态中，因为其栅极与直流电压连接。

考虑到每个 N 型金属氧化物半导体 NMOS 均有一个输出阻抗 r_0，对于共源组态，如果使用并联 RLC 负载替换电阻器 R_D，则输入至输出的电压关系为

$$\begin{aligned} V_0 = &-\frac{\mathrm{j}\omega L g_{\mathrm{m}} V_{\mathrm{in}}}{1+\frac{\mathrm{j}\omega L}{R_{\mathrm{D}}||r_0}-\omega^2 LC} \\ &+V_{\mathrm{dd}}\left(1+\mathrm{j}\omega\left(\frac{L}{R_{\mathrm{D}}}\right)-\omega^2 LC\right)/\left(1+\mathrm{j}\omega L/(R_{\mathrm{D}}||r_0)-\omega^2 LC\right) \end{aligned} \tag{5.63}$$

其中，“||”符号指两个电阻器并联，其中，总电阻为两个电阻器的乘积除以它们的总和。获得如式(5.63)中的输入输出关系是设计中一个非常重要的步骤，因为设计人员可以由此决定哪些参数影响重要因数，例如带宽和增益。

5.8.1 共轭匹配

匹配从电源到负载的最大传输功率在电路设计的许多领域都非常重要。为了将电源的最大功率输送至负载，电源阻抗应等于负载阻抗的复共轭，

$$Z_{\mathrm{s}} = Z_{\mathrm{L}}^* \tag{5.64}$$

图 5.36 对此概念进行了描述。如果设备拥有两个端口(例如，一个输入端口和一个输出端口)，则其应与两个端口均匹配，以获得最大功率传输。这个过程对一些器件来说会比较复杂，例如共源放大器，因为可能很难对输入阻抗与输出阻抗进行分别调谐。因为放大器允许分别匹配输入与输出阻抗，因此通常会使用级联设计。

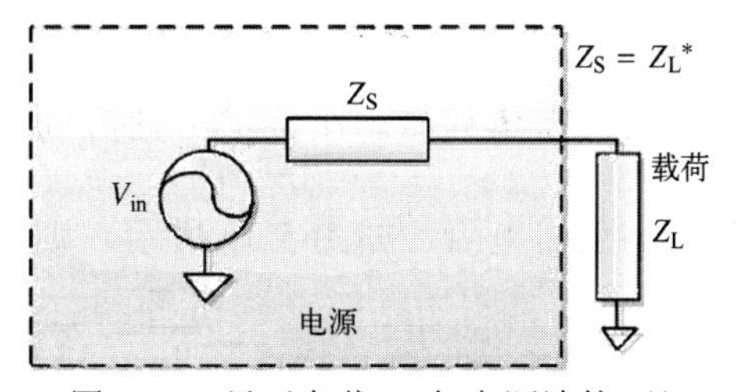

图 5.36　显示负载 Z_L 与电源连接，且输出阻抗为 Z_S 的基本电路

5.8.2 米勒电容

米勒电容是指晶体管的栅漏电容。此电容会对电路的增益产生负面影响。参考图 5.37 中所显示的共源放大器。不考虑栅漏电容 C_{gd}，假设输入至输出的增益为 $g_m R_L$，其中 g_m 为晶体管的跨导，而 R_L 为负载电阻(假设晶体管上的输出电阻为无限的)。米勒定律指出，由电容代表的阻抗可以拆分为两个独立的阻抗，一个来自对地输入，一个来自对地输出，如图 5.37 所示[Raz01, 第 6 章]：

$$Z_{\mathrm{out}} = \frac{Z}{1-A^{-1}}, \qquad Z_{\mathrm{in}} = \frac{Z}{1-A} \tag{5.65}$$

$$Z = \frac{1}{\mathrm{j}\omega C_{\mathrm{gd}}}, \qquad A = -g_{\mathrm{m}} R_{\mathrm{L}} \tag{5.66}$$

其中，A 为放大器的增益，Z 为栅漏电容的阻抗。米勒效应对栅漏电容的影响为：可能导

致输入极的频率低于输出极的频率，这是不好的，因为负载电阻可以保持很高以实现高增益，通常必定会导致输出极的频率非常低。如果输入极的频率较低，则放大器将减少增益以维持稳定性。

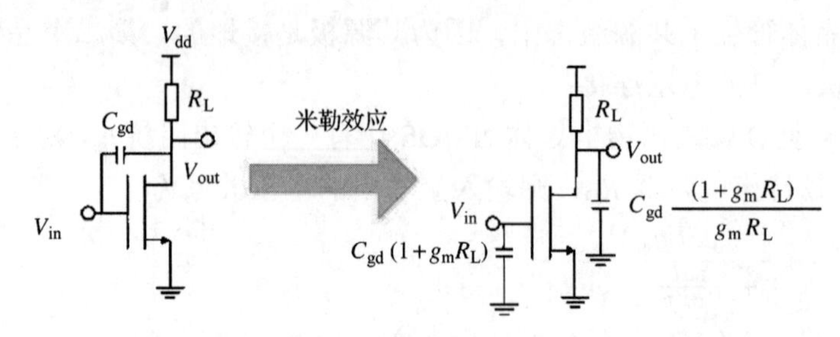

图 5.37 共源放大器的栅漏电容会导致输入极的频率低于输出极的频率

5.8.3 极点与反馈

在讨论毫米波背景下的电路设计或更通用的模拟电路设计时，通常会考虑极点与零点。极点是诸如$(1-2\mathrm{j}A\pi f)$的因子，其出现在传递函数或增益表达式的分母中。在此表达式中，f为频率，并且当$f=\dfrac{1}{2A\pi}$时，表达式达到其最大值，即极点的频率。超过此频率，表达式的值将随着f的增大而反向减小。通常，放大器的输出极应为放大器的主极点，表明其频率为放大器中任何极点的最低频率。例如，图 5.38 中的共源放大器。此放大器的增益 A 应为

$$V_{\text{out}}=-\frac{g_{\text{m}}R_{\text{L}}}{1+\mathrm{j}\omega C_{\text{L}}R_{\text{L}}}V_{\text{in}} \tag{5.67}$$

$$A=-\frac{g_{\text{m}}R_{\text{L}}}{1+\mathrm{j}2\pi fC_{\text{L}}R_{\text{L}}} \tag{5.68}$$

其中，ω为角频率。在$\dfrac{1}{2\pi R_{\text{L}}C_{\text{L}}}$时，放大器拥有一个输出极，此输出极为主极点。如果增加非零点栅电阻，如图 5.39 所示，则增益变为

$$A=-\frac{g_{\text{m}}R_{\text{L}}}{(1+\mathrm{j}\omega C_{\text{gs}}R_{\text{g}})(1+\mathrm{j}\omega C_{\text{L}}R_{\text{L}})} \tag{5.69}$$

其中 C_{gs} 是放大器的栅-源电容，为了使输出极保持在主极点，需要 $R_{\text{L}}C_{\text{L}}>R_{\text{g}}C_{\text{gs}}$。

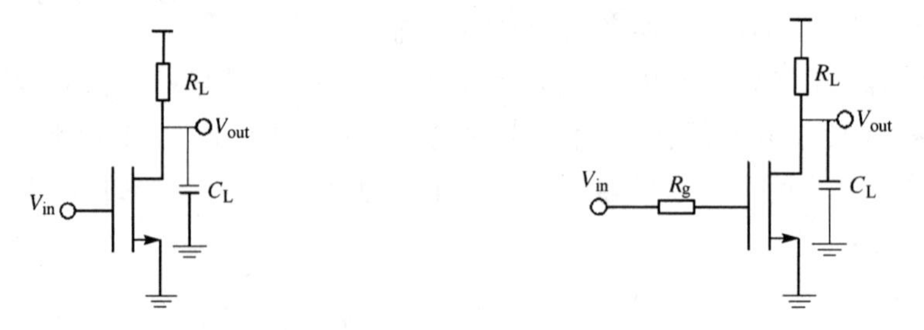

图 5.38 共源放大器的输出极应为主极点　　图 5.39 共源放大器利用栅电阻调解主极点

反馈为电路设计的另一个重要课题及关键部分。许多优秀的文献均对反馈做出了详细的讨论(例如，文献[Raz01，第 8 章])。如许多介绍性的文献所展示的，图 5.40 左侧的部分

对基本反馈做出了说明。如图 5.40 右侧所示，反馈在集成电路中非常普遍。反馈拥有许多非常好的特性，但是如果 $A\beta=1$，则可能会非常危险，因为这可能导致放大器不稳定而发生振荡而非放大。通常，放大器的稳定性是由其相位差来表征或测量的。放大器的相位差被定义为：在单位增益频率(例如，当增益降到 0 dB 或绝对值为 1 时的频率)下，增益级输出的相位，超出 180°(与输入比较)的量。

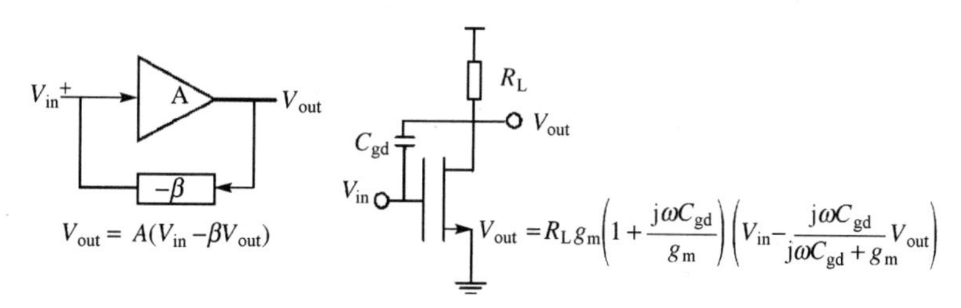

图 5.40　反馈在差分电路中的应用非常普遍

讨论反馈时涉及的两个重要术语为闭环增益和开环增益。图 5.40 左侧电路的闭环增益为

$$G_{\text{closed}}=\frac{A}{1-A\beta} \tag{5.70}$$

通过断开回路可以获得开环增益，并且增益为从断路起始位置至断路终止位置的增益。在图 5.40 左侧的电路中，开环增益为

$$G_{\text{open}}=A\beta \tag{5.71}$$

如果电路的开环增益大于一个零相位时的开环增益，则闭环电路将会发生振荡。

5.8.4　频率调谐

本章讨论的放大器均可以调谐为指定频率。对电路进行调谐是指在选定频率或频率带宽下，对电路进行优化，以获得最优性能。电感及电容是调谐放大器及电路的基本部件。这是因为，在电感器及电容器网络的谐振频率下，适当的设计将确保网络的电抗器在网络预期运行频率下的网络阻抗为实阻抗，例如作为放大器的负载。例如，图 5.41 中所显示的简易式放大器。可以使用以下公式计算出此电路的 Z 参数：

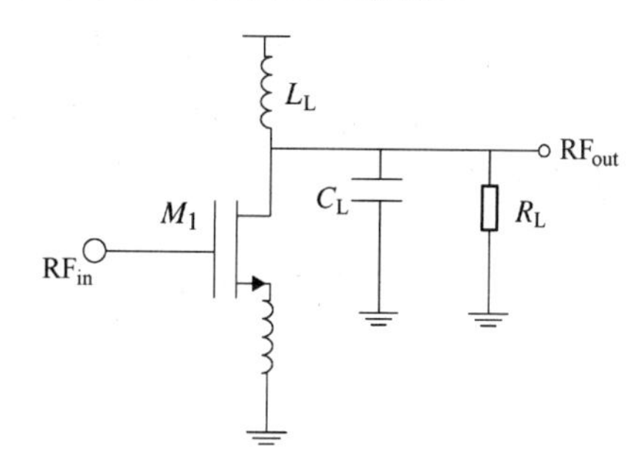

图 5.41　用于毫米波频段经过电路调谐的放大器

$$Z_{11}=\frac{1}{j\omega C_{\text{in}}}+j\omega L_s+g_m\left(\frac{L_s}{C_{\text{in}}}\right) \tag{5.72}$$

$$Z_{22}=\frac{j\omega L_L}{1+\frac{j\omega L_L}{R_L}-\omega^2 L_L C_L} \tag{5.73}$$

$$Z_{12}=0 \tag{5.74}$$

$$Z_{21}=\frac{g_m\left(\frac{L_L}{C_L}\right)}{1+\frac{j\omega L_L}{R_L}-\omega^2 L_L C_L} \tag{5.75}$$

通过将这些参数转换为 S 参数，我们发现

$$S_{11} = \frac{Z_{11} - Z_0}{Z_{11} + Z_0} = \frac{(1 - \omega^2 L_s C_{in}) + j\omega(L_s g_m - C_{in} Z_0)}{(1 - \omega^2 L_s C_{in}) + j\omega(L_s g_m + C_{in} Z_0)} \tag{5.76}$$

而

$$\Re(S_{11}) = \frac{(1 - \omega^2 L_s C_{in})^2 + \omega^2(L_s^2 g_m^2 - C_{in}^2 Z_0^2)}{(1 - \omega^2 L_s C_{in})^2 + \omega^2(L_s g_m + C_{in} Z_0)^2} \tag{5.76a}$$

$$\Im(S_{11}) = \frac{-2 j\omega C_{in} Z_0(1 - \omega^2 L_s C_{in})}{(1 - \omega^2 L_s C_{in})^2 + \omega^2(L_s g_m + C_{in} Z_0)^2} \tag{5.76b}$$

$$S_{21} = \frac{2Z_0 Z_{21}}{(Z_{11} + Z_0)(Z_{22} + Z_0)} \tag{5.76c}$$

$$\begin{aligned} S_{21} = \left(\frac{2Z_0 g_m L_L}{C_L}\right) \Bigg/ \Bigg(& \left[\frac{Z_0 g_m L_s}{C_{in}}(1 - \omega^2 L_L C_L) \right. \\ & \left. - \omega L_L \left(1 + \frac{Z_0}{R_L}\right)\left(\omega L_s - \frac{1}{\omega C_{in}}\right)\right] \\ & + j\left[Z_0 \left(\omega L_s - \frac{1}{\omega C_{in}}\right)(1 - \omega^2 L_L C_L) \right. \\ & \left. + \frac{g_m L_s}{C_{in}} L_L \omega \left(1 + \frac{Z_0}{R_L}\right)\right]\Bigg) \end{aligned} \tag{5.77}$$

图 5.42 及图 5.43 显示了 $g_m = 5$ mS，$C_{in} = 37$ fF，$L_s = 0.187$ nH，$C_L = 7$ fF，$L_L = 6.32$ nH，$Z_0 = 50\ \Omega$及 $R_L = 50\ \Omega$时这些函数的幅值。可以看到 S_{11} 的值 60 GHz 附近，减小到−10 dB 表明放大器从假定的 50 Ω线路接收能量，而 S_{21} 在 60 GHz 时达到峰值 12 dB，表明放大器在提供增益。

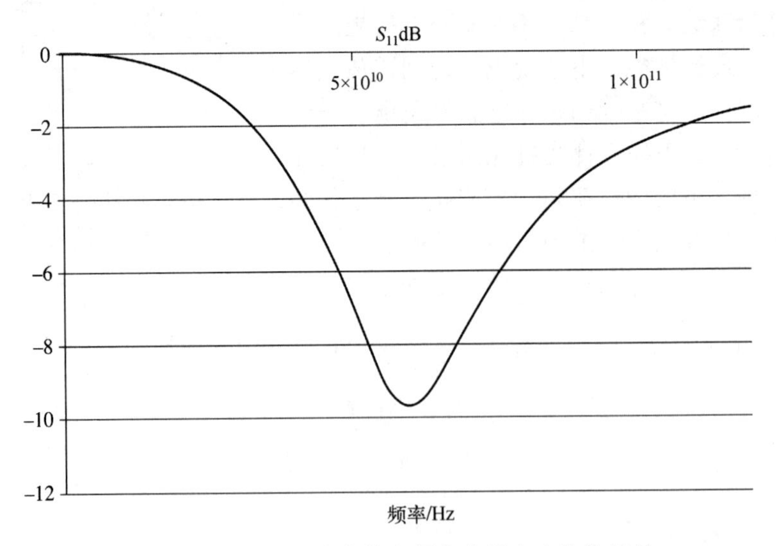

图 5.42 放大器只有在特定频率范围内才接收能量

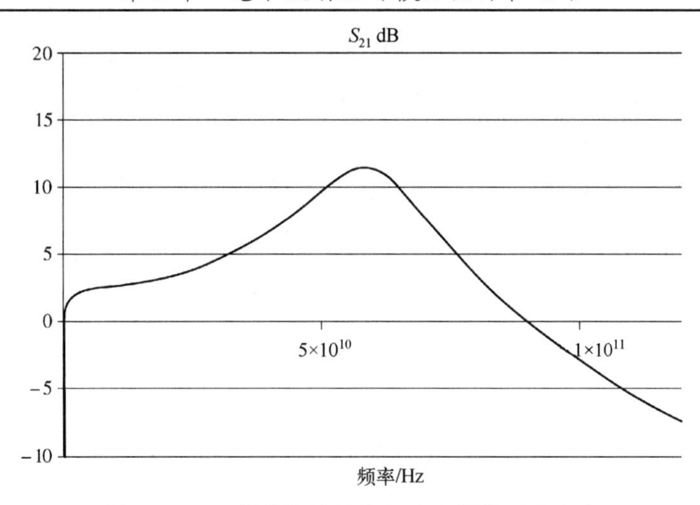

图 5.43　S_{21} 增益的值只有在特定频带下才会高

5.9　毫米波无线电的灵敏度及链路预算

在讨论毫米波无线电的单一模块之前，首先从宏观上让读者熟悉整个无线系统。图 5.44 显示了基本无线电中的主要模块。我们在第 4 章中对天线进行了讨论。从中可以看到所有无线电的主模块为功率放大器(PA)、低噪声放大器(LNA)、混频器及压控振荡器(VCO)。必须满足频谱屏蔽要求或实施复杂调制的设计，将使用频率合成器，例如锁相环(PLL)，取代简易压控振荡器(VCO)。在随后的章节中将简要讨论 PLL。文献[RMGJ11]的表 1 给出了几个 60 GHz 的毫米波无线电及其性能的例子。本节包含了由文献[RMGJ11]的其中两位作者首次在文献中提出的更新的和拓展的讨论。

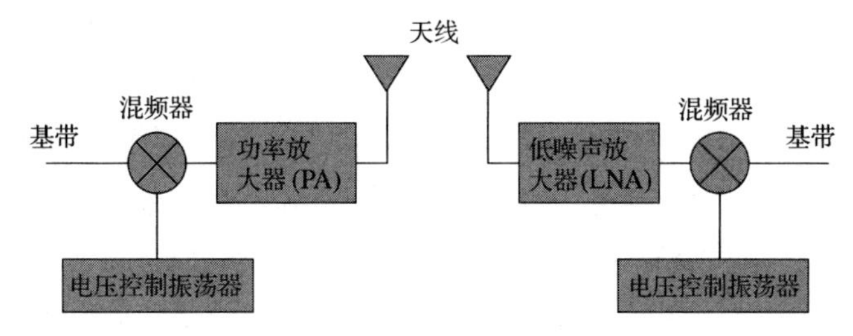

图 5.44　发射机及接收机直接转换结构。这是一个普遍用于当代手机中的结构。在许多设计中，压控振荡器均为锁相环(PLL)的一部分

若要毫米波接收机正常运行，无线电必须拥有适当的信噪比(SNR)，以支持无线电使用的调制方案。我们已经在第 2 章对调制进行了讨论，并将在第 7 章继续讨论。除适当的 SNR 外，信号功率不得过高，以免接收机饱和或被压缩。链路预算能够帮助确定所需要的 SNR，而系统线性的研究及自动增益控制电路的使用确定接收功率何时太高。当发射机及接收机极为贴近时，保持线性度就变得非常重要，而当发射机与接收机彼此远离时，保持合适的 SNR 则更有意义。

除用来决定接收功率和线性研究的链路预算外，研究单独模块所需要的噪声性能通常也非常有帮助。我们现在讨论链路预算、线性度及噪声系数。

链路预算能帮助我们了解毫米波无线电对功率及设备的要求。链路预算描述了接收机从发射机接收了多少功率，以及接收机的信噪比(SNR)。文献[RMGJ11][TAY+09][YSH07][BNVT+06][YC07][XKR02]及[AR04]提出了 60 GHz 或毫米波无线电的链路预算。关于直接转换结构，见图 5.44。我们首先找出传输至接收机的功率[Rap02][RMGJ11]：

$$P_{\mathrm{RX}}[\mathrm{dB}] = P_{\mathrm{T}}[\mathrm{dB}] - \mathrm{PL}_d[\mathrm{dB}] + G_{\mathrm{T}}[\mathrm{dB}] + G_{\mathrm{R}}[\mathrm{dB}] \tag{5.78}$$

其中，式(5.78)中的项均以 dB 为单位，并且 P_{T} 为所传输的功率，PL_d 为当发射机与接收机间距为 d 时，发射机及接收机上全向天线的信道路径损耗，G_{T} 为发送天线增益，而 G_{R} 为接收天线增益[RMGJ11]。式(5.78)表明所传送的功率基本决定了接收的功率。系统中使用的功率放大器(PA)的输出功率是所传输功率的关键因素，并且是功率放大器的一个最重要的参数。文献[Rap02]和[RMGJ11]给出了接收机的低噪声放大器(LNA)输出端以 dB 为单位的噪声功率：

$$P_{\mathrm{noise}}[\mathrm{dB}] = 10\log_{10}(kT_{\mathrm{syst}}B\,\mathrm{NF}_{\mathrm{RX}}G_{\mathrm{R}}) \tag{5.79}$$

$$P_{\mathrm{noise}}[\mathrm{dBm}] = -174\ \mathrm{dBm} + 10\log_{10}(B) + 10\log_{10}(\mathrm{NF}_{\mathrm{RX}}) + 10\log_{10}(G_{\mathrm{R}}) \tag{5.80}$$

其中，对于温度为 17℃的系统，$10\log(kT_{\mathrm{syst}})$等于−174 dBm。$\mathrm{NF}_{\mathrm{RX}}$ 为接收机 LNA 的噪声因数(见 5.10.2 节)，而 B 为信号的带宽(同样见 5.11.2 节有关噪声因数和噪声系数①的内容)。该等式指出了 LNA 噪声系数的重要性，我们将在 5.11.2 节讨论这一内容。在 60 GHz 时，自由空间路径损耗指数为 2 的 1 m 链路(见第 3 章关于传播和路径损耗指数的讨论)的路径损耗为 68 dB。如果我们使用增益为 0 dB 的天线，并且假设传输功率为 10 dBm，且 LNA 增益为 15 dB，可以看到，所接收的功率为[RMGJ11]

$$P_{\mathrm{RX}}[\mathrm{dBm}] = 10\ \mathrm{dBm} - 68\ \mathrm{dB} + 0 + 0 = -58\ \mathrm{dBm} \tag{5.81}$$

毫米波 LNA 的典型噪声系数为 6 dB。假设带宽通道为 1.25 GHz，我们能够使用式(5.78)计算出接收机前端的噪声功率(请注意，IEEE 802.15.3c 使用带宽为 2.16 GHz 的信道[RMGJ11])：

$$P_{\mathrm{noise}}[\mathrm{dBm}] = -174\ \mathrm{dBm/Hz} + 10\log(1.25\ \mathrm{GHz}) + 6\ \mathrm{dB} = -77\ \mathrm{dBm} \tag{5.82}$$

因此，我们计算了−43 dBm + 62 dBm = 19 dB 示例中的信噪比(SNR)。第 7 章将讨论用于 60 GHz 系统的调制方案的各种 SNR 要求。任何调制方案[从简易幅度调制到正交频分复用(OFDM)]均有最低的 SNR 要求，以实现充分的无差错接收，或使被接收信号的比特误码率(BER)足够低，以恢复所传输的信号。调制方案中，SNR 超过调制方案所要求的最低 SNR 的量，被称为链路余量。

5.10 模拟毫米波器件的重要度量指标

5.10.1 非线性交调点

无线电本质上是非线性的。我们对基本晶体管操作的讨论表明无线电的基本模块，(晶

① 正如 5.11.2 节所述，噪声因数(NF)为器件中输出的噪声与器件输入的噪声之比，而噪声系数(F)仅为以 dB 为单位的噪声。

体管)为非线性的。了解非线性对功率放大器(PA)的学习非常重要，因为除非接收机非常接近发射机，否则功率放大器通常必须处理最大的信号波动，在这种情况下，低噪声放大器(LNA)同样也可能接收高输入功率。对于非线性系统，假设输出(假设为电压)可以由输入的几何级数表示：

$$V_0 = a_0 + a_1 V_{\text{in}} + a_2 V_{\text{in}}^2 + a_3 V_{\text{in}}^3 + \cdots + a_n V_{\text{in}}^n \tag{5.83}$$

为找出这些系数的值，需要一个器件的模型。例如，对于图 5.45 所示的带有实载阻抗的简易共源晶体管，可以利用平方律给出以下等式：

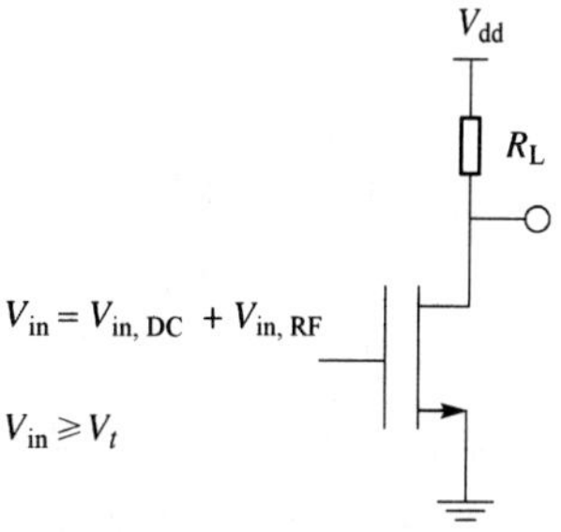

V_{dd} R_{L} $V_{\text{in}} = V_{\text{in, DC}} + V_{\text{in, RF}}$ $V_{\text{in}} \geqslant V_t$

图 5.45　带有实载阻抗的简易共源晶体管

$$I_d = \frac{1}{2}k_n\left(\frac{W}{L}\right)(V_{\text{in,DC}} - V_{\text{T}} + v_{\text{in,RF}})^2 \rightarrow = \frac{1}{2}k_n\left(\frac{W}{L}\right) \cdot (V_{\text{GST}}^2 + V_{\text{GST}}\, v_{\text{in,RF}} + v_{\text{in,RF}}^2) \tag{5.84}$$

$$V_{\text{GST}} = (V_{\text{in,DC}} - V_{\text{T}}) \tag{5.85}$$

$$\frac{V_{\text{dd}} - V_0}{R_{\text{L}}} = I_d \tag{5.86}$$

$$V_0 = V_{\text{dd}} - \frac{R_{\text{L}}}{2}k_n\left(\frac{W}{L}\right)V_{\text{GST}}^2 + R_{\text{L}}k_n\left(\frac{W}{L}\right)V_{\text{GST}}v_{\text{in,RF}} + \frac{R_{\text{L}}}{2}k_n\left(\frac{W}{L}\right)v_{\text{in,RF}}^2 \tag{5.87}$$

$$a_0 = V_{\text{dd}} - \frac{R_{\text{L}}}{2}k_n\left(\frac{W}{L}\right)V_{\text{GST}}^2 \tag{5.88}$$

$$a_1 = R_{\text{L}}k_n\left(\frac{W}{L}\right)V_{\text{GST}} \tag{5.89}$$

$$a_2 = \frac{R_{\text{L}}}{2}k_n\left(\frac{W}{L}\right) \tag{5.90}$$

对任何模块的输入均可视为已调正弦波，其中信号包络(例如，正弦波的振幅)要比载波频率变化得更慢(例如，相对载波频率来说，包络为窄带)，

$$V_{\text{in}} = A(t)\sin(\omega t + \phi) \tag{5.91}$$

因为 $\frac{\mathrm{d}A(t)}{\mathrm{d}t}$ 远低于 $\frac{\mathrm{d}\sin(\omega t)}{\mathrm{d}t}$，可以假设 A 为常数，

$$V_{\text{in}} = A\sin(\omega t + \phi) \tag{5.92}$$

根据基本三角函数，$\sin(x)^2 = 0.5(1-\cos(2x))$，并且 $\sin(x)^3 = 0.25(3\sin(x) - \sin(3x))$。如果仅使用式(5.83)中的前 3 项，则输出可以用输入表示为

$$V_0 = \frac{a_2}{2}A^2 + \left[a_1 A + \frac{3}{4}a_3 A^3\right]\sin(\omega t) + \frac{a_2}{2}\mathrm{e}^{\frac{\mathrm{j}\pi}{2}}A^2\sin(2\omega t) - \frac{a_3}{4}A^3\sin(3\omega t) \tag{5.93}$$

在式(5.93)中，$\sin(\omega t)$的系数为信道内分量。除带内分量外，在基带，以及二次和三次谐波内存在大量的能量。式(5.93)允许我们定义几个与无线电设计有关的参数。首先，系数 a_3 通常是负的，表明随着振幅 A 的增加，将会达到一个点，在该点，基波电压[例如，$\sin(\omega t)$的系数]将降低。线性性能的常用度量是输入参考的 1 dB 压缩点，或 IP_{1dB}，

或简称为 P_{1dB}。这是输入幅度为 A，输出幅度为 1 dB(刻度为 $20\log_{10}$)，低于 a_3 为零时的输出：

$$\frac{a_1A+\frac{3}{4}a_3A^3}{a_1A}=0.891 \rightarrow A=\sqrt{\frac{4}{3}\left|\frac{a_1}{a_3}\right| \times 0.109} \tag{5.94}$$

通常也指基频输出是 1 dB，低于 a_1A 的输出信号幅度，这称为输出 1 dB 压缩点 OP_{1dB}。图 5.46 解释了 1 dB 压缩点。如果分析中包含式(5.83)中的无限的项数，以精确模拟所有输入信号范围的输出功率，则我们可以找出在特定点输出功率将会被压缩至一个点，在该点上，输出功率将不再随着输入功率的增加而增加。在此情况下的输出功率称为饱和输出功率。当放大器在此饱和输出功率附近工作时，应称为其在饱和功率状态下工作。如果放大器在低于饱和功率情况下运行，则称为放大器在“回退”状态下工作。回退量通常以 dB 为单位，该数值通常为输入/输出功率低于器件饱和时的输入/输出功率的量。

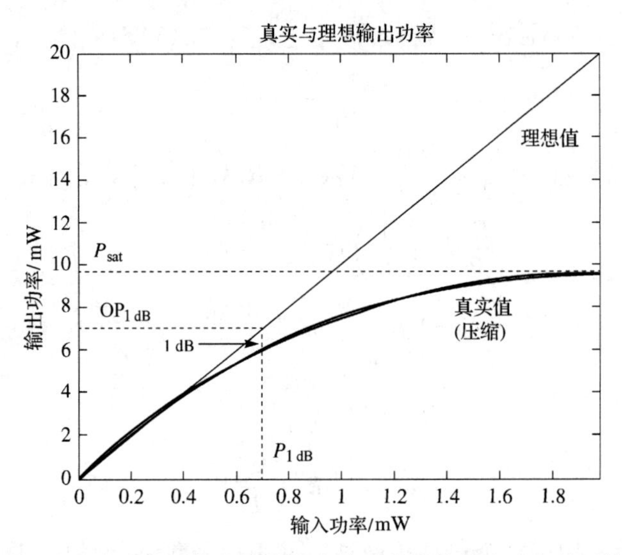

图 5.46 大多数器件的非线性会导致基波的输出功率的压缩

另一项常见测试为双频音测试。在此测试中，向器件或无线电同时发出两个频音，分别为 ω_1 与 ω_2。这将引起互调，而这两个频音的混音会导致所需信号的干扰。从式(5.93)中可以看出，单频音测试的三次谐波增加为基波的 3 倍。对于输入值为 $A_1\sin(\omega_1 t)+A_2\sin(\omega_2 t)$ 的双频音测试，输出为

$$\begin{aligned}
&a_1[A_1\sin(\omega_1 t)+A_2\sin(\omega_2 t)] \\
&+a_2\left[\frac{A_1}{2}+\frac{A_2}{2}-\frac{A_1}{2}\cos(2\omega_1 t)-\frac{A_2}{2}\cos(2\omega_2 t)\right. \\
&\left.+A_1A_2\left\{\cos(\omega_1-\omega_2)t-\cos(\omega_1+\omega_2)t\right\}\right] \\
&+a_3\left[\frac{A_1}{4}^3\left\{3\sin(\omega_1 t)-\sin(3\omega_1 t)\right\}\right. \\
&+3A_1^2A_2\left\{\frac{1}{2}\sin(\omega_2 t)+\frac{1}{4}\sin(\omega_2+2\omega_1)t+\frac{1}{4}\sin(\omega_2-2\omega_1)t\right\}
\end{aligned}$$

$$+3A_2^2A_1\left\{\frac{1}{2}\sin(\omega_1 t)+\frac{1}{4}\sin(\omega_1+2\omega_2)t+\frac{1}{4}\sin(\omega_1-2\omega_2)t\right\}$$
$$+A_2^3\left\{\frac{3}{4}\sin(\omega_1 t)-\frac{1}{4}\sin(3\omega_2 t)\right\}\Bigg] \tag{5.95}$$

习惯上假设 $A_1 = A_2$，并且 $2\omega_1 - \omega_2 \approx \omega_1$，所需的信号频率为 ω_1。

图 5.47 以对数坐标说明了由式(5.83)得到不同的非线性度。基频的 y 截距为系统的增益。一旦定义了单一模块的线性参数，例如 IIP_3 和 P_{1dB}，通常有必要确定决定一组级联的组件或电路模块的线性度。例如，在一些毫米波系统中，需要串联多个放大器以获得足够的增益，从而满足链路预算的要求。多个放大器同样有益于改善功率效率。在这种级联中使用的放大器的类型将对线性度产生重大影响。我们将在下一章节中讨论 AB 及 E 类放大器的缺点，它们不与 A 类放大器呈同样的线性[Poz05]特性。然而，非线性放大器通常比线性放大器更有效率。如果调制方案要求更高的线性度或更高的峰值与平均功率比(PAPR)，则这些更有效率的信号放大技术则可能不适用。

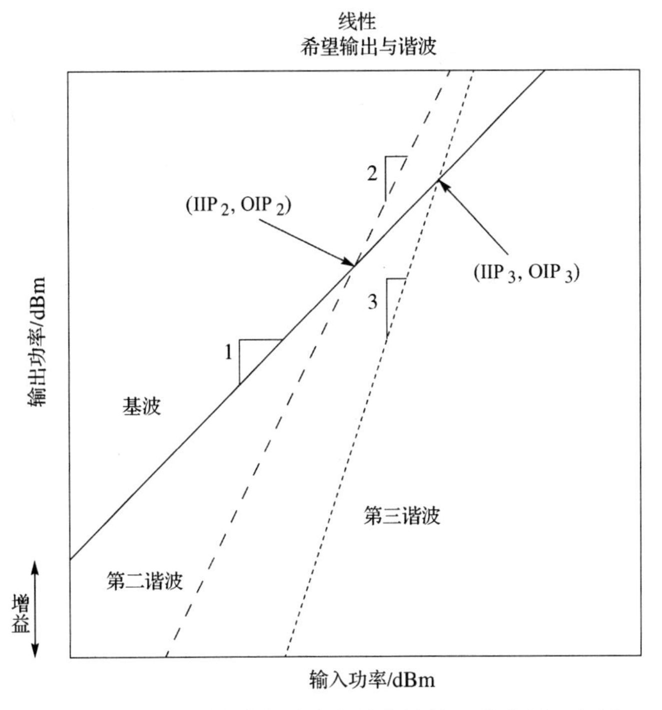

图 5.47　大多数信号模块的非线性性质会导致各种非线性度的度量，包括 IP_{1dB}，IIP_3 及 IP_2。理解这一点很重要，即第 n 个谐波的功率的增长速度是基波功率增长速度的 n 倍

如果将级联设计用于提高增益或输出功率，有必要确定每个级的大小，使得末级压缩，以防止浪费末级的动态范围及输出电流[BKPL09]。这意味着末级应首先获得使末级压缩的输入功率(例如，高于末级 P_{1dB} 的输入功率)。放大器的末级将主导线性度，如任意数量的级联设备的三阶电压输入交调点及三级级联设计的输出功率三阶交调点的表达式所反映的 [Lee04b, 第 13 章][YGT+07](见图 5.48)：

$$\frac{1}{\mathrm{IIV}_{3\mathrm{tot}}^2}=\sum_{j=1}^{n}\left\{\frac{1}{\mathrm{IIV}_{3j}^2}\prod_{i=1}^{j}A_{vi}^2\right\} \tag{5.96}$$

$$\frac{1}{\mathrm{OP}_{1\mathrm{dB\ cascade}}}=\frac{1}{\mathrm{OP}_{1\mathrm{dB}3}}+\frac{1}{\mathrm{OP}_{1\mathrm{dB}2}\times G_3}+\frac{1}{\mathrm{OP}_{1\mathrm{dB}1}\times G_2\times G_3} \tag{5.97}$$

其中，$\mathrm{OP}_{1\mathrm{dB}i}$、$G_i$，$\mathrm{IIV}_{3i}$与$A_{vi}$分别为输出功率三阶交调点、功率增益、输入电压三阶交调点及第 i 级电压增益。

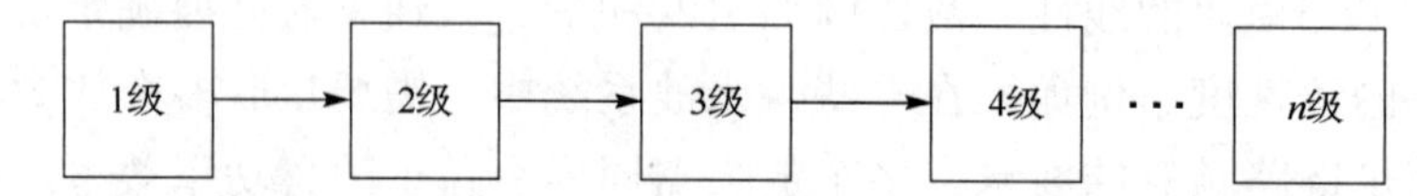

图 5.48 电路的级联通常用于创建增益级，或实施适当的电压或电流

5.10.2 噪声系数与噪声因数

系统、器件或级联电路的噪声性能对确定信噪比(SNR)也是非常重要的。噪声性能以噪声系数 F 表示，指相比于向器件或系统输入施加的噪声量，器件或系统产生的额外噪声量。换句话说，噪声系数为一个模块，如低噪声放大器(LNA)，是要降低以 dB 为单位计算的信噪比，如图 5.49 所示。噪声系数有时也以绝对(线性)项给出，而不是 dB，在此情况下，称其为噪声因数(NF)。通常工程师们只使用噪声系数，因为 NF 与 F 代表同一概念，而噪声系数(F)通常以 dB 表示。尽管如此，在采用绝对(线性)值时，通常使用噪声系数替代噪声因数，如式(5.98)所示。在匹配条件下(例如，在模块的输出阻抗与随后模块的输入阻抗共轭匹配的条件下)，以下等式适用于级联系统的噪声系数[Cou07][Rap02]：

$$F_{\mathrm{sys}}=F_1+\frac{F_2-1}{G_1}+\frac{F_3-1}{G_1G_2}+\cdots \tag{5.98}$$

其中，F_1 为输入模块的噪声系数，而 F_i 为级联中第 i 个输入模块的噪声系数。G_1 是首个输入模块的功率增益，而 G_i 为级联中第 i 个模块的功率增益。F_{sys} 为整个级联系统的噪声系数，其中 $F\geqslant 1$，且 $F=1$(例如，0 dB 的噪声系数)是一个理想的无噪声系统，在此系统中，无噪声设备不会产生额外的噪声温度贡献(见式(5.79)及文献[Cou07][Rap02])。

图 5.49 噪声系数是指设备产生的过量的噪声，用来衡量信噪比是如何由于设备的附加自噪声而导致性能下降的

5.11 模拟毫米波组件

本节将描述构成毫米波通信系统所要求的放大器、混频器、振荡器以及其他模拟组件

构建模块的技术规范与关键基础。

5.11.1 功率放大器

功率放大器(PA)通常为发射机中位于天线前端的最后一个有源组件。功率放大器的目标在于维持高效率及高线性度的同时，提供尽可能多的输出电压。不同于低噪声放大器(LNA)，功率放大器的噪声性能并不是非常重要，因为在其前端具有几级增益，还因为其位于发射机内，而非接收机内。表 5.2 列出了来自不同文献的先进的毫米波功率放大器及低噪声功率放大器。为了了解用于毫米波器件的功率放大器的要求，有必要对几个功率放大器的示例进行检测，如文献[RMGJ11]的表 5.3 所示。

从表 5.3 中可以看到，判断功率放大器的最终标准是其增益、输出功率(例如，饱和输出功率)、功率附加效率(PAE)及损耗功率。从式(5.78)的链路预算中可以看到，接收机接收到的功率直接与功率放大器的输出功率成比例，因此输出功率非常重要。如果位于 PA 前端的组块未能提供足够的输出功率以保证适当的链路预算，那么增益是非常重要的。同时，功率放大器的线性度也非常重要，因为功率放大器位于其前端所有增益级之后，因此，可能需要处理大的输入信号。因此，对功率压缩，例如 $P_{1\text{dB}}$、互调失真，以及 IIP_3 的度量也是非常重要的。设计功率放大器的最佳方法依赖于所选择的拓扑，而所选择的拓扑则依赖于预期应用。在国际半导体技术发展蓝图(ITRS)中的文献[YGT⁺07]，定义了一个有用的品质因数 FoM_{PA}，该品质因数可以用于检测不同设计：

$$\text{FoM}_{\text{PA}} = P_{\text{out}}\, G\, \text{PAE}\, f^2 \tag{5.99}$$

其中，P_{out} 为输出功率，G 为增益，PAE 为功率附加效率，而 f 为设计频率，用于解释晶体管的功率增益降低为 $\left(\dfrac{f_{\text{T}}}{f}\right)^2$ [Poz05]。

表 5.4 总结了在 7 个不同的国家中，频带在 60 GHz 的传输功率规定[ZL09]。表 5.4 指出了单个功率放大器或在阵列中使用的放大器的功率输出范围。例如，在美国，毫米波矩阵可以使用高达 500 mW 的传输功率，而器件的功率放大器必须提供此功率。表 5.3 表明 10 dBm 或 10 mW 为毫米波功率放大器的典型输出功率。而这在晶体管功率处理能力较低时，将变得非常重要。此方法同样可以用于为满足监管限值要求而降低天线增益[Emr07]。功率合成的一个关键挑战是实现具有足够宽的带宽匹配结构，这可以支持多个元件[Emr07]。据文献[Emr07]报告，典型的设计将与功率合成系统结合的元件数量限制在 10 以下。

功率放大器的效率是指驱动其负载的功耗百分比。这通常用功率附加效率(PAE)来表示，PAE 可定义为

$$\text{PAE} = \frac{P_{\text{RF out}} - P_{\text{RF in}}}{P_{\text{DC}}} \tag{5.100}$$

其中，$P_{\text{RF out}}$ 是工作频率下的输出功率，$P_{\text{RF in}}$ 是工作频率下的输入功率，P_{DC} 是器件消耗的功率。输出功率与器件消耗的功率之比通常也称为效率 η：

$$\eta = \frac{P_{\text{RF out}}}{P_{\text{DC}}} \tag{5.101}$$

以一个简单的共源放大器为例(共源指器件的源极接地)，如图 5.45 所示。

表 5.2 毫米波功率放大器及低噪声功率放大器的关键属性与比较

文献，年	发射机	接收机	输出电压	增益	噪声系数	IIP_3，IP_{1dB}[①]等	带宽	能量功耗	尺寸	工艺
[MID+00], 2000	x	x	功率放大器：12 dBm；总发射机：10 dBm	功率放大器：12 dB；低噪声放大器：18 dB；总接收机：10 dB	低噪声放大器：5 dB	无	完整的发射机/接收机：59～60 GHz	无	～2×1 cm^2	有线线路分配器上独立Ⅲ-Ⅴ单片微波集成电路(MMIC)
[OMI+02], 2002	x	x	功率放大器：14 dBm；总发射机：>10.6 dBm	功率放大器：12 dB；低噪声放大器：18 dB	无	无	低噪声放大器：59～64 GHz；发射机：1.74 GHz	无	发射机+接收机：82 mm×53×7 mm^2	独立Ⅲ-Ⅴ单片微波集成电路
[BFE+04],2004	x	x	10 dBm 至天线	低噪声放大器：33 dB	总发射机：6.5 dB	无	总接收机：5 GHz	无	无	独立Ⅲ-Ⅴ单片微波集成电路
[FRP+ 05], 2005	x	x	功率放大器：16.2 dBm；压控振荡器：–8 dBm	低噪声放大器：14.7 dB；无低噪声放大器的接收机：18.6 dB	低噪声放大器：4.5 dB；无低噪声放大器的接收机：14.8 dB	无低噪声放大器的接收机 IP_{1dB}：–17 dBm；低噪声放大器 P_{1dB}：20 dBm	压控振荡器：65.8～67.9 GHz	低噪声放大器：10.8 mW；无低噪声放大器的接收机：302 mW；功率放大器：270 mW	低噪声放大器：0.9×0.6 mm^2；无低噪声放大器的接收机：1.9×1.65 mm^2；功率放大器：2.1×0.8 mm^2	独立 0.12 μm SiGe 双极型单片微波集成电路
[GKZ+05], 2005	x	x	总发射机：3.7±1.5 dBm	总接收机：7.1±1.5 dB；总发射机：5.2 dB	总接收机：10.5 dB	接收机 IIP_3：–11 dBm，–19 IP_{1dB}，发射机 OP_{1dB}：0 dBm	发射机：54～61 GHz；接收机：59.5～64.5 GHz	总发射机：820 mW；总接收机：990 mW	总接收机：5.7×5.0 mm^2；总发射机：5.0×3.5 mm^2	独立 GaAs pHEMT 单片微波集成电路
[Raz06], 2006		x	无	接收机：28 dB 电压增益	总接收机：12.5 dB	总接收机 IP_{1dB}：–22.5 dBm	57～64 GHz	总接收机：9 mW	0.3×0.4 mm^2 不包衬垫	单个 0.13 μm CMOS 芯片
[ACV06], 2006		x	无	总接收机：16 dB	接收机：<7 dB	总接收机 P_{1dB}：–21 dBm	58.5～60.5 GHz	60 mW	0.6×0.475 mm^2	单个 90 nm CMOS 芯片
[SHW+06], 2006		x	无	低噪声放大器：18 dB；混频器：10.8 dB；总接收机：28 dB	低噪声放大器：6.8 dB；混频器：14 dB（仿真）	总接收机 OP_{1dB}：–1.6 dBm	57～64 GHz	低噪声放大器：66 mW；混频器：21 mW	0.8 mm^2	单个 SiGe: C BiCMOS 芯片

续表

文献，年	发射机	接收机	输出电压	增益	噪声系数	IIP_3，IP_{1dB}[①]等	带宽	能量功耗	尺寸	工艺
[RFP+06], 2006	x	x	总发射机：15～17 dBm	接收机：38～40 dB 发射机：34～37 dB	总接收机：6 dB	总接收机 IIP_3：–30 dBm； 总发射机 OP_{1dB}：10～12 dBm	55～64 GHz； 1.5 GHz 压控振荡器调谐	接收机：500 mW； 发射机：800 mW	总接收机：$3.4×1.7\ mm^2$； 总发射机：$4×1.6\ mm^2$	单个 0.13 μm SiGe BiCMOS 芯片
[MFO+07], 2007		x		低噪声放大器：13.7 dB	低噪声放大器：7.8 dB（仿真）	无	压控振荡器：61.2～64.4 GHz； 锁相环：1.7 GHz	低噪声放大器：39 mW； 总接收机：144 mW	$2.4×1.1\ mm^2$，无衬垫	单个 90 nm CMOS 芯片
[DSS+09],2009	x		功率放大器：2.1 dBm； 总发射机：5.7 dBm	功率放大器：17 dB， 总发射机：8.6 dB	无	功率放大器 OP_{1dB}：2.1 dBm； 总发射机 OP_{1dB}：1.5 dBm	压控振荡器：48.5～55 GHz； 总发射机：57～65 GHz	功率放大器：44 mW； 总发射机：76 mW	$1.4×1.5\ mm^2$	单个 90 nm CMOS 芯片
[DSS+09],2009	x		功率放大器：8.4 dBm； 总发射机：8.6 dBm	功率放大器：17 dB， 总发射机：12.4 dB	无	功率放大器 OP_{1dB}：8.4 dBm； 总发射机 OP_{1dB}：4.1 dBm	压控振荡器：53.4～55.7 GHz； 总发射机：57～65 GHz	功率放大器：54 mW； 总发射机：112 mW	$1.3×1.5\ mm^2$	单个 90 nm CMOS 芯片
[PR09], 2009	x	x	总发射机：–7.2 dBm	总接收机：19.8～22 dB	总接收机：5.7～7.1 dB	总接收机 IP_{1dB}：–27.5 dBm； 总发射机 OP_{1dB}：–8.6 dBm	无	总接收机：36 mW； 总发射机：78 mW	总接收机：$0.5×0.37\ mm^2$ 有效面积； 总发射器：$0.495×0.425\ mm^2$ 有效面积	单个 90 nm CMOS 芯片（单独式发射机与接收机）
[TAY+ 09], 2009	x	x	总发射机：–0.7 dBm	总接收机：8.9 dB	总接收机：5.8 dB	总接收机 IP_{1dB}：–22 dBm	总发射机：50～66 GHz	总发射机+总接收机：232 mW	总发射机+总接收机：$1.28×0.81\ mm^2$	单个 65 nm CMOS 芯片（联合发射机与接收机）

① IIP_3 为参考三阶压缩点的输入，并且为三阶谐波在输出中超过一阶谐波时推测的输入功率。

IP_{1dB} 为参考 1 dB 压缩点输入，是实际输出功率 1 dB 低于预期输出功率时的输入功率，预期输出功率由低输入功率时的输出功率推测得出。

表 5.3 几个功率放大器的示例

文献	拓扑结构	增益及输出功率(测量频率)	PAE，功率消耗，电源电压
[YGY+06]	位于 90 nm CMOS 中，3 个单端共源级(Common Source，CS)，A 类①	5.2 dB，9.3 dBm(61 GHz)	7% PAE，39.75 mW，1.5 V
[FRP+05]	位于 0.12 μm SiGe HBT 中，2 级 AC 平衡共发射极(CE)	9 dB，10 dBm (61.5 GHz)	143 mW，1.1 V
[PG07a]	位于 0.13 μm SiGe BiCMOS 中，单级推拉式放大器，带有微波传输带及差分共源共栅	18 dB，13.1 dBm	12.7% PAE，248 mW，4 V
[HBAN07a]	2 级级联，CS 至 CS，位于 90 nm CMOS 中	9.8 dB，6.7 dBm(56 GHz)	20% PAE
[LLC09]	变压器耦合式 3 级级联放大器，位于 90 nm CMOS 中	15 dB，12.2 dBm(61 GHz)	84 mW，1.2 V
[CRN09]	2 级变压器耦合的共源共栅至 CS，通过变压器进行差分至单端转换，90 nm CMOS	5.6 dB，12.3 dBm	8.8% PAE，1 V
[CRN09]	3 级变压器耦合的共源共栅至 CS，位于 90 nm CMOS 中	13.8 dB，11.0 dBm	14.6% PAE，1 V 供电
[AKBP08]	级联的 CS 至 CS，位于 65 nm CMOS 中	7.6 dB，8.9 dBm	PAE<11% 64.8 mW，0.9 V
[WSE08]	多尔蒂(Doherty)放大器，位于 0.13 μm CMOS 中	13.5 dB，7.8 dBm	3.0% PAE，1.6 V
[DSS+08]	3 级共源共栅至 CS，位于 90 nm CMOS 中	17 dB，8.4 dBm	5.8% PAE，54 mW

① A 类表明放大器是高度线性化的，并且在整个工作期间作为电流源。

表 5.4 60 GHz 频段的传输功率规定

国家	频段(GHz)	最大发射功率(mW)	最大天线增益(dBi)
日本	59～66	10	47
美国	57～64	500	未标明
加拿大	57～64	500	NS
澳大利亚	59.4～62.9	10	NS
欧洲	57～66	20	37
中国	57～66	10	NS
韩国	57～64	10	NS

设 DC 的输入电压为 V_{in}，DC 大于 NMOS 晶体管的阈值电压。输入电阻等于栅极电阻，后接栅级到源级的电容，得到输入 RF 功率

$$P_{\text{RF in}} = \frac{V_{\text{in, RF}}^2}{2}\left(\frac{\mathrm{j}\omega C_{\text{gs}}}{1+\mathrm{j}\omega C_{\text{gs}} R_{\text{g}}}\right) \approx \frac{V_{\text{in, RF}}^2}{2}\mathrm{j}\omega C_{\text{gs}} \tag{5.102}$$

假设使用平方律运算，漏极电流 I_{D} 可定义为

$$\begin{aligned} I_{\text{D}} &= \frac{1}{2}k_n\left(\frac{W}{L}\right)\left[(V_{\text{in, DC}}-V_{\text{T}})^2 + v_{\text{in,RF}}(V_{\text{in, DC}}-V_{\text{T}}) + v_{\text{in, RF}}^2\right] \\ &\approx \frac{1}{2}k_n\left(\frac{W}{L}\right)\left[(V_{\text{in, DC}}-V_{\text{T}})^2 + v_{\text{in,RF}}(V_{\text{in, DC}}-V_{\text{T}})\right] \end{aligned} \tag{5.103}$$

因此，输出 RF 功率可用下式表示：

$$P_{\text{RF out}} = \frac{1}{4}k_n\left(\frac{W}{L}\right)\left[v_{\text{in,RF}}(V_{\text{in,DC}}-V_{\text{T}})\right]R_{\text{L}} \tag{5.104}$$

DC 功率(近似“损耗功率”)可描述为

$$P_{\mathrm{DC}} = \frac{1}{2}k_n\left(\frac{W}{L}\right)\left[(V_{\mathrm{in,DC}} - V_{\mathrm{T}})^2\right]R_{\mathrm{L}} \tag{5.105}$$

于是求得 PAE

$$\mathrm{PAE} = 50\% - v_{\mathrm{in,RF}}^2\left(\frac{\mathrm{j}\omega C_{\mathrm{gs}}}{R_{\mathrm{L}}}\right)\left[\frac{1}{k_n\left(\frac{W}{L}\right)(V_{\mathrm{in,DC}} - V_{\mathrm{T}})^2}\right] \tag{5.106}$$

随着器件的宽长比 W/L 变大(超过 10)，PAE 接近 50%。技术上称这类放大器为 A 类放大器，它表示输入电压始终足以使漏极电流流动。请注意，由于使用平方律，此分析仅限于中低输出功率。对于高输出功率，漏极到源极的电压可能不足以使晶体管在平方律饱和状态下工作。只要栅-源电压不低于阈值电压，放大器仍为 A 类。

示例放大器的电压增益可用下式表示：

$$A_v = \frac{\frac{1}{2}k_n\left(\frac{W}{L}\right)\left[v_{\mathrm{in,\,RF}}(V_{\mathrm{in,DC}} - V_{\mathrm{T}})\right]R_{\mathrm{L}}}{v_{\mathrm{in,\,RF}}} = \frac{1}{2}k_n\left(\frac{W}{L}\right)(V_{\mathrm{in,DC}} - V_{\mathrm{T}})R_{\mathrm{L}} \tag{5.107}$$

如果功率放大器前级的输出功率较低，则功率放大器的增益可能影响链路预算的计算。请注意，每个晶体管的功率增益与 $20\log\left(\frac{f_{\mathrm{T}}}{f}\right)$ 成正比[Poz05] [NH08]，随着技术的进步和新工艺的发展，传输频率 f_{T} 的增速低于向毫米波系统过渡的工作频率，每个晶体管的增益都低于在更低的频率下增益(例如，90 nm 工艺晶体管的 f_{T} 为 120 GHz，因此在 60 GHz 下，90 nm CMOS 晶体管可产生约 6 dB 的功率增益，而在 5 GHz 下，功率增益为 27 dB)。这通常需要多级功率放大器[YGT+07]。

功率放大器分为 7 类：A 类、B 类、AB 类、C 类、D 类、E 类和 F 类。A 类、B 类、AB 类、C 类均为线性放大器，因为它们的输出功率与输入功率成正比。D 类、E 类和 F 类属于非线性放大器，晶体管在这类放大器中充当开关。

A 类、B 类、AB 类和 C 类放大器之间的区别在于它们的导通角(以 θ 表示)[Kaz08]。导通角 θ 是指晶体管导通电流的输入正弦波的半周期的百分比。对于前述的 A 类放大器，漏极电流在 100%周期内传导，因此导通角 θ 在半周期内为 180°，2θ 在整个周期内为 360°。对于 B 类放大器，电流在输入正弦波的恰好 50%周期内传导，因此导通角 2θ 在整个周期内为 180°。对于 AB 类放大器，整个周期内的导通角在 180°和 360°之间，电流在周期的 50%和 100%之间传导。对于 C 类放大器，漏极电流的传导范围不到输入周期的一半，因此整个周期的导通角 2θ 小于 180°。放大器的等级由晶体管的偏置点决定。具体而言，A 类放大器的栅-源电压(DC 和 RF 电压之和)必须始终大于阈值电压[Kaz08]。B 类放大器被偏置，因此其输入直流电压等于阈值电压[Kaz08]。C 类放大器的输入偏置电压低于阈值电压 [Kaz08]。AB 类放大器的直流输入电压偏置超过阈值电压，但是随着射频输入电压的增加，栅-源电压在部分输入周期内降至 V_{T} 以下[Kaz08]。图 5.50 说明了这几类放大器的偏置条件。

导通角决定了线性放大器的效率。要理解这一点，可以用漏极电流表达式乘具有适当占空比 d 的方波 $S(t)$，来表示各类放大器的导通电流。

$$S(t) = \Pi_p(t) \star \sum \delta(t - nT) \tag{5.108}$$

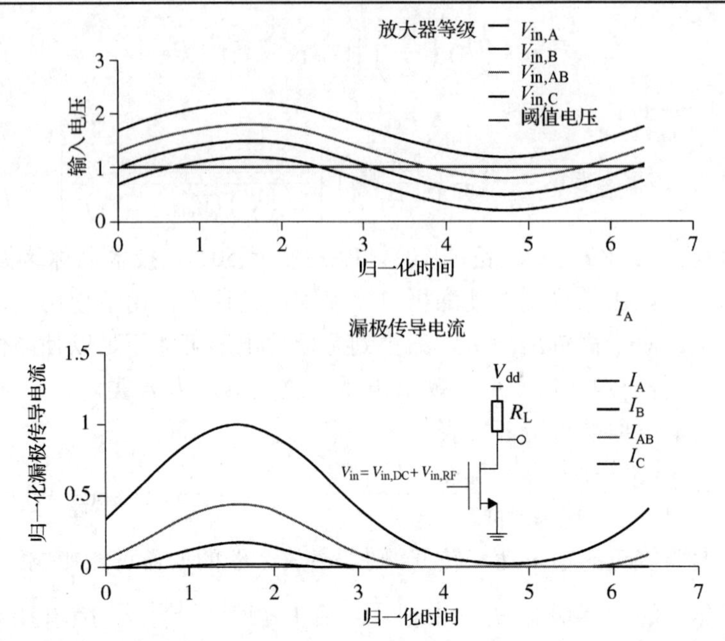

图 5.50 放大器的偏置点决定了放大器的分类。A 类放大器在整个周期内传导电流。B 类放大器的传导范围超过一半周期，C 类放大器的传导范围不到一半周期，而 AB 类放大器的传导范围超过一半周期，但不到整个周期

其中，$\star$表示卷积，δ是狄拉克函数，T是方波的周期并且等于工作频率f的倒数，πp是p支持的方波脉冲(即$-p/2$～$p/2$之间非零值)。ω是角频率，等于$2\pi f$。方波$S(t)$的占空比为$d=p/T$。导通角θ等于$180°\times d$(度)或πd(弧度)。

为简便起见，在分析功率放大器的效率时，通常将漏极电流和输出电压写为[Kaz08]

$$I_{\mathrm{d}} = I_{\mathrm{m}}\cos(\omega t)S(t) \tag{5.109}$$

$$V_{\mathrm{d}} = V_{\mathrm{I}} - V_{\mathrm{RF}}\cos(\omega t) \tag{5.110}$$

其中，V_{I}是直流漏极电压，V_{d}是射频漏极电压。注意，此处没有使用平方律来表示漏极电流。这是因为使用平方律就意味着在器件的饱和区中操作，这将给分析带来不必要的限制。电流波形的第n个傅里叶级数的系数可定义为

$$\begin{aligned}
a_{n,n>0} &= 2f\int_{-p/2}^{p/2} f(t)\cos(n2\pi ft)\mathrm{d}t \\
b_{n,n>0} &= -2f\int_{-p/2}^{p/2} f(t)\sin(n2\pi ft)\mathrm{d}t \\
a_0 &= \frac{1}{\pi}\sin(\pi d) \\
a_{n,n>0} &= \frac{1}{\pi}\left[\frac{\sin((n-1)\pi d)}{n-1} + \frac{\sin((n+1)\pi d)}{n+1}\right], \qquad b_n = 0
\end{aligned} \tag{5.111}$$

利用方波系数的傅里叶级数，漏极电流的计算公式可写成

$$I_{\mathrm{d}} = \frac{1}{\pi}\sin(\pi d)I_{\mathrm{m}} + \frac{1}{\pi}\left[\pi d + \frac{\sin(2\pi d)}{2}\right]I_{\mathrm{m}}\cos(\omega t) + \cdots \tag{5.112}$$

由此可见，直流电流与导通期间的射频传导电流有关：

$$I_{\mathrm{DC}}=\frac{I_{\mathrm{m}}}{\pi}\sin(\pi d) \tag{5.113}$$

于是可以求得基频处的电流：

$$I_{\mathrm{RF}}=\frac{I_{\mathrm{m}}}{\pi}\left[\pi d+\frac{\sin(2\pi d)}{2}\right] \tag{5.114}$$

因此，直流功率可用下式表示：

$$P_{\mathrm{DC}}=V_{\mathrm{I}}I_{\mathrm{DC}}=\frac{V_{\mathrm{I}}I_{\mathrm{m}}}{\pi}\sin(\pi d) \tag{5.115}$$

于是射频功率可定义为

$$P_{\mathrm{RF}}=\frac{V_{\mathrm{RF}}I_{\mathrm{m}}}{2\pi}\left[\pi d+\frac{\sin(2\pi d)}{2}\right] \tag{5.116}$$

利用 P_{RF} 和 P_{DC} 的比值，求得效率：

$$\eta=\frac{\frac{V_{\mathrm{RF}}}{V_{\mathrm{I}}}[2\pi d+\sin(2\pi d)]}{4\sin(\pi d)}=\frac{\frac{V_{\mathrm{RF}}}{V_{\mathrm{I}}}[2\theta+\sin(2\theta)]}{4\sin(\theta)} \tag{5.117}$$

其中，θ 是导通角。如前所述，B 类放大器的导通角为 90° = π/2。因此，B 类放大器的效率(不是功率附加效率，此处不考虑射频输入功率)表达式为

$$\eta_{\mathrm{B}}=\frac{\frac{\pi}{4}V_{\mathrm{RF}}}{V_{\mathrm{I}}} \tag{5.118}$$

最大值为π/4 的电压可能是最高的射频电压，等于 V_{I}。效率和输出功率之间的折中由式 (5.117) 和式 (5.116) 表示：随着导通角减小，效率增加，但输出功率减小。除折中效率和输出功率外，这些设计还折中了线性度和效率。通常，高线性功率放大器的效率较低。在以效率为设计目标时，功率器件在饱和区的工作时间可能相对长，此时优先选择非线性放大器[FPdC+04]。如果效率和线性度都很重要，例如用于在电池充电期间长时间运行的应用，则可能需要考虑 Doherty 技术(下文解释)、包络消除和恢复、异相、数字极化调制和基于变压器的功率合成等方法[ALK+09]。在较低频率范围内，可采用另外的方法：使用 DC-DC 转换器来调节供电电压，尽管这些方法在毫米波系统中的应用受限。基于变压器的方法通常能使电路板实现最大效率，因此，对于片上毫米波应用而言，它们是值得研究的。

Doherty 设计如图 5.51 所示，传统上用于蜂窝基站，目的是在高达 6 dB 的功率回退条件下提高效率。巧妙的功率合成技术为功率回退调制实现了附加的功率效率改进。该技术通过使主功率放大器在回退功率电平的有效操作点处运行，实现更高的功率效率。当需要更大功率时，辅助放大器为主放大器提供功率，以满足瞬时需求，而不会损害放大信号的线性度。两个放大器可以设置为在更高效的操作点运行，以便在放大器电路中实现更高的整体功率效率。三级结构也可用于提高效率[ALK+09]。传统上，由于需要大尺寸的传输线[ALK+09]，这种架构难以在单片机或手机中实现，但在毫米波频率下，这个问题在很大程度上得到了解决，这从 60 GHz 单片机的成功实现可以证明[WSE08]。基本工作理论是将 A 类主放大器与 B 类或 AB 类辅助放大器相结合。在 Wicks 等人的设计中，主放大器和辅助放大器均使用了 5 级的共源共栅级联，以增加每个级联的增益。

使用现代功率放大器时，通常涉及回退和峰均功率比。第 7 章详细介绍了峰值与平均功率比(PAPR)。PAPR 是指，就功率放大器而言，放大器所用的调制方式产生的峰值输出

功率与平均输出功率之比。高 PAPR 迫使放大器在“回退”区域中工作，该区域线性度更高，但效率更低。

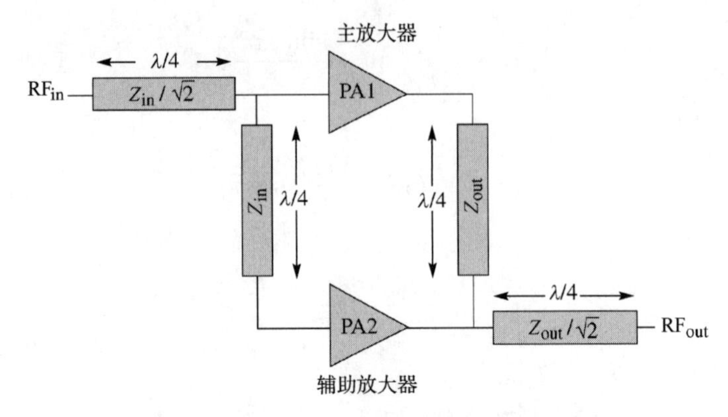

图 5.51 Doherty 放大器使用辅助功率放大器和主功率放大器

D 类、E 类和 F 类放大器比 A 类、B 类、AB 类或 C 类功率放大器更高效。D 类、E 类和 F 类放大器本质上是一种开关放大器，类似于 DC-DC 转换器。它们精确的工作原理不在本文的讨论范围内，因为这些放大器在毫米波应用中并未经常使用。

由于功率放大器通常伴随着高输出功率，设计人员需要考虑其可靠性，因为高输出功率会对放大器中的晶体管造成压力，甚至可能击穿晶体管。常见的破坏方式包括：热载流子退化、介质击穿和负偏压温度不稳定[MTH+08]。与用化合物半导体工艺(如砷化镓)[MTH+08]制造的放大器相比，CMOS 功率放大器中的磁敏击穿效应/劣化效应更严重。Maruhashi 等人发现，CMOS 工艺导致放大器的预期寿命减少约 1000 倍(高电源电压下，高于 10^5 小时或高于 10^8 小时)[MTH+08]。当一个设计需要更多增益时，可以增加电源电压，以提高设备增益和输出功率。

在考虑了所需的输出功率、增益、线性度和效率，并确定了目标功率放大器的拓扑之后，可以进行负载牵引分析，使功率放大器的设计更严谨。负载牵引分析是一种用于开发功率放大器的大信号模型的技术，其考虑了放大器上的源阻抗和负载阻抗[Ito00]。该技术对于实现高功率密度和高功率附加效率非常适用。例如，2008 年，Ferndahl 等人对 40 nm CMOS 晶体管[栅极宽度为 192 μm(*W*/*L* 接近 5000)]进行负载牵引仿真，得出仿真结果：频率在 35 GHz 时 PAE 为 33%，每个晶体管的输出功率为 11.7 dBm，功率密度为 100 mW/mm[FNP+08]。负载牵引技术的基本原理是测量具有不同负载阻抗和源阻抗的晶体管或放大器。根据这些测量结果，可以在史密斯圆图上绘制恒定输出功率、增益、线性度和功率附加效率的图表，供日后设计参考[dMKL+09]。用 Maury 阻抗调谐器改变负载阻抗和源阻抗后，即可进行负载牵引特性分析[FNP+08]。

Buckwalter 等人开发了 45 nm 绝缘体上硅薄膜(SOI)工艺的高效率毫米波放大器，设计采用具有浮动偏置电压的 FET 堆栈，以避免击穿设备。该研究结果表明，在 45～90 GHz 的频率范围内，该放大器的效率很高，功率输出也相当大[DHG+13] [AJA+14]。

5.11.2 低噪声放大器

与功率放大器不同，低噪声放大器(LNA)最重要的品质因数是噪声性能。低噪声放大器通常位于接收天线之后，是接收机链中的第一个有源模块。增益对功率放大器很重要，但对于低噪声放大器来说更加重要。低噪声放大器的作用是在不增加大量噪声的情况下提高接收信号强度。从式(5.98)可以看出，通过保持低噪声放大器的低噪声系数和高增益，整个接收机链的噪声性能均得到改善。国际半导体技术发展蓝图(ITRS)为低噪声放大器提供了适用的品质因数：

$$\mathrm{FoM_{LNA}} = \frac{G \times \mathrm{IIP_3} \times f}{(F-1) \times P} = \frac{\mathrm{OIP_3} \times f}{(F-1) \times P} \tag{5.119}$$

其中，F是噪声因子，G是增益，f是频率，$\mathrm{OIP_3}$是输出三阶交调增益压缩点。在毫米波频率下，成功的设计由于以下原因变得更具挑战：首先，需要更多级联来实现所需的增益，并且缩比器件[NH08]的器件参数会发生很大变化；此外，在毫米波频率下，所有金属都可以被认为是分布式无源器件，能够影响器件的工作，增加噪声并使设计复杂化[STD+09]。根据文献[RMGJ11]，表 5.5 给出了毫米波 60 GHz 低噪声放大器的示例。

表 5.5　毫米波低噪声放大器的示例

文献	增益	噪声因数	拓　　扑	线性度 $\mathrm{IIP_3}/P_{\mathrm{1dB}}$	功率，电压	工　　艺
[YGY+06]	14.6 dB	4.5 dB，仿真	2 级共源共栅	在 58 GHz 时，$\mathrm{IIP_3}$ = −6.8 dBm，$\mathrm{OP_{1dB}}$ = −0.5 dBm	24 mW，1.5 V	90 nm CMOS
[LLW06]	20 dB 在 51～57.5 GHz	在 50～57 GHz 时 8 dB	3 级共源共栅	在 56 GHz 时，$\mathrm{IIP_3}$ = −12 dBm，$\mathrm{IP_{1dB}}$ = −22 dBm	79 mW，2.4 V	0.13 μm CMOS
[Raz06]	13 dB	4.6 dB，仿真	2 级 CG-CS	不适用	不适用	0.13 μm CMOS
[FRP+05]	14.7 dB 在 61.5 GHz	在 61.5 GHz 时 4.5 dB	2 级单端 CB(Common Base，共基级)连接退化的共源共栅	$\mathrm{IIP_3}$ = −8.5 dBm，$\mathrm{IP_{1dB}}$ = −20 dBm	10.8 mW，1.8 V	0.12 μm SiGe BJT
[Flo04]	15 dB	4.5 dB	非平衡 CB 连接退化的共源共栅	$\mathrm{IIP_3}$ = −9 dBm，$\mathrm{IP_{1dB}}$ = −20 dBm	10.8 mW，1.8 V	0.12 μm SiGe BJT
[AKD+07]	14.5 dB 在 59 GHz	4.1 dB	单级共源共栅	$\mathrm{IIP_3}$ = −2 dBm，$\mathrm{OP_{1dB}}$ = + 1.5 dBm	8.1 mW，1.8 V	0.12 μm SiGe BiCMOS

低噪声放大器中的晶体管和电阻都会产生噪声。电阻的基本噪声源是热噪声[Pul10]。晶体管的基本噪声源包括热噪声、散粒噪声和闪烁噪声[Pul10]。热噪声与电子在电阻中的自由运动有关[Pul10]。

对于电阻，可以将热噪声建模成串联电压源或并联电流源，如图 5.52 所示。对于晶体管，热噪声通常被建模为与漏极电流并联的噪声电流，如图 5.53 所示。其中，k是玻尔兹曼常数，R是电阻，T是热力学温度，γ是器件因子(长沟道器件的因子通常等于 2/3，短沟道器件接近 1/3)，Δf是工作带宽。在图 5.54 和图 5.55 中，电流方向是任意的。电流方向可根据分析进行改变，前提是在整个分析过程中保持不变。电阻的热噪声可写成

$$\overline{V_{\mathrm{TH}}^2} = 4kTR\Delta f \tag{5.120}$$

$$\overline{I_{\mathrm{TH}}^2} = 4kT\gamma g_m \Delta f \tag{5.121}$$

如式(5.120)和式(5.121)所示，热噪声在整个频率上是“平坦的”，表明噪声功率随着系统的带宽呈线性增长。

散粒噪声与通过势垒[Pul10]的电荷流量有关。与热噪声一样，散粒噪声在整个频率上也是平坦的。晶体管的散粒噪声电流被建模为与图 5.53 中的热噪声电流模型相同的并联电流源。散粒噪声值与通过漏极的直流电流有关：

$$\overline{I_{\text{shot}}^2} = 2qI_{\text{DC}}\Delta f \tag{5.122}$$

其中，q 是电子中的电荷，I_{DC} 是直流漏极电流。

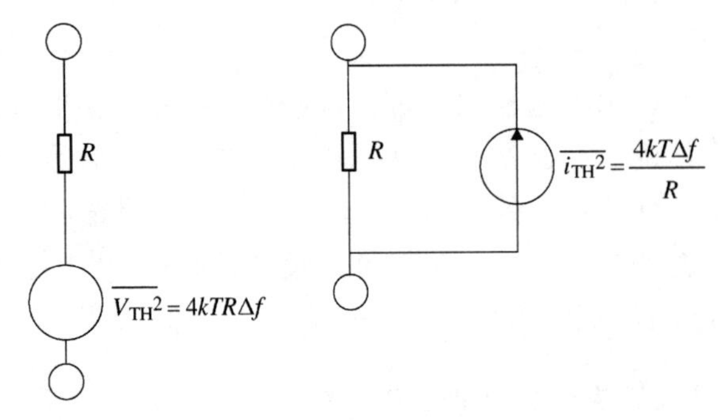

图 5.52　热噪声是电阻元件(如电阻)产生的噪声类型

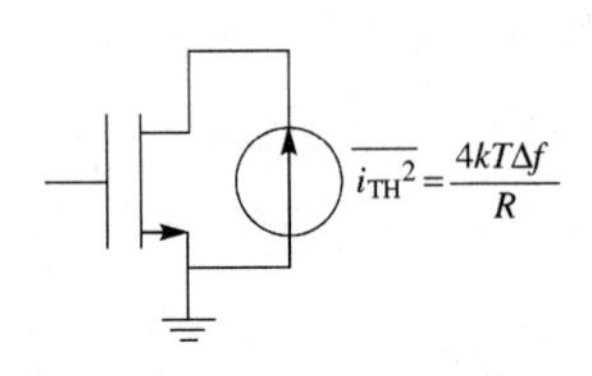

图 5.53　晶体管中的热噪声

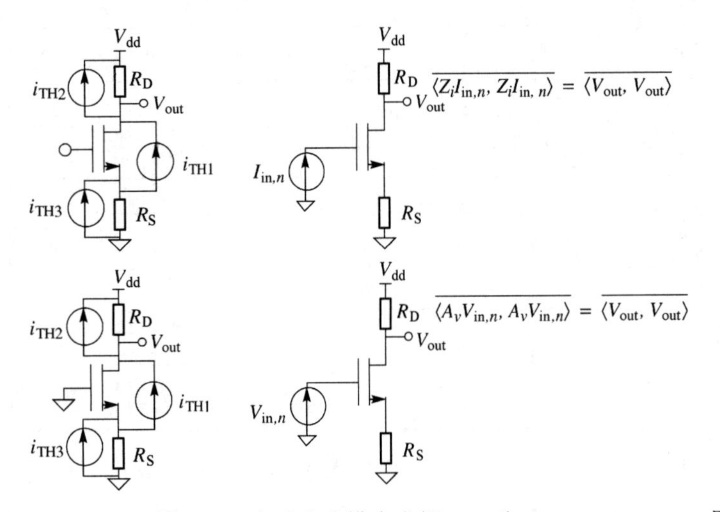

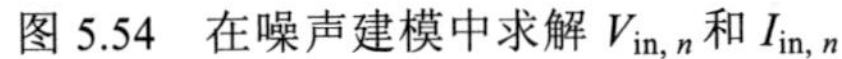

图 5.54　在噪声建模中求解 $V_{\text{in},n}$ 和 $I_{\text{in},n}$

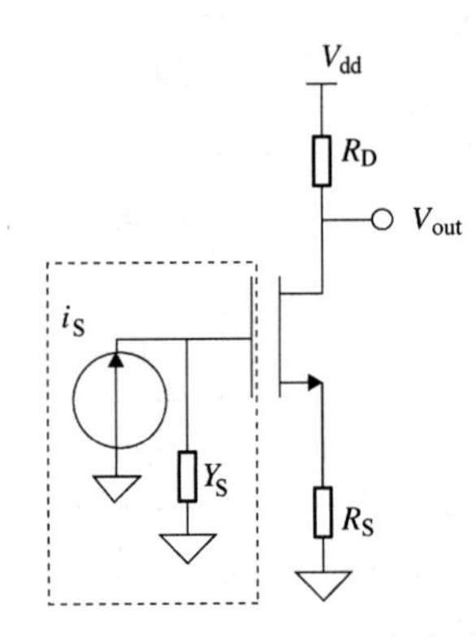

图 5.55　驱动电路的电源会产生噪声

闪烁噪声与散粒噪声和热噪声不同，其在整个频率上不是均匀分布的，而是与 $\frac{1}{f^n}$ 成比例。闪烁噪声的表达式通常根据工艺相关参数 K[Lee04a]来定义：

$$\overline{I_{\text{flicker}}^2} = \frac{K}{f^n}\Delta f \tag{5.123}$$

参数 n 通常取为 1[Lee04a]。

如式(5.119)所述，噪声因数(或噪声系数)是低噪声放大器最重要的品质因数之一。文献[Raz01，第 7 章]对噪声建模做出了很好的介绍。噪声系数可通过以下步骤求出：

(1) 将每个噪声源分别加入电路中。针对每个噪声源，找到开路输入和短路输入时的输出电压。应用叠加原理，得到 $V_{n,\text{out}}^{\text{open}} = V_{\text{out,source1}} + V_{\text{out,source2}} + \cdots$ 和 $V_{n,\text{out}}^{\text{short}} = V_{\text{out,source1}} + V_{\text{out,source2}} + \cdots$。$V_{n,\text{out}}^{\text{open}}$ 是输入为开路时的输出电压，$V_{n,\text{out}}^{\text{short}}$ 是输入为短路时的输出电压。对于开

路和短路两种输入情况，必须考虑每个噪声源(例如，每个晶体管的热噪声源)。

(2) 通过 $V_{n,out}^{open}$ 和 $V_{n,out}^{short}$ 的自相关性，得到开路和短路输入的总输出噪声功率。我们可能经常认为，每个噪声来源与其他来源不相关，但并非总是如此，需要仔细分析。

(3) 对于短路输入情况，将输出噪声电压功率除以放大器电压增益的平方，得到输入参考噪声电压 $V_{in,n}$。对于开路输入情况，将输出噪声电压功率除以电路的互阻抗的平方(即输出电压和输入电流之间的关系)，得到输入参考噪声电流 $I_{in,n}$。

例如，对于图 5.54 所示的简单源极退化单端放大器，设有 3 个噪声电流。如果令输入为开路并找到器件的输出电压，可以发现

$$V_{\text{out}}^{\text{open}}=-R_{\text{D}}\left(i_{\text{th}1}+i_{\text{th}2}\right)\rightarrow\overline{V_{\text{out}}^{\text{open}^2}}=R_{\text{D}}^2\left(\overline{i_{\text{th}1}^2}+\overline{i_{\text{th}2}^2}\right) \tag{5.124}$$

器件的跨阻抗 Z_S 上输出电压可描述为

$$V_{\text{out}}=Z_iI_{\text{in}}=-\frac{R_{\text{D}}g_{\text{m}}}{\text{j}\omega C_{\text{gs}}I_{\text{in}}} \tag{5.125}$$

因此有

$$\left(\frac{R_{\text{D}}g_{\text{m}}}{\omega C_{\text{gs}}}\right)^2\overline{I_{\text{in},n}^2}=R_{\text{D}}^2\left(\overline{i_{\text{th}\,1}^2}+\overline{i_{\text{th}\,2}^2}\right)=R_{\text{D}}^2\left(4kT\gamma g_{\text{m}}+\frac{4kt}{R_{\text{D}}}\right)\Delta f \tag{5.126}$$

$$\overline{I_{\text{in},n}^2}=\left(\frac{\omega C_{\text{gs}}}{g_{\text{m}}}\right)^2 4kT\left(\gamma g_{\text{m}}+\frac{1}{R_{\text{D}}}\right) \tag{5.127}$$

其中，C_{gs} 是晶体管的栅-源电容，g_m 是晶体管的跨导。短路输入时，输出电压可定义为

$$\begin{aligned}V_{\text{out}}^{\text{short}}=&-\frac{R_{\text{D}}}{2}\frac{\left(1+\frac{\text{j}\omega}{2}C_{\text{in}}\left(2R_{\text{s}}+\frac{1}{g_{\text{m}}}\right)\right)}{1+\text{j}\omega C_{\text{in}}\left(\frac{1}{g_{\text{m}}}+R_{\text{s}}\right)}i_{\text{th}1}\\&-R_{\text{D}}i_{\text{th}\,2}-\frac{R_{\text{D}}\left(1+\text{j}\omega R_{\text{s}}C_{\text{in}}\right)}{1+\text{j}\omega C_{\text{in}}\left(\frac{1}{g_{\text{m}}}+R_{\text{s}}\right)}i_{\text{th}3}\end{aligned} \tag{5.128}$$

$$\begin{aligned}\overline{V_{\text{out}}^{\text{short}^2}}=&\frac{R_{\text{D}}^2}{4}\frac{\left(1+\frac{\omega^2}{4}C_{\text{in}}^2\left(2R_{\text{s}}+\frac{1}{g_{\text{m}}}\right)^2\right)}{1+\omega^2C_{\text{in}}^2\left(\frac{1}{g_{\text{m}}}+R_{\text{s}}\right)^2}\overline{i_{\text{th}1}^2}\\&+R_{\text{D}}^2\overline{i_{\text{th}2}^2}+\frac{R_{\text{D}}^2\left(1+\omega^2R_{\text{s}}^2C_{\text{in}}^2\right)}{1+\omega^2C_{\text{in}}^2\left(\frac{1}{g_{\text{m}}}+R_{\text{s}}\right)^2}\overline{i_{\text{th}3}^2}\end{aligned} \tag{5.129}$$

用式(5.129)除以器件的电压增益，得到输入参考电压。由于 $V_{in,n}$ 和 $I_{in,n}$ 对 i_{th1} 和 i_{th2} 的相关性，$V_{in,n}$ 和 $I_{in,n}$ 也是相关的。因此，在文献[Lee04a]中，通常将 $I_{in,n}$ 分成与 $V_{in,n}$ 相关和与 $V_{in,n}$ 不相关的项：

$$I_{\text{in},n}=I_{\text{c}}+I_{\text{u}} \tag{5.130}$$

其中，I_c 与 $V_{in,n}$ 相关，而 I_u 与 $V_{in,n}$ 不相关。I_c 和 $V_{in,n}$ 之间的关系是根据相关导纳 Y_c[Lee04a]来定义的：

$$I_{\text{c}}=Y_{\text{c}}V_{\text{in},n} \tag{5.131}$$

接下来，假设电路由相关导纳 Y_s 的噪声源驱动，如图 5.55[Lee04a]所示。利用 $V_{in,n}$，I_c，I_u，Y_c 和 I_s，可以求出噪声因数 F[Lee04a]：

$$F=1+\frac{\left(\overline{I_{\mathrm{in},n}^{2}}+\left|Y_{\mathrm{c}}+Y_{\mathrm{s}}\right|^{2}\overline{V_{\mathrm{in},n}^{2}}\right)}{\overline{I_{\mathrm{s}}^{2}}} \tag{5.132}$$

文献[Lee04a]的第 11 章对噪声系数的计算进行了详细介绍。文献[Lee04a]表述了用于实现最佳噪声系数的最佳源阻抗/导纳。遗憾的是，通常，该最佳噪声阻抗并不总是等于放大器输入阻抗的复共轭。因此，源阻抗必须设置为复共轭，以实现从源到放大器的最大功率传输。要解决这一问题，可使用一种常见窄带技术——电感负反馈，如图 5.56 所示。该图还展示了共源共栅设计，该设计通常用于改善输入和输出之间的隔离(即防止输出反馈到输入，通过天线再辐射从而干扰接收机)。要了解电感负反馈是如何工作的，先来分析图 5.57 所示的简单放大器，在该图中，假设负载电阻是无噪声的。

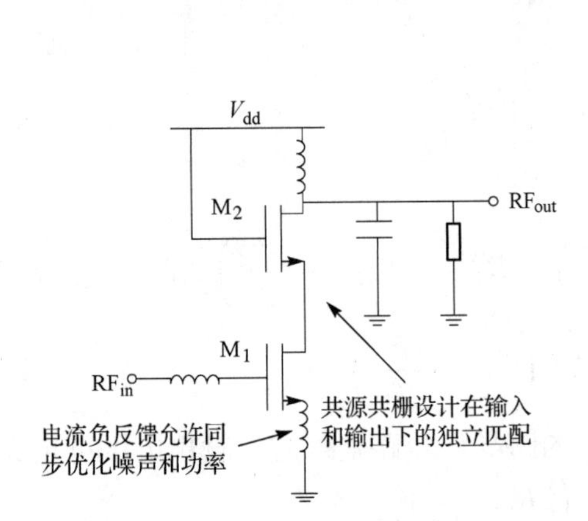

图 5.56 电感负反馈是一种用于同步噪声和功率匹配的常见窄带技术

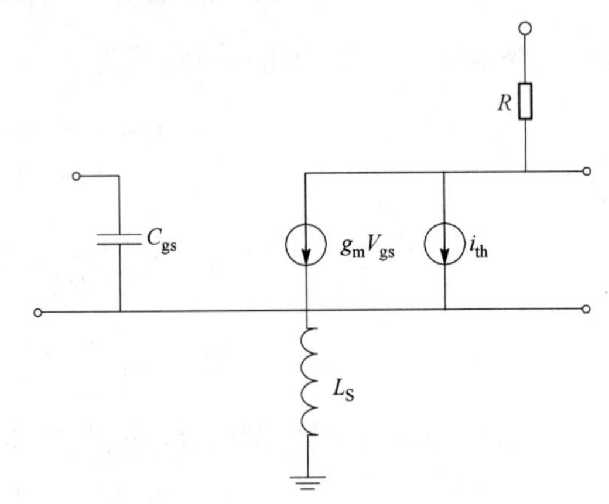

图 5.57 一种非常简单的低噪声放大器电感负反馈

通过代数运算，可以得到输入参考噪声电压

$$V_{\mathrm{in},n}=\mathrm{j}\omega L_{\mathrm{s}}i_{\mathrm{th}} \tag{5.133}$$

输入参考噪声电流可表述为

$$i_{n}=\frac{\mathrm{j}\omega C_{\mathrm{in}}}{g_{\mathrm{m}}}i_{\mathrm{th}} \tag{5.134}$$

根据文献[Lee04a]，可以通过式(5.133)和式(5.134)求出最低噪声系数的最佳源导纳：

$$Y_{\mathrm{opt,source}}=\frac{C_{\mathrm{gs}}}{g_{\mathrm{m}}L_{\mathrm{s}}} \tag{5.135}$$

式(5.135)表明，最佳源阻抗(从噪声角度看)可以通过选择源电感来设置。确定乘法器的输入阻抗时，这一方法的优点就显而易见了，

$$Z_{\mathrm{in}}=\mathrm{j}\omega L_{\mathrm{s}}+\frac{1}{\mathrm{j}\omega C_{\mathrm{gs}}}+\frac{g_{\mathrm{m}}L_{\mathrm{s}}}{C_{\mathrm{gs}}} \tag{5.136}$$

式(5.135)和式(5.136)表明：最佳噪声源导纳决定了输入阻抗的实部。因此，可以先使用源电感设置 $Y_{\mathrm{opt,source}}$，使得最佳输入导纳等于源极的实际输出导纳。然后添加栅极电感器，消除输入阻抗的虚部。最终发现：源电感器允许同步噪声和功率匹配。

图 5.56 描述了共源共栅设计，与电感负反馈一样，共源共栅是毫米波低噪声放大器最

常见的设计选择。这种设计提供了输出级和输入级之间的隔离(即从输出端泄漏到输入端的能量很少，且 S_{12} 接近零)并且便于输入和输出的单独匹配[Lee04b] [TWS+07]。当工作频率与传输频率之比很小(例如，0.2)[GHH04]时，该方法非常适用于实现高增益和低噪声系数(虽然它提供的噪声系数不比其他所有的设计更低[TWS+07])。基于电感负反馈的共源共栅结构也可以无条件稳定，从而实现简单的匹配网络[HBAN07b]。该设计还具有抗米勒电容[AKD+07]的优点。基于电感负反馈的共源共栅方法的缺点在于，共源和共栅晶体管之间的电极很难用于谐振补偿，尽管两者之间的电感器可以用作补偿结构[YGT+07][Raz06]。共源晶体管的寄生源极漏极电容是引发该电极的原因之一，在低频下，该电极致使设计具有低增益和高噪声系数(相对于共源共栅拓扑结构而言)[Raz06]。这种设计通常需要很小的电感负反馈，因此也很容易受到封装寄生效应的影响[Raz06]。f_T 附近的共源共栅器件的负反馈较低，也会导致噪声系数高于其他拓扑结构[HBAN07b]。避免这一问题的另一种方法是采取共栅设计[Raz06]。当工作频率与所用技术的传输频率相当时，共栅设计非常有用[GHH04]。

引起高噪声系数的原因有很多，包括电流返回路径设计不良，以及电路布局未使寄生效应最小化。“电流返回路径”是指电流流回连接电路负载的传输线源端时所经过的路径。电流总是沿传输线的信号导线向下流动并返回以相等的电流，如图 5.58 所示。如果未特别放置回流导线，则电流将流过衬底，产生额外的噪声。Alvarado 等人充分优化了当前的返回路径设计来最小化噪声系数[AKD+07]。与用于低噪声放大器输入或任何电路的金属迹线相反，传输线的优点在于其明确地定义了用于电流返回路径的金属接地路径。

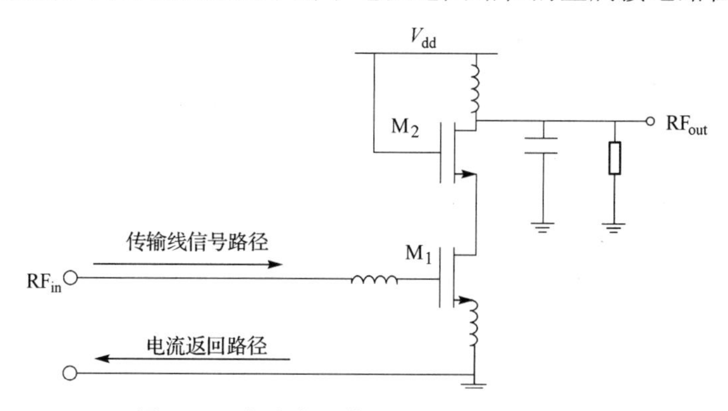

图 5.58　电流将沿着地电流返回路径回流

寄生参量不是在电路设计时所期望的，但还是由于器件的物理布局而存在。例如，连接晶体管栅极的超长金属迹线具有增加电感的效果。在设计时，必须使用寄生参量提取工具[STD+09] [JGA+05]来分析寄生电容和电阻。例如，电路 Cadence 工具可用于提取仿真寄生元件的值，以确定布局电路的性能。寄生效应不容忽视，否则将导致低噪声放大器的谐振频率明显下降[STD+09]，并使寄生值升高，从而增加噪声系数。通过正确选择插指的数量，通常可使栅极寄生电阻接近最佳值(大多数低噪声放大器的每个 MOSFET 具有大量插指)[JGA+05]。除器件寄生电容和电阻外，还必须考虑器件之间的金属互连上的寄生电容。寄生参量提取后，方可设计良好的匹配网络[STD+09]。

5.11.3 混频器

混频器是一种非线性电路或时变电路，用于将信号下变频或上变频设为新的载波频率，以便信号可以由接收机的低频分量发送或使用。表 5.6 改编自文献[RMGJ11]，总结了文献中提出的几种毫米波 60 GHz 混频器。图 5.59 为下变频混频器，并总结了混频器的基本操作。上变频混频器的 RF 和 IF 端口与下变频混频器相反。图中，输入 RF 频率与输入 LO 频率“混合”，得出：IF 频率等于 RF 和 LO 频率之和或差。

表 5.6 几种毫米波混频器

文献	拓扑和类型	变频增益/损耗	工 艺	RF，IF 频率	测试 LO 频率和功率	RF-LO 隔离度和线性度[①]
[ZSS08]	双平衡上变频 Gilbert 单元，有源	< 2 dB（增益）	0.13 μm CMOS	57～65 GHz RF，基带 IF	0 dBm 时 60 GHz	隔离度为−37 dB，OP_{1dB} = −5.6 dBm
[ZSS07]	双平衡下变频 Gilbert 单元，有源	< 2 dB（增益）	0.13 μm CMOS	57～64 GHz RF，基带 IF	0 dBm 时 60 GHz	隔离度为−36 dB，IIP_3 = −8 dBm
[EDNB05]	正交单平衡、单栅极，有源	< −2 dB（损耗）	0.13 μm CMOS	51～63 GHz RF，2 GHz IF	0 dBm 时 58 GHz	隔离度为−15 dB，IP_{1dB} = −3.5 dBm
[CR01c]	单极次谐波反并联二极管对，单端，无源	−13.2 dB（损耗）	GaAs MSAG5 工艺	58.5～60.5 GHz RF，1.5～2.5 GHz IF	3～4 dBm 时 14～14.5 GHz	隔离度为−17 dB
[BSS+10]	四次谐波反并联二极管对，单端，无源	−17 dB（损耗）	GaAs 液晶聚合物	60 GHz RF，DC 1.25 GHz IF	8 dBm 时 16 GHz	隔离度为−30 dB，IIP_3 = −2 dBm
[TH07]	二次谐波 Gilbert 单元，双平衡，有源	上变频：−6 dB（损耗）下变频：−7.5 dB（损耗）	0.13 μm CMOS	35～65 GHz RF，基带 IF	7～8 dBm 时 20～32.5 GHz	隔离度为−45 dB，IP_{1dB} = −5 dBm
[SQI01]	推挽式介质谐振器，双平衡，无源	> −15 dB（损耗）	Fujitsu FHR02X K 波段 pHEMT	60～61.5 GHz RF，1 GHz IF	自激振荡	通过集成八木天线隔离
[Rey04]	单平衡 Gilbert 单元，有源	> 9 dB（增益）	0.12 μm SiGe BJT	57～64 GHz RF，8.3～9.1 GHz IF	−3 dBm 时 52 GHz	隔离度为−26～−30 dB，IP_{1dB} = −7 dBm（包括缓冲区）
[MGFZ06]	单端电阻型混频器，无源	−11.6 dB（损耗）	90 nm CMOS	57～63 GHz RF，2 GHz IF	4 dBm 时 60 GHz	P_{1dB} = 6 dBm，IIP_3 = 16.5 dBm
[VKR+05]	单平衡单端电阻型混频器，无源	−11.5 dB（损耗）	0.25 μm pHEMT	57～67 GHz RF，5.3 GHz IF	8 dBm 时 56 GHz	隔离度为 34 dB
[VKR+05]	单平衡镜像抑制混频器，无源	−16～−13 dB（损耗）	0.25 μm pHEMT	57～66 GHz RF，5.3 GHz IF	8 dBm 时 57 GHz	隔离度为−36 dB，OP_{1dB} = −13 dBm，IP_3 = 4 dBm

① 许多学者研究 P_{1dB} 或 IIP_3，利用此参数可决定谁是最适合的。

判断混频器有 3 个基本标准：变频增益、线性度和隔离度。变频增益是指输入信号的功率与混频器输出信号功率之比。正变频增益表示输出信号的功率大于输入信号的功率。线性度是指输出功率与输入功率的关联程度。和放大器一样，除提供预期输出频率的谐波外，混频器还将提供预期输出频率的功率，非线性混频器将为谐波提供大量功率。隔离度是指混频器屏蔽从输入 RF 或本振(LO)频率的输出和在其输出端仅提供 IF(中频)的能力。

为了理解变频增益，参见图 5.59 中的下变频混频器。该混频器有两种工作方式：施加高本振(LO)信号电压，使共源共栅晶体管作为开关，或施加低本振(LO)信号电压，简单地调制共源共栅晶体管的跨导。首先考虑后一种情况。为了准确起见，必须考虑共源输入晶体管的输出电阻，即共源设备的漏极电阻。该电阻可写成$1/g_{ds}$，其中g_{ds}是电导。共源器件跨导产生的电流离开共源器件的漏极时，流入共源共栅器件的源极或通过共源器件的输出电阻回流。描述向上流过的共源共栅源的有效电流量的比率，可用下式表示：

$$\beta = \frac{g_m^{cas}}{g_m^{cas} + g_{ds}} \tag{5.137}$$

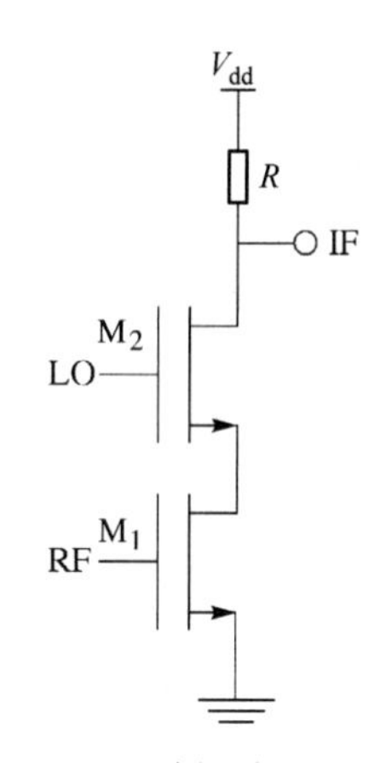

图 5.59　混频器根据 RF 和 LO 信号的混频产生 IF 频率的信号

其中，g_m^{cas}是共源共栅器件的跨导，g_{ds}是共源器件输出电阻的倒数。混频器的传递函数可以写成低本振(LO)幅度的形式：

$$V_{out} = -g_m R \beta V_{RF} = -g_m R \left(\frac{g_m^{cas}}{g_m^{cas} + g_{ds}}\right) V_{RF} = -\frac{g_m R \left(\frac{g_m^{cas}}{g_{ds}}\right)}{1 + \frac{g_m^{cas}}{g_{ds}}} V_{RF} \tag{5.138}$$

展开 1+*x* 的倒数的泰勒级数

$$V_{out} = -g_m R \left(\frac{g_m^{cas}}{g_{ds}}\right) \left[1 - \left(\frac{g_m^{cas}}{g_{ds}}\right) + \left(\frac{g_m^{cas}}{g_{ds}}\right)^2 - \cdots\right] V_{RF} \tag{5.139}$$

输入 RF 信号和共源共栅跨导可写为

$$V_{RF} = A\cos(\omega_{RF} t) \tag{5.140}$$

$$g_m^{cas} = g_{m0}^{cas} \cos(\omega_{LO} t) \tag{5.141}$$

因此输出信号可改写为

$$\begin{aligned} V_{out} &= -A\frac{g_m}{g_{ds}} R g_{m0}^{cas} \cos(\omega_{LO} t)\cos(\omega_{RF} t) \\ &\quad \cdot \left[1 - \left(\frac{g_m^{cas}}{g_{ds}}\right)\cos(\omega_{LO} t) + \cdots\right] \\ V_{out} &= -\frac{A}{2}\frac{g_m}{g_{ds}} R g_{m0}^{cas} \left(\cos(\omega_{LO} t + \omega_{RF} t) + \cos(\omega_{LO} t - \omega_{RF} t)\right) \\ &\quad \cdot \left[1 - \left(\frac{g_m^{cas}}{g_{ds}}\right)\cos(\omega_{LO} t) + \cdots\right] \end{aligned} \tag{5.142}$$

根据 IF 频率$f_{IF} = f_{RF} - f_{LO}$，求得信号

$$V_{IF} = -\frac{A}{2}\left(\frac{g_m}{g_{ds}}\right) R g_{m0}^{cas} \cos(\omega_{IF} t) \tag{5.143}$$

将 IF 频率的功率除以 RF 频率的功率，得出转换增益[Poz05，第 12 章]

$$G_c = \frac{P_{IF}}{P_{RF}} \tag{5.144}$$

其中，P_{IF}是 IF 频率下的可用功率，P_{RF}是 RF 频率下的可用功率。RF 电压通过共源晶体管的栅-源电容下降，而 IF 电压通过输出电阻下降：

$$
\begin{aligned}
P_{\mathrm{RF}} &= \omega_{\mathrm{RF}} C_{\mathrm{gs}} \frac{A^2}{2} \\
P_{\mathrm{IF}} &= \frac{A^2}{8} \left(\frac{g_{\mathrm{m}}}{g_{\mathrm{ds}}} \right)^2 R g_{\mathrm{m0}}^{\mathrm{cas}^2}
\end{aligned}
\tag{5.145}
$$

因此变频增益可定义为

$$
G_{\mathrm{c}} = \frac{R g_{\mathrm{m0}}^{\mathrm{cas}^2}}{4 \omega_{\mathrm{RF}} C_{\mathrm{gs}}} \left(\frac{g_{\mathrm{m}}}{g_{\mathrm{ds}}} \right)^2 \tag{5.146}
$$

该分析仅适用于低幅度 RF 信号和低幅度 LO 信号。在较高的 LO 功率下，共源共栅的β值可被视为方波，占空比 d 取决于 LO 电压信号和偏置点，如图 5.60 所示。β因子可以写成傅里叶级数：

$$
\begin{aligned}
\beta &= a_0 + a_1 \cos(\omega_{\mathrm{LO}} t) + b_1 \sin(\omega_{\mathrm{LO}} t) + \cdots \\
a_0 &= \frac{1}{\pi} \sin(\pi d), a_{n,n>0} = \frac{1}{\pi} \left[\frac{\sin\left((n-1)\pi d\right)}{n-1} + \frac{\sin\left((n+1)\pi d\right)}{n+1} \right], b_n = 0 \\
\beta &= \frac{1}{\pi} \sin(\pi d) + \frac{1}{\pi} \left[\pi d + \frac{\sin(2\pi d)}{2} \right] \cos(\omega_{\mathrm{LO}} t) + \cdots
\end{aligned}
\tag{5.147}
$$

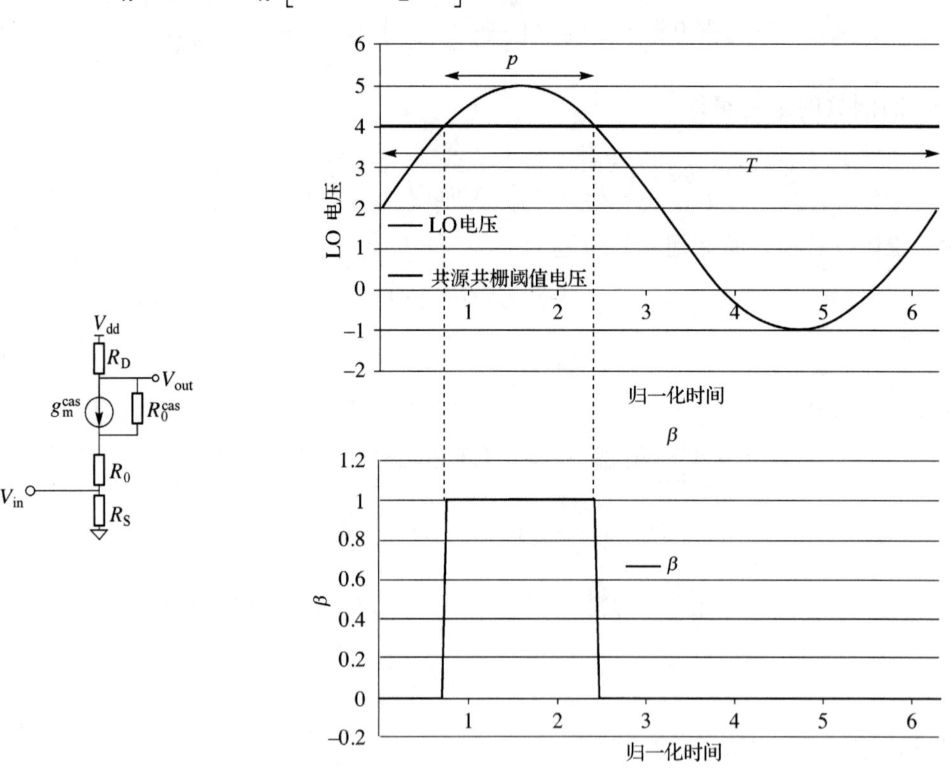

图 5.60 根据 LO 信号幅度和偏置点的性质，共源共栅的跨导可视为方波，可以转换成开和关。本图显示了如何通过 LO 电压门控开关混频器增益产生混频器的开关效应。该方法适用于双平衡混频器，例如吉尔伯特(Gilbert)单元

则 IF 输出可用下式表示：

$$
V_{\mathrm{IF}} = -\frac{A}{2\pi} g_{\mathrm{m}} R \left[\pi d + \frac{\sin(2\pi d)}{2} \right] \cos(\omega_{\mathrm{IF}} t) \tag{5.148}
$$

因此，在高 LO 信号电平下，转换增益可以描述为

$$G_{\mathrm{C}}=\frac{Rg_{\mathrm{m}}^{2}}{4\pi^{2}\omega_{\mathrm{RF}}C_{\mathrm{gs}}}\left[\pi d+\frac{\sin(2\pi d)}{2}\right]^{2} \tag{5.149}$$

为理解隔离度的含义，首先应认识到：现已假设共源共栅晶体管的输出电阻是无穷大的(为便于分析而假设)，而实际上该输出电阻是有限的。隔离度差表明：IF 端口的信号将在简单下变频混频器的 RF 端口产生信号。观察图 5.60 所示的简单小信号模型，在该图中，为便于分析，增加了一个负反馈电阻 R_s。很明显，输出端口上施加的电压信号将出现在输入端口处，

$$V_{\mathrm{in}}=\left(\frac{V_0}{1+\frac{R_0}{R_{\mathrm{s}}}}\right)\left[\frac{R_0+R_{\mathrm{s}}}{R_0^{\mathrm{cas}}+R_0+R_{\mathrm{s}}+g_{\mathrm{m}}^{\mathrm{cas}}R_0^{\mathrm{cas}}(R_0+R_{\mathrm{s}})}\right] \tag{5.150}$$

该简单示例仅适用于低幅度信号，但它可以说明：如果共源共栅晶体管的输出电阻有限，那么输出端口的信号将出现在输入端口。

要理解线性度，需分析输入 RF 幅度是否足以调制输入晶体管的输出电阻。在这种情况下，如果 RF 功率太高，共源晶体管可能进入线性区工作，此时其 g_{ds} 将快速减小。这是因为，在线性区中，晶体管的漏极电流比在饱和区中低，并且晶体管的输出电阻通常与其漏极电流[Raz01]成反比。

而在毫米波频率下，可能难以产生很大的 LO 信号功率来运行混频器。这一点很重要，因为 LO 信号电平对混频器的工作有很大影响；例如，转换增益通常会随着 LO 功率[NH08]的降低而迅速下降。

混频器分为两种基本类型：有源混频器和无源混频器。这两个大类又分为 3 个基本子类：单端、单平衡和全平衡(也称双平衡)混频器。有源混频器和无源混频器的变频增益不同：有源混频器提供正变频增益，无源混频器提供损耗。单端混频器、单平衡混频器和双平衡混频器之间的差异在于：线性度和频率抑制特性以及混频器输出端的频率。单端混频器的输出端在 LO，RF 和 IF 频率下均有信号。而单平衡混频器在输出端只有这 3 个频率的其中两个频率有信号，双平衡混频器的线性度、端口隔离度和杂散频率抑制特性都很出色，并且输出端只有一个频率(RF 或 IF，取决于混频器是上变频的还是下变频的)。图 5.61 分别就这 3 种混频器各给出了一个图例。

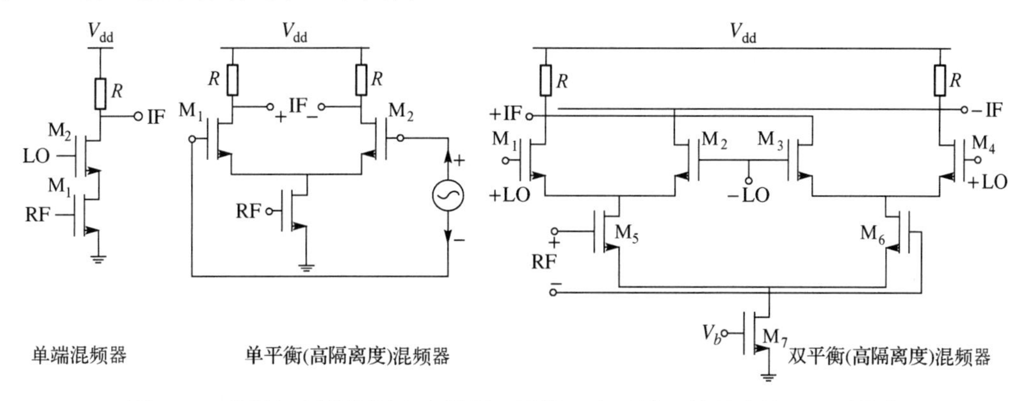

图 5.61　单端混频器的隔离度最低。通常，由于端口是差分端口，因此将会隔离输出端口。在双平衡混频器中，RF 和 LO 端口都是差分的

为了了解如何提高从单平衡设计到双平衡设计的隔离度，首先分析图 5.61 所示的单平衡混频器的输出。由于基极电流源处产生的 RF 电流在两个输出端口之间均匀分布，查看两个晶体管(其栅极连接到 LO 信号)的源极，可以得到相同的电阻。向右分流的一半电流产生电压$-I_{RF}R/2$，向左分流的电流产生相同的电压。因此，在输出端通过差分的方式取出信号，这些电压会消失，输出端不会出现 RF 频率信号。双平衡混频器针对 IF，LO 和 RF 信号使用差分输入，如此一来，既改善了隔离度，又增强了 RF 输出端对干扰信号的抑制。

5.11.4 压控振荡器(VCO)

表 5.7 为毫米波应用开发的 VCO 示例

文献	频率范围	拓扑&工艺	相位噪声	输出功率	功耗，电压
[Flo04]	52～53.955 GHz	差分考毕兹(Colpitts) 0.12 μm SiGe	1 MHz 偏移时，–100 dBc/Hz	–8 dBm	25 mW，2.5 V
[Flo04]	65.8～67.9 GHz	差分考毕兹 0.12 μm SiGe	1 MHz 偏移时，–98～–104 dBc/Hz	–8 dBm	24 mW，3.0 V
[LSE08]	64～70 GHz	基频 30 GHz 双推缓存器 0.13 μm CMOS，单端输出	1 MHz 偏移时，–90.7 dBc/Hz	–10 dBm	1.5 V 和 1.0 V 测试电源
[YCWL08]	53.1～61.3 GHz	可变电感器 LC 谐振腔 VCO 90 nm CMOS，单端输出	–10 MHz 偏移时，–118.75 dBc/Hz	–6.6 dBm	8.7 mW，0.7 V
[CCC+08]	66.7～69.8 GHz	固有 LC 谐振腔 VCO 0.13 μm CMOS，差分输出	1 MHz 偏移时，–98 dBc/Hz；10 MHz 偏移时，–115.2 dBc/Hz	大于 –24.8 dBm	4.32 mW，0.6 V
[BDS+08]	55.5～61.5 GHz	交叉耦合对带 LC 谐振腔(屏蔽慢波电感器，MOSCAP 电感器) 0.13 μm CMOS	1 MHz 偏移时，大于–90 dBc/Hz	–15 dBm	3.9 mW，1 V
[BDS+08]	59～65.8 GHz	交叉耦合对带 LC 谐振腔(屏蔽慢波电感器，MOSCAP 电感器) 0.13 μm CMOS	1 MHz 偏移时，大于 –90 dBc/Hz	–15 dBm	3.9 mW，1 V
[CLH+09]	0.1～65.8 GHz	环形三重推挽 90 nm CMOS	1 MHz 偏移时，–99.4～–78 dBc/Hz；10 MHz 偏移时，–107.8～–94.6 dBc/Hz；频率高达 47.4 GHz	–27～–7.5 dBm	1.2～26.4 mW，1.2 V
[LRS09]	53.2～58.4 GHz	感应分压 LC 谐振 90 nm CMOS	1 MHz 偏移时，–91 dBc/Hz；58.4 GHz 工作频率	–14 dBm	8.1 mW，0.7 V 电源 1.2 mW，0.43 V 电源
[Wan0l]	49～51.1 GHz	LC-谐振器带交叉耦合 NMOS 0.25 μm CMOS	–99 dBc/Hz	49.4 GHz 时，–11 dBm	4 mW，1.3 V
[CTC+05]	52～52.6 GHz	双推，带薄膜微带线 0.18 μm CMOS	53 GHz，1 MHz 偏移时，–97 dBc/Hz	–16 dBm	27.3 mW 2.1 V 电源

5.11.4.1 基本压控振荡器(VCO)设计和 LC 谐振腔压控振荡器

压控振荡器(VCO)负责产生本地振荡器频率，供混频器执行频率转换。VCO 的输出频率由 VCO 的输入电压控制。与放大器、VCO 或其他振荡器不同，该类振荡器基本上是不稳定的，这就是它振荡的原因。为产生不稳定性，振荡器的反馈环路必须具有足够的环路增益和振荡幅度累积延迟。正如文献[Poz05，第 12 章]等所述，图 5.40 所示的基本反馈电路可能会变得不稳定

$$V_0 = \frac{A}{1 + A\beta(\omega)} V_{\text{in}} \tag{5.151}$$

若 $1 + A\beta(\omega) = 0$，则只要有初始输入，输出就会振荡。要使得振荡器振荡，电路的开环增益必须大于 1，且相移必须为 0°[Raz01，第 14 章]。

举个简单的例子，观察图 5.62 所示的电路，得到开环电压增益的函数为

$$A_{\text{v}}^{\text{open}} = g_{\text{m}} R_{\text{L}}^2 \left[\frac{\text{j}\omega C_{\text{s}}}{1 - \omega^2 L_{\text{s}} C_{\text{s}} + \text{j}\omega \left(\frac{C_{\text{s}}}{g_{\text{m}}} + L_{\text{s}} g_{\text{m}} \right)} \right] \tag{5.152}$$

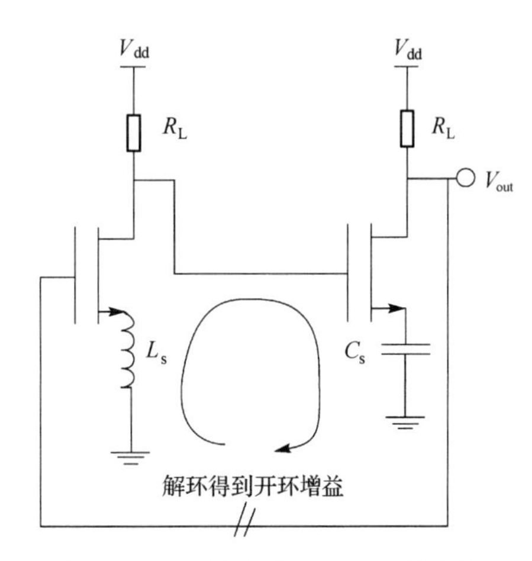

图 5.62　简单宽带 LC 振荡器示例

在谐振频率 $\frac{1}{\sqrt{LC}}$ 下，传递函数可写为

$$A_{\text{v}}^{\text{open}} = \frac{g_{\text{m}}^2 R_{\text{L}}^2}{1 + g_{\text{m}}^2 \left(\frac{L_{\text{s}}}{C_{\text{s}}} \right)} \tag{5.153}$$

因此，开环增益相移为 0°，条件为

$$g_{\text{m}} \geqslant \frac{1}{\sqrt{R_{\text{L}}^2 - \frac{L_{\text{s}}}{C_{\text{s}}}}} \tag{5.154}$$

开环增益大于或等于 1，表明电路将振荡。图 5.63 说明了 $g_{\text{m}} = 5$ mS，$R_{\text{L}} = 500\ \Omega$，$C_{\text{s}} = 7$ fF，$L_{\text{s}} = 1$ nH 时的开环增益和相位。该图表明：开环增益在 60 GHz 下大于 1，开环相移在 60 GHz 下为 0°。

图 5.62 所示的振荡器并非是最常见的形式，主要用于分析振荡器。LC 谐振腔交叉耦合振荡器才是最常见的振荡器形式之一，如图 5.64 所示。文献[Raz01，第 14 章]非常直观且很好地分析了这种振荡器。该类振荡器提供差分输出信号。设 $R_{\text{p}} = 5$ kΩ，$g_{\text{m}} = 5$ mS，$C_{\text{p}} = 7$ fF，并且 $L_{\text{p}} = 1$ nH，则很容易得到振荡器的开环增益，如图 5.65 所示，

$$A_{\text{v}}^{\text{open}} = \frac{g_{\text{m}}^2 \omega^2 L_{\text{p}}^2}{\left[(1 - \omega^2 L_{\text{p}} C_{\text{p}})^2 - \omega^2 \left(\frac{L_{\text{p}}}{R_{\text{p}}} \right) + \frac{2\text{j}\omega L_{\text{p}}}{R_{\text{p}}} (1 - \omega^2 L_{\text{p}} C_{\text{p}}) \right]} \tag{5.155}$$

LC 振荡器负载电路中的 L 和 C 的谐振频率决定了电路的振荡频率。

大多数应用要求振荡频率是可调的。为实现可调性，图 5.64 所示的 LC 振荡器的 L 或 C 值必须改变。虽然 L 值可以通过某些技术来调整[YCWL08]，但电容值通常通过使用变容管而非一般电容器来调整。变容管是一种二极管或特殊连接的 MOSFET，可形成金属氧化物半导体电容器(MOSCAP)。这种简单的变容管类型如图 5.66 所示。

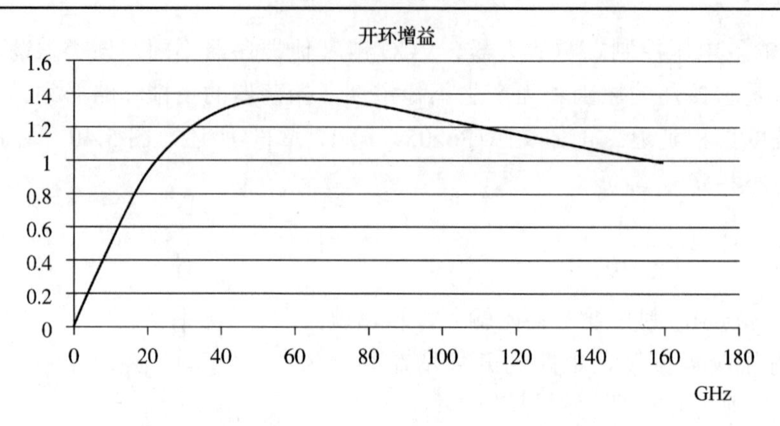

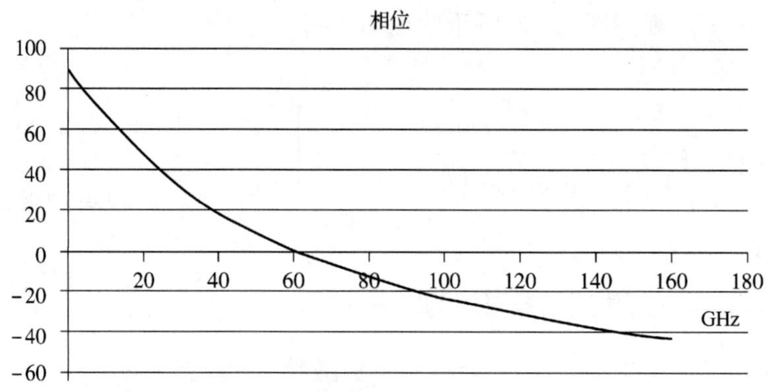

图 5.63 图 5.62 中振荡器的开环增益(上图)和相位(下图)

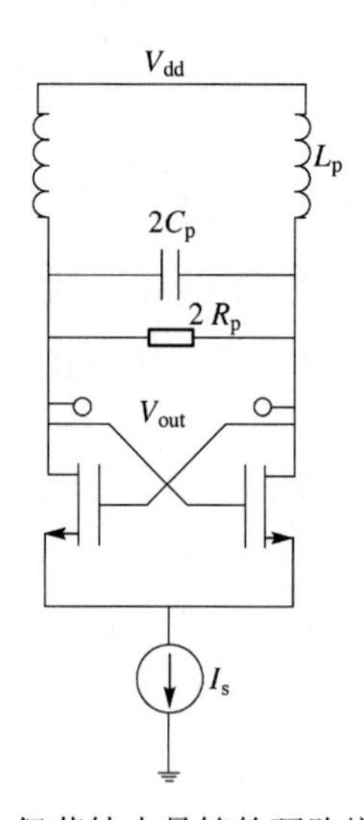

图 5.64 LC 谐振腔交叉耦合振荡器。但若缺少足够的环路增益来实现振荡，则这种拓扑很难实现

MOSCAP 的物理特性见文献[SN07]。文献[Raz01，第 14 章]给出了二极管到变容管电容的简单公式：

$$C_{\text{var}} = \frac{C_0}{\left(1 + \frac{V_{\text{R}}}{\phi_{\text{B}}}\right)^m} \tag{5.156}$$

式中，m 通常介于 0.3～0.4 之间，C_0 是 $V_{\text{R}} = 0$ 时的电容，V_{R} 和 ϕ_{B} 分别是变容管的反向偏

压和内置电势降[Raz01]。LC 振荡器的调谐范围取决于变容管的取值范围，以及交叉耦合晶体管提供负电阻驱动 LC 振荡器所需的频率范围。

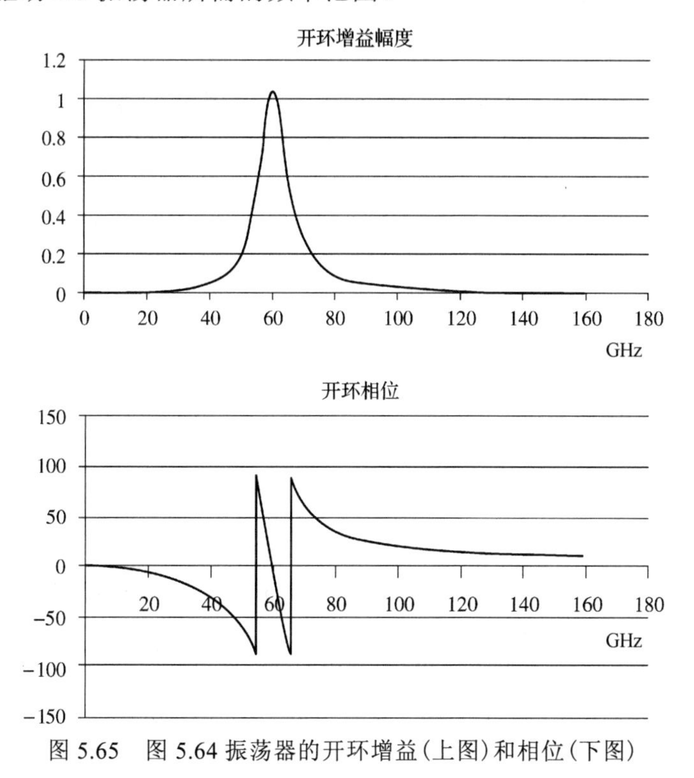

图 5.65　图 5.64 振荡器的开环增益(上图)和相位(下图)

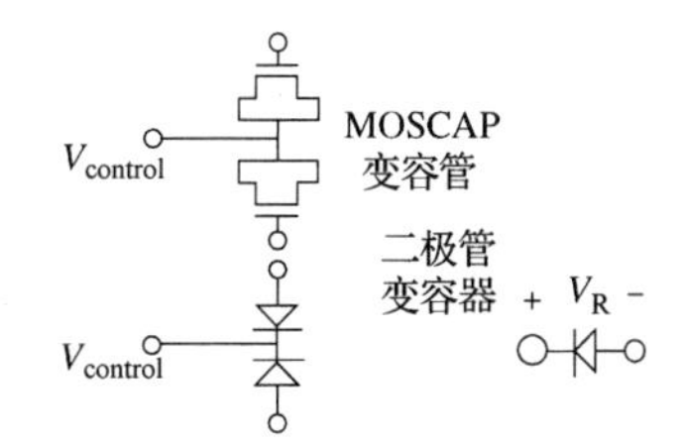

图 5.66　MOSFET 的源极和漏极连接在一起形成 MOSCAP，可用作变容管。反向偏置二极管也可以用作变容管

2008 年，Xu 等人提出了一种变容管设计，该设计使用 SDR 厚栅氧化物设计规则沟道长度 MOS 结构，在 24 GHz 下，品质因数高达 100，调谐范围为 1:1.6[XK08]。他们证明：具有厚栅极介电层的变容管比薄栅氧变容管的品质因数更高(大约提高 3 倍)。遗憾的是，正如预期的那样，品质因数的增加，导致这种变容管设计的调谐范围缩小(厚氧化层为 1.6，薄氧化层为 2.8)[XK08]，因此这种方法可能不适用于现代 CMOS 工艺。由于 MOSCAP 的源极与漏极相连，使用 SDR 沟道长度不成问题[XK08]。2006 年，Cao 等人[CO06]研究了 130 nm CMOS 工艺的 60 GHz VCO 的变容管设计。他们重点研究了那些完美结合了调谐范围和品质因数的 MOSFET 栅极长度。研究发现，在 24 GHz 时，栅极长度大于最小值 0.18 μm 和 0.24 μm，可实现最佳调谐范围和最佳品质因数。与 0.24 μm 长度的变容管[CO06]相比，0.18 μm 栅极长度提供了较低的调谐范围，但改善了所生成的 VCO 的相位噪声(参见 5.11.4.2 节)。

然而，栅极长度为 0.12 μm 的变容管在整个调谐范围(–1.5～1.5 V，24 GHz)内的最佳品质因数约为 25～35，因而具有最佳的相位噪声性能。

5.11.4.2 相位噪声

到目前为止，我们一直隐含地假设振荡器的输出频率是理想的，即能量仅存在于一个频率下——环路增益大于 1 且相移为零的频率，如图 5.67 所示。但实际电路并非如此。图 5.67 还说明了振荡器输出的频谱内容实际上在接近振荡中心频率的频率处包含大量能量，这种能量称为相位噪声。低相位噪声是任何振荡器的主要设计目标。

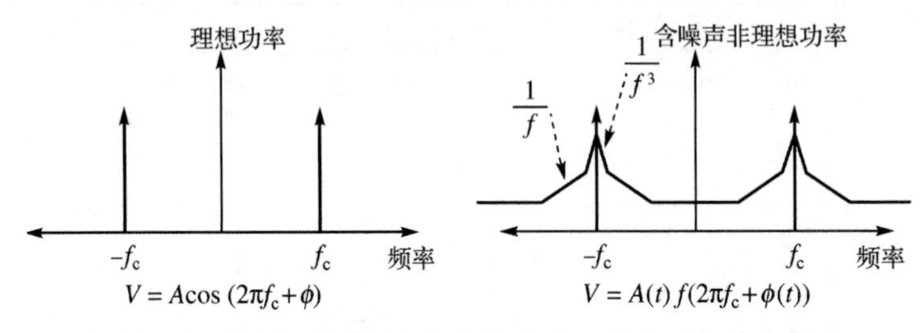

图 5.67 振荡器的输出在设计的中心频率下包含能量

相位噪声以低于载波每赫兹(dBc/Hz)的分贝来测量，并且可以通过确定在距载波相对于载波功率的给定偏移处的 1 Hz 带宽中的功率量来计算或测量相位噪声。图 5.68 至图 5.73 解释了该概念，式(5.157)概述了该概念[HL98]，

$$\mathcal{L}\{\Delta\omega\} = 10\log\left\{\frac{P_{\text{sideband}}(\omega_0+\Delta\omega, 1\,\text{Hz})}{P_{\text{carrier}}}\right\}[\text{dBc/Hz}] \tag{5.157}$$

其中，$\mathcal{L}$ 是距离中心或载波频率$\Delta\omega$处的相位噪声，ω_0，P_{sideband} 是距离ω_0处 1 Hz 宽边带$\Delta\omega$的功率。P_{carrier} 是中心频率的功率。一般来说，式(5.157)列出了相位噪声和幅度噪声的影响，但为便于理解，我们将其视为仅指相位噪声，并假设：幅度噪声的影响被电路中的限幅器等振幅限制装置控制[HL98]。幅度噪声是否存在，可以通过载频中的非恒定功率来证明。图 5.72 说明了电路如何在相位噪声的持续影响下抑制幅度噪声，可通过幅度噪声事件之后的连续相位误差查看。通常，随着时间的推移，电路的振幅脉冲响应将起到消除振幅噪声的作用。但是相位噪声仍然存在。当我们比较噪声波形与无噪声波形的相位时可证明这一点。

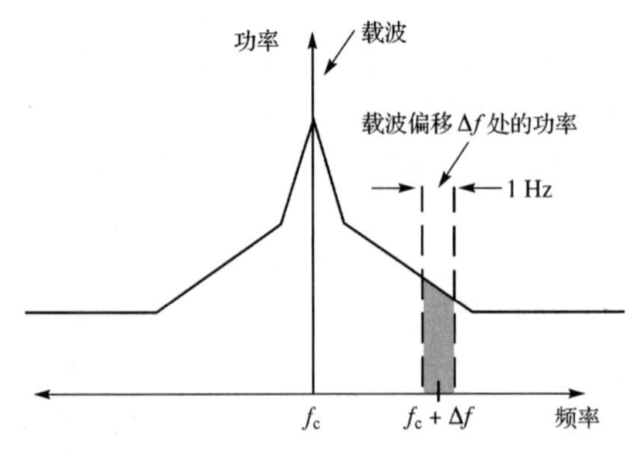

图 5.68 相位噪声被测量为载波中的功率与在载波的某个偏移处的 1 Hz 间隔中的功率的分贝比(10log[⋯])。对于毫米波 VCO，偏移频率通常为 1 MHz 或 10 MHz

相位噪声通常随$1/f^n$与载波的距离而下降，即$1/f^n$越接近载波，噪声越强。相位噪声与载波密切相关，相关度为$1/f^3$，频谱最终也遵循$1/f$相关性。相位噪声是有害的，其可能导致干扰信号混入 IF 频率或基带，如图 5.69 所示。

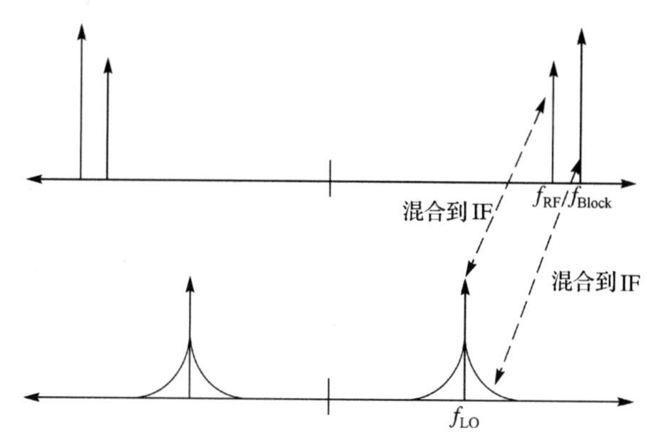

图 5.69　相位噪声是有害的，可能导致干扰信号混入 IF 频率或基带

相位噪声源自电路中存在的噪声源。例如，根据 5.10.2 节，所有晶体管自带噪声电流通过漏极，这些漏极在 DC 到可见光范围内都有能量。在简单的 LC 振荡器中，假设其中一个器件的栅极被注入白噪声电压，如图 5.70 所示，这种噪声无限次地通过环路，因此在该噪声电压影响下的输出可写为

$$V_{\text{noise}}^{\text{out}} = V_{\text{noise}} + A_{\text{v}}(\omega)V_{\text{noise}} + A_{\text{v}}^2(\omega)V_{\text{noise}} + \cdots = \frac{V_{\text{noise}}}{1 - A_{\text{v}}(\Omega)} \tag{5.158}$$

式中，设增益小于 1，则最后一个等式成立。随着环路增益接近单位相位和零相位，振荡器开始振荡。在其他频率下，输出端仍然存在频谱能量。例如，若使用简单 LC 振荡器(R = 204 Ω，L_{p} = 1 nH，及 C_{p} = 7.036 fF)，闭环传递函数式 (5.158) 在预期振荡频率之外的频率处并不为零。

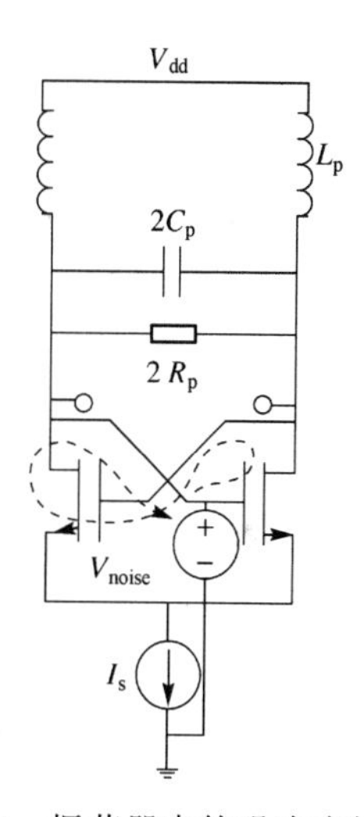

图 5.70　振荡器中的噪声在输出端以相位噪声的形式出现

LC 振荡器中使用的 LC 振荡电路的品质因数对振荡器的相位噪声具有较大影响。通常，谐振腔的品质因数越高，相位噪声越低。因此，并联 RLC 电路的品质因数可写为

$$Q_{\text{tank}} = \frac{R_{\text{p}}}{\omega L_{\text{p}}}\left(1 - \omega^2 L_{\text{p}} C_{\text{p}}\right) \tag{5.159}$$

例如，图 5.73 表明，与电感值为 1 nH 的 LC 电感振荡器的输出相比，L_{p} 值为 0.1 nH 的输出频谱要纯粹得多。但是，我们只能有限地减少电感，以改善电路的品质因数。实际上，电感器和电容器/变容管中存在的寄生电阻，限制了 LC 振荡器的 Q 值。

LC 振荡器的相位噪声在很大程度上取决于 LC 谐振腔 VCO 的变容管[OKLR09] [XK08]。在非常高的频率下，例如毫米波，变容管的品质因数可能比电感对高 Q 振荡电路的影响还大 [OKLR09] [CO06]。然而，MOSCAP 变容管的品质因数随频率的下降而下降(与电感器不同，其 Q 值随频率[XK08]的升高而增加，并随调谐范围的增加而减小[OKLR09])。因此，应尽量减

小 MOSCAP 变容管的外部栅极电阻和固有电阻，以获得高 Q 值。

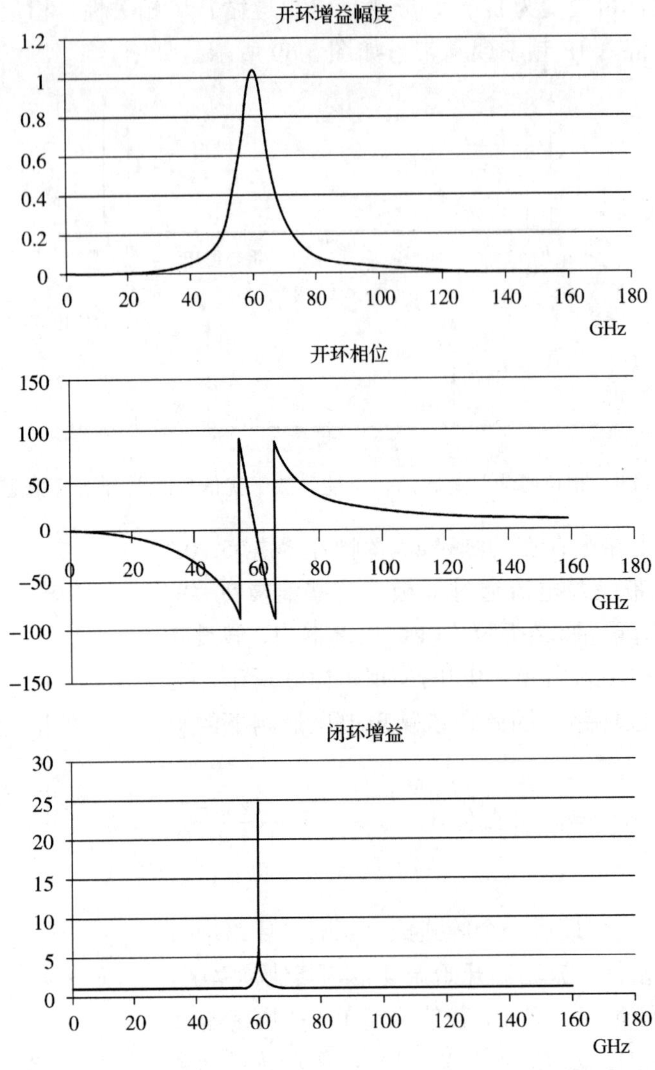

图 5.71 对于实际应用的振荡器电路，输出频谱也将受到预期工作频率以外频率的功率污染

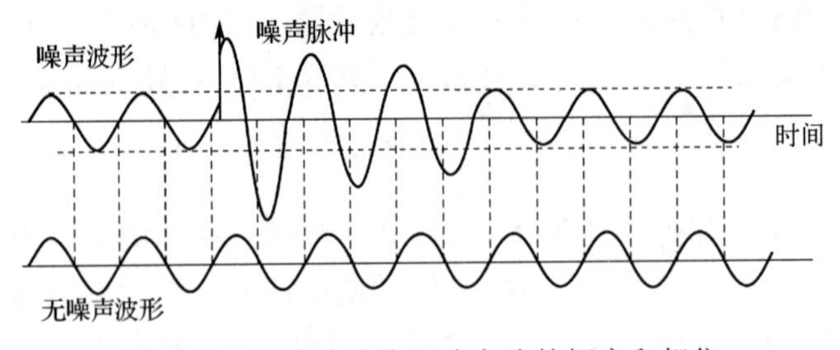

图 5.72 噪声脉冲将影响电路的幅度和相位

为降低电源电压变化引起的相位噪声，还可加设电源噪声抑制电路或电源稳压器 [CDO07]。此外，使用 BJT 构造的 LC 谐振腔 VCO 中的电感负反馈，也可以将相位噪声降低 3～4 dB [DLB+05]。

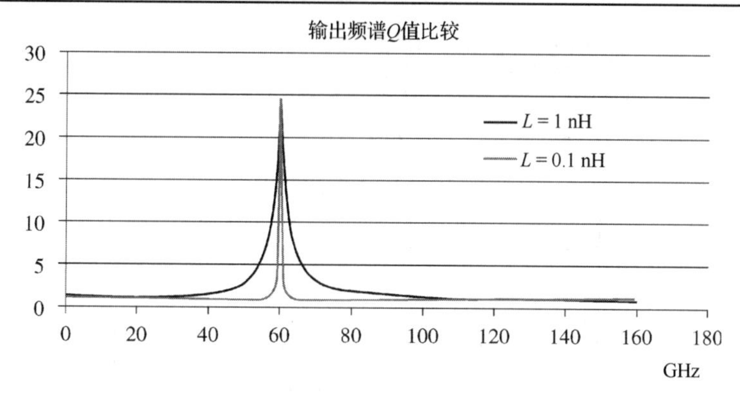

图 5.73　不同电感值时，输出频谱 Q 值的比较

在毫米波频率下，振荡器难以实现高输出功率。振荡器的输出功率在理论上难以确定，因其被设定为在振荡频率处具有无限的闭环增益。通常，输出功率应尽可能高，因为振荡器产生的 LO 信号功率越大，振荡器驱动的混频器的变频增益就越好。

5.11.4.3　次谐波振荡器

在有源器件不能在基频上提供足够的功率以提供大于 1 的开环增益的情况下，次谐波 VCO 是有优势的。

次谐波的输出点应取自共模节点(基频的接地点)。所选输出点的共模节点应具有最低对地寄生电容[CDO07]。如果可以，选定输出点处的对地寄生电容应谐振，以改善输出电压的动态范围[CDO07]。

要了解基本的次谐波振荡器，可参见图 5.74 所示的闭环 LC 振荡器。图 5.75 显示了该 VCO 的传统图示，并给出了其操作的一些基本注释。环路周围有 4 条输出路径。通过对每条路径的开环传递函数求和，可得出开环传递函数：

$$A(\omega)=\frac{\dfrac{\dfrac{2g_{\mathrm{m}}(\mathrm{j}\omega L_{\mathrm{p}})}{1-\omega^2L_{\mathrm{p}}C_{\mathrm{p}}+\frac{\mathrm{j}\omega L_{\mathrm{p}}}{R_{\mathrm{p}}}}\left(1+\frac{\mathrm{j}\omega C_{\mathrm{in}}}{g_{\mathrm{m}}}\right)}{2+\frac{\mathrm{j}\omega C_{\mathrm{in}}}{g_{\mathrm{m}}}}\left(1-\omega^2L_{\mathrm{p}}C_{\mathrm{p}}+\mathrm{j}\omega\left(\frac{L_{\mathrm{p}}}{R_{\mathrm{p}}}-\frac{L_{\mathrm{p}}g_{\mathrm{m}}}{2}\right)\right)}{1-\omega^2L_{\mathrm{p}}C_{\mathrm{p}}+\frac{\mathrm{j}\omega L_{\mathrm{p}}}{R_{\mathrm{p}}}} \tag{5.160}$$

图 5.76 所示的次谐波振荡器的传输特性表明：闭环传递函数在基频处几乎没有。

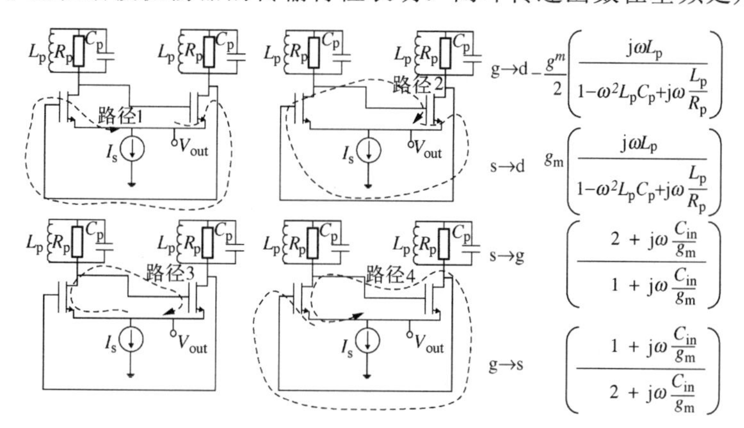

图 5.74　LC 振荡器用作次谐波振荡器

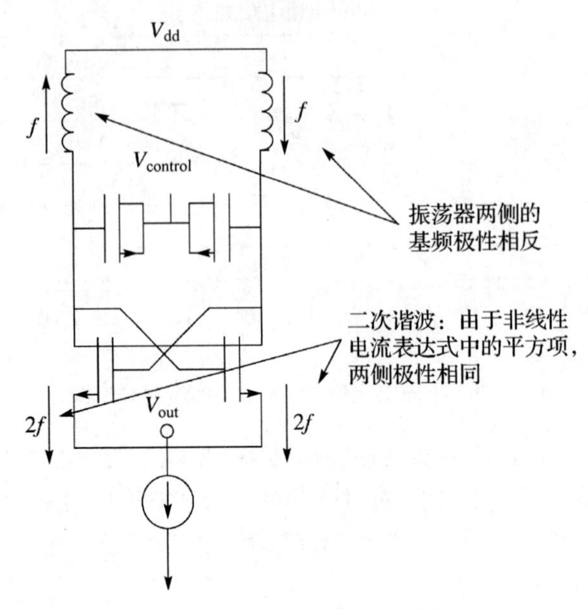

图 5.75 次谐波振荡器及其操作

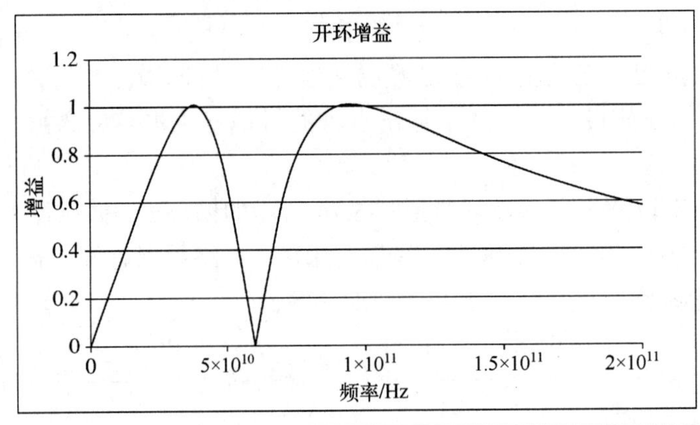

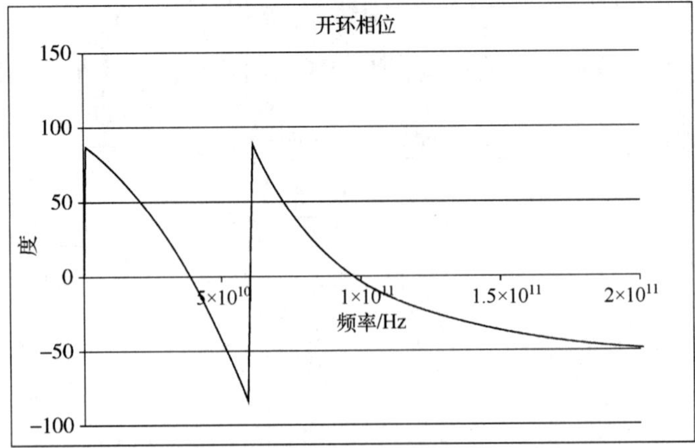

图 5.76 次谐波振荡器的传输特性

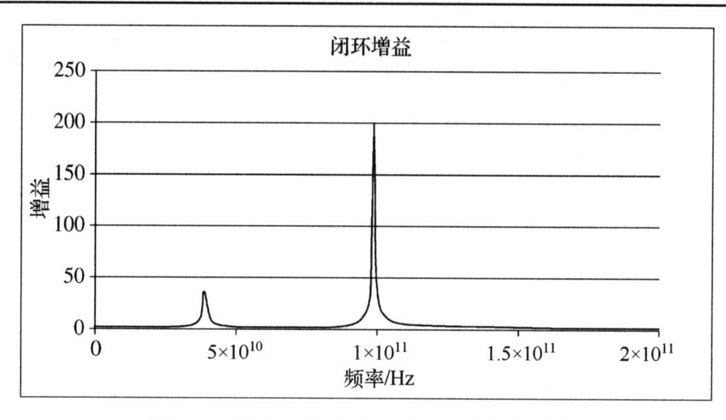

图 5.76(续)　次谐波振荡器的传输特性

5.11.4.4　考毕兹振荡器

考毕兹(Colpitts，也译为科耳皮兹)振荡器可能比交叉耦合对更具优势，特别是对于亟需空间的应用而言，因为这种设计仅需一个晶体管[Raz01]。Hashemi 和 Lee[Lee04b] [HGKH05]描述的噪声理论也表明，在这种设计中，每个周期的电流流动的窄窗口导致相位噪声性能较低。此外，根据其设计，如果较窄的调谐范围足够，所用晶体管的栅-源电容可以充当变容二极管，从而进一步节省空间[HBAN07b]。

图 5.77 图解了考毕兹振荡器[Raz01，第 14 章]。在文献[Raz01，第 14 章]中，对考毕兹设计有精彩的论述。但是，由于单个晶体管的增益较低，难以实现足够的开环增益，因此其可能难以在毫米波频率下工作，我们在此不进行详细分析。对于考毕兹振荡器的基本形式，源极到漏极的开环增益大于单位相位和零相位。

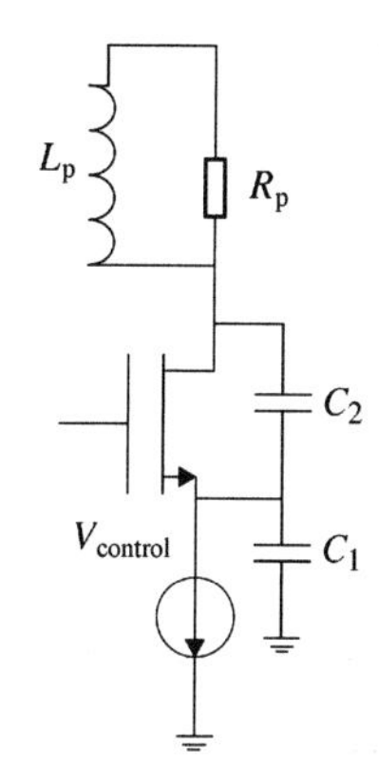

图 5.77　考毕兹振荡器

5.11.5　锁相环

频率合成器或锁相环(PLL)是毫米波 WPAN 设备[BSS+10]设计中最重要且最具挑战性的模块之一。本振信号的产生和信道选择都需要 PLL[LTL09]。PLL 对于非常高速(如 10 Gbps)的基带信号处理[CaoADC]所需的低抖动时钟生成也至关重要。PLL 的性能取决于以下参数：输出频率范围、输出功率、功耗和相位噪声[BSS+10]。Barale 等人提出用下式来表达品质因数[BSS+10]：

$$\mathrm{FOM} = 10\log\frac{\Delta f_0 \cdot P_0}{P_{\mathrm{DC}} \cdot \mathrm{PN}_{1\,\mathrm{MHz}}} \tag{5.161}$$

式中，Δf_0 是频率调谐范围，P_0 是输出功率，P_{DC} 是功耗，$\mathrm{PN}_{1\,\mathrm{MHz}}$ 是 1 MHz 偏移处的相位噪声[BSS+10]。

PLL 的基本操作如图 5.78 [Raz01]所示。PLL 是一个反馈环路，通过相位检测器检测其输出和输入的相位差。然后，相位检测器的输出通过低通滤波器，向 VCO 提供 DC 控制信号。通过改变 VCO 的控制信号，环路迫使输出信号改变其相位累积速率。考虑正弦信号，可以得出

$$V(t) = \cos(\omega t + \phi_0) \tag{5.162}$$

信号累积相位的速率由ω给出，总相位为ωt。环路通过暂时改变输出信号的频率，迫使输出相位或多或少地快速累积，直到输入和输出的相位相等，此时输入和输出的频率也相等[Raz01]：

$$\omega_{\text{in}} = \omega_{\text{out}} \tag{5.163}$$

式中，ω_{in}和ω_{out}分别是输入和输出的角频率。如果回路中存在任何误差，例如偏移电压，则等式(5.163)将不会完全成立，而是会出现一些稳态相位误差[Raz01]。

图 5.78 没有说明需要 VCO 的原因，理想情况下，输入和输出波形应该具有相同的频率和相位。为使该环路具有普适性，我们在环路中添加了一个分频器，如图 5.79 所示。这使低频正弦曲线可以被制成非常干净的正弦曲线(假如它产生于晶体振荡器)，以用作高频正弦曲线的相位基准(注意：PLL 中的高频 VCO 通常不能具有与参考频率发生器相同的低相位噪声)。该拓扑通常用于选择 VCO 调谐范围内的输出频率，即选择输出信道。这是通过改变分频比 M 来实现的。若需实现比简单分频更精确的控制，可使用分数分频器。

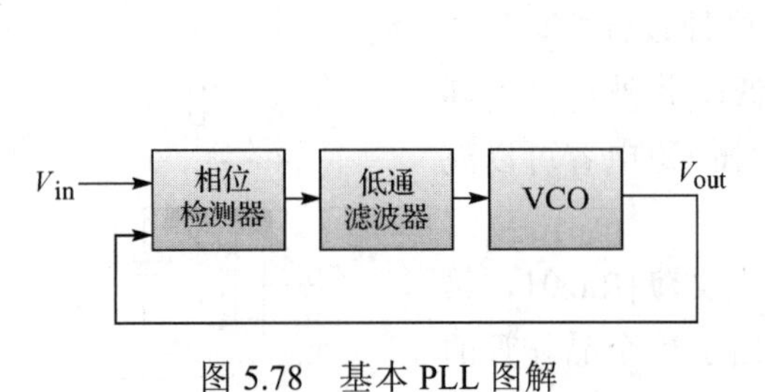

图 5.78 基本 PLL 图解

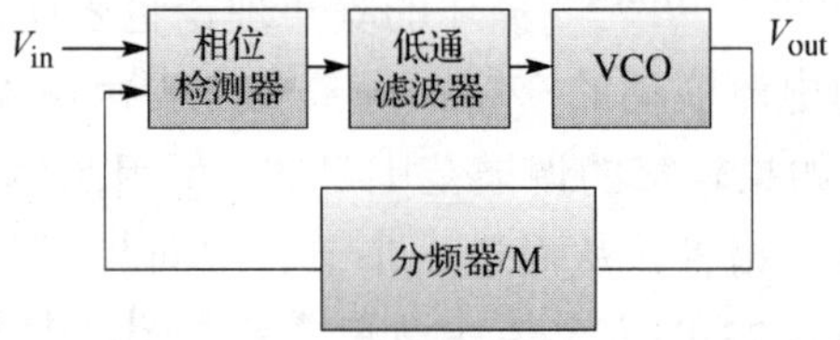

图 5.79 将分频器插入简易 PLL 中，可使低频正弦波为高频正弦波提供相位和频率参考

PLL 中使用的参考信号(图 5.78 中的 V_{in})的相位噪声将在很大程度上决定整体 PLL 相位噪声[BSS+10]。因此，主要的设计在于选择能够产生相当低相位噪声的参考信号源，输出频率和参考频率之间的分频比决定了从参考信号[相位噪声增益～20log(比率)]到输出信号[BSS+10]的相位噪声的放大比例。参考信号频率和参考信号频率与输出频率之比共同决定了参考信号的相位噪声要求。

相位检测器可用简单的异或门(XOR)和 D 触发器[Raz01]来组成。如图 5.80 所示，两个 D 触发器用于将输入和输出正弦波转换成方波，方波相位再与 XOR 门进行比较。当输入和输出不同时，XOR 门输出“1”，因此，如果方波同相，则 XOR 门输出为零，如果方波是 180°异相，则 XOR 输出始终为 1。

理想情况下，只需有一个 VCO 用来最小化 PLL 的空间和功率需求，但在实际应用中，由于单个 VCO 的调谐范围有限且 PLL 设计中使用了分频器，可能需要多个 VCO 设计。这是因为，对于 60 GHz 系统，输出频率范围可能超过载波频率的 15%，并且单个 VCO 可能不足以提供如此大的调谐范围。因此，许多 PLL 可能会使用多核 VCO 设计[BSS+10]。

图 5.81 展示了使用 D 触发器[BAQ91]构造的一个简单分频器电路(用于二分频)，图中显示了异步静态二分频结构。设计用到了两种基本类型的分频器：静态分频器(SFD)和注入锁定分频器(ILFD)。静态分频器使用基本逻辑门，如图 5.81 所示的 D 触发器，来实现分频[CTSMK07]。“静态”表示分频器依赖逻辑门的静态存储状态(当输入信号在阈值上下变化时，

逻辑门改变）来实现分频[CTSMK07]。注入锁定分频器将静态分频器的逻辑门替换为注入锁定VCO输出频率的振荡器，使得输出频率成为VCO频率的锁相次谐波[CTSMK07]。注入锁定是指信号注入振荡器中所产生的注入信号频率锁定现象，只要注入信号足够强，且振荡器在注入频率下有足够的环路增益。在设计注入锁定分频器时，必须考虑锁定范围，锁定范围可以根据文献[BBKH06]确定。

$$\Delta\omega_{\mathrm{m}}=\frac{\omega_0 I_{\mathrm{inj}}}{Q I_{\mathrm{osc}}} \tag{5.164}$$

其中，$\Delta\omega_{\mathrm{m}}$是锁定范围，$\omega_0$是振荡器的基频，$I_{\mathrm{inj}}$是注入电流量，$Q$是振荡器中LC谐振腔的品质因数，$I_{\mathrm{osc}}$是在非锁定条件下流经振荡器环路的电流。

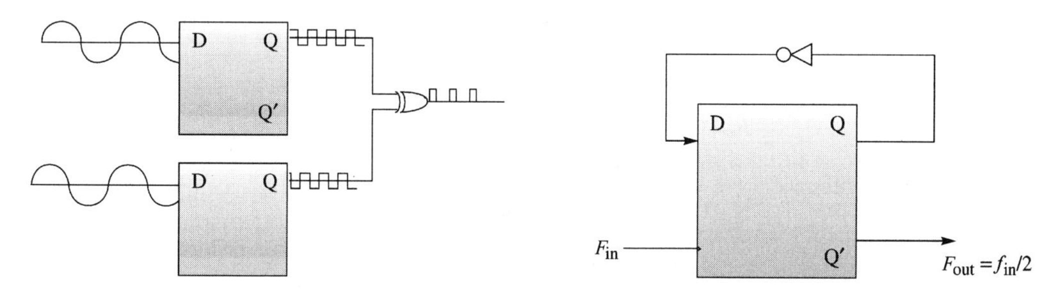

图 5.80　使用D触发器和逻辑门组成的相位检测器　图 5.81　一个简单的异步D触发器二分频电路

静态分频器在牺牲更高的功耗和更低的最大工作频率的情况下，具有较高的锁频范围和分频比[SKH09] [CDO07]。如图5.82所示，静态分频器最适合用作分频器链中的第二分频器。如果静态分频器作为分频器链（例如，一个由3个二分频器组成的级联，用于整个8分频电路），那么输入级的速度/带宽（即分频器的高频部分）必须符合或超过后续级[BSS+08]的速度，因为第一级必须处理最高的输入和输出频率。

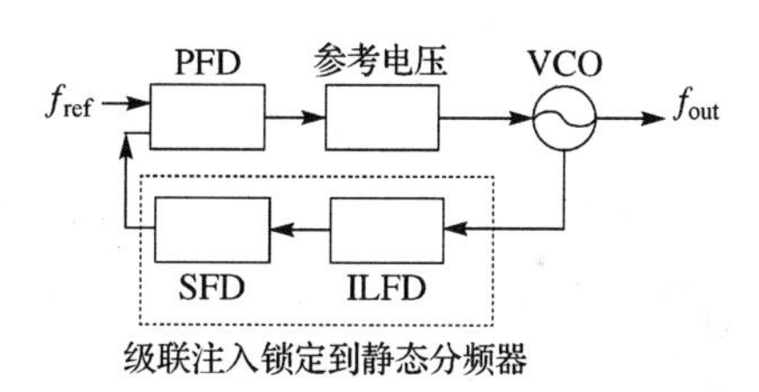

图 5.82　注入锁定分频器（ILFD）紧随静态分频器（SFD）是一种非常流行的高速、可锁定范围和可编程性的配置

与静态分频器[SKH09] [LTL09]相比，注入锁定分频器（ILFD）的运行频率更高、运行功率更低。ILFD的分频比是决定ILFD的功耗和锁定效率的关键因素，以及PLL中后续阶段的要求：随着分频比的增加，锁定效率降低，锁定范围减小，并且后续级的功率要求也随之降低（主要因为分频器在较低频率下以较高频率比运行）[SKH09]。存在适用于注入锁定的各种振荡器拓扑。ILFD适用于任何具有基频接地点和低接地电容的拓扑结构。图5.83示出了使用LC谐振腔VCO执行注入锁定的常用方法。变容管并非绝对必要的器件，但其可用于将LC谐振腔的谐振频率调整至输入频率，以改善锁定范围[HCLC09]。变容管可用于将谐振频率调谐到f_{input}。接下来，我们将分析用于毫米波应用的分频器的几个案例研究。

Barale等人提出了锁存可编程分频器的设计，最大输入频率为3.5 GHz，最小输入频率为640 MHz，分频比为24，功耗为4.5 mW，分频比为24，25，26和27[BSS+08]。最小输入频率被定义为泄漏电流使触发器处于放电状态时的结果。他们将D触发器和半透明JK触发器结合使用，实现了速度和可编程性的最佳组合。在高速 D 触发器输入级[BSS+08]之后，使用速度较低但更能实现任意分频比的 JK 触发器。分频比的选择则通过 4 输入 Mux[BSS+08]来实现。

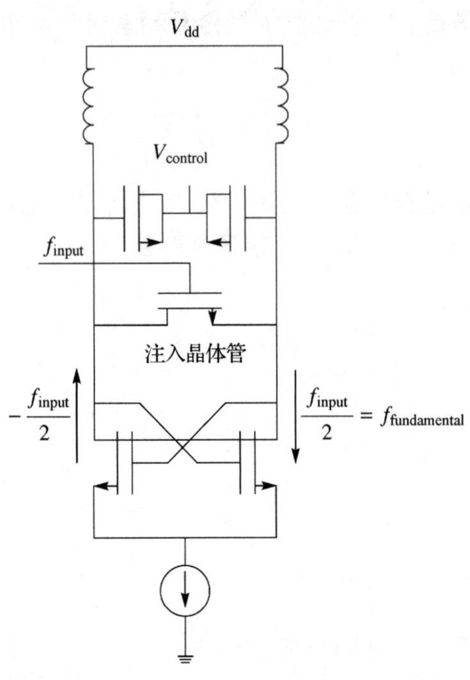

图 5.83　使用 LC 谐振腔 VCO 执行注入锁定的常用方法

Sim 等人提出了一种基于 ILFD 的环形振荡器[SKH09]，该振荡器采用 0.18 μm CMOS 工艺，输出频率高达 30.95 GHz。与 LC 振荡器[SKH09]相比，这类振荡器具有更小的封装尺寸和更大的分频比。放弃向环形振荡器中的单个点注入输入频率的标准方法，Sim 等人转而采用平衡注入设计方案，耦合电容器将输入频率耦合到环形振荡器的每个元件[SKH09]。

Hsu 等人提出了 0.13 μm CMOS 的 LC 谐振腔 ILFD。他们将一个并联电感器连接到交叉耦合对 LC 谐振腔振荡器的源节点，使其与最后的电流源的寄生电容产生共振，从而改善锁定范围[HCLC09]。此外，为改善调谐范围，以低品质因数和高相位噪声为代价，他们选用微带线代替螺旋电感器来生成电感[HCLC09]。他们将实施的锁定范围与不使用并联电感器和储能变容管的实施方案进行比较后发现：无并联最大电感器或储能变容二极管设计的锁定范围最差。增加一个并联最大电感器大大改善了锁定范围，同时使用并联电感器和储能变容管，则实现了最佳的调谐范围(5 dBm 的输入功率下，使用两种技术时，调谐范围为 8.8 GHz，而不使用任何一种技术时，调谐范围约为 4 GHz[HCLC09])。

最后，我们将探讨几个毫米波 PLL 案例研究。Barale 等人提出了一种 90 nm CMOS 工艺的锁相环，其兼容 60 GHz 标准，使用 27 MHz 参考信号[BSS+10]。该类锁相环采用双核注入锁定分频器设计，两个 VCO 的输出短接在一起，用于为 PLL 提供足够的调谐范围。在 49.68～51.84 GHz、51.84～54 GHz 和 54～56.16 GHz 下，PLL 的实际输出从双核 LC 谐振腔 VCO 中分为 3 个通道。每个 VCO 的输出端都使用缓冲器来改善隔离度[BSS+10]。差分输出的 VCO 的隔离度也得到了改善。

C. Cao 等人提出 0.13 μm CMOS 的 50 GHz PLL[CDO07]，该 PLL 利用注入锁定分频器克服了静态分频器的弱点。设计基于单核 LC 谐振腔 VCO，二分频注入锁定分频器依赖于增加基波共模分流的晶体管，如图 5.84 所示，更宽的晶体管改善了锁定范围，但降低了输出功率。总体设计仅消耗 57 mW，比截至该日期的 SiGe PLL 低约一个数量级[CDO07]。

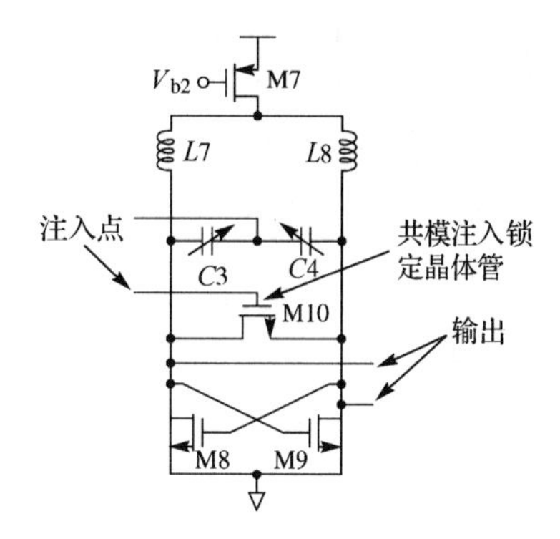

图 5.84　依赖并联晶体管来执行注入锁定

Hoshino 等人提出了一种 90 nm CMOS 工艺的锁相环，输出频率为 61 GHz～63 GHz[HTM+07]。为避免使用区域密集型传输线或电感，他们采用环形振荡器设计用于注入锁定分频器，该分频器置于由 16 分频器分频的两个静态 D 触发器(环形振荡器的封装尺寸为 80 μm×40 μm)之前。该振荡器采用三级设计，配备一个输出缓冲器，频率比为 4[HTM+07]。在其设计中，具有传输线电感的 LC 谐振腔 VCO，用于提供差分输出[HTM+07]。VCO 的输出端采用源极跟随器，与共源跟随器级联，确保注入锁定分频器有足够的信号功率。

5.12　损耗因子理论

随着毫米波通信系统和电路的迅速增加，为了获得最大功率效率(例如，改善电池寿命)，设计、分析和比较系统和电路的能力日趋重要。为了便于设计和分析高功率效率通信系统，损耗因子理论应运而生。该理论具有普适性，可以应用于任何级联通信系统，包括传输信道中存在继电器的通信系统。

损耗因子(CF)定义为数据速率与总功耗的最大比率[MR14b]。单个电路、一个完整的级联系统或任何通信系统中几个组件的级联都存在 CF。CF 理论帮助工程师理解通信系统中的各个电路或组件的参数如何影响整体功率效率，同时通过系统提供理想的数据速率。一般而言，通过最大化 CF，可以最大化通信电路、系统或设备在特定数据速率下的功率效率。

导出 CF 需要一些中间步骤，这些步骤提供了可用的指标。考虑一般的级联通信系统，如图 5.85 所示，信息在源端生成并作为信号沿信号路径发送到接收机。放大器和混频器等信号路径组件负责将信息信号(如信号功率)发送到接收机。此外，信号路径上可能存在一些组件，例如电压调节设备、微处理器和智能手机屏幕，它们不直接参与信号路径，但消耗功率并为设备提供所需的功能。第 i 个组件或设备沿信号路径(第 i 个信号路径分量)的效率可定义为

$$\eta_i = \frac{P_{\text{sig}_i}}{P_{\text{sig}_i} + P_{\text{non-sig}_i}} \tag{5.165}$$

式中，P_{sig_i} 是第 i 级向第($i+1$)级传递的总信号功率，$P_{\text{non-sig}_i}$ 是第 i 级元件的信号功率(但不作为信号功率传递)。第 i 级消耗的总功率可写成

$$P_{\text{consumed}_i} = P_{\text{non-sig}_i} + P_{\text{added-sig}_i} \tag{5.166}$$

式中，$P_{\text{added-sig}_i}$ 是第 i 个元件增加的总信号功率，即第 i 个元件传递的信号功率与其接收的

信号功率之差。我们可以总结出信号路径上所有元件的信号功率贡献(图 5.85 中从左到右)，从而得到

$$\sum_{i=1}^{N} P_{\text{added-sig}_i} = P_{\text{sig}_N} - P_{\text{sig}_{\text{source}}} \tag{5.167}$$

其中，$P_{\text{sig}_{\text{source}}}$ 是来自信号源的信号功率，P_{sig_N} 是由第 N 级(和最后一级)信号路径元件传递的信号功率。那么，根据式(5.165)，第 k 级(其不只用于信号路径)的总消耗功率可能与该级的效率和总输出信号功率有关：

$$P_{\text{non-sig}_k} = P_{\text{sig}_k}\left(\frac{1}{\eta_k} - 1\right) \tag{5.168}$$

而且，第 k 级传递的信号功率与传递到接收机的总功率相关，从而得出

$$P_{\text{non-sig}_k} = \frac{P_{\text{sig}_N}}{\prod_{i=k+1}^{N} G_i}\left(\frac{1}{\eta_k} - 1\right) \tag{5.169}$$

其中，G_i 是第 i 级的增益。因此，计算通信系统消耗的总功率时，可以利用源端消耗的功率，以及表示功率量的 3 个额外功耗项：(1)由路径内的级联组件贡献的功率；(2)损耗功率；(3)非信号路径组件所消耗的功率。

$$\begin{aligned} P_{\text{consumed}} = & P_{\text{sig\_source}} + \sum_{i=1}^{N} P_{\text{added-sig}_i} + \sum_{k=1}^{N} P_{\text{non-sig}_k} \\ & + \sum_{k=1}^{M} P_{\text{non-path}_k} \end{aligned} \tag{5.170}$$

$$= P_{\text{sig}_N}\left(1 + \sum_{k=1}^{N} \frac{1}{\prod_{i=k+1}^{N} G_i}\left(\frac{1}{\eta_k} - 1\right)\right) + \sum_{k=1}^{M} P_{\text{non-path}_k} \tag{5.171}$$

为结合非信号路径器件的效率 $\eta_{\text{non-path}_k}$，可以简单添加它们(例如，在级联结束时引入)，并假设它们具有单位增益，因其不通过级联传输功率，并且其效率取决于其执行预期功能的能力而非功耗。例如，根据 $\eta_{\text{non-path}_k}$ (有效耗散功率与总消耗功率之比)与有效耗散功率 P_{u_k} (直接关系到其预期功能的实现)的相关性，第 k 个非路径块 $\eta_{\text{non-path}_k}$ 的总功耗可写为

$$P_{\text{non-path}_k} = \frac{P_{\text{u}_k}}{\eta_{\text{non-path}_k}} \tag{5.172}$$

式(5.171)可改写为

$$\begin{aligned} P_{\text{consumed}} = & P_{\text{sig}_N}\left(1 + \frac{1}{P_{\text{sig}_N}}\sum_{k=1}^{M}\frac{P_{u_k}}{\eta_{\text{non-path}_k}}\right. \\ & \left. + \sum_{k=1}^{N}\frac{1}{\prod_{i=k+1}^{N} G_i}\left(\frac{1}{\eta_k} - 1\right)\right) \end{aligned} \tag{5.173}$$

现在，若将 H 定义为信号路径上所有级联元件的功率效率因子(PEF)，根据式(5.171)得到

$$P_{\text{consumed}} = \frac{P_{\text{sig}_N}}{H} + P_{\text{non-path}} \tag{5.174}$$

根据式(5.171)，整个通信系统的功率效率可描述为

$$\eta_{\text{cs}} = \frac{P_{\text{sig}_N}}{P_{\text{consumed}}} = \frac{1}{\frac{1}{H} + \frac{1}{P_{\text{sig}_N}}\sum_{k=1}^{M} P_{\text{non-path}_k}} \tag{5.175}$$

在式(5.174)和式(5.175)中，所有级联组件(在信号路径上)的系统功率因数 H 定义为

$$H=\left\{1+\sum_{k=1}^{N}\frac{1}{\prod_{i=k+1}^{N}G_i}\left(\frac{1}{\eta_k}-1\right)\right\}^{-1} \tag{5.176}$$

其中，H 介于 0～1 之间，可视作品质因数，即整个信号路径级联的效率(理想功率效率为 $H=1$)。另请注意，H^{-1} 也是一个品质因数，范围从 1 到无穷大，理想功率效率为 $H^{-1}=1$，没有功率损耗。这类似于噪声系数理论[MR14b]。从式(5.176)可以得出级联效率“退化”的特定组件后(例如，图 5.85 所示元件的右侧)的组件增益。这意味着，就整个级联的功率效率因子而言，关键在于处理最大功率的设备的效率。除在分析电路和级联系统并比较它们的功率效率方面具有明显的实用性外，损耗因子的另一个不明显但有意思的用途是确定无线信道的功率因数，因为信道是级联系统的一部分。为使功率因数和损耗因子分析结果与功耗预期的一致，必须设定以下条件：

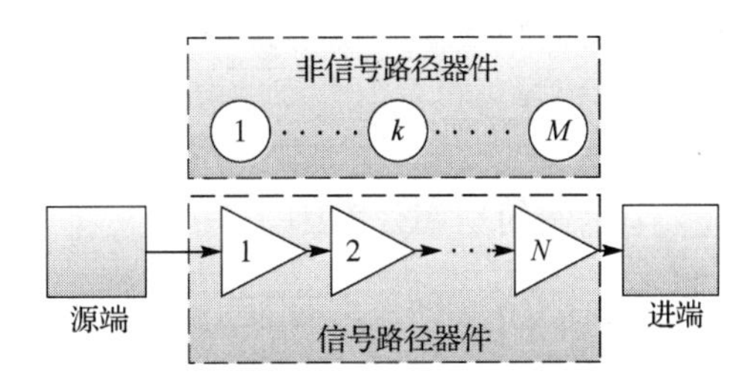

图 5.85 由许多电路元件组成的通用通信系统

$$\lim_{G\to 0}\frac{G}{H}=1 \tag{5.177}$$

但这并不意味着，包含零增益电路模块的级联系统将消耗零功率。特别地，如果令

$$H_{\text{channel}}=G_{\text{channel}} \tag{5.178}$$

我们确信通过零增益信道进行通信的通信系统不会计算出功耗为零。

再考虑存在两个级联子系统的情况，子系统的 H_s 已被表征：子系统 2 的功率效率因子 $H_{\text{sub-system 2}}$ 和增益 $G_{\text{sub-system 2}}$ 与子系统 1 的功率效率因子 $H_{\text{sub-system 1}}$ 和增益 $G_{\text{sub-system 1}}$ 相同，可以证明整个级联的功率因数 $H_{\text{cascaded system}}$ 可能与经典的噪声系数理论非常相似：

$$H_{\text{cascaded system}}^{-1}=H_{\text{sub-system 2}}^{-1}+\frac{1}{G_{\text{sub-system 2}}}\left(H_{\text{sub-system 1}}^{-1}-1\right) \tag{5.179}$$

接着分析发射机和接收机之间存在无线信道的情况。该信道可视作发射机和接收机级联之间简单的有 100%效率的组件。整个发射机到接收机对的整体功率效率因子可以从式 (5.178)和式(5.179)得出，如文献[MR14b]所述，

$$\begin{aligned}H_{\text{link}}^{-1}=H_{\text{RX}}^{-1}&+\frac{1}{G_{\text{RX}}}\left(\frac{1}{G_{\text{channel}}}-1\right)\\&+\frac{1}{G_{\text{RX}}G_{\text{channel}_i}}\left(H_{\text{TX}}^{-1}-1\right)\end{aligned} \tag{5.180}$$

式中，我们隐含地指出无线信道的功率效率因子简单地等于信道增益。换言之，根据式(5.168)和式(5.176)，得到 $H_{\text{channel}}=G_{\text{channel}}$。式(5.180)表明，如果接收机增益远小于预期的信道路径损耗，则级联功率效率因子将非常小，并且近似于信道增益和接收机增益的乘积。

5.12.1 功率效率因子的数值实例

为更好地说明功率效率因子的应用，来分析一个简单的级联方式：基带放大器级联混

频器，混频器再级联射频放大器。下文将探讨这种级联方式的两个不同示例，通过使用不同的组件，以便比较由于组件的特定规格而导致的功率效率的差别。假设两个级联示例使用的射频放大器，均为 Maxim 集成的商用 MAX2265 功率放大器，效率为 37%[Maxim]。两个示例使用的混频器都是 Mini-Circuits 的 ADEX-10L 混频器，最大转换损耗为 8.8 dB[MC]。在第一个示例中，基带放大器(如果在发射机中，则为图 5.85 中最左边的元件，如果在接收机中，则位于最右边)是 Mini-Circuits 的 ERA-1+，在第二个示例中，基带放大器为 Mini-Circuits 的 ERA-4 + [MC]。通过它们的最大输出信号功率与其耗散的 DC 功率之比来估算这些部件的最大效率。由于混频器是无源元件，其增益和效率相同。表 5.8 总结了级联中每个组件的增益和效率。使用式(5.175)，得到第一个示例的功率效率因子：

$$H_{\text{scenario 1}} = \frac{1}{\frac{1}{0.37} + \frac{1}{16.17}\left(\frac{1}{0.36} - 1\right) + \frac{1}{0.36\times 16.17}\left(\frac{1}{0.1165} - 1\right)} = 0.2398 \tag{5.181}$$

而第二个示例的功率效率因子是

$$H_{\text{scenario 2}} = \frac{1}{\frac{1}{0.37} + \frac{1}{16.17}\left(\frac{1}{0.36} - 1\right) + \frac{1}{0.36\times 16.17}\left(\frac{1}{0.1836} - 1\right)} = 0.2813 \tag{5.182}$$

表 5.8 使用功率效率因子来比较基带放大器、混频器和射频放大器的两个级联示例

组件	增益	效率(H)
示例一		
MAX2265 射频放大器	24.5 dB (电压增益 16.17)	37%
ADEX-10L 混频器	–8.8 dB	36%
ERA-1+ BB 放大器	10.9 dB	11.65%
示例二		
MAX2265 射频放大器	24.5 dB	37%
ADEX-10L 混频器	–8.8 dB	36%
ERA-4+ BB 放大器	13.4 dB	18.36%

因此，表 5.8 表明，与第一个示例相比，第二个示例具有更高的功率效率，因其基带放大器的效率更高，但还是远低于理想的单位功率效率因子。使用不同的组件和结构，可以用定量的方式表征和比较级联组件的功率效率因子和损耗因子。

在第二个示例中，分析发射机功率放大器(其通过自由空间信道与接收机处的低噪声放大器通信)的级联。假设级联在第一个示例中使用与前一示例(MAX2265)相同的 RF 功率放大器，而低噪声放大器(LNA)的型号为 Maxim Semiconductor MAX2643，增益为 16.7 dB、绝对电压增益为 6.68[MR14b]。为探究功率放大器的效率和信道的影响，假设该 LNA 具有 100%的效率(即 LNA 的效率忽略不计，尽管可以按照上述方式得出)。对于 900 MHz 的载波频率，现参照第二个示例的级联，在该示例中，MAX2265 RF 功率放大器被替换为功率效率为 45%(略微改进)的等效 RF 放大器。假设该链路是 100 m 的自由空间无线信道，增益为–71.5 dB。由于传输信道损耗大大超过 LNA 增益，因此式(5.180)适用，式中前两项小于第三项，所以有

$$H_{\text{link}} \approx G_{\text{RX}} G_{\text{channel}} H_{\text{TX}} \tag{5.183}$$

式中，H_{TX}是 RF 放大器的效率，因此在第一个示例中(使用效率为 37%的 MAX2265 放大器)，级联系统的功率效率因子为 173.5×10^{-9}；而在第二个示例中(使用效率为 45%的 RF 功率放大器)，功率效率因子为 211.02×10^{-9}。第二个示例的功率效率因子与 RF 放大器级的功率效率均同步提高。这些简单的示例演示了如何使用功率效率因子来比较和量化不同级联系统的功率效率，并证明了更高效率的 RF 放大器在整个发射机到接收机链路中提高功率效率的重要性。

5.12.2 损耗因子的定义

定义一般通信系统的损耗因子(CF)和操作损耗因子：

$$\mathrm{CF}=\left(\frac{R}{P_{\text{consumed}}}\right)_{\max}=\frac{R_{\max}}{P_{\text{consumed,min}}} \tag{5.184}$$

$$\text{operating CF}=\frac{R}{P_{\text{consumed}}} \tag{5.185}$$

其中，R 是运行或实际数据速率(单位为每秒位数或 bps)，$R_{\max}$是通信系统支持的最大数据速率。符号 operating CF 表示实际系统的特定工作点，由于该工作点可能具有特定的运行信噪比(SNR)、比特率或功耗，该点可能未实现可能的最大效率。如下所示，我们使用实际运行点从最佳功耗水平或最佳比特率角度确定裕度。目标是将损耗因子最大化。进一步分析基于仅有最大化 R 或最小化 P_{consumed}与优化系统有关。对于 AWGN 信道中通用的通信系统，可以根据 SNR 使用香农信息理论定义 $R_{\max}$：

$$R_{\max}=\text{Channel Capacity}=B\log_2(1+\mathrm{SNR}) \tag{5.186}$$

或者，对于频率选择性信道

$$R_{\max}=\int_0^B\log_2\left(1+\frac{P_{\mathrm{r}}(f)}{N(f)}\right)\mathrm{d}f=\int_0^B\log_2\left(1+\frac{|H(f)|^2P_{\mathrm{t}}(f)}{N(f)}\right)\mathrm{d}f \tag{5.187}$$

式中，$P_{\mathrm{r}}(f)$，$P_{\mathrm{t}}(f)$和 $N(f)$分别表示检测器的接收功率、发射功率和噪声功率的功率谱密度。$H(f)$是信道和检测器之前的任意电路模块的频率响应。注意，式(5.184)和式(5.185)中未设定通信系统使用的信令、调制或编码方案。对给定的频谱效率η_{sig}(bps/Hz)，设定 AWGN 信道，得出最小 SNR：

$$\frac{\mathrm{SNR}}{M_{\mathrm{SNR}}}=\mathrm{SNR}_{\min}=2^{\eta_{\text{sig}}}-1 \tag{5.188}$$

将系统的工作 SNR 和工作 SNR 的裕度(M_{SNR})(高于最小 $\mathrm{SNR}_{\min}$)与式(5.174)、式(5.184)和式(5.185)联立，得到给定的损耗因子和工作损耗因子。

$$\mathrm{CF}=\frac{B\log_2(1+\mathrm{SNR})}{P_{\text{non-path}}+\left(\frac{\mathrm{SNR}}{M_{\mathrm{SNR}}}\right)\times\frac{P_{\text{noise}}}{H}} \tag{5.189a}$$

$$\mathrm{CF}=\frac{B\log_2(1+M_{\mathrm{SNR}}(2^{\eta_{\text{sig}}}-1))}{P_{\text{non-path}}+(2^{\eta_{\text{sig}}}-1)\times\frac{P_{\text{noise}}}{H}} \tag{5.189b}$$

$$\text{Operating CF}=\frac{B\log_2\left(\frac{\mathrm{SNR}}{M_{\mathrm{SNR}}}+1\right)}{P_{\text{non-path}}+\mathrm{SNR}\times\frac{P_{\text{noise}}}{H}} \tag{5.190a}$$

$$\text{Operating CF} = \frac{B\eta_{\text{sig}}}{P_{\text{non-path}} + M_{\text{SNR}}(2^{\eta_{\text{sig}}} - 1) \times \frac{P_{\text{noise}}}{H}} \tag{5.190b}$$

香农极限描述了通过适当的编码方案选择实现任意低误码概率所需的每比特、每噪声谱密度最小能量：

$$\frac{E_{\text{b}}}{N_0} = \ln(2) \tag{5.191}$$

该极限通常通过使用香农容量定理并允许代码占用无限带宽[Cou07]来确定。

如损耗因子理论所示，在公式(5.190a)中，通信系统的数据速率与功率的最大比率可写为

$$\text{CF} = \frac{B\log_2(1+\text{SNR})}{P_{\text{NP}} + \text{SNR}_{\min} \times \frac{P_{\text{noise}}}{H}} \tag{5.192}$$

设定 AWGN，在带宽接近无穷大时采用式(5.192)的极限。首先，回想一下，根据每比特能量，发送单个比特 T_{b} 所需的时间，噪声频谱密度 N_0 和系统 B 的带宽来求出 SNR：

$$\text{SNR} = \frac{\frac{E_{\text{b}}}{T_{\text{b}}}}{N_0 B} \tag{5.193}$$

B 的极限趋于无穷大，SNR 明显减小至趋于最小的可接受的 SNR。因此有

$$\begin{aligned}\lim_{B\to\infty} \text{CF} &= \frac{1}{E_{\text{bc,min}}} = \lim_{B\to\infty}\left\{\frac{(B\log_2(1+\text{SNR}_{\min}))}{P_{\text{NP}} + \text{SNR}_{\min} \times \frac{P_{\text{noise}}}{H}}\right\} \\ &= \lim_{B\to\infty}\left\{\frac{\left(B\log_2\left(1+\frac{\frac{E_{\text{b}}}{T_{\text{b}}}}{N_0 B}\right)\right)}{P_{\text{NP}} + \frac{\frac{E_{\text{b}}}{T_{\text{b}}}}{N_0 B} \times \frac{N_0 B}{H}}\right\}\end{aligned} \tag{5.194}$$

其中，$E_{\text{bc,min}}$ 是通信系统必须消耗的最小每比特能量，E_{b} 是通信系统携带的信号中必须存在并传送到接收机的探测器的最小每比特能量。$E_{\text{bc,min}}$ 和 E_{b} 通常不相等，因为 $E_{\text{bc,min}}$ 必须始终大于 E_{b}，并且只有当接收机无噪声时两者才相等。请注意，分母不再是带宽的函数。因此，我们可以应用文献[Cou07]推导的香农结果来求出

$$\frac{1}{E_{\text{bc,min}}} = \frac{E_{\text{b}}}{N_0 T_{\text{b}} \ln(2)} \times \frac{1}{P_{\text{NP}} + \frac{E_{\text{b}}}{T_{\text{b}} H}} \tag{5.195}$$

$$E_{\text{bc,min}} = \frac{\ln(2)N_0}{E_{\text{b}}}\frac{P_{\text{NP}}}{C} + \frac{N_0\ln(2)}{H} = \frac{P_{\text{NP}}}{C} + \frac{\ln(2)N_0}{H} \tag{5.196}$$

式中，我们进行了置换 $C = 1/T_{\text{b}}$，也就是说，在该极限中，比特率接近信道容量 C。为了获得相对低的误码率，式(5.196)应解释为每个比特在噪声频谱密度上必须消耗的最小能量。这种解释不能与原始香农极限的解释混为一谈，后者涉及流过通信系统的信号内每个噪声谱密度的比特能量。注意，如果系统在信号路径上有 100%的效率，并且信号路径没有使用电源，那么式(5.196)产生的结果将与香农极限相同，这表明，实际上通信系统已与其所携带的信号完全相同。然而，一般而言，由于效率低下，式(5.196)将需要比香农限制更多的能量。式(5.196)表明，通信系统的效率在确定单比特的能量消耗方面极为重要。发送单比特所需的总功耗由 $P_{\text{bc, bit}}$ 给出：

$$P_{\text{bc,bit}} = P_{\text{NP}} + \frac{E_{\text{b}}C}{H} = CE_{\text{bc,min}} \tag{5.197}$$

对于单元边缘的单个使用者来说，将每比特所需的功耗作为单元半径的函数来估计极具现实意义，因为从能量角度来看，传送到单元边缘的比特花费总是最多的。

首先回想一下，无线链路上的功率效率因子可以写成

$$\begin{aligned} H_{\text{link}}^{-1} &= H_{\text{RX}}^{-1} + \frac{1}{G_{\text{RX}}}\left(\frac{1}{G_{\text{channel}}} - 1\right) \\ &+ \frac{1}{G_{\text{RX}}G_{\text{channel}}}\left(H_{\text{TX}}^{-1} - 1\right) \end{aligned} \tag{5.198}$$

$$\begin{aligned} H_{\text{link}} = &\left(H_{\text{RX}}H_{\text{TX}}G_{\text{RX}}G_{\text{channel}}\right) / \left(H_{\text{TX}}G_{\text{RX}}G_{\text{channel}}\right. \\ &\left.+H_{\text{RX}}H_{\text{TX}}(1 - G_{\text{channel}}) + H_{\text{RX}}(1 - H_{\text{TX}})\right) \end{aligned} \tag{5.199}$$

其中，G_{channel} 是链路信道增益，$G_{\text{RX, ANT}}$，$G_{\text{TX, ANT}}$ 是接收机和发射机天线所产生的天线增益(物理上认为小于或等于信道增益)，H_{RX} 是接收机的功率效率因子，H_{TX} 是发射机的功率效率因子，G_{RX} 是接收机的增益。联立式(5.196)和式(5.199)，可以得到

$$\begin{aligned} E_{\text{cb,min}} = &\frac{P_{\text{NP}}}{C} + \ln(2)N_0\left\{H_{\text{RX}}^{-1} + \frac{1}{G_{\text{RX}}}\left(\frac{1}{G_{\text{channel}}} - 1\right)\right. \\ &\left.+ \frac{1}{G_{\text{RX}}G_{\text{channel}}}\left(H_{\text{TX}}^{-1} - 1\right)\right\} \end{aligned} \tag{5.200}$$

分解信道增益的倒数，有

$$E_{\text{cb,min}} = \frac{P_{\text{NP}}}{C} + \frac{\ln(2)N_0}{G_{\text{RX}}G_{\text{channel}}}\left\{G_{\text{RX}}G_{\text{channel}}H_{\text{RX}}^{-1} + H_{\text{TX}}^{-1} - G_{\text{channel}}\right\} \tag{5.201}$$

在非常小的信道增益的极限下(考虑到毫米波频率下的大路径损耗，这是合理的)，该式近似于

$$H_{\text{link}} \to H_{\text{TX}}G_{\text{RX}}G_{\text{channel}} \tag{5.202}$$

$$E_{\text{b,min}} = \frac{P_{\text{NP}}}{C} + \frac{\ln(2)N_0}{G_{\text{RX}}G_{\text{channel}}H_{\text{TX}}} \tag{5.203}$$

系统功率效率比的近似值是指，对于 $G_{\text{RX}}G_{\text{channel}}$ 信道远小于单位信道的情况，两个组件之间存在高的衰减级，例如无线信道，并且衰减级之后的级最好具有高增益，因此，前一级不需要有极高的输出功率，否则会导致损耗增加。其次，功率放大器效率的重要性不言而喻，因为它必须克服信道中的损耗。

式(5.203)表明：每比特的能量成本确实随着信道增益的减小而增加。式(5.203)的几个例子如图 5.86～图 5.89 所示。图 5.86 和图 5.87 显示了一个 20 GHz 系统的示例，其中路径损耗是根据第 3 章中式(3.2)的大规模传输模型建模的：

$$G_{\text{channel}} = \frac{k}{d^{\alpha}} \tag{5.204}$$

其中，k 是常数，

$$k = \left(\frac{\lambda_{\text{c}}}{4\pi \times 5\ \text{m}}\right)^2 \tag{5.205}$$

并且 λ_{c} 是载波波长。对比图 5.86 和图 5.87 发现，高效系统可以使用更长的传输距离，而信号路径组件效率较低的系统应使用较短的传输距离(效率的降低反映在两区块之间的

H_{TX}和 H_{RX}变化中)。图 5.88 和图 5.89 中，载波频率增加到了 180 GHz，这表明较短的传输距离应匹配较高的载波频率。

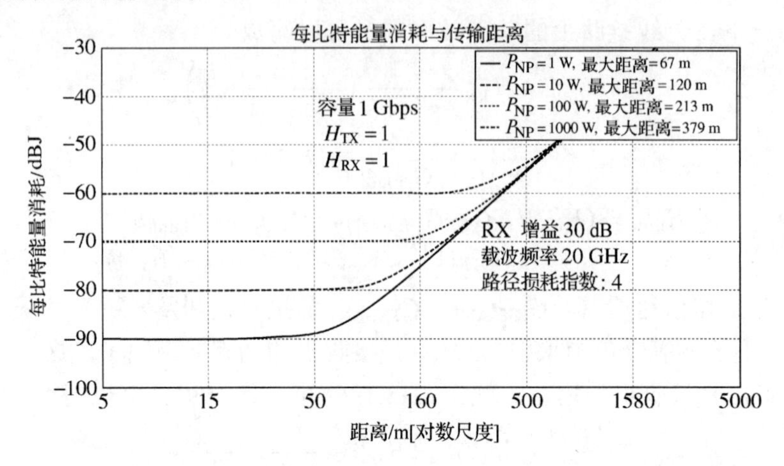

图 5.86 对于具有高信号路径效率、高非路径功耗的系统，每比特的能量消耗由非路径功率决定，这意味着缩短传输距离毫无优势

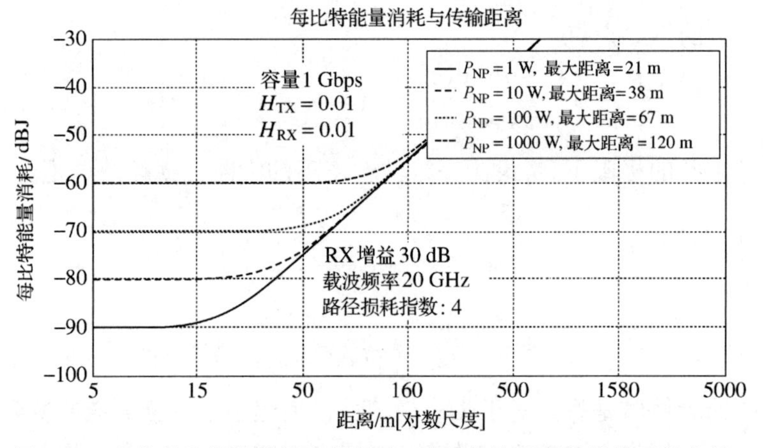

图 5.87 当信号路径组件效率较低时，较短传输距离的优势开始凸显，因为信号路径功率此时代表每比特的功率消耗的较大部分

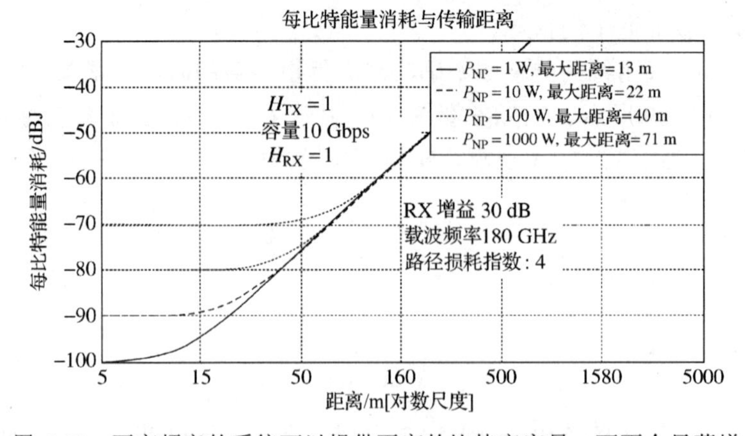

图 5.88 更高频率的系统可以提供更高的比特率容量，而不会显著增加非路径功耗，这可能会导致每比特的能量消耗出现净减损

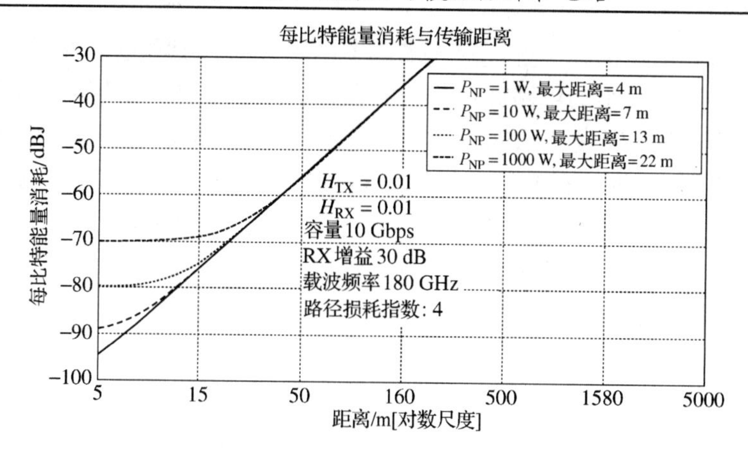

图 5.89　信号路径组件的低效率要求传输距离较短

可以利用式(5.200)确定非路径功率支配每比特功率消耗下的最大传输距离，进而得到在每比特逐渐变得更加耗能状态下的最大传输距离：

$$\frac{P_{\text{NP}}}{C} > \frac{\ln(2)N_0}{G_{\text{RX}}G_{\text{channel}}}\left(\left(\frac{G_{\text{RX}}}{H_{\text{RX}}}-1\right)G_{\text{channel}}+H_{\text{TX}}^{-1}\right) \tag{5.206}$$

$$G_{\text{channel}} > \frac{N_0C\ln(2)}{H_{\text{TX}}\left(P_{\text{NP}}G_{\text{RX}}+N_0C\ln(2)\left(1-\frac{G_{\text{RX}}}{H_{\text{RX}}}\right)\right)} \tag{5.207}$$

如果将信道增益定义为

$$G_{\text{channel}} = \frac{k}{d^{\alpha}} \tag{5.208}$$

式中，k 是一个常数，表示某个参考距离处的路径损耗，d 是链路距离，α 是路径损耗指数，于是有

$$\frac{k}{d^{\alpha}} > \frac{N_0C\ln(2)}{H_{\text{TX}}\left(P_{\text{NP}}G_{\text{RX}}+N_0C\ln(2)\left(1-\frac{G_{\text{RX}}}{H_{\text{RX}}}\right)\right)} \tag{5.209}$$

$$d < \left\{\frac{H_{\text{TX}}k}{\ln(2)N_0C}\left(P_{\text{NP}}G_{\text{RX}}+N_0C\ln(2)\left(1-\frac{G_{\text{RX}}}{H_{\text{RX}}}\right)\right)\right\}^{\frac{1}{\alpha}} \tag{5.210}$$

如果 $P_{\text{NP}} < \dfrac{N_0C\ln(2)}{H_{\text{RX}}}$，则式(5.210)不太可能具有正解，因为 $N_0C\ln(2)$ 的值较小。

5.13　本章小结

本章从许多重要方面出发，深入介绍了模拟毫米波晶体管的知识和背景，包括它们的制造以及收发信机内基本构建模块的重要电路设计方法。模拟电路的处理中特别详述了 CMOS 和 MOSFET 半导体理论的细节，以便通信工程师能够重视并理解毫米波模拟电路的基本原理和难点，并了解用于创建能够引领毫米波革命的电路所需的能力和方法。本章为读者定义和呈现了用于表征有源和无源模拟组件的关键毫米波参数，例如 S 参数和 Y 参数，

以及关键的品质因数，如三阶交调，因为这些术语和参数对于测量和表征通信系统的设备至关重要。本章讲解了通用的电路和电磁仿真器，以及工程师为了解半导体制造工艺而进行的典型测试，以便探索和设计未来的半导体技术。本章还描述了传输线、放大器(功率放大器和低噪声放大器)、混频器和压控振荡器(VCO)以及分频器的关键设计方法。最后提出了一种新的强大理论——损耗因子理论，它允许工程师量化和比较任何器件或器件级联的功率效率。这是一个新的品质因数，可能成为权衡未来宽带无线系统的功率与带宽的重要因素之一。

第 6 章　超高速数字基带电路

6.1　引言

本章将介绍数字基带处理电路的详细规范和最新进展，并探讨在未来毫米波无线通信系统中实现数吉比特每秒(Gbps)数据传输速率的挑战和方法[①]。我们将介绍与集成电路中实现基带电路相关的基本概念和挑战，并讨论模数转换器(Analog-to-Digital Converters，ADC)和数模转换器(Digital-to-Analog Converters，DAC)这些在现代收发信机的基带电路中的关键组件。

ADC 是芯片模拟和数字部分之间的连接通道，将连续模拟信号转换为离散数字信号。离散数字信号可由数字处理器处理，在芯片内的数字总线和多路复用器上传递，并以离散方式存储在数字存储器上。ADC 是接收机基带电路的关键组件，来自接收机的 RF/IF 级的信号被解调、处理、存储，最终供人类用户或计算机实时或将来使用。ADC 还用于反馈路径，其中电路内的模拟信号被监视、数字化，然后作为要处理的反馈数字发送到处理器(例如，ADC 可将混频器内偏置电路的信号数字化。同时混频器必须平衡或最小化其误差或偏置，或者发射机功率放大器必须设置在特定幅度等)。通信设备中 ADC 的性能特性在决定器件的整体性能方面起着重要作用。例如，ADC 的带宽直接限制了设备内处理信息的带宽。就表示每个采样点而创建的比特数而言，ADC 的动态范围决定了模拟信号再现的保真度，因为它由数字化信号表示，因此决定了整个器件中动态范围的极限。现代设备越来越多地面临着在使用尽可能小的功率的同时实现多吉比特每秒(Gigabits per second，Gbps)高数据速率的挑战。ADC 的功耗大大影响了整个器件的功率，ADC 的速度和动态范围决定了可以从模拟信号域转换到数字域的数据总量和数据保真度。本章将介绍基本的 ADC 架构和 ADC 中使用的器件，如比较器和跟踪保持放大器。此外，本章还将介绍与未来毫米波无线系统相关的 ADC 现代设计趋势。

DAC 将信号的数字表示(可能存在于存储器中，在信号处理器中处理，或以信号总线和数字多路复用器内的数字形式传送)转换为通信系统的模拟信号链中使用的模拟信号。例如，基带同相和正交(I 和 Q)调制信号通常由基带调制解调器或数字信号处理器(Digital Signal Processor，DSP)以数字方式生成。然后，DAC 用于将数字 I 和 Q 信号转换为模拟 I 和 Q 信号，这些信号由发射机的混频器和 IF/RF 级处理。用于第一代毫米波通信设备的毫米波数模转换器(DAC)仅需要中等分辨率(即中等动态范围)，这是由于早期设备使用的功率谱密度很低，以及移动通信中的 RF 带宽较大(因此瞬时信号衰减要小得多)导致信号的动态波动相对较小。与较高动态范围系统相比，中等或低动态范围系统在功耗方面也可能是有优势的。然而，毫米波 DAC 的采样率必须足够高才能在非常宽的信道带宽和不低于 2.16 GHz 的基带带宽下工作[ZS09b][WPS08]。

很多教材(和互联网)中有许多优秀的资源可用于理解 ADC 和 DAC 的性能指标和设计基础，许多集成电路制造商也提供了指南和说明性教程[Max02]。

6.2 ADC 和 DAC 采样与转换的回顾

2.2 节讨论的采样定理是基带信号处理中最重要的基本定律，它决定了 ADC 和 DAC 的行为。模拟电路中的信号可以通过连续时间函数准确地描述。这些连续函数不会在两个不同的时隙中占据两个不同的值，除非首先占据一个中间值。此外，在观察期间，这些连续函数在每个时间点都有一个值。相反，在数字处理器中的信号是离散的，本质上是数字的，并且仅具有有限数量的值或状态。数字信号是离散的，因为它的值不直接与时间相关，而是根据时钟周期的状态进行索引。因此，模拟和数字信号之间的转换包含两步：对模拟信号进行采样，使其在单个时钟周期内具有相对恒定的值(例如，对模拟信号进行采样，通常称为“采样保持”)，然后将模拟信号采样数字化，其只能采用有限集合中的一个值(例如，在时钟周期内对采样进行量化和以数字形式表示)。

ADC 的作用是在非常小的时间孔径(采样时间间隔)内对捕获的模拟信号进行采样，并准确地产生数字码字，该码字以有限的比特数表示模拟信号并可以存储在存储器中或由计算机处理。ADC 不断对模拟信号进行采样，随着时间的推移产生许多码字。这种将模拟波形数字化并将电压表示为一系列比特的能力对于现代无线通信至关重要。DAC 过程是 ADC 过程的逆过程。DAC 在时钟周期内将数字码字转换为模拟电压。由于 DAC 对时变码字产生许多尖锐的电压跳变，因此 DAC 必须使用低通滤波器来平滑由时变码字产生的许多离散电压跳变。

考虑一个任意的时间信号，如图 6.1 所示。该信号的频谱以基带为中心，具有 100 MHz 的带宽，如图 6.2 所示。可以将任意信号及其频域表示为

$$w(t) \leftrightarrow W(f) \tag{6.1}$$

其中 $w(t)$ 为任意信号，$W(f)$ 为其傅里叶变换，

$$W(f) = \int_{-\infty}^{\infty} w(t)\mathrm{e}^{-\mathrm{j}\omega t}\mathrm{d}t \tag{6.2}$$

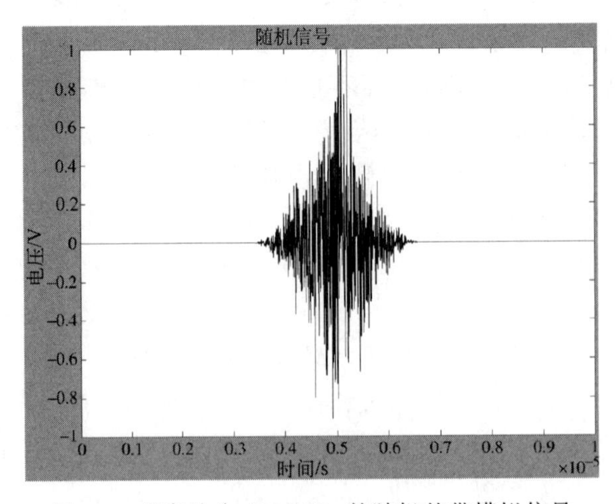

图 6.1 带宽约为 100 MHz 的随机基带模拟信号

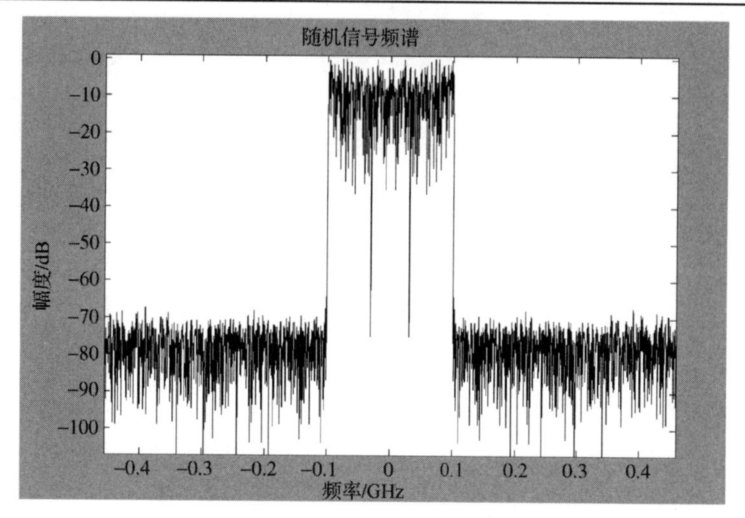

图 6.2　图 6.1 所示的随机模拟波形的频谱。频谱已归一化，最强的频谱分量的振幅为 0 dB

接下来我们将回顾采样定理的关键内容，因为它们与 ADC 和 DAC 的处理有关。更多详细信息，参见 2.2 节。当对信号进行采样时，其采样值是在不同的时间点获取的。通常，时间点是周期性间隔的，因此我们可以将采样的离散时间信号写为

$$w[n] = w(nT) \tag{6.3}$$

其中，T 为采样间隔，$w[n]$ 是一个离散时间信号。为了理解采样过程，考虑通过 $w(t)$ 乘以周期脉冲序列给出的模拟信号的频谱是有用的，

$$w_{\text{sampled}}(t) = w(t)\sum_{k=-\infty}^{\infty}\delta(t-kT) \tag{6.4}$$

其中 $\delta(t-kT)$ 是以 $t=kT$ 为时间间隔的脉冲。在频域中，其结果是频谱 $W(f)$ 与周期脉冲序列傅里叶变换

$$\mathcal{F}\left\{\sum_{k=-\infty}^{\infty}\delta(t-kT)\right\} = \frac{1}{T}\sum_{k=-\infty}^{\infty}\delta\left(f-\frac{k}{T}\right) \tag{6.5}$$

的卷积，其中 $\mathcal{F}$ 表示傅里叶变换，T 为采样间隔。式(6.5)与 $W(f)$ 的卷积为

$$W_{\text{sampled}}(f) = \frac{1}{T}\sum_{k=-\infty}^{\infty}W\left(f-\frac{k}{T}\right) \tag{6.6}$$

模拟采样信号的频域表示具有周期性，其周期为采样频率 $1/T$。$w[n]$ 的离散时间傅里叶变换(DTFT)指的是通过如下关系式获得的傅里叶变换：

$$W_{\text{DTFT}}\left(e^{j2\pi f}\right) = \frac{1}{T}\sum_{k=-\infty}^{\infty}W\left(\frac{f}{T}-\frac{k}{T}\right) \tag{6.7}$$

因此，式(6.6)中 $w_{\text{sampled}}(t)$ 的频谱和式(6.7)中 $w[n]$ 的频谱通过频率轴的重新缩放相关联。为方便起见，大多数模拟设计人员专注于表征原始的 $w_{\text{sampled}}(t)$，而基带数字设计师则专注于 $w[n]$。

图 6.3 显示了采样率为 400 MHz 的采样信号。图 6.4 显示了采样信号的频谱。比较图 6.2 和图 6.4，与原始信号相比，采样情况下的噪底已明显升高。这是混叠的结果，其中来自

原始频谱的一些高频噪声能量在采样频谱中多次叠加。混叠是一个关键的设计问题，接下来将进行讨论。

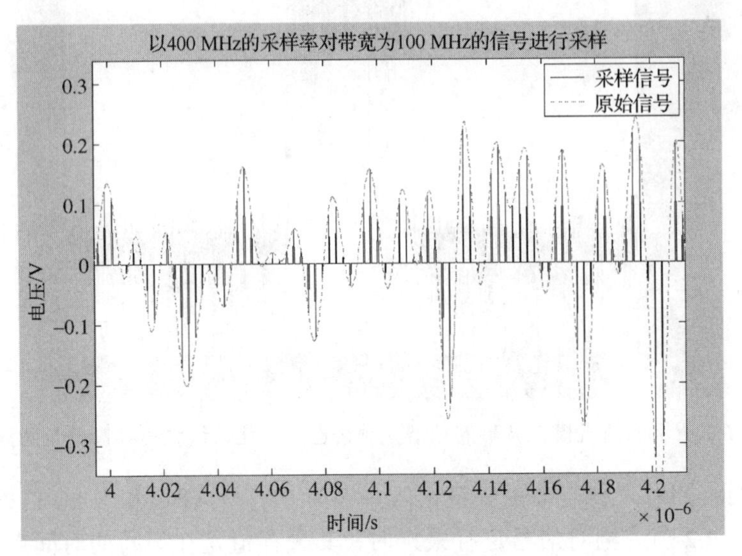

图 6.3 图 6.1 中随机信号的放大图显示了它是如何采样的

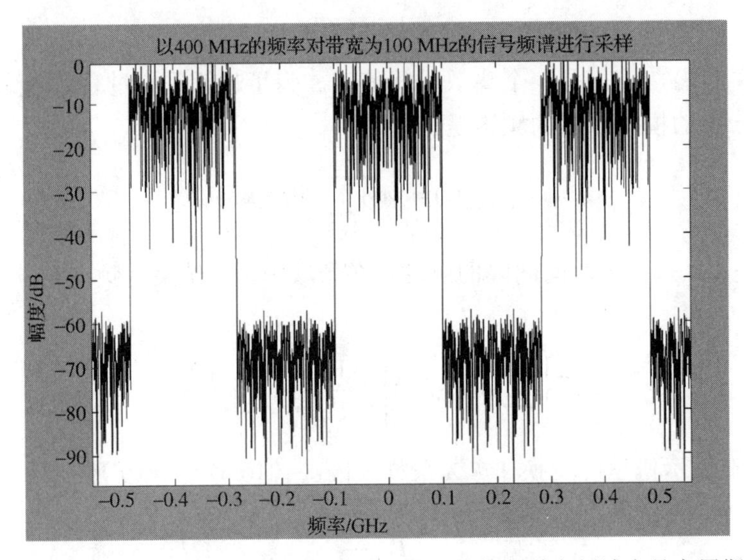

图 6.4 对图 6.1 中的信号在时域采样的结果是使频谱在频域内具有周期性

当信号被以超过奈奎斯特采样要求的采样率进行采样时(即当采样率远大于模拟信号最大频率的两倍时)，频谱的副本不重叠，如图 6.4 所示。如果采样率低于信号基带带宽的两倍，则频谱的副本将重叠并导致信号失真。这种现象被称为混叠，此时高频分量被混淆为较低频率分量。图 6.5 为在 100 MHz 下采样的结果，其清楚地表明出现了混叠。为避免混叠，采样率必须至少大于或等于信号基带带宽的两倍。该最小采样频率称为奈奎斯特频率。

除了在某些时间点对信号进行采样(称为数字化的过程)，ADC 还将每个信号时间采样映射到一组离散值(称为量化的过程)。通常根据 ADC 用于编码每个采样的比特数来描述信号的每个采样点的量化值的数量。由 ADC 产生的数字化和量化信号的最大可能动态范围取决于用于量化信号的比特数。动态范围是由 ADC 可以表示的最大信号范围与由 ADC 可以表示的最小可量化信号增量(步长)的比率。对于可以使用 n 比特表示从 $V_{\min}$ 到 $V_{\max}$ 的信号的 ADC，其动态范围由下式给出：

$$\text{Dynamic Range [dB]} = -20\log_{10}\left(\frac{V_{\max}-V_{\min}}{\dfrac{V_{\max}-V_{\min}}{2^n}}\right) = 20\log_{10}(2)^n \approx 6.0n \text{ [dB]} \quad (6.8)$$

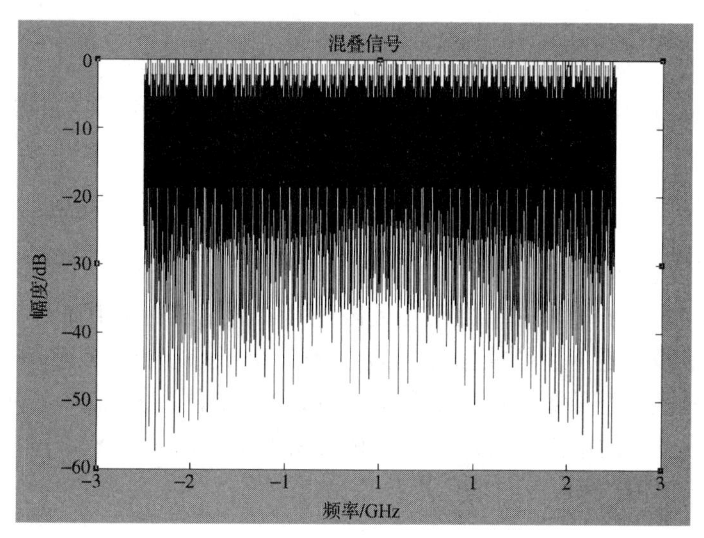

图 6.5　如果图 6.1 中带宽为 100 MHz 的信号以 100 MHz 的频率被采样，则结果为混叠信号。在频域，原始信号频谱的重叠部分使得到的采样信号完全失真

因此，可以期望 6 比特 ADC 能够提供 36 dB 的动态范围。频域中信号的动态范围可以通过检查其频谱来确定，并且通常通过标记最大幅度(频谱峰值)和最小幅度(噪声基底)之间的差异来找到。例如，图 6.6 显示了使用 4 比特量化图 6.1 中信号的每个采样之后所得的频谱。从图 6.6 中可以看到，动态范围已降至 24 dB。

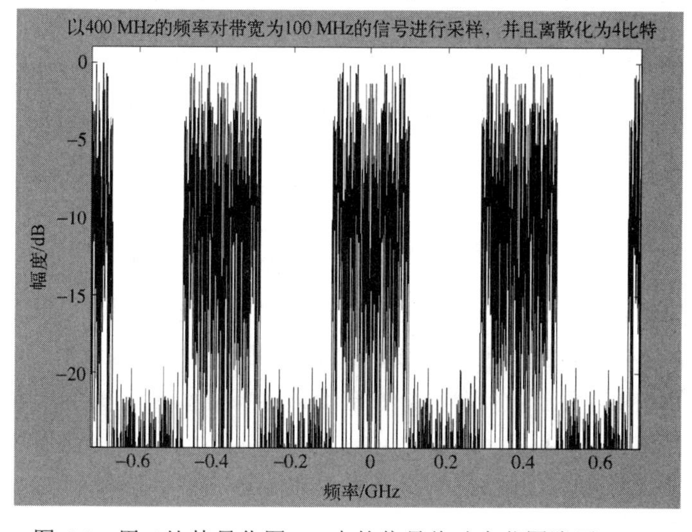

图 6.6　用 4 比特量化图 6.1 中的信号将动态范围降至 24 dB

在进行电路设计时，更常见的是根据均方根(RMS)值定义动态范围。能量波形 $v(t)$ 的 RMS 值可通过以下方式得到：

$$V_{\mathrm{rms}} = \sqrt{\int_{-\infty}^{\infty} v(t)^2 \, \mathrm{d}t} \tag{6.9}$$

通过将式(6.9)中的积分极限改变为单个周期，然后除以周期，同时将周期的极限变为无穷大，可以得到周期正弦曲线的 RMS 值，它由下式给出：

$$v(t) = A\sin(\omega t) \Rightarrow V_{\mathrm{rms}} = \frac{A}{\sqrt{2}} \tag{6.10}$$

如果将此信号量化为 N 比特并假设 $A = (V_{\max} - V_{\min})$，那么会发现该满量程正弦波的 RMS 值为

$$V_{\mathrm{rms}} = \frac{V_{\max} - V_{\min}}{2\sqrt{2}} \tag{6.11}$$

当对信号进行量化时，ADC 用于为输入电压的每个小步进变化产生唯一的 n 比特码字，以便将输入 ADC 的在 $V_{\max}$ 和 $V_{\min}$ 之间有无限种可能的连续电压值映射为有限数量的 n 比特码字，这些码字是特定应用的模拟电压的合理数字表示。为生成不同码字可以被检测并能与另一模拟信号区分开的最小模拟信号的 RMS 值由量化误差确定，量化误差由 ADC 的最低有效位(LSB)表示的电压确定。其中，假设所有信号的量化区间(即分位数)均匀，则 LSB 电压(V_{LSB})由 ADC 的量程与量化阶数的比值给出：

$$V_{\mathrm{LSB}} = \frac{V_{\max} - V_{\min}}{2^n} \tag{6.12}$$

量化误差决定了最小可检测信号的 RMS 值。通常，假设量化误差均匀分布在 $\frac{-V_{\mathrm{LSB}}}{2} \sim \frac{+V_{\mathrm{LSB}}}{2}$ 之间。量化误差的概率密度函数为

$$f_X(x) = \frac{1}{V_{\mathrm{LSB}}}, \quad \left\{|x| \leqslant \frac{V_{\mathrm{LSB}}}{2}\right\} \tag{6.13}$$

并且对于随机变量 $\boldsymbol{X}$ 的其他值，$f_X(x) = 0$。该函数可以表征在一个量化区间内的量化误差。由式(6.13)可以确定预期量化误差信号的 RMS 值为

$$\text{RMS Quantization Error} = \sqrt{\int_{-\frac{V_{\mathrm{LSB}}}{2}}^{\frac{V_{\mathrm{LSB}}}{2}} \frac{x^2}{V_{\mathrm{LSB}}} \mathrm{d}x} \tag{6.14}$$

可以化简为

$$\text{RMS Quantization Error} = \frac{V_{\mathrm{LSB}}}{\sqrt{12}} = \frac{V_{\max} - V_{\min}}{2^n\sqrt{12}} \tag{6.15}$$

式(6.13)表示均匀分布，用于模拟数字化信号在两个连续量化阈值之间(即在分位数内)具有相同可能性假设。对于满量程正弦曲线和大多数随机信号，这通常是正确的。但是，某些信号可能在分位数内具有非均匀分布，如常数信号将导致恒定的量化误差(例如，如果一个常数信号距离比特边界 1/4 V_{LSB}，那么它将具有 1/4 V_{LSB} 的量化误差)。使用式(6.11)和式(6.15)，仅考虑量化误差，可以找到最大可能的动态范围[也称为最大 SQNR(信号与量化噪声比)]，以 dB 为单位表示为

$$\text{Dynamic Range}_{\text{SQNR}} = 6.02n + 1.7\ \text{dB} \tag{6.16}$$

除量化效应外，还有许多采样现象可能导致 ADC 和 DAC 中信号质量和动态范围降低。例如，到目前为止，假设所有样本都是以规则的间隔出现的。但是，在实际 ADC 中，每次采样的时间会有一定的随机性，当 DAC 产生模拟信号时会有一些时间误差。采样时间中产生的不确定性称为抖动，这也是采样电路中的噪声。图 6.7 显示了在存在抖动的情况下采集到的任意信号。在该图中，可以看到样本之间的时间间隔不均匀。抖动的影响取决于原始信号相对于采样时间误差的变化速度。非常慢的信号不会受到抖动的严重影响，非常快的信号则不然。因此，除了输入信号的频率[TI13]，我们希望信号质量和动态范围的误差是采样时间不确定性的函数。

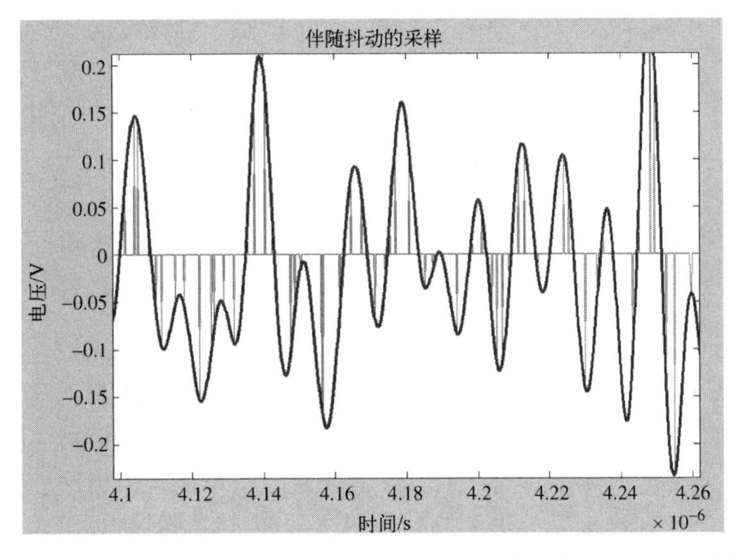

图 6.7　一个抖动采样的例子，采样时间间隔的不确定性导致动态范围减小

考虑离散信号抖动效应的最大可能动态范围[也称为最大 SJNR(信号与抖动噪声比)]由下式给出[SAW90]：

$$\text{Dynamic Range}_{\text{SJNR}} = -20\log_{10}(\tau f_{\text{in}}) - 5.17\ \text{dB} \tag{6.17}$$

其中τ是所有采样间的最大定时抖动，f_{in} 是被采样信号的频率。注意，文献[TI13]使用定时抖动的标准差，而不是最大定时抖动，在这种情况下，式(6.17)最右边的常数项将更大(15.96 dB)，式(6.17)中的τ是定时抖动的标准差，而不是峰值。式(6.17)中的常数项也可能作为应用波形的函数而变化，并且如果使用确定性输入信号(如正弦波)，则常数项可能更小。当定时抖动τ远小于输入信号频率或带宽的倒数时，可以忽略由抖动引起的动态范围的恶化。

式(6.16)和式(6.17)分别基于比特数和定时抖动量，给出了 ADC 可实现的信号质量和动态范围极限。这些误差源可以独立发生，两个误差源中较严重的一个决定了 ADC 可实现的信号质量和动态范围的极限。在当前的工程实践中，采样时钟的抖动被设计得足够低，因此式(6.16)基本决定了 ADC 的可实现动态范围。然而，在具有超宽带数据流的毫米波频率下，设计非常低的抖动采样时钟更加困难，这表明式(6.17)对于多吉比特每秒毫米波系统可能变得更加重要。

6.3 器件失配：ADC 和 DAC 的难题

失配是指在硅芯片制造过程中，晶体管和其他的电路元件间性能和物理特性的随机变化。即使芯片的电路元件具有相同的设计、布局和制造工艺，也会发生失配。失配可能出现在晶片制造过程的各个阶段，包括离子注入变化、迁移率变化、固定和移动氧化物电荷、线边缘和宽度粗糙度变化，以及晶片上的其他氧化物变化[PDW89][LZK+07]。失配是模数转换器和数模转换器性能的主要限制因素，尤其是闪存模数转换器和电流导引数模转换器，本章稍后将对此进行讨论(参见 6.8 节)[PDW89] [US02] [WPS08]。广泛使用的 MOSFET 失配模型由 Pelgrom、Duinmaijer 和 Welbers[PDW89]提出。该理论涵盖了单个晶圆上器件间的失配，但最初提出的目的并非用于描述不同晶圆或批次之间的失配统计参数 [PDW89]。该理论既描述了晶片上任意两点间物理位置的失配，也描述了与制造过程中特定步骤相关的工艺相关失配。该模型的主要发现之一是由下式给出的设备参数的方差[PDW89]：

$$\sigma^2(\Delta P) = \frac{A_{\mathrm{p}}^2}{WL} + S_{\mathrm{p}}^2 D_x^2 \tag{6.18}$$

该式表明参数的方差和面积参数与最小感兴趣区域 $\frac{A_{\mathrm{p}}^2}{WL}$ 的比率有关，是单个晶体管的面积加上间距参数。初看上去，这个等式似乎表明随着工艺比例的缩小(晶体管栅极长度的缩短)，器件失配会不可避免地增加。如果参数 A_{p} 保持不变，那么情况就是如此，但必须对每个制造工艺进行更彻底的检查，因为代工厂可能已经采取措施来减少其更先进工艺的变化。从代工厂的角度考虑式(6.18)可能是最有用的，因为这表示代工厂允许工艺发生变化，但仍具有可接受的失配晶片的最大面积。式(6.18)表明，代工厂不允许在远大于工艺技术的最小特征尺寸的区域(由工艺中最小可用晶体管的宽度 W 和长度 L 表示)上发生大的变化。从电路设计者的角度来看，式(6.18)表明较小的器件会出现更大的失配，但应根据每种工艺技术单独考虑。(作为类比，建议读者思考用儿童蜡笔绘制一千个 1 mm×1 mm 的正方形和用一个细尖笔绘制一千个 1 mm×1 mm 小正方形之间的尺寸变化差异。)

用于失配的一般电路设计规则包括在应当最小化失配的情况下使用并联器件(例在差分对或 ADC 的比较器中)。在芯片上间隔较远的器件更可能失配[PDW89]，因此在匹配至关重要的两个器件时应尽量缩小间距。与单端设计相比，使用差分电路是另一种使用共模抑制来减轻由失配引起的某些电路设计中电压偏置或噪声的方法。平均化，例如使用并行无源器件来平均输出失配，是另一种常用技术。由于半导体制造技术使晶体管栅极不断变小，并进入深亚微米区域(小于 20 nm)，当带宽增加且电压降低至 1 V 以下时，失配将成为更具挑战性的问题。

2007 年，南洋大学的 Lim 等人研究了多指状晶体管布局对 0.13 μm 和 90 nm CMOS[LZK+07]失配的影响。他们发现，在 0.13 μm 和 90 nm CMOS 的失配方面，多指状设计的表现优于单指状设计。他们还研究了指状交错对多指状设计的影响，并且发现交错的影响取决于器件类型(NMOS 或 PMOS)和尺寸[LZK+07]。他们还发现，与仅使用单个金属层相比，使用多个金属层(例如，在复杂的 BEOL 工艺中)对器件失配几乎没有影响。此外，他们发现添加栅极保护二极管会略微增加器件失配(仅当非常长的金属片连接到晶体管栅极时才需要这种二极管)。

芯片上相应靠近的晶体管将表现出相关的失配，而两个相距甚远的器件间的失配则较少或仅有微弱的相关[WT99]。随着栅极长度不断缩小，将数字工艺用于模拟目的已变得越来越普遍。遗憾的是，许多为提高数字性能而开发的工艺创新也损害了模拟的性能[TWMA10]。随着载波频率的不断提高以满足带宽需求，模拟电路很可能将继续在最近的数字处理迭代中被构建。在某些情况下，可能仅在芯片或电路的某些部分需要深度缩小工艺的高速操作，而在其他地方可以容忍较慢的操作。某些技术已被开发出来用于改善这种情况下的晶体管失配问题。通常，从模拟电路设计和失配的角度来看，在最新的工艺生成中使用最小长度的晶体管是不可取的，因为新技术节点通常会随着时间的推移而改进。

在部分模拟电路使用长于最小栅极长度的情况下，将长沟道晶体管布置为一系列短沟道器件以改善失配可能是有利的[TWMA10]。然而，这种技术会影响其他性能指标，如驱动电流和电压余量[TWMA10]。

2010 年，Tuinhout 等人研究了 MOSFET 失配的分段效应(即使用一系列非常短沟道的器件来实现长沟道器件)[TWMA10]。他们感兴趣的是在深度缩小工艺(例如，45 nm CMOS)中构建的长沟道器件(大于 1 μm)的失配性能。他们发现，分段可以导致失配的显著改善，但也会恶化其他性能指标，例如大幅度降低驱动电流。

6.4　基本模数转换电路：比较器

ADC 最基本的构建模块是比较器，它是用于模拟信号数字化过程的器件；它比较两个输入电压并根据哪一个更高来提供高或低输出电压(即数字 1 或 0)。图 6.8 为比较器的基本符号。在 ADC 中，许多并行比较器用于同时比较输入的模拟信号。对于每个比较器 C，输入电压之一是由 ADC 内部产生的已知参考电压，而另一个输入电压是要比较的模拟信号。使用 N 比特内部参考电压电平不同的 N 比特并行比较器，通过确定模拟输入信号是否超过参考阈值，使 ADC 能够并行、快速地采样和量化模拟信号，同时产生表示模拟电压的 N 比特码字。ADC 所选的比较器设计必须与所选参考电压完美匹配，以确保正确转换。比较器的亚稳态窗口是其输入端可以触发比较器做出决定的最小电压[SVC09]。比较器亚稳态窗口的参考电压选择不当可能导致非线性增加。

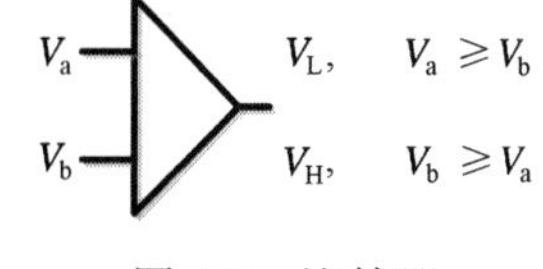

图 6.8　比较器

基于文献[LLC06，第 12 章]，比较器的基本操作可以用图 6.9 解释。采样操作通过周期性地切换开关 S_1～S_4 来实现。在每个周期中，首先切换 S_4 以耗尽电容器电荷，紧接着接通开关 S_2 和 S_3，而开关 S_1 和 S_4 保持关闭。接通 S_3 会迫使输入电压和输出电压相等。此外，这也迫使输入电压等于反相器[LLC06]的阈值电压，该阈值电压定义为迫使输出从低电平变

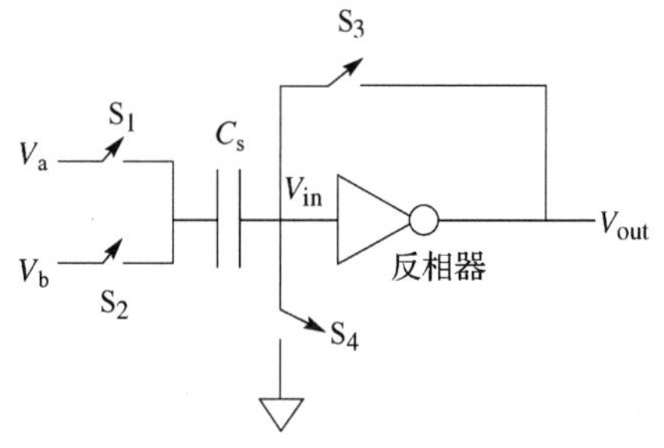

图 6.9　比较器的基本组成，它是模数转换器的核心构建块

为高电平的输入电压。通过接通 S_2，迫使 C_s 上的电荷为 $Q_s = C_s(V_b - V_{in}) = C_s(V_b - V_{threshold})$，再打开 S_2 和 S_3 并关闭 S_1。但由于电容器没有放电，电容器上的电荷不会发生变化。因此，$V_b - V_{threshold} = V_a - V_{in}$，我们发现新的 V_{in} 由 $V_{in} = V_a - V_b + V_{threshold}$ 给出。因此，该周期中此时反相器的输出等于 $V_{out} = AV_{in} = A(V_a - V_b + V_{threshold})$。接下来，只要比较器工作，以上描述的过程就会循环重复。

在图 6.9 所示的比较器电路中，反相器是最重要的电路模块之一。比较器中使用的反相放大器具有很高的增益，并且相对于输入信号的带宽和采样速度应具有足够大的带宽。基本 CMOS 反相器如图 6.10 所示。从历史上看，运算放大器通常用于实现比较器。虽然图 6.9 给出的操作说明针对开关电容比较器，但用运算放大器(op-amp)或高增益轨到轨放大器构建比较器电路是一件简单的事情。例如，施密特触发比较器将正反馈应用于差分放大器的非反相输入，并可用于代替图 6.9 的开关电容设计。然而，如今由于难以实现运算放大器所需的堆叠晶体管设计，开关电容比较器在 ADC 中越来越多地取代了运算放大器。这种困难源于现代技术工艺所需的供电电压的降低[Mat07]。由于开关比较器的工作电压可能比运算放大器低得多(低至 0.5 V)，开关电容比较器对毫米波 ADC 很重要[Mat07]。在实际应用中比较器设计的选择取决于 ADC 是否与毫米波无线电集成。如果将其集成在单个芯片中，则可能会使用足够高的电源电压以驱动运算放大器比较器，因为毫米波无线电的模拟部分使用需更高电源电压的较旧的技术工艺。然而，如果将其集成在一个单独的芯片上，严格的功率预算如图 6.9 所示。可以使用正反馈技术来增加比较器增益，从而提供一种随着数字化速度提升而提高分辨率并减少误差的方法[Mat07]。

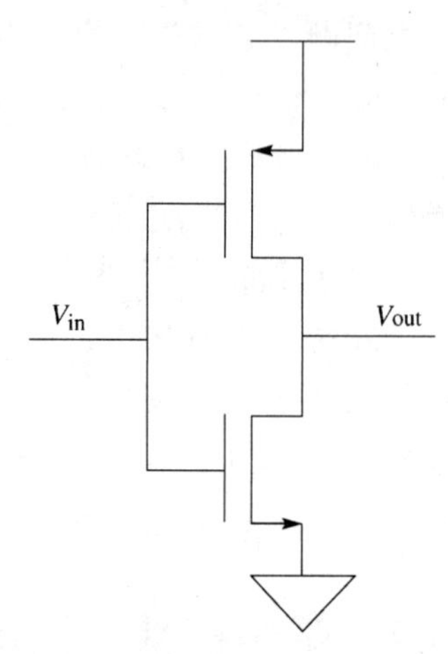

图 6.10 基本反相器

6.4.1 基本 ADC 元件：采样保持放大器

ADC 的另一个基本构建模块是跟踪保持(T/H)或采样保持(S/H)放大器。跟踪保持放大器位于 ADC 的第一个输入级，用于确保比较器电路的采样稳定性。它的作用是在很短的时间间隔内为一组并行的比较器保持恒定的模拟信号，以避免各个比较器的采样时间失配。各个比较器依靠跟踪保持或采样保持放大器来保持输入的模拟信号固定，同时将输入的模拟信号与 ADC 的内部已知参考电压进行比较。这些内部参考电压可以由内部 DAC 产生，也可以使用简单的电阻分压电路产生精确的参考电压，然后与输入信号的分压值进行比较。由于许多比较器被并行地用于比较模拟输入信号的不同分压版本，因此在所有比较器完成判定和采样过程之前，当一组比较器的输入发生变化时，可能会出现称为“气泡”的转换差错。注意，在比较器执行离散化操作之前，跟踪保持放大器必须跟踪或允许模拟输入信号自然地变化，或者，采样保持放大器在比较器离散化操作之前锁定模拟信号的电压。气泡的发生和在毫米波系统中常用的大基带带宽将导致动态范围很低，因此比较器数量较低的 ADC 更具吸引力。这样的 ADC 不会受到气泡误差的严重影响，并且功耗比大动态范围 ADC 更低。

采样保持放大器的运行如图 6.11 所示，而跟踪保持放大器的运行如图 6.12 所示。从系统角度来看，采样保持放大器只是两个追踪保持放大器[PDW89]的级联。图 6.13 显示了采样保持放大器(一组比较器和一个编码器)的级联结构，它可以被认为是闪存 ADC 的基本布局。跟踪保持放大器提供一个恒定的信号，因此分压器或数模转换器(未显示)可以提供一个变化的电压值作为比较器的参考输入(未显示)。将保持输入信号与各比较器之间的不同基准电压并行比较，以确定数字化模数转换器输出的最小比特的值。当正确使用时，采样保持和跟踪保持放大器可以将放大器的输入带宽大幅增加到接近奈奎斯特速率[Koe00]。使用时，采样保持或跟踪保持电路设置模数转换速率或带宽转换性能的上限[CJK+10][LKL+05]。分辨率低于 6 比特的低分辨率 ADC 通常会放弃使用采样保持电路来提高速度，同时降低功耗[SV07]。然而，当需要高分辨率时，采样保持电路是必要的，即使它们的使用可能导致速度性能的下降[SVC09]。跟踪保持电路的输入带宽必须超过 ADC 时钟速率才能生效[SVC09]。

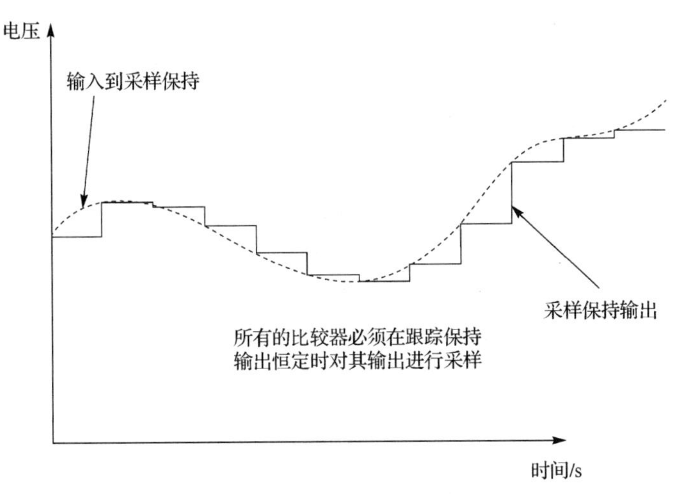

图 6.11　模拟输入信号以及模数转换器用采样保持放大器产生离散信号的示例

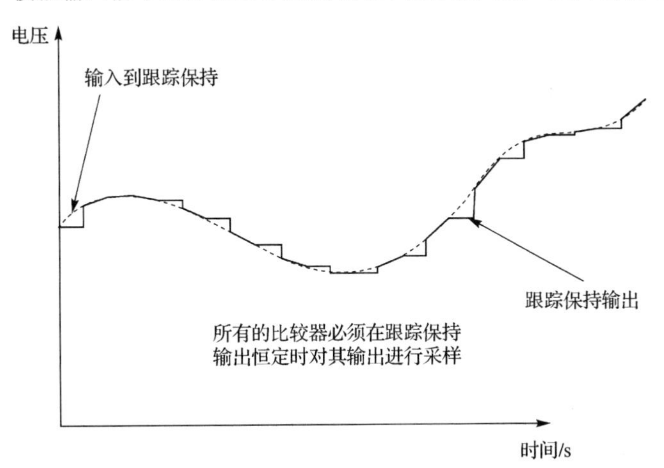

图 6.12　模拟输入信号以及模数转换器用跟踪保持放大器产生离散信号的例子。当输入不处于保存模式时，跟踪保持电路自然地跟踪输入，而采样保持电路只在瞬间跟踪输入

在数学上，采样保持放大器可以被描述为理想的脉冲采样器，其后是低通滤波器，其频率响应由 sinc 函数[Bak09]给出：

$$V_{\text{out}}(f) = T\left[\sum_{n=-\infty}^{\infty} V_{\text{in}}(f - nf_{\text{s}})\right]\text{sinc}(\pi Tf) \tag{6.19}$$

其中 T 是采样周期，等于采样频率 f_s 的倒数。频域中的输入信号是 $V_{in}(f)$，输出信号是 $V_{out}(f)$，f 是频率。由于 $\text{sinc}(\pi Tf)$ 因子的原因，输出信号与输入信号相比有些失真，即靠近奈奎斯特频率的高输入频率相对于接近直流[Bak09]的低输入频率存在衰减。实际上，与非常接近直流[Bak09]的频率相比，奈奎斯特频率 $f_s/2$ 降低了 3.9 dB。

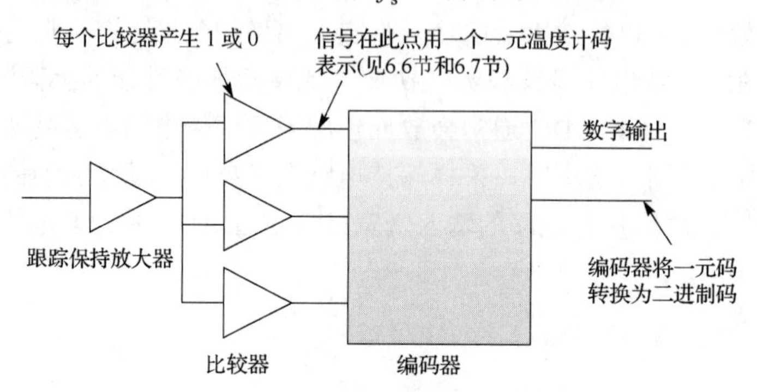

图 6.13　采样保持放大器的级联结构

文献[Bak09]提供了对跟踪保持操作的有用概述。如果跟踪保持放大器中的跟踪和保持次数相等，那么跟踪保持放大器的输出将由文献[Bak09]给出：

$$V_{\text{out}}(f) = \sum_{n=-\infty}^{\infty}\left\{\frac{1}{2}\text{sinc}\left(\frac{\frac{\pi}{2}f}{f_{\text{s}}}\right)\text{e}^{\frac{-\frac{\text{j}\pi}{2}f}{f_{\text{s}}}} + \frac{1}{2}\text{sinc}\left(\frac{\pi}{2}n\right)\text{e}^{-\frac{\text{j}3\pi}{2}n}\right\}V_{\text{in}}(f - nf_{\text{s}}) \tag{6.20}$$

它具有在 DC～ $f_s/2$ 的频带中比采样保持放大器更平坦的优点，即在 $f_s/2$ 时频率响应仅下降 1.1 dB。

跟踪保持放大器应在高采样率、高输入带宽条件下保证低总谐波失真，并且不会消耗过多功率。输出端的谐波失真将决定放大器在给定分辨率下的可用性。输入带宽应与使用放大器的 ADC 通道一样大。

大多数开环跟踪保持或采样保持电路的基本设计是前置放大器，后面带有可选输出放大器的开关电容电路，以提高驱动能力[SCV06] [CJK+10]。一种常见的方法是使用如图 6.14 所示的开关射极跟随器 (SEF) [LKL+05] [SCV06] [LKC08]。该架构提供很高的线性度[LKL+05]，如果采用大电阻衰减，可能具有很高的噪声系数[SVC09]。在保持模式期间由于开关射极跟随器 (SEF) 中寄生基极-发射极电容的馈通而导致的低隔离也会降低性能，通常通过馈通电容器[LKC08]来解决。该设计的一种可能和常见的实现方式是使用具有电阻性衰减的差分对前置放大器为开关电容器射极跟随器输出级供电[SCV06] [CJK+10] [LKC08]。大多数超高速跟踪保持放大器采用开环设计，以实现最高的速度[LKL+05]。

在设计跟踪保持或采样保持放大器时，需要牢记几点。为保证高速工作的能力，并具有良好的线性度以避免信号失真[LvTVN08]，跟踪保持放大器的输入电容应该足够低。为避免由于采样信号建立时间过长而导致的问题[LvTVN08]，在 n 比特 ADC 中使用的跟踪保持电路

的带宽必须大于 $(n+1)\cdot\ln(2)\cdot 2\cdot f_s/2\pi$，并且输入电容应足够低。此外，用于驱动跟踪保持或采样保持放大器中开关电容的缓冲器对性能有重大影响[LKL+05]。开关拓扑结构的选择将影响保持电容的选择。在图 6.14 中，开关信号应用于标记为“保持”和“跟踪”的端口。如果使用电流模式拓扑结构，则应减小保持电容以允许样本之间的完全放电。如果使用基于电压的拓扑结构，则可以放宽此要求，并且可以使用更大的电容来降低信号下降[CJK+10]。

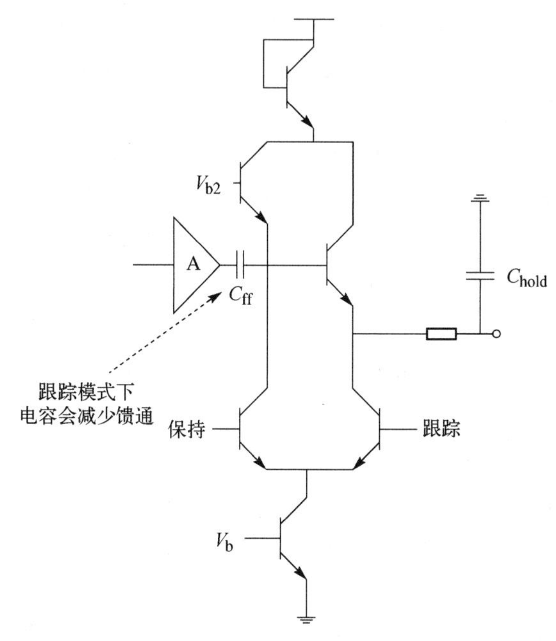

图 6.14　开关射极跟随器是一种常见的开环设计，用于高速跟踪保持或采样保持电路，两种模式之间拥有独立的跟踪保持时钟控制切换

保持电容尺寸的选择对跟踪保持或采样保持放大器非常重要，因为它决定了电路的下降速率[CJK+10]。低保持电容有利于低失真和带宽，但是由于通过寄生电容的耦合，它可能导致不需要信号的过度馈通。它还可能会提升信号下降的速度，并降低抑制时钟偏移误差的能力[SCV06] [CJK+10]。

采样保持电路中使用的占空比可能会影响 ADC 的性能。跟踪保持放大器的占空比是指放大器跟踪/采样输入或保持其当前输出值的时间百分比。例如，Chu 等人在采样率为 40 Gs/s（Gigasamples per second）的 4 比特 4 通道时间交错（也称时间交织）闪存 ADC 中[CJK+10]，子 ADC 使用 25-75 采样保持占空比。该占空比（25%采样，75%保持）增加了每个子 ADC 转换所允许的时间。选择占空比时，在更标准的 50-50 占空比转换之前，应满足所有时间要求（例如，建立和保持时间）。

在采用跟踪保持放大器时需要考虑几个注意事项。虽然采样保持或跟踪保持电路可以帮助消除由时钟偏移和抖动引起的问题，但由于其高度非线性的传递函数[SVC09]，它还可能加剧失真。因此，只有在证明减少时钟偏移的好处超过失真加剧的影响并且在对跟踪保持电路足够的输入频率带宽[SVC09]进行验证之后，才能决定在 ADC 中是采用跟踪保持还是采样保持电路。采用跟踪保持或采样保持电路时必须考虑的因素是用于切换保持电路的时钟路径与用于切换比较器组[SVC09]的时钟路径之间的正确同步。若这两条路径的同步性很差，跟踪保持电路将无效。最后，如果采样保持电路的输出信号在保持模式期间不稳定(即如果它“掉落”)，那么它将不会有效地减小时钟抖动[CJK+10]的影响。

保持电路可以从差分设计中获益。例如，Shahramian 等人[SCV06]发现跟踪保持放大器的差分实现显著降低了共模时钟馈通。

下面通过文献中的几个示例来了解 ADC 速率是如何显著提高的，以及正在制定的先进的性能规范。Shahramian 等人提出了采用 0.18 μm SiGe BiCMOS 工艺的、用于高速 ADC 的 40 Gs/s 的采样保持放大器[SCV06]。该放大器在供电电压为 3.6 V 时的功耗为 540 mW，3 dB 带宽为 43 GHz。该放大器包括一个低噪声放大器以及后面的一个为跟踪保持电路供电的射极跟随差分对。跟踪保持电路由一个时钟分配树切换。跟踪保持模块的输出驱动一个级联的差分对驱动器。低噪声前置放大器可用于提升性能[SCV06]。所有模块都使用差分实现。与射极跟随器相比，输入低噪声放大器为跨阻抗架构，具有优越的噪声性能。Cao 等人在一个 6 比特 10 Gs/s 时间交错闪存 ADC 的跟踪保持放大器中，采用两级准差分源极跟随器设计[CZS+10]。放大器有两级：第一级使用一对差分 NMOS 源极跟随器，第二级使用一对差分 PMOS 源极跟随器。低增益源极跟随器对此设计有利，因为它们的大带宽有助于减小 ADC 路径之间的建立时间差[CZS+10]。

Louwsma 等人[LvTVN08]提出了一种用于 16 通道时间交错 ADC 中的连续逼近子 ADC 的跟踪保持放大器设计。该设计基于引导采样开关，具有良好的线性度，接着是两个级联源极跟随器的线性源缓冲器。Cao 等人也使用了一系列源极跟随器[CZS+10]，用于改善最小长度晶体管的增益和线性度，从而实现线性度更好的整体设计。为了在不显著增加功率的情况下从每个跟踪保持放大器获得可接受的带宽，在每个缓冲器的输出中添加了一个开关。Chu 等人[CJK+10]提出了一个工作速率高达 60 Gs/s 的采样保持电路，但测量结果仅为 40 Gs/s。该设计依赖于类似 Shahramian 等人[SCV06]使用的开关射极跟随器。差分退化用于输入差分对以提高线性度。输出射极跟随器电路用于改善输出驱动能力[CJK+10]。Lu 等人[LKL+05]提出了采用 0.25 μm SiGe BiCMOS [LKL+05]工艺的 8 比特 12 Gs/s 采样保持电路。该设计基于伪差分(适用于差分时钟输入)架构，具有峰值电感以提高带宽。该设计利用辅助路径来防止电容性负载并提高隔离度[LKL+05]。级联输出级由两个缓冲放大器组成。第一个由电流镜提供额外的电流注入以改善信号下降，第二个提供更高的电源电压以改善线性度。Li 等人提出了一种采用开关射极跟随器设计的 130 nm SiGe BiCMOS 40 Gs/s 全差分跟踪保持电路[LKC08]。作者采用电流补偿电路来降低保持电容的掉落速率。此外，作者使用了比标准馈通抑制电容更复杂的馈通补偿方案：增加了一个与主路径输出相位偏移 180°的馈通衰减网络，以取消保持模式下的主路径。开关射极跟随器使用堆叠射极跟随器设计，在保持模式下，输入和输出之间的隔离度更高。

6.5 ADC 设计的目标和挑战

模数转换器的设计有几个目标和挑战。从非常高的层面来看，需要具有高速、低功耗和高分辨率的 ADC [VKTS09]。常见的品质因数包括每次转换的能量、给定采样率所需的功率、带宽精度积，以及带宽、精度和功率方面的品质因数(FOM) [US02][IE08][CLC+06]。

ADC 中的孔径延迟(t_{AD})是指时钟信号的采样边沿(即时钟信号的上升沿)与采样的时刻间的时间间隔。当 ADC 的跟踪保持进入保持状态时，将进行采样。通常希望孔径延迟越小越好。孔径抖动(t_{AJ})是孔径延迟中采样点间的变化。典型的 ADC 孔径抖动值远小于孔径延迟值。

对实际的毫米波通信系统进行设计时，有必要考虑 ADC 设计中的折中以及 ADC 设计背景下整个毫米波系统的目标。这需要了解所使用的调制方案、采样信号的带宽、所需的信道均衡量以及设备的总功率预算。如 Uyttenhove 等人所总结的，ADC 设计需在速度和精度(即分辨率)与功耗和器件失配之间进行折中[US02]。

在超高速转换器中，时钟抖动成为主要的挑战，强烈的时钟抖动将直接降低转换器[SVC09]可实现的 SNR 或 ENOB(定义见后文)。时钟抖动是不希望出现的，因为它会导致比较器的采样时间不匹配，从而导致错误的转换。时钟抖动的影响与信号频率成正比[LvTVN08]。对于必须将时钟分配到许多不同点的 ADC(如在“高分辨率”闪存 ADC 中)，时钟分配电路是主要的设计挑战。Shahramian 等人使用锥形差分对的方法进行超高速数据采样(35 Gs/s)[SVC09]，但这种方法会增加 ADC 的占位面积和功耗。

有效位数(ENOB)反映了 ADC 在给定信号输入频率或分辨率下的“精确”分辨率，可以计算为[VKTS09]

$$\mathrm{ENOB} = \frac{\mathrm{SNDR} - 1.76}{6.02} \tag{6.21}$$

其中 SNDR 是信噪失真比，定义为输出信号功率与噪声功率和失真功率之和的比值[Has09]。在高输入频率下，我们预计有效位数(ENOB)会减少，因为信号周期与电路中固有的时序失配(即偏斜和抖动)之间的差异会变小，从而导致更多的转换错误[SV07][ARS06][SVC09] [CJK+10]。在更高的分辨率下，我们预期 ENOB 和所述分辨率之间的差异会因更多比较器的误差聚集而增加[ARS06]。通过使用跟踪和保持电路可以减少或消除 ENOB 随频率增加而降低的现象，但实际上，跟踪保持电路在改善 ENOB 方面的有效性受到跟踪保持电路带宽的限制[SVC09]。例如，由非均匀延迟引起的比较器间的电压偏置或采样时间偏移可能导致 ADC 输出误差(气泡误差)。在某些设计中(如闪存 ADC)，由电路失配引起的气泡误差是一个紧迫的设计问题[US02][PDW89]。某些 ADC 设计比其他设计更容易出现气泡误差，在这些情况下，通常需要使用气泡校正或预防电路来减缓其发生[SV07]。在 ADC 的每一级，都可以采用一个电路来帮助减少气泡误差。例如，时钟缓冲器和跟踪保持电路可用于减少由采样时间失配引起的气泡误差。

考虑 ADC 的输入带宽是有益的，因为这对有用的基带采样频率进行了限制。通过简单的分析，我们将 ADC 视为一个简单的单极系统，后面是理想的采样电路，从而明确了对高输入带宽的需求。如图 6.15 所示，基于 Kurosawa 等人对时间交错 ADC 的讨论[KMK+00]进一步说明了这一点。模数转换器的带宽需要超过输入信号的带宽来避免信号幅度的损失。在某些需要大带宽的情况下

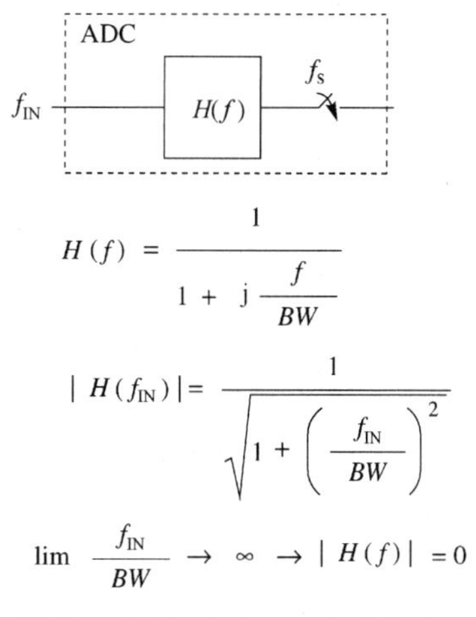

图 6.15　模数转换器的简单电路模型

(例如新兴宽带无线系统)，可能需要使用流水线 ADC 设计[SV07]。输入带宽的截止将反映在 ENOB 随输入频率增加而降低的过程中。

缩小晶体管和控制缩小器件的物理特性是近年来 ADC(以及毫米波无线电的大部分)发展趋势的主要驱动因素。缩小晶体管的结果包括更快的运行速度、更低的电源电压、在弱或中等反转方案中增加的操作以及失配增加。这些趋势对 ADC 的影响是更快的转换速率、更低的动态范围/更低的分辨率和 SNR[Mat07]，用以适应在中等或弱反转中小信号操作的非线性增加(即漏-源电压由于不完全饱和而更易变化)的新设计，并且新的架构需要低电源电压来实现高分辨率[Mat07]。成功的毫米波器件将以与毫米波系统中所需的超快速 ADC 相同的方式发展。它们的带宽非常宽，但分辨率很低，可以在相对较低的功耗水平下实现高数据速率。Uyttenhove 等人提出了一个非常通用的公式，可用于研究 ADC 设计的许多趋势[US02]：

$$\text{Speed} \times \frac{\text{Accuracy}^2}{\text{Power}} \approx 1/(C_{\text{ox}} A_{\text{vt}}^2) \tag{6.22}$$

其中速度与 ADC 中有源器件的传输频率成正比，精度与 $\sqrt{WL}$ (W = 晶体管宽度，L = 栅极长度)成正比，功率与 V_{dd}(电源电压)成正比。C_{ox} 是栅极氧化物电容，主要取决于栅极氧化物厚度和栅极氧化物材料，而 A_{vt} 是一种与技术相关的参数，用于描述晶体管之间的失配。从该等式中可以清楚地看出，随着电源电压的降低，速度或精度也将降低。对于超高速转换器，必须通过降低精度来降低电源电压。通过减小 A_{vt} 可以减少电源电压的下降，A_{vt} 描述了给定技术中多个晶体管失配的统计数据。然而，A_{vt} 实际上随着掺杂水平的增加而增加，这表明随着杂质比例的增加，A_{vt} 实际应该增加[US02]。A_{vt} 由文献[US02]给出：

$$A_{\text{vt}} = \frac{q}{\sqrt{2}\epsilon_{\text{ox}}} t_{\text{ox}} \sqrt{D_{\text{total}}} \tag{6.23}$$

其中，D_{total} 是掺杂浓度，t_{ox} 是氧化物厚度，q 是电子的电荷，ϵ_{ox} 是栅极氧化物电容率。随着器件的缩小，掺杂浓度将继续增加，以控制诸如穿孔等效应，并保持源极和漏极的良好隔离。由于极薄的栅极会产生栅极漏电流，t_{ox} 不再随技术缩小而缩小。我们看到，现代工艺中降低 A_{vt} 的最佳方法是使用“高 k”(即高相对介电常数)栅极氧化物。幸运的是，式(6.23)表明增加 ϵ_{ox} 将有助于速度、准确度和功率之间的折中，而不是像按比例增加损害折中那样掺杂折中。

由于电源电压降低，高速设计的动态范围可能会降低，这在某种程度上与毫米波的使用情况是相辅相成的——至少在初期是这样。在这些频率范围内可用的大带宽，以及使设备成本低廉以增加需求和采用的愿望，意味着低频谱效率几乎是优选的。根据消费者当前的预期，1 (bit/s)/Hz 的频谱效率将足以让人感觉像无线革命，其中射频信道带宽约为 2 GHz。宽带无线信道中的低频谱分辨率和小动态变化也意味着可以使用成本更低的 ADC，从而降低总体成本。但是从长远来看，随着消费者习惯于几吉比特每秒(Gbps)的无线数据速率并开始需要几十吉比特每秒至几百吉比特每秒甚至太比特每秒(Tbps)的数据速率，这种情况将会发生变化。很明显，目前消费者的期望和技术能力正处于“最佳点”，因此很可能被迅速采用。但是从长远来看，随着工艺技术节点变得越来越小，需要解决低电源电压与可实现分辨率间的严峻挑战。

6.5.1 积分非线性与微分非线性

微分非线性(DNL)和积分非线性(INL)是在将模拟信号电压转换为数字码字时由采样

保持过程中的缺陷引起的非线性效应，并且它们不能通过校准电路来消除。这些非线性因素在 ADC 和 DAC 中均起作用，它们被测量并用于比较不同 ADC 的参数。对于 ADC，即使面对模拟信号源中的噪声、失真、串扰和杂散信号，每个单独的电压采样也必须转换为对应的数字码字且不会出现错误或混淆。为了保证在输入电压增加时没有丢失码字和单调传递函数，ADC 的 DNL 必须小于一个最低有效位（1LSB）。较高的 DNL 值通常会限制 ADC 在信噪比（SNR）和无杂散动态范围（SFDR）方面的性能。如图 6.16 所示[Max01]。

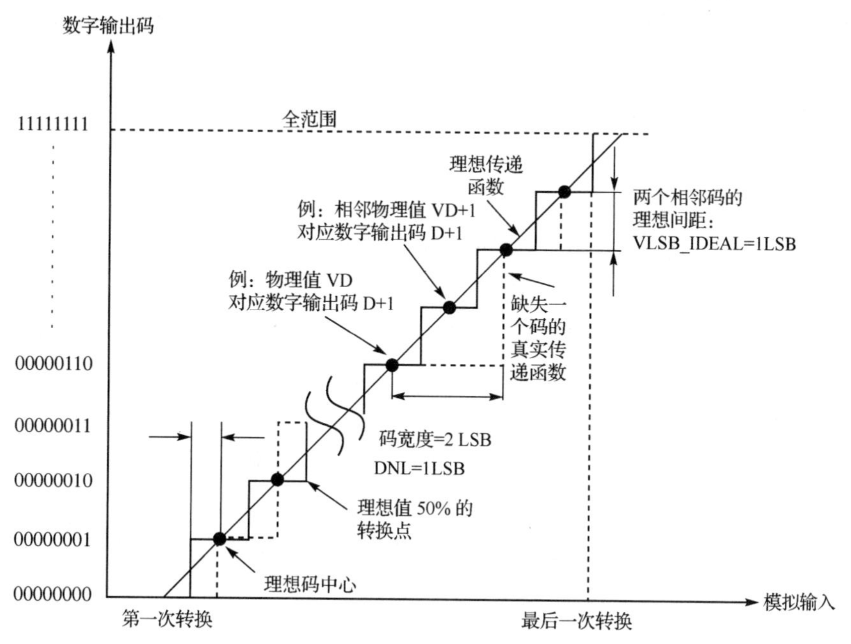

图 6.16　为了保证没有码字缺失及单调传递函数，模数转换器的微分非线性（DNL）必须小于 1 个最低有效位

INL 误差被描述为实际传递函数与理想直线的偏差，可以用 LSB 或满量程范围（FSR）的百分比表示。INL 误差大小直接取决于为该直线选择的位置。至少有两个定义是常见的：“最佳直线 INL”和“端点 INL”（见图 6.17）。

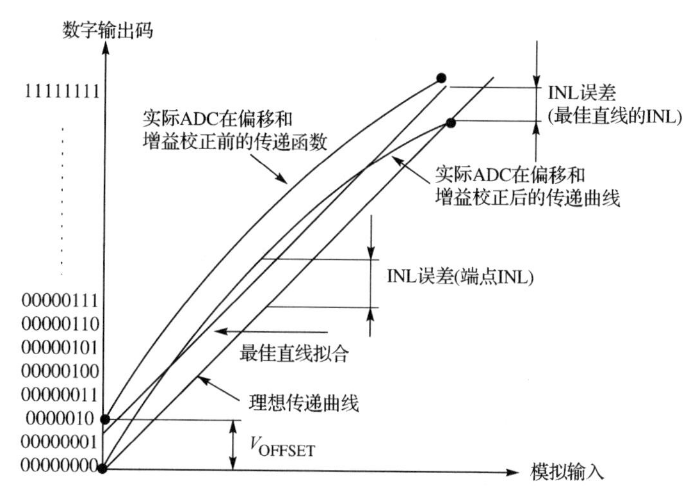

图 6.17　最佳直线拟合和端点拟合是定义模数转换器整体非线性特性的两种可能方法

6.6 编码器

编码器是一种电路，它转换数据格式以用于电路的其他部分。在 ADC 中，编码器可以由一个或多个电路(包括多路复用器或缓冲器)组成，这些电路重新格式化如并行比较器中不同的数字结果，以便得到的数字信息可以以标准格式表示，用于串行总线中的串行数据流，或放入可呈现在并行总线上的并行数字中，供 DSP 或存储器使用。ADC 中使用的编码器会极大地影响速度、精度和功率。在某些用于极高数据速率的 ADC 设计(如闪存 ADC)中，数字编码器最多可占 ADC 功耗的 70%[SV07]。

作为编码的示例，参考图 6.13，其中 ADC 使用并行的比较器组，每个比较器使用不同的内部参考电压，以确定输入模拟信号的数字表示。能够检测气泡误差和来自各单独比较器误差的高效编码是 ADC 设计中一项重要的要求，这体现在 6.7 节将讨论的许多实际 ADC 架构中。当模拟输入电压超过 ADC 输入端并联比较器组的参考电压时，比较器组中“1”的数量会增加。“温度计码”源于这样的事实：在每个比较器中，如果模拟输入电压大于该比较器的参考电压，则比较器产生逻辑“1”输出，因此，在并行比较器组中，更大的电压将在比较器组的输出端产生更多的“1”。这里的类比源于较大的输入电压信号在比较器组中产生更多的“1”，就像较热的温度导致温度计中的汞柱上升一样。编码器必须包括一个用于将来自比较器组的并行温度计码输出转换为有用的二进制数据的电路，以标准二进制字[MRM09][SV07]表示输入信号电压。每个比较器提供一元输出，简单的“1”表示比较器的输入信号是否超过应用于该特定比较器的内部参考电压。通过在比较器间使用这种一元码并从比较器组中计数有序数量的“1”，可以容易地确定量化电压值并用代码表示，例如温度计码。

在通信中使用的编码技术(如格雷码，其中的顺序码字在码字中仅相差一比特)可用于以最小的计算速度、成本来检测和校正各比较器输出组中的差错，并且这样的方法也可用于检测气泡误差。来自单个比较器的单个采样可以被校正，并且在 MSB 的情况下，如果连续采样之间的变化太大而不可信或不能在已知输入带宽限制下实现，则可以忽略。如果不能进行差错校正以避免伪采样字，则可以使用先前的采样(重复代码)来代替错误的采样。

减少编码器物理尺寸的方法，例如，通过在闪存 ADC 中使用基于多路复用器的温度计-二进制编码器①，为具有几吉比特每秒数据传输速率的未来毫米波系统带来了希望[VKTS09] [MRM09]。此外，编码器的选择应考虑每个设计对气泡误差(由电压偏置，采样时间失配或电路亚稳态引起的误差[SV07])的恢复能力。6.7 节说明了如何在现代 ADC 中使用编码器和解码器。

除找到能够实现低功耗、高速率和差错恢复操作的编码器设计外，还有一些编码器必备的特点。这包括所有输出的均匀延迟和数字电路中前一级所需保持时间的输出稳定性。确保均匀延迟的一种方法是设计编码器，使所有信号在到达输出[SV07]的途中通过相同数量

① 多路复用器是从多个输入中选择信号并将信号输出到一条线上的电路或设备。

的门。某些编码器设计(例如，闪存中使用的胖树编码器)将遇到同步问题，因为每个输出比特必须通过不同数量的门[ARS06]。

6.7 毫米波无线 ADC 的趋势和架构

未来的 ADC 存在两种竞争趋势：其一为在增加采样速度的同时增加动态范围(以及比特数和可实现的 SNR)，其二为降低功耗。同时实现这两种趋势是不可能的，因为这涉及经典的功率带宽折中问题。此外，ADC 设计的两个主要“功率”趋势包括增加功耗，以克服深度缩小的亚微米技术中的失配问题，以实现更好的性能(如每秒的转换比特)，以及降低功耗并为片上系统每个 ADC 实现更快的采样速度的趋势，确保分配给 ADC 的总功率合理[US02]。

毫米波系统所需的高数据速率和时钟速率加大了时钟偏移率带来的挑战，而时钟偏移率是由时钟和数据传播时间的差异造成的[SVC09]。随着数据速率的提高，减少偏移的初步方法是使用更高功率的前置放大器，也可以使用锥形输入缓冲器以提高功耗。

与运算放大器相比，对比较器依赖性的增加，以及在 WPAN 等应用中对高采样率的需求提高了基于比较器设计(如逐次逼近型 ADC、流水线 ADC 和分段结构 ADC[Mat07][CLC+06])的普及度。对于第一代毫米波电路，高速和低频谱分辨率的需求使闪存 ADC(见 6.7.4 节)成为一种极具吸引力的设计，因为它们通常是最快的 ADC[ARS06]。

Matsuzawa 总结了动态范围和可实现 SNR 的趋势，给出了差分采样保持电路的动态范围公式：$\mathrm{SNR}=\dfrac{CV_{\mathrm{pp}}}{4kT}$，其中 V_{pp} 是采样信号的峰峰值电压[Mat07]。随着电源电压的降低，采样信号的峰峰值电压也将降低，这样晶体管就不会进入工作的线性区域(即沟道夹断之前的区域)。Matsuzawa 指出，如果采样电容增加，则 SNR 可以保持较高[Mat07]，但这显然也会降低采样率。

6.7.1 流水线 ADC

流水线 ADC 的概念如图 6.18 所示。在 ADC 的输入端，采用采样保持(T/H)电路对输入信号进行采样，如 6.4 节和 6.5 节所述。每个子 ADC 的分辨率都低于总 ADC。顶部 ADC 提供最高有效位输出，后续的 ADC 接收放大后的残差，以允许过程信号的分辨率被用于产生原始信号的低有效位。该设计不依赖于特定的 ADC 架构，每个子 ADC 可以使用例如闪存 ADC 或逐次逼近型 ADC 来构造，如 Louwsma 等人[LvTVN08]所做的那样。应仔细选择第一个 ADC 的比特数，以满足中间 DAC 的可实现要求[LvTVN08]。2008 年，Louwsma 等人使用流水线逐次逼近型 ADC 作为 10 比特 1.35 Gs/s 时间交错 ADC 的子 ADC。

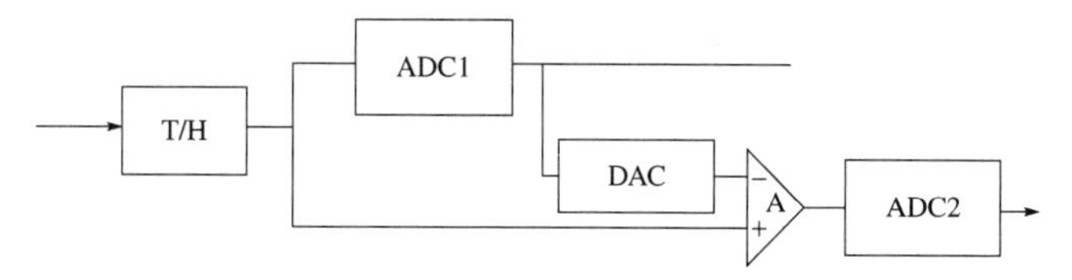

图 6.18 流水线 ADC 依赖多个子模数转换器

6.7.2 逐次逼近型 ADC

逐次逼近型(SA)ADC 具有高功率效率和所需比较器数目少的优点[LvTVN08]。逐次逼近型 ADC 在历史上并不是最快的架构之一，因此不太可能在将来用于毫米波器件。但是，如果结合到时间交错架构中，则可以在毫米波系统中使用逐次逼近型 ADC。2008 年，Louwsma 等人[LvTVN08]提出了一种时间交错 ADC，该 ADC 使用了逐次逼近型子 ADC。他们使用 3 种技术使逐次逼近架构对高速设计有用：流水线逐次逼近型(每个子通道使用一对流水线式 SA ADC)、单边超量程技术和超前逻辑[LvTVN08]。超量程技术可以减少每个时钟周期中 DAC 的稳定时间，它还可以用于大幅降低每次转换的功率[LvTVN08]。超前逻辑是一种简单的方法，用于减少在逐次逼近设计中使用数字控制逻辑进行表示的瓶颈。由于使用了类似二进制搜索的算法，因此每次转换后 DAC 只有两个可能的值。Louwsma 等人在接收到控制逻辑的新输入之前，对控制逻辑编程以进行预计算[LvTVN08]。

逐次逼近型 ADC 的基本操作如图 6.19 所示，每个采样周期循环必须迭代 N 次。该操作类似于使用二分搜索法搜索排序列表。输入控制 DAC 的输出电平，并与输入信号进行比较。循环的每次迭代用于生成一个输出比特，同时控制逻辑使用比较器的值来确定下一个 DAC 输出。对于 N 比特 ADC，循环的 N 次迭代必须在同一个采样周期内完成。

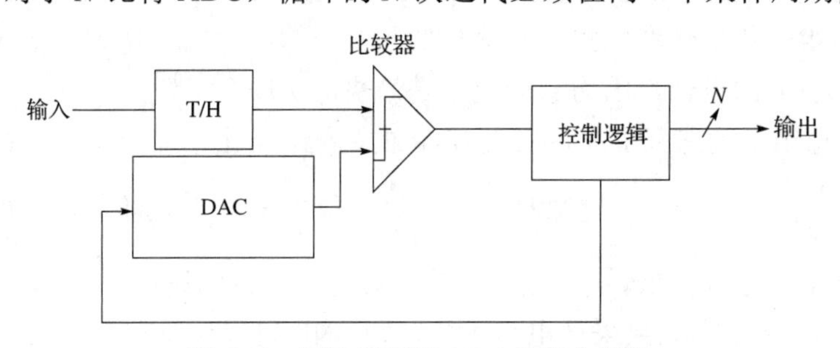

图 6.19 逐次逼近型 ADC 的基本操作

在逐次逼近计算中使用的数模转换器(DAC)是逐次逼近型 ADC 的重要组成部分。提高逐次逼近型 ADC 的采样率可以增加毫米波技术的实用性。使逐次逼近型 ADC 更快的一种可能方法是使用异步操作，其中每个采样比特的建立时间根据该采样比特的重要性设置为不同的值[Mat07]。

6.7.3 时间交错 ADC

时间交错架构提供了一种实现高采样率、高分辨率和高功率效率的方法，但具有增加面积和功耗的缺点，并且可能需要进行大量的校准[SVC09][LvTVN08][CJK+10][KMK+00]。时间交错模数转换的基本方法是使用并行的子 ADC 组，每个子 ADC 具有不同的采样相位[SVC09]，如图 6.20 所示。每个子 ADC 的采样率需为 f_s/M，其中 f_s 是整个 ADC 的采样率，M 是并行度(即并行 ADC 的数量)。并行数目受限于 ADC 的最大允许输入电容、采样时钟中可实现的相位分辨率以及分配给设计的复杂性和空间量(均随频率增加而增加)[CZS+10] [LvTVN08 [CJK+10]。

时间交错设计的优点是可以简单、低速地实现输出数据的多路复用。这在必须通过较慢的并行技术[CJK+10]处理非常高速的串行数据的情况下是有利的。时间交错 ADC 的高度并行性使其容易受到失配误差的影响。路径之间可能存在的失配包括增益失配、带宽失配以及偏移和时钟相位失配(时钟偏移)[CZS+10]。实际上，时钟偏移量是时间交错 ADC[CZS+10][CJK+10]的并行度和采样率的限制因素。当通道数量很大时，给定时序偏移标准差的 ADC 的 SNR 由 $\frac{1}{(\sigma(\Delta t)\cdot 2\pi\cdot f_{\text{in}})}$[LvTVN08]给出，这表明随着时序偏移相对于采样率的增加，信噪比也将降低。该公式可用于估计子信道间允许的最大时序失配。时钟偏移将在增益失配引起的相同杂散频率 $f_{\text{spurious}}=\frac{kf_s}{M}\pm f_{\text{in}}$ 处产生杂散频率峰值[KMK+00]。正如在所有 ADC 架构中一样，除系统时钟偏移外，时间交错 ADC 将受到随机时钟抖动的影响[KMK+00]。

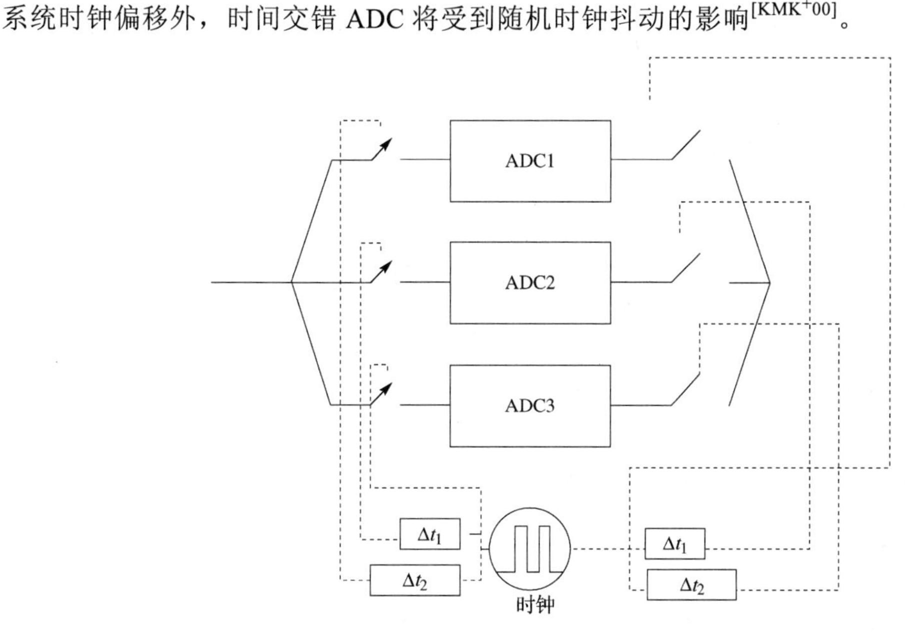

图 6.20 并行模数转换器架构允许时间交错，以此来获取比单个模数转换器工作时更高的模数转换精度。Δt_1 是时钟边沿在 ADC2 和 ADC3 之间传递时的时间延迟，Δt_2 是时钟在 ADC1 和 ADC3 之间传递时的时间延迟

除了相位失配，增益失配是时间交错 ADC 的主要问题。若时间交错 ADC 的子通道间增益失配，会产生杂散信号[LvTVN08] [CZS+10][KMK+00]。杂散信号的频率等于子通道采样频率的倍数加上输入频率 $f_{\text{spurious}}=\frac{kf_s}{M}\pm f_{\text{in}}$ 的偏置。其中 f_s 是整个 ADC 的采样频率，M 是并行度。时间交错 ADC 的增益和相位失配将相互作用，而不是单独作用[KMK+00]。这些杂散信号是由输入信号[CZS+10]调制增益失配效应引起的。

补偿时间交错闪存 ADC 信号路径中增益偏移的一种方法是在每个 ADC[CZS+10]的输入端使用可变增益放大器(VGA)。可以调整 VGA 以保持每个 ADC 的信号强度几乎相等，并且可以通过 DSP[CZS+10]进行数字调制。实际上，以这种方式使用的 VGA 的增益应该保持很小，以免加剧直流偏置[CZS+10]。这表明 VGA 不能用于补偿引入严重增益失配的不良布局结构。

子通道间的直流偏置会产生类似于增益和相位失配的杂散信号，但是杂散信号周期性地位于频率 $\frac{kf_s}{M}$ 处，其中 M 是并行度，f_s 是整个 ADC 的采样速率[CZS+10] [LvTVN08][KMK+00]。直观来看，如果在具有不同通道偏置的条件下考虑具有恒定输入的 ADC 输出，则可以理解这一点：每个通道将在通道采样率的倍数处产生杂散信号[KMK+00]。这些杂散信号是由 ADC 输出的偏移调制导致的[CZS+10]。

时间交错 ADC 中每个通道所需的带宽必须大于子通道的采样率(大于 $N\ln(2)/\pi$，其中 N 是通道数)[CZS+10] [LvTVN08]才能避免建立时间问题。通道间的带宽失配导致在时间交错架构中使用的子 ADC 的建立时间不同(导致相位和增益差异)[CZS+10] [LvTVN08] [KMK+00]。通过将每个子 ADC 视为简单的单极系统可以看出这一点，其中带宽的变化(即极点的位置)直接转换为每个子通道的不同通道增益和相位。注意，因为每个子通道的采样时间在每个通道所需的并行因子上缩小为等于 1 的因子，所以比非时间交错 ADC 的单个通道带宽小得多。这是时间交错 ADC 的主要优点。

6.7.4 闪存 ADC 和折叠闪存 ADC

闪存 ADC 不需要反馈并且完全并行，因此它们适用于非常快的转换速率的场景[VKTS09] [OD09]。但是，其分辨率是有限的，因为比较器的数量需要按所需的分辨率成指数级增加，导致非常大的输入电容，这限制了模拟输入带宽[CLC+06] [IE08]。许多无线应用所需的分辨率不超过闪存架构(多达 8 比特)[PA03]的能力，因此该架构很可能在许多毫米波系统中使用。图 6.21 所示的标准闪存 ADC，其性能被比较器中差分电路可达到的失配水平极大地影响甚至主导[US02]。因此，器件持续缩小导致的失配的趋势是预测闪存 ADC 演变的一种手段。闪存 ADC 设计的其他挑战是减小面积和功耗[MRM09]。

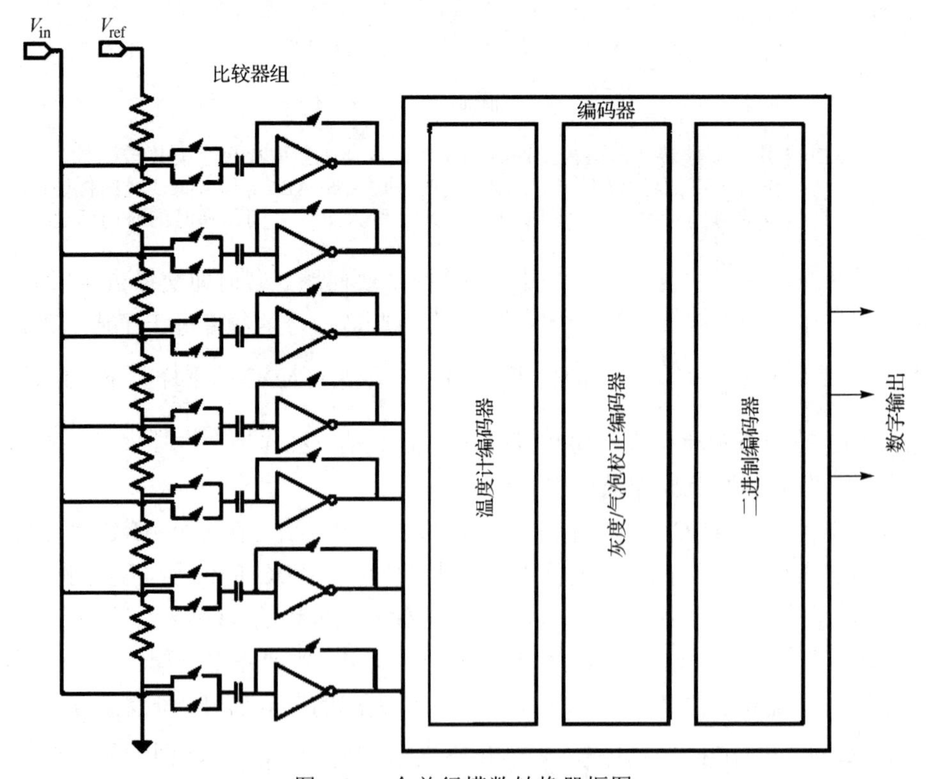

图 6.21 全并行模数转换器框图

闪存架构 ADC 通过将输入与一组比较器的参考电压比较来进行操作。它包含一组 2^{N-1} 个比较器，后跟温度二进制解码器[ARS06](其中 N 是分辨率的比特数)。温度计码是比较器组输出的结果。请注意，当模拟输入电压超过电阻参考电压梯级上的参考电压时，比较器组中的“1”数会增加。“温度计码”这一命名源于这样的事实：在每个比较器中，如果模拟输入电压大于参考电压，比较器产生逻辑输出“1”，因此，在并联比较器组中，较大的电压将使比较器输出端产生更多的“1”。就像更高的温度导致温度计中的汞柱升高一样。因此，温度计码可以被认为是一元码。需要解码器来获取比较器组的并行输出(温度计码)并将这些结果转换为表示标准二进制码字中的输入信号电压的二进制数据。解码器使用这些输出产生 N 比特二进制码[MRM09] [SV07]。

在产生温度计码的比较器组的输入端，闪存 ADC 通常会使用一组前置放大器和跟踪保持(或采样保持)电路，其作用分别是降低输入参考电压的偏置[IE08]和偏斜[SVC09]造成的影响。这通常是必要的，因为电压偏置可以主导闪存 ADC 的性能下降程度[US02]。为了提高数据速率，用锥形缓冲器或放大器树补充跟踪保持电路是可以接受的。这是一种提高采样率的相当粗暴的方法，因为它会显著提高 ADC 的功耗[SVC09]。

输入参考偏置用于描述比较器输入端的随机电压误差的电压偏置，这是由噪声、晶体管缺陷或器件不匹配而导致的，这些误差会转移到输出误差。输入参考偏置会导致 ADC 数字输出中的转换误差，这是闪存 ADC 的主要挑战[US02][IE08]。虽然前置放大器可以在一定程度上降低偏置的影响，但它们的作用是有限的。通常在前置放大器组的输出端，闪存 ADC 将采用电阻平均网络来进一步增强前置放大器阵列降低偏置的效果[PA03][IE08]。电阻平均网络通过平均其贡献来减少电压偏置电流和电压的影响(这是可能的，因为偏置在统计上为零均值并且与工艺变化无关)[PA03]。这一点可以通过回顾偏置源本质上是随机的和不相关的来理解，因此当它们在电阻网络中求和时，它们的总和不会像在电阻网络中的放大和相关信号的总和一样快速增长[PA03]。平均也可以使用电容器或分裂晶体管[PA03]来执行。通过平均网络来降低偏置，可以使用体积较小的设备，同时不会降低精度(即抑制转换误差)。这可能有助于缩小 ADC[PA03]的尺寸，前提是电阻和虚拟前置放大器所需的芯片上的额外空间不会超过使用较小器件所节省的空间。在设计电阻网络时，选择正确的电阻值(通常这取决于选择正确的横向和纵向电阻比[IE08][PA03])对获得电阻网络的最佳改善性能非常重要。

插值闪存 ADC 使用前置放大器输出的电阻平均值来帮助减少馈送比较器的前置放大器的数量[IE08][PA03]。电阻网络基本上与进行平均的网络中使用的网络结构相同，不同之处在于电阻网络的使用方式。与平均 ADC 中电阻网络用于平均随机偏移电流或电压不同，插值 ADC 中的网络用来逼近已从前置放大器阵列[PA03]中移除的前置放大器的输出。这表明，以平均为目的，阵列元件之间的低“隔离”是有益的，而以插值为目的，阵列的单元需要高隔离度以保证移除的前置放大器[PA03]过零点。这通常由插值因子指定，其给出插值情况下的前置放大器的数量与非插值情况的比率(例如因子 2 表示将一半来自非插值闪存的前置放大器用于插值闪存)[IE08]。通过插值减少前置放大器的数量会导致输入电容减小，从而可以提高速度。除了允许降低输入电容，插值平均闪存 ADC 通常会降低输入参考电压偏置的影响(即使输入电容没有减小，例如，与全闪存 ADC 相比，使用两倍的输入电容的前置放大器的一半)，允许使用更小的器件，从而提高带宽[IE08]。

在前置放大器组和比较器组之间使用电阻组的闪存设计可能会受到电压轨边缘(接近地和电源电压)附近的前置放大器对前置放大器阵列其余部分的电压牵引[IE08]。这导致边缘前置放大器[PA03]对非线性的贡献增加。这通常通过添加虚拟前置放大器来解决，这些前置放大器用于吸收这种拉动效应，但实际上并没有影响输出[IE08] [PA03]。这些虚拟前置放大器虽然是必要的，但具有降低电压余量的作用，因此它们的使用应限制在最低限度。这表明电阻网络允许以输入电压范围为代价提高速度或精度(或两者都有较小的增长)。

必须产生一组参考电压以便与输入电压进行比较。除非使用非常大的电阻，否则参考电压的产生可能需要 ADC 功率预算的大部分[TK08]，在这种情况下，其设计可能需要芯片上的很大面积并且可能存在更多的寄生效应。电阻梯经常用于产生这些参考电压。这是一种直接的方法，其中选择电阻器值以获得正确的增量电压降以产生正确的参考电压。这种设计面临的挑战是无源电阻器的电阻值固有的不确定性。除了采用单独的电阻器，可以简单、周期性地分接金属线，这能以非常大的电流消耗为代价节省空间，除非采样保持方法用于由金属线产生的参考电压。因此，如果功耗是关注点，则金属电阻不太可能成为参考电压阶梯的可行选择。通过使用有源器件，可以在没有电阻梯的情况下产生电压参考。例如，Shahramian 等人使用一组共源共栅偏置放大器产生一组参考电压，用于输入其比较器阵列[SVC09]。

闪存 ADC 中使用的编码器类型通常是温度计到二进制编码器(有时称为解码器)。闪存 ADC 的编码器可能是功率和速度的主要瓶颈[ARS06][MRM09]。将温度计码转换(解码)为二进制码的方法有很多，例如单计数器、基于多路复用的方法、华莱士树、胖树或基于逻辑的方法 [MRM09] [SV07]。

单计数器解码器通过计算温度计码中 1 的数目来转换为二进制码[SV07]。计数器可以使用各种拓扑结构，但华莱士树计数器是一种流行的选择[SV07][MRM09]。由于其对气泡误差进行处理和全局抑制，因而比只读存储器(ROM)或多路复用解码器[MRM09] [SV07] 对时序气泡误差的敏感性更低。华莱士树解码可以流水线化来提高速度。

ROM 解码器通过使用来自比较器的温度计码来寻址到 ROM 中的正确输出，每个输入对应的输出已经预先存储于存储器中以便于查找[MRM09]。这种技术存在气泡误差敏感性，因为温度计码中的小误差导致读取 ROM[MRM09] [SV07] [ARS06]中的错误行。这种敏感性的一个含义是需要一个气泡误差校正电路，其复杂度随着采样率的增加而增加[SV07]。除速度外，ROM 解码器的优点还包括简单的布局和设计[SV07]。

基于逻辑的解码器纯粹基于逻辑门(例如与门和异或门) [MRM09]。虽然简单快速，但基于异步逻辑的设计容易受到由时序不匹配引起的错误(例如随机毛刺为 0)的影响，尤其是比特数增加时。除非使用非常少量的比特，否则这种设计是不合适的。

基于多路复用的解码器基于递归比较算法，其中温度计码被连续地分成更小的温度计码[MRM09]。基于多路复用的方法提供了一定程度的气泡误差抑制，但不像单计数器解码器那样具有气泡误差可恢复性[SV07]。其优点是芯片上占用面积较小(比计数器[SV07]的面积减少 40%)，晶体管数量少于 ROM、胖树或单计数器解码器[MRM09]。

胖树解码器是将温度计码转换为二进制码的最快且耗电最少的方法之一，它基于 1/N 码的转换，然后全部使用或门转换为二进制码[MRM09][ARS06]。例如，首先使用 5 比特一元码 0u00111(其中前缀“0u”表示一元码)，在代表一元值的代码中计数 1。这里代码在一元码中产生 3 个 1(即温度计码)，表示为 0u00111。然后，温度计码将被转换为二进制码以表示实际电压样本。对于这个例子，温度计码将由一个由多个门组成的胖树解码器转换成 0b11 的二进制代码，以便能够对其进行处理。因为数据一旦处于数字域的二进制形式(或密切相关的形式，如 16 进制)，处理起来就非常方便。胖树解码器不依赖于时钟电路 [ARS06]。这种设计的缺点是其布局的复杂性，涉及许多或门，并且易受同步误差的影响，这可能需要采用流水线方法来获得非常高的采样率[ARS06]。随着输入信号频率的增加，这些同步误差将导致气泡误差的增加并加快 ENOB 的衰减[ARS06]。尽管使用不广泛，但在某些情况下实验解码器设计(例如神经网络)可能有利于宽带毫米波无线系统的推广[ARS06]。

折叠闪存 ADC 是每个比较器可用于提供多个温度计码输出的闪存 ADC，与标准闪存设计[SV07] [OD09]相比，在给定分辨率下所需的比较器更少。与常规闪存 ADC[OD09]相比，折叠闪存 ADC 有利于降低功耗和缩小面积，但它们具有转换率较低的缺点[CLC+06]。折叠设计需要在前置放大器和比较器之间使用折叠放大器[OD09]。折叠闪存 ADC 设计中使用的温度计二进制编码器必须考虑到这种双重用途，例如，使用折叠华莱士树 [SV07]。折叠闪存 ADC 的基本操作如图 6.22 所示。输入电压输入到一个粗量化 ADC 产生最高有效位，同时输入到折叠放大器以及精细量化 ADC 组成的级联结构以产生最低有效位。

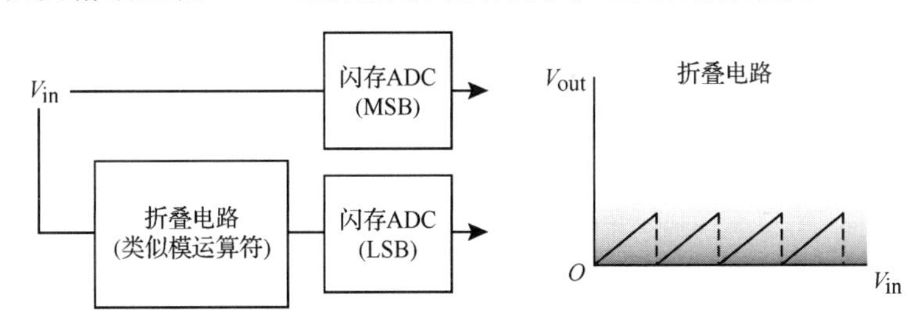

图 6.22　折叠全并行模数转换器的基本设计

折叠闪存 ADC 中的折叠电路可以按照“模”数学运算符来考虑，这也解释了闪存 ADC 设计的优点。例如，假设需要将信号从 0 转换为 2 V，分辨率为 0.1 V。通常，这需要 $\log_2(2/0.1)$ = 5 比特分辨率，采用标准闪存 ADC 架构需要 $2^5-1 = 31$ 个比较器。现在，采用折叠闪存设计，假设粗量化 ADC 将相同的输入从 0 转换为 2 V，分辨率为 0.5 V，需要 $\log_2(2/0.5) = 2$ 比特分辨率和 $2^2-1 = 3$ 个比较器。折叠放大器和精细量化 ADC 提供如下的其余转换：折叠电路在模拟域中指示输入值，取粗量化 ADC 的分辨率为模，在此示例中模为 0.5 V。精细量化 ADC 将折叠放大器的输出转换为数字域，分辨率为 0.1 V，要求 $\log_2(0.5/0.1) = 3$ 比特分辨率和 $2^3-1 = 7$ 个比较器。因此，折叠闪存设计总共只需要 3 + 7 = 10 个比较器，而原始设计需要 31 个，节省 60%以上。

折叠放大器的折叠因子等于峰值电压输入除以粗量化 ADC 的分辨率，表示折叠闪存设计中需要多少比较器。折叠闪存 ADC 的最少比较器数量的上限是 $\frac{\sqrt{\Delta V}}{V_r}$，其中 ΔV 是输入信号的总体所需最大电压范围，V_r 是 ADC 所需的最小电压分辨率。折叠因子还确定了所需折叠放大器形式的预处理硬件的数量，较大的折叠因子需要更多的预处理。

折叠放大器的传递函数表明它是高度非线性的并且将导致大规模信号的上变频转换 [OD09]。与标准闪存 ADC[OD09]相比，这导致折叠闪存 ADC 的最大输入频率降低。使用具有交替极性的差分对来实现折叠放大器的传统方法在具有低电源电压的深度缩小过程中是不可实现的[OD09]。在电源电压为 1.5 V 的工艺中，建议并实施堆叠电流导引设计栅极长度小至 0.13 μm CMOS[OD09]。这些都显示了低功率、低电源电压操作的潜力。

闪存 ADC 的输入电容随着比较器的数量呈指数增长[IE08]，这是该设计不适合用于非常高频输入信号或非常高分辨率 ADC 实现的一个原因。图 6.23 总结了闪存 ADC 可能遇到的各种误差。

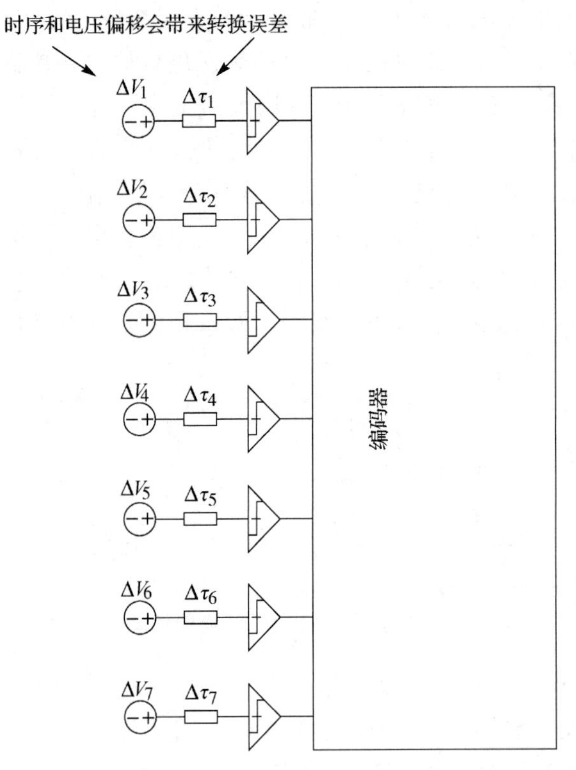

图 6.23　时序和电压偏移是闪存 ADC 转换误差的来源

晶体管偏置的影响可以决定闪存 ADC 的性能[US02][CJK+10]。偏置导致每个比较器感知的参考电压的随机波动，而大的偏置直接增加了转换误差。最重要的考虑是相对于最低有效位大小的偏置(偏移量需要小于 LSB)。这表明闪存 ADC 的分辨率主要由可实现的偏置确定(例如，较低的偏移导致最低有效位的较低允许值，因此除可接受的输入电容外还导致较高的分辨率[PA03])。为了获得高产量的闪存 ADC 设计，必须使多个芯片的偏移标准差远小于最低有效位[US02]。这表明随着电源电压的降低，如果制造中的 ADC 要高产量，则电压偏移也必须降低。遗憾的是，导致失配的晶体管阈值电压之间的标准差倾向于按比例 $1/\sqrt{WL}$ 缩小，表明随着器件的变小，其他条件不变的情况下，不匹配将增加[US02] [TWMA10]。失配会影响 ADC 的每一级，从前置放大器到比较器，因此在每个阶段，误差都会累积。

设计的另一个挑战是，当设备接近中等甚至弱反转时，Pelgrom 失配模型预测它们也会表现出更大的失配。由于电源电压比阈值电压下降得更快，晶体管更有可能在中等或弱反转中运行[Yos07]。去耦电容可用于提高对偏置或失配误差的恢复能力[CLC+06]，但这些不可避免地会降低速度或增加功耗。

控制由于器件失配造成的电压偏置的公式[US02][PDW89]清楚地表明闪存 ADC 不应该用最小尺寸的晶体管构建，而应该使用更大的晶体管来实现高精度转换。这意味着闪存 ADC 的输入晶体管能提供很大的电容，从而降低了带宽。一种可用于允许较小输入晶体管同时减少失配影响的技术是使用电阻平均[IE08]。与标准闪存 ADC [IE08]相比，折叠和插值闪存设计也会导致输入电容减小，从而增加带宽。这些有助于促进使用较小晶体管的技术增加可用闪存 ADC 转换的最高频信号的频率。此处未涉及的自动调零方法也可用于降低闪存 ADC 设计的失配敏感度。

提高闪存 ADC 的分辨率需要增加功率或降低 ADC 的速度。在任何一种情况下，都可通过添加更多比较器来实现更高的分辨率。降低高分辨率闪存 ADC 功耗的方法正在研究中。已经提出的方法包括在不影响输出的情况下减少比较器必须运行的次数(例如，如果比较器在 010 与 10 之间增加前导零)和仅在响应接收到的低功率信号时增加分辨率的可变分辨率设计[VKTS09]。降低闪存 ADC 电流或功耗的另一种可能方法是使用非常高密度的电阻来产生电压基准。折叠和插值闪存 ADC 提供了比标准 ADC [OD09]更高精度和更低功耗的方法。

6.7.5　ADC 案例研究

为了解 ADC 的最新发展，以及未来超宽带毫米波无线系统的前景，下文列出了一些参考文献。Veeramachanen 等人[VKTS09]展示了一款 4 比特 ADC，采样率为每秒 1～2 吉比特，采用 65 nm CMOS 工艺进行仿真。该设计基于阈值反相器量化(TIQ)方法，不是使用电阻梯而是以各种宽高比(W/L)制造比较器的输入晶体管以具有不同的阈值电压。比较器基于级联反相器设计，其中 PMOS 宽度与 NMOS 宽度的比率决定了反相器的阈值电压(因此它可以作为比较器工作)。ADC 采用可变分辨率设计，以降低平均功耗。这是通过使用峰值检测器来确定输入信号的峰值电压以及启用或禁用基于输入反相器的比较器[VKTS09]来实现的。

Cho 等人提出了一个 0.18 μm CMOS 6 比特插值闪存 ADC，它利用宽带跟踪保持放大器来提高精度[CLC+06]。该设计利用内置电流和电压基准来改善噪声的性能。采样保持放大器基于 PMOS 源跟随器设计。放大器利用采样时钟和采样时钟补码在采样和保持操作之间切换[CLC+06]。闪存比较器使用差分放大器，后跟锁存器。

Shahramian 等人在 0.18 μm SiGe BiCMOS 中实现了 35 Gs/s 4 比特闪存 ADC[SVC09]。为了实现如此高的采样率，他们使用锥形缓冲技术来驱动比较器的容性负载。该技术被要求足够快地驱动比较器以实现期望的采样率，但是导致非常高的功率消耗且需要大量空间专用于放置放大器树。此外，如果使用不当，这种技术将极大地增加提供树中最大放大器所需电流要求的金属迹线的厚度。该 4.5 W ADC 的高功耗反映了以如此高的速率驱动容性负载所需的功率，并符合式(6.22)的预期。该设计不包括温度计二进制编码器，而是使用高速 DAC 直接将比较器组中的温度计码重新转换为模拟信号以便于测试。

Cao 等人提供了一个完整的模拟前端，其中包括一个 10 Gs/s 的时间交错闪存 ADC[CZS+10]。时间交错设计中的每个子 ADC 都依赖于全闪存架构。该设计包含每个比较器输入端用于偏置校准的 6.25 比特电流 DAC。每个 ADC 的 DAC 偏置补偿器能够提供超过 10.8 LSB 的偏置补偿。

Louwsma 等人提出了一个时间交错的 10 比特 1.35 Gs/s ADC，由逐次逼近的子 ADC[LvTVN08]组成。该 ADC 使用 16 个子 ADC 通道，以便在输入电容和通过并行性提高采样率之间进行折中。这种相当高的并行度允许使用逐次逼近的子 ADC，即使在吉比特每秒范围内的总采样率也是如此。

Chu 等人提出了一种采用 IBM 8HP SiGe 技术制造的 40 Gs/s 4 比特时间交错 ADC[CJK+10]。该 ADC 使用 4 个子信道将每个信道的采样率降低到 10 Gs/s。采用两级采样保持设计，其中每个子通道上 40 Gs/s 采样保持放大器后面是的 10 Gs/s 采样保持放大器。后续的每个子 ADC 都是一个 4 比特差分闪存 ADC，可实现最高速度。为了减小输入电容，使用插值来最小化每个子 ADC 的前置放大器的数量。编码器使用了一种 1-of-N 架构。

Tu 等人提出一种 8 比特 800 Ms/s 的时间交错 ADC[TK08]。该 ADC 带有 65 nm CMOS 闪存子 ADC，每个子 ADC 具有 4 比特分辨率。每个通道的动态锁存比较器使用共享前置放大器以提升速度并抑制反冲噪声，此类比较器设计可加快再生时间。Nortel 公司的 Greshishchev 等人提出了一种采用交错架构 65 nm CMOS 的 40 Gs/s ADC[GAB+10]。以上列出的案例为未来架构和设计方法提供了思路，这些架构和设计方法可用于在未来的无线通信系统中提供数十吉比特每秒的数据速率。

6.8 数模转换器

ADC 中的许多相同概念也适用于 DAC 的设计和性能限制。DAC 将来自存储器、数据总线或处理器的数字信号转换成可以传递到发射机的模拟信号链的模拟信号。用于第一代毫米波通信设备的毫米波 DAC 可能仅需要中等分辨率(即中等动态范围)，这是由于这些早期设备中使用较低的频谱密度。然而，毫米波 DAC 的采样速率需要足够高才能在非常宽的信道带宽下工作，这带来了特殊的挑战。数字值可以驻留在存储器中，可以在计算机中处理，但必须将它们转换为模拟信号，如模拟同相(I)和正交(Q)基带波形，或者作为极性基带波形，然后将其调制到毫米波载波上并在空中传输。因此，DAC 的作用是从数字处理器、多路复用器或存储器获取数字码字，并将码字转换为可以应用于模拟发射机并通过天线发送到信道中的模拟信号。一旦数字信号处理器或存储器准备好以合适的方式表示期望的时钟频率下的时变信号的特定数字码字，DAC 就使用两个不同的过程将数字码字转换为模拟信号：读取输入的数字码字，然后将输入的数字码字映射为在特定时钟周期内具有恒定电压的模拟电压信号。一般情况下，第三个过程，即低通滤波，应用于 DAC 的输出，通常使用软件可控的低通滤波器，该滤波器基于 DAC 的模拟输出信号支持的特定数据速率或调制带宽指标。

DAC 的作用是捕获数字码字并在非常小的时间间隔(采样时间间隔)将码字转换为模拟信号，以便尽可能准确和如实地产生由数字码字表示的短时模拟信号。DAC 不断读入数字码字，并随着时间的推移产生许多连续的模拟有限时间波形。DAC 高保真度重建模拟波形的能力对于现代无线通信至关重要，特别是在发射机上生成符合标准要求和频谱模板要求的波形。DAC 的切换时间(和采样时间)是发射机调制方案中使用的最小比特或符号速率的函数，因此未来毫米波多吉比特每秒传输速率将需要 DAC 可以在远小于纳秒的时间跨度内创建具有变化的信号幅度的模拟波形。这个要求意味着转换速率必须非常高，在吉赫兹范围内，并且时间孔径必须非常小，在亚纳秒范围内。

6.8.1　基本数模转换器电路：电流型数模转换器

最基本的 DAC 是电流型 DAC，它依靠数字开关通过电阻器接通或断开电流，从而改变电阻器两端的电压，如图 6.24 所示。毫米波数模转换器(DAC)需要足够高的采样率，以便在信道带宽和信号频率超过几吉赫兹的情况下工作[ZS09b] [WPS08]。图 6.24 所示的电阻扩展为梯形配置，称为电阻梯，这是实现 DAC 的一种方法[LvTVN08]。

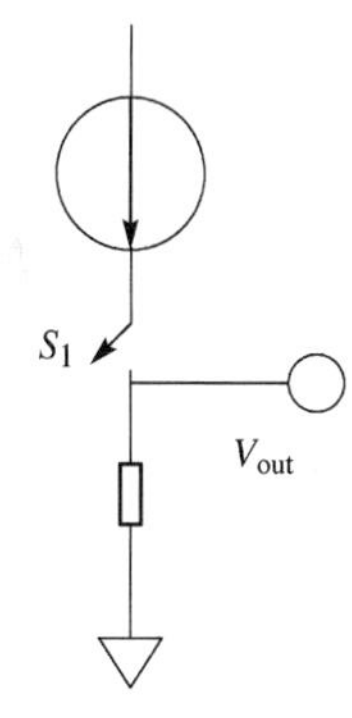

图 6.24　电流型数模转换器是最基本的数模转换器之一

DAC 应支持足够的采样率，至少应满足奈奎斯特采样准则。然而，使用过采样来克服器件失配对 DAC 的动态输出的影响是有利的。因此，过采样是消除由失配造成的动态范围限制和分辨率误差的有效方法[WT99]。

高信噪失真比(SNDR，又称 SINAD)是高速 DAC[SWF00]非常重要的性能指标。SNDR 表示相对于奈奎斯特频率内所有失真和杂散信号功率的正弦输入的基波谐波输出功率[SWF00]。

高的无杂散动态范围(SFDR)是高速 DAC 最重要的设计目标之一[RSAL06] [SWF00]。SFDR 反映了器件的线性度，并指出了正弦输入的基波谐波的 RMS 功率与特定基波谐波带宽内的最大杂散谐波之间的差异[SWF00] [WT99]，如图 6.25 所示。要实现高 SFDR 的 DAC 设计需要克服的主要挑战包括有限输出阻抗、增益相关的输出阻抗、主要的进位毛刺、电荷馈通、常见的开关电压尖峰和电源噪声[RSAL06] [WT99]。差分设计可用于改善 SFDR[WT99]。

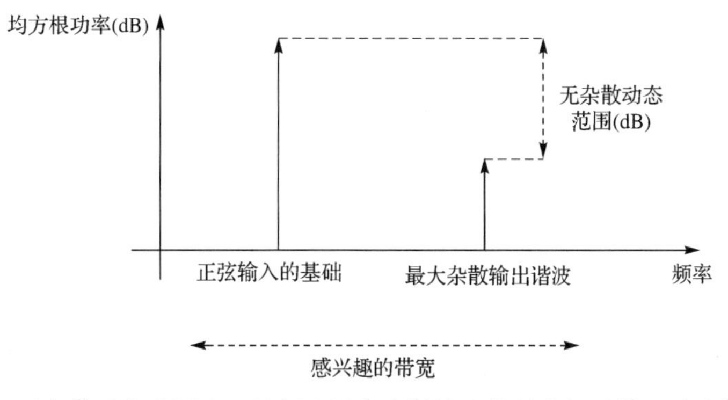

图 6.25　无杂散动态范围表示基频和最大杂散输出信号的相对输出功率[SWF00]。感兴趣的带宽通常被指定为基于数模转换器转换率的奈奎斯特频率

高速 DAC 需要建立时间短的电路，因此它不受静态误差性能的限制，但容易受到动态和静态误差的影响。DAC 的静态性能指标包括偏移误差、增益误差、积分非线性(INL)和微分非线性(DNL)。静态误差表示输出稳定后 DAC 输出中的误差[WT99]。

动态 DAC 误差(如毛刺)在高速 DAC 设计中非常重要[CRW07] [SWF00]，其重要性超过静态误差 [WT99]。当 DAC 的时序使应用码字(即 DAC 的状态)未在 DAC 电路中完全稳定时，就会出现毛刺误差，导致看似随机的信号输出。毛刺是在数字控制信号发送后，由相对开关输出的不确定性(即 DAC 中开关的不同转换时间)引起的动态效应，也是不受欢迎的，因为它会给输出增加相当大的噪声[Koe00] [CRW07] [WT99]。诸如毛刺之类的动态误差与 DAC 状态[WT99]发生变化后 DAC 输出中的瞬态误差有关。在 DAC 设计中，希望尽可能少的毛刺出现 [SB09][YS02]，同时毛刺量限制了高速 DAC 的输出信号精度[CRW07]。图 6.26 显示了一个毛刺，其中从零输出到中间电平输出的转换之间有一个非常快速的电压峰值。在电流导引设计中，毛刺能量(通常用 V·s 表示)很大程度上决定了 DAC[YS02]的噪声性能①。毛刺能量反映了在收到状态改变指令后晶体管开关上电压变化的时间和强度。目前大多数电流导引设计都依赖高速抗尖峰电路来提供干净的输出。由于二进制设计最容易受到毛刺的影响(与一元电流导引 DAC 相反)，因此通常使用一元或分段(即部分一元)设计来提高对毛刺的抗扰度 [CRW07]。为了实现低毛刺，建议最小化从 DAC 的数字部分到输出电流源的信号馈通量[SB09]。

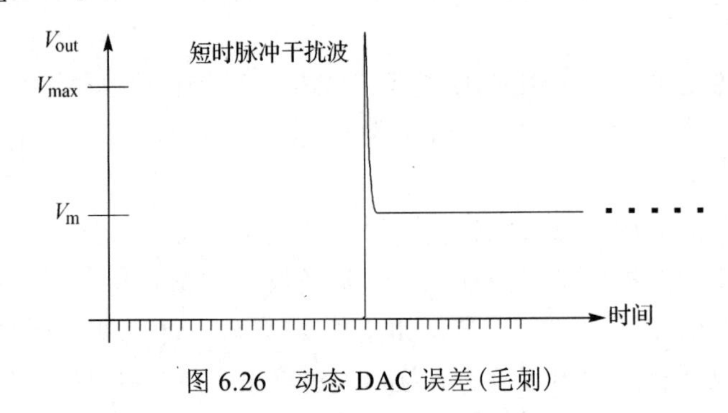

图 6.26　动态 DAC 误差(毛刺)

与毛刺误差相比，一个不太重要的动态误差是建立误差。动态建立误差表示在输出完全稳定之前 DAC 输出与正确值之间的差异[CRW07]。图 6.27 说明了动态建立误差。可以将 RC 时间常数与稳定到最终值所需的时间相关联，并且该时间常数应小于 DAC 的采样周期以避免大的输出误差[WT99]。最小化 DAC 中的毛刺能量在减少建立误差中有额外好处，因为大毛刺会增加建立时间[WT99]。

由于 DAC 中数字元件开关噪声引起的输出电压波动是不希望出现的，因为这降低了频域性能[SWF00]。在某些情况下，使用隔离驱动器电路来减少数字噪声或负载对模拟输出的影响是有利的[SWF00]。例如，这些电路可以包括例如额外的级联元件，在数字输入和模拟输出之间增加一个串联电容，从而减小耦合电容。

与许多模拟电路设计一样，与单端电路相比，使用差分设计对 DAC 有利，因为它有

① 一元加权使得每个比特的权重相等。例如，在一元 DAC 设计中，控制字节 0u11111111 将对应于提供 8 倍的字节 0u00000001 对应的电流(其中“0u”代表一元)。

助于共模抑制，消除由于电压偏置或失配引起的噪声，同时降低输出阻抗的要求[RSAL06]。在极快的时钟速率下，DAC 的器件制造过程对 DAC 性能具有重要影响。与极短沟道器件相比，长沟道 MOSFET 器件受沟道长度调制要少得多[Raz01, 第 2 章]。这导致长沟道器件的输出阻抗增加，使其在 DAC 中电流源方面更倾向于选择短沟道器件[RSAL06]。长沟道器件的缺点是可能会限制输出摆幅[RSAL06]。

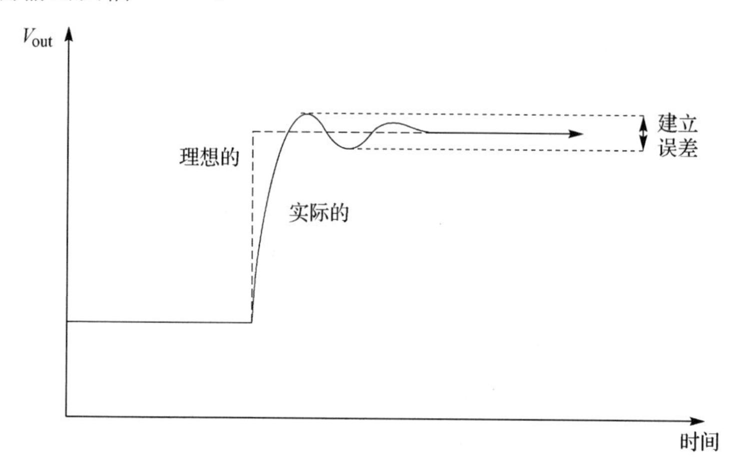

图 6.27　动态建立误差是指输出达到最终值前的建立误差

电流导引 DAC 是一种通用架构，以高速、高分辨率和可接受的功耗而著称，常用于通信电路[SB09] [WPS08]。这在一定程度上源于其电流输出易于缩放（即通过晶体管的纵横比“W/L”）和添加[WT99]。该设计对于高速操作也是有利的，因为它是开环的并且不需要高阻抗开关[WPS08]。电流导引 DAC 的基本设计电路是根据进入 DAC 的数字值，确定供给输出负载的电流源的数量[RSAL06]。电流导引 DAC 的性能主要受到电流源输出节点中电压波动的限制，其中包括时序误差、控制信号到输出线的馈通以及通过控制不同开关晶体管以控制电流源的控制信号间的同步性[YS02]。

DAC 中使用的电流源的高输出阻抗非常重要，因为它对 DAC 的 SFDR 和 SNDR 有直接影响，两者都可以通过仅包含输出阻抗、负载电阻和数字输入值的表达式进行估算[SWF00] [WT99][WPS08]。增加输出电阻通常会同时改善 SFDR 和 SNDR[SWF00][WT99]。可以通过提高输出电压的技术（例如提升增益或在电流控制 DAC 中输出晶体管的漏源饱和电压提高的情况下操作）来改善性能[SWF00]。实际电流源的输出阻抗不是无穷大，非理想电流源可以建模，如图 6.28 所示（来自文献[SWF00]）[WT99]。根据式(6.24)[WT99]，如果电流源输出阻抗与负载阻抗的比值是一个大分贝值，则可以估算二进制电流控制 DAC 的 SFDR。其中 R_{ratio} 是单位输出阻抗（即 DAC 中最小电流源的输出阻抗）与负载阻抗之比，X_{ac} 是输入信号的交流幅度。该等式假设直流输入幅度大致等于交流输入幅度：

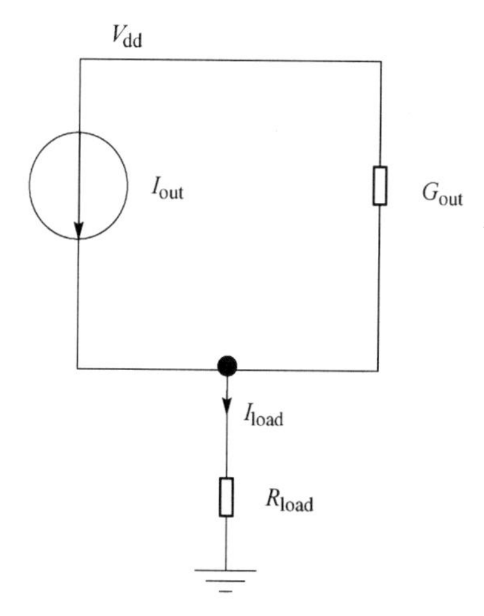

图 6.28　具有非无限输出阻抗的非理想电流源模型

$$\mathrm{SFDR}\ (\mathrm{dB}) \approx 20\log R_{\mathrm{ratio}} - 20\log\frac{X_{\mathrm{ac}}}{2} \tag{6.24}$$

MOSFET 的源输出阻抗近似为$\frac{1}{\mathrm{j}\omega C_{\mathrm{s}} + g_{\mathrm{m}}}$，其中 C_{s} 是源电容，g_{m} 是器件跨导。该表达式表明，大的源电容将导致 MOSFET 在高频时的低输出阻抗，因此 DAC 中使用的 MOSFET 电流源应具有最小化的源电容[WPS08]。

电流源中器件间的失配决定了可实现的 DAC 分辨率，大的失配会降低 DAC 输出的线性度（降低 INL 和 DNL）[WT99] [WPS08]。DAC 输出的信噪失真比（SNDR）和无杂散动态范围（SFDR）也会随着失配的增加而减小（因此也会随着器件尺寸的缩小而降低[PDW89][WT99]）。由于制造质量的不同，较小的器件受失配影响更大[PDW89]。这也是通常不建议将最小尺寸的器件用于电流源的原因之一。要选择晶体管尺寸，应规定可接受的电流失配和电流源的平均电流。一些著名的公式将输出电流和失配与器件尺寸[PDW89] [WPS08]关联起来，利用这些公式和规范，就可以选择设计的起始尺寸。

与短沟道器件相比，长沟道器件电流源不易受电压波动的影响，并且还具有更高的输出阻抗。在某些情况下可能无法使用长沟道设备，但可以使用级联电流源代替以达到相同的效果[YS02] [WPS08]。

用于“激活”或“停用”电流开关的开关必须精心设计，以免引入非线性误差。关键是确定和设计正确的控制信号摆幅，通过保持 DAC 的高输出阻抗达到 DAC 的奈奎斯特速率以使所有开关尽可能保持线性[WPS08]。应根据输出电压摆幅和负载阻抗仔细选择用于开关的 MOSFET 的尺寸和偏置，以确保它们不会引入非线性失真[WPS08]。

在电流导引 DAC 中，我们希望具有低导通电阻和寄生电容[SB09]。因此，应找到最佳的器件尺寸以获得最佳的电阻和电容。电流导引 DAC 结构依赖于与二进制字中每个比特位置的值成比例的电流源（即每个连续电流源是先前电流源的两倍）[RSAL06] [WPS08]。图 6.29 说明了二进制 DAC 的基本设计。每个电流源的大小根据控制它的二进制比特的重要性进行调整。通过将每个比特位置映射到控制其相应电流源的开关来转换二进制数字数据。二进制设计的一个优点是面积更小、控制信号更少，从而提高了速度并减小了 DAC 的面积[WPS08]。虽然这种设计不是面积密集型的，但由于电流源间的失配误差，它可能会受较差的动态和静态线性度的影响，因为失配误差不会像输出电流那样缩小（电流尺度为 W/L；失配误差为 $1/\sqrt{WL}$）[SB09][WPS08]。伪分段设计可用于改善该设计中二进制缩放的电流源由均匀电流源的集合组成的性能[WPS08]。

一元或分段式 DAC 中使用的解码器从输入到所有不同输出的延迟应尽可能短且均匀[YS02]。从输入到输出电流源控制开关的非均匀延迟将严重降低线性度[WPS08]。

典型的 DAC 架构基本上是 ADC 的逆过程。DAC 首先必须将数字二进制码转换为温度计码。温度计码的每一比特用于切换均匀电流源阵列之一[RSAL06]。与二进制 DAC 相比，这种均匀性使模拟布局更加简单，但是对解码器的需求显著增加了数字复杂度[WPS08]。均匀性还具有改善匹配和线性度以及减少由任何一个切换误差引起误差的优点[RSAL06][SB09][WPS08]。电流源及其毛刺性能在决定 DAC 性能[YS02]方面发挥着重要作用。由于需要解码器[WPS08]，与二进制 DAC 相比，一元 DAC 的缺点是面积增加、速度降低和功耗提高。

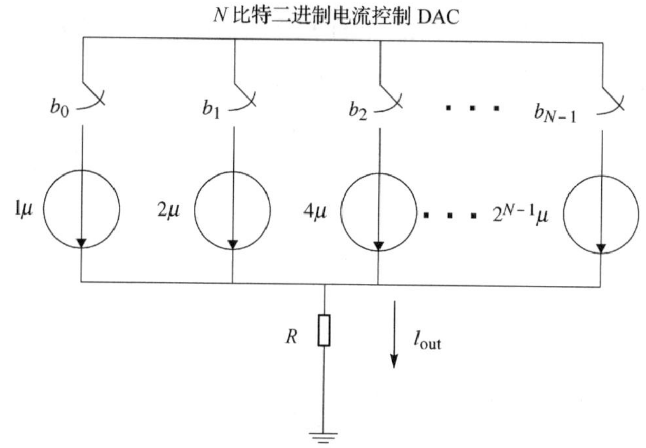

N 比特二进制电流控制 DAC

图 6.29　二进制数模转换器的基本设计

分段方法使用二进制编码来切换最低有效位，而一元码用于最高有效位[RSAL06]。这种设计体现了模拟和数字复杂度之间以及提高线性度与增加面积和功率之间的相互折中 [SB09][WPS08]。使用解码器将二进制码转换为最高有效位的温度计码会增加数字设计的复杂度[RSAL06]。这种设计的性能受到使用二进制码转换的比特数和使用温度计一元码转换的比特数的强烈影响[SB09]。随着使用一元码的比特百分比(分段百分比)增加，专用于数字器件的区域呈指数增长，但给定微分非线性(DNL)所需的面积呈指数下降[SB09]。这两个竞争性趋势以及积分非线性(INL)对器件区域的不敏感性可用于确定最佳分段百分比[SB09]。为实现 DAC 的二进制码和一元部分间的均匀延迟，应该将延迟电路添加到二进制码路径以匹配由一元码路径中使用的二进制码到一元码解码器引起的延迟。一元或分段 DAC 中将二进制码方案转换为一元码方案的解码器可能是速度改进的主要瓶颈 [SWF00]。

6.8.2　模数转换电路设计案例研究

回顾最近在 DAC 领域的贡献有助于深入了解提高速度以适应未来几十吉比特每秒数据传输速率的方法。如前所述，随着 DAC 速度的提高，毛刺是一种麻烦的动态误差源。除了在 DAC 中使用专门的去毛刺模拟电路，还可以使用数字方法进行部分(带限)毛刺校正[CRW07]。这种技术依赖于修改输出的数字表示以包括去毛刺数字信号[CRW07]。干扰校正的数字方法受数字时钟速度的限制，通常需要延迟才能执行数字去毛刺处理[CRW07]。该方法可以通过将 DAC 插入纠错负反馈环路来实现，其中 DAC 输出和 DAC 输出的平滑版本(即通过低通滤波器后的输出)之间的差异被最小化[CRW07]。

Shahramian 等人采用 0.18 μm SiGe BiCMOS 技术实现了 35 Gbps、15 比特温度计码 DAC[SVC09]。该设计依赖基于电流模式反相器树的电压求和技术。该 DAC 在 5 V 供电电压下的功耗为 0.5 W，并提供 3 V 峰峰值输出摆幅，分辨率为 200 mV。

Chu 等人提出一种使用 IBM 8HP SiGe BiCMOS 工艺的 4 比特电流导引 DAC[CJK+10]。该设计包括一组并联差分对，具有均匀的发射极退化尾电流源和用于差分输出的“R-2R”电阻电流求和负载。

Radiom 等人提出了具有增益提升功能的折叠电流导引分段 DAC[RSAL06]。为使最高有效位和最低有效位的转换延迟相等，他们为最低有效位添加了虚拟解码器以匹配用于转换最高有效位的温度计解码器引起的延迟。该架构旨在实现电流源的高线性度和高输出阻抗。折叠设计包含共模反馈和折叠晶体管的可调饱和漏-源电压。后者通过降低折叠晶体管的饱和 V_{DS} 和改善 PSRR 来增加电流源的电压余量。共模反馈用于补偿温度效应。

Sarkar 等人提出在 0.18 μm CMOS 中设计一种 8 比特分段式电流导引 DAC[SB09]。Sarkar 等人采用 6-2 的分段方式：使用一元方法转换 6 个最高有效位，同时使用二进制方法转换 2 个最低有效位，以获得最小芯片区域，其积分非线性(INL)和微分非线性(DNL)分别为 1 LSB 和 0.5 LSB。将一元电流源排列成 4 个具有独立偏置的子矩阵结构，以最有效地使用面积和低 INL 与 DNL。这样也可以降低二进制码到一元码编码器的复杂度。电流源矩阵使用虚拟单元和混排来减少单元中的边缘失配和梯度失配。

Yoo 等人提出采用 0.25 μm CMOS 工艺设计的 1.8 V、10 比特、300 Ms/s 8+2 分段 DAC[YS02]。该 DAC 具有低杂散噪声去毛刺电流单元，可实现低噪声性能。与标准解码器相比，二进制码到一元码解码器利用二进制决策图(BDD)方法来提升速度和面积。

Seo 等人提出一种 14 比特 1 Gs/s DAC，该 DAC 采用 R-2R 架构以提高电流源高输出阻抗的增益[SWF00]。该设计还采用了双分段架构，其中使用了两个而非一个独立的二进制温度计解码器。Seo 等人的设计如图 6.30 所示，该设计使整个解码器单元数量大幅减少[SWF00]。为了通过解码器实现最小延迟，该设计使用多个发射极耦合逻辑(MEL)对 8 个最高有效位进行解码。

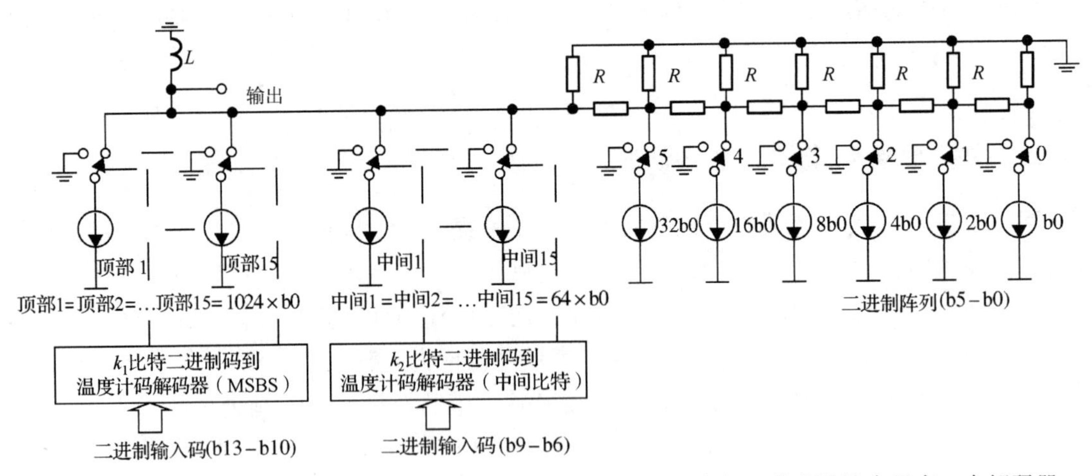

图 6.30　双段数模转换器的方法与单段设计相比节省了大量的空间，单段设计中只有一个解码器

Wu 等人提出一种采用 130 nm CMOS 的 3 Gs/s、6 比特 DAC 设计[WPS08]。该 DAC 使用二进制加权伪分段架构。与标准二进制 DAC 相比，该技术依赖于均匀电流源的二进制组合而不是二进制比例电流源来提高性能[WPS08]。Wu 等人使用虚拟电流源来缓解边缘效应，使用共同质心切换方案来对抗梯度引起的失配。这些步骤有助于提高 DAC 的分辨率。

6.9　本章小结

未来毫米波无线通信系统中的基带电路将达到几吉比特每秒(Gbps)的数据速率，甚至可能达到几十吉比特每秒。本章中所描述的技术肯定会随着时间的推移不断发展和改进，新方法也将产生。达到此类数据速率的关键是可靠的高保真 DAC 和 ADC。本章提供了大量的技术设计问题和参考资料，以帮助读者了解 DAC 和 ADC 的基本原理，以及达到如此高带宽的挑战。本章还提供了许多参考资料，以帮助读者将来更深入地了解对于实现毫米波无线通信至关重要的特定电路设计问题。

第 7 章　毫米波物理层设计与算法

7.1　引言

本章将探讨毫米波通信的物理层(PHY)信号处理，且将现 60 GHz 标准(无线个人局域网和无线局域网)下的具体示例纳入本书，用以深化讨论，而此类概念其实也适用于未来将开发的众多新的毫米波系统。

传统意义上，物理层算法的设计和选择是通过对具有无线信道脉冲响应特性的线性系统模型的仿真和分析来完成的[RF91][RHF93][FRT93][TSRK04]。模拟和射频工程师会确保无线硬件有效地保持线性系统模型的近似精确。但在毫米波频段，情况发生巨大的变化。虽然线性系统模型的精确近似依然是可能的，但可能不具有成本效益或能量效益。高载波频率、定向天线和自适应天线的使用以及巨大的带宽要求都给硬件工程师带来了巨大的挑战，所以必须在成本和性能之间做出折中。

对毫米波载波频率下物理层算法的智能选择现在还须考虑各种收发信机损耗问题。“最佳”调制策略将由在不同程度的收发信机损耗背景下的性能评估，以及与校正这些损耗相关的成本来决定。为了进行此类研究，7.2 节总结了在毫米波线性系统模型中显著的收发信机损耗情况以及为这些损耗建模的技术。接下来，7.3 节介绍了在物理层具有高频谱效率的高吞吐量链路的潜在特征，以及这些特征在无线信道脉冲响应和前述毫米波收发信机损耗的情况下的性能(参见 3.7.1.2 节)。随后，7.4 节总结了实现极低复杂度收发信机的可能调制架构，尽管这是以频谱效率为代价的，尤其是在高信噪比条件下。最后，7.5 节预览了物理层的设计，如果这些设计方法切实可行且具有成本效益，则可能会影响未来的设计。

7.2　实用收发信机

虽然没有讨论每一种潜在的损耗，但本节包含了毫米波无线收发信机所有主要损耗的完整列表，包括模数转换(ADC)、功率放大器非线性特性和参考频率不稳定性(会产生相位噪声)等缺陷。其中每小节将包含对每种损耗的潜在后果以及用以支持物理层分析和仿真的简单模型的讨论。图 7.1 展示了完整的物理层仿真框图，其中包括本节讨论的主要的收发信机损耗。如 3.7.1.2 节所述，为了创建作为信噪比函数的差错率仿真，调整了热噪声方差，并从脉冲响应的候选集合中剔除了大规模信道效应。为了创建作为距离函数的差错率仿真，热噪声方差根据接收机的噪声系数属性确定，并且信道模型包括作为距离函数的大规模路径损耗。假设输入功率归一化，仿真将实现功率放大器非线性、相位噪声和量化效应(相位噪声插入和量化之前的比例因子必须包括在误差-距离仿真中，因为信道模型没有归一化能量脉冲响应)。

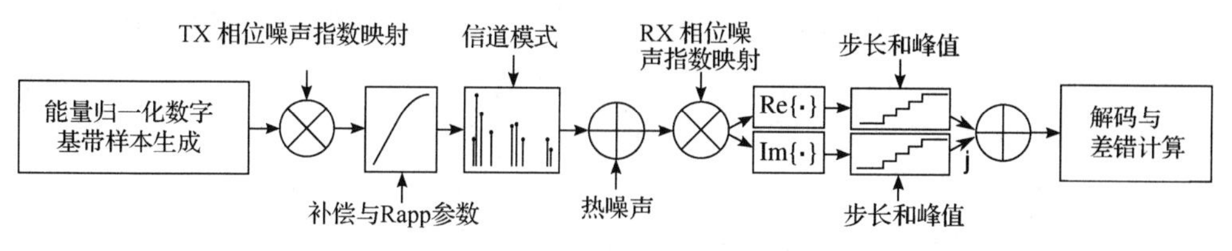

图 7.1　带有主要的毫米波收发信机损耗的完整物理层仿真框图

7.2.1　信号削峰和量化

如第 2 章中所述，数字通信支持高度可配置、容量优化的基带处理，可在现代无线通信时代产生高吞吐量链路。在接收机中，如第 6 章所述，模数转换器中的量化电路提供模拟基带信号的数字表示。现代无线接收机中模数转换的位分辨率(通常为 8～12 位[SPM09])足以将性能损失降至最低。因此，调制、均衡和检测策略通常不再专用于每个接收的数字样本的量化位数的环境中评估。

第 6 章讨论了毫米波模数转换器电路的千变万化的设计折中和边界。由于这些考量，模数转换器参数已经成为一个重要的设计考虑因素。在对模数转换器性能的研究中，瓦尔登是第一批认识到模数转换器性能日益成为[Wal99]设计瓶颈的人之一，而且他发现了模数转换的几个重要设计趋势：

- 具有高位分辨率的每秒吉比特采样模数转换需要并行架构，例如闪存转换[DSI+08]和时间交错转换[PNS+03]。但就器件空间和功耗而言，并行架构本身效率较为低下。
- 如果考虑用整套商用成品模数转换器，可以发现，采样速率加倍会导致分辨率降低约 1 位。这实际上相当于随着采样速率的增加，模数转换器的 ENOB(有效位数，如第 6 章中定义)会由于信噪失真比的减少而降低。
- 在不降低采样速率或模数转换器性能的情况下增加 1 位分辨率需要大约 5 年的技术发展时间。

这些趋势导致许多人得出一个结论，即，模数转换器技术的迭代速度与新兴吉比特系统的要求不相称，因此有必要探索具有宽松模数转换器规格的系统设计。作为一个更具体的例子[SPM09]，美信集成产品公司的 MAX109 Gbps 模数转换器以 2.2 Gbps 的采样速率提供 8 位分辨率，但消耗 6.8 W 的功率[Max08]。因此，我们预计，与低精度模数转换器(小于 8 位)兼容的物理层算法都能够大幅节省功耗和器件成本。设计使用较少模数转换器(如混合波束赋形架构[AELH14][EAHAS+12])的物理层或使用超低精度模数转换器[SDM09][DM10][MH14]的物理层可能更有意义。显然，考虑位分辨率对毫米波收发信机的影响符合物理层算法设计者的利益，因为其可以利用无与伦比的带宽。

两个过程模拟了增加或减少模数转换器位数的最终效果：幅度阈值(限幅)和量化，如图 7.2 所示，在无线通信接收机中，模数转换会独立量化同相和正交信道。自动增益控制(AGC)用于归一化接收到的复基带信号的能量，从而固定模数转换器阈值和量化电平(即，不依赖于衰落情况)。如第 3 章所述，定向天线的衰落不太明显。如果假设量化是一致的①，即信号幅度中每个量化电平之间的量化间隔是相等的，则模数转换器的分辨率由位数和信号实部和虚部(I/Q 信号分别采样)的边界值决定，而边界值由模数转换器中针对同相和正交信号的固定的电压峰峰值和自动增益控制算法决定，自动增益算法通过可变增益放大器(VGA)或可变衰减器来控制模数转换器前的信号增益。请注意，自动增益控制算法(模拟或数字)通常被调谐到接收机预期的通信波形类型。例如在同相和正交信道(假设零均值)中不显示大信号峰值的波形，如恒定包络调制，具有表现良好的信号幅度[AAS86]。恒定包络波形的自动增益控制算法可以在模数转换器之前使用更大的增益设置，从而让信号在量化之前具有更大的均方根电压。请注意，这是一个理想的设置，因为它增加了接收机的有效动态范围，即减小了通信波形中可用量化电平之间相对于均方根信号电压的量化间隔，并能在不受接收机噪声影响的情况下检测高阶调制符号。

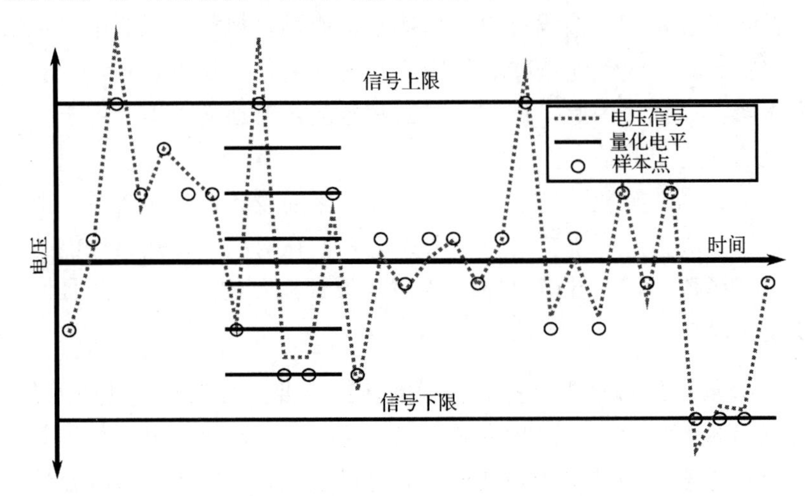

图 7.2　接收机中具有均匀量化电平的 3 位模数转换器的幅度阈值和量化

模数转换器效应的数字仿真是通过第 6 章的模数转换器模型直接进行的。尽管使用精确的浮点编码，位分辨率非常高(通常为 32 位)，但还是在数字计算机上对量化数据进行了仿真运算。将接收到的复基带样本转换为代表 b 位定点无线接收机[采用专用集成电路(ASIC)或现场可编程门阵列(FPGA)基带实现的模数转换器]是一个简单的过程，如下所述：

(1) 在相对于每个数据包中的第一个样本的某个时间窗口内估计样本能量 $\bar{\varepsilon}$②。在理想情况下，样本能量估计是在整个数据包中进行的。在这种理想情况下，如果信道脉冲响应能量被归一化，这个步骤可以通过直接计算来简化。但是，对于完全精确的自动增益控制而言，由于模数转换器中的采样时延、自动增益控制中的计算时延或可变增益放大器中的增益控制时延(尤其是数字设置)，能量只能在数据包的第一个采样之前的时间窗口内进行评估。

---

① 应当注意，随着模数转换器中位数的减少，非均匀量化变得更加有效用。不过，对于在模数转换器中非均匀量化后的完整无线接收机的性能(例如，自动增益控制、同步、信道估计、均衡和检测)还知之甚少，这部分内容本章不涵盖。

② 对无线通信接收机中的模数转换器效应进行的建模在成帧或打包数据的环境中最有意义。每个帧或包数据中的训练数据可以用自动增益控制算法估计信号强度，并在包的持续时间内(在同步等关键功能开始之前)固定增益设置。

(2) 将正负边界计算为 ε 的函数。通常来说，模数转换器期望 I/Q 信号具有归一化均方根电压，因此假设模数转换器将会把均方根电压设置为最大信号电压的标量倍数，即基带数据的 I 信道和 Q 信道中分别用于限幅的下限/上限。

(3) 分离每个输入样本的实部和虚部。将每个实部样本系数和虚部样本系数与下限和上限进行比较。如果任何系数超过/低于上限/下限，将被分别限制在该上限/下限。

(4) 对于具有 b 量化位的模数转换器，计算 2^b——上下界之间的 2 个等距量化电平。在先前定义的幅度范围内，此举将导致量化间隔等于 $2\alpha\sqrt{\varepsilon}/(2^b-1)$。

(5) 计算每个限幅实系数和虚系数与所有量化电平之间的欧几里得距离（绝对值）。然后每个系数被映射到具有最小量化间隔的量化电平。

(6) 将 I 和 Q（实部和虚部）系数转换回复数样本。

请注意，该模数转换器模型是非线性的，不可逆。

7.2.2　放大器非线性

第 5 章展示了功率放大器合成射频波形的期望输出功率的方式。如第 3 章所述，无线传播受到路径损耗的困扰，这使得功率放大器在满足链路预算要求方面非常重要。然而，第 5 章也表明毫米波放大器受到增益有限和效率低下的困扰，尤其是其在 CMOS 中实现时，鼓励在近饱和区工作。不过，宽带物理层策略对非线性很敏感，而且，随着工作频率的增加，功率放大器也趋向于表现出更严重的非线性[DES+04]。由于以上原因，非线性功率放大器模型对毫米波物理层算法设计者至关重要，因此高保真分析和仿真可以在功率放大器非线性程度和候选物理层的性能之间提供精确的折中。希望读者参考第 5 章对毫米波功率放大器非线性的完整讨论。

修改后的 Rapp 模型用于表示在第 5 章[Rap91][HH98]中讨论的非线性效应。其被用于 IEEE 802.15.3c 和 IEEE 802.11ad 60 GHz 标准的标准化性能基准测试中。该模型描述了放大器非线性的两个重要特性，调幅输入到调幅输出（AM-AM）失真和调幅输入到调相输出（AM-PM）失真。图 7.3显示了 60 GHz CMOS 功率放大器在 65 nm 的 AM-AM 和 AM-PM 失真曲线，以及修改后的 Rapp 模型表示[Per10]。为了表征这些效应中的每一个，修正的 Rapp 模型分别使用以下 AM-AM 和 AM-PM 失真方程，作为输入幅度 A_{in} 的函数：

$$A_{\text{out}} = \frac{gA_{\text{in}}}{\left(1+\left(\frac{gA_{\text{in}}}{A_{\text{sat}}}\right)^{2p}\right)^{\frac{1}{2p}}} \tag{7.1}$$

$$\Delta\theta_{\text{out}} = \frac{\alpha A_{\text{in}}^{q_1}}{1+\left(\frac{A_{\text{in}}}{\beta}\right)^{q_2}} \tag{7.2}$$

此处，A_{out}，$\Delta\theta_{\text{out}}$，$g$ 和 A_{sat} 分别代表放大器的输出信号幅度、输出相位失真、放大器小信号增益和饱和幅度，而 p，α，β，q_1 和 q_2 为与式(7.1)和式(7.2)测量值相匹配的曲线拟合参数。例如，对于图 7.3 中所示的 CMOS 60 GHz 功率放大器，修改后的 Rapp 曲线拟合参数是 $p=0.81$，$\alpha=2560$，$\beta=0.114$，$q_1=2.4$，$q_2=2.3$，此为根据功率放大器输出均方根电压测量值和相位测量值进行最小二乘法拟合而确定的，其中 $g=4.65$，$A_{\text{sat}}=0.58$[EMT+09]。这些参数因设备而异。相比之下，在 $g = 19$ 和 A_{sat}=1.4 的条件下，文献[C⁺06]中的 NEC GaAs 60 GHz 功率放大器的数值为 $p = 0.81$，$\alpha = -48\,000$，$\beta = 0.123$，$q_1 = 3.8$，$q_2 = 3.7$。

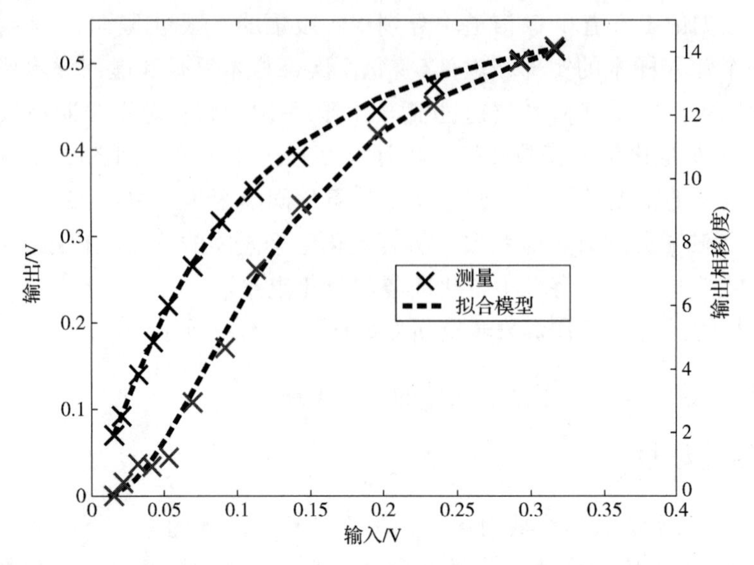

图 7.3 65 nm 功率放大器的 AM-AM 和 AM-PM 测量和修正的 Rapp 模型

7.2.3 相位噪声

第 2 章和第 5 章展示了如何通过与本振(LO)信号的作用，将射频信号向上/向下变频转换成毫米波信号。理想情况下，本振信号是稳定、干净的正弦波，数学表示如下：

$$V_0 \cos(2\pi f_c t) \tag{7.3}$$

其中，t 是时间参考变量，V_0 是本振信号电压幅度，f_c 是射频信号所需的载波(中心)频率。如第 5 章所述，通过对压控振荡器(VCO)和锁相环(PLL)毫米波电路的讨论可知，本振信号由于无法完全消减的不稳定源而产生失真。在本振中对其进行数学建模为

$$V_0 (1 + v(t)) \cos(2\pi f_c t + \theta(t)) \tag{7.4}$$

其中 $v(t)$ 和 $\theta(t)$ 分别是本振信号损耗的幅度和相位失真，均为时间的函数。锁相环封装开始时的幅度畸变效应通常被认为远不如相位畸变效应严重，因此我们采用了纯相位失真(相位噪声)的标准本振信号模型，即 $V_0\cos(2\pi f_c t + \theta(t))$。

为了分析基带信号的相位噪声效应，需要一个更方便的模型。请注意，以下讨论也部分出现在第 5 章中。而在本章中，我们将更多地关注与物理层(PHY)算法设计的线性系统建模相关的方面。如果我们使用标准假设，则相位失真通过 K 个调频正弦曲线的叠加获得很好的近似[Dru00]，那么

$$\theta(t) \approx \beta \sum_{k=0}^{K-1} \alpha_k \cos(2\pi f_k t + \phi_k) \tag{7.5}$$

其中 β 是最大相位偏差，α_k 是每个调频正弦分量的幅度系数，f_k 是正弦信号频率($f_k \ll f_c$)，而 ϕ_k 是每个调频正弦分量的相位偏移。接下来，将式(7.5)代入一般相位噪声模型，并确定：

$$\cos(2\pi f_c t+\theta(t)) = \sin(2\pi f_c t)\cos(\theta(t))+\sin(\theta(t))\cos(2\pi f_c t) \tag{7.6}$$

$$\approx \sin(2\pi f_c t)+\theta(t)\cos(2\pi f_c t) \tag{7.7}$$

$$\begin{aligned}&\approx \sin(2\pi f_c t)+\beta\sum_{k=0}^{K-1}\alpha_k\cos(2\pi f_k t+\phi_k)\cos(2\pi f_c t)\\&= \sin(2\pi f_c t)+\sum_{k=0}^{K-1}\frac{\beta\alpha_k}{2}\cos(2\pi(f_c+f_k)t+\phi_k)\end{aligned} \tag{7.8}$$

$$+\sum_{k=0}^{K-1}\frac{\beta\alpha_k}{2}\cos(2\pi(f_c-f_k)t-\phi_k) \tag{7.9}$$

其中式(7.6)的结果由等式 $\cos(x+y)=\sin(x)\cos(y)+\sin(y)\cos(x)$ 导出，式(7.7)的结果由正弦曲线上的小相位近似($\theta(t)\ll 1$)导出，而式(7.9)的结果由等式 $\cos(x)\cos(y) = 1/2(\cos(x-y) + \cos(x+y))$ 导出。因此，通过用载波频率对称加权的正弦分量来近似相位噪声效应是可行的。为了确定每个正弦波的权重并表征相位噪声，必须测量载波信号的功率谱密度(PSD)。如图 7.4 所示，虽然理想振荡器在频域中可由相对于 0 Hz 轴对称的两个脉冲等效表示，但实际振荡器的功率谱密度要用边带表示。PSD 本身往往揭示了观测到的相位噪声的许多特征。在对数尺度上，不同的相位噪声源产生不同的斜率。Leeson 是最早认识到这种效果的人之一[Lee66]。在 Leeson 模型中，他将 f^{-4} 效应或–40 dB/decade 斜率归因于机械冲击、振动和温度等环境因素造成的随机游走噪声。此外，Leeson 将 f^{-3} 效应归因于振荡器中谐振器噪声和有源元件噪声引起的闪烁频率调制噪声，f^{-2} 效应归因于放大器级联引起的白色调频噪声，f^{-1} 效应归因于所有有源元件引起的闪烁相位噪声，f^{-0} 效应归因于宽带热噪声引起的白色相位噪声[Lee66]。图 7.5 展示了实际的损耗。

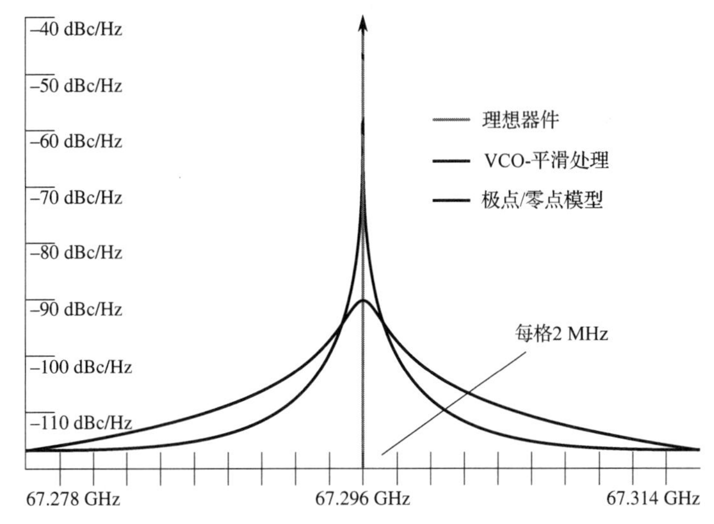

图 7.4　测得的 67.3 GHz 时所需信号的单边带(SSB) VCO 输出的功率谱密度。归一化到所需载波输出功率的功率谱密度测量值(用 dBc/Hz 表示)

为了将相位噪声添加到复杂基带仿真中[DMR00]，已创建了许多模型。而同样被 IEEE 802.11ad 和 IEEE 802.15.3c 标准所支持的最常见模型，为有色加性高斯白噪声(AWGN)的噪声模型，其效果如下：

① 为每个信号样本生成零均值、单位方差、复高斯白噪声随机变量。

② 根据相位噪声功率谱密度测量值对白噪声样本的频率响应进行整形，以产生有色噪声。这种整形可以通过在时域中与相位噪声滤波器(其与功率谱密度测量值的频谱相匹配)卷积，或者通过在频域中相乘，然后进行快速傅里叶逆变换(IFFT)来实现。

③ 有色噪声被直接添加到发送的无线样本的相位中(在脉冲整形之后，但在功率放大器非线性效应被添加之前)。

④ 在信道效应之后，但在添加热噪声之前，在接收器处重复前 3 个步骤。

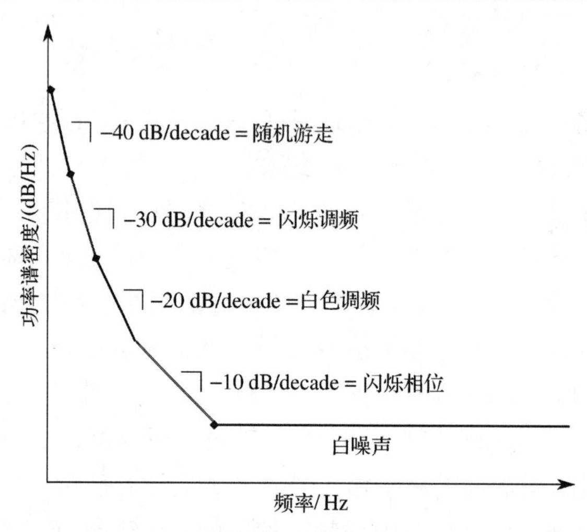

图 7.5 Leeson 模型中不同的相位噪声效应及其对功率谱密度的贡献

请注意，相位噪声会出现在发射机和接收机上，因为这两个设备都使用本地振荡器将基带/通带信号分别转换为通带/基带频率。有时，该模型仅置于发射机上，因为它可以捕捉信道中的发射和接收设备效应，而不会有大的时延扩展。

振荡器的边带导致了许多问题，包括相邻信道干扰和信号掩蔽[Rou08]、具有正交频分复用调制的载波间干扰(ICI)[PVBM95][ETWH01]，以及由于噪声功率增加导致的总体性能下降[CW00] [Rou08]。在毫米波链路中，最后两个效应是非常重要的，因此，已有创建标准相位噪声功率谱密度测量的方法，以让物理层设计人员测试收发信机算法的鲁棒性。例如，为了模拟发射机和接收机的相位噪声功率谱密度，IEEE 802.15.3c 和 IEEE 802.11ad 60 GHz 标准使用简单的单极点、单零点滤波器，其响应为

$$L(f) = \gamma \left(\frac{1 + \left(\frac{f}{f_z}\right)^2}{1 + \left(\frac{f}{f_p}\right)^2} \right) \tag{7.10}$$

其中 f 是频率(Hz)，$f_p = 1$ MHz 是极点频率，$f_z = 100$ MHz 是零点频率，$\gamma = -90$ dBc/Hz 是闭合相位噪声强度。因此，该滤波器的时域等效脉冲响应应与发射机和接收机处添加的白噪声样本卷积。如果将此响应与图 7.4 中的平滑相位噪声功率谱进行比较，我们会注意到接近相位噪声强度在−90 dBc/Hz 时被截断(大约出现在 1 MHz 时)，因为小于 1 MHz 的相位噪声分量不会显著降低 IEEE 802.15.3c 和 IEEE 802.11ad 链路中的信号完整性。

7.3　高吞吐量物理层

在前面的章节中，我们一直强调通信信道中的增益对于实现合理的链路余量非常重要。提供这些增益有两种通用的方法：(1)频率或时间扩展；(2)波束赋形。随着频率或时间的扩展，发送的信号在符号层面呈现冗余，可实现在数据被解码之前捕获处理增益或编码增益。对于波束赋形，波束配置应该仅在链路建立后进行，以最小化信令开销，避免浪费功率，并避免不必要的干扰传输。扩频的优点是它不需要任何特殊用途的硬件或配置(例如具有正确相位参数的天线阵列)。然而，扩频信号在带宽或时间上的冗余大大降低了整体传输速率。因此，扩频不能有效利用巨大的频谱资源，因为采用毫米波频谱的主要目的是实现更高的数据速率和更大容量。此外，由于使用定向波束的毫米波系统更有可能受到干扰限制而不是噪声限制，并且可能使用时分双工(TDD)而不是频分双工(FDD)，因此由扩频技术提供的抗干扰特性和处理增益没有那么理想(尽管许多扩频技术很容易与波束赋形方法相结合[LR99a])。因此，毫米波扩频通信主要是在波束赋形协商之前或协商期间，而不是在波束赋形协商之后进行控制通信。通过波束赋形，如第 3 章所述，可以在接收机处实现极长距离中的中到高信噪比，而不必在 LOS(视距)和 NLOS(非视距)信道[SNS+14][SR14][RRE14][Rap14][Rap14a]中扩展。系统设计者们对能在所有这些场景中最大限度地提高性能的物理层算法很感兴趣。

7.3.1　调制、编码和均衡

由信息论可知，通过使用无限符号块长度和高斯符号编码，通信的频谱效率，即 bits/s/Hz (bps/Hz)的数值，可实现最大化①。现代数字无线通信与正交幅度调制(QAM)、纠错码和有限码块长度近似于这种格式，使得在发射机和接收机上的实现复杂性更易于管理[Gol05]。

早期的蜂窝和卫星通信链路用频率平坦窄带信道来表示，该信道的最佳解码机制非常简单[Rap02][PBA03][RF91][FRT93][DR98]。在窄带信道中，接收机根据 QAM 星座图、纠错码、热噪声(由模拟电路部件产生)、无记忆信道幅度和无记忆信道相位确定来自接收符号的最大似然比特序列。然而，现代宽带通信链路(包括本书研究的毫米波链路)不再是无记忆链路。实际上，如第 3 章中所述(参见 3.7.1.2 节和 3.8.3 节)，毫米波信道在信道脉冲响应中可能有多个抽头。在宽带信道中，接收机使用最大似然准则作为所有信道抽头的函数来优化选择位估计。不过，作为信道抽头数量的函数，这种通过 Viterbi 解码实现的最大似然方法展示出指数级处理复杂度。毫米波通信信道中的抽头数量通常非常大，这是由于 Gs/s 采样率以及室内和室外信道中的大量反射路径所致(尽管窄波束宽度将减少多径分量)。因为在如此高的符号率下实现的复杂性是一个瓶颈，所以通常不考虑最大似然方法(用于许多多径抽头)。为了避免这种复杂性瓶颈，接收机通常在检测前进行信道均衡，使得 Viterbi 解码器只需要考虑单抽头响应(有效地在检测器的检测中呈现窄带信道)。

一般而言，如第 2 章中所述，无线设计工程师必须从一套均衡算法中进行选择，包括：

① 假设 AWGN 是一个线性的、时不变的信道。

线性迫零均衡器(可降低峰值失真)[Cio11]、线性最小均方误差均衡器[Mon84]、决策反馈均衡器(可通过线性前馈均衡器使用软输出接收符号并通过线性反馈均衡器进行反馈)[RHF93][PS07]、非线性均衡器[BB83]和自适应均衡器(可随着更多符号的接收而不断改善均衡器的实现)[Qur82]①。表 7.1 列出了这些均衡算法的优缺点(另见文献[Rap02, Ch6])。处理复杂度是指均衡器实现均衡后的复杂度，而发现复杂度是指发现均衡器作为信道响应函数实现均衡的复杂度。

表 7.1 几种主流均衡算法的优缺点

均衡器类型	优 点	缺 点
线性(非自适应)	更低的发现复杂度和处理复杂度	性能一般
非线性(非自适应)	性能优于线性	更高的发现复杂度和处理复杂度
DFE 判决反馈(线性加非线性)	发现复杂度低、性能更高	增加了处理复杂度，错误传播
自适应(线性加非线性)	兼容不断发展的信道估算	增加了处理复杂度，收敛时间

表 7.1 中讨论的均衡算法传统上在时域中运行。最近，如第 2 章讨论的，频域均衡(FDE)变得很热门，因为频域处理可以降低处理复杂性。对于频域均衡，由于每个子信道都是窄带信道(经历平坦衰落)，因此每个频点(或频域子信道)都可以通过简单的单抽头线性均衡器来完全减小宽带信道影响。所以大多数减小宽带信道影响的毫米波设备预计将采用线性单抽头均衡算法。为了优化复杂度，利用快速傅里叶变换进入频域。为了通过接收机处的快速傅里叶变换实现频域变换，波形必须通过以保护间隔为前缀的符号块来格式化，以在最坏情况下的多径传播中保持循环卷积(保护间隔通常通过循环前缀或重复训练序列来实现，更多相关详细信息参见第 2 章)。

虽然频域均衡似乎是毫米波宽带信道的普遍首选，但对于调制和编码却并不是。例如，60 GHz 室内标准的调制选择分为两个阵营：(1)正交频分复用；(2)单载波频域均衡(有关这些调制类别的更多信息参见第 2 章)。这在一定程度上导致了 60 GHz 标准内的多个物理层体系结构，包括 ECMA-387、IEEE 802.15.3c 和 IEEE 802.11ad(有关标准详细信息参见第 9 章)。早期室外增强型本地接入网也在考虑这些调制方式的变化[Gho14]。在具有理想收发信机的频率平坦信道中，正交频分复用和单载波频域均衡有相同的性能。然而，在频率选择性毫米波信道中，情况并非如此。

理论上，正交频分复用更适合频率选择性信道。如果在正交频域分量(子载波)中传输，并假设有理想的线性收发信机、具有高斯编码的无限快速傅里叶变换块大小以及每子载波功率分配最优，此时正交频分复用是容量最优的方式[Gol05]。实际上，快速傅里叶变换块的大小必须很小，才能把控好复杂性，因为每个子载波的功率分配会导致过高的开销[Dar04]，毫米波收发信机将有许多缺陷[Raz98]，且高速率码(在容量意义上是有效的)可能不足以实现严格的频率选择性[WMG04]。例如，出于这些实际考虑，几家毫米波硬件供应商一直支持单载波频域均衡，且声称在实际平台上性能更好。这也引发了研究界的争论。不过，人们很

① 从技术上讲，自适应均衡器不是一个单独的类别，因为线性、非线性和判决反馈均衡器(DFE)等均衡器都可以是自适应的。然而，由于表 7.1 中讨论的缺点，现代商用无线链路通常不带自适应均衡器。因此，我们将自适应均衡器放在一个单独的类别中，这样就不必进一步讨论这个问题了。

难说正交频分复用技术和单载波频域均衡技术哪个更好，因为两者都有相对更适用的工作场景。而这是下一节的重点。

7.3.2　正交频分复用和单载波频域均衡技术的实际应用比较

本节中的仿真使用表 7.2、表 7.3 和表 7.4 中的参数和模型。首先，我们从无线信道脉冲响应的角度来考虑正交频分复用和单载波频域均衡的性能，仿真时不包含功率放大器的非线性、量化或相位噪声。作为基准，图 7.6 展示了 AWGN 和 CM1.3 LOS 信道模型中正交频分复用和单载波频域均衡技术的误码率(在 3.8.3 节中给出)，其中 QPSK 星座图和可变编码速率/配置采用窄波束赋形(办公室环境)。该图显示，正如预期的一样，正交频分复用和单载波频域均衡在 AWGN 中的性能是相同的。当频谱掩码被添加到正交频分复用和单载波频域均衡时，性能不变。图 7.6 还向我们表明，实际 CM1.3 LOS 信道确实表现出明显的性能损失，这是由于间接弱多径造成的频率选择性所致的。当鲁棒编码可用时[例如，LDPC(672, 336)]，使用正交频分复用可以将性能损失降至最低，因为它比单载波频域均衡更有能力降低频率选择性。相反，当只有轻度编码可用[例如，RS(255, 239)]时，单载波频域均衡优于正交频分复用，因为正交频分复用依赖于编码来防止子载波衰落。单载波频域均衡技术均衡了块内所有符号的频率选择性衰落，从而降低了编码要求。

表 7.2　本节仿真中单载波频域均衡和正交频分复用使用的参数和模型

参数/模型	值
基带采样率	5.28 Gbps
频谱屏蔽预滤波器	IEEE 802.15.3c
信道模型	IEEE 802.15.3c Gold Set
符号星座图	QPSK 和 16-QAM
差错控制编码	RS(255, 239)，LDPC(672, 432)，LDPC(672, 336)
信道估计	无噪声，时域
同步	理想(时间和频率)
位解码	利用 LLR 输入进行维特比解码
功率放大器	改良的 Rapp 模型(CMOS)
模数转换	具有均匀量化的限制器
抖动/相位噪声	IEEE 802.15.3c 1 零点/1 极点响应

(收发信机损坏模型以 IEEE 802.15.3c 和 IEEE 802.11ad 标准委员会的建议作为指导(参见 3.8.3 节)。发射机采用符合 IEEE 802.15.3c 规范的频谱屏蔽滤波器，以确保带外信号的贡献不会提高性能。选择星座图和编码集是为了在正交频分复用和单载波频域均衡中实现高频谱效率和高可靠性。)

表 7.3　正交频分复用和单载波频域均衡的特定仿真参数

参　　数	OFDM	SC-FDE
符号率	2.64 GHz	1.76 GHz
脉冲整形	无	根升余弦($\beta = 0.25$)
循环前缀	256 个符号	256 个符号
FFT 大小	512 个符号	512 个符号

续表

参 数	OFDM	SC-FDE
空子载波	171 保护音，1 DC	N/A
BPSK 率	1.17 Gbps	1.17 Gbps
FD 均衡器	ZF	MMSE
软输出	音加权 LLR	等权重 LLR

（正交频分复用和单载波频域均衡的符号率不相等，因为它们是以不同方式满足频谱屏蔽要求的（正交频分复用通过保护音调降低速率）。选择符号率作为 IEEE 802.15.3c AV 物理层采样率(5.28 Gbps)的简分数，并在正交频分复用中包含 172 个空子载波，以公平地比较数据速率。长度为 256 个符号的过量循环前缀/导频字用于确保未受保护的码间串扰不会影响结果）

表 7.4 特定信道模型特征

频道功能	值
框架	Saleh-Valenzuela 集群模型
发射(TX)天线波束宽度	30°(CM 1.3)，60°(CM2.3)
接收(RX)天线波束宽度	30°(CM 1.3)，60°(CM2.3)
脉冲响应能量	归一化为 1
RMS 时延传播	50 ns(CM1.3)，100 ns(CM2.3)
传播场景	办公室(CM 1.3)，家庭影院(CM2.3)

（有关这些信道模型的更多讨论参考第 3 章，特别是 3.8.3 节）

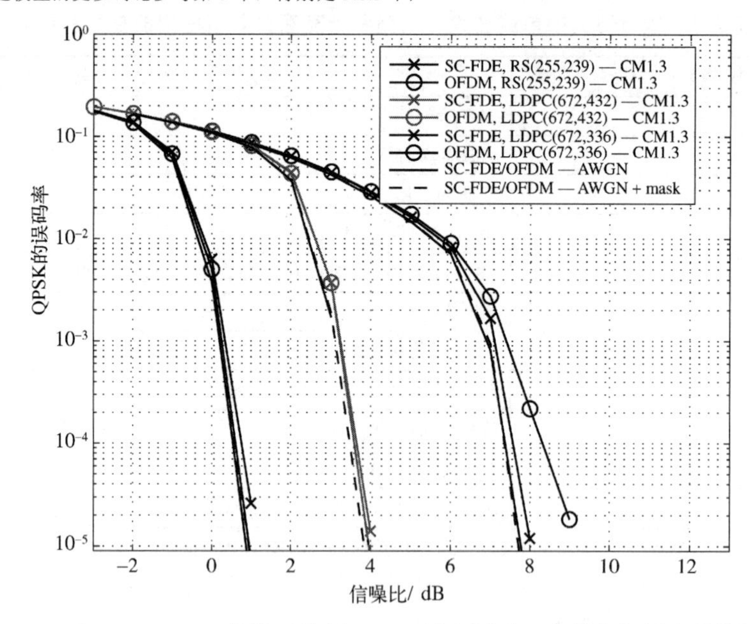

图 7.6 在 AWGN 和 CM1.3 LOS 信道下使用 QPSK 星座图时正交频分复用和单载波频域均衡技术的误码率(信噪比的函数)。编码选项是 RS(255, 239)和 LDPC(672, 336)。802.15.3c 频谱屏蔽被添加到 AWGN 信道，用于展示每个调制策略的带宽节约。不考虑硬件损耗

图 7.7 显示了与图 7.6 所示的正交频分复用和单载波频域均衡相同的仿真性能，但是使用的是 16-QAM 星座图。有趣的是，尽管向右偏移了约 6 dB，我们观察到了几乎相同的性能变化趋势。因此，可以得出结论，毫米波高吞吐量物理层框架不需要针对每个星座图进行定制，至少在没有硬件损耗或严重频率选择性的情况下是如此的。

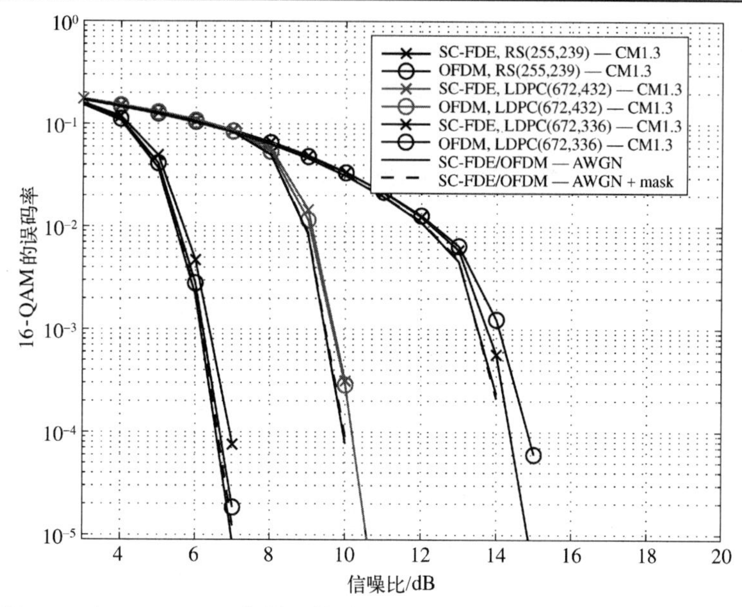

图 7.7　在 LOS CM1.3 信道下使用 16-QAM 星座图时正交频分复用和单载波频域均衡技术的误码率(信噪比的函数)。不考虑硬件损耗

接下来，我们研究了大量多径引起的频率选择性的增加，这种情况在典型的具有宽波束赋形并通过 CM2.3 建模的非视距家庭影院应用中会碰到。图 7.8 显示了 QPSK 星座图的误码率。请注意正交频分复用和单载波频域均衡之间的折中是如何被放大的。在严格的频率选择性下，正交频分复用需要大量编码才能成功通信。正交频分复用不能仅用 RS(255, 239)提供鲁棒链路。此外，当应用编码时，由于其优越的频率选择性衰落缓解能力，正交频分复用相对于单载波频域均衡的性能优势会有所增加。直观地说，这是由于正交频分复用系

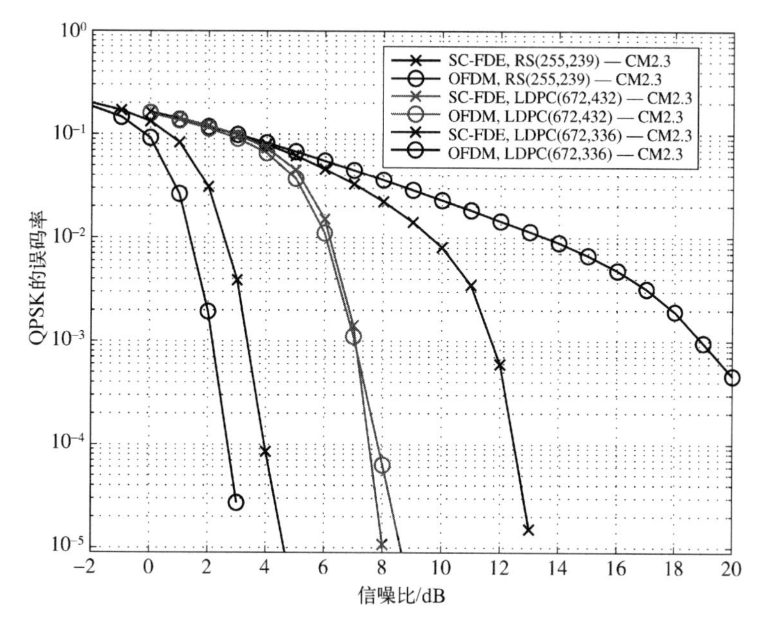

图 7.8　在 NLOS CM2.3 信道下使用 QPSK 星座图时正交频分复用和单载波频域均衡技术的误码率(信噪比的函数)。不考虑硬件损耗

统能够利用具有良好信道的子载波，并通过编码保护不良的子载波，而不是像单载波频域均衡那样受到每个 QAM 符号的所有子载波上组合信道性能的影响。在单载波频域均衡中，每个 QAM 符号都部分地受到频率选择性衰落的影响，而在正交频分复用中只有一小部分 QAM 符号受到频率选择性衰落的影响。此外，频域均衡将单载波传输中的噪声着色，降低了 Viterbi 算法的性能。

图 7.9 描绘了具有频率选择性的 16-QAM 星座图的相同性能。尽管正交频分复用和单载波频域均衡之间的折中再次被放大，但观察到了相同的趋势。我们可以巩固先前的结论，即在没有硬件损耗的情况下，星座图的选择不会影响所选的高吞吐量物理层框架。

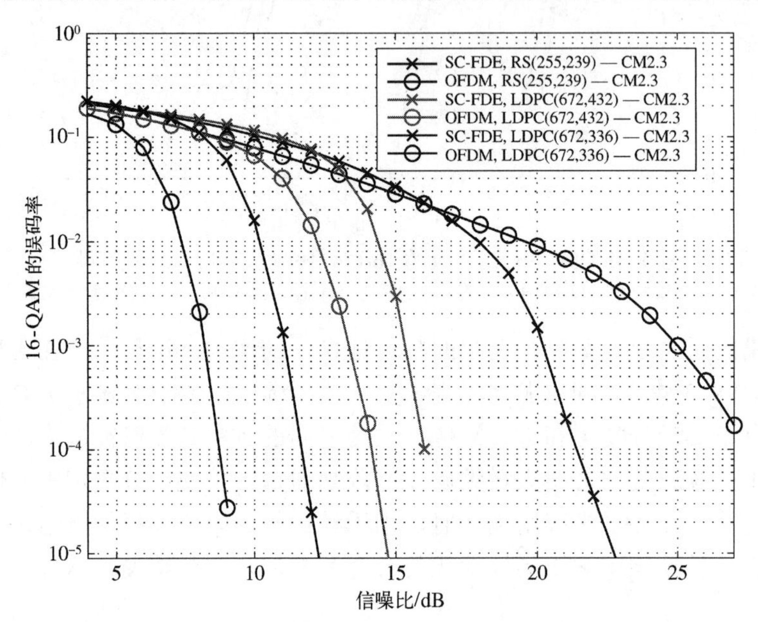

图 7.9　在 NLOS CM2.3 信道下使用 16-QAM 星座图时正交频分复用和单载波频域均衡技术的误码率(信噪比的函数)。不考虑硬件损耗

鉴于本节中目前的讨论还未解决实际收发信机损耗问题，我们已发现不同的工作场景对正交频分复用和单载波频域均衡分别有所偏好。当使用高速率码时，更倾向于单载波频域均衡。由于高速率码与智能自适应调制和编码相结合，通常更能将频率平坦信道中的容量缺口最小化，并且通常以更低的数字复杂度来实现(源于更少的奇偶校验位和更低的所需调制阶数)，因此似乎单载波频域均衡非常适合于 LOS 信道或者当实现复杂度非常高的情况。而正交频分复用更适于解决频率选择性问题，尽管这需要更密集的差错控制编码和更高的星座图阶数。然而，这方面的讨论并不完整，因为必须确保这些设计折中适用于具有实际损耗的实际收发信机硬件。此外，正交频分复用和单载波频域均衡的实际实现的功耗比较也必须仔细考量。正如我们将在下一个仿真结果中所见，正交频分复用越来越捉襟见肘，并且受到硬件损耗的影响也越来越大。选择调制与编码策略并不像表面看上去那样简单。

我们使用 802.15.3c/802.11ad 零、极点模型，通过添加相位噪声，开始研究硬件损耗导致的性能下降。研究表明，在包含相位噪声的情况下，性能没有显著差异，尽管在 LOS 信道(CM1.3)中存在边际性能损失。虽然没有考虑大量密集的同道或邻道干扰场景，但可得出结论，与频率选择性相关的性能损失超过了相位噪声的影响。直观地说，如果热噪声与接收机处的相位噪声相当或更强，那么均衡后的信噪比(包括残余码间串扰)会远远低于该信噪比。请注意，这不是一个通用性的结论。如前所述，相位噪声的影响将取决于毫米波链路中所有工作参数的联合分析，包括邻道干扰效应。此外，如果未来毫米波网络使用时分双工，并且每个小区或接入点有少量的用户，则邻道干扰和相位噪声的有害影响可以进一步降低。

接下来，考虑附加的硬件损耗——功率放大器的非线性。图 7.10 显示了 QPSK 星座图对于 CM1.3 LOS 信道中功率放大器的非线性的性能表现。由于功率放大器的非线性，我们打破了先前观察到的正交频分复用和单载波频域均衡之间的设计折中。随着放大器的补偿变少，我们观察到无论编码鲁棒性如何，单载波频域均衡在所有情况下都是更优的方案。因此，我们确定单载波频域均衡对功率放大器的非线性更具鲁棒性，并且需要更少的补偿工作，从而带来更高功率效率的通信和更大的观察信噪比。图 7.11 进一步证实了这一结论，其表明这些效应对于高阶星座图是放大的，其中高阶星座图要求高信噪比条件(基本上受放大器非线性的限制)。事实上，我们注意到正交频分复用需要大于 5 dB 的补偿，而单载波频域均衡只需要大约 3～4 dB 的补偿。总的来说，由于采用单载波频域均衡提高了发射功率，信噪比收益至少为 2～3 dB。

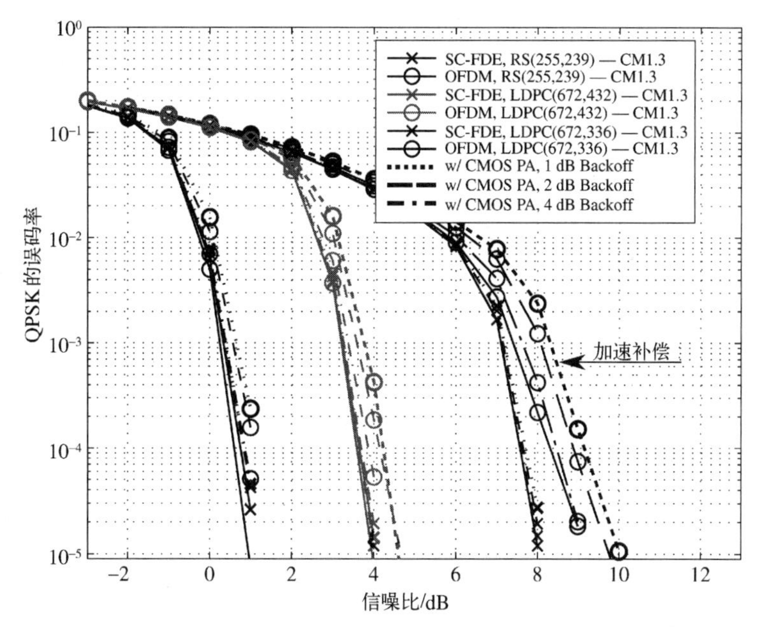

图 7.10　在 LOS CM1.3 信道和 CMOS 功率放大器非线性作用下使用 QPSK 星座图时正交频分复用和单载波频域均衡技术的误码率(信噪比的函数)

我们或许可以预见，信道中的频率选择性将进一步增强单载波频域均衡的非线性功率放大器的优势，因为频率选择性信道需要更高的总信噪比来获得足够的误码率性能。然而，图 7.12 和图 7.13 显示的 QPSK 和 16-QAM 在 CM2.3 NLOS 信道中的误码率性能表明情况并非如此。事实证明，至少在使用鲁棒的 LDPC 编码时，正交频分复用优越的频率选择性缓解能力抵消了单载波频域均衡的功率放大器的非线性优势。因此，在频率选择性环境中，面对放大器的非线性，尤其是高阶星座图和重编码，正交频分复用至少与单载波频域均衡技术相当。因此，在不同的操作模式下，两种调制格式仍然有其存在的理由。

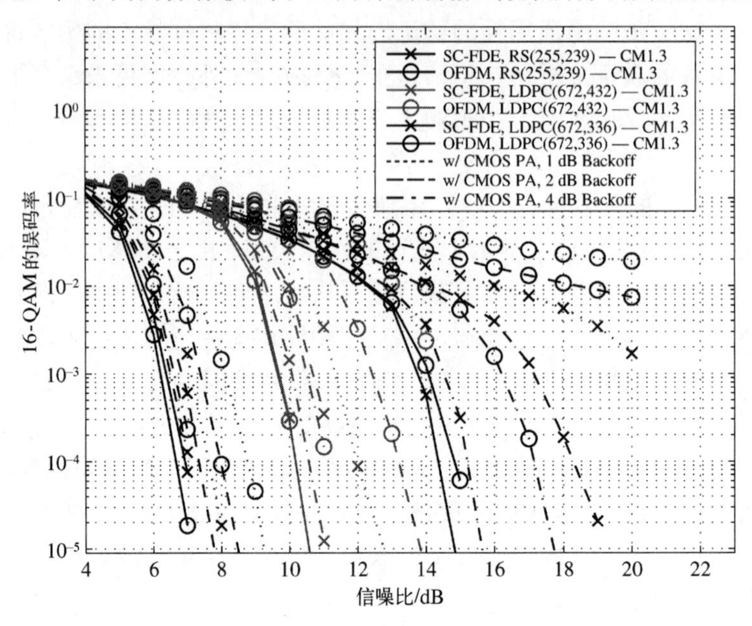

图 7.11 在 LOS CM1.3 信道和 CMOS 功率放大器非线性作用下使用 16-QAM 星座图时正交频分复用和单载波频域均衡技术的误码率(信噪比的函数)

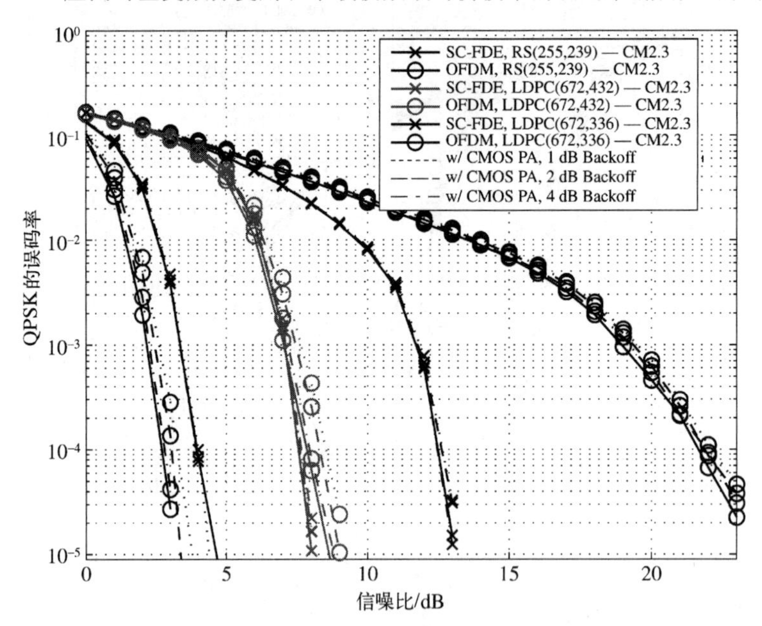

图 7.12 在 NLOS CM2.3 信道和 CMOS 功率放大器非线性作用下使用 QPSK 星座图时正交频分复用和单载波频域均衡技术的误码率(信噪比的函数)

我们最后要考虑的是模数转换器的位精度。先前的工作表明，单载波频域均衡具有优越的性能，但位精度较低[LLS+08]。这是直观的，因为单载波频域均衡信号具有较低的峰值与平均功率比(PAPR)。该直观性如图 7.14 和图 7.15 所示，图 7.14 和图 7.15 分别展示了具有 5 位模数转换器精度的 LOS CM1.3 信道的 QPSK 星座图和 16-QAM 星座图。从这些图中还可以看出，正交频分复用需要确保模数转换器的峰值幅度为 2σ(2σ 峰值幅度⇒每个 I/Q 模数转换器的最大峰值幅度为 $2\sigma/\sqrt{2}$)，以实现接近理想的性能，其中σ 是接收数据包的均方根电压。而单载波频域均衡只需模数转换器的峰值幅度为 1.5σ。因此，自动增益控制器可以更有效地利用单载波频域均衡进行工作，并需要为正交频分复用提供更多的余量，从而降低信噪比和降低正交频分复用采样的有效精度。

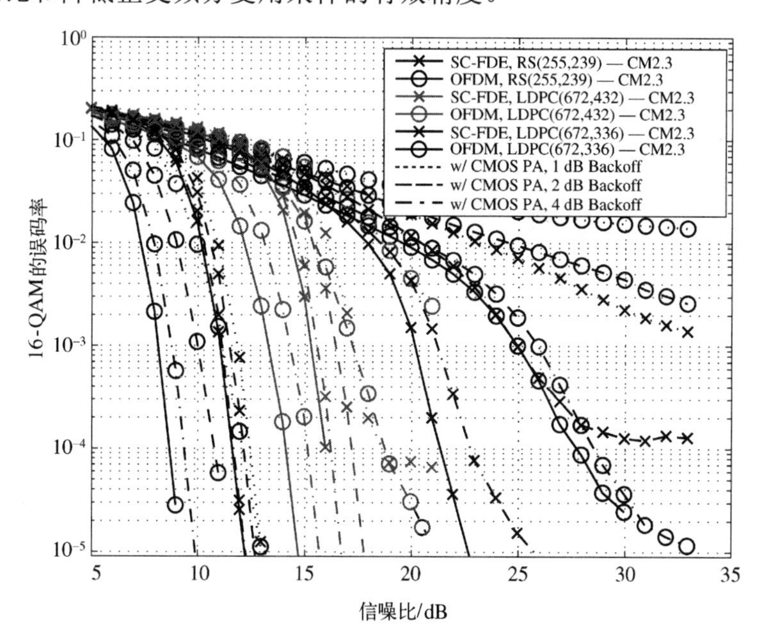

图 7.13　在 NLOS CM2.3 信道和 CMOS 功率放大器非线性下使用 16-QAM 星座图时正交频分复用和单载波频域均衡技术的误码率(信噪比的函数)

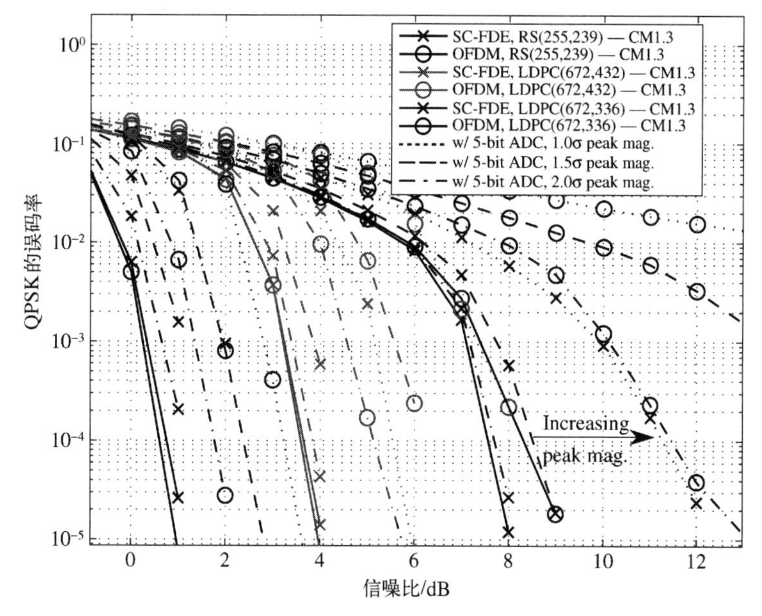

图 7.14　在 LOS CM1.3 信道和 5 位模数转换器样本下使用 QPSK 星座图时正交频分复用和单载波频域均衡技术的误码率(信噪比的函数)

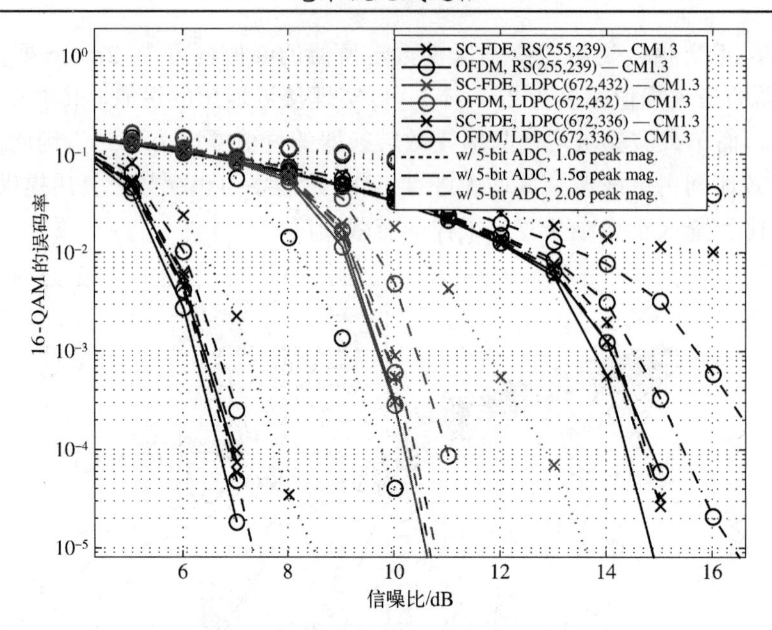

图 7.15 在 LOS CM1.3 信道和 5 位模数转换器样本下使用 16-QAM 星座图时正交频分复用和单载波频域均衡技术的误码率(信噪比的函数)

7.3.2.1 无循环前缀单载波调制

正交频分复用和单载波频域均衡已经在 4G LTE 系统中得到应用，如前所述，从复杂性和实现的角度来看，正交频分复用提供的单抽头窄带方法很受欢迎。然而，用户在频率上的多路复用，比如在今天的 4G 3GPP-LTE 蜂窝系统中，在超高频/微波波段中所使用的方式，对于毫米波载波频率上预期的宽得多的带宽不一定就是有用的方式。

用户的频率复用对于毫米波移动通信可能并不重要，其中原因有很多。首先，如第 3 章所述，室外毫米波系统很可能部署在时隙大小非常小(例如 100 μs 或更小)的小单元中，这意味着很少用户需要在特定接入点或基站的时隙内进行传输。第二，高带宽和小单元覆盖建议使用极小的正交频分复用或单载波频域均衡码符号时间(例如，当符号率变为每秒几十亿个符号时，为一纳秒量级)和几百纳秒量级的传播时延，这意味着活跃用户可以在时间上而非频率上同样有效地实现多路复用[RRE14][Gho14]。最后，毫米波系统至少在链路的一端需要大型天线阵列来克服路损。至少在最初，全数字波束赋形可能不切实际，因为每个天线后面需要的工作在吉赫兹带宽的数模转换器和模数转换器将消耗大量功率。这促使初始毫米波系统使用射频波束赋形，其中在整个天线阵列后面只需要一个模数转换器和数模转换器[Gho14][RRC14]。射频波束赋形的使用意味着在任何给定时间，每个极化只产生一个波束(或者至多两个或 3 个)，因此建议用户在时间上分开，而不是频率上分开，这样每个用户都可以使用一个特定的波束，为该用户提供最佳增益。

由于在频率上用户多路复用的能力对于毫米波接入通信可能并不重要，因此可能没有必要接受正交频分复用的一些缺点，例如高 PAPR，如第 5 章和本章前面所讨论的，导致功率放大器效率较低并缩小预期范围，同时对带外发射产生负面影响等。

Ghosh 等人最近提出了一种循环前缀单载波调制的形式[Gho14]，其中常规的循环前缀替换为无循环前缀。这一概念被称为无循环前缀单载波(NCP-SC)[CGK+13]，它在数据传输过程中具有近乎恒定的包络特性，并且它本身就具有高效性，就像 3GPP-LTE[3GPP09]中的反向链路一样，而该链路使用离散傅里叶变换扩展正交频分复用(DFT-S-OFDM)。无循环前缀单载波还有 7.2.1 节中所述的单载波频域均衡在频率选择性信道和非线性功率放大器方面的优势(见图 7.11)。

对于如上所述以及第 2 章中的正交频分复用和单载波调制而言，其中的循环前缀是快速傅里叶变换块中最后一个 L_{CP}符号的重复，并且通过将信道的时域线性卷积变换成循环卷积来实现有效的频域均衡。文献[Gho14]的想法是创建一个循环前缀单载波信号，但是用无循环前缀代替常规循环前缀。文献[Gho14]中工作于 0.65 ns(1.536 Gs/s)的 QAM 符号周期，初始化时间为 0.67 μs(1024 个 QAM 符号)。这对于如第 3 章所述的城市多径信道是合理的。无循环前缀单载波通过在 N 个符号块的末尾附加无循环前缀空符号来工作，其中一个块的空符号实际上是下一个符号块的循环前缀。每个块的数据符号数由 $N_D = N–N_{CP}$ 得出。请注意，无论循环前缀大小如何，符号块 N 的大小都是相同的。因此，循环前缀的长度可以在每个用户的基础上相应地改变每个块的数据位数，而无须简单地通过截断数据来改变帧定时。

无循环前缀单载波调制的帧结构可以简单地被设计成满足 1 ms 时延要求，其中超帧(例如，20 ms)可以被分成子帧(例如，每个 500 μs)，并且一个子帧将包含一定数量的时隙(例如，5 个时长为 100 μs 的时隙)。时分双工操作将允许每个子帧作为移动上行链路或下行链路，或者用作回程，使得每个基站在子帧期间有需要时可以动态地使用时分双工[Gho14]。数据的解码在正交频分复用系统、单载波频域均衡系统和无循环前缀单载波之间是相似的，并且鉴于这些毫米波系统的高数据速率，编码的复杂性可能会决定计算的复杂性。

与当前 LTE 蜂窝和 IEEE 802.11ad 标准使用的调制相比时，无循环前缀单载波的以下 3 个优点值得注意：(1)无循环前缀为天线波束的递增率和递减率提供了空置时间，因此射频波束可以在无循环前缀单载波符号之间改变，而不会破坏循环前缀的属性，也不需要额外的保护时间。这能实现在一个时隙内用户和天线波束之间的有效切换；(2)无循环前缀提供了一种简单的方法来估计均衡器后噪声以及干扰(即，在符号的空部分，不存在所期望的信号能量)；(3)与正交频分复用相比，无循环前缀单载波的 PAPR 更低、带外发射更好，且与单载波频域均衡相当[Gho14]。然后频域接收机可以通过对适当接收的 N 个符号块进行过采样快速傅里叶变换(例如，$2N$ 点快速傅里叶变换)来操作。请注意，文献[Gho14]使用的是发射机短暂关闭的空循环前缀，而非用于为单载波频域均衡模式生成训练序列的导频字插入方法，或者是从 IEEE 802.11ad[802.11ad-11]的正交频分复用模式中的数据复制的循环前缀(使用与每个块上的循环前缀相同的已知训练符号来代替空符号)。

应当注意的是，传统正交频分复用中的训练前缀，例如在 IEEE 802.11ad 标准中使用的训练前缀，对于补偿和追踪长包中低成本毫米波振荡器的残余相位误差是有用的，可使得 802.11ad MAC 在非常低成本的硬件下更加有效。根据硬件质量和无循环前缀单载波链路中数据包的长度，无循环前缀单载波中缺少此训练前缀时可以通过测量数据符号或导引符号进行补偿。相位和频率偏移校正的训练可以通过监控数据流来执行，比如按照如今的 60 GHz 标准(如 7.3.3.3 节和文献[RCMR01]中所讨论的那样)。

虽然仍有许多问题有待研究，但前面的无循环前缀单载波概念，是未来的毫米波物理层设计通过修改当前的方法，以利用用户之间的快速波束控制以及新型干扰信道、时分双工和多址方案来实现多 Gbps 移动数据速率的一个例子[Gho14]。

7.3.3 同步和信道估计

物理层算法设计中一个经常被忽视的方面是同步。在数据包能够被解码之前，必须估计相关的信道参数。某些参数，如频率偏移和符号定时，可以在多频带链路中的较低频率下评估(有关毫米波多频带通信的讨论，参见第 8 章)其他参数，包括信噪比和信道脉冲响应，必须在实际用于通信的频带内进行评估。一旦这些参数被估计好，频率偏移就被去除，数据包被解码。如第 2 章中所述，信道参数估计会利用已知的训练序列(在前导码中的包开头或通过导频周期性出现)。接下来，重点介绍毫米波链路中不会用到多频段同步功能的新同步特性。这些特性主要用于降低复杂性。

7.3.3.1 信道估计

在 60 GHz 前导码(包括 IEEE 802.15.3c 和 IEEE 802.11ad)中可用的格雷互补序列运算代表了毫米波信道估计的当前创新。一对互补的二进制长度为 N 的格雷序列，例如 $\boldsymbol{a}_N$ 和 $\boldsymbol{b}_N$，表现出理想的特性，即除非自相关完全对齐，否则它们各自的循环自相关之和为零。即对于 a_n，$b_n \in \{-1, +1\} \forall n$，有着 $\boldsymbol{a}_N = \{a_n\}_{n=0}^{N-1}$，$\boldsymbol{b}_N = \{b_n\}_{n=0}^{N-1}$，那么

$$\sum_{n=0}^{N-1} a_n a^*_{\text{mod}[n+k,N]} + b_n b^*_{\text{mod}[n+k,N]} = \delta_K[\text{mod}[k,N]] \tag{7.11}$$

其中 $\delta_K[\cdot]$是 Kronecker δ函数，在参数为 0 时等于 1，为其他值时为 0，模$[\cdot, N]$是模 N 运算[Gol61]。这种零旁瓣特性是理想化的，因为所有已知的单个二进制序列的循环自相关旁瓣从来都不是零[LSHM03]。因此，可以使用与格雷序列的循环自相关来揭示时域信道脉冲响应中的每个抽头，而不会由于旁瓣效应而产生退化。例如，考虑基于格雷的信道估计训练序列的设计，如图 7.16 所示[RJ01][KFN+08]。在每个互补序列的 N 次重复之前和之后添加前缀和后缀，以防止过多的多径干扰零旁瓣特性。在接收机处，将每个 N_s 长度互补序列的信道失真形式相关联，并将它们相加，得到一个单抽头的估计值。且为每个抽头计算时延相关性，N_s 个重复中的每一个都被用来提高噪声存在时的估计鲁棒性。

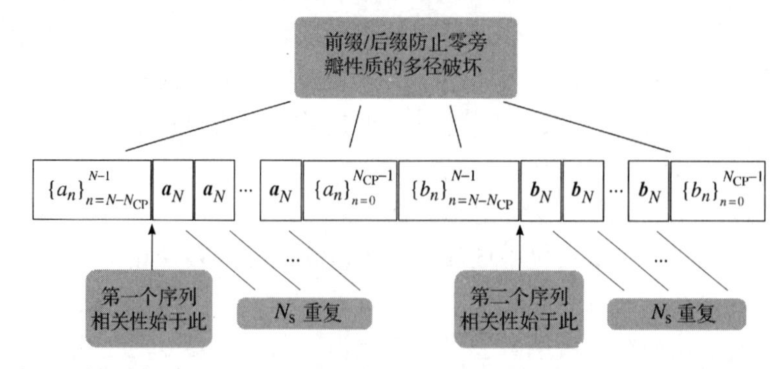

图 7.16 N 长度互补格雷序列对($\boldsymbol{a}_N$ 和 $\boldsymbol{b}_N$)用于构建训练序列(通过互补相关实现信道脉冲响应估计)

该基于格雷的信道估计过程的自相关显示出了比替代方法低得多的处理时延和复杂性。例如，许多常用的信道脉冲响应估计方法，比如最小二乘信道估计，必须在估计开始之前存储所有信道失真的训练样本(图 7.16 中为 $2\times N\times N_s+3N_{CP}$ 样本时延)，而信道估计的格雷相关过程可以在训练序列的中途开始(图 7.16 中为 $N\times N_s+3N_{CP}$ 样本时延)，并且产生小的总时延，带来开始符号解码时所需的最小缓冲。此外，格雷序列的独特性质经证明大大降低了相关器的复杂性，并使得每个序列的相关性只需要 $\log_2(N)$ 次乘法和 $2\log_2(N)$ 次加法。若不影响存储器要求，通用序列相关性分别需要 N 次乘法和 $N-1$ 次加法[Pop99]。因为延时、存储和处理复杂性在毫米波设备中非常重要，所以格雷序列同步的优势非常明显。

虽然格雷序列对 60 GHz 无线局域网和无线个人区域网的复杂度降低有很大影响，但并不清楚格雷序列是否能在毫米波蜂窝网络中充分用于信道估计。如果波束控制或预编码通过单独的时间/频率分配同时应用于多个用户，则必须为每个用户独立发送信道估计序列。为了最小化与信道估计相关联的开销，信道估计参考序列将仅基于分配给每个用户的资源在每个用户的基础上传送。然而，这种情况需要比目前格雷序列信道估计过程提供更多的时域和频域灵活性。

7.3.3.2　包检验

包检验也可以利用格雷序列来降低复杂性。毫米波通信的标准相关性检测器过于复杂，因为在使用低增益天线搜索合适的波束时，采样速率很高，并且路损增加。除了用格雷序列进行 1 位处理，相关窗和遗忘因子(γ)的引入限制了复杂性。例如，考虑 1 位(能量归一化)信道失真的接收数据序列 $\{r_k\}_k$ 和数据包检验参考序列 $\{s_n\}_{n=0}^{N-1}$。标准相关性检测器相对于每个索引 k 的包检验阈值来评估正度量 $z_k=\left|\sum_{n=0}^{N-1} r_{k+n}s_n^*\right|$。即使格雷序列能够降低复杂度相关性，毫米波通信的包检验序列也可能非常长(例如，数千个符号以获得足够的处理增益)，导致带来大量的乘法和加法。此外，由于 N 很大(因为总和必须至少用 $\lceil \log_2(N+1) \rceil+1$ 个符号位来表示)，每个乘积的累加(即使在流水线阶段)也不是微不足道的。其中已经表明，对于 $0<\gamma<1$，假设在过去的某个节点计算完全相关，通过近似 $z_k\approx(1-\gamma)\left|\sum_{n=M}^{N-1} r_{k+n}s_n^*\right|+\gamma z_{k-1}$，缓冲器大小可以减小到 $M<N$[BWF+09]。

7.3.3.3　适应性训练

在具有集中式(基站)控制的室外蜂窝网络中，已经可以通过用户特定参考信号进行自适应训练(用于同步功能)。然而，无线局域网和无线个人区域网链路通常为所有操作条件下的所有用户提供单一前导训练结构。可是与微波前导码相比，毫米波前导码需要更多的序列重复。如第 2 章和本节前面所讨论的，在协商补偿方法(例如天线波束赋形)之前，为了克服过多的路损，包检验、同步和信道估计处理增益需要序列重复。然而，序列重复的最佳次数取决于链路应用。因此，前导码长度自适应对于毫米波链路的效率可能会很重要。例如，60 GHz 标准提供了自适应前导码，可以减少开销和提高特殊操作场景下的鲁棒性[BWF+09]。例如，在多媒体流传输过程中，数据包会在很长一段时间内连续发送。在这种情况下，假设通过阴影区后没有链路中断，天线波束赋形可以在流期间定期调整，而不是从零开始定期完全重新配置，从而降低流中间前导码和数据的必要扩频因子。此外，同步参数(例如频率偏移)可以在整个流的控制环路中被评估，导致在流期间其估计所需的训练较少。或者，某些流量方案无法做出开销减少假设，例如在广播方案中，当关键控制数据正在交换时，或者当发射机和目标接收机之间长时间没有交换数据时。在这些场景中，采用了具有更高扩频因子的更具鲁棒性的前导码。

7.4 面向低复杂性、高效率的物理层

在不久的将来，正交频分复用和单载波频域均衡(以及它们的多用户多址度对应于正交频分多址和单载波频分多址)有望继续成为毫米波通信的两大调制和均衡候选方案。然而，也有考虑使用替代调制策略，其中一些可作为 60 GHz 标准中的可选功能使用。本节总结了这类替代策略，并特别关注了它们具有吸引力的低复杂性或高效率的功能。例如，其中一些调制策略在低信噪比下具有很高的频谱效率，且能够容忍功率放大器中的非线性，而另一些策略能够以很小的设备占地面积实现，并且以极小的功耗工作。然而，所有替代策略在频谱效率方面都受到很大影响，特别是在高信噪比下，更高的星座图阶数与正交频分复用和单载波频域均衡被一起使用，可获得高数据速率能力。此外，在低复杂度设计中，频率选择性的降低不一定是直接或有效的。尽管有这些缺点，本节介绍的调制策略仍然很重要，因为毫米波通信的一个优点是，由于可用的频谱很宽，频谱效率不如微波波段中的频谱效率那么重要。这些低复杂度的物理层策略对于许多早期毫米波无线系统的实现可能非常重要。

7.4.1 频移键控(FSK)

频移键控的优点是其实现极其简单，尤其是二进制频移键控(BFSK)。考虑到调制可以直接通过压控振荡器来执行，在压控振荡器中，电压会被适当调谐以将输入数据映射到离散频率。有几种简单的候选解调技术，其实现比基带 I/Q 采样简单得多(由超外差或直接转换接收机以及超简单非相干检测产生)。图 7.17 显示了在文献[NNP+02]中以 60 GHz 实现 1 Gbps 数据速率的一个 FSK 解调器示例。

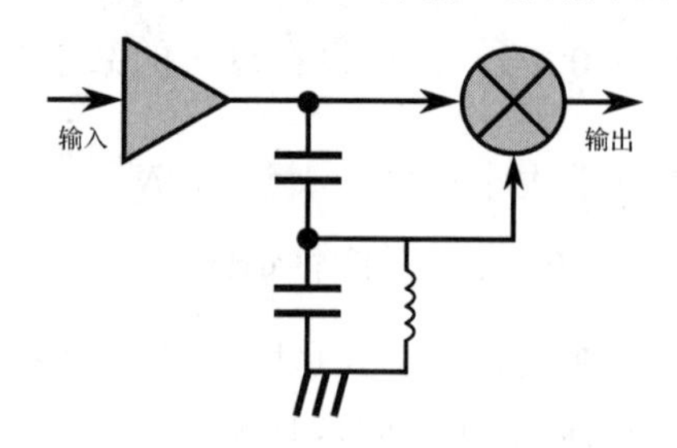

图 7.17 FSK 解调器示例，该级之后接一个低通滤波器，以产生总的解调器输出

尽管实现起来简单，但频移键控有许多缺点。虽然频移键控已被证明比非均衡键控更能容忍多径(下一步将讨论键控)，但频移键控在高频率选择性信道中仍然表现不佳[AB83][Rap02]。此外，与文献[DA03]的 QAM/PSK 星座图相比，FSK 表现出明显更低的频谱效率。然而，FSK 最关键的缺点是，简单的解调器架构消除了基带输入/输出采样支持的许多高级功能。例如，如果接收机没有复杂的基带表示，波束赋形策略就不能直接使用。缺乏复杂的基带模型还意味着训练序列必须在星座图解映射后进行评估，因此，包同步可能需要由模拟电路部分处理，因

而使得基于包的通信非常麻烦。因此，FSK 只出现在笨重、廉价、低功耗设备上的特殊用途场景中。

7.4.2　开关键控和幅移键控

幅移键控的动机和优势与 FSK 非常相似。利用幅移键控，我们可以根据输入数据序列调整载波幅度，直接生成无线通信波形。尽管可以考虑任意数量级，但复杂性的最大降低是通过开关键控(OOK)才能实现的，即使用两个幅度级别的幅移键控：(1)全功率；(2)零功率①。然后，确定接收器是否有信号，并相应地将其映射为 1 或 0。开关键控收发信机可以在没有基带采样的情况下实现，并且可以使用超简单的非相干检测方法。显然，这将带来与 FSK 相同的缺点。基带采样可用于提供更大的实施灵活性，但这将牺牲许多复杂性减免，而这些减免恰恰是幅移键控/开关键控最具有吸引力的点[BFE+04]。

7.4.3　连续相位调制

连续相位调制(CPM)波形通常通过以下方式在基带连续时间建模：

$$x\left(t,\{\alpha[n]\}_{n=0}^{N-1}\right)=\sqrt{\frac{2E_{\mathrm{s}}}{T_{\mathrm{s}}}}\mathrm{e}^{\mathrm{j}\phi\left(t,\{\alpha[n]\}_{n=0}^{N-1}\right)} \tag{7.12}$$

其中 E_{s} 是每个符号的能量，T_{s} 是符号时间，$\alpha[n]\in\{\pm1, \pm3,\cdots, (M-1)\}$ 是第 n 个 M 元数据符号。顾名思义，CPM 波形表现出连续的相位函数

$$\phi\left(t,\{\alpha[n]\}_{n=0}^{N-1}\right)=2\pi h\sum_{n=0}^{N-1}\alpha[n]q\left(t-nT_{\mathrm{s}}\right) \tag{7.13}$$

有

$$q\left(t\right)=\int_{-\infty}^{t}g\left(\tau\right)\mathrm{d}\tau \tag{7.14}$$

其中 $h\in\mathcal{R}^{+}$ 是一个固定参数，称为调制指数，并且

$$g\left(t\right)=\begin{cases}0, & t\notin\left[0,LT_{\mathrm{s}}\right]\\ \text{连续}, & \text{其他}\end{cases} \tag{7.15}$$

为脉冲函数，约束如下：

$$\int_{-\infty}^{\infty}g\left(t\right)\mathrm{d}t=\frac{1}{2} \tag{7.16}$$

CPM 用于毫米波通信的优点如下：

(1) CPM 信号的特征是幅度恒定，因此不受功率放大器中非线性的影响；

(2) CPM 信号相位的平滑性使得波形表现出低频谱溢出进入相邻信道；

(3) 线性基分解(最初由劳伦特提出)通过 I/Q 基带数字采样使现代均衡实践变得可行(包括频域均衡)[MM95][Dan06][PV06]；

(4) CPM 比单载波 QAM 更能容忍硬件损耗，包括低精度模数转换和相位噪声[NVTL+07]。

---

① 开关键控发射机也可以利用交替标志反转(AMI)，其中发射的符号被连续相移。无须 I/Q 基带采样[AF04]，此相位结构即可用于改善接收机灵敏度。

不过，尽管二进制 CPM 通信的性能在低信噪比下非常有竞争力，它存在于 GSM 蜂窝通信链路(GMSK)和深空通信链路中就证明了这一点，但当与固定信噪比的[AAS86] M-QAM 相比时，$M > 2$ 的 CPM 通信的误码率严重下降。因此，预计 CPM 仅适用于在低信噪比条件下工作的毫米波链路。希望在功率受限的环境中——或者在同步或搜索合适的波束方向时——将工作范围最大化的未来室外蜂窝毫米波链路，可能会发现 CPM 很有吸引力。

7.5 未来的物理层考虑

本节将介绍两种非常规的物理层设计策略，它们可支持更低的设备成本和功耗(见 7.5.1 节)，并且可能将速率提高到毫米波链路当前可达到的水平之上(见 7.5.2 节)。

7.5.1 超低模数转换器分辨率

7.2.1 节讨论了低精度模数转换器在功耗和器件复杂性方面的优势，因为无线通信信号的采样速率达到每秒数十亿个样本。但由于无线网络预计将在不断增加的工作频率下继续扩展到更大的带宽，这个问题不会很快缓解，如第 6 章所示。在 7.3.2 节中，我们比较了作为模数转换器分辨率函数的高吞吐量通信中正交频分复用和单载波频域均衡的调制和均衡性能，并得出结论：单载波频域均衡提供了更好的性能、更低的模数转换器复杂性。对于当前可用的 60 GHz 标准来说，这一点非常重要，但针对未来的毫米波通信，需要一个更加具有主动性的方法。虽然一些工程中已经设计了适合特定调制格式的模数转换器[NLSS12]，但更有效的方法是针对低模数转换器分辨率重新设计物理层。具体来说，就是需要更好地理解低模数转换器精度对通信的基本限制，并在这些基本限制合理的情况下，设计适合接近这些限制的低模数转换器精度的实用算法。

基本容量研究已经为该方法[SDM09]提供了重要的前景。图 7.18 表明，假设接收机处的信噪比合理、链路同步理想，3 位模数转换器的容量损耗会很小。尽管有这个保证，但仍有许多障碍要克服。同步期间实值/复值参数的估计(例如频偏估计、信道估计)对位精度非常敏感。对一般参数估计(位精度的函数)的基础研究已经进行，但结果不太乐观[PWO01] [DM10]。至少在标准参数估计情况下，只有具有抖动和抖动后增益控制功能的闭环模数转换器才能获得可接受的性能①。然而，尚不清楚这种闭环功能是否能与整个无线通信接收器的工作兼容，或者当训练数据进入模数转换器时，参数估计是否可以隔离。当有额外的接收天线时，用于毫米波的低精度模数转换器的应用会变得更有前景，这有效地扩展了接收星座图空间[MH14]，可实现高频谱效率。

我们之前在 7.3.2 节中的比较表明，在非常低的位分辨率下，频率选择性信道的均衡也将非常具有挑战性。克服多径引起的频率选择性衰落的一种方法是设计一种全新的对位精度不太敏感的调制和均衡数字处理架构。另一种最近让人们感兴趣的方法是通过混合信号

① 抖动是将随机噪声添加到模数转换器输入端以防止差分非线性效应的过程。抖动后增益控制不要与自动增益控制混淆，自动增益控制使接收信号的方差标准化。在参数估计的情况下，抖动噪声的幅度和抖动后增益权重通过反馈环路来控制。

均衡在模拟中执行均衡过程[SB08][FHM10][HRA10]，或者至少部分地在模拟中执行均衡过程。模拟和混合均衡架构示例如图 7.19 所示。混合信号均衡器可以被认为是具有模拟反馈滤波器和数字前馈滤波器的判决反馈均衡器。

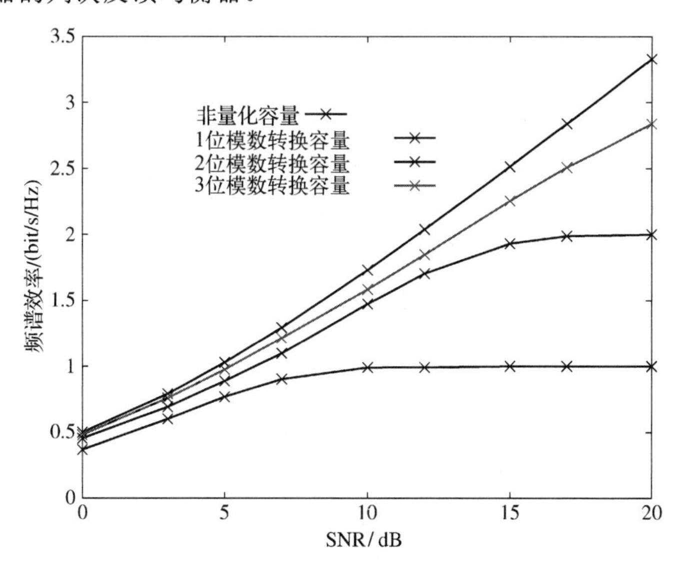

图 7.18　具有理想同步的离散无记忆信道的 1、2、3 和∞位模数转换器精度的容量比较

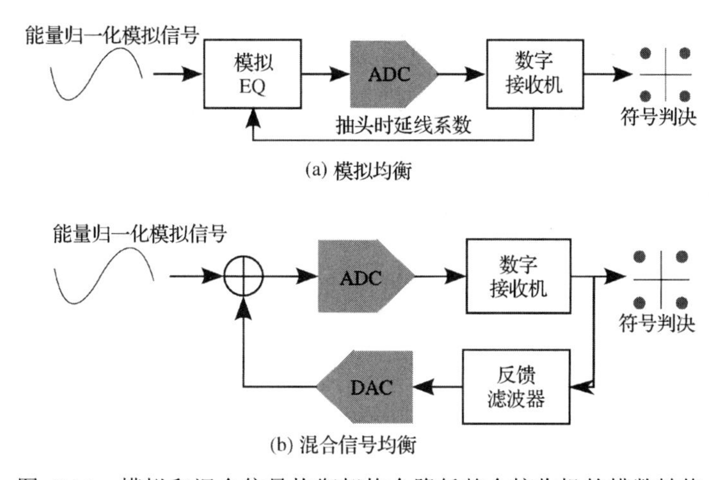

图 7.19　模拟和混合信号均衡架构会降低整个接收机的模数转换器位分辨率(假设可以保持同步和维持其他接收机功能)

7.5.2　空间复用

MIMO(多输入多输出)空间复用最近为微波链路提供了一个主要的容量增强功能，最好的证明可能是 WLAN 标准 IEEE 802.11n(在 2.4 GHz 和 5 GHz 载波频率上)[802.11-12]、下一代 WLAN 标准[802.11-12]和移动宽带标准 3GPP-LTE(载波频率范围从 700 MHz～3.5 GHz)[3GPP09]。MIMO 会向每个发射和接收单元添加多个天线，并配备模拟和数字处理链。如第 2 章所讨论的，如果每个发射和接收天线对之间的脉冲响应差别足够大(通常通过统计相关性来表征)，则可以通过空间复用在 $N_s = \min\{N_r, N_t\}$个独立空间流上传输独立数

据，其中 N_r 和 N_t 分别是接收和发射天线的数量[AAS+14]。在微波频率下，良好的信道相关特性(允许 MIMO 产生相当大的容量增益)出现在 NLOS 信道中，其中大量散射体在到达接收机的不同角度提供许多不同的路径长度。在 LOS 信道中，文献[SWA+13]的工作表明，所有天线以大致相同的角度发射和接收，路径长度大致相同。因此，信道没有足够的差异，且 MIMO 空间复用在微波或超高频的 LOS 信道中不能很好地工作。

到目前为止，毫米波频率下的 MIMO 空间复用还没有取得重大进展，主要有两个原因。首先，即使不增加空间复用，每秒数吉比特的传输速率就已经足够令人生畏，而空间复用更会增加显著的复杂性(例如，MIMO 会增加数字基带复杂性和模数转换器位精度要求)。其次，人们普遍认为，高路损和散射或反射的缺乏使得毫米波信道对于 MIMO 不太适应。早期的工作表明，室内信道中只有少数散射体可用[Smu02][XKR02]，且必须使用天线资源通过波束赋形来补偿弱路径[PWI03]。然而，如第 3 章所述，最近在城市和郊区室外信道[SWA+13][AWW+13][RSM+13][RDBD+13][SR14][AAS+14][RQT+12]中的工作表明，由于室外环境中反射和散射源数量惊人，非视距(NLOS)以及视距(LOS)毫米波信道或许能够利用好 MIMO。

应该明确的是，需要给出一个毫米波 MIMO 用于 LOS 信道(在这种情况下，很大程度上对于微波频率是不适应的)以及 NLOS 室外信道的良好示例。为了更好地理解原因，考虑在发射机和接收机处使用均匀线性 MIMO 天线阵列(ULA)的 LOS 链路，如图 7.20 所示。如果进一步假设频率平坦信道在每个天线对之间具有归一化和相等的路损(如果 $r \gg L_t$ 以及 $r \gg L_r$，这在信道中是合理的)，则每个发射-接收天线对的信道脉冲响应通过矩阵 $\boldsymbol{H} \in \mathcal{C}^{N_r \times N_t}$ 捕获，其中 $[\boldsymbol{H}]_{k,\ell} = \exp(\mathrm{j}2\pi r_{k,\ell}/\lambda)$ 表示第 ℓ 个发射天线和第 k 个接收天线之间唯一的非零脉冲响应系数，λ 是工作波长，$r_{k,\ell}$ 表示发射天线指数 ℓ 和接收天线指数 k 之间的最短距离。这个公式揭示了一个重要的观察结果：假设 ULA 和范围固定，则 MIMO LOS 信道随着工作频率的增加而相关性下降。

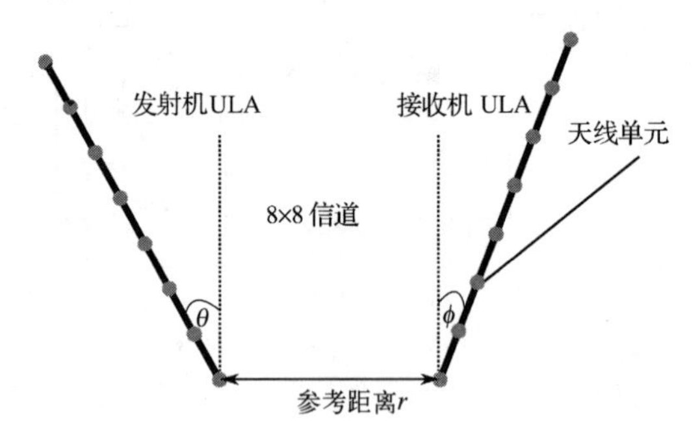

图 7.20 在每个 ULA 上具有任意均匀线性阵列(ULA)且有 $N_r = N_t = 8$ 个单元的 LOS MIMO 信道。链路的参考距离用 r 表示，接收机和发射机的天线阵列总长度分别为 L_r 和 L_t

在这个 ULA 模型上的先前工作已表明，事实上，通过使用 $r_{k,\ell}$[BOO07]的封闭形式近似满足条件的方式可以创建具有正交行和列的理想 MIMO 信道：

$$\frac{L_t L_r}{(N_t - 1)(N_r - 1)} = \frac{\lambda r}{\min\{N_r, N_t\}\cos(\theta)\cos(\phi)} \tag{7.17}$$

如果考虑简单但实用的情况，其中 $L_t = L_r := L$，$N_t = N_r := N$，$\theta = \phi = 0$，那么式(7.17)可简化为

$$L = (N-1)\sqrt{\lambda r/N} \tag{7.18}$$

这表明 LOS MIMO 操作的主要折中是在范围 r、波长/频率和阵列长度之间。表 7.5 显示了一些满足此条件的配置示例，其中 r 和 $L_t = L_r$ 具有相同数量级(例如，10 m 处为 2.45 GHz)的情况被认为不切实际，因为违反了用于推导正交 MIMO 信道条件的模型假设。换句话说，在微波频率下，LOS MIMO 不可行，因为产生良好的 MIMO 信道所需的天线尺寸太大，以至于并不实用(见表 7.5)。我们也可以根据要查找的范围重新定义式(7.18)：

$$r = \frac{L^2 N}{\lambda (N-1)^2} \tag{7.19}$$

$$= \frac{r_R N}{\pi} \tag{7.20}$$

其中 r_R 是众所周知的瑞利范围参数，在光学和天线理论中用于"表征波束传播的距离而不会有明显扩展"[GW01]。请注意，对于固定的阵列尺寸和天线单元数量，范围增加一个数量级需要工作频率增加一个数量级。对于固定的工作频率和天线单元数量，阵列尺寸的一个数量级的增加会导致工作范围两个数量级的增加。这使得 LOS MIMO 对毫米波蜂窝中的应用具有吸引力，如前向传输或回程传输。

表 7.5　天线阵列尺寸、范围和频率配置示例，支持具有(5 个，10 个和 50 个)天线单元的理想正交 MIMO 信道

频率	$L_t = L_r$	r
2.45 GHz	(1.98 m，3.15 m，7.67 m)	10 m
2.45 GHz	(6.26 m，9.96 m，24.25 m)	100 m
2.45 GHz	(19.8 m，31.5 m，76.7 m)	1000 m
60.00 GHz	(0.40 m，0.64 m，1.55 m)	10 m
60.00 GHz	(1.26 m，2.01 m，4.90 m)	100 m
60.00 GHz	(4.00 m，6.36 m，15.5 m)	1000 m
240.00 GHz	(0.20 m，0.32 m，0.77 m)	10 m
240.00 GHz	(0.63 m，1.00 m，2.45 m)	100 m
240.00 GHz	(2.00 m，3.18 m，7.75 m)	1000 m

毫米波通信可以开发用的 LOS MIMO 策略，用以实现无线链路的惊人速率(每秒数吉比特或更高)。然而 LOS MIMO 的一个主要限制是满足 LOS 模型和 LOS MIMO 条件的工作场景较少，尽管潜在的场景可能包括室外蜂窝、回传和固定式家庭设计。进一步的限制包括需要根据工作范围调整其机械或电气配置的天线阵列[MSN10]，以及实现标准 MIMO 接收机协议所需的巨大复杂性，尤其是在具有每秒吉比特采样模数转换速率的高维平台上[PNG03]。然而，LOS MIMO 配置的一个优点是 MIMO 信道与等幅元素的正交性。这可导致低复杂度的模拟空间均衡，以便在数字转换之前分离流[Mad08][SST+09]。这些折中将在不久的将来进一步探讨。2013 年，美国国防部高级研究计划局启动了 100G 计划，以"建立和测试一条具有光纤等效容量和长距离的机载通信链路，该链路可通过云层传播，并通过 LOS MIMO 毫米波链路[DAR]提供高可用性"。

7.6 本章小结

与微波链路相比，毫米波物理层算法设计具有截然不同的设计约束条件。由于模拟电路技术正被推向极限，并且链路预算比以往任何时候都更加受限，因此在通常假设的具有加性高斯噪声模型的线性系统之外的损耗是可能的。因此，物理层算法设计者必须学会明确综合考虑模数转换器的位精度、功率放大器非线性和相位噪声。在这种情况下，均衡可能会通过频域表示来继续，尽管调制策略是保留在频域还是切换到时域仍有待观察。本章的广泛分析表明，这两种调制格式在不同的工作模式下都有优点，并且随着新毫米波产品和服务的开发，基于现有格式的新调制方案可能会得到发展。同步等更加低层的通信特性也发生了变化；毫米波链路的复杂性瓶颈和更高的路损，结合可控天线和波束赋形的额外好处，将需要在信道估计和包检验方面进行创新。展望未来，毫米波物理层可能会有更多的创新，包括超低位精度接收机以进一步降低复杂性要求，以及在 NLOS 和 LOS 信道都能工作的用以提高数据速率的 MIMO 阵列等。

第 8 章　毫米波通信的高层设计

8.1　引言

由于毫米波通信主要是一种物理层(PHY)通信技术，所以本书的重点放在物理层及以下，包括电路、天线和基带注意事项。然而，毫米波通信的具体特征影响了较高层的设计，尤其是数据链路层和介质访问控制(MAC)协议子层(有关层术语的背景可参考 2.10 节)。例如，广泛使用高定向和自适应天线(见第 3 章和第 4 章)需要特殊的 MAC 协议。本章研究毫米波频率下未来通信的较高层问题。

本章首先在 8.2 节中回顾了毫米波设备网络化所面临的挑战。重点介绍与毫米波 PHY 层相关的具体问题，以及它们如何影响较高层。然后在整个章节中更详细地讨论具体的主题。由于波束指向在毫米波中的重要性，8.3 节解释了如何将波束指向集成到某些毫米波通信的 MAC 协议中。由于穿透损耗高且衍射小，多房间覆盖是某些室内毫米波系统考虑的一个因素。这可以通过多跳操作，特别是中断来实现(如 8.4 节所述)。多媒体通信是毫米波最重要的应用之一，尤其是在 60 GHz。因此，60 GHz 系统支持物理层公开的多媒体通信功能，尤其是 8.5 节中描述的不等差错保护。由于使用定向天线，覆盖范围在毫米波系统中是一个挑战。8.6 节描述了毫米波系统的多波段策略，通过利用较低频率来提高覆盖范围。8.7 节总结了毫米波蜂窝系统的最新覆盖范围和容量分析的一些要点。由于 MAC 协议的许多功能都特定于标准，因此我们使用标准中的示例，但会将更详细的讨论留在第 9 章中进行。虽然许多例子来自 60 GHz，但在整章中，我们会推测这些概念如何应用于 5G 毫米波蜂窝和回程链路。

8.2　毫米波设备网络化中的挑战

使用毫米波设备构建网络带来了来自毫米波通信信道特性的新挑战。本节将回顾关键的挑战，重点介绍 PAN 和 WLAN 应用中将使用的短距离链接。在毫米波下组网的大多数困难是由于在发射机和接收机上使用波束赋形造成的。这使得 MAC 协议执行的某些功能变得更加困难，例如碰撞检测，但也提供了高性能的潜力，例如通过空间复用。本节回顾定向传输和接收的概念，然后解释其对设备发现、碰撞检测/避免、信道可靠性和空间复用的影响。

8.2.1　物理层中的定向天线

毫米波通信系统将充分利用定向传输来提高链路质量。为了解释定向传输的动机，我们使用文献[SMM11]和[SZM+09]中的示例。考虑在自由空间中一个简单的通信链路。参照Friis自由空间方程式(3.2)，自由空间中各向同性天线之间的接收功率缩放随λ^2变化。就分贝而言，产生的功率损耗为$20\log_{10}\lambda$。例如，在60 GHz系统中，$\lambda = 5$ mm。与2.4 GHz的ISM频段相比，$\lambda = 12.5$ cm，如果忽略由于氧气或环境因素造成的额外路径损耗，使用各向同性(全向)天线的 60 GHz 系统具有额外的可用空间路径损失 $20\log_{10}0.125 - 20\log_{10}0.005 = 28$ dB。这意味着60 GHz系统需要28 dB的额外增益来弥补自由空间路径损耗差。3.7.1节(见图3.25和图3.30)中也展示了这一点，其中测量了室外毫米波信道，并比较了全向天线在1.9 GHz、28 GHz和73 GHz 3个频段的长距离传播模型。假设毫米波和微波频率的功率限制相同，则提高发射功率不能用于缩小这个差距。更高的传输功率还会导致极低的移动应用电池续航。

天线所提供的增益可以克服一部分自由空间传播方程所预测的损耗(见第3章)。天线的增益是指与理想的各向同性天线相比(无论是用于传输还是接收时)捕获的额外功率。如第3章所述，天线增益与称为孔径的量相关，即天线的有效区域(或导电区域)，通常与天线的物理区域成正比，但不一定相同。增益(线性值)与天线孔径成正比，与λ^2成反比。在固定的物理尺寸下，天线在60 GHz时的增益正好比2.4 GHz天线的增益高28 dB。因此，如第3章所述，如果天线可以取得相同的有效孔径面积，则可以补偿自由空间路径损耗，因为较高频率的额外空间路径损耗可由天线提供的额外增益弥补。假设在发射机和接收机上使用相同尺寸的天线，60 GHz链路实际上将拥有比2.4 GHz链路多28 dB+28 dB−28 dB = 28 dB的可用空间增益！如第3章和第4章以及文献[RRE14]所述，可以通过增加发射机或接收机的天线尺寸来克服毫米波路径损耗。在实践中，当由于政府法规而存在有效的各向同性辐射功率限制时，这些定向天线增益可能会受到限制，从而限制了实际中可能允许的最大天线增益。

定向天线是实现高增益的一种方式。如图8.1所示，定向天线在特定方向上具有较大的增益，在其他方向上增益较低。(理想)全向/各向同性天线在所有方向都有类似的增益。第4章讨论了几种不同的定向天线设计。

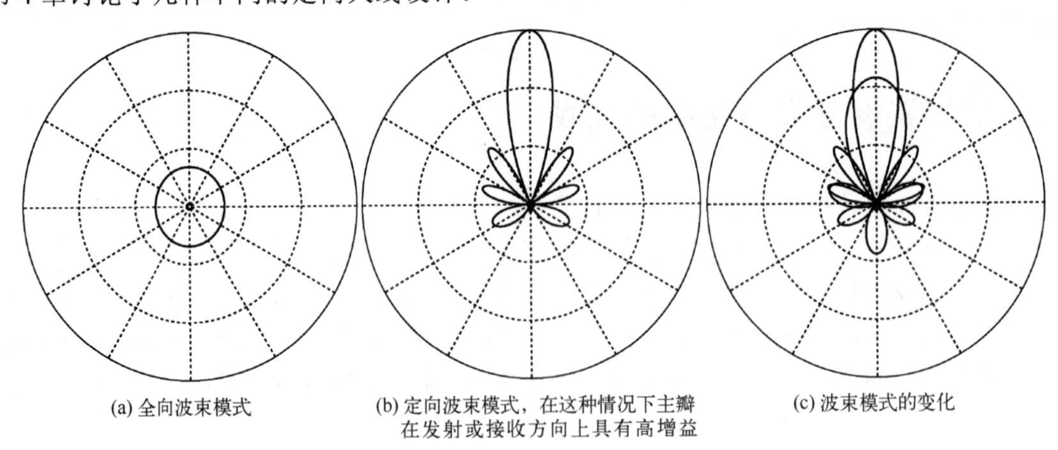

图8.1 波束赋形的概念。宽波束的增益比窄波束的低，但覆盖范围更广

在视距(LOS)信道中，与定向天线进行最有效和可预测的通信发生在当发射定向天线

指向接收机，而接收定向天线指向发射机的时候，这称为视轴对准①。如果天线只具有固定的波束，则发射机和接收机必须物理地指向彼此。这让人想起卫星电视的抛物面天线是如何非常准确地指向太空中的卫星的。在非视距(NLOS)信道中，定向天线的指向更为复杂。最佳指向可能是单个波束的一个或多个主反射方向(如文献[SR14a]第 3 章所述)。在 NLOS 信道中，需要有更复杂的波束模式，可以将能量分散到多个传播路径上，这也对天线的适应性提出了更高的要求。

天线阵列是一种实现灵活自适应天线的方法。如第 2 章和第 4 章所述，天线阵列由多个天线单元组成，这些单元组定义了天线的孔径。例如，在接收端，对每个天线的输出进行移相和求和，就可以得到一个有效的定向波束。通过改变各单元的相位，可以将天线的主瓣转向不同的方向，这被称为相控阵。相控阵，以及更广泛地说，使用相位和振幅权重的自适应阵列，多年来一直是许多研究的主题[Muh96][Ron96][LR99b][Tso01][MHM10][R+11]。它们广泛应用于雷达系统[Fen08]。由于毫米波的波长很小，其天线阵列可拥有数百个或更多的单元[RRC14]。

具有指向性的传输和接收会影响毫米波设备网络化的几个方面。正如在文献[SMM11]和[SCP09]中指出的，主要原因是，发射机和接收机的天线增益都是为了在链路上获得良好性能，所以在毫米波系统中(最有可能)没有全向传输模式。这与定向传输和接收网络上的低频工作模式不同[TMRB02][CYRV06][KSV00][GMM06]，其中要么包含单独的全向传输[KR05]，要么采用带外忙音(一个载波上的信号表示另一个载波上的信道已被占用)。因此，整个网络需要在运行中假设始终需要一定程度的定向传输和接收。亦或通过在一个较低频率(例如，WLAN 中为 2.4 GHz，蜂窝中为 1.9 GHz)上进行协同，来实施多波段工作。假设网络完全在毫米波上运行，这就提出了以下几个重要问题：

- 如何处理一个新的节点(用户)进入网络时的问题？网络中已有设备如何获得新设备的指向信息？这是一个设备发现，或者是相邻发现问题。
- 如果第三个节点想与已经建立通信的两个节点通话，会发生什么？由于节点在与定向天线通信，因此第三个节点发送数据包，但没有得到答复，假定发生冲突、后退并重新发送其数据包。这被称为耳聋问题[CV04]。
- 如果不阻止干扰节点传输，会发生什么情况？这是隐藏节点问题。
- 如果一个节点被阻止通信，即使它不会干扰网络中的其他节点，会发生什么？这是暴露节点问题。
- 如果直接传输路径暂时被阻塞，会发生什么？这可能发生在发射机和接收机部署在复杂的杂波情况下。这就是所谓的路径阻塞问题。
- 如果成对的节点对彼此造成的干扰很小，它们是否能够同时通信？这就是所谓的利用不足问题。

本节的其余部分将深入探讨如何为毫米波系统解答以上这些适用于许多无线系统的问题。重点讨论 60 GHz 频率无线个人局域网(WPAN)和无线局域网(WLAN)系统的具体问

① 早期的证据表明，即使在毫米波视距信道中，将视线中的波束与其他涉及反射的波束组合起来也有着一定的价值，如第 3 章所述，大型表面散射体的雷达截面可以产生比自由空间更强的路径。

题，但也提到了对 5G 毫米波蜂窝网络所带来的启示。请注意，由于回程网络可能是多跳的，因此来自 WPAN(在临时网络中运行)的许多见解也可能适用于回程网络。

8.2.2 设备发现

设备发现是标识网络中邻居的通用术语。图 8.2 说明了个人局域网(PAN)中的设备发现示例。在本例中，微微网协调器(PNC)是笔记本电脑，它正在与设备(DEV)(在本例中是一个硬盘驱动器)通信。新打印机已添加到网络中。设备发现是打印机了解网络中或其他微微网协调器中其他设备的过程，以及微微网协调器和其他设备了解打印机存在的过程。在某些情况下，设备发现是手动完成的，例如从展台下载文件的情况。但是，通常情况下，设备发现必须由网络自动执行，而无须用户手动干预。设备发现需频繁执行，以允许对网络添加新内容以及对网络拓扑的更改。

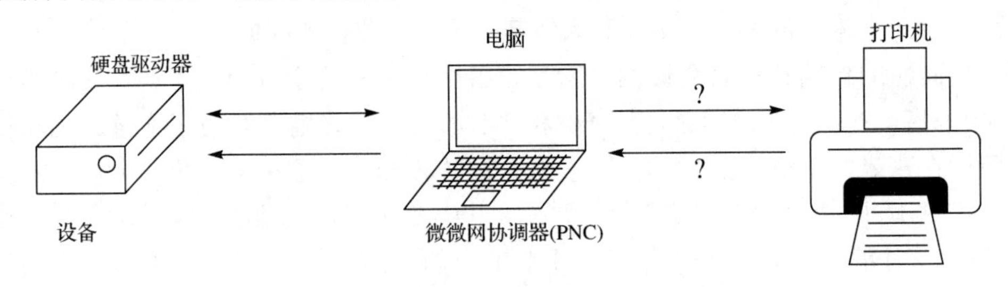

图 8.2 微微网中的设备发现

由于使用定向天线，在毫米波网络中，设备发现具有挑战性。在没有定向天线的传统网络中，新设备在开机后，只需以多个频率监听从其他设备发送的信标，即可查找邻居。在毫米波网络中，链路两端的定向天线则要求为了检测邻居，新设备必须将其天线指向邻居的方向，同时邻居向新设备的方向发送信标。因此，包含高定向天线意味着设备在网络中可能需要很长时间才能“同步”并发现彼此。

定向网络中有几种不同的设备发现和波束赋形方法。我们总结了文献[SYON09]中IEEE 802.15.3c 所采用的方法。9.3 节将对此进行详细讨论。总体来说包含 3 个阶段：邻居发现、波束发现和波束跟踪。在所谓的准全向传输模式下，piconet 协调单元(如接入点)定期在预定数量的空间波束方向上发送信标。这是方向性最小(即最宽波束)的传输模式。移动设备在每个准全向传输模式下侦听这些信标，并连续使用其每个可用的定向接收模式和方向。通过这种方式，该设备能够根据 piconet 协调单元的传输以及使用其自己的接收波束测量的链路质量来确定波束的最佳组合。然后，设备在对应于最佳准全向传输模式的适当争用访问周期内将此信息发送回接入点或 PNC(见图 8.2)。如果 PNC 授予访问，则可能会进入一个额外的波束发现阶段，其中 piconet 协调单元和设备使用多个波束训练周期来优化其最佳波束的选择。这允许设备使用具有较高增益的精细定向波束赋形模式。波束发现阶段完成后，在设备或 PNC 初始化波束跟踪，在 PNC 上检查精细定向波束赋形模式的最佳性，以考虑通道中的缓慢变化。这种多相的方法为设备发现和波束赋形提供了有效的解决方案。

基于不同的系统概念，还存在其他设备发现技术。例如，文献[PKJP12]中的方法是利用 2.4 GHz 的低频连接的可用性和大范围的全向传输来帮助设备发现。这种全向通信模式避免了需要同时训练波束赋形器的挑战。

上面的示例表明，设备发现将是毫米波蜂窝系统中一个需要考虑的问题。设备发现的影响主要取决于建立通信链路的其他频率的可用性。例如，蜂窝系统已经支持多种无线接入技术，可能在不同的频率上，并规定了频率之间的切换。有趣的蜂窝概念，例如已经提出的幻象单元[KBNI13][MI13][Rap14a]，其中控制平面和数据平面被分割：低数据速率控制信息由高功率节点在现有窄带 UHF/微波频率发送，而高速用户数据由毫米波的低功耗节点发送。拥有可用的微波系统(如旧蜂窝或 WiFi 网络)可显著降低设备发现的复杂性，因为设备可以首先向低频基站注册。然后，毫米波基站可以实施特定的发现过程，以确定和维护移动设备的覆盖范围。

8.2.3 碰撞检测和碰撞避免

定向传输和接收使传统网络中必须执行的操作复杂化，因为设计试图检测和避免碰撞。图 8.3 使用端子 A～F 提供了关键概念的说明。

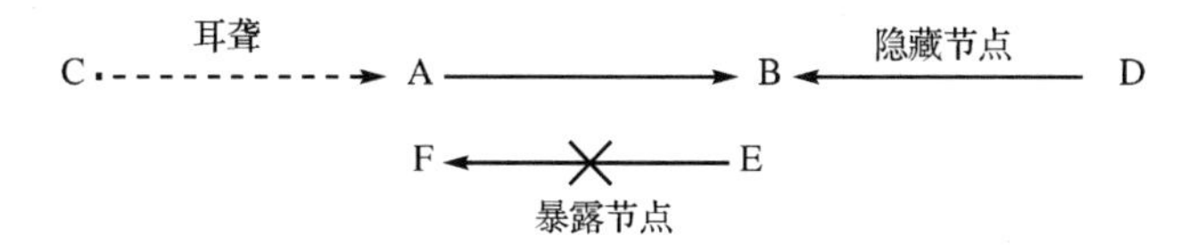

图 8.3　耳聋、隐藏节点和暴露节点问题

- 当终端 C 尝试与另一个在不同方向传输的终端 A 通信时，耳聋问题就会出现。由于耳聋，终端 C 继续尝试传输(可能回退)，直到能够与终端 A 建立通信链路。在此期间，其他节点可能会感觉到介质被占用而无法传输。
- 当终端 D 尝试与终端 B 通信时，终端 B 正在侦听不同方向的通信，这会造成隐藏节点问题。如果终端 D 靠近终端 B，则由于天线模式设计不理想，终端 B 仍将接收 D 的部分信号。这可能会在从 A 到 B 的链路上产生差错，从而导致重新传输。隐藏节点问题会破坏正在进行的传输，也可能阻止其他新节点进行传输。
- 暴露节点问题出现在当终端 E 认为介质繁忙，但它可以支持同时高度定向传输的情况下。暴露节点问题减少了传输机会，因此无法充分利用空间复用。

管理定向天线网络的方法有很多种。一种解决方案是修改传统的协议，例如，IEEE 802.11 中使用的具有冲突避免的载波侦听多路访问(CSMA/CA)。CSMA/CA 协议通常包括请求发送(RTS)消息和允许发送(CTS)消息，以避免由于隐藏节点而导致的问题。基本 CSMA/CA 协议假定节点使用全向天线发送和接收。定向天线的早期扩展使用一些修改来创建类似的设置，其中要么合并单独的全向传输[KR05]要么采用带外忙音[HSSJ02][YH92]。对于毫米波系统，更好的解决方案是设计协议，假设只有定向天线和带内通信可用[KJT08][SCP09]。例如，从文献[KJT08]中，可以使用定向 RTS 消息，和在几个不同的准全向方向中连续重复。同样，CTS 消息也可以以几个准全向的方向发送。侦听访问信道的终端需要快速感知它们周围的 RTS 或 CTS 消息。通过让每个节点维护一个包含方向信息的表[KSV00]，指出当前正在使用的方向和可用于传输的方向，可以改善空间效率问题。当与从邻居发现中获得的方向信息相结合时，终端可以通过利用空间复用向可用方向的节点发送信息来利用空间复用。

设计定向传输 MAC 协议的另一个策略是采用更集中的方法，例如 IEEE 802.15 中所使用的。在这种情况下，网络被划分为多个 piconets，每个 piconet 都有一个 piconet 控制单元。然后，piconet 控制单元将在定向争用访问期间接收传输请求。信息可以从设备传输到 piconet 终端，再传输到另一个设备，或者 piconet 终端可以建立设备到设备的直接连接。由于请求是在邻居发现过程之后向 piconet 控制器发出的，因此所有终端都需要使用定向传输模式传输到控制器，并且需要使用适合控制器的定向接收模式进行监听。此方法适用于多个彼此相对接近的设备联网，例如在个人局域网(PAN)中，但不适合覆盖传播距离为几十或数百纳秒(即相隔数百英尺)的大覆盖区域的网状设备。

还必须注意的是，对于未经许可的毫米波频谱，如第 3 章所述，很可能在 180 GHz，330 GHz 和 380 GHz 频段中，除了当今可用的 60 GHz 频段，还存在多种无线技术，并且它们可能不兼容。在蓝牙和 WiFi 的早期，2.4 GHz ISM 频段就是这种情况，这与现在在 60 GHz 频段中使用 WiGig 和 WirelessHD 时的情况类似。因此，碰撞检测和避免的设计应当考虑到共存。其他系统功能也可以修改以提高性能。例如，虽然基于码本的波束赋形今天可能不会利用波束中的零点，但它可用于最大化网络吞吐量(即波束赋形配置并不完全基于提供最高的接收信号强度)。这将使得网络有更好的共存特性。

随机接入仅用于蜂窝系统的特殊功能，例如上行链路随机接入信道。在典型的协议中，多个用户通过随机访问信道向基站发出请求信号。通过时序回退解决冲突。由于蜂窝系统的结构，没有尝试执行载波感知(在任意给定点只有一定的时间和频率资源可用于随机访问)。未来的毫米波蜂窝系统的设计可能不同于微波系统。例如，基站可能使用所谓的带内回程(如 8.4 节中讨论的 7.3.2.1 节中所述的中继类型)以相同频率与其他基站进行通信。在这种情况下，网络的拓扑变得更加短暂，而寻求访问信道的用户可能会在基站之间完成传输。这都需要进一步的研究工作来开发支持基站和用户之间无缝交互的协议。

8.2.4 由于人为阻塞造成的信道可靠性

定向传输和接收提供了高质量的链路，因为多径衰落可以通过沿单一主导路径的波束赋形来减少。遗憾的是，高方向波束控制可能对波束堵塞很敏感。例如，图 8.4 显示了在房间中移动的人如何阻塞了多媒体源和高清显示器之间的主路径。由于毫米波通信链路的数据速率很高，主路径的阻塞可能导致一秒或更长时间的中断，从而导致吉比特数据丢失。

由于人体运动造成的阻塞一直是消费类应用毫米波研究的重要领域。在文献[CZZ04]中，在办公环境下的测量结果显示，由于人阻塞了直接路径，并且(取决于人类活动的数量)平均阻塞时间大约是几百毫秒，每分钟 1～8 个阻塞，这造成了 20 dB 的衰减。在文献[BDRQL11]中，在人类堵塞的情况下进行户外测量，发现人体并不是简单地吸收信号(它可能是反射的)。这意味着，从人体反射的路径可能仍然可以被一个智能接收机所使用。然而，应该注意到，人体反射的存在也增加了有效的延迟扩散，这成为链路差错的进一步来源，因为均衡器需要进行相应的修改[JPM+11]。3.8.3 节讨论了将人类影响纳入室内通道模型的问题。

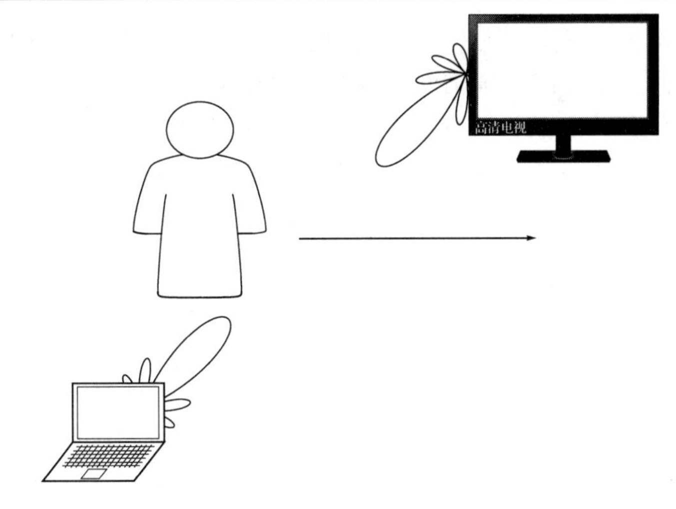

图 8.4　在高定向的传输和接收下，为满足室内外通信链路预算的需要，主传播路径的阻塞会降低链路质量，并可能造成中断

从 MAC 的角度来看，有几种方法可以减少人为阻塞的影响。直接的方法是通过执行波束发现来重新初始化链路。对于文献[WLwP+09]中考虑的 PAN，波束赋形设置时间约为 30 ms，这很大程度上可能取决于阻塞的持续时间，另一种替代方案包括多波束传输[SNS+07]，在发射机和接收机之间保持多个波束，这些波束之间的夹角足够大，因此，如果其中一个波束处于阻塞中，那么其他波束也不会阻塞。这需要一个可以执行多角度的波束发现和跟踪的协议。另一种方法是多跳通信，在直接路径阻塞时，使用其他节点在绕过阻塞路由进行通信[LSW+09][SZM+09]。这要求 MAC 维护有关潜在中继路径的信息，并在直接链路阻塞时切换到中继路径。如果采用主动探测[TP11]，上述自适应方法的效率可以得到提高，而不是简单地响应错误。其理念是定期监控累积信号功率的下降，以识别旋转、置换和阻塞状态，以便采取适当的操作。

在毫米波蜂窝系统中，人为的堵塞肯定会成为一个问题。阻塞的程度在很大程度上取决于假定的基础结构环境。例如，对于室内网络，放置于天花板上的微型网络将向下辐射向用户提供信息，并且可能比壁挂式网络更少受到人体运动的影响。人类也会引起其他意想不到的后果。由于人体是反射体[BDRQL11]，并可能在室外环境中移动，来自移动人体的反射路径将成为多径和多普勒传播在接收信号中的另一个来源。这意味着在拥挤的城市地区(例如，体育场里挤满了兴奋的摇滚音乐会观众)可能需要更复杂的自适应均衡器。

8.2.5　信道利用和空间复用

高定向传输和接收的优点之一是减少了共信道干扰。这意味着在分布式网络中，更多的传输-接收对可以同时通信，从而创建所谓的空间复用。图 8.5 说明了空间复用的概念。高效的 MAC 协议将允许在可能的条件下有多个同时传输和接收的机会。

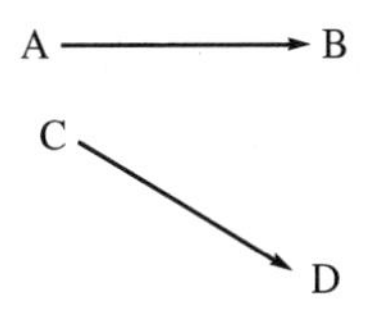

图 8.5　在高定向性的传输和接收下，可能会有更多的链路同时通信，这就是空间重用

在有多个源需要将信息传输到多个目标的情况下，空间复用是非常重要的。空间复用

非常有用的一个示例是文献[PG09]中考虑的典型办公环境，其中多个员工使用 60 GHz 在计算机和监视器之间建立链接。文献[PG09]中的仿真结果比较了 4 种不同协调策略的性能。它们显示，时分多址策略、随机调度以及测量和重新计划协议的平均视频损耗为 12%～25%。相反，根据完整的信道状态信息(CSI)(包括用于空间复用目的的无线节点位置)执行联合调度的超级控制器的调度损失几乎可以忽略不计。这表明，典型的办公环境中，即使存在定向天线干扰，在 MAC 层的高度协调仍将是有益的。

空间复用是毫米波蜂窝系统中的一个关键问题。蜂窝系统的面积频谱效率(效率指标)要求必须重复使用频率[Rap02]。这可以通过让所有基站重复使用相同的载波频率来实现。这在毫米波网络中似乎非常合理，因为使用波束赋形倾向于减少共通道干扰的影响[LR99b][CR01a][CR01b][BH13b][BH13c][RRE14]。通过允许基站同时为多个用户提供服务，可以实现更高的频谱复用[AEAH12]。在文献[AEAH12]中，研究表明，先进的空间再利用波束赋形可以支撑 3 个用户，其总速率是单个用户简单定向波束赋形的两倍以上，利用更先进的波束赋形来获得更高的增益也是可能的。

8.3 波束适配协议

如 8.2.1 节和第 4 章所述，定向天线是毫米波通信系统的重要组成部分。具有固定发送和接收位置的系统，例如点对点通信或无线回程连接，可以使用特殊的天线设计来实现高增益和窄波束宽度。在设备未固定的系统中，天线增益将通过自适应天线阵列实现。

如第 4 章和文献[LR99B]所述，波束指向有不同的方法来实现。在一个自适应阵列中，波束赋形权重可以通过使用最小均方算法[WMGG67]来自适应调整，以最大化接收功率。也可采用更加复杂的一种方法，即类似于 MUSIC 的算法(如第 4 章所述)[Sch86][PRK86][Muh96]来估计到达(或离开)方向，然后根据方向调整权重。更复杂的天线阵列应用还可能涉及消除干扰[LR99b][Ron96][CEGS10][LPC11]或使用智能天线同时接收(或发送)多个用户信息。另一种波束赋形的方法是波束切换系统。在这种情况下，系统从一组预定的波束赋形矢量中选择最佳的波束赋形权重，每个矢量对应一个特定的波束。如文献[802.11ad-10][802.15.3-03]和[ECMA10]中所述，波束切换体制在 60 GHz 系统中被大量采用。波束切换系统通常不需要估计到达方向信息(或使用阵列排布信息)，因此启动时间可能更短[WLwP+09]。

本节将回顾支持波束指向的发射和接收协议。其中重点是发射机和接收机如何配置其阵列以进行有效的通信。这是一项复杂的任务，需要物理层和较高层之间的合作才能获得最佳性能。一个特别的挑战是，发射机和接收机必须同时调整其波束，并且必须定期重新调整。适应程度取决于设备和活动类型。例如，在智能手机上以 100 ms 为间隔接收数据，文献[TP11]显示在阅读或浏览网页时角变化 6°～36°，在涉及更频繁的设备重新定位的其他活动中角变化 72°～80°。笔记本电脑或家用电子产品所需的适应程度预计较低，因为它们的重新定位频率较低。自适应频率还取决于所使用的阵列几何形状。例如，文献[PP10]中的结果显示，对于相同数量的阵列单元，线性阵列比矩形或方形阵列需要更频繁的自适应。通常，预计对于具有给定单元总数的阵列，最小化阵列周长的排列将需要最不频繁的重新调整。自适应是 MAC 协议的一项重要任务。

8.3.1　IEEE 802.15.3c 中的波束自适应

IEEE 802.15.3c 中的波束自适应方法为毫米波系统中波束自适应工作方式提供了一个很好的代表性示例。本节回顾其中的关键原则，并讨论该领域的最新进展。第 9 章将对协议进行更详细的介绍。

IEEE 802.15.3c 使用基于码本的波束赋形协议，在文献[WLwP+09]中提出并详细描述了该协议。该协议是围绕一组专门设计的波束赋形码本构建的。一个波束码本是一组天线权重。每个码字都是一个矢量，由天线的振幅和相位权重组成。码字对应于不同的波束模式。IEEE 802.15.3c 中的协议使用了从最宽到最窄的 3 组波束模式：准全向、扇区和波束。图 8.6 说明了这些模式。波束赋形协议是在执行其他网络功能(例如，微微网控制器的邻居发现和识别)后实现的(例如，使用准全向波束模式，如图 8.2 所示)。

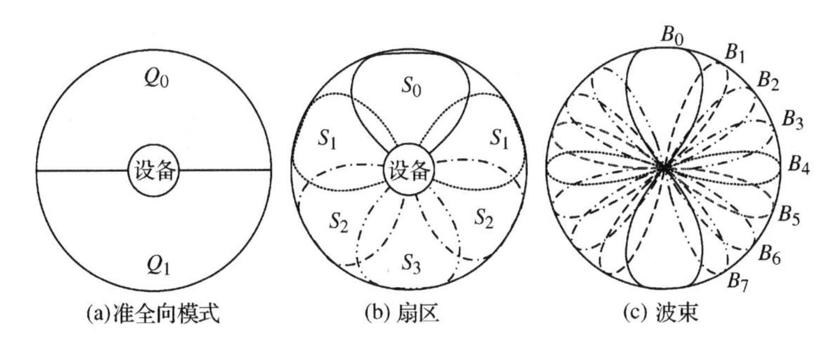

图 8.6　通过调整波束赋形权重可以实现不同的模式，牺牲了阵列增益来换取更宽的波束宽度

这些模式用作 3 阶段协议的一部分。当 piconet 控制器确定第一阶段是设备到设备链接时，协议开始。此阶段的目的是确定每个设备传输和接收的最佳准全向模式。请注意这里不假定收发对等原则，因此，如果使用不同的天线进行传输和接收，则最佳接收模式可能与最佳传输模式不同。从本质上讲，一个设备在其所有准全向模式上连续传输训练序列，而另一台设备则在其所有准全向模式上连续接收训练序列，这样可以考虑到所有可能的传输和接收对。最佳传输模式从接收机反馈给发射机。第二阶段是扇区级搜索，按照第一阶段确定的最佳准全向模式进行。此阶段类似于设备到设备阶段，目的是确定每个设备的最佳传输和接收扇区。控制信息通过准全向模式反馈。最后阶段是波束级搜索。此阶段与扇区级搜索一样，使用上一次搜索的结果，指示最佳扇区找到最锋利的波束进行传输和接收，并通过扇区级波束发送控制信息。

波束跟踪是一个可选功能。如果设备启用并支持，发射和接收波束将定期切换，以便可以在其他波束上测量性能，并可能对波束进行切换。如果存在阻塞，此信息也可以被存储并用于快速波束切换。

在文献[WLP+10]中进一步提出了文献[WLwP+09]中主动波束赋形的一个变体。此变体仍具有 3 阶段协议，但第一阶段是作为信标过程的一部分执行的，因此一些设备可以在关联之前训练它们的接收波束赋形器。这允许设备使用方向模式进行关联，从而提高覆盖范围。文献[HK11]中提出的小组培训允许多个设备同时使用 piconet 控制器中提供的信息训练其波束赋形器。积极主动地利用网络中的侧面信息可以减少与波束训练相关的开销，从而提高整体效率。

8.3.2 IEEE 802.11ad 中的波束自适应

IEEE 802.11ad 中的波束自适应与 IEEE 802.15.3c 中的类似。主要步骤是扇区扫描、细化和跟踪。扇区扫描包含多达 4 个组成部分：发射扇区扫描[可能在两个链路方向，即从两个基站(STA)发射]、接收扇区扫描(可能在两个链路方向，即从两个 STA 接收)、反馈和确认。一旦完成了扇区级训练，在细化阶段可以通过多次迭代进一步细化波束。最后，可以通过一组小天线配置进行跟踪，使最佳波束保持最新。IEEE 802.11ad 允许在传输单个数据包期间改变波束模式。这意味着可以同时探索多个波束模式，而无须在单独的模式上进行顺序传输。这允许 MAC 以较低的总体开销探索更多波束模式。需要注意的是，虽然波束控制不是强制性的，但即使在不采用波束控制的设计中，也都需要 MAC 波束自适应协议，并且它们可能会与具有波束控制的基站进行通信。

文献[TPA11]建议对 IEEE 802.11ad 中的波束训练进行改进。其理念是“波束编码”，即从多个波束模式同时发送不同编码的训练信息。这允许接收机以较低的开销同时从多个方向估计通道，如果连续波束训练是在一段时间内使用。由于模拟的限制，在文献[TPA11]中通过调制模拟相移器实现了训练多个波束模式的过程。波束编码是一种提高效率和允许使用更复杂的波束赋形算法的有趣方法。

文献[ZO12]中提出了一种基于码本的波束赋形方法，如 IEEE 802.15.3c 中所使用的。在此协议中，使用基于离散傅里叶变换(DFT)的代码手册，支持$\pi/2$ 度相位分辨率。提出了一种在细化阶段支持角度旋转的特定结构。文献[ZO12]中的仿真结果表明，该方案提高了适应时间。一般来说，基于码本的方法在提高波束训练效率方面非常有用。

8.3.3 回程线路中的波束自适应

回程传输是毫米波通信的另一个重要应用。回程在蜂窝网络中用于将基站连接在一起，并将基站连接到有线网络基础设施。在城市地区，以传统蜂窝频率获取高数据速率的回程连接具有挑战性，而且成本可能过高。因此，人们一直对使用毫米波提供回程解决方案很感兴趣，特别是在 28 GHz，38～40 GHz 和 73 GHz 频段，以及 60 GHz 频段，其 EIRP 限制在 2013 年获得了大幅提高(参见第 2 章)。尽管可以使用高定向固定天线，例如反射面天线，文献[HKL$^+$11]中指出该类型解决方案对风引起的错位更敏感。因此，他们建议在毫米波回程应用中使用自适应阵列。因此，仍然需要波束自适应技术。

从 MAC 的角度来看，回程链路的协议通常没有 IEEE 802.15.3c 或 IEEE 802.11ad 那么复杂。原因是只有两个链路在通信，而不是一个网络，因此不需要执行邻居发现等功能。此外，适应时间可能更长，这取决于具体的部署。对于风造成的影响很可能只需要小的改进。如果主通信路径被阻塞，则需要重新训练链路。回程应用仍然需要快速适应。

回程解决方案往往是专有的，具体实现各不相同。我们总结了在文献[HKL$^+$11]中建议的回程自适应解决方案，该解决方案采用基于码本的波束赋形方法。在文献[HKL$^+$11]中构建了多级波束赋形码本，允许在角域中搜索树。图 8.7 说明了此类码本创建的波束模式示例。发射机和接收机都使用波束赋形码本。系统以迭代方式搜索最佳发射和接收波束。发射机在特定的细化水平上发出不同的发射波束模式。接收机(在此期间也可以调整其接收波束模式）以最佳发射波束响应。然后使用更高分辨率的码本进行搜索。建立链路后，跟踪可用于对波束模式进行改进。文献[HKL+11]的结果表明，该方法实现了在高 SNR 下进行详尽搜索才能达到的波束赋形增益。因此，分层波束自适应在回程设置中显示出其有效性。

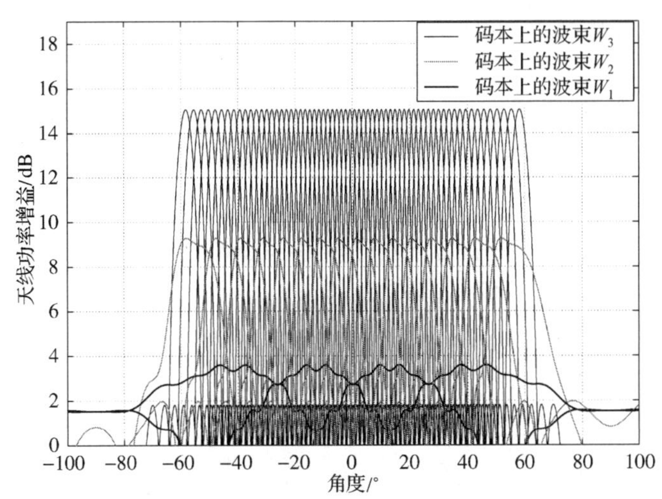

图 8.7　文献[HKL+11]中提出的无线回程多级码本。更高级别的码本具有更窄的波束，因此提高了分辨率

8.3.4　通过信道估计进行的波束自适应

波束自适应是一种利用发射和接收阵列的高指向性来实现高通量通信的发射接收技术。波束自适应机制由 MAC 协议实现协调。然而，波束自适应并不是训练发射和接收波束赋形矢量的唯一方法。另一种方法是直接估计通道，然后从该估计通道中设计波束赋形器（例如 2.8.3 节中的讨论）。

基于通道的波束自适应需要信道估计。这可以通过单次或迭代方式完成。首先，在接收机一侧估计发射机和接收机之间的传播信道。然后，根据传播信道的状态信息，例如，到达方向或信道中强路径的离开方向确定首选波束。

由于天线数量庞大，毫米波的信道估计是一项具有挑战性的任务。在发射机和接收机上使用模拟波束赋形使情况更加复杂。这使得很难直接估计信道，就像在 MIMO 通信系统中通常所做的那样，通过向每个天线上发送独立训练来执行。因此，一直在研究信道估计的替代技术。这些方法在毫米波蜂窝系统中可能极有价值，因为在这些系统中，多个移动站可以共享从基站发送的训练信号。

文献[RVM12]提出了一种估计和波束自适应方法。拟议的协议使用两个阶段。第一阶段使用所谓的压缩估计，它借鉴了压缩感知（CS）[Bar07][CW08][BAN14]的概念。其理念是让接收机首先使用随机波束赋形方向进行多次测量。然后，使用牛顿方法组合和优化这些测量值，以获得多径分量到达角度的估计值。该方法利用了毫米波信道中的路径数通常比阵列中的天线数少得多的观测结果。例如，可能只有 4 个占主导地位的多径存在（毫米波通道的合理数字，如第 3 章所述），但可能有 64 个天线。在估计到达角度后，协议的第二阶段使用量化波束控制来选择天线阵列的权重和相位，以最大化接收信号功率和来自不需要的多径组件的功率的比率。在此算法中利用了阵列流形(阵列结构)的知识。天线权重的相位由于硬件限制而量化，就像其他波束控制算法一样。因此，文献[RVM12]中的方法利用稀疏性来测量信道，然后估计波束赋形权重，从而避免了迭代波束自适应的需要。

另一种估计和波束自适应的方法是采用数字和模拟波束赋形相结合的混合方法，如图 8.8 所示，并在文献[Gho14]和[RRC14]中进行了讨论。数字基带预编码器的输出分别应用于模拟波束赋形器，并在射频处求和。在接收机上，接收天线的输出被分离，然后以模拟方式进行波束赋形。波束赋形的输出被转换到基带，然后通过数字组合进一步处理。使用混合方法，每个天线连接到多个波束赋形器。波束赋形器可以各自连接到单独的射频和基带硬件，从而进一步实现数字波束赋形。基带链的数量保持在较小的 2 个或 4 个，以减少多余的硬件要求。使用混合波束赋形允许多流 MIMO 通信技术和多用户 MIMO 处理的使用。文献[EAHAS+12]表明，这种方法在稀疏通道中提供了近乎最佳的性能。在面对各种天线结构和操作场景的多径时，为形成波束和利用 MIMO 提供的其他方法包括文献[CGR+03][ZXLS07][TPA11][BAN13][PWI13]和[SR14]。

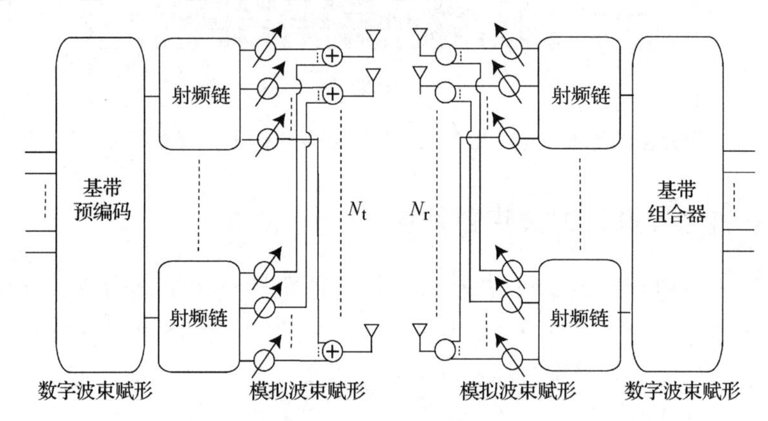

图 8.8 使用文献[ERAS+14]中的系统模型的混合预编码概念

文献[EAHAS+12a][EAHAS+12]提出了一种在混合波束赋形框架中进行波束估计和自适应的稀疏波束赋形方法。使用混合波束赋形时，有两组波束赋形器：模拟域的波束赋形器和数字基带域的波束赋形器。此外，还可以预编码以支持多流 MIMO 传输。很难应用传统的 MIMO 预编码算法，因为从所有发射天线发送训练数据的传统方法不太可能与前面讨论的模拟波束赋形相同(即，在实际的毫米波实现中，目标将是通过使用一种混合的方法来限制复杂性，以至于将多个天线单元组合成一个射频波束赋形器，从而限制所需的 ADC 数量[Gho14][RRC14])。这使得信道估计后接波束选择成为采用混合波束赋形方法的首选架构。文献[ERAS+14]中提供了一种估计波束赋形器的算法，假定通道已被估计。这个问题被表述为稀疏重建问题。本质上，首先求出无约束解，然后求出一组近似其性能的混合预编码器。文献[ERAS+14]中的工作为进一步研究混合预编码技术奠定了基础。

用于波束自适应的 MAC 协议需要修改，使其适合通过信道估计进行波束自适应。当前的波束自适应方法强调允许发射和接收机对从可能的权重码本放大所需的波束赋形权重集的技术。使用信道估计时，协议需要通过发送训练数据来探测信道，以便接收方可以估计参数并计算最佳波束赋形权重，但必须以低开销的方式完成此操作。

文献[AELH13]中提出了一种将预编码和信道估计相结合的方法。文献[AELH13]中提出的算法利用有关到达方向和出射方向的部分信息来估计通道中的路径增益，然后计算混合预编码解决方案。在文献[AELH14]中发现了一种综合方法，它结合了自适应压缩传感和阵列处理的某些方面来估计毫米波信道。使用混合模拟/数字硬件自适应设计波束模式序列，联合估计多径毫米波信道的到达/出射的方向和路径增益。文献[AELH13]和[AELH14]中的方法为将来开发更复杂的混合预编码技术奠定了基础。

8.4　覆盖扩展的中继

毫米波通信在 LOS 通信链路上效果最佳。遗憾的是，链路并不总是 LOS 的。例如，接入点可能位于一个房间内，而发射机位于另一个房间，直接通信路径被墙壁阻塞。即使位于同一房间，LOS 路径也可能遭受人为阻塞，如 8.2.4 节所述，会导致多秒中断。一个连通的自然方法是通过障碍“燃烧”(借用文献[SZM+09]中的解释)。通过障碍物的代价是使接收信号功率降低 10 dB～30 dB 或更多，具体取决于第 3 章中讨论的材料和传播场景。最终结果是较低的数据速率。通过阻塞的另一种方法是通过使用继电器创建可选的传播路径来绕过阻塞。这样，发射机和接收机之间的直接通信就被多跳通信所取代。

中继器(也称为具有选择性检测和转发功能的智能中继器)接收输入信号，执行一些信号处理，然后发送新信号。中继可能是网络中生成或接收其自身信息的另一个通信设备，也可能是专用硬件。在 WiFi 网络中，用于扩展大型房屋覆盖范围的中继器是中继的一个示例。中继的方法非常适合未来使用更小覆盖范围的宽带无线通信网络[Rap11a][Hea10][PH09][PPTH09]。

图 8.9 说明了不同类型的中继器操作。理论上，带有中继的通信链路可以利用从源到目的地的直接链路和通过中继的间接链路。采用全双工继电器，中继同时监听和重传。全双工继电器的一个实际例子是中继器。对于半双工继电器，中继可以发送或接收，通信可以分为两个阶段：来自源的传输和来自继电器的传输。在多跳信道中，中继是半双工的，源到目标链路没有被利用。到目前为止，在毫米波系统中，大多数工作都集中在多跳中继器上。中继器在半双工模式下运行，这意味着它们要么接收，要么发送，但不能同时进行接收或发送。通常，中继交替接收数据块，然后发送数据块。尽管中继是一种多跳通信，但术语中中继通常是指使用多跳来帮助在单个源和目标之间传输，并且通常在网络堆栈的第 1 层和第 2 层执行。在 ad hoc 或网状网络中，多跳通信由网络中的所有节点作为第 3 层功能执行，并且可能涉及路由和寻址等其他操作。中继器和多跳通信是处理毫米波系统中堵塞问题的重要机制。

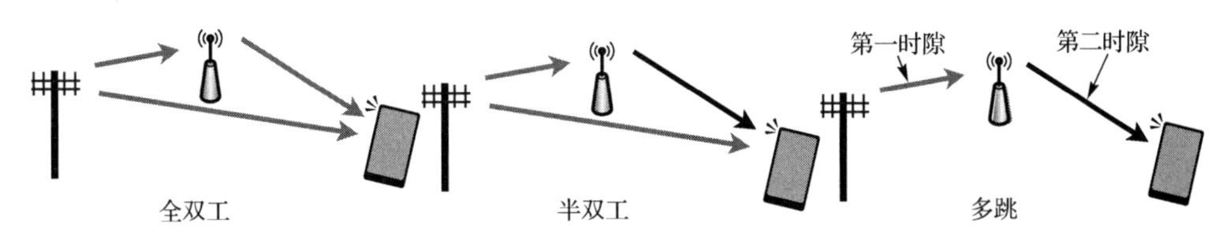

图 8.9　源、继电器和目的地的不同中继配置

中继器可以根据用于生成传输信号的信号处理进行分类，如图 8.10 所示，放大和转发

继电器重新检测、发送接收到的信号 r，以产生按比例缩放的信号 $\tilde{r}=Gr$，其中 G 为增益。解码和转发继电器解调、检测并重新调制信号 r，以在发送前创建新的调制信号 $\tilde{r}$。压缩和转发继电器重新发送接收到的信号的压缩版本。两种最流行的智能中继器操作是解码和转发(DF)以及放大和转发(AF)[LTW04]。在 DF 操作中，中继对接收的信号进行完全解码，包括对传输的位做出决策，然后在重新传输之前对其进行重新编码。在自动对焦操作中，中继器可能对接收到的信号执行一些信号处理，但不会对传输的位做出决策。模拟中继器是 AF 操作的一种原始情况，其中接收的信号被放大并重新传输[Dru88]。先前的工作中，已对 DF 和 AF 的各种配置进行了比较。例如，文献[KGG05]的结果显示，对于简单的路径损耗模型，当中继器更接近发射机时，DF 提供更高的性能，而当中继器靠近接收机时，AF 提供更高的性能。一种称为压缩和转发的策略已被证明可提供更高的性能，但在实践中并未得到广泛研究[KGG05]。一种称为解调和转发的策略对发送的星座符号做出决策，但不执行差错控制解码，从而降低了中继器的延迟，但代价是可靠性[CL06]。IEEE 802.11ad 支持 DF 和 AF 功能。在 IEEE 802.15.3c 中，中继并不明确，因为 MAC 协议中内置了多跳通信。ECMA 387 支持来自 A 类设备(功能更高的设备)的 AF 中继。中继和多跳通信——为了避免阻塞和提高覆盖干扰或安全性——是毫米波系统中一个正在研究的课题。对于室外蜂窝环境，因为需要密集的基础设施部署，中继器/中继可能会变得更加普遍[BH13b][BH14a][Rap10][BH13c][RSM+13][RRC14][SNS+14]。

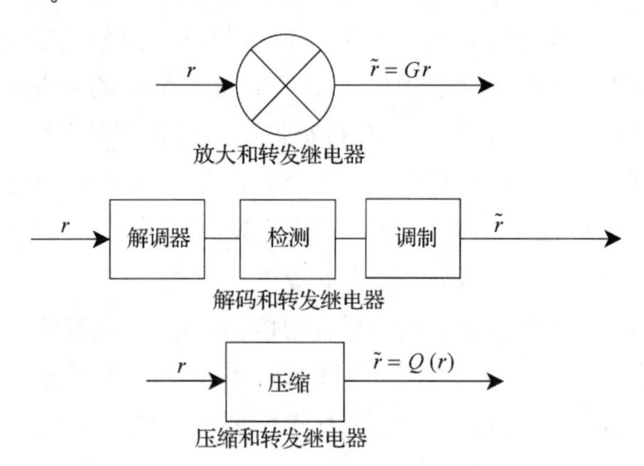

图 8.10 不同类型继电器操作的概念说明(r 代表输入信号)

文献[SZM+09]中提出了一种使用多跳通信来对阻塞提供弹性的室内架构。该架构包括一个接入点和多个无线终端，假设接入点与终端有一个名义上畅通无阻的 LOS 连接。定向波束赋形用于所有通信链路。在初始发现阶段，接入点将发现其所有无线终端，并相互进行波束训练。然后，接入点要求每个无线终端执行邻居发现并向其邻居发送波束训练，并将有关其邻居的信息发送回接入点。在正常运行期间，接入点频繁轮询其无线终端。如果检测到通信链路断开，接入点将启动丢失的节点发现阶段，通过另一个与丢失终端也有连接的终端建立中继路径。在此过程中，在接入点、充当中继的无线终端和阻塞的无线终端之间建立了双跳链路。即使使用中继连接，接入点仍继续轮询丢失的终端，以检测直接连接何时重新出现。仿真显示，文献[SZM+09]中提出的策略实现的吞吐量率约为无遮挡情况值的 80%，并极大地改善了网络连接。

在具有多个同时连接的网络中，使用中继可以减少空间重用：中继连接可以提高一个链路的链路吞吐量，但会降低系统吞吐量。文献[LSW⁺09]提倡一种称为偏转路由的中继方法，其中直接路径和中继路径的时隙是共享的。这一想法如图 8.11 所示，使用空间重用允许第二跳与网络中的另一个链接共存。使用偏转路由技术允许中继传输与网络中的其他传输同时发生，且干扰最小，从而减少对网络资源的需求。文献[LSW⁺09]中提出的策略适用于 802.15.3c 风格的 MAC 协议，并使用解码和转发(DF)中继器功能。该协议有两个阶段：构建通道增益表和正常运行。要构建通道增益表，所有设备轮流探测通道，而其他设备侦听并记录其通道增益。此信息由每个设备转发到微微网协调器(PNC)或接入点，以便 PNC 可以利用所有对设备之间的平均信道增益构建一个表。然后，PNC 运行路由算法，以确定在其路径被阻塞的情况下应该使用哪个节点作为中继。该算法试图最大限度地提高有效链路吞吐量，以找到试图最大限度地提高系统吞吐量的适当的中继和时隙。在正常操作期间，如果与接收机通信的发射机检测到链路问题(基于来自接收机的反馈，例如丢失的 ACK 消息)，则设备会立即切换以使用其中继器(这称为偏转)。快速切换旨在支持视频等对延迟敏感的流量。文献[LSW⁺09]中的仿真显示，系统吞吐量的提升幅度比传统中继器方法的吞吐量高 20%～35%。

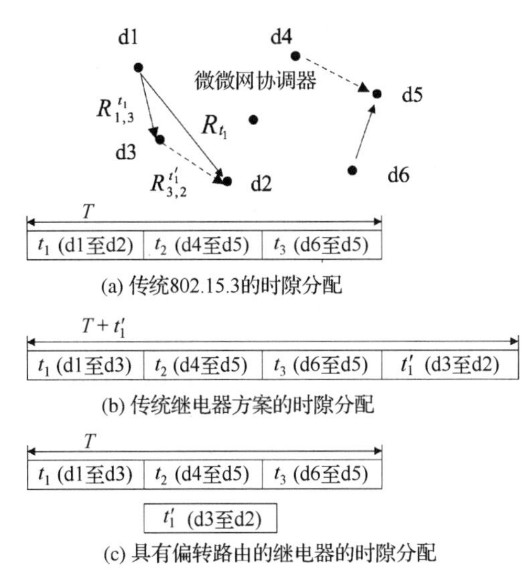

图 8.11　偏转路由的原理，其中空间复用用于提高继电保护的整体效率(dk 表示装置 k，t_k 表示时隙 k，中继传输发生在 t_1')

文献[QCSM11]提出了一种通过中继进行更积极的空间重用的协议。其思想是将长跳链路分解成并发调度的多跳通信链路。前提是长链路消耗更多的空间资源，这些资源可以释放并用于总体占用时间更少的多个并发连接。如第 5 章的最后一节所述，从节能的角度来看，几个较短的链接(即中继器)可能也有利，尤其是在具有高路径损耗指数[MR14b]的通道中。与文献[SZM⁺09]和[LSW⁺09]不同，在文献[QCSM11]中，建议中继作为进一步提高系统吞吐量的一种方式，而不仅仅是对链路阻塞的反应。文献[QCSM11]中的协议建立在 802.15.3c 风格的 MAC 及 PNC。PNC 定期从所有节点收集网络拓扑和流量信息，并用它来实现跃点选择算法。当设备希望进行传输时，它们会向 PNC 传达其意图，然后 PNC 以最大化并发性的方式安排传输，并可能将传输分解为多个跃点。仿真显示，与同时调度单个跃点但不分解为多个跃点相比，网络吞吐量提高了 20%～100%。

文献[LNKH10]提出了一种具有增量冗余的解码和转发(DF)策略，该策略适用 LOS 或 NLOS 条件。当源和目标之间有一个良好的路径时，使用半双工中继，而不是双跳通信(见图 8.9)。假定在源、中继器或目的地不存在定向波束赋形。提出的中继策略基于使用由里德-所罗门(Reed-Solomon)代码和卷积代码组成的串行级联代码的增量冗余的概念。它假定中继器知道直接链路的条件，因此可以相应地调整其策略。源向目标和中继广播一个编码数据包。假设数据包被正确解码，如果存在 LOS 链路，它将其他奇偶校验位转发到目的地。如果存在 NLOS 链路，它将对整个数据包重新编码并将其转发到目的地。该方法的好处是，当 LOS 链路可用时，只发送少量额外的奇偶校验位，从而使中继操作的第二阶段非常短，进而提高了整体效率。在混合 LOS 和 NLOS 环境中，仿真显示所提出的中继传输策略将平均吞吐量提高了 50%左右。文献[LNKH10]中使用的比较基准是一种中继策略，其中使用速率兼容的穿刺卷积代码，但中继器不会根据直接链路调整其行为。

文献[LPCF12]中对具有定向天线的 DF 和 AF 多跳策略在干扰下的性能进行了评估。提出了端到端的信号与干扰加噪声比(SINR)，它包含了中幅衰落信道、定向天线的旁瓣和噪声方差的潜在差异。生成的 SINR 表达式的分布是使用 Gamma 分布总和的结果计算的①。仿真结果表明，在考虑的仿真场景中，DF 的性能比 AF 高出约 2 dB，并且使用定向波束赋形可比使用全向天线多获得 13 dB 的增益。这证实了方向天线对于多跳继电器是有用的。

多频段分集只是多波段 MAC 协议的一个优势。另一个好处是通过多跳通信或网格网络概念进行范围扩展和空间重用[YP08]。如图 8.12 所示，多跳 60 GHz 通信链路可以比一个单跳 5 GHz 链路提供更大的范围，这是以延迟和端到端可靠性为代价的。切换模型可以推

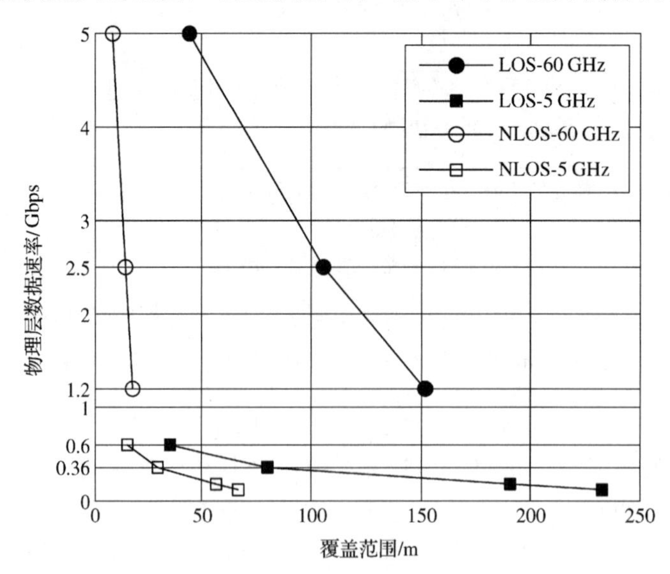

图 8.12 两种不同信道条件下 5 GHz 链路和 60 GHz 链路物理层的覆盖范围和数据速率：视距和非视距

① 另一种准确而更简单的方法是根据干扰器的对数正常功率电平之和计算 SINR[CR01a][CR01b]。

广到网格配置中。例如，如文献[YP08] 中所述，一个多频段 WLAN 接入点可能连接到多个没有有线以太网连接的 60 GHz 接入点。多频段接入点可通过 60 GHz 接入点在多跳上路由流量、为多频用户提供服务。得益于高度定向天线和空间重用，可以同时激活多个链路，从而进一步提高整体的系统性能。

中继器在微波频率的蜂窝网络已得到研究，但尚未广泛部署(原始中继器除外)。在 IEEE 802.16 中，在子组 j[802.16-09][PH09]中考虑了中继器，但最终未在 WiMax 中出现。使用系统级模拟器[HYFP04][VM05][SW07][BRHR09][YKG09]、理想地形[DWV08]、应用于特定城市地区的光线跟踪软件[ID08][SZW08]，对蜂窝系统中中继器的性能进行了数值评估。使用 LTE 高级测试台[WVH+09]进行实验。先前研究的一个一般结论是，蜂窝系统中的中继器对干扰很敏感。比较蜂窝环境中的不同中继方法[PPTH09]，发现共享的多天线中继器可以克服其中一些问题。文献[PH09][HYFP04][VM05][SW07][BRHR09][YKG09][DWV08][ID08][SZW08][WVH+09]和[PPTH09]的结论都是根据微波蜂窝系统的传播模型和一般配置得出的。如第 3 章所述。中继器在毫米波蜂窝系统中可能很重要，因为 NLOS 和 LOS 传播之间存在很大差异，使覆盖成为一个更为尖锐的问题。此外，在先前工作中得出的许多结论没有像毫米波蜂窝系统那样考虑中继器上的高定向天线阵列。这将减少干扰的影响和中继器对单元外干扰的敏感性。因此，中继器仍然是毫米波蜂窝系统感兴趣的研究领域，对于协调建筑物、车辆内或从室外移动到室内的移动用户的服务覆盖范围可能特别有用。

8.5　对多媒体传输的支持

高质量的音频、视频和显示是毫米波链路的重要使用模型，因为微波频谱通常无法支持未压缩视频源所需的高数据速率。因此，支持多媒体应用程序一直是 WPAN 和 WLAN 标准开发的优先事项，并影响了其他层的设计。

如果要将毫米波用于计算机工作站或多媒体中心的电缆更换，则需要支持未压缩的视频。可更换的电缆连接示例包括高清多媒体接口(HDMI)和数字视频接口(DVI)。对于电缆更换应用，毫米波通信系统应与内容无关，提供高质量的电影、游戏和通用的计算机显示。

为了提供有关性能的一些指导，回顾了 HDMI 视频的不同特性和特点。HDMI 有几个不同版本，支持不同的屏幕大小、帧速率和像素的分辨率，更不用说音频内容的多个通道了。例如，HDMI 1.3 支持 60 帧/秒，分辨率为 1920×1200(称为 1080 p)，每像素高达 48 比特。每个像素的比特数取决于颜色空间。例如，RGB 共有 48 比特，每个颜色分配 16 比特：红色、绿色和蓝色。每像素位的典型值为 24，30，36 和 48，其中 36 或更大的数表示深颜色。60 帧/秒 1920×1200 的视频带宽为 3.3 Gbps～6.6 Gbps 不等，具体取决于每像素的位数。可以通过每秒使用更少的帧来降低速率，24 帧/秒在电影中很常见，而计算机显示器通常至少 60 帧/秒。HDMI 1.3 和 1.4 支持 8.16 Gbps 的总最大吞吐量。

许多视频源实际上是压缩的，以减少互联网视频流的存储要求和带宽要求。最流行的压缩标准之一是 H.264/MPEG-4 第 10 部分，它通常用于蓝光光盘。各种技术利用空间和时间冗余来实现高压缩。在 H.264 中，压缩的视频序列被组织成图像组(GOP)。GOP 包含不同类型的帧，如 I 帧(可自行解码的，内部编码图片)、P 帧(通常来自 I 帧量化预测的正向预测图片)和B帧(双向预测图片，可以从较早和较晚的帧中预测或插值)。还使用了各种其他技术，包括可变大小运动补偿、空间预测和熵编码。例如，蓝光光盘中高清视频的数据速率可能在25～50 Mbps之间，这比未压缩的HDMI数据速率要低得多。尽管如此，目前的60 GHz系统仍设计为在未压缩的视频上运行。主要原因是未压缩的视频仅在应用层可用，为压缩视频自定义PHY和MAC将涉及跨层设计问题以及大量的软硬件交互。处理未压缩的视频还无须实现额外的编解码器，不需要转码，并保持恒定的比特率流量。

有几种不同的方法支持WLAN和WPAN中的未压缩视频。尽管视频可以仅被视为另一个数据源，但未压缩视频在空间和时间上具有冗余(或相关性)。由于大多数设想的视频应用程序的最终用户都是人，因此可以利用这种冗余创建差错隐藏算法，从而最大限度地减少感知失真。这减少了差错的影响，使观看体验更加愉快。

在60 GHz系统中实现视频感知处理的最常见方法是根据位对视频质量的影响来对像素级别进行分类，然后在传输过程中对每个类进行不同的处理。尽管可能有两个或多个类，但有两个类在当前实现中很常见，也就是ECMA-387和IEEE 802.15.3c。通常根据每个像素的每种颜色的最高有效位(MSB)和最低有效位(LSB)进行分类。MSB和LSB之间的分类可能非常灵活，并通过控制通道进行通信，也可以是固定的。例如，如果支持24位的颜色深度，则红色、绿色和蓝色将分别用8位表示。一个固定分类将为每个像素分配4位MSB和4位LSB。

不等差错保护(UEP)最常用于为MSB和LSB类创建具有不同可靠性的数据路径。其思想是使用不同调制和编码的某种组合来通过比LSB发现的误码率更低的信道发送MSB。UEP应该与相等差错保护(EEP)进行对比，后者对不同的类一视同仁。

对于WPAN和WLAN中的多媒体传输，已经研究了不同形式的UEP。当每个数据路径接收不同的前向纠错(FEC)代码速率，但使用相同的调制格式发送时，将采用编码UEP。当每个数据路径接收不同的调制与编码策略(MCS)时，就会发生MCS UEP，该方案由调制顺序和FEC代码速率的潜在不同组合组成。当使用偏斜星座将每个数据路径以更可靠的位映射到最小距离较大的星座点时，出现了调制UEP。

差错隐藏是视频感知通信的重要组成部分。其思想是利用源中的关联来减少差错对感知的影响。要实现差错隐藏，需要了解差错发生的时间。对于UEP，最常见的方法是将不同的循环冗余校验(CRC)代码附加到数据包的MSB和LSB部分来实现的。通过这种方式可以检测数据包是否被正确解码，并请求重新发送数据包或实现某种形式的差错隐藏。如果LSB丢失，则仅显示像素数据的MSB部分。为了实现隐藏，可以使用像素分区来利用像素之间的空间冗余，即相邻像素具有相似颜色的可能性很高。然后，如果与其中一个分区对应的子数据包丢失，那么可以复制另一个分区来代替它，从而减少感知失真，而不是简单地不显示像素。

毫米波的视频支持是一个正在进行的研究课题。文献[SOK+08]中对60 GHz未压缩视频传输进行了回顾，该部分回顾了本节中讨论的许多概念。图8.13说明了文献[SOK+08]的几个概念。另一个突出的概念是未压缩视频自动重传请求(ARQ)。其理念是关于MSB和LSB解码状态的反馈可用于确定哪些数据包需要重新传输。如果MSB数据包未被正确解码，则它可能会以较低的差错调制和编码速率重新传输，而如果MSB被正确接收，无论 LSB 状态如何，则不请求重新传输。文献[SOK+08]中还讨论了另一种差错隐藏方法。其理念是在物理层使用 Reed-Solomon 码(RS 码)的某些属性来从 PHY 向 MAC 层提供反馈。由于 Reed-Solomon 码的某些属性，典型的 Reed-Solomon 解码器将输出解码失败(可能性更大)或错误的码字(可能性更小)。解码故障可以传递到 MAC 层，并像 CRC 故障一样使用，但粒度更大。像素分区可用于将故障数据包替换为相邻的好数据包。如果另一个分区的码字无法替换丢失的码字，则将改用另一个接近的 Reed-Solomon 码字。此过程称为代码交换，是 ECMA-387 的一部分。

另一种利用 Reed-Solomon 解码器来改进未压缩视频传输的方法在文献[MMGM09]中进行了介绍。如果像素被归类为解码失败，则接收器仅尝试解码该像素的 MSB。假设 Reed-Solomon 码是系统的(生成的代码由数据或系统部分和奇偶校验位组成)，则仅在解码失败期间提供系统部分。当与相邻的像素位置达成共识时，“共识”规则将翻转错误解码码字的 MSB。生成的算法提供增益 7 dB 的峰值信噪比(PSNR)。

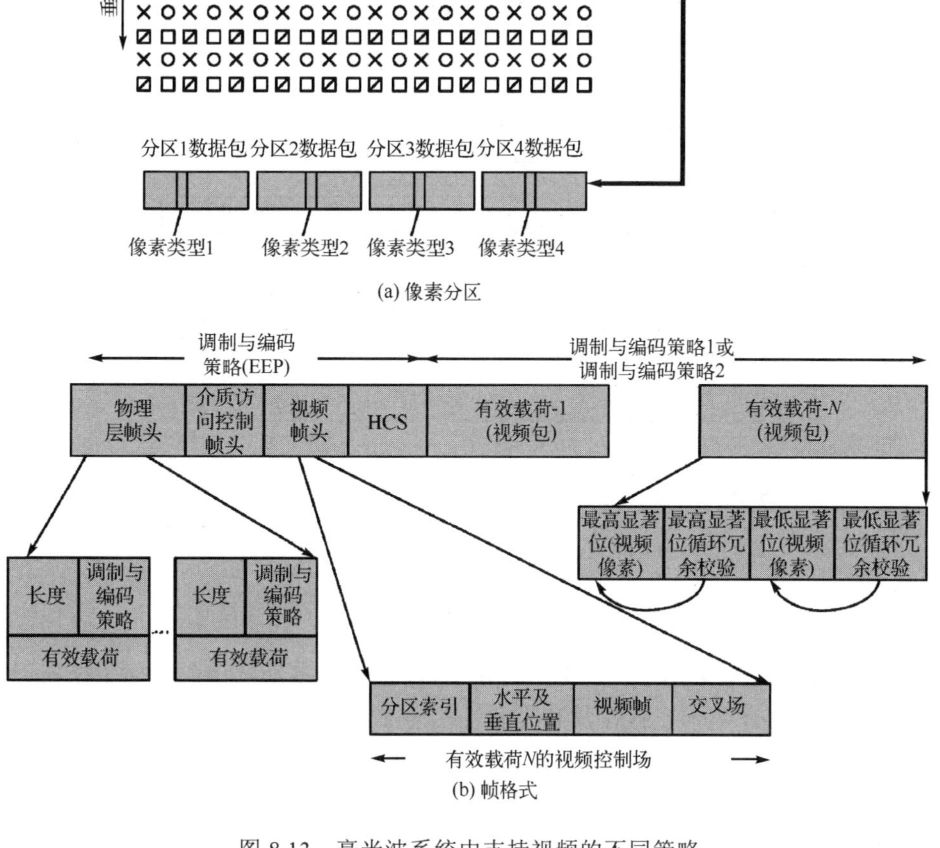

图 8.13 毫米波系统中支持视频的不同策略

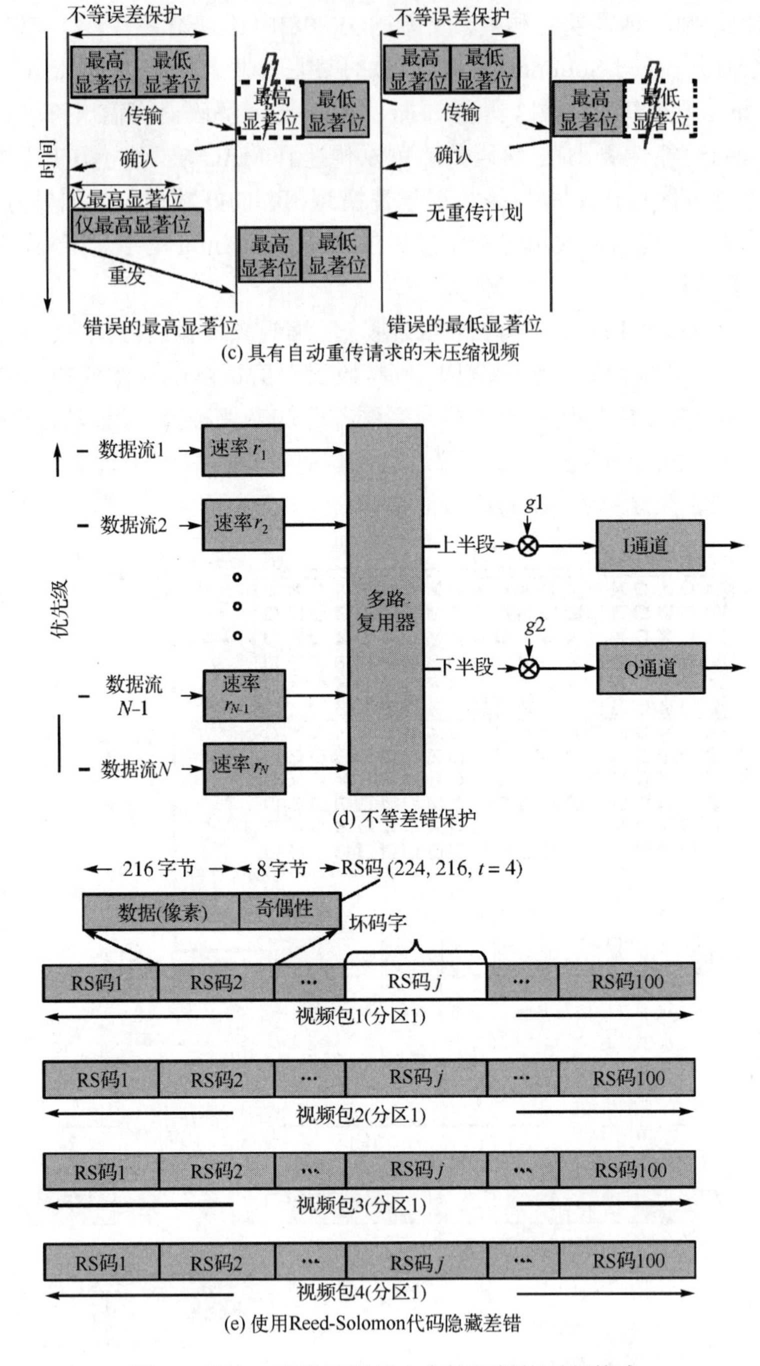

(c) 具有自动重传请求的未压缩视频

(d) 不等差错保护

(e) 使用Reed-Solomon代码隐藏差错

图 8.13(续) 毫米波系统中支持视频的不同策略

文献[HL11]中提出更灵活的 MSB 和 LSB 分区。其理念是认识到，对于某些特定的颜色空间(如 YCrCb)而言，一个组件具有更感性的重要性。在文献[HL11]中，提出多级优先级，Y 组件为高优先级，Cr 和 Cb 的 MSB 为中等优先级，Cr 和 Cb 的 LSB 为低优先级。与应用于 YCrCb 格式的更简单的 UEP 方法相比，该方法提供了更高的性能。

文献[LWS+08]中考虑了 UEP 对压缩视频的支持。其理念是根据压缩视频的不同部分在解码中的重要性来分配优先级。例如，按照 H.264 术语，控制信息和 I 帧将归类为高优先级，而 P 帧和 B 帧将归类为低优先级。文献[LWS⁺08]中的结果显示，使用 UEP 逐调制时，压缩视频还可以享受 UEP 带来的好处。

还有一些其他促进多媒体传输的方法，即使用多波束发送具有不同优先级的视频信息。文献[SNS⁺07]提出了一种避免人为堵塞影响的多波束解决方案。由于数据速率高、实时性要求、片内缓冲器的限制以及视频格式切换时间长等因素，阻塞对于视频尤为重要。提出的解决方案使用像素分区、多波束选择和快速格式选择。多波束选择的目的是使用多波束指向不同方向，在发射机和接收机之间提供多个通信通道。可能有主波束和次波束。次波束可用作备份或重新传输，也可以携带一个像素分区以进行差错隐藏。快速视频格式自适应涉及保持恒定的分辨率输出，例如 1080 p，即使降低的分辨率可用于 PHY 层，以适应低数据速率通道。快速视频格式适应可避免与 HDTV 格式变化相关的潜在长时间延迟。

文献[KTMM11]提出了 IEEE 802.11ad 的视频感知中继框架。考虑了 3 种不同的操作模式：非中继、单一放大转发中继器以及单一解码转发中继器，根据通道条件在模式之间进行自适应。考虑自适应视频编码，未匹配压缩视频信源速率与信道条件的变化。文献[KTMM11]的主要结果是一种基于信道条件共同选择中继器配置和视频压缩量的算法。与非中继操作相比，使用自适应中继可提供 2 倍或更多的吞吐量增益。

文献[PCPY09]回顾了支持无线网络视频的服务质量的注意事项。使用视频流将成为 60 GHz 资源的重要用途，但不是唯一运行的应用程序，文献[PCPY09]表明，在具有不同应用的多用户网络中，将时分多址(TDMA)与 CSMA 或 poling 相结合的 MAC 协议可提供更好的信道利用率。

8.6　多频段的考虑事项

微波频率广泛部署在商业无线链路中。例如，像 IEEE 802.11n 这样的 WLAN 系统使用未经许可的 2.4 GHz 和 5 GHz 超高频/微波载波频段。IEEE 802.11n 在 20 MHz 或 40 MHz 的带宽范围内提供了每秒数百兆的吞吐量，典型范围可达 100 m，比 IEEE 802.11ad 的可能范围大得多。同样，3GPP LTE 这样的蜂窝系统使用，如 850 MHz，1.9 GHz 或 2.1 GHz 等许可的微波载波频率，可提供 10 km 或以上的覆盖范围。毫米波系统面临的主要挑战是提供与微波系统相当的覆盖范围和质量，同时提供更高的数据速率。

毫米波提供高质量链路和高覆盖率的能力受到传播环境的影响。人类是链路中断的主要来源，而墙壁是额外衰减的主要来源。在文献[PCPY08]中，比较了在某些假设下 5 GHz 和 60 GHz 的传输范围。研究发现，在理想条件下，60 GHz 可以提供更高的传输范围，这是由于来自发射和接收阵列的阵列增益造成的，这在第 3 章和 8.2.1 节也讨论过。穿透多面墙或多人堵塞，60 GHz 的传输范围降低到比 5 GHz 更小的传输范围。文献[PCPY08]中的结果是基于链接预算计算得到的，移动人员会导致性能进一步下降[CZZ04][JPM⁺11]。

确保毫米波系统的保持覆盖范围和链路质量的一种方法是通过多波段操作(也称为频段多样性)。其理念是在微波和毫米波载波频率下支持某种程度的混合传输。要理解这一概念，需考虑图 8.12 中的数据速率与覆盖范围，该图为在某些假设下，在 LOS 和 NLOS 两种情况下运行的微波和 60 GHz 链路(详情见文献[YP08])。在此图中，可以看到 60 GHz 链路提供了较高的短距离数据速率，但不能用于长距离。另外，微波链路能够在相对较大的范围内支持中等数据速率。多频带协议将利用这一特性，在可用的情况下利用 60 GHz 实现高数据速率，否则将退回到低数据速率微波链路。这种适应的频率取决于一体化的程度，它可以以毫秒为单位快速发生，或者以数百毫秒或数秒的速度缓慢发生。

研究界已经考虑了不同层次的多波段集成[PCPY08][KOT+11]。文献[PCPY08]提供了两个极端级别的集成：

- 切换模型——在这种情况下，通信支持微波和毫米波载波频率，可能同时进行。MAC 协议支持从微波链路到毫米波链路的传输，反之亦然。例如，如果检测到链路阻塞，通信链路可能会回退到低速微波链路上。文献[SHV+11]认为，回到低频相对容易，而挑战在于有效地过渡到更短范围的高频链路(例如，有效地执行设备发现和波束发现)。
- 全 MAC——在这种情况下，微波和毫米波载波完全集成，一个 MAC 协调传输在两个载波上。在物理层操作中可能存在高度的协调，包括同步和链路适配等功能的联合操作。

关于多波段集成的另一个观点在文献[KOT+11]中提出，它建议对不同波段数据进行分区和控制。例如，毫米波可能仅在一个方向被支持，例如，展台下载应用程序中的下行链路方向。在这种情况下，传统的微波传输将辅之以从展台到设备的单向毫米波传输。设置链路后，毫米波传输可用于向设备进行高数据速率传输，通过微波链路发送数据包确认等 MAC 信息。

多频段操作被用于部分 60 GHz 的工作中。例如，在 IST 百老汇项目[IST05]中，WLAN HIPERLAN/2 标准增加了 60 GHz 操作和高水平的 RF 集成。IST 百老汇支持操作频带之间的切换等功能，尤其支持处理 60 GHz 链路阻塞。在 ECMA-387[ECMA10，第 19 节]中，使用 IEEE 802.11g 支持带外控制通道，以提供“具有全向传输的 WPAN 管理和控制”。在这种情况下，60 GHz 链路仅支持一个方向，而微波链路则用于双向通信。多波段操作用于避免定向 MAC 协议的一些挑战和促进空间复用。IEEE 802.11ad[802.11ad-10]支持多频段操作，可以将会话从一个载波频率切换到另一个载波频率。更密集的集成在 IEEE 802.11ac/ad 开始之前就提出了，但没有被标准采纳[DH07]。如果采用称为个人基站模式(PBSS)的 ad hoc 模式，将促进点对点 60 GHz 连接，这尤其令人感兴趣。

毫米波蜂窝系统似乎有可能与微波系统共存。尽管毫米波和微波可以被视为单独的信道，如当今蜂窝系统中的 850 MHz 和 1.9 GHz，但有望考虑一种协同设计来解决不同频率下通信的差异。一个重要的区别是在毫米波链路中对定向传输和接收的要求。例如，随机访问在定向通信系统中会产生开销(接收机必须从多个方向侦听传输)，但在支持全向信号的系统中相对容易。当然，定向毫米波链路提供的数据速率比现有微波频谱分配时要高得多。这促使协同设计的毫米波和微波通信系统的设计和分析，以确定良好的架构和分析不同设计折中的影响。

使用幻像单元的伞式架构[KBNI13][MI13][SSB+14][Rap14a]如图 8.14 所示，是未来混合蜂窝系统的一种有前途的方法。在图左侧，移动设备可以分别连接微波或毫米波基站，也可以使用幻像单元概念同时连接两者。微波频率上的干扰来自其他微波基站，毫米波频率上的干扰来自其他的毫米波小单元。如第 3 章和其他章节所述，波束模式的定向性降低了毫米波干扰的影响[BAH14][SBM92][RRE14][RRC14][ALS+14]。幻像单元的概念允许移动设备由两种类型的无线基础设施同时提供服务，而无须知道服务单元的准确性质。这被视为一种有吸引力的方式，从使用超高频/微波频率的当前 4G-LTE 蜂窝网络无缝地迁移到 5G 毫米波网络。文献[SSBK014]中的方法是拆分控制平面和为移动用户提供服务的用户平面(C/U 拆分)，以便控制平面数据使用 UHF/微波频率上的现有宏单元进行通信，而多 Gbps 用户数据将由使用毫米波频率的较新的、间隔更近的小区传送。随着更多毫米波单元的部署，将无缝地提供更大的容量。虽然毫米波和微波基站合用似乎是一个合理的方式，但基站可能位于同一位置，也可能不位于同一位置，并且可能具有不同的密度，因为毫米波基站可能更小，并且更容易使用无线回程部署(前传)到附近的超高频/微波基站[BH14a]。

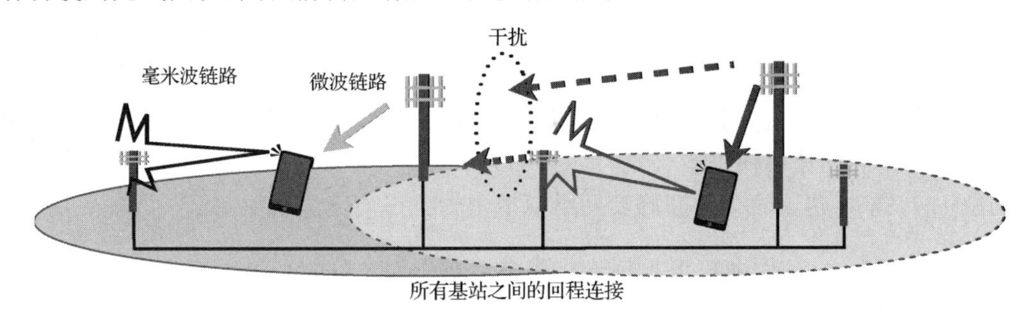

图 8.14　毫米波与微波蜂窝共存的模型，其中微波蜂窝网络形成一个伞形网络，以便于管理多个毫米波通信链路，并简化诸如切换等功能

其中，毫米波基站在某种程度上看起来像异构网络中的一层小信元[ACD+12][Gho14][RRC14]，但事实并非如此。其中一个重要的区别是毫米波基站共享相同的频率，但不会受到宏单元的跨层干扰。这也不同于 WiFi 卸载案例[LLY+12][ACD+12][LBEY11]，因为 WiFi 接入点在未授权频段由蜂窝运营商控制，并与非蜂窝用户共享。有许多有趣的相关研究挑战。例如，微波频率控制信道可用于促进有限反馈信息的回传[LHL+08]，以允许毫米波发射机以最小化小区外干扰的方式进行调度。类似的有关基础设施辅助干扰管理的研究出现在设备到设备的文献[DRW+09][FDM+12][LZLS12]中。文献[DRW+09][FDM+12]和[LZLS12]中的主要考虑因素是如果使用窄波束进行通信，毫米波基站可能具有更高的功率和更大的覆盖范围。

需要注意的是，多波段操作可能不仅仅局限于微波和毫米波频率的选择，因为毫米波网络可能支持多个毫米波频段，例如 28 GHz，38～40 GHz 和 72～86 GHz。因此，设备需要支持多波段操作的新型天线阵列[Rap13]。无论是微波频率还是毫米波频率用于控制或传输流量，在支持毫米波蜂窝系统中的多波段操作方面，仍有许多新的挑战摆在面前。

8.7　蜂窝网络的性能

本节将介绍一些关于毫米波蜂窝网络的覆盖范围和速率性能的结果。考虑到毫米波单元的短距离和高密度，毫米波基站的部署将不像宏观基站那样有规律。因此，应用随机几何模型来模拟毫米波基站作为泊松点过程（PPP）的位置，这在小单元场景中是合理的[ABKG11]。

毫米波信道的质量取决于路径是 LOS 还是 NLOS[RGBD+13]，将此项因素纳入对毫米波蜂窝系统的分析中十分有用。本节总结了文献[BVH14]中提出的分析堵塞模型应用于毫米波蜂窝系统的一些结果。文献[BVH14]中的堵塞模型利用随机形状理论这一数学概念，为空间中随机分布的物体建模提供了一种简洁的方法。布尔模式是随机形状理论中最简单的对象处理方法[Cow89]。在布尔模式中，对象中心形成一个 PPP，每个对象都允许根据特定分布具有独立的形状、大小和方向。文献[BVH14]将随机位置的建筑物建模为矩形的布尔方案，并证明链接的 LOS 概率，即链接不被建筑物阻挡的概率，是链接长度的负指数函数。除了文献[BVH14]中的指数函数，文献[ALS+14]中还有其他形式的 LOS 概率函数。这里应注意，路径越长越可能被障碍物阻挡，一般 LOS 概率函数应是链路长度的非增函数。同时，分析也忽略了链路间遮挡的相关性，因为已被证明在 SINR 综合评估中导致的误差可忽略不计[BVH14]。通过适当参数拟合，堵塞模型与真实场景匹配良好[BVH14]。一旦确定了堵塞位置，我们将确定基站是用户的 LOS 还是 NLOS，并且考虑 LOS 和 NLOS 链路间的路径损耗差异，采用不同的通道模型。

文献[BH13b]中建议的毫米波蜂窝网络模型中的关键项可总结如下：

(1) 堵塞过程——使用随机形状理论将随机堵塞作为对象的平稳过程进行建模，例如文献[BVH14]中在平面上使用的布尔模式模型。根据堵塞过程的统计信息，可以推导出链路 $p(r)$ 的 LOS 概率函数，它是链路长度 r 的函数。忽略遮挡的相关性，假设概率 $p(r)$ 对所有链路都是独立的。LOS 概率函数 $p(r)$ 可进一步简化为一个阶跃函数，其中只有位于以用户为中心的固定球内的基站才被视为 LOS[BH14]。

(2) 基站 PPP——基站在同一平面上组成均匀的 PPP。由于存在堵塞，基站可以位于室内或室外。从室外用户的角度来看，室外基站可以进一步分为两个子过程：LOS 基站和 NLOS 基站。由于假定每个基站的 LOS 概率是独立的，并且取决于链路的长度，因此 LOS 和 NLOS 基站在平面上形成两个非均匀的点阵式，并采用不同的路径损耗定律。

(3) 户外用户——假定一个典型的用户位于室外，并位于平面的原点。通过堵塞和基站过程的平稳性，典型用户收到的下行链路性能代表网络中聚合的下行链路性能。典型用户与提供最小路径损耗的基站相关联。

(4) 定向波束赋形——定向波束赋形适用于基站和移动基站。假定典型用户及其相关基站可估计信道并调整其转向方向，以利用最大可能的增益。随机设置干扰基站的转向角。实际阵列近似于一个阻形模型，其中假设了主瓣和旁瓣的方向性增益恒定性。利用阻形模型，天线方向图完全由阵列的主瓣增益、主瓣波束宽度和前后比来表征。

在该系统模型中，毫米波网络中下行链路的信号与干扰加噪声比（SINR）可以表示为

$$\mathrm{SINR} = \frac{h_0 G_0 \, \mathrm{PL}\left(|X_0|\right)}{\sigma^2 + \sum_{\ell>0: X_\ell \in \Phi} h_\ell G_\ell \, \mathrm{PL}\left(|X_\ell|\right)} \tag{8.1}$$

其中 h_ℓ 是用户衰减，G_ℓ 是发射机和接收机波束赋形的组合增益，PL(·)是用户的路径损耗，σ^2 是噪声功率，X_ℓ 表示基站的位置，X_0 表示对用户的路径损耗最小的基站。需要注意的是，无论基站对用户是否是LOS，都需要采用不同的路径损耗公式(如采用不同的LOS和NLOS路径损耗指数)，来计算路径损耗 PL(·)。利用随机几何学的概念，文献[BH14]中已经推导出评估 SINR 分布式的有效表达式。

即使受到堵塞效应和高路径损耗的影响，当基站足够密集时，毫米波系统也能实现可接受的 SINR 覆盖范围。在图 8.15 中，将不同基站密度下的 SINR 覆盖率进行了比较，并将 LOS 范围边界(取决于建筑物周长和密度的数量)固定在 200 m，同时改变基站密度。仿真参数见表 8.1。仿真结果表明，毫米波网络的覆盖范围在很大程度上取决于基站的密度。具体来说，图 8.15 的结果表明，毫米波蜂窝网络需要密集部署基站才能达到可接受的覆盖率。然而，在足够密集的网络中增加基站密度未必能提高 SINR 覆盖率，如图 8.15(b)所示。对曲线的直观解释如下。当基站密度增加时，在原点的典型用户会观察到好像所有基站都在平面上向它挤压。考虑到存在堵塞，在其 LOS 区域内用户只能观察到有限数量的基站。增加基站密度相当于将更多的基站挤进 LOS 区域并使其也成为 LOS。如图 8.15 所示，当基站密度较低时，增加基站密度可以避免少数基站是 LOS 的情况，有助于提高总 SINR。相反，当基站已经足够密集时，如果将更多的基站挤到 LOS 区域，将增加强 LOS 干扰源的数量，从而增加总干扰功率，可能会造成 SINR 覆盖率的下降。密集网络体制中 SINR 覆盖率的下降也表明，密集毫米波网络可能会造成在干扰受限的体制下工作。并且通过允许基站间的协作以及智能开/关基站，可以进一步提高其性能。

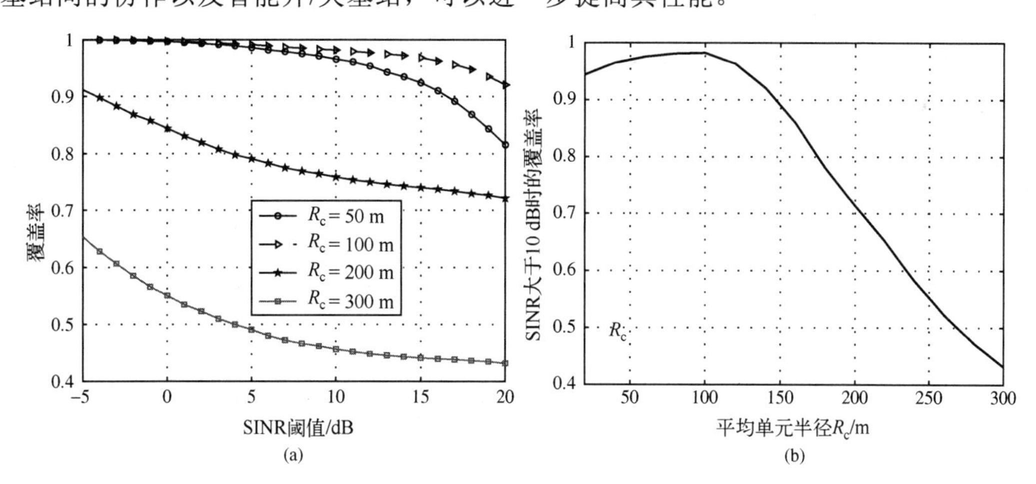

图 8.15　不同基站密度下的信号与干扰加噪声比覆盖率，其中 $R_c=\sqrt{1/\pi\lambda}$，λ 为基站密度

表 8.1　毫米波单元系统仿真参数

仿真参数	数值/变量
载波频率	28 GHz
带宽	100 MHz
基站发射端功率	30 dBm
噪声系数	7 dB

续表

仿真参数	数值/变量
波束赋形模式	2D 扇形天线模式
LOS 概率函数	负指数函数
平均 LOS 范围	225 m
平均单元半径	R_c
LOS 路径损耗指数	1.96
NLOS 路径损耗指数	3.86
小范围衰落	NLOS 参数 3 的 Nakagami 衰落
每个单元的平均用户	10
调度机	完全公平

毫米波蜂窝可以进一步应用多用户波束赋形来提高单元吞吐量。我们将毫米波网络与微波网络的单元吞吐量进行了比较，如图 8.16 所示。为了进行公平的比较，还使用随机网络模型来模拟微波网络，假设开销占总带宽的 20%。在微波网络中，下行带宽为 20 MHz，平均单元半径为 200 m。在单用户(SU)-MIMO 微波网络中，假设基站和移动站各有 4 个天线来执行空间复用，并使用迫零(ZF)预编码器。在大规模 MIMO 仿真中，应用文献[BH13a]中导出的渐进速率，该速率是可实现速率的上限，假设基站同时为 10 个用户提供服务。在毫米波模拟中，平均单元半径为 100 m。还假设基站随机选择两个用户，执行混合波束赋形以减少单元间的干扰[ERAS+14]。仿真结果表明，在毫米波频段带宽较大的情况下，毫米波系统的性能优于传统微波网络，可以可靠地支持 1 Gbps 的传输速率。最近的其他研究同样表明，在毫米波蜂窝网络中，多 Gbps 数据速率以及在单元边界的边缘表现出显著良好的性能是可行的[RRE14][Gho14][SSB+14]。

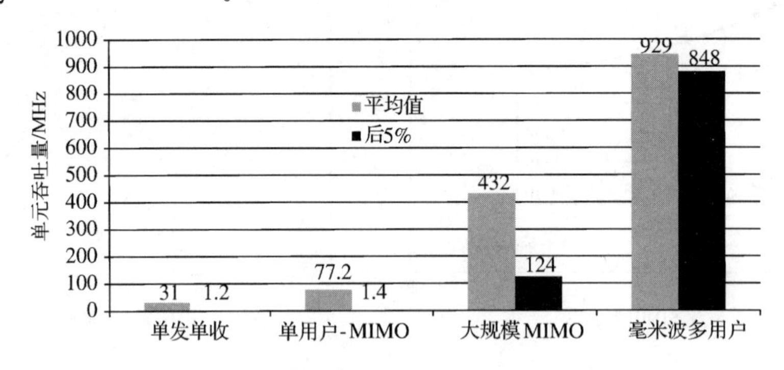

图 8.16 毫米波网络和微波网络的单元吞吐量的比较

本节以及文献[BH13b]和[BH13c]中其他部分的仿真表明，与传统的微波网络相比，密集毫米波网络可以提供可与之媲美的 SINR 覆盖率和更高的可实现速率。这些结论在其他更全面的仿真框架中得到了证实[ALS+14][RRE14][Gho14]，但仍有许多研究挑战需要解决。例如，由于密集毫米波网络会受到干扰限制，因此可以通过更好地管理干扰来提高性能，例如，在基站之间协作和以智能方式打开/关闭交换基站。更多毫米波性能的技术细节，如利用理论模型来推导 SINR 和速率分布，可以在文献[BH13b]和[BH13c]找到。

8.8　本章小结

本章总结了与设计更高层协议以支持毫米波通信技术关键特性有关的许多挑战。本章的大部分主要侧重于 MAC 协议如何应对毫米波 PHY。有效通信的挑战之一是允许发射机和接收机调整其波束以实现高质量的通信链路。当新设备与现有网络中关联时，这尤其困难。本章回顾了几种波束自适应技术，包括利用信道估计的迭代技术和方法。在毫米波系统中实现高覆盖率非常重要，但由于阻挡产生衰减，这也具有挑战性。解决方案是通过多跳通信(也称为中继)。本章回顾了中继的相关概念，并解释了它们如何适应毫米波网络框架以提高覆盖率来解决这一问题。多媒体是毫米波网络提供的高数据速率的主要应用之一。本章介绍了一些用于支持视频的跨层技术，其中重点介绍了不等差错保护(UEP)。其思想是将多媒体信号中更具弹性的特征映射到传输技术，从而保护多媒体信号中更重要的部分。本章继续讨论多波段技术，解释毫米波系统如何更具有鲁棒性的特征与低频系统共存和发展。使用多个频段可简化毫米波网络中的一些控制功能，例如简化邻居发现和资源分配。

本章最后对毫米波 5G 蜂窝网络的覆盖率和容量潜力进行了初步研究。毫米波在蜂窝系统中具有巨大的潜力。毫米波可能对回程(如本章和第 3 章中简要讨论的)以及访问链路都很有用，并为推动蜂窝网络和 WiFi 融合成更统一的移动和便携式接入架构提供动力。毫米波提供了一种回程解决方案，该方案能提供与基站的高数据速率连接，而没有与有线频谱相关的成本。将毫米波用于蜂窝移动网络非常令人兴奋，同时也带来了许多新的挑战。蜂窝系统可能会使用许可频谱，而不是 WPAN 和 WLAN 中的未经许可的频谱，因此蜂窝和 WiFi 的统一可能不会自然发生或立即发生，但考虑到在大城市中超过 50%的蜂窝网络数据已经被转移到非许可 WiFi 频谱上，这个想法并不是那么牵强。用户期望在蜂窝系统中获得高质量的服务，并且对中断的容忍度可能会降低。蜂窝系统需要支持移动性，并覆盖大面积的地理区域，支持诸如切换等功能。总体而言，在较高层使用毫米波的前景是光明的。在利用可用海量带宽的同时，利用空间处理技术取得突破性进展的机会很大。

第 9 章　毫米波标准化

9.1　引言

毫米波无线领域尚处于起步阶段，未来发展需要依靠国际标准的制定，以确保毫米波无线通信具有全球互操作性，能够服务于全球消费者。毫米波 5G 蜂窝系统的标准化工作即将启动。自 21 世纪初以来，针对个人局域网和本地局域网的 60 GHz 非授权产品就一直在进行标准化工作。这些产品将很快在全球普及[AH91][CF94]。20 世纪 90 年代，60 GHz 频段凭借其商业可行性遥遥领先于大众市场毫米波产品，已经推向国际市场。

1998 年，美国成为全球首个获授权运营低功率 60 GHz 非授权产品的国家[Rap02]，此后，商业产品的低成本化花了大约 10 年的时间才得以发展。各个技术领域在早期的工作为 60 GHz 频段的最终商业化铺平了道路[TM88][SL90][AH91][BMB91][SR92][PPH93][CP93][CF94][LLH94][ARY95][CR96][MMI96][SMI+97][ATB+98][KSM+98][GLR99]。新千年伊始，随着全世界工程师逐渐了解各种 60 GHz 标准、原型和产品[XKR00][MID+00][XKR02][AR+02][OMI+02][NNP+02][Smu02][Sno02][CGR+03][AR04][BFE+04][EDNB04][EDNB05][DENB05][VKR+05][ACV06][BBKH06][BNVT+06][RFP+06][KKKL06][YGY+06][SHW+06][AKD+07][HBAN07a][LCF+07][LHCC07][NFH07][PR07][DR07][PG07a][AKBP08][LSE08][LS08][CRR08][BDS+08][DSS+08][NH08][MTH+08][VKKH08][CRN09][PR09][SB09a][SUR09][BSS+10][RMGJ11]，60 GHz 频段的研究步伐开始加快。早期的标准化工作确实始于千禧年，但这些工作仅限于国家标准[ARI00][ARI01]，早期制定的国际标准并未充分发现和开发 60 GHz 频段的独有特性[802.16-01]。

第 1 章讨论了短距离无线网络如何通过提供相关应用来利用 60 GHz 非授权频段以及毫米波频段中的其他频率。第 3 章、第 4 章、第 5 章和第 6 章介绍了在理解信道[ECS+98]和创建天线、发射机和接收机方面所取得的进展，这些进展对于生产低成本的毫米波多 Gbps 产品(用于室内、室外 WiFi 和蜂窝网络)至关重要。第 7 章和第 8 章基于毫米波传播、天线和电路的特性，讨论了物理层及以上层的设计策略。最后一章将重点介绍最近采用的 60 GHz 短距离无线通信标准，其特性如表 9.1 所示。由于毫米波信道的基本特性，60 GHz 标准的特性可能会与当前正在开发或未来开发的毫米波标准重合。在撰写本书时，全球可用的 60 GHz 非授权频段适用的个人局域网和局域网产品已经经过标准化，这是毫米波无线产品目前取得的唯一标准化成果。本章旨在介绍这些标准化工作，希望读者能从中有所收获，了解未来毫米波通信系统的许多其他应用、频段和用例，包括未来几年必将出现的短距离和长距离应用。

表 9.1 60 GHz 的重要标准及其特性

标准	带宽	速率	拓扑	批准日期
WirelessHD	2.16 GHz	3.807 Gbps	WLAN	01/2008
ECMA-387	2.16 GHz	≤6.35 Gbps	WLAN	12/2008
IEEE 802.15.3c	2.16 GHz	≤5.28 Gbps	WLAN	09/2009
WiGig	2.16 GHz	6.76 Gbps	WLAN	12/2009
IEEE 802.11ad	2.16 GHz	6.76 Gbps	WLAN	12/2012

如表 9.1 所示，目前，有 5 个国际标准在处理 60 GHz 全球非授权频段工作的毫米波 WLAN 和 PAN 应用。WirelessHD 侧重于 60 GHz 无线的主要市场驱动：无压缩视频流。而 ECMA-387 和 IEEE 802.15.3c 则为所有潜在的 WPAN 网络拓扑(以无压缩视频的无线流作为子集)提供架构。此外，WiGig 和 IEEE 802.11ad 专注于为 WLAN 网络拓扑开发 60 GHz 频段，虽然并非所有这些标准都能取得商业化，但是通过这些标准本身可以了解到毫米波无线通信的应用。

本章的结构如下：9.2 节首先概述 60 GHz 的国际频谱规则。其余各节(不包括 9.8 节本章小结)分别描述了表 9.1 中所述的各个标准。请注意，鉴于 IEEE 802.15.3c 标准成果的可用性以及商用无线市场上的 IEEE 标准影响(从 WiFi 和蓝牙的全球成功可见一斑)，本章重点讨论了 IEEE 802.15.3c(9.3 节)和 IEEE 802.11ad(9.6 节)。

9.2 60 GHz 频段管理

本节介绍全球 60 GHz 非授权频段的可用性。频谱分配是由监管机构控制的，此点不容忽视。因此，大多数小国家都采用“大玩家”政策。历史上，欧洲(特别是英国)、美国和日本是第一批对免授权 60 GHz 的使用表示感兴趣的国家[UK688][Eur10][npr94][Ham03]。

9.2.1 国际建议

国际电信联盟(ITU)是负责国际电信事务的专门机构，其主要职责是协助理事机构实现无线电和电信的标准化。ITU 就这些理事机构应遵循的标准发布了建议书。由于 ITU 隶属于联合国，其发布的建议书具有举足轻重的作用。

ITU 建议(在 ITU《无线电规则》中)55.78～66 GHz 频段可用于所有类型的通信(尽管 64～66 GHz 频段不适用于航空移动应用)。ITU 发布的两份建议书均涉及毫米波(mmWave)通信[ITU]：

- ITU-Radio(ITU-R)建议书 5.547(R-5.547)；
- ITU-R R-5.556。

这两份建议书均适用于固定无线服务。在 ITU《无线电规则》ITU-R R-5.547 中规定：固定无线服务的高密度应用可工作在 55.78～59 GHz 和 64～66 GHz。

9.2.2 北美规定

在美国，无线电传输由联邦通信委员会(FCC)管理。1995 年，FCC 根据联邦法规[Fed06]

第 47 章第 15 部分为 57～64 GHz 频段分配了非授权通信。受最大功率输出限制，峰值输出功率在任何情况下都不得超过 500 mW(27 dBm)。其他附有条件的规定包括：

- 平均功率密度(在传输间隔期间)不应超过辐射结构 3 m 处的 9 μW/cm^2(各向同性天线，约 23 dBm)；
- 峰值功率密度(在传输间隔期间)不应超过辐射结构 3 m 处的 18 μW/cm^2(各向同性天线，约 25 dBm)；
- 如果以 Hz 为单位的发射带宽(BW)小于 1×10^5 Hz，则峰值功率限制为 $(0.5\times\text{BW}\times10^{-5})$ W。

然而，在该频段的公共用途中，特别排除了航空用途，因为移动场会干扰传感器(传感器探测频谱响应的变化)以及对卫星应用产生干扰。卫星交联应用是一个有趣的应用，但由于军方使用 60 GHz 进行卫星交联，目前 FCC 不允许公众使用该应用。对于固定电场扰动感测器，例如能在室外自动开启的感测器，FCC 另有规定(详见 FCC 第 15 部分准则)。

2013 年 8 月，FCC 通过 FCC 报告和第 13-112 号命令[Fed13]发布了一项重大规则变更：增加室外回程应用的 60 GHz 非授权频段的 EIRP。FCC 新规大大增加了美国非授权 60 GHz 系统的总 EIRP，就天线增益大于或等于 51 dBi 的系统而言，其平均 EIRP 从 40 dBm 增至 82 dBm，峰值 EIRP 从 43 dBm 增至 85 dBm。EIRP 限度的增加，加上接收机天线增益的提高，使 60 GHz 毫米波系统能够抵消 60 GHz 带来的路径损耗的增加。就天线增益低于 51 dBi 的每分贝而言，EIRP 限度降低了 2 dB。因此，FCC 13-112 允许室外 60 GHz 系统使用高增益天线，从而实现更远的覆盖距离和更大的增益(比以前高出 42 dB)以及 EIRP。即使在存在第 3 章中所述的氧吸收时，室外 60 GHz 免授权系统也可用于长达 2 km 的回程。

在加拿大，频谱使用指南[Can06]由加拿大工业部(IC)的频谱管理和电信部门(S/T)提供。加拿大允许 57～64 GHz 频段内的“低功耗，免授权”通信。该规定(详见《无线电标准规范 210》)采用第 15 部分的 FCC 规则参数。

9.2.3 欧洲规定

欧洲邮电管理委员会(CEPT)，包括 48 个欧洲国家成员，在大多数欧洲国家都制定了通信规则。CEPT 发布了以下两个标准：欧洲电信标准协会(ETSI)标准 302 217-3，适用于 57～66 GHz 频段的固定点对点(回程)通信；ETSI 标准 302 567，适用于 57～66 GHz 频段的宽带无线电接入网络免授权短程设备[ETSI12a][ETSI12b]。CEPT 还公布了关于协调欧洲 60 GHz 频段的决定[ECd13]。兼容性要求引入了 40 dBm 最大 EIRP，适用于宽带短程设备操作。

9.2.4 日本规定

日本的无线电传输由总务省监管，总务省批准 59～66 GHz[Min06]下的非授权通信和 54.25～59 GHz 下的授权通信。有关 59～66 GHz 之间非授权频谱使用的具体条款包括：

- 最大天线增益小于 47 dBi；
- 最大平均输出功率小于 10 mW；
- 最大占用带宽小于 2.5 GHz。

9.2.5　韩国规定

韩国无线电促进协会(RAPA)于 2005 年设立毫米波频带研究组(mmW FSG)，旨在在韩国部署 60 GHz 通信[KKKL06]。有关 57～64 GHz 频段的监管要求如下：

- 允许用于所有应用；
- 57～58 GHz 之间的室外(点对点)应用的最大传输功率为 0.01 mW(–20 dBm)；
- 所有其他应用的最大传输功率为 10 mW(10 dBm)；
- 室外应用的天线增益限制为 47 dBi；
- 室内应用的天线增益限制为 17 dBi；
- 在 1 MHz 分辨率下，所有应用的带外发射测量量等于或小于–26 dBm。

9.2.6　澳大利亚规定

2005 年，澳大利亚通信与媒体管理局(ACMA)为 59.4～62.9 GHz 的低功率干扰设备(LIPD)颁发了免授权“类别许可证”。该规定的条款如下[dAD04]：

- 最大 EIRP 为 150 W(约 51.7 dBm)；
- 峰值发射功率为 10 mW(10 dBm)；
- 仅限地面应用。

9.2.7　中国规定

中国政府已发布用于短距离无线通信[Xia11]的 59～64 GHz 频谱。具体辐射限制如下：

- 峰值发射功率为 10 mW(10 dBm)；
- 最大天线增益为 37 dBi。

9.2.8　小结

上述不同国家实体的规定表明，全球存在大量共同的 60 GHz 非授权频段，如图 9.1 所示。值得注意的是，当市场对 60 GHz 频段的需求足够大时(如果尚未管制)，其他国家将根据上述规定中的一些条款来管理 60 GHz 频段。

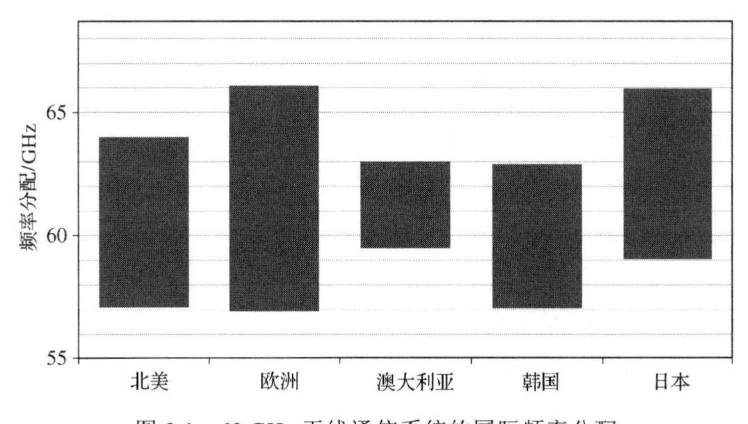

图 9.1　60 GHz 无线通信系统的国际频率分配

9.3 IEEE 802.15.3c

IEEE 802.15.3c 是一种完全针对 60 GHz 的标准，适用于使用 WPAN 的非授权短距离、高带宽应用。鉴于 IEEE 802.15.3c 主要是 IEEE 802.15.3 WPAN 的 60 GHz 物理层扩展，我们先来探讨 IEEE 802.15.3 的 MAC。

9.3.1 IEEE 802.15.3 MAC

IEEE 802.15.3 标准通过微微网[802.15.3-03][802.15.3-06]定义 WPAN 点对点网络。

微微网与其他类型的数据网络的区别在于，其通信范围一般局限于人或物体周围的小区域内，通常覆盖该人或物体(无论是静止的还是运动的)各个方向至少 10 m 范围。

这与局域网(LAN)、城域网(MAN)和广域网(WAN)不同，这些网络覆盖相对较大的地理区域，比如单个建筑物或校园，一个国家甚至世界的不同区域。

每个微微网均包含两类参与者：第 8 章中描述的微微网协调器(PNC)和其余设备(DEV)。如图 9.2 和图 9.3 所示，每个微微网均被分配一个微微网协调器(PNC)。控制信息通过信标传送到微微网中的其余设备(DEV)。PNC 通过信标实现网络同步，并在微微网中的任何两个 DEV 之间进行数据传输。PNC 的作用是控制对微微网的访问、通过网络同步提供时隙通信、管理服务质量(QoS)、实现与其他网络的共存，以及收集功能启用信息。

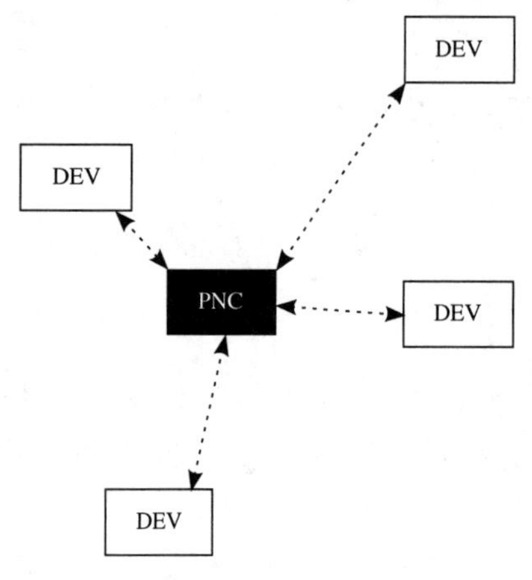

图 9.2 WPAN 点对点网络的微微网结构。虚线表示信标通信

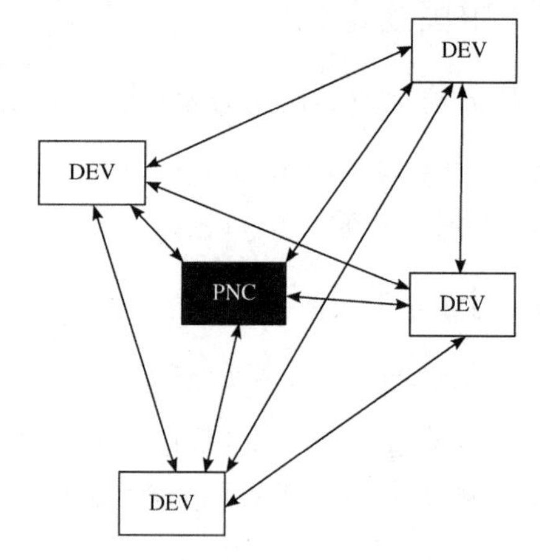

图 9.3 WPAN 点对点网络的微微网结构。实线表示潜在的数据通信，不包括控制信息

本节的其余部分进一步总结了 IEEE 802.15.3 MAC 的主要特征。请注意，本标准旨在介绍竞争性 IEEE 无线标准中没有(至少不共存)的重要特征。这些特征包括：

- 快速设备连接(不到 1 s[Ree05])；
- 临时、按需、连网；
- 为电池供电的便携式设备提供高效的电源管理；
- 方便访问和退出网络(动态会员)；
- 干扰处理和与相邻网络共存；

- 信息安全；
- 高效传输大带宽数据。

9.3.1.1　帧结构

在最高数据级上，IEEE 802.15.3 MAC 数据被分割成多个连续背对背的超帧。每个超帧进一步细分为信标周期、竞争访问时段(CAP)和信道时间分配周期(CTAP)，如图 9.4 所示，连续超帧在微微网的整个周期内传输。在超帧内的每个时段中，MAC 帧以固定的帧格式在 DEV 之间传送。每帧的帧头格式如图 9.5 所示，传输顺序从右到左，首先传输帧控制字段。帧头的每个字段的作用总结如下：

- 帧控制——首先传输 16 位帧控制字段，以确定帧类型(即：信标帧、即时确认帧、延迟确认帧、命令帧或数据帧)，帧中是否启用安全性、是否为重传帧、应答策略(即：无应答、即时应答、延迟应答或延迟应答请求)以及在信道时间分配(CTA)期间同一 DEV 是否发送更多数据。
- 微微网 ID——16 位微微网 ID 字段为微微网的操作提供唯一识别号。
- 源/目标 ID——8 位源/目标字段为 IEEE 802.15.3 数据帧的源/目标设备提供唯一识别号。这些 ID 由 PNC 分配，特定情况下，某些 ID 将保留，包括 PNC 的 ID、相邻微微网 DEV 的 ID、组播帧的目标 ID、用于加入微微网的未关联 DEV 的 ID 以及广播帧的 ID。
- 分段控制——24 位分段控制字段有助于实现 MAC 帧的分段和重组。
- 流索引——帧头最后发送 8 位流索引字段，以确定同步数据的流索引。异步数据和管理信道时间分配(MCTA)流量也保留了识别号。

图 9.4　IEEE 802.15.3 MAC 超帧，传输顺序从左到右(首先传输信标)

流索引	分段控制	源 ID	目标 ID	微微网 ID	帧控制

图 9.5　IEEE 802.15.3 MAC 帧头

每个 MAC 帧体的格式如图 9.6 所示，传输顺序从右到左，首先传输安全会话 ID。只有在传输已启用安全保护的 MAC 帧时，才会提供安全会话 ID、安全帧计数器和完整性代码。帧体的每个字段的作用总结如下：

- 安全会话 ID——首先传输 16 位安全会话 ID 字段，再标识密钥，以保护 MAC 有效负载的安全性。
- 安全帧计数器——安全帧计数器字段共 16 位，确保加密随机数在安全 MAC 帧中的唯一性。发送第一个帧后，DEV 将计数器初始化为零，然后随着每个连续帧的传输，计数器递增。如果 DEV 接收到新密钥，则计数器将归零。

- 有效负载——长度可变的有效负载字段包含 MAC 数据信息（启用或不启用安全保护）。
- 完整性代码——此 64 位字段包含完整性代码，可以为 MAC 帧头和有效负载提供加密保护。
- 帧校验序列——32 位帧校验序列允许接收 DEV 处的 MAC，并根据 ANSI X3.66-1979，通过循环冗余校验（CRC）来验证 MAC 有效负载的完整性。

图 9.6 IEEE 802.15.3 MAC 帧体

9.3.1.2 信息交换

微微网中，DEV 与 PNC 之间的数据交换发生在超帧的信标周期、CAP 或 CTAP 内。PNC 通过信标周期来分散微微网的管理信息，或者从 PNC 向微微网中的 DEV 发出命令。CAP 支持具有冲突避免的载波侦听多路访问（CSMA/CA）按需访问网络，访问方法与 IEEE 802.11 类似，允许 DEV 之间进行有效、低延迟的异步数据通信，同时支持 DEV 与 PNC 之间的指令通信。然而，由于与 CSMA/CA 相关的总开销，CAP 不适合传输大量数据。欲加入微微网的新 DEV 还必须通过 CAP 与 PNC 通信。

CTAP 使用由 PNC 分配的预定时隙进行所有通信。超帧内分配给单个 CTAP 的所有 CTA 由 PNC 指定。如果源 DEV 或目标 DEV 也是 PNC，则指定为管理信道时间分配（MCTA）。通常，标准 CTA 和 MCTA 之间的区别，严格来说是命名不同，而非功能不同。然而，也有特殊情况，当 PNC 未指定源/目标 DEV ID 时，将提供时隙式 aloha 通信。此特殊情况是为了将来能够与其他物理层（PHY）进行兼容，因为这些 PHY 的无干扰信道评估执行水平可能不如 IEEE 802.15.3 PHY。

DEV 可以用以下两种方式请求访问 CTAP：(1) 同步请求或者向 DEV 周期性地分配 CTA（每个超帧一次左右），而不指定分配的总时间，同步流为每个发送端/目的地对赋予不同的索引，当没有数据可供传输时，同步流必须由源 DEV 终止；(2) 异步请求或在一定时隙内尽早分配 CTA。

9.3.1.3 创建微微网

具备 PNC 能力的 DEV 开始传输信标消息时（并非所有 DEV 都能够进行 PNC 操作），意味着微微网创建成功，此时，该 DEV 将传输信标消息，通知范围内的其他 DEV 微微网已经创建。然而，在 DEV 升级到 PNC 并发送信标消息之前，DEV 必须先扫描所有可用的频率信道。DEV 确定信道可用且没有干扰（根据没有干扰的时间段确定）后，可将自身视为 PNC 并开始发送信标消息。

随着 60 GHz 网络的日益普及，信道资源可能会变得越来越稀缺。在所有信道都被占用的情况下，具备 PNC 能力的 DEV 无法创建新的微微网。不过，具备 PNC 能力的 DEV 可以加入之前已存在的微微网，而无须由 PNC 分类。由于 DEV 创建微微网的目的是为了连接需要协调兼容性和潜在安全数据源的 DEV，因此，如果加入的微微网的 PNC 不能提供对数据源的受控访问，而仅有微微网成员资格，可能不足以创建微微网。所幸，即使具备 PNC 能力的 DEV 不能创建自己的微微网，仍然可以充当子微微网(新加入的微微网)的 PNC，在父微微网 PNC 的指导下工作。

9.3.1.4　嵌套微微网

每个微微网通过形成子微微网，还可包含嵌套微微网。在嵌套微微网的第一级中，子 PNC 被分配给原始微微网中的 DEV[①]。对子微微网的访问，受制于父微微网中 PNC 提供的时隙分配。从理论上讲，嵌套微微网树的深度或各级子微微网的 PNC 数量是没有限制的。但是，由于可用带宽的物理限制，子 PNC 和父 PNC 无法创建无限个子微微网。

每个嵌套微微网内的安全由子 PNC 维护。此外，若父微微网中存在子 PNC，该子 PNC 还负责分配子微微网内的带宽资源，前提是子微微网在整个分配周期内维持这些资源。换言之，对等通信仅限于处于嵌套微微网树的同一级别上的相同微微网的 DEV。子微微网还可以使用其他类型的通信网——相邻微微网，一种不支持子 PNC 与父微微网中的其他 DEV 进行对等通信的子微微网。实质上，相邻微微网纯粹是一种允许共享频谱资源的共存机制。它与其他子微微网的区别在于，它仅创建子节点而没有自由信道可用于相邻 PNC，无法创建自己的微微网。相邻微微网的示例如图 9.7 所示。

图 9.7 显示了父微微网(由机顶盒控制)与相邻微微网的共存(由个人计算机控制)，相邻 PNC 是具有相关便携式娱乐 DEV 的个人计算机。相邻微微网是由家庭娱乐机顶盒中的现有父 PNC 创建的，其本身与高清电视(HDTV)和高保真(Hi-Fi)立体声相关联。由于所有可用频率信道都被其他微微网占用，因此形成了相邻(PC)微微网。个人计算机 PNC 是机顶盒控制下的子 PNC，但由于它不需要在机顶盒、HDTV 和 Hi-Fi 之间通信，因此将它分类为相邻 PNC。分配给 HDTV、Hi-Fi 和 PC 的时间/带宽由机顶盒的父 PNC 决定。

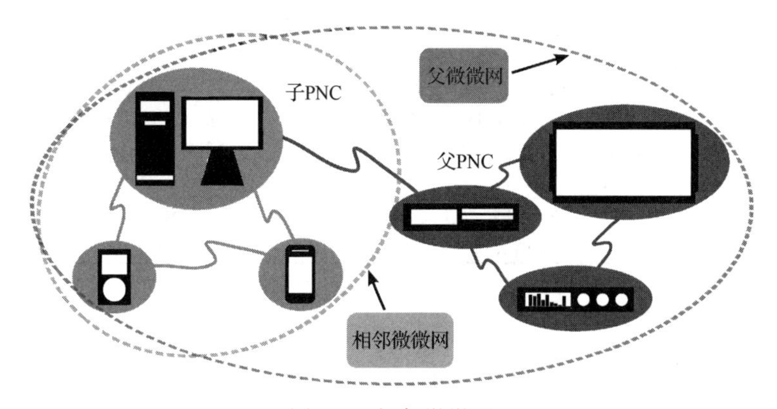

图 9.7　相邻微微网

9.3.1.5　干扰和共存

随着相邻微微网的形成，IEEE 802.15.3 MAC 中还引入了其他机制，以降低干扰并改善与其他 IEEE 802.15.3 设备的共存。IEEE 802.15.3 支持动态信道选择，以使对相邻非标

① 嵌套微微网是具有多级子微微网的微微网结构。

准网络的干扰贡献度最小化，并通过选择传输功率来降低微微网的干扰足迹。表 9.2 总结了 IEEE 802.15.3 网络可用的抗干扰和共存策略。

表 9.2 IEEE 802.15.3 MAC 的抗干扰和共存策略

策　略	描　述
相邻微微网	若无可用空闲信道，则通过创建相邻微微网来维持共存，与父微微网共享带宽/资源。微微网创建子微微网的能力取决于每个微微网中 DEV 的数据需求
PNC 切换	如果当前 PNC 位于微微网边缘，则此 PNC 可能在相邻网络上产生并接收大量干扰。此时，PNC 可以请求将其职责移交给共存属性更理想的另一个 PNC
动态信道	PNC 能够有效地跟踪来自相邻网络的干扰，还可以连续扫描不同的频率信道。通过扫描所有频率信道或评估其他微微网 DEV 之间的信道质量，与 PNC 关联的 DEV 可以提供信道状态信息。利用该信息，PNC 可以确定另一个信道的共存属性是否更佳并确定是否将微微网切换到该信道
功率控制	功率控制分为两个级别：(1) PNC 限制传输功率，以此减少微微网的占用空间，进而最大化连接距离；(2) 每个 DEV 可以通过 2 dB 的单个增量来增加或减少传输功率，使功率足以维持足够的链路性能

9.3.1.6 能量效率

最小化传输功率不仅降低干扰、改善共存，还提高了 IEEE 802.15.3 设备的能量效率，因为当传输功率降低时，能量源(如电池)消耗较少。然而，提高无线设备能效的最佳方法是在设备不使用时将其置于睡眠模式。DEV 根据信标确定睡眠和唤醒间隔，原理类似于 IEEE 802.11 网络中的信号。IEEE 802.15.3 提供 4 种电源管理模式：(1) 微微网同步节电；(2) 设备同步节电；(3) 异步节电；(4) 有源或无能源管理模式。表 9.3 总结了前 3 种电源管理模式。

表 9.3 IEEE 802.15.3 电源管理模式

电源管理模式	描　述
微微网同步(PS)	DEV 请求 PS 模式后，PNC 将通知 DEV 唤醒信标，以确定睡眠间隔。PS 电源管理中的所有 DEV 必须同步并监听所有唤醒信标
设备同步(DS)	在 DS 模式下，许多 DEV 的睡眠周期会重合。DS 节电设置意味着所有设备唤醒周期的时间间隔相同。DS 模式允许同时唤醒所有 DEV 并交换数据。这样能够在其他 DEV 唤醒时通知此 DEV
异步(AS)	在 AS 模式下，DEV 将进入睡眠模式一段时间。此时 DEV 仅需在关联超时期限(ATP)到期之前与 PNC 通信。与其他模式不同的是在 AS 模式下，所有设备都独立运行

9.3.1.7 连接和解除连接

DEV 连接微微网需要来自 PNC 的认证。一旦认证成功，新的 DEV 就可以加入微微网。但是，PNC 可能出于以下原因拒绝 DEV 连接：

- PNC 已经为最大数量的 DEV 提供服务。
- 如果添加新 DEV，所有 DEV 都将没有足够的带宽可用。
- DEV 的信道质量较差，无法连接微微网。
- PNC 正在关闭，没有其他 PNC 可以为微微网服务。
- DEV 正在作为邻居请求连接，但 PNC 不允许连接相邻微微网。
- PNC 正在切换频道。

- 微微网中正在进行 PNC 更改，因此目前无法处理连接请求。
- 存在 PNC 无法与 DEV 连接的任何其他未指明的原因。

类似地，PNC 可以解除与 DEV 的连接。DEV 确认解除连接请求后，解除完成。然而，由于以下原因，PNC 也可能单方面解除 DEV 的连接：

- 关联超时期限(ATP)过期，DEV 无法连接到 PNC。
- 相关 DEV 的信道质量较差，无法连接微微网。
- PNC 正在关闭，没有其他 PNC 可以为微微网服务。
- PNC 与 DEV 不兼容，反之亦然。
- 存在 PNC 无法与 DEV 连接的任何其他未指明的原因。

9.3.1.8 PNC 切换和关闭微微网

如果微微网中存在另一个具备 PNC 能力的 DEV,PNC 可以请求将控制切换至该 DEV。在切换过程中，所有现有的资源分配将维持不变。通常，PNC 切换不外乎两个原因：(1)在微微网中发现了更有能力的 DEV；(2)PNC 停止在微微网中的操作。

当 PNC 停止操作且没有其他具备 PNC 能力的 DEV 来充当 PNC 时，微微网将关闭。如果 PNC 突然停止操作而未予通知，则微微网将于 ATP 到期时正式关闭。一旦 PNC 通知操作结束或 ATP 到期，具备 PNC 能力的 DEV 可以在微微网信道中创建新的微微网。如果停止操作的父 PNC 下存在子微微网，则只有一个微微网可以继续操作，频道中的所有资源将专用于该微微网。剩余的微微网由顶层微微网的 PNC 指定。当子微微网关闭时，父微微网的操作不受影响。

9.3.2 IEEE 802.15.3c 毫米波的物理层

IEEE 802.15.3 标准为毫米波 PHY 提供了规范，该物理层(PHY)工作在 2.4 GHz 频段，具有正交幅度调制(QAM)星座图和网格编码调制[802.15.3-03]。2.4 GHz PHY 提供的数据速率与 IEEE 802.11a/g 相当，最大 PHY 数据速率为 55 Mbps。毫米波 PHY(定义见 IEEE 802.15.3c 修正案)通过利用 60 GHz 免授权频谱，实现了明显的更高速率。最初，IEEE 802.15.3c 仅仅是准备修正 PHY，但由于 60 GHz 网络的独特属性(如波束控制)，批准文件[802.15.3-09]中还添加了测量与控制(MAC)功能。

除共模操作外，毫米波 PHY 还支持其他 3 种不同的工作模式：单载波物理层(SC-PHY)模式、高速接口模式(HSI PHY)和音频/视频模式(AV PHY)。共模适用于低方向性(或全向)天线、强多径环境，能够以相对较低的数据吞吐量使用扫描光束“找到”较弱的基站。之所以提供 3 种不同的操作模式，是因为单个 PHY 无法满足所有期望的操作性能，比如低实现复杂度、多径信道中的高效运行以及流媒体灵活性。其中，SC-PHY(单载波物理层)模式最为灵活，支持低复杂度实现和低多径信道的高效率，SC-PHY 通过低载波调制和低复杂度里德-所罗门(RS)码或高复杂度低密度奇偶校验(LDPC)码，可实现高达 5 Gbps 的数据速率。相反，HSI PHY 则最复杂，并通过带 LDPC 编码的 OFDM 调制在子载波上实现。HSI PHY 是强多径环境的理想之选，例如，工厂和开放式建筑物中的全向天线[Rap89][SR91]。

最后一种操作模式 AV PHY，最适合用于通过 OFDM PHY 和级联卷积/里德-所罗门(内/外)码进行高清音频/视频流的传输。

对于与标准兼容的 IEEE 802.15.3c 设备，仅需要一种操作模式。在每个微微网中，所有成员 DEV 通常使用同一个 PHY。然而，从属微微网使用的操作模式也有可能与父微微网不同(假设父 PNC 和子 PNC 兼容每个不同的操作模式)。此外，微微网内的多模 DEV 可能沿用其在 CTA 内共享的任何操作模式。为了协调设备，使之在不同操作模式下实现不同的 PHY，期望每个 IEEE 802.15.3c 设备能提供共模信号，以便交换信标消息。但请注意，AV PHY 兼容设备不需要共模信号(将在 9.3.2.2 节中讨论)。

9.3.2.1　信道化和频谱屏蔽

图 9.8 显示了 IEEE 802.15.3c 中毫米波 PHY 的信道化。在中心频率 58.32 GHz，60.48 GHz，62.64 GHz 和 64.8 GHz 处，存在 4 个 2.16 GHz 信道。所选载频基于常用频率参考的偶数的整数倍。为了符合和遵守各国不同的国际光谱规则，毫米波 PHY 设定了频谱屏蔽，如图 9.9 所示。通过频谱屏蔽，传输功率被标准化，所有设备均可按照当地相关监管标准进行全功率传输。

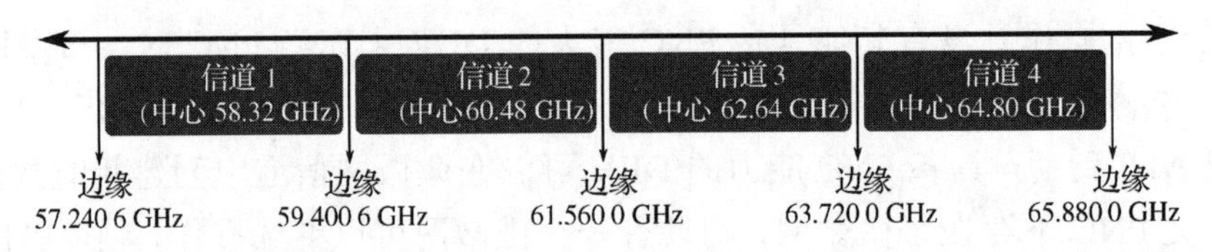

图 9.8　IEEE 802.15.3c 中的信道化为毫米波物理层提供了 4 种不同的信道

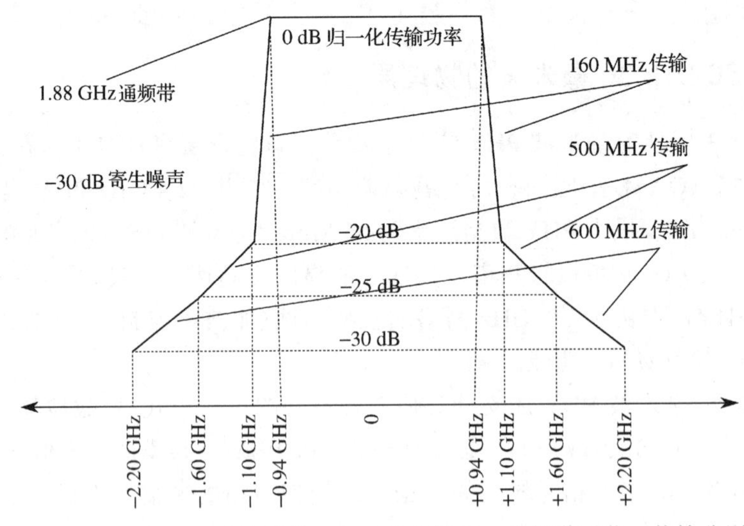

图 9.9　IEEE 802.15.3c 中毫米波 PHY 传输用归一化频谱屏蔽。传输分别从中心频率衰减 20 dB±0.94 GHz，25 dB±1.10 GHz，30 dB± 2.20 GHz。为了测量频谱屏蔽，该标准设定了分辨率带宽(3 MHz)和视频带宽(300 kHz)

9.3.2.2　共模操作

本书第 3 章、第 7 章和第 8 章中具有波束控制的相控阵可用于克服毫米波无线信道中的路径损耗、多径延迟扩展和多普勒引起的衰落。然而，为了与广播和链接协商消息兼容，在排列相位阵时，需要避免在 IEEE 802.15.3c 共模中引起链路增益。因此，IEEE 802.15.3c 中的共模是一种单载波传输模式，其通过数据传播来补偿 60 GHz 信道的重要信道和设备损耗(假设使用全向天线或近全向天线来构成所有链接)。不过由于该共模不用于处理大数据传输，而是用于在波束赋形和高数据速率传输之前，初始设备的探测和通信的初始化，因此数据扩展导致的频谱效率损失问题不大。

共模信号(CMS)的帧格式如图 9.10 所示，传输顺序从右到左(先传输帧前导码)。CMS 前导码用于自动增益控制(AGC)、帧/符号同步及接收机信道估计。帧前导码由如图 9.11 所示的字段组成，传输顺序从右到左(先传输 SYNC)。表 9.4 总结了前导码的每个字段。CMS 帧头(包括 PHY 帧头和 MAC 帧头)和 PHY 数据有效负载均由里德-所罗门(RS)FEC 保护，其中，母码 RS(n + 16, n)用于 n 个 8 位字节帧头，RS(255, 239)用于 PHY 数据有效负载[①]。帧头和有效负载另外扩展到 64 位格雷序列 $\boldsymbol{a}_{64}$ 和 $\boldsymbol{b}_{64}$。每个位元根据线性反馈移位寄存器的输出扩展到 $\boldsymbol{a}_{64}$ 或 $\boldsymbol{b}_{64}$，该寄存器生成伪随机序列，速率与原始编码位相同，而非 64×扩展速率。代码的扩展操作详见 IEEE 802.15.3c 标准[802.15.3-09]的 12.1.12.2 节。

图 9.10　共模信号(CMS)的帧格式

信道估计序列 (CES)	帧定时字段(SFD)	帧检测字段(SYNC)

图 9.11　CMS 帧前导码中的字段

表 9.4　CMS PHY 帧中使用的序列。格雷序列以 16 进制格式定义。所有序列均适用 LSB 优先传输规则

项目	描　　述
SYNC	$\boldsymbol{b}_{128}$ 重复 48 次，用于帧检测
SFD	[+1 −1 + 1 + 1 −1 −1 −1]⊗$\boldsymbol{b}_{128}$；用于帧和符号同步(即启用帧分隔符)
CES	[$\boldsymbol{b}_{128}$ $\boldsymbol{b}_{256}$ $\boldsymbol{a}_{256}$ $\boldsymbol{b}_{256}$ $\boldsymbol{a}_{256}$ $\boldsymbol{a}_{128}$]；用于估计信道系数
$\boldsymbol{a}_{64}$	补充 64 位格雷序列 1：0x63AF05C963500536
$\boldsymbol{b}_{64}$	补充 64 位格雷序列 2：0x6CA00AC66C5F0A39
$\boldsymbol{a}_{128}$	补充 128 位格雷序列 1：0x0536635005C963AFFAC99CAF05C963AF
$\boldsymbol{b}_{128}$	补充 128 位格雷序列 2：0x0A396C5F0AC66CA0F5C693A00AC66CA0
$\boldsymbol{a}_{256}$	[$\boldsymbol{a}_{128}\boldsymbol{b}_{128}$]
$\boldsymbol{b}_{256}$	[$\boldsymbol{a}_{128}$ $\bar{\boldsymbol{b}}_{128}$]
$\bar{\boldsymbol{b}}_{128}$	$\bar{\boldsymbol{b}}_{128}$ 二进制补码

9.3.2.3　SC-PHY

在 IEEE 802.15.3c 中，虽然 SC-PHY 没有太多的特定应用功能，但却提供了极其灵活

① 在进行 IEEE 802.15.3c 标准的 12.1.12.3 节中规定的 FEC 操作之前，帧头和有效负载也被打乱。RS poly 配置详见 IEEE 802.15.3c 标准[802.15.3-09]的 12.1.12.1 节。

的 PHY，其应用范围广泛，尤其适用于需要实现低复杂度的应用。SC-PHY 的应用可以分为以下 3 类：

(1) 低功率、低成本，适用于低需求应用；
(2) 中等复杂度，适用于中等需求应用；
(3) 高复杂度，适用于高需求应用。

每种类别中，均具有许多调制与编码策略(MCS)，而这些调制与编码策略决定了符号星座图、调制格式、扩频增益及正向纠错(FEC)。表 9.5 总结了用于 SC-PHY 的每种 MCS 的配置，L_{SF} 表示扩频序列的长度。请注意，速率是在零导频字段的基础上计算的。所有的 SC-PHY 必须同时使用 MCS 0 及 MCS 3，即强制物理层速率(MPR)。因此，仅对 SC-PHY 与 1 类 MCS 的兼容性有强制性要求。1 类 MCS 通过扩频系数可变的π/2 BPSK 使用最稳固的调制格式。RS(强制性)及 LDPC 代码(选配)为 1 类 MCS 提供 FEC。2 类兼容性通过倍增星座顺序提供更主动的速率。所有 2 类 MCS，除 MCS 11 外，均要求应用 LDPC FEC。3 类 MCS 提供最为主动的速率，可达 5.28 Gbps，同时进一步提高星座顺序。注意，没有适用于 3 类操作的 RS FEC。

表 9.5 IEEE 802.15.3c 中 SC-PHY 中的调制与编码方案

	MCS	数据速率	调制	FEC
1 类	0(CMS)	25.8 Mbps	π/2 BPSK ($L_{SF}=64$)	RS(255, 239)
	1	412 Mbps	π/2 BPSK ($L_{SF}=4$)	RS(255, 239)
	2	825 Mbps	π/2 BPSK ($L_{SF}=2$)	RS(255, 239)
	3(MPR)	1 650 Mbps	π/2 BPSK	RS(255, 239)
	4	1 320 Mbps	π/2 BPSK	LDPC(672, 504)
	5	440 Mbps	π/2 BPSK ($L_{SF}=2$)	LDPC(672, 336)
	6	880 Mbps	π/2 BPSK	LDPC(672, 336)
2 类	7	1 760 Mbps	π/2 QPSK	LDPC(672, 336)
	8	2 640 Mbps	π/2 QPSK	LDPC(672, 504)
	9	3 080 Mbps	π/2 QPSK	LDPC(672, 588)
	10	3 290 Mbps	π/2 QPSK	LDPC(1440, 1344)
	11	3 300 Mbps	π/2 QPSK	RS(255, 239)
3 类	12	3 960 Mbps	π/2 8-PSK	LDPC(672, 504)
	13	5 280 Mbps	π/2 16-QAM	LDPC(672, 504)

从表 9.5 中可以观察到 SC-PHY 的灵活性。首先，由于 SC-PHY 使用单载波星座图，因此能为低复杂度设备提供大功率放大器，如第 7 章所述。此外，低复杂度 RS FEC 可以提供高达 3.3 Gbps 的速率。低复杂度 RS FEC 在 60 GHz 工作时，在其他常用的调制格式(OFDM)下的运行状况不佳，这是因为 OFDM 对信道中的多径所引起的频率选择敏感度高。为了补偿路径损耗，允许使用可变扩频增益的设备，可变扩频增益的设备成本要比自适应天线阵列低得多。最后，可以通过增加 LDPC FEC 与高阶星座图的兼容性来处理超高速视频流。正如本节中随后将讨论的，SC-PHY 数据符号被解析为数据块，以低复杂性频率域进行均等化，以获得高频选择性信道。

可以细分为 PHY 前导码(带有 CES、SFD 及 SYNC 字段)、帧头及 PHY 有效负载。表 9.6 总结了每个前导码字段的分类，对共模(MCS 0)进行了描述。序列将先传 LSB。请注意，传输帧头所使用的配置与 CMS 不同。有 3 种可用帧头配置：CMS 速率、中等速率(MR)及高速率(HR)。这些速率是根据它们的扩频系数(分别为 64，6 及 2)及它们的数据块格式(将在后续章节中进行讨论)加以区分的。帧头始终采用π/2-BPSK 进行调制，使用 RS(n+16, n)进行编码，其中 n 为总帧头中 8 位字节的数量。由于 IEEE 802.15.3c 的高级 MAC 特性(同样将在后续章节中讨论)，同样可以选择使用一个 MAC 分帧头。只有在 MR 及 HR 配置下，才可以使用分帧头。如果基础帧头使用 HR，则分帧头也应使用 HR，否则应使用 MR(non-SC-PHY CMS 没有分帧头功能)。

表 9.6　SC-PHY 前导码中的每个字段的分类

项　目	描　述
SYNC	$\boldsymbol{a}_{128}$ 重复 14 次
SFD(MR)	$[+1-1+1-1]\otimes\boldsymbol{a}_{128}$;
SFD(HR)	$[+1-1+1-1]\otimes\boldsymbol{a}_{128}$
CES	$[\boldsymbol{b}_{128}\boldsymbol{b}_{256}\boldsymbol{a}_{256}\boldsymbol{b}_{256}\boldsymbol{a}_{256}]$；用于估计信道系数
$\boldsymbol{a}_{128}$	补充 128 格雷序列 1：0×0536635005C963AFFAC99CAF05C963AF
$\boldsymbol{b}_{128}$	补充 128 格雷序列 2：0×0A396C5F0AC66CA0F5C693A00AC66CA0
$\boldsymbol{a}_{256}$	$[\boldsymbol{a}_{128}\boldsymbol{b}_{128}]$
$\boldsymbol{b}_{256}$	$[\boldsymbol{a}_{128}\bar{\boldsymbol{b}}_{128}]$
$\bar{\boldsymbol{b}}_{128}$	$\bar{\boldsymbol{b}}_{128}$ 的二进制补码

如图 9.12 中所示，为创建 SC-PHY 有效负载，对每个二进制 MAC 数据帧进行加扰①、编码(RS 或 LDPC)、附加填充位(对于均匀创建的 SC-PHY 块)、扩频(可选)，并映射到适当的符号星座图。图 9.12 中的编码程序通过 RS/LDPC 编码实现，如表 9.5 所示②。此图亦包含扩频程序，但仅 1 类 MCS 0、1、2 及 5 拥有非平凡扩频操作(扩频系数 $L_{SF}>1$)。如上文所提及的，CMS 模式(CMS0)使用互补格雷序列进行扩频。然而，其他 MCS 使用伪随机二进制序列进行扩频。伪随机二进制序列是由此线性反馈移位寄存器生成多项式 $x^{15}+x^{14}+1$ 及输入和填充编码率 R_c/L_{SF} 使码片速率 $R_c=1\ 760$ MHz 时的种子[010100000011111]生成的。

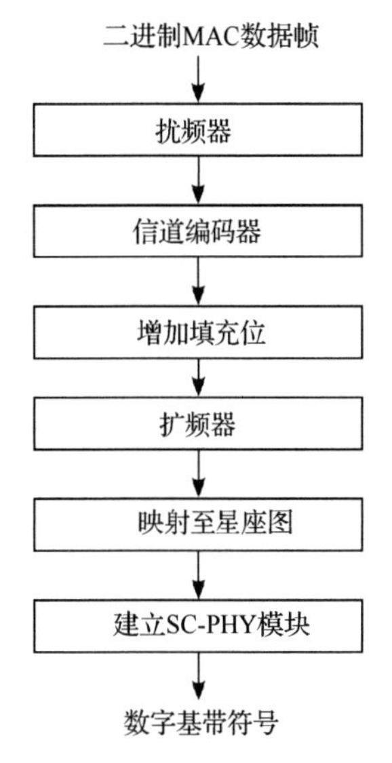

图 9.12　SC-PHY 中的净荷创建过程

用于 SC-PHY 的星座图为非标准星座图，尤其是π/2-BPSK 星座图。如第 2 章所述，文献[802.15.3-09]中

① 扰频器使用的线性反馈移位寄存器(LFSR)与生成多项式为 $x^{15}+x^{14}+1$ 的扩频操作相同。然而，LFSR 种子在传输器与接收机之间随机互动(注意，扰频操作的种子帧头位置始终是明确的)。详情请参考标准的 12.2.2.10 节。

② MCS 0-3 及 11 使用 RS(255,249)(编码率= 0.93725)及 GF(2^8)分组码。余下的 MCS 使用的 MCS 4、5、6、7、8、9、10、12 及 13 的速率分别为 3/4、1/2、1/2、1/2、3/4、7/8、14/15、3/4 和 3/4 的非常规 LDPC 分组码。对于具体编码器架构，请参考标准[802.15.3-09]的 12.2.2.6 节。

的π/2-BPSK星座图是通过向BPSK星座图中映射连续二进制数据元素形成的,在此通过π/2弧度连续旋转星座图。这将最小化邻近符号之间的相位转换，以便以实际硬件提供带宽效率及更精确的波形。为了简便起见，所有其他星座图均在星座映射后采用此连续π/2 旋转操作，尽管此操作在π/2-BPSK 中可能未必有益。所有的星座图均采用灰度编码，以最小化平均比特误码率。

图 9.13 中描述的是 SC-PHY 数据块传输。在星座映射后，复杂数据符号被格式化为 N_b+1 个 SC-PHY 块。除最后一个块外,其他每个块均拥有 64 个子块。每个子块包含 512 个数据符号，形成一个单独的数据块。在每个数据块前均会插入一个包含已知训练符号的导频字段(见图 9.14)。此导频字段具有两个主要功能。首先，通过周期性插入，导频字段能够较简单地跟踪时钟相位和频率。其次，导频字段能够保持循环卷积的性能，从而提供有效的频域均衡(I/FFT 大小为 512)。注意，必须在每个数据块的末端插入导频字段后缀，以便维持最后一个子块的循环卷积。可以允许导频字段拥有不同的长度，$L_{PW}=0$、8 或 64 (见表 9.7)，并且通常使用π/2-BPSK 进行调制。为块中的每个子块(以 n 表示)分配极性，$c_n=\pm1$，替换每个相邻的子块($c_{n+1}=-c_n$)。导频字段为两个互补格雷序列之一，偶数块为 $\boldsymbol{a}_{L_{PW}}$，奇数块为 $\boldsymbol{b}_{L_{PW}}$。

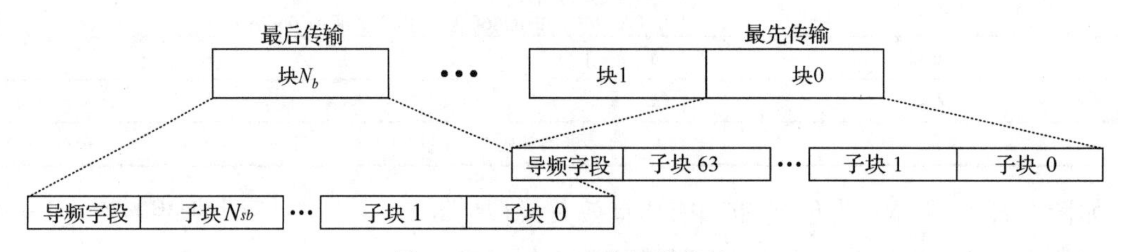

图 9.13 SC-PHY 数据块传输

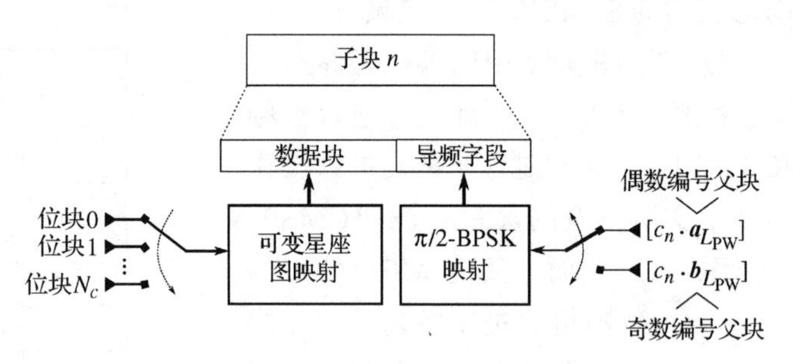

图 9.14 SC-PHY 的子块分解

图 9.14 显示了每个子块的格式化程序。在将扩频二阶数据映射至星座图并轮流分配至子块前，在 N_c+1 数据块中均匀划分扩频二阶数据[确保星座映射器的输出为(512 × N_{BPS})的倍数的填充位，其中 N_{BPS} 为每个星座图符号中呈现的位数]。作为选择，有必要采用基于导频信道估计序列(PCES)追踪无线信道的变化或训练在消费者产品中会用的低成本振荡器。此情形下，应在每个块的首个子块前插入 PCES，其中，PCES 与前导码中的 CES 字段完全一致。

表 9.7 SC-PHY 中的导频字段($L_{PW}=8$ 为可选项)

导　频	描　述
$\boldsymbol{a}_8$	0×EB
$\boldsymbol{b}_8$	0×D8
$\boldsymbol{a}_{64}$	(见表 9.4)
$\boldsymbol{b}_{64}$	(见表 9.4)

9.3.2.4 HSI PHY

IEEE 802.15.3c 中的高速接口(HSI)PHY 具有极高的性能，可以在短距、短时情况下适应快速转储数据。例如，电话亭传输或扩展坞等场地。因此，未对 SC-PHY 的实现复杂性及多径延迟扩散容错进行精确的考虑。HSI PHY 使用 QAM 星座图、OFDM 调制及 LDPC 编码。表 9.8 总结了用于 HSI PHY 的每种配置。所有与 HSI PHY 兼容的 IEEE 802.15.3c 设备必须支持 9.3.2.2 节中的 MCS 1 以及 MCS 0 或 CMS 模式。表 9.8 中的调制格式参数仅适用 PHY 有效负载。

表 9.8　HSI PHY 中的调制与编码方案(L_{SF} 表示扩频序列的长度)

MCS	数据速率	调　制	FEC
0	32.1 Mbps	QPSK($L_{SF}=48$)	LDPC(672, 336)
1	1 540 Mbps	QPSK	LDPC(672, 336)
2	2 310 Mbps	QPSK	LDPC(672, 504)
3	2 695 Mbps	QPSK	LDPC(672, 588)
4	3 080 Mbps	16-QAM	LDPC(672, 336)
5	4 620 Mbps	16-QAM	LDPC(672, 504)
6	5 390 Mbps	16-QAM	LDPC(672, 588)
7	5 775 Mbps	64-QAM	LDPC(672, 420)

注：此表仅列出了具有均等差错保护的 MCS(将在 9.3.2.6 节对 UEP MCS 进行描述)

在 HSI PHY 中的 FEC 使用两个相同的 LDPC 编码器。在 9.3.2.6 节中将对此操作进行进一步的解释，但是暂时，我们将假设所有的二阶源数据，在进行扰频后，均被多路分解为两个独立的数据流。分别对这两个数据流进行 LDPC 块编码(块大小为 672 bit，具有相同的速率)，后接一个多路器，并且多路器将通过轮流选取比特与 FEC 二阶输出结合。HSI PHY 同样具有一个可选的比特交织器(块大小相当于 2 688 bit)，并且交织比特(1、2、4 及 6)间的最小距离可调节。

在 FEC 及比特交织之后，当 $M=4$、16 及 64 时，通过 M-QAM 星座图将比特转换为复杂符号。在标准运行下，所有的星座图均为典型灰度编码 QAM 星座图。在星座图映射后，在子载波上进行映射之前，对符号进行扩频及交织。当 MCS 不等于 0 时，扩频运行为简单运行。然而，当 MCS 为 0 时，处理增益等于 48。要实现这一结果，首先，需要将复基带 QAM 符号按 7 个一组进行分类。然后，将每组的 7 个符号为克罗内克积(kronecker-multiplied)乘以长度为 24 复数扩频向量[+1, +j, −1, +j, +j, +1, −1, +j, −j, +j, −1, −j, −1, +1, +1, +1, +j, −j, −1, −1, −1, +j, −j, +j]，得到最终每组长度为 168 位。为了获得最后一个因素 2，对序列进行逆向排序并且对每组的复共轭进行级联，以创建大小为 336 位(每个 OFDM 符号所含有的数据子载波)的复数据块。为了彻底进行扩频操作，建议读者参阅 IEEE 802.15.3c 标准的 12.3.2.7.2 节。

所有的 HSI PHY MCS 均使用 OFDM 调制。HSI PHY 中的 OFDM 子载波总数为 512，与 SC-PHY 单载波数据块的块大小相同。在接收机中，IEEE 802.15.3c 设备可能会分享接收机中的 FFT 用于 SC-PHY 及 HSI PHY 之间的频域均衡。在图 9.15 中，对子载波的格式化，包括防护及导频子载波做出了总结。所有 512 个子载波的子载波频率间隔均为 5.156 25 MHz。3 个无效 DC 音调能防止载波产生馈通或 ADC/DAC 偏置问题。尽管定制防护音调值能够优化前端效果，但是防护音调通常在满足频谱屏蔽要求方面无效。等距间隔 16 个导频子载波，使每个导频之间有 22 个子载波(首个子载波与 DC 音调的距离为 12，边缘子载波与 DC 音调的距离为 166)。为了避免光谱周期性及潜在的低效率频谱，所有的导频均为伪随机码 QPSK 符号。导频具有相应频率偏置特征以及进化式信道估计的特征。在映射前，所有的次导频，包括防护、保持以及 DC 音调均依据 IEEE 802.15.3c 的 12.3.2.8 节进行块交织，其中块大小相当于 OFDM 符号中的子载波数量，即 512(相当于 FFT 顺序)。

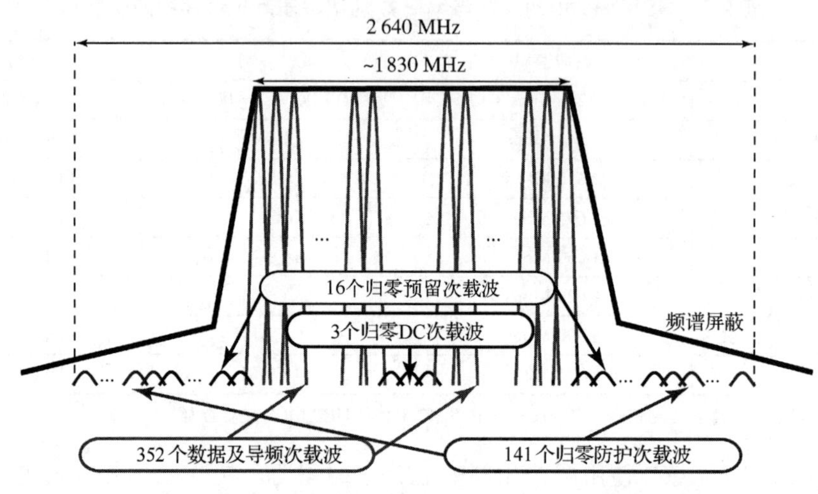

图 9.15　OFDM 符号在 IEEE 802.15.3c 中的格式

每个 OFDM 符号前端必须有一个长度为 64 位的循环前缀，防止信道中的循环卷积带有内存。考虑实例中的时间，这意味着可以正确平衡的最大延迟多径约为 24 ns。由于延迟扩频的公差非常低，HSI PHY 不能接受不带有定向性天线的 NLOS 场景。而对于 SC-PHY，HSI PHY 可能选择性地插入长度为 128 位的 PCES，包括序列 $\boldsymbol{c}_{128}$，以便在数据包中段对信道进行完全再估计。激活后，每隔 96 OFDM 符号插入 PCES，并且，只有在超长数据包中才有必要使用 PCES。

HSI PHY 系统的帧格式与 SC-PHY 相似：前导码、帧头及有效负载。同样地，帧头的帧格式也相同：主帧头(包含 PHY 帧头及 MAC 帧头)以及选配帧头(包含 MAC 次帧头)。HSI PHY 的前导码有两种格式：短(选配，以减少开销)和长。短前导数据与 SC-PHY 前导数据一致。尽管采用 HSI PHY MCS 0，长前导数据也与 CMS 前导数据一致。

帧头的调制方式与有效负载不同(见表 9.8)。具有两种格式化程序，分别为 MCS 0 和其他方式(MCS 1+)，如表 9.9 所示。OFDM 格式化程序与上文描述的有效负载格式化程序非常相似，不同的是帧头中的前缀长度增加至 128。

表 9.9　HSI PHY 帧头中的调制与编码方案(可选速率是费用降低的结果)

有效负载 MCS	数据速率	子载波星座图	FEC
0	16.8 Mbps(29.6 Mbps 选项)	QPSK(L_{SF}=48)	LDPC(672, 336)
1+	587 Mbps(1 363 Mbps 选项)	QPSK	LDPC(672, 336)

9.3.2.5 AV PHY

IEEE 802.15.3c AV PHY 与 HSI PHY 相同，不关注减少物理层算法的复杂度。却通过利用目标应用多媒体流的非对称性减少应用的复杂度。多媒体设备通常只作为多媒体源或接收机，因此，可以分别为接收端/发送端增加有限的传输/接收功能。例如，家庭影院中的显示，只要求接收模式的高度复杂性，而不是传输模式，因为数据流是高度非对称的。

功能上，IEEE 802.15.3c AV PHY 分为两种操作模式：高速率(HRP)及低速率(LRP)。表 9.10 总结了 AV PHY 中每种 MCS 的配置：一个可兼容 AV PHY 的设备必须至少包括以下 4 种配置：

(1) HR0——最轻 AV PHY 设备，仅具有 LRP 传输/接收功能。
(2) HRRX——高速率接收端，具有 HRP 接收功能及 LRP 传输/接收功能。
(3) HRTX——高速率发送端，具有 HRP 传输功能及 LRP 传输/接收功能。
(4) HRTR——柔性 AV PHY 设备，具有 HRP 及 LRP 传输/接收功能。

表 9.10 AV PHY 中的调制与编码方案(L_{SF} 指扩频序列的长度)

	索引	速率	调制	FEC
低速率	0	2.5 Mbps	BPSK ($L_{SF}=8$)	BCC (Rate1/3)
	1	3.8 Mbps	BPSK ($L_{SF}=8$)	BCC (Rate1/2)
	2	5.1 Mbps	BPSK ($L_{SF}=8$)	BCC (Rate2/3)
	3	10.2 Mbps	BPSK ($L_{SF}=4$)	BCC (Rate2/3)
高速率	0	0.952 Gbps	QPSK	RS+BCC (Rate1/3)
	1	1.904 Gbps	QPSK	RS+BCC (Rate2/3)
	2	3.807 Gbps	16-QAM	RS+BCC (Rate2/3)

注：此表仅列出了具有均等差错保护的 MCS(在 9.3.2.6 节对 UEP MCS 进行了描述)

HRP 功能要求其与 HRP 0 及 HRP 1 兼容(见表 9.10)。LRP 功能要求其与 LRP0、1 及 2 模式兼容。LRP 模式的使用方式与 CMS 在广播及多径传播中的使用方式相同。

HRP 及 LRP 均使用 OFDM 调制。根据图 9.16 的频谱屏蔽对 HRP OFDM 参数进行设置，所有 512 个子载波的频率间隔约为 4.96 MHz。DC 音调及所有防护音调均无效。LRP OFDM 格式化参数取决于图 9.17 中额外描述的频谱屏蔽，图 9.9 中的频谱屏蔽覆盖此频谱屏蔽，以便多种 LRP 信道能占用一个单独的 IEEE 802.15.3c 信道分配。为了满足这些额外的要求，LRP OFDM 参数使用较小的频率间隔及 128 个子载波，如图 9.18 所示，所有 128 个子载波的频率间隔均为 2.48 MHz。拥有 37 个数据及无效子载波，每个子载波的宽度均为 2.48 MHz，因此，占有带宽为 91.76 MHz (～ 92 MHz)。特定频谱限制通道带宽(10 dB 以下)为 98 MHz，在 LRP 模式下允许降低。LRP 的信道化应保证 3 个 LRP 信道能与每个 IEEE 802.15.3c 信道相适应。例如，如果 SC-PHY、HSI PHY 或 HRP 的中心频率为 f_c，LRP 可以集中在：

(1) $f_c - 158.625$ MHz；
(2) f_c；
(3) $f_c + 158.625$ MHz。

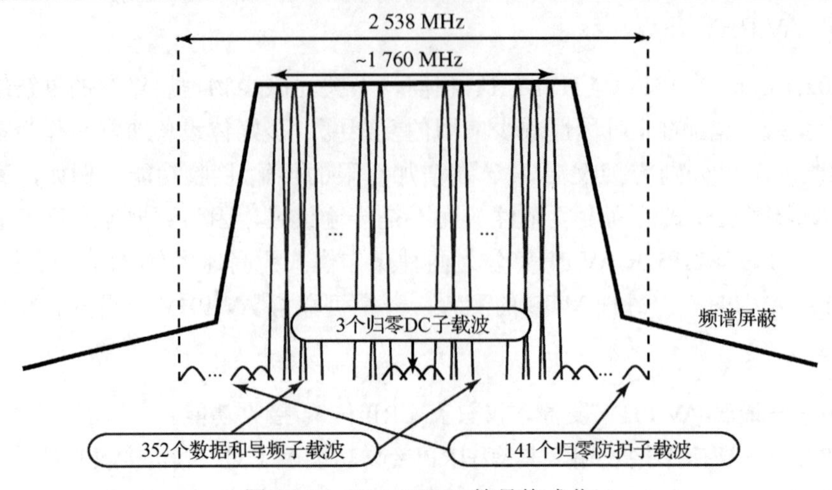

图 9.16 HRP OFDM 符号格式化

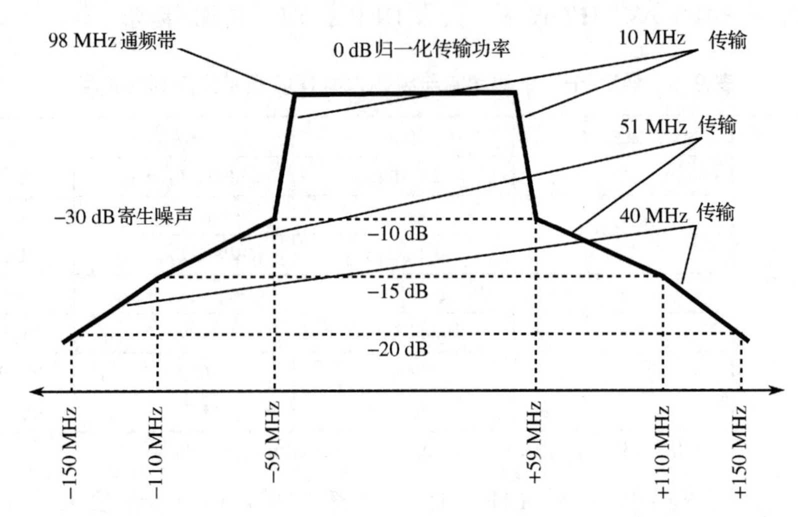

图 9.17 IEEE 802.15.3c AV PHY 中的 LRP 归一化频谱屏蔽

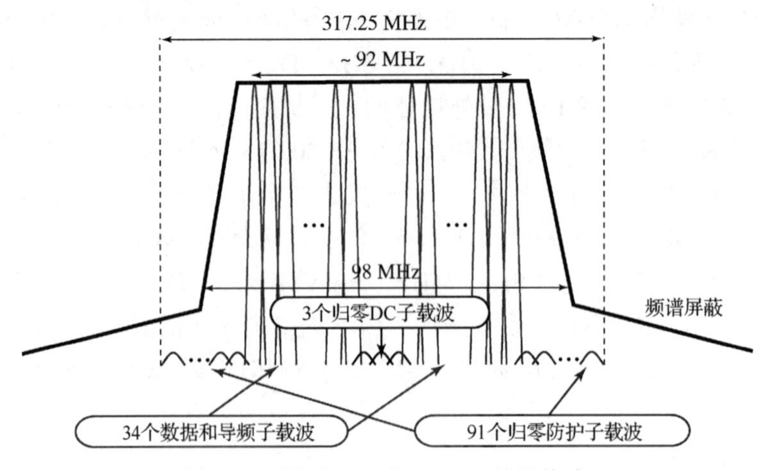

图 9.18 用于 LRP 的 OFDM 符号格式

3 个 DC 音调及所有防护音调均无效。分别代表信道 1、2 及 3。

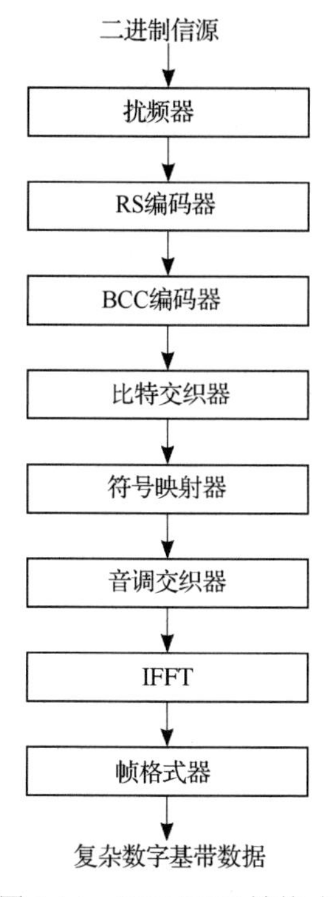

图 9.19　HRP PHY 帧格式化程序的框图

图 9.19 展示了 HRP PHY 帧格式化程序的框图，HRP 功能为串联 RS 块、卷积编码及音调交织。在扰频(如文献[802.15.3-09]的 12.4.2.4 节所述)后，首先对数据(224, 216)进行 RS 外编码，这将进一步保护由维特比解码产生的突发差错。维特比解码为二进制卷积内码(BCC)，其速率是由多项式$(133)_8$、$(171)_8$ 及$(165)_8$ 生成的母代码的 1/3(由于八进制表示法，控制长度为 7)。对于速率为 1/2、4/7、2/3 及 4/5 时，删余矩阵分别为

$$\begin{bmatrix}1\\1\\0\end{bmatrix},\begin{bmatrix}1&1&1&1\\1&0&1&1\\0&0&0&0\end{bmatrix},\begin{bmatrix}1&1\\1&0\\0&0\end{bmatrix},\begin{bmatrix}1&1&1&1\\1&0&0&0\\0&0&0&0\end{bmatrix}$$

在将位交织映射至 QPSK/16-QAM 星座图(导频数据使用 BPSK 星座图)及子载波后，音调交织器能防止相邻的子载波与 BCC 输出中的相邻位一致①。在 HRP 中，根据 OFDM 信号的每个连续符号的持续时间，将每个导频子载波信号放在不同的子载波信号位置，在每个导频之间始终有 22 个子载波，本节以后部分将对此数据进行讨论。

LRP PHY 帧格式化程序框图如图 9.20所示，区分HRP PHY与LRP PHY的主格式化程序为 LRP 中的外 RS 码、BPSK 星座图(不支持 QPSK 或 16-QAM)、音调交织及净导频位置(每个 OFDM 符号 4 个导频)。LRP 帧各时期同时可以执行额外的 OFDM 符号重复，主要有两个作用：处理增益及空间分集。当受训波束控制不可用时(更多关于波束控制的信息，可参考 9.3.2.7 节)，空间分集将格外有价值。例如，在共模(见 9.3.2.2 节)下，全向天线的模式为图 9.21 所示的运行模式，每一个重复的 OFDM 符号，包括循环前缀，发送的波束控制方向均不同，以便保证覆盖所有潜在的定向路径。AV PHY LRP MCS 支持 4 阶和 8 阶符号重复，其中 $L_{SF} = 4$ 或 8(见表 9.10)。信号重复可以用于定向模式中，其中，每个 OFDM 符号重复均使用相同的天线方向。需要注意的是，在全向和定向模式中，对每次重复的实际方向没有限制。例如，定向模式下，实际天线的辐射方向可以为等向性的。

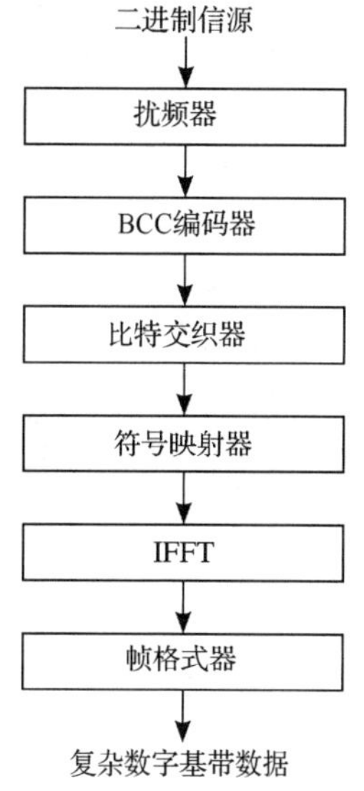

图 9.20　LRP PHY 帧格式化程序框图

AV PHY 在结构上与 SC 及 HSI PHY 相似，拥有一个前导码、一个 PHY 帧头、一个 MAC 帧头、一个帧头检查序列(HCS)以及 MAC 帧(有效负载)。表 9.11 是 HRP 前导码各字段的分类。注意，前 4 个前导码符号的样本等于 1+j 或–1 – j，与 I 及 Q 信道上的信号相同，并且比输出功率高 3 dB。

① 这是因为在本节或图 9.19 中均未强调外比特交织及内比特交织。实际上，RS 编码器之前有一个多路器，由此可以对 UEP 进行平行 RS 及 BCC 编码操作。由于将在 9.3.2.6 节对此进行解释，为了陈述方便，我们未对这些操作进行解释。

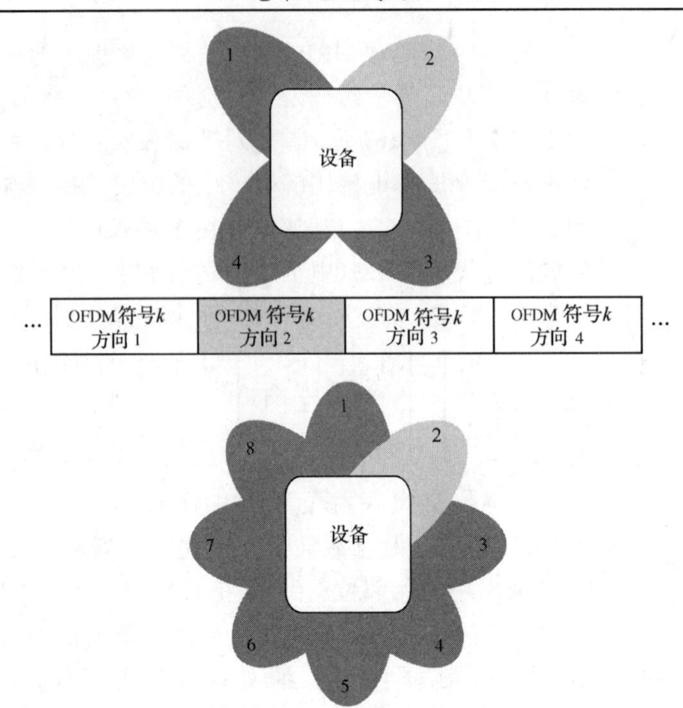

图 9.21　LRP OFDM 符号重复允许每次重复采取不同天线辐射模式

表 9.11　HRP 前导码各字段的分类

项　目	描　述
前导码（字符 1～4）	$\{\{\mathbf{av}_{1.5},\mathbf{av}_{1.5},\mathbf{av}_{1.5},\mathbf{av}_{1.5},\mathbf{av}_{1.5},\overline{\mathbf{av}}_1\}$（足够的零）} 总长度为 (512+64)×4 = 2 304
前导码（字符 5～6）	连接 $2\times\mathrm{bin}(\{\mathbf{bv}_1,\mathbf{0}_{38},\mathbf{bv}_2\})-\mathbf{1}_{512}$ 的两个 IFFT，并增加 128 位长循环前缀（子载波符号 ＝+1/–1）
前导码（字符 7～8）	连接 $2\times\mathrm{bin}(\{\mathbf{bv}_1,\mathbf{0}_{38},\mathbf{bv}_2\})-\mathbf{1}_{512}$ 的两个 IFFT，并增加 128 位长循环前缀（子载波符号 ＝–1/+1）
$\mathbf{av}_r$	$\sqrt{2}\mathrm{e}^{\mathrm{j}\frac{\pi}{4}}(2\times\boldsymbol{\alpha}\mathbf{v}-\mathbf{1}_{255})$ 在速率 r 上采样
$\boldsymbol{\alpha}\mathbf{v}$	多项式为 $x^8+x^7+x^2+x+1$ 和种子为 {11111111} 的移位寄存器的 255 位长二阶输出
$\mathbf{bv}_1$（16 进制）	{08E55930668EFB3227E5C4429BDABF04FB5ACAED75CA8}
$\mathbf{bv}_2$（16 进制）	{0DA1858D2794837B8FA3EFA25F3A5C30C7572DFAE7910}
$\mathbf{0}_k$	0 序列的 k 位长度
$\mathbf{1}_k$	1 序列的 k 位长度
bin($\boldsymbol{x}$)	序列从 16 进制转换为二进制

由于可用空间分集的不同，LRP 的帧格式也有很大不同。总体来说，有两种类型的 LRP 帧格式：全向和定向格式。全向格式主要用于广播及组播帧（例如信标、CTA 信息等）。全向 LRP 帧可以同时提供短前导码和长前导码。短前导码用于 CTA 及 ACK 中的第一帧。长前导码与信标共同使用。

首先，在图 9.22 中描述了长全向前导码各字段，并在表 9.12 中对其进行分类。必须向 π/4-QPSK（或 OQPSK）星座图上额外映射第一 AGC 字段、粗 CFO/定时估计字段，以及细

CFO/定时估计字段。这在 I 和 Q 信道上，可以通过向 BPSK 星座图上映射位元/二进制序列实现。在 OQPSK，Q 分支延迟了 1/2 个符号。需要注意的是，在首个 AGC 及粗 CFO/定时估计字段中存在 13 位巴克(Barker)码序列[RG71]。前 4 个字段可以比第二个 AGC 字段、信道估计字段及有效负载大或小 3 dB。由于 LRP 全向帧可以通过不同传输方向提供空间分集，前导码也必须允许有不同的传输方向。因此，在每个字段中，在 N_{switch} 符号之后，传输器可以改变天线构型。长全向前导码中的 N_{switch} 在各域中分别按 78、234、80、640、64 以及 156 个符号的顺序进行传输。

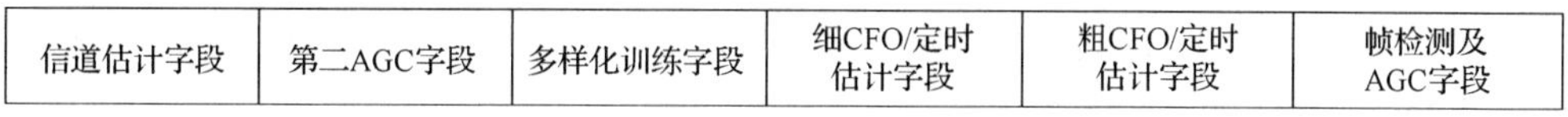

信道估计字段	第二AGC字段	多样化训练字段	细CFO/定时估计字段	粗CFO/定时估计字段	帧检测及AGC字段

图 9.22　长全向前导码各字段

表 9.12　HRP 前导码中 LRP 全向前导码的分类

项　　目	描　　述
帧检测及 AGC 字段	$\mathbf{1}_{26}\otimes[-1-1+1]\otimes[-1-1-1-1-1+1+1-1-1+1-1+1-1]$
粗 CFO/定时估计字段	$\mathbf{1}_{9}\otimes[-1+1-1+1+1+1-1-1+1]\otimes[-1-1-1-1-1+1+1-1-1+1-1+1-1]$
细 CFO/定时估计字段	多项式为 $x^{12}+x^{11}+x^{8}+x^{6}+1$ 、种子为 {101101010000} 的 1 440 位长二阶移位寄存器输出
多样化训练字段	多项式为 $x^{6}+x^{5}+1$ 、种子为 {010111} 的 2 560 位长二阶移位寄存器输出
第二 AGC 字段	$\mathbf{1}_{20}\otimes\mathrm{IDFT}(\{[0-1-1+1-1],\mathbf{1}_{23},[+1+1+1-1]\})$
信道估计字段	$\mathbf{1}_{32}\otimes\{[\mathbf{cv}]_{101:128},\mathbf{cv}\}$
cv	$\mathrm{IDFT}(\{0,0,+1,-1,+1,-1,-1,+1,-1,+1,+1,+1,+1,+1,+1,-1,-1,+1,+1,\mathbf{0}_{91},$ $-1,+1,+1,+1,+1,+1,-1,-1,+1,-1,+1,-1,-1,-1,+1,-1,+1,0\})$

9.3.2.6　不等差错保护

直到最近，无线标准都假设在应用无线网络服务时，每个比特拥有相同的内在值。如第 8 章所述，如果可以对几种应用，尤其是视频数据流，能给特定比特位提供更多的保护，防止其在无线信道中出现损耗，则其性能将会更优异。在 IEEE 802.15.3c 标准中，比特的不等差错保护(UEP)可以采用各种途径。IEEE 802.15.3c 标准支持三种不同类型的 UEP，而这些 UEP 可以接收两种数据：(1)最高有效位(MSB)，对所服务的应用中的数据更重要；(2)最低有效位(LSB)，对所服务的应用重要性较低。此 3 种 UEP 类型处理 MSB 及 LSB 的方式如下：

- 1 类 UEP——1 类保护在 MAC 层运行，假设 MAC 所获得的帧被划分为只包含 MSB 及 LSB 的子帧。MAC 为每个子帧指定包含 MCS 的调制参数(除编码速率外)。通过此方式，可以为 MSB 子帧分配较低的编码速率，以提供更高的保护。可以为 SC-PHY DEV 选配 1 类 UEP。
- 2 类 UEP——与 1 类相同，2 类 UEP 通过向 MSB 子帧提供更高的保护来实现。然而，在 2 类 UEP 中，除 FEC 速率外，可以通过改变不同的子帧星座图提供更高的保护。可以为 SC-PHY DEV 选配 2 类 UEP。
- 3 类 UEP——3 类 UEP 在 PHY 中处理。其通过向 MSB 提供更稳固的编码率或扭曲星座大小，使星座点之间的最小距离大于映射至 MSB 上的轴(例如，第 2 章提到的扭曲星座图)。可以为所有类型的 DEV 选配 3 类 UEP。

图 9.23 展示了通过 SC-PHY 分裂编码实施 3 类 UEP，包括提供单个比特流的组合式多路复用器/交织器，从而使剩下的 SC-PHY 的波形格式与 9.3.2.3 节中讨论的方式相同。SC-PHY 联合式多路复用/交织配置取决于所实施的 UEP MCS。表 9.13 总结了用于 SC-PHY 的 UEP MCS 的不同配置、调制及合成数据率。用于 SC-PHY 的 UEP MCS 支持所有 3 类 UEP。注意，UEP 不提供扩频增益，所显示的数据速率约等于前导字段长度为零的 3 个有效数字。扭曲星座图仅限于 SC-PHY 中的 QPSK。对于 MCS 7，SC-PHY 中的多路复用器/交织器每次集合 10 比特，6 比特来自 MSB 分支($\{a_1, a_2, a_3, a_4, a_5, a_6\}$)而 4 比特来自 LSB 分支($\{b_1, b_2, b_3, b_4\}$)，在此情形下，所结合的比特流变成$\{a_1, b_1, a_2, b_2, a_3, a_4, b_3, a_5, b_4, a_6\}$。同样地，对 MCS 8，SC-PHY 集合 13 比特(7 比特来自 MSB，6 比特来自 LSB)以形成联合比特流$\{a_1, b_1, a_2, b_2, a_3, b_3, a_4, b_4, a_5, b_5, a_6, b_6, a_7\}$。通过扭曲星座图，比特轮流选自于每个分支。注意，由于 SC-PHY 在单载波上运行，在编码模块中，不需要进行重交织(假设信道在一帧内逐渐消退)。

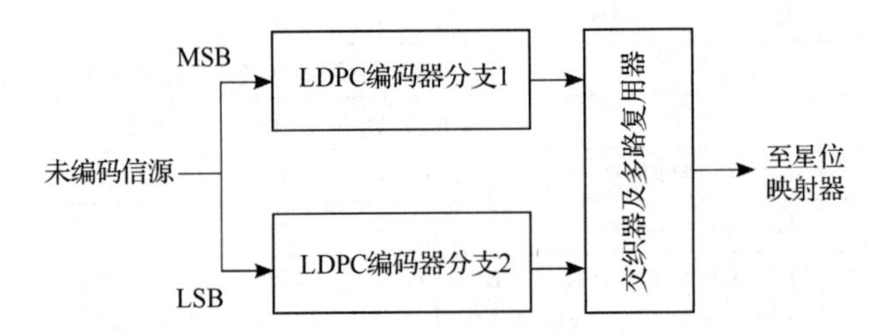

图 9.23　3 类 UEP 在 SC-PHY(LDPC 编码)中通过分裂 MSB/LSB 编码器分支

表 9.13　用于 SC-PHY 的 UEP MCS

MCS	数据速度	调制	FEC	兼容性
UEP1	1 420 Mbps	π/2 BPSK	RS(255, 239)	1、2 类 UEP
UEP2	750 Mbps	π/2 BPSK	LDPC(672, 336)	1、2 类 UEP
UEP3	1 130 Mbps	π/2 BPSK	LDPC(672, 504)	1、2 类 UEP
UEP4	1 510 Mbps	π/2 QPSK	LDPC(672, 336)	1、2 类 UEP
UEP5	2 270 Mbps	π/2 QPSK	LDPC(672, 504)	1、2 类 UEP
UEP6	2 650 Mbps	π/2 QPSK	LDPC(672, 588)	1、2 类 UEP
UEP7	2 040 Mbps	π/2 QPSK	LDPC(672, 336) (MSB) LDPC(672, 504) (LSB)	3 类 UEP
UEP8	2 650 Mbps	π/2 QPSK	LDPC(672, 504) (MSB) LDPC(672, 588) (LSB)	3 类 UEP

SC-PHY 同时通过增加它们在单一符号维度中能量向扭曲星座图提供一个系数 1.25。图 9.24 用 16-QAM 进行了说明，在此情况下，项内星座点(映射 MSB 位的位置)之间的最小距离扩大了 1.25 倍，通过向扭曲维度进行更重要的位映射而获得不同的 UEP 源。在 SC-PHY 中，各种速率的分支及扭曲星座图不会同时使用，因此扭曲星座图使用单独的 LDPC 速率，在两条平行的分支中同时进行编码。

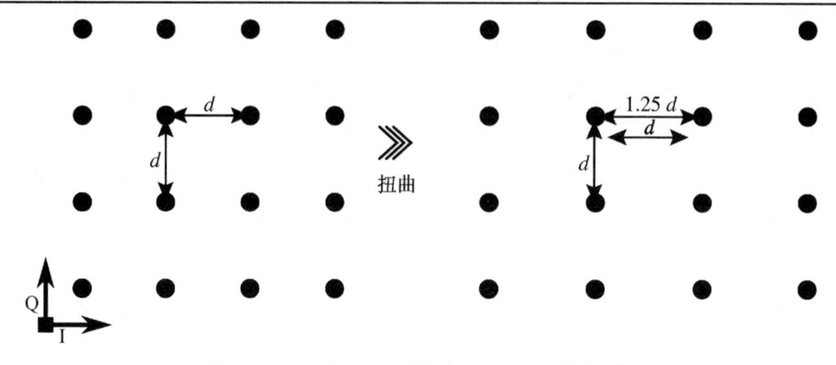

图 9.24　3 类 UEP 通过 16-QAM 的扭曲

HSI PHY 同样通过扭曲星座图或更多的 MSB（非即时性）稳固编码支持 3 类 UEP，并分配为 MCS 8～11（见表 9.14，HIS PHY 的 UEP MCS 只支持第三类 UEP。通过星座图扭曲，UEP 不仅限于 MCS 8～11，还可以用于表 9.8 中的 MCS 0～7。注意，HSI MCS 8-11 不提供扩频增益）。与 SC-PHY（见图 9.23）中的方式相同，此 HSI PHY 在 LDPC 编码的两个分支上采用不同速率处理 UEP。然而，由于 HSI PHY 使用 OFDM，其要求加强保护频率选择性衰落。注意，HSI PHY 在交织前对比特进行多路复用（不是联合操作）。当然，与 SC-PHY 不同的是，所有非 UEP MCS 均使用两个 LDPC 编码分支，因此，可以在 MCS 0～7 上通过 1.25 系数扭曲同相尺寸星座图。在 9.2.3.4 节首先对编码器的运行进行了概述，以便必要时处理与 UEP 相关的问题。图 9.25 显示了 HSI PHY 中的 MCS 0～11 编码器的运行，注意，所有的 MCS（包括非 UEP）均拥有一个额外的多路复用器（MSB/LSB 解析）分支作为编码器的一个基本组件。UEP 数据多路复用器不以轮流的方式运行（与非 UEP MCS 0～7 一样），但不同的是，UEP 遵循为 SC-PHY 联合多路复用/交织描述的符号，而不是 MCS 8 和 MCS 10 集合 5 比特得出的$\{a_1, b_1, a_2, b_2, a_3\}$，以及为 MCS 9 及 MCS 11 集合 13 比特得出的$\{a_1, b_1, a_2, b_2, a_3, b_3, a_4, b_4, a_5, b_5, a_6, b_6, a_7, b_7, a_8\}$。

表 9.14　HSI PHY 的 UEP MCS

MCS	数据速度	调制	FEC（MSB）	FEC（LSB）
8	1 925 Mbps	QPSK	LDPC（672, 336）	LDPC（672, 504）
9	2 503 Mbps	QPSK	LDPC（672, 504）	LDPC（672, 588）
10	3 850 Mbps	16-QAM	LDPC（672, 336）	LDPC（672, 504）
11	5 005 Mbps	16-QAM	LDPC（672, 504）	LDPC（672, 588）

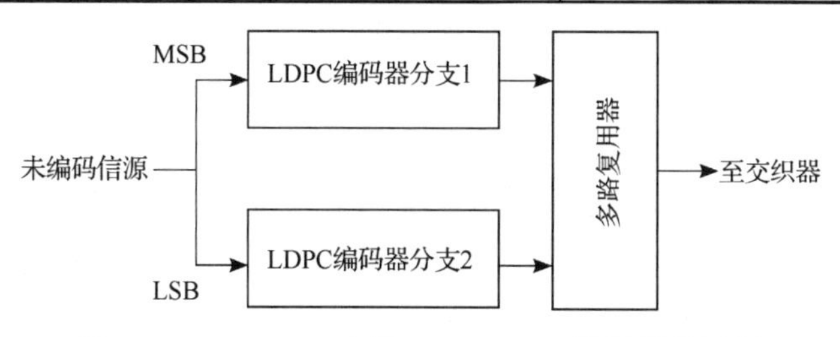

图 9.25　HIS PHY 中的 MCS 0～11 编码器的运行

AV PHY 中的 UEP 发生于 HRP 模式，并具有额外的 MCS 模式（如表 9.15 所示的 HRP

3～6，所有编码都使用 Reed-Solomon 外码和可变速率二进制卷积内码。注意，HRP 5 及 HRP 6 不会对 LSB 进行编码，只向接收机发送重要的 MSB 信息)。至于 HSI PHY，在 9.3.2.5 节中未对编码器的配置进行讨论。图 9.26 是用于 AV PHY HRP 模式下的编码器，描述了比特处理的两个分支，包括扰频、编码(每个分支拥有一个 RS 编码器和 4 个 BCC 编码器)、一个外交织器，以及一个多路复用器。一个单源比特流被分割为上分支和下分支，并且对每个分支使用 RS(224, 216)进行外编码，并使用 8 个删余速率为 1/3 的二进制卷积编码器进行内编码(标记为 A～H)。对于不同的 MCS，源比特将被解析到不同的上下分支，这取决于是否可以使用 UEP。对于 HRP 3～6，上下分支分别为 MSB 及 LSB。否则，对于 HRP 0～2，图 9.27 中所使用的模式被用于将比特解析至上下分支。外部交织器将 RS-编码数据分割为 4 个平行的 BCC，上分支分别标记为 A～D，而下分支分别标记为 E～H。对于有效负载数据，为每个 BCC 轮流分配 4 字节。每个 BCC 使用生成器(8 进制格式)$(133)_8$、$(171)_8$以及$(165)_8$产生速率 1/3 的母码，删余母码的目的是为了获得更高的速率，而不同分支可以使用不同的删余矩阵，且 UEP 无须扭曲星座图①。两个分支的所有 8 个编码器的 BCC 输出均被整合为一个单独的比特流，以便使用数据多路复用器进行交织，共有如下 3 种运行模式：

(1) 非 UEP 运行——所有的 BCC 均使用相同的删余矩阵，并且对于固定编码器输入，产生的比特数也是相同的。多路复用器轮流从每个 BCC 中处理 6 比特。因此，在 6 比特序列结尾处与下一个来自单一 BCC 的 6 比特序列开始处的间隔为 42 比特。同样，利用块交织器的内交织器对每 48 比特(即来自所有 BCC 的 6 比特)进行处理，其中，如果 $k\in\{0, 1,\cdots, 47\}$为区块内交织前的比特指数，$(6\lfloor k/6\rfloor-5(k)_6)_{48}$ 为交织后区块内的比特指数。

(2) 通过可变分支编码速率 UEP——每个分支产生的比特数量均不同，这取决于每个分支的编码速率。对于 HR 中的 UEP MCS，其在上分支的速率为 4/7 BCC，而在下分支的速率为 4/5 BCC。因此，根据分支的不同，多路复用器循环处理的比特位数不同。对于上分支，从每个 BCC 中选出 7 比特，而对于下分支，从每个 BCC 中选出 5 比特。将对每个 BCC 以轮流处理的方式替换为每 48 比特的块。在首个区块中，在其依次从 BCC A→H 中输出的比特进行选择前，先进行轮流处理运行。在第二个区块中，在轮流循环过程中，多路复用器不从上分支的 BCC A 开始，也不从下分支的 BCC E 开始。实际上，BCC 按照 B→D A F→H E 的顺序处理。对剩余数据包，多路复用器轮流进行这两种操作，在多路复用器，使用与非 UEP 运行相同的交织器处理单个比特流。

(3) 通过星座图扭曲实现 UEP——AV PHY 不支持在每一个分支上同时运行星座图扭曲及可变编码速率。因此，多路复用器及交织器应在无 UEP 运行的情况下以同样的方式运行。然而，记住以下这一点非常重要：低分支包含 MSB，而所有的 MSB 均必须被映射至 QPSK/16-QAM 星座图的同相维度。因而，调制器保留分支的位元起

① 注意，与有效负载相比，帧头数据的 HRP 编码参数略有不同，尽管概念上这个过程是相同的[802.15.3-09]。

源，并且能够独立处理 I/Q 星座映射器，仅分别从编码器的低/高分支选位元(在交织后按顺序选)。

表 9.15　用于 AV PHY HRP 的 UEP MCS

MCS	数据速度	调制	FEC(MSB)	FEC(LSB)
HRP3	1 940 Mbps	QPSK	Rate 4/7	Rate 4/5
HRP4	3 807 Mbps	16-QAM	Rate 4/7	Rate 4/5
HRP5	952 Mbps	QPSK	Rate 1/3	(No LSB)
HRP6	1 904 Mbps	QPSK	Rate 2/3	(No LSB)

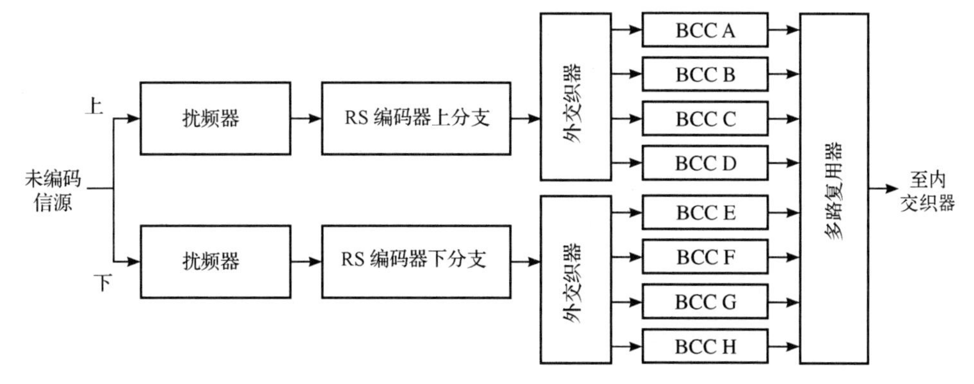

图 9.26　用于 AV PHY HRP 模式下的编码器

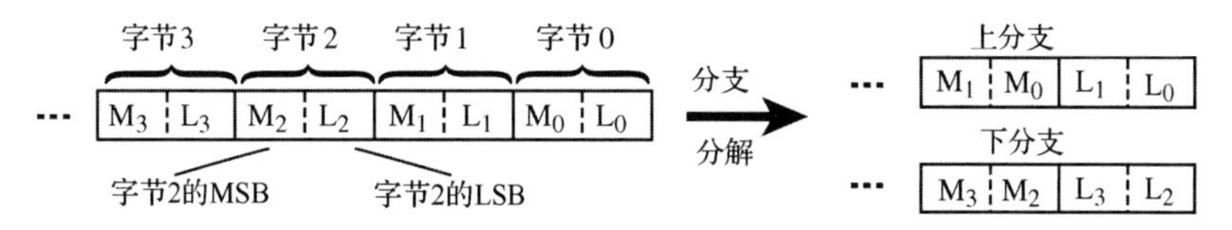

图 9.27　在 AV PHY 模式下将图形解析为非 UEP HRP 模式，上、下分支各两个字节，从 LSB 至 MSB，及 MSB 至 LSB 之间的变换

9.3.2.7　天线波束赋形与追踪

IEEE 802.15.3c 标准中有关选配天线波束赋形的框架是独特的。有关微波频率的标准，如 IEEE 802.16e/m、3GPP-LTE 及 IEEE 802.11n 等，通过详尽估计信道状态信息的算法选择波束赋形天线的信道状态信息。由于 60 GHz 天线可以以较小的外形尺寸提供较高的增益，因此商业设备平台能够提供较大的天线阵列。虽然近来有限的反馈建议提出应对大天线阵列进行彻底的训练从而压缩费用，但是随着单个设备的天线尺寸的增加，费用仍在上涨。因此，减少大型 60 GHz 天线阵列中需要训练的天线数量的需求非常明显。可以通过创建用于开发不同几何构型的天线增益的阵列码本来实现这一目的。首先，我们考虑常规波束赋形系统模型。

(1) 波束赋形模型——图 9.28 显示了在前向链路中的波束赋形复基带模型，标识符$^{(i)}$用于指示设备，$i\in\{1,2\}$。向量 $\boldsymbol{w}^{(1)}$，$\boldsymbol{w}^{(2)}$定义复合传输波束赋形系数，其中，向量 $\boldsymbol{v}^{(1)}$，$\boldsymbol{v}^{(2)}$分别为设备 1 及 2 定义复基带接收波束赋形系数。该模型实际可用于基带、

IF 或供应商选择的 RF。注意，天线的构型及尺寸不必等于反向链路的天线构型与尺寸。因此，必须选择前向链路和反向链路均适用的协议，除非系统中使用的是对称天线组(SAS)。在使用 SAS 的情形下，使用相同的天线在每个设备上发射和接收信号，即 $N_t^{(1)}=N_r^{(1)}, N_t^{(2)}=N_r^{(2)}, \boldsymbol{v}^{(1)}=\boldsymbol{w}^{(1)*}$，$\boldsymbol{v}^{(2)}=\boldsymbol{w}^{(2)*}$。

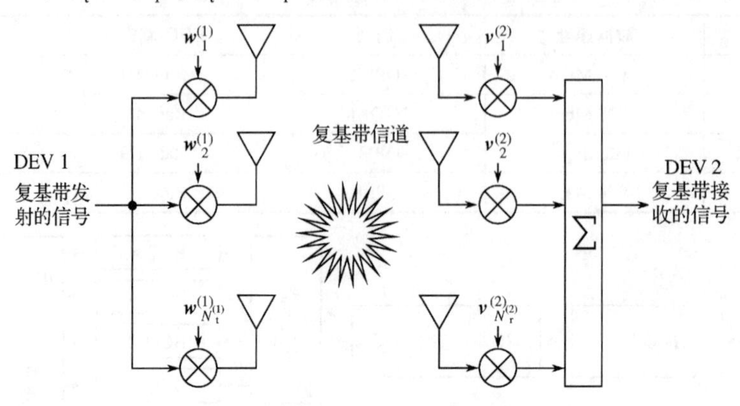

图 9.28 波束赋形复基带模型

(2) 天线几何构型——本质上，天线增益越大，天线辐射/接收方向图越窄。为了获取定向 60 GHz 信道的链路余量，需要一个集中于最强信道的窄波束。可以通过逐渐缩窄天线增益确定一个高增益的天线构型。如图 9.29 所示，在 IEEE 802.15.3c 码本中定义了 4 个天线方向图。IEEE 802.15.3c 未对码本、天线阵列设计及实施细节进行规定，而是将其留给销售商决定。可以获得预定义码本，然而，随后将在模式估计与跟踪(PET)协议中，对于拥有均匀线性/平面阵列及半波长间距的码本进行讨论。

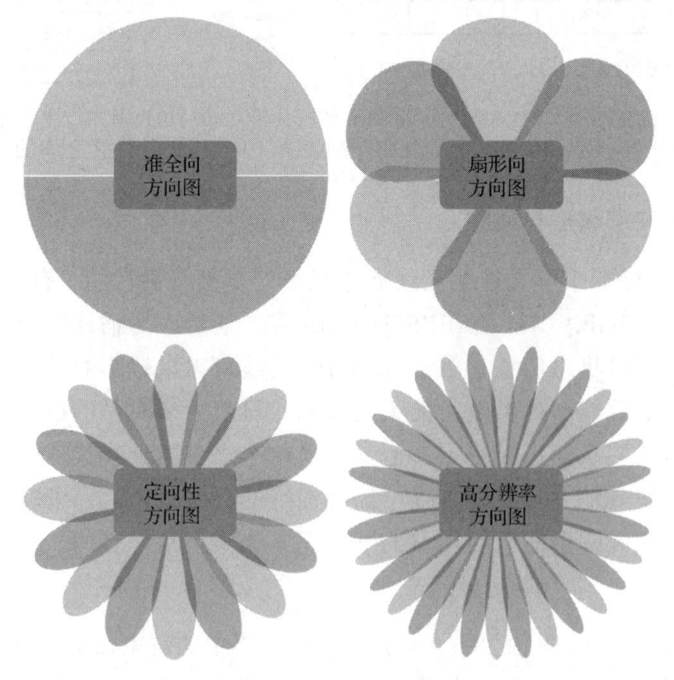

图 9.29 用于 8 元件均匀线性阵列[在水平面(俯视图)上垂直阵列方向的天线方向图]的天线波束赋形码本的 4 个天线方向图

(3)波束赋形协议——波束赋形协议(在 8.3.1 节中讨论)决定了两个设备间通信的最佳天线构型。尽管对波束赋形定义了 4 个级别，但波束赋形协议仅搜索两个级别：扇区波束和定向性波束(有关多级波束赋形的总体描述，可参考 8.3.1 节)。首先，链路协商提供最佳的准全向天线。随后，波束赋形协议找到最佳波束方向图。在波束协议完成后，通过进一步追踪找到最佳高分辨率(租用)波束方向。对于 DEV 1 及 DEV 2 之间的通用天线构型，以下波束赋形协议按时间顺序执行：

(a)扇区训练。在所传输的 DEV 中，在所选择的准全向天线方向内，从每个扇区发出一个训练周期。在每个周期内，在接收机处所选择的准全向天线内，为每一个可能的扇区重复一次训练序列。在 SC-PHY 及 HSI PHY 中，扇区训练序列为 CMS 前导码，而 AV PHY 使用 HRP 前导码。对于每个序列，接收机根据准全向天线内的不同的扇区使用不同的天线构型。当完成一个方向的扇区训练后，比如从 DEV 1 至 DEV 2，通过交换发射机与接收机的角色，反向实施此过程，例如，从 DEV 2 至 DEV 1。

(b)扇区反馈。继续描述协议，现在，假设 DEV 1 至 DEV 2 之间的通信为前向链路，而 DEV 2 至 DEV 1 之间的通信为反向链路。在完成扇区训练后，DEV 2 及 DEV 1 决定了前向与反向链路各自的最佳天线构型。在反馈交换开始之初，DEV 1 发出“宣布”命令开始交换反向链路天线构型，此命令在特定的准全向方向图中按顺序重复，这是由于 DEV 1 还不知道前向链路的最佳传输天线构型。同时，DEV 2 根据在扇区训练过程中完成的计算，列出其接收天线构型，并等待 DEV 1 使用最佳传输天线构型发出“宣布”命令。对于 SC-PHY 及 HSI-PHY，反馈使用 CMS 而 AV PHY 使用 LRP 模式。AV PHY 可以将反馈方式设定为全向，在此情况下，DEV 1 仅需要重复一次，便可以发出“宣布”命令。“宣布”命令中包含的信息包括：最佳发射/接收扇区、次佳发射/接收扇区及各自的链路质量指标(LQI)。①

(c)扇区波束交换。接下来，波束赋形协议必须交换每个设备的波束能力。首先，DEV 1 向 DEV 2 发送一个“宣布”命令，然后 DEV 2 向 DEV 1 发送一个“宣布”命令。这些命令中包含的信息包括所选扇区的波束数量、使用的前导码类型，以及 PET 信息。在进行交换后，便可以对设备进行波束训练。

(d)波束训练。波束训练的方式实际上与扇区训练相同，不同的是现在要在一个扇区内对所有波束进行训练，而不是一个准全向天线内的所有扇区。训练序列的格式由上一个步骤中的扇区波形交换决定。对于 AV PHY，将始终为 HRP 前导码。

(e)波束反馈。波束反馈方式实际上与扇区反馈一致，不同的是目前反馈定义的是一个扇区内的最佳波束，而不是一个准全向方向图中的最佳扇区。波束反馈的格式与扇区反馈相同。此“宣布”命令中包含的信息包括最佳发射/接收波束、次佳发射/接收波束、LQI 以及模式估计与跟踪(PET)相/幅度信息。

---

① 在 IEEE 802.15.3c 标准中的 12.1.8.3 节预定义了 3 个 LQI[802.15.3c-09]，包括信噪比(SNR)、信号与干扰加噪声比(SINR)及接收信号强度指示(RSSI)参考(RSSIr)。

(f) 定向波束高分辨率波束交换。此最终阶段为选配阶段，主要取决于是否两个设备均支持跟踪。如果支持，此交换的程序与扇区至波束交换相似，不同的是在定向波束与高分辨率波束之间映射，而不是扇区与波束之间映射。“宣布”命令中包含的信息包括所选择波束中的高分辨率波束、波束追踪所使用的同步序列的类型、波束集群及模式估计与跟踪信息(将在此节后面部分描述)。

对于对称天线组(SAS)，波束赋形协议的控制成本将会大幅度减少。仅需要对一个方向的扇区及波束进行训练，随后在接收机一端进行一次单独反馈交换。

可以在 IEEE 802.15.3c 标准定义的设备之间进行波束跟踪。因为设备是移动的，标准不支持通过波束赋形协议训练一个单一的高分辨率波形。相反，高分辨率波束集被合并至单一波束。当可以在两个通信设备之间进行追踪时，按准周期对前文中描述的通过波束赋形协议确定的最佳及次佳波束集进行评估，其中每次评估及更新的频率在波束与高分辨率波束交换期间确定。最佳波束跟踪集的频率总是高于次佳波束跟踪集的频率。

通过在 PHY 帧头中设置波束追踪标记实现波束追踪，随后，为波束集中每个高分辨率波束设置高分辨率波束训练序列。由于波束集本质上由一个单一的高分辨率波束及其邻近波束组成，如图 9.30 所示，寻找波束集的方式与寻找最佳高分辨率波束的方式一致。通过此方法，即使初始波束赋形协议未找到最佳高分辨率波束，通过追踪也可以最终确定。

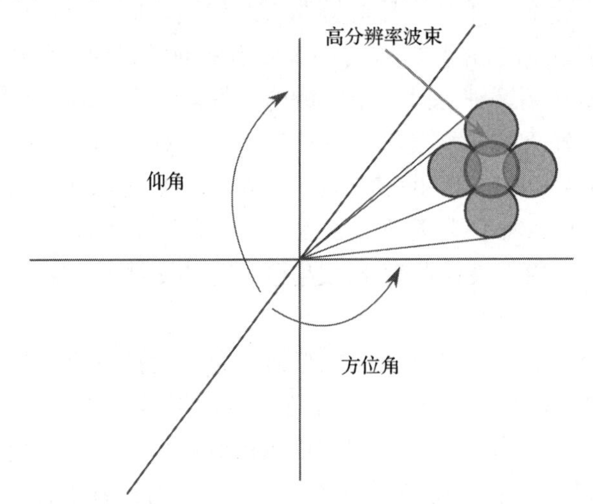

图 9.30　三维空间内的高分辨率波束集

此外，如果追踪时的频率足够高，波束赋形能够适应变化的信道条件。

IEEE 802.15.3c 标准支持将模式估计与跟踪(PET)用于更多结构性天线阵列，一至二维空间(线性或平面)中的半波长天线单元。正因为这种假设的天线结构，码本及波束集的定义更加严格，以减少成本。明确地说，对于任意 DEV i，对于一维均匀阵列波束方向图，当 $K \geqslant N_{\mathrm{t}}^{(i)}$ 时，传输波束向量的第 k 个元件为

$$\left[\boldsymbol{w}^{(i)}\right]_k = \mathrm{j}^{\left\lfloor \frac{4N_{\mathrm{t}}^{(i)}}{K} \times \operatorname{mod}(k+K/2,K) \right\rfloor} \tag{9.1}$$

对于固定 K，可以通过增加天线维度以减少重叠的波束图形。注意，接收波束向量遵循的形式相同。二维码本中的仰角及方位角均使用一维码本。由于阵列的均匀性，可以根

据每个维度中高分辨率波束的数量明确定义波束集，如图 9.31 所示，从而允许通过一个字节表征单一波束。图中每个圆代表一个高分辨率波束。示例波束集标记为灰色，而中间高分辨率波束颜色标记为黑色。

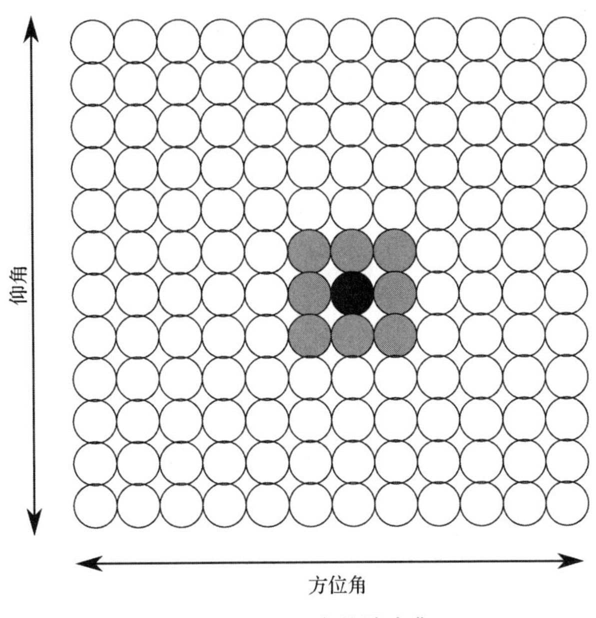

图 9.31　PET 中的波束集

假设字节分别由$\{b_7b_6b_5b_4b_3b_2b_1b_0\}$表示。假设一个固定中心高分辨率波束，比特 b_2、b_1 及 b_0 决定仰角中邻近波束的数量，而 b_5、b_4 及 b_3 决定方位角中邻近波束的数量。最后，比特 b_7 及 b_6 决定波束集的几何构型(延伸是否超过仰角或俯角)。

9.3.2.8　开关键控

如在第 7 章所讨论的，尽管开关键控在频谱效率及最大处理量方面有局限性，但却能大量减少收发信机的复杂度[DC07][SUR09][MAR10b][KLP+10]。IEEE 802.15.3c 标准视需要可通过 SC-PHY 选配 OOK。由于 OOK 的主要应用是用于可使用非相干解调的低复杂度设备，并且仅可以用于子微微网内通信。如果可以使用 OOK 的 DEV 希望将其作为 PNC，其必须能通过 CMS 进行通信。不要求可以使用 OOK 的非 PNC 设备保持其与 CMS 的兼容性。与 OOK 相似，双交替反转码(DAMI)信号用于超低复杂性通信，并且具有与上述 OOK 微微网相同的限制。图 9.32 显示了 OOK 与 DAMI 星座图的比较，DAMI 信号使用极性，而非振幅。此外，DAMI 为差分信号，可以允许其保持 50%的占空比。OOK 与 DAMI 信号均与 RS(255, 239) FEC 耦合。OOK 允许通过扩频序列[+1 + 1]扩频至 $L_{SF} = 2$。DAMI 也同样包含单边带调制，通过希尔伯特转换在通频带中显示。

OOK 使用包含基于重复格雷序列的三个字段的 PHY 前导码，如下所示(按所列顺序)①：

(1) SYNC，用于帧识别与 AGC、SYNC，由表 9.6 定义的 16 个重复的 $\boldsymbol{a}_{128}$ 表示。

(2) SFD，用于频率及帧同步，SFD 由 4 个重复的 $\boldsymbol{a}_{128}$ 表示。每次重复的标识表明将要

① DAMI 不使用前导码，而是包含两个前导音调，一个位于中心频率，一个位于无效边带的中心。

传输的帧的信息。首次重复的极表示前导码中是否包含信道估计序列(CES)。第二次及第三次重复的极共同表示将在帧中使用的扩频因子(L_{SF} = 1 或 2)。

(3) CES，用于信道估计及均衡，CES 由 4 个预先定义的格雷序列：$\boldsymbol{a}_{128}$、$\boldsymbol{b}_{128}$、$\bar{\boldsymbol{a}}_{128}$ 及 $\bar{\boldsymbol{b}}_{128}$ 构成。在对每个序列进行调制前，为每个格雷序列增加 64 位循环前缀和后缀，使 CES 的长度加倍。

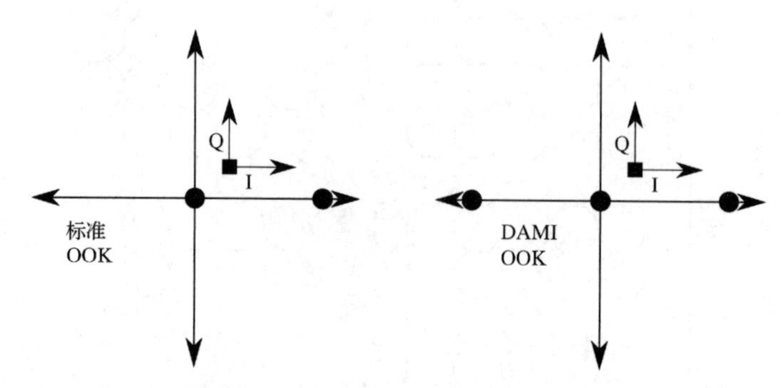

图 9.32　可以在 SC-PHY 中根据需要选用 OOK 及 DAMI 星座图

在有效负载中，每个帧被格式化成长度为 508 × L_{SF} 的块，接到 4×L_{SF} 前导信号之后(L_{SF} =1 时为[1010]，L_{SF} = 2 时为[11001100])。帧头的传输方式与有效负载相同，但是帧头包含与 SC-PHY 帧头中相同的扩频序列引起的一个额外的 16 倍扩频因子。

9.4　WirelessHD

鉴于 IEEE 802.15.3c 描述了一个开放的 60 GHz WPAN 标准。WirelessHD 描述了一个私人或封闭的 60 GHz WPAN 标准。WirelessHD 为技术公司的一项联合技术，其为首个针对开发 60 GHz 设备市场的技术。WirelessHD 技术规范主要用于开发短距离高清多媒体流的专用标准。支持 60 GHz 无线市场的主要参考者，包括博通公司、英特尔、乐金电子、松下、日本电气公司、三星、SiBEAM、索尼以及东芝，其中，WirelessHD1.0 首先发布于 2008 年 1 月(用于私人分配)，随后于 2009 年 1 月发布其兼容性规范。自此，零售市场的多种产品开始与 WirelessHD 进行整合。

9.4.1　应用热点

IEEE 802.15.3c 标准提供了一系列应用选择以用于优化毫米波局域网的性能，而 WirelessHD 针对的是高清多媒体流。表 9.16①中列出了优势明显的视频/音频选项，及其要求的数据速率及期望的延迟。此外，为了确保其与此应用关注的所有设备的互通性，所有合规 WirelessHD 系统必须满足以下要求[Wir10]：

- 配备 59.94/60 Hz 480p 视频的 WirelessHD 发送端及接收端；
- 配备 50 Hz 576p 视频的 WirelessHD 发送端及接收端；

① 对于视频选项，WirelessHD 的目标是视频的像素误码率低于十亿分之一，而这要求应用层产生的误码率低于 4×10^{-11}。

- 与 59.94/60 Hz 720p 或 1080i 视频兼容的用于 HDTV 的 WirelessHD 接收端；
- 与 50 Hz 720p 或 1080i 视频兼容的用于 HDTV 的 WirelessHD 接收端；
- 支持在 32 kHz、44.1 kHz 以及 48 kHz 采样频率、线性 PCM 音频格式为 16 每样本位的 WirelessHD 发送端及接收端；
- 所有无线设备均支持 RGB 4:4:4、YCbCR 4:2:2 以及 YCbCr 4:4:4 色彩空间，并且所有支持的分辨率的像素颜色深度均为 24 比特。

表 9.16　WirelessHD1.0 的目标应用及其网络要求[Wir10]

目标应用	≈ 数据速率	期望延迟
压缩 5.1 环绕声	1.5 Mbps	2 ms
未压缩 5.1 环绕声	20 Mbps	2 ms
压缩 1080p 高清 TV	20～40 Mbps	2 ms
未压缩 7.1 环绕声	40 Mbps	2 ms
未压缩 480p 高清 TV	500 Mbps	2 ms
未压缩 720 高清 TV	1 400 Mbps	2 ms
未压缩 1080i 高清 TV	1 500 Mbps	2 ms
未压缩 1080p 高清 TV	3 000 Mbps	2 ms

通过为表 9.16 所列的目标应用提供服务，WirelessHD 支持在多平台上应用的设备。可作为多媒体发送端运行的平台包括：

- 刻录媒体播放器，包括蓝光光碟和高清 DVD 播放机；
- 多媒体接收机，包括广播高清电视及高清视频接收机；
- 个人设备，包括个人笔记本、数字视频摄录机以及数字音频播放器。

作为多媒体接收端运行的平台包括：

- 视频显示器，包括高清电视及 LCD 监视器；
- 多媒体录像机，包括蓝光光碟及高清 DVD 刻录机；
- 个人设备，包括数字视频播放器、数字音频播放器及数字相机；
- 视频设备，包括放大器及扬声器。

对于各发送端/接收端组合的使用案例的详细分类及网络要求，可参考技术规范[Wir10]。

9.4.2　WirelessHD 技术规范

IEEE 802.15.3c 标准机构之外的 WirelessHD 标准制定的主要动机是为了避免 IEEE 标准的缓慢制定过程。尽管两项标准同时被制定，但 WirelessHD 技术的完成与发布几乎早于 IEEE 802.15.3c 标准两年。WirelessHD 产品已经大规模生产了几年，使其成为首个广泛使用的商业毫米波无线标准。

作为世界上首个针对初期 60 GHz 频带的全球化无线标准，WirelessHD 的成员公司实现了提供符合主要开放标准组织的价值。因而，2013 年发布的 IEEE 802.15.3c 中的 AV PHY 包含了 WirelessHD 的主要部分。由于在 9.3.2.5 节已经对 IEEE 802.15.3c 的 AV PHY 的详细信息进行了描述，在此不再重复。相反，本节提供了 IEEE 802.15.3c 中未包含的 WirelessHD 标准的独特技术特征。

9.4.2.1 发送端封装器及分层模型

在图 9.33 中描述了 WirelessHD 设备的分层模型，其中着重强调了适配子层、MAC 子层以及 PHY 子层。适配子层的音频/视频(A/V)控制器主要负责设备控制、连接控制以及处理设备性能。在适配子层中同样会对 A/V 数据进行格式化和封装。图 9.34 展示了 A/V 封装示意图[Wir10]。在将 A/V 数据传至 MAC 子层前，发送端处理器子系统格式化 A/V 数据以使其与强化功能的产品相兼容，例如 UEP。内容保护同样允许在无线传递过程中对多媒体权限进行保护。

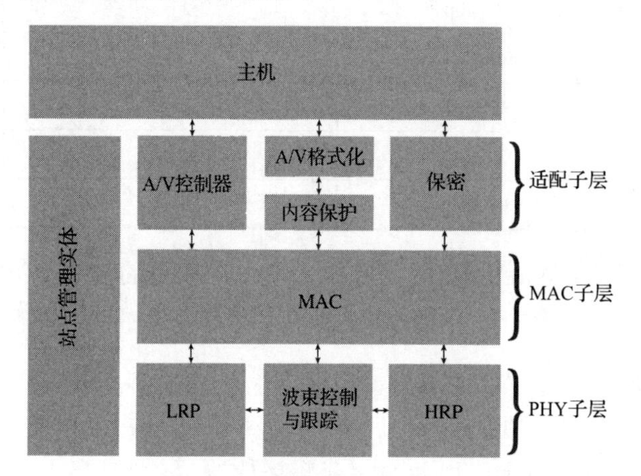

图 9.33 WirelessHD 设备分层

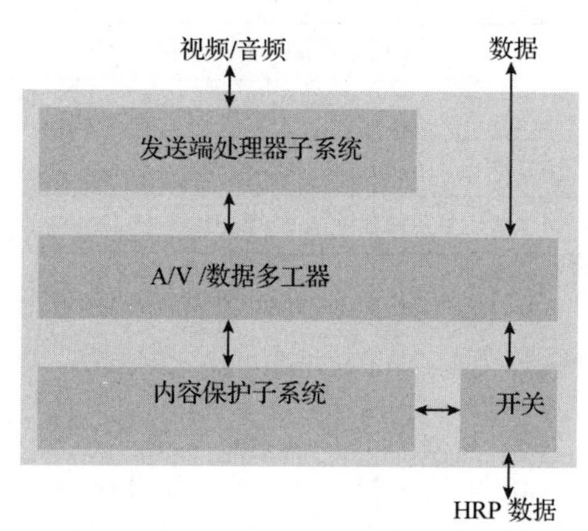

图 9.34 Wireless HD A/V 封装示意图

9.4.2.2 越区切换规则

9.3.1.8 节讨论了将微微网协调器的职责切换至功能更适合的设备的程序。在 WirelessHD 中，根据应用的分类，精确定义了协调器的选择与越区切换规则。在开启后，首个打开的设备将默认为协调器。将协调器的责任切换给微微网中的新设备，取决于设备类别中的优先级顺序(顺序 ID)。如果微微网包含一个拥有较高优先级的设备，协调器必须越区切换协调器的职责。表 9.17 显示了设备的类别及其相关优先级顺序。

表 9.17 WirelessHD 中设备的类别及其相关优先级顺序(顺序 ID)

优先指标	设备类别
0	数字电视
1	机顶盒
2	DVD/蓝光光碟/高清 DVD 播放器
3	DVD/蓝光光碟/高清 DVD 刻录机
4	A/V 接收机

续表

优先指标	设备类别
5	个人计算机
6	视频投影仪
7	游戏机
8	数字摄像机
9	数字静物照相机
10	个人数字装备
11	个人多媒体播放器
12	MP3 播放器
13	手机
14	其他

9.4.2.3　安全功能

无线设备提供两种不同类型的数据安全保障：个人与媒体。个人安全保障发生于适配层，并且通过防止未经授权的存取传输确保数据隐私。个人安全保障通过以下 3 个主要功能完成：

- 4 通道公开密钥交换
- 加密
- 加密完整性评估

媒体安全性保证可以从 WirelessHD 设备获取原始的、未经处理的多媒体内容。WirelessHD 授权数字传输许可管理员有限责任公司规定的数字传输内容保护。

9.4.3　下一代 WirelessHD

2010 年 5 月，WirelessHD 宣布发布 1.1 版标准。在维持与 1.0 版的兼容性的同时，下一代标准将数据速率从原始的 3.807 Gbps 峰值数据传输速率提升至 28 Gbps。增加后的数据速率将使无线多媒体与增加的视频清晰度(例如，4K 高清[OKM+04])、增加的帧色彩深度(例如 Deep Color™ [CV05])、较高的帧速率[MSM04]，以及三维视频格式[YIMT02]相匹配。

9.5　ECMA-387

ECMA 国际是一个专门从事信息与通信系统标准化的组织。ECMA-387 所获得的关注不及 IEEE 802.15.3c 和 WirelessHD。尽管如此，ECMA-387 提出了一项重要的 60 GHz 标准。其发布时间几乎比 IEEE 802.15.3c 标准早 1 整年，因此 IEEE 802.15.3c 的许多设计概念，尤其是 PHY，都在 ECMA-387 中有所体现就不奇怪了。事实上，IEEE 802.15.3c 与 WirelessHD 的 HRP 十分接近下面定义的 A 类设备中包含的 OFDM PHY。ECMA-387 同时还支持信道绑定，此功能将输出系数由 2 增加到 4，使数据速率超过 25 Gbps。

9.5.1　ECMA-387 中的设备分类

与 IEEE 802.15.3c 中的 3 种不同的毫米波 PHY 相似，ECMA-387 为 3 种不同类别的设备提供技术规范，分别标记为 A～C。然而，与 IEEE 802.15.3c 不同的是，ECMA-387 设备分类对操作重叠描述的比较少，而是更多定义了每种设备类别的使用场景。ECMA-387 设备分类及其运行场景如下：

- A 类设备。A 类为用于多媒体流及通用超宽带 WPAN 的高性能装置。使用 NLOS 链路中的多径，其传输范围可延伸达 10 m。PHY 的功能包括利用天线阵列进行波束控制、单载波以及选配 OFDM 调制(均可以通过循环前缀与频域均衡兼容)、UEP、级联码、2 倍符号扩频(基本速率)以及信道绑定。无信道绑定的速率可达 6.35 Gbps。A 类设备同样支持发现模式工作，这与 IEEE 802.15.3c 中的共模非常相似，假设在全向天线及较差信道条件下，使符号重复可以补偿天线训练前的阵列增益不足。
- B 类设备。B 类为中等性能设备类，复杂度及功耗均比 A 类设备低很多。在 LOS 链路中的传输范围可达 3 m。PHY 功能包括简单的单载波调制、低复杂度 RS 码、UEP、2 倍符号扩频(基本速率)以及信道绑定。无信道绑定速率可达 3.175 Gbps。
- C 类设备。C 类设备为低性能设备类别，具有最低实施复杂度及功耗。在 LOS 链路中的传输范围为 1 m 以下。PHY 功能仅包含振幅调制(ASK 与 OOK)、低复杂度 RS 码以及 2 倍符号扩频(基本速率)。速率可达 3.2 Gbps。

我们注意到 ECMA-387 中的 A、B 类设备支持通过向原信道绑定不超过 3 个邻信道从而实现速率的增加。尽管每个类别的设备在按标准工作时，并没有要求同时使用另外一个设备，但所有的设备类别均符合标准并且可交互操作。图 9.35 引自标准技术规范，强调了这一点。每个多路器将决定其在哪一种 PHY 下操作。注意，B 类设备的 MAC 为用于 A 类设备的 MAC 的子集。类似地，C 类设备的 MAC 为用于 B 类设备的 MAC 的子集。HDMI 协议的适配层允许将 ECMA-387 链路用于 HDMI 发送端及接收端之间。

9.5.2　ECMA-387 中的信道化

如图 9.8 所示，ECMA-387 与 IEEE 802.15.3c 均支持信道 1～4。通过信道绑定，ECMA-387 同样支持信道 5～10。信道 5～10 为图 9.8 中显示的通过 4 个原始 2.16 GHz 信道的各种组合方式绑定的(例如，级联的)无线信道。表 9.18 列出了这些信道的配置。信道的选择程序只有设备在发现信道，即在信道索引 3 中找到另外一个用于通信的信道后才能完成。一旦选择了信道，可以通过另外一个信道扫描打开信道开关。

表 9.18　ECMA-387 可用的绑定信道

信道索引	绑定信道	低频率	中心频率	高频率
5	1, 2	57.24 GHz	59.40 GHz	61.56 GHz
6	2, 3	59.40 GHz	61.56 GHz	63.72 GHz

续表

信道索引	绑定信道	低频率	中心频率	高频率
7	3, 4	61.56 GHz	63.72 GHz	65.88 GHz
8	1, 2, 3	57.24 GHz	60.48 GHz	63.72 GHz
9	2, 3, 4	59.40 GHz	62.64 GHz	65.88 GHz
10	1, 2, 3, 4	57.24 GHz	61.56 GHz	65.88 GHz

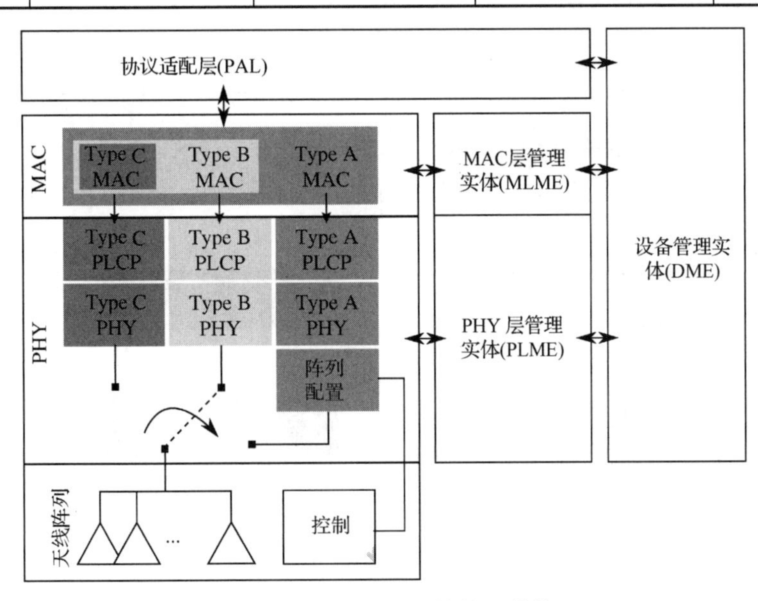

图 9.35　ECMA-387 的协议结构

9.5.3 ECMA-387 的 MAC 及 PHY 概述

尽管 IEEE 802.15.3c 及 WirelessHD 中的许多 PHY 功能与 ECMA-387 标准相同，但 ECMA-387 标准中不包含微微网 MAC 架构。相反，ECMA-387 标准提出了一个不带有协调器的分布式基于竞争的存取协议。此竞争存取包含两种形式，取决于 MAC 框架类别及操作意图。只有信标、控制帧、天线训练及命令帧才允许使用分布式竞争访问(DCA)协议。DCA 通过标准载波侦听和任意回退机制与邻域通信。DCA 在发现信道中运行，而发现信道的 PHY 实施在 A 类设备中更稳固。应用资源通信需要有分布式预约协议(DRP)，而同步的邻域设备要求为单一链路提供预留时隙。必须使用 DCA 中的信标设置 DRP，并且一旦启动，应在设备中提供更高速率的通信。DRP 传输通过超帧实现格式化，并且每一个超帧均包含一个可变长度的“信标周期”，后接用于设备通信的 256 位介质存取槽。

ECMA-387 MAC 帧格式包含许多无线标准中最先进的标准功能，例如帧分割、帧聚合、块确认以及链路质量反馈(帧差错统计、传输功率及链路质量度量测量)。ECMA-387 同样包含用于特定 60 GHz 应用的帧格式化程序，例如专为视频数据流及非均匀差错保护定制的控制帧。ECMA-387 MAC 同样具有通过调节传输功率实现功率控制及休眠程序功能、不同 PHY 类别的共存与互操作功能、通过加密及数据认证实现安全通信的功能以及通过协议适配层实现与无线 HDMI 端口的特殊兼容性。

ECMA-387 的选配功能包括 IEEE 802.11g 设备赋予的 2.4 GHz 带外数据控制信道，图 9.36 描述了其结构，以及放大转发中继[ECMA08]。OOB 控制信道能够十分有效地避免在 60 GHz 下未发现的邻近设备的干扰，并且能够用于快速恢复突然中断的 60 GHz 链路。放大转发中继可以延伸 60 GHz 链路的范围，并且能与继电器的传输器和接收机处的天线训练兼容。

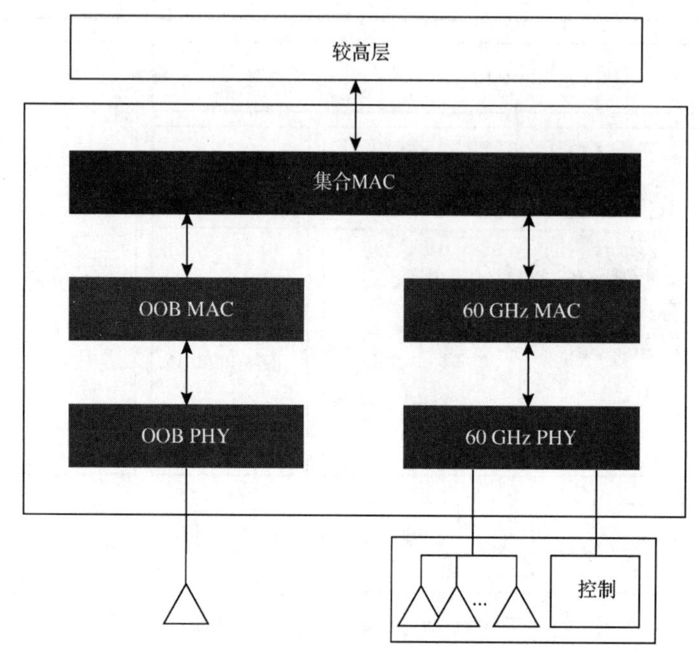

图 9.36 ECMA-387 中带外数据(OOB)控制信道分层体系结构

ECMA-387 所有的 PHY 帧均遵循图 9.37 中所显示的格式。首先，发送一个前导码以提供接收增益控制、同步化及信道估计。其次，发送一个帧头用以通知包含 PHY 参数的接收机。随后发送包含所提供应用所有信息的有效载荷，并将其传输至 OSI 协议栈。最后，作为选配功能，部分 PHY 帧为天线序列训练(ATS)。每个 PHY 格式中的前导码、帧头及有效载荷的 PHY 格式均会有略微不同，然而，ECMA-387 标准包含用于设备搜寻的搜寻模式前导码。通过重复命令至 128 次，搜寻模式前导码将变得更稳固。

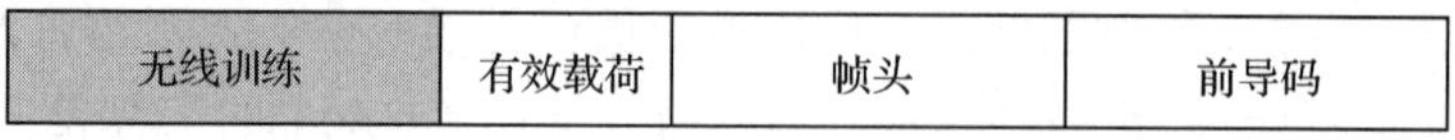

无线训练	有效载荷	帧头	前导码

图 9.37 ECMA-387 PHY 帧的通用帧格式(顺序为从右至左)

ATS 仅在 A 类及 B 类帧中可用，主要用于在带天线阵列的设备中执行天线波束赋形。ATS 包含 ECMA-387 标准[ECMA08]中定义的 256 位长 Frank-Zadoff(FZ)序列。在 ATS 字段中，在每次传输天线构型以及每次接收需要训练的天线构型时，FZ 序列都会重复(共有 64 个不同的传输及接收天线构型)。因此，FZ 序列被用来评估每种构型的信道信息。

9.5.4 ECMA-387 中的 A 类 PHY

如表 9.19 所示，A 类 PHY 包含多达 22 个调制与编码策略。所有的数据速率均为假设无绑定条件并且为标称循环前缀长度下的数据速率，此外，所有 A 类设备必须支持 B 类及 C 类设备的基础速率(分别为表 9.20 及表 9.21 的 MCS B0 与 C0)。发现模式与 MCS A0-A7 兼容，根据需要的处理增益来补偿天线阵列增益不足，每个符号可被重复多达 128 次。所有 SC MCS 的符号速率为 1.728 GHz 乘以所绑定的信道数，其中，所有 OFDM MCS 的符号速率为 2.592 GHz(OFDM 不具有信道绑定功能)。A 类 PHY 的功能为在时域与频域(分别为 SC 与 OFDM)对符号进行块传输。注意，虽然具体参数会有稍许不同，OFDM MCS 的格式化程序与 IEEE 802.15.3c 标准的 AV PHY HRP 模式相同。在 ECMA-387 中，OFDM 模式使用总计 512 个子载波，其中包含 360 个数据子载波、3 个 DC 子载波、16 个导频子载波、133 个防护子载波以及一个 64 位周期前缀。

表 9.19　ECMA-387 中 A 类 PHY 的调制与编码方案

MCS	调制	FEC	数据库
A0	SC, BPSK	RS+rate 1/2 BCC	397 Mbps
A1	SC, BPSK	RS+rate 1/2 BCC	794 Mbps
A2	SC, BPSK	RS	1.588 Gbps
A3	SC, QPSK	RS+rate 1/2 BCC	1.588 Gbps
A4	SC, QPSK	RS+rate 6/7 BCC	2.722 Gbps
A5	SC, QPSK	RS	3.175 Gbps
A6	SC, NS8-QAM	RS+rate 5/6 TCM	4.234 Gbps
A7	SC, NS8-QAM	RS	4.763 Gbps
A8	SC, TCM16-QAM	RS+rate 2/3 TCM	4.763 Gbps
A9	SC, 16-QAM	RS	6.350 Gbps
A10	SC, QPSK	RS+rate 1/2 BCC(仅 MSB)	1.588 Gbps
A11	SC, 16-QAM	RS+rate 4/7, 4/5 BCC(UEP)	4.234 Gbps
A12	SC, QPSKUEP)	RS+rate 2/3 BCC	2.117 Gbps
A13	SC, 16-QAMUEP)	RS+rate 2/3 BCC	4.234 Gbps
A14	OFDM, QPSK	RS+rate 1/3 BCC	1.008 Gbps
A15	OFDM, QPSK	RS+rate 2/3 BCC	2.016 Gbps
A16	OFDM, 16-QAM	RS+rate 2/3 BCC	4.032 Gbps
A17	OFDM, QPSK	RS+rate 4/7, 4/5 BCC(UPE)	2.016 Gbps
A18	OFDM, 16-QAM	RS+rate 4/7, 4/5 BCC(UPE)	4.032 Gbps
A19	OFDM, QPSKUEP)	RS+rate 2/3 BCC	2.016 Gbps
A20	OFDM, 16-QAMUEP)	RS+rate 2/3 BCC	4.032 Gbps
A21	OFDM, QPSK	RS+rate 2/3 BCC(仅 MSB)	2.016 Gbps

*注意，MCS A0 使用的扩频为 $L_{SF}=2$。所有的 ECMA-387 A 类设备必须支持无信道绑定的 MCS A0(其他模式可选配)。

图 9.38 显示了 A 类设备中 SC MCS 的通用格式化程序。所有的 SC MCS 均使用 RS(255, 239)码，后接 48 位比特交织，同时连接到打孔二进制卷积码[生成器多项式$(23)_8$与$(35)_8$]。在 UEP 模式下(星座图扭曲或可变编码速率情况)，4 个内码各需要两个分支，而在非 UEP

模式下，仅需要一个单独的分支。MCS A6 及 A8 同样具有网格编码调制(TCM)功能①。在 MCS A0 中，在块格式化前，重复所有的数据符号。在增加循环前缀前，为每 252 个数据符号块附加 4 个前导码。可用的循环前缀长度包括 0、32、64 及 96。

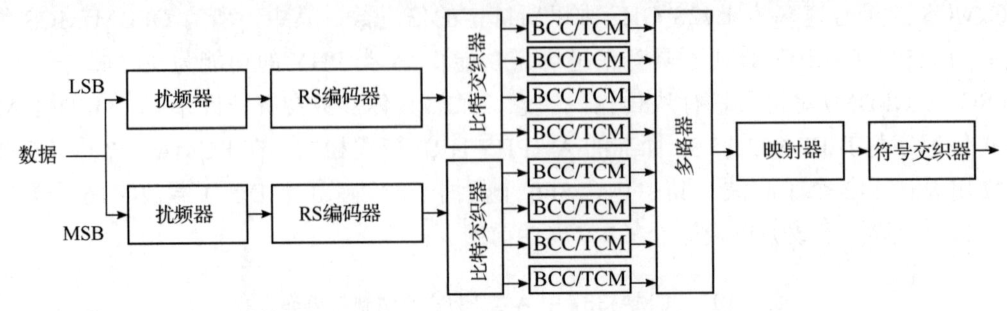

图 9.38 A 类设备中 SC MCS 的通用格式化程序

9.5.5 ECMA-387 中的 B 类 PHY

B 类 PHY 可以包含表 9.20 中显示的调制与编码方案，所有的数据速率均为假设无绑定条件。在 1.728 GHz 及 252 个样本点中，B 类 SC MCS 符号速率及区块大小与 A 类 SC MCS 相同。尽管在 B 类设备中不提供循环前缀，限制其在多通道信道中的应用，其每个区块后也拥有 4 个导频。图 9.39 显示了 B 类设备中 SC MCS 的通用格式化程序。尽管 BPSK/QPSK 星座图的旋转方式不同，其功能块的执行操作实际上与 A 类 SC 设备相同。在信号交织后进行差分编码。

表 9.20 ECMA-387 中的 B 类 PHY 的调制与编码方案

MCS	调制	FEC	数据库
B0	SC, DBPSK	RS	794 Mbps*
B1	SC, DBPSK	RS	1.588 Gbps
B2	SC, DQPSK	RS	3.175 Gbps
B3	SC, QPSK(UEP)	RS	3.175 Gbps
B4	DAMI	RS	3.175 Gbps

* 注意，MCS B0 使用的扩频为 $L_{SF}=2$。所有的 ECMA-387 B 类设备必须支持无信道绑定的 MCS B0(其他模式可选配)。此外，所有 B 类设备必须支持 C 类设备的基础速率(表 9.21 的 MCS C0)

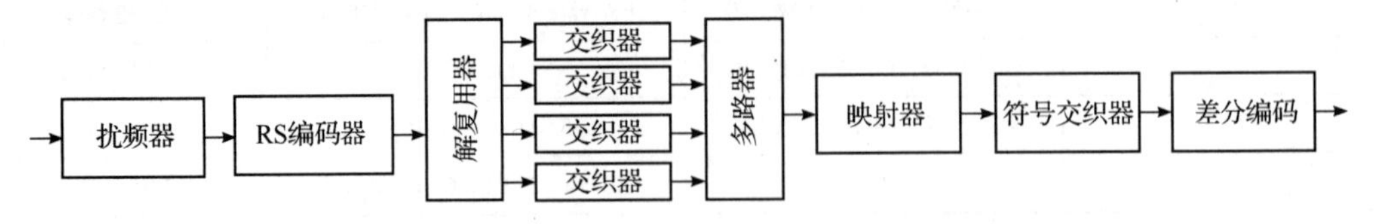

图 9.39 B 类设备中 SC MCS 的通用格式化程序

MCS B4 与 IEEE 802.15.3c 的 SC-PHY 提供的 DAMI 方式相同，如图 9.32 所示。MCS B4 采样率为 3.456 GHz，而 MCS B4 在进行 DAMI 映射前，也包括 RS 码。

① TCM 在进行卷积编码前，通过比特多路分配器分为两组。更多信息可参考文献[ECMA08]的 10.2.2.5.1.6 节。

9.5.6 ECMA-387 中的 C 类 PHY

C 类 PHY 可能包括表 9.21 所示的调制与编码策略。C 类 MCS 的符号速率也是 1.728 GHz，每个块包括 508 个数据符号，后接 MCS C1 和 C2 的 4 个导频符号。MCS C0 处理由 1 016 个数据符号(后接 8 个导频符号)组成的块。

表 9.21 ECMA-387 中 C 类 PHY 的调制与编码方案

MCS	调制	FEC	数据库
C0	SC, OOK	RS	800 Mbps*
C1	SC, OOK	RS	1.6 Gbps
C2	SC, 4ASK	RS	3.2 Gbps

*注意，MCS C0 使用扩频为 $L_{SF}=2$。所有的 ECMA-387 C 类设备必须支持无信道绑定的 MCS C0(其他模式可选配)

9.5.7 ECMA-387 第二版

ECMA-387 标准的修订版于 2011 年 12 月发布。通过取消用处不大的模式，增强标准兼容设备的协调性，该标准的重点更加突出。具体而言，该标准的第二版中删除了 C 类设备。

9.6 IEEE 802.11ad

IEEE 802.11ad 和 IEEE 802.11ac 几乎主导着无线局域网(WLAN)的未来。IEEE 802.11ac 关注 5～6 GHz 之间的载频，其中可用的信道带宽较少，而 IEEE 802.11ad 则侧重于 60 GHz 频段，其中分配了许多吉赫兹的全球频谱(见图 9.1)。IEEE 802.11ac 的支持者认为，通过使用多达 8 个天线、高阶星座图(如 256-QAM)以及高效前向纠错，实现大尺寸 MIMO 处理，可在较低载频下最大化频谱效率，从而更好地服务于各种吉赫兹 WLAN 应用。相反，IEEE 802.11ad 的支持者则较少关注频谱效率，他们认为最佳解决方案是迁移到更高的毫米波频带(60 GHz)，以获得更多带宽。一方面，IEEE 802.11ac 的风险较小，其在高度集成电路的坚实基础上，使用具有较少路径损耗的微波频带，并且更为直接地扩展了 IEEE 802.11n。而 IEEE 802.11ad 必须利用尖端的 CMOS 毫米波设备技术，消耗大量带宽，引入毫米波自适应波束控制，并实现定向 MAC，所有这些均未经过充分的市场验证。另一方面，IEEE 802.11ad 更直接地过渡到未来网络，因此，必须扩展载频来匹配扩展带宽需求。两个标准均有一个限制，与传统 IEEE 802.11a/b/g/n 设备的兆位传输相比，IEEE 802.11ac 中存在大量字串流和大的星座阶，使得 Gbps 传输的范围大大减小，或者若不使用大天线增益，则 IEEE 802.11ad 中的毫米波路径损耗将增加。

本节总结 IEEE 802.11ad 的突出特征，重点介绍 IEEE 802.11n 的变化。一般而言，IEEE 802.11ad 是一种多频段(2.4/5/60 GHz)解决方案，具备 WPAN 60 GHz 标准(如 IEEE 802.15.3c)的许多特征，包括波束控制、波束跟踪、中继和定向 MAC 操作。

9.6.1 IEEE 802.11 背景

表 9.22 概述了 IEEE 802.11 标准的演进历程。1997 年批准的初始 IEEE 802.11 遗留标准及其 2 Mbps 扩频 PHY，提供了最初和当前的具有冲突避免的载波侦听多路访问(CSMA/CA)MAC，即现在经典的请求发送(RTS)、允许发送(CTS)、数据(DATA)和告知信号(ACK)交换(如图 9.40 所示)。如果在指定的时间段内没有检测到流量，源节点将发送 RTS 控制帧，以请求访问信道。如果目标节点收到 RTS 消息后，也未检测到任何其他流量，它将回复一个 CTS 控制帧。接下来，源节点将发送数据有效载荷。如果目标节点成功接收数据，则会回复一个肯定的应答。RTS 和 CTS 消息可选择性使用(如果发射机没有检测到流量，则可以先传输数据有效载荷)。在可能发生隐藏节点问题的环境中，建议使用 RTS 和 CTS 消息。

表 9.22 IEEE 802.11 标准的演进历程

	发布日期	新增频段	数据速率	MAC 添加
—	07/97	2.4 GHz 3.3 PHz	1～2 Mbps 1～2 Mbps	CSMA/CA
a	09/99	5 GHz	6～54 Mbps	—
b	09/99	2.4 GHz	1～11 Mbps	—
d	07/02	—	—	监管领域
g	06/03	2.4 GHz	—	—
h	10/03	5 GHz	—	欧洲，共存
i	08/04	—	—	(WPA/WPA2)安全
j	11/04	5 GHz	—	日本
e	11/05	—	—	(QoS)服务质量
k	06/08	—	—	测量与管理
r	07/08	—	—	快速/安全连接
y	11/08	3.7 GHz	—	美国，共存
w	09/09	—	—	管理帧安全
n	10/09	2, 4/5 GHz	6.5～600 Mbps	聚合
P	07/10	5.9 GHz	1.5～54 Mbps	车用环境存取
z	10/10	—	—	直接链接设置
u	02/11	—	—	外部网络
V	02/11	—	—	客户端配置
s	09/11	—	—	无线网状网，低成本数据

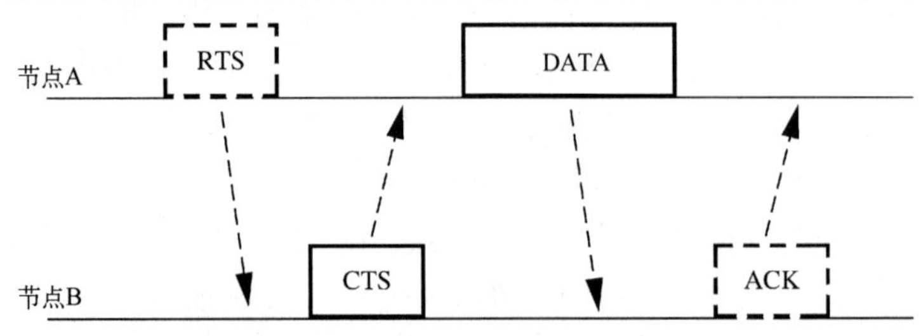

图 9.40 IEEE 802.11 介质访问控制(MAC)的传统 RTS/CTS/DATA/ACK 交换

在 1999 年的 a 和 b 修订版之前，IEEE 802.11 标准并非市场主流标准[Rap02]。IEEE 802.11b 通过补码键控调制技术，实现了 11 Mbps 的 PHY 吞吐量。IEEE 802.11a 则利用 OFDM 调制，将 PHY 吞吐量扩展到 54 Mbps(成为后来流行的调制选择)。IEEE 802.11b 工作在较低的 2.45 GHz 工业、科学和医疗频段，而 IEEE 802.11a 则使用 5 GHz 的 UNI 频段。创建 IEEE 802.11g 的目的是为了将 IEEE 802.11a PHY 转换为 2.45 GHz 载频。IEEE 802.11n 包括若干次 MAC 修订(如 IEEE 802.11e)和若干新的 MAC 增强，包括帧聚合、块应答、对 ACK 的数据捎带以及链路适配。IEEE 802.11n 还提供大量 PHY 增强，主要通过多天线处理(最多四个天线)和可选 40 MHz 信道，使速率高达 600 Mbps。

9.6.2 IEEE 802.11ad MAC 的重要特征

在 IEEE 802.11ad 修订版中，MAC 有几个值得注意的新特征。本节将详细描述。

9.6.2.1 IEEE 802.11ad 中的定向多吉比特接入

IEEE 802.11ad 的核心特征在于新增了定向多吉比特(DMG)PHY(在下一节中描述)，该 PHY 通过 60 GHz 频段中的多天线波束赋形，具有每秒吉比特的数据传输能力。由于标准 IEEE 802.11 分布式协调功能(DCF)采用 CSMA/CA 频谱接入方法，由于高的路径损耗(如果没有用天线增益补偿)和有向链路，因此无法充分服务于 DMG PHY。相反，在类似于 IEEE 802.15.3c 的介质访问过程中，DMG 访问权限由协调器分配给用户，或者如 IEEE 802.11ad 中所定义的，由个人基本服务集控制点(PCP)或接入点(AP)授予。对于在点对点模式下(过去没有集中控制可用)运行的 IEEE 802.11ad 设备，PCP 是必需的。本节将遵循 IEEE 注释——无论是否作为 PCP/AP 运行，IEEE 802.11ad 中的每个设备都将被称为基站(STA)。

如图 9.41 所示，DMG STA 的 MAC 架构与第 8 章讨论的分布式协调功能大相径庭。注意，DMG STA 与对 DCF 的根本依赖不会同时存在。DMG STA 的主要变化在于用 DMG STA 信道接入取代具有 DMC 信道的 DCF。注意，DCF 仍可用于 DMG STA，但其操作规则经过修改，以适应 60 GHz PHY 在 DMG 信道访问下的操作限制。例如，由于定向链路中存在开销问题和隐藏节点问题(如第 8 章所述)，建议 DCF 传输朝预定接收机的方向(传输之前必须知道方向)。此外，DMG STA 的传输退避规则也不同。DMG STA 上放宽了退避约束，以增加空间复用度。

IEEE 802.11ad 的 DMG 信道接入包含在信标间隔内，图 9.42 举例说明了此结构。通过 PCP 或 AP，各信标间隔转换为不同的接入期，从而形成调度表。各接入期的通信不同。如果 STA 不是 PCP 或 AP，那么在没有来自 PCP/AP 轮询或授权帧的情况下，STA 无法接入 DMG 介质。接入期定义如下：

- 信标传输间隔(BTI)——PCP 或 AP 使用此接入期发射信标。在 IEEE 802.11ad 中，信标用于建立信标间隔和接入调度，从而实现网络同步，交换接入和容量信息，以及波束赋形训练。并非所有的信标间隔都必须包含 BTI。在 BTI 期间，禁止非 PCP/非 AP STA 发射信标。
- 协作波束赋形训练(A-BFT)——A-BFT 是一种波束赋形训练周期，用于训练在 BTI

期间发射信标的 PCP 或 AP。信标间隔不一定存在 A-BFT。

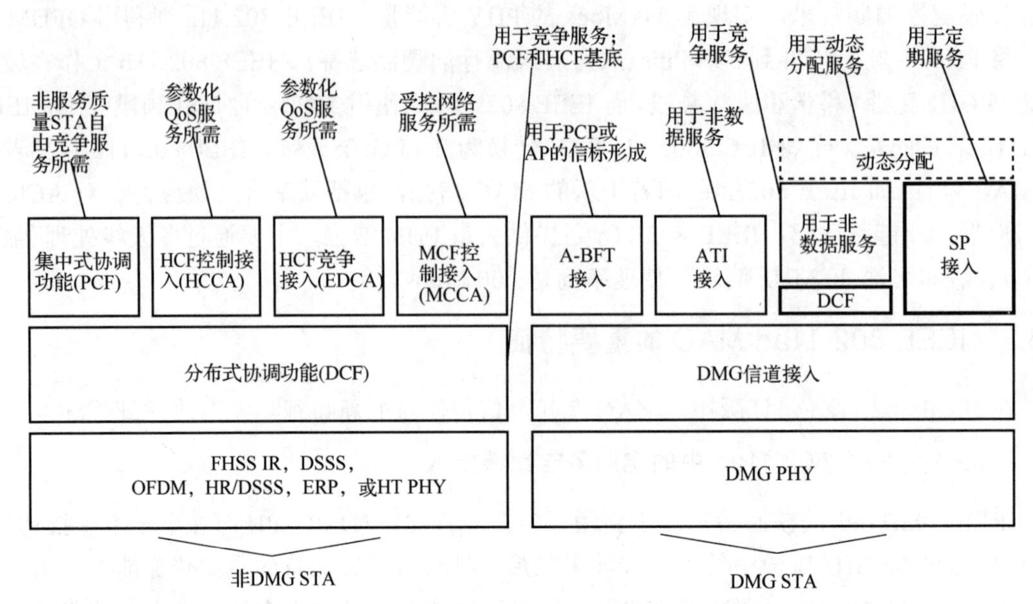

图 9.41 说明 DMG STA(60 GHz)与非 DMG STA 差异的 MAC 结构框图

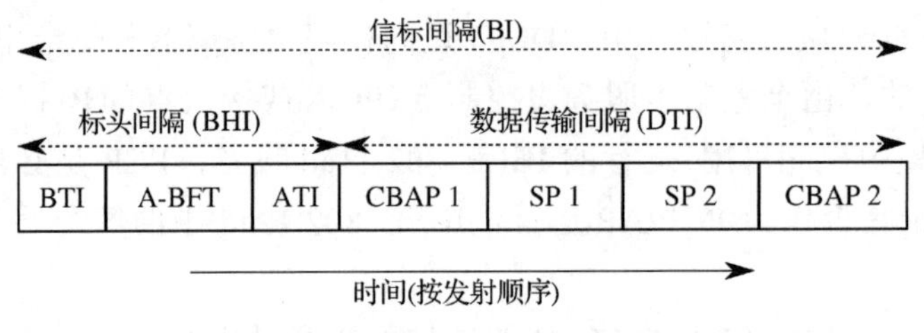

图 9.42 信标传输间隔格式示例

- 通告传输间隔(ATI)——在 ATI 期间，PCP/AP 和其他 STA 互相交换请求帧和应答帧。如图 9.43 所示，PCP/AP 将发起所有帧的交换。ATI 也可选择性地存在于信标间隔内。

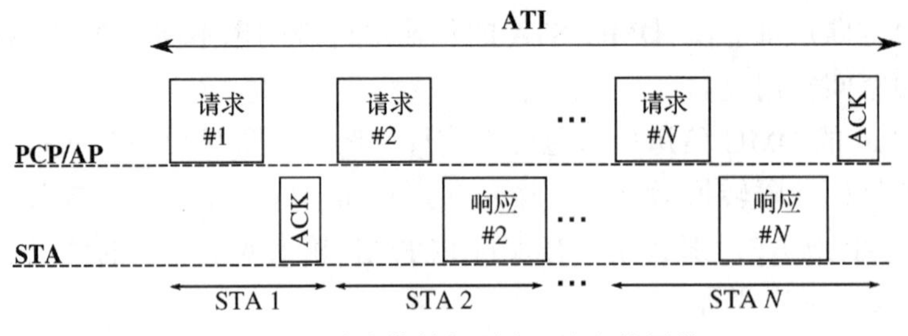

图 9.43 通告传输间隔(ATI)内的通信

- 数据传输间隔(DTI)——对于大多数 STAS 信标间隔而言，DTI 通常是最重要的。它用于所有 STA 之间的帧交换。DTI 进一步细分为两个区间的(可能的)多次迭代：基于竞争的接入期(CBAP)和定期服务期(SP)。PCP/AP 确定 CBAP 和 SP 的存在、持续时间和迭代次数。

- 定期服务期(SP)——PCP 或 AP 将每个 SP 分配至 STA 到 STA 的链路。对于高速率数据传输，优先选择 SP，因为允许 STA 使用所有可用的链路特性(例如，波束赋形)。
- 基于竞争的接入期(CBAP)——CBAP 是 CSMA/CA 随机接入的 DMG 区，即 DCF。STA 可以使用 CBAP 请求 SP 分配。

9.6.2.2　IEEE 802.11ad 中的 PCP/AP 集群

通过集群 PCP/AP，60 GHz IEEE 802.11ad 网络可以减少干扰，提高空间复用性。例如，如果两个 PCP/AP 同时协调两个不同的 DMG 接入调度，则它们必须存在于不重叠的时隙内，以防止干扰。为了生成非重叠的调度，需要同步 PCP(S-PCP)和(APS-AP)，从而在接入层级生成一个新层级。S-AP/S-PCP 通过两种方式生成非重叠接入调度的 AP/PCP 集群，具体如下：

- 分散集群——集群内的所有 DMG PCP/AP 由单个 S-PCP/S-AP 协调。DMG PCP/AP 通过信标实现升级到 S-PCP/S-AP。通常，通告 S-PCP/S-AP 功能的首个 PCP/AP 将由与之通信的其他 PCP/AP 观察到。分散集群的 S-PCP/S-AP 通过生成信标服务区间(信标 SP)，允许集群 PCP/AP 与集群(PCP/AP 及其关联的 STA)内的其他 STA 交换信标。如果 PCP 或 AP 具有集群能力并可以探测到未被另一个 PCP/AP 占用的空信标 SP，则该 PCP 或 AP 可以加入该分散集群。请注意，成员 PCP/AP 会将其信标间隔与 S-PCP/S-AP 的信标间隔匹配，如图 9.44 所示。
- 集中式集群——一个集中式集群可能包含多个协调的单集群内 S-AP。集中式集群由 STA(支持 S-AP)通过两个步骤形成：(1)配置；(2)认证。配置步骤向 STA 提供操作信息(例如调度信息和传输频率)。认证步骤对信道的信标和现有集群进行监视。如果信道内不存在任何集群，则可以成功形成集群，并将 STA 升级为 S-AP。以类似的方式向分散集群分配信标 SP，进而允许成员 PCP/AP 与网络中的 STA 交互。分散集群和集中式集群的主要区别在于集中式集群可能包含多个 S-AP 设备，这增强了集群的数据传输能力，但也大大增加了集群设计的复杂性。

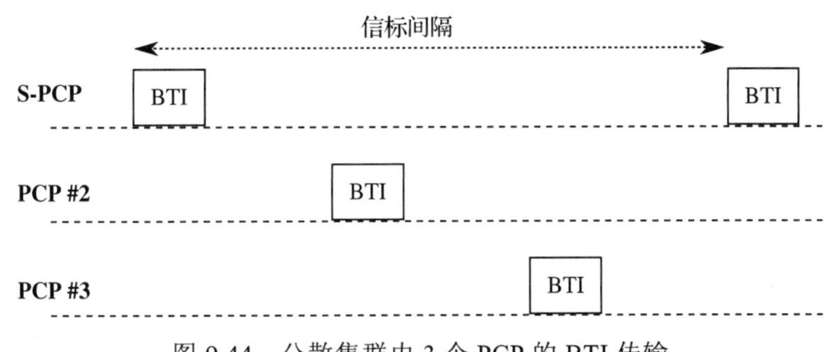

图 9.44　分散集群内 3 个 PCP 的 BTI 传输

注意，该标准允许对分散集群和集中式集群进行 S-PCP/S-AP 切换和集群维护。

9.6.2.3　IEEE 802.11ad 中的波束赋形

PHY 提供训练数据的布局和天线阵列的配置，但是，天线训练和配置过程由 MAC 管理(详见第 8 章)。尽管很多细节不同，IEEE 802.11ad 下的波束赋形与 IEEE 802.15.3c 下的波束赋形有着许多相同的特性。波束赋形的训练天线大致分为两个过程：扇区扫描及波束优化，如图 9.45 所示。

- 扇区扫描——扇区扫描是发射机和接收机天线训练的第一步，详见图 9.29 中的扇区概念。注意，DMG PHY 上的单个天线最多可以有 64 个扇区。所有天线的扇区总数不能超过 128[①]。扇区扫描包括 4 个部分：启动发送或接收扇区扫描(TXSS 或 RXSS)、应答 TXSS 或 RXSS、反馈和确认(ACK)。在 TXSS 中，为传输 STA 扇区的每个组合和接收 STA 的每个天线(具有一个固定扇区)发送 CPHY 格式帧(在 9.6.3 节讨论)。这允许接收机估计相对于所有可能接收天线发射机的最佳扇区配置。对于 RXSS，作用相反。为传输天线的每个组合和接收 STA 的每个扇区，发送一个固定扇区的 RXSS 帧。扇区扫描以反馈和 ACK 信息结束，它们发挥两个作用：(1)交换最佳扇区信息；(2)确认扇区扫描成功。
- 波束优化——一旦完成扇区级训练，如有必要，可以通过波束优化协议(BRP)进一步优化波束。波束优化通过两种类型的 BRP 包实现：BRP-RX 及 BRP-TX。BRP 包是具有天线训练的 PHY 包(已在 PHY 部分进行了讨论，并在图 9.51 说明)。BRP-RX 包采用 TRN-R 训练序列，实现接收天线测试，而 BRP-TX 包采用 TRN-T 训练序列，实现发射天线测试。可以用多个天线配置发送 BRP-TX 包，以便针对 BRP-TX 包内的每个 TRN-T 序列调整发射天线配置。每个 BRP 包的 TRN-R/TRN-T 序列的数量由接收机/发射机需要训练的天线阵列的数量决定。

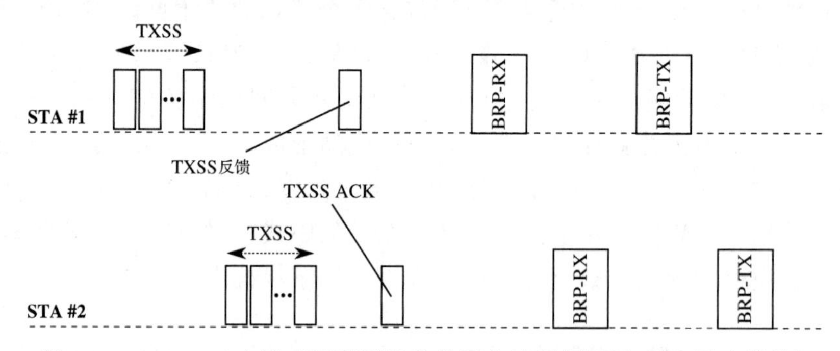

图 9.45 802.11ad 中波束赋形训练的前两个过程(扇区扫描和波束优化)

注意，在波束优化上花费的时间和精力越多，意味着用在扇区扫描的精力越少，反之亦然。两者的最佳平衡取决于供应商的天线配置和支持的 PHY 选项。

IEEE 802.11ad 标准还提供波束跟踪功能，以确保天线配置适应传输环境的变化。波束跟踪和波束优化实际上是相同的过程，波束跟踪指的是对一组数量较少的天线配置进行周期性优化，其采用与 BRP 相同的格式添加相同的天线训练。

扇区扫描和波束优化是波束赋形训练的两个必要步骤，两者在 IEEE 802.11ad MAC 过程中的顺序取决于 DMG 信道的接入方法。在 BTI 中，PCP/AP 首先启动 TXSS，该过程通

① 天线的构成由供应商决定。例如，就标准而言，每个天线单元的不同相位组合形成扇区的多振子天线阵列，可以视其为具有多个扇区(根据不同的相位组合)的单个天线。

过具有不同扇区配置的 DMG 信标进行。A-BFT 紧随 BTI 后进行，允许非 PCP/非 AP STA 响应 BTI 发起的波束赋形训练。最后通过向 PCP/AP 发出波束赋形训练请求，在 DTI 中的非 PCP/非 AP STA 之间进行波束赋形训练。

9.6.2.4　IEEE 802.11ad 中的中继

正如在第 8 章和 9.5 节所讨论的，中继在 60 GHz 下可以很好地扩展传输范围，提供网络监听和安全保护，并防止链路中断。第 3 章讨论了可能引起链接中断的多种因素，包括人体移动。在 IEEE 802.11ad 中，具有中继能力的 STA 及与中继兼容的 STA 链路可以建立中继操作。由于 PCP/AP 提供 DMG 信道接入期，STA 知道何时中继基站，和何时在各中继模式下进行操作(如果可用)。中继操作采取两种形式：链路切换和链路协作。

在链路切换中继操作中，中继仅用于提供替代的电磁路径。链路切换可以使用全双工放大转发或半双工解码转发中继。全双工放大转发和前向链路交换中继有两种帧传输模式：正常模式和交替模式。这两种模式从根本上依赖于链路变化间隔时隙。

在正常模式下(如图 9.46 所示)，STA 到 STA 链路的连接将持续，直到链路中断为止。在发射机端，链路中断被定义为在链路变化间隔开始时 ACK 响应消息没有用于传输数据。在接收机端，链路中断被定义为在链路变化间隔开始后的固定时隙内无法接收数据。一旦链路中断，每个 STA 将调整配置(包括波束赋形特性)，以通过中继进行通信，即 STA 到中继链路再到 STA 链路。如果链路再次中断，STA 会切换至 STA 到 STA 的链路。此切换过程在正常模式下持续进行。在交替模式下，在每个链路变化间隔内切换链路，而不考虑链路是否中断，如图 9.47 所示。由于切换周期较快(即链路变化间隔期较短)，这将使链路中断具有鲁棒性。链路切换解码转发中继操作始终采用正常模式，但传输必须分成两个阶段。

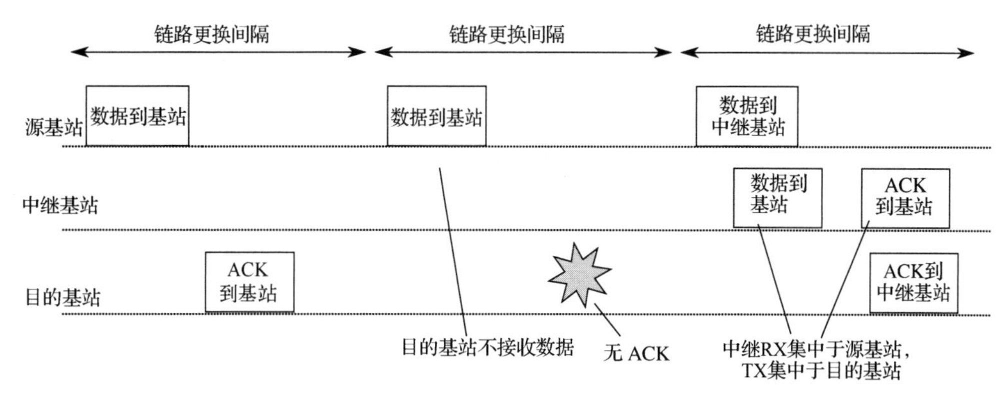

图 9.46　在正常模式下的链路切换示例中，数据由源基站、放大转发中继基站到目的基站传输

在链路协作中继操作中，始终激活中继链路，以作为持续改进通信的手段。每次传输分为两个阶段。在第一阶段(周期 1)，数据发送到中继基站，如果存在波束赋形，则由传输 STA 转向中继基站。在第二阶段(周期 2)，数据再次从传输基站传输，只是这一次天线转向接收基站(如果存在波束赋形)。同时，中继基站将相同的数据发送到接收基站，天线也随之转向接收基站(存在波束赋形时)。图 9.48 说明了这一过程。

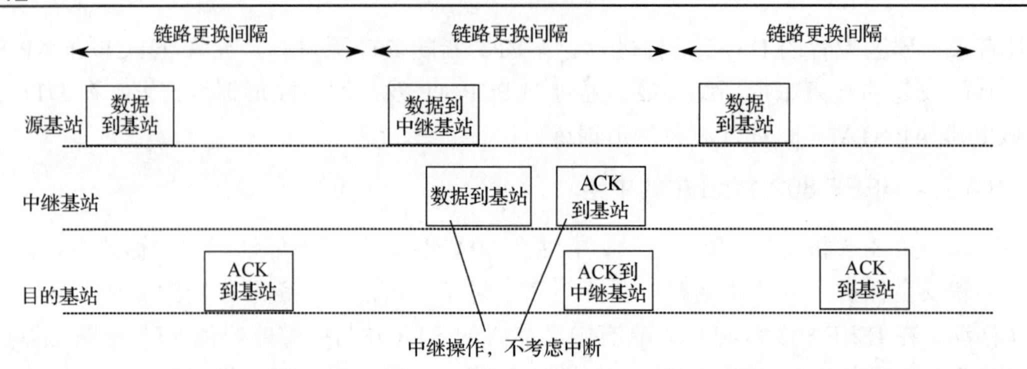

图 9.47　在交替模式下的链路切换示例中，数据由源基站、放大转发中继基站到目的基站传输

9.6.2.5　IEEE 802.11ad 中的多频段操作

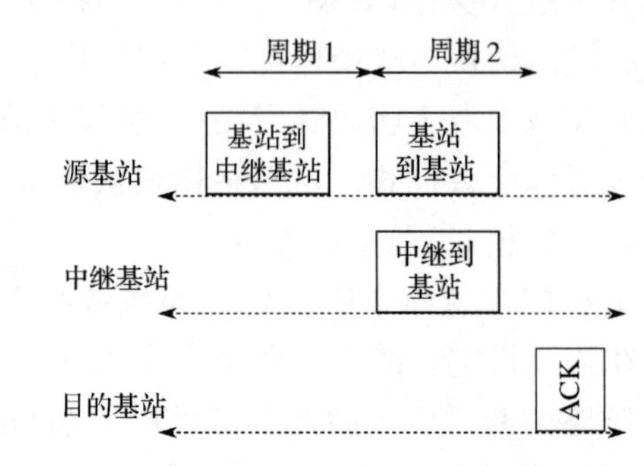

图 9.48　在链路协作下的中继操作示例，数据由源基站、解码转发中继基站到目的基站传输

IEEE 802.11ad STA 支持多频段，即 DMG 频段和其他 IEEE 802.11 标准支持频段的任何组合。大体上，这些频段可分为 3 组：(1) 低频段(LB)，即 2.4～2.4835 GHz；(2) 高频段(HB)，即 4.9～5.825 GHz；(3) 超频段(UB)，即 57～66 GHz。IEEE 802.11ad 允许循序或并发使用上述任一频段，也就是说，数据传输可以在多个频带中同时进行。此外，对于单次会话，数据传输可以从一个频段任意切换至另一个频段。每个频段的操作可以使用相同的 MAC 地址(透明)或使用不同的 MAC 地址(非透明)。尽管 PHY 不能在不同频段之间直接共享信息，但由于每个频段之间可以共享 MAC 管理信息，因此可以在多频段操作中实现高度的灵活性。

9.6.2.6　IEEE 802.11ad 中的链路适配

IEEE 802.11n 首先介绍了通过信道反馈实现链路适配的过程。DMG 网络内的任何 STA 都可以从它想要与之通信的任何其他 STA 请求链接余量信息。作为响应，STA 对推荐 MCS、期望信噪比(SNR)以及推荐 MCS 所需 SNR 的预期 SNR 余量提出了反馈意见。链路余量信息对于传输功率控制和快速会话传输都非常有用。注意，STA 可能会自主反馈未经请求的链路余量信息。由于具有潜在的大频率选择性，DMG PHY 可以在大量的带宽上操作，因此链路余量信息非常重要。而在这些场景中，没有一个简单的链路质量度量标准，因此该标准允许接收机为频率选择性信道确定推荐的 MCS，以及确定所需信道质量的平均信噪比偏移量。

9.6.2.7　IEEE 802.11ad 中的安全

IEEE 802.11ad 沿用高级加密标准(AES)加密算法。此前，IEEE 802.11 使用计数器模式密码块链接消息认证协议(CCMP)来实现 AES 处理。然而，事实证明，扩展到 Gbps 速率和非常大的帧对 CCMP 很有挑战性。因此，IEEE 802.11ad 支持伽罗瓦(Galois)计数器模式和伽罗瓦消息认证码协议(GCMP)。GCMP 既降低了计算复杂度，又允许在不损害安全性的前提下实现更大的并行性。

9.6.3 IEEE 802.11ad 的定向多吉比特 PHY 概述

在 IEEE 802.11ad WLAN 中，定向多吉比特(DMG)PHY 规范了 60 GHz 波形的格式。它由 4 个格式化程序构成：

(1) 控制 PHY 协议(CPHY)——用于兼容所有 DMG IEEE 802.11ad 装置的运行，而不考虑供应商的实现。

(2) 正交频分复用 PHY(OFDM PHY)——用于多载波运行和最大化频谱效率。

(3) 单载波(SC)PHY——用于在频谱效率和执行复杂度之间实现最佳权衡。

(4) 低功率(LP)SC-PHY——低执行复杂度实现和功率最小化。

IEEE 802.15.3c 同样定义了 4 种 PHY 格式：CMS、SC-PHY、HSI PHY 和 AV PHY。然而，IEEE 802.11ad 更好地区分了每个 PHY(如 ECMA-387)的应用范围。此外，由于 CPHY(MCS 0)是强制性的(连同 MCS 1～4)，IEEE 802.11ad 中的 DMG PHY 更有利于不同 PHY 模式之间的共存；而在 IEEE 802.15.3c 中，不需要对 AV PHY 设备执行 CMS。

9.6.3.1 IEEE 802.11ad 的 PHY 共同点

除了在操作上更精确地区分不同的 PHY 格式(与 IEEE 802.15.3c 相比)，IEEE 802.11ad 还为每个 PHY 提供了更统一的格式化程序。本节将讨论所有 DMG PHY 之间的共同点。DMG PHY 在 60 GHz 波段使用通道 1～4，如图 9.8 所示，这与前面所述的所有标准都是一样的。IEEE 802.11ad 中 DMG PHY 的频谱屏蔽与 IEEE 802.15.3c 略有不同，如图 9.49 所示。

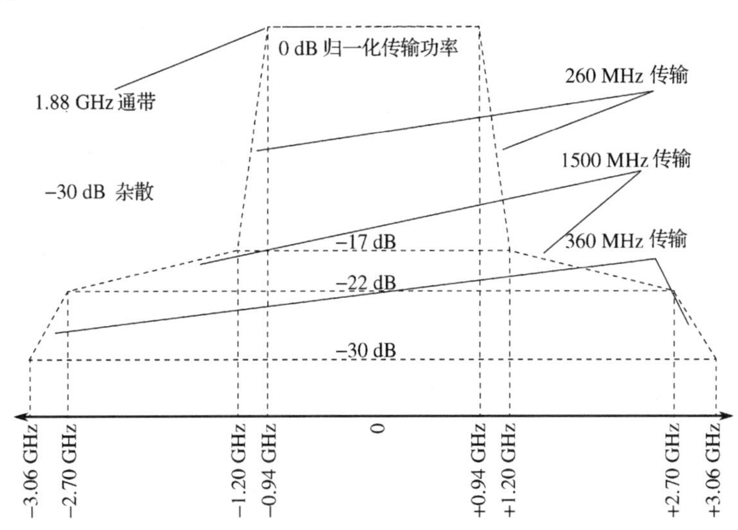

图 9.49 IEEE 802.11ad 中的 DMG PHY 的频谱屏蔽

不同于为每个 DMG PHY 定义单独的 MAC/PHY 接口，IEEE 802.11ad 定义单独的 MAC 接口，这意味着仅通过调制与编码策略指定每个 PHY 格式。表 9.23 显示了涵盖所有 4 个 PHY 的 32 个 MCS。

表 9.23　IEEE 802.11ad DMG PHY 中的调制与编码策略(L_{SF} 表示扩频序列的长度)

	MCS	数据速率	调　制	FEC
C	0	27.5 Mbps	DBPSK(L_{SF} = 32)	LDPC(672, 504)(缩短)
SC	1	385 Mbps	π/2 BPSK(L_{SF} = 2)	LDPC(672, 336)
	2	770 Mbps	π/2 BPSK	LDPC(672, 336)
	3	962.5 Mbps	π/2 BPSK	LDPC(672, 420)
	4	1 155 Mbps	π/2 BPSK	LDPC(672, 504)
	5	1 251.25 Mbps	π/2 BPSK	LDPC(672, 546)
	6	1 540 Mbps	π/2 QPSK	LDPC(672, 336)
	7	1 925 Mbps	π/2 QPSK	LDPC(672, 420)
	8	2 310 Mbps	π/2 QPSK	LDPC(672, 504)
	9	2 502.5 Mbps	π/2 QPSK	LDPC(672, 546)
	10	3 080 Mbps	π/2 16-QAM	LDPC(672, 336)
	11	3 850 Mbps	π/2 16-QAM	LDPC(672, 420)
	12	4 620 Mbps	π/2 16-QAM	LDPC(672, 504)
OFDM	13	693 Mbps	SQPSK	LDPC(672, 336)
	14	866.250 Mbps	SQPSK	LDPC(672, 420)
	15	1 386 Mbps	QPSK	LDPC(672, 336)
	16	1 732.5 Mbps	QPSK	LDPC(672, 420)
	17	2 079 Mbps	QPSK	LDPC(672, 504)
	18	2 772 Mbps	16-QAM	LDPC(672, 336)
	19	3 465 Mbps	16-QAM	LDPC(672, 420)
	20	4.158 Mbps	16-QAM	LDPC(672, 504)
	21	4 504.5 Mbps	16-QAM	LDPC(672, 546)
	22	5 197.5 Mbps	16-QAM	LDPC(672, 420)
	23	6 237 Mbps	16-QAM	LDPC(672, 504)
	24	6 756.75 Mbps	16-QAM	LDPC(672, 546)
LP	25	626 Mbps	π/2 BPSK	RS(224, 208)+OBC(16, 8)
	26	834 Mbps	π/2 BPSK	RS(224, 208)+OBC(12, 8)
	27	1 112 Mbps	π/2 BPSK	RS(224, 208)+OBC(9, 8)
	28	1 251 Mbps	π/2 QPSK	RS(224, 208)+OBC(16, 8)
	29	1 668 Mbps	π/2 QPSK	RS(224, 208)+OBC(12, 8)
	30	2 224 Mbps	π/2 QPSK	RS(224, 208)+OBC(9, 8)
	31	2 503 Mbps	π/2 QPSK	RS(224, 208)+OBC(8, 8)

注意：数据速率仅针对数据有效负载计算，不包括其他 PHY 帧字段。

表 9.23 中的每个 MCS 都具有通用的 PHY 帧结构，如图 9.50 所示。短训练字段(STF)用于自动增益控制(AGC)、时间同步和频率同步。信道估计(CE)训练序列用于克服对所接收波形的衰落效应。为了消除有效负载中的残余频率和信道估计偏移，接收机最好训练信道增益和导频相位(OFDM PHY 中的所选子载波和 SC-PHY 中的循环前缀)。注意，STF 和 CE 字段基于格雷序列。有关 IEEE 802.11ad 中使用的格雷序列的列表见表 9.24。描述栏为

单载波无线信号复基带的16进制表示，其中，MSB先被发送，位0被映射到−1，位1被映射到+1。注意，虽然可以快速计算格雷序列，但802.11ad收发信机的实施可能需就每个组件的使用查找表。

同步(STF)	CE 训练	帧头	数据净荷	天线训练

图 9.50　通用 DMG PHY 帧格式

表 9.24　IEEE 802.11ad 中使用的格雷序列定义

名　称	描　述
$\mathbf{Ga}_{32}$	0xfa39c39a
$\mathbf{Gb}_{32}$	0x05c6c90a
$\mathbf{Ga}_{64}$	0x28d8282728d8d7d8
$\mathbf{Gb}_{64}$	0xd727d7d828d8d7d8
$\mathbf{Ga}_{128}$	0xc059cf563fa6cf56c059cf56c05930a9
$\mathbf{Gb}_{128}$	0x3fa630a9c05930a9c059cf56c05930a9

STF是一组极性仅在最后反转的重复格雷序列。格雷相关器在接收机处连续运行，在STF末端提供负尖峰信号，以显示802.11ad PHY数据包开始创建。在检测到数据包之后，识别每个PHY，再通过CE字段(SC和OFDM PHY具有不同的CE字段)进行帧头解码。在完成PHY识别之后，接收机有两个机会通过CE字段估计信道。此外，通过将格雷序列级联成双阶，可以配置信道估计中的延迟扩展量。这种通过较大序列(但是总块大小相同)估计信道的方式，提高了延迟扩展分辨率，但也增加了估计中的噪声。

每个802.11ad PHY帧头向接收机通知数据有效负载的DMG PHY格式化进程。PHY帧头信息包括以下内容：

- 扰码器初始化——用于扰码器，可在所有DMG PHY中找到。
- MCS——如表9.23所列，在CPHY中不需要。
- 帧长度——封装在附加PHY数据包中的源8位位组(字节)数量，存在于所有DMG PHY中。
- 附加数据包——表示下一个数据包将不按标准帧间隔传送，CPHY中不存在。
- 数据包类型——指示数据包是否包含训练字段和类型，存在于所有DMG PHY中。
- 训练序列长度——如果包含，则指所包含的训练序列数量(ANT字段数)，可在所有DMG PHY中找到。
- 聚合——表示将多个MAC帧聚合为单个PHY数据包，CPHY中不存在。
- 波束跟踪请求——表示未来数据包中的波束跟踪请求，CPHY中不存在。
- 音调配对类型——表示静态音调配对(STP)或动态音调配对(DTP)，仅适用于OFDM PHY。
- DTP指示符——表示应更新DTP映射，仅适用于OFDM PHY。
- 最后接收信号强度指示——定义最后一次传输的信道质量度量值，CPHY中不存在。
- 帧头检查序列——用于检查接收机帧头信息的有效性，存在于所有DMG PHY中。

最后，天线训练场(ANT)通过 BRP 和波束跟踪协议，完成 60 GHz 天线阵列的波束赋形训练。所有 PHY 的 ANT 字段均包括一个类似结构，如图 9.51 所示，N 次重复包括在发射机或接收机处训练 N 种不同的天线构型。AGC 字段用于为每个天线构型设置 AGC，辅以π/2-BPSK 调制，得到 SC-PHY 和 OFDM 的 AGC 等于$[\mathbf{1}_5 \otimes \mathbf{Ga}_{64}]$，CPHY 的 AGC 也等于$[\mathbf{1}_5 \otimes \mathbf{Gb}_{64}]$。通过π/2-BPSK 调制，CE 序列和 CE 序列的前导码(也依赖 PHY)相同。最后，天线构型训练序列等于所有 PHY 的π/2-BPSK 调制序列$[\mathbf{Ga}_{128}, -\mathbf{Gb}_{128}, \mathbf{Ga}_{128}, \mathbf{Gb}_{128}, \mathbf{Ga}_{128}]$。注意，为找到最佳天线权重，每个 ANT 字段使用单独的发送或接收天线构型(例如，根据 TRN-T 或 TRN-R 配置)。在 AGC 完成之后，每隔 5 个符号将 CE 序列插入，以使接收机大致地确定幅度最大的抽头。

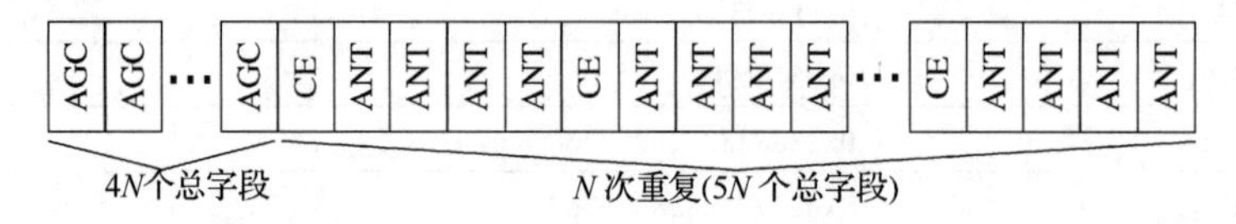

图 9.51　请求天线波束优化时，附加到 PHY 数据包的天线训练场的一般结构

最后一个共同 PHY 要素是有效负载形成的一般程序。图 9.52 显示了包括加扰、编码、调制和扩展在内的通用 PHY 格式化过程。注意，所有 PHY 的加扰移位寄存器的实现都是相同的，如多项式 $x^7 + x^4 + 1$(种子代码由发射机定义)所示。

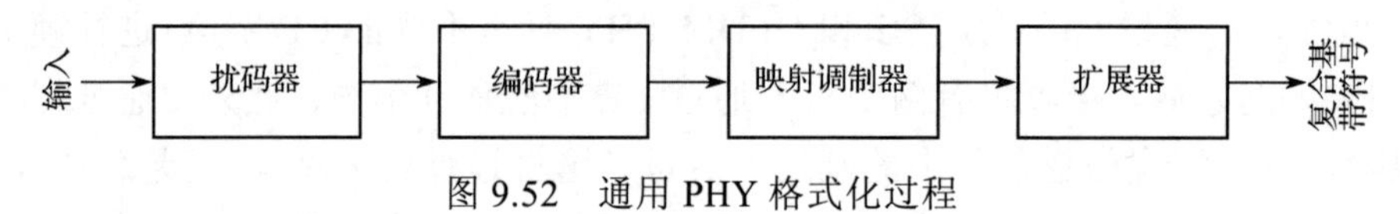

图 9.52　通用 PHY 格式化过程

9.6.3.2　IEEE 802.11ad 中的控制 PHY

CPHY 中的前导码组成如表 9.25 所示。在控制 PHY 中，帧头和有效负载数据以相同的方式进行格式化。在加扰之后，二进制数据使用缩短的 LDPC(672, 504)进行编码，其中缩短的码将有效编码率降低到 1/2。编码数据使用单载波差分二进制相移键控(DBPSK)，假设编码位序列为$\{c_0, c_1, c_2\cdots\}$，得到的 DBPSK 复基带序列变为$\{d_0, d_1, d_2,\cdots\}=\{2c_0-1, (2c_1-1)\times(2c_0-1), (2c_2-1)\times(2c_1-1)\times(2c_0-1),\cdots\}$。在 DBPSK 调制之后，数据使用相位旋转的 32 位长度格雷序列 $\boldsymbol{a}_{32}$ 传送，产生$\{d_0, d_1, d_2,\cdots\}\otimes(\boldsymbol{a}_{32}\odot(\mathbf{1}_8\otimes[+1, +\mathrm{j}, -1, -\mathrm{j}]))$。控制 PHY 数据的码率为 1 760 MHz。

表 9.25　IEEE 802.11ad 中 CPHY 前导码中每个字段的细节(描述栏为单载波无线信号的复基带表示)

名　称	描　述
短训练字段(STF)	$[[\mathbf{1}_{48}, -1]\otimes\mathbf{Gb}_{128}), -\mathbf{Ga}_{128}]\odot\mathbf{1}_{1600}\otimes[+1, +\mathrm{j}, -1, -\mathrm{j}])$
信道估计(CE)	$[\mathbf{Gu}_{512}, \mathbf{Gv}_{512}, -\mathbf{Gb}_{128}]\odot\mathbf{1}_{228}\otimes[+1, +\mathrm{j}, -1, -\mathrm{j}])$
$\mathbf{Gu}_{512}$	$[-\mathbf{Gb}_{128}, -\mathbf{Ga}_{128}, \mathbf{Gb}_{128}, -\mathbf{Ga}_{128}]$
$\mathbf{Gv}_{512}$	$[-\mathbf{Gb}_{128}, \mathbf{Ga}_{128}, -\mathbf{Gb}_{128}, -\mathbf{Ga}_{128}]$

9.6.3.3　IEEE 802.11ad 中的 SC-PHY

SC-PHY 中的前导码组成如表 9.26 所示，描述栏为单载波无线信号的复基带表示。注意，CE 字段与 CPHY 中 CE 字段完全相同。所有 SC-PHY 的 MCS，即 MCS 1～12，帧头与有效负载数据遵循相同的通用格式化过程。首先，对 64 位帧头数据进行零填充，通过 LDPC(672, 504)编码创建一个 504 位的块。然后将该编码的 168 个奇偶校验位中的 160 个以两种不同的方式与加扰的帧头位连接，形成两个 224 位的序列 $\boldsymbol{h}_1$ 和 $\boldsymbol{h}_2$。$\{\boldsymbol{h}_1, \boldsymbol{h}_2\}$(448 位)的级联由π/2-BPSK 映射，保持符号与有效负载以相同的格式被前置。附加一个相同但极性相反的 SC 块(数据符号是反向的，保护符号不是)以实现扩展因子 2。

表 9.26　IEEE 802.11ad 中 SC-PHY 前导码中每个字段的细节

名　称	描　述
短训练字段(STF)	$[\mathbf{1}_{16}, -1] \otimes \mathbf{Ga}_{128}), \odot \mathbf{1}_{544} \otimes [+1, +j, -1, -j])$
信道估计(CE)	$[\mathbf{Gu}_{512}, \mathbf{Gv}_{512}, -\mathbf{Gb}_{128}] \odot \mathbf{1}_{228} \otimes [+1, +j, -1, -j])$

有效负载数据的格式化是一个简单的过程。在加扰之后，有效负载数据通过 LDPC 编码产生大小为 672 的编码位块。对于 MCS 1 来说，$L_{\mathrm{SF}} = 2$，信息位被重复(不是奇偶校验位)以降低有效编码率并在接收机提供 2 倍的处理增益。编码位使用表 9.23 中的π/2 旋转星座进行调制，这与 IEEE 802.15.3c 的 SC-PHY 中的描述相同。合成的复基带序列被分割成大小为 448 的块，然后 $\mathbf{Ga}_{64}$ 格雷序列被前置。这些格雷保护序列被作为导频，也使频域均衡。注意，IEEE 802.15.3c 的 SC-PHY 也使用格雷序列作为导频，SC-PHY 数据的码率为 1 760 MHz。

9.6.3.4　IEEE 802.11ad 中的 OFDM PHY

OFDM PHY 中的前导码组成如表 9.27 所示，描述栏为单载波无线信号的复基带表示。注意，STF 字段与 SC-PHY 的 STF 字段相同。滤波器系数用于对 STF 和 CE 进行上采样，以提高 OFDM 的采样率(比 SC 高 1.5 倍)。首先，STF 和 CE 按因子 3 进行上采样；然后，将上采样的前导码与滤波器进行卷积；最后，按因子 2 对滤波后的信号进行下采样，产生 OFDM 前导码。帧头数据由 64 位组成，通过一个简单的程序即可格式化。首先，对帧头数据进行零填充，通过 LDPC(676, 504)编码创建一个 504 位的块；然后将该编码的 168 个奇偶校验位中的 160 个以 3 种不同的方式与加扰的帧头位连接，形成 3 个 224 位的序列 $\boldsymbol{h}_1$，$\boldsymbol{h}_2$ 和 $\boldsymbol{h}_3$。$\{\boldsymbol{h}_1, \boldsymbol{h}_2, \boldsymbol{h}_3\}$的级联由 QPSK 映射，再利用导频进行 OFDM 调制，该过程与数据有效负载的域相同。

表 9.27　IEEE 802.11ad 中的 OFDM PHY 前导码字段

名　称	描　述
短训练字段(STF)	$[\mathbf{1}_{16}, -1] \otimes \mathbf{Ga}_{128}) \odot \mathbf{1}_{544} \otimes [+1, +j, -1, -j])$
信息估计(CE)	$[\mathbf{Gv}_{512}, \mathbf{Gu}_{512}, -\mathbf{Gb}_{128}] \odot \mathbf{1}_{228} \otimes [+1, +j, -1, -j])$
滤波器	[1, 0, 1, 1, −2, −3, 0, 5, 5, −3, −9, −4, 10, 14, −1, −20, −16, 14, 33, 9, −35, −42, 11, 64, 40, −50, −96, −15, 120, 126, −62, −256, −148, 360, 985, 1267, 985, 360, −148, −256, −62, 126, 120, −15, 96, −50, 40, 64, 11, −42, −35, 9, 33, 14, −16, −20, −1, 14, 10, −4, −9, −3, 5, 5, 0, −3, −2, 1, 1, 0, −1]× $\sqrt{12}$ /4047

与所有 IEEE 802.11ad MCS(LP SC-PHY 除外)一样，首先对有效负载数据进行加扰，然后对 LDPC 进行编码。再将数据映射到表 9.23 中的 MCS 特定星座图。IEEE 802.11ad 中

的 OFDM 格式化参数采用表 9.28 中的参数。假设索引 0 指的是 DC 子载波，将导频子载波插入子载波索引{–150, –130, –110, –90, –70, –50, –30, –10, 10, 30, 50, 70, 90, 110, 130, 150}，使得所有导频间隔 20 个音调，得到这些子载波的导频序列为[–1, 1, –1, 1, 1, –1, –1, –1, –1, –1, 1, 1, 1, –1, 1, 1]。对于每个 OFDM 符号，该导频序列也是伪随机极化的，极性由扰码移位寄存器产生，种子代码归一化。

表 9.28 IEEE 802.11ad 中的 OFDM 格式化参数

OFDM 参数	数 值	OFDM 参数	数 值
符号速率	2 640 MHz	数据子载波	336
总子载波	512	防护(边缘)子载波	157
DC 子载波	3	循环前缀字长	128
导频子载波	16		

IEEE 802.11ad 中，OFDM 中的帧头格式和非 OFDM MCS 中的所有数据，均采用标准的格式化程序。然而，IEEE 802.11ad 的 OFDM PHY 中的有效负载格式化，在星座映射中有几个新特征。MCS 13～14 中的扩展 QPSK(SQPSK)是一种星座映射过程，通过重复符号的共轭版本来完成扩展。假设将编码的比特序列映射到单个 OFDM 符号$\{c_0, c_1, c_2, c_3, \cdots\}$，利用 SQPSK，将每个位对映射到单个星座点，从而产生与标准 QPSK 一样的序列：

$$\{d_0,d_1,\cdots\}=\{((2c_0-1)+\mathrm{j}(2c_1-1))/\sqrt{2},((2c_2-1)+\mathrm{j}(2c_3-1))/\sqrt{2},\cdots\}$$

然而，这还只产生了一半的数据子载波。还需通过共轭生成剩余的子载波，产生剩余的 SQPSK 符号，使最终的 SQPSK 序列被映射到子载波对上：

$$\{\tilde{d}_0,\tilde{d}_1,\tilde{d}_2,\tilde{d}_3,\cdots\}=\{d_0,d_0^*,d_1,d_1^*,\cdots\}$$

对于 MCS 15～17，虽然 QPSK 映射仍然不标准，但不建议使用扩展 QPSK 符号。首先，将编码的比特序列$\{c_0, c_1, c_2, c_3,\cdots\}$针对单个 OFDM 符号——映射到 QPSK 星座点，以产生复基带序列$\{d_0, d_1,\cdots\}$，其中

$$\{d_0,d_1\}=\{((2c_0-1)+\mathrm{j}(2c_2-1))/\sqrt{2},((2c_1-1)+\mathrm{j}(2c_3-1))/\sqrt{2}\}$$

接着，对每个 QPSK 符号对进行一个矩阵变换：

$$\boldsymbol{T}=\begin{bmatrix} 1/\sqrt{5} & 2/\sqrt{5} \\ -2/\sqrt{5} & 1/\sqrt{5} \end{bmatrix} \tag{9.2}$$

得到生成的 QPSK 序列(用于映射子载波对)，等于$\{[\boldsymbol{T}[d_0, d_1]^{\mathrm{T}}]^{\mathrm{T}}, [\boldsymbol{T}[d_2, d_3]^{\mathrm{T}}]^{\mathrm{T}}, \cdots\}$。该变换后的 QPSK 序列的星座图看起来与 16-QAM 星座图相同。但实际上，不是两个不同的子载波上具有两个独立的 QPSK 星座点，而是共享两个 16-QAM 星座点。这种共享也称双载波调制(DCM)。它允许接收机捕获 QPSK 符号的频率分集，而无须进行传统扩展。

在每个(S)QPSK 复符号对中，SQPSK 和 QPSK 星座图具有相关性。为最大化频率选择性信道中的性能，通过静态音调配对(STP)和动态音调配对(DTP)将这些符号对分离并映射到远程子载波。由于每个 OFDM 符号由 336 个数据子载波组成，因此 STP 通过将每个符号对分开(336/2 = 168 个符号)，来最大化最小符号对距离。STP 的一个不良影响是，

预定义的静态映射可能不适合当前的子载波信道质量轮廓(例如，如果一个符号对中的两个符号都被映射到频率空值)。给定关于子载波信道轮廓的更多信息(例如通过信道冲激响应)，发射机能够更好地确定子载波对的映射位置，以尝试平衡各符号对之间的信道质量。DTP(可选实现)通过将 OFDM 符号中的 336 个 SQPSK 符号划分为 42 组，每个组由 4 个(S)QPSK 符号对组成，从而增加了这一功能。每组内每对的子载波偏移量则留给供应商确定。STP 和 DTP 的操作分别如图 9.53 和图 9.54 所示。图 9.53 中偶数和奇数子载波被配对(共 336 个子载波)并映射，从而最大化偶数和奇数子载波之间的最小子载波距离(共 168 个子载波距离)。图 9.54 中，为进行 DTP，发射机定义了群对指数(GPI)并赋予 PHY。因此映射 GPI 本质上是一个置换，GPI: $\{0, 1,\cdots, 41\} \rightarrow \{0, 1,\cdots, 41\}$，GPI: $k \rightarrow G_k$。注意，尽管每组偶数元素都有固定的映射，但是奇数元素的映射更具通用性。换言之，根据链路配置，G_k 可以随固定 k 值而变化。尽管 42 组中的一组必须映射到最后的 DTP 组，但 DTP 转换的子载波的末端未显示出通用性。这些操作直接遵循单个 OFDM 符号中的(S)QPSK 映射(SQPSK 操作遵循$\{d_0, d_0^*,\cdots\}$，QPSK 操作则遵循$\{[\boldsymbol{T}[d_0, d_1]^{\mathrm{T}}]^{\mathrm{T}},\cdots\}$)。STP 必须由 OFDM PHY 供应商实现，而 DTP 则是可选的。对于有限的信道实现集，供应商可能会为 DTP 设计一组有限的固定映射。

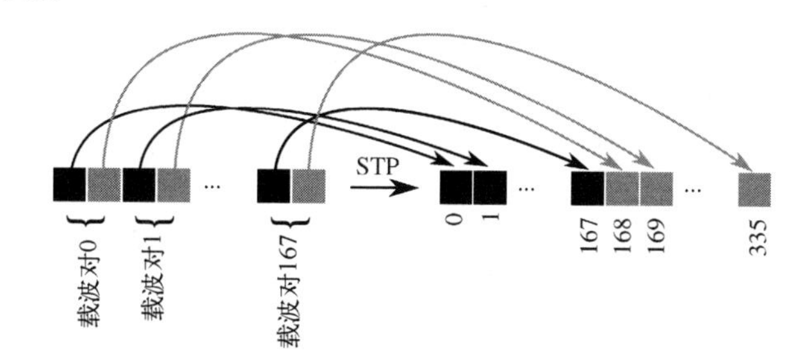

图 9.53　MCS 13～17 中的静态音调配对(STP)

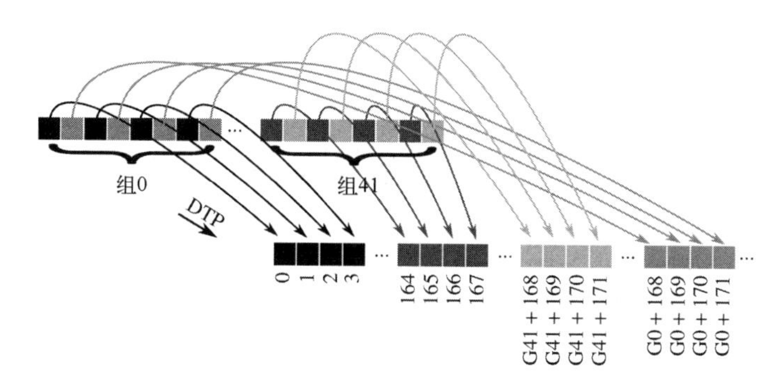

图 9.54　MCS 13～17 中的动态音调配对(DTP)

MCS 18～21 和 MCS 22～24 的 16-QAM 和 64-QAM 星座图也遵循非标准映射操作，但 STP 和 DTP 未实现，因为在星座映射之后子载波之间不存在相关性。请注意，交织目前还未集成到符号格式中。我们利用 SQPSK 和 QPSK，得到每个 OFDM 符号的最大编码位数分别为 336 和 672，这两个数始终是 LDPC 码的块长度的整数因子。由于编码块对突发差错不敏感，单个 OFDM 符号内的交织不会影响整体性能。然而，对于 16-QAM 和 64-QAM，每个符号的编码位数分别为 1 344 和 2 016。因此，在星座映射期间执行 MCS 18～

24交织，有助于将通过所有编码块的每个比特的有效信道质量随机化。

16-QAM通过在相邻编码块之间交替使用一个OFDM符号来合并交织。例如，设编码的位序列为$\{c_0, c_1, c_2, \cdots\}$，则第一个OFDM符号中的第一个16-QAM符号将从位序列$\{c_0, c_1, c_2, c_3\}$映射，第一个OFDM符号中的第二个16-QAM符号将从位序列$\{c_{672}, c_{673}, c_{674}, c_{675}\}$映射，第一个OFDM符号中的第三个16-QAM符号将从位序列$\{c_4, c_5, c_6, c_7\}$映射，第一个OFDM符号中的第四个16-QAM符号将从位序列$\{c_{676}, c_{677}, c_{678}, c_{679}\}$映射，以此类推。

16-QAM需要交织2个LDPC编码块，而64-QAM必须交织3个LDPC编码块。因此，64-QAM通过在3个编码块上循环交织来创建符号。例如，第一个OFDM符号中的第一个64-QAM符号将从位序列$\{c_0, c_1, c_2, c_3, c_4, c_5\}$映射，第一个OFDM符号中的第二个64-QAM符号将从位序列$\{c_{672}, c_{673}, c_{674}, c_{675}, c_{676}, c_{677}\}$映射，第一个OFDM符号中的第三个64-QAM符号将从位序列$\{c_{1344}, c_{1345}, c_{1346}, c_{1347}, c_{1348}, c_{1349}\}$映射，第一个OFDM符号中的第四个64-QAM符号将从位序列$\{c_6, c_7, c_8, c_9, c_{10}, c_{11}\}$映射，以此类推[①]。

9.6.3.5 IEEE 802.11ad中的低功率(LP)SC-PHY

LP SC-PHY中的前导码如表9.29所示，描述栏为单载波无线信号的复基带表示。注意，STF和CE字段与SC-PHY中的STF和CE字段完全相同。与SC-PHY一样，LP SC-PHY MCS，即MCS 25～31，帧头和有效负载数据遵循相同的通用格式化过程。在加扰之后，帧头数据用缩短的RS(24, 8)码进行外部编码，并用8位字节分组码(OBC(16, 8))进行内部编码，以产生1/6的有效编码率[②]。在OBC之后，使帧头数据块交织(写入7行，读取8列)并进行π/2-BPSK调制。最后，将帧头分段为大小为512的块，其保护间隔与有效负载相同，然后进行π/2-BPSK调制。

表9.29 IEEE 802.11ad中低功耗SC-PHY前导码中每个字段的细节

名称	描述
短训练字段(STF)	$[\mathbf{1}_{15}, -1] \otimes \mathbf{Ga}_{128}) \odot \mathbf{1}_{512} \otimes [+1, +j, -1, -j])$
信道估计(CE)	$[-\mathbf{Gb}_{128}, -\mathbf{Ga}_{128}, \mathbf{Gb}_{128}, -\mathbf{Ga}_{128}, -\mathbf{Gb}_{128}, \mathbf{Ga}_{128}, -\mathbf{Gb}_{128}, -\mathbf{Ga}_{128}, -\mathbf{Gb}_{128}] \odot \mathbf{1}_{288} \otimes [+1, +j, -1, -j])$

尽管编码速率和调制顺序因表9.23中的MCS配置而异，但有效负载数据的格式化过程类似，而且所有MCS均使用RS(224, 208)内码。编码和调制的数据被格式化为512位的数据块，每个块又包含8个64位的子块。第一个子块是$\mathbf{Ga}_{64}$。剩余子块由56位数据块及8位循环后缀($\mathbf{Ga}_{64}$的最后8个符号)组成。因此，每个512位的块由392个数据符号组成。数据包中的最后一个数据块同样后跟$\mathbf{Ga}_{64}$[③]。低功率SC-PHY数据的符号率为1 760 MHz。

① 注意：在单个OFDM符号之外不考虑交织。这使得IEEE 802.11ad OFDM波形对脉冲噪声、脉冲干扰或时间选择性衰落(发生在分组内)敏感。然而，鉴于采样率为2 640 MHz，预计不会出现这些现象。此外，总分组交织的复杂性增加却不容忽视，特别是对存储器而言。

② 8位字节分组码循序处理二进制数据的每个8位字节块。OBC(N, 8)为每个8位字节输入产生$N \geqslant 8$位。例如，OBC(9, 8)本质上是一个分组码，它将奇偶校验位附加到每个8位字节输入上。在该标准中，该示例被称为单奇偶校验(SPC)编码。

③ 注意，接收到的数据可以用512位或64位的数据块来均衡，这取决于接收端的复杂性(在块较大的多径下，性能将显著提高)。

9.7 WiGig

和 WirelessHD 一样，WiGig 是由一个私营行业联盟创建的，该联盟的成员包括超威半导体公司、创锐讯公司、博通公司、思科公司、戴尔公司、英特尔公司、迈威尔科技集团公司、联发科技股份有限公司、微软公司、日本电气公司、诺基亚公司、恩威迪亚公司、松下公司、三星电子有限公司、东芝公司以及 Wilocity 公司。随着 WiGig 和 WiFi 的技术与认证开发的整合，WiGig 现在完全成为 WiFi 联盟活动的一部分。尽管 WiGig 与 IEEE 802.11ad 本质上无异，但 WiGig 为特定协议适配层提供额外支持，包括 HDMI、显示端口、USB 和 PCIe。

9.8 本章小结

本章首先回顾了 60 GHz 非授权通信的国际频谱规则。接着从 WPAN 拓扑（ECMA-387、IEEE 802.15.3c）、视频流网络拓扑（WirelessHD）和 WLAN 拓扑（IEEE 802.11ad 和 WiGig）方面，讨论了涉及 60 GHz 非授权频段的新兴国际标准。这些先进的无线标准均采用大量先进的技术来提高效率，例如，通过单载波块传输、开关键控和不等差错保护，还借助继电器、高维相控阵和多频带协调等，克服 60 GHz 频率下过多的路径损耗。

由于毫米波频率的固有特性以及本书所述的技术因素，许多新兴或未来的毫米波无线产品和标准（如 5G 毫米波蜂窝、室内通信和回程/前传通信标准）可能大同小异。本章仅讨论 60 GHz WPAN/WLAN 标准。我们希望本章以及本书能成为一个有用的指南，介绍基本原理、概念和工具，使一代代工程师能够创造新的毫米波产品和服务，为无线通信领域添砖加瓦。

原书参考文献①

[3GPP03] V6.1.0, 3GPP TR 25.996, "Spatial Channel Model for Multipath Input Multiple Output (MIMO) Simulations," Sep. 2003.

[3GPP09] 3GPP TS 36.201, "Evolved Universal Terrestrial Radio Access (E-UTRA); Physical Channels and Modulation (Release 8)," 2009 (R9-2010, R10-2010, R11-2012).

[802.11ad-10] IEEE, "802.11ad Draft 0.1." IEEE, Jun. 2010.

[802.11ad-11] IEEE, P802.11ad/D5, "IEEE Draft Standard for Local and Metropolitan Area Networks-Specific Requirements-Part 11: Wireless LAN Medium Access Control (MAC) and Physical Layer (PHY) Specifications-Amendment 3: Enhancements for Very High Throughput in the 60 GHz Band," IEEE, Dec. 2011.

[802.11-12] IEEE 802.11, "Wireless LAN Medium Access Control (MAC) and Physical Layer (PHY) Specifications," IEEE, Apr. 2012. doi:10.1109/IEEESTD.2012. 6178212.

[802.11-12a] "802.11-2012-IEEE Standard for Information Technology-Telecommunications and Information Exchange between Systems Local and Metropolitan Area Networks-Specific Requirements Part 11: Wireless LAN Medium Access Control (MAC) and Physical Layer (PHY) Specifications," IEEE, Dec. 2012.

[802.11-12-VHT] "IEEE Standard for Information Technology-Telecommunications and Information Exchange between Systems-Local and Metropolitan Area Networks-Specific Requirements. Part 11: Wireless LAN Medium Access Control (MAC) and Physical Layer (PHY) Specifications. Amendment 3: Enhancements for Very High Throughput in the 60 GHz Band," IEEE, Dec. 2012.

[802.15.3-03] "802.15.3-2003-IEEE Standard for Information Technology-Telecommunications and Information Exchange between Systems-Local and Metropolitan Area Networks-Specific Requirements Part 15.3: Wireless Medium Access Control (MAC) and Physical Layer (PHY) Specifications for High Rate Wireless Personal Area Networks (WPANs)," IEEE, 2003.

[802.15.3-06] "IEEE Standard for Information Technology-Telecommunications and Information Exchange between Systems-Local and Metropolitan Area Networks-Specific Requirements Part 15.3: Wireless Medium Access Control (MAC) and Physical Layer (PHY) Specifications for High Rate Wireless Personal Area Networks (WPANs). Amendment 1: MAC Sublayer," IEEE, 2006.

[802.15.3-09] "IEEE Standard for Information Technology-Telecommunications and Information Exchange between Systems-Local and Metropolitan Area Networks-Specific Requirements. Part 15.3: Wireless Medium Access Control (MAC) and Physical Layer(PHY) Specifications for High Rate Wireless Personal Area Networks (WPANs). Amendment 2: Millimeter-wave-based Alternative Physical Layer

① 登录华信教育资源网（www.hxedu.com.cn）搜索本书，可获得完整版参考文献。

Extension," IEEE, Dec. 2009.

[802.16-01] "IEEE Standard for Local and Metropolitan Area Networks-Part 16: Air Interface for Fixed Broadband Wireless Access Systems," IEEE, 2001.

[802.16-09] IEEE 802.16 Task group j, "IEEE 802.16j-2009: Standard for Local and Metropolitan Area Networks Part 16: Air Interface for Broadband Wireless Access Systems Amendment 1: Multiple Relay Specification," IEEE, Jun. 2009.

[AAS86] J. B. Anderson, T. Aulin, and C.-E. Sundberg, *Digital Phase Modulation*. New York, Springer, 1986.

[AAS+14] Ansuman Adhikary, E. Al Safadi, M. K. Samimi, R. Wang, G. Caire, T. S. Rappaport, A. F. Molisch, "Joint Spatial Division and Multiplexing for mm Wave Channels," *IEEE Journal on Selected Areas in Communications*, vol. 32, no. 6, pp. 1239-1255, Jun. 2014.

[AB83] H. Arnold and W. Bodtmann, "The Performance of FSK in Frequency-Selective Rayleigh Fading," *IEEE Transactions on Communications*, vol. 31, no. 4, pp. 568-572, 1983.

[ABKG11] J. G. Andrews, F. Baccelli, and R. Krishna Ganti, "A Tractable Approach to Coverage and Rate in Cellular Networks," *IEEE Transactions on Communications*, vol. 59, no. 11, pp. 3122-3134, Nov. 2011.

[ACD+12] J. Andrews, H. Claussen, M. Dohler, S. Rangan, and M. Reed, "Femtocells: Past, Present, and Future," *IEEE Journal on Selected Areas in Communications*, vol. 30, no. 3, pp. 497-508, Apr. 2012.

[ACV06] D. Alldred, B. Cousins, and S. Voinigescu, "A 1.2 V, 60 GHz Radio Receiver with On-Chip Transformers and Inductors in 90-nm CMOS," *2006 IEEE Compound Semiconductor Integrated Circuit Symposium*, IEEE, pp. 51-54, Nov. 2006.

[AEAH12] S. Akoum, O. El Ayach, and R. W. Heath Jr., "Coverage and Capacity in mmWave Cellular Systems," *2012 Asilomar Conference on Signals, Systems and Computers*, pp. 688-692, Nov. 2012.

[AELH13] A. Alkhateeb, O. El Ayach, G. Leus, and R. W. Heath Jr., "Hybrid Precoding for Millimeter Wave Cellular Systems with Partial Channel Knowledge," *2013 IEEE Information Theory and Application Workshop (ITA)*, IEEE, Feb. 2013.

[AELH14] A. Alkhateeb, O. El Ayach, G. Leus, and R. W. Heath Jr., "Channel Estimation and Hybrid Precoding for Millimeter Wave Cellular Systems," 2014, to appear in the *IEEE Journal of Selected Topics in Signal Processing*, 2014.

[AF04] N. Alic and Y. Fainman, "Data-Dependent Phase Coding for Suppression of Ghost Pulses in Optical Fibers," *IEEE Photonics Technology Letters*, vol. 16, no. 4, pp. 1212-1214, 2004.

[AH91] G. Allen and A. Hammoudeh, "Outdoor Narrow Band Characterisation of Millimetre Wave Mobile Radio Signals," *1991 IEEE Colloquium on Radiocommunications in the Range 30-60 GHz*, pp.4/1-4/7, Jan. 1991.

[AJA+14] A. Agah, J. A. Jayamon, P. M. Asbeck, L. E. Larson, and J. F. Buckwalter, "Multi-Drive Stacked-FET Power Amplifiers at 90 GHz in 45 nm SOI CMOS," *IEEE Journal of Solid-State Circuits*, vol. 49, no. 5, pp. 1148-1157, 2014, digital object identifier: 10.1109/JSSC.2014.2308292.

[Aka74] H. Akaike, "A New Look at the Statistical Model Identification," *IEEE Transactions on Automatic Control*, vol. AC-19, pp. 783-795, Dec. 1974.

[AKBP08] S. Aloui, E. Kerherve, D. Belot, and R. Plana, "A 60 GHz, 13 dBm Fully Integrated 65 nm RF-

CMOS Power Amplifier," 2008 *IEEE International Northeast Workshop on Circuits and Systems and TAISA Conference (NEWCAS-TAISA 2008)*, pp. 237-240, Jun. 2008.

[AKD+07] J. Alvarado, K. Kornegay, D. Dawn, S. Pinel, and J. Laskar, "60 GHz LNA Using a Hybrid Transmission Line and Conductive Path to Ground Technique in Silicon," *2007 IEEE Radio Frequency Integrated Circuits Symposium (RFIC 2007)*, IEEE, pp. 685-688, Jun. 2007.

[AKR83] N. G. Alexopolulos, P. B. Katehi, and D. B. Rutledge, "Substrate Optimization for Integrated Circuit Antennas," *IEEE Transactions on Microwave Theory and Techniques*, vol. 31, no. 7, pp. 550-557, Jul. 1983.

[AKS11] A. Ahmed, R. Koetter, and N. Shanbhag, "VLSI Architectures for Soft-Decision Decoding of Reed-Solomon Codes," *IEEE Transactions on Information Theory*, vol. 57, no. 2, pp. 648-667, Feb. 2011.

[AL05] A. T. Attar and T. H. Lee, "Monolithic Integrated Millimeter-Wave IMPATT Transmitter in Standard CMOS Technology," *IEEE Transactions on Microwave Theory and Techniques*, vol. 53, no. 11, pp. 3557-3561, 2005.

[Ala98] S. M. Alamouti, "A Simple Transmit Diversity Technique for Wireless Communications," *IEEE Journal on Selected Areas in Communications*, vol. 16, no. 8, pp. 1451-1458, Oct. 1998.

[ALK+09] P. Asbeck, L. Larson, D. Kimball, S. Pornpromlikit, J.-H. Jeong, C. Presti, T. Hung, F. Wang, and Y. Zhao, "Design Options for High Efficiency Linear Handset Power Amplifiers," *2009 IEEE Meeting on Silicon Monolithic Integrated Circuits in RF Systems (SiRF 2009)*, pp. 1-4, Jan. 2009.

[ALRE13] M. Akdeniz, Y. Liu, S. Rangan, and E. Erkip, "Millimeter Wave Picocellular System Evaluation for Urban Deployments," 2013.

[ALS+14] M. R. Akdeniz, Y. Liu, M. K. Samimi, S. Sun, S. Rangan, T. S. Rappaport, and E. Erkip, "Millimeter Wave Channel Modeling and Cellular Capacity Evaluation," *IEEE Journal on Selected Areas in Communications*, vol. 32, no. 6, pp. 1164-1179, Jun. 2014.

[AMM13] A. Artemenko, A. Maltsev, A. Mozharovskiy, R. Maslennikov, A. Sevastyanov, and V. Ssorin, "Millimeter-wave Electronically Steerable Integrated Lens Antennas for WLAN/WPAN Applications," *IEEE Transactions on Antennas and Propagation*, vol. 61, no. 4, Apr. 2013.

[ANM00] G. E. Athanasiadou, A. R. Nix, and J. P. McGeehan, "A Microcellular Ray-tracing Propagation Model and Evaluation of its Narrow-band and Wideband Predictions," *IEEE Journal on Selected Areas in Communications*, vol. 18.3, pp. 322-335, 2000.

[AR+02] C. R. Anderson and T. S. Rappaport, "In-Building Wideband Multipath Characteristics at 2.5 and 60 GHz," *2002 IEEE Vehicular Technology Conference (VTC 2002-Fall)*, vol. 1, pp. 97-101, Sep. 2002.

[AR04] C. R. Anderson and T. S. Rappaport, "In-Building Wideband Partition Loss Measurements at 2.5 and 60 GHz," *IEEE Transactions on Wireless Communications*, vol. 3, no. 3, pp. 922-928, 2004.

[AR08] R. A. Alhalabi and G. M. Rebeiz, "High-Efficiency Angled-Dipole Antennas for Millimeter-Wave Phased Array Applications," *IEEE Transactions on Antennas and Propagation*, vol. 56, no. 10, pp.3136-3142, Oct. 2008.

[AR10] R. A. Alhalabi and G. M. Rebeiz, "Differentially-Fed Millimeter-Wave Yagi-Uda Antenna with Folded Dipole Feed," *IEEE Transactions on Antennas and Propagation*, vol. 58, no. 3, pp. 966-969, Mar. 2010.

[ARI00] "Millimeter-Wave Video Transmission Equipment for Specified Low Power Radio Station," Association of Radio Industries and Businesses (ARIB), Dec. 2000.

[ARI01] "Millimeter-Wave Data Transmission Equipment for Specified Low Power Radio Station (Ultra High Speed Wireless LAN System)," Association of Radio Industries and Businesses (ARIB), May 2001.

[ARS06] S. M. Ali, R. Raut, and M. Sawan, "Digital Encoders for High Speed Flash-ADCs: Modeling and Comparison," *2006 IEEE North-East Workshop on Circuits and Systems*, pp. 69-72, Jun. 2006.

[ARY95] J. B. Andersen, T. S. Rappaport, S. Yoshida, "Propagation Measurements and Models for Wireless Communications Channels,"*IEEE Communications Magazine*, vol. 33, no. 1, pp. 42-49, 1995.

[ATB+98] V. H. W. Allen, L. E. Taylor, L. W. Barclay, B. Honary, and M. J. Lazarus, "Practical Propagation Measurements for Indoor LANs Operating at 60 GHz," *1998 IEEE Global Telecommunications Conference (GLOBECOM 1998)*, vol. 2, pp. 898-903, 1998.

[AWW+13] Y. Azar, G. N. Wong, K. Wang, R. Mayzus, J. K. Schulz, H. Zhao, F. Gutierrez, D. Hwang, and T. S. Rappaport, "28 GHz Propagation Measurements for Outdoor Cellular Communications Using Steerable Beam Antennas in New York City," *2013 IEEE International Conference on Communications (ICC)*, pp. 5143-5147, Jun. 2013.

[Bab08] A. Babakhani, "Direct Antenna Modulation (DAM) for On-Chip Millimeterwave Transceivers," Ph.D. dissertation, California Institute of Technology, 2008.

[BAFS08] P. V. Bijumon, Y. Antar, A. P. Freundorfer, and M. Sayer, "Dielectric Resonator Antenna on Silicon Substrate for System On-Chip Applications," *IEEE Transactions on Antennas and Propagation*, vol. 56, no. 11, pp. 3404-3410, Nov. 2008.

[BAH14] T. Bai, A. Alkhateeb, and R. W. Heath Jr., "Coverage and Capacity of Millimeter Wave Cellular Networks," to appear in *IEEE Communications Magazine*, 2014.

[BAHT11] J. Baliga, R. Ayre, K. Hinton, and R. Tucker, "Green Cloud Computing: Balancing Energy in Processing, Storage, and Transport," *Proceedings of the IEEE*, vol. 99, no. 1, pp. 149-167, Jan. 2011.

[Bak09] R. J. Baker, *CMOS: Mixed-Signal Circuit Design*, 2nd ed. New York, Wiley-IEEE Press, 2009.

[Bal89] C. A. Balanis, *Advanced Engineering Electromagnetics*, 1st ed. New York, Wiley Press, 1989.

[Bal05] C. A. Balanis, *Antenna Theory: Analysis and Design*, 3rd ed. New York, Wiley-Interscience, 2005.

[BAN13] D. Berraki, S. Armour, and A. R. Nix, "Exploiting Unique Polarisation Characteristics at 60 GHz for Fast Beamforming High Throughput MIMO WLAN Systems," *2013 IEEE International Symposium on Personal, Indoor and Mobile Radio Communications (PIMRC 2013)*, pp. 233-237, Sep. 2013.

[BAN14] D. Berraki, S. Armour, and A. R. Nix, "Application of Compressive Sensing in Sparse Spatial Channel Recovery for Beamforming in MmWave Outdoor Systems," *2014 IEEE Wireless Communications and Networking Conference (WCNC)*, Istanbul, Turkey, Apr. 2014.

[BAQ91] G. Bistue, I. Adin, and C. Quemada, *Transmission Line Design Handbook*, 1st ed. Norwood, MA, Artech House, 1991.

[Bar07] R. Baraniuk, "Compressive Sensing [Lecture Notes]," *IEEE Signal Processing Magazine*, vol. 24, no. 4, pp. 118-121, 2007.

[BAS+10] T. Baykas, X. An, C.-S. Sum, M. Rahman, J. Wang, Z. Lan, R. Funada, H. Harada, and S. Kato,

"Investigation of Synchronization Frame Transmission in Multi-Gbps 60 GHz WPANs," *2010 IEEE Wireless Communications and Networking Conference (WCNC)*, pp. 1-6, Apr. 2010.

[Bay+] T. Baykas et al., "IEEE 802.15.3c: The First IEEE Wireless Standard for Data Rates over 1 Gb/s," *IEEE Communications Magazine*, vol. 49, no. 7, pp. 114-121, Jul. 2011.

[BB83] S. Benedetto and E. Biglieri, "Nonlinear Equalization of Digital Satellite Channels," *IEEE Journal on Selected Areas in Communications*, vol. 1, no. 1, pp. 57-62, 1983.

[BBKH06] J. F. Buckwalter, A. Babakhani, A. Komijani, and A. Hajimiri, "An Integrated Subharmonic Couples-Oscillator Scheme for a 60 GHz Phased-Array Transmitter," *IEEE Transactions on Microwave Theory and Techniques*, vol. 54, no. 12, pp. 4271-4280, Dec. 2006.

[BC98] G. Bottomley and S. Chennakeshu, "Unification of MLSE Receivers and Extension to Time-Varying Channels," *IEEE Transactions on Communications*, vol. 46, no. 4, pp. 464-472, Apr. 1998.

[BC99] E. Bahar and P. Crittenden, "Stationary Solutions for the Rough Surface Radar Backscatter Cross Sections Based on a Two Scale Full Wave Approach," *1999 IEEE Antennas and Propagation Society International Symposium*, vol. 1, pp. 510-513, Aug. 1999.

[BCJR74] L. Bahl, J. Cocke, F. Jelinek, and J. Raviv, "Optimal Decoding of Linear Codes for Minimizing Symbol Error Rate (Corresp.)," *IEEE Transactions on Information Theory*, vol. 20, no. 2, pp. 284-287, Mar. 1974.

[BDH14] Tianyang Bai, V. Desai, and R. W. Heath Jr., "Millimeter Wave Cellular Channel Models for System Evaluation," *International Conference on Computing, Networking and Communications (ICNC)*, Honolulu, HI, Feb. 3-6, 2014.

[BDRQL11] E. Ben-Dor, T. S. Rappaport, Y. Qiao, and S. J. Lauffenburger, "Millimeterwave 60 GHz Outdoor and Vehicle AOA Propagation Measurement Using a Broadband Channel Sounder," *2011 IEEE Global Communications Conference (GLOBECOM 2011)*, Houston, TX, Dec. 2011.

[BDS+08] J. Borremans, M. Dehan, K. Scheir, M. Kuijk, and P. Wambacq, "VCO Design for 60 GHz Applications Using Differential Shielded Inductors in 0.13 μm CMOS," *2008 IEEE Radio Frequency Integrated Circuits Symposium (RFIC 2008)* IEEE, pp. 135-138, Apr. 2008.

[Bea78] C. Beare, "The Choice of the Desired Impulse Response in Combined Linear-Viterbi Algorithm Equalizers," *IEEE Transactions on Communications*, vol. 26, no. 8, pp. 1301-1307, 1978.

[Beh09] N. Behdad, "Single-and Dual-Polarized Miniaturized Slot Antennas and Their Applications in On-Chip Integrated Radios," *IEEE iWAT 2009 International Workshop on Antenna Technology*, pp. 1-4, Mar. 2009.

[Ber65] E. Berlekamp, "On Decoding Binary Bose-Chadhuri-Hocquenghem Codes," *IEEE Transactions on Information Theory*, vol. 11, no. 4, pp. 577-579, Oct. 1965.

[BFE+04] B. Bosco, S. Franson, R. Emrick, S. Rockwell, and J. Holmes, "A 60 GHz Transceiver with Multi-Gigabit Data Rate Capability," *2004 IEEE Radio and Wireless Conference*, pp. 135-138, 2004.

[BFR+92] K. Blackard, M. Feuerstein, T. Rappaport, S. Seidel, and H. Xia, "Path Loss and Delay Spread Models as Functions of Antenna Height for Microcellular System Design," *1992 IEEE Vehicular Technology Conference (VTC 1992)*, vol. 1, pp. 333-337, May 1992.

[BG92] D. P. Bertsekas and R. Gallager, *Data Networks*, 2nd ed. Englewood Cliffs, NJ, Prentice Hall, 1992.

[BGK+06a] A. Babakhani, X. Guan, A. Komijani, A. Natarajan, and A. Hajimiri, “A 77 GHz 4-Element Phased Array Receiver with On-Chip Dipole Antennas in Silicon,” *2006 IEEE International Solid-State Circuits Conference (ISSCC)*, pp. 629-638, Feb. 2006.

[BGK+06b] A. Babakhani, X. Guan, A. Komijani, A. Natarajan, and A. Hajimiri, “A 77 GHz Phased-Array Transceiver with On-Chip Antennas in Silicon: Receiver and Antennas,” *IEEE Journal of Solid-State Circuits*, vol. 41, no. 12, pp. 2795-2806, Dec. 2006.

[BH02] A. Blanksby and C. Howland, “A 690-mW 1-Gb/s 1024-b, Rate-1/2 Low-Density Parity-Check Code Decoder,” *IEEE Journal of Solid-State Circuits*, vol. 37, no. 3, pp. 404-412, Mar. 2002.

[BH13a] T. Bai and R. W. Heath Jr., “Asymptotic Coverage Probability and Rate in Massive MIMO Networks”.

[BH13b] T. Bai and R. W. Heath Jr., “Coverage Analysis for Millimeter Wave Cellular Networks with Blockage Effects,” *2013 IEEE Global Signal and Information Processing Conference*, Pacific Grove, CA, Nov. 2013.

[BH13c] T. Bai and R. W. Heath Jr., “Coverage Analysis in Dense Millimeter Wave Cellular Networks,” *2013 Asilomar Conference on Signals, Systems and Computers*, Pacific Grove, CA, Nov. 2013.

[BH14] T. Bai and R. W. Heath Jr., “Coverage and Rate Analysis for Millimeter Wave Cellular Networks,” Submitted to *IEEE Transactions on Wireless Communications*, Mar. 2014. Available at ArXiv, arXiv: 1402.6430 [cs.IT].

[BH14a] T. Bai and R. W. Heath Jr., “Analysis of Millimeter Wave Cellular Networks with Overlaid Microwave Base Stations” *2014 Asilomar Conference on Signals, Systems, and Computers*, Nov. 2014.

[BHSN10] W. Bajwa, J. Haupt, A. Sayeed, and R. Nowak, “Compressed Channel Sensing: A New Approach to Estimating Sparse Multipath Channels,” *Proceedings of the IEEE*, vol. 98, no. 6, pp. 1058-1076, Jun. 2010.

[BHVF08] R. Bhagavatula, R. W. Heath Jr., S. Vishwanath, and A. Forenza, “Sizing up MIMO Arrays,” *IEEE Vehicular Technology Magazine*, vol. 3, no. 4, pp. 31-38, Dec. 2008.

[BKKL08] J. Brinkhoff, K. Koh, K. Kang, and F. Lin, “Scalable Transmission Line and Inductor Models for CMOS Millimeter-Wave Design,” *IEEE Transactions on Microwave Theory and Techniques*, vol. 56, no. 12, pp. 2954-2962, Dec. 2008.

[BKPL09] J. Brinkhoff, K. Kang, D.-D. Pham, and F. Lin, “A 60 GHz Transformer-Based Variable-Gain Power Amplifier in 90 nm CMOS,” *2009 IEEE International Symposium on Radio-Frequency Integration Technology (RFIT 2009)* pp. 60-63, Jan. 2009.

[Bla03] R. E. Blahut, *Algebraic Codes for Data Transmission*. New York, Cambridge University Press, 2003.

[BM96] N. Benvenuto and R. Marchesani, “The Viterbi Algorithm for Sparse Channels,” *IEEE Transactions on Communications*, vol. 44, no. 3, pp. 287-289, 1996.

[BMB91] M. Bensebti, J. P. McGeehan, and M. A. Beach, “Indoor Multipath Radio Propagation Measurements and Characterisation at 60 GHz,” *1991 European Microwave Conference*, vol. 2, pp. 1217-1222, Sept. 9-12, 1991.

[BNVT+06] A. Bourdoux, J. Nsenga, W. Van Thillo, F. Horlin, and L. Van Der Perre, "Air Interface and Physical Layer Techniques for 60 GHz WPANs," *2006 Symposium on Communications and Vehicular Technology*, pp. 1-6, 2006.

[BOO07] F. Bohagen, P. Orten, and G. Oien, "Design of Optimal High-Rank Line-of-Sight MIMO Channels," *IEEE Transactions on Wireless Communications*, vol. 6, no. 4, pp. 1420-1425, 2007.

[BRC60] R. C. Bose and D. K. Ray-Chaudhuri, "On a Class of Error-Correcting Binary Group Codes," *Information and Control*, vol. 3, pp. 68-79, 1960.

[BRHR09] T. Beniero, S. Redana, J. Hamalainen, and B. Raaf, "Effect of Relaying on Coverage in 3GPP LTE-Advanced," *2009 IEEE Vehicular Technology Conference (VTC 2009-Spring)*, Barcelona, Spain, pp. 1-5, Apr. 2009.

[BS66] J. R. Biard and W. N. Shaunfield, "A High Frequency Silicon Avalanche Photodiode," *1966 International Electron Devices Meeting*, vol. 12, p. 30, 1966.

[BSL+11] T. Baykas, C.-S. Sum, Z. Lan, J. Wang, M. Rahman, H. Harada, and S. Kato, "IEEE 802.15.3c: The First IEEE Wireless Standard for Data Rates over 1 Gb/s," *IEEE Communications Magazine*, vol. 49, no. 7, pp. 114-121, Jul. 2011.

[BSS+08] F. Barale, P. Sen, S. Sarkar, S. Pinel, and J. Laskar, "Programmable Frequency-Divider for Millimeter Wave PLL Frequency Synthesizers," *2008 European Microwave Conference*, pp. 460-463, Oct. 2008.

[BSS+10] F. Barale, P. Sen, S. Sarkar, S. Pinel, and J. Laskar, "A 60 GHz-Standard Compatible Programmable 50 GHz Phase-Locked Loop in 90 nm CMOS," *IEEE Microwave and Wireless Components Letters*, vol. 20, no. 7, pp. 411-413, Jul. 2010.

[BVH14] T. Bai, R. Vaze, and R. W. Heath Jr., "Analysis of Blockage Effects on Urban Cellular Networks," to appear in the *IEEE Transactions on Wireless Communications*.

[BWF+09] T. Baykas, J. Wang, R. Funada, A. Rahman, C. Sum, R. Kimura, H. Harada, and S. Kato, "Preamble Design for Millimeter Wave Single Carrier WPANs," *2009 IEEE Vehicular Technology Conference (VTC 2009-Spring)*, IEEE, pp. 1-5, 2009.

[C+06] C.-S. Choi, Y. Shoji, H. Harada, et al., "RF Impairment Models for 60 GHz-Band SYS/PHY Simulation," IEEE P802.15 Wireless PANs, Technical Report, Nov. 2006, doc: IEEE 802.15-06-0477-01-003c.

[CAG08] V. Chandrasekhar, J. Andrews, and A. Gatherer, "Femtocell Networks: a Survey," *IEEE Communications Magazine*, vol. 46, no. 9, pp. 59-67, Sep. 2008.

[Can06] "Spectrum Management and Telecommunications," Government of Canada, 2006.

[Cav86] R. Caverly, "Characteristic Impedance of Integrated Circuit Bond Wires (Short Paper)," *IEEE Transactions on Microwave Theory and Techniques*, vol. 34, no. 9, pp. 982-984, Sep. 1986.

[CCC+08] H.-K. Chen, H.-J. Chen, D.-C. Chang, Y.-Z. Juang, and S.-S. Lu, "A 0.6 V, 4.32 mW, 68 GHz Low Phase-Noise VCO With Intrinsic-Tuned Technique in 0.13 μm CMOS," *IEEE Microwave and Wireless Components Letters*, vol. 18, no. 7, pp. 467-469, Jul. 2008.

[CCC09] I.-S. Che, H.-K. Chiou, and N.-W. Chen, "V-Band On-Chip Dipole-Based Antenna," *IEEE*

Transactions on Antennas and Propagation, vol. 57, no. 10, pp. 2853-2861, Oct. 2009.

[CDO07] C. Cao, Y. Ding, and K. K. O, "A 50 GHz Phase-Locked Loop in 0.13 μm CMOS," *IEEE Journal of Solid-State Circuits*, vol. 42, no. 8, pp. 1649-1656, Aug. 2007.

[CDY+08] C. Cao, Y. Ding, X. Yang, J. J. Lin, H. T. Wu, A. K. Verma, J. Lin, F. Martin, and K. K. O, "A 24 GHz Transmitter with On-Chip Dipole Antenna in 0.13 μm CMOS," *IEEE Journal of Solid-State Circuits*, vol. 43, no. 6, pp. 1394-1402, Jun. 2008.

[CEGS10] C.-S. Choi, M. Elkhouly, E. Grass, and C. Scheytt, "60 GHz Adaptive Beamforming Receiver Arrays for Interference Mitigation," *2010 IEEE International Symposium on Personal, Indoor and Mobile Radio Communications (PIMRC 2010)*, pp. 762-767, 2010.

[CF94] L. M. Correia and P. O. Frances, "Estimation of Materials Characteristics from Power Measurements at 60 GHz," *1994 IEEE International Symposium on Personal, Indoor and Mobile Radio Communications (PIMRC 1994)*, pp. 510-513, 1994.

[CFRU01] S.-Y. Chung, G. D. Forney Jr., T. J. Richardson, and R. Urbanke, "On the Design of Low-Density Parity-Check Codes within 0.004 5 dB of the Shannon Limit," *IEEE Communications Letters*, vol. 5, no. 2, pp. 58-60, Feb. 2001.

[CG62] C. Campopiano and B. Glazer, "A Coherent Digital Amplitude and Phase Modulation Scheme," *IRE Transactions on Communications Systems*, vol. 10, no. 1, pp. 90-95, Mar. 1962.

[CGH+03] Y. Cao, R. Groves, X. Huang, N. Zamdmer, J.-O. Plouchart, R. Wachnik, T.-J. King, and C. Hu, "Frequency-Independent Equivalent-Circuit Model for On-Chip Spiral Inductors," *IEEE Journal of Solid-State Circuits*, vol. 38, no. 3, pp. 419-426, Mar. 2003.

[CGK+13] M. Cudak, A. Ghosh, T. Kovarik, R. Ratasuk, T. A. Thomas, F. W. Vook, and P. Moorut, "Moving Towards MmWave-Based Beyond-4G (B4G) Technology," *2013 IEEE Vehicular Technology Conference (VTC 2013-Spring)*, Jun. 2-5, 2013.

[CGLS09] H. Chu, Y. X. Guo, F. Lin, and X. Q. Shi, "Wideband 60 GHz On-Chip Antenna with an Artificial Magnetic Conductor," *2009 IEEE International Symposium on Radio-Frequency Integration Technology (RFIT 2009)*, pp. 307-310, Jan. 2009.

[CGR+03] M. S. Choi, G. Grosskopf, D. Rohde, B. Kuhlow, G. Pryzrembel, and H. Ehlers, "Experiments on DOA-Estimation and Beamforming for 60 GHz Smart Antennas," *2003 IEEE Vehicular Technology Conference (VTC 2003-Spring)*, p. 1041, Apr. 2003.

[CGY10] Z. Chen, G. K. Gokeda, and Y. Yu, *Introduction to Directionof-Arrival Estimation*, 1st ed. Norwood, MA, Artech House Books, 2010.

[CH02] Y. Cheng and C. Hu, *MOSFET Modeling and BSIM3 User's Guide*. New York, Kluwer Academic Publishers, 2002.

[Cha66] R. W. Chang, "Synthesis of Band-Limited Orthogonal Signals for Multichannel Data Transmission," *Bell System Technical Journal*, vol. 45, Dec. 1966.

[Chi64] R. Chien, "Cyclic Decoding Procedures for Bose-Chaudhuri-Hocquenghem Codes," *IEEE Transactions on Information Theory*, vol. 10, no. 4, pp. 357-363, Oct. 1964.

[Chu72] D. C. Chu, "Polyphase Codes with Good Periodic Correlation Properties, [corresp.]" *IEEE*

Transactions on Information Theory, vol. 18, pp. 531-532, 1972.

[Cio11] J. M. Cioffi, "Digital Communications," Stanford, CA, Stanford University, 2011.

[CIS13] "Cisco Visual Networking Index: Global Mobile Data Traffic Forecast Update, 2012-2017," Cisco, Feb. 2013.

[CJK+10] M. Chu, P. Jacob, J.-W. Kim, M. LeRoy, R. Kraft, and J. McDonald, "A 40 Gs/s Time Interleaved ADC Using SiGe BiCMOS Technology," *IEEE Journal of Solid-State Circuits*, vol. 45, no. 2, pp. 380-390, Feb. 2010.

[CL06] D. Chen and J. N. Laneman, "Modulation and Demodulation for Cooperative Diversity in Wireless Systems," *IEEE Transactions on Wireless Communications*, vol. 5, no. 7, pp. 1785-1794, Jul. 2006.

[CLC+06] Y. -J. Cho, K. -H. Lee, H. -C. Choi, Y. -J. Kim, K.-J. Moon, S-H. Lee, S. -B. Hyun, and S. -S. Park, "A Dual-Channel 6b 1 Gs/s 0.18 μm CMOS ADC for Ultra Wide-Band Communication Systems," *2006 IEEE Asia Pacific Conference on Circuits and Systems (APCCAS 2006)*, pp. 339-342, Dec. 2006.

[CLH+09] C.-C. Chen, C.-C. Li, B.-J. Huang, K.-Y. Lin, H.-W. Tsao, and H. Wang, "Ring-Based Triple-Push VCOs with Wide Continuous Tuning Ranges," *IEEE Transactions on Microwave Theory and Techniques*, vol. 57, no. 9, pp. 2173-2183, Sep. 2009.

[CLL+06] F. Chen, B. Li, T. Lee, C. Christiansen, J. Gill, M, Angyal, et al., "Technology Reliability Qualification of a 65 nm CMOS Cu/Low-k BEOL Interconnect," *2006 International Symposium on the Physical and Failure Analysis of Integrated Circuits*, pp. 97-105, Jul. 2006.

[CM94] F. Classen and H. Meyr, "Frequency Synchronization Algorithms for OFDM Systems Suitable for Communication over Frequency Selective Fading Channels," *1994 IEEE Vehicular Technology Conference (VTC 1994)*, pp. 1655-1659, Jun. 1994.

[CO06] C. Cao and K. K. O, "Millimeter Wave Voltage-Controlled Oscillators in 0.13 μm CMOS Technology," *IEEE Journal of Solid-State Circuits*, vol. 41, pp. 1297-1304, Jun. 2006.

[Cou07] L. W. Couch, *Digital and Analog Communication Systems*, 7th ed. Upper Saddle River, NJ, Prentice Hall, 2007.

[Cow89] R. Cowan, "Objects Arranged Randomly in Space: An Accessible Theory," *Advances in Applied Probability*, vol. 21, no. 3, pp. 543-569, 1989.

[CP93] M. Chelouche and A. Plattner, "Mobile Broadband System (MBS): Trends and Impact on 60 GHz Band MMIC Development," *Electronics & Communication Engineering Journal*, vol. 5, no. 3, pp. 187-197, 1993.

[CR95] S. Czaja and J. Robertson, "Variable Data Rate Viterbi Decoder with Modified LOVA Algorithm," *1995 IEEE Region 10 International Conference on Microelectronics and VLSI (TENCON 1995)*, pp. 472-475, Nov. 1995.

[CR96] L. Correia and J. Reis, "Wideband Characterisation of the Propagation Channel for Outdoors at 60 GHz," *1996 IEEE International Symposium on Personal, Indoor and Mobile Radio Communications (PIMRC 1996)*, vol. 2, pp. 752-755, Oct. 1996.

[CR01a] P. Cardieri and T. S. Rappaport, "Application of Narrow-Beam Antennas and Fractional Loading Factor in Cellular Communication Systems," *IEEE Transactions on Vehicular Technology*, vol. 50, no. 2, pp. 430-440, Mar. 2001.

[CR01b] P. Cardieri and T. S. Rappaport, "Statistical Analysis of Co-Channel Interference in Wireless Communications Systems," *Wireless Communications and Mobile Computing*, vol. 1, no. 1, pp. 111-121, Jan./Mar. 2001.

[CR01c] M. W. Chapman and S. Raman, "A 60 GHz Uniplanar MMIC 4X Subharmonic Mixer," *2001 IEEE MTT-S International Microwave Symposium (IMS)*, pp. 95-98, May 2001.

[CR03] A. Chindapol and J. Ritcey, "Performance Analysis of Coded Modulation with Generalized Selection Combining in Rayleigh Fading," *IEEE Transactions on Communications*, vol. 51, no. 8, pp. 1348-1357, Aug. 2003.

[Cra80] R. K. Crane, "Prediction of Attenuation by Rain," *IEEE Transactions on Communications*, vol. 28, no. 9, pp. 1717-1733, Sep. 1980.

[CRdV06] J. K. Chen, T. S. Rappaport, G. de Veciana, "Iterative Water-Filling for Load-Balancing in Wireless LAN or Microcellular Networks," *2006 IEEE Vehicular Technology Conference (VTC 2006-Spring)*, pp.117-121, May 2006.

[CRdV07] J. K. Chen, T. S. Rappaport, and G. de Veciana, "Site Specific Knowledge for Improving Frequency Allocations in Wireless LAN and Cellular Networks," *2007 IEEE Vehicular Technology Conference (VTC 2007-Fall)*, pp.1431-1435, Oct. 2007.

[CRN09] D. Chowdhury, P. Reynaert, and A. Niknejad, "Design Considerations for 60 GHz Transformer-Coupled CMOS Power Amplifiers," *IEEE Journal of Solid-State Circuits*, vol. 44, no. 10, pp. 2733-2744, Oct. 2009.

[CRR08] E. Cohen, S. Ravid, and D. Ritter, "An Ultra Low Power LNA with 15 dB Gain and 4.4 dB NF in 90 nm CMOS Process for 60 GHz Phase Array Radio," *2008 IEEE Radio Frequency Integrated Circuits Syposium (RFIC 2008)*, pp. 65-68, Apr. 2008.

[CRW07] B. Catteau, P. Rombouts, and L. Weyten, "A Digital Calibration Technique for the Correction of Glitches in High-Speed DAC's," *2007 IEEE International Symposium on Circuits and Systems (ISCAS 2007)*, pp. 1477-1480, May 2007.

[CTB98] G. Caire, G. Taricco, and E. Biglieri, "Bit-Interleaved Coded Modulation," *IEEE Transactions on Information Theory*, vol. 44, no. 3, pp. 927-946, May 1998.

[CTC+05] Y. Cho, M. Tsai, H. Chang, C. Chang, and H. Wang, "A Low Phase Noise 52 GHz Push-Push VCO in 0.18 μm Bulk CMOS Technologies," *2005 IEEE Radio Frequency Integrated Circuits Symposium (RFIC 2005)*, pp. 131-134, Jun. 2005.

[CTSMK07] S. Cheng, H. Tong, J. Silva-Martinez, and A. Karsilayan, "A Fully Differential Low-Power Divide-by-8 Injection-Locked Frequency Divider Up to 18 GHz," *IEEE Journal of Solid-State Circuits*, vol. 42, pp. 583-591, Mar. 2007.

[CTYYLJ07] H.-K. Chiou, Y.-C. Hsu, T.-Y. Yang, S.-G. Lin, and Y. Z. Juang, "15-60 GHz Asymmetric Broadside Coupled Balun in 0.18 μm CMOS Technology," *Electronics Letters*, vol. 43, no. 19, pp. 1028-1030, Sep. 2007.

[CV04] R. Choudhury and N. Vaidya, "Deafness: A MAC Problem in Ad Hoc Networks when using

Directional Antennas," *2004 IEEE International Conference on Network Protocols*, pp. 283-292, Oct. 2004.

[CV05] S. Chang and A. Vetro, "Video Adaptation: Concepts, Technologies, and Open Issues," *Proceedings of the IEEE*, vol. 93, no. 1, pp. 148-158, 2005.

[CW00] K. Chang and J. Wiley, *RF and Microwave Wireless Systems*. Wiley Online Library, 2000.

[CW08] E. Candes and M. Wakin, "An Introduction To Compressive Sampling," *IEEE Signal Processing Magazine*, vol. 25, no. 2, pp. 21-30, 2008.

[CYRV06] R. Choudhury, X. Yang, R. Ramanathan, and N. Vaidya, "On Designing MAC Protocols for Wireless Networks Using Directional Antennas," *IEEE Transactions on Mobile Computing*, vol. 5, no. 5, pp. 477-491, May 2006.

[CZS+10] J. Cao, B. Zhang, U. Singh, D. Cui, A. Vasani, A. Garg, W. Zhang, N. Kocaman, D. Pi, B. Raghavan, H. Pan, I. Fujimori, and A. Momtaz, "A 500 mW ADC-Based CMOS AFE With Digital Calibration for 10 Gb/s Serial Links Over KR-Backplane and Multimode Fiber," *IEEE Journal of Solid-State Circuits*, vol. 45, no. 6, pp. 1172-1185, Jun. 2010.

[CZZ03a] S. Collonge, G. Zaharia, and G. E. Zein, "Experimental Investigation of the Spatial and Temporal Characteristics of the 60 GHz Radio Propagation within Residential Environments," *2003 IEEE International Symposium on Signals, Circuits, and Systems (SCS 2003)*, vol. 2, pp. 417-420, 2003.

[CZZ03b] S. Collonge, G. Zaharia, and G. E. Zein, "Influence of Furniture on 60 GHz Radio Propagation in a Residential Environment," *Microwave and Optical Technology Letters*, vol. 39, no. 3, pp. 230-233, 2003.

[CZZ04] S. Collonge, G. Zaharia, and G. E. Zein, "Influence of the Human Activity on Wide-Band Characteristics of the 60 GHz Indoor Radio Channel," *IEEE Journal of Wireless Communications*, vol. 3, no. 6, pp. 2396-2406, 2004.

[DA03] F. F. Digham and M.-S. Alouini, "Variable-Rate Variable-Power Hybrid M-FSK M-QAM for Fading Channels," *2003 IEEE Vehicular Technology Conference (VTC 2003-Fall)*, vol. 3, pp. 1512-1516, 2003.

[dAD04] G. de Alwis and M. Delahoy, "60 GHz Band Millimetre-wave Technology," Australian Communications Authority, Technical Report, Dec. 2004.

[Dan06] R. C. Daniels, "An M-ary Continuous Phase Modulated System with Coherent Detection and Frequency Domain Equalization," Master's Thesis, The University of Texas at Austin, May 2006.

[DAR] DARPA Strategic Technology Office, "100 Gb/s RF Backbone (100 G)".

[Dar04] D. Dardari, "Ordered Subcarrier Selection Algorithm for OFDM-Based High-Speed WLANs," *IEEE Transactions on Wireless Communications*, vol. 3, no. 5, pp. 1452-1458, 2004.

[Dav10] D. B. Davidson, *Computational Electromagnetics for RF and Microwave Engineering*, 1st ed. Cambridge University Press, 2008. A second edition was published in 2010.

[DC07] D. Daly and A. Chandrakasan, "An Energy-Efficient OOK Transceiver for Wireless Sensor Networks," *IEEE Journal of Solid-State Circuits*, vol. 42, no. 5, pp. 1003-1011, May 2007.

[DCCK08] A. Darabiha, A. Chan Carusone, and F. Kschischang, "Power Reduction Techniques for LDPC Decoders," *IEEE Journal of Solid-State Circuits*, vol. 43, no. 8, pp. 1835-1845, Aug. 2008.

[DCF94] N. Daniele, D. Chagnot, and C. Fort, "Outdoor Millimetre Wave Propagation Measurements with

Line of Sight Obstructed by Natural Elements," *Electronics Letters*, vol. 30, no. 18, pp. 1533-1534, Sep. 1994.

[DCH10] R. Daniels, C. Caramanis, and R. W. Heath Jr., "Adaptation in Convolutionally Coded MIMO-OFDM Wireless Systems Through Supervised Learning and SNR Ordering," *IEEE Transactions on Vehicular Technology*, vol. 59, no. 1, pp. 114-126, Jan. 2010.

[DEFF+97] V. Degli-Esposti, G. Falciasecca, M. Frullone, G. Riva, and G. E. Corazza, "Performance Evaluation of Space and Frequency Diversity for 60 GHz Wireless LANs Using a Ray Model," *1997 IEEE Vehicular Technology Conference (VTC 1997)*, vol. 2, pp. 984-988, 1997.

[DENB05] C. Doan, S. Emami, A. Niknejad, and R. Brodersen, "Millimeter Wave CMOS Design," *IEEE Journal of Solid-State Circuits*, vol. 40, no. 1, pp. 144-155, Jan. 2005.

[DES+04] C. Doan, S. Emami, D. Sobel, A. Niknejad, and R. Brodersen, "Design Considerations for 60 GHz CMOS Radios," *IEEE Communications Magazine*, vol. 42, no. 12, pp. 132-140, 2004.

[DGE01] L. Deneire, B. Gyselinckx, and M. Engels, "Training Sequence Versus Cyclic Prefix—A New Look on Single Carrier Communication," *IEEE Communications Letters*, vol. 5, no. 7, pp. 292-294, Jul. 2001.

[DH07] R. Daniels and R. W. Heath Jr., "60 GHz Wireless Communications: Emerging Requirements and Design Recommendations," *IEEE Vehicular Technology Magazine*, vol. 2, no. 3, pp. 41-50, Sep. 2007.

[DHG+13] H. Dabag, B. Hanafi, F. Golcuk, A. Agah, J. F. Buckwalter, and P. M. Asbeck, "Analysis and Design of Stacked-FET Millimeter-Wave Power Amplifiers," *IEEE Transactions on Microwave Theory and Techniques*, vol. 61, no. 4, pp. 1543-1556, 2013, digital object identifier: 0.1109/TMTT. 2013.2247698.

[DHH89] A. Duel-Hallen and C. Heegard, "Delayed Decision-Feedback Sequence Estimation," *IEEE Transactions on Communications*, vol. 37, no. 5, pp. 428-436, 1989.

[DH07] R. C. Daniels and R. W. Heath Jr., "Multi-Band Modulation, Coding, and Medium Access Control," 2007, contribution to VHT IEEE 802.11 Study Group, Atlanta, GA, Nov. 12, 2007.

[DLB+05] T. O. Dickson, M.-A. Lacroix, S. Boret, D. Gloria, R. Beerkens, and S. P. Voinigescu, "30-100 GHz Inductors and Transformers for Millimeter-Wave (Bi) CMOS Integrated Circuits," *IEEE Transactions on Microwave Theory and Techniques*, vol. 53, no. 1, pp. 123-133, Jan. 2005.

[DM10] O. Dabeer and U. Madhow, "Channel Estimation with Low-Precision Analog-to-Digital Conversion," *2010 IEEE International Conference on Communications (ICC)*, pp. 1-6, 2010.

[dMKL+09] M. de Matos, E. Kerherve, H. Lapuyade, J. B. Begueret, and Y. Deval, "Millimeter-Wave and Power Characterization for Integrated Circuits," *2009 EAEEIE Annual Conference*, pp. 1-4, Jun. 2009.

[DMR00] A. Demir, A. Mehrotra, and J. Roychowdhury, "Phase Noise in Oscillators: A Unifying Theory and Numerical Methods for Characterization," *IEEE Transactions on Circuits and Systems I: Fundamental Theory and Applications*, vol. 47, no. 5, pp. 655-674, 2000.

[DMRH10] R. C. Daniels, J. N. Murdock, T. S. Rappaport, and R. W. Heath Jr., "60 GHz Wireless: Up Close and Personal," *IEEE Microwave Magazine*, pp. 1-6, Dec. 2010.

[DMTA96] D. Dardari, L. Minelli, V. Tralli, and O. Addrisano, "Wideband Indoor Communications at 60 GHz," *1996 IEEE International Symposium on Personal, Indoor and Mobile Radio Communications*

(PIMRC 1996), vol. 3, pp. 791-794, 1996.

[DMW+11] A. Damnjanovic, J. Montojo, Y. Wei, T. Ji, T. Luo, M. Vajapeyam, T. Yoo, O. Song, and D. Malladi, “A Survey on 3GPP Heterogeneous Networks,” *IEEE Wireless Communications Magazine*, vol.18, no. 3, pp. 10-21, Jun. 2011.

[DPR97a] G. Durgin, N. Patwari, and T. S. Rappaport, “Improved 3D Ray Launching Method for Wireless Propagation Prediction,” *IET (Formerly IEE) Electronics Letters*, vol. 33, no. 16, pp. 1412-1414, 1997.

[DPR97b] G. Durgin, N. Patwari, and T. S. Rappaport, “An Advanced 3D Ray Launching Method for Wireless Propagation Prediction,” *1997 IEEE Vehicular Technology Conference (VTC 1997)*, pp. 785-789, 1997.

[DR98] G. Durgin and T. S. Rappaport, “Basic Relationship between Multipath Angular Spread and Narrowband Fading in Wireless Channels,” *IEE (now IET) Electronics Letters*, vol. 34, no. 25, pp.2431-2432, 1998.

[DR99a] G. D. Durgin and T. S. Rappaport, “Level-Crossing Rates and Average Fade Duration for Wireless Channels with Spatially Complicated Multipath,” *1999 IEEE Global Communications Conference (GLOBECOM 1999)*, pp. 437-441, Dec. 1999.

[DR99b] G. D. Durgin and T. S. Rappaport, “Three Parameters for Relating Small-Scale Temporal Fading to Multipath Angles-of-Arrival,” *1999 IEEE International Symposium on Personal, Indoor and Mobile Radio Communications (PIMRC 1999)*, pp. 1077-1081, Sep. 1999.

[DR99c] G. Durgin and T. S. Rappaport, “Effects of Multipath Angular Spread on the Spatial Cross Correlation of Received Envelope Voltages,” *1999 IEEE Vehicular Technology Conference (VTC 1999)*, vol. 2, pp.996-1000, 1999.

[DR00] G. Durgin and T. S. Rappaport, “Theory of Multipath Shape Factors for Small-Scale Fading Wireless Channels,” *IEEE Transactions on Antennas and Propagation*, vol. 48, no. 5, pp. 682-693, May 2000.

[DRD99] G. D. Durgin, T. S. Rappaport, and D. A. deWolf, “More Complete Probability Density Functions for Fading in Wireless Communications” *1999 IEEE Vehicular Technology Conference (VTC 1999)*, vol. 2, pp.985-989, May 1999.

[DRD02] G. D. Durgin, T. S. Rappaport, and D. A deWolf, “New Analytical Models and Probability Density Functions for Fading in Wireless Communications,” *IEEE Transactions on Communications*, vol. 50, no.6, pp. 1005-1015, Jun. 2002.

[Dru88] E. H. Drucker, “Development and Application of a Cellular Repeater,” *1988 IEEE Vehicular Technology Conference (VTC 1988)*, pp. 321-325, Jun. 1988.

[DRU96] R. De Roo and F. Ulaby, “A Modified Physical Optics Model of the Rough Surface Reflection Coefficient,” *1996 Antennas and Propagation Society International Symposium*, vol. 3, pp. 21-26, Jul. 1996.

[Dru00] E. Drucker, “Model PLL Dynamics and Phase-Noise Performance—Part 2,” *Microwaves & RF*, pp.73-82, 117, Feb. 2000.

[DRW+09] K. Doppler, M. Rinne, C. Wijting, C. Ribeiro, and K. Hugl, “Device-to-Device Communication as an Underlay to LTE-advanced Networks,” *IEEE Communications Magazine*, vol. 47, no. 12, pp. 42-49, Dec. 2009.

[DRX98a] G. Durgin, T. S. Rappaport, and H. Xu, "Measurements and Models for Radio Path Loss and Penetration Loss In and Around Homes and Trees at 5.85 GHz," *IEEE Transactions on Communications*, vol. 46, no. 11, pp. 1484-1496, 1998.

[DRX98b] G. D. Durgin, T. S. Rappaport, and H. Xu, "Partition-Based Path Loss Analysis for in-Home and Residential Areas at 5.85 GHz," *1998 IEEE Global Telecommunications Conference (GLOBECOM 1998)*, vol. 2, pp. 904-909, Dec. 1998.

[DSI+08] K. Deguchi, N. Suwa, M. Ito, T. Kumamoto, and T. Miki, "A 6-bit 3.5-Gs/s 0.9-V 98-mW Flash ADC in 90-nm CMOS," *IEEE Journal of Solid State Circuits*, vol. 43, no. 10, pp. 2303-2310, 2008.

[DSS+08] D. Dawn, S. Sarkar, P. Sen, B. Perumana, D. Yeh, S. Pinel, and J. Laskar, "17 dB Gain CMOS Power Amplifier at 60 GHz," *2008 IEEE MTT-S International Microwave Symposium (IMS)*, pp. 859-862, Jun. 2008.

[DSS+09] D. Dawn, P. Sen, S. Sarkar, B. Perumana, S. Pinel, and J. Laskar, "60 GHz Integrated Transmitter Development in 90 nm CMOS," *IEEE Transactions on Microwave Theory and Techniques*, vol. 57, no.10, pp. 2354-2367, Oct. 2009.

[DT99] D. Dardari and V. Tralli, "High-Speed Indoor Wireless Communications at 60 GHz with Coded OFDM," *IEEE Transactions on Communications*, vol. 47, no. 11, pp. 1709-1721, Nov. 1999.

[Dur03] G. D. Durgin, *Space-Time Wireless Channels*, Upper Saddle River, NJ, Prentice Hall, 2003.

[DWV08] K. Doppler, C. Wijting, and K. Valkealahti, "On the Benefits of Relays in a Metropolitan Area Network," *2008 IEEE Vehicular Technology Conference (VTC 2008-Spring)*, pp. 2301-2305, May 2008.

[EAHAS+12] O. El Ayach, R. W. Heath Jr., S. Abu-Surra, S. Rajagopal, and Z. Pi, "The Capacity Optimality of Beam Steering in Large Millimeter Wave MIMO Systems," *2012 IEEE International Workshop on Signal Processing Advances in Wireless Communications (SPAWC)*, pp. 100-104, 2012.

[EAHAS+12a] O. El Ayach, R. W. Heath Jr., S. Abu-Surra, S. Rajagopal, and Z. Pi, "Low Complexity Precoding for Large Millimeter Wave MIMO Systems," *2012 IEEE International Conference on Communications (ICC)*, pp. 3724-3729, Jun. 2012.

[ECd13] "2013/752/EU: Commission Implementing Decision of 11 December 2013 Amending Decision 2006/771/EC on Harmonisation of the Radio Spectrum for Use by Short-Range Devices and Repealing Decision 2005/928/EC," *Official Journal of the European Union*, Dec. 2013.

[ECS+98] R. Ertel, P. Cardieri, K. Sowerby, T. S. Rappaport, and J. Reed, "Overview of Spatial Channel Models for Antenna Array Communication Systems," *IEEE Personal Communications*, vol. 5, no. 1, pp.10-22, Feb. 1998.

[ECMA08] Ecma International, *Standard ECMA-387: High Rate 60 GHz PHY, MAC and HDMI PAL,"* 1st ed. Geneva, Ecma International, Dec. 2008.

[ECMA10] Ecma International, *Standard ECMA-387: High Rate 60 GHz PHY, MAC and PALs*, 2nd ed. Geneva, Ecma International, Dec. 2010.

[EDNB04] S. Emami, C. Doan, A. Niknejad, and R. Brodersen, "Large-Signal Millimeter Wave CMOS Modeling with BSIM3," *2004 IEEE Radio Frequency Integrated Circuits Symposium (RFIC 2004)*, pp.163-166, Jun. 2004.

[EDNB05] S. Emami, C. Doan, A. Niknejad, and R. Brodersen, "A 60 GHz Down-Converting CMOS Single-Gate Mixer," *2005 IEEE Radio Frequency Integrated Circuits Symposium (RFIC 2005)*, pp.163-166, Jun. 2005.

[Emr07] R. Emrick, "On-Chip Antenna Element and Array Design for Short Range Millimeter Wave Communications," Ph.D. Dissertation, The Ohio State University, 2007.

[EMT+09] V. Erceg, M. Messe, A. Tarighat, M. Boers, J. Trachewsky, and C. Choi, "60 GHz Impairments Modeling," *IEEE P802.11 Wireless LANs*, Technical Report, 2009, doc: IEEE 802.11-09/1213r1.

[Enz02] C. Enz, "An MOS Transistor Model for RF IC Design Valid in All Regions of Operation," *IEEE Transactions on Microwave Theory and Techniques*, vol. 50, no. 1, pp. 342-359, Jan. 2002.

[Enz08] C. C. Enz, "A Short Story of the EKV MOS Transistor Model," *IEEE Solid-State Circuits Society Newsletter*, vol. 13, no. 3, pp. 24-30, summer 2008.

[EQ89] M. Eyuboglu and S. Qureshi, "Reduced-State Sequence Estimation for Coded Modulation of Intersymbol Interference Channels," *IEEE Journal on Selected Areas in Communications*, vol. 7, no. 6, pp. 989-995, 1989.

[ERAS+14] O. El Ayach, S. Rajagopal, S. Abu-Surra, Z. Pi, and R. W. Heath Jr., "Spatially Sparse Precoding in Millimeter Wave MIMO Systems," *IEEE Transactions on Wireless Communications*, vol. 13, no. 3, pp.1499-1513, Mar. 2014.

[ETSI12a] European Telecommunications Standards Institute（ETSI）, "ETSI EN 302 217-3: Fixed Radio Systems; Characteristics and Requirements for Point-to-Point Equipment and Antennas," Sep. 2012.

[ETSI12b] European Telecommunications Standards Institute（ETSI）, "ETSI EN 302 567: Broadband Radio Access Networks（BRAN）; 60 GHz Multiple-Gigabit WAS/RLAN Systems," Jan. 2012.

[ETWH01] M. El-Tanany, Y. Wu, and L. Házy, "Analytical Modeling and Simulation of Phase Noise Interference in OFDM-Based Digital Television Terrestrial Broadcasting Systems," *IEEE Transactions on Broadcasting*, vol. 47, no. 1, pp. 20-31, 2001.

[Eur10] The European Conference of Postal and Telecommunications Administrations, Recommendation T/R 22-03, "Provisional Recommended Use of the Frequency Range 54.25-66 GHz by Terrestrial Fixed and Mobile Systems, 1990."

[EV06] C. C. Enz and E. A. Vittoz, *Charge-based MOS Transistor Modeling*, 1st ed. New York, Wiley, 2006.

[EWA+11] S. Emami, R. Wise, E. Ali, M. G. Forbes, M. Q. Gordon, X. Guan, S. Lo, P. T. McElwee, J. Parker, J. R. Tani, J. M. Gilbert, and C. H. Doan, "A 60 GHz CMOS Phased-Array Transceiver Pair for Multi-Gb/s Wireless Communications," *2011 IEEE International Solid-State Circuits Conference (ISSCC)*, pp. 164-166, Feb. 2011.

[FABSE02] D. Falconer, S. Ariyavisitakul, A. Benyamin-Seeyar, and B. Eidson, "Frequency Domain Equalization for Single-Carrier Broadband Wireless Systems," *IEEE Communications Magazine*, vol. 40, no. 4, pp. 58-66, Apr. 2002.

[FBRSX94] M. J. Feuerstein, K. L. Blackard, T. S. Rappaport, S. Y. Seidel, and H. Xia, "Path Loss, Delay Spread, and Outage Models as Functions of Antenna Height for Microcellular System Design," *IEEE Transactions on Vehicular Technology*, vol. 43, no. 3, pp. 487-498, Aug. 1994.

[FCC88] "The Use of the Radio Frequency Spectrum Above 30 GHz: A Consultative Document," Radiocommunications Div., U.K. Dept. Trade and Industry, 1988.

[FDM+12] G. Fodor, E. Dahlman, G. Mildh, S. Parkvall, N. Reider, G. Miklos, and Z. Turanyi, "Design Aspects of Network Assisted Deviceto-Device Communications," *IEEE Communications Magazine*, vol. 50, no. 3, pp. 170-177, Mar. 2012.

[Fed06] Federal Communications Commission, "Electronic Code of Federal Regulations: Part 15-Radio Frequency Device Regulations," Washington, D.C., U.S. Government Printing Office, 2006.

[Fed13] Federal Communications Commission, FCC Report and Order 13-112, Aug. 9, 2013.

[Fen08] A. J. Fenn, *Adaptive Antennas and Phased Arrays for Radar and Communications*. Norwood, MA, Artech House, 2008.

[FGR93] D. F. Filipovic, S. S. Gearhart, and G. M. Rebeiz, "Double-Slot Antennas on Extended Hemispherical and Elliptical Silicon Dielectric Lenses," *IEEE Transactions on Microwave Theory and Techniques*, vol. 41, no. 10, pp. 1738-1749, Oct. 1993.

[FGRR97] D. F. Filipovic, G. P. Gauthier, S. Raman, and G. M. Rebeiz, "Off-Axis Properties of Silicon and Quartz Dielectric Lens Antennas," *IEEE Transactions on Antennas and Propagation*, vol. 45, no. 5, pp.760-766, May 1997.

[FHM10] X. Feng, G. He, and J. Ma, "A New Approach to Reduce the Resolution Requirement of the ADC for High Data Rate Wireless Receivers," *2010 IEEE International Conference on Signal Processing*, pp.1565-1568, 2010.

[FHO02] B. Floyd, C.-M. Hung, and K. K. O, "Intra-Chip Wireless Interconnect for Clock Distribution Implemented with Integrated Antennas, Receivers, and Transmitters," *IEEE Journal of Solid-State Circuits*, vol. 37, no. 5, pp. 543-552, May 2002.

[FJ72] G. D. Forney Jr., "Maximum-Likelihood Sequence Estimation of Digital Sequences in the Presence of Intersymbol Interference," *IEEE Transactions on Information Theory*, vol. 18, no. 3, pp. 363-378, May 1972.

[FJ73] G. D. Forney Jr., "The Viterbi Algorithm," *Proceedings of the IEEE*, vol. 61, no. 3, pp. 268-278, Mar. 1973.

[FLC+02] M. Fryziel, C. Loyez, L. Clavier, Rolland, and P. A. Rolland, "Path-Loss Model of the 60 GHz Indoor Radio Channel," *Microwave and Optical Technology Letters*, vol. 34, no. 3, pp. 158-162, 2002.

[Flo04] B. Floyd, "V-Band and W-Band SiGe Bipolar Low-Noise Amplifiers and Voltage-Controlled Oscillators," *2004 IEEE Radio Frequency Integrated Circuits Symposium (RFIC 2004)*, pp. 295-298, Jun. 2004.

[FMSNJ08] M. Fakharzadeh, P. Mousavi, S. Safavi-Naeini, and S. H. Jamali, "The Effects of Imbalance Phase Shifters Loss on Phased Array Gain," *IEEE Letters on Antennas and Wireless Propagation*, vol. 7, no. 3, pp. 192-197, Mar. 2008.

[FNABS10] M. Fakharzadeh, M.-R. N.-Ahmadi, B. Biglarbegian, and J. A. Shokouh, "CMOS Phased Array Transceiver Technology for 60 GHz Wireless Applications," *IEEE Transactions on Antennas and Propagation*, vol. 58, no. 4, pp. 1093-1104, Apr. 2010.

[FNP+08] M. Ferndahl, H. Nemati, B. Parvais, H. Zirath, and S. Decoutere, "Deep Submicron CMOS for Millimeter Wave Power Applications," *IEEE Microwave and Wireless Components Letters*, vol. 18, no. 5, pp. 329-331, May 2008.

[For65] J. Forney, G., "On Decoding BCH Codes," *IEEE Transactions on Information Theory*, vol. 11, no. 4, pp. 549-557, Oct. 1965.

[Fos77] G. J. Foschini, "A Reduced State Variant of Maximum Likelihood Sequence Detection Attaining Optimum Performance for High Signal-to-Noise Ratios," *IEEE Transactions on Information Theory*, vol.23, no. 5, pp. 605-609, 1977.

[Fos96] G. J. Foschini, "Layered Space-Time Architecture for Wireless Communication in a Fading Environment When Using Multiple Antennas," *Bell Labs Technical Journal*, vol. 1, no. 2, pp. 41-59, 1996.

[FOV11] H. P. Forstner, M. Ortner, and L. Verweyen, "A Fully Integrated Homodyne Upconverter MMIC in SiGe:C for 60 GHz Wireless Applications," *2011 IEEE Meeting on Silicon Monolithic Integrated Circuits in RF Systems (SiRF 2011)*, pp. 129-132, Jan. 2011.

[FPdC+04] C. Fager, J. Pedro, N. de Carvalho, H. Zirath, F. Fortes, and M. Rosario, "A Comprehensive Analysis of IMD Behavior in RF CMOS Power Amplifiers," *IEEE Journal of Solid-State Circuits*, vol. 39, no. 1, pp. 24-34, Jan. 2004.

[Fr11] "Frequency Band Review for Fixed Wireless Services," Final Report Prepared for OfCom, Document 2315/FLBR/FRP/3, Nov. 2011.

[Fri46] H. T. Friis, "A Note on a Simple Transmission Formula," *Proceedings of the IRE*, vol. 34, no. 5, pp.254-256, 1946.

[FRP+05] B. Floyd, S. Reynolds, U. Pfeiffer, T. Zwick, T. Beukema, and. Gaucher, "SiGe Bipolar Transceiver Circuits Operating at 60 GHz," *IEEE Journal of Solid-State Circuits*, vol. 40, no. 1, pp. 156-167, Jan. 2005.

[FRT93] V. Fung, T. S. Rappaport, and B. Thoma, "Bit Error Simulation for Pi/4 DQPSK Mobile Radio Communications Using Two-Ray and Measurement-Based Impulse Response Models," *IEEE Journal on Selected Areas in Communications*, vol. 11, no. 3, pp. 393-405, Apr. 1993.

[FZ62] R. L. Frank, S. A. Zadoff, and R. Heimiller, "Phase Shift Pulse Codes with Good Periodic Correlation Properties," *IRE Transactions on Information Theory*, vol. IT-8, pp. 381-382, 1962.

[GAB+10] Y. Greshishchev, J. Aguirre, M. Besson, R. Gibbins, C. Falt, P. Flemke, N. Ben-Hamida, D. Pollex, P. Schvan, and S.-C. Wang, "A 40 GS/s 6b ADC in 65 nm CMOS," *2010 IEEE International Solid-State Circuits Conference (ISSCC)*, pp. 390-391, Feb. 2010.

[Gal62] R. Gallager, "Low-Density Parity-Check Codes," *IRE Transactions on Information Theory*, vol. 8, no.1, pp. 21-28, Jan. 1962.

[GAPR09] F. Gutierrez, S. Agarwal, K. Parrish, and T. S. Rappaport, "On-Chip Integrated Antenna Structures in CMOS for 60 GHz WPAN Systems," *IEEE Journal on Selected Areas in Communications*, vol. 27, no.8, pp. 1367-1378, Oct. 2009.

[GBS71] D. George, R. Bowen, and J. Storey, "An Adaptive Decision Feedback Equalizer," *IEEE Transactions on Communication Technology*, vol. 19, no. 3, pp. 281-293, Jun. 1971.

[GFK12] B. Grave, A. Frappe, and A. Kaiser, "A Reconfigurable 60 GHz Subsampling Receiver Architecture with Embedded Channel Filtering," *2012 IEEE International Symposium on Circuits and Systems (ISCAS)*, pp. 1295-1298, May 2012.

[GGSK11] I. Guvenc, S. Gezici, Z. Sahinoglu, and U. C. Kozat, *Reliable Communications for Short-Range Wireless Systems*. Cambridge University Press, Apr. 2011, ch. 3.

[GHH04] X. Guan, H. Hashemi, and A. Haijimiri, "A Fully Integrated 24 GHz Eight-Element Phased Array Receiver in Silicon," *IEEE Journal of Solid-State Circuits*, vol. 39, no. 12, pp. 2311-2320, Dec. 2004.

[Gho14] A. Ghosh, et al., "Millimeter Wave Enhanced Local Area Systems: A High Data Rate Approach for Future Wireless Networks," *IEEE Journal on Selected Areas in Communications*, vol. 32, no. 6, pp.1152-1163, Jun. 2014.

[Gib07] W. C. Gibson, *The Method of Moments in Electromagnetics*, 1st ed. Boca Raton, FL, Chapman & Hall, CRC, 2007.

[GJ13] F. Gutierrez Jr., "Mm-wave and Sub-THz On Chip Antenna Array Propagation and Radiation Pattern Measurement," Ph.D. Dissertation, The University of Texas, Dec. 2013.

[GJBAS01] I. Gresham, N. Jain, T. Budka, A. Alexanian, N. Kinayman, B. Ziegner, S. Brown, and P. Staecker, "A Compact Manufacturable 76-77 GHz Radar Module for Commercial ACC Applications," *IEEE Transactions on Microwave Theory and Techniques*, vol. 49, no. 1, pp. 44, 58, Jan. 2001.

[GJRM10] F. Gutierrez Jr., T. S. Rappaport, and J. N. Murdock, "Millimeter-Wave CMOS Antennas and RFIC Parameter Extraction for Vehicular Applications," *2010 IEEE Vehicular Technology Conference (VTC 2010-Fall)*, pp. 1-6, Sep. 2010.

[GKH+07] D. Gesbert, M. Kountouris, R. W. Heath Jr., C.-B. Chae, and T. Salzer, "Shifting the MIMO Paradigm," *IEEE Signal Processing Magazine*, vol. 24, no. 5, pp. 36-46, Sep. 2007.

[GKT+09] A. Garcia, W. Kotterman, R. Thoma, U. Trautwein, D. Bruckner, W. Wirnitzer, and J. Kunisch, "60 GHz in-Cabin Real-Time Channel Sounding," *2009 IEEE International Conference on Communications and Networking in China (ChinaCOM 2009)*, pp. 1-5, Aug. 2009.

[GKZ+05] S. Gunnarsson, C. Karnfelt, H. Zirath, R. Kozhuharov, D. Kuylenstierna, A. Alping, and C. Fager, "Highly Integrated 60 GHz Transmitter and Receiver MMICs in a GaAs pHEMT Technology," *IEEE Journal of Solid-State Circuits*, vol. 40, no. 11, pp. 2174-2186, Nov. 2005.

[GLR99] F. Giannetti, M. Luise, and R. Reggiannini, "Mobile and Personal Communications in the 60 GHz Band: A Survey," *Wireless Personal Communications*, vol. 10, pp. 207-243, 1999.

[GMM06] M. X. Gong, S. Midkiff, and S. Mao, "MAC Protocols for Wireless Mesh Networks," Y. Zhang, J. Luo, and H. Hu, Eds. *Wireless Mesh Networking: Architectures, Protocols and Standards*, Boca Raton, FL, Auerbach Publications, 2006.

[GMR+12] A. Ghosh, N. Mangalvedhe, R. Ratasuk, B. Mondal, M. Cudak, E. Visotsky, T. Thomas, J. Andrews, P. Xia, H.-S. Jo, H. Dhillon, and T. Novlan, "Heterogeneous Cellular Networks: From Theory to Practice," *IEEE Communications Magazine*, vol. 50, no. 6, pp. 54-64, Jun. 2012.

[Gol61] M. Golay, "Complementary Series," *IRE Transactions on Information Theory*, vol. 7, no. 2, pp. 82-87,

Apr. 1961.

[Gol05] A. Goldsmith, *Wireless Communications*. New York, Cambridge University Press, 2005.

[GRM+10] A. Ghosh, R. Ratasuk, B. Mondal, N. Mangalvedhe, and T. Thomas, "LTE-Advanced: Next-Generation Wireless Broadband Technology," *IEEE Wireless Communications*, vol. 17, no. 22, pp.10-22, Jun. 2010.

[Gro13] S. Grobart, "Samsung Announces New '5G' Wireless Technology," May 2013.

[GS99] V. Guruswami and M. Sudan, "Improved Decoding of Reed-Solomon and Algebraic-Geometry Codes," *IEEE Transactions on Information Theory*, vol. 45, no. 6, pp. 1757-1767, Sep. 1999.

[GT06] P. Green and D. Taylor, "Dynamic Channel-Order Estimation Algorithm," *IEEE Transactions on Signal Processing*, vol. 54, no. 5, pp. 1922-1925, May 2006.

[GV05] T. Guess and M. Varanasi, "An Information-Theoretic Framework for Deriving Canonical Decision-Feedback Receivers in Gaussian Channels," *IEEE Transactions on Information Theory*, vol. 51, no. 1, pp. 173-187, Jan. 2005.

[GVS11] F. Gholam, J. Vía, and I. Santamaría, "Beamforming Design for Simplified Analog Antenna Combining Architectures," *IEEE Transactions on Vehicular Technology*, vol. 60, no. 5, pp. 2373-2378, 2011.

[GW01] G. Gbur and E. Wolf, "The Rayleigh Range of Partially Coherent Beams," *Optics Communications*, vol. 199, no. 5, pp. 295-304, 2001.

[H+94] C. M. P. Ho, et al., "Antenna Effects on Indoor Obstructed Wireless Channels and a Deterministic Image-Based Wide-Band Propagation Model for In-Building Personal Communication Systems," *International Journal of Wireless Information Networks*, vol. 1, no. 1, pp. 61-76, Jan. 1994.

[HA95] A. M. Hammoudeh and G. Allen, "Millimetric Wavelengths Radiowave Propagation for Line-of-Sight Indoor Microcellular Mobile Communications," *IEEE Journal of Vehicular Technology*, vol. 44, no. 3, pp. 449-460, 1995.

[Hag88] J. Hagenauer, "Rate-Compatible Punctured Convolutional Codes （RCPC Codes） and Their Applications," *IEEE Transactions on Communications*, vol. 36, no. 4, pp. 389-400, Apr. 1988.

[Ham03] K. Hamagushi, "Japanese Regulation for 60 GHz Band, IEEE 802.15.3/0351r1," *IEEE 802.15.3 Standard Contribution*, Sep. 2003.

[Has09] A. Hassibi, "Quantitative Metrics," *EE382V: Data Converters*, University of Texas at Austin, Spring 2009.

[Hay96] M. Hayes, *Statistical Digital Signal Processing and Modeling*. New York, Wiley, 1996.

[HBAN07a] B. Heydari, M. Bohsali, E. Adabi, and A. Niknejad, "A 60 GHz Power Amplifier in 90 nm CMOS Technology," *2007 IEEE Custom Integrated Circuits Conference （CICC 2007）*, pp. 769-772, Sep. 2007.

[HBAN07b] B. Heydari, M. Bohsali, E. Adabi, and A. Niknejad, "Millimeter Wave Devices and Circuit Blocks up to 104 GHz in 90 nm CMOS," *IEEE Journal of Solid-State Circuits*, vol. 42, no. 12, pp. 2893-2903, Dec. 2007.

[HBLK14] W. Hong, K. Baek, Y. Lee, and Y. Kim, "Design and Analysis of a Low-Profile 28 GHz Beam Steering Antenna Solution for Future 5G Cellular Applications," *2014 IEEE MTT-S International*

Microwave Symposium (IMS), Tampa, FL, Jun. 2014.

[HCLC09] W.-L. Hsu, C.-Z. Chen, Y.-S. Lin, and C.-C. Chen, “A 2 mW, 55.8 GHz CMOS Injection-Locked Frequency Divider with 7.1 GHz Locking Range,” *2009 IEEE Radio and Wireless Symposium (RWS 2009)*, pp. 582-585, Jan. 2009.

[He+04] J. He et al., “Globally Optimal Transmitter Placement for Indoor Wireless Communication Systems,” *IEEE Transactions on Wireless Communications*, vol. 3, no. 6, pp. 1906-1911, Nov. 2004.

[Hea10] R. W. Heath Jr., “Where are the Relay Gains in Cellular Systems?” Presentation made at the IEEE Communication Theory Workshop, 2010.

[Hei93] W. Heinrich, “Quasi-TEM Description of MMIC Coplanar Lines Including Conductor-Loss Effects,” *IEEE Transactions on Microwave Theory Tech.*, vol. 41, no. 1, pp. 45-52, Jan. 1993.

[HFS08] “Left-Handed Metamaterial Design Guide,” Ansoft, Feb. 2008.

[HGKH05] H. Hashemi, X. Guan, A. Komijani, and A. Hajimiri, “A 24 GHz SiGe Phased-Array Receiver-LO Phase-Shifting Approach,” *IEEE Transactions on Microwave Theory and Techniques*, vol. 53, no. 2, pp.614-626, Feb. 2005.

[HH89] J. Hagenauer and P. Hoeher, “A Viterbi Algorithm with Soft-Decision Outputs and Its Applications,” *1989 IEEE Global Telecommunications Conference (GLOBECOM 1989)*, pp. 1680-1686, Nov. 1989.

[HH97] M. Hamid and R. Hamid, “Equivalent Circuit of Dipole Antenna of Arbitrary Length,” *IEEE Transactions on Antennas and Propagation*, vol. 45, no. 11, pp. 1695-1696, Nov. 1997.

[HH98] M. Honkanen and S. Haggman, “New Aspects on Nonlinear Power Amplifier Modeling in Radio Communication System Simulations,” *1998 IEEE International Symposium on Personal, Indoor and Mobile Radio Communications (PIMRC 1998)*, vol. 3, IEEE, 1998, pp. 844-848.

[HH09] Y. Hou and T. Hase, “Improvement on the Channel Estimation of Pilot Cyclic Prefixed Single Carrier (PCP-SC) System,” *IEEE Signal Processing Letters*, vol. 16, no. 8, pp. 719-722, Aug. 2009.

[HK11] J. Haapola and S. Kato, “Efficient mm-Wave Beamforming Protocol for Group Environments,” *2011 IEEE International Symposium on Personal, Indoor and Mobile Radio Communications (PIMRC 2011)*, pp. 1056-1060, 2011.

[HKL+11] S. Hur, T. Kim, D. Love, J. Krogmeier, T. Thomas, and A. Ghosh, “Multilevel Millimeter Wave Beamforming for Wireless Backhaul,” *2011 IEEE GLOBECOM Workshops*, pp. 253-257, 2011.

[HKN07a] J. Hasani, M. Kamarei, and F. Ndagijimana, “New Input Matching Technique for Cascode LNA in 90 nm CMOS for Millimeter Wave Applications,” *2007 IEEE International Workshop on Radio-Frequency Integration Technology (RFIT 2007)*, pp. 282-285, Dec. 2007.

[HKN07b] J. Hasani, M. Kamarei, and F. Ndagijimana, “Transmission Line Inductor Modeling and Design for Millimeter Wave Circuits in Digital CMOS Process,” *2007 IEEE International Workshop on Radio-Frequency Integration Technology, (RFIT 2007)*, pp. 290-293, Dec. 2007.

[HL98] A. Hajimiri and T. Lee, “A General Theory of Phase Noise in Electrical Oscillators,” *IEEE Journal of Solid-State Circuits*, vol. 33, no. 2, pp. 179-194, Feb. 1998.

[HL11] S.-E. Hong and W. Y. Lee, “Flexible Unequal Error Protection Scheme for Uncompressed Video Transmission over 60 GHz Multi-Gigabit Wireless System,” *2011 IEEE International Conference on*

Computer Communications and Networks (ICCCN 2011), pp. 1-6, Aug. 2011.

[HLJ+06] F. Huang, J. Lu, N. Jiang, X. Zhang, W. Wu, and Y. Wang, "Frequency-Independent Asymmetric Double-Equivalent Circuit for On-Chip Spiral Inductors: Physics-Based Modeling and Parameter Extraction," *IEEE Journal of Solid-State Circuits*, vol. 41, no. 10, pp. 2272-2283, Oct. 2006.

[Hoc59] A. Hocquenghem, "Codes Correcteurs d'Erreurs," *Chiffres 2*, pp. 147-156, 1959.

[Hor08] A. van der Horst, "Copper Cabling Can Resolve the Cost/Power Equation," *The Data Center Journal*, Jul. 2008.

[HPWZ13] R. W. Heath Jr., S. Peters, Y. Wang, and J. Zhang, "A Current Perspective on Distributed Antenna Systems for the Downlink of Cellular Systems," *IEEE Communications Magazine*, vol. 51, no. 4, pp.161-167, Apr. 2013.

[HR92] C. M. P. Ho and T. S. Rappaport, "Effects of Antenna Polarization and Beam Pattern on Multipath Delay Spread and Path Loss in Indoor Obstructed Wireless Channels," *1992 IEEE International Conference on Universal Personal Communications (IUCPC 1992)*, Oct. 1992.

[HR93] C. M. P. Ho and T. S. Rappaport, "Wireless Channel Prediction in a Modern Office Building Using an Image-Based Ray Tracing Method," *1993 IEEE Global Telecommunications Conference (GLOBECOM 1993)*, pp. 1247-1251, Nov./Dec. 1993.

[HRA10] K. Hassan, T. S. Rappaport, and J. G. Andrews, "Analog Equalization for Low Power 60 GHz Receivers in Realistic Multipath Channels," *2010 IEEE Global Telecommunications Conference (GLOBECOM 2010)*, pp. 1-5, Dec. 2010.

[HRBS00] X. Hao, T. S. Rappaport, R. Boyle, and J. Schaffner, "38 GHz Wide-Band Point-to-Multipoint Measurements under Different Weather Conditions," *IEEE Communications Letters*, vol. 4, no. 1, pp. 7-8, Jan. 2000.

[HRL10] E. Herth, N. Rolland, and T. Lasri, "Circularly Polarized Millimeter-Wave Antenna Using 0-Level Packaging," *IEEE Antennas and Wireless Propagation Letters*, vol. 9, pp. 934-937, Sep. 2010.

[HS99] J. Hagenauer and T. Stockhammer, "Channel Coding and Transmission Aspects for Wireless Multimedia," *Proceedings of the IEEE*, vol. 87, no. 10, pp. 1764-1777, Oct. 1999.

[HS03] J. Huang and R. Spencer, "The Design of Analog Front Ends for 1000BASET Receivers," *IEEE Transactions on Circuits and Systems II: Analog and Digital Signal Processing*, vol. 50, no. 10, pp. 675-684, Oct. 2003.

[HSSJ02] Z. Huang, C.-C. Shen, C. Srisathapornphat, and C. Jaikaeo, "A Busy-Tone Based Directional MAC Protocol for Ad Hoc Networks," *2002 IEEE MILCOM*, vol. 2, pp. 1233-1238, Oct. 2002.

[HTM+07] H. Hoshino, R. Tachibana, T. Mitomo, N. Ono, Y. Yoshihara, and R. Fujimoto, "A 60 GHz Phase-Locked Loop with Inductor-Less Prescaler in 90 nm CMOS," *2007 European Solid State Circuits Conference (ESSCIRC 2007)*, pp. 472-475, Sep. 2007.

[HW10] K.-K. Huang and D. D. Wentzloff, "60 GHz On-Chip Patch Antenna Integrated in a 0.13 μm CMOS Technology," *2010 IEEE International Conference on Ultra-Wideband (ICUWB 2010)*, pp. 1-4, Sep. 2010.

[HW11] K.-C. Huang and Z. Wang, *Millimeter Wave Communication Systems*. New York, Wiley-IEEE Press,

2011.

[HWHRC08] S.-S. Hsu, K.-C. Wei, C.-Y. Hsu, and H. Ru-Chuang, "A 60 GHz Millimeter Wave CPW-Fed Yagi Antenna Fabricated by Using 0.18 μm CMOS Technology," *IEEE Electron Device Letters*, vol. 29, no. 6, pp. 625-627, Jun. 2008.

[HYFP04] H. Hu, H. Yanikomeroglu, D. D. Falconer, and S. Periyalwar, "Range Extension without Capacity Penalty in Cellular Networks with Digital Fixed Relays," *2004 IEEE Global Telecommunications Conference*, Dallas, TX, pp. 3053-3057, Nov.-Dec. 2004.

[ID08] R. Irmer and F. Diehm, "On Coverage and Capacity of Relaying in LTE-advanced in Example Deployments," *2008 IEEE International Symposium on Personal, Indoor and Mobile Radio Communications (PIMRC 2008)*, pp. 1-5, Sep. 2008.

[IE08] A. Ismail and M. Elmasry, "Analysis of the Flash ADC Bandwidth-Accuracy Tradeoff in Deep-Submicron CMOS Technologies," *IEEE Transactions on Circuits Syst. II*, vol. 55, no. 10, pp. 1001-1005, Oct. 2008.

[ISO] "International Organization for Standardization (ISO)."

[ITU] International Telecommunication Union, "Radio Recommendations."

[IST05] "IST BroadWay: A 5/60 GHz Hybrid System Concept," *4th Concertation Meeting of IST-FP6 Communication and Network Technologies Projects and/or Associated Clusters*, Mar. 2005.

[Ito00] Y. Itoh, "Microwave and Millimeter-Wave Amplifier Design Via Load-Pull Techniques," *2000 Gallium Arsenide Integrated Circuit Symposium (GaAs IC 2000)*, pp. 43-46, Nov. 2000.

[ITR09] T. Osada, M. Godwin, et al., *International Technology Roadmap for Semiconductors*, 2009 Edition, 2009.

[JA85] D. Jackson and N. Alexopoulos, "Gain Enhancement Methods for Printed Circuit Antennas," *IEEE Transactions on Antennas and Propagation*, vol. 33, no. 9, pp. 976-987, Sep. 1985.

[Jak94] W. C. Jakes, Ed., *Microwave Mobile Communications*, 2nd ed. New York, Wiley-IEEE Press, 1994.

[JEV89] D. L. Jones, R. H. Espeland, and E. J. Violette, "Vegitation Loss Measurements at 9.6, 28.8, 57.6, and 96.1 GHz Through a Conifer Orchard in Washington State," *NTIA Report*, vol. 89, no. 251, U.S. Department of Commerce, National Telecommunications and Information Administration, Oct. 1989.

[JGA+05] B. Jagannathan, D. Greenberg, R. Anna, X. Wang, J. Pekarik, M. Breitwisch, M. Erturk, L. Wagner, C. Schnabel, D. Sanderson, and S. Csutak, "RF FET Layout and Modeling for Design Success in RFCMOS Technologies," *2005 IEEE Radio Frequency Integrated Circuits Symposium (RFIC 2005)*, pp.57-60, Jun. 2005.

[JLGH09] Y. Jiang, K. Li, J. Gao, and H. Harada, "Antenna Space Diversity and Polarization Mismatch in Wideband 60 GHz Millimeter-Wave Wireless System," *2009 IEEE International Symposium on Personal, Indoor and Mobile Radio Communications (PIMRC 2009)*, pp. 1781-1785, Sep. 2009.

[JMW72] F. Jenks, P. Morgan, and C. Warren, "Use of Four-Level Phase Modulation for Digital Mobile Radio," *IEEE Transactions on Electromagnetic Compatibility*, vol. EMC-14, no. 4, pp. 113-128, Nov. 1972.

[JPM+11] M. Jacob, S. Priebe, A. Maltsev, A. Lomayev, V. Erceg, and T. Kurner, "A Ray Tracing Based

Stochastic Human Blockage Model for the IEEE 802.11ad 60 GHz Channel Model," *2011 European Conference on Antennas and Propagation (EuCAP 2011)*, pp. 3084-3088, Apr. 2011.

[JT01] H. Jafarkhani and V. Tarokh, "Multiple Transmit Antenna Differential Detection from Generalized Orthogonal Designs," *IEEE Transactions on Information Theory*, vol. 47, no. 6, pp. 2626-2631, Sep. 2001.

[JW08] T. Jiang and Y. Wu, "An Overview: Peak-to-Average Power Ratio Reduction Techniques for OFDM Signals," *IEEE Transactions on Broadcasting*, vol. 54, no. 2, pp. 257-268, Jun. 2008.

[Kah54] L. R. Kahn, "Ratio Squarer," *Proceedings of the IRE*, vol. 42, pp. 1704, 1954.

[Kaj00] A. Kajiwara, "LMDS Radio Channel Obstructed by Foliage," *2000 IEEE International Conference on Communications (ICC)*, vol. 3, pp. 1583-1587, 2000.

[Kat09] R. Katz, "Tech Titan Building Boom," *IEEE Spectrum*, vol. 46, no. 2, pp. 40-54, Feb. 2009.

[Kay08] M. Kayal, *Structured Analog CMOS Design*, 1st ed. Boston, Kluwer Academic Publishing, 2008.

[Kaz08] M. K. Kazimierczuk, *RF Power Amplifiers*, 1st ed. Hoboken, NJ, John Wiley and Sons, 2008.

[KBNI13] Y. Kishiyama, A. Benjebbour, T. Nakamura, and H. Ishii, "Future Steps of LTE-A: Evolution Toward Integration of Local Area and Wide Area Systems," *IEEE Wireless Communications*, vol. 20, no.1, pp. 12-18, Feb. 2013.

[KFL01] F. Kschischang, B. Frey, and H.-A. Loeliger, "Factor Graphs and the Sum Product Algorithm," *IEEE Transactions on Information Theory*, vol. 47, no. 2, pp. 498-519, Feb. 2001.

[KFN+08] R. Kimura, R. Funada, Y. Nishiguchi, M. Lei, T. Baykas, C. Sum, J. Wang, A. Rahman, Y. Shoji, H. Harada, et al., "Golay Sequence Aided Channel Estimation for Millimeter-Wave WPAN Systems," *2008 IEEE International Symposium on Personal, Indoor and Mobile Radio Communications (PIMRC 2008)*, pp. 1-5, 2008.

[KGG05] G. Kramer, M. Gastpar, and P. Gupta, "Cooperative Strategies and Capacity Theorems for Relay Networks," *IEEE Transactions on Information Theory*, vol. 51, no. 9, pp. 3037-3063, Sep. 2005.

[KH96] T. Keller and L. Hanzo, "Orthogonal Frequency Division Multiplex Synchronisation Techniques for Wireless Local Area Networks," *1996 IEEE International Symposium on Personal, Indoor and Mobile Radio Communications (PIMRC 1996)*, vol. 3, pp. 963-967, Oct. 1996.

[KHR+13] A. A. Khalek, R. W. Heath Jr., S. Rajagopal, S. Abu-Surra, and J. Zhang, "Cross-Polarization RF Precoding to Mitigate Mobile Misorientation and Polarization Leakage," *2013 IEEE Consumer Communications and Networking Conference (CCNC)*, Las Vegas, NV, Jan. 10-13, 2013.

[KJT08] T. Korakis, G. Jakllari, and L. Tassiulas, "CDR-MAC: A Protocol for Full Exploitation of Directional Antennas in Ad Hoc Wireless Networks," *IEEE Transactions on Mobile Computing*, vol. 7, no. 2, pp.145-155, Feb. 2008.

[KKKL06] K. Kim, J. Kim, Y. Kim, and W. Lee, "Description of Korean 60 GHz Unlicensed Band Allocation," *IEEE 802.15.3c Meeting Contributions*, Jul. 2006.

[KL10] S. Kim and L. E. Larson, "A 44 GHz SiGe BiCMOS Phase-Shifting Sub-Harmonic Up-Converter for Phased-Array Transmitters," *IEEE Transactions on Microwave Theory and Techniques*, vol. 58, no. 5, pp.1089-1100, May 2010.

[KLN+10] D. G. Kam, D. Liu, A. Natarajan, S. Reynolds, and B. A. Floyd, "Low-Cost Antenna-in-Package Solutions for 60 GHz Phased Array Systems," *2010 IEEE Conference on Electrical Performance of Electronic Packaging and Systems (EPEPS 2010)*, pp. 93-96, Oct. 2010.

[KLN+11] D. G. Kam, D. Liu, A. Natarajan, S. Reynolds, H.-C. Chen, and B. A. Floyd, "LTCC Packages with Embedded Phased-Array Antennas for 60 GHz Communications," *IEEE Microwave and Wireless Components Letters*, vol. 21, no. 3, p. 142, 144, Mar. 2011.

[KLP+10] K. Kang, F. Lin, D.-D. Pham, J. Brinkhoff, C.-H. Heng, Y. X. Guo, and X. Yuan, "A 60 GHz OOK Receiver With an On-Chip Antenna in 90 nm CMOS," *IEEE Journal of Solid-State Circuits*, vol. 45, no.9, pp. 1720-1731, Sep. 2010.

[KMK+00] N. Kurosawa, K. Maruyama, H. Kobayashi, H. Sugawara, and K. Kobayashi, "Explicit Formula for Channel Mismatch Effects in Time-Interleaved ADC Systems," *2000 IEEE Instrumentation and Measurement Technology Conference. (IMTC 2000)*, vol. 2, pp. 763-768, 2000.

[KO98] K. Kim and K. K. O, "Characteristics of Integrated Dipole Antennas on Bulk, SOI, and SOS Substrates for Wireless Communications," *1998 IEEE International Interconnect Technology Conference*, pp. 21-23, Jun. 1998.

[Koe00] M. Koen, "High Speed Data Conversion," *Texas Instruments Application Note*, Texas Instruments, 2000.

[KOH+09] S. Kishimoto, N. Orihashi, Y. Hamada, M. Ito, and K. Maruhashi, "A 60 GHz Band CMOS Phased Array Transmitter Utilizing Compact Baseband Phase Shifters," *2009 IEEE Radio Frequency Integrated Circuits Symposium (RFIC 2009)*, pp. 215-219, Jun. 2009.

[KOT+11] Y. Kohda, N. Ohba, K. Takano, D. Nakano, T. Yamane, and Y. Katayama, "Instant Multimedia Contents Downloading System Using a 60 GHz－2.4 GHz Hybrid Wireless Link," *2011 IEEE International Conference on Multimedia and Expo (ICME 2011)*, pp. 1-6, Jul. 2011.

[KP11a] F. Khan and Z. Pi, "Millimeter-Wave Mobile Broadband: Unleashing 3-300 GHz Spectrum," *2011 IEEE Wireless Communications and Networking Conference (WCNC)*, May 2011.

[KP11b] F. Khan and Z. Pi, U.S. Patent WO/2011/126,266: "Apparatus and Method for Spatial Division Duplex (SDD) for Millimeter Wave Communication System," Oct. 2011.

[KPLY05] K. Kim, S. Pinel, S. Laskar, and J.-G. Yook, "Circularly & Linearly Polarized Fan Beam Patch Antenna Arrays on Liquid Crystal Polymer Substrate for V-Band Applications," *2005 Asia-Pacific Microwave Conference (APMC)*, pp. 4-7, Dec. 2005.

[KR86] D. Kasilingam and D. Rutledge, "Focusing Properties of Small Lenses," *International Journal of Infrared and Millimeter Waves*, vol. 7, no. 10, pp. 1631-1647, 1986.

[KR05] S. Kulkarni and C. Rosenberg, "DBSMA: A MAC Protocol for Multi-hop Ad-hoc Networks with Directional Antennas," *2005 IEEE International Symposium on Personal, Indoor and Mobile Radio Communications (PIMRC 2005)*, vol. 2, pp. 1371-1377, Sep. 2005.

[KR07] K.-J. Koh and G. M. Rebeiz, "An X-and Ku-Band 8-Element Linear Phased Array Receiver," *2007 IEEE Custom Integrated Circuits Conference (CICC 2007)*, pp. 761-765, Jan. 2007.

[KSH00] T. Kailath, A. H. Sayed, and B. Hassibi, *Linear Estimation*. Upper Saddle River, NJ, Prentice Hall,

2000.

[KSK+09] K. Kimoto, N. Sasaki, S. Kubota, W. Moriyama, and T. Kikkawa, "High-Gain On-Chip Antennas for LSI Intra-/Intra-Chip Wireless Interconnection," *2009 European Conference on Antennas and Propagation (EuCAP 2009)*, pp. 278-282, Mar. 2009.

[KSM77] A. R. Kerr, P. H. Siegel, and R. J. Matauch, "A Simple Quasi-Optical Mixer for 100-120 GHz," *1977 IEEE MTT-S International Microwave Symposium (IMS)*, pp. 96-98, 1977.

[KSM+98] F. Kuroki, M. Sugioka, S. Matsukawa, K. Ikeda, and T. Yoneyama, "High-Speed ASK Transceiver Based on the NRD-Guide Technology at 60 GHz Band," *IEEE Transactions on Microwave Theory and Techniques*, vol. 46, no. 6, pp. 806-810, Jun. 1998.

[KSV00] Y.-B. Ko, V. Shankarkumar, and N. F. Vaidya, "Medium Access Control Protocols Using Directional Antennas in Ad Hoc Networks," *2000 Joint Conference of the IEEE Computer and Communications Societies (INFOCOM 2000)*, vol. 1, pp. 13-21, 2000.

[KT73] H. Kobayashi and D. T. Tang, "A Decision-feedback Receiver for Channels with Strong Intersymbol Interference," *IBM Journal of Research and Development*, vol. 17, no. 5, pp. 413-419, Sep. 1973.

[KTMM11] J. Kim, Y. Tian, A. Molisch, and S. Mangold, "Joint Optimization of HD Video Coding Rates and Unicast Flow Control for IEEE 802.11ad Relaying," *2011 IEEE International Symposium on Personal, Indoor and Mobile Radio Communications (PIMRC 2011)*, pp. 1109-1113, Sep. 2011.

[KV03] R. Koetter and A. Vardy, "Algebraic Soft-Decision Decoding of Reed-Solomon Codes," *IEEE Transactions on Information Theory*, vol. 49, no. 11, pp. 2809-2825, Nov. 2003.

[LBEY11] F. Liu, E. Bala, E. Erkip, and R. Yang, "A Framework for Femtocells to Access Both Licensed and Unlicensed Bands," *2011 International Symposium on Modeling and Optimization in Mobile, Ad Hoc and Wireless Networks (WiOpt)*, pp. 407-411, May 2011.

[LBVM06] C. P. Lim, R. J. Burkholder, J. L. Volakis, and R. J. Marhefka, "Propagation of Indoor Wireless Communications at 60 GHz," *2006 IEEE Antennas and Propagation Society International Symposium*, pp. 2149-2152, 2006.

[LC04] S. Lin and D. Costello, *Error Control Coding*. Upper Saddle River, NJ, Prentice Hall, 2004.

[LCF+07] M. Lei, C.-S. Choi, R. Funada, H. Harada, and S. Kato, "Throughput Comparison of Multi-Gbps WPAN (IEEE 802.15.3c) PHY Layer Designs under Non-Linear 60 GHz Power Amplifier," *2007 IEEE International Symposium on Personal, Indoor and Mobile Radio Communications (PIMRC 2007)*. pp. 1-5, Sep. 2007.

[LDS+05] J.-H. Lee, G. Degean, S. Sarkar, S. Pinel, D. Lim, J. Papapolymerou, J. Laskar, and M. M. Tentzeris, "Highly Integrated Millimeter-Wave Passive Components Using 3-D LTCC System-On-Package (SOP) Technology," *IEEE Transactions on Microwave Theory and Techniques*, vol. 53, no. 6, pp. 2220-2229, Jun. 2005.

[Leb95] P. N. Lebedew, "Ueber die Dopplbrechung der Strahlen electrischer Kraft," *Annalen der Physik und Chemie*, vol. 56, no. 9, pp. 1-17, 1895.

[Lee66] D. B. Leeson, "A Simple Model of Feedback Oscillator Noise Spectrum," *Proceedings of the IEEE*, vol. 54, pp. 329-330, 1966.

[Lee04a] T. H. Lee, *The Design of CMOS Radio-Frequency Integrated Circuits*, 2nd ed. Cambridge University Press, 2004.

[Lee04b] T. H. Lee, *Planar Microwave Engineering: A Practical Guide to Theory, Measurements and Circuits*, 1st ed. Cambridge University Press, 2004.

[Lee10] D. M. W. Leenaerts, "RF CMOS Power Amplifiers and Linearization Techniques," *2010 IEEE International Solid State Circuits Conference (ISSCC)*, p. Tutorial T4, Feb. 2010.

[LFR93] O. Landron, M. Feuerstein, and T. S. Rappaport, "In situ Microwave Reflection Coefficient Measurements for Smooth and Rough Exterior Wall Surfaces," *1993 IEEE Vehicular Technology Conference (VTC 1993)*, pp. 77-80, 1993.

[LGL+04] J.-J. Lin, X. Guo, R. Li, J. Branch, J. E. Brewer, and K. K. O, "10x Improvement of Power Transmission over Free Space Using Integrated Antennas on Silicon Substrates," *IEEE 2004 Custom Integrated Circuits Conference*, pp. 697-700, Oct. 2004.

[LGL+10] J.-C. Liu, Q. Gu, T. LaRocca, N.-Y. Wang, Y.-C. Wu, and M.-C. Chang, "A 60 GHz High Gain Transformer-Coupled Differential Power Amplifier in 65 nm CMOS," *2010 Asia-Pacific Microwave Conference (APMC)*, pp. 932-935, 2010.

[LGPG09] D. Liu, et al., *Advanced Millimeter-wave Technologies: Antennas, Packaging, and Circuits*. Hoboken, NJ, John Wiley and Sons, 2009.

[LH77] W. Lee and F. Hill, "A Maximum-Likelihood Sequence Estimator with Decision-Feedback Equalization," *IEEE Transactions on Communications*, vol. 25, no. 9, pp. 971-979, 1977.

[LH03] D. J. Love and R. W. Heath Jr., "Equal Gain Transmission in Multiple-Input Multiple-Output Wireless Systems," *IEEE Transactions on Communications*, vol. 51, no. 7, pp. 1102-1110, Jul. 2003.

[LH09] M. Lei and Y. Huang, "Time-Domain Channel Estimation of High Accuracy for LDPC Coded SC-FDE System Using Fixed Point Decoding in 60 GHz WPAN," *2009 IEEE Consumer Communications and Networking Conference (CCNC 2009)*, pp. 1-5, Jan. 2009.

[LHCC07] J.-X. Liu, C.-Y. Hsu, H.-R. Chuang, and C.-Y. Chen, "A 60 GHz Millimeter wave CMOS Marchand Balun," *2007 IEEE Radio Frequency Integrated Circuits Symposium (RFIC 2007)*, pp.445-448, 2007.

[LHL+08] D. J. Love, R. W. Heath Jr., V. K. N. Lau, D. Gesbert, B. Rao, and M. Andrews, "An Overview of Limited Feedback in Wireless Communication Systems," *IEEE Journal of Selected Areas in Communications*, vol. 26, no. 8, pp. 1341-1365, Oct. 2008.

[LHS03] D. Love, R. W. Heath Jr., and T. Strohmer, "Grassmannian Beamforming for Multiple-Input Multiple-Output Wireless Systems," *IEEE Transactions on Information Theory*, vol. 49, no. 10, pp.2735-2747, 2003.

[LHSH04] D. Love, R. W. Heath Jr., W. Santipach, and M. Honig, "What is the Value of Limited Feedback for MIMO Channels?" *IEEE Communications Magazine*, vol. 42, no. 10, pp. 54-59, 2004.

[Lie89] H. J. Liebe, "MPM — An Atmospheric Millimeter-Wave Propagation Model," *International Journal of Infrared and Millimeter Waves*, vol. 10, no. 6, pp. 631-650, 1989.

[Lit01] A. Litwin, "Overlooked Interfacial Silicide-Polysilicon Gate Resistance in MOS Transistors," *IEEE Transactions on Electron Devices*, vol. 48, no. 9, pp. 2179-2181, 2001.

[Liu84] K. Y. Liu, "Architecture for VLSI Design of Reed-Solomon Decoders," *IEEE Transactions on Computers*, vol. C-33, no. 2, pp. 178-189, Feb. 1984.

[LKBB09] B. Leite, E. Kerherve, J.-B. Begueret, and D. Belot, "Design and Characterization of CMOS Millimeter-Wave Transformers," *2009 SBMO/IEEE MTT-S International Microwave and Optoelectronics Conference (IMOC 2009)*, pp. 402-406, Nov. 2009.

[LKC08] X. Li, W.-M. L. Kuo, and J. Cressler, "A 40 Gs/s SiGe Track-and-Hold Amplifier," *2008 IEEE Bipolar/BiCMOS Circuits and Technology Meeting (BCTM 2008)*, pp. 1-4, Oct. 2008.

[LKCY10] W. Lee, J. Kim, C. S. Cho, and Y. J. Yoon, "Beamforming Lens Antennas on a High Resistivity Silicon Wafer for 60 GHz WPAN," *IEEE Transactions on Antennas and Propagation*, vol. 58, no. 3, pp.706-713, Mar. 2010.

[LKL^{+}05] Y. Lu, W.-M. L. Kuo, X. Li, R. Krithivasan, J. Cressler, Y. Borokhovych, H. Gustat, B. Tillack, and B. Heinemann, "An 8-bit, 12 Gsample/sec SiGe Track-and-Hold Amplifier," *2005 Bipolar/BiCMOS Circuits and Technology Meeting*, pp. 148-151, Oct. 2005.

[LKN^{+}09] E. Laskin, M. Khanpour, S. Nicolson, A. Tomkins, P. Garcia, A. Cathelin, D. Belot, and S. Voinigescu, "Nanoscale CMOS Transceiver Design in the 90-170 GHz Range," *IEEE Transactions on Microwave Theory and Techniques*, vol. 57, no. 12, pp. 3477-3490, Dec. 2009.

[LKS10] T. B. Lavate, V. K. Kokate, and A. M. Sapkal, "Performance Analysis of MUSIC and ESPRIT," *2010 International Conference on Computer Network Technology (ICCNT)*, pp. 308-311, Apr. 2010.

[LLC06] Y.-Z. Lin, Y.-T. Liu, and S.-J. Chang, "A 6-Bit 2-Gs/s Flash Aanlog-to-Digital Converter in 0.18 μm CMOS Process," *2006 IEEE Asian Solid-State Circuits Conference (ASSCC 2006)*, pp. 351-354, 2006.

[LLC09] T. LaRocca, J.-C. Liu, and M.-C. Chang, "60 GHz CMOS Amplifiers Using Transformer-Coupling and Artificial Dielectric Differential Transmission Lines for Compact Design," *IEEE Journal of Solid-State Circuits*, vol. 44, no. 5, pp. 1425-1435, May 2009.

[LLH94] B. Langen, G. Loger, and W. Herzig, "Reflection and Transmission Behaviour of Building Materials at 60 GHz," *1994 IEEE International Symposium on Personal, Indoor, and Mobile Radio Communications (PIMRC 1994)*, pp. 505-509, 1994.

[LLL^{+}10] Q. Li, G. Li, W. Lee, M. Lee, D. Mazzarese, B. Clerckx, and Z. Li, "MIMO Techniques in WiMAX and LTE: A Feature Overview," *IEEE Communications Magazine*, vol. 48, no. 5, pp. 86-92, May 2010.

[LLS^{+}08] M. Lei, I. Lakkis, C.-S. Sum, T. Baykas, J.-Y. Wang, M. Rahman, R. Kimura, R. Funada, Y. Shoji, and H. Harada, "Hardware Impairments on LDPC Coded SC-FDE and OFDM in Multi-Gbps WPAN (IEEE 802.15.3c)," *2008 IEEE Wireless Communications and Networking Conference (WCNC)*, pp. 442-446, 2008.

[LLW06] C.-M. Lo, C.-S. Lin, and H. Wang, "A Miniature V-band 3-Stage Cascode LNA in 0.13 μm CMOS," *2006 IEEE International Solid-State Circuits Conference (ISSCC)*, pp. 1254-1263, Feb. 2006.

[LLY^{+}12] K. Lee, J. Lee, Y. Yi, I. Rhee, and S. Chong, "Mobile Data Offloading: How Much Can WiFi Deliver?" *IEEE/ACM Transactions on Networking*, vol. PP, no. 99, p. 1, 2012.

[LMR08] Y. Li, H. Minn, and R. Rajatheva, "Synchronization, Channel Estimation, and Equalization in MB-OFDM Systems," *IEEE Transactions on Wireless Communications*, vol. 7, no. 11, pp. 4341-4352,

Nov. 2008.

[LNKH10] W. Lee, K. Noh, S. Kim, and J. Heo, "Efficient Cooperative Transmission for Wireless 3D HD Video Transmission in 60 GHz Channel," *IEEE Transactions on Consumer Electronics*, vol. 56, no. 4, pp.2481-2488, Nov. 2010.

[LPC11] Z. Lin, X. Peng, and F. Chin, "Enhanced Beamforming for 60 GHz OFDM System with Co-Channel Interference Mitigation," *2011 IEEE International Conference on Ultra-Wideband (ICUWB 2011)*, pp.29-33, 2011.

[LPCF12] Z. Lin, X. Peng, F. Chin, and W. Feng, "Outage Performance of Relaying with Directional Antennas in the Presence of Co-Channel Interferences at Relays," *IEEE Wireless Communications Letters*, vol. 1, no. 4, pp. 288-291, Aug. 2012.

[LR96] J. C. Liberti and T. S. Rappaport, "Analysis of CDMA Cellular Radio Systems Employing Adaptive Antenans in Multipath Environments," *1996 IEEE Vehicular Technology Conference (VTC 1996)*, vol. 2, pp. 1076-1080, 1996.

[LR99a] X. Li and J. Ritcey, "Trellis-Coded Modulation with Bit Interleaving and Iterative Decoding," *IEEE Journal on Selected Areas in Communications*, vol. 17, no. 4, pp. 715-724, Apr. 1999.

[LR99b] J. C. Liberti and T. S. Rappaport, *Smart Antennas for Wireless Communications: IS-95 and Third Generation CDMA Applications*. Upper Saddle River, NJ, Prentice Hall, 1999.

[LRS09] L. Lianming, P. Reynaert, and M. Steyaert, "Design and Analysis of a 90 nm mm-Wave Oscillator Using Inductive-Division LC Tank," *IEEE Journal of Solid-State Circuits*, vol. 44, no. 21, pp. 1950-1958, July 2009.

[LS08] D. Liu and R. Sirdeshmukh, "A Patch Array Antenna for 60 GHz Package Applications," *2008 IEEE Antennas and Propagation Society International Symposium*, pp. 1-4, Jul. 2008.

[LSE08] Z. Liu, E. Skafidas, and R. Evans, "A 60 GHz VCO with 6 GHz Tuning Range in 130 nm Bulk CMOS," *2008 International Conference on Microwave and Millimeter Wave Technology (ICMMT 2008)*, pp. 209-211, Apr. 2008.

[LSHM03] H. Luke, H. Schotten, and H. Hadinejad-Mahram, "Binary and Quadriphase Sequences with Optimal Autocorrelation Properties: A Survey," *IEEE Transactions on Information Theory*, vol. 49, no.12, pp. 3271-3282, 2003.

[LSV08] A. E. I. Lamminen, J. Saily, A. R. Vimpari, "60 GHz Patch Antennas and Arrays on LTCC With Embedded-Cavity Substrates,"*IEEE Transactions on Antennas and Propagation*, vol. 56, no. 9, pp. 2865, 2874, Sep. 2008.

[LSW+09] Z. Lan, C.-S. Sum, J. Wang, T. Baykas, F. Kojima, H. Nakase, and H. Harada, "Relay with Deflection Routing for Effective Throughput Improvement in Gbps Millimeter-Wave WPAN Systems," *IEEE Journal on Selected Areas in Communications*, vol. 27, no. 8, pp. 1453-1465, Oct. 2009.

[LTL09] I.-T. Lee, K.-H. Tsai, and S.-I. Liu, "A 104 to 112.8 GHz CMOS Injection-Locked Frequency Divider," *IEEE Transactions on Circuits Syst. II*, vol. 56, no. 7, pp. 555-559, Jul. 2009.

[LTW04] J. N. Laneman, D. N. C. Tse, and G. W. Wornell, "Cooperative Diversity in Wireless Networks: Efficient Protocols and Outage Behavior," *IEEE Transactions on Information Theory*, vol. 50, no. 12, pp.3062-3080, Dec. 2004.

[LvTVN08] S. Louwsma, A. van Tuijl, M. Vertregt, and B. Nauta, "A 1.35 Gs/s, 10 b, 175 mW Time-Interleaved AD Converter in 0.13 μm CMOS," *IEEE Journal of Solid-State Circuits*, vol. 43, no. 4, pp. 778-786, Apr. 2008.

[LWL+09] C.-H. Lien, C.-H. Wang, C.-S. Lin, P.-S. Wu, K.-Y. Ling, and H. Wang, "Analysis and Design of Reduced-Size Marchand Rat-Race Hybrid for Millimeter-Wave Compact Balanced Mixers in 130 nm CMOS Process," *IEEE Transactions on Microwave Theory and Techniques*, vol. 57, no. 8, pp. 1966-1977, Aug. 2009.

[LWS+08] Z. Lan, J. Wang, C.-S. Sum, T. Baykas, C. Pyo, F. Kojima, H. Harada, and S. Kato, "Unequal Error Protection for Compressed Video Streaming on 60 GHz WPAN System," *2008 International Wireless Communications and Mobile Computing Conference (IWCMC 2008)*, pp. 689-693, Aug. 2008.

[LWY04] F. Liu, J. Wang, and G. Yu, "An OTST-ESPRIT Algorithm for Joint DOA-Delay Estimation," *2004 International Symposium on Communication and Information Technologies (ISCIT)*, pp. 734-739, Oct. 2004.

[LZK+07] G. Lim, X. Zhou, K. Khu, Y. K. Yoo, F. Poh, G. See, Z. Zhu, C. Wei, S. Lin, and G. Zhu, "Impact of BEOL, Multi-Fingered Layout Design, and Gate Protection Diode on Intrinsic MOSFET Threshold Voltage Mismatch," *2007 IEEE Conference on Electron Devices and Solid-State Circuits (EDSSC 2007)*, pp. 1059-1062, 2007.

[LZLS12] L. Lei, Z. Zhong, C. Lin, and X. Shen, "Operator Controlled Device-to-Device Communications in LTE-advanced Networks," *IEEE Wireless Communications*, vol. 19, no. 3, pp. 96-104, Jun. 2012.

[M+09] A. Maltsev, et al., "Experimental Investigations of 60 GHz WLAN Systems in Office Environment," *IEEE Journal of Selected Areas on Communications*, vol. 27, no. 8, Oct. 2009.

[Mad08] U. Madhow, "MultiGigabit Millimeter Wave Communication: System Concepts and Challenges," *Information Theory and Applications Workshop*, pp. 193-196, 2008.

[Mar10a] M. Marcus, "Civil Millimeter Wave Technology and Policy," Jan. 2010.

[MAR10b] J. W. My, R. A. Alhalabi, and G. M. Rebeiz, "A 3 Gbit/s W-band SiGe ASK Receiver with a High-Efficiency On-Chip Electromagnetically-Coupled Antenna," *2010 IEEE Radio Frequency Integrated Circuits Symposium (RFIC 2010)*, pp. 87-90, May 2010.

[Mas65] J. Massey, "Step-by-Step Decoding of the Bose-Chaudhuri-Hocquenghem Codes," *IEEE Transactions on Information Theory*, vol. 11, no. 4, pp. 580-585, Oct. 1965.

[Mat07] A. Matsuzawa, "Trends in High Speed ADC Design," *2007 International Conference on ASIC (ASICON 2007)*, pp. 245-248, Oct. 2007.

[Max01] "INL/DNL Measurements for High-Speed Analog-to-Digital Converters (ADCs)," Maxim Integrated, Nov. 2001.

[Max02] "ADC and DAC Glossary," Tutorial 641, Maxim Integrated, Jul. 22, 2002.

[Max08] "MAX109 Datasheet: 8-Bit, 2.2 Gsps ADC with Track/Hold Amplifier and 1:4 Demultiplexed LVDS Outputs," Maxim Integrated Products, Inc. rev. 1, Mar. 2008.

[Maxim] Maxim Integrated, "MAX2265 Data Sheet".

[MBDGR11] J. N. Murdock, E. Ben-Dor, F. Gutierrez, and T. S. Rappaport, "Challenges and Approaches to On-Chip Millimeter Wave Antenna Pattern Measurements," *2011 IEEE MTT-S International Microwave Symposium (IMS)*, Jun. 2011.

[MBDQ+12] J. N. Murdock, E. Ben-Dor, Y. Qiao, J. I. Tamir, and T. S. Rappaport, "A 38 GHz Cellular Outage Study for an Urban Outdoor Campus Environment," *2012 IEEE Wireless Communications and Networking Conference (WCNC)*, pp. 3085-3090, Apr. 2012.

[MC] Mini-Circuits, "ADEX-10L Data Sheet."

[MC04] N. Moraitis and P. Constantinou, "Indoor Channel Measurements and Characterization at 60 GHz for Wireless Local Area Network Applications," *IEEE Journal on Antennas and Propagation*, vol. 52, no. 12, pp. 3180-3189, 2004.

[Mcl80] P. J. Mclane, "A Residual Intersymbol Interference Error Bound for Truncated-State Viterbi Detectors," *IEEE Transactions on Information Theory*, vol. 26, no. 5, pp. 548-553, 1980.

[MEP+08] A. Maltsev, V. Erceg, E. Perahia, C. Hansen, R. Maslennikov, A. Lomayev, A. Sevastyanov, A. Khoryaev, G. Morozov, M. Jacob, S. Priebe, T. Kurner, S. Kato, H. Sawada, K. Sato, and H. Harada, "Channel Models for 60 GHz WLAN Systems," doc.: IEEE 802.11-09/0334r7, May 2008.

[MEP+10] A. Maltsev, V. Erceg, E. Perahia, C. Hansen, R. Maslennikov, A. Lomayev, A. Sevastyanov, and A. Khoryaev, "Channel Models for 60 GHz WLAN Systems," IEEE Document 802.11-09/0334r8, May 2010.

[MF05] N. Miladinovic and M. Fossorier, "Improved Bit-Flipping Decoding of Low-Density Parity-Check Codes," *IEEE Transactions on Information Theory*, vol. 51, no. 4, pp. 1594-1606, Apr. 2005.

[MFO+07] T. Mitomo, R. Fujimoto, N. Ono, R. Tachibana, H. Hoshino, Y. Yoshihara, Y. Tsutsumi, and I. Seto, "A 60 GHz CMOS Receiver with Frequency Synthesizer," *2007 IEEE Symposium on VLSI Circuits*, pp.172-173, Jun. 2007.

[MGFZ06] B. Motlagh, S. E. Gunnarsson, M. Ferndahl, and H. Zirath, "Fully Integrated 60 GHz Single-Ended Resistive Mixer in 90-nm CMOS Technology," *IEEE Microwave and Wireless Components Letters*, vol.16, no. 1, pp. 25-27, Jan. 2006.

[MH14] Jianhua Mo and R. W. Heath Jr., "High SNR Capacity of Millimeter Wave MIMO Systems with One-Bit Quantization," *2014 Information Theory and Applications Workshop (ITA)*, San Diego, CA, Feb. 9-14, 2014.

[MHM10] R. A. Monzingo, R. L. Haupt, and T. W. Miller, *Introduction to Adaptive Arrays*. Raleigh, NC, SciTech Publishing, 2010.

[MHP+09] F. Mustafa, A. M. Hashim, N. Parimon, S. F. A. Rhaman, A. R. A. Rahmn, and M. N. Osman, "RF Characterization of Planar Dipole Antenna for On-Chip Integrated with GaAs-Based Schottky Diode," *2009 Asia Pacific Microwave Conference (APMC)*, pp. 571-574, Dec. 2009.

[MI13] S. Mukherjee and H. Ishii, "Energy Efficiency in the Phantom Cell Enhanced Local Area Architecture," *2013 IEEE Wireless Communications and Networking Conference (WCNC)*, pp. 1267-1272, Apr. 2013.

[MID+00] K. Maruhashi, M. Ito, L. Desclos, K. Ikuina, N. Senba, N. Takahashi, and K. Ohata, "Low-Cost 60 GHz Band Antenna-Integrated Transmitter/Receiver Modules Utilizing Multi-Layer Low-Temperature

Co-Fired Ceramic Technology," *2000 IEEE International Solid-State Circuits Conference (ISSCC)*, pp.324-325, Feb. 2000.

[Mil] Milestones: First Millimeter-Wave Communication Experiments by J. C. Bose.

[Min06] Ministry of Internal Affairs and Communications (Japan), "Information and Communications Policy Site," 2006.

[ML87] R. J. Meier and Y. P. Loh, "A 60 GHz Beam Waveguide Antenna System for Satellite Crosslinks," *1987 IEEE Military Communications Conference-Crisis Communications: The Promise and Reality (MILCOM 1987)*, vol. 1, pp. 0260-0264, Oct. 1987.

[MM95] U. Mengali and M. Morelli, "Decomposition of M-ary CPM Signals into PAM Waveforms," *IEEE Transactions on Information Theory*, vol. 41, no. 5, pp. 1265-1275, 1995.

[MM99] M. Morelli and U. Mengali, "An Improved Frequency Offset Estimator for OFDM Applications," *IEEE Communications Letters*, vol. 3, no. 3, pp. 75-77, Mar. 1999.

[MMGM09] M. Manohara, R. Mudumbai, J. Gibson, and U. Madhow, "Error Correction Scheme for Uncompressed HD Video over Wireless," *2009 IEEE International Conference on Multimedia and Expo (ICME 2009)*, pp. 802-805, Jul. 2009.

[MMI96] T. Manabe, Y. Miura, and T. Ihara, "Effects of Antenna Directivity on Indoor Multipath Propagation Characteristics at 60 GHz," *IEEE Journal on Selected Areas in Communications*, vol. 14, no. 3, pp.441-448, 1996.

[MMS+10] A. Maltsev, R. Maslermikov, A. Sevastyanov, A. Lomayev, A. Khoryaev, A. Davydov, and V. Ssorin, "Characteristics of Indoor Millimeter-Wave Channel at 60 GHz in Application to Perspective WLAN System," *2010 European Conference on Antennas and Propagation (EuCAP 2010)*, pp. 1-5, 2010.

[MN96] D. MacKay and R. Neal, "Near Shannon Limit Performance of Low Density Parity Check Codes," *Electronics Letters*, vol. 32, no. 18, p. 1645, Aug. 1996.

[MN08] C. Marcu and A. Niknejad, "A 60 GHz high-Q Tapered Transmission Line Resonator in 90 nm CMOS," *2008 IEEE MTT-S International Microwave Symposium (IMS)*, pp. 775-778, Jun. 2008.

[Mon71] P. Monsen, "Feedback Equalization for Fading Dispersive Channels," *IEEE Transactions on Information Theory*, vol. 17, no. 1, pp. 56-64, Jan. 1971.

[Mon84] P. Monsen, "MMSE Equalization of Interference on Fading Diversity Channels," *IEEE Transactions on Communications*, vol. 32, no. 1, pp. 5-12, 1984.

[Moo94] P. Moose, "A Technique for Orthogonal Frequency Division Multiplexing Frequency Offset Correction," *IEEE Transactions on Communications*, vol. 42, no. 10, pp. 2908-2914, Oct. 1994.

[MPRZ99] G. Masera, G. Piccinini, M. Roch, and M. Zamboni, "VLSI Architectures for Turbo Codes," *IEEE Transactions on Very Large Scale Integration (VLSI) Systems*, vol. 7, no. 3, pp. 369-379, Sep. 1999.

[MR14a] G. R. MacCartney and T. S. Rappaport, "73 GHz Millimeter Wave Propagation Measurements for Outdoor Urban Mobile and Backhaul Communications in New York City," *2014 IEEE International Conference on Communications (ICC)*, June 2014.

[MR14b] J. Murdock and T. S. Rappaport, "Consumption Factor and Power-Efficiency Factor: A Theory for

Evaluating the Energy Efficiency of Cascaded Communication Systems," *IEEE Journal on Selected Areas in Communications*, vol. 32, no. 12, pp. 1-16, Dec. 2014.

[MRM09] G. Madhumati, K. Rao, and M. Madhavilatha, "Comparison of 5-bit Thermometer-to-Binary Decoders in 1.8 V, 0.18 μm CMOS Technology for Flash ADCs," *2009 International Conference on Signal Processing Systems*, pp. 516-520, May 2009.

[MS03] M. Mansour and N. Shanbhag, "High-Throughput LDPC Decoders," *IEEE Transactions on Very Large Scale Integration (VLSI) Systems*, vol. 11, no. 6, pp. 976-996, Dec. 2003.

[MSEA03] K. Mukkavilli, A. Sabharwal, E. Erkip, and B. Aazhang, "On Beamforming with Finite Rate Feedback in Multiple-Antenna Systems," *IEEE Transactions on Information Theory*, vol. 49, no. 10, pp.2562-2579, Oct. 2003.

[MSM04] J. McCarthy, M. Sasse, and D. Miras, "Sharp or Smooth?: Comparing the Effects of Quantization Vs. Frame Rate for Streamed Video," *SIGCHI Conference on Human Factors in Computing Systems*, ACM, pp. 535-542, 2004.

[MSN10] M. Matthaiou, A. Sayeed, and J. Nossek, "Maximizing LoS MIMO Capacity Using Reconfigurable Antenna Arrays," *International ITG Workshop on Smart Antennas*, pp. 14-19, 2010.

[MSR14] G. MacCartney, M. Samimi, and T. S. Rappaport, "Omnidirectional Channel Models for mmWave Communications in New York City," *2014 IEEE Personal, Indoor and Mobile Communications Conference*, Washington, DC, Sep. 2014.

[MTH+08] K. Maruhashi, M. Tanomura, Y. Hamada, M. Ito, N. Orihashi, and S. Kishimoto, "60 GHz Band CMOS MMIC Technology for High-Speed Wireless Personal Area Networks," *2008 IEEE Compound Semiconductor Integrated Circuits Symposium (CSIC 2008)*, pp. 1-4, Oct. 2008.

[Muh96] R. Muhamed, "Direction of Arrival Estimation using Antenna Arrays," Master's Thesis, Virginia Tech, Jan. 1996.

[MVLP10] A. Mahanfar, R. G. Vaughan, S.-W. Lee, and A. M. Parameswaran, "Self-Assembled Monopole Antenna with Arbitrary Title Angles for System-on-Chip and System-in-Package Applications," *IEEE Transactions on Antennas and Propagation*, vol. 58, pp. 3020-3028, Sep. 2010.

[MWG+02] B. Muquet, Z. Wang, G. Giannakis, M. de Courville, and P. Duhamel, "Cyclic Prefixing or Zero Padding for Wireless Multicarrier Transmissions?" *IEEE Transactions on Communications*, vol. 50, no.12, pp. 2136-2148, Dec. 2002.

[MZB00] H. Minn, M. Zeng, and V. Bhargava, "On Timing Offset Estimation for OFDM Systems," *IEEE Communications Letters*, vol. 4, no. 7, pp. 242-244, Jul. 2000.

[MZNR13] G. R. MacCartney, J. Zhang, S. Nie, and T. S. Rappaport, "Path Loss Models for 5G Millimeter Wave Propagation Channels in Urban Microcells," *2013 IEEE Global Communications Conference (GLOBECOM 2013)*, Dec. 2013.

[NBH10] J. Nsenga, A. Bourdoux, and F. Horlin, "Mixed Analog/Digital Beamforming for 60 GHz MIMO Frequency Selective Channels," *2010 IEEE International Conference on Communications (ICC)*, pp. 1-6, 2010.

[NFH07] A. Natarajan, B. Floyd, and A. Hajimiri, "A Bidirectional RF-Combining 60 GHz Phased-Array

Front-End," *2007 IEEE International Solid-State Circuits Conference (ISSCC)*, p. 202, Feb. 2007.

[NH08] A. M. Niknejad and H. Hashemi, *Mm-Wave Silicon Technology: 60 GHz and Beyond*, 1st ed. New York, Springer, 2008.

[Nik10] A. M. Niknejad, "Siliconization of 60 GHz," *IEEE Microwave Magazine*, vol. 11, no. 1, pp. 78-85, Feb. 2010.

[NLSS12] R. Narasimha, M. Lu, N. R. Shanbhag, and A. C. Singer, "BER-Optimal Analog-to-Digital Converters for Communication Links," *IEEE Transactions on Signal Processing*, vol. 60, no. 7, pp.3683-3691, 2012.

[NMSR13] S. Nie, G. R. MacCartney, S. Sun, and T. S. Rappaport, "72 GHz Millimeter Wave Indoor Measurements for Wireless and Backhaul Communications," *2013 IEEE International Symposium on Personal, Indoor and Mobile Radio Communications (PIMRC 2013)*, pp. 2429-2433, 2013.

[NNP$^+$02] T. Nakagawa, K. Nishikawa, B. Piernas, T. Seki, and K. Araki, "60 GHz Antenna and 5 GHz Demodulator MMICs for More Than 1-Gbps FSK Transceivers," *2002 European Microwave Conference*, pp. 1-4, Sep. 2002.

[npr94] Federal Communications Commission, "ET Docket No. 94-124 & RM-8308: Amendments of Parts 2 and 15 of the Commission's Rules to Permit Use of Radio Frequencies Above 40 GHz for New Radio Applications," Washington, D.C., FCC, Oct. 1994.

[NRS96] W. G. Newhall, T. S. Rappaport, and D. G. Sweeney, "A Spread Spectrum Sliding Correlator System for Propagation Measurements," *RF Design*, pp. 40-54, Apr. 1996.

[NVTL$^+$07] J. Nsenga, W. Van Thillo, R. Lauwereins, et al., "Comparison of OQPSK and CPM for Communications at 60 GHz with a Nonideal Front End," *EURASIP Journal on Wireless Communications and Networking*, vol. 2007, 2007:doi:10.1155/2007/86206.

[NYU12] "Wireless Center for NYU Poly," *Wall Street Journal*, Anjali Athavaley, Aug. 7, 2012.

[O98] K. O, "Estimation Methods for Quality Factors of Inductors Fabricated in Silicon Integrated Circuit Process Technologies," *IEEE Journal of Solid-State Circuits*, vol. 33, no. 8, pp. 1249-1252, Aug. 1998.

[OD09] S. Oza and N. Devashrayee, "Low Voltage, Low Power Folding Amplifier for Folding & Interpolating ADC," *2009 International Conference on Advances in Recent Technologies in Communication and Computing (ARTCom 2009)*, pp. 178-182, Oct. 2009.

[OET97] Federal Communications Commission Office of Engineering Technology, "Millimeter Wave Propagation: Spectrum Management Applications," FCC Office of Engineering Technology Bulletin 70, Jul. 1997.

[OFVO11] M. Ortner, H. P. Forstner, L. Verweyen, and T. Ostermann, "A Fully Integrated Homodyne Downconverter MMIC in SiGe:C for 60 GHz Wireless Applications," *2011 IEEE Meeting on Silicon Monolithic Integrated Circuits in RF Systems (SiRF 2011)*, pp. 145-148, Jan. 2011.

[OKF$^+$05] K. O, et al., "On-Chip Antennas in Silicon ICs and Their Application," *IEEE Transactions on Electron Devices*, vol. 52, no. 7, pp. 1312-1323, Jul. 2005.

[OKLR09] Y. Oh, S. Kim, S. Lee, and J.-S. Rieh, "The Island-Gate Varactor—A High-Q MOS Varactor for Millimeter-Wave Applications," *IEEE Microwave and Wireless Components Letters*, vol. 19, no. 4, pp.215-217, Apr. 2009.

[OKM+04] F. Okano, M. Kanazawa, K. Mitani, K. Hamasaki, M. Sugawara, M. Seino, A. Mochimaru, and K. Doi, "Ultrahigh-Definition Television System with 4000 Scanning Lines," *2004 NAB Broadcast Engineering Conference*, pp. 437-440, 2004.

[OMI+02] K. Ohata, K. Maruhashi, M. Ito, S. Kishimoto, K. Ikuina, T. Hashiguchi, N. Takahashi, and S. Iwanaga, "Wireless 1.25 Gb/s Transceiver Module at 60 GHz Band," *2002 IEEE International Solid-State Circuits Conference (ISSCC)*, pp. 298-468, Feb. 2002.

[OS09] A. V. Oppenheim and R. W. Schafer, *Discrete-Time Signal Processing*, 3rd ed. Upper Saddle River, NJ, Prentice Hall, 2009.

[PA03] H. Pan and A. Abidi, "Spatial Filtering in Flash A/D Converters," *IEEE Transactions on Circuits and Systems II*, vol. 50, no. 8, pp. 424-436, Aug. 2003.

[PA09] K. Payandehjoo and R. Abhari, "Characterization of On-Chip Antennas for Millimeter-Wave Applications," *2009 IEEE Antennas and Propagation Society International Symposium*, pp. 1-4, Jun. 2009.

[PB02] S. Perras and L. Bouchard, "Fading Characteristics of RF Signals due to Foliage in Frequency Bands from 2 to 60 GHz," *2002 International Symposium on Wireless Personal Multimedia Communications*, vol. 1, pp. 267-271, 2002.

[PBA03] T. Pratt, C. W. Bostian, and J. E. Allnut, *Satellite Communication Systems*. Hoboken, NJ, John Wiley and Sons Inc., 2003.

[PBC99] D. S. Polydorou, P. G. Babalis, and C. N. Capsalis, "Statistical Characterization of Fading in LOS Wireless Channels with a Finite Number of Dominant Paths: Applications in Millimeter Frequencies," *International Journal of Infrared and Millimeter Waves*, vol. 20, pp. 461-472, 1999.

[PCPY08] M. Park, C. Cordeiro, E. Perahia, and L. Yang, "Millimeter-wave Multi-Gigabit WLAN: Challenges and Feasibility," *2008 IEEE International Symposium on Personal, Indoor and Mobile Radio Communications (PIMRC 2008)*, pp. 1-5, Sep. 2008.

[PCPY09] M. Park, C. Cordeiro, E. Perahia, and L. Yang, "QoS Considerations for 60 GHz Wireless Networks," *2009 IEEE GLOBECOM Workshops*, pp. 1-6, Dec. 2009.

[PCYY10] P. Park, L. Che, H.-K. Yu, and C. P. Yue, "A Fully Integrated Transmitter with Embedding Antenna for On-Wafer Wireless Testing," *IEEE Transactions on Microwave Theory and Technique*, vol. 58, no. 5, pp. 1456-1463, May 2010.

[PDK+07] P. Pepeljugoski, F. Doany, D. Kuchta, L. Schares, C. Schow, M. Ritter, and J. Kash, "Data Center and High Performance Computing Interconnects for 100 Gb/s and Beyond," *2007 Conference on Optical Fiber Communication and the National Fiber Optic Engineers Conference (OFC/NFOEC 2007)*, pp. 1-3, Mar. 2007.

[PDW89] M. Pelgrom, A. Duinmaijer, and A. Welbers, "Matching Properties of MOS Transistors," *IEEE Journal of Solid-State Circuits*, vol. 24, no. 5, pp. 1433-1439, Oct. 1989.

[Per10] E. Perahia, "TGad Evaluation Methodology," IEEE P802.11 Wireless LANs, Technical Report, 2010, doc: IEEE 802.11-09/0296r16.

[PG07a] U. Pfeiffer and D. Goren, "A 20 dBm Fully-Integrated 60 GHz SiGe Power Amplifier With Automatic Level Control," *IEEE Journal of Solid-State Circuits*, vol. 42, no. 7, pp. 1455-1463, Jul. 2007.

[PG07b] M. Piz and E. Grass, "A Synchronization Scheme for OFDMbased 60 GHz WPANs," *2007 IEEE International Symposium on Personal, Indoor and Mobile Radio Communications (PIMRC 2007)*, pp. 1-5, Sep. 2007.

[PG09] M. Park and P. Gopalakrishnan, "Analysis on Spatial Reuse, Interference, and MAC Layer Interference Mitigation Schemes in 60 GHz Wireless Networks," *2009 IEEE International Conference on Ultra-Wideband (ICUWB 2009)*, pp. 1-5, Sep. 2009.

[PH02] R. Parot and F. Harris, "Resolving and Correcting Gain and Phase Mismatch in Transmitters and Receivers for Wideband OFDM Systems," *2002 Asilomar Conference on Signals, Systems and Computers*, vol. 2, pp. 1005-1009, Nov. 2002.

[PH09] S. W. Peters and R. W. Heath Jr., "The Future of WiMAX: Multihop Relaying with IEEE 802.16j," *IEEE Communications Magazine*, vol. 47, no. 1, pp. 104-111, Jan. 2009.

[PHAH97] P. Papazian, G. Hufford, R. Achatz, and R. Hoffman, "Study of the Local Multipoint Distribution Service Radio Channel," *IEEE Transactions on Broadcasting*, vol. 43, no. 2, pp. 175-184, Jun. 1997.

[PHR09] C. H. Park, R. W. Heath Jr., and T. S. Rappaport, "Frequency-Domain Channel Estimation and Equalization for Continuous-Phase Modulations With Superimposed Pilot Sequences," *IEEE Transactions on Vehicular Technology*, vol. 58, no. 9, pp. 4903-4908, Nov. 2009.

[Pi12] Z. Pi, "Optimal Transmitter Beamforming with Per-Antenna Power Constraints," *2012 IEEE International Conference on Communications (ICC)*, pp. 3779-3784, 2012.

[PK94] A. Paulraj and T. Kailath, U.S. Patent 5345599: "Increasing Capacity in Wireless Broadcast Systems Using Distributed Transmission/Directional Reception (DTDR)," Sep. 1994.

[PK11] Z. Pi and F. Khan, "An Introduction to Millimeter-Wave Mobile Broadband Systems," *IEEE Communications Magazine*, vol. 49, no. 6, pp. 101-107, Jun. 2011.

[PKJP12] H. Park, Y. Kim, I. Jang, and S. Pack, "Cooperative Neighbor Discovery for Consumer Devices in mmWave ad-hoc Networks," *2012 IEEE International Conference on Consumer Electronics (ICCE)*, pp.100-101, 2012.

[PKZ10] Z. Pi, F. Khan, and J. Zhang, U.S. Patent App. 12/916,019: "Techniques for Millimeter Wave Mobile Communication," Oct. 2010.

[PLK12] Z. Pi, Y. Li, and F. Khan, U.S. Patent 20,120,307,726: "Methods and Apparatus to Transmit and Receive Synchronization Signal and System Information in a Wireless Communication System," Dec. 2012.

[PLT86] R. Papa, J. Lennon, and R. Taylor, "The Variation of Bistatic Rough Surface Scattering Cross Section for a Physical Optics Model," *IEEE Transactions on Antennas and Propagation*, vol. 34, no. 10, pp.1229-1237, Oct. 1986.

[PMR+08] U. Pfeiffer, C. Mishra, R. Rassel, S. Pinkett, and S. Reynolds, "Schottky Barrier Diode Circuits in Silicon for Future Millimeter-Wave and Terahertz Applications," *IEEE Transactions on Microwave Theory and Techniques*, vol. 56, no. 2, pp. 364-371, Feb. 2008.

[PNG+98] G. Passiopoulos, S. Nam, A. Georgiou, A. E. Ashtiani, I. D. Roberston, and E. A. Grindrod, "V-Band Single Chip, Direct Carrier BPSK Modulation Transmitter with Integrated Patch Antenna," *1998 IEEE MTT-S International Microwave Symposium (IMS)*, pp. 305-308, Jun. 1998.

[PNG03] A. Paulraj, R. Nabar, and D. Gore, *Introduction to Space-Time Wireless Communications*. New York, Cambridge University Press, 2003.

[PNS+03] K. Poulton, R. Neff, B. Setterberg, B. Wuppermann, T. Kopley, R. Jewett, J. Pernillo, C. Tan, and A. Montijo, "A 20 Gs/s 8 b ADC with a 1 MB Memory in 0.18 μm CMOS," *2003 IEEE International Solid-State Circuits Conference (ISSCC)*, IEEE, pp. 318-496, 2003.

[Pop99] B. Popovic, "Efficient Golay Correlator," *Electronics Letters*, vol. 35, no. 17, pp. 1427-1428, 1999.

[Poz05] D. M. Pozar, *Microwave Engineering*, 3rd ed. Hoboken, NJ, John Wiley and Sons, Inc., 2005.

[PP10] M. Park and H. K. Pan, "Effect of Device Mobility and Phased Array Antennas on 60 GHz Wireless Networks," *2010 ACM Workshop on MmWave Communications: From Circuits to Networks*, New York, ACM, pp. 51-56, 2010.

[PPH93] A. Plattner, N. Prediger, and W. Herzig, "Indoor and Outdoor Propagation Measurements at 5 and 60 GHz for Radio LAN Application," *1993 IEEE MTT-S International Microwave Symposium (IMS)*, vol. 2, pp. 853-856, 1993.

[PPTH09] S. Peters, A. Panah, K. Truong, and R. W. Heath Jr., "Relay Architectures for 3GPP LTE-advanced," *EURASIP Journal on Wireless Communications and Networking*, vol. 2009, no. 1, pp.618-787, Jul. 2009.

[PR80] A. Peled and A. Ruiz, "Frequency Domain Data Transmission Using Reduced Computational Complexity Algorithms," *1980 IEEE International Conference on Acoustics, Speech, and Signal Processing (ICASSP 1980)*, vol. 5, pp. 964-967, Apr. 1980.

[PR07] C. Park and T. S. Rappaport, "Short-Range Wireless Communications for Next-Generation Networks: UWB, 60 GHz Millimeter-Wave WPAN, and ZigBee," *IEEE Wireless Communications*, vol. 14, no. 4, pp.70-78, Aug. 2007.

[PR08] A. Parsa and B. Razavi, "A 60 GHz CMOS Receiver Using a 30 GHz LO," *2008 IEEE International Solid-State Circuits Conference (ISSCC)*, pp. 190-606, Feb. 2008.

[PR09] A. Parsa and B. Razavi, "A New Transceiver Architecture for the 60 GHz Band," *IEEE Journal of Solid-State Circuits*, vol. 44, no. 3, pp. 751-762, Mar. 2009.

[PRK86] A. Paulraj, R. Roy, and T. Kailath, "A Subspace Rotation Approach to Signal Parameter Estimation," *Proceedings of the IEEE*, vol. 74, no. 7, pp. 1044-1046, Jul. 1986.

[Pro01] J. Proakis, *Spread Spectrum Signals for Digital Communications*. Wiley Online Library, 2001.

[PS07] J. Proakis and M. Salehi, *Digital Communications*, 5th ed. McGraw-Hill, 2007.

[PSS+08] S. Pinel, S. Sarkar, P. Sen, B. Perumana, D. Yeh, D. Dawn, and J. Laskar, "A 90 nm CMOS 60 GHz Radio," *2008 IEEE International Solid-State Circuits Conference (ISSCC)*, pp. 130-601, Feb. 2008.

[Pul10] D. Pulfrey, *Understanding Modern Transistors and Diodes*, 1st ed. Cambridge, UK, Cambridge University Press, 2010.

[PV06] F. Pancaldi and G. M. Vitetta, "Equalization Algorithms in the Frequency Domain for Continuous

Phase Modulations," *IEEE Transactions on Communications*, vol. 54, no. 4, pp. 648-658, 2006.

[PVBM95] T. Pollet, M. Van Bladel, and M. Moeneclaey, "BER Sensitivity of OFDM Systems to Carrier Frequency Offset and Wiener Phase Noise," *IEEE Transactions on Communications*, vol. 43, no. 234, pp.191-193, Feb/Mar/Apr 1995.

[PW08] P. H. Park and S. S. Wong, "An On-Chip Dipole Antenna for Millimeter Wave Transmitters," *2008 IEEE Radio Frequency Integrated Circuits Symposium (RFIC 2008)*, pp. 629-632, Apr. 2008.

[PWI03] J. Park, Y. Wang, and T. Itoh, "A 60 GHz Integrated Antenna Array for High-Speed Digital Beamforming Applications," *2003 IEEE MTT-S International Microwave Symposium (IMS)*, vol. 3, pp. 1677- 1680, 2003.

[PWO01] H. Papadopoulos, G. Wornell, and A. Oppenheim, "Sequential Signal Encoding from Noisy Measurements Using Quantizers with Dynamic Bias Control," *IEEE Transactions on Information Theory*, vol. 47, no. 3, pp. 978-1002, Mar. 2001.

[PZ02] D. Parker and D. C. Zimmermann, "Phased-Arrays Part II: Implementations, Applications, and Future Trends," *IEEE Transactions on Microwave Theory and Techniques*, vol. 50, no. 3, pp. 688-698, Mar. 2002.

[QCSM11] J. Qiao, L. Cai, X. Shen, and J. Mark, "Enabling Multi-Hop Concurrent Transmissions in 60 GHz Wireless Personal Area Networks," *IEEE Transactions on Wireless Communications*, vol. 10, no. 11, pp.3824-3833, Nov. 2011.

[Qur82] S. Qureshi, "Adaptive Equalization," *IEEE Communications Magazine*, vol. 20, no. 2, pp. 9-16, 1982.

[Qur85] S. Qureshi, "Adaptive Equalization," *Proceedings of the IEEE*, vol. 73, no. 9, pp. 1349-1387, Sep. 1985.

[R+11] S. Rajagopal, et al., "Antenna Array Design for multi-Gbps mmWave Mobile Broadband Communication," *2011 IEEE Global Communications Conference (GLOBECOM 2011)*, Dec. 2011.

[Rap89] T. S. Rappaport, "Characterization of UHF Multipath Radio Channels in Factory Buildings," *IEEE Transactions on Antennas and Propagation*, vol. 37, no. 8, pp. 1058-1069, Aug. 1989.

[Rap91] C. Rapp, "Effects of HPA-Nonlinearity on a 4-DPSK/OFDM-Signal for a Digital Sound Broadcasting System," *The European Conference on Satellite Communications*, pp. 179-184, 1991.

[Rap98] T. S. Rappaport, *Smart Antennas: Adaptive Arrays, Algorithms, & Wireless Position Location*. New York, IEEE Press, 1998.

[Rap02] T. S. Rappaport, *Wireless Communications, Principles and Practice*, 2nd ed. Upper Saddle River, NJ, Prentice Hall, 2002.

[Rap09] T. S. Rappaport, "The Emerging World of Massively Broadband Devices: 60 GHz and Above," Keynote presentation at *2009 Virginia Tech Wireless Symposium*, Blacksburg, VA, Jun. 2009.

[Rap10] T. S. Rappaport, "Broadband Repeater with Security for Ultrawideband Technologies," U.S. Patent 7 676 194, Mar. 2010.

[Rap11] T. S. Rappaport, "Sub-Terahertz Wireless Communications: The Future Edge of the Internet," Plenary talk at *2011 IEEE International Symposium on Personal, Indoor and Mobile Radio Communications (PIMRC)*, Toronto, Canada, Sep. 2011.

[Rap11a] T. S. Rappaport, "Broadband Repeater with Security for Ultrawideband Technologies," U.S. Patent 7 983 613, Jul. 2011.

[Rap12a] T. S. Rappaport, "The Renaissance of Wireless Communications in the Massively Broadband® Era," Plenary talk at *2012 IEEE Vehicular Technology Conference* (*VTC 2012-Fall*), Quebec City, Canada, Sep. 2012.

[Rap12b] T. S. Rappaport, "The Renaissance of Wireless Communications in the Massively Broadband® Era," Keynote presentation at *2012 IEEE International Conference on Communications in China* (*ICCC 2012*), Beijing, China, Aug. 2012.

[Rap12c] T. S. Rappaport, "Wireless Communications in the Massively Broadband® Era," *Microwave Journal*, pp. 46-48, Dec. 2012.

[Rap13] T. S. Rappaport, "Active Antennas for Multiple Bands in Wireless Portable Devices," U.S. Patent 8,593,358, Nov. 2013.

[Rap14] T. S. Rappaport, "Millimeter Wave Cellular Communications: Channel Models, Capacity Limits, Challenges and Opportunities," Invited presentation at *2014 IEEE Communications Theory Workshop (2014 CTW)*, Curacao, May 26, 2014.

[Rap14a] T. S. Rappaport, "Defining the Wireless Future — Millimeter Wave Wireless Communications: The Renaissance of Computing and Communications," Keynote presentation at *2014 IEEE International Conference on Communications (ICC)*, Sydney, Australia, Jun. 13, 2014.

[Raz98] B. Razavi, *RF Microelectronics*. Upper Saddle River, NJ, Prentice Hall, 1998.

[Raz01] B. Razavi, *Design of Analog CMOS Integrated Circuits*, 1st ed. New York, McGraw Hill, 2001.

[Raz06] B. Razavi, "A 60 GHz CMOS Receiver Front-End," *IEEE Journal of Solid-State Circuits*, vol. 41, no.1, pp. 17-22, Jan. 2006.

[Raz08] B. Razavi, "A Millimeter-Wave Circuit Technique," *IEEE Journal of Solid-State Circuits*, vol. 43, pp.2090-2098, Sep. 2008.

[RBDMQ12] T. S. Rappaport, E. Ben-Dor, J. Murdock, and Y. Qiao, "38 GHz and 60 GHz Angle-Dependent Propagation for Cellular & Peer-to-Peer Wireless Communications," *2012 IEEE International Conference on Communications* (*ICC*), pp. 4568-4573, Jun. 2012.

[RBR93] T. Russell, C. Bostian, and T. S. Rappaport, "A Deterministic Approach to Predicting Microwave Diffraction by Buildings for Microcellular Systems," *IEEE Transactions on Antennas and Propagation*, vol. 41, no. 12, pp. 1640-1649, Dec. 1993.

[RCMR01] F. Rice, B. Cowley, B. Moran, and M. Rice, "Cramer-Rao Lower Bounds for QAM Phase and Frequency Estimation," *IEEE Transactions on Communications*, vol. 49, no. 9, pp. 1582-1591, Sep. 2001.

[RDA11] T. S. Rappaport, S. DiPierro, and R. Akturan, "Analysis and Simulation of Interference to Vehicle-Equipped Digital Receivers From Cellular Mobile Terminals Operating in Adjacent Frequencies," *IEEE Transactions on Vehicular Technology*, vol. 60, no. 4, pp. 1664-1676, May 2011.

[Reb92] G. Rebeiz, "Millimeter-Wave and Terahertz Integrated Circuit Antennas," *Proceedings of the IEEE*, vol. 80, no. 11, pp. 1748-1770, Nov. 1992.

[Ree05] J. Reed, *An Introduction to Ultra Wideband Communication Systems*. Upper Saddle River, NJ,

Prentice Hall, 2005.

[Rey04] S. Reynolds, “A 60 GHz Superheterodyne Downconversion Mixer in Silicon-Germanium Bipolar Technology,” *IEEE Journal of Solid-State Circuits*, vol. 39, no. 11, pp. 2065-2068, Nov. 2004.

[RF91] T. S. Rappaport and V. Fung, “Simulation of Bit Error Performance of FSK, BPSK, and π/4 DQPSK in Flat Fading Indoor Radio Channels Using a Measurement-Based Channel Model,” *IEEE Transactions on Vehicular Technology*, vol. 40, no. 4, pp. 731-740, Nov. 1991.

[RFP+06] S. Reynolds, B. Floyd, U. Pfeiffer, T. Beukema, J. Grzyb, C. Haymes, B. Gaucher, and M. Soyuer, “A Silicon 60 GHz Receiver and Transmitter Chipset for Broadband Communications,” *IEEE Journal of Solid-State Circuits*, vol. 41, no. 12, pp. 2820-2831, Dec. 2006.

[RG71] A. W. Rihaczek and R. M. Golden, “Range Sidelobe Suppression for Barker Codes,” *IEEE Transactions on Aerospace and Electronic Systems*, vol. AES-7, no. 6, pp. 1087-1092, 1971.

[RGAA09] T. Rappaport, F. Gutierrez, and T. Al-Attar, “Millimeter Wave and Terahertz Wireless RFIC and On-Chip Antenna Design: Tools and Layout Techniques,” *IEEE GLOBECOM Workshops*, pp. 1-7, Nov. 2009.

[RGBD+13] T. S. Rappaport, F. Gutierrez, E. Ben-Dor, J. Murdock, Y. Qiao, and J. I. Tamir, “Broadband Millimeter Wave Propagation Measurements and Models Using Adaptive-Beam Antennas for Outdoor Urban Cellular Communications,” *IEEE Transactions on Antennas and Propagation*, vol. 61, no. 4, pp.1850-1859, Apr. 2013.

[RH91] T. S. Rappaport and D. A. Hawbaker, “Effects of Circular and Linear Polarized Antennas on Wideband Propagation Parameters in Indoor Radio Channels,” *1991 IEEE Global Communications Conference (GLOBECOM 1991)*, pp. 1287-1291, Dec. 1991.

[RH92] T. S. Rappaport and D. A. Hawbaker, “Wide-band Microwave Propagation Parameters using Circular and Linear Polarized Antennas for Indoor Wireless Channels,” *IEEE Transactions on Communications*, vol. 40, no. 2, pp. 240-245, Feb. 1992.

[RHF93] T. S. Rappaport, W. Huang, M. J. Feuerstein, “Performance of Decision Feedback Equalizers in Simulated Urban and Indoor Radio Channels,” Invited Paper, *IEICE Transaction on Communications*, vol.E76-B, no. 2, pp. 78-89, Feb. 1993.

[Rho74] S. Rhodes, “Effect of Noisy Phase Reference on Coherent Detection of Offset-QPSK Signals,” *IEEE Transactions on Communications*, vol. 22, no. 8, pp. 1046-1055, Aug. 1974.

[RHRC07] L. Ragan, A. Hassibi, T. S. Rappaport, and C. L. Christianson, “Novel On-Chip Antenna Structures and Frequency Selective Surface (FSS) Approaches for Millimeter Wave Devices,” *2007 IEEE Vehicular Technology Conference (VTC 2007-Fall)*, pp. 2051-2055, Oct. 2007.

[Ris78] J. Rissanen, “Modeling by Shortest Data Description,” *Automatica*, vol. 14, pp. 465-471, 1978.

[RJ01] M. Rudolf and B. Jechoux, “Design of Concatenated Extended Complementary Sequences for Inter-Base Station Synchronization in WCDMA TDD Mode,” *2001 IEEE Global Telecommunications Conference*, vol. 1. IEEE, pp. 674-679, 2001.

[RJW08] U. Rizvi, G. Janssen, and J. Weber, “Impact of RF Circuit Imperfections on Multi-Carrier and Single-Carrier Based Transmissions at 60 GHz,” *2008 IEEE Radio and Wireless Symposium*, pp. 691-694, Jan.

2008.

[RK95] P. Robertson and S. Kaiser, "Analysis of the Effects of Phase-Noise in Orthogonal Frequency Division Multiplex (OFDM) Systems," *1995 IEEE International Conference on Communications (ICC)*, vol. 3, pp.1652-1657, Jun. 1995.

[RK09] J.-S. Rieh and D.-H. Kim, "An Overview of Semiconductor Technologies and Circuits for Terahertz Communication Applications," *2009 IEEE GLOBECOM Workshops*, pp. 1-6, 2009.

[RKNH06] J. Roderick, H. Kirshnaswamy, K. Newton, and H. Hashemi, "Silicon-Based Ultra-Wideband Beam-Forming," *IEEE Journal of Solid-State Circuits*, vol. 41, no. 8, pp. 1726-1740, Aug. 2006.

[RMGJ11] T. S. Rappaport, J. N. Murdock, and F. Gutierrez Jr., "State of the Art in 60 GHz Integrated Circuits and Systems for Wireless Communications," *Proceedings of the IEEE*, vol. 99, no. 8, pp. 1390-1436, Aug. 2011.

[RN88] R. L. Rogers and D. P. Neikirk, "Use of Broadside Twin Element Antennas to Increase Efficiency of Electrically Thick Dielectric Substrates," *International Journal of Infrared and Millimeter Waves*, vol. 9, pp. 949-969, 1988.

[Rog85] D. Rogers, "Propagation Considerations for Satellite Broadcasting at Frequencies Above 10 GHz," *IEEE Journal of Selected Areas in Communications JSAC*, vol. 3, no. 1, pp. 100-110, 1985.

[Ron96] Z. Rong, "Simulation of Adaptive Array Algorithms for CDMA Systems," Master's Thesis, Virginia Tech, 1996.

[Rou08] T. J. Rouphael, *RF and Digital Signal Processing for Software-Defined Radio: A Multi-Standard Multi-Mode Approach*. Burlington, MA, Newnes, 2008.

[RQT+12] T. S. Rappaport, Y. Qiao, J. I. Tamir, E. Ben-Dor, and J. N. Murdock, "Cellular Broadband Millimeter Wave Propagation and Angle of Arrival for Adaptive Beam Steering Systems," *2012 IEEE Radio and Wireless Symposium (RWS)*, pp. 151-154, Jan. 2012, invited paper and presentation.

[RR97] S. Rama and G. M. Rebiez, "Single-and Dual-Polarized Slot-Ring Subharmonic Receivers," *1997 IEEE MTT-S International Microwave Symposium (IMS)*, pp. 565-568, Jun. 1997.

[RRC14] T. S. Rappaport, W. Roh, and K. W. Cheun, "Mobile's Millimeter Wave Makeover," *IEEE Spectrum*, vol. 51, no. 9, Sep. 2014.

[RRE14] S. Rangan, T. S. Rappaport, and E. Erkip, "Millimeter Wave Cellular Wireless Networks: Potentials and Challenges," *Proceedings of the IEEE*, vol. 102, no. 3, pp. 366-385, Mar. 2014.

[RS60] I. S. Reed and G. Solomon, "Polynomial Codes over Certain Finite Fields," *Journal of the Society for Industrial and Applied Mathematics*, vol. 8, pp. 300-304, 1960.

[RSAL06] S. Radiom, B. Sheikholeslami, H. Aminzadeh, and R. Lotfi, "Folded-Current-Steering DAC: An Approach to Low-Voltage High-Speed High-Resolution D/A Converters," *2006 IEEE International Symposium on Circuits and Systems (ISCAS 2006)*, pp. 4783-4786, May 2006.

[RSM+13] T. S. Rappaport, S. Sun, R. Mayzus, H. Zhao, Y. Azar, K. Wang, G. N. Wong, J. K. Schulz, M. Samimi, and F. Gutierrez, "Millimeter Wave Mobile Communications for 5G Cellular: It Will Work!" *IEEE Access Journal*, vol. 1, pp. 335-349, May 2013.

[RST91] T. S. Rappaport, S. Y. Seidel, and K. Takamizawa, "Statistical Channel Impulse Response Models for

Factory and Open Plan Building Radio Communicate System Design," *IEEE Transactions on Communications*, vol. 39, no. 5, pp. 794-807, May 1991.

[RU01a] T. Richardson and R. Urbanke, "Efficient Encoding of Low-Density Parity-Check Codes," *IEEE Transactions on Information Theory*, vol. 47, no. 2, pp. 638-656, Feb. 2001.

[RU01b] T. Richardson and R. Urbanke, "The Capacity of Low-Density Parity-Check Codes under Message-Passing Decoding," *IEEE Transactions on Information Theory*, vol. 47, no. 2, pp. 599-618, Feb. 2001.

[RU03] T. Richardson and R. Urbanke, "The Renaissance of Gallager's Low-Density Parity-Check Codes," *IEEE Communications Magazine*, vol. 41, no. 8, pp. 126-131, Aug. 2003.

[RU08] T. Richardson and R. Urbanke, *Modern Coding Theory*. Cambridge, UK, Cambridge University Press, 2008.

[RVM12] D. Ramasamy, S. Venkateswaran, and U. Madhow, "Compressive Adaptation of Large Steerable Arrays," *2012 Information Theory and Applications Workshop (ITA)*, pp. 234-239, 2012.

[RWD94] S. Ramo, J. Whinnery, and T. V. Duzer, *Fields and Waves in Communications*, 3rd ed. New York, John Wiley and Sons Inc., 1994.

[S+91] S. Seidel, et al., "Path Loss, Scattering, and Multipath Delay Statistics in Four European Cities for Digital Cellular and Microcellular Radiotelephone," *IEEE Transactions on Vehicular Technology*, vol. 40, no. 4, pp. 721-730, Nov. 1991.

[S+92] S. Seidel, et al., "The Impact of Surrounding Buildings on Propagation for Wireless In-Building Personal Communications System Design," *1992 IEEE Vehicular Technology Conference (VTC 1992)*, pp.814-818, 1992.

[SA95] S. Y. Seidel and H. W. Arnold, "Propagation Measurements at 28 GHz to Investigate the Performance of Local Multipoint Distribution Service (LMDS)," *1995 IEEE GLOBECOM*, vol. 1, pp. 754-757, Nov. 1995.

[SAW90] M. Shinagawa, Y. Akazawa, and T. Wakimoto, "Jitter Analysis of High-Speed Sampling Systems," *IEEE Journal of Solid-State Circuits*, vol. 25, no. 1, pp. 220-224, 1990.

[Say08] A. H. Sayed, *Adaptive Filters*. New York, Wiley-IEEE Press, 2008.

[SB05] B. Streetman and S. Banerjee, *Solid State Electronic Devices*, 6th ed. Upper Saddle River, NJ, Prentice Hall, 2005.

[SB07] A. Seyedi and D. Birru, "On the Design of a Multi-Gigabit Short-Range Communication System in the 60 GHz Band," *2007 IEEE Consumer Communications and Networking Conference (CCNC 2007)*, pp.1-6, Jan. 2007.

[SB08] D. A. Sobel and R. Brodersen, "A 1 Gbps Mixed-Signal Analog Front-End for a 60 GHz Wireless Receiver," *2008 Symposium on VLSI Circuits*, pp. 56-57, Apr. 2008.

[SB09] S. Sarkar and S. Banerjee, "An 8-bit 1.8 V 500 MSPS CMOS Segmented Current Steering DAC," *2009 IEEE Computer Society Annual Symposium on VLSI (ISVLSI 2009)*, pp. 268-273, May 2009.

[SB09a] D. A. Sobel and R. Brodersen, "A 1 Gbps Mixed-Signal Analog Front-End for a 60 GHz Wireless Receiver," *IEEE Journal of Solid-State Circuits*, vol. 44, no. 4, pp. 1281-1289, Apr. 2009.

[SB13] S. A. Saberali and N. C. Beaulieu, "New Expressions for TWDP Fading Statistics," *IEEE Wireless*

Communications Letters, vol. 2, no. 6, pp. 643-646, Dec. 2013.

[SBB+08] K. Scheir, S. Bronckers, J. Borremans, P. Wambacq, and Y. Rolain, "A 52 GHz Phased-Array Receiver Front-End in 90 nm Digital CMOS," *IEEE Journal of Solid-State Circuits*, vol. 43, no. 12, pp.2651-2660, Dec. 2008.

[SBL+08] C.-S. Sum, T. Baykas, M. Lei, Y. Nishiguchi, R. Kimura, R. Funada, Y. Shoji, H. Harada, and S. Kato, "Performance of Trellis-Coded-Modulation for a Multi-Gigabit Millimeter-Wave WPAN System in the Presence of Hardware Impairments," *2008 International Wireless Communications and Mobile Computing Conference (IWCMC 2008)*, pp. 678-683, Aug. 2008.

[SBM92] S. C. Swales, M. A. Beach, and J. P. McGeehan, "A Spectrum Efficient Cellular Base-Station Antenna Architecture," *1992 IEEE Antennas and Propagation Society International Symposium*, vol. 2, pp. 1069-1072, Jul. 1992.

[SC97a] T. Schmidl and D. Cox, "Robust Frequency and Timing Synchronization for OFDM," *IEEE Transactions on Communications*, vol. 45, no. 12, pp. 1613-1621, Dec. 1997.

[SC97b] P. Smulders and L. Correia, "Characterisation of Propagation in 60 GHz Radio Channels," *Electronics & Communication Engineering Journal*, vol. 9, no. 2, pp. 73-80, Apr. 1997.

[Sch86] R. Schmidt, "Multiple Emitter Location and Signal Parameter Estimation," *IEEE Transactions on Antennas and Propagation*, vol. 34, no. 3, pp. 276-280, Mar. 1986.

[SCP09] E. Shihab, L. Cai, and J. Pan, "A Distributed Asynchronous Directional-to-Directional MAC Protocol for Wireless Ad Hoc Networks," *IEEE Transactions on Vehicular Technology*, vol. 58, no. 9, pp.5124-5134, Nov. 2009.

[SCS+08] E. Seok, C. Cao, D. Shim, D. J. Areanas, D. B. Tanner, C.-M. Huang, and K. K. O, "A 410 GHz CMOS Push-Push Oscillator with an On-Chip Patch Antenna," *2008 IEEE International Solid-State Circuits Conference (ISSCC)*, p. 472, Feb. 2008.

[SCV06] S. Shahramian, A. Carusone, and S. Voinigescu, "Design Methodology for a 40 GSamples/s Track and Hold Amplifier in 0.18 μm SiGe BiCMOS Technology," *IEEE Journal of Solid-State Circuits*, vol.41, no. 10, pp. 2233-2240, Oct. 2006.

[SDM09] J. Singh, O. Dabeer, and U. Madhow, "On the Limits of Communication with Low-Precision Analog-to-Digital Conversion at the Receiver," *IEEE Transactions on Communications*, vol. 57, no. 12, pp. 3629-3639, Dec. 2009.

[SDR92] K. R. Schaubach, N. J. Davis, and T. S. Rappaport, "A Ray Tracing Method for Predicting Path Loss and Delay Spread in Microcellular Environments," *1992 IEEE Vehicular Technology Conference (VTC 1992)*, vol. 2, May 1992, pp. 932-935.

[SGL+09] J. Sun, D. Gupta, Z. Lai, W. Gong, and P. Kelly, "Indoor Transmission of Multi-Gigabit-per-Second Data Rates Using Millimeter Waves," *2009 IEEE International Conference on Ultra-Wideband (ICUWB 2009)*, pp. 783-787, Sep. 2009.

[Shi96] Q. Shi, "OFDM in Bandpass Nonlinearity," *IEEE Transactions on Consumer Electronics*, vol. 42, no. 3, pp. 253-258, Aug. 1996.

[SHNT05] T. Seki, N. Honma, K. Nishikawa, and K. Tsunekawa, "Millimeter wave High Efficiency

Multi-layer Parasitic Microstrip Antenna Array on TEFLON Substrate," *IEEE Transactions on Microwave Theory and Techniques*, vol. 53, no. 6, pp. 2101-2106, Jun. 2005.

[SHV+11] H. Singh, J. Hsu, L. Verma, S. Lee, and C. Ngo, "Green Operation of Multi Band Wireless LAN in 60 GHz and 2.4/5 GHz," *2011 IEEE Consumer Communications and Networking Conference (CCNC 2011)*, pp. 787-792, Jan. 2011.

[SHW+06] Y. Sun, F. Herzel, L. Wang, J. Borngraber, W. Winkler, and R. Kraemer, "An Integrated 60 GHz Receiver Front-End in SiGe:C BiCMOS," *2006 Meeting on Silicon Monolithic Integrated Circuits in RF Systems (SiRF 2006)*, pp. 269-272, Jan. 2006.

[Sim01] R. N. Simons, *Coplanar Waveguide Circuits, Components, and Systems*, 1st ed. New York, John Wiley and Sons, 2001.

[SKH09] S. Sim, D.-W. Kim, and S. Hong, "A CMOS Direct Injection-Locked Frequency Divider With High Division Ratios," *IEEE Microwave and Wireless Components Letters*, vol. 19, no. 5, pp. 314-316, May 2009.

[SKJ95] H. Sari, G. Karam, and I. Jeanclaude, "Transmission Techniques for Digital Terrestrial TV Broadcasting," *IEEE Communications Magazine*, vol. 33, no. 2, pp. 100-109, Feb. 1995.

[SKLG98] M. Sajadieh, F. Kschischang, and A. Leon-Garcia, "Modulation-Assisted Unequal Error Protection over the Fading Channel," *IEEE Transactions on Vehicular Technology*, vol. 47, no. 3, pp. 900-908, Aug. 1998.

[SKM+10] M. Sawahashi, Y. Kishiyama, A. Morimoto, D. Nishikawa, and M. Tanno, "Coordinated Multipoint Transmission/Reception Techniques for LTE-advanced," *IEEE Wireless Communications*, vol. 17, no. 3, pp. 26-34, Jun. 2010.

[SKX+10] J. Shi, K. Kang, Y. Z. Xiong, J. Brinkhoff, F. Lin, and X.-J. Yuan, "Millimeter Wave Passives in 45 nm Digital CMOS," *IEEE Electron Device Letters*, vol. 31, no. 10, pp. 1080-1082, Oct. 2010.

[SL90] W. Schafer and E. Lutz, "Propagation Characteristics of Short-Range Radio Links at 60 GHz for Mobile Intervehicle Communication," *1990 SBT/IEEE International Telecommunications Symposium (ITS 1990)*, pp. 212-216, Sep. 1990.

[Sle76] D. Slepian, "On Bandwidth," *Proceedings of the IEEE*, Vol. 64, no. 3, pp. 292-300, Mar. 1976.

[SLNB90] Y. Shayan, T. Le-Ngoc, and V. Bhargava, "A Versatile Time-Domain Reed-Solomon Decoder," *IEEE Journal on Selected Areas in Communications*, vol. 8, no. 8, pp. 1535-1542, Oct. 1990.

[SLW+09] J. Sha, J. Lin, Z. Wang, L. Li, and M. Gao, "LDPC Decoder Design for High Rate Wireless Personal Area Networks," *IEEE Transactions on Consumer Electronics*, vol. 55, no. 2, pp. 455-460, May 2009.

[SM05] P. Stoica and R. L. Moses, *Spectral Analysis of Signals*. Upper Saddlebrook, NJ, Prentice Hall, 2005.

[Smi75] J. Smith, "Odd-Bit Quadrature Amplitude-Shift Keying," *IEEE Transactions on Communications*, vol.23, no. 3, pp. 385-389, Mar. 1975.

[SMI+97] K. Sato, T. Manabe, T. Ihara, H. Saito, S. Ito, T. Tanaka, K. Sugai, et al., "Measurements of Reflection and Transmission Characteristics of Interior Structures of Office Buildings in the 60 GHz Band," *IEEE Journal of Antennas and Propagation*, vol. 45, no. 12, pp. 1783-1792, 1997.

[SMM11] S. Singh, R. Mudumbai, and U. Madhow, "Interference Analysis for Highly Directional 60 GHz

Mesh Networks: The Case for Rethinking Medium Access Control," *IEEE/ACM Transactions on Networking*, vol. 19, no. 5, pp. 1513-1527, Oct. 2011.

[SMMZ06] P. Sudarshan, N. Mehta, A. Molisch, and J. Zhang, "Channel Statistics-based RF Pre-processing with Antenna Selection," *IEEE Transactions on Wireless Communications*, vol. 5, no. 12, pp. 3501-3511, Dec. 2006.

[SMS+09] S. Sankaran, C. Mao, E. Seok, D. Shim, C. Cao, R. Han, D. J. Arenas, D. B. Tanner, S. Hill, C.-M. Hung, and K. K. O, "Towards Terahertz Operation of CMOS," *2009 IEEE International Solid-State Circuits Conference (ISSCC)*, pp. 202-203a, Feb. 2009.

[SMS+14] S. Sun, G. MacCartney, M. Samimi, S. Nie, and T. S. Rappaport, "Millimeter Wave Multi-beam Antenna Combining for 5G Cellular Link Improvement in New York City," *2014 IEEE International Conference on Communications (ICC)*, Sydney Australia, Jun. 2014.

[Smu02] P. Smulders, "Exploiting the 60 GHz Band for Local Wireless Multimedia Access: Prospects and Future Directions," *IEEE Communications Magazine*, vol. 40, no. 1, pp. 140-147, Jan. 2002.

[SN07] S. M. Sze and K. K. Ng, *Physics of Semiconductor Devices*, 3rd ed. Hoboken, NJ, Wiley, 2007.

[Sno02] D. K. Snodgrass, "60 GHz Radio System Design Tradeoffs," *Microwave Journal*, vol. 45, no. 7, 2002.

[SNO08] T. Seki, K. Nishikawa, and K. Okada, "60 GHz Multi-Layer Parasitic Microstrip Array Antenna with Stacked Rings Using Multi-Layer LTCC Substrate," *2008 IEEE Radio and Wireless Symposium*, pp.679-682, Jan. 2008.

[SNS+07] H.-R. Shao, C. Ngo, H. Singh, S. Qin, C. Kweon, G. Fan, and S. Kim, "Adaptive Multi-beam Transmission of Uncompressed Video over 60 GHz Wireless Systems," *Future Generation Communication and Networking (FGCN 2007)*, vol. 1, pp. 430-435, Dec. 2007.

[SNS+14] A. I. Sulyman, A. T. Nassar, M. K. Samimi, G. R. MacCartney, T. S. Rappaport, and A. Alsanie, "Radio Propagation Path Loss Models for 5G Cellular Networks in the 28 and 38 GHz Millimeter Wave Bands," *IEEE Communications Magazine*, Sep. 2014.

[SOK+08] H. Singh, J. Oh, C. Kweon, X. Qin, H.-R. Shao, and C. Ngo, "A 60 GHz Wireless Network for Enabling Uncompressed Video Communication," *IEEE Communications Magazine*, vol. 46, no. 12, pp.71-78, Dec. 2008.

[SPM09] J. Singh, S. Ponnuru, and U. Madhow, "Multi-Gigabit Communication: The ADC Bottleneck," *2009 IEEE International Conference on Ultra Wideband (ICUWB 2009)*, pp. 22-27, Sep. 2009.

[SQI01] M. Sironen, Y. Qian, and T. Itoh, "A Subharmonic Self-Oscillating Mixer with Integrated Antenna for 60 GHz Wireless Applications," *IEEE Transactions on Microwave Theory and Techniques*, vol. 49, no. 3, pp. 442-450, Mar. 2001.

[SQrS+08] H. Singh, X. Qin, H.-R. Shao, C. Ngo, C. Kwon, and S. S. Kim, "Support of Uncompressed Video Streaming Over 60 GHz Wireless Networks," *2008 IEEE Consumer Communications and Networking Conference (CCNC 2008)*, pp. 243-248, Jan. 2008.

[SR92] S. Y. Seidel, T. S. Rappaport, "914 MHz Path Loss Prediction Models for Indoor Wireless Communications in Multifloored Buildings," *IEEE Transactions on Antennas and Propagation*, vol. 40, no. 2, pp. 207-217, Feb. 1992.

[SR94] S. Y. Siedel and T. S. Rappaport, "Site Specific Propagation Predictions for Wireless In-Building Personal Communication System Design," *IEEE Transactions on Vehicular Technology*, vol. 43, no. 4, Dec. 1994.

[SR13] S. Sun and T. S. Rappaport, "Multi-Beam Antenna Combining for 28 GHz Cellular Link Improvement in Urban Environments," *2013 IEEE Global Communications Conference* (*GLOBECOM 2013*), Dec. 2013.

[SR14] S. Sun and T. S. Rappaport, "Wideband MmWave Channels: Implications for Design and Implementation of Adaptive Beam Antennas," *2014 IEEE MTT-S International Microwave Symposium* (*IMS*), Tampa, FL, Jun. 2014.

[SR14a] M. K. Samimi and T. S. Rappaport, "Ultra-Wideband Statistical Channel Model for Non Line of Sight Millimeter-Wave Urban Channels," *2014 IEEE Global Communications Conference* (*GLOBECOM 2014*), Austin, TX, Dec. 2014.

[SRA96] R. Skidmore, T. S. Rappaport, and A. Abbott, "Interactive Coverage Region and System Design Simulation for Wireless Communication Systems in Multifloored Indoor Environments: SMT Plus," *1996 IEEE International Conference on Universal Personal Communications*, vol. 2, pp. 646-650, Sep. 1996.

[SRFT08] A. Shamim, L. Roy, N. Fong, and N. G. Tarr, "24 GHz On-Chip Antennas and Balun on Bulk Si for Air Transmission," *IEEE Transactions on Antennas and Propagation*, vol. 56, no. 2, pp. 303-311, Feb. 2008.

[SRK03] S. Shakkottai, T. S. Rappaport, and P. C. Karlsson, "Cross-layer Design for Wireless Networks," *IEEE Communications Magazine*, vol. 41, no. 10, pp. 74-80, Oct. 2003.

[SS94] N. Seshadri and C.-E. Sundberg, "List Viterbi Decoding Algorithms with Applications," *IEEE Transactions on Communications*, vol. 42, no. 234, pp. 313-323, Feb./Mar./Apr. 1994.

[SS01] C. Saint and J. Saint, *IC Layout Basics: A Practical Guide*, 1st ed. New York, McGraw-Hill Professional Publishing, 2001.

[SS04] K. Shi and E. Serpedin, "Coarse Frame and Carrier Synchronization of OFDM Systems: A New Metric and Comparison," *IEEE Transactions on Wireless Communications*, vol. 3, no. 4, pp. 1271-1284, Jul. 2004.

[SSB+14] S. Suyama, J. Shen, A. Benjebbour, Y. Kishiyama, and Y. Okumura, "Super High Bit Rate Radio Access Technologies for Small Cells Using Higher Frequency Bands," *2014 IEEE MTT-S International Microwave Symposium* (*IMS*), Tampa, FL, Jun. 2014.

[SSDV+08] A. Scholten, G. Smit, B. De Vries, L. Tiemeijer, J. Croon, D. Klaassen, R. van Langevelde, X. Li, W. Wu, and G. Gildenblat, "(Invited) The New CMC Standard Compact MOS Model PSP: Advantages for RF Applications," *2008 IEEE Radio Frequency Integrated Circuits Symposium* (*RFIC 2008*), pp.247-250, Jun. 2008.

[SSM+10] E. Seok, D. Shim, C. Mao, R. Han, S. Sankaran, C. Cao, W. Knap, and K. Kenneth, "Progress and Challenges Towards Terahertz CMOS Integrated Circuits," *IEEE Journal of Solid-State Circuits*, vol. 45, no. 8, pp. 1554-1564, 2010.

[SST+09] C. Sheldon, M. Seo, E. Torkildson, M. Rodwell, and U. Madhow, "Four-Channel Spatial

Multiplexing over a Millimeter-Wave Line-of-Sight Link," *2009 IEEE MTT-S International Microwave Symposium (IMS)*, pp. 389-392, Jun. 2009.

[SSTR93] S. Siedel, K. Shaubach, T. Tran, and T. S. Rappaport, "Research in Site-Specific Propagation Modeling for PCS System Design," *1993 IEEE Vehicular Technology Conference (VTC 1993)*, pp.261-264, May 1993.

[STB09] S. Sesia, I. Toufik, and M. Baker, *LTE-The UMTS Long Term Evolution*. Wiley Online Library, 2009, vol. 66.

[STD+09] R. Severino, T. Taris, Y. Deval, D. Belot, and J. Begueret, "A SiGe: C BiCMOS LNA for 60 GHz Band Applications," *2009 IEEE Bipolar/BiCMOS Circuits and Technology Meeting (BCTM 2009)*, pp.51-54, Oct. 2009.

[STLL05] J. R. Sohn, H.-S. Tae, J.-G. Lee, and J.-H. Lee, "Comparative Analysis of Four Types of High-Impedance Surfaces for Low Profile Antenna Applications," *2005 IEEE Antennas and Propagation Society International Symposium*, pp. 758-761, Jul. 2005.

[SUR09] W. Shin, M. Uzunkol, and G. Rebeiz, "Ultra Low Power 60 GHz ASK SiGe Receiver with 3-6 GBPS Capabilities," *2009 IEEE Compound Semiconductor Integrated Circuit Symposium (CISC 2009)*, pp. 1-4, Oct. 2009.

[Surrey] "Introducing the World's Premier 5G Innovation Centre," Surrey, UK, University of Surrey.

[SV07] E. Sail and M. Vesterbacka, "Thermometer-to-Binary Decoders for Flash Analog-to-Digital Converters," *2007 European Conference on Circuit Theory and Design (ECCTD 2007)*, pp. 240-243, Aug. 2007.

[SV87] A. A. M. Saleh and R. A. Valenzuela, "A Statistical Model for Indoor Multipath Propagation," *IEEE Journal on Selected Areas in Communications*, vol. 5, no. 2, pp. 128-137, Feb. 1987.

[SVC09] S. Shahramian, S. Voinigescu, and A. Carusone, "A 35 Gs/s, 4-Bit Flash ADC With Active Data and Clock Distribution Trees," *IEEE Journal of Solid-State Circuits*, vol. 44, no. 6, pp. 1709-1720, Jun. 2009.

[SW92] P. F. M. Smulders and A. G. Wagemans, "Wideband Indoor Radio Propagation Measurements at 58 GHz," *Electronics Letters*, vol. 28, 1992.

[SW94a] N. Seshadri and J. Winters, "Two Signaling Schemes for Improving the Error Performance of Frequency-Division-Duplex (FDD) Transmission Systems using Transmitted Antenna Diversity," *International Journal on Wireless Information Networks*, vol. 1, no. 1, pp. 49-60, Jan. 1994.

[SW94b] P. F. M. Smulders and A. G. Wagemans, "Biconical Horn Antennas for Near Uniform Coverage in Indoor Areas at Mm-Wave Frequencies," *IEEE Journal of Vehicular Technology*, vol. 43, no. 4, pp.897-901, 1994.

[SW07] D. C. Schultz and B. Walke, "Fixed Relays for Cost Efficient 4G Network Deployments: An Evaluation," *2007 IEEE International Symposium on Personal, Indoor and Mobile Radio Communications (PIMRC 2007)*, Athens, Greece, Sep. 2007.

[SWA+13] M. Samimi, K. Wang, Y. Azar, G. N. Wong, R. Mayzus, H. Zhao, J. K. Schulz, S. Sun, J. F. Gutierrez, and T. S. Rappaport, "28 GHz Angle of Arrival and Angle of Departure Analysis for Outdoor Cellular Communications Using Steerable Beam Antennas in New York City," *2013 IEEE Vehicular*

Technology Conference (*VTC 2013-Spring*), pp. 1-6, Jun. 2013.

[SWF00] D. Seo, A. Weil, and M. Feng, "A 14 bit, 1 Gs/s Digital-to-Analog Converter with Improved Dynamic Performances," in *2000 IEEE International Symposium on Circuits and Systems* (*ISCAS 2000 Geneva*), vol. 5, pp. 541-544, 2000.

[SYON09] H. Singh, S.-K. Yong, J. Oh, and C. Ngo, "Principles of IEEE 802.15.3c: Multi-Gigabit Millimeter-Wave Wireless PAN," *2009 International Conference on Computer Communications and Networks* (*ICCCN 2009*), pp. 1-6, Aug. 2009.

[SZB+99] D. Sievenpiper, L. Zhang, R. F. J. Broas, N. G. Alexopolous, and E. Yablonovitch, "High-Impedance Electromagnetics Surfaces with a Forbidden Frequency Band," *IEEE Transactions on Microwave Theory and Techniques*, vol. 47, no. 11, pp. 2059-2074, Nov. 1999.

[SZC+08] M. Sun, Y. P. Zhang, K. M. Chua, L. L. Wai, D. Liu, and B. P. Gaucher, "Integration of Yagi Antenna in LTCC Package for Differential 60 GHz Radio," *IEEE Transactions on Antennas and Propagation*, vol. 56, no. 8, pp. 2780-2783, Aug. 2008.

[SZG+09] M. Sun, Y. P. Zhang, Y. X. Guo, K. M. Chua, and L. L. Wai, "Integration of Grid Array Antenna in Chip Package for Highly Integrated 60 GHz Radios," *IEEE Letters on Antennas and Wireless Propagation*, vol. 8, pp. 1364-1366, Dec. 2009.

[SZM+09] S. Singh, F. Ziliotto, U. Madhow, E. Belding, and M. Rodwell, "Blockage and Directivity in 60 GHz Wireless Personal Area Networks: From Cross-Layer Model to Multihop MAC Design," *IEEE Journal on Selected Areas in Communications*, vol. 27, no. 8, pp. 1400-1413, Oct. 2009.

[SZW08] R. Schoenen, W. Zirwas, and B. H. Walke, "Raising Coverage and Capacity Using Fixed Relays in a Realistic Scenario," *2008 European Wireless Conference* (*EW 2008*), pp. 1-6, Jun. 2008.

[TAMR06] E. Torkildson, B. Ananthasubramaniam, U. Madhow, and M. Rodwell, "Millimeter-Wave MIMO: Wireless Links at Optical Speeds," *44th Allerton Conference on Communication, Control and Computing*, 2006.

[Tan81] R. Tanner, "A Recursive Approach to Low Complexity Codes," *IEEE Transactions on Information Theory*, vol. 27, no. 5, pp. 533-547, Sep. 1981.

[Tan02] A. S. Tanenbaum, *Computer Networks*, 4th ed. Upper Saddle River, NJ, Prentice Hall, 2002.

[Tan06] S. Y. Tan, "Regulatory Update in Europe for Gigabit Application in the 60 GHz Range," *IEEE 802.15.3c Meeting Contributions*, Jul. 2006.

[TAY+09] A. Tomkins, R. Aroca, T. Yamamoto, S. Nicolson, Y. Doi, and S. Voinigescu, "A Zero-IF 60 GHz 65 nm CMOS Transceiver With Direct BPSK Modulation Demonstrating up to 6 Gb/s Data Rates Over a 2 m Wireless Link," *IEEE Journal of Solid-State Circuits*, vol. 44, no. 8, pp. 2085-2099, 2009.

[TCM+11] M. Tabesh, J. Chen, C. Marcu, L.-K. Kong, E. Alon, and A. M. Niknejad, "A 65 nm CMOS 4-Element Sub-34 mW/Element 60 GHz Phased Array Transceiver," *2011 IEEE International Solid-State Circuits Conference* (*ISSCC*), pp. 166-167, Feb. 2011.

[TDS+09] T. Taris, Y. Deval, R. Severino, C. Ameziane, D. Belot, and J.-B. Begueret, "Millimeter Waves Building Block Design Methodology in BiCMOS Technology," *2009 IEEE International Conference on Electronics, Circuits, and Systems* (*ICECS 2009*), pp. 968-971, Dec. 2009.

[Tel99] I. E. Telatar, "Capacity of Multi-Antenna Gaussian Channels," *European Transactions on Telecommunications*, vol. 10, no. 6, pp. 585-595, 1999.

[TGTN+07] P. Triverio, S. Grivet-Talocia, M. Nakhla, F. Canavero, and R. Achar, "Stability, Causality, and Passivity in Electrical Interconnect Models," *IEEE Transactions on Advanced Packaging*, vol. 30, no. 4, pp. 795-808, Nov. 2007.

[TH07] J.-H. Tsai and T.-W. Huang, "35-65 GHz CMOS Broadband Modulator and Demodulator With Sub-Harmonic Pumping for MMW Wireless Gigabit Applications," *IEEE Transactions on Microwave Theory and Techniques*, vol. 55, no. 10, pp. 2075-2085, Oct. 2007.

[TH13] J. Thornton, K. C. Huang, *Modern Lens Antennas for Communications Engineering*. IEEE Press, Wiley Interscience, 2013.

[The10] The Wireless Gigabit Alliance, "WiGig White Paper: Defining the Future of Multi-Gigabit Wireless Communications," Jul. 2010.

[TI13] "AN-1558 Clocking High-Speed A/D Converters," *Texas Instruments Application Report SNAA036B*, Jan. 2007, revised May 2013.

[TK08] W.-H. Tu and T.-H. Kang, "A 1.2 V 30 mW 8b 800 Ms/s Time-Interleaved ADC in 65 nm CMOS," *2008 IEEE Symposium on VLSI Circuits*, pp. 72-73, Jun. 2008.

[TKJ+12] C. Thakkar, L. Kong, K. Jung, A. Frappe, and E. Alon, "A 10 Gb/s 45 mW Adaptive 60 GHz Baseband in 65 nm CMOS," *IEEE Journal of Solid-State Circuits*, vol. 47, no. 4, pp. 952-968, Apr. 2012.

[TM88] A. R. Tharek and J. P. McGeehan, "Propagation and Bit Error Rate Measurements within Buildings in Millimeter Wave Band about 60 GHz," *1988 IEEE Electrotechnics Conference* (*EUROCON 1988*), pp.318-321, 1988.

[TMRB02] M. Takai, J. Martin, A. Ren, and R. Bagrodia, "Directional Virtual Carrier Sensing for Directional Antennas in Mobile Ad Hoc Networks," *ACM MobiHoc*, pp. 183-193, 2002.

[TOIS09] K. Takahagi, M. Ohno, M. Ikebe, and E. Sano, "Ultra-Wideband Silicon On-Chip Antenna with Artificial Dielectric Layer," *2009 Intelligent Signal Processing and Communication Systems* (*ISPACS 2009*), pp. 81-84, Jan. 2009.

[Tor02] J. A. Torres, "Method for Using Non-Squared QAM Constellations," May 2002.

[Toy06] I. Toyoda, "Reference Antenna Model with Sidelobe Level for TG3c Evaluation," *IEEE 802.15. 06-0474-00-003c*, Oct. 2006.

[TP11] Y. Tsang and A. Poon, "Detecting Human Blockage and Device Movement in mmWave Communication System," *2011 IEEE Global Telecommunications Conference* (*GLOBECOM 2011*), pp.5718-5722, 2011.

[TPA11] Y. Tsang, A. Poon, and S. Addepalli, "Coding the Beams: Improving Beam-forming Training in mmWave Communication System," *2011 IEEE Global Telecommunications Conference* (*GLOBECOM 2011*), pp. 4386-4390, 2011.

[TS05] J. Tan and G. Stuber, "Frequency-Domain Equalization for Continuous Phase Modulation," *IEEE Transactions on Wireless Communications*, vol. 4, no. 5, pp. 2479-2490, Sep. 2005.

[TSC98] V. Tarokh, N. Seshadri, and A. Calderbank, "Space-Time Codes for High Data Rate Wireless

Communication: Performance Criterion and Code Construction," *IEEE Transactions on Information Theory*, vol. 44, no. 2, pp. 744-765, 1998.

[TSMR09] E. Torkildson, C. Sheldon, U. Madhow, and M. Rodwell, "Millimeter Wave Spatial Multiplexing in an Indoor Environment," *2009 IEEE GLOBECOM Workshops*, pp. 1-6, 2009.

[Tso01] G. V. Tsoulos, Ed., *Adaptive Antennas for Wireless Communications*. New York, Wiley-IEEE Press, 2001.

[TSRK04] W. H. Tranter, K. S. Shanmugan, T. S. Rappaport, and K. L. Kosbar, *Principles of Communication Systems Simulation*. Upper Saddle River, NJ, Prentice Hall, 2004.

[TWMA10] H. Tuinhout, N. Wils, M. Meijer, and P. Andricciola, "Methodology to Evaluate Long Channel Matching Deterioration and Effects of Transistor Segmentation on MOSFET Matching," *2010 IEEE International Conference on Microelectronic Test Structures (ICMTS)*, pp. 176-181, Mar. 2010.

[TWS+07] K. To, P. Welch, D. Scheitlin, B. Brown, D. Hammock, M. Tutt, D. Morgan, S. Braithwaite, J. John, J. Kirchgessner, and W. Huang, "60 GHz LNA and 15 GHz VCO Design for Use in Broadband Millimeter-Wave WPAN System," *2007 IEEE Bipolar/BiCMOS Circuits and Technology Meeting (BCTM 2007)*, pp. 210-213, Sep. 2007.

[UK688] Great Britain, Department of Trade and Industry, Radiocommunications Division, "The Use of the Radio Frequency Spectrum above 30 GHz: A Consultative Document," Great Britain Department of Trade and Industry, Radiocommunications Division, Dec. 1988.

[Ung74] G. Ungerboeck, "Adaptive Maximum-Likelihood Receiver for Carrier-Modulated Data-Transmission Systems," *IEEE Transactions on Communications*, vol. 22, no. 5, pp. 624-636, May 1974.

[US02] K. Uyttenhove and M. S. J. Steyaert, "Speed-Power-Accuracy Tradeoff in High-Speed CMOS ADCs," *IEEE Transactions on Circuits and Systems II: Analog and Digital Signal Processing*, vol. 49, no. 4, pp.280-287, Apr. 2002.

[VGNL+10] A. Valdes-Garcia, S. T. Nicolson, J.-W. Lai, A. Natarajan, P.-Y. Chen, S. K. Reynolds, J.-H. C. Zhan, D. G. Kam, D. Liu, and B. Floyd, "A Fully Integrated 16-Element Phased-Array Transmitter in SiGe BiCMOS for 60 GHz Communications," *IEEE Journal of Solid-State Circuits*, vol. 45, no. 12, pp. 2757-2773, 2010.

[VKKH08] M. Varonen, M. Karkkainen, M. Kantanen, and K. A. I. Halonen, "Millimeter Wave Integrated Circuits in 65 nm CMOS," *IEEE Journal of Solid-State Circuits*, vol. 43, no. 9, pp. 1991-2002, Sep. 2008.

[VKR+05] M. Varonen, M. Karkkainen, J. Riska, P. Kangaslahti, and K. Halonen, "Resistive HEMT Mixers for 60 GHz Broad-Band Telecommunication," *IEEE Transactions on Microwave Theory and Techniques*, vol.53, no. 4, pp. 1322-1330, Apr. 2005.

[VKTS09] S. Veeramachanen, A. Kumar, V. Tummala, and M. Srinivas, "Design of a Low Power, Variable-Resolution Flash ADC," *2009 International Conference on VLSI Design*, pp. 117-122, Jan. 2009.

[VLC96] P. Voois, I. Lee, and J. Cioffi, "The Effect of Decision Delay in Finite-Length Decision Feedback Equalization," *IEEE Transactions on Information Theory*, vol. 42, no. 2, pp. 618-621, Mar. 1996.

[VLR13] N. Valliappan, A. Lozano, and R. W. Heath Jr. "Antenna Subset Modulation for Secure Millimeter

Wave Wireless Communication," *IEEE Transactions on Communications*, vol. 61, no. 8, pp.3231-3245, Aug. 2013.

[VM05] H. Viswanathan and S. Mukherjee, "Performance of Cellular Networks with Relays and Centralized Scheduling," *IEEE Transactions on Wireless Communications*, vol. 4, no. 5, pp. 2318-2328, Sep. 2005.

[VWZP89] A. Viterbi, J. Wolf, E. Zehavi, and R. Padovani, "A Pragmatic Approach to Trellis-Coded Modulation," *IEEE Communications Magazine*, vol. 27, no. 7, pp. 11-19, Jul. 1989.

[Wad91] B. C. Wadell, *Transmission Line Design Handbook*, 1st ed. Norwood, MA, Artech House, 1991.

[Wal99] R. Walden, "Analog-to-Digital Converter Survey and Analysis," *IEEE Journal on Selected Areas in Communications*, vol. 17, no. 4, pp. 539-550, 1999.

[WAN97] M. R. Williamson, G. E. Athanasiadou, and A. R. Nix, "Investigating the Effects of Antenna Directivity on Wireless Indoor Communication at 60 GHz," *1997 IEEE International Symposium on Personal, Indoor and Mobile Radio Communications* (*PIMRC 1997*), vol. 2, pp. 635-639, Sep. 1997.

[Wan01] H. Wang, "A 50 GHz VCO in 0.25 μm CMOS," *2001 IEEE International Solid-State Circuits Conference* (*ISSCC*), pp. 372-373, 2001.

[WBF+09] J. Wang, T. Baykas, R. Funada, C.-S. Sum, A. Rahman, Z. Lan, H. Harada, and S. Kato, "A SNR Mapping Scheme for ZF/MMSE Based SC-FDE Structured WPANs," *2009 IEEE Vehicular Technology Conference* (*VTC 2009-Spring*), pp. 1-5, Apr. 2009.

[Wei09] S. Weinstein, "The History of Orthogonal Frequency-Division Multiplexing [History of Communications]," *IEEE Communications Magazine*, vol. 47, no. 11, pp. 26-35, Nov. 2009.

[Wel09] J. Wells, "Faster Than Fiber: The Future of Multi-Gb/s Wireless," *IEEE Microwave Magazine*, vol. 10, no. 3, pp. 104-112, May 2009.

[Wi14] "Wireless Networking and Communications Group (WNCG)," 2014.

[Wid65] B. Widrow, "Adaptive Filters I," Stanford Electronics Lab, Technical Report, Dec. 1965.

[Winner2] IST-WINNER D1.1.2 P. Kyosti, et al., "WINNER II Channel Models," ver1.1, Sep. 2007.

[Wir10] WirelessHD LLC, "WirelessHD Specification Version 1.1 Overview," May 2010.

[Wit91] A. Wittneben, "Basestation Modulation Diversity for Digital Simulcast," *1991 IEEE Vehicular Technology Conference* (*VTC 1991*), pp. 848-853, St. Louis, MO, May 1991.

[WLP+10] J. Wang, Z. Lan, C.-W. Pyo, T. Baykas, C.-S. Sum, M. Azizur Rahman, J. Gao, R. Funada, F. Kojima, H. Harada, and S. Kato, "A Pro-Active Beamforming Protocol for Multi-Gbps Millimeter Wave WPAN Systems," *2010 IEEE Wireless Communications and Networking Conference* (*WCNC*), pp. 1-5, 2010.

[WLwP+09] J. Wang, Z. Lan, C. Pyo, T. Baykas, C.-S. Sum, M. A. Rahman, J. Gao, R. Funada, F. Kojima, H. Harada, and S. Kato, "Beam Codebook based Beamforming Protocol for Multi-Gbps Millimeter-Wave WPAN Systems," *IEEE Journal on Selected Areas in Communications*, vol. 27, no. 8, pp. 1390-1399, Oct. 2009.

[WMG04] Z. Wang, X. Ma, and G. Giannakis, "OFDM or Single-Carrier Block Transmissions?" *IEEE Transactions on Communications*, vol. 52, no. 3, pp. 380-394, 2004.

[WMGG67] B. Widrow, P. Mantey, L. Griffiths, and B. Goode, "Adaptive Antenna Systems," *Proceedings of the IEEE*, vol. 55, no. 12, pp. 2143-2159, Dec. 1967.

[WP03] Z. Wang and K. Parhi, "High Performance, High Throughput Turbo/SOVA Decoder Design," *IEEE Transactions on Communications*, vol. 51, no. 4, pp. 570-579, Apr. 2003.

[WPS08] X. Wu, P. Palmers, and M. Steyaert, "A 130 nm CMOS 6-bit Full Nyquist 3 Gs/s DAC," *IEEE Journal of Solid-State Circuits*, vol. 43, no. 11, pp. 2396-2403, Nov. 2008.

[WR05] H. Wang and T. S. Rappaport, "A Parametric Formulation of the UTD Diffraction Coefficient for Real-Time Propagation Prediction Modeling," *IEEE Antennas and Wireless Propagation Letters*, vol. 4, no. 1, pp. 253-257, 2005.

[WRBD91] S. Wales, D. Rickard, M. Beach, and R. Davies, "Measurement and Modelling of Short Range Broadband Millimetric Mobile Communication Channels," *IEE Colloquium on Radiocommunications in the Range 30-60 GHz*, pp. 12/1-12/6, Jan. 1991.

[WSC+10] S.-C. Wang, P. Su, K.-M. Chen, K.-H. Liao, B.-Y. Chen, S.-Y. Huang, C.-C. Hung, and G.-W. Huang, "Comprehensive Noise Characterization and Modeling for 65-nm MOSFETs for Millimeter Wave Applications," *IEEE Transactions on Microwave Theory and Techniques*, vol. 58, no. 4, pp. 740-746, Apr. 2010.

[WSE08] B. Wicks, E. Skafidas, and R. Evans, "A 60 GHz Fully-Integrated Doherty Power Amplifier Based on 0.13 μm CMOS Process," *2008 IEEE Radio Frequency Integrated Circuits Symposium* (*RFIC*), pp. 69-72, Jun. 2008.

[WSJ09] C. Wagner, A. Stelzer, and H. Jager, "A Phased-Array Transmitter Based on 77 GHz Cascadable Transceivers," *2009 IEEE MTT-S International Microwave Symposium* (*IMS*), pp. 73-77, Jun. 2009.

[WT99] J. Wikner and N. Tan, "Modeling of CMOS Digital-to-Analog Converters for Telecommunication," *IEEE Transactions on Circuits and Systems II: Analog and Digital Signal Processing*, vol. 46, no. 5, pp.489-499, May 1999.

[WVH+09] T. Wirth, V. Venkatkumar, T. Haustein, E. Schulz, and R. Halfmann, "LTE-Advanced Relaying for Outdoor Range Extension," *2009 IEEE Vehicular Technology Conference* (*VTC 2009-Fall*), pp. 1-4, Sep. 2009.

[WZL10] Y. Wu, Y. Zhao, and H. Li, "Constellation Design for Odd-Bit Quadrature Amplitude Modulation," *2010 IEEE Wireless Communications and Networking Conference Workshops* (*WCNCW*), pp. 1-4, Apr. 2010.

[Xia11] P. Xiaoming, "China WPAN mmWave Liaison w/802.11, IEEE 802.11-11/1034r0," *IEEE 802.11ad Standard Contribution*, 2011.

[XK08] H. Xu and K. Kenneth, "High-Thick-Gate-Oxide MOS Varactors With Subdesign-Rule Channel Lengths for Millimeter-Wave Applications," *IEEE Electron Device Letters*, vol. 29, no. 4, pp. 363-365, Apr. 2008.

[XKR00] H. Xu, V. Kukshya, and T. S. Rappaport, "Spatial and Temporal Characterization of 60 GHz Channels," *2000 IEEE Vehicular Technology Conference* (*VTC 2000-Fall*), Sep. 2000.

[XKR02] H. Xu, V. Kukshya, and T. S. Rappaport, "Spatial and Temporal Characteristics of 60 GHz Indoor Channels," *IEEE Journal on Selected Areas in Communications*, vol. 20, no. 3, pp. 620-630, Apr. 2002.

[XRBS00] H. Xu, T. S. Rappaport, R. J. Boyle, and J. H. Schaffner, "Measurements and Models for 38 GHz Point-to-Multipoint Radiowave Propagation," *IEEE Journal on Selected Areas of Communication*, vol. 18, no. 3, pp. 310-321, Mar. 2000.

[XYON08] P. Xia, S.-K. Yong, J. Oh, and C. Ngo, "A Practical SDMA Protocol for 60 GHz Millimeter Wave Communications," *2008 Asilomar Conference on Signals, Systems and Computers*, pp. 2019-2023, Oct. 2008.

[YA87] H. Yang and N. Alexopoulos, "Gain Enchancement Methods for Printed Circuit Antennas Through Multiple Superstrates," *IEEE Transactions on Antennas and Propagation*, vol. 35, no. 7, pp. 860-863, Jul. 1987.

[YC07] S.-K. Yong and C.-C. Chong, "An Overview of Multigigabit Wireless through Millimeter Wave Technology: Potentials and Technical Challenges," *EURASIP Journal on Wireless Communications and Networking*, vol. 2007, no. 1, p. 078907, 2007.

[YCP+09] D. Yeh, A. Chowdhury, R. Pelard, S. Pinel, S. Sarkar, P. Sen, B. Perumana, D. Dawn, E. Juntunen, M. Leung, H.-C. Chien, Y.-T. Hsueh, Z. Jia, J. Laskar, and G.-K. Chang, "Millimeter Wave Multi-Gigabit IC Technologies for Super-Broadband Wireless over Fiber Systems," *2009 Conference on Optical Fiber Communication* (*OFC 2009*), pp. 1-3, Mar. 2009.

[YCWL08] C.-Y. Yu, W.-Z. Chen, C.-Y. Wu, and T.-Y. Lu, "A 60 GHz, 14% Tuning Range, Multi-Band VCO with a Single Variable Inductor," *2008 IEEE Asian Solid-State Circuits Conference* (*A-SSCC 2008*), pp.129-132, Nov. 2008.

[YGT+07] T. Yao, M. Q. Gordon, K. K. W. Tang, K. H. K. Yau, M.-T. Yang, P. Schvan, and S. P. Voinigescu, "Algorithmic Design of CMOS LNAs and PAs for 60 GHz Radio," *IEEE Journal of Solid-State Circuits*, vol. 42, no. 5, pp. 1044-1057, May 2007.

[YGY+06] T. Yao, M. Gordon, K. Yau, M.-T. Yang, and S. P. Voinigescu, "60 GHz PA and LNA in 90-nm RF-CMOS," *2006 IEEE Radio Frequency Integrated Circuits Symposium* (*RFIC 2006*), p. 4, Jun. 2006.

[YH92] T.-S. Yum and K.-W. Hung, "Design Algorithms for Multihop Packet Radio Networks with Multiple Directional Antennas Stations," *IEEE Transactions on Communications*, vol. 40, no. 11, pp. 1716-1724, Nov. 1992.

[YHS05] H. Yang, M. H. A. J. Herben, and P. F. M. Smulders, "Impact of Antenna Pattern and Reflective Environment on 60 GHz Indoor Channel Characteristics," *Antenas and Wireless Propagation Letters*, vol.4, pp. 300-303, 2005.

[YHXM09] Y. Yang, H. Hu, J. Xu, and G. Mao, "Relay Technologies for WiMAX and LTE-advanced Mobile Systems," *IEEE Communications Magazine*, vol. 47, no. 10, pp. 100-105, Oct. 2009.

[YIMT02] S. Yano, S. Ide, T. Mitsuhashi, and H. Thwaites, "A Study of Visual Fatigue and Visual Comfort for 3D HDTV/HDTV Images," *Displays*, vol. 23, no. 4, pp. 191-201, 2002.

[YKG09] E. Yilmaz, R. Knopp, and D. Gesbert, "On the Gains of Fixed Relays in Cellular Networks with Intercell Interference," *IEEE Signal Processing Advances in Wireless Communications*, pp. 603-607, Jun. 2009.

[YLLK10] C. Yoon, H. Lee, W. Y. Lee, and J. Kang, "Joint Frame/Frequency Synchronization and Channel

Estimation for Single-Carrier FDE 60 GHz WPAN System," *2010 IEEE Consumer Communications and Networking Conference* (*CCNC 2010*), pp. 1-5, Jan. 2010.

[YMM+94] A. Youssef, J. P. Mon, O. Meynard, H. Nkwawo, S. Meyer, and J. C. Leost, "Indoor Wireless Data Systems Channel at 60 GHz Modeling by a Ray-Tracing Method," *1994 IEEE Vehicular Technology Conference* (*VTC 1994*), pp. 914-918, 1994.

[Yng91] S. Yngvesson, *Microwave Semiconductor Devices*, 1st ed. New York, Kluwer Academic Publishers, 1991.

[Yon07] S. Yong, "TG3c Channel Modeling Sub-Committee Final Report," *IEEE 802.15-07-0584-00-003c*, Jan. 2007.

[Yos07] S. Yoshitomi, "Challenges to Accuracy for the Design of Deep-Submicron RFCMOS Circuits," *2007 Asia and South Pacific Design Automation Conference* (*ASP-DAC 2007*), pp. 438-441, Jan. 2007.

[YP08] L. Yang and M. Park, "Applications and Challenges of Multi-band Gigabit Mesh Networks," *2008 Second International Conference on Sensor Technologies and Applications* (*SENSORCOMM 2008*), pp.813-818, Aug. 2008.

[YS02] Y. Yoo and M. Song, "Design of a 1.8 V 10 bit 300 MSPS CMOS Digital-to-Analog Converter with a Novel Deglitching Circuit and Inverse Thermometer Decoder," *2002 Asia-Pacific Conference on Circuits and Systems* (*APCCAS 2002*), vol. 2, pp. 311-314, 2002.

[YSH07] H. Yang, P. Smulders, and M. Herben, "Channel Characteristics and Transmission Performance for Various Channel Configurations at 60 GHz," *EURASIP Journal on Wireless Communications and Networking*, vol. 2007, no. 1, p. 019613, 2007.

[YTKY+06] T. Yao, L. T.-Kebir, O. Yuryevich, M. Gordon, and S. P. Voinigescu, "65 GHz Doppler Sensor with On-Chip Antenna in 0.18 μm SiGe BiCMOS," *2006 IEEE MTT-S International Microwave Symposium* (*IMS*), pp. 1493-1496, Jun. 2006.

[YXVG11] S.-K. Young, P. Xia, and A. Valdes-Garcia, *60 GHz Technology for Gbps WLAN and WPAN: From Theory to Practice*. West Sussex, UK, Wiley Press, 2011, ch. 2 and 8.

[Zaj13] A. Zajic, *Mobile-to-Mobile Wireless Channels*. Norwood, MA, Artech House, 2013.

[ZBN05] T. Zwick, T. J. Beukema, and H. Nam, "Wideband Channel Sounder with Measurements and Model for the 60 GHz Indoor Radio Channel," *IEEE Journal of Vehicular Communications*, vol. 54, no. 4, pp.1266-1277, 2005.

[ZBP+04] T. Zwick, C. Baks, U. R. Pfeiffer, D. Liu, and B. P. Gaucher, "Probe Based MMW Antenna Measurements Setup," *2004 IEEE Antennas and Propagation Society International Symposium*, vol. 1, pp.20-25, Jun. 2004.

[ZCB+06] T. Zwick, A. Chandrasekhar, C. W. Baks, U. R. Pfeiffer, S. Brebels, and B. P. Gaucher, "Determination of the Complex Permittivity of Packaging Materials at Millimeter-Wave Frequencies," *IEEE Transactions on Microwave Theory and Techniques*, vol. 54, no. 3, pp. 1001-1010, Mar. 2006.

[ZGV+03] X. Zhao, S. Geng, L. Vuokko, J. Kivinen, and P. Vainikainen, "Polarization Behaviors at 2, 5, and 60 GHz for Indoor Mobile Communications," *Wireless Personal Communications*, vol. 27, pp. 99-115, 2003.

[Zha09] Y. P. Zhang, "Enrichment of Package Antenna Approach With Dual Feeds, Guard Ring, and Fences of Vias," *IEEE Transactions on Advanced Packaging*, vol. 32, pp. 612-618, Aug. 2009.

[ZL06] Q. Zhao and J. Li, "Rain Attenuation in Millimeter Wave Ranges," *2006 IEEE International Symposium on Antennas, Propagation & EM Theory*, pp. 1-4, Guilin, China, Oct. 2006.

[ZL09] Y. P. Zhang and D. Liu, "Antenna-on-Chip and Antenna-in-Package Solutions to Highly-Integrated Millimeter Wave Devices for Wireless Communications," *IEEE Transactions on Antennas and Propagation*, vol. 57, no. 10, pp. 2830-2841, Oct. 2009.

[ZLG06] T. Zwick, D. Liu, and B. P. Gaucher, "Broadband Planar Superstrate Antenna for Integrated Millimeterwave Transceivers," *IEEE Transactions on Antennas and Propagation*, vol. 54, no. 10, pp.2790-2796, Oct. 2006.

[ZMK05] X. Zhang, A. Molisch, and S.-Y. Kung, "Variable-Phase-Shift-Based RF-Baseband Codesign for MIMO Antenna Selection," *IEEE Transactions on Signal Processing*, vol. 53, no. 11, pp. 4091-4103, Nov. 2005.

[ZMS+13] H. Zhao, R. Mayzus, S. Sun, M. Samimi, J. K. Schulz, Y. Azar, K. Wang, G. N. Wong, F. Gutierrez Jr., and T. S. Rappaport, "28 GHz Millimeter Wave Cellular Communication Measurements for Reflection and Penetration Loss in and around Buildings in New York City," *2013 IEEE International Conference on Communications* (*ICC*), Jun. 2013.

[ZO12] L. Zhou and Y. Ohashi, "Efficient Codebook Based MIMO Beamforming for Millimeter-Wave WLANs," *2012 IEEE International Symposium on Personal, Indoor and Mobile Radio Communications* (*PIMRC 2012*), pp. 1885-1889, 2012.

[ZPDG07] T. Zwick, U. Pfeiffer, L. Duixian, and B. Gaucher, "Broadband Planar Millimeter Wave Dipole with Flip-Chip Interconnect," *2007 IEEE Antennas and Propagation Society International Symposium*, pp.5047-5050, Jun. 2007.

[ZS09a] Y. P. Zhang and M. Sun, "An Overview of Recent Antenna Array Designs for Highly Integrated 60 GHz Radios," *2009 European Conference on Antennas and Propagation* (*EuCAP 2009*), pp.3783-3786, Mar. 2009.

[ZS09b] Y. Zhang and M. Sun, "An Overview of Recent Antenna Array Designs for Highly-Integrated 60 GHz Radios," *2009 European Conference on Antennas and Propagation* (*EuCAP 2009*), pp. 3783-3786, Mar. 2009.

[ZSCWL08] Y. P. Zhang, M. Sun, K. P. Chua, L. L. Wai, D. X. Liu, "Integration of Slot Antenna in LTCC Package for 60 GHz Radios," *IET Electronics Letters*, vol. 5, no. 44, Feb. 2008.

[ZSG05] Y. P. Zhang, M. Sun, and L. H. Guo, "On-Chip Antenna for 60 GHz Radios in Silicon Technology," *IEEE Transactions on Electron Devices*, vol. 52, no. 7, pp. 1664-1668, Jul. 2005.

[ZSS07] F. Zhang, E. Skafidas, and W. Shieh, "A 60 GHz Double-Balanced Gilbert Cell Down-Conversion Mixer on 130-nm CMOS," *2007 IEEE Radio Frequency Integrated Circuits Symposium* (*RFIC 2007*), Jun. 2007.

[ZSS08] F. Zhang, E. Skafidas, and W. Shieh, "60 GHz Double-Balanced Up-Conversion Mixer on 130 nm CMOS Technology," *Electronics Letters*, vol. 44, no. 10, pp. 633-634, May 2008.

[ZWS07] S. Zhan, R. J. Weber, and J. Song, "Effects of Frequency Selective Surface (FSS) on Enhancing the Radiation of Metal-Surface Mounted Dipole Antenna," *2007 IEEE MTT-S International Microwave*

Symposium (*IMS*), pp. 1659-1662, Jun. 2007.

[ZXLS07] X. Zheng, Y. Xie, J. Li, and P. Stoica, "MIMO Transmit Beamforming under Uniform Elemental Power Constraint," *IEEE Transactions on Signal Processing*, vol. 55, no. 11, pp. 5395-5406, 2007.

[ZYY+10] Q. Zou, K.-S. Yeo, J. Yan, B. Kumar, and K. Ma, "A Fully Symmetrical 60 GHz Transceiver Architecture for IEEE 802.15.3c Application," *2010 IEEE International Conference on Solid-State and Integrated Circuit Technology* (*ICSICT*), pp. 713-715, Nov. 2010.

[ZZH07] H. Zhong, T. Zhong, and E. F. Haratsch, "Quasi-Cyclic LDPC Codes for the Magnetic Recording Channel: Code Design and VLSI Implementation," *IEEE Transactions on Magnetics*, vol. 43, no. 3, pp.1118-1123, Mar. 2007.

缩略语表

3D three-dimensional 三维的

3GPP Third Generation Partnership Project 第三代合作伙伴计划

3WDP three-wave with diffuse power distribution 具有扩散功率分布的三波模型

4G fourth-generation 第四代(移动通信)

5G fifth-generation 第五代(移动通信)

5G PPP Fifth Generation Public Private Partnership 5G公私合作伙伴关系

A-BFT Association Beamforming Training 协作波束赋形训练

AC alternate current 交流电

ACK acknowledgement 确认

ADC analog-to-digital converter 模数转换器

AES advanced encryption standard 高级加密标准

AF amplify-and-forward 放大和转发

AGC automatic gain control 自动增益控制

AGL above ground level 地面以上

AIC Akaike information criterion 赤池信息准则

AM amplitude modulation 幅度调制

ANSI American National Standards Institute 美国国家标准局

ANT antenna training field 天线训练场

AOA angle of arrival 到达角

AOD angle of departure 出射角

AP access point 访问节点

ARQs automatic repeat requests 自动重传请求

AS asynchronous 异步

ASIC application specific integrated circuit 专用集成电路

ASK amplitude shift keying 幅移键控

ATI announcement transmission interval 通告传输间隔

ATS antenna sequence training 天线序列训练

A/V audio-visual 音频/视频

AWGN additive white Gaussian noise 加性高斯白噪声

BCC binary convolutional inner code 二进制卷积内码

BCH Bose, Ray-Chaudhuri, and Hocquenghem [codes] BCH码

BEOL Back End of Line 后道工艺

BER bit error rate 比特误码率

BFSK binary frequency shift keying 二进制频移键控

BICM bit interleaved coded modulation 比特交织编码调制

BJT bipolar junction transistor 双极型晶体管

BPSK binary phase shift keying 二进制相移键控

BRP beam refinement protocol 波束优化协议

BTI beacon transmission interval 信标传输间隔

BW bandwidth 带宽

CAD computer aided design 计算机辅助设计

CAP contention access period 竞争访问时段

CBAP contention based access period 基于竞争的接入期

CCMP cipher block chaining message authentication protocol 密码块链接消息认证协议

CDF cumulative distribution function 累积分布函数

CES channel estimation sequence 信道估计序列

CEPT Conference of Postal and Telecommunications Administrations 邮电管理委员会

CF Consumption Factor 损耗因子

CFO carrier frequency offset 载波频率偏移

CIR channel impulse response 信道冲激响应

CMOS complementary metal oxide semiconductor 互补金属氧化物半导体
CMP chemical mechanical polishing 化学机械抛光
CMS common mode signaling 共模信号
CPM continuous phase modulation 连续相位调制
CPW co-planar waveguide 共面波导
CPHY Control PHY 控制物理层协议
CQI channel quality indicator 信道质量指示符
CRC cyclic redundancy check 循环冗余校验
CRS common reference signal 公共参考信号
CSMA/CA carrier sense multiple access with collison avoidance 具有冲突避免的载波侦听多路访问
CSF channel state feedback 信道状态反馈
CC convolutional code 卷积码
CS compressive sensing 压缩感知
CSI channel state information 信道状态信息
CSIT channel state information at the transmitter 发射端信道状态信息
CSIR channel state information at the receiver 接收端通道状态信息
CTAP channel time allocation period 信道时间分配周期
CTS clear to send 允许发送
DAC digital-to-analog converter 数模转换器
DAMI dual alternate mark inversion 双交替反转码
dB decibel 分贝
DBPSK differential binary shift keying 差分二进制移位键控
DC direct current 直流
DCA distributed contention access 分布式竞争访问
DCF distributed coordination function 分布式协调功能
DCM dual carrier modulation 双载波调制
DEV device 设备
DF decode-and-forward 解码和转发
DFE decision feedback equalizer 判决反馈均衡器
DFT discrete Fourier transform 离散傅里叶变换
DIBL drain induced barrier lowering 漏致势垒降低效应
DMG directional multi-gigabit 定向多吉比特
DNL differential non-linearity 微分非线性
DOA direction of arrival 到达方向
DOD direction of departure 发射方向
DQPSK differential quadrature phase shift keying 差分正交相移键控
DRP distributed reservation protocol 分布式预约协议
DS device-synchronized 设备同步
DSP digital signal processor 数字信号处理器
DTI data transfer interval 数据传输间隔
DTP dynamic tone pairing 动态音调配对
EEP equal error protection 相等差错保护
EIRP effective isotropic radiated power 有效全向辐射功率
ENOB effective number of bits 有效位数
ESPRIT Estimation of Signal Parameters via Rotational Invariance Techniques 基于旋转不变技术的信号参数估计
ETRI Electronics and Telecommunications Research Institute 电子与通信研究机构
ETSI European Telecommunications Standards Institute 欧洲电信标准协会
EVD eigenvalue decomposition 特征值分解
EVM error vector magnitude 误差矢量幅度
FCC Federal Communications Commission (美国)联邦通信委员会
FDD frequency division duplex 频分双工
FDE frequency domain equalization 频域均衡
FDTD finite difference time domain 时域有限差分法
FEC forward error correction 前向纠错
FET field-effect transistor 场效应晶体管
FEM finite element method 有限元方法
FFT fast Fourier transform 快速傅里叶变换
FIR finite impulse response 有限脉冲响应
FM frequency modulation 频率调制(调频)

FPGA field-programmable gate array 现场可编程门阵列

FSK frequency shift keying 频移键控

FSS frequency selective screen 频率选择性表面

FTP file transfer protocol 文件传输协议

GaAs gallium arsenide 砷化镓

Gbps gigabit per second 吉比特每秒

GCMP Galois message authentication code protocol 伽罗瓦消息认证码协议

GF Galois field 伽罗瓦域

GHz gigahertz (not spelled out) 吉赫兹

GMSK Gaussian minimum shift keying 高斯最小频移键控

GOP group of pictures 图像组

GPI group pair index 群对指数

GSM Global Systems for Mobile Communications 全球移动通信系统

Gs/s gigasamples per second 十亿采样点每秒

HDMI high-definition multimedia interface 高清多媒体接口

HDTV high-definition television 高清电视

HIS high-impedance surface 高阻抗表面

HIPERLAN high-performance radio local area network 高性能无线局域网

HPBW half power beamwidth 半功率波束宽度

HRP high-rate PHY 高速物理层

HSI high- speed interface 高速接口

HTTP hypertext transfer protocol 超文本传输协议

IC integrated circuit 集成电路

ICI inter-carrier interference 载波间干扰

ID identifier 标识符

IDFT inverse DFT 逆离散傅里叶变换

IEEE Institute of Electrical and Electronics Engineers 电气与电子工程师协会

IF intermediate frequency 中频

IFFT inverse fast Fourier transform 快速傅里叶逆变换

i.i.d independent and identically distributed 独立同分布

IIR infinite impulse response 无限冲激响应

ILFD injection-locked frequency divider 注入锁定分频器

INL integral non-linearity 积分非线性

IP Internet protocol 互联网协议

IQ in-phase/quadrature 同相/正交

ISI intersymbol interference 码间串扰

ISM industrial, scientific, and medical (bands) 工业、科学和医疗(频段)

ISO International Organization for Standardization 国际标准化组织

ITRS International Roadmap for Semiconductors 国际半导体技术发展蓝图

ITU International Telecommunication Union 国际电信联盟

IWPC International Wireless Industry Consortium 国际无线产业联盟

KAIST Korea Advanced Institute of Science and Technology 韩国科学技术院

kHz kilohertz 千赫兹

LAN local area network 局域网

LAS lobe angle spread 波瓣角扩展

LCP liquid crystal polymer 液晶聚合物

LDPC low-density parity check 低密度奇偶校验

LLC logical link control 逻辑链路控制

LLR log-likelihood ratio 对数似然比

LMDS local multipoint distribution service 本地多点分配业务

LMS least mean squares 最小均方值

LNA low noise amplifier 低噪声放大器

LO local oscillator 本振

LOS line of sight 视距

LOVA list output Viterbi decoder algorithm 列表输出维特比解码器算法

LP PHY low power PHY 低功率物理层

LQI link quality index 链路质量指标

LRP low rate PHY 低速率物理层

LSB least significant bit 最低有效位

LTCC low-temperature co-fired ceramic 低温共烧陶瓷

LTE Long Term Evolution 长期演进(技术)

***M*-ASK** *M*-amplitude shift keying *M*幅移键控

***M*-PSK** *M*-phase shift keying *M*相移键控

***M*-QAM** *M*-quadrature amplitude modulation *M*正交振幅调制

MAC medium access control(protocol) 介质访问控制(协议)

MAN metropolitan area network 城域网

MAP maximum a posteriori 最大后验

MCS modulation and coding scheme 调制与编码策略

MCTA management channel time allocation 管理信道时间分配

MHz megahertz 兆赫兹

MIME multipurpose internet mail extensions 多用途互联网邮件扩展

MIMO multiple input multiple output 多输入多输出

ML maxium likelihood 最大似然

MISO multiple input single out 多输入单输出

MLSE maximum likelihood sequence estimator 最大似然序列估计器

MMSE minimum mean squared error 最小均方误差

mmWave millimeter wave wireless communication 毫米波无线通信

MoM method of moments 矩量法

MOSCAP metal oxide semiconductor capacitor 金属氧化物半导体电容器

MOSFET metal oxide semiconductor field-effect transistors 金属氧化物半导体场效应管

MPC multipath component 多径分量

MPR mandatory PHY rate 强制物理层速率

MUSIC multiple signal classification 多信号分类

NetBIOS network basic input output system 网络基本输入输出系统

NF noise factor or noise figure 噪声因数

NLOS non-line of sight 非视距

NMOS N-type metal oxide semiconductor N 型金属氧化物半导体

NS8-QAM non-square 8-QAM 非正方形 8-QAM

NTIA National Telecommunication and Information Administration (美国)国家电信与信息管理局

NYU WIRELESS New York University wireless research center 纽约大学无线研究中心

OfCom Office of Communications 通信管理局

OFDM orthogonal frequency division multiplexing 正交频分复用

OFDMA orthogonal frequency division multiple access 正交频分多址

OOB out-of-band 带外数据

OOK on-off keying 开关键控

OQPSK offset quadrature phase shift keying 偏移正交相移键控

OSI Open System Interconnection 开放系统互联

PA power amplifier 功率放大器

PAE power added efficiency 功率附加效率

PAM pulse amplitude modulation 脉幅调制

PAN personal area network 个人局域网

PAPR peak-to-average-power ratio 峰值与平均功率比

PAS power angle spectrum 功率角频谱

PBSS personal base station mode 个人基站模式

PCB printed circuit board 印制电路板

PCES pilot channel estimation sequence 导频信道估计序列

PCF point coordination function 点协调功能

PCP personal basic service set control point 个人基本服务集控制点

PCS personal communication systems 个人通信系统

PDF probability density function 概率密度函数

PDK process design kit 制造设计套件

PEF power-efficiency factor(H) 功率效率因子

PET pattern estimation and tracking 模式估计与跟踪

PHY physical layer 物理层

PL path loss 路径损耗

PLE path loss exponent 路径损耗指数
PLL phase-locked loop 锁相环
PMI precoding matrix indicator 预编码矩阵指示
PMOS P-type metal oxide semiconductor P型金属氧化物半导体
PN pseudorandom 伪随机
PNC piconet coordinator 微微网协调器
PPP poisson point process 泊松点过程
PS piconet-synchronized 微微网同步
PSD power spectral density 功率谱密度
QAM quadrature amplitude modulation 正交幅度调制
QoS quality of service 服务质量
QPSK quadrature phase shift keying 正交相移键控
RCS radar cross section 雷达散射截面
RF radio frequency 射频
RI rank indicator 层指示
RLS recursive least squares 递归最小二乘
RMS root mean square 均方根
RPC remote procedure call 远程过程调用
RS Reed-Solomon (code) 里德-所罗门(码)
RS reference signal 参考信号
RSSI received signal strength indicator 接收信号强度指示
RTS request to send 请求发送
SA successive approximation 逐次逼近(型)
SAS symmetric antenna set 对称天线组
SCBT single carrier block transmission 单载波块传输
SC-FDE single carrier modulation with frequency domain equalization 单载波频域均衡(调制)
SCP session control protocol 会话控制协议
SC-PHY single carrier PHY 单载波物理层
SCTP stream control transmission protocol 流控制传输协议
SD steepest descent 最速下降法
SFD static frequency divider 静态分频器
SFDR spurious-free dynamic range 无杂散动态范围
SiGe silicon germanium 硅锗
SINR signal to-interference-plus-noise ratio 信号与干扰加噪声比
SIP Session Initiated Protocol 会话发起协议
SIRCIM Simulation of Indoor Radio Channel Impulse Response Models 室内无线信道脉冲响应模型仿真
SISO single-input single-output 单输入单输出
SIMO single-input multiple-output 单输入多输出
SJNR signal-to-jitter-noise ratio 信号与抖动噪声比
SNDR signal to noise and distortion ratio 信噪失真比
SNR signal-to-noise ratio 信噪比
SoC system-on-chip 片上系统
SOI silicon on insulator 绝缘体上硅薄膜
SOVA soft output Viterbi algorithm 软输出维特比算法
SP scheduled service period 定期服务期
SQNR signal-to-quantization-noise ratio 信号与量化噪声比
SRF self-resonant frequency 自谐振频率
SSCM statistical spatial channel model 统计空间信道模型
STA station 基站
STF short training field 短训练字段
STP static tone pairing 静态音调配对
S-V Saleh-Valenzuela(model) 萨利赫-瓦伦佐埃拉(模型)
SWR standing wave ratio 驻波比
TB transport block 传输块
TCM trellis coded modulation 网格编码调制
TCP transmission control protocol 传输控制协议
TDD time division duplex 时分双工
TDMA time division multiple access 时分多址
TEM transverse electromagnetic 横向电磁场
THz terahertz 太赫兹
TIA Telecommunications Industry Association (美国)电信产业协会

TIQ threshold inverter quantization 阈值反相器量化

TRL through line reflect 直通反射

TWDP two wave with diffuse power distribution 具有散射功率分布的双波(模型)

U-NII Unlicensed National Information Infrastructure 免授权的国家信息基础设施

UDP user datagram protocol 用户数据报协议

UEP-QPSK unequal error protection QPSK 不等差错保护 QPSK

UHF ultra high frequency 特高频

USB universal serial bus 通用串行总线

UWB ultrawideband 超宽带

V2I vehicle-to-infrastructure 车辆到基础设施

V2V vehicle-to-vehicle 车到车

VCO voltage control oscillator 压控振荡器

VGA variable-gain amplifier 可变增益放大器

VHF very high frequency 甚高频

VNA vector network analyzer 矢量网络分析仪

VSWR voltage standing wave ratio 电压驻波比

WAN wide area network 广域网

WHDI wireless home digital interface 无线家庭数字接口

WiFi wireless fidelity, usually in the context of the WiFi Alliance 无线保真，通常在 WiFi 联盟背景下

WiGig Wireless Gigabit Alliance "无线千兆联盟"

WLAN wireless local area network 无线局域网

WNCG Wireless Networking and Communications Group 无线网络与通信小组

WPAN wireless personal area network 无线个人局域网

WRC World Radio communication Conference 世界无线电通信大会

ZF zero forcing 迫零